2026

에듀윌
소방설비기사
필기 기계분야
+무료특강

합격자 수가 선택의 기준!

소방유체역학+소방기계시설의 구조 및 원리

1권 | 최빈출 200제 + 핵심이론

최신 개정법령 완벽반영!

합격으로 이끄는 합격비법
무료특강 3종 제공!

- 핵심이론 | PHASE로 구분된 기출 기반 이론&가독성 높인 구성
- 7개년 기출 | 2025년 최신 CBT 복원문제&상세한 해설
- 추가혜택 | 소방기초용어+최빈출 200제+2025년 복원문제 해설특강

eduwill

에듀윌과 함께 시작하면,
당신도 합격할 수 있습니다!

대학 졸업 후 취업을 위해 바쁜 시간을 쪼개며
소방설비기사 자격시험을 준비하는 취준생

비전공자이지만 소방 분야로 진로를 정하고
소방설비기사에 도전하는 수험생

낮에는 현장에서 일하면서도 더 나은 미래를 위해
소방설비기사 교재를 펼치는 주경야독 직장인

누구나 합격할 수 있습니다.
시작하겠다는 '다짐' 하나면 충분합니다.

마지막 페이지를 덮으면,

에듀윌과 함께
소방설비기사 합격이 시작됩니다.

소방설비기사 1위

꿈을 실현하는 에듀윌
Real 합격 스토리

이○웅 소방 쌍기사 4개월 초단기 동차합격

4개월 만에 소방 쌍기사 취득, 에듀윌의 전문 교수진 덕분

우연한 계기로 소방 분야에 관심을 갖게 돼서 소방 쌍기사를 취득했습니다. 커뮤니티와 SNS에서 추천 받은 에듀윌에서 공부를 시작했습니다. 에듀윌의 가장 큰 장점은 교수진이라고 생각합니다. 강의에서 다뤄지는 내용, 상세한 이야기들이 다른 인터넷 강의와는 분명한 차이가 있다고 생각했습니다.

김○균 5개월 단기 동차합격

에듀윌이라 가능했던 5개월 단기 합격

약 5개월 만에 소방설비기사 전기분야 자격증을 취득했습니다. 소방설비기사를 준비해야겠다는 생각과 동시에 에듀윌이 생각났고, 그래서 별다른 고민 없이 선택했습니다. 에듀윌에서 진행한 모의고사를 진짜 시험이라고 생각하고 준비했습니다. 모의고사를 통해 저의 실력을 확인하고 부족한 과목은 좀 더 신경 써서 공부했습니다.

이○환 소방설비기사 취득 후 재취업 성공

나를 합격으로 이끌어 준 에듀윌 소방설비기사

제2의 인생을 준비하는 시점에서 소방설비기사 자격을 취득하고 재취업에 성공했습니다. 유튜브에서 에듀윌 샘플 강의를 몇 개 찾아보고 모두 들어보니 만족도가 컸습니다. 실제로 등록하고 강의를 들었는데, 에듀윌의 시간관리 시스템 덕분에 지치지 않고 꾸준히 공부할 수 있었습니다.

다음 합격의 주인공은 당신입니다!

더 많은 합격 비법

* 2023 대한민국 브랜드만족도 소방설비기사 교육 1위(한경비즈니스)

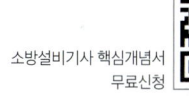

시험 직전, CBT 시험 적응을 위한

CBT 실전 모의고사 3회 제공

💻 PC로 응시하기

1 | 최신 출제경향을 반영한 CBT 모의고사

실제 시험과 동일한 시험 환경 구현
CBT 시험 완벽 대비

총 3회 분량의 모의고사 제공

[모의고사 입장하기]

1회 | https://eduwill.kr/sp9p
2회 | https://eduwill.kr/cp9p
3회 | https://eduwill.kr/op9p

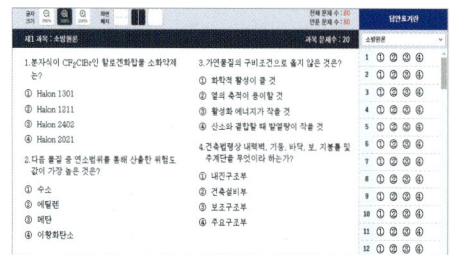

2 | 학습자 맞춤형 성적분석

전체 응시생의 평균점수 비교를 통한 시험의 난이도와 합격예측 확인

과목별 점수와 난이도를 비교하여 스스로 취약한 부분 확인

STEP 1 모의고사 응시 후 [성적 분석] 클릭

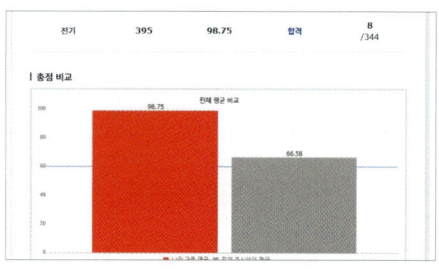

3 | 쉽고 빠르게 확인하는 오답해설

모의고사 채점을 통한 과목별 성적 및 상세한 해설 제공

문제별 정답률을 확인하여 문제 난이도를 한눈에 파악

STEP 1 모의고사 응시 후 [채점 결과] 클릭
STEP 2 점수 확인 후 [해설 보기] 클릭

📱 Mobile로 응시하기

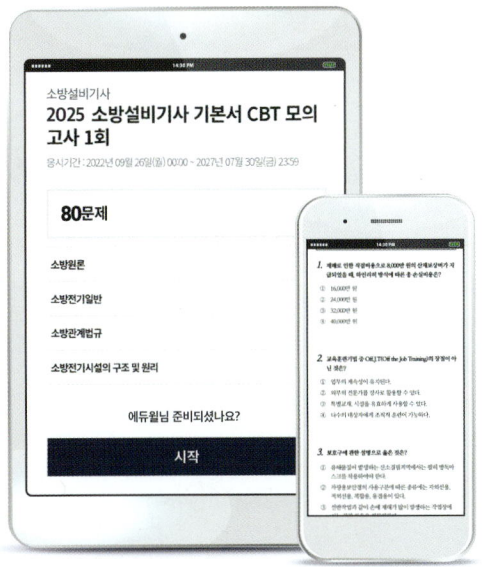

PC 버전 CBT 모의고사의 장점만을 그대로 담았습니다.
QR 코드를 스캔하여 더욱 쉽고 빠르게 서비스를 이용할 수 있습니다.

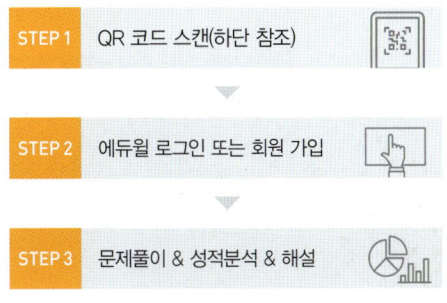

STEP 1	QR 코드 스캔(하단 참조)
STEP 2	에듀윌 로그인 또는 회원 가입
STEP 3	문제풀이 & 성적분석 & 해설

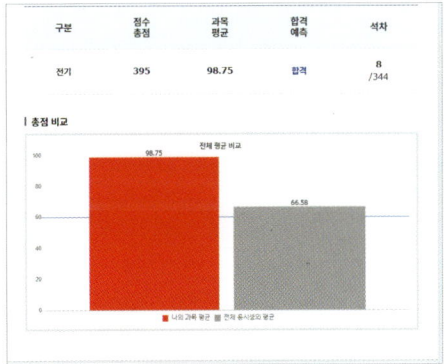

맞춤형 성적 분석

쉽고 빠른 오답해설

CBT 모의고사 3회 QR 코드

 1회 →  2회 → 3회

* CBT 모의고사의 유효기간은 2027년 12월 31일까지이며, 이후 서비스 제공이 중단될 수 있습니다.

소방설비기사 1위

이제 국비무료 교육도 에듀윌

수강생을 반겨주는 에듀윌의 환한 복도 (구로)

언제나 전문 학습 매니저와 상담이 가능한 안내데스크 (부평)

고품질 영상 및 음향 장비를 갖춘 최고의 강의실 (구로)

재충전을 위한 카페 분위기의 아늑한 휴게실 (부평)

다용도로 활용이 가능한 휴게실 (성남)

전기/소방/건축/쇼핑몰/회계/컴활 자격증 취득
국민내일배움카드제

에듀윌 국비교육원 대표전화

서울 구로	02)6482-0600	구로디지털단지역 2번 출구	인천 부평	032)262-0600	부평역 5번 출구
경기 성남	031)604-0600	모란역 5번 출구	인천 부평2관	032)263-2900	부평역 5번 출구

국비교육원 바로가기

* 2023 대한민국 브랜드만족도 소방설비기사 교육 1위(한경비즈니스)

시작하는 데 있어서
나쁜 시기란 없다.

– 프란츠 카프카(Franz Kafka)

소방설비기사 필기 기계분야

4주 합격 플래너

DAY 1	DAY 2	DAY 3	DAY 4	DAY 5	DAY 6	DAY 7
최빈출 200제 소방유체역학	최빈출 200제 소방유체역학	최빈출 200제 소방기계시설의 구조 및 원리	최빈출 200제 소방기계시설의 구조 및 원리	핵심이론 소방유체역학	핵심이론 소방유체역학	핵심이론 소방기계시설의 구조 및 원리
완료 ☐	완료 ☐	완료 ☐	완료 ☐	완료 ☐	완료 ☐	완료 ☐

DAY 8	DAY 9	DAY 10	DAY 11	DAY 12	DAY 13	DAY 14
핵심이론 소방기계시설의 구조 및 원리	2025년 CBT 복원문제	2024년 CBT 복원문제	2023년 CBT 복원문제	2022년 기출문제	2021년 기출문제	2020년 기출문제
완료 ☐	완료 ☐	완료 ☐	완료 ☐	완료 ☐	완료 ☐	완료 ☐

DAY 15	DAY 16	DAY 17	DAY 18	DAY 19	DAY 20	DAY 21
2019년 기출문제	2025년 CBT 복원문제	2024년 CBT 복원문제	2023년 CBT 복원문제	2022년 기출문제	2021년 기출문제	2020년 기출문제
완료 ☐	완료 ☐	완료 ☐	완료 ☐	완료 ☐	완료 ☐	완료 ☐

DAY 22	DAY 23	DAY 24	DAY 25	DAY 26	DAY 27	DAY 28
2019년 기출문제	2025~2024년 CBT 복원문제	2023~2022년 기출문제	2021~2019년 기출문제	2025~2024년 CBT 복원문제	2023~2022년 기출문제	2021~2019년 기출문제
완료 ☐	완료 ☐	완료 ☐	완료 ☐	완료 ☐	완료 ☐	완료 ☐

에듀윌 소방설비기사

[필기] 최빈출 200제 + 핵심이론

소방설비기사 자격증이란?

✓ 시험 일정

구분	원서접수	시험일	합격자 발표일
1회	2026년 1월	2026년 2월	2026년 3월
2회	2026년 4월	2026년 5월	2026년 6월
3회	2026년 7월	2026년 8월	2026년 9월

※ 정확한 시험일정은 한국산업인력공단(Q-Net) 참고

✓ 진행방법

구분	소방설비기사 전기분야	소방설비기사 기계분야
시험과목	소방원론, 소방전기일반, 소방관계법규, 소방전기시설의 구조 및 원리	소방원론, 소방유체역학, 소방관계법규, 소방기계시설의 구조 및 원리
검정방법	· 객관식, 4지택일, CBT 방식 · 문항당 1분 30초씩 총 120분(과목당 20문항)	
합격기준	· 100점을 만점으로 전과목 평균 60점 이상인 경우 · 1과목이라도 40점 미만이면 과락으로 불합격	

✓ 응시자격

① 소방학, 건축설비공학, 기계설비학, 가스냉동학, 공조냉동학 관련학과의 대학졸업자 또는 졸업예정자

② 산업기사 등급 이상의 자격을 취득한 후 응시하려는 종목이 속하는 동일 및 유사 직무분야에서 1년 이상 실무에 종사한 사람

※ 정확한 응시자격은 한국산업인력공단(Q-Net) 참고

✅ 수행직무

소방시설공사 또는 정비업체 등에서 소방시설공사를 **시공, 관리**

소방시설공사 또는 정비업체 등에서 소방시설공사의 설계도면을 **작성**

소방시설의 점검·정비와 화기의 사용 및 취급 등 소방안전관리에 대한 **감독**

소방 계획에 의한 소화, 통보 및 피난 등의 훈련을 실시하는 소방안전관리자의 **직무 수행**

산업구조의 대형화 및 다양화로 소방대상물(건축물·시설물)이 고층·심층화되고, 고압가스나 위험물을 이용한 에너지 소비량의 증가 등으로 재해발생 위험요소가 많아지면서 소방과 관련한 인력수요가 늘고 있다. 소방설비 관련 주요 업무 중 하나인 화재관련 건수와 그로 인한 재산피해액도 당연히 증가할 수 밖에 없어 소방관련 인력에 대한 수요는 앞으로도 증가할 것으로 전망된다. 또한, 소방설비기사 자격증 취득 이후 일정 경력을 쌓으면 소방시설관리사, 소방기술사와 같은 고소득 전문직 자격증 시험의 응시요건을 갖출 수 있다.

✅ 응시현황

구분	소방설비기사 전기분야			소방설비기사 기계분야		
	응시	합격	합격률(%)	응시	합격	합격률(%)
2024	30,163	14,028	46.5	20,888	9,662	46.3
2023	32,202	15,919	49.4	23,350	10,669	45.7
2022	26,517	11,902	44.9	17,523	8,206	46.8
2021	27,083	12,483	46.1	17,736	9,048	51.0
2020	21,749	11,711	53.8	14,623	7,546	51.6

왜 에듀윌 교재일까요?

1 | 학습은 체계적, 휴대는 간편

학습흐름에 따라 1권(최빈출 200제+핵심이론)과 2권(최신 7개년 기출)으로 나누어 구성하였습니다. 학습순서에 맞게 필요한 책만 간편하게 학습하세요.

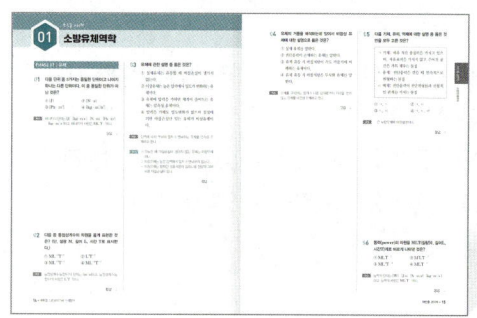

2 | 가독성 극대화, 몰입되는 학습

가독성을 고려한 큰 글씨와 불필요한 내용을 줄이고 여유있는 여백으로 학습에 좀 더 몰입할 수 있도록 구성하였습니다.

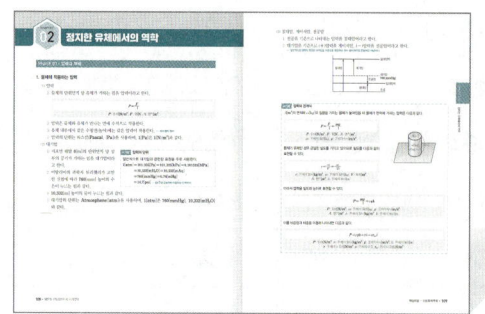

3 | 다양한 시각자료, 빠른 개념완성

교재내용과 연계되는 시각자료로 이해도를 높여 빠르게 개념을 완성할 수 있도록 구성하였습니다.

정말 4주만에 합격이 가능할까요?

STEP 1 소방기초용어 특강으로 기초부터 탄탄하게 완벽정복

소방설비기사를 처음 접하는 수험생을 위해 기초용어부터 완벽하게 학습할 수 있도록 소방설비기사 전문 강사의 상세한 기초용어 강의를 제공합니다.

[강의 수강경로]
에듀윌 도서몰(book.eduwill.net) → 동영상강의실
→ '소방설비기사' 검색

[소방기초용어집(PDF) 학습자료 제공]
에듀윌 도서몰(book.eduwill.net) → 도서자료실
→ 부가학습자료 → '소방설비기사' 검색

STEP 2 최빈출 200제로 초단기 합격완성

❶ **최빈출 200제**
최신 7개년 기출문제에서 자주 출제된 핵심내용만 선별해 PHASE별 빈출 순 정리하여 체계적으로 학습할 수 있도록 구성하였습니다.

❷ **최빈출 200제 해설강의**
최빈출200제를 보다 효과적으로 학습할 수 있도록 소방설비기사 전문 강사의 해설로 문제풀이와 개념을 동시에 학습할 수 있는 해설강의를 제공합니다.

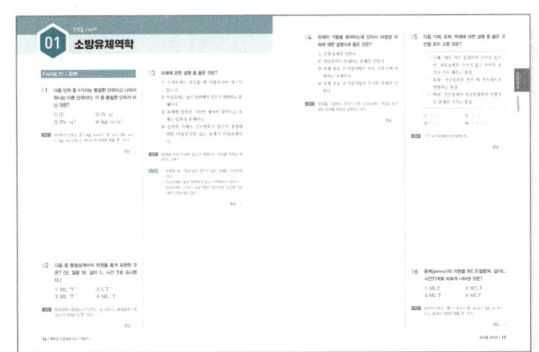

정말 4주만에 합격이 가능할까요?

STEP 3 | 핵심 PHASE로 정리한 이론편으로 복습

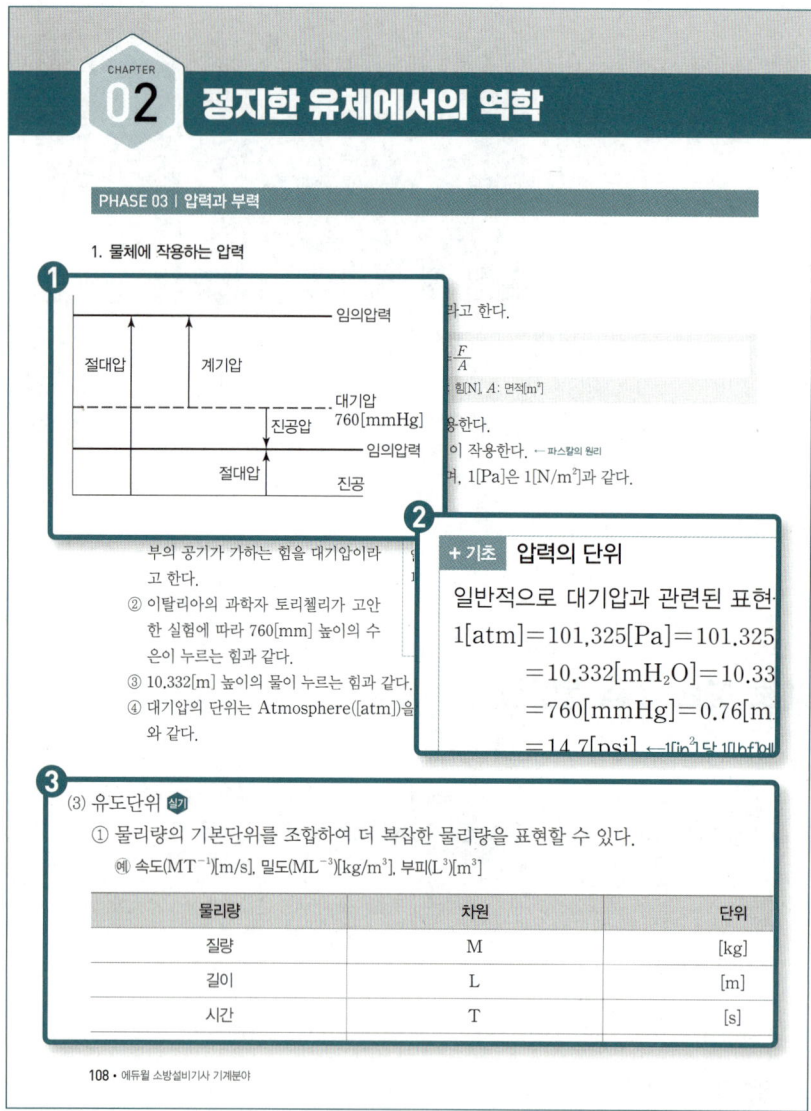

❶ 소방설비기사를 처음 접하는 학습자도 쉽게 이해할 수 있도록 자세한 설명과 함께 다양한 시각자료를 구성하여 학습부담을 줄였습니다.

❷ 학습효과를 높이기 위해 학습에 도움이 되는 내용을 +기초, +심화로 강조하여 학습에 대한 깊이를 더 했습니다.

❸ 실기시험에도 출제되는 내용은 실기로 표시하여 필기와 실기를 함께 대비할 수 있도록 하였습니다.

*"출제된 적 있는 내용만으로 구성하여
학습량을 줄여주는 효율적 압축이론"*

STEP 4 7개년 기출문제 3회독으로 확실한 마무리

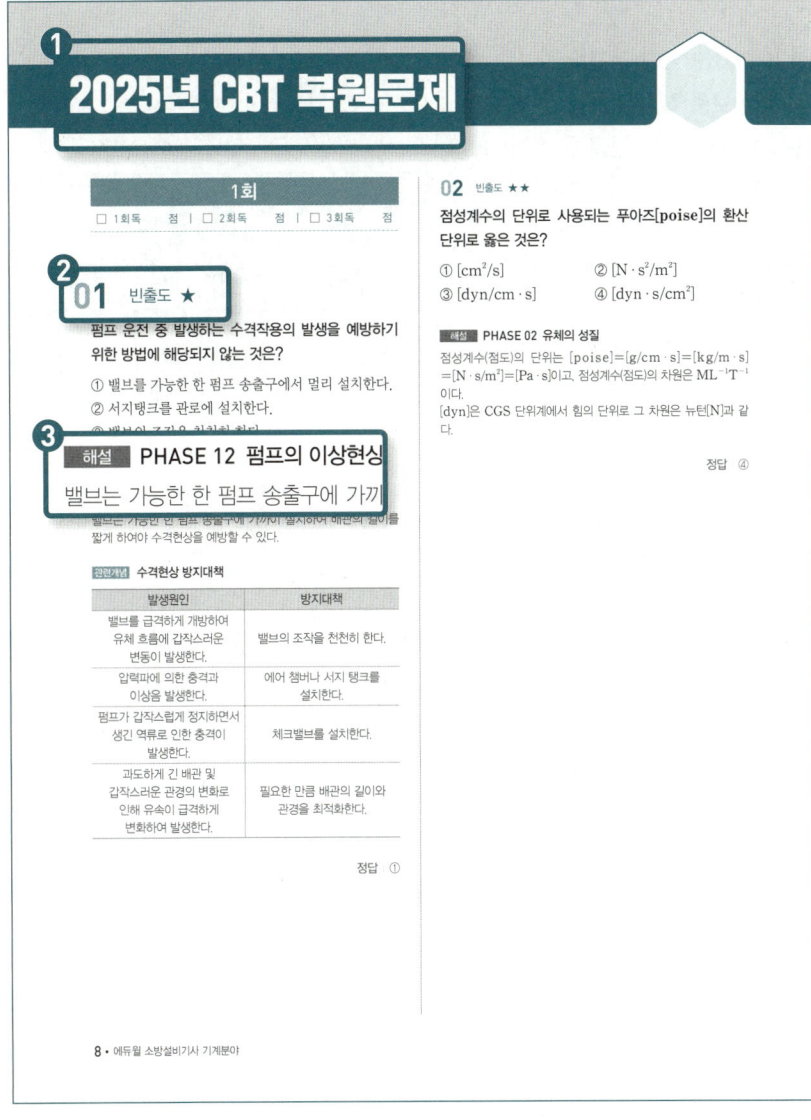

❶ 7개년 기출문제 및 CBT 복원문제를 직접 복원하여 최신 출제 경향을 완벽하게 반영하였습니다.

❷ 문제 유형별로 빈출도 (★~★★★)를 한눈에 확인할 수 있도록 표기하여 학습자의 필요에 따라 효율적인 학습을 할 수 있도록 하였습니다.

❸ 초보자도 쉽게 이해할 수 있는 상세한 해설과 PHASE 별 이론 연계로 기출문제 풀이와 함께 이론도 자연스럽게 학습할 수 있도록 하였습니다.

"최신 7개년 기출문제 분석과
신출문제 수록으로 완벽 학습"

정말 4주만에 합격이 가능할까요?

STEP 5 학습 밀착 지원 시스템

❶ 저자와 1:1질의응답

소방설비기사를 학습하면서 이해가 되지 않거나 궁금한 사항은 저자에게 1:1로 직접 문의하여 보충 학습이 가능합니다. 에듀윌 도서몰을 통해 문의하시면 보다 친절하고 명쾌한 해설로 빈틈없이 학습할 수 있습니다.

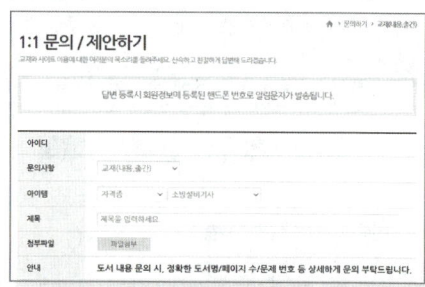

[1:1 문의하기]
에듀윌 도서몰(book.eduwill.net) → 문의하기 → 교재(내용,출간)

❷ CBT 모의고사

실제 시험 환경과 유사한 모의고사 프로그램으로 시험장에서의 시간관리 요령을 익히고, 시험장에 있는듯한 실전연습을 통해 한층 더 완벽한 시험대비가 가능합니다.

[모의고사 응시경로]
PC로 응시: https://eduwill.kr/52zp

차례

최빈출 200제

01 소방유체역학 · · · · · 014
02 소방기계시설의 구조 및 원리 · · · · · 056

핵심이론

01 소방유체역학

CHAPTER 01 유체의 성질 · · · · · 102
CHAPTER 02 정지한 유체에서의 역학 · · · · · 108
CHAPTER 03 운동상태의 유체 · · · · · 115
CHAPTER 04 펌프의 특성 · · · · · 127
CHAPTER 05 소방열역학 · · · · · 132

02 소방기계시설의 구조 및 원리

CHAPTER 01 소화기구 · · · · · 146
CHAPTER 02 수계 소화설비 · · · · · 150
CHAPTER 03 가스계 소화설비 · · · · · 207
CHAPTER 04 분말 소화설비 · · · · · 224
CHAPTER 05 기타 소화설비 · · · · · 231

최근 7년 동안 가장 많이 출제된

최빈출 200제

01
소방유체역학

02
소방기계시설의 구조 및 원리

01 소방유체역학

PHASE 01 | 유체

01 다음 단위 중 3가지는 동일한 단위이고 나머지 하나는 다른 단위이다. 이 중 동일한 단위가 아닌 것은?

① [J]　　　　　② [N · s]
③ [Pa · m³]　　④ [kg · m²/s²]

해설 에너지의 단위는 [J]=[N · m]=[Pa · m³]
=[kg · m²/s²]이고, 에너지의 차원은 ML^2T^{-2}이다.

정답 | ②

02 다음 중 동점성계수의 차원을 옳게 표현한 것은? (단, 질량 M, 길이 L, 시간 T로 표시한다.)

① $ML^{-1}T^{-1}$　　② L^2T^{-1}
③ $ML^{-2}T^{-2}$　　④ $ML^{-1}T^{-2}$

해설 동점성계수(동점도)의 단위는 [m²/s]이고, 동점성계수(동점도)의 차원은 L^2T^{-1}이다.

정답 | ②

03 유체에 관한 설명 중 옳은 것은?

① 실제유체는 유동할 때 마찰손실이 생기지 않는다.
② 이상유체는 높은 압력에서 밀도가 변화하는 유체이다.
③ 유체에 압력을 가하면 체적이 줄어드는 유체는 압축성 유체이다.
④ 압력을 가해도 밀도변화가 없으며 점성에 의한 마찰손실만 있는 유체가 이상유체이다.

해설 압력에 따라 부피와 밀도가 변화하는 유체를 압축성 유체라고 한다.

+ PLUS ① 유동할 때 마찰손실이 생기지 않는 유체는 이상유체이다.
② 이상유체는 높은 압력에서 밀도가 변화하지 않는다.
④ 이상유체는 분자간 상호작용이 없으므로 점성과 그에 따른 마찰손실이 없다.

정답 | ③

04 유체의 거동을 해석하는데 있어서 비점성 유체에 대한 설명으로 옳은 것은?

① 실제 유체를 말한다.
② 전단응력이 존재하는 유체를 말한다.
③ 유체 유동 시 마찰저항이 속도 기울기에 비례하는 유체이다.
④ 유체 유동 시 마찰저항을 무시한 유체를 말한다.

해설 유체를 구성하는 분자가 다른 분자로부터 저항을 받지 않는 유체를 비점성 유체라고 한다.

정답 | ④

05 다음 기체, 유체, 액체에 대한 설명 중 옳은 것만을 모두 고른 것은?

> ㉠ 기체: 매우 작은 응집력을 가지고 있으며, 자유표면을 가지지 않고 주어진 공간을 가득 채우는 물질
> ㉡ 유체: 전단응력을 받을 때 연속적으로 변형하는 물질
> ㉢ 액체: 전단응력이 전단변형률과 선형적인 관계를 가지는 물질

① ㉠, ㉡
② ㉠, ㉢
③ ㉡, ㉢
④ ㉠, ㉡, ㉢

해설 ㉢은 뉴턴유체에 대한 설명이다.

정답 | ①

06 동력(power)의 차원을 MLT(질량M, 길이L, 시간T)계로 바르게 나타낸 것은?

① MLT^{-1}
② M^2LT^{-2}
③ ML^2T^{-3}
④ MLT^{-2}

해설 동력의 단위는 $[W]=[J/s]=[N \cdot m/s]=[kg \cdot m^2/s^3]$이고, 동력의 차원은 ML^2T^{-3}이다.

정답 | ③

PHASE 02 | 유체의 성질

07 체적이 10[m³]인 기름의 무게가 30,000[N]이라면 이 기름의 비중은 얼마인가? (단, 물의 밀도는 1,000[kg/m³]이다.)

① 0.153 ② 0.306
③ 0.459 ④ 0.612

해설

$$s = \frac{\rho}{\rho_w} = \frac{\gamma}{\gamma_w}$$

s: 비중, ρ: 비교물질의 밀도[kg/m³],
ρ_w: 물의 밀도[kg/m³], γ: 비교물질의 비중량[N/m³],
γ_w: 물의 비중량[N/m³]

기름의 비중량은 무게를 부피로 나누어 구할 수 있다.
$\gamma = \frac{30,000}{10} = 3,000[\text{N/m}^3]$

물의 비중량은 밀도와 중력가속도의 곱으로 구할 수 있다.
$\gamma_w = \rho_w g = 1,000 \times 9.8 = 9,800[\text{N/m}^3]$

비중은 비교물질의 비중량과 물의 비중량의 비율이므로 기름의 비중 s는
$s = \frac{\gamma}{\gamma_w} = \frac{3,000}{9,800} \fallingdotseq 0.306$

정답 | ②

08 그림에서 두 피스톤의 지름이 각각 30[cm]와 5[cm]이다. 큰 피스톤이 1[cm] 아래로 움직이면 작은 피스톤은 위로 몇 [cm] 움직이는가?

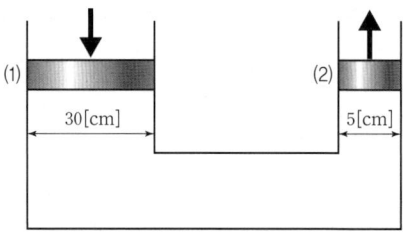

① 1 ② 5
③ 30 ④ 36

해설

큰 피스톤(1)에 의해 줄어드는 물의 부피는 작은 피스톤(2)에 의해 늘어나는 물의 부피와 같다.
피스톤은 원형이므로 단면적은 다음과 같다.

$$A = \frac{\pi}{4} D^2$$

따라서 다음의 식이 성립한다.
$\frac{\pi}{4} D_1^2 h_1 = \frac{\pi}{4} D_2^2 h_2$

주어진 조건을 공식에 대입하면 작은 피스톤이 움직이는 높이 h_2는
$\frac{\pi}{4} \times 0.3^2 \times 1 = \frac{\pi}{4} \times 0.05^2 \times h_2$
$h_2 = 36[\text{cm}]$

정답 | ④

09 10[kg]의 수증기가 들어있는 체적 2[m³]의 단단한 용기를 냉각하여 온도를 200[℃]에서 150[℃]로 낮추었다. 나중 상태에서 액체상태의 물은 약 몇 [kg]인가? (단, 150[℃]에서 물의 포화액 및 포화증기의 비체적은 각각 0.0011[m³/kg], 0.3925[m³/kg]이다.)

① 0.508 ② 1.24
③ 4.92   ④ 7.86

해설 10[kg]의 수증기는 150[℃]에서 x[kg]의 물과 $(10-x)$[kg]의 수증기로 상태변화 하였다.
물과 수증기는 부피 2[m³]의 단단한 용기를 가득 채우고 있다.
$0.0011 \times x + 0.3925 \times (10-x) = 2$
따라서 액체상태 물의 질량 x는
$3.925 - 2 = (0.3925 - 0.0011)x$
$x = \dfrac{3.925 - 2}{0.3925 - 0.0011}$
$\fallingdotseq 4.92 \text{[kg]}$

정답 | ③

10 물의 체적을 5[%] 감소시키려면 얼마의 압력 [kPa]을 가하여야 하는가? (단, 물의 압축률은 5×10^{-10}[m²/N] 이다.)

① 1   ② 10^2
③ 10^4 ④ 10^5

해설
$$\beta = \dfrac{1}{K} = -\dfrac{\dfrac{\Delta V}{V}}{\Delta P}$$

β: 압축률[m²/N], K: 체적탄성계수[N/m²],
ΔV: 부피변화량, V: 부피, ΔP: 압력변화량[N/m²]

압축률을 압력에 관한 식으로 나타내면 다음과 같다.
$$\Delta P = -\dfrac{\dfrac{\Delta V}{V}}{\beta}$$

부피가 5[%] 감소하였다는 것은 이전부피 V_1가 100일 때 이후부피 V_2는 95라는 의미이므로 부피변화율 $\dfrac{\Delta V}{V}$는 $\dfrac{95-100}{100} = -0.05$이다.

따라서 압력변화량 ΔP는
$\Delta P = -\dfrac{-0.05}{5 \times 10^{-10}} = 10^8 \text{[Pa]} = 10^5 \text{[kPa]}$

정답 | ④

11 점성계수와 동점성계수에 관한 설명으로 올바른 것은?

① 동점성계수＝점성계수×밀도
② 점성계수＝동점성계수×중력가속도
③ 동점성계수＝점성계수/밀도
④ 점성계수＝동점성계수/중력가속도

해설 동점성계수(동점도)는 점성계수(점도)를 밀도로 나누어 구한다.

$$\nu = \dfrac{\mu}{\rho}$$

ν: 동점성계수(동점도)[m²/s],
μ: 점성계수(점도)[kg/m·s], ρ: 밀도[kg/m³]

정답 | ③

12 유체가 평판 위를 $u[\text{m/s}]=500y-6y^2$의 속도분포로 흐르고 있다. 이때 $y[\text{m}]$는 벽면으로부터 측정된 수직거리일 때 벽면에서의 전단응력은 약 몇 $[\text{N/m}^2]$인가? (단, 점성계수는 $1.4\times10^{-3}[\text{Pa}\cdot\text{s}]$이다.)

① 14 ② 7
③ 1.4 ④ 0.7

해설 전단응력은 점성계수(점도)와 속도기울기의 곱으로 이루어져 있다.

$$\tau=\mu\frac{du}{dy}$$

τ: 전단응력[Pa], μ: 점성계수(점도)[N·s/m²],
$\dfrac{du}{dy}$: 속도기울기[s⁻¹]

유체가 평판 위를 $u[\text{m/s}]=500y-6y^2$의 속도분포로 흐르고 있으므로 벽면($y=0$)에서의 속도기울기 $\dfrac{du}{dy}$는 다음과 같다.

$\dfrac{du}{dy}=500-12y=500$

주어진 조건을 공식에 대입하면 전단응력 τ는
$\tau=1.4\times10^{-3}\times500=0.7$

정답 | ④

13 모세관 현상에 있어서 물이 모세관을 따라 올라가는 높이에 대한 설명으로 옳은 것은?

① 표면장력이 클수록 높이 올라간다.
② 관의 지름이 클수록 높이 올라간다.
③ 밀도가 클수록 높이 올라간다.
④ 중력의 크기와는 무관하다.

해설 모세관 현상에서 표면의 높이 차이는 표면장력에 비례하고, 비중량(밀도×중력가속도), 모세관의 직경에 반비례한다.

$$h=\frac{4\sigma\cos\theta}{\gamma D}$$

h: 표면의 높이 차이[m], σ: 표면장력[N/m], θ: 부착 각도, γ: 유체의 비중량[N/m³], D: 모세관의 직경[m]

정답 | ①

14 표면장력에 관련된 설명 중 옳은 것은?

① 표면장력의 차원은 $\dfrac{\text{힘}}{\text{면적}}$이다.
② 액체와 공기의 경계면에서 액체 분자의 응집력보다 공기분자와 액체 분자 사이의 부착력이 클 때 발생된다.
③ 대기 중의 물방울은 크기가 작을수록 내부 압력이 크다.
④ 모세관 현상에 의한 수면 상승 높이는 모세관의 직경에 비례한다.

해설 표면장력이 일정한 경우 물방울은 크기가 작을수록 내부 압력이 크다.

$$\sigma\propto PD$$

σ: 표면장력[N/m], P: 내부 압력[N/m²], D: 유체의 지름[m]

+ PLUS ① 표면장력의 차원은 FL^{-1}으로 $\dfrac{\text{힘}}{\text{길이}}$, $\dfrac{\text{에너지}}{\text{면적}}$이다.
② 표면장력은 분자 간 응집력이 분자 외부로의 부착력보다 클 때 발생한다.
④ 모세관 현상의 수면 상승 높이는 모세관의 직경에 반비례한다.

정답 | ③

15 액체 분자들 사이의 응집력과 고체면에 대한 부착력의 차이에 의하여 관내 액체표면과 자유표면 사이에 높이 차이가 나타나는 것과 가장 관계가 깊은 것은?

① 관성력 ② 점성
③ 뉴턴의 마찰법칙 ④ 모세관 현상

해설 모세관 현상은 분자간 인력인 응집력과 분자와 모세관 사이의 인력인 부착력의 차이에 의해 발생한다.

정답 | ④

16 다음 중 뉴턴(Newton)의 점성법칙을 이용하여 만든 회전 원통식 점도계는?

① 세이볼트(Saybolt) 점도계
② 오스왈트(Ostwald) 점도계
③ 레드우드(Redwood) 점도계
④ 맥미셀(MacMichael) 점도계

해설 뉴턴(Newton)의 점성법칙을 이용한 회전 원통식 점도계는 맥미셀(MacMichael) 점도계이다.

+PLUS 점성의 측정

구분	측정원리	점도계의 종류
하겐-푸아죄유(Hagen-Poiseuille)의 법칙	세관법	• 세이볼트(Saybolt) 점도계 • 오스왈트(Ostwald) 점도계 • 레드우드(Redwood) 점도계 • 앵글러(Engler) 점도계 • 바베이(Barbey) 점도계
뉴턴(Newton)의 점성법칙	회전 원통법	• 스토머(Stormer) 점도계 • 맥미셀(MacMichael) 점도계
스토크스(Stokes)의 법칙	낙구법	낙구식 점도계

정답 | ④

17 다음 중 Stokes의 법칙과 관계되는 점도계는?

① Ostwald 점도계　② 낙구식 점도계
③ Saybolt 점도계　④ 회전식 점도계

해설 스토크스(Stokes)의 법칙과 관계되는 점도계는 낙구식 점도계이다.

+PLUS 점성의 측정

구분	측정원리	점도계의 종류
하겐-푸아죄유(Hagen-Poiseuille)의 법칙	세관법	• 세이볼트(Saybolt) 점도계 • 오스왈트(Ostwald) 점도계 • 레드우드(Redwood) 점도계 • 앵글러(Engler) 점도계 • 바베이(Barbey) 점도계
뉴턴(Newton)의 점성법칙	회전 원통법	• 스토머(Stormer) 점도계 • 맥미셀(MacMichael) 점도계
스토크스(Stokes)의 법칙	낙구법	낙구식 점도계

정답 | ②

PHASE 03 | 압력과 부력

18 다음 중 표준대기압인 1기압에 가장 가까운 것은?

① 860[mmHg]　② 10.33[mAq]
③ 101.325[bar]　④ 1.0332[kgf/m²]

해설 대기압은 10.332[m]의 물기둥이 누르는 압력과 같다. 10.332[mAq] 또는 10.332[mH₂O]로 쓴다.

+PLUS
① 1[atm]은 760[mmHg]와 같다.
③ 1[atm]은 1.01325[bar]와 같다.
④ 1[atm]은 10,332[kgf/m²], 10.332[kgf/cm²]와 같다.

정답 | ②

19 국소대기압이 98.6[kPa]인 곳에서 펌프에 의하여 흡입되는 물의 압력을 진공계로 측정하였다. 진공계가 7.3[kPa]을 가리켰을 때 절대압력은 몇 [kPa]인가?

① 0.93　② 9.3
③ 91.3　④ 105.9

해설 진공을 기준으로 나타내는 압력을 절대압이라고 하며, 대기압을 기준으로 (−)압력을 진공압이라고 한다.
따라서 대기압에 계기압력(진공압)을 더해주면 진공으로부터의 절대압이 된다.
98.6[kPa]+(−7.3[kPa])=91.3[kPa]

정답 | ③

20 2[m] 깊이로 물이 차있는 물탱크 바닥에 한 변이 20[cm]인 정사각형 모양의 관측창이 설치되어 있다. 관측창이 물로 인하여 받는 순 힘(net force)은 몇 [N]인가? (단, 관측창 밖의 압력은 대기압이다.)

① 784　② 392
③ 196　④ 98

해설 압력은 단위면적당 유체가 가하는 힘을 압력이라고 한다.

$$P=\frac{F}{A}$$

P: 압력[N/m²], F: 힘[N], A: 면적[m²]

물기둥 10.332[m]는 101,325[Pa]과 같으므로 물기둥 2[m]에 해당하는 압력은 다음과 같다.
$2[m] \times \frac{101,325[Pa]}{10.332[m]} ≒ 19,614[Pa]$

따라서 주어진 조건을 공식에 대입하면 관측창이 받는 힘 F는
$F=PA=19,614 \times (0.2 \times 0.2)$
　　$≒ 784[N]$

정답 | ①

21 비중이 1.03인 바닷물에 비중 0.9인 빙산이 떠있다. 전체 부피의 몇 [%]가 해수면 위로 올라와 있는가?

① 12.6　　② 10.8
③ 7.2　　　④ 6.3

해설 빙산이 바닷물 수면에 안정적으로 떠있으므로 빙산에 작용하는 중력과 부력의 크기는 같다.

$$F_1 - F_2 = s_1\gamma_w V - s_2\gamma_w \times xV = 0$$

F_1: 중력[N], F_2: 부력[N], s_1: 빙산의 비중, γ_w: 물의 비중량[N/m³], V: 빙산의 부피[m³], s_2: 바닷물의 비중, x: 물체가 잠긴 비율[%]

$$F_1 - F_2 = 0.9 \times 9,800 \times V - 1.03 \times 9,800 \times xV = 0$$
$$x = \frac{0.9 \times 9,800 \times V}{1.03 \times 9,800 \times V} \fallingdotseq 0.8738 = 87.38[\%]$$

해수면 아래 잠긴 부피의 비율이 87.38[%]이므로, 해수면 위로 나온 부피의 비율은
$(100 - 87.38)[\%] = 12.62[\%]$

정답 | ①

22 공기 중에서 무게가 941[N]인 돌이 물속에서 500[N] 이라면 이 돌의 체적[m³]은? (단, 공기의 부력은 무시한다.)

① 0.012　　② 0.028
③ 0.034　　④ 0.045

해설 공기 중에서 물체에 작용하는 힘은 중력이고, 수중에서 물체에 작용하는 힘은 중력과 부력이다.
따라서 공기 중에서의 무게 941[N]과 수중에서의 무게 500[N]의 차이만큼 부력이 작용하고 있다.

$$F = s\gamma_w V$$

F: 부력[N], s: 비중, γ_w: 물의 비중량[N/m³], V: 돌의 부피[m³]

물의 비중은 1이므로
$F = 941 - 500 = 441 = 1 \times 9,800 \times V$
$V = \frac{441}{9,800} = 0.045[m^3]$

정답 | ④

PHASE 04 | 압력의 측정

23 관 A에는 비중 $s_1 = 1.5$인 유체가 있으며, 마노미터 유체는 비중 $s_2 = 13.6$인 수은이고, 마노미터에서의 수은의 높이차 h_2는 20[cm]이다. 이후 관 A의 압력을 종전보다 40[kPa] 증가했을 때, 마노미터에서 수은의 새로운 높이차 (h_2')는 약 몇 [cm]인가?

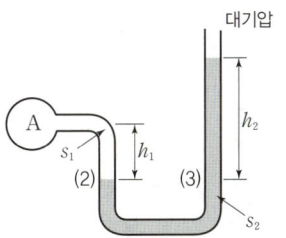

① 28.4
② 35.9
③ 46.2
④ 51.8

해설
$$P_x = \gamma h = s\gamma_w h$$

P_x: x점에서의 압력[kN/m²], γ: 비중량[kN/m³], h: 표면까지의 높이[m], s: 비중, γ_w: 물의 비중량[kN/m³]

(2)면에 작용하는 압력은 A점에서의 압력과 A점의 유체가 누르는 압력의 합과 같다.
$P_2 = P_A + s_1\gamma_w h_1$

(3)면에 작용하는 압력은 (3)면 위의 유체가 누르는 압력과 같다.
$P_3 = s_2\gamma_w h_2$

유체 내부에서 같은 수평면(높이)에는 같은 압력이 작용하므로 (2)면과 (3)면의 압력은 같다.
$P_2 = P_3$
$P_A + s_1\gamma_w h_1 = s_2\gamma_w h_2$

A점의 압력이 종전보다 40[kPa] 증가하면 계기 유체는 바깥쪽으로 더 높이 올라가므로 높이 변화와 관계식은 다음과 같다.
$h_1' = h_1 + x$
$h_2' = h_2 + 2x$
$P_A + 40 + s_1\gamma_w h_1' = s_2\gamma_w h_2'$

압력 변화 전후의 식을 연립하면 다음과 같다.
$40 + s_1\gamma_w(h_1' - h_1) = s_2\gamma_w(h_2' - h_2)$
$40 + s_1\gamma_w x = 2s_2\gamma_w x$

따라서 높이의 변화량 x는 다음과 같다.
$x = \frac{40}{2s_2\gamma_w - s_1\gamma_w} = \frac{40}{2 \times 13.6 \times 9.8 - 1.5 \times 9.8}$
$\fallingdotseq 0.159[m] = 15.9[cm]$

수은의 새로운 높이차 h_2'는
$h_2' = h_2 + 2x = 20 + 2 \times 15.9 = 51.8[cm]$

정답 | ④

24 그림과 같은 거꾸로 된 마노미터에서 물과 기름, 수은이 채워져 있다. $a=10[\text{cm}]$, $c=25[\text{cm}]$이고 A의 압력이 B의 압력보다 $80[\text{kPa}]$ 작을 때 b의 길이는 약 몇 $[\text{cm}]$인가? (단, 수은의 비중량은 $133,100[\text{N/m}^3]$, 기름의 비중은 0.9이다.)

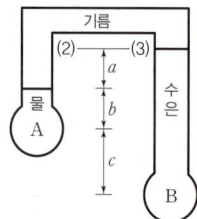

① 17.8　　　② 27.8
③ 37.8　　　④ 47.8

해설

$$P_x = \gamma h = s\gamma_w h$$

P_x: x점에서의 압력[Pa], γ: 비중량[N/m³],
h: 표면까지의 높이[m], s: 비중, γ_w: 물의 비중량[N/m³]

P_A는 물이 누르는 압력과 기름이 누르는 압력, (2)면에 작용하는 압력의 합과 같다.
$P_A = \gamma_w b + s_1 \gamma_w a + P_2$
P_B는 수은이 누르는 압력과 (3)면에 작용하는 압력의 합과 같다.
$P_B = \gamma(a+b+c) + P_3$
유체 내부에서 같은 수평면(높이)에는 같은 압력이 작용하므로 (2)면과 (3)면의 압력은 같다.
$P_2 = P_3$
$P_A - \gamma_w b - s_1 \gamma_w a = P_B - \gamma(a+b+c)$
A점의 압력이 B점의 압력보다 $80[\text{kPa}]$ 작으므로 두 점의 관계식은 다음과 같다.
$P_A + 80,000 = P_B$
따라서 두 식을 연립하여 주어진 조건을 대입하면 b의 길이는
$80,000 + \gamma_w b + s_1 \gamma_w a = \gamma(a+b+c)$
$80,000 + s_1 \gamma_w a - \gamma(a+c) = (\gamma - \gamma_w)b$
$b = \dfrac{80,000 + s_1 \gamma_w a - \gamma(a+c)}{\gamma - \gamma_w}$
$= \dfrac{80,000 + (0.9 \times 9,800 \times 0.1) - 133,100(0.1+0.25)}{133,100 - 9,800}$
$\fallingdotseq 0.278[\text{m}] = 27.8[\text{cm}]$

정답 | ②

PHASE 05 | 유체가 가하는 힘

25 아래 그림과 같은 반지름이 $1[\text{m}]$이고, 폭이 $3[\text{m}]$인 곡면의 수문 AB가 받는 수평분력은 약 몇 $[\text{N}]$인가?

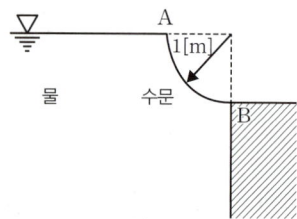

① 7,350　　　② 14,700
③ 23,900　　　④ 29,400

해설 곡면의 수평 방향으로 작용하는 힘 F는 다음과 같다.

$$F = PA = \rho g h A = \gamma h A$$

F: 수평 방향으로 작용하는 힘(수평분력)[N],
P: 압력[N/m²], A: 정사영 면적[m²],
ρ: 밀도[kg/m³], g: 중력가속도[m/s²],
h: 중심 높이로부터 표면까지의 높이[m],
γ: 유체의 비중량[N/m³]

유체는 물이므로 물의 비중량은 $9,800[\text{N/m}^3]$이다.
곡면의 중심 높이로부터 표면까지의 높이 h는 $0.5[\text{m}]$이다.
곡면과 나란한 수직인 벽으로 정사영을 내린 면적 A는 $(1 \times 3)[\text{m}]$이다.
$F = 9,800 \times 0.5 \times (1 \times 3)$
$= 14,700[\text{N}]$

정답 | ②

26 정육면체의 그릇에 물을 가득 채울 때, 그릇 밑면이 받는 압력에 의한 수직방향 평균 힘의 크기를 P라고 하면, 한 측면이 받는 압력에 의한 수평방향 평균 힘의 크기는 얼마인가?

① $0.5P$ ② P
③ $2P$ ④ $4P$

[해설] 정육면체의 한 변의 길이가 a일 때, 수직 방향으로 작용하는 힘 F_v는 다음과 같다.

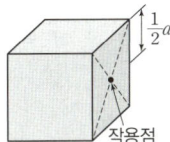

$$F = mg = \rho V g = \gamma V$$

F: 수직 방향으로 작용하는 힘(수직분력)[N],
m: 질량[kg], g: 중력가속도[m/s²], ρ: 밀도[kg/m³],
V: 부피[m³], γ: 유체의 비중량[N/m³]

$F_v = \gamma V = \gamma(a \times a \times a) = \gamma a^3 = P$

수평 방향으로 작용하는 힘은 중심 높이로부터 표면까지의 높이 $\frac{a}{2}$에 작용하므로 F_h는

$$F = PA = \rho g h A = \gamma h A$$

F: 수평 방향으로 작용하는 힘(수평분력)[N],
P: 압력[N/m²], A: 정사영 면적[m²],
ρ: 밀도[kg/m³], g: 중력가속도[m/s²],
h: 중심 높이로부터 표면까지의 높이[m],
γ: 유체의 비중량[N/m³]

$F_h = \gamma h A = \gamma \times \frac{a}{2} \times (a \times a) = \frac{1}{2}\gamma a^3 = 0.5P$

정답 | ①

27 그림과 같이 반지름이 1[m], 폭(y 방향) 2[m]인 곡면 AB에 작용하는 물에 의한 힘의 수직성분(z방향) F_z와 수평성분(x방향) F_x와의 비 $\left(\dfrac{F_z}{F_x}\right)$는 얼마인가?

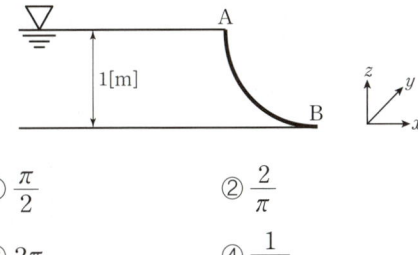

① $\dfrac{\pi}{2}$ ② $\dfrac{2}{\pi}$
③ 2π ④ $\dfrac{1}{2\pi}$

[해설] 곡면의 수평 방향으로 작용하는 힘 F_x는 다음과 같다.

$$F = PA = \rho g h A = \gamma h A$$

F: 수평 방향으로 작용하는 힘(수평분력)[N],
P: 압력[N/m²], A: 정사영 면적[m²], ρ: 밀도[kg/m³],
g: 중력가속도[m/s²], h: 중심 높이로부터 표면까지의 높이[m], γ: 유체의 비중량[N/m³]

곡면의 중심 높이로부터 표면까지의 높이 h는 0.5[m]이다.
곡면과 나란한 수직인 벽으로 정사영을 내린 면적 A는 (1×2)[m²]이다.
$F_x = \gamma \times 0.5 \times (1 \times 2) = \gamma$
곡면의 수직 방향으로 작용하는 힘 F_z는 다음과 같다.

$$F = mg = \rho V g = \gamma V$$

F: 수직 방향으로 작용하는 힘(수직분력)[N],
m: 질량[kg], g: 중력가속도[m/s²], ρ: 밀도[kg/m³],
V: 곡면 위 유체의 부피[m³], γ: 유체의 비중량[N/m³]

곡면 아래에 유체가 있는 경우 곡면 위의 유체 표면까지 채울 수 있는 가상 유체의 무게로 한다.

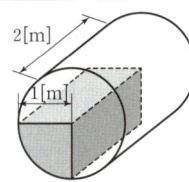

$V = \dfrac{1}{4} \times \pi r^2 \times 2 = \dfrac{\pi}{2}$

$F_z = \gamma V = \dfrac{\pi}{2}\gamma$

따라서 곡면 AB에 작용하는 물에 의한 힘의 수직성분 F_z와 수평성분 F_x와의 비 $\dfrac{F_z}{F_x}$는

$\dfrac{F_z}{F_x} = \dfrac{\frac{\pi}{2}\gamma}{\gamma} = \dfrac{\pi}{2}$

정답 | ①

28 단면적이 A와 $2A$인 U자형 관에 밀도가 d인 기름이 담겨져 있다. 단면적이 $2A$인 관에 관벽과는 마찰이 없는 물체를 놓았더니 그림과 같이 평형을 이루었다. 이 때 이 물체의 질량은?

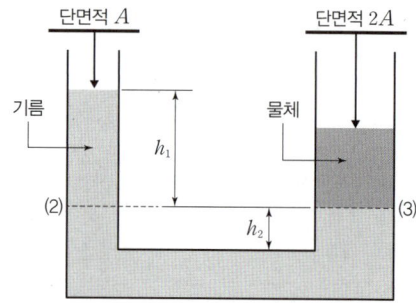

① $2Ah_1d$ ② Ah_1d
③ $A(h_1+h_2)d$ ④ $A(h_1-h_2)d$

해설
$$P_x = \rho gh$$

P_x: x점에서의 압력[N/m²], ρ: 밀도[kg/m³], g: 중력가속도[m/s²], h: x점으로부터 표면까지의 높이[m]

(2)면에 작용하는 압력은 기름이 누르는 압력과 같다.
$P_2 = dgh_1$
(3)면에 작용하는 압력은 물체가 누르는 압력과 같다.

$$P = \frac{F}{A}$$

P: 압력[N/m²], F: 힘[N], A: 면적[m²]

물체가 가진 질량을 m이라고 하면 물체가 누르는 힘 F는 mg이고, 따라서 물체가 누르는 압력은 다음과 같다.
$P_3 = \dfrac{mg}{2A}$
유체 내부에서 같은 수평면(높이)에는 같은 압력이 작용하므로 (2)면과 (3)면의 압력은 같다.
$P_2 = P_3$
$dgh_1 = \dfrac{mg}{2A}$
따라서 물체의 질량 m은
$m = 2Ah_1d$

정답 | ①

---

29 피스톤의 지름이 각각 10[mm], 50[mm]인 두 개의 유압장치가 있다. 두 피스톤에 안에 작용하는 압력은 동일하고, 큰 피스톤이 1,000[N]의 힘을 발생시킨다고 할 때 작은 피스톤에서 발생시키는 힘은 약 몇 [N]인가?

① 40 ② 400
③ 25,000 ④ 245,000

해설 두 피스톤 안에 작용하는 압력이 동일하므로 파스칼의 원리에 의해 다음의 식이 성립한다.

$$P_1 = \frac{F_1}{A_1} = \frac{F_2}{A_2} = P_2$$

P: 압력[N/m²], F: 힘[N], A: 면적[m²]

피스톤은 지름이 D[m]인 원형이므로 피스톤 단면적의 비율은 다음과 같다.

$$A = \frac{\pi}{4}D^2$$

큰 피스톤이 발생시키는 힘 F_1이 1,000[N], 큰 피스톤의 지름이 A_1, 작은 피스톤의 지름이 A_2이면 작은 피스톤이 발생시키는 힘 F_2는 다음과 같다.

$$F_2 = F_1 \times \left(\frac{A_2}{A_1}\right) = 1,000 \times \left(\frac{\frac{\pi}{4} \times 0.01^2}{\frac{\pi}{4} \times 0.05^2}\right)$$

$= 40$[N]

정답 | ①

PHASE 06 | 유체유동

30 그림과 같은 관에 비압축성 유체가 흐를 때 A단면의 평균속도가 V_1이라면 B단면에서의 평균속도 V_2는? (단, A단면의 지름은 d_1이고 B단면의 지름은 d_2이다.)

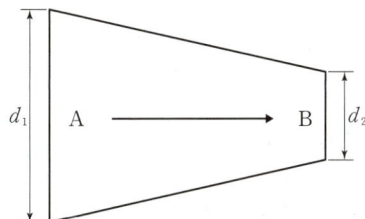

① $V_2 = \left(\dfrac{d_1}{d_2}\right)V_1$ ② $V_2 = \left(\dfrac{d_1}{d_2}\right)^2 V_1$

③ $V_2 = \left(\dfrac{d_2}{d_1}\right)V_1$ ④ $V_2 = \left(\dfrac{d_2}{d_1}\right)^2 V_1$

해설

$$Q = Au$$

Q: 부피유량[m³/s], A: 유체의 단면적[m²], u: 유속[m/s]

배관은 지름이 D인 원형이므로 배관의 단면적은 다음과 같다.

$$A = \dfrac{\pi}{4}D^2$$

$A_1 = \dfrac{\pi}{4}d_1^2$

$A_2 = \dfrac{\pi}{4}d_2^2$

두 단면의 부피유량은 일정하고, 단면 A의 유속이 V_1, 단면 B의 유속이 V_2이므로

$Q = \dfrac{\pi}{4}d_1^2 \times V_1 = \dfrac{\pi}{4}d_2^2 \times V_2$

$V_2 = \left(\dfrac{d_1}{d_2}\right)^2 V_1$

정답 | ②

31 원형 물탱크의 안지름이 1[m]이고, 아래쪽 옆면에 안지름 100[mm]인 송출관을 통해 물을 수송할 때의 순간 유속이 3[m/s]이었다. 이때 탱크 내 수면이 내려오는 속도는 몇 [m/s]인가?

① 0.015 ② 0.02
③ 0.025 ④ 0.03

해설 물탱크에서 줄어드는 물의 부피유량과 송출관을 통해 빠져나가는 물의 부피유량은 같다.

$$Q = Au$$

Q: 부피유량[m³/s], A: 유체의 단면적[m²], u: 유속[m/s]

물탱크(1)와 송출관(2)은 원형이므로 단면적은 다음과 같다.

$$A = \dfrac{\pi}{4}D^2$$

$A_1 = \dfrac{\pi}{4} \times 1^2$

$A_2 = \dfrac{\pi}{4} \times 0.1^2$

송출관의 유속이 3[m/s]이고, 부피유량이 일정하므로 수면이 내려오는 속도 u_1는

$Q = A_1 u_1 = A_2 u_2$

$\dfrac{\pi}{4} \times 1^2 \times u_1 = \dfrac{\pi}{4} \times 0.1^2 \times 3$

$u_1 = 0.03$[m/s]

정답 | ④

PHASE 07 | 유체가 가지는 에너지

32 그림과 같이 사이펀에 의해 용기 속의 물이 $4.8[m^3/min]$로 방출된다면 전체 손실수두 [m]는 얼마인가? (단, 관 내 마찰은 무시한다.)

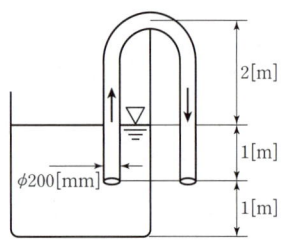

① 0.668 ② 0.330
③ 1.043 ④ 1.826

해설 수조의 표면에서 유체의 위치가 가지는 에너지는 사이펀을 통과하며 일부 손실이 되고, 나머지는 사이펀의 출구에서 유속이 가지는 에너지로 변환되며 속도 u를 가지게 된다.

$$Z = H + \frac{u^2}{2g}$$

사이펀을 통과하는 유량은 $4.8[m^3/min]$이므로 단위를 변환하면 $\frac{4.8}{60}[m^3/s]$이고, 사이펀은 원형이므로 유속 u는 다음과 같다.

$$Q = Au$$

Q: 부피유량$[m^3/s]$, A: 유체의 단면적$[m^2]$, u: 유속$[m/s]$

$$A = \frac{\pi}{4}D^2$$

$$u = \frac{Q}{A} = \frac{Q}{\frac{\pi}{4}D^2} = \frac{\frac{4.8}{60}}{\frac{\pi}{4} \times 0.2^2} \fallingdotseq 2.55[m/s]$$

표면과 사이펀 출구의 높이 차이는 1[m]이므로 손실수두 H는

$$H = Z - \frac{u^2}{2g} = 1 - \frac{2.55^2}{2 \times 9.8}$$
$$\fallingdotseq 0.6682[m]$$

정답 | ①

33 베르누이 방정식을 적용할 수 있는 기본 전제 조건으로 옳은 것은?

① 비압축성 흐름, 점성 흐름, 정상 유동
② 압축성 흐름, 비점성 흐름, 정상 유동
③ 비압축성 흐름, 비점성 흐름, 비정상 유동
④ 비압축성 흐름, 비점성 흐름, 정상 유동

해설 베르누이의 정리에서 압력이 가지는 에너지, 유속이 가지는 에너지, 위치가 가지는 에너지의 합은 일정하다.

+PLUS 베르누이 정리의 조건
㉠ 비압축성 유체이다.
㉡ 정상상태의 흐름이다.
㉢ 마찰이 없는 흐름이다.
㉣ 임의의 두 점은 같은 흐름선 상에 있다.

정답 | ④

34 관내에 물이 흐르고 있을 때, 그림과 같이 액주계를 설치하였다. 관내에서 물의 유속은 약 몇 [m/s]인가?

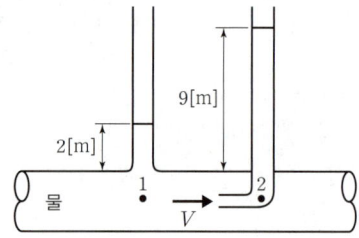

① 2.6 ② 7
③ 11.7 ④ 137.2

해설 점 1에서 유속이 가지는 에너지는 점 2에서 더 이상 진행하지 못하게 되어 위치가 가지는 에너지로 변환되며 유체를 Z만큼 표면 위로 밀어올리게 된다.

$$\frac{u^2}{2g} = Z$$
$$u = \sqrt{2gZ} = \sqrt{2 \times 9.8 \times (9-2)}$$
$$\fallingdotseq 11.71[m/s]$$

정답 | ③

35 물탱크에 담긴 물의 수면의 높이가 10[m]인데, 물탱크 바닥에 원형 구멍이 생겨서 10[L/s]만큼 물이 유출되고 있다. 원형 구멍의 지름은 약 몇 [cm]인가? (단, 구멍의 유량보정계수는 0.6이다.)

① 2.7　　② 3.1
③ 3.5　　④ 3.9

해설

$$\frac{P_1}{\gamma} + \frac{u_1^2}{2g} + Z_1 = \frac{P_2}{\gamma} + \frac{u_2^2}{2g} + Z_2$$

P: 압력[N/m²], γ: 비중량[N/m³], u: 유속[m/s], g: 중력가속도[m/s²], Z: 높이[m]

수면과 구멍 바깥의 압력은 대기압으로 같다.
$P_1 = P_2$
수면과 구멍의 높이 차이는 다음과 같다.
$Z_1 - Z_2 = 10[m]$
수면 높이는 일정하므로 수면 높이의 변화속도 u_1는 무시하고 주어진 조건을 공식에 대입하면 구멍을 통과하는 유속 u_2은 다음과 같다.

$$\frac{u_2^2}{2g} = (Z_1 - Z_2)$$

이론유속과 실제유속은 차이가 있으므로 보정계수 C를 곱해 그 차이를 보정한다.
$u_2 = C\sqrt{2g(Z_1 - Z_2)} = 0.6 \times \sqrt{2 \times 9.8 \times 10} = 8.4[m/s]$
구멍은 지름이 $D[m]$인 원형이므로 구멍의 단면적은 다음과 같다.

$$A = \frac{\pi}{4}D^2$$

부피유량 공식 $Q = Au$에 의해 유량 Q와 유속 u를 알면 구멍의 직경 D를 구할 수 있다.
따라서 주어진 조건을 공식에 대입하면 직경 D는

$Q = \frac{\pi}{4}D^2 u$

$D = \sqrt{\frac{4Q}{\pi u}} = \sqrt{\frac{4 \times 0.01}{\pi \times 8.4}}$
　　$≒ 0.0389[m] = 3.89[cm]$

정답 | ④

36 스프링클러 헤드의 방수압이 4배가 되면 방수량은 몇 배가 되는가?

① $\sqrt{2}$배　　② 2배
③ 4배　　④ 8배

해설 헤드를 통과하기 전후의 압력과 속도의 관계식은 베르누이 방정식을 통해 구할 수 있다.

$$\frac{P_1}{\gamma} + \frac{u_1^2}{2g} + Z_1 = \frac{P_2}{\gamma} + \frac{u_2^2}{2g} + Z_2$$

P: 압력[N/m²], γ: 비중량[N/m³], u: 유속[m/s], g: 중력가속도[m/s²], Z: 높이[m]

헤드를 통과하기 전(1) 유속 u_1은 0, 헤드를 통과한 후(2) 압력 P_2는 대기압이므로 0, 높이 차이는 없으므로 $Z_1 = Z_2$로 두면 방정식은 다음과 같다.

$$\frac{P_1}{\gamma} = \frac{u_2^2}{2g}$$

따라서 헤드를 통과하기 전 P만큼의 방수압력을 가해주면 헤드를 통과한 유체는 u만큼의 유속으로 방사된다.

$u = \sqrt{\frac{2gP}{\gamma}}$

부피유량 공식 $Q = Au$에 의해 방수량은 다음과 같다.

$Q = Au = A\sqrt{\frac{2gP}{\gamma}}$

따라서 헤드의 방수압이 4배가 되면 방수량 Q는 2배가 된다.

$A\sqrt{\frac{2g \times 4P}{\gamma}} = 2A\sqrt{\frac{2gP}{\gamma}} = 2Q$

정답 | ②

37 물이 들어있는 탱크에 수면으로부터 20[m] 깊이에 지름 50[mm]의 오리피스가 있다. 이 오리피스에서 흘러나오는 유량[m³/min]은? (단, 탱크의 수면 높이는 일정하고 모든 손실은 무시한다.)

① 1.3 ② 2.3
③ 3.3 ④ 4.3

해설

$$\frac{P_1}{\gamma}+\frac{u_1^2}{2g}+Z_1=\frac{P_2}{\gamma}+\frac{u_2^2}{2g}+Z_2$$

P: 압력[N/m²], γ: 비중량[N/m³], u: 유속[m/s], g: 중력가속도[m/s²], Z: 높이[m]

수면과 오리피스 출구의 압력은 대기압으로 같다.
$P_1=P_2$
수면과 오리피스 출구의 높이 차이는 다음과 같다.
$Z_1-Z_2=20[m]$
수면 높이는 일정하므로 수면 높이의 변화속도 u_1은 무시하고 주어진 조건을 공식에 대입하면 오리피스 출구의 유속 u_2는 다음과 같다.
$\frac{u_2^2}{2g}=(Z_1-Z_2)$
$u_2=\sqrt{2g(Z_1-Z_2)}=\sqrt{2\times 9.8\times 20}≒19.8[m/s]$
오리피스는 지름이 D[m]인 원형이므로 오리피스의 단면적은 다음과 같다.

$$A=\frac{\pi}{4}D^2$$

부피유량 공식 $Q=Au$에 의해 오리피스의 직경 D와 유속 u를 알면 유량 Q를 구할 수 있다.
따라서 주어진 조건을 공식에 대입하면 유량 Q는
$Q=\frac{\pi}{4}D^2u=\frac{\pi}{4}\times 0.05^2\times 19.8$
$≒0.0389[m^3/s]=2.334[m^3/min]$

정답 | ②

38 비중이 0.877인 기름이 단면적이 변하는 원관을 흐르고 있으며 체적유량은 0.146[m³/s]이다. A점에서는 안지름이 150[mm], 압력이 91[kPa]이고, B점에서는 안지름이 450[mm], 압력이 60.3[kPa]이다. 또한 B점은 A점보다 3.66[m] 높은 곳에 위치한다. 기름이 A점에서 B점까지 흐르는 동안의 손실수두는 약 몇 [m] 인가? (단, 물의 비중량은 9,810[N/m³] 이다.)

① 3.3 ② 7.2
③ 10.7 ④ 14.1

해설

$$\frac{P_1}{\gamma}+\frac{u_1^2}{2g}+Z_1=\frac{P_2}{\gamma}+\frac{u_2^2}{2g}+Z_2+H$$

P: 압력[kN/m²], γ: 비중량[kN/m³], u: 유속[m/s], g: 중력가속도[m/s²], Z: 높이[m], H: 손실수두[m]

유체의 비중이 0.877이므로 유체의 비중량은 다음과 같다.

$$s=\frac{\rho}{\rho_w}=\frac{\gamma}{\gamma_w}$$

s: 비중, ρ: 비교물질의 밀도[kg/m³], ρ_w: 물의 밀도[kg/m³], γ: 비교물질의 비중량[kN/m³], γ_w: 물의 비중량[kN/m³]

$\gamma=s\gamma_w=0.877\times 9.81≒8.6$
부피유량이 일정하므로 A점의 유속 u_1과 B점의 유속 u_2는 다음과 같다.
$Q=A_1u_1=A_2u_2$
$u_1=\frac{Q}{A_1}=\frac{Q}{\frac{\pi}{4}D_1^2}=\frac{0.146}{\frac{\pi}{4}\times 0.15^2}≒8.262[m/s]$
$u_2=\frac{Q}{A_2}=\frac{Q}{\frac{\pi}{4}D_2^2}=\frac{0.146}{\frac{\pi}{4}\times 0.45^2}≒0.918[m/s]$
B점이 A점보다 3.66[m] 높은 곳에 위치하므로 위치수두는 다음과 같다.
$Z_1+3.66=Z_2$
따라서 주어진 조건을 공식에 대입하면 마찰손실수두 H는
$H=\frac{P_1-P_2}{\gamma}+\frac{u_1^2-u_2^2}{2g}+(Z_1-Z_2)$
$=\frac{91-60.3}{8.6}+\frac{8.262^2-0.918^2}{2\times 9.8}+(-3.66)$
$≒3.35[m]$

정답 | ①

39 용량 1,000[L]의 탱크차가 만수 상태로 화재 현장에 출동하여 노즐압력 294.2[kPa], 노즐 구경 21[mm]를 사용하여 방수한다면 탱크차 내의 물을 전부 방수하는 데 몇 분 소요되는가? (단, 모든 손실은 무시한다.)

① 1.7분 ② 2분
③ 2.3분 ④ 2.7분

해설 노즐을 통과하기 전후의 압력과 속도의 관계식은 베르누이 방정식을 통해 구할 수 있다.

$$\frac{P_1}{\gamma} + \frac{u_1^2}{2g} + Z_1 = \frac{P_2}{\gamma} + \frac{u_2^2}{2g} + Z_2$$

P: 압력[kN/m²], γ: 비중량[kN/m³], u: 유속[m/s], g: 중력가속도[m/s²], Z: 높이[m]

노즐을 통과하기 전(1) 유속 u_1은 0, 노즐을 통과한 후(2) 압력 P_2는 대기압이므로 0, 높이 차이는 없으므로 $Z_1=Z_2$로 두면 방정식은 다음과 같다.

$$\frac{P_1}{\gamma} = \frac{u_2^2}{2g}$$

따라서 노즐을 통과하기 전 P만큼의 방수압력을 가해주면 노즐을 통과한 유체는 u만큼의 유속으로 방사된다.

$$u = \sqrt{\frac{2gP}{\gamma}}$$

유체는 물이므로 물의 비중량은 9.8[kN/m³]이다.
노즐은 직경이 D인 원형이므로 노즐의 단면적은 다음과 같다.

$$A = \frac{\pi}{4}D^2$$

부피유량 공식 $Q=Au$에 의해 방수량은 다음과 같다.

$$Q = Au = \frac{\pi}{4}D^2 \times \sqrt{\frac{2gP}{\gamma}}$$
$$= \frac{\pi}{4} \times 0.021^2 \times \sqrt{\frac{2 \times 9.8 \times 294.2}{9.8}}$$
$$\fallingdotseq 0.0084[m^3/s]$$

따라서 1,000[L]의 물을 전부 방수하는데 걸리는 시간은

$$\frac{1,000[L]}{0.0084[m^3/s]} = \frac{1[m^3]}{0.0084[m^3/s]}$$
$$\fallingdotseq 119[s] = 1분\ 59초$$

정답 ②

40 경사진 관로의 유체 흐름에서 수력기울기선의 위치로 옳은 것은?

① 언제나 에너지선보다 위에 있다.
② 에너지선보다 속도수두만큼 아래에 있다.
③ 항상 수평이 된다.
④ 개수로의 수면보다 속도수두 만큼 위에 있다.

해설 수력기울기선은 압력수두와 위치수두의 합인 피에조미터 수두를 그래프에 나타낸 것이다.
피에조미터 수두는 전수두에서 속도수두를 뺀 값이므로 수력기울기선은 에너지선보다 속도수두만큼 아래에 있다.

정답 ②

PHASE 08 | 유체유동의 측정

41 그림과 같이 수직 평판에 속도 2[m/s]로 단면적이 $0.01[m^2]$인 물제트가 수직으로 세워진 벽면에 충돌하고 있다. 벽면의 오른쪽에서 물제트를 왼쪽 방향으로 쏘아 벽면의 평형을 이루게 하려면 물제트의 속도를 약 몇 [m/s]로 하여야 하는가? (단, 오른쪽에서 쏘는 물제트의 단면적은 $0.005[m^2]$이다.)

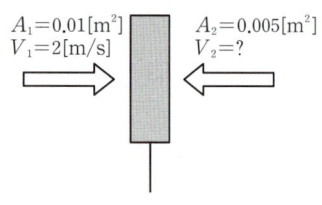

① 1.42 ② 2.00
③ 2.83 ④ 4.00

해설 수직 평판이 평형을 이루기 위해서는 수직 평판에 가해지는 외력의 합이 0이어야 한다. 따라서 초기 물제트와 같은 크기의 힘을 반대 방향으로 분사하면 외력의 합이 0이 된다.

$$F = \rho A u^2$$

F: 유체가 가지는 힘[N], ρ: 유체의 밀도[kg/m³], A: 유체의 단면적[m²], u: 유속[m/s]

초기 물제트가 가진 힘은 다음과 같다.
$F_1 = \rho \times 0.01 \times 2^2 = 0.04\rho$
반대 방향으로 쏘아주는 물제트가 가진 힘은 다음과 같다.
$F_2 = \rho \times 0.005 \times u^2$
따라서 반대 방향으로 쏘아주는 물제트의 유속은 $0.04\rho = 0.005\rho u^2$
$u = \sqrt{\dfrac{0.04}{0.005}} ≒ 2.83[m/s]$

정답 | ③

42 그림과 같은 곡관에 물이 흐르고 있을 때 계기압력으로 P_1이 $98[kPa]$이고, P_2가 29.42[kPa]이면 이 곡관을 고정시키는 데 필요한 힘[N]은? (단, 높이차 및 모든 손실은 무시한다.)

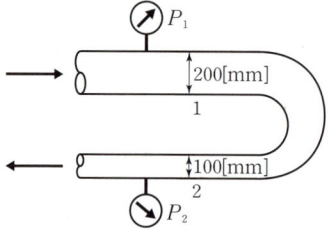

① 4,141 ② 4,314
③ 4,565 ④ 4,744

해설 곡관을 고정하기 위해서는 곡관에 가해지는 외력의 합이 0이어야 한다.
곡관에 작용하는 힘은 유체의 압력에 의한 힘과 유체의 유속에 의한 힘의 합이다.
곡관에 들어오는 물이 가하는 힘을 반대 방향으로 바꾸어 나가는 물에 힘을 가하여야 하므로 두 힘의 합만큼 고정하기 위한 힘을 가하면 곡관의 외력의 합이 0이 된다.

$$F = PA + \rho Q u$$

F: 유체가 곡관에 가하는 힘[N], P: 압력[N/m²], A: 유체의 단면적[m²], ρ: 밀도[kg/m³], Q: 유량[m²/s], u: 유속[m/s]

들어오는 물과 나가는 물의 유량은 일정하므로 부피유량 공식 $Q = Au$에 의해 유량과 노즐의 직경 D를 알면 유속은 다음과 같이 구할 수 있다.
곡관은 직경이 D인 원형이므로 곡관의 단면적은 다음과 같다.

$$A = \dfrac{\pi}{4} D^2$$

$Q = A_1 u_1 = A_2 u_2 = \dfrac{\pi}{4} D_1^2 u_1 = \dfrac{\pi}{4} D_2^2 u_2$

$\dfrac{\pi}{4} \times 0.2^2 \times u_1 = \dfrac{\pi}{4} \times 0.1^2 \times u_2$

$4u_1 = u_2$
유체의 압력을 알고 있으므로 유속은 베르누이 방정식을 통해 구할 수 있다.

$$\dfrac{P_1}{\gamma} + \dfrac{u_1^2}{2g} + Z_1 = \dfrac{P_2}{\gamma} + \dfrac{u_2^2}{2g} + Z_2$$

P: 압력[N/m²], γ: 비중량[N/m³], u: 유속[m/s], g: 중력가속도[m/s²], Z: 높이[m]

높이 차이는 없으므로 $Z_1=Z_2$로 두면 관계식은 다음과 같다.

$$\frac{P_1-P_2}{\gamma}=\frac{u_2^2-u_1^2}{2g}$$

$$2\times\frac{P_1-P_2}{\rho}=16u_1^2-u_1^2$$

$$u_1=\sqrt{\frac{2}{15}\times\frac{P_1-P_2}{\rho}}$$

물의 밀도는 $1,000[\text{kg/m}^3]$이므로 곡관을 흐르는 물의 유속과 유량은 다음과 같다.

$$u_1=\sqrt{\frac{2}{15}\times\frac{98,000-29,420}{1,000}}≒3.024[\text{m/s}]$$

$$u_2=4u_1=12.096[\text{m/s}]$$

$$Q=\frac{\pi}{4}D_1^2u_1=\frac{\pi}{4}\times0.2^2\times3.024≒0.095[\text{m}^3/\text{s}]$$

따라서 들어오는 물이 가진 힘은 다음과 같다.

$$F_1=98,000\times\frac{\pi}{4}\times0.2^2+1,000\times0.095\times3.024$$
$$≒3,366[\text{N}]$$

나가는 물이 가진 힘은 다음과 같다.

$$F_2=29,420\times\frac{\pi}{4}\times0.1^2+1,000\times0.095\times12.096$$
$$≒1,380[\text{N}]$$

곡관을 고정시키는데 필요한 힘은
$$F=F_1+F_2=3,366+1,380$$
$$=4,746[\text{N}]$$

정답 | ④

43

피토관을 사용하여 일정 속도로 흐르고 있는 물의 유속(V)을 측정하기 위해, 그림과 같이 비중 s인 유체를 갖는 액주계를 설치하였다. $s=2$일 때 액주의 높이 차이가 $H=h$가 되면, $s=3$일 때 액주의 높이 차(H)는 얼마가 되는가?

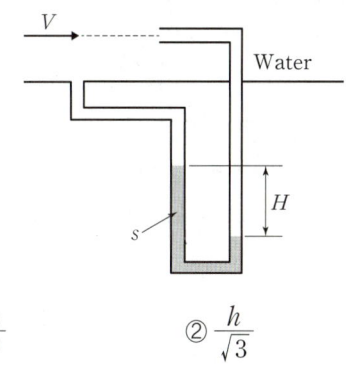

① $\dfrac{h}{9}$ ② $\dfrac{h}{\sqrt{3}}$

③ $\dfrac{h}{3}$ ④ $\dfrac{h}{2}$

해설

$$u=\sqrt{2g\left(\frac{\gamma-\gamma_w}{\gamma_w}\right)R}$$

u: 유속[m/s], g: 중력가속도[m/s²], γ: 액주계 유체의 비중량[N/m³], γ_w: 배관 유체의 비중량[N/m³], R: 액주계의 높이 차이[m]

액주계 속 유체의 비중 $s=2$인 경우와 $s=3$인 경우 모두 유속은 같으므로 관계식은 다음과 같다.

$$\sqrt{2g\left(\frac{2\gamma_w-\gamma_w}{\gamma_w}\right)h}=\sqrt{2g\left(\frac{3\gamma_w-\gamma_w}{\gamma_w}\right)H}$$

$$1h=2H$$

$$H=\frac{h}{2}$$

정답 | ④

44 유속 6[m/s]로 정상류의 물이 화살표 방향으로 흐르는 배관에 압력계와 피토계가 설치되어 있다. 이때 압력계의 계기압력이 300[kPa]이었다면 피토계의 계기압력은 약 몇 [kPa]인가?

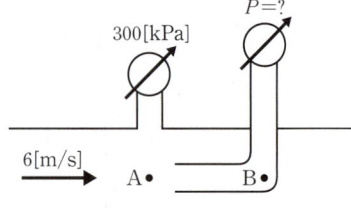

① 180　　② 280
③ 318　　④ 336

해설

$$u = \sqrt{2g\left(\frac{P_B - P_A}{\gamma_w}\right)}$$

u: 유속[m/s], g: 중력가속도[m/s²], P: 압력[kN/m²], γ_w: 배관 유체의 비중량[kN/m³]

B점의 압력을 구하여야 하므로 공식을 변형하여 P_B에 관한 식으로 나타낸다.

$$P_B = P_A + \frac{u^2}{2g} \times \gamma_w$$

따라서 주어진 조건을 공식에 대입하면 B점의 압력 P_B는

$$P_B = 300 + \frac{6^2}{2 \times 9.8} \times 9.8$$
$$= 318[kPa]$$

정답 | ③

45 부재(float)의 오르내림에 의해서 배관 내의 유량을 측정하는 기구의 명칭은?

① 피토관(pitot tube)
② 로터미터(rotameter)
③ 오리피스(orifice)
④ 벤투리미터(venturi meter)

해설 부재(float)의 오르내림을 활용하여 배관 내의 유량을 측정하는 장치는 로터미터이다.

정답 | ②

46 A, B 두 원관 속을 기체가 미소한 압력차로 흐르고 있을 때 이 압력차를 측정하려면 다음 중 어떤 압력계를 쓰는 것이 가장 적절한가?

① 간섭계　　② 오리피스
③ 마이크로마노미터　　④ 부르동압력계

해설 미소한 압력 차이까지 측정이 가능한 압력계는 마이크로마노미터이다.

정답 | ③

PHASE 09 | 배관 속 유체유동

47 관내에 흐르는 유체의 흐름을 구분하는데 사용되는 레이놀즈 수의 물리적인 의미는?

① $\dfrac{관성력}{중력}$ ② $\dfrac{관성력}{탄성력}$

③ $\dfrac{관성력}{압축력}$ ④ $\dfrac{관성력}{점성력}$

해설 레이놀즈 수는 유체의 관성력과 점성력의 비를 나타내는 수로 크기에 따라 클수록 난류, 작을수록 층류로 판단하는 척도가 된다.

$$Re = \dfrac{\rho u D}{\mu} = \dfrac{uD}{\nu}$$

Re: 레이놀즈 수, ρ: 밀도[kg/m³], u: 유속[m/s], D: 직경[m], μ: 점성계수(점도)[kg/m·s], ν: 동점성계수(동점도)[m²/s]

정답 | ④

48 수평 원관 내 완전발달 유동에서 유동을 일으키는 힘 ㉠과 방해하는 힘 ㉡은 각각 무엇인가?

① ㉠: 압력차에 의한 힘 ㉡: 점성력
② ㉠: 중력 힘 ㉡: 점성력
③ ㉠: 중력 힘 ㉡: 압력차에 의한 힘
④ ㉠: 압력차에 의한 힘 ㉡: 중력 힘

해설 배관 속에서 유체는 두 지점의 압력 차이에 의해 이동하며, 유체가 가진 점성력에 의해 분자 간, 분자와 벽 사이에서 저항을 받는다.

정답 | ①

49 동점성계수가 1.15×10^{-6}[m²/s]인 물이 30[mm]의 지름 원관 속을 흐르고 있다. 층류가 기대될 수 있는 최대 유량은 약 몇 [m³/s]인가? (단, 임계 레이놀즈 수는 2,100이다.)

① 2.85×10^{-5} ② 5.69×10^{-5}
③ 2.85×10^{-7} ④ 5.69×10^{-7}

해설 배관 속 흐름에서 레이놀즈 수가 2,100일 때 층류 흐름을 보이는 최대 유속, 최대 유량을 구할 수 있다.

$$Re = \dfrac{\rho u D}{\mu} = \dfrac{uD}{\nu}$$

Re: 레이놀즈 수, ρ: 밀도[kg/m³], u: 유속[m/s], D: 직경[m], μ: 점성계수(점도)[kg/m·s], ν: 동점성계수(동점도)[m²/s]

부피유량 공식 $Q = Au$에 의해 유량과 배관의 직경 D를 알면 유속은 다음과 같이 구할 수 있다.

$$u = \dfrac{Q}{A} = \dfrac{Q}{\dfrac{\pi}{4}D^2} = \dfrac{4Q}{\pi D^2}$$

u: 유속[m/s], Q: 유량[m³/s], A: 배관의 단면적[m²], D: 배관의 직경[m]

따라서 레이놀즈 수와 유량의 관계식은 다음과 같다.

$$Re = \dfrac{uD}{\nu} = \dfrac{4Q}{\pi D^2} \times \dfrac{D}{\nu}$$

$$Q = Re \times \dfrac{\pi D^2}{4} \times \dfrac{\nu}{D}$$

주어진 조건을 공식에 대입하면 최대 유량 Q는

$$Q = 2,100 \times \dfrac{\pi \times 0.03^2}{4} \times \dfrac{1.15 \times 10^{-6}}{0.03}$$

$$\fallingdotseq 5.69 \times 10^{-5} [\text{m}^3/\text{s}]$$

정답 | ②

50 원형 단면을 가진 관내에 유체가 완전 발달된 비압축성 층류유동으로 흐를 때 전단응력은?

① 중심에서 0이고, 중심선으로부터 거리에 비례하여 변한다.
② 관벽에서 0이고, 중심선에서 최대이며 선형 분포한다.
③ 중심에서 0이고, 중심선으로부터 거리의 제곱에 비례하여 변한다.
④ 전 단면에 걸쳐 일정하다.

해설 전단응력은 점성계수(점도)와 속도기울기의 곱으로 이루어져 있다.

$$\tau = \mu \frac{du}{dy}$$

τ: 전단응력[Pa], μ: 점성계수(점도)[N·s/m²], $\frac{du}{dy}$: 속도기울기[s⁻¹]

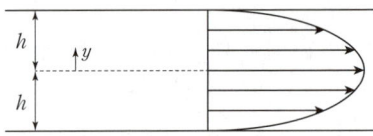

$$u = u_m\left(1 - \left(\frac{y}{r}\right)^2\right)$$

u: 유속, u_m: 최대유속, y: 관 중심으로부터 수직방향으로의 거리, r: 배관의 반지름

원형 단면을 가진 배관에서 속도분포식을 중심으로부터의 거리 y에 대하여 미분하면 다음과 같다.

$$\frac{du}{dy} = u_m\left(-\frac{2}{r}\left(\frac{y}{r}\right)\right) = u_m\left(-\frac{2y}{r^2}\right)$$

따라서 전단응력 τ는 다음과 같다.

$$\tau = \mu\frac{du}{dy} = \mu u_m\left(\frac{2y}{r^2}\right)$$

그러므로 전단응력 τ는 배관의 중심에서 0이고, 중심선으로부터 거리 y에 비례하여 변한다.

정답 | ①

51 흐르는 유체에서 정상류의 의미로 옳은 것은?

① 흐름의 임의의 점에서 흐름 특성이 시간에 따라 일정하게 변하는 흐름
② 흐름의 임의의 점에서 흐름 특성이 시간에 관계없이 항상 일정한 상태에 있는 흐름
③ 임의의 시각에 유로 내 모든 점의 속도벡터가 일정한 흐름
④ 임의의 시각에 유로 내 각 점의 속도벡터가 다른 흐름

해설 흐름 특성이 더 이상 변화하지 않는 흐름을 정상류라고 한다. 배관 속 완전발달흐름이 정상류에 해당한다.

정답 | ②

52 한 변의 길이가 L인 정사각형 단면의 수력지름(hydraulic diameter)은?

① $\frac{L}{4}$ ② $\frac{L}{2}$
③ L ④ $2L$

해설 원형의 배관이 아닌 경우 배관의 직경은 수력직경 D_h을 활용하여야 한다.

$$D_h = \frac{4A}{S}$$

D_h: 수력직경[m], A: 배관의 단면적[m²], S: 배관의 둘레[m]

배관의 단면적 A는 다음과 같다.
$A = L^2$
배관의 둘레 S는 다음과 같다.
$S = 4L$
따라서 수력직경 D_h는 다음과 같다.
$$D_h = \frac{4 \times L^2}{4L} = L$$

정답 | ③

53 직사각형 단면의 덕트에서 가로와 세로가 각각 a 및 $1.5a$이고, 길이가 L이며, 이 안에서 공기가 V의 평균속도로 흐르고 있다. 이 때 손실수두를 구하는 식으로 옳은 것은? (단, f는 이 수력지름에 기초한 마찰계수이고, g는 중력가속도를 의미한다.)

① $f\dfrac{L}{a}\dfrac{V^2}{2.4g}$ ② $f\dfrac{L}{a}\dfrac{V^2}{2g}$

③ $f\dfrac{L}{a}\dfrac{V^2}{1.4g}$ ④ $f\dfrac{L}{a}\dfrac{V^2}{g}$

해설 일정한 양의 비압축성 유체가 일정한 속도로 흐를 때 배관에서의 마찰손실수두는 달시-바이스바하 방정식으로 구할 수 있다.

$$H = \dfrac{\Delta P}{\gamma} = \dfrac{flu^2}{2gD}$$

H: 마찰손실수두[m], ΔP: 압력 차이[kPa], γ: 비중량[kN/m³], f: 마찰손실계수, l: 배관의 길이[m], u: 유속[m/s], g: 중력가속도[m/s²], D: 배관의 직경[m]

배관은 원형이 아니므로 이 때 배관의 직경은 수력직경 D_h을 활용하여야 한다.

$$D_h = \dfrac{4A}{S}$$

D_h: 수력직경[m], A: 배관의 단면적[m²], S: 배관의 둘레[m]

배관의 단면적 A는 다음과 같다.
$A = a \times 1.5a = 1.5a^2$
배관의 둘레 S는 다음과 같다.
$S = a + a + 1.5a + 1.5a = 5a$
따라서 수력직경 D_h는 다음과 같다.
$D_h = \dfrac{4 \times 1.5a^2}{5a} = 1.2a$
주어진 조건을 공식에 대입하면 마찰손실수두 H는
$H = \dfrac{fLV^2}{2gD_h} = f\dfrac{L}{a}\dfrac{V^2}{2.4g}$

정답 | ①

54 안지름 4[cm], 바깥지름 6[cm]인 동심 이중관의 수력직경(hydraulic diameter)은 몇 [cm]인가?

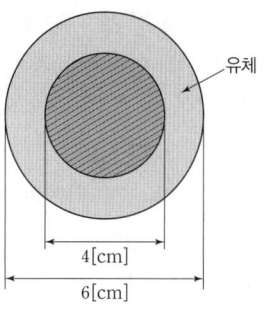

① 2 ② 3
③ 4 ④ 5

해설 배관은 원형이 아니므로 수력직경 D_h을 활용하여야 한다.

$$D_h = \dfrac{4A}{S}$$

D_h: 수력직경[m], A: 배관의 단면적[m²], S: 배관의 둘레[m]

배관의 단면적 A는 다음과 같다.
$A = \dfrac{\pi}{4}(D_o^2 - D_i^2)$
배관의 둘레 S는 다음과 같다.
$S = \pi(D_o + D_i)$
따라서 수력직경 D_h는 다음과 같다.
$D_h = \dfrac{4 \times \dfrac{\pi}{4}(D_o^2 - D_i^2)}{\pi(D_o + D_i)} = D_o - D_i = 2[\text{cm}]$

정답 | ①

55 유체의 흐름 중 난류 흐름에 대한 설명으로 틀린 것은?

① 원관 내부 유동에서는 레이놀즈 수가 약 4,000 이상인 경우에 해당한다.
② 유체의 각 입자가 불규칙한 경로를 따라 움직인다.
③ 유체의 입자가 갖는 관성력이 입자에 작용하는 점성력에 비하여 매우 크다.
④ 원관 내 완전 발달 유동에서는 평균속도가 최대속도의 $\frac{1}{2}$이다.

해설 난류 흐름일 때 평균유속은 최고유속의 0.8배이다.

정답 | ④

56 원관 속을 층류상태로 흐르는 유체의 속도분포가 다음과 같을 때 관 벽에서 30[mm] 떨어진 곳에서 유체의 속도기울기(속도구배)는 약 몇 [s^{-1}]인가?

$u=3y^{\frac{1}{2}}$	u: 유속[m/s], y: 관 벽으로부터의 거리[m]

① 0.87
② 2.74
③ 8.66
④ 27.4

해설 주어진 속도분포식을 벽으로부터의 거리 y에 대하여 미분하면 다음과 같다.
$\frac{du}{dy}=\frac{3}{2\sqrt{y}}$
관 벽으로부터 30[mm] 떨어진 곳에서 유체의 속도기울기는
$\frac{du}{dy}=\frac{3}{2\sqrt{0.03}}≒8.66[s^{-1}]$

정답 | ③

PHASE 10 | 배관의 마찰손실

57 점성계수가 0.101[N·s/m²], 비중이 0.85인 기름이 내경 300[mm], 길이 3[km]의 주철관 내부를 0.0444[m³/s]의 유량으로 흐를 때 손실수두[m]는?

① 7.1
② 7.7
③ 8.1
④ 8.9

해설 일정한 양의 비압축성 유체가 일정한 속도로 흐를 때 배관에서의 마찰손실은 달시-바이스바하 방정식으로 구할 수 있다.

$$H=\frac{\Delta P}{\gamma}=\frac{flu^2}{2gD}$$

H: 마찰손실수두[m], ΔP: 압력 차이[kPa], γ: 비중량[kN/m³], f: 마찰손실계수, l: 배관의 길이[m], u: 유속[m/s], g: 중력가속도[m/s²], D: 배관의 직경[m]

부피유량 공식 $Q=Au$에 의해 유량과 배관의 직경 D를 알면 유속은 다음과 같이 구할 수 있다.

$$u=\frac{Q}{A}=\frac{Q}{\frac{\pi}{4}D^2}=\frac{4Q}{\pi D^2}$$

u: 유속[m/s], Q: 유량[m³/s], A: 배관의 단면적[m²], D: 배관의 직경[m]

유체의 비중이 0.85이므로 유체의 밀도는 다음과 같다.
$\rho=s\rho_w=0.85\times1,000$
유체의 흐름을 판단하기 위해 레이놀즈 수를 계산해보면 다음과 같다.

$$Re=\frac{\rho uD}{\mu}=\frac{uD}{\nu}$$

Re: 레이놀즈 수, ρ: 밀도[kg/m³], u: 유속[m/s], D: 직경[m], μ: 점성계수(점도)[kg/m·s], ν: 동점성계수(동점도)[m²/s]

$Re=\frac{\rho uD}{\mu}=\frac{4Q}{\pi D^2}\times\frac{\rho D}{\mu}$
$=\frac{4\times0.0444}{\pi\times0.3^2}\times\frac{0.85\times1,000\times0.3}{0.101}≒1,585.88$

레이놀즈 수가 2,100 이하이므로 유체의 흐름은 층류이다.
층류일 때 마찰계수 $f=\frac{64}{Re}$이므로 마찰계수 f는 다음과 같다.

$f=\frac{64}{Re}=\frac{64}{1,585.88}≒0.0404$

따라서 주어진 조건을 대입하면 손실수두 H는
$H=\frac{fl}{2gD}\times\left(\frac{4Q}{\pi D^2}\right)^2$
$=\frac{0.0404\times3,000}{2\times9.8\times0.3}\times\left(\frac{4\times0.0444}{\pi\times0.3^2}\right)^2≒8.13[m]$

정답 | ③

58 비중이 0.85이고 동점성계수가 3×10^{-4}[m²/s]인 기름이 직경 10[cm]의 수평 원형 관 내에 20[L/s]으로 흐른다. 이 원형 관의 100[m] 길이에서의 수두손실[m]은? (단, 정상 비압축성 유동이다.)

① 16.6 ② 25.0
③ 49.8 ④ 82.2

해설

일정한 양의 비압축성 유체가 일정한 속도로 흐를 때 배관에서의 마찰손실은 달시-바이스바하 방정식으로 구할 수 있다.

$$H=\frac{\Delta P}{\gamma}=\frac{flu^2}{2gD}$$

H : 마찰손실수두[m], ΔP : 압력 차이[kPa],
γ : 비중량[kN/m³], f : 마찰손실계수, l : 배관의 길이[m],
u : 유속[m/s], g : 중력가속도[m/s²], D : 배관의 직경[m]

부피유량 공식 $Q=Au$에 의해 유량과 배관의 직경 D를 알면 유속은 다음과 같이 구할 수 있다.

$$u=\frac{Q}{A}=\frac{Q}{\frac{\pi}{4}D^2}=\frac{4Q}{\pi D^2}$$

u : 유속[m/s], Q : 유량[m³/s], A : 배관의 단면적[m²], D : 배관의 직경[m]

유체의 흐름을 판단하기 위해 레이놀즈 수를 계산해보면 다음과 같다.

$$Re=\frac{\rho uD}{\mu}=\frac{uD}{\nu}$$

Re : 레이놀즈 수, ρ : 밀도[kg/m³], u : 유속[m/s], D : 직경[m], μ : 점성계수(점도)[kg/m·s], ν : 동점성계수(동점도)[m²/s]

$$Re=\frac{uD}{\nu}=\frac{4Q}{\pi D^2}\times\frac{D}{\nu}=\frac{4\times 0.02}{\pi\times 0.1^2}\times\frac{0.1}{3\times 10^{-4}}$$
$$\approx 848.82$$

레이놀즈 수가 2,100 이하이므로 유체의 흐름은 층류이다.

층류일 때 마찰계수 f는 $\frac{64}{Re}$이므로 마찰계수 f는 다음과 같다.

$$f=\frac{64}{Re}=\frac{64}{848.82}\approx 0.0754$$

따라서 주어진 조건을 대입하면 손실수두 H는

$$H=\frac{fl}{2gD}\times\left(\frac{4Q}{\pi D^2}\right)^2$$
$$=\frac{0.0754\times 100}{2\times 9.8\times 0.1}\times\left(\frac{4\times 0.02}{\pi\times 0.1^2}\right)^2$$
$$\approx 24.95[m]$$

정답 | ②

59 거리가 1,000[m] 되는 곳에 안지름 20[cm]의 관을 통하여 물을 수평으로 수송하려 한다. 한 시간에 800[m³]를 보내기 위해 필요한 압력[kPa]는? (단, 관의 마찰계수는 0.03이다.)

① 1,370 ② 2,010
③ 3,750 ④ 4,580

해설

$$H=\frac{\Delta P}{\gamma}=\frac{flu^2}{2gD}$$

H : 마찰손실수두[m], ΔP : 압력 차이[kPa],
γ : 비중량[kN/m³], f : 마찰손실계수, l : 배관의 길이[m],
u : 유속[m/s], g : 중력가속도[m/s²], D : 배관의 직경[m]

유체는 물이므로 물의 비중량은 9.8[kN/m³]이다.
부피유량 공식 $Q=Au$에 의해 유량과 배관의 직경 D를 알면 유속은 다음과 같이 구할 수 있다.

$$u=\frac{Q}{A}=\frac{Q}{\frac{\pi}{4}D^2}=\frac{4Q}{\pi D^2}$$

u : 유속[m/s], Q : 유량[m³/s], A : 배관의 단면적[m²], D : 배관의 직경[m]

유량이 800[m³/h]이므로 단위를 변환하면 $\frac{800}{3,600}$[m³/s]이다.

따라서 주어진 조건을 공식에 대입하면 필요한 압력 ΔP는

$$\Delta P=\gamma\times\frac{fl}{2gD}\times\left(\frac{4Q}{\pi D^2}\right)^2$$
$$=9.8\times\frac{0.03\times 1,000}{2\times 9.8\times 0.2}\times\left(\frac{4\times\frac{800}{3,600}}{\pi\times 0.2^2}\right)^2$$
$$\approx 3,752[kPa]$$

정답 | ③

60 그림과 같이 노즐이 달린 수평관에서 계기압력이 $0.49[\text{MPa}]$이었다. 이 관의 안지름이 $6[\text{cm}]$이고 관의 끝에 달린 노즐의 지름이 $2[\text{cm}]$이라면 노즐의 분출속도는 몇 $[\text{m/s}]$인가? (단, 노즐에서의 손실은 무시하고, 관마찰계수는 0.025이다.)

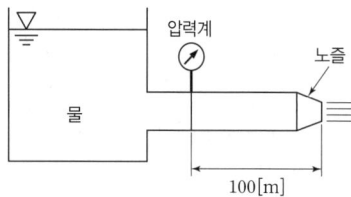

① 16.8 ② 20.4
③ 25.5 ④ 28.4

해설 노즐을 통과하기 전 후의 압력과 속도의 관계식은 베르누이 방정식을 통해 구할 수 있다.

$$\frac{P_1}{\gamma}+\frac{u_1^2}{2g}+Z_1=\frac{P_2}{\gamma}+\frac{u_2^2}{2g}+Z_2+H$$

P: 압력$[\text{N/m}^2]$, γ: 비중량$[\text{N/m}^3]$, u: 유속$[\text{m/s}]$, g: 중력가속도$[\text{m/s}^2]$, Z: 높이$[\text{m}]$, H: 손실수두$[\text{m}]$

노즐을 통과한 후(2) 압력 P_2는 대기압이므로 0이다.
유량은 일정하므로 부피유량 공식 $Q=Au$에 의해 유량과 노즐의 직경 D를 알면 유속은 다음과 같이 구할 수 있다.
노즐은 직경이 D인 원형이므로 노즐의 단면적은 다음과 같다.

$$A=\frac{\pi}{4}D^2$$

$$Q=A_1u_1=A_2u_2=\frac{\pi}{4}D_1^2u_1=\frac{\pi}{4}D_2^2u_2$$

$$\frac{\pi}{4}\times0.06^2\times u_1=\frac{\pi}{4}\times0.02^2\times u_2$$

$9u_1=u_2$

높이 차이는 없으므로 $Z_1=Z_2$로 두면 방정식은 다음과 같다.

$$\frac{P_1}{\gamma}+\frac{u_1^2}{2g}=\frac{u_2^2}{2g}+H$$

일정한 양의 비압축성 유체가 일정한 속도로 흐를 때 배관에서의 마찰손실은 달시-바이스바하 방정식으로 구할 수 있다.

$$H=\frac{\Delta P}{\gamma}=\frac{flu^2}{2gD}$$

H: 마찰손실수두$[\text{m}]$, ΔP: 압력 차이$[\text{kPa}]$, γ: 비중량$[\text{kN/m}^3]$, f: 마찰손실계수, l: 배관의 길이$[\text{m}]$, u: 유속$[\text{m/s}]$, g: 중력가속도$[\text{m/s}^2]$, D: 배관의 직경$[\text{m}]$

따라서 방정식을 u_1에 대하여 정리하면 다음과 같다.

$$\frac{P_1}{\gamma}=\frac{80u_1^2}{2g}+\frac{flu_1^2}{2gD}$$

$$\frac{P_1}{\gamma}=\left(\frac{80}{2g}+\frac{fl}{2gD}\right)u_1^2$$

$$u_1=\sqrt{\frac{\frac{P_1}{\gamma}}{\frac{80}{2g}+\frac{fl}{2gD}}}$$

주어진 조건을 공식에 대입하면 노즐의 분출속도 u_2는

$$u_1=\sqrt{\frac{\frac{490}{9.8}}{\frac{80}{2\times9.8}+\frac{0.025\times100}{2\times9.8\times0.06}}}$$

$\approx2.84[\text{m/s}]$
$u_2=9u_1=25.56[\text{m/s}]$

정답 | ③

61 안지름 $10[\text{cm}]$의 관로에서 마찰손실수두가 속도수두와 같다면 그 관로의 길이는 약 몇 $[\text{m}]$인가? (단, 관마찰계수는 0.03이다.)

① 1.58 ② 2.54
③ 3.33 ④ 4.52

해설 일정한 양의 비압축성 유체가 일정한 속도로 흐를 때 배관에서의 마찰손실은 달시-바이스바하 방정식으로 구할 수 있다.

$$H=\frac{\Delta P}{\gamma}=\frac{flu^2}{2gD}$$

H: 마찰손실수두$[\text{m}]$, ΔP: 압력 차이$[\text{kPa}]$, γ: 비중량$[\text{kN/m}^3]$, f: 마찰손실계수, l: 배관의 길이$[\text{m}]$, u: 유속$[\text{m/s}]$, g: 중력가속도$[\text{m/s}^2]$, D: 배관의 직경$[\text{m}]$

속도수두는 $\frac{u^2}{2g}$이므로 마찰손실수두와 속도수두가 같으려면 다음의 조건을 만족하여야 한다.

$$H=\frac{fl}{D}\times\frac{u^2}{2g}\to\frac{fl}{D}=1$$

따라서 관로의 길이 l은

$$l=\frac{D}{f}=\frac{0.1}{0.03}\approx3.33[\text{m}]$$

정답 | ③

62 글로브 밸브에 의한 손실을 지름이 10[cm]이고 관 마찰계수가 0.025인 관의 길이로 환산하면 상당길이가 40[m]가 된다. 이 밸브의 부차적 손실계수는?

① 0.25
② 1
③ 2.5
④ 10

해설

$$L = \frac{KD}{f}$$

L: 상당길이[m], K: 부차적 손실계수, D: 직경[m], f: 마찰손실계수

주어진 조건을 공식에 대입하면 부차적 손실계수 K는
$$K = \frac{Lf}{D} = \frac{40 \times 0.025}{0.1}$$
$$= 10$$

정답 | ④

해설 유체가 가진 위치수두는 배관을 통해 유출되는 유체의 속도수두와 마찰손실수두의 합으로 전환된다.

$$\frac{P_1}{\gamma} + \frac{u_1^2}{2g} + Z_1 = \frac{P_2}{\gamma} + \frac{u_2^2}{2g} + Z_2 + H$$

P: 압력[N/m²], γ: 비중량[N/m³], u: 유속[m/s], g: 중력가속도[m/s²], Z: 높이[m], H: 손실수두[m]

$$Z_1 = \frac{u_2^2}{2g} + Z_2 + H$$

일정한 양의 비압축성 유체가 일정한 속도로 흐를 때 배관에서의 마찰손실은 달시-바이스바하 방정식으로 구할 수 있다.

$$H = \frac{\Delta P}{\gamma} = \frac{flu^2}{2gD}$$

H: 마찰손실수두[m], ΔP: 압력 차이[kPa], γ: 비중량[kN/m³], f: 마찰손실계수, l: 배관의 길이[m], u: 유속[m/s], g: 중력가속도[m/s²], D: 배관의 직경[m]

배관의 길이 l은 실제 배관의 길이 l_1과 밸브 A에 의해 발생하는 손실을 환산한 상당길이 l_2, 관 입구에서 발생하는 손실을 환산한 상당길이 l_2의 합이다.
$$l = l_1 + l_2 + l_3$$

$$L = \frac{KD}{f}$$

L: 상당길이[m], K: 부차적 손실계수, D: 직경[m], f: 마찰손실계수

밸브 A의 상당길이 l_2은 다음과 같다.
$$l_2 = \frac{5 \times 0.2}{0.02} = 50[m]$$

관 입구에서의 상당길이 l_3은 다음과 같다.
$$l_3 = \frac{0.5 \times 0.2}{0.02} = 5[m]$$

전체 배관의 길이 l은 다음과 같다.
$$l = 100 + 50 + 5 = 155[m]$$

따라서 마찰손실수두 H는 다음과 같다.
$$H = \frac{0.02 \times 155 \times 2^2}{2 \times 9.8 \times 0.2} ≒ 3.16[m]$$

주어진 조건을 공식에 대입하면 물의 높이 h는
$$h = Z_1 - Z_2 = \frac{u^2}{2g} + H = \frac{2^2}{2 \times 9.8} + 3.16$$
$$≒ 3.36[m]$$

정답 | ④

63 그림과 같이 매우 큰 탱크에 연결된 길이 100[m], 안지름 20[cm]인 원관에 부차적 손실계수가 5인 밸브 A가 부착되어 있다. 관 입구에서의 부차적 손실계수가 0.5, 관마찰계수는 0.02이고, 평균속도가 2[m/s]일 때 물의 높이 h[m]는?

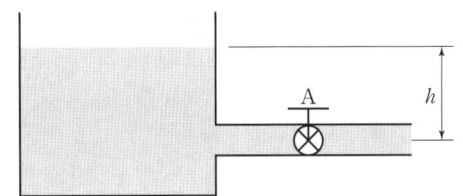

① 1.48
② 2.14
③ 2.81
④ 3.36

64 파이프 단면적이 2.5배로 급격하게 확대되는 구간을 지난 후의 유속이 1.2[m/s]이다. 부차적 손실계수가 0.36이라면 급격확대로 인한 손실수두는 몇 [m]인가?

① 0.0264
② 0.0661
③ 0.165
④ 0.331

해설

$$H = \frac{(u_1 - u_2)^2}{2g} = K\frac{u_1^2}{2g}$$

H: 마찰손실수두[m], u_1: 좁은 배관의 유속[m/s], u_2: 넓은 배관의 유속[m/s], g: 중력가속도[m/s²], K: 부차적 손실계수

파이프 단면적이 2.5배로 확대되었으므로 단면적의 비율은 다음과 같다.
$A_2 = 2.5A_1$
부피유량이 일정하므로 파이프의 확대 전 유속 u_1와 확대 후 유속 u_2는 다음과 같다.
$Q = A_1u_1 = A_2u_2$
$u_1 = \left(\frac{A_2}{A_1}\right) \times u_2 = 2.5 \times 1.2 = 3[\text{m/s}]$
주어진 조건을 공식에 대입하면 급격확대로 인한 손실수두 H는
$H = K\frac{u_1^2}{2g} = 0.36 \times \frac{3^2}{2 \times 9.8} ≒ 0.165[\text{m}]$

정답 | ③

65 안지름 25[mm], 길이 10[m]의 수평 파이프를 통해 비중은 0.8이고, 점성계수는 5×10^{-3}[kg/m·s]인 기름을 유량 0.2×10^{-3} [m³/s]로 수송하고자 할 때, 필요한 펌프의 최소 동력은 약 몇 [W] 인가?

① 0.21
② 0.58
③ 0.77
④ 0.81

해설

$$P = \gamma Q H$$

P: 수동력[W], γ: 유체의 비중량[N/m³], Q: 유량[m³/s], H: 전양정[m]

유체의 비중이 0.8이므로 유체의 밀도와 비중량은 다음과 같다.

$$s = \frac{\rho}{\rho_w} = \frac{\gamma}{\gamma_w}$$

s: 비중, ρ: 비교물질의 밀도[kg/m³], ρ_w: 물의 밀도[kg/m³], γ: 비교물질의 비중량[N/m³], γ_w: 물의 비중량[N/m³]

$\rho = s\rho_w = 0.8 \times 1,000$
$\gamma = s\gamma_w = 0.8 \times 9,800$

유체의 흐름을 판단하기 위해 레이놀즈 수를 계산해보면 다음과 같다.

$$Re = \frac{\rho u D}{\mu} = \frac{uD}{\nu}$$

Re: 레이놀즈 수, ρ: 밀도[kg/m³], u: 유속[m/s], D: 직경[m], μ: 점성계수(점도)[kg/m·s], ν: 동점성계수(동점도)[m²/s]

부피유량 공식 $Q = Au$에 의해 유량과 배관의 직경 D를 알면 유속은 다음과 같이 구할 수 있다.

$$u = \frac{Q}{A} = \frac{Q}{\frac{\pi}{4}D^2} = \frac{4Q}{\pi D^2}$$

u: 유속[m/s], Q: 유량[m³/s], A: 배관의 단면적[m²], D: 배관의 직경[m]

$Re = \frac{\rho u D}{\mu} = \frac{\rho D}{\mu} \times \frac{4Q}{\pi D^2}$
$= \frac{(0.8 \times 1,000) \times 0.025}{5 \times 10^{-3}} \times \frac{4 \times (0.2 \times 10^{-3})}{\pi \times 0.025^2}$
$≒ 1,630$

레이놀즈 수가 2,100 이하이므로 유체의 흐름은 층류이다.
유체의 흐름이 층류일 때 배관에서의 마찰손실은 하겐-푸아죄유 방정식으로 구할 수 있다.

$$H = \frac{\Delta P}{\gamma} = \frac{128\mu l Q}{\gamma \pi D^4}$$

H: 마찰손실수두[m], ΔP: 압력 차이[Pa], γ: 비중량[N/m³], μ: 점성계수(점도)[kg/m·s], l: 배관의 길이[m], Q: 유량[m³/s], D: 배관의 직경[m]

주어진 조건을 공식에 대입하면 마찰손실수두 H는 다음과 같다.
$H = \frac{128 \times (5 \times 10^{-3}) \times 10 \times (0.2 \times 10^{-3})}{(0.8 \times 9,800) \times \pi \times 0.025^4}$
$≒ 0.133[\text{m}]$

따라서 펌프의 최소 동력 P는
$P = (0.8 \times 9,800) \times (0.2 \times 10^{-3}) \times 0.133$
$≒ 0.21[\text{W}]$

정답 | ①

66 안지름 10[cm]인 수평 원관의 층류유동으로 4[km] 떨어진 곳에 원유(점성계수 $0.02[N \cdot s/m^2]$, 비중 0.86)를 $0.10[m^3/min]$의 유량으로 수송하려 할 때 펌프에 필요한 동력[W]은? (단, 펌프의 효율은 100[%]로 가정한다.)

① 76
② 91
③ 10,900
④ 9,100

해설

$$P = \gamma Q H$$

P: 수동력[W], γ: 유체의 비중량[N/m³],
Q: 유량[m³/s], H: 전양정[m]

유체의 비중이 0.86이므로 유체의 밀도와 비중량은 다음과 같다.

$$s = \frac{\rho}{\rho_w} = \frac{\gamma}{\gamma_w}$$

s: 비중, ρ: 비교물질의 밀도[kg/m³],
ρ_w: 물의 밀도[kg/m³], γ: 비교물질의 비중량[N/m³],
γ_w: 물의 비중량[N/m³]

$\rho = s\rho_w = 0.86 \times 1,000$
$\gamma = s\gamma_w = 0.86 \times 9,800$

유량이 $0.1[m^3/min]$이므로 단위를 변환하면 $\frac{0.1}{60}[m^3/s]$이다.
유체의 흐름이 층류일 때 배관에서의 마찰손실은 하겐-푸아죄유 방정식으로 구할 수 있다.

$$H = \frac{\Delta P}{\gamma} = \frac{128 \mu l Q}{\gamma \pi D^4}$$

H: 마찰손실수두[m], ΔP: 압력 차이[Pa],
γ: 비중량[N/m³], μ: 점성계수(점도)[kg/m·s],
l: 배관의 길이[m], Q: 유량[m³/s], D: 배관의 직경[m]

주어진 조건을 공식에 대입하면 마찰손실수두는 다음과 같다.

$$H = \frac{128 \times 0.02 \times 4,000 \times \frac{0.1}{60}}{(0.86 \times 9,800) \times \pi \times 0.1^4} \fallingdotseq 6.45[m]$$

따라서 펌프의 최소 동력 P는
$P = (0.86 \times 9,800) \times \frac{0.1}{60} \times 6.45$
$\fallingdotseq 90.6[W]$

정답 | ②

PHASE 11 | 펌프의 특징

67 펌프를 이용하여 10[m] 높이 위에 있는 물탱크로 유량 $0.3[m^3/min]$의 물을 퍼올리려고 한다. 관로 내 마찰손실수두가 3.8[m]이고, 펌프의 효율이 85[%]일 때 펌프에 공급하여야 하는 동력은 약 몇 [W]인가?

① 128
② 796
③ 677
④ 219

해설

$$P = \frac{\gamma Q H}{\eta}$$

P: 축동력[W], γ: 유체의 비중량[N/m³],
Q: 유량[m³/s], H: 전양정[m], η: 효율

유체는 물이므로 물의 비중량은 9,800[N/m³]이다.
펌프의 토출량이 $0.3[m^3/min]$이므로 단위를 변환하면 $\frac{0.3}{60}[m^3/s]$이다.
펌프는 10[m] 높이만큼 유체를 이동시켜야 하며 배관에서 손실되는 압력은 물기둥 3.8[m] 높이의 압력과 같다.
$10 + 3.8 = 13.8[m]$
따라서 주어진 조건을 공식에 대입하면 필요한 동력 P는

$$P = \frac{9,800 \times \frac{0.3}{60} \times 13.8}{0.85}$$

$\fallingdotseq 795.53[W]$

정답 | ②

68 펌프의 입구에서 진공압은 $-160[\text{mmHg}]$, 출구에서 압력계의 계기압력은 $300[\text{kPa}]$, 송출 유량은 $10[\text{m}^3/\text{min}]$일 때 펌프의 수동력 $[\text{kW}]$은? (단, 진공계와 압력계 사이의 수직거리는 $2[\text{m}]$이고, 흡입관과 송출관의 직경은 같으며, 손실은 무시한다.)

① 5.7　　② 56.8
③ 557　　④ 3,400

해설

$$P = \frac{P_T Q}{\eta} K$$

P: 펌프의 동력$[\text{kW}]$, P_T: 흡입구와 배출구의 압력 차이$[\text{kPa}]$, Q: 유량$[\text{m}^3/\text{s}]$, η: 효율, K: 전달계수

유체의 흡입구와 배출구의 압력 차이는 $(300[\text{kPa}]-(-160[\text{mmHg}]))$이고 높이 차이는 $2[\text{m}]$이다.
$760[\text{mmHg}]$와 $10.332[\text{m}]$는 $101.325[\text{kPa}]$와 같으므로 펌프가 유체에 가해주어야 하는 압력은 다음과 같다.

$$\left(300[\text{kPa}] - \left(-160[\text{mmHg}] \times \frac{101.325[\text{kPa}]}{760[\text{mmHg}]}\right)\right) + \left(2[\text{m}] \times \frac{101.325[\text{kPa}]}{10.332[\text{m}]}\right) \fallingdotseq 340.95[\text{kPa}]$$

펌프의 토출량이 $10[\text{m}^3/\text{min}]$이므로 단위를 변환하면 $\frac{10}{60}[\text{m}^3/\text{s}]$ 이다.

수동력을 묻고 있으므로 효율 η와 전달계수 K를 모두 1로 두고 주어진 조건을 공식에 대입하면 펌프의 수동력 P는

$$P = \frac{340.95 \times \frac{10}{60}}{1} \times 1 = 56.825[\text{kW}]$$

정답 | ②

69 원심펌프를 이용하여 $0.2[\text{m}^3/\text{s}]$로 저수지의 물을 $2[\text{m}]$ 위의 물 탱크로 퍼 올리고자 한다. 펌프의 효율이 $80[\%]$라고 하면 펌프에 공급하여야 하는 동력$[\text{kW}]$은?

① 1.96　　② 3.14
③ 3.92　　④ 4.90

해설 펌프에 공급하여야 하는 동력이므로 축동력을 묻는 문제이다.

$$P = \frac{\gamma Q H}{\eta}$$

P: 축동력$[\text{kW}]$, γ: 유체의 비중량$[\text{kN}/\text{m}^3]$, Q: 유량$[\text{m}^3/\text{s}]$, H: 전양정$[\text{m}]$, η: 효율

유체는 물이므로 물의 비중량은 $9.8[\text{kN}/\text{m}^3]$이다.
따라서 주어진 조건을 공식에 대입하면 동력 P는
$$P = \frac{9.8 \times 0.2 \times 2}{0.8} = 4.9[\text{kW}]$$

정답 | ④

70 토출량이 $1,800[\text{L/min}]$, 회전차의 회전수가 $1,000[\text{rpm}]$인 소화펌프의 회전수를 $1,400[\text{rpm}]$으로 증가시키면 토출량은 처음보다 얼마나 더 증가되는가?

① $10[\%]$　　② $20[\%]$
③ $30[\%]$　　④ $40[\%]$

해설 펌프의 회전수를 변화시키면 동일한 펌프이므로 상사법칙에 따라 유량이 변화한다.

$$\frac{Q_2}{Q_1} = \left(\frac{N_2}{N_1}\right)\left(\frac{D_2}{D_1}\right)^3$$

Q: 유량, N: 펌프의 회전수, D: 직경

동일한 펌프이므로 직경은 같고, 상태1의 회전수가 $1,000[\text{rpm}]$, 상태2의 회전수가 $1,400[\text{rpm}]$이므로 유량 변화는 다음과 같다.
$$Q_2 = Q_1\left(\frac{N_2}{N_1}\right) = Q_1\left(\frac{1,400}{1,000}\right) = 1.4Q$$

따라서 펌프의 회전수와 토출량은 비례하므로, 펌프의 회전수가 1.4배 증가하면 토출량도 1.4배 증가하여 토출량의 증가율은
$(1.4-1) \times 100 = 40[\%]$

정답 | ④

71 터보팬을 6,000[rpm]으로 회전시킬 경우, 풍량은 0.5[m³/min], 축동력은 0.049[kW]이었다. 만약 터보팬의 회전수를 8,000[rpm]으로 바꾸어 회전시킬 경우 축동력[kW]은?

① 0.0207 ② 0.207
③ 0.116   ④ 1.161

해설

$$\frac{P_2}{P_1} = \left(\frac{N_2}{N_1}\right)^3 \left(\frac{D_2}{D_1}\right)^5$$

P: 축동력, N: 펌프의 회전수, D: 직경

동일한 터보팬이므로 직경은 같고, 상태1의 회전수가 6,000[rpm], 상태2의 회전수가 8,000[rpm]이므로 축동력 변화는 다음과 같다.

$$P_2 = P_1 \left(\frac{N_2}{N_1}\right)^3 = 0.049 \times \left(\frac{8,000}{6,000}\right)^3$$
$$\fallingdotseq 0.116[\text{kW}]$$

정답 | ③

72 원심식 송풍기에서 회전수를 변화시킬 때 동력변화를 구하는 식으로 옳은 것은? (단, 변화 전후의 회전수는 각각 N_1, N_2, 동력은 L_1, L_2이다.)

① $L_2 = L_1 \times \left(\frac{N_1}{N_2}\right)^3$ ② $L_2 = L_1 \times \left(\frac{N_1}{N_2}\right)^2$
③ $L_2 = L_1 \times \left(\frac{N_2}{N_1}\right)^3$ ④ $L_2 = L_1 \times \left(\frac{N_2}{N_1}\right)^2$

해설 송풍기의 회전수를 변화시키면 동일한 송풍기이므로 상사법칙에 따라 축동력이 변화한다.

$$\frac{P_2}{P_1} = \left(\frac{N_2}{N_1}\right)^3 \left(\frac{D_2}{D_1}\right)^5$$

P: 축동력, N: 펌프의 회전수, D: 직경

동일한 송풍기이므로 직경은 같고, 상태1의 축동력이 L_1, 상태2의 축동력이 L_2이므로 축동력 변화는 다음과 같다.

$$L_2 = L_1 \times \left(\frac{N_2}{N_1}\right)^3$$

정답 | ③

73 성능이 같은 3대의 펌프를 병렬로 연결하였을 경우 양정과 유량은 얼마인가? (단, 펌프 1대에서 유량은 Q, 양정은 H라고 한다.)

① 유량은 $9Q$, 양정은 H
② 유량은 $9Q$, 양정은 $3H$
③ 유량은 $3Q$, 양정은 $3H$
④ 유량은 $3Q$, 양정은 H

해설 펌프를 병렬로 연결하면 유량은 증가하고 양정은 변하지 않는다.
성능이 같은 펌프를 병렬로 연결하면 유량은 3배가 된다.

정답 | ④

74 다음 중 펌프를 직렬운전해야 할 상황으로 가장 적절한 것은?

① 유량의 변화가 크고 1대로는 유량이 부족할 때
② 소요되는 양정이 일정하지 않고 크게 변동될 때
③ 펌프에 공동현상이 발생할 때
④ 펌프에 맥동현상이 발생할 때

해설 펌프를 직렬운전하면 양정이 증가하므로 소요양정이 커지더라도 대응할 수 있다.

정답 | ②

75 펌프가 실제 유동시스템에 사용될 때 펌프의 운전점은 어떻게 결정하는 것이 좋은가?

① 시스템 곡선과 펌프 성능곡선의 교점에서 운전한다.
② 시스템 곡선과 펌프 효율곡선의 교점에서 운전한다.
③ 펌프 성능곡선과 펌프 효율곡선의 교점에서 운전한다.
④ 펌프 효율곡선의 최고점, 즉 최고 효율점에서 운전한다.

해설 | 펌프는 펌프의 특성(성능)곡선과 시스템 곡선의 교점에서 운전한다.

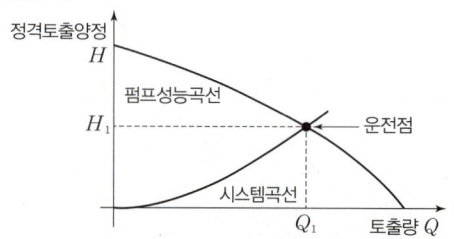

정답 | ①

76 다음 유체 기계들의 압력 상승이 일반적으로 큰 것부터 순서대로 바르게 나열한 것은?

① 압축기(compressor) > 블로어(blower) > 팬(fan)
② 블로어(blower) > 압축기(compressor) > 팬(fan)
③ 팬(fan) > 블로어(blower) > 압축기(compressor)
④ 팬(fan) > 압축기(compressor) > 블로어(blower)

해설 | 압축기 > 블로어 > 팬 순으로 성능(압력 차이)이 좋다.

정답 | ①

77 양정 220[m], 유량 0.025[m³/s], 회전수 2,900[rpm]인 4단 원심 펌프의 비교회전도(비속도)[m³/min, m, rpm]는 얼마인가?

① 176 ② 167
③ 45   ④ 23

해설 | 펌프의 비교회전도(비속도)를 구하는 공식은 다음과 같다.

$$N_s = \frac{NQ^{\frac{1}{2}}}{\left(\frac{H}{n}\right)^{\frac{3}{4}}}$$

N_s: 비교회전도[m³/min, m, rpm], N: 회전수[rpm], Q: 유량[m³/min], H: 양정[m], n: 단수

유량이 0.025[m³/s]이므로 단위를 변환하면 $0.025 \times 60 = 1.5$[m³/min]이다.
주어진 조건을 공식에 대입하면 비교회전도 N_s는

$$N_s = \frac{2{,}900 \times 1.5^{\frac{1}{2}}}{\left(\frac{220}{4}\right)^{\frac{3}{4}}} \fallingdotseq 175.86 \text{[m}^3\text{/min, m, rpm]}$$

정답 | ①

PHASE 12 | 펌프의 이상현상

78 펌프 운전 시 캐비테이션의 발생을 예방하는 방법이 아닌 것은?

① 펌프의 회전수를 높여 흡입 비속도를 높게 한다.
② 펌프의 설치높이를 될 수 있는 대로 낮춘다.
③ 입형펌프를 사용하고, 회전차를 수중에 완전히 잠기게 한다.
④ 양흡입 펌프를 사용한다.

해설 펌프의 회전수를 크게 하면 회전력이 약해지므로 펌프의 회전수를 작게 한다.

+PLUS 공동현상 방지대책

발생원인	방지대책
펌프의 설치 위치가 높아 유효흡입수두가 낮아진다.	펌프의 설치 위치를 낮게 한다.
펌프의 회전수가 커서 회전력이 약해진다.	펌프의 회전수를 작게 한다.
펌프의 흡입 관경이 작아 빠른 유속으로 인한 마찰손실이 커진다.	펌프의 흡입 관경을 크게 한다.
단흡입펌프 사용 시 적은 유량으로 인해 성능이 저하한다.	단흡입펌프보다 양흡입펌프 사용을 사용한다.

정답 | ①

79 다음 (㉠), (㉡)에 알맞은 것은?

파이프 속을 유체가 흐를 때 파이프 끝의 밸브를 갑자기 닫으면 유체의 (㉠)에너지가 압력으로 변환되면서 밸브 직전에서 높은 압력이 발생하고 상류로 압축파가 전달되는 (㉡) 현상이 발생한다.

① ㉠ 운동, ㉡ 서징
② ㉠ 운동, ㉡ 수격
③ ㉠ 위치, ㉡ 서징
④ ㉠ 위치, ㉡ 수격

해설 배관 속 유체의 흐름이 더 이상 진행하지 못하고 운동에너지가 압력으로 변화하면서 압력파에 의해 충격과 이상음이 발생하는 현상은 수격현상이다.

+PLUS 펌프의 이상현상

수격현상	배관 속 유체의 흐름이 갑자기 변화할 때 압력파에 의해 충격과 이상음이 발생하는 현상
맥동현상	펌프 압력계의 지침이 흔들리며 토출량이 주기적으로 변동하며 진동하는 현상
공동현상	배관 내 흐르는 유체에서 압력이 증기압보다 낮아져 기포가 발생하는 현상

정답 | ②

80 펌프가 운전 중에 한숨을 쉬는 것과 같은 상태가 되어 펌프 입구의 진공계 및 출구의 압력계 지침이 흔들리고 송출 유량도 주기적으로 변화하는 이상 현상을 무엇이라고 하는가?

① 공동현상(cavitation)
② 수격작용(water hammering)
③ 맥동현상(surging)
④ 언밸런스(unbalance)

해설 펌프 압력계의 지침이 흔들리며 토출량이 주기적으로 변동하며 진동하는 현상은 맥동현상이다.

+PLUS 펌프의 이상현상

수격현상	배관 속 유체의 흐름이 갑자기 변화할 때 압력파에 의해 충격과 이상음이 발생하는 현상
맥동현상	펌프 압력계의 지침이 흔들리며 토출량이 주기적으로 변동하며 진동하는 현상
공동현상	배관 내 흐르는 유체에서 압력이 증기압보다 낮아져 기포가 발생하는 현상

정답 | ③

PHASE 13 | 열역학 기초

81 다음 중 등엔트로피 과정은 어느 과정인가?

① 가역 단열 과정 ② 가역 등온 과정
③ 비가역 단열 과정 ④ 비가역 등온 과정

해설 가역 단열 과정은 열의 출입이 없고 초기 상태로 돌아갈 수 있으므로 엔트로피가 변화하지 않는 과정이다.

정답 | ①

82 다음 중 이상기체에서 폴리트로픽 지수(n)가 1인 과정은?

① 단열 과정 ② 정압 과정
③ 등온 과정 ④ 정적 과정

해설 폴리트로픽 지수 n이 1인 과정은 등온 과정이다.

+PLUS

상태변화 과정	폴리트로픽 지수(n)	일
등압 과정	0	$m\overline{R}(T_2-T_1)$
등온 과정	1	$m\overline{R}T\ln\left(\dfrac{V_2}{V_1}\right)$
폴리트로픽 과정	$1<n<x$	$\dfrac{m\overline{R}}{1-n}(T_2-T_1)$
단열 과정	x	$\dfrac{m\overline{R}}{1-x}(T_2-T_1)$
등적 과정	∞	0

정답 | ③

83 압력 0.1[MPa], 온도 250[℃] 상태인 물의 엔탈피가 2,974.33[kJ/kg]이고 비체적은 2.40604[m³/kg]이다. 이 상태에서 물의 내부에너지[kJ/kg]는 얼마인가?

① 2,733.7 ② 2,974.1
③ 3,214.9 ④ 3,582.7

해설 계의 상태를 압력·부피의 곱과 내부에너지의 합으로 나타내는 물리량을 엔탈피라고 한다.

$$H = U + PV$$

H: 엔탈피, U: 내부에너지, P: 압력, V: 부피

주어진 조건을 공식에 대입하면 내부에너지 U는
$U = H - PV = 2,974.33 - 100 \times 2.40604$
$= 2,733.726 [kJ/kg]$

정답 | ①

84 열역학 관련 설명 중 틀린 것은?

① 삼중점에서는 물체의 고상, 액상, 기상이 공존한다.
② 압력이 증가하면 물의 끓는점도 높아진다.
③ 열을 완전히 일로 변환할 수 있는 효율이 100[%]인 열기관은 만들 수 없다.
④ 기체의 정적비열은 정압비열보다 크다.

해설 정압비열 C_p는 정적비열 C_v보다 기체상수 R만큼 더 크다. 정압비열은 압력을 유지하기 위해 부피팽창이 일어나므로 정적비열보다 더 크다.

+ PLUS ① 물질의 상평형도에서 삼중점은 서로 다른 세 개의 상이 공존하는 지점이다.
② 압력이 증가하면 분자 간 인력을 끊기 위해 더 많은 열을 필요로 하므로 더 높은 온도에서 끓기 시작한다.
③ 열역학 제2법칙에 의해 효율이 100[%]인 열기관은 존재할 수 없다.

정답 | ④

85 다음 열역학적 용어에 대한 설명으로 틀린 것은?

① 물질의 3중점(triple point)은 고체, 액체, 기체의 3상이 평형상태로 공존하는 상태의 지점을 말한다.
② 일정한 압력 하에서 고체가 상변화를 일으켜 액체로 변화할 때 필요한 열을 융해열(융해 잠열)이라 한다.
③ 고체가 일정한 압력 하에서 액체를 거치지 않고 직접 기체로 변화하는 데 필요한 열을 승화열이라 한다.
④ 포화액체를 정압 하에서 가열할 때 온도 변화 없이 포화증기로 상변화를 일으키는데 사용되는 열을 현열이라 한다.

해설 온도의 변화 없이 물질의 상태를 변화시킬 때 필요한 열량은 잠열이다.

+PLUS ① 물질의 상평형도에서 삼중점은 서로 다른 세 개의 상이 공존하는 지점이다.
② 고체가 액체로 변화하는 것을 융해라고 하고 이때 필요한 열을 융해열이라고 한다.
③ 고체가 기체로 변화하는 것을 승화라고 하고 이때 필요한 열을 승화열이라고 한다.

정답 | ④

86 20[℃] 물 100[L]를 화재현장의 화염에 살수하였다. 물이 모두 끓는 온도(100[℃])까지 가열되는 동안 흡수하는 열량은 약 몇 [kJ]인가? (단, 물의 비열은 4.2[kJ/kg·K]이다.)

① 500 ② 2,000
③ 8,000 ④ 33,600

해설 20[℃]의 물은 100[℃]까지 온도변화한다.

$$Q = cm\Delta T$$

Q: 열량[kJ], c: 비열[kJ/kg·K], m: 질량[kg], ΔT: 온도 변화[K]

물의 밀도는 1,000[kg/m³]이고, 100[L]는 0.1[m³]이므로 100[L] 물의 질량은 100[kg]이다.
100[L] × 0.001[m³/L] × 1,000[kg/m³] = 100[kg]
물의 평균 비열은 4.2[kJ/kg·K]이므로 100[kg]의 물이 20[℃]에서 100[℃]까지 온도변화하는 데 필요한 열량은
$Q = 4.2 \times 100 \times (100-20)$
$= 33,600$[kJ]

정답 | ④

87 −15[℃]의 얼음 10[g]을 100[℃]의 증기로 만드는데 필요한 열량은 약 몇 [kJ]인가? (단, 얼음의 융해열은 335[kJ/kg], 물의 증발잠열은 2,256[kJ/kg], 얼음의 평균 비열은 2.1[kJ/kg·K]이고, 물의 평균 비열은 4.18[kJ/kg·K]이다.)

① 7.85 ② 27.1
③ 30.4 ④ 35.2

해설 −15[℃]의 얼음은 0[℃]까지 온도변화 후 물로 상태변화를 하고 다시 100[℃]까지 온도변화 후 수증기로 상태변화한다.

$$Q = cm\Delta T$$

Q: 열량[kJ], c: 비열[kJ/kg·K], m: 질량[kg], ΔT: 온도변화[K]

$$Q = mr$$

Q: 열량[kJ], m: 질량[kg], r: 잠열[kJ/kg]

얼음의 평균 비열은 2.1[kJ/kg·K]이므로 0.01[kg]의 얼음이 −15[℃]에서 0[℃]까지 온도변화하는 데 필요한 열량은 다음과 같다.
$Q_1 = 2.1 \times 0.01 \times (0-(-15)) = 0.315$[kJ]
얼음의 융해열은 335[kJ/kg]이므로 0[℃]의 얼음이 물로 상태변화하는 데 필요한 열량은 다음과 같다.
$Q_2 = 0.01 \times 335 = 3.35$[kJ]
물의 평균 비열은 4.18[kJ/kg·K]이므로 0.01[kg]의 물이 0[℃]에서 100[℃]까지 온도변화하는 데 필요한 열량은 다음과 같다.
$Q_3 = 4.18 \times 0.01 \times (100-0) = 4.18$[kJ]
물의 증발잠열은 2,256[kJ/kg]이므로 100[℃]의 물이 수증기로 상태변화하는 데 필요한 열량은 다음과 같다.
$Q_4 = 0.01 \times 2,256$[kJ/kg] $= 22.56$[kJ]
따라서 −15[℃]의 얼음이 100[℃]의 수증기로 변화하는 데 필요한 열량은
$Q = Q_1 + Q_2 + Q_3 + Q_4 = 0.315 + 3.35 + 4.18 + 22.56$
$= 30.405$[kJ]

정답 | ③

88 과열증기에 대한 설명으로 틀린 것은?

① 과열증기의 압력은 해당 온도에서의 포화압력보다 높다.
② 과열증기의 온도는 해당 압력에서의 포화온도보다 높다.
③ 과열증기의 비체적은 해당 온도에서의 포화증기의 비체적보다 크다.
④ 과열증기의 엔탈피는 해당 압력에서의 포화증기의 엔탈피보다 크다.

해설 과열증기는 포화증기보다 더 높은 온도에서의 증기로 압력은 포화압력과 같다.

정답 | ①

89 다음 중 열역학 제1법칙에 관한 설명으로 옳은 것은?

① 열은 그 자신만으로 저온에서 고온으로 이동할 수 없다.
② 일은 열로 변환시킬 수 있고 열은 일로 변환시킬 수 있다.
③ 사이클 과정에서 열이 모두 일로 변화할 수 없다.
④ 열평형 상태에 있는 물체의 온도는 같다.

해설 열역학 제1법칙은 에너지 보존법칙을 설명하며, 열과 일은 서로 변환될 수 있음을 설명한다.

+ PLUS 열역학 법칙

열역학 제0법칙	• 열적 평형상태를 설명한다. • 열역학계(system) A와 B가 평형이고, B와 C가 평형이면 A와 C도 평형이다. • 열평형 상태에 있는 물체의 온도는 같다.
열역학 제1법칙	• 에너지 보존법칙을 설명한다. • 열과 일은 서로 변환될 수 있다. • 에너지의 형태는 바뀌더라도 그 총량은 일정하다.
열역학 제2법칙	• 에너지가 흐르는 방향을 설명한다. • 에너지는 엔트로피가 증가하는 방향으로 흐른다. • 열은 고온에서 저온으로 흐른다. • 모든 열이 전부 일로 변환되지 않는다.
열역학 제3법칙	• 0[K]에서 물질의 운동에너지는 0이며, 엔트로피는 0이다.

정답 | ②

PHASE 14 | 이상기체

90 공기 10[kg]과 수증기 1[kg]이 혼합되어 10[m³]의 용기 안에 들어 있다. 이 혼합기체의 온도가 60[℃]라면, 이 혼합기체의 압력은 약 몇 [kPa]인가? (단, 공기 및 수증기의 기체상수는 각각 0.287 및 0.462[kJ/kg·K]이고 수증기는 모두 기체 상태이다.)

① 95.6   ② 111
③ 126   ④ 145

해설 돌턴의 분압법칙에 의해 각 기체와 혼합기체의 압력은 다음과 같은 관계를 가진다.

$$P_T = P_1 + P_2 + \cdots + P_n$$

P_T: 전체 압력, P_n: 기체 n의 부분 압력

질량과 특정기체상수로 이루어진 이상기체의 상태방정식은 다음과 같다.

$$PV = m\bar{R}T$$

P: 압력[kPa], V: 부피[m³], m: 질량[kg], $\bar{R}$: 특정기체상수[kJ/kg·K], T: 절대온도[K]

혼합기체는 공기와 수증기로 구성되어 있으므로 혼합기체의 압력은 다음과 같다.
$P_T = P_{공기} + P_{수증기}$
따라서 주어진 조건을 공식에 대입하면 혼합기체의 압력 P_T는

$$P_T = \frac{10 \times 0.287 \times (273+60)}{10} + \frac{1 \times 0.462 \times (273+60)}{10}$$
$$\fallingdotseq 111[kPa]$$

정답 | ②

91 부피가 $0.3[m^3]$으로 일정한 용기 내의 공기가 원래 $300[kPa]$(절대압력), $400[K]$의 상태였으나, 일정 시간 동안 출구가 개방되어 공기가 빠져나가 $200[kPa]$(절대압력), $350[K]$의 상태가 되었다. 빠져나간 공기의 질량은 약 몇 $[g]$인가? (단, 공기는 이상기체로 가정하며 기체상수는 $287[J/kg \cdot K]$이다.)

① 74 ② 187
③ 295 ④ 388

해설 질량과 특정기체상수로 이루어진 이상기체의 상태방정식은 다음과 같다.

$$PV = m\overline{R}T$$

P: 압력$[Pa]$, V: 부피$[m^3]$, m: 질량$[kg]$,
$\overline{R}$: 특정기체상수$[J/kg \cdot K]$, T: 절대온도$[K]$

기체상수의 단위가 $[J/kg \cdot K]$이므로 압력과 부피의 단위를 $[Pa]$과 $[m^3]$로 변환하여야 한다.
공기가 빠져나가기 전 용기 내 공기의 질량은 다음과 같다.
$m = \dfrac{PV}{\overline{R}T} = \dfrac{300{,}000 \times 0.3}{287 \times 400} \fallingdotseq 0.784[kg]$
공기가 빠져나간 후 용기 내 공기의 질량은 다음과 같다.
$m = \dfrac{PV}{\overline{R}T} = \dfrac{200{,}000 \times 0.3}{287 \times 350} \fallingdotseq 0.597[kg]$
따라서 빠져나간 공기의 질량은
$0.784[kg] - 0.597[kg] = 0.187[kg] = 187[g]$

정답 | ②

92 공기를 체적비율이 산소(O_2, 분자량 $32[g/mol]$) $20[\%]$, 질소(N_2, 분자량 $28[g/mol]$) $80[\%]$의 혼합기체라 가정할 때 공기의 기체상수는 약 몇 $[kJ/kg \cdot K]$인가? (단, 일반 기체상수는 $8.3145[kJ/kmol \cdot K]$이다.)

① 0.294 ② 0.289
③ 0.284 ④ 0.279

해설 공기의 기체상수 $\overline{R}$은 일반 기체상수 R과 분자량 M의 비율로 구할 수 있다.

$$PV = \dfrac{m}{M}RT = m\overline{R}T$$

P: 압력$[kN/m^2]$, V: 부피$[m^3]$, m: 질량$[kg]$,
M: 분자량$[kg/kmol]$, R: 기체상수$(8.3145)[kJ/kmol \cdot K]$,
T: 절대온도$[K]$, $\overline{R}$: 특정기체상수$[kJ/kg \cdot K]$

$$\overline{R} = \dfrac{R}{M}$$

공기의 부피비는 분자수의 비율과 같으므로 공기의 분자량은 다음과 같이 구할 수 있다.
$M = \dfrac{0.2 \times 32 + 0.8 \times 28}{0.2 + 0.8} = 28.8[kg/kmol]$
따라서 주어진 조건을 공식에 대입하면 공기의 기체상수 $\overline{R}$은
$\overline{R} = \dfrac{8.3145}{28.8} \fallingdotseq 0.289[kJ/kg \cdot K]$

정답 | ②

93 압력의 변화가 없을 경우 0[℃]의 이상기체는 약 몇 [℃]가 되면 부피가 2배로 되는가?

① 273　　② 373
③ 546　　④ 646

해설 압력과 기체의 양이 일정한 이상기체이므로 샤를의 법칙을 적용할 수 있다.

$$\frac{V_1}{T_1}=C=\frac{V_2}{T_2}$$

상태1의 부피가 V_1, 절대온도가 $(273+0)[K]$이고, 상태2의 부피가 $V_2=2V_1$이므로 상태2의 절대온도는

$$T_2=V_2\times\frac{T_1}{V_1}=2V_1\times\frac{(273+0)}{V_1}$$
$$=546[K]=273[℃]$$

+PLUS 샤를의 법칙
압력과 기체의 양이 일정할 때 부피와 절대온도는 비례 관계에 있다.

$$\frac{V}{T}=C$$

V: 부피, T: 절대온도[K], C: 상수

정답 | ③

94 두 개의 견고한 밀폐용기 A, B가 밸브로 연결되어 있다. 용기 A에는 온도 300[K], 압력 100[kPa]의 공기 1[m³]가, 용기 B에는 온도 300[K], 압력 330[kPa]의 공기 2[m³]가 들어 있다. 밸브를 열어 두 용기 안에 들어 있는 공기(이상기체)를 혼합한 후 장시간 방치하였다. 이때 주위 온도는 300[K]로 일정하다. 내부 공기의 최종압력은 약 몇 [kPa]인가?

① 177　　② 210
③ 215　　④ 253

해설 온도와 기체의 양이 일정한 이상기체이므로 보일의 법칙을 적용할 수 있다.

$$P_AV_A+P_BV_B=P_{A+B}V_{A+B}$$

용기 A의 압력이 100[kPa], 부피가 1[m³]이고, 용기 B의 압력이 330[kPa], 부피가 2[m³]이므로 밸브를 열어 두 공기를 혼합하였을 때 최종압력은

$$P_{A+B}=\frac{P_AV_A+P_BV_B}{V_{A+B}}=\frac{100\times1+330\times2}{3}$$
$$≒253.33[kPa]$$

+PLUS 보일의 법칙
온도와 기체의 양이 일정할 때 부피와 압력은 반비례 관계에 있다.

$$PV=C$$

P: 압력, V: 부피, C: 상수

정답 | ④

95 30[°C]에서 부피가 10[L]인 이상기체를 일정한 압력으로 0[°C]로 냉각시키면 부피는 약 몇 [L]로 변하는가?

① 3 ② 9
③ 12 ④ 18

해설
압력과 기체의 양이 일정한 이상기체이므로 샤를의 법칙을 적용할 수 있다.

$$\frac{V_1}{T_1} = C = \frac{V_2}{T_2}$$

상태1의 부피가 10[L], 절대온도가 (273+30)[K]이고, 상태2의 절대온도가 (273+0)[K]이므로 상태2의 부피는

$$V_2 = \frac{V_1}{T_1} \times T_2 = \frac{10[L]}{(273+30)[K]} \times (273+0)[K]$$
$$\approx 9.01[L]$$

+PLUS 샤를의 법칙
압력과 기체의 양이 일정할 때 부피와 절대온도는 비례 관계에 있다.

$$\frac{V}{T} = C$$

V: 부피, T: 절대온도[K], C: 상수

정답 | ②

PHASE 15 | 열전달

96 마그네슘은 절대온도 293[K]에서 열전도도가 156[W/m·K], 밀도는 1,740[kg/m³]이고, 비열이 1,017[J/kg·K] 일 때 열확산계수 [m²/s]는?

① 8.96×10^{-2} ② 1.53×10^{-1}
③ 8.81×10^{-5} ④ 8.81×10^{-4}

해설

$$\alpha = \frac{k}{\rho c}$$

α: 열확산계수[m²/s], k: 열전도율[W/m·K], ρ: 밀도[kg/m³], c: 비열[J/kg·K]

주어진 조건을 공식에 대입하면 열확산계수 α는

$$\alpha = \frac{156}{1,740 \times 1,017} \approx 8.816 \times 10^{-5} [m^2/s]$$

정답 | ③

97 표면적이 A, 절대온도가 T_1인 흑체와 절대온도가 T_2인 흑체 주위 밀폐공간 사이의 열전달량은?

① $T_1 - T_2$에 비례한다.
② $T_1^2 - T_2^2$에 비례한다.
③ $T_1^3 - T_2^3$에 비례한다.
④ $T_1^4 - T_2^4$에 비례한다.

해설 복사는 열에너지가 매질을 통하지 않고 전자기파의 형태로 전달되는 현상이다.
슈테판-볼츠만 법칙에 의해 복사열은 절대온도의 4제곱에 비례한다.

$$Q \propto \sigma T^4$$

Q: 열전달량[W/m^2],
σ: 슈테판-볼츠만 상수(5.67×10^{-8})[W/m$^2 \cdot$ K^4],
T: 절대온도[K]

정답 | ④

98 온도차이가 ΔT, 열전도율이 k_1, 두께 x인 벽을 통한 열유속(Heat Flux)과 온도차이가 $2\Delta T$, 열전도율이 k_2, 두께 $0.5x$인 벽을 통한 열유속이 서로 같다면 두 재질의 열전도율 비 $\dfrac{k_1}{k_2}$의 값은?

① 1　　② 2
③ 4　　④ 8

해설 열유속은 단위면적 당 열전달량을 의미한다.

$$Q = kA\frac{(T_2 - T_1)}{l}$$

Q: 열전달량[W], k: 열전도율[W/m · ℃],
A: 열전달 면적[m^2], $(T_2 - T_1)$: 온도 차이[℃],
l: 벽의 두께[m]

두 열유속이 서로 같으므로 관계식은 다음과 같다.
$$\frac{Q_1}{A} = k_1\frac{\Delta T}{x} = \frac{Q_2}{A} = k_2\frac{2\Delta T}{0.5x}$$

따라서 두 재질의 열전도율의 비율은
$$\frac{k_1}{k_2} = \frac{x}{\Delta T} \times \frac{2\Delta T}{0.5x} = 4$$

정답 | ③

PHASE 16 | 카르노 사이클

99 다음 보기는 열역학적 사이클에서 일어나는 여러 가지의 과정이다. 이들 중 카르노(Carnot)사이클에서 일어나는 과정을 모두 고른 것은?

> ㉠ 등온 압축　　㉡ 단열 팽창
> ㉢ 정적 압축　　㉣ 정압 팽창

① ㉠
② ㉠, ㉡
③ ㉡, ㉢, ㉣
④ ㉠, ㉡, ㉢, ㉣

해설

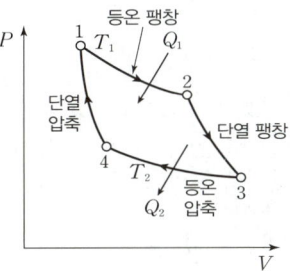

카르노 사이클은 등온 팽창(1 → 2) → 단열 팽창(2 → 3) → 등온 압축(3 → 4) → 단열 압축(4 → 1) 순으로 이루어진 가역 사이클이다.

정답 | ②

100 Carnot 사이클이 800[K]의 고온 열원과 500[K]의 저온 열원 사이에서 작동한다. 이 사이클에 공급하는 열량이 사이클당 800[kJ]이라 할 때, 한 사이클당 외부에 하는 일은 약 몇 [kJ]인가?

① 200　　② 300
③ 400　　④ 500

해설　카르노 사이클의 효율은 다음과 같다.

$$\eta = 1 - \frac{T_L}{T_H}$$

η: 효율, T_H: 고온부의 온도, T_L: 저온부의 온도

이 사이클에 공급하는 열량이 800[kJ]이므로 한 사이클당 외부에 하는 일 W는

$$W = \eta Q_H = \left(1 - \frac{T_L}{T_H}\right) Q_H = \left(1 - \frac{500}{800}\right) \times 800$$
$$= 300[kJ]$$

정답 | ②

02 소방기계시설의 구조 및 원리

PHASE 01 | 소화기구 및 자동소화장치

01 소화기구 및 자동소화장치의 화재안전성능기준(NFPC 101)에 따른 용어에 대한 정의로 틀린 것은?

① "소화약제"란 소화기구 및 자동소화장치에 사용되는 소화성능이 있는 고체·액체 및 기체의 물질을 말한다.
② "대형소화기"란 화재 시 사람이 운반할 수 있도록 운반대와 바퀴가 설치되어 있고 능력단위가 A급 20단위 이상, B급 10단위 이상인 소화기를 말한다.
③ "전기화재(C급 화재)"란 전류가 흐르고 있는 전기기기, 배선과 관련된 화재를 말한다.
④ "능력단위"란 소화기 및 소화약제에 따른 간이소화용구에 있어서는 소방시설법에 따라 형식승인 된 수치를 말한다.

해설 대형소화기는 능력단위가 A급 10단위 이상, B급 20단위 이상인 소화기이다.

정답 | ②

02 소화기구 및 자동소화장치의 화재안전기술기준(NFTC 101) 상 규정하는 화재의 종류가 아닌 것은?

① A급 화재　② B급 화재
③ G급 화재　④ K급 화재

해설 G급 화재는 소화기구 및 자동소화장치의 화재안전기술기준(NFTC 101)에서 정의하고 있지 않다.

+PLUS 화재의 종류

구분	내용
일반화재 (A급 화재)	나무, 섬유, 종이, 고무, 플라스틱류와 같은 일반 가연물이 타고 나서 재가 남는 화재
유류화재 (B급 화재)	인화성 액체, 가연성 액체, 석유 그리스, 타르, 오일, 유성도료, 솔벤트, 래커, 알코올 및 인화성 가스와 같은 유류가 타고 나서 재가 남지 않는 화재
전기화재 (C급 화재)	전류가 흐르고 있는 전기기기, 배선과 관련된 화재
주방화재 (K급 화재)	주방에서 동식물유를 취급하는 조리기구에서 일어나는 화재

정답 | ③

03 소화기의 형식승인 및 제품검사의 기술기준상 A급 화재용 소화기의 능력단위 산정을 위한 소화능력시험의 내용으로 틀린 것은?

① 모형 배열 시 모형 간의 간격은 3[m] 이상으로 한다.
② 소화는 최초의 모형에 불을 붙인 다음 1분 후에 시작한다.
③ 소화는 무풍상태(풍속 0.5[m/s] 이하)와 사용상태에서 실시한다.
④ 소화약제의 방사가 완료된 때 잔염이 없어야 하며, 방사완료 후 2분 이내에 다시 불타지 아니한 경우 그 모형은 완전히 소화된 것으로 본다.

해설 소화는 최초의 모형에 불을 붙인 다음 3분 후에 시작하고, 불을 붙인 순으로 한다.

정답 | ②

04 소화기구 및 자동소화장치의 화재안전기술기준(NFTC 101) 상 노유자시설은 당해 용도의 바닥면적 얼마마다 능력단위 1단위 이상의 소화기구를 비치해야 하는가?

① 바닥면적 30[m^2] 마다
② 바닥면적 50[m^2] 마다
③ 바닥면적 100[m^2] 마다
④ 바닥면적 200[m^2] 마다

해설 노유자시설에 소화기구를 설치할 경우 바닥면적 100[m^2]마다 능력단위 1단위 이상으로 한다.

+ PLUS **소화기구의 특정소방대상물별 능력단위**

특정소방대상물	소화기구의 능력단위
1. 위락시설	해당 용도의 바닥면적 30[m^2]마다 능력단위 1단위 이상
2. 공연장 · 집회장 · 관람장 · 문화재 · 장례식장 및 의료시설	해당 용도의 바닥면적 50[m^2]마다 능력단위 1단위 이상
3. 근린생활시설 · 판매시설 · 운수시설 · 숙박시설 · 노유자시설 · 전시장 · 공동주택 · 업무시설 · 방송통신시설 · 공장 · 창고시설 · 항공기 및 자동차 관련 시설 및 관광휴게시설	해당 용도의 바닥면적 100[m^2]마다 능력단위 1단위 이상
4. 그 밖의 것	해당 용도의 바닥면적 200[m^2]마다 능력단위 1단위 이상

소화기구의 능력단위를 산출할 때 건축물의 주요구조부가 내화구조이고, 벽 및 반자의 실내에 면하는 부분이 불연재료 · 준불연재료 또는 난연재료로 된 특정소방대상물의 경우 위 기준의 2배를 기준면적으로 한다.

정답 | ③

05 대형소화기에 충전하는 최소 소화약제의 기준 중 다음 ( ) 안에 알맞은 것은?

- 분말소화기: (㉠)[kg] 이상
- 물소화기: (㉡)[L] 이상
- 이산화탄소소화기: (㉢)[kg] 이상

① ㉠ 30   ㉡ 80   ㉢ 50
② ㉠ 30   ㉡ 50   ㉢ 60
③ ㉠ 20   ㉡ 80   ㉢ 50
④ ㉠ 20   ㉡ 50   ㉢ 60

해설 분말소화기는 20[kg] 이상, 물소화기는 80[L] 이상, 이산화탄소소화기는 50[kg] 이상이다.

+PLUS 대형소화기의 소화약제
㉠ 물소화기: 80[L] 이상
㉡ 강화액소화기: 60[L] 이상
㉢ 할로겐화합물소화기: 30[kg] 이상
㉣ 이산화탄소소화기: 50[kg] 이상
㉤ 분말소화기: 20[kg] 이상
㉥ 포소화기: 20[L] 이상

정답 | ③

06 난방설비가 없는 교육장소에 비치하는 소화기로 가장 적합한 것은? (단, 교육장소의 겨울 최저온도는 −15[°C] 이다.)

① 화학포소화기   ② 기계포소화기
③ 산알칼리 소화기   ④ ABC 분말소화기

해설 겨울 최저온도가 −15[°C]이므로 사용할 수 있는 소화기는 강화액소화기 또는 분말소화기이다.

+PLUS 소화기의 사용온도범위
㉠ 강화액소화기: −20[°C] 이상 40[°C] 이하
㉡ 분말소화기: −20[°C] 이상 40[°C] 이하
㉢ 그 밖의 소화기: 0[°C] 이상 40[°C] 이하
㉣ 사용온도 범위를 확대할 경우 10[°C] 단위로 한다.

정답 | ④

07 주거용 주방자동소화장치의 설치기준으로 틀린 것은?

① 감지부는 형식승인 받은 유효한 높이 및 위치에 설치해야 한다.
② 소화약제 방출구는 환기구의 청소부분과 분리되어 있어야 한다.
③ 가스차단 장치는 상시 확인 및 점검이 가능하도록 설치해야 한다.
④ 탐지부는 수신부와 분리하여 설치하되, 공기보다 무거운 가스를 사용하는 장소에는 바닥면으로부터 0.2[m] 이하의 위치에 설치해야 한다.

해설 가스용 주방자동소화장치를 사용하는 경우 탐지부는 수신부와 분리하여 설치하되, 공기보다 가벼운 가스를 사용하는 경우 천장면으로부터 30[cm] 이하의 위치에 설치하고, 공기보다 무거운 가스를 사용하는 장소에는 바닥면으로부터 30[cm] 이하의 위치에 설치한다.

+PLUS 주거용 주방자동소화장치의 설치기준
㉠ 소화약제 방출구는 환기구의 청소부분과 분리되어 있어야 한다.
㉡ 소화약제 방출구는 형식승인 받은 유효설치 높이 및 방호면적에 따라 설치한다.
㉢ 감지부는 형식승인 받은 유효한 높이 및 위치에 설치한다.
㉣ 차단장치(전기 또는 가스)는 상시 확인 및 점검이 가능하도록 설치한다.
㉤ 가스용 주방자동소화장치를 사용하는 경우 탐지부는 수신부와 분리하여 설치하되, 공기보다 가벼운 가스를 사용하는 경우 천장면으로부터 30[cm] 이하의 위치에 설치하고, 공기보다 무거운 가스를 사용하는 장소에는 바닥면으로부터 30[cm] 이하의 위치에 설치한다.
㉥ 수신부는 주위의 열기류 또는 습기 등과 주위온도에 영향을 받지 않고 사용자가 상시 볼 수 있는 장소에 설치한다.

정답 | ④

08 소화기에 호스를 부착하지 아니할 수 있는 기준 중 틀린 것은?

① 소화약제 중량이 2[kg] 이하인 분말소화기
② 소화약제 중량이 3[kg] 이하인 이산화탄소소화기
③ 소화약제 중량이 4[kg] 이하인 할로겐화합물소화기
④ 소화약제 중량이 5[kg] 이하인 산알칼리 소화기

해설 소화약제의 중량이 5[kg] 이하인 산알칼리 소화기는 기준에 해당하지 않는다.

+PLUS 소화기에 호스를 부착하지 않을 수 있는 기준
㉠ 소화약제의 중량이 4[kg] 이하인 할로겐화합물소화기
㉡ 소화약제의 중량이 3[kg] 이하인 이산화탄소소화기
㉢ 소화약제의 중량이 2[kg] 이하인 분말소화기
㉣ 소화약제의 용량이 3[L] 이하인 액체계 소화약제 소화기

정답 | ④

PHASE 02 | 옥내소화전설비

09 옥내소화전설비 수원의 산출된 유효수량 외에 유효수량의 1/3 이상을 옥상에 설치하지 아니할 수 있는 경우의 기준 중 다음 ( ) 알맞은 것은?

- 수원을 건축물의 최상층에 설치된 (㉠) 보다 높은 위치에 설치된 경우
- 건축물의 높이가 지표면으로부터 (㉡) [m] 이하인 경우

① ㉠ 송수구   ㉡ 7
② ㉠ 방수구   ㉡ 7
③ ㉠ 송수구   ㉡ 10
④ ㉠ 방수구   ㉡ 10

해설 수원을 건축물의 최상층에 설치된 방수구보다 높은 위치에 설치한 경우, 건축물의 높이가 지표면으로부터 10[m] 이하인 경우 옥상수조를 설치하지 않을 수 있다.

+PLUS 옥상수조의 설치면제 기준
㉠ 지하층만 있는 건축물
㉡ 자연낙차압력을 이용한 고가수조를 가압송수장치로 설치한 경우
㉢ 수원을 건축물의 최상층에 설치된 방수구보다 높은 위치에 설치한 경우
㉣ 건축물의 높이가 지표면으로부터 10[m] 이하인 경우
㉤ 주펌프와 동등 이상의 성능이 있는 별도의 펌프를 내연기관의 기동과 연동하여 작동하거나 비상전원을 연결하여 설치한 경우
㉥ 학교·공장·창고시설과 같이 동결의 우려가 있는 장소에서 기동스위치에 보호판을 부착하여 옥내소화전함 내에 설치한 경우
㉦ 가압수조를 가압송수장치로 설치한 경우

정답 | ④

10 학교, 공장, 창고시설에 설치하는 옥내소화전에서 가압송수장치 및 기동장치가 동결의 우려가 있는 경우 일부 사항을 제외하고는 주펌프와 동등 이상의 성능이 있는 별도의 펌프로서 내연기관의 기동과 연동하여 작동되거나 비상전원을 연결한 펌프를 추가 설치해야 한다. 다음 중 이러한 조치를 취해야 하는 경우는?

① 지하층이 없이 지상층만 있는 건축물
② 고가수조를 가압송수장치로 설치한 경우
③ 수원이 건축물의 최상층에 설치된 방수구보다 높은 위치에 설치된 경우
④ 건축물의 높이가 지표면으로부터 10[m] 이하인 경우

해설 지상층만 있는 건축물의 경우 동결의 우려가 있는 장소에는 내연기관의 기동과 연동하거나 비상전원을 연결한 펌프를 추가로 설치한다.

+PLUS ① 학교·공장·창고시설과 같이 동결의 우려가 있는 장소에서는 기동스위치에 보호판을 부착하여 옥내소화전함 내에 설치할 수 있다.
② 기동스위치에 보호판을 부착하여 옥내소화전함 내에 설치한 경우(①) 주펌프와 동등 이상의 성능이 있는 별도의 펌프를 내연기관의 기동과 연동하거나 비상전원을 연결하여 추가로 설치한다.
③ 다음에 해당하는 경우 ②의 펌프를 설치하지 않는다.
  ㉠ 지하층만 있는 건축물
  ㉡ 고가수조를 가압송수장치로 설치한 경우
  ㉢ 수원이 건축물의 최상층에 설치된 방수구보다 높은 위치에 설치된 경우
  ㉣ 건축물의 높이가 지표면으로부터 10[m] 이하인 경우
  ㉤ 가압수조를 가압송수장치로 설치한 경우

정답 | ①

11 옥내소화전설비의 화재안전기술기준(NFTC 102)에 따라 옥내소화전 방수구를 반드시 설치하여야 하는 곳은?

① 식물원
② 수족관
③ 수영장의 관람석
④ 냉장창고 중 온도가 영하인 냉장실

해설 식물원, 수족관은 물을 방수하는 설비가 이미 갖추어져 있고, 온도가 영하인 장소는 물이 응결하여 흐르지 못하기 때문에 적절한 소화가 이루어지기 어렵다.
수영장의 관람석은 수영장의 물을 활용하여 소화하기 위해서라도 방수구는 필요하다.

+PLUS 방수구의 설치제외 장소
㉠ 냉장창고 중 온도가 영하인 냉장실 또는 냉동창고의 냉동실
㉡ 고온의 노가 설치된 장소 또는 물과 격렬하게 반응하는 물품의 저장 또는 취급 장소
㉢ 발전소·변전소 등으로서 전기시설이 설치된 장소
㉣ 식물원·수족관·목욕실·수영장(관람석 부분 제외) 또는 그 밖에 이와 비슷한 장소
㉤ 야외음악당·야외극장 또는 그 밖의 이와 비슷한 장소

정답 | ③

12 화재안전기준상 물계통의 소화설비 중 펌프의 성능시험배관에 사용되는 유량측정장치는 펌프의 정격 토출량의 몇 [%] 이상 측정할 수 있는 성능이 있어야 하는가?

① 65
② 100
③ 120
④ 175

해설 유량측정장치는 펌프 정격토출량의 175[%] 이상까지 측정할 수 있는 성능이 있어야 한다.

+PLUS 펌프의 성능시험배관
㉠ 성능시험배관은 펌프의 토출 측에 설치된 개폐밸브 이전에서 분기하여 직선으로 설치한다.
㉡ 유량측정장치를 기준으로 전단 직관부에는 개폐밸브를, 후단 직관부에는 유량조절밸브를 설치한다.
㉢ 성능시험배관의 호칭지름은 유량측정장치의 호칭지름에 따라 정한다.
㉣ 유량측정장치는 펌프 정격토출량의 175[%] 이상까지 측정할 수 있는 성능이 있어야 한다.

정답 | ④

13 소화전함의 성능인증 및 제품검사의 기술기준상 옥내 소화전함의 재질을 합성수지 재료로 할 경우 두께는 최소 몇 [mm] 이상이어야 하는가?

① 1.5
② 2.0
③ 3.0
④ 4.0

해설 합성수지를 사용하는 소화전함은 두께 4.0[mm] 이상으로 한다.

+PLUS 소화전함의 일반구조
㉠ 견고해야 하며 쉽게 변형되지 않는 구조로 한다.
㉡ 보수 및 점검이 쉬워야 한다.
㉢ 소화전함의 내부폭은 180[mm] 이상으로 한다.
㉣ 소화전함이 원통형인 경우 단면 원은 가로 500[mm], 세로 180[mm]의 직사각형을 포함할 수 있는 크기로 한다.
㉤ 여닫이 방식의 문은 120° 이상 열리는 구조로 한다.
㉥ 지하소화장치함의 문은 80° 이상 개방되고 고정할 수 있는 장치가 있어야 한다.
㉦ 문은 두 번 이하의 동작에 의하여 열리는 구조로 한다. 지하소화장치함은 제외한다.
㉧ 문의 잠금장치는 외부 충격에 의하여 쉽게 열리지 않는 구조로 한다.
㉨ 문의 면적은 0.5[m²] 이상으로 하고, 짧은 변의 길이 (미닫이 방식의 경우 최대 개방길이)는 500[mm] 이상으로 한다.
㉩ 미닫이 방식의 문을 사용하는 경우, 최대 개방 시 문에 의해 가려지는 내부 공간은 소방용품이 적재될 수 없도록 칸막이 등으로 구획한다.
㉪ 소화전함의 두께(현무암 무기질 복합소재 포함)는 1.5[mm] 이상이어야 한다.
㉫ 합성수지를 사용하는 소화전함은 두께 4.0[mm] 이상으로 한다.

정답 | ④

PHASE 03 | 옥외소화전설비

14 전동기 또는 내연기관에 따른 펌프를 이용하는 옥외소화전설비의 가압송수장치의 설치기준 중 다음 ( ) 안에 알맞은 것은?

> 해당 특정소방대상물에 설치된 옥외소화전(2개 이상 설치된 경우에는 2개의 옥외소화전)을 동시에 사용할 경우 각 옥외소화전의 노즐선단에서의 방수압력이 (㉠)[MPa] 이상이고, 방수량이 (㉡)[L/min] 이상이 되는 성능의 것으로 할 것

① ㉠ 0.17 ㉡ 350
② ㉠ 0.25 ㉡ 350
③ ㉠ 0.17 ㉡ 130
④ ㉠ 0.25 ㉡ 130

해설 특정소방대상물에 설치된 옥외소화전(최대 2개)을 동시에 사용할 경우 각 옥외소화전의 노즐선단에서의 방수압력이 0.25[MPa] 이상이고, 방수량이 350[L/min] 이상이 되는 성능의 것으로 한다.

정답 | ②

15 옥외소화전설비의 화재안전성능기준(NFPC 109)에 따라 옥외소화전 배관은 특정소방대상물의 각 부분으로부터 하나의 호스접결구까지의 수평거리가 최대 몇 [m] 이하가 되도록 설치하여야 하는가?

① 25 ② 35
③ 40 ④ 50

해설 호스접결구는 특정소방대상물의 각 부분으로부터 하나의 호스접결구까지의 수평거리가 40[m] 이하가 되도록 한다.

정답 | ③

PHASE 04 | 스프링클러설비

16 폐쇄형 스프링클러 헤드 퓨지블링크형의 표시온도가 121[℃]~162[℃]인 경우 프레임의 색별로 옳은 것은? (단, 폐쇄형 헤드이다.)

① 파랑 ② 빨강
③ 초록 ④ 흰색

해설 폐쇄형 스프링클러 헤드 퓨지블링크형의 표시온도가 121[℃] ~ 162[℃]인 경우 프레임의 색별은 파랑색으로 한다.

+ PLUS 폐쇄형 헤드의 표시온도에 따른 색표시(퓨지블링크형)

표시온도[℃]	프레임의 색별
77 이하	색 표시 안함
78 ~ 120	흰색
121 ~ 162	파랑
163 ~ 203	빨강
204 ~ 259	초록
260 ~ 319	오렌지
320 이상	검정

정답 | ①

17 다음 중 스프링클러설비에서 자동경보밸브에 리타딩 챔버(retarding chamber)를 설치하는 목적으로 가장 적절한 것은?

① 자동으로 배수하기 위하여
② 압력수의 압력을 조절하기 위하여
③ 자동경보밸브의 오보를 방지하기 위하여
④ 경보를 발하기까지 시간을 단축하기 위하여

해설 리타딩 챔버는 순간적인 압력변화를 완충하여 압력스위치의 작동을 방지하며 이로 인한 누수를 외부로 배출시켜 유수검지장치(자동경보밸브)의 오작동을 방지한다.

정답 | ③

18 스프링클러설비를 설치하여야 할 특정소방대상물에 있어서 스프링클러 헤드를 설치하지 아니할 수 있는 기준 중 틀린 것은?

① 천장과 반자 양쪽이 불연재료로 되어 있고 천장과 반자사이의 거리가 2.5[m] 미만인 부분
② 천장 및 반자가 불연재료 외의 것으로 되어 있고 천장과 반자사이의 거리가 0.5[m] 미만인 부분
③ 천장·반자 중 한쪽이 불연재료로 되어 있고 천장과 반자 사이의 거리가 1[m] 미만인 부분
④ 현관 또는 로비 등으로서 바닥으로부터 높이가 20[m] 이상인 장소

해설 천장과 반자 양쪽이 불연재료로 되어있는 장소 중 천장과 반자 사이의 거리가 2[m] 미만인 부분에 스프링클러 헤드를 설치하지 않을 수 있다.

정답 | ①

19 스프링클러설비 배관의 설치기준으로 틀린 것은?

① 급수배관의 구경은 수리계산에 따르는 경우 가지배관의 유속은 6[m/s], 그 밖의 배관의 유속은 10[m/s]를 초과하지 아니할 것
② 연결송수관설비의 배관과 겸용할 경우의 주배관은 구경 100[mm] 이상, 방수구로 연결되는 배관의 구경은 65[mm] 이상의 것으로 할 것
③ 수직배수배관의 구경은 50[mm] 이상으로 할 것
④ 가지배관에는 헤드의 설치지점 사이마다 1개 이상의 행거를 설치하되, 헤드 간의 거리가 3.5[m]를 초과하는 경우에는 3.5[m] 이내마다 1개 이상 설치할 것

해설 스프링클러설비는 연결송수관설비의 배관과 겸용할 수 없다.

정답 | ②

20 폐쇄형 스프링클러설비의 방호구역 및 유수검지장치에 관한 설명으로 틀린 것은?

① 하나의 방호구역에는 1개 이상의 유수검지장치를 설치할 것
② 유수검지장치란 본체 내의 유수현상을 자동적으로 검지하여 신호 또는 경보를 발하는 장치를 말함
③ 하나의 방호구역의 바닥면적은 3,500[m²]를 초과하지 아니할 것
④ 스프링클러헤드에 공급되는 물은 유수검지장치를 지나도록 할 것

해설 하나의 방호구역의 바닥면적은 3,000[m²]를 초과하지 않도록 한다.

+PLUS 방호구역 및 유수검지장치의 설치기준
㉠ 하나의 방호구역의 바닥면적은 3,000[m²]를 초과하지 않도록 한다.
㉡ 하나의 방호구역에는 1개 이상의 유수검지장치를 설치하고, 화재 시 접근이 쉽고 점검하기 편리한 장소에 설치한다.
㉢ 하나의 방호구역은 2개 층에 미치지 않도록 한다.
㉣ 1개 층에 설치되는 스프링클러 헤드의 수가 10개 이하이거나 복층형 구조의 공동주택에는 방호구역을 3개 층 이내로 할 수 있다.
㉤ 유수검지장치는 실내에 설치하거나 보호용 철망 등으로 구획하여 바닥으로부터 0.8[m] 이상 1.5[m] 이하의 위치에 설치하고, 그 실에는 가로 0.5[m] 이상 세로 1[m] 이상의 출입문(개구부)을 설치한다.
㉥ 유수검지장치를 기계실 안에 설치하는 경우 별도의 실 또는 보호용 철망을 설치하지 않을 수 있다.
㉦ 스프링클러 헤드에 공급되는 물은 유수검지장치를 지나도록 한다.
㉧ 자연낙차에 따른 압력수가 흐르는 배관 상에 설치된 유수검지장치는 화재 시 물의 흐름을 검지할 수 있는 최소한의 압력이 얻어질 수 있도록 수조의 하단으로부터 낙차를 두고 설치한다.
㉨ 조기반응형 스프링클러 헤드를 설치하는 경우 습식유수검지장치 또는 부압식 스프링클러설비를 설치한다.

정답 | ③

21 스프링클러설비의 가압송수장치의 정격토출압력은 하나의 헤드선단에 얼마의 방수압력이 될 수 있는 크기이어야 하는가?

① 0.01[MPa] 이상 0.05[MPa] 이하
② 0.1[MPa] 이상 1.2[MPa] 이하
③ 1.5[MPa] 이상 2.0[MPa] 이하
④ 2.5[MPa] 이상 3.3[MPa] 이하

해설 정격토출압력은 하나의 헤드선단에 0.1[MPa] 이상 1.2[MPa] 이하의 방수압력이 될 수 있게 한다.

정답 | ②

22 특수가연물을 저장 또는 취급하는 장소의 경우에는 스프링클러 헤드를 설치하는 천장·반자·천장과 반자 사이·덕트·선반 등의 각 부분으로부터 하나의 스프링클러 헤드까지의 수평거리 기준은 몇 [m] 이하인가? (단, 성능이 별도로 인정된 스프링클러 헤드를 수리계산에 따라 설치하는 경우는 제외한다.)

① 1.7
② 2.5
③ 3.2
④ 4

해설 특수가연물을 저장 또는 취급하는 장소에서 천장·반자·천장과 반자 사이·덕트·선반 등의 각 부분으로부터 하나의 스프링클러 헤드까지의 수평거리는 1.7[m] 이하가 되도록 한다.

+ PLUS 헤드의 방사범위

천장·반자·천장과 반자 사이·덕트·선반 등의 각 부분으로부터 하나의 스프링클러 헤드까지의 수평거리는 다음의 표에 따른 거리 이하가 되도록 한다.

소방대상물	수평거리
무대부·특수가연물을 저장 또는 취급하는 장소	1.7[m]
비내화구조 특정소방대상물	2.1[m]
내화구조 특정소방대상물	2.3[m]
아파트 세대 내	2.6[m]

정답 | ①

23 층수가 10층인 공장에 습식 폐쇄형 스프링클러 헤드가 설치되어 있다면 이 설비에 필요한 수원의 양은 얼마 이상이어야 하는가? (단, 이 창고는 특수가연물을 저장·취급하지 않는 일반물품을 적용하고, 헤드가 가장 많이 설치된 층은 8층으로서 40개가 설치되어 있다.)

① 16[m³]
② 32[m³]
③ 48[m³]
④ 64[m³]

해설 폐쇄형 스프링클러 헤드를 사용하는 경우 층수가 10층이고 특수가연물을 취급하지 않는 공장의 기준개수는 20이다.
20×1.6[m³]=32[m³]

+ PLUS 저수량의 산정기준

폐쇄형 스프링클러 헤드를 사용하는 경우 다음의 표에 따른 기준개수에 1.6[m³]를 곱한 양 이상이 되도록 한다.

스프링클러설비의 설치장소		기준개수
아파트		10
지하층을 제외한 10층 이하인 특정소방대상물	헤드의 높이가 8[m] 미만인 것	10
	헤드의 높이가 8[m] 이상인 것	20
	판매시설이 없는 근린생활시설·운수시설·복합건축물	20
	특수가연물을 취급하지 않는 공장	20
	판매시설 또는 판매시설이 있는 복합건축물	20
	특수가연물을 저장·취급하는 공장	30
지하층을 제외한 11층 이상인 특정소방대상물		30
지하가 또는 지하역사		30

정답 | ②

PHASE 05 | 기타 스프링클러설비

24 화재조기진압용 스프링클러설비 가지배관의 배열기준 중 천장의 높이가 9.1[m] 이상 13.7[m] 이하인 경우 가지배관 사이의 거리 기준으로 옳은 것은?

① 2.4[m] 이상 3.1[m] 이하
② 2.4[m] 이상 3.7[m] 이하
③ 6.0[m] 이상 8.5[m] 이하
④ 6.0[m] 이상 9.3[m] 이하

해설 천장의 높이가 9.1[m] 이상 13.7[m] 이하인 경우 가지배관 사이의 거리는 2.4[m] 이상 3.1[m] 이하로 한다.

+PLUS 가지배관의 설치기준

㉠ 토너먼트 배관방식이 아니어야 한다.
㉡ 가지배관 사이의 거리는 2.4[m] 이상 3.7[m] 이하로 한다.
㉢ 천장의 높이가 9.1[m] 이상 13.7[m] 이하인 경우 가지배관 사이의 거리는 2.4[m] 이상 3.1[m] 이하로 한다.
㉣ 교차배관에서 분기되는 지점을 기점으로 한 쪽 가지배관에 설치되는 헤드의 개수는 8개 이하로 한다.
㉤ 가지배관과 헤드 사이의 배관을 신축배관으로 하는 경우 소방청장이 정하여 고시한 기준에 적합한 것으로 설치한다.

정답 | ①

25 화재조기진압용 스프링클러설비의 화재안전기술기준(NFTC 103B) 상 화재조기진압용 스프링클러설비 설치장소의 구조 기준으로 틀린 것은?

① 창고 내의 선반의 형태는 하부로 물이 침투되는 구조로 할 것
② 천장의 기울기가 1,000분의 168을 초과하지 않아야 하고, 이를 초과하는 경우에는 반자를 지면과 수평으로 설치할 것
③ 천장은 평평하여야 하며 철재나 목재트러스 구조인 경우, 철재나 목재의 돌출부분이 102[mm]를 초과하지 아니할 것
④ 해당 층의 높이가 10[m] 이하일 것. 다만, 3층 이상일 경우에는 해당 층의 바닥을 내화구조로 하고 다른 부분과 방화구획 할 것

해설 해당 층의 높이가 13.7[m] 이하이어야 한다.
2층 이상인 층에서는 해당 층의 바닥을 내화구조로 하고 다른 부분과 방화구획 한다.

+PLUS 화재조기진압용 스프링클러설비 설치장소의 구조기준

㉠ 해당 층의 높이가 13.7[m] 이하이어야 한다.
㉡ 2층 이상인 층에서는 해당 층의 바닥을 내화구조로 하고 다른 부분과 방화구획 한다.
㉢ 천장의 기울기가 1,000분의 168을 초과하지 않고, 초과하는 경우 반자를 지면과 수평으로 설치한다.
㉣ 천장은 평평해야 하고, 철재나 목재트러스 구조인 경우 철재나 목재의 돌출 부분이 102[mm]를 초과하지 않아야 한다.
㉤ 보로 사용되는 목재·콘크리트 및 철재 사이의 간격은 0.9[m] 이상 2.3[m] 이하이어야 한다.
㉥ 보의 간격이 2.3[m] 이상인 경우 화재조기진압용 스프링클러헤드의 동작을 원활히 하기 위해 보로 구획된 부분의 천장 및 반자의 넓이가 28[m^2]를 초과하지 않아야 한다.

정답 | ④

26 간이 스프링클러설비의 화재안전기술기준(NFTC 103A) 상 간이 스프링클러설비의 배관 및 밸브 등의 설치순서로 맞는 것은? (단, 수원이 펌프보다 낮은 경우이다.)

① 상수도직결형은 수도용 계량기, 급수차단장치, 개폐표시형밸브, 체크밸브, 압력계, 유수검지장치, 2개의 시험밸브 순으로 설치할 것
② 펌프 설치 시에는 수원, 연성계 또는 진공계, 펌프 또는 압력수조, 압력계, 체크밸브, 개폐표시형밸브, 유수검지장치, 2개의 시험밸브 순으로 설치할 것
③ 가압수조 이용 시에는 수원, 가압수조, 압력계, 체크밸브, 개폐표시형밸브, 유수검지장치, 1개의 시험밸브 순으로 설치할 것
④ 캐비닛형인 경우 수원, 펌프 또는 압력수조, 압력계, 체크밸브, 연성계 또는 진공계, 개폐표시형밸브 순으로 설치할 것

해설 상수도직결형은 수도용 계량기, 급수차단장치, 개폐표시형밸브, 체크밸브, 압력계, 유수검지장치, 2개의 시험밸브의 순으로 설치한다.

+PLUS 배수설비의 설치순서

㉠ 상수도직결형은 수도용 계량기, 급수차단장치, 개폐표시형밸브, 체크밸브, 압력계, 유수검지장치, 2개의 시험밸브의 순으로 설치한다.
㉡ 펌프 등의 가압송수장치를 이용하여 배관 및 밸브 등을 설치하는 경우에는 수원, 연성계 또는 진공계, 펌프 또는 압력수조, 압력계, 체크밸브, 성능시험배관, 개폐표시형밸브, 유수검지장치, 시험밸브의 순으로 설치한다.
㉢ 가압수조를 가압송수장치로 이용하여 배관 및 밸브 등을 설치하는 경우에는 수원, 가압수조, 압력계, 체크밸브, 성능시험배관, 개폐표시형밸브, 유수검지장치, 2개의 시험밸브의 순으로 설치한다.
㉣ 캐비닛형의 가압송수장치에 배관 및 밸브 등을 설치하는 경우에는 수원, 연성계 또는 진공계, 펌프 또는 압력수조, 압력계, 체크밸브, 개폐표시형밸브, 2개의 시험밸브의 순으로 설치한다.

정답 | ①

PHASE 06 | 물분무 소화설비

27 물분무 소화설비 가압송수장치의 토출량에 대한 최소기준으로 옳은 것은? (단, 특수가연물을 저장 취급하는 특정소방대상물 및 차고 주차장의 바닥면적은 $50[m^2]$ 이하인 경우는 $50[m^2]$를 기준으로 한다.)

① 차고 또는 주차장의 바닥면적 $1[m^2]$에 대해 $10[L/min]$로 20분 간 방수할 수 있는 양 이상
② 특수가연물을 저장·취급하는 특정소방대상물의 바닥면적 $1[m^2]$에 대해 $20[L/min]$로 20분 간 방수할 수 있는 양 이상
③ 케이블트레이, 케이블덕트는 투영된 바닥면적 $1[m^2]$에 대해 $10[L/mim]$로 20분 간 방수할 수 있는 양 이상
④ 절연유 봉입 변압기는 바닥면적을 제외한 표면적을 합한 면적 $1[m^2]$에 대해 $10[L/min]$로 20분 간 방수할 수 있는 양 이상

해설 절연유 봉입 변압기는 바닥 부분을 제외한 표면적을 합한 면적 $1[m^2]$에 대하여 $10[L/min]$로 20분 간 방수할 수 있는 양 이상으로 한다.

+PLUS 저수량의 산정기준

㉠ 특수가연물을 저장 또는 취급하는 특정소방대상물 또는 그 부분에 있어서 그 바닥면적(최소 $50[m^2]$) $1[m^2]$에 대하여 $10[L/min]$로 20분 간 방수할 수 있는 양 이상으로 한다.
㉡ 차고 또는 주차장은 그 바닥면적(최소 $50[m^2]$) $1[m^2]$에 대하여 $20[L/min]$로 20분 간 방수할 수 있는 양 이상으로 한다.
㉢ 절연유 봉입 변압기는 바닥 부분을 제외한 표면적을 합한 면적 $1[m^2]$에 대하여 $10[L/min]$로 20분 간 방수할 수 있는 양 이상으로 한다.
㉣ 케이블트레이, 케이블덕트 등은 투영된 바닥면적 $1[m^2]$에 대하여 $12[L/min]$로 20분 간 방수할 수 있는 양 이상으로 한다.
㉤ 콘베이어 벨트 등은 벨트 부분의 바닥면적 $1[m^2]$에 대하여 $10[L/min]$로 20분 간 방수할 수 있는 양 이상으로 한다.

정답 | ④

28 고압의 전기기기가 있는 장소에 있어서 전기의 절연을 위한 전기기기와 물분무 헤드 사이의 최소 이격거리 기준 중 옳은 것은?

① 66[kV] 이하 - 60[cm] 이상
② 66[kV] 초과 77[kV] 이하 - 80[cm] 이상
③ 77[kV] 초과 110[kV] 이하 - 100[cm] 이상
④ 110[kV] 초과 154[kV] 이하 - 140[cm] 이상

해설 고압 전기기기와 물분무 헤드 사이의 이격거리는 66[kV] 초과 77[kV] 이하인 경우 80[cm] 이상으로 한다.

+ PLUS 물분무 헤드의 설치기준

㉠ 물분무 헤드는 표준방사량으로 해당 방호대상물의 화재를 유효하게 소화하는데 필요한 수를 적정한 위치에 설치한다.
㉡ 고압의 전기기기가 있는 장소는 전기의 절연을 위하여 전기기기와 물분무 헤드 사이에 다음의 표에 따른 거리를 둔다.

전압[kV]	거리[cm]
66 이하	70 이상
66 초과 77 이하	80 이상
77 초과 110 이하	110 이상
110 초과 154 이하	150 이상
154 초과 181 이하	180 이상
181 초과 220 이하	210 이상
220 초과 275 이하	260 이상

정답 | ②

29 물분무 소화설비 대상 공장에서 물분무 헤드의 설치제외 장소로서 틀린 것은?

① 고온의 물질 및 증류범위가 넓어 끓어 넘치는 위험이 있는 물질을 저장하는 장소
② 물에 심하게 반응하여 위험한 물질을 생성하는 물질을 취급하는 장소
③ 운전 시에 표면의 온도가 260[℃] 이상으로 되는 등 직접 분무를 하는 경우 그 부분에 손상을 입힐 우려가 있는 기계장치 등이 있는 장소
④ 표준방사량으로 해당 방호대상물의 화재를 유효하게 소화하는 데 필요한 적정한 장소

해설 물분무 헤드는 표준방사량으로 해당 방호대상물의 화재를 유효하게 소화하는데 필요한 수를 적정한 위치에 설치한다.

+ PLUS 물분무 헤드의 설치제외 장소

㉠ 물이 심하게 반응하는 물질 또는 물과 반응하여 위험한 물질을 생성하는 물질을 저장 또는 취급하는 장소
㉡ 고온의 물질 및 증류범위가 넓어 끓어 넘치는 위험이 있는 물질을 저장 또는 취급하는 장소
㉢ 운전 시에 표면의 온도가 260[℃] 이상으로 되는 등 직접 분무를 하는 경우 그 부분에 손상을 입힐 우려가 있는 기계장치 등이 있는 장소

정답 | ④

30 물분무 소화설비를 설치하는 주차장의 배수설비 설치기준 중 차량이 주차하는 바닥은 배수구를 향하여 얼마 이상의 기울기를 유지해야 하는가?

① $\dfrac{1}{100}$ ② $\dfrac{2}{100}$
③ $\dfrac{3}{100}$ ④ $\dfrac{5}{100}$

해설 차량이 주차하는 바닥은 배수구를 향하여 $\dfrac{2}{100}$ 이상의 기울기를 유지한다.

+PLUS 배수설비의 설치기준
물분무 소화설비를 설치하는 차고 또는 주차장에는 배수장치를 다음의 기준에 따라 설치한다.
㉠ 차량이 주차하는 장소의 적당한 곳에 높이 10[cm] 이상의 경계턱으로 배수구를 설치한다.
㉡ 배수구에는 새어 나온 기름을 모아 소화할 수 있도록 길이 40[m] 이하마다 집수관·소화핏트 등 기름분리장치를 설치한다.
㉢ 차량이 주차하는 바닥은 배수구를 향하여 $\dfrac{2}{100}$ 이상의 기울기를 유지한다.
㉣ 배수설비는 가압송수장치의 최대송수능력의 수량을 유효하게 배수할 수 있는 크기 및 기울기로 한다.

정답 | ②

31 다음 중 스프링클러설비와 비교하여 물분무 소화설비의 장점으로 옳지 않은 것은?

① 소량의 물을 사용함으로써 물의 사용량 및 방사량을 줄일 수 있다.
② 운동에너지가 크므로 파괴주수 효과가 크다.
③ 전기 절연성이 높아서 고압통전기기의 화재에도 안전하게 사용할 수 있다.
④ 물의 방수과정에서 화재열에 따른 부피증가량이 커서 질식효과를 높일 수 있다.

해설 파괴주수 효과는 물분무 소화설비의 무상주수보다 스프링클러설비의 적상주수가 더 크다.

+PLUS 물분무소화
물분무, 미분무소화는 물을 미세한 입자 형태로 방출하는 소화방식(무상주수)으로 입자 사이가 공기로 절연되어 있기 때문에 물방울 크기가 더 큰 적상주수나 물줄기 형태의 봉상주수와는 다르게 전기화재에도 적응성이 있다.

정답 | ②

32 물분무 소화설비의 화재안전성능기준(NFPC 104) 상 배관의 설치기준으로 틀린 것은?

① 펌프 흡입측 배관은 공기고임이 생기지 않는 구조로 하고 여과장치를 설치한다.
② 펌프의 흡입측 배관은 수조가 펌프보다 낮게 설치된 경우에는 각 펌프(충압펌프를 포함한다)마다 수조로부터 별도로 설치한다.
③ 급수배관은 전용으로 한다.
④ 연결송수관설비의 배관과 겸용할 경우 방수구로 연결되는 배관의 구경은 65[mm] 이하로 한다.

해설 물분무 소화설비는 연결송수관설비의 배관과 겸용할 수 없다.

정답 | ④

33 물분무 소화설비의 화재안전기술기준(NFTC 104) 상 송수구의 설치기준으로 틀린 것은?

① 구경 65[mm]의 쌍구형으로 할 것
② 지면으로부터 높이가 0.5[m] 이상 1[m] 이하의 위치에 설치할 것
③ 송수구는 하나의 층의 바닥면적이 1,500[m²]를 넘을 때마다 1개(5개를 넘을 경우에는 5개로 한다) 이상을 설치할 것
④ 가연성가스의 저장·취급시설에 설치하는 송수구는 그 방호대상물로부터 20[m] 이상의 거리를 두거나 방호대상물에 면하는 부분이 높이 1.5[m] 이상, 폭 2.5[m] 이상의 철근콘크리트 벽으로 가려진 장소에 설치할 것

해설 송수구는 하나의 층의 바닥면적이 3,000[m²]를 넘을 때마다 1개 이상(최대 5개)을 설치한다.

+PLUS 송수구의 설치기준

㉠ 송수구는 화재 층으로부터 지면으로 떨어지는 유리창 등이 송수 및 그 밖의 소화작업에 지장을 주지 않는 장소에 설치한다.
㉡ 가연성가스의 저장·취급시설에 설치하는 경우 그 방호대상물로부터 20[m] 이상의 거리를 두거나, 방호대상물에 면하는 부분이 1.5[m] 이상 폭 2.5[m] 이상의 철근콘크리트 벽으로 가려진 장소에 설치한다.
㉢ 송수구로부터 물분무 소화설비의 주배관에 이르는 연결배관에 개폐밸브를 설치한 경우 그 개폐상태를 쉽게 확인 및 조작할 수 있는 옥외 또는 기계실 등의 장소에 송수구를 설치한다.
㉣ 송수구는 구경 65[mm]의 쌍구형으로 한다.
㉤ 송수구에는 그 가까운 곳의 보기 쉬운 곳에 송수압력 범위를 표시한 표지를 한다.
㉥ 송수구는 하나의 층의 바닥면적이 3,000[m²]를 넘을 때마다 1개 이상(최대 5개)을 설치한다.
㉦ 지면으로부터 높이가 0.5[m] 이상 1[m] 이하의 위치에 설치한다.
㉧ 송수구의 부근에는 자동배수밸브(또는 직경 5[mm]의 배수공) 및 체크밸브를 설치한다.
㉨ 자동배수밸브는 배관 안의 물이 잘 빠질 수 있는 위치에 설치한다.
㉩ 자동배수밸브를 통한 배수로 인하여 다른 물건이나 장소에 피해를 주지 않아야 한다.
㉪ 송수구에는 이물질을 막기 위한 마개를 씌운다.

정답 | ③

34 물분무 소화설비의 가압송수장치로 압력수조의 필요압력을 산출할 때 필요한 것이 아닌 것은?

① 낙차의 환산수두압
② 물분무 헤드의 설계압력
③ 배관의 마찰손실 수두압
④ 소방용 호스의 마찰손실 수두압

해설 물분무 소화설비는 헤드를 통해 소화수가 방사되므로 소방용 호스의 마찰손실수두압은 계산하지 않는다.

+PLUS 압력수조를 이용한 가압송수장치의 설치기준

㉠ 압력수조의 압력은 다음의 식에 따라 계산하여 나온 수치 이상 유지되도록 한다.

$$P = P_1 + P_2 + P_3$$

P: 필요한 압력[MPa]
P_1: 물분무 헤드의 설계압력[MPa]
P_2: 배관의 마찰손실수두압[MPa]
P_3: 낙차의 환산수두압[MPa]

㉡ 압력수조에는 수위계·급수관·배수관·급기관·맨홀·압력계·안전장치 및 압력저하 방지를 위한 자동식 공기압축기를 설치한다.

정답 | ④

PHASE 07 | 미분무 소화설비

35 미분무 소화설비의 화재안전기술기준(NFTC 104A) 상 미분무 소화설비의 성능을 확인하기 위하여 하나의 발화원을 가정한 설계도서 작성 시 고려하여야 할 인자를 모두 고른 것은?

> ㉠ 화재 위치
> ㉡ 점화원의 형태
> ㉢ 시공 유형과 내장재 유형
> ㉣ 초기 점화되는 연료 유형
> ㉤ 공기조화설비, 자연형(문, 창문) 및 기계형 여부
> ㉥ 문과 창문의 초기상태(열림, 닫힘) 및 시간에 따른 변화상태

① ㉠, ㉢, ㉥
② ㉠, ㉡, ㉢, ㉤
③ ㉠, ㉡, ㉣, ㉤, ㉥
④ ㉠, ㉡, ㉢, ㉣, ㉤, ㉥

해설 제시된 인자 모두 설계도서의 작성기준에 해당한다.

+PLUS 설계도서의 작성기준
㉠ 점화원의 형태
㉡ 초기 점화되는 연료 유형
㉢ 화재 위치
㉣ 문과 창문의 초기상태(열림, 닫힘) 및 시간에 따른 변화상태
㉤ 공기조화설비, 자연형(문, 창문) 및 기계형 여부
㉥ 시공 유형과 내장재 유형

정답 | ④

36 미분무 소화설비 배관의 배수를 위한 기울기 기준 중 다음 ( ) 안에 알맞은 것은? (단, 배관의 구조상 기울기를 줄 수 없는 경우는 제외한다.)

> 개방형 미분무 소화설비에는 헤드를 향하여 상향으로 수평주행배관의 기울기를 (㉠) 이상, 가지배관의 기울기를 (㉡) 이상으로 할 것

① ㉠ $\dfrac{1}{100}$ ㉡ $\dfrac{1}{500}$
② ㉠ $\dfrac{1}{500}$ ㉡ $\dfrac{1}{100}$
③ ㉠ $\dfrac{1}{250}$ ㉡ $\dfrac{1}{500}$
④ ㉠ $\dfrac{1}{500}$ ㉡ $\dfrac{1}{250}$

해설 개방형 미분무 소화설비의 배관은 헤드를 향하여 상향으로 수평주행배관의 기울기를 $\dfrac{1}{500}$ 이상, 가지배관의 기울기를 $\dfrac{1}{250}$ 이상으로 한다.

+PLUS 배관의 배수를 위한 기울기 기준
㉠ 폐쇄형 미분무 소화설비의 배관은 수평으로 한다.
㉡ 배관의 구조 상 소화수가 남아있는 곳에는 배수밸브를 설치한다.
㉢ 개방형 미분무 소화설비의 배관은 헤드를 향하여 상향으로 수평주행배관의 기울기를 $\dfrac{1}{500}$ 이상, 가지배관의 기울기를 $\dfrac{1}{250}$ 이상으로 한다.
㉣ 배관의 구조 상 기울기를 줄 수 없는 경우 배수를 원활하게 할 수 있도록 배수밸브를 설치한다.

정답 | ④

37 다음 설명은 미분무 소화설비의 화재안전성능기준(NFPC 104A)에 따른 미분무 소화설비 기동장치의 화재감지기 회로에서 발신기 설치기준이다. ( ) 안에 알맞은 내용은? (단, 자동화재탐지설비의 발신기가 설치된 경우는 제외한다.)

> - 조작이 쉬운 장소에 설치하고, 스위치는 바닥으로부터 0.8[m] 이상 (㉠)[m] 이하의 높이에 설치할 것
> - 소방대상물의 층마다 설치하되, 당해 소방대상물의 각 부분으로부터 하나의 발신기까지의 수평거리가 (㉡)[m] 이하가 되도록 할 것
> - 발신기의 위치를 표시하는 표시등은 함의 상부에 설치하되, 그 불빛은 부착면으로부터 15°이상의 범위안에서 부착지점으로부터 (㉢)[m] 이내의 어느 곳에서도 쉽게 식별할 수 있는 적색등으로 할 것

① ㉠ 1.5 ㉡ 20 ㉢ 10
② ㉠ 1.5 ㉡ 25 ㉢ 10
③ ㉠ 2.0 ㉡ 20 ㉢ 15
④ ㉠ 2.0 ㉡ 25 ㉢ 15

+PLUS **발신기의 설치기준**
㉠ 조작이 쉬운 장소에 설치한다.
㉡ 스위치는 바닥으로부터 0.8[m] 이상 1.5[m] 이하의 높이에 설치한다.
㉢ 소방대상물의 층마다 설치하고 해당 소방대상물의 각 부분으로부터 수평거리가 25[m] 이하가 되도록 한다.
㉣ 복도 또는 별도로 구획된 실로서 보행거리가 40[m] 이상일 경우에는 추가로 설치한다.
㉤ 발신기의 위치를 표시하는 표시등은 함의 상부에 설치하고 그 불빛은 부착면으로부터 15° 이상의 범위 안에서 부착지점으로부터 10[m] 이내의 어느 곳에서도 쉽게 식별할 수 있는 적색등으로 한다.

정답 | ②

38 미분무 소화설비 용어의 정의 중 다음 ( ) 안에 알맞은 것은?

> "미분무"란 물만을 사용하여 소화하는 방식으로 최소설계압력에서 헤드로부터 방출되는 물입자 중 99[%]의 누적체적분포가 (㉠)[μm] 이하로 분무되고 (㉡)급 화재에 적응성을 갖는 것을 말한다.

① ㉠ 400 ㉡ A, B, C
② ㉠ 400 ㉡ B, C
③ ㉠ 200 ㉡ A, B, C
④ ㉠ 200 ㉡ B, C

해설 미분무란 헤드로부터 방출되는 물입자 중 99[%]의 누적체적분포가 400[μm] 이하로 분무되고 A, B, C급 화재에 적응성을 갖는 것이다.

+PLUS **용어의 정의**

미분무	헤드로부터 방출되는 물입자 중 99[%]의 누적체적분포가 400[μm] 이하로 분무되고 A, B, C급 화재에 적응성을 갖는 것
저압 미분무 소화설비	최고사용압력이 1.2[MPa] 이하인 미분무 소화설비
중압 미분무 소화설비	사용압력이 1.2[MPa]을 초과하고 3.5[MPa] 이하인 미분무 소화설비
고압 미분무 소화설비	최저사용압력이 3.5[MPa]을 초과하는 미분무 소화설비

정답 | ①

PHASE 08 | 포 소화설비

39 포 소화설비의 자동식 기동장치를 폐쇄형 스프링클러 헤드의 개방과 연동하여 가압송수장치·일제 개방밸브 및 포 소화약제 혼합장치를 기동하는 경우의 설치기준 중 다음 (   ) 안에 알맞은 것은? (단, 자동화재탐지설비의 수신기가 설치된 장소에 상시 사람이 근무하고 있고, 화재 시 즉시 해당 조작부를 작동시킬 수 있는 경우는 제외한다.)

> 표시온도가 (㉠)[℃] 미만의 것을 사용하고, 1개의 스프링클러 헤드의 경계면적은 (㉡)[m²] 이하로 할 것

① ㉠ 79   ㉡ 8
② ㉠ 121   ㉡ 8
③ ㉠ 79   ㉡ 20
④ ㉠ 121   ㉡ 20

해설 표시온도가 79[℃] 미만인 것을 사용하고, 1개의 스프링클러 헤드의 경계면적은 20[m²] 이하로 한다.

+ PLUS 자동식 기동장치의 설치기준

폐쇄형 스프링클러 헤드를 사용하는 경우에는 다음의 기준에 따라 설치한다.
㉠ 표시온도가 79[℃] 미만인 것을 사용하고, 1개의 스프링클러 헤드의 경계면적은 20[m²] 이하로 한다.
㉡ 부착면의 높이는 바닥으로부터 5[m] 이하로 하고, 화재를 유효하게 감지할 수 있도록 한다.
㉢ 하나의 감지장치 경계구역은 하나의 층이 되도록 한다.

정답 | ③

40 포 소화설비의 화재안전성능기준(NFPC 105)상 전역방출방식 고발포용 고정포방출구의 설치기준으로 옳은 것은? (단, 해당 방호구역에서 외부로 새는 양 이상의 포수용액을 유효하게 추가하여 방출하는 설비가 있는 경우는 제외한다.)

① 개구부에 자동폐쇄장치를 설치할 것
② 바닥면적 600[m²] 마다 1개 이상으로 할 것
③ 방호대상물의 최고부분보다 낮은 위치에 설치할 것
④ 특정소방대상물 및 포의 팽창비에 따른 종별에 관계없이 해당 방호구역의 관포체적 1[m³]에 대한 1분당 포수용액 방출량은 1[L] 이상으로 할 것

해설 전역방출방식의 고발포용 고정포방출구에는 개구부에 자동폐쇄장치를 설치해야 한다.

+ PLUS
② 고정포방출구는 바닥면적 500[m²]마다 1개 이상으로 하여 방호대상물의 화재를 유효하게 소화할 수 있도록 한다.
③ 고정포방출구는 방호대상물의 최고부분보다 높은 위치에 설치한다. 밀어올리는 능력을 가진 것은 방호대상물과 같은 높이로 할 수 있다.
④ 고정포방출구는 특정소방대상물 및 포의 팽창비에 따른 종별에 따라 해당 방호구역의 관포체적 1[m³]에 대하여 1분 당 방출량을 기준량 이상이 되도록 한다.

정답 | ①

41 포 소화약제의 혼합장치에 대한 설명 중 옳은 것은?

① 라인 프로포셔너방식이란 펌프의 토출관과 흡입관 사이의 배관 도중에 설치한 흡입기에 펌프에서 토출된 물의 일부를 보내고, 농도 조절밸브에서 조정된 포 소화약제의 필요량을 포 소화약제 탱크에서 펌프 흡입측으로 보내어 이를 혼합하는 방식을 말한다.
② 프레셔사이드 프로포셔너방식이란 펌프의 토출관에 압입기를 설치하여 포 소화약제 압입용펌프로 포 소화약제를 압입시켜 혼합하는 방식을 말한다.
③ 프레셔 프로포셔너방식이란 펌프와 발포기 중간에 설치된 벤추리관의 벤추리작용에 따라 포 소화약제를 흡입·혼합하는 방식을 말한다.
④ 펌프 프로포셔너방식이란 펌프와 발포기의 중간에 설치된 벤추리관의 벤추리작용과 펌프 가압수의 포 소화약제 저장탱크에 대한 압력에 따라 포 소화약제를 흡입·혼합하는 방식을 말한다.

해설 옳은 설명은 ② 프레셔사이드 프로포셔너방식이다.

+PLUS 포소화약제의 혼합방식

펌프 프로포셔너 방식	펌프의 토출관과 흡입관 사이의 배관 도중에 설치한 흡입기에 펌프에서 토출된 물의 일부를 보내고, 농도 조절밸브에서 조정된 포 소화약제의 필요량을 포 소화약제 저장탱크에서 펌프 흡입측으로 보내어 이를 혼합하는 방식
프레셔 프로포셔너 방식	펌프와 발포기의 중간에 설치된 벤추리관의 벤추리작용과 펌프 가압수의 포 소화약제 저장탱크에 대한 압력에 따라 포 소화약제를 흡입·혼합하는 방식
라인 프로포셔너 방식	펌프와 발포기의 중간에 설치된 벤추리관의 벤추리작용에 따라 포 소화약제를 흡입·혼합하는 방식
프레셔사이드 프로포셔너 방식	펌프의 토출관에 압입기를 설치하여 포 소화약제 압입용 펌프로 포 소화약제를 압입시켜 혼합하는 방식
압축공기포 믹싱챔버 방식	물, 포 소화약제 및 공기를 믹싱챔버로 강제주입시켜 챔버 내에서 포수용액을 생성한 후 포를 방사하는 방식

정답 | ②

42 특정소방대상물에 따라 작용하는 포 소화설비의 종류 및 적응성에 관한 설명으로 틀린 것은?

① 특수가연물을 저장·취급하는 공장에는 호스릴 포 소화설비를 설치할 것
② 완전 개방된 옥상주차장으로 주된 벽이 없고 기둥뿐이거나 주위가 위해방지용 철주 등으로 둘러싸인 부분에는 호스릴 포 소화설비 또는 포 소화전설비를 설치할 것
③ 차고에는 포워터 스프링클러설비·포헤드설비 또는 고정포 방출설비, 압축공기포 소화설비를 설치할 것
④ 항공기격납고에는 포워터 스프링클러설비·포헤드설비 또는 고정포 방출설비, 압축공기포 소화설비를 설치할 것

해설 특수가연물을 저장·취급하는 공장 또는 창고에는 호스릴 포소화설비가 적응성이 없다.

+PLUS 특정소방대상물별 포 소화설비의 적응성

특정소방대상물	적응성이 있는 포 소화설비
특수가연물을 저장·취급하는 공장 또는 창고	포워터 스프링클러설비 포헤드설비 고정포 방출설비 압축공기포 소화설비
차고 또는 주차장	
항공기격납고	
발전기실, 엔진펌프실, 변압기, 전기케이블실, 유압설비	고정식 압축공기포 소화설비 (바닥면적의 합계 300[m²] 미만인 장소 限)

정답 | ①

43 바닥면적이 180[m²]인 건축물 내부에 호스릴방식의 포 소화설비를 설치할 경우 가능한 포 소화약제의 최소 필요량은 몇 [L]인가? (단, 호스 접결구: 2개, 약제 농도: 3[%])

① 180 ② 270
③ 650 ④ 720

해설 호스릴방식의 저장량 산출기준에 따라 계산하면
$Q = N \times S \times 6{,}000[L] = 2 \times 0.03 \times 6{,}000[L] = 360[L]$
바닥면적이 200[m²] 미만이므로 산출량의 75[%]으로 한다.
$360[L] \times 0.75 = 270[L]$

+ PLUS 옥내 포 소화전방식 또는 호스릴방식은 다음의 식에 따라 산출한 양 이상으로 한다.
바닥면적이 200[m²] 미만인 건축물은 산출한 양의 75[%]로 할 수 있다.

$$Q = N \times S \times 6{,}000[L]$$

Q: 포소화약제의 양[L], N: 호스 접결구 개수(최대 5개),
S: 포소화약제의 사용농도[%]

정답 | ②

44 포 소화설비의 배관 등의 설치기준 중 옳은 것은?

① 포워터 스프링클러설비 또는 포헤드설비의 가지배관의 배열은 토너먼트방식으로 한다.
② 송액관은 겸용으로 하여야 한다. 다만, 포소화전의 기동장치의 조작과 동시에 다른 설비의 용도에 사용하는 배관의 송수를 차단할 수 있거나, 포소화설비의 성능에 지장이 없는 경우에는 전용으로 할 수 있다.
③ 송액관은 포의 방출 종료 후 배관안의 액을 배출하기 위하여 적당한 기울기를 유지하도록 하고 그 낮은 부분에 배액밸브를 설치하여야 한다.
④ 연결송수관설비의 배관과 겸용할 경우의 주배관은 구경 65[mm] 이상, 방수구로 연결되는 배관의 구경은 100[mm] 이상의 것으로 하여야 한다.

해설 송액관은 포의 방출 종료 후 배관 안의 액을 배출하기 위하여 적당한 기울기를 유지하도록 하고 그 낮은 부분에 배액밸브를 설치한다.

+ PLUS
① 포워터 스프링클러설비 또는 포헤드설비의 가지배관의 배열은 토너먼트방식이 아니어야 하며, 교차배관에서 분기하는 지점을 기점으로 한쪽 가지배관에 설치하는 헤드의 수는 8개 이하로 한다.
② 송액관은 전용으로 한다.
포소화전의 기동장치의 조작과 동시에 다른 설비의 용도에 사용하는 배관의 송수를 차단할 수 있거나, 포소화설비의 성능에 지장이 없는 경우에는 다른 설비와 겸용할 수 있다.
④ 포 소화설비는 연결송수관설비의 배관과 겸용할 수 없다.

정답 | ③

PHASE 09 | 이산화탄소 소화설비

45 호스릴 이산화탄소 소화설비의 설치기준으로 옳지 않은 것은?

① 20[°C]에서 하나의 노즐마다 소화약제의 방사량은 60초당 60[kg] 이상이어야 할 것
② 소화약제 저장용기는 호스릴 2개마다 1개 이상 설치해야 할 것
③ 소화약제 저장용기의 가장 가까운 곳의 보기 쉬운 곳에 표시등을 설치해야 할 것
④ 소화약제 저장용기의 개방밸브는 호스의 설치장소에서 수동으로 개폐할 수 있어야 할 것

해설 소화약제 저장용기는 호스릴을 설치하는 장소마다 설치한다.

+PLUS 호스릴방식의 설치기준
㉠ 방호대상물의 각 부분으로부터 하나의 호스접결구까지의 수평거리가 15[m] 이하가 되도록 한다.
㉡ 소화약제 저장용기의 개방밸브는 호스릴의 설치장소에서 수동으로 개폐할 수 있는 것으로 한다.
㉢ 소화약제 저장용기는 호스릴을 설치하는 장소마다 설치한다.
㉣ 호스릴방식의 이산화탄소 소화설비의 노즐은 20[°C]에서 하나의 노즐마다 1분당 60[kg] 이상의 양을 방출할 수 있는 것으로 한다.
㉤ 소화약제 저장용기의 가장 가까운 곳의 보기 쉬운 곳에 적색의 표시등을 설치하고, 호스릴방식의 이산화탄소 소화설비가 있다는 뜻을 표시한 표지를 한다.

정답 | ②

46 이산화탄소 소화설비의 시설 중 소화 후 연소 및 소화 잔류 가스를 인명안전 상 배출 및 희석시키는 배출설비의 설치대상이 아닌 것은?

① 지하층　　② 피난층
③ 무창층　　④ 밀폐된 거실

해설 지하층, 무창층 및 밀폐된 거실 등에 이산화탄소 소화설비를 설치한 경우에는 방출된 소화약제를 배출하기 위한 배출설비를 갖추어야 한다.

정답 | ②

47 이산화탄소 소화설비를 설치하는 장소에 이산화탄소 소화약제의 소요량은 정해진 약제방사시간 이내에 방사되어야 한다. 다음 기준 중 소요량에 대한 약제방사시간 기준이 아닌 것은?

① 전역방출방식에 있어서 표면화재 방호대상물은 1분 이내
② 전역방출방식에 있어서 심부화재 방호대상물은 7분 이내
③ 국소방출방식에 있어서 방호대상물은 10초 이내
④ 국소방출방식에 있어서 방호대상물은 30초 이내

해설 이산화탄소 소화약제는 국소방출방식의 경우 기준저장량을 30초 이내에 방출할 수 있어야 한다.

+PLUS 이산화탄소 소화약제의 방출시간

구분		소화약제의 방출시간
전역방출방식	표면화재	1분 이내
	심부화재	7분 이내
국소방출방식		30초 이내

정답 | ③

48

모피창고에 이산화탄소 소화설비를 전역방출방식으로 설치할 경우 방호구역의 체적이 $600[m^3]$라면 이산화탄소 소화약제의 최소 저장량은 몇 [kg]인가? (단, 설계농도는 75[%]이고, 개구부 면적은 무시한다.)

① 780
② 960
③ 1,200
④ 1,620

해설 소화약제의 저장량은 방호구역의 체적과 개구부의 면적에 따라 산출한 값의 합으로 한다.
모피창고는 방호구역 체적 $1[m^3]$ 당 $2.7[kg/m^3]$의 소화약제가 필요하므로 $600[m^3] \times 2.7[kg/m^3] = 1,620[kg]$
심부화재의 경우 자동폐쇄장치가 없는 방호구역의 개구부 $1[m^2]$ 당 $10[kg/m^2]$의 소화약제가 필요하지만 개구부 면적을 무시하므로 가산하지 않는다.

+PLUS 심부화재 전역방출방식의 소화약제 저장량

심부화재 전역방출방식의 경우 소화약제의 저장량은 방호구역의 체적과 개구부의 면적에 따라 산출한 값의 합으로 한다.
㉠ 방호구역의 체적 $1[m^3]$마다 다음의 기준에 따른 양. 불연재료나 내열성의 재료로 밀폐된 구조물이 있는 경우 그 체적은 제외한다.

방호대상물	소화약제의 양 [kg/m³]	설계농도 [%]
유압기기를 제외한 전기설비, 케이블실	1.3	50
체적 55[m³] 미만의 전기설비	1.6	50
서고, 전자제품창고, 목재가공품창고, 박물관	2.0	65
고무류·면화류 창고, 모피창고, 석탄창고, 집진설비	2.7	75

㉡ 방호구역의 개구부(창문·출입구) $1[m^2]$마다 10[kg]을 가산해야 한다.(자동폐쇄장치가 없는 경우 限) 개구부의 면적은 방호구역 전체 표면적의 3[%] 이하로 한다.

정답 | ④

49

( ) 안에 들어갈 내용으로 알맞은 것은?

> 이산화탄소 소화약제의 저압식 저장용기에는 용기 내부의 온도가 (㉠)에서 (㉡)의 압력을 유지할 수 있는 자동냉동장치를 설치할 것

① ㉠: 0[℃] 이상 ㉡: 4[MPa]
② ㉠: −18[℃] 이하 ㉡: 2.1[MPa]
③ ㉠: 20[℃] 이하 ㉡: 2[MPa]
④ ㉠: 40[℃] 이하 ㉡: 2.1[MPa]

해설 저압식 저장용기에는 용기 내부의 온도가 −18[℃] 이하에서 2.1[MPa]의 압력을 유지할 수 있는 자동냉동장치를 설치한다.

+PLUS 저장용기의 설치기준

㉠ 저장용기의 충전비는 고압식은 1.5 이상 1.9 이하, 저압식은 1.1 이상 1.4 이하로 한다.
㉡ 저압식 저장용기에는 내압시험압력의 0.64배 이상 0.8배 이하의 압력에서 작동하는 안전밸브를 설치한다.
㉢ 저압식 저장용기에는 내압시험압력의 0.8배 이상 1배 이하의 압력에서 작동하는 봉판을 설치한다.
㉣ 저압식 저장용기에는 액면계 및 압력계와 2.3[MPa] 이상 1.9[MPa] 이하의 압력에서 작동하는 압력경보장치를 설치한다.
㉤ 저압식 저장용기에는 용기 내부의 온도가 −18[℃] 이하에서 2.1[MPa]의 압력을 유지할 수 있는 자동냉동장치를 설치한다.
㉥ 고압식 저장용기는 25[MPa] 이상, 저압식 저장용기는 3.5[MPa] 이상의 내압시험압력에 합격한 것으로 한다.
㉦ 저장용기의 개방밸브는 전기식·가스압력식 또는 기계식에 따라 자동으로 개방되고 수동으로도 개방되는 것으로서 안전장치가 부착된 것으로 한다.
㉧ 저장용기와 선택밸브 또는 개폐밸브 사이에는 배관의 최소사용설계압력과 최대허용압력 사이의 압력에서 작동하는 안전장치를 설치한다.

정답 | ②

PHASE 10 | 할론 소화설비

50 할론 소화설비의 화재안전기술기준(NFTC 107)에 따른 할론 소화설비의 수동식 기동장치의 설치기준으로 틀린 것은?

① 국소방출방식은 방호대상물마다 설치할 것
② 기동장치의 방출용 스위치는 음향경보장치와 개별적으로 조작될 수 있는 것으로 할 것
③ 전기를 사용하는 기동장치에는 전원표시등을 설치할 것
④ 조작부는 바닥으로부터 높이 0.8[m] 이상 1.5[m] 이하의 위치에 설치할 것

해설 기동장치의 방출용 스위치는 음향경보장치와 연동하여 조작될 수 있는 것으로 한다.

+PLUS 수동식 기동장치의 설치기준
㉠ 수동식 기동장치의 부근에는 소화약제의 방출을 지연시킬 수 있는 방출지연스위치를 설치한다.
㉡ 전역방출방식은 방호구역마다, 국소방출방식은 방호대상물마다 설치한다.
㉢ 해당 방호구역의 출입구 부근 등 조작을 하는 자가 쉽게 피난할 수 있는 장소에 설치한다.
㉣ 기동장치의 조작부는 바닥으로부터 0.8[m] 이상 1.5[m] 이하의 위치에 설치하고, 보호판 등에 따른 보호장치를 설치한다.
㉤ 기동장치 인근의 보기 쉬운 곳에 "할론 소화설비 수동식 기동장치"라는 표지를 한다.
㉥ 전기를 사용하는 기동장치에는 전원표시등을 설치한다.
㉦ 기동장치의 방출용 스위치는 음향경보장치와 연동하여 조작될 수 있는 것으로 한다.

정답 | ②

51 국소방출방식의 할론 소화설비의 분사헤드 설치기준 중 다음 ( ) 안에 알맞은 것은?

분사헤드의 방사압력은 할론 2402를 방사하는 것은 (㉠)[MPa] 이상, 할론 2402를 방출하는 분사헤드는 해당 소화약제가 (㉡)으로 분무되는 것으로 하여야 하며, 기준저장량의 소화약제를 (㉢)초 이내에 방사할 수 있는 것으로 할 것

① ㉠ 0.1 ㉡ 무상 ㉢ 10
② ㉠ 0.2 ㉡ 적상 ㉢ 10
③ ㉠ 0.1 ㉡ 무상 ㉢ 30
④ ㉠ 0.2 ㉡ 적상 ㉢ 30

해설 할론 2402를 방사하는 국소방출방식 분사헤드는 압력 0.1[MPa] 이상, 분무방식은 무상으로 기준저장량을 10초 이내에 방사한다.

+PLUS 국소방출방식 분사헤드 설치기준
㉠ 소화약제의 방출에 따라 가연물이 비산하지 않는 장소에 설치한다.
㉡ 할론 2402를 방출하는 분사헤드는 소화약제가 무상으로 분무되는 것으로 한다.
㉢ 분사헤드의 방출압력은 다음의 표에 따른 압력 이상으로 한다.

소화약제의 종류	분사헤드의 방출압력
할론 1301	0.9[MPa]
할론 1211	0.2[MPa]
할론 2402	0.1[MPa]

㉣ 기준저장량의 소화약제를 10초 이내에 방출할 수 있는 것으로 한다.

정답 | ①

52 할론 소화설비에서 국소방출방식의 경우 할론 소화약제의 양을 산출하는 식은 다음과 같다. 여기서 A는 무엇을 의미하는가? (단, 가연물이 비산할 우려가 있는 경우로 가정한다.)

$$Q = X - Y \frac{a}{A}$$

① 방호공간의 벽면적의 합계
② 창문이나 문의 틈새면적의 합계
③ 개구부 면적의 합계
④ 방호대상물 주위에 설치된 벽의 면적의 합계

해설 국소방출방식 소화약제의 저장량 계산식에서 A는 방호공간의 벽면적의 합계를 의미한다.

+ PLUS 국소방출방식 소화약제 저장량

$$Q = \left(X - Y \times \left(\frac{a}{A}\right)\right) \times K$$

Q: 방호공간 1[m³] 당 소화약제의 양[kg/m³],
a: 방호대상물 주변 실제 벽면적의 합계[m²],
A: 방호공간 벽면적의 합계[m²],
X, Y, K: 표에 따른 수치

소화약제의 종류	X	Y	K
할론 1301	4.0	3.0	1.25
할론 1211	4.4	3.3	1.1
할론 2402	5.2	3.9	1.1

정답 | ①

---

53 할론 소화설비의 화재안전기술기준(NFTC 107)에 따른 할론 1301 소화약제의 저장용기에 대한 설명으로 틀린 것은?

① 저장용기의 충전비는 0.9 이상 1.6 이하로 할 것
② 동일 집합관에 접속되는 용기의 충전비는 같도록 할 것
③ 저장용기의 개방밸브는 안전장치가 부착된 것으로 하며 수동으로 개방되지 않도록 할 것
④ 축압식 용기의 경우에는 20[°C]에서 2.5[MPa] 또는 4.2[MPa]의 압력이 되도록 질소가스로 축압할 것

해설 저장용기의 개방밸브는 자동·수동으로 개방되고, 안전장치가 부착된 것으로 한다.

+ PLUS 저장용기의 설치기준

㉠ 축압식 저장용기의 압력은 온도 20[°C]에서 할론 1211을 저장하는 것은 1.1[MPa] 또는 2.5[MPa], 할론 1301을 저장하는 것은 2.5[MPa] 또는 4.2[MPa]이 되도록 질소가스로 축압한다.
㉡ 저장용기의 충전비는 다음의 표에 따른 기준으로 한다.

소화약제의 종류		충전비
할론 1301		0.9 이상 1.6 이하
할론 1211		0.7 이상 1.4 이하
할론 2402	가압식	0.51 이상 0.67 미만
	축압식	0.67 이상 2.75 이하

㉢ 동일 집합관에 접속되는 저장용기의 소화약제 충전량은 동일 충전비로 한다.
㉣ 가압용 가스용기는 질소가스가 충전된 것으로 하고, 그 압력은 21[°C]에서 2.5[MPa] 또는 4.2[MPa]이 되도록 한다.
㉤ 저장용기의 개방밸브는 전기식·가스압력식 또는 기계식에 따라 자동으로 개방되고 수동으로도 개방되는 것으로서 안전장치가 부착된 것으로 한다.
㉥ 가압식 저장용기에는 2.0[MPa] 이하의 압력으로 조정할 수 있는 압력조정장치를 설치한다.
㉦ 하나의 방호구역을 담당하는 소화약제 저장용기의 소화약제량의 체적합계보다 그 소화약제 방출 시 방출 경로가 되는 배관(집합관 포함)의 내용적의 비율이 1.5배 이상일 경우에는 해당 방호구역에 대한 설비는 별도 독립방식으로 한다.

정답 | ③

54 할론 소화설비의 화재안전기술기준(NFTC 107) 상 화재표시반의 설치기준이 아닌 것은?

① 소화약제 방출지연 비상스위치를 설치할 것
② 소화약제의 방출을 명시하는 표시등을 설치할 것
③ 수동식 기동장치는 그 방출용 스위치의 작동을 명시하는 표시등을 설치할 것
④ 자동식 기동장치는 자동·수동의 절환을 명시하는 표시등을 설치할 것

해설 소화약제의 방출을 지연시킬 수 있는 방출지연스위치는 수동식 기동장치의 부근에 설치한다.

+PLUS 화재표시반의 설치기준
㉠ 각 방호구역마다 음향경보장치의 조작 및 감지기의 작동을 명시하는 표시등과 이와 연동하여 작동하는 벨·버저 등의 경보기를 설치한다.
㉡ 수동식 기동장치에 설치하는 화재표시반은 방출용 스위치의 작동을 명시하는 표시등을 설치한다.
㉢ 소화약제의 방출을 명시하는 표시등을 설치한다.
㉣ 자동식 기동장치에 설치하는 화재표시반은 자동·수동의 절환을 명시하는 표시등을 설치한다.

정답 | ①

PHASE 11 | 할로겐화합물 및 불활성기체 소화설비

55 할로겐화합물 및 불활성기체 소화설비의 분사헤드에 대한 설치기준 중 다음 ( ) 안에 알맞은 것은? (단, 분사헤드의 성능인증 범위 내에서 설치하는 경우는 제외한다.)

> 분사헤드의 설치높이는 방호구역의 바닥으로부터 최소 (㉠)[m] 이상 최대 (㉡)[m] 이하로 하여야 한다.

① ㉠: 0.2   ㉡: 3.7
② ㉠: 0.8   ㉡: 1.5
③ ㉠: 1.5   ㉡: 2.0
④ ㉠: 2.0   ㉡: 2.5

해설 바닥으로부터 최소 0.2[m] 이상 최대 3.7[m] 이하로 해야 한다.

+PLUS 분사헤드의 설치기준
㉠ 분사헤드의 설치 높이는 방호구역의 바닥으로부터 최소 0.2[m] 이상 최대 3.7[m] 이하로 해야 하며 천장높이가 3.7[m]를 초과할 경우에는 추가로 다른 열의 분사헤드를 설치한다.
㉡ 분사헤드의 개수는 방호구역에 약제 및 화재에 따른 방출시간이 충족되도록 설치한다.
㉢ 분사헤드에는 부식방지조치를 해야 하며 오리피스의 크기, 제조일자, 제조업체가 표시되도록 한다.
㉣ 분사헤드의 방출률 및 방출압력은 제조업체에서 정한 값으로 한다.
㉤ 분사헤드의 오리피스의 면적은 분사헤드가 연결되는 배관구경 면적의 70[%] 이하가 되도록 한다.

정답 | ①

56 할로겐화합물 및 불활성기체 소화설비의 약제 중 저장용기 내에서 저장상태가 기체상태의 압축가스인 소화약제는?

① IG−541 ② HCFC BLEND A
③ HFC−227ea ④ HFC−23

해설 할로겐화합물 소화약제는 상대적으로 분자량이 크기 때문에 약간의 압력으로도 쉽게 액화한다.
따라서 저장용기 내에서 기체상태로 저장하는 소화약제는 불활성기체 소화약제인 IG−541이다.

정답 | ①

57 할로겐화합물 및 불활성기체소화설비의 화재안전기술기준(NFTC 107A) 상 저장용기 설치기준으로 틀린 것은?

① 온도가 40[°C] 이하이고 온도 변화가 작은 곳에 설치할 것
② 용기간의 간격은 점검에 지장이 없도록 3[cm] 이상의 간격을 유지할 것
③ 직사광선 및 빗물이 침투할 우려가 없는 곳에 설치할 것
④ 저장용기를 방호구역 외에 설치한 경우에는 방화문으로 구획된 실에 설치할 것

해설 온도가 55[°C] 이하이고, 온도 변화가 작은 곳에 설치한다.

+PLUS 저장용기의 설치장소
㉠ 방호구역 외의 장소에 설치한다.
㉡ 방호구역 내에 설치할 경우 피난 및 조작이 용이하도록 피난구 부근에 설치한다.
㉢ 온도가 55[°C] 이하이고, 온도 변화가 작은 곳에 설치한다.
㉣ 직사광선 및 빗물이 침투할 우려가 없는 곳에 설치한다.
㉤ 방호구역 외의 장소에 설치하는 경우 방화문으로 방화구획 된 실에 설치한다.
㉥ 용기의 설치장소에는 해당 용기가 설치된 곳임을 표시하는 표지를 한다.
㉦ 용기 간의 간격은 점검에 지장이 없도록 3[cm] 이상의 간격을 유지한다.
㉧ 저장용기와 집합관을 연결하는 연결배관에는 체크밸브를 설치한다. 다만, 저장용기가 하나의 방호구역만을 담당하는 경우에는 제외한다.

정답 | ①

58 다음 중 할로겐화합물 소화설비의 수동식 기동장치 점검 내용으로 맞지 않은 것은?

① 방호구역마다 설치되어 있는지 점검한다.
② 방출지연용 비상스위치가 설치되어 있는지 점검한다.
③ 화재감지기와 연동되어 있는지 점검한다.
④ 조작부는 바닥으로부터 0.8[m] 이상 1.5[m] 이하의 위치에 설치되어 있는지 점검한다.

해설 자동화재탐지설비의 감지기와 연동되어 작동하는 기동장치는 자동식 기동장치이다.

+PLUS 수동식 기동장치의 설치기준
㉠ 수동식 기동장치의 부근에는 소화약제의 방출을 지연시킬 수 있는 방출지연스위치를 설치한다. 방출지연스위치는 자동복귀형 스위치로 수동식 기동장치의 타이머를 순간 정지시키는 기능의 스위치를 말한다.
㉡ 방호구역마다 설치한다.
㉢ 해당 방호구역의 출입구 부근 등 조작을 하는 자가 쉽게 피난할 수 있는 장소에 설치한다.
㉣ 기동장치의 조작부는 바닥으로부터 0.8[m] 이상 1.5[m] 이하의 위치에 설치하고, 보호판 등에 따른 보호장치를 설치한다.
㉤ 기동장치 인근의 보기 쉬운 곳에 "할로겐화합물 및 불활성기체 소화설비 수동식 기동장치"라는 표지를 한다.
㉥ 전기를 사용하는 기동장치에는 전원표시등을 설치한다.
㉦ 기동장치의 방출용 스위치는 음향경보장치와 연동하여 조작될 수 있는 것으로 한다.
㉧ 50[N] 이하의 힘을 가하여 기동할 수 있는 구조로 한다.

정답 | ③

59 할로겐화합물 및 불활성기체 소화설비를 설치할 수 없는 장소의 기준 중 옳은 것은? (단, 소화성능이 인정되는 위험물은 제외한다.)

① 제1류 위험물 및 제2류 위험물 사용
② 제2류 위험물 및 제4류 위험물 사용
③ 제3류 위험물 및 제5류 위험물 사용
④ 제4류 위험물 및 제6류 위험물 사용

해설 제3류 위험물 및 제5류 위험물을 저장·보관·사용하는 장소에는 할로겐화합물 및 불활성기체 소화설비를 설치할 수 없다.

+PLUS 소화설비의 설치제외장소
㉠ 사람이 상주하는 곳으로서 최대허용 설계농도를 초과하는 장소
㉡ 제3류 위험물 및 제5류 위험물을 저장·보관·사용하는 장소. 소화성능이 인정되는 위험물 제외

정답 | ③

PHASE 12 | 분말 소화설비

60 분말 소화설비의 화재안전성능기준(NFPC 108)상 분말 소화설비의 가압용 가스로 질소가스를 사용하는 경우 질소가스는 소화약제 1[kg]마다 최소 몇 [L] 이상이어야 하는가? (단, 질소가스의 양은 35[℃]에서 1기압의 압력상태로 환산한 것이다.)

① 10　　　② 20
③ 30　　　④ 40

해설 가압용 가스에 질소가스를 사용하는 경우 질소가스는 소화약제 1[kg]마다 40[L](35[℃]에서 1기압의 압력상태로 환산한 것) 이상으로 해야 한다.

+PLUS 가압용 · 축압용 가스의 소요량

	질소	이산화탄소
가압용 가스	40[L]	20[g]+청소에 필요한 양
축압용 가스	10[L]	20[g]+청소에 필요한 양

정답 | ④

61 전역방출방식 분말 소화설비에서 방호구역의 개구부에 자동폐쇄장치를 설치하지 아니한 경우, 개구부의 면적 1[m²]에 대한 분말 소화약제의 가산량으로 잘못 연결된 것은?

① 제1종 분말 - 4.5[kg]
② 제2종 분말 - 2.7[kg]
③ 제3종 분말 - 2.5[kg]
④ 제4종 분말 - 1.8[kg]

해설 전역방출방식 제3종 분말 소화약제의 기준량은 방호구역의 체적 1[m³]마다 0.36[kg], 방호구역의 개구부 1[m²]마다 2.7[kg]이다.

+PLUS 전역방출방식 분말 소화약제 저장량의 최소기준

소화약제의 종류	소화약제의 양 [kg/m³]	개구부 가산량 [kg/m²]
제1종 분말	0.60	4.5
제2종 분말	0.36	2.7
제3종 분말	0.36	2.7
제4종 분말	0.24	1.8

정답 | ③

62 분말 소화설비의 화재안전성능기준(NFPC 108)에 따른 분말 소화설비의 배관과 선택밸브의 설치기준에 대한 내용으로 틀린 것은?

① 배관은 겸용으로 설치할 것
② 선택밸브는 방호구역 또는 방호대상물마다 설치할 것
③ 동관은 고정압력 또는 최고사용압력의 1.5배 이상의 압력에 견딜 수 있는 것을 사용할 것
④ 강관은 아연도금에 따른 배관용 탄소강관이나 이와 동등 이상의 강도·내식성 및 내열성을 가진 것을 사용할 것

해설 배관은 전용으로 한다.

+PLUS 분말 소화설비 배관의 설치기준

㉠ 배관은 전용으로 한다.
㉡ 강관을 사용하는 경우의 배관은 아연도금에 따른 배관용 탄소강관(KS D 3507)이나 이와 동등 이상의 강도·내식성 및 내열성을 가진 것으로 한다.
㉢ 축압식 분말 소화설비에 사용하는 것 중 20[℃]에서 압력이 2.5[MPa] 이상 4.2[MPa] 이하인 것은 압력배관용 탄소강관(KS D 3562) 중 이음이 없는 스케줄 40 이상의 것 또는 이와 동등 이상의 강도를 가진 것으로서 아연도금으로 방식 처리된 것을 사용한다.
㉣ 동관을 사용하는 경우의 배관은 고정압력 또는 최고사용압력의 1.5배 이상의 압력에 견딜 수 있는 것을 사용한다.
㉤ 밸브류는 개폐위치 또는 개폐방향을 표시한 것으로 한다.
㉥ 배관의 관부속 및 밸브류는 배관과 동등 이상의 강도 및 내식성이 있는 것으로 한다.
㉦ 확관형 분기배관을 사용할 경우에는 소방청장이 정하여 고시한 기준에 적합한 것으로 설치한다.

정답 | ①

63 화재 시 연기가 찰 우려가 없는 장소로서 호스릴 분말 소화설비를 설치할 수 있는 기준 중 다음 ( ) 안에 알맞은 것은?

> - 지상 1층 및 피난층에 있는 부분으로서 지상에서 수동 또는 원격조작에 따라 개방할 수 있는 개구부의 유효면적의 합계가 바닥면적의 (㉠)[%] 이상이 되는 부분
> - 전기설비가 설치되어 있는 부분 또는 다량의 화기를 사용하는 부분의 바닥면적이 해당 설비가 설치되어 있는 구획의 바닥면적의 (㉡) 미만이 되는 부분

① ㉠ 15   ㉡ $\frac{1}{5}$
② ㉠ 15   ㉡ $\frac{1}{2}$
③ ㉠ 20   ㉡ $\frac{1}{5}$
④ ㉠ 20   ㉡ $\frac{1}{2}$

+PLUS 호스릴방식 분말 소화설비의 설치장소

㉠ 화재 시 현저하게 연기가 찰 우려가 없는 장소에 설치한다.
㉡ 지상 1층 및 피난층에 있는 부분으로서 지상에서 수동 또는 원격조작에 따라 개방할 수 있는 개구부의 유효면적의 합계가 바닥면적의 15[%] 이상이 되는 부분에 설치한다.
㉢ 전기설비가 설치되어 있는 부분 또는 다량의 화기를 사용하는 부분의 바닥면적이 해당 설비가 설치되어 있는 구획의 바닥면적의 5분의 1 미만이 되는 부분에 설치한다.

정답 | ①

64 전역방출방식의 분말 소화설비에 있어서 방호구역의 용적이 500[m³]일 때 적합한 분사헤드의 수는? (단, 제1종 분말이며, 체적 1[m³]당 소화약제의 양은 0.60[kg]이며, 분사헤드 1개의 분당 표준 방사량은 18[kg]이다.)

① 17개　　② 30개
③ 34개　　④ 134개

해설 체적 1[m³] 당 소화약제의 양은 0.60[kg]이므로 방호구역의 체적이 500[m³]일 때 필요한 소화약제의 양은 500[m³]×0.60[kg/m³]=300[kg]이다.
분사헤드 1개의 1분 당 표준 방사량은 18[kg]이므로 30초 당 표준 방사량은 9[kg]이다.
300[kg]의 분말소화약제를 30초 이내에 방사하기 위해서는 $\frac{300}{9}$≒33.4개의 분사헤드가 필요하다.

+PLUS 전역방출방식의 분사헤드
㉠ 방출된 소화약제가 방호구역의 전역에 균일하고 신속하게 확산할 수 있도록 한다.
㉡ 소화약제의 저장량을 30초 이내에 방출할 수 있는 것으로 한다.

정답 | ③

PHASE 13 | 피난기구

65 완강기의 최대사용자수 기준 중 다음 (　) 안에 알맞은 것은?

> 최대사용자수(1회에 강하할 수 있는 사용자의 최대수)는 최대사용하중을 (　)[N]으로 나누어서 얻은 값으로 한다.

① 250　　② 500
③ 750　　④ 1,500

해설 완강기의 최대사용자수는 최대사용하중을 1,500[N]으로 나누어서 얻은 값(절사)으로 한다.

+PLUS 완강기의 최대사용하중 및 최대사용자수
㉠ 최대사용하중은 1,500[N] 이상의 하중이어야 한다.
㉡ 최대사용자수는 최대사용하중을 1,500[N]으로 나누어서 얻은 값(절사)으로 한다.
㉢ 최대사용자수에 상당하는 수의 벨트가 있어야 한다.

정답 | ④

66 피난기구를 설치하여야 할 소방대상물 중 피난기구의 2분의 1을 감소할 수 있는 조건이 아닌 것은?

① 주요구조부가 내화구조로 되어 있다.
② 특별피난계단이 2 이상 설치되어 있다.
③ 소방구조용(비상용) 엘리베이터가 설치되어 있다.
④ 직통계단인 피난계단이 2 이상 설치되어 있다.

해설 소방구조용 엘리베이터의 유무는 피난기구의 수를 감소할 수 있는 기준과 관련이 없다.

+PLUS 피난기구의 $\frac{1}{2}$을 감소할 수 있는 기준
㉠ 주요구조부가 내화구조로 되어 있어야 한다.
㉡ 직통계단인 피난계단 또는 특별피난계단이 2 이상 설치되어 있어야 한다.

정답 | ③

67 경사강하식 구조대의 구조기준 중 입구틀 및 취부틀의 입구는 지름 몇 [cm] 이상의 구체가 통과할 수 있어야 하는가?

① 50   ② 60
③ 70   ④ 80

해설 입구틀 및 고정틀의 입구는 지름 60[cm] 이상의 구체가 통과할 수 있어야 한다.

+PLUS 경사강하식 구조대의 구조 기준
㉠ 연속하여 활강할 수 있는 구조로 안전하고 쉽게 사용할 수 있어야 한다.
㉡ 입구틀 및 고정틀의 입구는 지름 60[cm] 이상의 구체가 통과할 수 있어야 한다.
㉢ 경사구조대 본체는 강하방향으로 봉합부가 설치되지 않아야 한다.
㉣ 본체의 포지는 하부지지장치에 인장력이 균등하게 걸리도록 부착하여야 하며 하부지지장치는 쉽게 조작할 수 있어야 한다.
㉤ 땅에 닿을 때 충격을 받는 부분에는 완충장치로서 받침포 등을 부착하여야 한다.

정답 | ②

68 피난기구 설치기준으로 옳지 않은 것은?

① 피난기구는 소방대상물의 기둥·바닥·보, 기타 구조상 견고한 부분에 볼트조임·매입·용접, 기타의 방법으로 견고하게 부착할 것
② 2층 이상의 층에 피난사다리(하향식 피난구용 내림식사다리는 제외한다.)를 설치하는 경우에는 금속성 고정사다리를 설치하고, 피난에 방해되지 않도록 노대는 설치되지 않아야 할 것
③ 승강식피난기 및 하향식 피난구용 내림식사다리는 설치경로가 설치 층에서 피난층까지 연계될 수 있는 구조로 설치할 것. 다만, 건축물의 구조 및 설치 여건 상 불가피한 경우에는 그러하지 아니한다.
④ 승강식피난기 및 하향식 피난구용 내림식사다리의 하강식 내측에는 기구의 연결 금속구 등이 없어야 하며 전개된 피난기구는 하강구 수평투영면적 공간 내의 범위를 침범하지 않는 구조이어야 할 것. 단, 직경 60[cm] 크기의 범위를 벗어난 경우이거나, 직하층의 바닥 면으로부터 높이 50[cm] 이하의 범위는 제외한다.

해설 4층 이상의 층에 피난사다리(하향식 피난구용 내림식 사다리 제외)를 설치하는 경우 금속성 고정사다리를 설치하고, 고정사다리에는 쉽게 피난할 수 있는 구조의 노대를 설치한다.

정답 | ②

69 피난사다리의 형식승인 및 제품검사의 기술기준상 피난사다리의 일반구조 기준으로 옳은 것은?

① 피난사다리는 2개 이상의 횡봉으로 구성되어야 한다. 다만, 고정식사다리인 경우에는 횡봉의 수를 1개로 할 수 있다.
② 피난사다리(종봉이 1개인 고정식사다리는 제외)의 종봉의 간격은 최외각 종봉 사이의 안치수가 15[cm] 이상이어야 한다.
③ 피난사다리의 횡봉은 지름 15[mm] 이상 25[mm] 이하의 원형인 단면이거나 또는 이와 비슷한 손으로 잡을 수 있는 형태의 단면이 있는 것이어야 한다.
④ 피난사다리의 횡봉은 종봉에 동일한 간격으로 부착한 것이어야 하며, 그 간격은 25[cm] 이상 35[cm] 이하이어야 한다.

해설 피난사다리의 횡봉은 종봉에 동일한 간격으로 부착한 것이어야 하며, 그 간격은 25[cm] 이상 35[cm] 이하로 한다.

+ PLUS 피난사다리의 일반구조
㉠ 피난사다리는 2개 이상의 종봉 및 횡봉으로 구성한다. 다만, 고정식사다리인 경우에는 종봉의 수를 1개로 할 수 있다.
㉡ 피난사다리(종봉이 1개인 고정식사다리는 제외)의 종봉의 간격은 최외각 종봉 사이의 안치수가 30[cm] 이상이어야 한다.
㉢ 피난사다리의 횡봉은 지름 14[mm] 이상 35[mm] 이하의 원형인 단면이거나 또는 이와 비슷한 손으로 잡을 수 있는 형태의 단면이 있는 것으로 한다.
㉣ 피난사다리의 횡봉은 종봉에 동일한 간격으로 부착한 것이어야 하며, 그 간격은 25[cm] 이상 35[cm] 이하로 한다.

정답 | ④

70 수직강하식 구조대가 구조적으로 갖추어야 할 조건으로 옳지 않은 것은? (단, 건물내부의 별실에 설치하는 경우는 제외한다.)

① 구조대의 포지는 외부포지와 내부포지로 구성한다.
② 포지는 사용 시 충격을 흡수하도록 수직방향으로 현저하게 늘어나야 한다.
③ 구조대는 연속하여 강하할 수 있는 구조이어야 한다.
④ 입구틀 및 취부틀의 입구는 지름 60[cm] 이상의 구체가 통과할 수 있어야 한다.

해설 포지는 사용 시 수직방향으로 현저하게 늘어나지 않아야 한다.

+ PLUS 수직강하식 구조대의 구조 기준
㉠ 수직구조대는 안전하고 쉽게 사용할 수 있는 구조이어야 한다.
㉡ 수직구조대의 포지는 외부포지와 내부포지로 구성하고, 외부포지와 내부포지의 사이에 충분한 공기층을 둔다.
㉢ 건물내부의 별실에 설치하는 것은 외부포지를 설치하지 않을 수 있다.
㉣ 입구틀 및 고정틀의 입구는 지름 60[cm] 이상의 구체가 통과할 수 있는 것이어야 한다.
㉤ 수직구조대는 연속하여 강하할 수 있는 구조이어야 한다.
㉥ 포지는 사용 시 수직방향으로 현저하게 늘어나지 않아야 한다.
㉦ 포지, 지지틀, 고정틀, 그 밖의 부속장치 등은 견고하게 부착되어야 한다.

정답 | ②

71 다음 중 피난사다리 하부지지점에 미끄럼 방지장치를 설치하여야 하는 것은?

① 내림식사다리 ② 올림식사다리
③ 수납식사다리 ④ 신축식사다리

해설 하부지지점에 미끄러짐을 막는 장치를 설치해야 하는 사다리는 올림식사다리이다.

+ PLUS 올림식사다리의 구조
㉠ 상부지지점(끝 부분으로부터 60[cm] 이내)에 미끄러지거나 넘어지지 않도록 하기 위해 안전장치를 설치한다.
㉡ 하부지지점에는 미끄러짐을 막는 장치를 설치한다.
㉢ 신축하는 구조인 것은 사용할 때 자동적으로 작동하는 축제방지장치를 설치한다.
㉣ 접어지는 구조인 것은 사용할 때 자동적으로 작동하는 접힘방지장치를 설치한다.

정답 | ②

72 다음 중 피난기구의 화재안전기술기준(NFTC 301)에 따라 피난기구를 설치하지 아니하여도 되는 소방대상물로 틀린 것은?

① 발코니 등을 통하여 인접세대로 피난할 수 있는 구조로 되어 있는 계단실형 아파트
② 주요구조부가 내화구조로서 거실의 각 부분으로 직접 복도로 피난할 수 있는 학교(강의실 용도로 사용되는 층에 한함)
③ 무인공장 또는 자동창고로서 사람의 출입이 금지된 장소
④ 문화집회 및 운동시설·판매시설 및 영업시설 또는 노유자시설의 용도로 사용되는 층으로서 그 층의 바닥면적이 1,000[m²] 이상인 것

해설 문화집회 및 운동시설·판매시설 및 영업시설 또는 노유자시설의 용도로 사용되는 층으로서 그 층의 바닥면적이 1,000[m²] 이상인 것은 제외한다.
문화시설, 집회시설, 운동시설, 판매시설, 영업시설, 노유자시설은 사람의 출입이 빈번한 장소로 일정 규모 이상의 장소에는 피난기구의 설치가 반드시 필요하다.

정답 | ④

73 다음과 같은 소방대상물의 부분에 완강기를 설치할 경우 부착 금속구의 부착위치로서 가장 적합한 위치는?

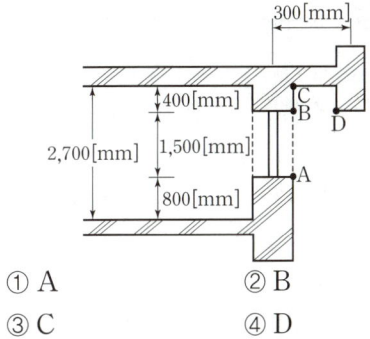

① A ② B
③ C ④ D

해설 금속구의 부착위치로 가작 적절한 위치는 D이다.
A, B, C에 금속구를 부착하는 경우 하강 시 벽과 충돌의 위험이 있다.

정답 | ④

74 고정식사다리의 구조에 따른 분류로 틀린 것은?

① 굽히는식 ② 수납식
③ 접는식 ④ 신축식

해설 종봉의 수가 2개 이상인 고정식사다리에는 수납식, 접는식, 신축식이 있다.

+ PLUS 고정식사다리의 구조
① 종봉의 수가 2개 이상인 것(수납식·접는식 또는 신축식)
  ㉠ 진동 등 그 밖의 충격으로 결합부분이 쉽게 이탈되지 않도록 안전장치를 설치한다.
  ㉡ 안전장치의 해제 동작을 제외하고는 두 번의 동작 이내로 사다리를 사용가능한 상태로 할 수 있어야 한다.
② 종봉의 수가 1개인 것
  ㉠ 종봉이 그 사다리의 중심축이 되도록 횡봉을 부착하고 횡봉의 끝 부분에 종봉의 축과 평행으로 길이 5[cm] 이상의 옆으로 미끄러지는 것을 방지하기 위한 돌자를 설치한다.
  ㉡ 횡봉의 길이는 종봉에서 횡봉의 끝까지 길이가 안치수로 15[cm] 이상 25[cm] 이하여야 하며 종봉의 폭은 횡봉의 축 방향에 대하여 10[cm] 이하여야 한다.

정답 | ①

75 완강기의 형식승인 및 제품검사의 기술기준상 완강기 및 간이완강기의 구성으로 적합한 것은?

① 속도조절기, 속도조절기의 연결부, 하부지지장치, 연결금속구, 벨트
② 속도조절기, 속도조절기의 연결부, 로우프, 연결금속구, 벨트
③ 속도조절기, 가로봉 및 세로봉, 로우프, 연결금속구, 벨트
④ 속도조절기, 가로봉 및 세로봉, 로우프, 하부지지장치, 벨트

해설 완강기 및 간이완강기는 속도조절기·속도조절기의 연결부·로프·연결금속구 및 벨트로 구성한다.

+PLUS 완강기 및 간이완강기의 구조 및 성능
㉠ 속도조절기·속도조절기의 연결부·로프·연결금속구 및 벨트로 구성한다.
㉡ 강하 시 사용자를 심하게 선회시키지 않아야 한다.
㉢ 기능에 이상이 생길 수 있는 모래나 기타의 이물질이 쉽게 들어가지 않도록 견고한 덮개로 덮어져 있어야 한다.
㉣ 부품 및 덮개를 나사로 체결할 경우 풀림방지조치를 해야 한다.

정답 | ②

PHASE 14 | 인명구조기구

76 특정소방대상물의 용도 및 장소별로 설치하여야 할 인명구조기구 종류의 기준 중 다음 ( ) 안에 알맞은 것은?

특정소방대상물	인명구조기구의 종류
물분무등소화설비 중 ( )를 설치하여야하는 특정소방대상물	공기호흡기

① 이산화탄소 소화설비
② 분말 소화설비
③ 할론 소화설비
④ 할로겐화합물 및 불활성기체 소화설비

해설 물분무등소화설비 중 이산화탄소 소화설비를 설치해야 하는 특정소방대상물에는 공기호흡기를 이산화탄소 소화설비가 설치된 장소의 출입구 외부 인근에 1개 이상 설치한다.

+PLUS 특정소방대상물의 용도 및 장소별 설치해야 할 인명구조기구

특정소방대상물	인명구조기구	설치 수량
• 지하층을 포함하는 층수가 7층 이상인 관광호텔 • 5층 이상인 병원	• 방열복 또는 방화복(안전모, 보호장갑 및 안전화 포함) • 공기호흡기 • 인공소생기	각 2개 이상 (병원의 경우 인공소생기 생략 가능)
• 수용인원 100명 이상의 영화상영관 • 대규모 점포 • 지하역사 • 지하상가	• 공기호흡기	층마다 2개 이상
• 물분무 소화설비 중 이산화탄소 소화설비를 설치해야하는 특정소방대상물	• 공기호흡기	이산화탄소 소화설비가 설치된 장소의 출입구 외부 인근에 1개 이상

정답 | ①

77 인명구조기구의 종류가 아닌 것은?

① 방열복　　　② 구조대
③ 공기호흡기　④ 인공소생기

해설 인명구조기구에 해당하는 것은 방열복, 공기호흡기, 인공소생기이다.
구조대는 피난기구에 해당한다.

정답 | ②

PHASE 15 | 상수도 소화용수설비

78 상수도 소화용수설비의 화재안전성능기준(NFPC 401)에 따른 설치기준 중 다음 (　) 안에 알맞은 것은?

> 호칭지름 (㉠)[mm] 이상의 수도배관에 호칭지름 (㉡)[mm] 이상의 소화전을 접속하여야 하며, 소화전은 특정소방대상물의 수평투영면의 각 부분으로부터 (㉢)[m] 이하가 되도록 설치할 것

① ㉠ 65　　㉡ 80　　㉢ 120
② ㉠ 65　　㉡ 100　㉢ 140
③ ㉠ 75　　㉡ 80　　㉢ 120
④ ㉠ 75　　㉡ 100　㉢ 140

해설 호칭지름 75[mm] 이상의 수도배관에 호칭지름 100[mm] 이상의 소화전을 접속한다.
소화전은 특정소방대상물의 수평투영면의 각 부분으로부터 140[m] 이하가 되도록 설치한다.

+PLUS
㉠ 호칭지름 75[mm] 이상의 수도배관에 호칭지름 100[mm] 이상의 소화전을 접속한다.
㉡ 소화전은 소방자동차 등의 진입이 쉬운 도로변 또는 공지에 설치한다.
㉢ 소화전은 특정소방대상물의 수평투영면의 각 부분으로부터 140[m] 이하가 되도록 설치한다.

정답 | ④

79 다음은 상수도 소화용수설비의 설치기준에 관한 설명이다. ( ) 안에 들어갈 내용으로 알맞은 것은?

> 호칭지름 75[mm] 이상의 수도배관에 호칭지름 ( )[mm] 이상의 소화전을 접속할 것

① 50 ② 80
③ 100 ④ 125

해설 호칭지름 75[mm] 이상의 수도배관에 호칭지름 100[mm] 이상의 소화전을 접속한다.

+PLUS
㉠ 호칭지름 75[mm] 이상의 수도배관에 호칭지름 100[mm] 이상의 소화전을 접속한다.
㉡ 소화전은 소방자동차 등의 진입이 쉬운 도로변 또는 공지에 설치한다.
㉢ 소화전은 특정소방대상물의 수평투영면의 각 부분으로부터 140[m] 이하가 되도록 설치한다.

정답 | ③

80 소화용수설비와 관련하여 다음 설명 중 괄호 안에 들어갈 항목으로 옳게 짝지어진 것은?

> 상수도 소화용수설비를 설치하여야 하는 특정소방대상물은 다음 각 목의 어느 하나와 같다. 다만, 상수도 소화용수설비를 설치하여야 하는 특정소방대상물의 대지 경계선으로부터 (㉠)[m] 이내에 지름 (㉡)[mm] 이상인 상수도용 배수관이 설치되지 않은 지역의 경우에는 화재안전기준에 따른 소화수조 또는 저수조를 설치하여야 한다.

① ㉠: 150 ㉡: 75
② ㉠: 150 ㉡: 100
③ ㉠: 180 ㉡: 75
④ ㉠: 180 ㉡: 100

해설 상수도 소화용수설비를 설치해야 하는 특정소방대상물의 대지 경계선으로부터 180[m] 이내에 지름 75[mm] 이상인 상수도용 배수관이 설치되지 않은 지역의 경우 소화수조 또는 저수조를 설치한다.

+PLUS 상수도 소화용수설비를 설치해야 하는 특정소방대상물
㉠ 연면적 5,000[m²] 이상인 것. 위험물 저장 및 처리시설 중 가스시설, 지하가 중 터널 또는 지하구의 경우 제외
㉡ 가스시설로서 지상에 노출된 탱크의 저장용량의 합계가 100톤 이상인 것
㉢ 자원순환 관련 시설 중 폐기물재활용시설 및 폐기물처분시설
㉣ 상수도 소화용수설비를 설치해야 하는 특정소방대상물의 대지 경계선으로부터 180[m] 이내에 지름 75[mm] 이상인 상수도용 배수관이 설치되지 않은 지역의 경우 화재안전기준에 따른 소화수조 또는 저수조를 설치한다.

정답 | ③

PHASE 16 | 소화수조 및 저수조

81 소화수조 및 저수조와 화재안전성능기준(NFPC 402)에 따라 소화수조의 채수구는 소방차가 최대 몇 [m] 이내의 지점까지 접근할 수 있도록 설치하여야 하는가?

① 1 　　　　② 2
③ 4 　　　　④ 5

해설　채수구 또는 흡수관투입구는 소방차가 2[m] 이내의 지점까지 접근할 수 있는 위치에 설치한다.

정답 | ②

82 소화용수설비 중 소화수조 및 저수조에 대한 설명으로 틀린 것은?

① 소화수조, 저수조의 채수구 또는 흡수관투입구는 소방차가 2[m] 이내의 지점까지 접근할 수 있는 위치에 설치할 것
② 지하에 설치하는 소화용수설비의 흡수관투입구는 그 한 변이 0.6[m] 이상인 것으로 할 것
③ 채수구는 지면으로부터의 높이가 0.5[m] 이상 1[m] 이하의 위치에 설치하고 "채수구"라고 표시한 표시를 할 것
④ 소화수조가 옥상 또는 옥탑의 부분에 설치된 경우에는 지상에 설치된 채수구에서의 압력이 0.1[MPa]이상이 되도록 할 것

해설　소화수조가 옥상 또는 옥탑의 부분에 설치된 경우 지상에 설치된 채수구에서의 압력은 0.15[MPa] 이상으로 한다.

정답 | ④

PHASE 17 | 제연설비

83 제연설비에서 예상제연구역의 각 부분으로부터 하나의 배출구까지의 수평거리를 몇 [m] 이내가 되도록 하여야 하는가?

① 10[m] 　　　　② 12[m]
③ 15[m] 　　　　④ 20[m]

해설　예상제연구역의 각 부분으로부터 하나의 배출구까지의 수평거리는 10[m] 이내로 한다.

+ PLUS　배출구의 설치기준

① 예상제연구역(통로 제외)의 바닥면적이 400[m²] 미만인 경우
　㉠ 벽으로 구획되어 있는 경우 배출구는 천장 또는 반자와 바닥 사이의 중간 윗부분에 설치한다.
　㉡ 어느 한 부분이 제연경계로 구획되어 있는 경우 천장·반자 또는 이에 가까운 벽의 부분에 설치한다.
　㉢ 배출구를 벽에 설치하는 경우 배출구의 하단이 해당 예상제연구역에서 제연경계의 폭이 가장 짧은 제연경계의 하단보다 높이 되도록 한다.
② 통로인 예상제연구역과 바닥면적이 400[m²] 이상인 경우
　㉠ 벽으로 구획되어 있는 경우 배출구는 천장·반자 또는 이에 가까운 벽의 부분에 설치한다.
　㉡ 배출구를 벽에 설치하는 경우 배출구의 하단과 바닥 간의 최단거리를 2[m] 이상으로 한다.
　㉢ 어느 한 부분이 제연경계로 구획되어 있는 경우 천장·반자 또는 이에 가까운 벽의 부분에 설치한다.
　㉣ 배출구를 벽 또는 제연경계에 설치하는 경우 배출구의 하단이 해당 예상제연구역에서 제연경계의 폭이 가장 짧은 제연경계의 하단보다 높이 되도록 한다.
③ 예상제연구역의 각 부분으로부터 하나의 배출구까지의 수평거리는 10[m] 이내로 한다.

정답 | ①

84 제연설비의 화재안전기술기준(NFTC 501) 상 유입풍도 및 배출풍도에 관한 설명으로 맞는 것은?

① 유입풍도 안의 풍속은 25[m/s] 이하로 한다.
② 배출풍도는 석면재료와 같은 내열성의 단열재로 유효한 단열 처리를 한다.
③ 배출풍도와 유입풍도의 아연도금강판 최소 두께는 0.45[mm] 이상으로 하여야 한다.
④ 배출기 흡입측 풍도 안의 풍속은 15[m/s] 이하로 하고 배출측 풍속은 20[m/s] 이하로 한다.

해설 배출기의 흡입 측 풍도 안의 풍속은 15[m/s] 이하로 하고 배출 측 풍속은 20[m/s] 이하로 한다.

+ PLUS
① 유입풍도 안의 풍속은 20[m/s] 이하로 하고 풍도의 강판 두께는 배출풍도의 기준에 따라 설치한다.
② 건축법에 따른 불연재료(석면 제외)인 단열재로 풍도 외부에 유효한 단열 처리를 한다.
③ 강판의 두께는 배출풍도의 크기에 따라 다음의 표에 따른 기준 이상으로 한다. 유입풍도의 강판 두께도 동일하다.

풍도 단면의 긴변 또는 직경의 크기[mm]	강판 두께[mm]
450 이하	0.5
450 초과 750 이하	0.6
750 초과 1,500 이하	0.8
1,500 초과 2,250 이하	1.0
2,250 초과	1.2

정답 | ④

85 제연설비의 설치장소에 따른 제연구역의 구획 기준으로 틀린 것은?

① 거실과 통로는 각각 제연구획 할 것
② 하나의 제연구역의 면적은 600[m²] 이내로 할 것
③ 하나의 제연구역은 직경 60[m] 원 내에 들어갈 수 있을 것
④ 하나의 제연구역은 2개 이상 층에 미치지 아니하도록 할 것

해설 하나의 제연구역의 면적은 1,000[m²] 이내로 한다.

+ PLUS 제연구역의 구획기준
㉠ 하나의 제연구역의 면적은 1,000[m²] 이내로 한다.
㉡ 거실과 통로(복도 포함)는 각각 제연구획 한다.
㉢ 통로상의 제연구역은 보행중심선의 길이가 60[m]를 초과하지 않는다.
㉣ 하나의 제연구역은 직경 60[m] 원 내에 들어갈 수 있어야 한다.
㉤ 하나의 제연구역은 2 이상의 층에 미치지 않도록 한다.
㉥ 층의 구분이 불분명한 부분은 그 부분을 다른 부분과 별도로 제연구획 한다.

정답 | ②

86 예상제연구역 바닥면적 400[m²] 미만 거실의 공기유입구와 배출구간의 직선거리 기준으로 옳은 것은? (단, 제연경계에 의한 구획을 제외한다.)

① 2[m] 이상 확보되어야 한다.
② 3[m] 이상 확보되어야 한다.
③ 5[m] 이상 확보되어야 한다.
④ 10[m] 이상 확보되어야 한다.

해설 바닥면적 400[m²] 미만의 거실인 예상제연구역(제연경계에 따른 구획 제외)에는 공기유입구와 배출구간의 직선거리를 5[m] 이상 또는 구획된 실의 긴변의 $\frac{1}{2}$ 이상으로 한다.

정답 | ③

87 거실 제연설비 설계 중 배출량 선정에 있어서 고려하지 않아도 되는 사항은?

① 예상제연구역의 수직거리
② 예상제연구역의 바닥면적
③ 제연설비의 배출방식
④ 자동식 소화설비 및 피난설비의 설치 유무

해설 자동식 소화설비 및 피난설비의 설치 유무는 거실 제연설비의 배출량 산정과 관계가 없다.

+ PLUS ① 2[m], 2.5[m], 3[m]로 구분되는 예상제연구역의 수직거리에 따라 배출량을 다르게 산정한다.
② 400[m^2]로 구분되는 거실의 바닥면적에 따라 배출량을 다르게 산정한다.
③ 거실이 통로와 인접하고 바닥면적이 50[m^2] 미만인 경우 통로배출방식으로 할 수 있다.

정답 | ④

PHASE 18 | 특별피난계단의 계단실 및 부속실 제연설비

88 특별피난계단의 계단실 및 부속실 제연설비의 차압 등에 관한 기준 중 옳은 것은?

① 제연설비가 가동되었을 경우 출입문의 개방에 필요한 힘은 130[N] 이하로 하여야 한다.
② 제연구역과 옥내와의 사이에 유지하여야 하는 최소차압은 40[Pa](옥내에 스프링클러설비가 설치된 경우에는 12.5[Pa]) 이상으로 하여야 한다.
③ 피난을 위하여 제연구역의 출입문이 일시적으로 개방되는 경우 개방되지 아니하는 제연구역과 옥내와의 차압은 기준 차압의 60[%] 미만이 되어서는 아니 된다.
④ 계단실과 부속실을 동시에 제연 하는 경우 부속실의 기압은 계단실과 같게 하거나 계단실의 기압보다 낮게 할 경우에는 부속실과 계단실의 압력차이는 10[Pa] 이하가 되도록 하여야 한다.

해설 제연구역의 기압을 제연구역 이외의 옥내보다 높게 하고 일정한 기압의 차이를 유지해야 하는 최소 차압은 40[Pa] 이상으로 한다.
옥내에 스프링클러설비가 설치된 경우 최소 차압은 12.5[Pa] 이상으로 한다.

+ PLUS ① 제연설비가 가동되었을 경우 출입문의 개방에 필요한 힘은 110[N] 이하로 한다.
③ 피난을 위하여 제연구역의 출입문이 일시적으로 개방되는 경우 개방되지 않은 제연구역과 옥내와의 차압은 기준 차압의 70[%] 이상이어야 한다.
④ 계단실과 부속실을 동시에 제연하는 경우 부속실의 기압은 계단실과 같게 하거나 계단실의 기압보다 낮게 할 경우에는 부속실과 계단실의 압력 차이는 5[Pa] 이하가 되도록 한다.

정답 | ②

89 특별피난계단의 계단실 및 부속실 제연설비의 화재안전성능기준(NFPC 501A)에 대한 내용으로 틀린 것은?

① 제연구역과 옥내와의 사이에 유지하여야 하는 최소 차압은 40[Pa] 이상으로 하여야 한다.
② 제연설비가 가동되었을 경우 출입문의 개방에 필요한 힘은 110[N] 이상으로 하여야 한다.
③ 계단실과 부속실을 동시에 제연하는 경우 부속실의 기압은 계단실과 같게 하거나 부속실과 계단실의 압력차이가 5[Pa] 이하가 되도록 하여야 한다.
④ 계단실 및 그 부속실을 동시에 제연하거나 또는 계단실만 단독으로 제연할 때의 방연풍속은 0.5[m/s] 이상이어야 한다.

해설 출입문 개방에 필요한 힘은 110[N] 이하로 한다.
기준 이상의 힘이 필요하도록 설계하면 화재 시 탈출할 수 없는 경우가 생길 수 있으므로 기준 이하의 힘이 필요하도록 설계해야 한다.

+PLUS 방연풍속
방연풍속은 다음의 표에 따른 기준 이상으로 한다.

	제연구역	방연풍속
계단실 및 그 부속실을 동시에 제연하는 것 또는 계단실만 단독으로 제연하는 것		0.5[m/s] 이상
부속실만 단독으로 제연하는 것 또는 비상용 승강기의 승강장만 단독으로 제연하는 것	부속실 또는 승강장이 면하는 옥내가 거실인 경우	0.7[m/s] 이상
	부속실 또는 승강장이 면하는 옥내가 복도로서 그 구조가 방화구조(내화시간이 30분 이상인 구조를 포함)인 것	0.5[m/s] 이상

정답 | ②

90 특별피난계단의 계단실 및 부속실 제연설비의 비상전원은 제연설비를 유효하게 최소 몇 분 이상 작동할 수 있도록 하여야 하는가? (단, 층수가 30층 이상 49층 이하인 경우이다.)

① 20 ② 30
③ 40 ④ 60

해설 특별피난계단의 계단실 및 부속실 제연설비의 비상전원은 자가발전설비, 축전지설비, 전기저장장치로 하고 제연설비를 유효하게 작동할 수 있도록 한다.

층수	작동시간
~29층	20분 이상
30층~49층	40분 이상
50층~	60분 이상

정답 | ③

91 특별피난계단의 계단실 및 부속실 제연설비의 수직풍도에 따른 배출기준 중 각층의 옥내와 면하는 수직풍도의 관통부에 설치하여야 하는 배출댐퍼 설치기준으로 틀린 것은?

① 화재층의 옥내에 설치된 화재감지기의 동작에 따라 당해층의 댐퍼가 개방될 것
② 풍도의 배출댐퍼는 이·탈착구조가 되지 않도록 설치할 것
③ 개폐여부를 당해 장치 및 제어반에서 확인할 수 있는 감지기능을 내장하고 있을 것
④ 배출댐퍼는 두께 1.5[mm] 이상의 강판 또는 이와 동등 이상의 성능이 있는 것으로 설치하여야 하며비 내식성 재료의 경우에는 부식방지 조치를 할 것

해설 풍도의 배출댐퍼는 풍도의 내부마감 상태에 대한 점검 및 댐퍼의 정비가 가능한 이·탈착식 구조로 한다.

+ PLUS 수직풍도의 관통부에 설치하는 배출댐퍼의 설치기준
㉠ 배출댐퍼는 두께 1.5[mm] 이상의 강판 또는 이와 동등 이상의 성능이 있는 것으로 설치하며 비내식성 재료의 경우 부식방지 조치를 한다.
㉡ 평상시 닫힌 구조로 기밀상태를 유지한다.
㉢ 개폐여부를 장치 및 제어반에서 확인할 수 있는 감지기능을 내장한다.
㉣ 구동부의 작동상태와 닫혀 있을 때의 기밀상태를 수시로 점검할 수 있는 구조로 한다.
㉤ 풍도의 내부마감 상태에 대한 점검 및 댐퍼의 정비가 가능한 이·탈착식 구조로 한다.
㉥ 화재 층에 설치된 화재감지기의 동작에 따라 해당 층의 댐퍼가 개방되도록 한다.
㉦ 개방 시의 실제 개구부(개구율을 감안한 것)의 크기는 수직풍도의 내부단면적 기준 이상으로 한다.
㉧ 댐퍼는 풍도 내의 공기흐름에 지장을 주지 않도록 수직풍도의 내부로 돌출하지 않게 설치한다.

정답 | ②

92 특별피난계단의 계단실 및 부속실 제연설비의 화재안전성능기준(NFPC 501A) 상 급기풍도 단면의 긴변 길이가 1,300[mm]인 경우, 강판의 두께는 최소 몇 [mm] 이상이어야 하는가?

① 0.6
② 0.8
③ 1.0
④ 1.2

해설 급기풍도 단면의 긴변 길이가 1,300[mm]인 경우 강판의 두께는 0.8[mm] 이상이어야 한다.

+ PLUS 금속판 급기풍도의 설치기준
㉠ 아연도금강판 또는 동등 이상의 내식성·내열성이 있는 것으로 하며, 건축법에 따른 불연재료(석면 제외)인 단열재로 풍도 외부에 유효한 단열처리를 하고, 강판의 두께는 풍도의 크기에 따라 다음의 표에 따른 기준 이상으로 한다.

풍도단면의 긴변 또는 직경의 크기	강판의 두께
450[mm] 이하	0.5[mm]
450[mm] 초과 750[mm] 이하	0.6[mm]
750[mm] 초과 1,500[mm] 이하	0.8[mm]
1,500[mm] 초과 2,250[mm] 이하	1.0[mm]
2,250[mm] 초과	1.2[mm]

㉡ 방화구획이 되는 전용실에 급기송풍기와 연결되는 풍도는 단열이 필요 없다.
㉢ 풍도에서의 누설량은 급기량의 10[%]를 초과하지 않도록 한다.

정답 | ②

PHASE 19 | 연결송수관설비

93 연결송수관설비 배관의 설치기준으로 옳지 않은 것은?

① 지면으로부터의 높이가 31[m] 이상인 특정소방대상물은 습식설비로 할 것
② 다른 부분과 내화구조로 구획된 덕트 또는 피트의 내부에 설치하는 경우에는 소방용 합성수지배관으로 설치할 것
③ 습식배관 내 사용압력이 1.2[MPa] 미만인 경우 이음매 없는 구리 및 구리합금관을 사용하여야 할 것
④ 연결송수관설비의 배관은 주배관의 구경이 100[mm] 이상인 옥내소화전설비 스프링클러설비 또는 물분무등소화설비의 배관과 겸용할 수 있음

해설 연결송수관설비는 주배관의 구경이 100[mm] 이상인 옥내소화전설비의 배관과 겸용할 수 있다.
스프링클러설비, 물분무 소화설비 등은 연결송수관설비의 배관과 겸용할 수 없다.

정답 | ④

94 송수구가 부설된 옥내소화전을 설치한 특정소방대상물로서 연결송수관설비의 방수구를 설치하지 아니할 수 있는 층의 기준 중 다음 (   ) 안에 알맞은 것은? (단, 집회장·관람장·백화점·도매시장·소매시장·판매시설·공장·창고시설 또는 지하가를 제외한다.)

- 지하층을 제외한 층수가 (㉠)층 이하이고 연면적이 (㉡)[m²] 미만인 특정소방대상물의 지상층의 용도로 사용되는 층
- 지하층의 층수가 (㉢) 이하인 특정소방대상물의 지하층

① ㉠ 3   ㉡ 5,000   ㉢ 3
② ㉠ 4   ㉡ 6,000   ㉢ 2
③ ㉠ 5   ㉡ 3,000   ㉢ 3
④ ㉠ 6   ㉡ 4,000   ㉢ 2

해설 지하층을 제외한 층수가 4층 이하이고, 연면적이 6,000[m²] 미만인 지상층과 지하층의 층수가 2층 이하인 지하층에서 방수구를 설치하지 않을 수 있다.

+PLUS 방수구의 설치제외장소

① 아파트의 1층 및 2층
② 소방차의 접근이 가능하고 소방대원이 소방차로부터 각 부분에 쉽게 도달할 수 있는 피난층
③ 송수구가 부설된 옥내소화전을 설치한 특정소방대상물 중 다음에 해당하는 장소
  ㉠ 지하층을 제외한 층수가 4층 이하이고 연면적이 6,000[m²] 미만인 특정소방대상물의 지상층
  ㉡ 지하층의 층수가 2 이하인 특정소방대상물의 지하층
④ ③의 장소 중 집회장·관람장·백화점·도매시장·소매시장·판매시설·공장·창고시설 또는 지하가는 제외

정답 | ②

PHASE 20 | 연결살수설비

95 다음 중 연결살수설비 설치대상이 아닌 것은?

① 가연성가스 20톤을 저장하는 지상 탱크시설
② 지하층으로서 바닥면적의 합계가 200[m²]인 장소
③ 판매시설 중 물류터미널로서 바닥면적의 합계가 1,500[m²]인 장소
④ 아파트의 대피시설로 사용되는 지하층으로서 바닥면적의 합계가 850[m²]인 장소

해설 가연성가스를 저장하는 지상에 노출된 탱크는 30톤 이상인 경우 연결살수설비의 설치대상이 된다.

+ PLUS 연결살수설비 설치대상 특정소방대상물

특정소방대상물	설치기준
판매시설, 운수시설, 창고시설 중 물류터미널	바닥면적 1,000[m²] 이상
지하층(피난층으로 주된 출입구가 도로와 접한 경우 제외)	바닥면적 150[m²] 이상
아파트의 지하층(대피시설만 해당) 또는 학교의 지하층	바닥면적 700[m²] 이상
가스시설 중 지상에 노출된 탱크	용량 30[ton] 이상

정답 | ①

96 연결살수설비 전용헤드를 사용하는 연결살수설비에서 천장 또는 반자의 각 부분으로부터 하나의 살수헤드까지의 수평거리는 몇 [m] 이하인가? (단, 살수헤드의 부착면과 바닥과의 높이가 2.1[m] 초과인 경우이다.)

① 2.1   ② 2.3
③ 2.7   ④ 3.7

해설 천장 또는 반자의 각 부분으로부터 하나의 살수헤드까지의 수평거리가 연결살수설비 전용헤드의 경우 3.7[m] 이하로 한다.

+ PLUS 연결살수설비 헤드의 설치기준

㉠ 천장 또는 반자의 실내에 면하는 부분에 설치한다.
㉡ 천장 또는 반자의 각 부분으로부터 하나의 살수헤드까지의 수평거리가 연결살수설비 전용헤드의 경우 3.7[m] 이하, 스프링클러 헤드의 경우 2.3[m] 이하로 한다.
㉢ 살수헤드의 부착면과 바닥과의 높이가 2.1[m] 이하인 부분은 살수헤드의 살수분포에 따른 거리로 할 수 있다.

정답 | ④

97 연결살수설비의 화재안전성능기준(NFPC 503) 상 배관의 설치기준 중 하나의 배관에 부착하는 살수헤드의 개수가 3개인 경우 배관의 구경은 최소 몇 [mm] 이상으로 설치해야 하는가? (단, 연결살수설비 전용헤드를 사용하는 경우이다.)

① 40　　　　② 50
③ 65　　　　④ 80

해설 하나의 배관에 부착하는 전용헤드의 개수가 3개일 경우 배관의 구경은 50[mm] 이상으로 한다.

+ PLUS 연결살수설비 전용헤드 배관 구경

연소방지설비 전용헤드를 사용하는 경우 다음의 표에 따른 구경 이상으로 한다.

하나의 배관에 부착하는 전용헤드의 개수	배관의 구경[mm]
1개	32
2개	40
3개	50
4개 또는 5개	65
6개 이상 10개 이하	80

정답 | ②

PHASE 21 | 지하구

98 지하구의 화재안전기술기준(NFTC 605) 상 연소방지설비 헤드의 설치기준 중 다음 (　) 안에 알맞은 것은?

> 헤드 간의 수평거리는 연소방지설비 전용헤드의 경우에는 (㉠)[m] 이하, 스프링클러 헤드의 경우에는 (㉡)[m] 이하로 할 것

① ㉠: 2　　　㉡: 1.5
② ㉠: 1.5　　㉡: 2
③ ㉠: 1.7　　㉡: 2.5
④ ㉠: 2.5　　㉡: 1.7

해설 헤드 간의 수평거리는 연소방지설비 전용헤드의 경우 2[m] 이하, 개방형 스프링클러 헤드의 경우 1.5[m] 이하로 한다.

+ PLUS 연소방지설비 헤드의 설치기준

㉠ 천장 또는 벽면에 설치한다.
㉡ 헤드 간의 수평거리는 연소방지설비 전용헤드의 경우 2[m] 이하, 개방형 스프링클러 헤드의 경우 1.5[m] 이하로 한다.
㉢ 소방대원의 출입이 가능한 환기구·작업구마다 지하구의 양쪽 방향으로 살수헤드를 설치하고, 한쪽 방향의 살수구역의 길이는 3[m] 이상으로 한다.
㉣ 환기구 사이의 간격이 700[m]를 초과하는 경우 700[m] 이내마다 살수구역을 설정한다. 지하구의 구조를 고려하여 방화벽을 설치한 경우 그렇지 않다.

정답 | ①

99 지하구의 화재안전기술기준(NFTC 605)에 따른 지하구의 통합감시시설 설치기준으로 틀린 것은?

① 소방관서와 지하구의 통제실 간에 화재 등 소방활동과 관련된 정보를 상시 교환할 수 있는 정보통신망을 구축할 것
② 수신기는 방재실과 공동구의 입구 및 연소방지설비 송수구가 설치된 장소(지상)에 설치할 것
③ 정보통신망(무선통신망 포함)은 광케이블 또는 이와 유사한 성능을 가진 선로일 것
④ 수신기는 화재신호, 경보, 발화지점 등 수신기에 표시되는 정보가 기준에 적합한 방식으로 119상황실이 있는 관할 소방관서의 정보통신장치에 표시되도록 할 것

해설 수신기는 지하구의 통제실에 설치한다.

+ PLUS 통합감시시설의 설치기준
㉠ 소방관서와 지하구의 통제실 간에 화재 등 소방활동과 관련된 정보를 상시 교환할 수 있는 정보통신망을 구축한다.
㉡ 정보통신망(무선통신망 포함)은 광케이블 또는 이와 유사한 성능을 가진 선로이어야 한다.
㉢ 수신기는 지하구의 통제실에 설치하고 화재신호, 경보, 발화지점 등 수신기에 표시되는 정보가 적합한 방식으로 119상황실이 있는 관할 소방관서의 정보통신장치에 표시되도록 한다.

정답 | ②

PHASE 22 | 기타 소방기계설비

100 도로터널의 화재안전성능기준(NFPC 603)상 옥내소화전설비 설치기준 중 괄호 안에 알맞은 것은?

> 가압송수장치는 옥내소화전 2개(4차로 이상의 터널인 경우 3개)를 동시에 사용할 경우 각 옥내소화전의 노즐선단에서의 방수압력은 (㉠)[MPa] 이상이고 방수량은 (㉡)[L/min] 이상으로 할 것

① ㉠ 0.1   ㉡ 130
② ㉠ 0.17 ㉡ 130
③ ㉠ 0.25 ㉡ 350
④ ㉠ 0.35 ㉡ 190

해설 노즐선단에서의 방수압력은 0.35[MPa] 이상, 방수량은 190[L/min] 이상으로 한다.

+ PLUS 도로터널의 옥내소화전설비 설치기준
㉠ 소화전함과 방수구는 주행차로 우측 측벽을 따라 50[m] 이내의 간격으로 편도 2차선 이상의 양방향 터널이나 4차로 이상의 일방향 터널의 경우에는 양쪽 측벽에 각각 50[m] 이내의 간격으로 엇갈리게 설치한다.
㉡ 수원은 그 저수량이 옥내소화전의 설치개수 2개(4차로 이상의 터널인 경우 3개)를 동시에 40분 이상 사용할 수 있는 충분한 양 이상으로 한다.
㉢ 가압송수장치는 옥내소화전 2개(4차로 이상의 터널인 경우 3개)를 동시에 사용할 경우 각 옥내소화전의 노즐선단에서의 방수압력은 0.35[MPa] 이상이고 방수량은 190[L/min] 이상이 되도록 한다.
㉣ 하나의 옥내소화전을 사용하는 노즐선단의 방수압력이 0.7[MPa]을 초과하는 경우 호스접결구의 인입측에 감압장치를 설치한다.
㉤ 전동기 또는 내연기관에 의한 펌프를 이용하는 가압송수장치는 주펌프와 동등 이상의 성능이 있는 별도의 펌프로서 내연기관의 기동과 연동하여 작동되거나 비상전원을 연결한 예비펌프를 추가로 설치한다.
㉥ 방수구는 40[mm] 구경의 단구형을 옥내소화전이 설치된 벽면의 바닥면으로부터 1.5[m] 이하의 쉽게 사용 가능한 높이에 설치할 것
㉦ 소화전함에는 옥내소화전 방수구 1개, 15[m] 이상의 소방호스 3본 이상 및 방수노즐을 비치한다.
㉧ 옥내소화전설비의 비상전원은 옥내소화전설비를 유효하게 40분 이상 작동할 수 있어야 한다.

정답 | ④

기 출제된 내용만 엄선하여 정리한

핵심이론

01
소방유체역학

CHAPTER 01 유체의 성질

PHASE 01 | 유체

1. 유체의 정의

(1) 정의
  ① 힘(전단력)을 가했을 때 연속적으로 형체가 변하는 물질을 유체라고 한다.
  ② 고체, 액체, 기체 중에서 액체와 기체가 유체에 해당한다.

(2) 특징
  ① 외부로부터 작용하는 힘 또는 압력에 대해 저항하는 성질이 있다.
  ② 뉴턴의 점성법칙을 따르는 유체를 뉴턴 유체라고 한다.
    ㉠ 비뉴턴 유체: 뉴턴의 점성법칙을 따르지 않는 유체
  ③ 압력에 따라 부피와 밀도가 변화하는 유체를 압축성 유체라고 한다.
    ㉠ 비압축성 유체: 압력에 따라 부피와 밀도가 변화하지 않는 유체
  ④ 점성과 압축성에 따른 영향이 없는 유체를 이상유체(ideal fluid)라고 한다.
    ㉠ 압축성이 없으므로(비압축성) 밀도가 일정하다.
    ㉡ 점성이 없으므로 흐름에 대한 저항이 없다.
    ㉢ 유체의 속도가 균일한 연속성을 가진다.

> **+기초 뉴턴 유체와 비뉴턴 유체**
> ① 뉴턴 유체: 물질에 가해지는 힘(응력)과 그로 인한 물질의 변형이 선형 관계인 유체. 점도가 일정하다.
> ② 비뉴턴 유체: 점도가 유체의 흐르는 속도에 따라 변하는 유체.

2. 차원 및 단위

(1) 물리량과 단위
  ① 상태나 현상을 정량적으로 나타낸 것을 물리량이라 한다.
    예 질량(M), 길이(L), 시간(T)
  ② 물리량을 측정하는 기준을 단위라고 한다.
    예 질량[kg], 길이[m], 시간[s]

(2) 단위 접두어

① 값의 크기를 편리하게 기술하기 위해 쓰인다.

② 주로 10^3배수로 구분하며 대문자와 소문자를 구분해야 한다.

③ 단위와 마찬가지로 제곱이나 제곱근을 취할 때 영향을 받는다.

헥토(hecto, [h])	10^2	센티(centi, [c])	10^{-2}
킬로(kilo, [k])	10^3	밀리(milli, [m])	10^{-3}
메가(mega, [M])	10^6	마이크로(micro, [μ])	10^{-6}
기가(giga, [G])	10^9	나노(nano, [n])	10^{-9}

(3) 유도단위 실기

① 물리량의 기본단위를 조합하여 더 복잡한 물리량을 표현할 수 있다.

예) 속도(LT^{-1})[m/s], 밀도(ML^{-3})[kg/m³], 부피(L^3)[m³]

물리량	차원	단위
질량	M	[kg]
길이	L	[m]
시간	T	[s]
면적	L^2	[m²]
부피	L^3	[m³]
속도	LT^{-1}	[m/s]
힘	$MLT^{-2}=F$	[N]=[kg·m/s²]
밀도	ML^{-3}	[kg/m³]
압력	$FL^{-2}=ML^{-1}T^{-2}$	[Pa]=[N/m²]=[kg/m·s²]
비중량	$FL^{-3}=ML^{-2}T^{-2}$	[N/m³]=[kg/m²·s²]
점성계수	$ML^{-1}T^{-1}$	[kg/m·s]=[Pa·s]
에너지	ML^2T^{-2}	[J]=[kg·m²/s²]=[N·m]
동력	ML^2T^{-3}	[W]=[J/s]=[N·m/s]

+기초 **절대단위와 중력단위**

1. 물질이 가지는 고유한 양인 질량을 기준으로 나타내는 단위를 절대단위라고 한다.
2. 질량과 중력가속도의 곱인 힘(무게)을 기준으로 나타내는 단위를 중력단위라고 한다.
3. 압력과 비중량은 주로 힘(무게)을 기준으로 표현한다.

PHASE 02 | 유체의 성질

1. 유체가 가지는 물리적 성질

(1) 질량
① 물질이 가지고 있는 고유한 양을 질량이라고 한다.
② 질량의 단위는 주로 킬로그램(kilogram, [kg])을 사용한다.

(2) 중력가속도
① 중력에 의해 물체가 받는 가속도를 중력가속도라고 한다.
② 중력가속도의 단위는 [m/s²]을 사용하고, 기호는 주로 g를 사용한다.
③ 지구 상에서 중력가속도는 약 9.8[m/s²]이다. ← 문제에서 특별한 조건이 주어지지 않는 한 9.8[m/s²]를 대입하여 풀이하면 된다.

(3) 무게
① 질량이 있는 물질이 받게 되는 힘의 크기를 무게라고 한다.
② 무게의 단위는 주로 뉴턴(Newton, [N])을 사용한다.
③ 질량에 중력가속도를 곱하여 구할 수 있다.

$$W = mg$$

W: 무게[N], m: 질량[kg], g: 중력가속도[m/s²]

④ 1[kg]의 질량을 가진 물체가 9.8[m/s²]의 중력가속도를 받게 되면 9.8[N]의 무게를 가진다.
⑤ 편의상 1[kg]의 질량을 가진 물체가 지구의 중력가속도인 9.8[m/s²]을 받을 때의 무게를 1킬로그램힘(kilogram force, [kgf])라고 나타낸다. ← 1[kgf]는 9.8[N]과 같다.

(4) 부피
① 물질이 차지하는 3차원의 공간을 부피 또는 체적이라고 한다.
② 부피의 단위는 주로 세제곱미터(cubic meter, [m³])를 사용한다.

+기초 **부피의 단위**

부피의 단위는 길이의 단위인 [m]와 [cm]를 세제곱하여 [m³], [cm³]로 나타내지만, 그 차이가 10^6배로 너무 커 10^3배로 나누어 [L]를 사용하기도 한다.

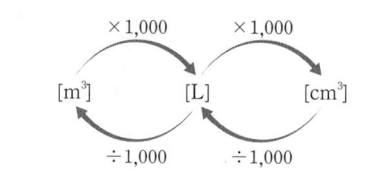

(5) 밀도와 비체적
① 물질의 질량과 부피의 비를 밀도라고 한다.

$$\rho = \frac{m}{V}$$

ρ: 밀도[kg/m³], m: 질량[kg], V: 부피[m³]

② 밀도의 단위는 주로 [kg/m³]을 사용한다.
③ 물의 밀도는 압력 1[atm], 온도 4[°C]에서 1,000[kg/m³]이다.
④ 밀도의 역수를 비체적이라고 한다.
⑤ 비체적은 ν(nu)로 표시하며 단위는 [m³/kg]을 사용한다.

(6) 비중과 비중량
　① 비교대상인 물질과 표준물질인 물의 조건이 압력 1[atm], 온도 4[℃]일 때 밀도비를 비중이라고 한다.

$$s = \frac{\rho}{\rho_w} = \frac{\gamma}{\gamma_w}$$

s: 비중, ρ: 비교물질의 밀도[kg/m³], ρ_w: 물의 밀도[kg/m³], γ: 비교물질의 비중량[N/m³], γ_w: 물의 비중량[N/m³]

　② 두 물질의 같은 물리량을 비교하므로 단위는 없다.
　③ 밀도에 중력가속도를 곱하면 비중량이 되므로 비중을 비중량으로도 표현할 수 있다.

$$\gamma = \rho g$$

γ: 비중량[N/m³], ρ: 밀도[kg/m³], g: 중력가속도[m/s²]

　④ 물의 밀도가 1,000[kg/m³]이므로 중력가속도인 9.8[m/s²]을 곱하면 물의 비중량은 9,800[N/m³]이 되며, 10³을 의미하는 접두어인 킬로(kilo, [k])로 나타낸 9.8[kN/m³]을 사용하기도 한다.

(7) 체적탄성계수
　① 압력이 가해진 유체가 얼마나 압축이 되는지를 나타내는 물질의 고유한 값이다.
　② $\dfrac{\text{압력 변화량}}{\text{부피 변화율}}$로 나타낸다.
　③ 값이 클수록 부피(체적)를 변화시키기 위해 많은 압력이 필요함을 의미한다.
　④ 압력이 커질 때 부피는 작아지므로 계산식에 (−)를 붙여 보정한다.

$$K = -\frac{\Delta P}{\frac{\Delta V}{V_0}}$$

K: 체적탄성계수[N/m²], ΔP: 압력 변화량[N/m²], ΔV: 부피 변화량, V_0: 초기 부피

(8) 압축률
　① 체적탄성계수의 역수를 압축률이라고 한다.
　② 값이 클수록 작은 압력으로 부피를 많이 변화시킬 수 있음을 의미한다.

$$\beta = \frac{1}{K} = -\frac{\frac{\Delta V}{V}}{\Delta P}$$

β: 압축률[m²/N], K: 체적탄성계수[N/m²], ΔV: 부피 변화량, V: 부피, ΔP: 압력 변화량[N/m²]

2. 표면장력

(1) 표면장력
① 유체 내부에서 표면적을 최소화하려는 성질을 표면장력이라고 한다.
② 표면에서 유체의 분자 간 인력과 외부로의 인력 차이에서 발생한다.
③ 온도가 높아질수록 분자의 운동이 활발해지면서 분자 간 인력이 낮아져 표면장력도 낮아진다.
④ 표면장력의 단위는 [N/m]로 단위면적당 에너지와 같다.

$$\sigma \propto PD$$

σ: 표면장력[N/m], P: 내부 압력[N/m²], D: 유체의 지름[m]

(2) 모세관 현상
① 액체 속에 가느다란 관을 꽂았을 때 모세관 내의 표면이 외부의 표면보다 높아지거나 낮아지는 현상을 모세관 현상이라고 한다.
② 표면장력에 의한 분자 간 인력인 응집력과 분자와 모세관 사이의 인력인 부착력의 차이에 의해 발생한다.
③ 응집력이 클수록 모세관 내의 표면이 낮아지고, 부착력이 클수록 모세관 내의 표면이 높아진다.

$$h = \frac{4\sigma \cos \theta}{\gamma D}$$

h: 표면의 높이 차이[m], σ: 표면장력[N/m], θ: 부착 각도, γ: 유체의 비중량[N/m³], D: 모세관의 직경[m]

3. 유체의 점성

(1) 점성계수(점도)
① 유체를 이루는 요소들이 가지는 유체 내·외부에 붙으려는 성질을 점성이라고 한다.
② 점성을 정량적인 수치로 나타낸 것을 점성계수(점도)라고 한다.
  ㉠ 액체는 온도 상승에 따라 점도가 감소한다. ← 끈적이는 물질에 열을 가하면 묽어지는 현상과 비슷하다.
  ㉡ 기체는 온도 상승에 따라 점도가 증가한다.
③ 점성계수(점도)는 외부의 힘(전단력)에 대한 저항인 전단응력과 속도기울기 사이의 비례계수이다.

$$\tau = \mu \frac{du}{dy}$$

τ: 전단응력[Pa], μ: 점성계수(점도)[N·s/m²], $\frac{du}{dy}$: 속도기울기[s⁻¹]

④ 점성계수(점도)의 단위는 [poise]가 주로 쓰이며 절대단위로 [kg/m·s], 중력단위로 [kgf·s/m²] 이다.
  ㉠ 1[poise] = 1[P] = 1[g/cm·s]
  ㉡ 20[℃] 물의 점도는 1[cP] = 10^{-2}[P] = 10^{-3}[kg/m·s]

(2) 동점성계수(동점도)
① 점성계수를 밀도로 나누어 구한다.

$$\nu = \frac{\mu}{\rho}$$

ν: 동점성계수(동점도)[m²/s], μ: 점성계수(점도)[kg/m·s], ρ: 밀도[kg/m³]

② 동점성계수(동점도)의 단위는 [stokes]가 주로 쓰이며 절대단위로 [m²/s]이다.
㉠ 1[stokes]=1[St]=1[cm²/s]=10^{-4}[m²/s]

> **+심화 유체의 점성**
> ① 정지되어 있는 유체에 표면과 나란하게 이동하는 물체가 있으면 유체도 같은 방향으로 움직이게 하려는 전단력이 작용한다.
> ② 유체 내부에서는 전단력에 저항하는 힘인 전단응력이 발생한다.
> ③ 점성계수(점도)는 전단응력과 속도구배의 비례계수이며, 그 값이 일정하면 뉴턴의 점성 법칙을 따르는 유체이다.

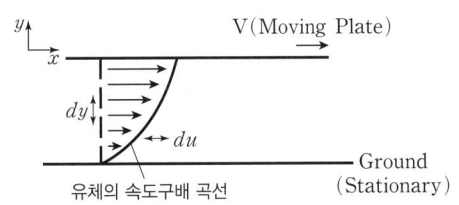

4. 점성의 측정

구분	측정원리	점도계의 종류
하겐-푸아죄유(Hagen-Poiseuille)의 법칙	세관법	• 세이볼트(Saybolt) 점도계 • 오스왈트(Ostwald) 점도계 • 레드우드(Redwood) 점도계 • 앵글러(Engler) 점도계 • 바베이(Barbey) 점도계
뉴턴(Newton)의 점성법칙	회전원통법	• 스토머(Stormer) 점도계 • 맥미셸(MacMichael) 점도계
스토크스(Stokes)의 법칙	낙구법	낙구식 점도계

CHAPTER 02 정지한 유체에서의 역학

PHASE 03 | 압력과 부력

1. 물체에 작용하는 압력

(1) 압력

① 물체의 단위면적 당 유체가 가하는 힘을 압력이라고 한다.

$$P = \frac{F}{A}$$

P: 압력[N/m²], F: 힘[N], A: 면적[m²]

② 압력은 물체와 유체가 만나는 면에 수직으로 작용한다.
③ 유체 내부에서 같은 수평면(높이)에는 같은 압력이 작용한다. ← 파스칼의 원리
④ 압력의 단위는 파스칼(Pascal, [Pa])을 사용하며, 1[Pa]은 1[N/m²]과 같다.

(2) 대기압

① 지표면 해발 0[m]의 단위면적 당 상부의 공기가 가하는 힘을 대기압이라고 한다.

② 이탈리아의 과학자 토리첼리가 고안한 실험에 따라 760[mm] 높이의 수은이 누르는 힘과 같다.

③ 10.332[m] 높이의 물이 누르는 힘과 같다.

④ 대기압의 단위는 Atmosphere([atm])을 사용하며, 1[atm]은 760[mmHg], 10.332[mH₂O]와 같다.

> **+ 기초 압력의 단위**
>
> 일반적으로 대기압과 관련된 표현을 주로 사용한다.
> 1[atm] = 101,325[Pa] = 101.325[kPa] = 0.101325[MPa]
> = 10.332[mH₂O] = 10.332[mAq]
> = 760[mmHg] = 0.76[mHg]
> = 14.7[psi] ← 1[in²]당 1[lbf]에 대응하는 단위이다.

(3) 절대압, 게이지압, 진공압

① 진공을 기준으로 나타내는 압력을 절대압이라고 한다.

② 대기압을 기준으로 (+)압력을 게이지압, (−)압력을 진공압이라고 한다.

← 일반적으로 압력의 측정은 대기압을 기준으로 측정하는 것이 용이하므로 만들어진 개념이다.

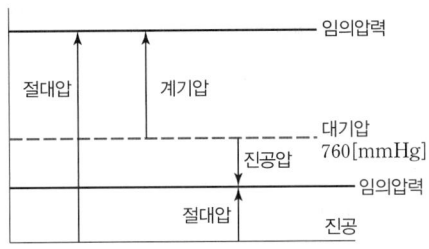

+ 기초 | 압력의 관계식

$A[\text{m}^2]$의 면적에 $m[\text{kg}]$의 질량을 가지는 물체가 놓여있을 때 물체가 면적에 가하는 압력은 다음과 같다.

$$P = \frac{F}{A} = \frac{mg}{A}$$

P: 압력$[\text{N/m}^2]$, F: 힘$[\text{N}]$, A: 면적$[\text{m}^2]$,
m: 물체의 질량$[\text{kg}]$, g: 중력가속도$[\text{m/s}^2]$

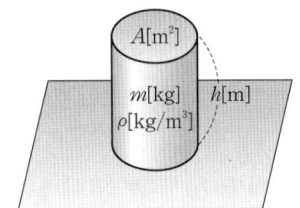

물체가 유체인 경우 균일한 밀도를 가지고 있으므로 밀도를 다음과 같이 표현할 수 있다.

$$\rho = \frac{m}{V} = \frac{m}{Ah}$$

ρ: 물체의 밀도$[\text{kg/m}^3]$, m: 물체의 질량$[\text{kg}]$, V: 부피$[\text{m}^3]$,
A: 면적$[\text{m}^2]$, h: 물체의 높이$[\text{m}]$

따라서 압력을 밀도와 높이로 표현할 수 있다.

$$P = \frac{mg}{A} = \rho g h$$

P: 압력$[\text{N/m}^2]$, m: 물체의 질량$[\text{kg}]$, g: 중력가속도$[\text{m/s}^2]$,
A: 면적$[\text{m}^2]$, ρ: 물체의 밀도$[\text{kg/m}^3]$, h: 물체의 높이$[\text{m}]$

이를 비중량과 비중을 이용해 나타내면 다음과 같다.

$$P = \rho g h = \gamma h = s \gamma_w h$$

P: 압력$[\text{N/m}^2]$, ρ: 물체의 밀도$[\text{kg/m}^3]$, g: 중력가속도$[\text{m/s}^2]$, h: 물체의 높이$[\text{m}]$,
γ: 물체의 비중량$[\text{N/m}^3]$, s: 물체의 비중, γ_w: 물의 비중량$[\text{N/m}^3]$

2. 물체에 작용하는 부력

(1) 부력의 정의

① 유체가 물체를 유체 위로 받쳐올리는 힘을 부력이라고 한다.

② **유체에 물체가 안긴 부피[m³]와 유체의 비중량[N/m³]**을 곱한만큼 물체는 힘(부력)을 받게 된다.
   ← 물체가 대체한 부피만큼의 유체가 갖는 무게가 부력과 같다.

③ 부력이 작용하는 방향은 중력의 반대방향이다.

> **+ 기초 부력의 관계식**
>
> 부피 $V[\text{m}^3]$, 질량 $m[\text{kg}]$인 물체가 비중량 $\gamma[\text{N}/\text{m}^3]$인 유체 속에 놓여있을 때 물체가 유체로부터 받는 부력은 다음과 같다.
>
> $$F = \gamma V = s\gamma_w V$$
>
> F: 부력[N], γ: 유체의 비중량[N/m³], V: 물체의 부피[m³], s: 유체의 비중, γ_w: 물의 비중량[N/m³]
>
>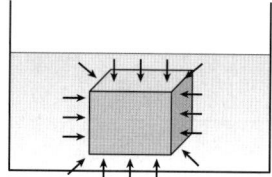
>
> 이 경우 물체와 유체의 비중량이 다르므로 물체에 작용하는 중력과 부력의 크기가 달라져 물체는 떠오르거나 가라앉게 된다.
>
> $$F = F_1 - F_2 = mg - \gamma V \neq 0$$
>
> F: 물체가 받는 힘[N], F_1: 중력[N], F_2: 부력[N], m: 질량[kg], g: 중력가속도[m/s²], γ: 유체의 비중량[N/m³], V: 물체의 부피[m³]
>
>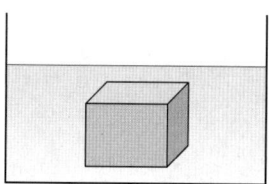
>
> 물체가 $x[\%]$ 잠겨있고 유체 위에 떠있는 경우 물체가 유체로부터 받는 부력은 다음과 같다.
>
> $$F = \gamma \times xV = s\gamma_w \times xV$$
>
> F: 부력[N], γ: 유체의 비중량[N/m³], x: 물체가 잠긴 부피 비율[%], V: 물체의 부피[m³], s: 비중, γ_w: 물의 비중량[N/m³]
>
>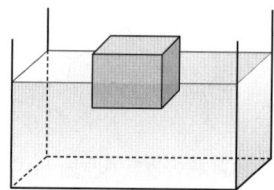
>
> 이 경우 물체가 받는 힘은 0[N]이 되면서 물체는 안정적으로 상태를 유지하게 된다.
>
> $$F = F_1 - F_2 = mg - \gamma \times xV = 0$$
>
> F: 물체가 받는 힘[N], F_1: 중력[N], F_2: 부력[N], m: 질량[kg], g: 중력가속도[m/s²], γ: 유체의 비중량[N/m³], x: 물체가 잠긴 부피 비율[%], V: 물체의 부피[m³]

PHASE 04 | 압력의 측정

1. 액주계

(1) 의미

① 유체의 높이를 이용하여 압력을 측정하는 장치를 액주계라고 한다.

② 마노미터(Manometer)라고도 한다.

③ 피에조미터, U자관 등 다양한 종류의 액주계가 있다.

(2) 원리

① 유체가 지면과 수직으로 서 있는 높이를 이용하여 압력을 측정한다.

② 압력은 단위면적 당 유체가 가하는 힘이므로 설정된 기준면 위에 쌓인 유체가 누르는 힘을 측정한다.

(3) 피에조미터(Piezometer)

① 가장 단순한 형태의 액주계이다.

② A점에 작용하는 압력은 A점으로부터 유체의 표면까지의 수직 높이에 따라 결정된다.

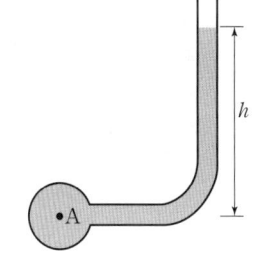

$$P_A = \rho g h$$

P_A: A점에서의 압력[N/m²], ρ: 유체의 밀도[kg/m³], g: 중력가속도[m/s²], h: A점으로부터 유체 표면까지의 높이[m]

③ 비중량 또는 비중이 주어지는 경우 다음과 같이 계산할 수 있다.

$$P_A = \rho g h = \gamma h = s \gamma_w h$$

P_A: A점에서의 압력[N/m²], ρ: 밀도[kg/m³], g: 중력가속도[m/s²], h: A점으로부터 표면까지의 높이[m] γ: 비중량[N/m³], s: 비중, γ_w: 물의 비중량[N/m³]

④ 액주계가 뚫려 있어 기본적으로 대기압이 작용하며, 대기압보다 낮은 압력은 측정할 수 없다.

(4) U자관 액주계(U-tube manometer)
  ① 액주계를 U자 모양으로 구부려 대기압보다 낮은 압력도 측정할 수 있도록 만든 액주계이다.
  ② A점의 유체와 다른 유체를 이용하여 액주계를 채우며 이를 '계기 유체'라고 한다.
  ③ A점에 작용하는 압력은 기준이 되는 B면으로부터 A점까지의 높이와 C면으로부터 계기 유체의 표면까지의 높이에 따라 결정된다.

$$P_A + \gamma_1 h_1 = P_B$$
$$P_C = \gamma_2 h_2$$
$$P_B = P_C$$
$$P_A = \gamma_2 h_2 - \gamma_1 h_1$$

P_x: x에서의 압력[N/m²], γ: 비중량[N/m³], h: 높이[m]

  ㉠ A점에서의 압력과 A점의 유체가 누르는 압력의 합은 B면에서의 압력과 같다.
  ㉡ C면에서의 압력은 C면 위의 계기 유체가 누르는 압력과 같다.
  ㉢ 유체 내부에서 같은 수평면(높이)에는 같은 압력이 작용하므로 B면과 C면의 압력은 같다.

(5) 역U자관 액주계(U-tube manometer)
  ① U자관 액주계를 상하로 뒤집은 형태의 액주계이다.
  ② C면과 D면의 압력이 같다는 점을 이용하여 A점과 B점 사이의 압력 관계를 유도할 수 있다.

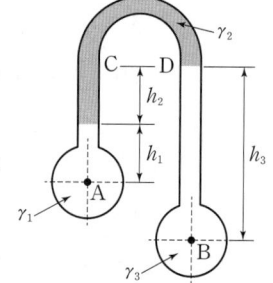

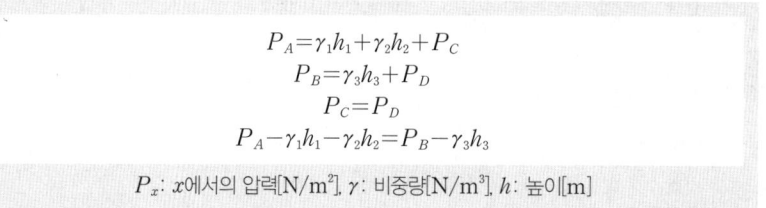

$$P_A = \gamma_1 h_1 + \gamma_2 h_2 + P_C$$
$$P_B = \gamma_3 h_3 + P_D$$
$$P_C = P_D$$
$$P_A - \gamma_1 h_1 - \gamma_2 h_2 = P_B - \gamma_3 h_3$$

P_x: x에서의 압력[N/m²], γ: 비중량[N/m³], h: 높이[m]

  ㉠ A점에서의 압력은 A점의 유체가 누르는 압력, C면 아래의 계기 유체가 누르는 압력, C면에서의 압력의 합과 같다.
  ㉡ B점에서의 압력은 B점의 유체가 누르는 압력, D면에서의 압력의 합과 같다.
  ㉢ 유체 내부에서 같은 수평면(높이)에는 같은 압력이 작용하므로 C면과 D면의 압력은 같다.

PHASE 05 | 유체가 가하는 힘

1. 유체가 가하는 힘

(1) 파스칼의 원리

$$P_1 = \frac{F_1}{A_1} = \frac{F_2}{A_2} = P_2$$

P: 압력[N/m²], F: 힘[N], A: 면적[m²]

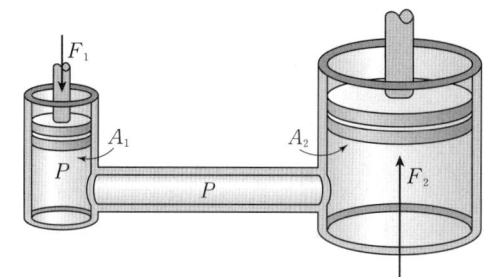

① 밀폐된 용기 내의 비압축성 유체에 압력을 가하면 유체의 모든 곳에 같은 크기로 전달된다.
② 피스톤의 높이가 같다면 용기 내부에서 유체가 가하는 압력도 같으므로 피스톤의 지름이 다르면 각각의 피스톤이 받는 힘도 다르다.

2. 평면 및 곡면에 작용하는 유체의 힘

(1) 수평 방향으로 작용하는 힘
① 유체가 작용하는 면에 수평으로 투영한 면적에 작용하는 힘과 같다.
② 깊이에 따라 선형으로 압력이 증가하므로 그 평균인 중간 지점에서의 압력으로 힘을 구한다.

$$F = PA = \rho g h A = \gamma h A$$

F: 수평 방향으로 작용하는 힘(수평분력)[N], P: 압력[N/m²],
A: 정사영 면적[m²], ρ: 밀도[kg/m³], g: 중력가속도[m/s²],
h: 중심 높이로부터 표면까지의 높이[m], γ: 유체의 비중량[N/m³]

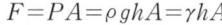

(2) 수직 방향으로 작용하는 힘
① 유체가 작용하는 면에 중력가속도가 작용하는 방향으로 누르는 힘, 즉 유체의 무게와 같다.

$$F = mg = \rho V g = \gamma A$$

F: 수직 방향으로 작용하는 힘(수직분력)[N], m: 질량[kg], g: 중력가속도[m/s²],
ρ: 밀도[kg/m³], V: 곡면 위 유체의 부피[m³], γ: 유체의 비중량[N/m³]

② 곡면 아래에 유체가 있는 경우 곡면 위의 유체 표면까지 채울 수 있는 가상 유체의 무게로 한다.

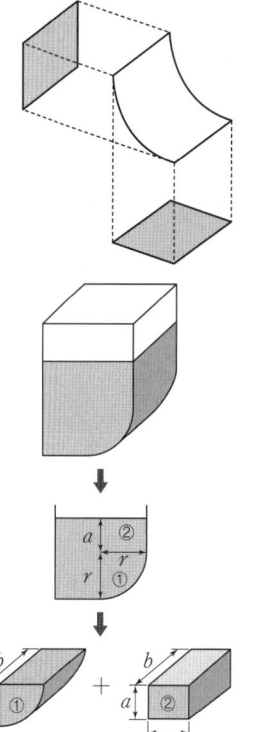

(3) 경사면에 작용하는 힘

① 경사면에 작용하는 힘의 크기는 경사면의 중심을 기준으로 계산한다.

$$F = \gamma h A = \gamma \times l \sin\theta \times A$$

F: 경사면에 작용하는 힘[N], γ: 유체의 비중량[N/m³],
h: 경사면의 중심 높이로부터 표면까지의 높이[m], A: 경사면의 면적[m²],
l: 표면으로부터 경사면 중심까지의 길이[m], θ: 표면과 경사면이 이루는 각도

② 경사면에 작용하는 힘의 위치는 다음의 식을 통해 계산한다.

$$y = l + \frac{I}{Al}$$

y: 표면으로부터 작용점까지의 길이[m], l: 표면으로부터 경사면 중심까지의 길이[m], I: 관성모멘트[m⁴], A: 경사면의 면적[m²]

③ 관성모멘트는 회전 운동을 하는 물체가 가지는 변화에 저항하는 크기로 다음의 관성모멘트는 도형의 중심을 지나는 경우 적용할 수 있다.

사각형	$\dfrac{bh^3}{12}$	
삼각형	$\dfrac{bh^3}{36}$	
원형	$\dfrac{\pi r^4}{4}$	

(4) 토크(돌림힘)

① 물체를 회전 운동시키기 위한 힘의 작용을 말한다.

$$\tau = r \times F$$

τ: 토크[N·m], r: 회전축으로부터 거리[m], F: 힘[N]

② 모멘트(회전모멘트)라고도 한다.

③ 같은 크기의 토크를 회전축을 기준으로 반대방향으로 작용하면 물체는 회전하지 않는다.

운동상태의 유체

PHASE 06 | 유체유동

1. 유체의 연속방정식 실기

(1) 의미
  ① 흐르는 유체에 대해 유체의 연속적인 흐름을 기술하는 식을 말한다.
  ② 일정한 시간 동안 같은 부피 또는 같은 질량의 유체가 흐르면 유체가 통과하는 단면적과 그 유속의 관계를 알 수 있다.

(2) 부피유량

$$Q = Au$$

Q: 부피유량[m³/s], A: 유체의 단면적[m²], u: 유속[m/s]

① 비압축성 유체인 경우 흐름의 시작 지점과 끝 지점을 통과하는 유량은 항상 일정($Q_1 = Q_2$)하다.
② 따라서 시작 지점과 끝 지점의 단면적과 유속은 다음과 같은 관계를 갖는다.

$$A_1 u_1 = A_2 u_2$$

(3) 질량유량

$$M = \rho A u$$

M: 질량유량[kg/s], ρ: 밀도[kg/m³], A: 유체의 단면적[m²], u: 유속[m/s]

(4) 무게유량

$$G = \rho g A u$$

G: 무게유량[N/s], ρ: 밀도[kg/m³], g: 중력가속도[m/s²], A: 유체의 단면적[m²], u: 유속[m/s]

(5) 연속방정식

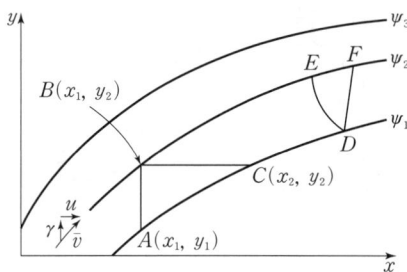

① 아주 작은 공간 속에 드나드는 질량이 일정하다면 다음과 같은 식을 정리할 수 있다.

$$\frac{\partial \rho}{\partial t} + \frac{\partial \rho u_x}{\partial x} + \frac{\partial \rho u_y}{\partial y} + \frac{\partial \rho u_z}{\partial z} = 0$$

② 흐름이 시간에 따른 변화가 없는 정상상태(steady state) 유동이라면 시간미분항을 제거할 수 있다.

$$\frac{\partial \rho u_x}{\partial x} + \frac{\partial \rho u_y}{\partial y} + \frac{\partial \rho u_z}{\partial z} = 0$$

③ 비압축성 유동이라면 밀도 ρ를 제거할 수 있다.

$$\frac{\partial u_x}{\partial x} + \frac{\partial u_y}{\partial y} + \frac{\partial u_z}{\partial z} = 0$$

④ 각 방향으로의 속도함수 u_x, u_y, u_z를 종합한 유동함수를 정의할 수 있다.

$$\frac{\partial \psi}{\partial x} = u_x, \frac{\partial \psi}{\partial y} = u_y, \frac{\partial \psi}{\partial z} = u_z$$

PHASE 07 | 유체가 가지는 에너지

1. 베르누이 정리

(1) 의미

① 흐르는 유체에 대해 에너지 보존의 법칙을 적용하여 유체가 흐르는 상태를 나타낸다.

② 흐르는 유체에서 압력이 가지는 에너지, 유속이 가지는 에너지, 위치가 가지는 에너지의 합은 일정하다.

③ 베르누이 정리를 적용하기 위해서는 다음의 조건을 만족시켜야 한다.

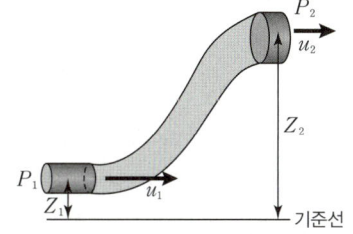

㉠ 비압축성 유체이다.
㉡ 정상상태의 흐름이다.
㉢ 마찰이 없는 흐름이다.
㉣ 임의의 두 점은 같은 흐름선 상에 있다.

(2) 공식

$$\frac{P}{\gamma} + \frac{u^2}{2g} + Z = 일정$$

P: 압력[N/m²], γ: 비중량[N/m³], u: 유속[m/s], g: 중력가속도[m/s²], Z: 높이[m]

① 베르누이 정리에서 $\frac{P}{\gamma}$를 압력수두, $\frac{u^2}{2g}$를 속도수두, Z를 위치수두라고 한다.

② 압력수두를 정압, 속도수두를 동압, 정압과 동압의 합을 전압이라고 한다.

③ 유체가 가진 에너지는 보존되므로 두 지점을 비교하는 방정식은 다음과 같다.

$$\frac{P_1}{\gamma} + \frac{u_1^2}{2g} + Z_1 = \frac{P_2}{\gamma} + \frac{u_2^2}{2g} + Z_2$$

④ 기체의 경우 위치수두는 다른 에너지에 비해 훨씬 작으므로 무시할 수 있다.

(3) 수정 베르누이 방정식

① 유체가 흐르며 손실이 발생하는 경우 발생한 손실은 배관 통과 후 상태에 반영할 수 있다.

$$\frac{P_1}{\gamma} + \frac{u_1^2}{2g} + Z_1 = \frac{P_2}{\gamma} + \frac{u_2^2}{2g} + Z_2 + H$$

P: 압력[N/m²], γ: 비중량[N/m³], u: 유속[m/s], g: 중력가속도[m/s²], Z: 높이[m], H: 손실수두[m]

② 펌프를 통과하는 유체의 경우 펌프로부터 유체가 이동할 수 있는 에너지를 부여받았으므로 펌프의 전양정은 펌프 통과 전 상태에 반영할 수 있다.

$$\frac{P_1}{\gamma} + \frac{u_1^2}{2g} + Z_1 + H_P = \frac{P_2}{\gamma} + \frac{u_2^2}{2g} + Z_2$$

P: 압력[N/m²], γ: 비중량[N/m³], u: 유속[m/s], g: 중력가속도[m/s²], Z: 높이[m], H_P: 펌프의 전양정[m]

2. 에너지선, 수력기울기선

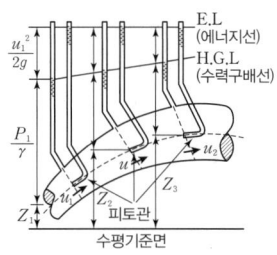

(1) 에너지선
    ① 에너지선은 유체가 가지는 에너지를 그래프에 나타낸 것이다.
    ② 흐르는 유체가 가지는 전체 에너지를 수두로 나타내면 압력수두, 속도수두, 위치수두로 나타낼 수 있다. 이를 전수두라고 한다.
    ③ 마찰이 없다면 전수두는 일정하고 에너지선은 수평을 이룬다.

(2) 수력기울기선
    ① 전수두에서 속도수두를 뺀 압력수두와 위치수두의 합을 피에조미터 수두라고 한다.
    ② 수력기울기선은 압력수두와 위치수두의 합인 피에조미터 수두를 그래프에 나타낸 것이다.

PHASE 08 | 유체유동의 측정

1. 벤투리미터 실기

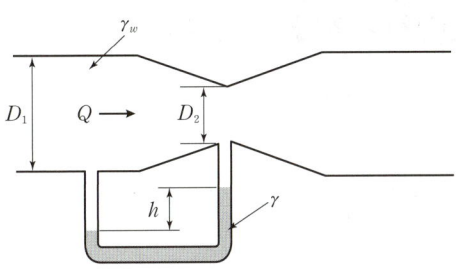

+ 심화 유량 측정장치

① 벤투리미터
② 피토관
③ 오리피스: 배관 중간에 설치하는 작은 구멍으로 압력 차이를 이용하여 유량을 측정하는 장치이다.
④ 로터미터: 부자(float)의 오르내림을 활용하여 배관 내의 유량을 측정하는 장치이다.

(1) 의미
① 배관 중 좁아지는 구간에서 유속이 증가하고 압력이 낮아지는 점에서 착안하여 압력 차이를 통해 유량을 측정하는 장치이다.
② 베르누이 방정식을 통해 유도할 수 있다.

(2) 공식

$$Q = CA_2\sqrt{2g\left(\frac{P_1-P_2}{\gamma_w}\right)} = CA_2\sqrt{2g\left(\frac{\gamma-\gamma_w}{\gamma_w}\right)h}$$

Q: 유량[m³/s], C: 유량계수, A_2: 좁은 면적[m²], g: 중력가속도[m/s²], P: 압력[N/m²],
γ_w: 벤투리관 유체의 비중량[N/m³], γ: 액주계 유체의 비중량[N/m³], h: 액주계의 높이 차이[m]

① 이론유량과 실제유량은 차이가 있으므로 유량계수 C를 곱해 그 차이를 보정한다.

2. 피토관

(1) 의미
① 압력 차이를 이용하여 유속을 측정하는 장치이다.
② 흐르는 유체의 유속이 가지는 에너지를 유속이 0이 되었을 때 증가하는 압력을 계산하여 측정한다.

(2) 계기 유체를 이용하여 유속을 측정하는 경우

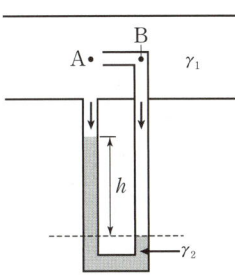

$$u = \sqrt{2g\left(\frac{\gamma-\gamma_w}{\gamma_w}\right)h}$$

u: 유속[m/s], g: 중력가속도[m/s²], γ: 액주계 유체의 비중량[N/m³],
γ_w: 배관 유체의 비중량[N/m³], h: 액주계의 높이 차이[m]

① A점의 유체는 압력수두와 속도수두를 가지며, B점의 유체는 압력수두만 가진다.
$$\frac{P_A}{\gamma_1}+\frac{u^2}{2g}=\frac{P_B}{\gamma_1}$$
② A점에서의 압력과 계기 유체가 누르는 압력의 합은 C면에서의 압력과 같다.
③ B점에서의 압력과 B점의 유체가 누르는 압력의 합은 C면에서의 압력과 같다.
$$P_A+\gamma_2 h=P_B+\gamma_1 h \rightarrow \frac{P_A}{\gamma_1}+\frac{\gamma_2}{\gamma_1}h=\frac{P_B}{\gamma_1}+h$$
④ 위 두 식을 연립하면 유속 u를 구할 수 있다.
$$\frac{u^2}{2g}=\left(\frac{\gamma_2-\gamma_1}{\gamma_1}\right)h$$

(3) 압력계를 이용하여 유속을 측정하는 경우

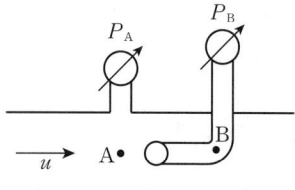

$$u=\sqrt{2g\left(\frac{P_B-P_A}{\gamma}\right)}$$

u: 유속[m/s], g: 중력가속도[m/s²], P: 압력[N/m²], γ: 배관 유체의 비중량[N/m³]

① A점의 유체는 압력수두와 속도수두를 가지며, B점의 유체는 압력수두만 가진다.
$$\frac{P_A}{\gamma}+\frac{u^2}{2g}=\frac{P_B}{\gamma}$$
② 식을 정리하여 유속을 구할 수 있다.
$$\frac{u^2}{2g}=\left(\frac{P_A-P_B}{\gamma}\right)$$

3. 운동량 이론

(1) 운동량
① 물체의 운동상태를 나타내는 양을 운동량이라고 한다.
② 뉴턴의 제2법칙인 가속도의 법칙으로 설명된다.

$$F=\frac{dp}{dt}=\frac{d(mv)}{dt}=m\frac{dv}{dt}=ma$$

F: 힘[N], p: 운동량[kg·m/s], t: 시간[s], m: 질량[kg], v: 속도[m/s], a: 가속도[m/s²]

(2) 운동량 보존의 법칙
① 둘 이상의 물체가 충돌하는 경우 각 물체의 운동량은 변할 수 있지만 충돌한 모든 물체의 운동량의 합은 일정하다.
② 운동하는 물체에 가해지는 외력의 합이 0이어야 운동량 보존의 법칙이 성립한다.

(3) 유체의 운동

① 유체가 평판과 수직으로 충돌하는 경우 평판은 다음과 같은 힘을 받게 된다.

$$F = ma = \rho Q u = \rho A u^2$$

F: 유체가 평판에 가하는 힘[N], m: 질량[kg], a: 가속도[m/s^2],
ρ: 유체의 밀도[kg/m^3], Q: 유량[m^3/s], u: 유속[m/s],
A: 유체의 단면적[m^2]

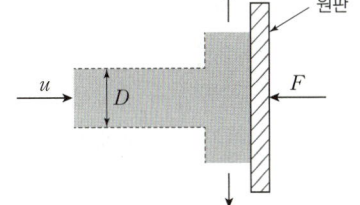

㉠ 뉴턴의 운동법칙에 의해 힘은 물체의 운동을 변화시키는 근원이므로 $F = ma$로 나타낼 수 있다.

㉡ 유체의 흐름은 연속적이므로 질량이나 부피를 고정적으로 기술하는 것은 어렵다. 따라서 시간당 물리량으로 표현하기 위해 질량 m을 밀도 ρ와 유량 Q의 곱으로 나타내 준다.

㉢ 유량은 유체의 단면적 A와 단면적을 통과하는 유속 u의 곱으로 나타낼 수 있다.

② 유체가 기울어진 평판과 충돌하는 경우 평판은 다음과 같은 힘을 받게 된다.

$$F = F_0 \sin\theta = ma \sin\theta = \rho Q u \sin\theta = \rho A u^2 \sin\theta$$

F: 유체가 평판에 가하는 힘[N], F_0: 초기 유체가 가진 힘[N],
θ: 초기 유체의 운동방향과 작용하는 방향 사이의 각

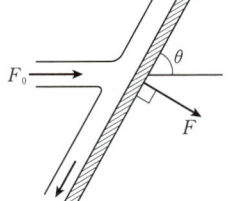

㉠ 유체의 운동방향 F_0는 기울어진 평판을 기준으로 두 개의 성분으로 분리할 수 있다.

㉡ 기울어진 평판과 수직이 되는 성분은 평판에 유효하게 힘을 가한다.

㉢ 기울어진 평판과 수평이 되는 성분은 평판에 힘을 가할 수 없다.

(4) 플랜지 볼트에 작용하는 힘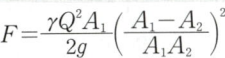

$$F = \frac{\gamma Q^2 A_1}{2g}\left(\frac{A_1 - A_2}{A_1 A_2}\right)^2$$

F: 플랜지 볼트에 작용하는 힘[N], γ: 비중량[N/m^3],
Q: 유량[m^3/s], A_1: 배관의 단면적[m^2],
A_2: 노즐의 단면적[m^2], g: 중력가속도[m/s^2]

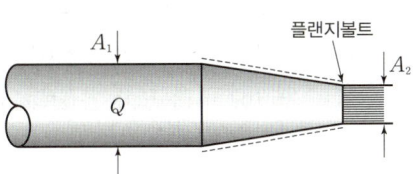

PHASE 09 | 배관 속 유체유동

1. 층류와 난류

(1) 층류

① 유체가 규칙적으로 일정하게 흐르는 형태를 층류라고 한다.
② 시간의 변화에 따라 압력이나 속도가 변화하지 않는 흐름이다.
③ 층류 흐름일 때 평균유속은 최고유속의 0.5배이다.
④ 배관 속 흐름에서 레이놀즈 수가 2,100 이하인 경우 층류라고 한다.

(2) 난류

① 유체가 불규칙적으로 무질서하게 흐르는 형태를 난류라고 한다.
② 난류 흐름일 때 평균유속은 최고유속의 0.8배이다.
③ 배관 속 흐름에서 레이놀즈 수가 4,000 이상인 경우 난류라고 한다.

2. 완전발달흐름

(1) 완전발달흐름

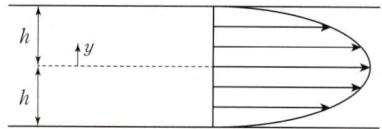

$$u = u_m\left(1 - \left(\frac{y}{r}\right)^2\right)$$

u: 유속, u_m: 최대유속, y: 관 중심으로부터 수직방향으로의 거리, r: 배관의 반지름

① 배관 속의 유속분포가 완전하게 형성되어 더이상 유속의 변화가 없는 흐름을 말한다.
② 배관 속에서 유체는 압력 차이에 의해 압력이 높은 곳에서 낮은 곳으로 흐른다.
③ 유체의 점성에 의해 분자 간, 분자와 벽 사이에서 저항을 받는다.

3. 무차원수

(1) 무차원수

① 유체의 흐름에서 물질량에 의한 영향을 고려하지 않기 위해 차원 및 단위을 제거한 수를 무차원수라고 한다.

레이놀즈 수	$\dfrac{관성력}{점성력}$	Re	웨버 수	$\dfrac{관성력}{표면장력}$	We
마하 수	$\dfrac{유속}{음속}$	Ma	프란틀 수	$\dfrac{점성도}{열확산도}$	Pr
크누센 수	$\dfrac{자유 이동 거리}{공간의 거리}$	Kn	너셀 수	$\dfrac{대류 열전달}{전도 열전달}$	Nu
프루드 수	$\dfrac{관성력}{중력}$	Fr	그라스호프 수	$\dfrac{부력}{점성력}$	Gr_L

(2) 레이놀즈 수

$$Re = \dfrac{\rho u D}{\mu} = \dfrac{uD}{\nu}$$

Re: 레이놀즈 수, ρ: 밀도[kg/m³], u: 유속[m/s], D: 직경[m], μ: 점성계수(점도)[kg/m·s], ν: 동점성계수(동점도)[m²/s]

① 유체의 관성력과 점성력의 비를 나타내는 수로 크기에 따라 클수록 난류, 작을수록 층류로 판단하는 척도가 된다.

4. 수력직경

(1) 수력직경

① 원형이 아닌 배관 속 유체의 흐름을 직경 D인 배관 속 흐름과 같다고 취급하는 직경을 수력직경 D_h라고 한다.

$$D_h = \dfrac{4A}{S}$$

D_h: 수력직경[m], A: 배관의 단면적[m²], S: 배관의 둘레[m]

② 원형인 배관에도 적용이 되므로 배관의 단면적 $A = \dfrac{\pi}{4}D^2$, 배관의 둘레 $S = \pi D$를 대입해보면 이해할 수 있다.

PHASE 10 | 배관의 마찰손실

1. 배관의 마찰손실

(1) 마찰손실
  ① 유체가 흐르는 데 방해가 되는 요소에 의해 유체가 가진 에너지에 손실이 발생한다.
  ② 주손실
    ㉠ 배관의 벽에 의한 손실
    ㉡ 수직인 배관을 올라가면서 발생하는 손실
  ③ 부차적 손실
    ㉠ 배관 입구와 출구에서의 손실
    ㉡ 배관 단면의 확대 및 축소에 의한 손실
    ㉢ 배관부품(엘보, 티, 리듀서, 밸브 등)에서 발생하는 손실
    ㉣ 곡선인 배관에서의 손실

(2) 등가길이 실기
  ① 부차적 손실로 발생하는 손실을 배관의 길이로 환산하여 직선인 배관이었을 때의 주손실과 같다고 취급하는 길이를 등가길이(상당길이)라고 한다.

$$L = \frac{KD}{f}$$

L: 등가길이[m], K: 부차적 손실계수, D: 직경[m], f: 마찰손실계수

(3) 상대조도
  ① 배관 내부 벽면의 재질, 거친 정도를 반영한 수치로 상대조도가 클수록 배관의 마찰손실도 증가한다.

(4) 부차적 손실의 적용

① 부차적 손실이 발생했을 때 이를 반영하는 계수를 부차적 손실계수 K라고 한다.

② 확대관에서 발생하는 손실

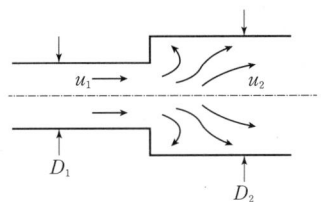

$$H = \frac{(u_1 - u_2)^2}{2g} = K \frac{u_1^2}{2g}$$

$$K = \left(1 - \frac{A_1}{A_2}\right)^2 = \left(1 - \frac{D_1^2}{D_2^2}\right)^2$$

H: 마찰손실수두[m], u_1: 좁은 배관의 유속[m/s], u_2: 넓은 배관의 유속[m/s], g: 중력가속도[m/s²], K: 부차적 손실계수

③ 축소관에서 발생하는 손실

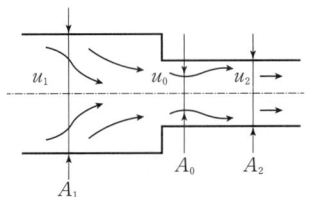

$$H = \frac{(u_0 - u_2)^2}{2g} = K \frac{u_2^2}{2g}$$

$$K = \left(\frac{A_2}{A_0} - 1\right)^2$$

H: 마찰손실수두[m], u_0: 좁은 흐름의 유속[m/s], u_2: 좁은 배관의 유속[m/s], g: 중력가속도[m/s²], K: 부차적 손실계수

2. 달시-바이스바하 방정식 실기

(1) 의미
　① 일정한 양의 비압축성 유체가 일정한 속도로 흐를 때 유체의 물리적 성질과 배관의 특성에 의한 에너지 손실을 설명하는 방정식이다.
　② 층류와 난류 모두에서 적용이 가능하다.

(2) 공식

$$H = \frac{\Delta P}{\gamma} = \frac{flu^2}{2gD}$$

H: 마찰손실수두[m], ΔP: 압력 차이[kPa], γ: 비중량[kN/m³], f: 마찰손실계수,
l: 배관의 길이[m], u: 유속[m/s], g: 중력가속도[m/s²], D: 배관의 직경[m]

　① 층류일 때 마찰계수 f는 $\frac{64}{Re}$로 구할 수 있다.

3. 하겐-푸아죄유 방정식

(1) 의미
　① 일정한 양의 점성 유체가 일정한 속도로 흐를 때 압력 차이와 유량, 배관의 직경 사이의 관계를 설명하는 방정식이다.
　② 층류에서 적용이 가능하다.

(2) 공식

$$H = \frac{\Delta P}{\gamma} = \frac{128\mu l Q}{\gamma \pi D^4}$$

H: 마찰손실수두[m], ΔP: 압력 차이[Pa], γ: 비중량[N/m³], μ: 점성계수(점도)[kg/m·s],
l: 배관의 길이[m], Q: 유량[m³/s], D: 배관의 직경[m]

　① 층류에서 적용이 가능하므로 달시-바이스바하 방정식의 마찰계수 f에 $\frac{64}{Re}$를 대입하면 구할 수 있다.

CHAPTER 04 펌프의 특성

PHASE 11 | 펌프의 특징

1. 펌프와 송풍기

(1) 펌프
  ① 유체에 에너지를 가해 원하는 위치까지 이동시키는 장치를 펌프라고 한다.
  ② 펌프를 작동시키기 위해 에너지를 공급하는 장치가 필요하며 일반적으로 전기에너지를 이용하는 전동기가 주로 사용된다.
  ③ 펌프의 특성(성능)곡선과 시스템 곡선의 교점에서 운전한다. ← 효율성, 안정성 등 운전조건이 최적화되는 지점이다.

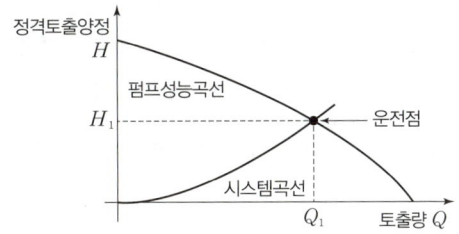

(2) 송풍기
  ① 기체에 에너지를 가해 원하는 위치까지 이동시키는 장치를 송풍기라고 한다.
  ② 주로 제연설비에서 공기의 유입과 연기의 배출에 사용된다.
  ③ 송풍기의 종류와 그에 따른 성능은 다음과 같다.

종류	성능(압력 차이)
압축기(Compressor)	100[kPa] 이상
블로어(Blower)	10[kPa] 이상 100[kPa] 미만
팬(Fan)	10[kPa] 미만

2. 펌프 및 송풍기의 동력 실기

(1) 수동력
① 유체를 원하는 위치까지 이동시키는데 필요한 에너지를 수동력이라고 한다.

$$P = \gamma Q H$$

P: 수동력[kW], γ: 유체의 비중량[kN/m³], Q: 유량[m³/s], H: 전양정[m]

② 소화수로 물을 사용하기 때문에 물의 비중량인 $9.8[\text{kN/m}^3]$이 주로 사용된다.
③ 펌프가 유체에 전달해야 하는 에너지이다.

(2) 축동력
① 펌프 내부에서 발생하는 손실을 감안하여 유체를 원하는 위치까지 이동시키는 데 필요한 에너지를 축동력이라고 한다.

$$P = \frac{\gamma Q H}{\eta}$$

P: 축동력[kW], γ: 유체의 비중량[kN/m³], Q: 유량[m³/s], H: 전양정[m], η: 효율

② 유체가 펌프를 통과하며 발생하는 마찰, 압축 등에 의해 손실이 발생한다. 이때 고려할 수 있는 효율은 수력효율, 체적효율, 기계효율이 있으며, 세 가지 효율의 곱이 펌프에서 발생하는 전효율이다.

$$전효율 = 수력효율 \times 체적효율 \times 기계효율$$

③ 모터가 펌프에 전달해야 하는 에너지이다.

(3) 전동력
① 모터에서 펌프로 에너지를 전달하며 발생하는 손실을 감안하여 모터를 작동시키는 데 필요한 에너지를 전동력이라고 한다.

$$P = \frac{\gamma Q H}{\eta} K$$

P: 전동력[kW], γ: 유체의 비중량[kN/m³], Q: 유량[m³/s], H: 전양정[m], η: 효율, K: 전달계수

② 외부에서 모터에 전달해야 하는 에너지이다.

(4) 송풍기
① 송풍기의 동력은 다음과 같다.

$$P = \frac{P_T Q}{\eta} K$$

P: 송풍기의 동력[kW], P_T: 바람의 압력[kPa], Q: 유량[m³/s], η: 효율, K: 전달계수

② 송풍기의 흡입구와 배출구의 압력 차이가 바람의 압력 $P_T[\text{kPa}]$이고 이는 유체의 비중량 $\gamma[\text{kN/m}^3]$과 전양정 $H[\text{m}]$의 곱과 같으므로 위 공식은 펌프의 동력 공식과 근본적으로 같다.

3. 펌프의 상사법칙 실기

(1) 펌프의 상사법칙

① 기하학적으로 비슷한 두 물체의 운동이 역학적으로도 비슷해지도록 하는 조건을 나타내는 법칙을 말한다.

② 펌프의 동력 공식을 구성하는 요소인 유량, 양정, 축동력으로 두 펌프의 조건을 비교할 수 있다.

③ 펌프의 유량

$$\frac{Q_2}{Q_1} = \left(\frac{N_2}{N_1}\right)\left(\frac{D_2}{D_1}\right)^3$$

Q: 유량, N: 펌프의 회전수, D: 직경

④ 펌프의 양정

$$\frac{H_2}{H_1} = \left(\frac{N_2}{N_1}\right)^2\left(\frac{D_2}{D_1}\right)^2$$

H: 양정, N: 펌프의 회전수, D: 직경

⑤ 펌프의 축동력

$$\frac{P_2}{P_1} = \left(\frac{N_2}{N_1}\right)^3\left(\frac{D_2}{D_1}\right)^5$$

P: 축동력, N: 펌프의 회전수, D: 직경

4. 펌프의 운전

(1) 펌프의 직렬연결

① 펌프를 직렬로 연결하면 유체는 펌프를 여러 번 통과하게 된다.

② 펌프 하나를 통과할 수 있는 유량은 일정하므로 여러 펌프를 직렬로 연결하더라도 유량은 일정하다.

③ 이미 동력을 전달받은 유체가 한 번 더 동력을 받으므로 직렬로 연결하면 양정은 증가한다.

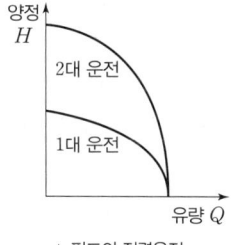

▲ 펌프의 직렬운전

(2) 펌프의 병렬연결

① 펌프를 병렬로 연결하면 더 많은 유체가 동시에 펌프를 통과한다.

② 여러 개의 펌프가 동시에 유체를 토출하므로 유량은 증가한다.

③ 유체 분자는 동력을 한 번만 전달받으므로 병렬로 연결하면 양정은 변하지 않는다.

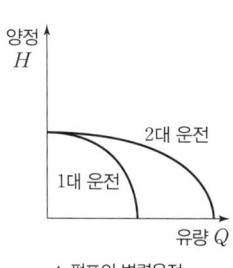

▲ 펌프의 병렬운전

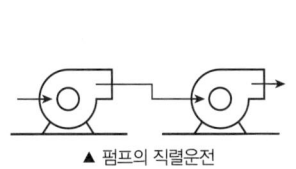

▲ 펌프의 직렬운전

▲ 펌프의 병렬운전

5. NPSH 실기

(1) 의미

① 펌프가 흡입하는 압력을 수두로 나타낸 수치를 NPSH(Net positive suction head)라고 한다.

② 공동현상의 발생을 예상하는 척도가 된다. ← 펌프에 어느 정도 닿을 수 있어야 펌프도 흡입할 수 있다.

③ 유효흡입수두($NPSH_{av}$)과 필요흡입수두($NPSH_{re}$)로 나뉘어진다.

$NPSH_{av} > NPSH_{re}$	공동현상이 발생하지 않는다.
$NPSH_{av} < NPSH_{re}$	공동현상이 발생한다.

(2) 유효흡입수두($NPSH_{av}$) ← 펌프에 닿을 수 있는 수준이다.

① 펌프의 흡입 측에 제공되는 압력 조건을 나타낸다.

② 유효흡입수두를 구성하는 조건은 다음과 같다.

$$NPSH_{av} = H_a \pm H_z - H_f - H_v$$

$NPSH_{av}$: 유효흡입수두, H_a: 유체에 작용하는 절대압,
H_z: 유체 표면에서 펌프 중심까지의 높이, H_f: 마찰손실수두, H_v: 포화증기압수두

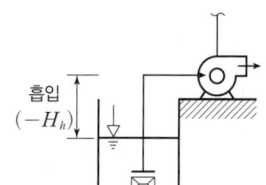

▲ 압입양정

▲ 흡입양정

(3) 필요흡입수두($NPSH_{re}$) ← 펌프가 흡입할 수 있는 수준이다.

① 펌프가 가진 고유한 성능을 나타낸다.

6. 비교회전도(비속도)

(1) 의미

① 유량 및 양정을 이용하여 적합한 펌프를 선택하기 위한 수를 비교회전도(비속도)라고 한다.

② 유량 1[m³/min]을 1[m] 이동시키는 데 필요한 회전수를 비교회전도(비속도)라고 한다.

③ 비교회전도(비속도)를 구하는 공식은 다음과 같다.

$$N_s = \frac{NQ^{\frac{1}{2}}}{\left(\frac{H}{n}\right)^{\frac{3}{4}}}$$

N_s: 비교회전도[m³/min, m, rpm], N: 회전수[rpm], Q: 유량[m³/min], H: 양정[m], n: 단수

(2) 비교회전도에 따른 펌프의 선택

비교회전도	100~300	400	800~1,000	1,200 이상
펌프	편흡입 볼류트	양흡입 볼류트	사류	축류

PHASE 12 | 펌프의 이상현상

1. 수격현상

(1) 의미

① 배관 속 유체의 흐름이 갑자기 변화할 때 압력파에 의해 충격과 이상음이 발생하는 현상을 말한다.
② 주로 배관 구경이 감소하거나 밸브가 닫히는 경우 유체가 압축 및 이완하면서 충격파를 발생시킨다.
③ 소음과 진동이 발생하며 배관과 밸브 등 주변 부속들이 파손된다.
④ Water hammering이라고 한다.

2. 맥동현상 실기

(1) 의미

① 펌프 압력계의 지침이 흔들리며 토출량이 주기적으로 변동하며 진동하는 현상을 말한다.
② 펌프의 $H-Q$곡선이 상승하는 조건에서 운전하는 경우 발생한다.

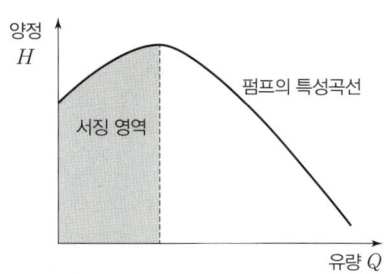

③ 배관 중 공기가 유입되는 경우 펌프의 부하가 변동하면서 맥동현상이 발생할 수 있다.
④ Surging(서징)이라고 한다.

3. 공동현상 실기

(1) 의미

① 배관 내 흐르는 유체에서 압력이 증기압보다 낮아져 기포가 발생하는 현상을 말한다.
② 유체의 속도가 빨라지면 상대적으로 압력이 감소하게 되는데 이때 압력이 증기압보다 낮아지게 되면 기화가 일어나면서 배관 내 빈 공간(공동)이 발생한다.
③ Cavitation(캐비테이션)이라고 한다.

(2) 발생원인과 방지대책

발생원인	방지대책
펌프의 설치 위치가 높아 유효흡입수두가 낮아진다.	펌프의 설치 위치를 낮게 한다.
펌프의 회전수가 커서 회전력이 약해진다.	펌프의 회전수를 작게 한다.
펌프의 흡입 관경이 작아 빠른 유속으로 인한 마찰손실이 커진다.	펌프의 흡입 관경을 크게 한다.
단흡입펌프 사용 시 적은 유량으로 인해 성능이 저하한다.	단흡입펌프보다 양흡입펌프를 사용한다.

CHAPTER 05 소방열역학

PHASE 13 | 열역학 기초

1. 물질이 가지는 열역학적 성질

(1) 온도

① 섭씨온도[℃]: 1기압에서 물(H_2O)이 어는점(빙점)을 0[℃], 끓는점(비점)을 100[℃]로 정하고 그 사이를 100등분하여 나타낸 온도이다.

② 화씨온도[℉]: 1기압에서 물(H_2O)의 어는점(빙점)을 32[℉], 끓는점(비점)을 212[℉]로 정하고 그 사이를 180등분하여 나타낸 온도이다.

$$[℃]=\frac{5}{9}([℉]-32) \qquad [℉]=\frac{9}{5}[℃]+32$$

③ 절대온도[K]: 가장 낮은 온도인 −273[℃]를 0켈빈(Kelvin, [K])으로 정하여 나타낸 온도이며 섭씨온도와 스케일이 같다.

④ 랭킨온도[R]: 가장 낮은 온도인 −460[℉]를 0랭킨(Rankine, [R])으로 정하여 나타낸 온도이며 화씨온도와 스케일이 같다.

$$[K]=273+[℃] \qquad [R]=460+[℉]$$

+기초 | 온도

온도는 분자 운동이 활발한 정도를 나타내는 물리량으로 물질의 차고 뜨거운 정도를 숫자로 나타낸 것을 말한다.

예				
화씨온도	68[℉]	섭씨온도	20[℃]
섭씨온도	$\frac{5}{9}(68-32)=20[℃]$	화씨온도	$\frac{9}{5}\times 20+32=68[℉]$
절대온도	$273+20=293[K]$	랭킨온도	$460+68=528[R]$

(2) 열 및 열량

① 열: 온도 차이에 의해 한 물질에서 다른 물질로 이동하는 에너지를 열이라고 한다.

② 열량: 이동한 열에너지의 양을 열량이라고 하며, 단위는 칼로리(Calorie, [cal])를 사용한다.

(3) 비열
  ① 단위 질량의 물질을 단위 온도만큼 올리는 데 필요한 열량을 비열이라고 한다.
     ㉠ 1[cal]: 물 1[g]의 온도를 1기압에서 1[℃]만큼 상승시키는 데 필요한 열량
     ㉡ 1[BTU]: 물 1[lb]의 온도를 1기압에서 1[℉]만큼 상승시키는 데 필요한 열량
     ㉢ 1[CHU]: 물 1[lb]의 온도를 1기압에서 1[℃]만큼 상승시키는 데 필요한 열량
  ② 일반적으로 물질의 비열은 물의 비열인 1[cal/g·℃]보다 낮은데 비열이 클수록 더 많은 열을 흡수할 수 있기 때문에 주로 물이 소화제로 사용된다.
  ③ 부피가 일정한 상태에서의 비열을 정적비열 C_v라고 하고, 압력이 일정한 상태에서의 비열을 정압비열 C_p라고 한다.
     ㉠ 정압비열 C_p는 정적비열 C_v보다 기체상수 R만큼 더 크다.
        ← 정압비열은 압력을 유지하기 위해 부피팽창이 일어나 추가로 일(work)을 하게되므로 정적비열보다 더 커야 한다.

$$C_p = C_v + R$$

C_p: 정압비열, C_v: 정적비열, R: 기체상수

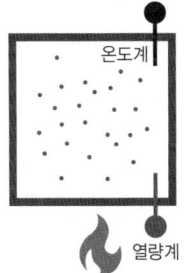
▲ 정적비열(등적비열)

  ④ 정압비열 C_p를 정적비열 C_v로 나눈 비율을 비열비 χ라고 한다.

$$\chi = \frac{C_p}{C_v}$$

χ: 비열비, C_p: 정압비열, C_v: 정적비열

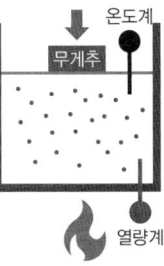
▲ 정압비열(등압비열)

     ㉠ 정압비열 C_p는 정적비열 C_v보다 항상 크기 때문에 비열비 χ는 항상 1보다 크다.
  ⑤ 정압비열 C_p는 압력이 일정할 때 온도에 대한 엔탈피의 변화율, 정적비열 C_v는 부피가 일정할 때 온도에 대한 내부에너지의 변화율로 정의한다.

$$C_p = \frac{dH}{dT}, \quad C_v = \frac{dU}{dT}$$

C_p: 정압비열, H: 엔탈피, T: 온도, C_v: 정적비열, U: 내부 에너지

(4) 일
  ① 계(System)와 주위 사이에 이동하는 '열을 제외한' 다른 모든 에너지의 형태를 일이라고 한다.
  ② 일은 부피가 변하면서 압력에 의해 전달되는 에너지를 말하며, 압력이 일정할 때 압력과 부피 변화량의 곱으로 나타낸다.

$$\Delta W = P \Delta V$$

W: 일[J], P: 압력[N/m²], V: 부피[m³]

(5) 계(System)

열역학에서는 에너지 변화를 추정하기 위해 전체 영역을 두 가지로 구분하는데, 관찰자가 관심을 두고 있는 영역을 '계(System)', 나머지 영역을 '주위(Surroundings)'로 표현한다.

① 열린계: 계가 주위와 에너지와 물질을 모두 교환하는 계
② 닫힌계: 계가 주위와 에너지는 교환할 수 있지만 물질은 교환하지 못하는 계
③ 고립계: 계가 주위와 에너지와 물질을 모두 교환하지 못하는 계

(6) 내부 에너지

① 계의 내부에서 분자 자체, 분자 간의 내부 운동에서 발생하는 에너지를 총합하여 나타내는 물리량을 내부 에너지라고 한다.
② 외부와 관련된 계 전체의 운동상태, 위치상태를 제외한 나머지 에너지의 합이다.
③ 계가 (열)에너지를 받으면 내부 분자의 활동이 변하고 외부에 일을 하게 된다. 즉, 계가 흡수한 열과 계가 수행한 일의 차이로 내부에너지 변화를 기술한다.

← 일반적으로 계가 외부로 일을 하여 에너지를 빼앗기게 되므로 (-)를 붙인다.

$$\Delta U = Q - W$$

ΔU: 내부 에너지, Q: 열, W: 일

(7) 엔탈피

① 계의 상태를 압력·부피의 곱과 내부에너지의 합으로 나타내는 물리량을 엔탈피라고 한다.
② 엔탈피의 변화는 화학반응이 흡열반응인지 발열반응인지 판단하는데 중요한 정보이다.

$$H = U + PV$$

H: 엔탈피, U: 내부 에너지, P: 압력, V: 부피

(8) 엔트로피

① 열의 이동에 의해 계의 무질서도, 또는 에너지 분산의 정도가 변하는 것을 물리량으로 나타낸 것을 엔트로피라고 한다.
② 에너지의 이용 가능성 및 자발적인 변화의 방향을 설명할 수 있는 개념이다.

$$dS = \frac{\delta Q}{T}$$

dS: 엔트로피 변화량[J/K], δQ: 계에 공급된 열[J], T: 계의 온도[K]

2. 물질의 상태변화

(1) 물질의 상태변화

① 온도나 압력 등의 외부 조건에 따라 물질이 열에너지를 흡수하거나 방출하면서 고체, 액체, 기체 중의 어느 상태에서 다른 상태로 변화하는 것을 물질의 상태변화라고 한다.

> **+ 심화** **포화증기와 과열증기**
> ① 포화증기: 물과 수증기가 공존할 수 있는 끓는점에서의 증기
> ② 과열증기: 포화증기에서 더 가열하여 더 높은 온도에서의 증기

  ㉠ 빙점(어는점): 액체가 고체로 변화하는 현상이 응고이며, 이때의 온도를 빙점이라고 한다.

  ㉡ 융점(녹는점): 고체가 액체로 변화하는 현상이 융해이며, 이때의 온도를 융점이라고 한다. 융점은 액체가 고체로 변화할 때의 온도인 빙점과 같다. 융점이 낮은 물질의 경우 연소 시 연소 구역의 확산이 용이해져 위험성이 높아진다.

  ㉢ 비점(끓는점): 액체가 기체로 변화하는 현상이 기화이며, 기화 시 액체가 끓으면서 증발이 시작되는 온도를 비점이라고 한다.

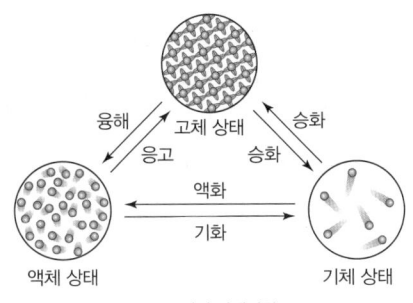

▲ 물질의 상태변화

② 잠열: 기화 시 액체가 기체로 변화하는 동안에는 온도가 상승하지 않고 일정하게 유지되는데, 이와 같이 온도의 변화 없이 어떤 물질의 상태를 변화시킬 때 필요한 열량을 잠열이라고 한다.

$$Q = mr$$

Q: 열량[kJ], m: 질량[kg], r: 잠열[kJ/kg]

> **+ 기초** **단위**
> 에너지(일, 열)의 단위로 줄(Joule, [J])을 사용한다.
> $1[J] = 1[N \cdot m]$, $1[cal] = 4.184[J]$

  ㉠ 물의 융해 잠열: 80[cal/g]

  ㉡ 물의 기화(증발) 잠열: 539[cal/g]

③ 현열(감열): 물질의 상태변화 없이 물질의 온도변화에 필요한 열량이다. 잠열은 사람이 느낄 수 없지만, 현열은 사람이 느낄 수 있기 때문에 감열이라고도 한다.

$$Q = cm\Delta T$$

Q: 열량[kJ], c: 비열[kJ/kg·K], m: 질량[kg], ΔT: 온도 변화[K]

  ㉠ 물의 비열: $4.184[kJ/kg \cdot K] = 1[cal/g \cdot K]$

④ 점도: 모든 액체는 점착과 응집력의 효과인 점성을 가지고 있는데, 이러한 점성으로 인한 액체의 흐름에 대한 저항을 측정하는 기준이 점도이다.

> **+기초** 물의 상태변화
>
> ① 639[cal/g]
> 물의 기화 잠열인 539[cal/g]에 100[cal/g]을 더한 값으로 0[℃]의 물(액체) 1[g]이 100[℃]의 수증기(기체)가 되는 데 필요한 열량이다.
> ② 719[cal/g]
> 물의 융해 잠열인 80[cal/g]에 기화 잠열 539[cal/g]과 100[cal/g]을 더한 값으로 0[℃]의 얼음(고체) 1[g]이 100[℃]의 수증기(기체)가 되는 데 필요한 열량이다.

3. 열역학적 상태변화

(1) 상태변화과정

① 열역학에서 상태변화는 4가지 과정을 통해 변화할 수 있다. ← 이상기체의 상태변화이다.
  ㉠ 등온 과정(정온 과정): 온도가 일정한(내부 에너지 일정) 조건에서 상태가 변화하는 과정을 말한다.
  ㉡ 등압 과정(정압 과정): 압력이 일정한 조건에서 상태가 변화하는 과정을 말한다.
  ㉢ 등적 과정(정적 과정): 부피가 일정한 조건에서 상태가 변화하는 과정을 말하며, 이 때 일은 0이다.
  ㉣ 단열 과정: 시스템에서 열의 출입이 없는 조건에서 상태가 변화하는 과정을 말한다.

(2) 가역변화와 비가역변화

① 상태변화 중 에너지 손실이 없어 추가적인 에너지 투입 없이 초기상태로 회귀 가능한 변화를 가역변화라고 한다.
② 상태변화 중 발생한 에너지 손실로 인해 추가적인 에너지 투입이 있어야만 초기상태로 회귀 가능한 변화를 비가역변화라고 한다.

(3) 폴리트로픽 과정

① 상태변화과정이 항상 이상기체와 같을 수 없기 때문에 실제기체의 상태변화를 모델링한 것을 폴리트로픽 과정이라고 한다.
  ㉠ 다음의 식을 만족하는 부피의 지수를 폴리트로픽 지수라고 한다.

$$PV^n = C$$

P: 압력, V: 부피, n: 폴리트로픽 지수, C: 상수

상태변화과정	폴리트로픽 지수(n)	일
등압 과정	0	$m\overline{R}(T_2-T_1)$
등온 과정	1	$m\overline{R}T\ln\left(\dfrac{V_2}{V_1}\right)$
폴리트로픽 과정	$1<n<\chi$	$\dfrac{m\overline{R}}{1-n}(T_2-T_1)$
단열 과정	χ	$\dfrac{m\overline{R}}{1-\chi}(T_2-T_1)$
등적 과정	∞	0

② 상태변화과정에서 압력, 부피, 온도는 다음과 같은 관계를 가진다.

$$\left(\frac{P_2}{P_1}\right) = \left(\frac{V_1}{V_2}\right)^n = \left(\frac{T_2}{T_1}\right)^{\frac{n}{n-1}}$$

P: 압력, V: 부피, T: 절대온도, n: 폴리트로픽 지수

③ 가역 단열 과정은 열의 출입이 없고 초기 상태로 돌아갈 수 있으므로 엔트로피가 변화하지 않는 과정이다.

4. 열역학 법칙

열과 일에 관한 에너지 변환을 설명하는 법칙이다.

열역학 제0법칙	• 열적 평형상태를 설명한다. • 열역학 계(system) A와 B가 평형이고, B와 C가 평형이면 A와 C도 평형이다. • 열평형 상태에 있는 물체의 온도는 같다.
열역학 제1법칙	• 에너지 보존법칙을 설명한다. • 열과 일은 서로 변환될 수 있다. • 에너지의 형태는 바뀌더라도 그 총량은 일정하다.
열역학 제2법칙	• 에너지가 흐르는 방향을 설명한다. • 에너지는 엔트로피가 증가하는 방향으로 흐른다. • 열은 고온에서 저온으로 흐른다. • 모든 열이 전부 일로 변환되지 않는다.
열역학 제3법칙	• 0[K]에서 물질의 운동에너지는 0이며, 엔트로피의 변화량은 0이다.

PHASE 14 | 이상기체

1. **이상기체**

    (1) 이상기체

    ① 이상기체법칙을 따르는 가상의 기체로 다음의 법칙을 만족한다.
    - ㉠ 보일의 법칙
    - ㉡ 샤를의 법칙
    - ㉢ 아보가드로의 법칙

    ② 이상기체는 다음의 특성을 보인다.
    - ㉠ 기체 분자 간 또는 벽면과의 충돌에서도 완전탄성충돌을 보인다. ← 운동에너지가 열에너지 등으로 손실되지 않는다.
    - ㉡ 기체 분자의 부피는 무시한다. ← 분자를 하나의 점으로 가정한다.
    - ㉢ 기체 분자 간 영향을 주고받지 않는다. ← 분자 간 인력이 없다.

    (2) **보일의 법칙**

    온도와 기체의 양이 일정할 때 부피와 압력은 반비례 관계에 있다.

    $$PV = C$$

    P: 압력, V: 부피, C: 상수

    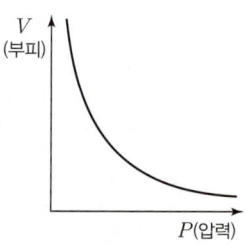

    ▲ 보일의 법칙(온도 일정)

    (3) **샤를의 법칙**

    압력과 기체의 양이 일정할 때 부피와 절대온도는 비례 관계에 있다.

    $$\frac{V}{T} = C$$

    V: 부피, T: 절대온도[K], C: 상수

    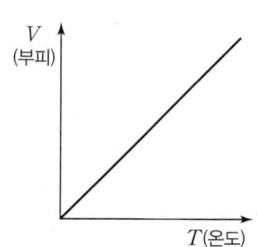

    ▲ 샤를의 법칙(압력 일정)

    (4) 아보가드로의 법칙

    ① 온도와 압력이 일정할 때 같은 부피 안의 기체 분자 수는 기체의 종류와 관계없이 일정하다.

    ② 0[℃](273[K]), 1[atm]에서 22.4[L] 안의 기체 분자 수는 1[mol], 6.022×10^{23}개이다.

    (5) 그레이엄의 법칙

    기체의 분자량과 기체 분자들의 평균 이동속도에 관한 법칙으로, 같은 온도와 압력에서 두 기체의 확산속도의 비는 두 기체의 분자량의 제곱근의 비와 같다.

    $$\frac{v_a}{v_b} = \sqrt{\frac{M_b}{M_a}}$$

    v_a: a기체의 확산속도[m/s], v_b: b기체의 확산속도[m/s], M_a: a기체의 분자량, M_b: b기체의 분자량

2. 이상기체의 상태방정식 실기 ← 실제기체는 매우 높은 온도와 낮은 압력에서 이상기체와 유사하다.

(1) 이상기체의 상태방정식
   ① 보일의 법칙, 샤를의 법칙, 아보가드로의 법칙을 적용하여 상수를 (분자 수)×(기체상수)의 형태로 나타내면 다음의 식을 얻을 수 있다.

   $$\frac{PV}{T} = C = nR \rightarrow PV = nRT$$

   P: 압력, V: 부피, T: 절대온도[K], C: 상수, n: 분자 수[mol], R: 기체상수

   ② 위의 식에 0[℃], 1[atm], 22.4[L], 1[mol]의 조건을 대입하면 기체상수 R을 구할 수 있다.

   $$R = \frac{1[\text{atm}] \times 22.4[\text{L}]}{1[\text{mol}] \times 273[\text{K}]} = 0.08206[\text{atm} \cdot \text{L/mol} \cdot \text{K}]$$

   ③ 1기압은 1[atm]=101,325[Pa]=101,325[N/m^2]이고, 22.4[L]는 0.0224[m^3]이므로 다음과 같은 단위의 기체상수 R을 구할 수 있다.

   $$R = \frac{101,325[\text{N/m}^2] \times 0.0224[\text{m}^3]}{1[\text{mol}] \times 273[\text{K}]} = 8.3145[\text{J/mol} \cdot \text{K}]$$

(2) 특정 조건의 이상기체 상태방정식
   ① 일반적으로 사용되는 이상기체의 상태방정식은 압력, 부피, 분자수, 기체상수, 온도의 관계식으로 나타낼 수 있다.

   $$PV = nRT$$

   P: 압력[atm], V: 부피[m^3], n: 분자수[kmol], R: 기체상수(0.08206)[atm·m^3/kmol·K], T: 절대온도[K]

   ② [kmol] 단위의 분자수 n은 질량 m[kg]과 분자량 M[kg/kmol]으로 나타낼 수 있다.

   $$PV = \frac{m}{M}RT = m\overline{R}T$$

   P: 압력[kPa], V: 부피[m^3], m: 질량[kg], M: 분자량[kg/kmol], R: 기체상수(0.08206)[atm·m^3/kmol·K], T: 절대온도[K], $\overline{R}$: 특정기체상수[kPa·m^3/kg·K]

   ③ 분자량 M은 고정된 상수이므로 기체상수 R에 반영하여 특정기체상수 $\overline{R}$로 나타낼 수 있다. 이때 분자는 이상기체와 같은 특성을 보여야 한다.

   ④ 실제기체와 이상기체의 물리적 성질이 다른 점을 비교하기 위해 압축성 인자 Z를 사용한다. 기체의 압력이 매우 낮고, 온도가 매우 높은 경우 압축성 인자 Z는 1에 수렴하여 이상기체와 비슷한 거동을 보인다.

   $$PV = ZnRT$$

   P: 압력[atm], V: 부피[m^3], Z: 압축성 인자, n: 분자수[kmol], R: 기체상수(0.08206)[atm·m^3/kmol·K], T: 절대온도[K]

PHASE 15 | 열전달

1. 열이 전달되는 방식

(1) 열전달

① 온도 차이에 의해 한 계에서 다른 계로 열이 전달되는 것을 열전달이라고 한다.

② 외부의 간섭이 없다면 열은 온도가 높은 쪽에서 낮은 쪽으로 전달된다.
  ← 외부의 간섭이란 외부의 힘에 의해 압력이나 부피가 변하면서 일이 가해지는 것을 말한다.

③ 열은 전도, 대류, 복사의 방식으로 전달된다.

(2) 전도

① 서로 접촉한 물체 사이에서 분자들의 충돌에 의해 온도가 높은 물체에서 낮은 물체로 에너지가 이동하는 현상이다. ← 분자의 위치는 크게 변하지 않지만 높은 에너지를 가진 분자가 낮은 에너지를 가진 분자로 에너지를 전달하는 것을 말한다.

② 푸리에의 전도법칙($T_2 > T_1$)

$$Q = kA \frac{(T_2 - T_1)}{l}$$

Q: 열전달량[W], k: 열전도율[W/m·℃], A: 열전달 부분 면적[m²], $(T_2 - T_1)$: 온도 차이[℃], l: 벽의 두께[m]

(3) 대류

① 액체나 기체 등에서 유체 내부의 분자 이동에 의해 온도가 높은 곳에서 낮은 곳으로 에너지가 이동하는 현상이다. ← 높은 에너지를 가진 분자 무리의 어떤 분자가 낮은 에너지를 가진 분자 무리 쪽으로 이동하면서 각 집단의 에너지가 변화하는 것을 말한다.

② 유체를 가열하면 분자의 운동이 활발해지면서 부피가 커지고 밀도가 낮아져서 비중이 작아지며 분자의 위치가 점점 상승하게 된다.
  예 스프링클러헤드의 감열체, 열감지기 동작, 난로를 피울 때 실내 전체가 따뜻해지는 효과

③ 뉴턴의 냉각법칙

$$Q = hA(T_2 - T_1)$$

Q: 열전달량[W], h: 열전달계수[W/m²·℃], A: 열전달 부분 면적[m²], $(T_2 - T_1)$: 온도 차이[℃], T_2: 열원의 표면온도, T_1: 열원의 영향을 받지않는 외부온도

(4) 복사

① 열에너지가 매질을 통하지 않고 전자기파의 형태로 전달되는 현상이다.

② 슈테판-볼츠만 법칙: 복사열의 열전달량은 절대온도의 4제곱에 비례한다.

$$Q \propto \sigma T^4$$

Q: 열전달량[W/m²], σ: 슈테판-볼츠만 상수(5.67×10^{-8})[W/m²·K⁴], T: 절대온도[K]

PHASE 16 | 카르노 사이클

1. 카르노 사이클

(1) 의미

① 열기관은 열에너지를 일로 전환하는 장치를 의미한다.

② 카르노의 정리에 의해 두 개의 가역 등온 과정과 두 개의 가역 단열 과정으로 이루어진 카르노 기관보다 높은 효율을 가지는 열기관은 없다. ← 카르노 사이클은 열기관의 최대 효율을 설명한다.

③ 등온 팽창 → 단열 팽창 → 등온 압축 → 단열 압축 순으로 이루어진 가역 사이클이다.

④ 카르노 사이클을 반대로 작동시키면 냉동기관이 되며 역카르노 사이클이라고 한다.

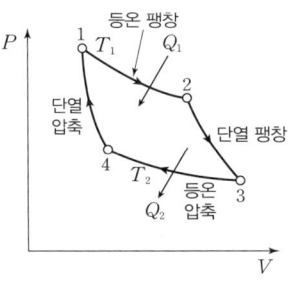

▲ 카르노 사이클의 $P-V$ 선도

2. 가역 사이클 효율

(1) 카르노 사이클의 효율

① 고온부에서 공급된 열은 일부 일로 전환되고 나머지는 저온부의 열로 배출된다.

$$Q_H = W + Q_L$$

Q_H: 공급된 열, W: 일, Q_L: 배출된 열

② 카르노 사이클의 효율은 공급된 열 대비 기관이 한 일로 정의된다.

$$\eta = \frac{W}{Q_H} = \frac{Q_H - Q_L}{Q_H} = 1 - \frac{Q_L}{Q_H}$$

η: 효율, W: 일, Q_H: 공급된 열, Q_L: 배출된 열

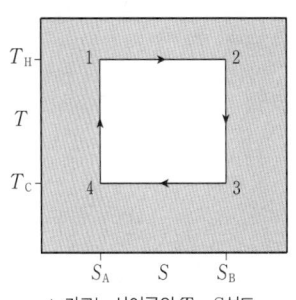

▲ 카르노 사이클의 $T-S$ 선도

③ 단열 과정에서는 열의 출입이 없으므로 카르노 사이클에서 열의 출입은 등온 과정을 통해서만 발생한다.

④ 엔트로피의 정의에 의해 $\Delta Q = T\Delta S$ 이고, 고온부와 저온부에서 엔트로피 변화량은 같으므로 위 식을 다음과 같이 쓸 수 있다.

$$\eta = 1 - \frac{Q_L}{Q_H} = 1 - \frac{T_L \Delta S}{T_H \Delta S} = 1 - \frac{T_L}{T_H}$$

η: 효율, W: 일, Q_H: 공급된 열, Q_L: 배출된 열, ΔS: 엔트로피 변화량, T_H: 고온부의 온도, T_L: 저온부의 온도

(2) 카르노 사이클의 출력

① 카르노 사이클의 출력은 공급된 열에서 배출된 열의 차이와 같다.

$$W = Q_H - Q_L = \eta Q_H$$

W: 출력, Q_H: 공급된 열, Q_L: 배출된 열, η: 효율

에듀윌이
너를
지지할게

ENERGY

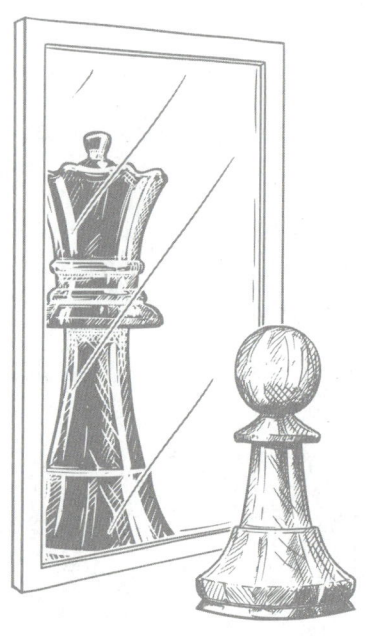

되고 싶은 사람의 모습에
자신의 현재의 모습을 투영하라.

– 에드가 제스트(Edgar Jest)

기 출제된 내용만 엄선하여 정리한

핵심이론

ENGINEER FIRE

02

소방기계시설의 구조와 원리

CHAPTER 01 소화기구

PHASE 01 | 소화기구 및 자동소화장치

1. 용어의 정의

소화약제	소화기구 및 자동소화장치에 사용되는 소화성능이 있는 고체·액체 및 기체의 물질
소화기	물이나 소화약제를 압력에 따라 방사하는 기구로서 사람이 수동으로 조작하여 소화하는 장치
가압식 소화기	소화약제의 방출원이 되는 가압가스를 소화기 본체용기와는 별도의 전용용기에 충전하여 장치하고 조작에 의해 방출되는 가스의 압력으로 소화약제를 방출하는 방식의 소화기
축압식 소화기	소화약제와 함께 소화약제의 방출원이 되는 압축가스를 봉입한 방식의 소화기
소형소화기	능력단위가 1단위 이상이고 대형소화기의 능력단위 미만인 소화기
대형소화기	화재 시 사람이 운반할 수 있도록 운반대와 바퀴가 설치되어 있고 능력단위가 A급 10단위 이상, B급 20단위 이상인 소화기
자동소화장치	소화약제를 자동으로 방사하는 고정된 소화장치로서 형식승인이나 성능인증을 받은 유효설비 범위(설계방호체적, 최대설치높이, 방호면적 등) 이내에 설치하여 소화하는 장치
주거용 주방자동소화장치	주거용 주방에 설치된 열발생 조리기구의 사용으로 인한 화재 발생 시 열원(전기 또는 가스)을 자동으로 차단하며 소화약제를 방출하는 소화장치
상업용 주방자동소화장치	상업용 주방에 설치된 열발생 조리기구의 사용으로 인한 화재 발생 시 열원(전기 또는 가스)을 자동으로 차단하며 소화약제를 방출하는 소화장치
캐비닛형 자동소화장치	열, 연기 또는 불꽃 등을 감지하여 소화약제를 방사하여 소화하는 캐비닛형태의 소화장치
가스자동소화장치	열, 연기 또는 불꽃 등을 감지하여 가스계 소화약제를 방사하여 소화하는 소화장치
분말자동소화장치	열, 연기 또는 불꽃 등을 감지하여 분말의 소화약제를 방사하여 소화하는 소화장치
고체에어로졸 자동소화장치	열, 연기 또는 불꽃 등을 감지하여 에어로졸의 수화약제를 방사하여 소화하는 소화장치
거실	거주·집무·작업·집회·오락 그 밖에 이와 유사한 목적을 위하여 사용하는 방(공간)
능력단위	법률로 정하는 소화능력시험을 거쳐 인정받은 소화능력을 나타내는 수치 소화기 및 소화약제에 따른 간이소화용구에 있어서는 법률에 따라 형식승인 된 수치 소화약제 외의 것을 이용한 간이소화용구에 있어서는 다음에 따른 수치 {간이소화용구 표}

간이소화용구		능력단위
1. 마른모래	삽을 상비한 50[L] 이상의 것 1포	0.5 단위
2. 팽창질석 또는 팽창진주암	삽을 상비한 80[L] 이상의 것 1포	

2. 소화기구의 설치기준

(1) 소화기구의 소화약제별 적응성

구분	이산화탄소소화약제	할론소화약제	불활성기체소화약제	할로겐화합물및	인산염류소화약제	중탄산염류소화약제	산알칼리소화약제	강화액소화약제	포소화약제	물·침윤소화약제	고체에어로졸화합물	마른모래	팽창질석·팽창진주암	그 밖의 것
일반화재 (A급 화재)	—	○	○	○	—	○	○	○	○	○	○	○	—
유류화재 (B급 화재)	○	○	○	○	○	○	○	○	○	○	○	○	—
전기화재 (C급 화재)	○	○	○	○	○	*	*	*	*	○	—	—	—
주방화재 (K급 화재)	—	—	—	—	—	*	—	*	*	*	—	—	*
금속화재 (D급 화재)	—	—	—	—	—	*	—	—	—	—	—	○	○	*

"*"의 소화약제별 적응성은 소방용품의 형식승인 및 제품검사의 기술기준에 따라 화재 종류별 적응성에 적합한 것으로 인정되는 경우에 한함.

(2) 소화기구의 특정소방대상물별 능력단위 실기

특정소방대상물	소화기구의 능력단위
1. 위락시설	해당 용도의 바닥면적 30[m²]마다 능력단위 1단위 이상
2. 공연장·집회장·관람장·문화재·장례식장 및 의료시설	해당 용도의 바닥면적 50[m²]마다 능력단위 1단위 이상
3. 근린생활시설·판매시설·운수시설·숙박시설·노유자시설·전시장·공동주택·업무시설·방송통신시설·공장·창고시설·항공기 및 자동차 관련 시설 및 관광휴게시설	해당 용도의 바닥면적 100[m²]마다 능력단위 1단위 이상
4. 그 밖의 것	해당 용도의 바닥면적 200[m²]마다 능력단위 1단위 이상

소화기구의 능력단위를 산출할 때 건축물의 주요구조부가 내화구조이고, 벽 및 반자의 실내에 면하는 부분이 불연재료·준불연재료 또는 난연재료로 된 특정소방대상물의 경우 위 기준의 2배를 기준면적으로 한다.

(3) 부속용도별 추가해야 할 소화기구 및 자동소화장치

용도별	소화기구의 능력단위
1. 다음 각 목의 시설. 다만, 스프링클러설비·간이스프링클러설비·물분무등소화설비 또는 상업용 주방자동소화장치가 설치된 경우 자동확산소화기를 설치하지 않을 수 있다. 가. 보일러실·건조실·세탁소·대량화기취급소 나. 음식점(지하가의 음식점 포함)·다중이용업소·호텔·기숙사·노유자시설·의료시설·업무시설·공장·장례식장·교육연구시설·교정 및 군사시설의 주방. 다만, 의료시설·업무시설 및 공장의 주방은 공동취사를 위한 것에 한함 다. 관리자의 출입이 곤란한 변전실·송전실·변압기실 및 배전반실(불연재료로 된 상자 안에 장치된 것 제외)	1. 해당 용도의 바닥면적 25[m²]마다 능력단위 1단위 이상의 소화기로 할 것. 이 경우 나목의 주방에 설치하는 소화기 중 1개 이상은 주방화재용 소화기(K급)로 설치해야 한다. 2. 자동확산소화기는 해당 용도의 바닥면적을 기준으로 10[m²] 이하는 1개, 10[m²] 초과는 2개 이상을 설치하되, 보일러, 조리기구, 변전설비 등 방호대상에 유효하게 분사될 수 있는 위치에 배치될 수 있는 수량으로 설치할 것
2. 발전실·변전실·송전실·변압기실·배전반실·통신기기실·전산기기실·기타 이와 유사한 시설이 있는 장소. 다만, 제1호 다목의 장소 제외	해당 용도의 바닥면적 50[m²]마다 적응성이 있는 소화기 1개 이상 또는 유효설치방호체적 이내의 가스·분말·고체에어로졸 자동소화장치, 캐비닛형 자동소화장치(다만, 통신기기실·전자기기실을 제외한 장소에 있어서는 교류 600[V] 또는 직류 750[V] 이상의 것에 한함
3. 위험물안전관리법에 따른 지정수량의 1/5 이상 지정수량 미만의 위험물을 저장 또는 취급하는 장소	능력단위 2단위 이상 또는 유효설치방호체적 이내의 가스·분말·고체에어로졸 자동소화장치, 캐비닛형 자동소화장치

(4) 소화기의 설치기준
① 특정소방대상물의 각 층마다 설치한다.
② 각 층이 2 이상의 거실로 구획된 경우 각 층마다 설치하는 것 외에 바닥면적이 33[m²] 이상인 각 거실에도 배치한다.
③ 특정소방대상물의 각 부분으로부터 1개의 소화기까지의 보행거리가 소형소화기의 경우 20[m] 이내, 대형소화기의 경우 30[m] 이내가 되도록 배치한다.
④ 가연성 물질이 없는 작업장의 경우 작업장의 실정에 맞게 보행거리를 완화하여 배치할 수 있다.

> **+ 심화** 소화기의 사용온도범위
> ① 강화액소화기: −20[℃] 이상 40[℃] 이하
> ② 분말소화기: −20[℃] 이상 40[℃] 이하
> ③ 그 밖의 소화기: 0[℃] 이상 40[℃] 이하
> ④ 사용온도 범위를 확대할 경우 10[℃] 단위로 한다.

> **+ 심화** 대형소화기의 소화약제
> ① 물소화기: 80[L] 이상
> ② 강화액소화기: 60[L] 이상
> ③ 할로겐화합물소화기: 30[kg] 이상
> ④ 이산화탄소소화기: 50[kg] 이상
> ⑤ 분말소화기: 20[kg] 이상
> ⑥ 포소화기: 20[L] 이상

> **+ 심화** 소화기에 호스를 부착하지 않을 수 있는 기준
> ① 소화약제의 중량이 4[kg] 이하인 할로겐화합물소화기
> ② 소화약제의 중량이 3[kg] 이하인 이산화탄소소화기
> ③ 소화약제의 중량이 2[kg] 이하인 분말소화기
> ④ 소화약제의 용량이 3[L] 이하인 액체계 소화약제 소화기

> **+심화** A급 화재용 소화기의 소화능력시험
>
> ① 모형 배열 시 모형 간의 간격은 3[m] 이상으로 한다.
> ② 소화는 최초의 모형에 불을 붙인 다음 3분 후에 시작하고, 불을 붙인 순으로 한다.
> ③ 소화는 무풍상태(풍속 0.5[m/s] 이하)와 사용상태에서 실시한다.
> ④ 소화약제의 방사가 완료된 때 잔염이 없어야 하며, 방사완료 후 2분 이내에 다시 불타지 않는 경우 그 모형은 완전히 소화된 것으로 본다.

3. 자동소화장치의 설치기준

(1) 주거용 주방자동소화장치의 설치기준
   ① 소화약제 방출구는 환기구의 청소부분과 분리되어 있어야 한다.
   ② 소화약제 방출구는 형식승인 받은 유효설치 높이 및 방호면적에 따라 설치한다.
   ③ 감지부는 형식승인 받은 유효한 높이 및 위치에 설치한다.
   ④ 차단장치(전기 또는 가스)는 상시 확인 및 점검이 가능하도록 설치한다.
   ⑤ 가스용 주방자동소화장치를 사용하는 경우 탐지부는 수신부와 분리하여 설치하되, 공기보다 가벼운 가스를 사용하는 경우 천장면으로부터 30[cm] 이하의 위치에 설치하고, 공기보다 무거운 가스를 사용하는 장소에는 바닥면으로부터 30[cm] 이하의 위치에 설치한다.
   ⑥ 수신부는 주위의 열기류 또는 습기 등과 주위온도에 영향을 받지 않고 사용자가 상시 볼 수 있는 장소에 설치한다.

(2) 상업용 주방자동소화장치의 설치기준
   ① 소화장치는 조리기구의 종류별로 성능인증을 받은 설계매뉴얼에 적합하게 설치한다.
   ② 감지부는 성능인증을 받은 유효높이 및 위치에 설치한다.
   ③ 차단장치(전기 또는 가스)는 상시 확인 및 점검이 가능하도록 설치한다.
   ④ 후드에 설치되는 분사헤드는 후드의 가장 긴 변의 길이까지 방출될 수 있도록 소화약제의 방출 방향 및 거리를 고려하여 설치한다.
   ⑤ 덕트에 설치되는 분사헤드는 성능인증을 받은 길이 이내로 설치한다.

> **+심화** 주방자동소화장치를 설치해야 하는 장소
>
> ① 주거용 주방자동소화장치
>   ㉠ 아파트 및 오피스텔의 모든 층
> ② 상업용 주방자동소화장치
>   ㉡ 판매시설 중 대규모점포에 입점해 있는 일반음식점
>   ㉢ 식품위생법에 따른 집단급식소

(3) 캐비닛형 자동소화장치의 설치기준
   ① 분사헤드(방출구)의 설치 높이는 방호구역의 바닥으로부터 형식승인을 받은 범위 내에서 유효하게 소화약제를 방출시킬 수 있는 높이에 설치한다.
   ② 화재감지기는 방호구역 내의 천장 또는 옥내에 면하는 부분에 설치한다.
   ③ 방호구역 내의 화재감지기의 감지에 따라 작동되도록 한다.
   ④ 화재감지기의 회로는 교차회로방식으로 설치한다.
   ⑤ 개구부 및 통기구를 설치한 것에 있어서 소화약제가 방출되기 전에 해당 개구부 및 통기구를 자동으로 폐쇄할 수 있도록 한다.
   ⑥ 작동에 지장이 없도록 견고하게 고정한다.
   ⑦ 구획된 장소의 방호체적 이상을 방호할 수 있는 소화성능이 있어야 한다.

# 수계 소화설비

PHASE 02 | 옥내소화전설비

1. 옥내소화전설비

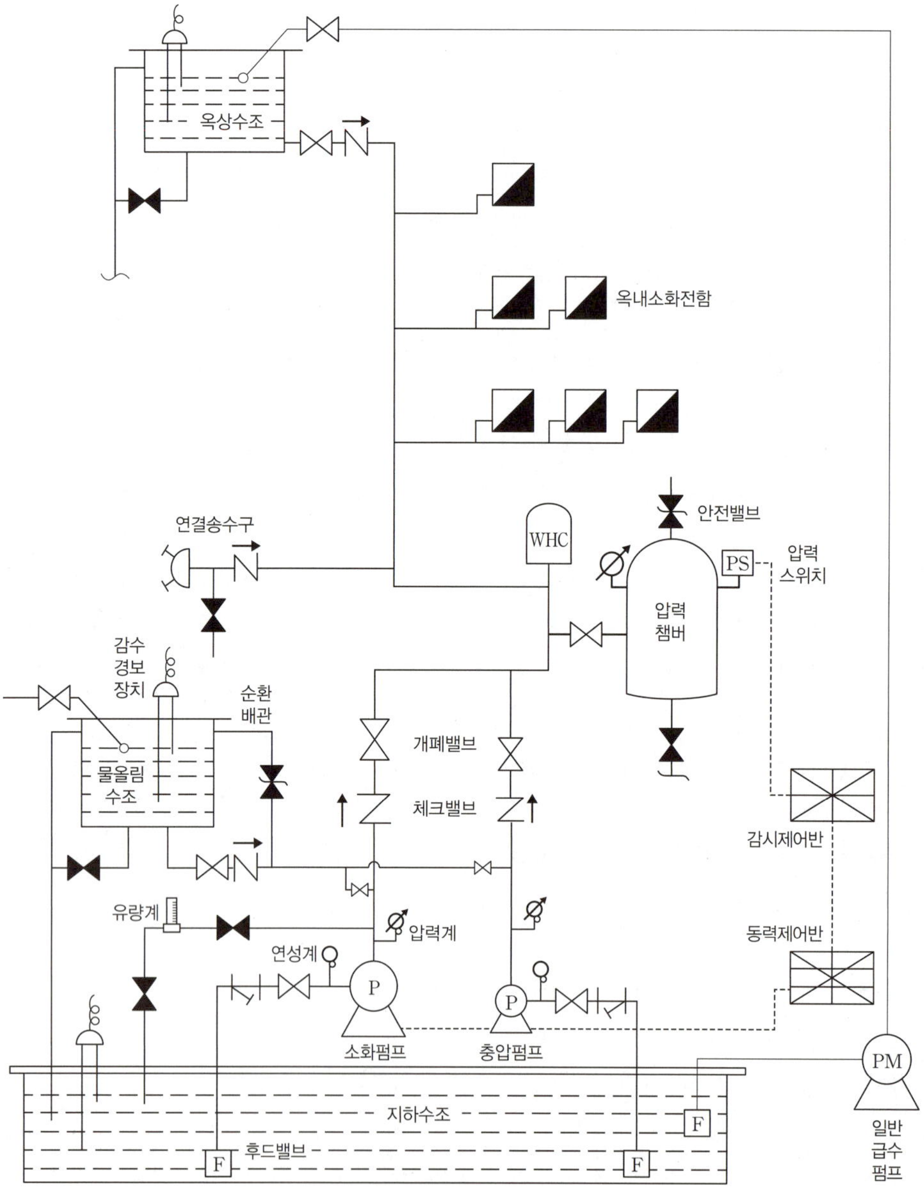

▲ 옥내소화전설비 계통도

고가수조	구조물 또는 지형지물 등에 설치하여 자연낙차의 압력으로 급수하는 수조
압력수조	소화용수와 공기를 채우고 일정 압력 이상으로 가압하여 그 압력으로 급수하는 수조
충압펌프	배관 내 압력손실에 따른 주펌프의 빈번한 기동을 방지하기 위하여 충압 역할을 하는 펌프
정격토출량	펌프의 정격부하운전 시 토출량으로서 정격토출압력에서의 펌프의 토출량
정격토출압력	펌프의 정격부하운전 시 토출압력으로서 정격토출량에서의 펌프의 토출측 압력
진공계	대기압 이하의 압력을 측정하는 계측기
연성계	대기압 이상의 압력과 대기압 이하의 압력을 측정할 수 있는 계측기
체절운전	펌프의 성능시험을 목적으로 펌프 토출측의 개폐밸브를 닫은 상태에서 펌프를 운전하는 것
기동용 수압개폐장치	소화설비의 배관 내 압력변동을 검지하여 자동으로 펌프를 기동 및 정지시키는 것으로서 압력챔버 또는 기동용 압력스위치 등
급수배관	수원 또는 송수구 등으로부터 소화설비에 급수하는 배관
분기배관	배관 측면에 구멍을 뚫어 둘 이상의 관로가 생기도록 가공한 배관
확관형 분기배관	배관의 측면에 조그만 구멍을 뚫고 소성가공으로 확관시켜 배관 용접이음자리를 만들거나 배관 용접이음자리에 배관이음쇠를 용접 이음한 배관
비확관형 분기배관	배관의 측면에 분기호칭내경 이상의 구멍을 뚫고 배관이음쇠를 용접 이음한 배관
개폐표시형 밸브	밸브의 개폐여부를 외부에서 식별이 가능한 밸브
가압수조	가압원인 압축공기 또는 불연성 기체의 압력으로 소화용수를 가압하여 그 압력으로 급수하는 수조
주펌프	구동장치의 회전 또는 왕복운동으로 소화용수를 가압하여 그 압력으로 급수하는 주된 펌프
예비펌프	주펌프와 동등 이상의 성능이 있는 별도의 펌프

2. 수원 실기

(1) 저수량의 산정기준

① 수원의 저수량은 옥내소화전의 설치개수가 가장 많은 층의 설치개수에 기준량을 곱한 양 이상이 되도록 한다. ← 이를 유효수량이라고 한다.

층수	최대 설치개수	기준량
~29층	2개	2.6[m³]
30층~49층	5개	5.2[m³]
50층~	5개	7.8[m³]

② 기준에 따라 계산한 유효수량 외에 유효수량의 3분의 1 이상을 옥상에 설치한다.

③ 다른 설비와 겸용하여 수조를 설치하는 경우에는 옥내소화전설비의 풋밸브·흡수구 또는 수직배관의 급수구와 다른 설비의 풋밸브·흡수구 또는 수직배관의 급수구 사이의 수량을 유효수량으로 한다.

(2) 수조의 설치기준
   ① 수원을 수조로 설치하는 경우에는 소화설비의 전용수조로 한다.
   ② 전용수조는 다음의 기준에 따라 설치한다.
      ㉠ 점검에 편리한 곳에 설치한다.
      ㉡ 동결방지조치를 하거나 동결의 우려가 없는 장소에 설치한다.
      ㉢ 수조의 외측에 수위계를 설치한다.
      ㉣ 구조상 수위계를 설치할 수 없는 경우 수조의 맨홀 등을 통하여 수조 안의 물의 양을 쉽게 확인할 수 있도록 한다.
      ㉤ 수조의 상단이 바닥보다 높은 경우 수조의 외측에 고정식 사다리를 설치한다.
      ㉥ 수조가 실내에 설치된 경우 그 실내에 조명설비를 설치한다.
      ㉦ 수조의 밑 부분에는 청소용 배수밸브 또는 배수관을 설치한다.
      ㉧ 수조 외측의 보기 쉬운 곳에 "옥내소화전소화설비용 수조"라고 표시한 표지를 한다. 다른 설비와 겸용하는 경우 그 겸용되는 설비의 이름을 표시한 표지를 함께 한다.
      ㉨ 소화설비용 펌프의 흡수배관 또는 소화설비의 수직배관과 수조의 접속부분에는 "옥내소화전소화설비용 배관"이라고 표시한 표지를 한다. 수조와 가까운 장소에 소화설비용 펌프가 설치되고 펌프에 "옥내소화전소화펌프"라고 표시한 표지를 설치한 경우 그렇지 않다.
   ③ 수원은 다음에 해당하는 경우 전용수조로 설치하지 않을 수 있다.
      ㉠ 펌프의 풋밸브 또는 흡수배관의 흡수구를 다른 설비의 풋밸브 또는 흡수구보다 낮은 위치에 설치한 경우
      ㉡ 자연낙차압력을 이용한 고가수조로부터 옥내소화전설비의 수직배관에 물을 공급하는 급수구를 다른 설비의 급수구보다 낮은 위치에 설치한 경우
   ④ 옥상수조는 이와 연결된 배관을 통하여 상시 소화수를 공급할 수 있는 구조의 특정소방대상물인 경우에는 둘 이상의 특정소방대상물이 있더라도 하나의 특정소방대상물에만 이를 설치할 수 있다.
   ⑤ 옥상수조는 다음에 해당하는 경우 설치하지 않을 수 있다.
      ㉠ 지하층만 있는 건축물
      ㉡ 자연낙차압력을 이용한 고가수조를 가압송수장치로 설치한 경우
      ㉢ 수원을 건축물의 최상층에 설치된 방수구보다 높은 위치에 설치한 경우
      ㉣ 건축물의 높이가 지표면으로부터 10[m] 이하인 경우
      ㉤ 주펌프와 동등 이상의 성능이 있는 별도의 펌프를 내연기관의 기동과 연동하여 작동하거나 비상전원을 연결하여 설치한 경우
      ㉥ 학교·공장·창고시설과 같이 동결의 우려가 있는 장소에서 기동스위치에 보호판을 부착하여 옥내소화전함 내에 설치한 경우
      ㉦ 가압수조를 가압송수장치로 설치한 경우

3. 가압송수장치 실기

(1) 전동기 또는 내연기관에 따른 펌프를 이용하는 가압송수장치의 설치기준 ← 주펌프는 전동기에 따른 펌프로 설치한다.

① 쉽게 접근할 수 있고 점검하기에 충분한 공간이 있는 장소로서 화재 및 침수 등의 재해로 인한 피해를 받을 우려가 없는 곳에 설치한다.

② 동결방지조치를 하거나 동결의 우려가 없는 장소에 설치한다.

③ 특정소방대상물의 어느 층에서 해당 층의 옥내소화전을 동시에 사용할 경우 각 소화전의 노즐선단에서의 방수압력이 0.17[MPa] 이상이고, 방수량이 130[L/min] 이상으로 한다.

④ 하나의 옥내소화전을 사용하는 노즐선단에서의 방수압력이 0.7[MPa]을 초과하는 경우에는 호스접결구의 인입 측에 감압장치를 설치한다.

⑤ 펌프의 토출량은 옥내소화전이 가장 많이 설치된 층의 설치개수에 130[L/min]를 곱한 양 이상이 되도록 한다.

⑥ 펌프는 전용으로 한다.

⑦ 다른 소화설비와 겸용하는 경우 각각의 소화설비의 성능에 지장이 없을 때에는 전용으로 하지 않을 수 있다.

⑧ 펌프의 토출 측에는 압력계를 체크밸브 이전 펌프 토출 측 플랜지에서 가까운 곳에 설치하고, 흡입 측에는 연성계 또는 진공계를 설치한다.

⑨ 수원의 수위가 펌프의 위치보다 높거나 수직 회전축펌프의 경우에는 연성계 또는 진공계를 설치하지 않을 수 있다.

⑩ 펌프의 성능은 체절운전 시 정격토출압력의 140[%]를 초과하지 않고, 정격토출량의 150[%]로 운전 시 정격토출압력의 65[%] 이상이 되어야 하며, 펌프의 성능을 시험할 수 있는 성능시험배관을 설치한다. ← 충압펌프의 경우에는 그렇지 않다.

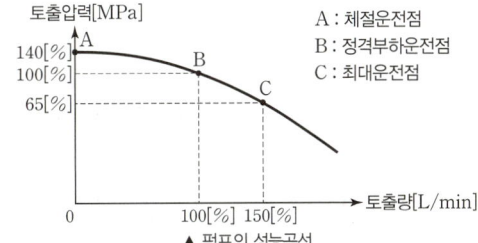

▲ 펌프의 성능곡선

A : 체절운전점
B : 정격부하운전점
C : 최대운전점

⑪ 가압송수장치에는 체절운전 시 수온의 상승을 방지하기 위한 순환배관을 설치한다. ← 충압펌프의 경우에는 그렇지 않다.

⑫ 기동장치로는 기동용 수압개폐장치 또는 이와 동등 이상의 성능이 있는 것을 설치한다.

⑬ 학교·공장·창고시설과 같이 동결의 우려가 있는 장소에서는 기동스위치에 보호판을 부착하여 옥내소화전함 내에 설치할 수 있다.

⑭ 기동스위치에 보호판을 부착하여 옥내소화전함 내에 설치한 경우 주펌프와 동등 이상의 성능이 있는 별도의 펌프를 내연기관의 기동과 연동하거나 비상전원을 연결한 펌프를 추가로 설치한다.

⑮ 다음에 해당하는 경우 ⑭의 펌프를 설치하지 않는다.

　㉠ 지하층만 있는 건축물

　㉡ 고가수조를 가압송수장치로 설치한 경우

　㉢ 수원이 건축물의 최상층에 설치된 방수구보다 높은 위치에 설치된 경우

　㉣ 건축물의 높이가 지표면으로부터 10[m] 이하인 경우

　㉤ 가압수조를 가압송수장치로 설치한 경우

⑯ 기동용 수압개폐장치 중 압력챔버를 사용할 경우 그 용적은 100[L] 이상으로 한다.
⑰ 수원의 수위가 펌프보다 낮은 위치에 있는 가압송수장치에는 물올림장치를 다음의 기준에 따라 설치한다.
　㉠ 물올림장치에는 전용의 수조를 설치한다.
　㉡ 수조의 유효수량은 100[L] 이상으로 하고, 구경 15[mm] 이상의 급수배관에 따라 해당 수조에 물이 계속 보급되도록 한다.

> **+ 기초　물올림장치**
> 수원이 펌프보다 낮게 위치한 경우 펌프의 작동이 멈춰있을 때는 흡입관의 물이 빠져나가고 공기로 채워진다. 이때 펌프 작동 시 흡입관에 물을 보충하여 펌프의 소화수 흡입을 돕는 장치이다. ← 마중물과 같은 작용

⑱ 기동용 수압개폐장치를 기동장치로 사용할 경우 충압펌프를 다음의 기준에 따라 설치한다.
　㉠ 펌프의 토출압력은 그 설비의 최고위 호스접결구의 자연압보다 적어도 0.2[MPa] 더 크도록 하거나 가압송수장치의 정격토출압력과 같게 한다.
　㉡ 펌프의 정격토출량은 정상적인 누설량보다 적어서는 안된다.
　㉢ 펌프의 정격토출량은 옥내소화전설비가 자동적으로 작동할 수 있도록 충분한 토출량을 유지한다.
⑲ 내연기관을 사용하는 경우 다음의 기준에 따라 설치한다.
　㉠ 내연기관의 기동은 ⑫의 기동장치를 설치하거나 또는 소화전함의 위치에서 원격조작이 가능하고 기동을 명시하는 적색등을 설치한다.
　㉡ 제어반에 따라 내연기관의 자동기동 및 수동기동이 가능하고, 상시 충전되어 있는 축전지설비를 갖춘다.
　㉢ 내연기관의 연료량은 펌프를 29층 이하는 20분, 30층 이상 49층 이하는 40분, 50층 이상은 60분 이상 운전할 수 있는 용량으로 한다.
⑳ 가압송수장치에는 "옥내소화전 소화펌프"라고 표시한 표지를 한다. 다른 설비와 겸용하는 경우 그 겸용되는 설비의 이름을 표시한 표지를 함께 한다.
㉑ 가압송수장치가 기동이 된 경우 자동으로 정지되지 않도록 한다. ← 충압펌프의 경우에는 그렇지 않다.
㉒ 가압송수장치는 부식 등으로 인한 펌프의 고착을 방지할 수 있도록 다음의 기준에 따라 설치한다. ← 충압펌프의 경우에는 그렇지 않다.
　㉠ 임펠러는 청동 또는 스테인리스 등 부식에 강한 재질을 사용한다.
　㉡ 펌프축은 스테인리스 등 부식에 강한 재질을 사용한다.

(2) 고가수조의 자연낙차를 이용한 가압송수장치의 설치기준
  ① 고가수조의 자연낙차수두는 다음의 식에 따라 계산하여 나온 수치 이상 유지되도록 한다.

$$H = h_1 + h_2 + 17$$

H: 필요한 낙차[m], h_1: 호스의 마찰손실수두[m], h_2: 배관의 마찰손실수두[m], 17: 노즐선단에서의 방사압력수두[m]

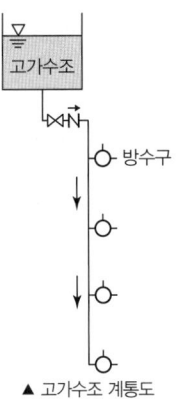

▲ 고가수조 계통도

  ② 고가수조에는 수위계·배수관·급수관·오버플로우관 및 맨홀을 설치한다.

(3) 압력수조를 이용한 가압송수장치의 설치기준
  ① 압력수조의 압력은 다음의 식에 따라 계산하여 나온 수치 이상 유지되도록 한다.

$$P = p_1 + p_2 + p_3 + 0.17$$

P: 필요한 압력[MPa], p_1: 호스의 마찰손실수두압[MPa], p_2: 배관의 마찰손실수두압[MPa], p_3: 낙차의 환산수두압[MPa], 0.17: 노즐선단에서의 방사압력[MPa]

  ② 압력수조에는 수위계·급수관·배수관·급기관·맨홀·압력계·안전장치 및 압력저하 방지를 위한 자동식 공기압축기를 설치한다.

(4) 가압수조를 이용한 가압송수장치의 설치기준
  ① 가압수조의 압력은 펌프를 이용하는 가압송수장치에 따른 방수압 및 방수량을 20분 이상 유지되도록 한다.
  ② 가압수조 및 가압원은 건축법에 따른 방화구획 된 장소에 설치한다.
  ③ 가압수조를 이용한 가압송수장치는 소방청장이 정하여 고시한 기준에 적합한 것으로 설치한다.

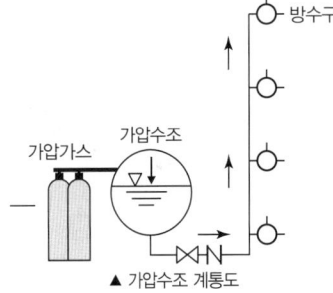

▲ 가압수조 계통도

4. 배관

(1) 배관의 종류

배관과 배관이음쇠는 다음에 해당하는 것으로 사용한다.

① 배관 내 사용압력이 1.2[MPa] 미만인 경우
  ㉠ 배관용 탄소 강관(KS D 3507)
  ㉡ 이음매 없는 구리 및 구리합금관(KS D 5301) ← 습식의 배관인 경우에만 사용한다.
  ㉢ 배관용 스테인리스 강관(KS D 3576) 또는 일반배관용 스테인리스 강관(KS D 3595)
  ㉣ 덕타일 주철관(KS D 4311)

② 배관 내 사용압력이 1.2[MPa] 이상인 경우
  ㉠ 압력 배관용 탄소 강관(KS D 3562)
  ㉡ 배관용 아크용접 탄소강 강관(KS D 3583)

③ 소방용 합성수지배관으로 사용할 수 있는 경우
  ㉠ 배관을 지하에 매설하는 경우
  ㉡ 다른 부분과 내화구조로 구획된 덕트 또는 피트의 내부에 설치하는 경우
  ㉢ 천장과 반자를 불연재료 또는 준불연재료로 설치하고 소화배관 내부에 항상 소화수가 채워진 상태로 설치하는 경우

(2) 배관의 설치기준 실기

① 급수배관은 전용으로 한다.
② 옥내소화전 기동장치가 작동할 때 다른 설비용 배관의 송수를 차단할 수 있거나, 옥내소화전설비의 성능에 지장이 없는 경우 급수배관을 다른 설비와 겸용할 수 있다.
③ 펌프의 흡입 측 배관은 다음의 기준에 따라 설치한다.
  ㉠ 공기 고임이 생기지 않는 구조로 하고 여과장치를 설치한다.
  ㉡ 수조가 펌프보다 낮게 설치된 경우 각 펌프(충압펌프 포함)와 수조를 연결하는 배관은 별도로 설치한다.
④ 펌프의 토출 측 주배관의 구경은 유속이 4[m/s] 이하가 될 수 있는 크기 이상으로 한다.
  ← 배관의 구경이 클수록 유속은 낮아진다.
⑤ 옥내소화전 방수구와 연결되는 가지배관의 구경은 40[mm], 호스릴옥내소화전설비의 경우 25[mm] 이상으로 한다.
⑥ 주배관 중 수직배관의 구경은 50[mm], 호스릴옥내소화전설비의 경우 32[mm] 이상으로 한다.
⑦ 연결송수관설비의 배관과 겸용할 경우 주배관의 구경은 100[mm] 이상으로 한다.
⑧ 연결송수관설비의 배관과 겸용할 경우 방수구로 연결되는 배관의 구경은 65[mm] 이상으로 한다.

⑨ 펌프의 성능시험배관은 다음의 기준에 따라 설치한다.
  ㉠ 성능시험배관은 펌프의 토출 측에 설치된 개폐밸브 이전에서 분기하여 직선으로 설치한다.
  ㉡ 유량측정장치를 기준으로 전단 직관부에는 개폐밸브를, 후단 직관부에는 유량조절밸브를 설치한다.
     ← 주배관 쪽에는 개폐밸브를, 바깥 쪽에는 유량조절밸브를 설치한다.
  ㉢ 성능시험배관의 호칭지름은 유량측정장치의 호칭지름에 따라 정한다.
  ㉣ 유량측정장치는 펌프 정격토출량의 175[%] 이상까지 측정할 수 있는 성능이 있어야 한다.

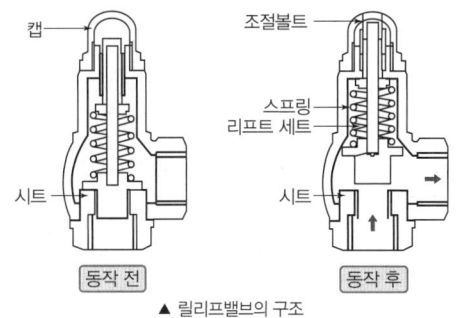
▲ 릴리프밸브의 구조

⑩ 가압송수장치의 체절운전 시 수온의 상승을 방지하기 위하여 체크밸브와 펌프 사이에서 분기한 구경 20[mm] 이상의 배관에 체절압력 미만에서 개방되는 릴리프밸브를 설치한다.
⑪ 배관은 동결방지조치를 하거나 동결의 우려가 없는 장소에 설치한다.
⑫ 급수배관에 설치되어 급수를 차단할 수 있는 개폐밸브(옥내소화전방수구 제외)는 개폐표시형으로 한다.
⑬ 펌프의 흡입측 배관에는 버터플라이밸브 외의 개폐표시형 밸브를 설치한다.
⑭ 배관은 다른 설비의 배관과 쉽게 구분이 될 수 있는 위치에 설치하거나, 그 배관표면 또는 보온재 표면에 색상으로 식별이 가능하도록 표시한다.
⑮ 옥내소화전설비에는 소방차로부터 그 설비에 송수할 수 있는 송수구를 다음의 기준에 따라 설치한다.
  ㉠ 소방차가 쉽게 접근할 수 있고 잘 보이는 장소에 설치한다.
  ㉡ 화재 층으로부터 지면으로 떨어지는 유리창 등이 송수 및 그 밖의 소화작업에 지장을 주지 않는 장소에 설치한다.
  ㉢ 송수구로부터 옥내소화전설비의 주배관에 이르는 연결배관에는 개폐밸브를 설치하지 않는다.
  ㉣ 스프링클러설비 · 물분무소화설비 · 포소화설비 · 연결송수관설비의 배관과 겸용하는 경우에는 개폐밸브를 설치한다.
  ㉤ 지면으로부터 높이가 0.5[m] 이상 1[m] 이하의 위치에 설치한다.
  ㉥ 송수구는 구경 65[mm]의 쌍구형 또는 단구형으로 한다.
  ㉦ 송수구의 부근에는 자동배수밸브(또는 직경 5[mm]의 배수공) 및 체크밸브를 설치한다.
  ㉧ 자동배수밸브는 배관 안의 물이 잘 빠질 수 있는 위치에 설치한다.
  ㉨ 자동배수밸브를 통한 배수로 인하여 다른 물건이나 장소에 피해를 주지 않아야 한다.
  ㉩ 송수구에는 이물질을 막기 위한 마개를 씌운다.
⑯ 확관형 분기배관을 사용할 경우 소방청장이 정하여 고시한 기준에 적합한 것으로 설치한다.

5. 함, 방수구, 표시등

(1) 함의 설치기준
   ① 함은 소방청장이 정하여 고시한 기준에 적합한 것으로 설치한다.
   ② 밸브의 조작, 호스의 수납 및 문의 개방 등 옥내소화전의 사용에 장애가 없도록 설치한다.
   ← 연결송수관의 방수구를 같이 설치하는 경우에도 동일하다.
   ③ 기둥 또는 벽이 설치되지 않은 대형 공간과 같이 방수구의 설치기준을 초과하는 경우 다음의 기준에 따라 설치한다.
      ㉠ 호스 및 관창은 방수구의 가장 가까운 장소의 벽 또는 기둥에 함을 설치하여 비치한다.
      ㉡ 방수구의 위치표지는 표시등 또는 축광도료 등으로 상시 확인이 가능하도록 한다.
   ④ 옥내소화전설비의 함에는 그 표면에 "소화전"이라는 표시를 한다.
   ⑤ 옥내소화전설비의 함에는 함 가까이 보기 쉬운 곳에 그 사용요령을 기재한 표지판을 붙인다. 표지판을 함의 문에 붙이는 경우 문의 내부 및 외부 모두에 붙인다. ← 사용요령은 외국어와 시각적인 그림을 포함하여 작성한다.

> **+ 심화 소화전함의 일반구조**
> ① 견고하며 쉽게 변형되지 않는 구조로 한다.
> ② 보수 및 점검이 쉬워야 한다.
> ③ 내부폭은 180[mm] 이상으로 한다.
> ④ 원통형인 경우 단면 원은 가로 500[mm], 세로 180[mm]의 직사각형을 포함할 수 있는 크기로 한다.
> ⑤ 여닫이 방식의 문은 120° 이상 열리는 구조로 한다.
> ⑥ 지하소화장치함의 문은 80° 이상 개방되고 고정할 수 있는 장치가 있어야 한다.
> ⑦ 문은 두 번 이하의 동작으로 열리는 구조로 한다. 지하소화장치함은 제외한다.
> ⑧ 문의 잠금장치는 외부 충격에 의하여 쉽게 열리지 않는 구조로 한다.
> ⑨ 문의 면적은 $0.5[m^2]$ 이상으로 하고, 짧은 변의 길이는 500[mm] 이상으로 한다.
> ⑩ 미닫이 방식의 문을 사용하는 경우, 최대 개방 시 문에 의해 가려지는 내부 공간은 소방용품이 적재될 수 없도록 칸막이 등으로 구획한다.
> ⑪ 소화전함의 두께(현무암 무기질 복합소재 포함)는 1.5[mm] 이상이어야 한다.
> ⑫ 합성수지를 사용하는 소화전함은 두께 4.0[mm] 이상으로 한다.

(2) 방수구의 설치기준
   ① 특정소방대상물의 층마다 설치한다.
   ② 특정소방대상물의 각 부분으로부터 하나의 옥내소화전 방수구까지의 수평거리가 25[m] 이하가 되도록 한다.
   ③ 복층형 구조의 공동주택의 경우에는 세대의 출입구가 설치된 층에만 설치할 수 있다.
   ④ 바닥으로부터 높이가 1.5[m] 이하가 되도록 한다.
   ⑤ 호스는 구경 40[mm], 호스릴옥내소화전설비의 경우에는 25[mm] 이상의 것으로서 특정소방대상물의 각 부분에 물이 유효하게 뿌려질 수 있는 길이로 설치한다.
   ⑥ 호스릴옥내소화전설비의 경우 그 노즐에는 노즐을 쉽게 개폐할 수 있는 장치를 부착한다.

(3) 방수구의 설치제외 장소
   불연재료로 된 특정소방대상물이나 그 부분 중 다음에 해당하는 경우 옥내소화전 방수구를 설치하지 않을 수 있다. ← 물을 사용하는 소화가 어려운 경우, 이미 물을 사용하는 소화 방법과 유사한 설비가 갖추어진 경우 방수구를 설치하지 않을 수 있다.
   ① 냉장창고 중 온도가 영하인 냉장실 또는 냉동창고의 냉동실
   ② 고온의 노가 설치된 장소 또는 물과 격렬하게 반응하는 물품의 저장 또는 취급 장소
   ③ 발전소·변전소 등으로서 전기시설이 설치된 장소
   ④ 식물원·수족관·목욕실·수영장(관람석 부분 제외) 또는 그 밖에 이와 비슷한 장소
   ⑤ 야외음악당·야외극장 또는 그 밖의 이와 비슷한 장소

(4) 표시등의 설치기준
① 옥내소화전설비의 위치를 표시하는 표시등은 함의 상부에 설치한다.
② 소방청장이 고시하는 「표시등의 성능인증 및 제품검사의 기술기준」에 적합한 것으로 설치한다.
③ 가압송수장치의 기동을 표시하는 표시등은 옥내소화전함의 상부 또는 그 직근에 적색등으로 설치한다.
④ 자체소방대를 구성하여 운영하는 경우 가압송수장치의 기동표시등을 설치하지 않을 수 있다.

PHASE 03 | 옥외소화전설비

1. 옥외소화전설비

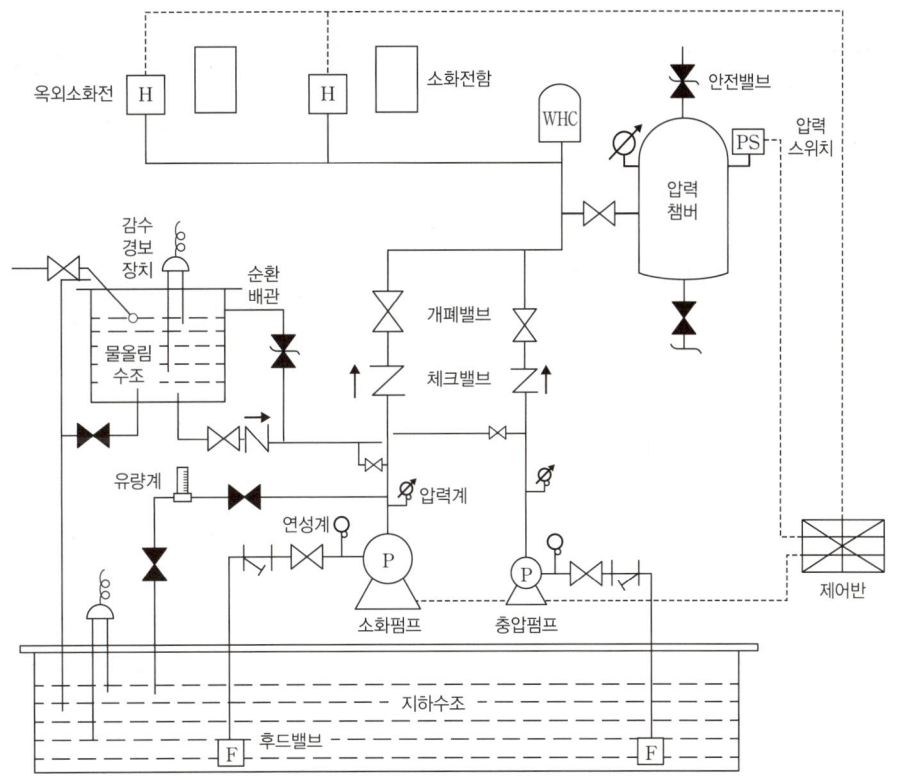

▲ 옥외소화전설비 계통도

2. 가압송수장치

(1) 전동기 또는 내연기관에 따른 펌프를 이용하는 가압송수장치의 설치기준
① 쉽게 접근할 수 있고 점검하기에 충분한 공간이 있는 장소로서 화재 및 침수 등의 재해로 인한 피해를 받을 우려가 없는 곳에 설치한다.
② 동결방지조치를 하거나 동결의 우려가 없는 장소에 설치한다.

③ 특정소방대상물에 설치된 옥외소화전(최대 2개)을 동시에 사용할 경우 각 옥외소화전의 노즐선단에서의 방수압력이 0.25[MPa] 이상이고, 방수량이 350[L/min] 이상으로 한다.
④ 하나의 옥외소화전을 사용하는 노즐선단에서의 방수압력이 0.7[MPa]을 초과하는 경우에는 호스접결구의 인입 측에 감압장치를 설치한다.
⑤ 펌프는 전용으로 한다.
⑥ 다른 소화설비와 겸용하는 경우 각각의 소화설비의 성능에 지장이 없을 때에는 전용으로 하지 않을 수 있다.
⑦ 펌프의 토출 측에는 압력계를 체크밸브 이전 펌프 토출 측 플랜지에서 가까운 곳에 설치하고, 흡입 측에는 연성계 또는 진공계를 설치한다.
⑧ 수원의 수위가 펌프의 위치보다 높거나 수직 회전축펌프의 경우에는 연성계 또는 진공계를 설치하지 않을 수 있다.
⑨ 펌프의 성능은 체절운전 시 정격토출압력의 140[%]를 초과하지 않고, 정격토출량의 150[%]로 운전 시 정격토출압력의 65[%] 이상이 되어야 하며, 펌프의 성능을 시험할 수 있는 성능시험배관을 설치한다. ← 충압펌프의 경우에는 그렇지 않다.
⑩ 가압송수장치에는 체절운전 시 수온의 상승을 방지하기 위한 순환배관을 설치한다.
  ← 충압펌프의 경우에는 그렇지 않다.
⑪ 기동장치로는 기동용 수압개폐장치 또는 이와 동등 이상의 성능이 있는 것을 설치한다.
⑫ 아파트·업무시설·학교·전시시설·공장·창고시설·종교시설 등 동결의 우려가 있는 장소에는 기동스위치에 보호판을 부착하여 옥외소화전함 내에 설치할 수 있다.
⑬ 기동용 수압개폐장치 중 압력챔버를 사용할 경우 그 용적은 100[L] 이상으로 한다.
⑭ 수원의 수위가 펌프보다 낮은 위치에 있는 가압송수장치에는 물올림장치를 다음의 기준에 따라 설치한다.
  ㉠ 물올림장치에는 전용의 수조를 설치한다.
  ㉡ 수조의 유효수량은 100[L] 이상으로 하고, 구경 15[mm] 이상의 급수배관에 따라 해당 수조에 물이 계속 보급되도록 한다.
⑮ 기동용 수압개폐장치를 기동장치로 사용할 경우 충압펌프를 다음의 기준에 따라 설치한다.
  ㉠ 옥외소화전이 1개 설치되고, 소화용 급수펌프로도 상시 충압이 가능하며 ㉡의 성능을 갖춘 경우 충압펌프를 별도로 설치하지 않을 수 있다.
  ㉡ 펌프의 토출압력은 그 설비의 최고위 호스접결구의 자연압보다 적어도 0.2[MPa] 더 크도록 하거나 가압송수장치의 정격토출압력과 같게 한다.
  ㉢ 펌프의 정격토출량은 정상적인 누설량보다 적어서는 안된다.
  ㉣ 펌프의 정격토출량은 옥외소화전설비가 자동적으로 작동할 수 있도록 충분한 토출량을 유지한다.
⑯ 내연기관을 사용하는 경우 다음의 기준에 따라 설치한다.
  ㉠ 내연기관의 기동은 ⑪의 기동장치를 설치하거나 또는 소화전함의 위치에서 원격조작이 가능하고 기동을 명시하는 적색등을 설치한다.
  ㉡ 제어반에 따라 내연기관의 자동기동 및 수동기동이 가능하고, 상시 충전되어 있는 축전지설비를 갖춘다.

⑰ 가압송수장치에는 "옥외소화전펌프"라고 표시한 표지를 한다. 다른 설비와 겸용하는 경우 그 겸용되는 설비의 이름을 표시한 표지를 함께 한다.
⑱ 가압송수장치가 기동이 된 경우 자동으로 정지되지 않도록 한다. ← 충압펌프의 경우에는 그렇지 않다.
⑲ 가압송수장치는 부식 등으로 인한 펌프의 고착을 방지할 수 있도록 다음의 기준에 따라 설치한다. ← 충압펌프의 경우에는 그렇지 않다.
  ㉠ 임펠러는 청동 또는 스테인리스 등 부식에 강한 재질을 사용한다.
  ㉡ 펌프축은 스테인리스 등 부식에 강한 재질을 사용한다.

(2) 고가수조의 자연낙차를 이용한 가압송수장치의 설치기준
  ① **고가수조의 자연낙차수두**는 다음의 식에 따라 계산하여 나온 수치 이상 유지되도록 한다.

$$H = h_1 + h_2 + 25$$

H: 필요한 낙차[m], h_1: 호스의 마찰손실수두[m], h_2: 배관의 마찰손실수두[m], 25: 노즐선단에서의 방사압력수두[m]

  ② 고가수조에는 수위계 · 배수관 · 급수관 · 오버플로우관 및 맨홀을 설치한다.

(3) 압력수조를 이용한 가압송수장치의 설치기준
  ① 압력수조의 압력은 다음의 식에 따라 계산하여 나온 수치 이상 유지되도록 한다.

$$P = p_1 + p_2 + p_3 + 0.25$$

P: 필요한 압력[MPa], p_1: 호스의 마찰손실수두압[MPa], p_2: 배관의 마찰손실수두압[MPa], p_3: 낙차의 환산수두압[MPa], 0.25: 노즐선단에서의 방사압력[MPa]

  ② 압력수조에는 수위계 · 급수관 · 배수관 · 급기관 · 맨홀 · 압력계 · 안전장치 및 압력저하 방지를 위한 자동식 공기압축기를 설치한다.

(4) 가압수조를 이용한 가압송수장치의 설치기준
  ① 가압수조의 압력은 펌프를 이용하는 가압송수장치에 따른 방수압 및 방수량을 20분 이상 유지되도록 한다.
  ② 가압수조 및 가압원은 건축법에 따른 방화구획 된 장소에 설치한다.
  ③ 가압수조를 이용한 가압송수장치는 소방청장이 정하여 고시한 기준에 적합한 것으로 설치한다.

3. 배관

(1) 배관의 종류
  배관과 배관이음쇠는 다음에 해당하는 것으로 사용한다.
  ① 배관 내 사용압력이 1.2[MPa] 미만인 경우
    ㉠ 배관용 탄소 강관(KS D 3507)
    ㉡ 이음매 없는 구리 및 구리합금관(KS D 5301) ← 습식의 배관인 경우에만 사용한다.
    ㉢ 배관용 스테인리스 강관(KS D 3576) 또는 일반배관용 스테인리스 강관(KS D 3595)
    ㉣ 덕타일 주철관(KS D 4311)

② 배관 내 사용압력이 1.2[MPa] 이상인 경우
  ㉠ 압력 배관용 탄소 강관(KS D 3562)
  ㉡ 배관용 아크용접 탄소강 강관(KS D 3583)
③ 소방용 합성수지배관으로 사용할 수 있는 경우
  ㉠ 배관을 지하에 매설하는 경우
  ㉡ 다른 부분과 내화구조로 구획된 덕트 또는 피트의 내부에 설치하는 경우
  ㉢ 천장과 반자를 불연재료 또는 준불연재료로 설치하고 소화배관 내부에 항상 소화수가 채워진 상태로 설치하는 경우

(2) 배관의 설치기준
① 호스접결구는 지면으로부터 높이가 0.5[m] 이상 1[m] 이하의 위치에 설치한다.
② 호스접결구는 특정소방대상물의 각 부분으로부터 하나의 호스접결구까지의 수평거리가 40[m] 이하가 되도록 한다.
③ 호스의 구경은 65[mm]로 설치한다.
④ 급수배관은 전용으로 한다.
⑤ 옥외소화전 기동장치가 작동할 때 다른 설비용 배관의 송수를 차단할 수 있거나, 옥외소화전설비의 성능에 지장이 없는 경우 급수배관을 다른 설비와 겸용할 수 있다.
⑥ 펌프의 흡입 측 배관은 다음의 기준에 따라 설치한다.
  ㉠ 공기 고임이 생기지 않는 구조로 하고 여과장치를 설치한다.
  ㉡ 수조가 펌프보다 낮게 설치된 경우 각 펌프(충압펌프 포함)와 수조를 연결하는 배관은 별도로 설치한다.
⑦ 펌프의 성능시험배관은 다음의 기준에 따라 설치한다.
  ㉠ 성능시험배관은 펌프의 토출 측에 설치된 개폐밸브 이전에서 분기하여 직선으로 설치한다.
  ㉡ 유량측정장치를 기준으로 전단 직관부에는 개폐밸브를, 후단 직관부에는 유량조절밸브를 설치한다. ← 주배관 쪽에는 개폐밸브를, 바깥 쪽에는 유량조절밸브를 설치한다.
  ㉢ 성능시험배관의 호칭지름은 유량측정장치의 호칭지름에 따라 정한다.
  ㉣ 유량측정장치는 펌프 정격토출량의 175[%] 이상까지 측정할 수 있는 성능이 있어야 한다.
⑧ 가압송수장치의 체절운전 시 수온의 상승을 방지하기 위하여 체크밸브와 펌프 사이에서 분기한 구경 20[mm] 이상의 배관에 체절압력 미만에서 개방되는 릴리프밸브를 설치한다.
⑨ 배관은 동결방지조치를 하거나 동결의 우려가 없는 장소에 설치한다.
⑩ 급수배관에 설치되어 급수를 차단할 수 있는 개폐밸브(옥외소화전방수구 제외)는 개폐표시형으로 한다.
⑪ 펌프의 흡입측 배관에는 버터플라이밸브 외의 개폐표시형 밸브를 설치한다.
⑫ 배관은 다른 설비의 배관과 쉽게 구분이 될 수 있는 위치에 설치하거나, 그 배관표면 또는 보온재 표면에 색상으로 식별이 가능하도록 표시한다.
⑬ 확관형 분기배관을 사용할 경우 소방청장이 정하여 고시한 기준에 적합한 것으로 설치한다.

PHASE 04 | 스프링클러설비

1. 스프링클러설비

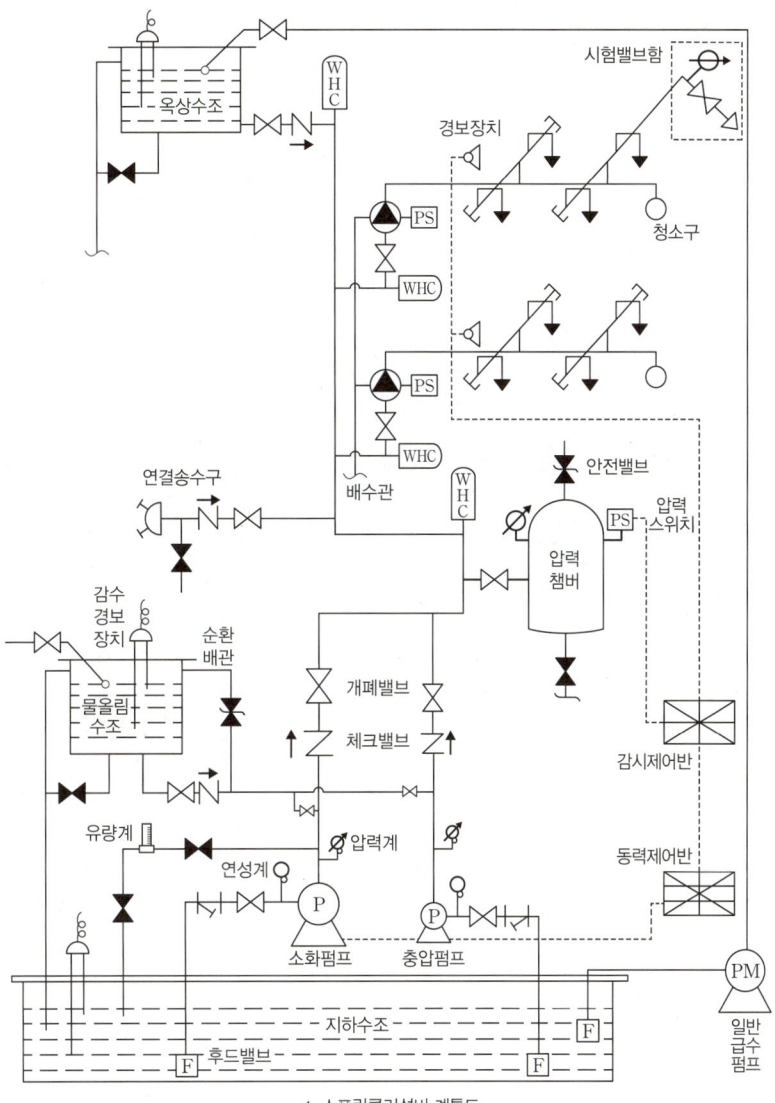

▲ 스프링클러설비 계통도

개방형 스프링클러헤드	감열체 없이 방수구가 항상 열려져 있는 헤드
폐쇄형 스프링클러헤드	정상상태에서 방수구를 막고 있는 감열체가 일정온도에서 자동적으로 파괴·용융 또는 이탈됨으로써 방수구가 개방되는 헤드
조기반응형 스프링클러헤드	표준형 스프링클러헤드보다 기류온도 및 기류속도에 빠르게 반응하는 헤드
측벽형 스프링클러헤드	가압된 물이 분사될 때 헤드의 축심을 중심으로 한 반원상에 균일하게 분산시키는 헤드

건식 스프링클러헤드	물과 오리피스가 분리되어 동파를 방지할 수 있는 스프링클러헤드	
유수검지장치	유수현상을 자동적으로 검지하여 신호 또는 경보를 발하는 장치	
일제개방밸브	일제살수식 스프링클러설비에 설치되는 유수검지장치	
가지배관	헤드가 설치되어 있는 배관	
교차배관	가지배관에 급수하는 배관	
주배관	가압송수장치 또는 송수구 등과 직접 연결되어 소화수를 이송하는 주된 배관	
신축배관	가지배관과 스프링클러헤들르 연결하는 구부림이 용이하고 유연성을 가진 배관	
습식 스프링클러설비	가압송수장치에서 폐쇄형 스프링클러헤드까지 배관 내에 항상 물이 가압되어 있다가 화재로 인한 열로 폐쇄형 스프링클러헤드가 개방되면 배관 내에 유수가 발생하여 습식 유수검지장치가 작동하게 되는 스프링클러설비	
부압식 스프링클러설비	가압송수장치에서 준비작동식 유수검지장치의 1차 측까지는 항상 정압의 물이 가압되고, 2차 측 폐쇄형 스프링클러헤드까지는 소화수가 부압으로 되어 있다가 화재 시 감지기의 작동에 의해 정압으로 변하여 유수가 발생하면 작동하는 스프링클러설비	
준비작동식 스프링클러설비	가압송수장치에서 준비작동식 유수검지장치 1차 측까지 배관 내에 항상 물이 가압되어 있고, 2차 측에서 폐쇄형 스프링클러헤드까지 대기압 또는 저압으로 있다가 화재발생 시 감지기의 작동으로 준비작동식밸브가 개방되면 폐쇄형 스프링클러헤드까지 소화수가 송수되고, 폐쇄형 스프링클러헤드가 열에 의해 개방되면 방수가 되는 방식의 스프링클러설비	
건식 스프링클러설비	건식 유수검지장치 2차 측에 압축공기 또는 질소 등의 기체로 충전된 배관에 폐쇄형 스프링클러헤드가 부착된 스프링클러설비로서, 폐쇄형 스프링클러헤드가 개방되어 배관 내의 압축공기 등이 방출되면 건식 유수검지장치 1차 측의 수압에 의하여 건식 유수검지장치가 작동하게 되는 스프링클러설비	
일제살수식 스프링클러설비	가압송수장치에서 일제개방밸브 1차 측까지 배관 내에 항상 물이 가압되어 있고 2차 측에서 개방형 스프링클러헤드까지 대기압으로 있다가 화재 시 자동감지장치 또는 수동식 기동장치의 작동으로 일제개방밸브가 개방되면 스프링클러헤드까지 소화수가 송수되는 방식의 스프링클러설비	
반사판(디플렉터)	스프링클러헤드의 방수구에서 유출되는 물을 세분시키는 작용을 하는 것	
연소할 우려가 있는 개구부	각 방화구획을 관통하는 컨베이어 · 에스컬레이터 또는 이와 유사한 시설의 주위로서 방화구획을 할 수 없는 부분	
소방부하	소방시설 및 방화 · 피난 · 소화활동을 위한 시설의 전력부하	
소방전원 보존형 발전기	소방부하 및 소방부하 이외의 부하(비상부하) 겸용의 비상발전기로서, 상용전원 중단 시에는 소방부하 및 비상부하에 비상전원이 동시에 공급되고, 화재 시 과부하에 접근될 경우 비상부하의 일부 또는 전부를 자동적으로 차단하는 제어장치를 구비하여, 소방부하에 비상전원을 연속 공급하는 자가발전설비	
건식 유수검지장치	건식 스프링클러설비에 설치되는 유수검지장치	
습식 유수검지장치	습식 스프링클러설비 또는 부압식 스프링클러설비에 설치되는 유수검지장치	
준비작동식 유수검지장치	준비작동식 스프링클러설비에 설치되는 유수검지장치	
패들형 유수검지장치	소화수의 흐름에 의하여 패들이 움직이고 접점이 형성되면 신호를 발하는 유수검지장치	
리타딩 챔버	스프링클러설비의 누수로 인한 유수검지장치의 오작동을 방지하기 위한 목적으로 설치하는 장치	

2. 수원

(1) 저수량의 산정기준 실기

① 폐쇄형 스프링클러헤드를 사용하는 경우 다음의 표에 따른 기준개수에 1.6[m³]를 곱한 양 이상이 되도록 한다. ←이를 유효수량이라고 한다.

스프링클러설비의 설치장소		기준개수
아파트		10
지하층을 제외한 10층 이하인 특정소방대상물	헤드의 높이가 8[m] 미만인 것	10
	헤드의 높이가 8[m] 이상인 것	20
	판매시설이 없는 근린생활시설·운수시설·복합건축물	20
	특수가연물을 취급하지 않는 공장	20
	판매시설 또는 판매시설이 있는 복합건축물	30
	특수가연물을 저장·취급하는 공장	30
지하층을 제외한 11층 이상인 특정소방대상물		30
지하가 또는 지하역사		30

㉠ 스프링클러헤드의 설치개수가 가장 많은 층에 설치된 헤드의 개수가 기준개수보다 적은 경우에는 그 설치개수는 기준개수로 한다.

㉡ 아파트의 경우 설치개수가 가장 많은 세대를 기준으로 한다. 다만, 아파트등의 각 동이 주차장으로 서로 연결된 구조인 경우 해당 주차장 부분의 기준개수는 30개로 한다.

㉢ 하나의 소방대상물이 2 이상의 설치장소에 해당하는 경우 기준개수가 많은 것을 기준으로 한다.

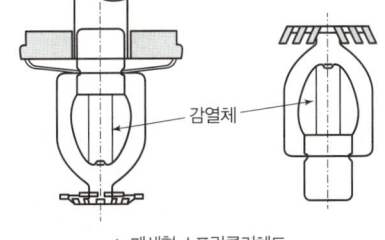

▲ 폐쇄형 스프링클러헤드

② 개방형 스프링클러헤드를 사용하는 스프링클러설비의 수원은 최대 방수구역에 설치된 스프링클러헤드의 개수가 30개 이하일 경우 설치헤드 수에 1.6[m³]를 곱한 양 이상으로 하고, 30개를 초과하는 경우에는 수리계산에 따른다.
←이를 유효수량이라고 한다.

③ 고층건축물의 수원은 그 저수량이 스프링클러설비 설치장소별 스프링클러 헤드의 기준개수에 3.2[m³]를 곱한 양 이상이 되도록 해야 한다. 다만, 50층 이상인 건축물의 경우에는 4.8[m³]를 곱한 양 이상이 되도록 해야 한다.

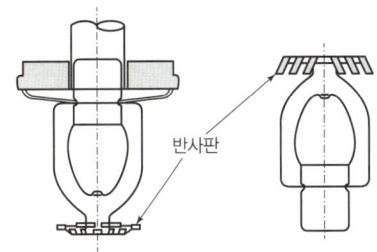

▲ 개방형 스프링클러헤드

④ 기준에 따라 계산한 유효수량 외에 유효수량의 3분의 1 이상을 옥상에 설치한다.

⑤ 다른 설비와 겸용하여 수조를 설치하는 경우에는 스프링클러설비의 풋밸브·흡수구 또는 수직배관의 급수구와 다른 설비의 풋밸브·흡수구 또는 수직배관의 급수구 사이의 수량을 유효수량으로 한다.

(2) 수조의 설치기준
　① 수원을 수조로 설치하는 경우에는 소화설비의 전용수조로 한다.
　② 전용수조는 다음의 기준에 따라 설치한다.
　　㉠ 점검에 편리한 곳에 설치한다.
　　㉡ 동결방지조치를 하거나 동결의 우려가 없는 장소에 설치한다.
　　㉢ 수조의 외측에 수위계를 설치한다.
　　㉣ 구조상 수위계를 설치할 수 없는 경우 수조의 맨홀 등을 통하여 수조 안의 물의 양을 쉽게 확인할 수 있도록 한다.
　　㉤ 수조의 상단이 바닥보다 높은 경우 수조의 외측에 고정식 사다리를 설치한다.
　　㉥ 수조가 실내에 설치된 경우 그 실내에 조명설비를 설치한다.
　　㉦ 수조의 밑 부분에는 청소용 배수밸브 또는 배수관을 설치한다.
　　㉧ 수조 외측의 보기 쉬운 곳에 "스프링클러소화설비용 수조"라고 표시한 표지를 한다. 다른 설비와 겸용하는 경우 그 겸용되는 설비의 이름을 표시한 표지를 함께 한다.
　　㉨ 소화설비용 펌프의 흡수배관 또는 소화설비의 수직배관과 수조의 접속부분에는 "스프링클러소화설비용 배관"이라고 표시한 표지를 한다. 수조와 가까운 장소에 소화설비용 펌프가 설치되고 펌프에 "옥내소화전소화펌프"라고 표시한 표지를 설치한 경우 그렇지 않다.
　③ 수원은 다음에 해당하는 경우 전용수조로 설치하지 않을 수 있다.
　　㉠ 펌프의 풋밸브 또는 흡수배관의 흡수구를 다른 설비의 풋밸브 또는 흡수구보다 낮은 위치에 설치한 경우
　　㉡ 자연낙차압력을 이용한 고가수조로부터 스프링클러설비의 수직배관에 물을 공급하는 급수구를 다른 설비의 급수구보다 낮은 위치에 설치한 경우
　④ 옥상수조는 이와 연결된 배관을 통하여 상시 소화수를 공급할 수 있는 구조의 특정소방대상물인 경우에는 둘 이상의 특정소방대상물이 있더라도 하나의 특정소방대상물에만 이를 설치할 수 있다.
　⑤ 옥상수조는 다음에 해당하는 경우 설치하지 않을 수 있다.
　　㉠ 지하층만 있는 건축물
　　㉡ 자연낙차압력을 이용한 고가수조를 가압송수장치로 설치한 경우
　　㉢ 수원을 건축물의 최상층에 설치된 방수구보다 높은 위치에 설치한 경우
　　㉣ 건축물의 높이가 지표면으로부터 10[m] 이하인 경우
　　㉤ 주펌프와 동등 이상의 성능이 있는 별도의 펌프를 내연기관의 기동과 연동하여 작동하거나 비상전원을 연결하여 설치한 경우
　　㉥ 가압수조를 가압송수장치로 설치한 경우

3. 가압송수장치 실기

(1) 전동기 또는 내연기관에 따른 펌프를 이용하는 가압송수장치의 설치기준 ← 주펌프는 전동기에 따른 펌프로 설치해야 한다.

① 쉽게 접근할 수 있고 점검하기에 충분한 공간이 있는 장소로서 화재 및 침수 등의 재해로 인한 피해를 받을 우려가 없는 곳에 설치한다.
② 동결방지조치를 하거나 동결의 우려가 없는 장소에 설치한다.
③ 펌프는 전용으로 한다.
④ 다른 소화설비와 겸용하는 경우 각각의 소화설비의 성능에 지장이 없을 때에는 전용으로 하지 않을 수 있다.
⑤ 펌프의 토출 측에는 압력계를 체크밸브 이전 펌프 토출 측 플랜지에서 가까운 곳에 설치하고, 흡입 측에는 연성계 또는 진공계를 설치한다.
⑥ 수원의 수위가 펌프의 위치보다 높거나 수직 회전축펌프의 경우에는 연성계 또는 진공계를 설치하지 않을 수 있다.
⑦ 펌프의 성능은 체절운전 시 정격토출압력의 140[%]를 초과하지 않고, 정격토출량의 150[%]로 운전 시 정격토출압력의 65[%] 이상이 되어야 하며, 펌프의 성능을 시험할 수 있는 성능시험배관을 설치한다. ← 충압펌프의 경우에는 그렇지 않다.
⑧ 기동장치로는 기동용 수압개폐장치 또는 이와 동등 이상의 성능이 있는 것을 설치한다.
⑨ 기동용 수압개폐장치 중 압력챔버를 사용할 경우 그 용적은 100[L] 이상으로 한다.
⑩ 수원의 수위가 펌프보다 낮은 위치에 있는 가압송수장치에는 물올림장치를 다음의 기준에 따라 설치한다.
  ㉠ 물올림장치에는 전용의 수조를 설치한다.
  ㉡ 수조의 유효수량은 100[L] 이상으로 하고, 구경 15[mm] 이상의 급수배관에 따라 해당 수조에 물이 계속 보급되도록 한다.
⑪ 정격토출압력은 하나의 헤드선단에 0.1[MPa] 이상 1.2[MPa] 이하의 방수압력이 될 수 있게 한다.
⑫ 송수량은 0.1[MPa] 방수압력 기준으로 80[L/min] 이상의 방수성능을 가진 기준개수의 모든 헤드로부터의 방수량을 충족시킬 수 있는 양 이상의 것으로 한다. ← 속도수두는 포함하지 않을 수 있다.
⑬ 폐쇄형 스프링클러헤드를 사용하는 경우 1분 당 송수량은 기준개수에 80[L]를 곱한 양 이상으로 할 수 있다.
⑭ 개방형 스프링클러헤드를 사용하는 경우 1분 당 송수량은 다음의 기준에 따른다.
  ㉠ 헤드수가 30개 이하인 경우 그 개수에 80[L]를 곱한 양 이상으로 한다.
  ㉡ 헤드수가 30개 초과인 경우 ⑪과 ⑫의 기준에 따른다.

⑮ 기동용 수압개폐장치를 기동장치로 사용할 경우 충압펌프를 다음의 기준에 따라 설치한다.
  ㉠ 펌프의 토출압력은 그 설비의 최고위 살수장치의 자연압보다 적어도 0.2[MPa] 더 크도록 하거나 가압송수장치의 정격토출압력과 같게 한다.
  ㉡ 펌프의 정격토출량은 정상적인 누설량보다 적어서는 안된다.
  ㉢ 펌프의 정격토출량은 스프링클러설비가 자동적으로 작동할 수 있도록 충분한 토출량을 유지한다.
⑯ 가압송수장치에는 "스프링클러 소화펌프"라고 표시한 표지를 한다. 다른 설비와 겸용하는 경우 그 겸용되는 설비의 이름을 표시한 표지를 함께 한다.
⑰ 가압송수장치가 기동이 된 경우 자동으로 정지되지 않도록 한다. ← 충압펌프의 경우에는 그렇지 않다.
⑱ 가압송수장치는 부식 등으로 인한 펌프의 고착을 방지할 수 있도록 다음의 기준에 따라 설치한다. ← 충압펌프의 경우에는 그렇지 않다.
  ㉠ 임펠러는 청동 또는 스테인리스 등 부식에 강한 재질을 사용한다.
  ㉡ 펌프축은 스테인리스 등 부식에 강한 재질을 사용한다.

(2) 고가수조의 자연낙차를 이용한 가압송수장치의 설치기준
① 고가수조의 자연낙차수두는 다음의 식에 따라 계산하여 나온 수치 이상 유지되도록 한다.

$$H = h_1 + 10$$

H: 필요한 낙차[m], h_1: 배관의 마찰손실수두[m], 10: 헤드선단에서의 방사압력수두[m]

② 고가수조에는 수위계·배수관·급수관·오버플로우관 및 맨홀을 설치한다.

(3) 압력수조를 이용한 가압송수장치의 설치기준
① 압력수조의 압력은 다음의 식에 따라 계산하여 나온 수치 이상 유지되도록 한다.

$$P = p_1 + p_2 + 0.1$$

P: 필요한 압력[MPa], p_1: 배관의 마찰손실수두압[MPa], p_2: 낙차의 환산수두압[MPa], 0.1: 헤드선단에서의 방사압력[MPa]

② 압력수조에는 수위계·급수관·배수관·급기관·맨홀·압력계·안전장치 및 압력저하 방지를 위한 자동식 공기압축기를 설치한다.

(4) 가압수조를 이용한 가압송수장치의 설치기준
① 가압수조의 압력은 펌프를 이용하는 가압송수장치에 따른 방수압 및 방수량을 20분 이상 유지되도록 한다.
② 가압수조 및 가압원은 건축법에 따른 방화구획 된 장소에 설치한다.
③ 가압수조를 이용한 가압송수장치는 소방청장이 정하여 고시한 기준에 적합한 것으로 설치한다.

4. 폐쇄형 스프링클러설비의 방호구역 및 유수검지장치

(1) 방호구역 및 유수검지장치의 설치기준
① 하나의 방호구역의 바닥면적은 3,000[m²]를 초과하지 않도록 한다.
② 하나의 방호구역에는 1개 이상의 유수검지장치를 설치하고, 화재 시 접근이 쉽고 점검하기 편리한 장소에 설치한다.
③ 하나의 방호구역은 2개 층에 미치지 않도록 한다.
④ 1개 층에 설치되는 스프링클러헤드의 수가 10개 이하이거나 복층형 구조의 공동주택에는 방호구역을 3개 층 이내로 할 수 있다.
⑤ 유수검지장치는 실내에 설치하거나 보호용 철망 등으로 구획하여 바닥으로부터 0.8[m] 이상 1.5[m] 이하의 위치에 설치하고, 그 실에는 가로 0.5[m] 이상 세로 1[m] 이상의 출입문(개구부)을 설치한다. ← 출입문 상단에는 "유수검지장치실"이라고 표시한 표지를 한다.
⑥ 유수검지장치를 기계실(공조용 기계실 포함) 안에 설치하는 경우 별도의 실 또는 보호용 철망을 설치하지 않을 수 있다. ← 출입문 상단에는 "유수검지장치실"이라고 표시한 표지를 한다.
⑦ 스프링클러헤드에 공급되는 물은 유수검지장치를 지나도록 한다. ← 송수구를 통하여 공급되는 물은 그렇지 않다.
⑧ 자연낙차에 따른 압력수가 흐르는 배관 상에 설치된 유수검지장치는 화재 시 물의 흐름을 감지할 수 있는 최소한의 압력이 얻어질 수 있도록 수조의 하단으로부터 낙차를 두고 설치한다.
⑨ 조기반응형 스프링클러헤드를 설치하는 경우 습식 유수검지장치 또는 부압식 스프링클러설비를 설치한다.

▲ 유수검지장치의 담당 방호구역

5. 개방형 스프링클러설비의 방수구역 및 일제개방밸브

(1) 방수구역 및 일제개방밸브의 설치기준
① 하나의 방수구역은 2개 층에 미치지 않도록 한다.
② 방수구역마다 일제개방밸브를 설치한다.
③ 하나의 방수구역을 담당하는 헤드의 개수는 50개 이하로 한다.
④ 하나의 방수구역을 2개 이상의 방수구역으로 나누는 경우 하나의 방수구역을 담당하는 헤드의 개수는 25개 이상으로 한다.
⑤ 일제개방밸브는 실내에 설치하거나 보호용 철망 등으로 구획하여 바닥으로부터 0.8[m] 이상 1.5[m] 이하의 위치에 설치하고, 그 실에는 가로 0.5[m] 이상 세로 1[m] 이상의 출입문(개구부)을 설치한다. ← 출입문 상단에는 "일제개방밸브실"이라고 표시한 표지를 한다.
⑥ 일제개방밸브를 기계실(공조용 기계실 포함) 안에 설치하는 경우 별도의 실 또는 보호용 철망을 설치하지 않을 수 있다. ← 출입문 상단에는 "일제개방밸브실"이라고 표시한 표지를 한다.

6. 배관

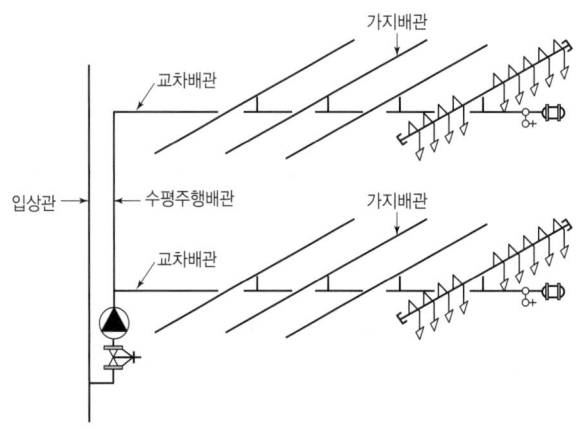

▲ 스프링클러설비의 배관 구조

(1) 배관의 종류

배관과 배관이음쇠는 다음에 해당하는 것으로 사용한다.

① 배관 내 사용압력이 1.2[MPa] 미만인 경우
  ㉠ 배관용 탄소 강관(KS D 3507)
  ㉡ 이음매 없는 구리 및 구리합금관(KS D 5301) ← 습식의 배관인 경우에만 사용한다.
  ㉢ 배관용 스테인리스 강관(KS D 3576) 또는 일반배관용 스테인리스 강관(KS D 3595)
  ㉣ 덕타일 주철관(KS D 4311)

② 배관 내 사용압력이 1.2[MPa] 이상인 경우
  ㉠ 압력 배관용 탄소 강관(KS D 3562)
  ㉡ 배관용 아크용접 탄소강 강관(KS D 3583)

③ 소방용 합성수지배관으로 사용할 수 있는 경우
  ㉠ 배관을 지하에 매설하는 경우
  ㉡ 다른 부분과 내화구조로 구획된 덕트 또는 피트의 내부에 설치하는 경우
  ㉢ 천장과 반자를 불연재료 또는 준불연재료로 설치하고 소화배관 내부에 항상 소화수가 채워진 상태로 설치하는 경우

(2) 배관의 설치기준
① 급수배관은 전용으로 한다.
② 스프링클러설비의 기동장치가 작동할 때 다른 설비용 배관의 송수를 차단할 수 있거나, 스프링클러설비의 성능에 지장이 없는 경우 급수배관을 다른 설비와 겸용할 수 있다.
③ 급수배관에 설치되어 급수를 차단할 수 있는 개폐밸브는 개폐표시형으로 한다.
④ 펌프의 흡입 측 배관에는 버터플라이밸브 외의 개폐표시형 밸브를 설치한다.
⑤ 급수배관의 구경은 가압송수장치의 정격토출압력과 송수량 기준에 적합하도록 수리계산에 의하거나 다음의 표에 따른 기준에 따라 설치한다.

급수관의 구경 [mm] 헤드의 수[개]	25	32	40	50	65	80	90	100	125	150
가	2	3	5	10	30	60	80	100	160	161 이상
나	2	4	7	15	30	60	65	100	160	161 이상
다	1	2	5	8	15	27	40	55	90	91 이상

㉠ 폐쇄형 스프링클러헤드를 사용하는 설비의 경우 1개 층에 하나의 급수배관이 담당하는 구역의 최대 면적은 3,000[m²]를 초과하지 않도록 한다.
㉡ 폐쇄형 스프링클러헤드를 설치하는 경우에는 "가"란의 헤드수에 따른다.
㉢ 100개 이상의 폐쇄형 스프링클러헤드를 담당하는 급수배관의 구경을 100[mm]로 할 경우 수리계산에 따라 가지배관의 유속은 6[m/s], 그 밖의 배관의 유속은 10[m/s]를 초과하지 않도록 한다.
㉣ 폐쇄형 스프링클러헤드를 설치하고 반자 아래의 헤드와 반자 속의 헤드를 동일 급수관의 가지관 상에 병설하는 경우에는 "나"란의 헤드수에 따른다.
㉤ 무대부·특수가연물을 저장 또는 취급하는 장소에 폐쇄형 스프링클러헤드를 설치하는 설비의 배관구경은 "다"란에 따른다.
㉥ 개방형 스프링클러헤드를 설치하는 경우 하나의 방수구역이 담당하는 헤드의 개수가 30개 이하일 때는 "다"란에 따른다.
㉦ 30개를 초과하는 개방형 스프링클러헤드를 설치하는 경우 수리계산 방법에 따른다.
⑥ 급수배관의 구경을 수리계산에 따르는 경우 가지배관의 유속은 6[m/s], 그 밖의 배관의 유속은 10[m/s]를 초과하지 않도록 한다.
⑦ 펌프의 흡입 측 배관은 다음의 기준에 따라 설치한다.
㉠ 공기 고임이 생기지 않는 구조로 하고 여과장치를 설치한다.
㉡ 수조가 펌프보다 낮게 설치된 경우 각 펌프(충압펌프 포함)와 수조를 연결하는 배관은 별도로 설치한다.

⑧ 펌프의 성능시험배관은 다음의 기준에 따라 설치한다.
　㉠ 성능시험배관은 펌프의 토출 측에 설치된 개폐밸브 이전에서 분기하여 직선으로 설치한다.
　㉡ 유량측정장치를 기준으로 전단 직관부에는 개폐밸브를, 후단 직관부에는 유량조절밸브를 설치한다. ← 주배관 쪽에는 개폐밸브를, 바깥 쪽에는 유량조절밸브를 설치한다.
　㉢ 성능시험배관의 호칭지름은 유량측정장치의 호칭지름에 따라 정한다.
　㉣ 유량측정장치는 펌프 정격토출량의 175[%] 이상까지 측정할 수 있는 성능이 있어야 한다.
⑨ 가압송수장치의 체절운전 시 수온의 상승을 방지하기 위하여 체크밸브와 펌프 사이에서 분기한 구경 20[mm] 이상의 배관에 체절압력 미만에서 개방되는 릴리프밸브를 설치한다.
⑩ 배관은 동결방지조치를 하거나 동결의 우려가 없는 장소에 설치한다.
⑪ 가지배관의 배열은 다음의 기준에 따라 설치한다.
　㉠ 토너먼트 배관방식이 아니어야 한다.
　㉡ 교차배관에서 분기되는 지점을 기점으로 한 쪽 가지배관에 설치되는 헤드의 개수는 8개 이하로 한다.
　㉢ 가지배관과 헤드 사이의 배관을 신축배관으로 하는 경우 소방청장이 정하여 고시한 기준에 적합한 것으로 설치한다.
⑫ 교차배관의 위치·청소구 및 가지배관의 헤드설치는 다음의 기준에 따른다.
　㉠ 교차배관은 가지배관과 수평으로 설치하거나 또는 가지배관 밑에 설치하고, 최소구경이 40[mm] 이상이 되도록 한다. ← 패들형 유수검지장치를 사용하는 경우에는 교차배관의 구경과 동일하게 설치할 수 있다.
　㉡ 청소구는 교차배관 끝에 40[mm] 이상 크기의 개폐밸브를 설치하고, 호스접결이 가능한 나사식 또는 고정배수 배관식으로 한다.
　㉢ 하향식 헤드를 설치하는 경우 가지배관으로부터 헤드에 이르는 헤드접속배관은 가지배관 상부에서 분기한다.
⑬ 준비작동식 유수검지장치 또는 일제개방밸브를 사용하는 스프링클러설비에 있어서 유수검지장치 또는 밸브 2차 측 배관의 부대설비에는 개폐표시형밸브를 설치한다.
⑭ ⑬의 개폐표시형밸브와 준비작동식 유수검지장치 또는 일제개방밸브 사이의 배관은 다음의 기준에 따라 설치한다.
　㉠ 수직배수배관과 연결하고 동 연결배관 상에는 개폐밸브를 설치한다.
　㉡ 자동배수장치 및 압력스위치를 설치한다.
　㉢ 압력스위치는 수신부에서 준비작동식 유수검지장치 또는 일제개방밸브의 작동 여부를 확인할 수 있게 설치한다.

⑮ 습식 유수검지장치 또는 건식 유수검지장치를 사용하는 스프링클러설비와 부압식 스프링클러설비에는 동 장치를 시험할 수 있는 시험장치를 다음의 기준에 따라 설치한다.
  ㉠ 습식 스프링클러설비 및 부압식 스프링클러설비에는 유수검지장치 2차 측 배관에 연결하여 설치하고 건식 스프링클러설비인 경우 유수검지장치에서 가장 먼 거리에 위치한 가지배관의 끝으로부터 연결하여 설치한다.
  ㉡ 건식 스프링클러설비의 시험장치 중 유수검지장치 2차 측 설비의 내용적이 2,840[L]를 초과하는 경우 개폐밸브를 완전 개방 후 1분 이내에 물이 방사되어야 한다.
  ㉢ 시험장치 배관의 구경은 25[mm] 이상으로 하고, 그 끝에 개폐밸브 및 개방형 헤드 또는 스프링클러헤드와 동등한 방수성능을 가진 오리피스를 설치한다. ← 개방형 헤드는 반사판 및 프레임을 제거한 오리피스만으로 설치할 수 있다.
  ㉣ 시험배관의 끝에는 물받이 통 및 배수관을 설치하여 시험 중 방사된 물이 바닥에 흘러내리지 않도록 한다. ← 목욕실·화장실 등 배수처리가 쉬운 장소에 시험배관을 설치한 경우 제외
⑯ 배관에 설치되는 행거는 다음의 기준에 따라 설치한다.
  ㉠ 가지배관에는 헤드의 설치지점 사이마다 1개 이상의 행거를 설치하고, 헤드 간의 거리가 3.5[m]를 초과하는 경우에는 3.5[m] 이내마다 1개 이상 설치한다.
  ㉡ 상향식 헤드와 행거 사이에는 8[cm] 이상의 간격을 둔다.
  ㉢ 교차배관에는 가지배관과 가지배관 사이마다 1개 이상의 행거를 설치하고, 가지배관 사이의 거리가 4.5[m]를 초과하는 경우에는 4.5[m] 이내마다 1개 이상 설치한다.
  ㉣ 가지배관과 교차배관의 수평주행배관에는 4.5[m] 이내마다 1개 이상 설치한다.

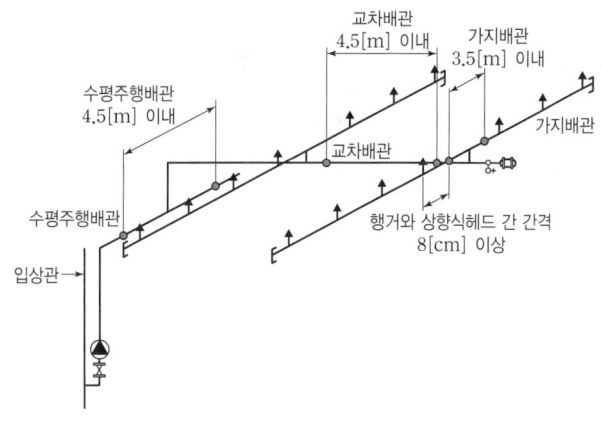

▲ 스프링클러설비 배관의 행거

⑰ 수직배수배관의 구경은 50[mm] 이상으로 한다.
← 수직배관의 구경이 50[mm] 미만인 경우 수직배관의 구경과 동일하게 설치할 수 있다.

⑱ 급수배관에 설치되어 급수를 차단할 수 있는 개폐밸브에는 그 밸브의 개폐상태를 감시제어반에서 확인할 수 있도록 급수개폐밸브 작동표시 스위치를 다음의 기준에 따라 설치한다.
  ㉠ 급수개폐밸브가 잠길 경우 탬퍼스위치의 동작으로 인하여 감시제어반 또는 수신기에 표시하고 경보음을 발한다.
  ㉡ 탬퍼스위치는 감시제어반 또는 수신기에서 동작의 유무 확인과 동작시험, 도통시험을 할 수 있어야 한다.
  ㉢ 급수개폐밸브의 작동표시 스위치에 사용되는 전기배선은 내화전선 또는 내열전선으로 설치한다.

⑲ 스프링클러설비 배관의 배수를 위한 기울기는 다음의 기준에 따라 설치한다.
  ㉠ 습식 스프링클러설비 또는 부압식 스프링클러설비의 배관을 수평으로 한다.
  ㉡ 배관의 구조 상 소화수가 남아있는 곳에는 배수밸브를 설치한다.
  ㉢ 습식 스프링클러설비 또는 부압식 스프링클러설비 외의 설비에는 헤드를 향하여 상향으로 수평주행배관의 기울기를 $\frac{1}{500}$ 이상, 가지배관의 기울기를 $\frac{1}{250}$ 이상으로 한다.
  ㉣ 배관의 구조 상 기울기를 줄 수 없는 경우 배수를 원활하게 할 수 있도록 배수밸브를 설치한다.

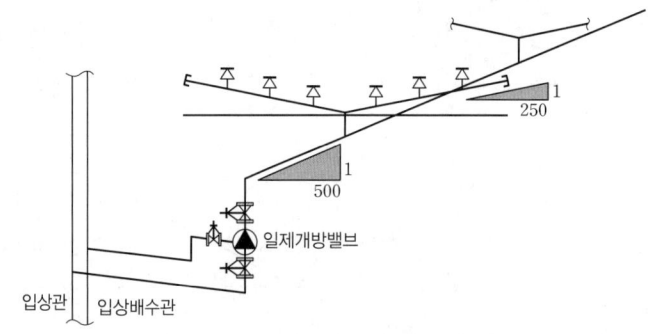

▲ 스프링클러설비 배관의 기울기

⑳ 배관은 다른 설비의 배관과 쉽게 구분이 될 수 있는 위치에 설치하거나, 그 배관표면 또는 보온재 표면에 색상으로 식별이 가능하도록 표시한다.

㉑ 확관형 분기배관을 사용할 경우 소방청장이 정하여 고시한 기준에 적합한 것으로 설치한다.

7. 헤드

(1) 헤드의 설치장소
① 스프링클러헤드는 특정소방대상물의 천장·반자·천장과 반자 사이·덕트·선반·기타 이와 유사한 부분(폭이 1.2[m] 초과하는 것 限)에 설치한다.
② 폭이 9[m] 이하인 실내에는 측벽에 설치할 수 있다.

(2) 헤드의 방사범위 실기
① 천장·반자·천장과 반자 사이·덕트·선반 등의 각 부분으로부터 하나의 스프링클러헤드까지의 수평거리는 다음의 표에 따른 거리 이하가 되도록 한다.

소방대상물	수평거리[m]
무대부·특수가연물을 저장 또는 취급하는 장소	1.7
비내화구조 특정소방대상물	2.1
내화구조 특정소방대상물	2.3
아파트 세대 내	2.6

+심화 헤드의 구조
① 프레임(frame): 스프링클러헤드의 나사 부분과 반사판을 연결하는 이음쇠 부분
② 디플렉터(deflector): 헤드에서 방출되는 물방울 입자의 크기와 방출각도를 조절하는 부분
③ 유리벌브(glass bulb): 감열체 중 유리구 안에 액체 등을 넣어 봉한 것
④ 퓨지블링크(fusible link): 감열체 중에서 이융성 금속으로 융착되거나 이융성 물질에 의해 조립된 것

(3) 헤드의 설치기준
① 무대부 또는 연소할 우려가 있는 개구부에는 개방형 스프링클러헤드를 설치한다.
② 다음에 해당하는 장소에는 조기반응형 스프링클러헤드를 설치한다.
㉠ 공동주택과 노유자시설의 거실
㉡ 오피스텔과 숙박시설의 침실
㉢ 병원과 의원의 입원실
③ 폐쇄형 스프링클러헤드는 그 설치장소의 평상시 최고 주위온도에 따라 다음의 표에 따른 적합한 표시온도의 것으로 설치한다.
← 높이가 4[m] 이상인 공장 및 창고(랙식 창고 포함)에는 주위온도와 관계없이 표시온도 121[℃] 이상의 것으로 할 수 있다.

설치장소의 최고 주위온도[℃]	표시온도[℃]
39 미만	79 미만
39 이상 64 미만	79 이상 121 미만
64 이상 106 미만	121 이상 162 미만
106 이상	162 이상

+심화 폐쇄형 헤드의 표시온도에 따른 색표시(퓨지블링크형)

표시온도[℃]	프레임의 색별
77 이하	색 표시 안함
78 ~ 120	흰색
121 ~ 162	파랑
163 ~ 203	빨강
204 ~ 259	초록
260 ~ 319	오렌지
320 이상	검정

④ 살수가 방해되지 않도록 스프링클러헤드로부터 반경 60[cm] 이상의 공간을 보유한다.
⑤ 벽과 스프링클러헤드 간의 공간은 10[cm] 이상으로 한다.
⑥ 스프링클러헤드와 그 부착면과의 거리는 30[cm] 이하로 한다.

⑦ 배관·행거 및 조명기구 등 살수를 방해하는 것이 있는 경우 그로부터 아래에 설치하여 살수에 장애가 없도록 한다. ← 스프링클러헤드와 장애물과의 이격거리를 장애물 폭의 3배 이상 확보한 경우에는 그렇지 않다.
⑧ 스프링클러헤드의 반사판은 그 부착면과 평행하게 설치한다.
  ← 측벽형 헤드 또는 연소할 우려가 있는 개구부에 설치하는 스프링클러헤드의 경우에는 그렇지 않다.
⑨ 천장의 기울기가 $\frac{1}{10}$을 초과하는 경우에는 가지관을 천장의 마루와 평행하게 다음의 기준에 따라 설치한다.
  ㉠ 천장의 최상부에 스프링클러헤드를 설치하는 경우 최상부에 설치하는 스프링클러헤드의 반사판을 수평으로 설치한다.
  ㉡ 천장의 최상부를 중심으로 가지관을 서로 마주보게 설치하는 경우 최상부의 가지관 상호 간의 거리가 가지관 상의 스프링클러헤드 상호 간의 거리의 $\frac{1}{2}$ 이하(최소 1[m])가 되게 설치한다.
  ㉢ 가지관의 최상부에 설치하는 스프링클러헤드는 천장의 최상부로부터 수직거리가 90[cm] 이하가 되도록 한다. ← 톱날지붕, 둥근지붕, 기타 이와 유사한 지붕의 경우에도 이와 같다.
⑩ 연소할 우려가 있는 개구부에는 그 상하좌우에 2.5[m] 간격으로 스프링클러헤드를 설치한다.
  ← 개구부의 폭이 2.5[m] 이하인 경우 중앙에 설치한다.
⑪ 헤드와 연소할 우려가 있는 개구부의 내측 면으로부터 직선거리는 15[cm] 이하가 되도록 한다.
⑫ 사람이 상시 출입하는 개구부에 설치한 헤드가 통행에 지장이 있는 경우 개구부의 상부 또는 측면(개구부의 폭이 9[m] 이하인 경우 限)에 헤드를 설치하고 상호 간의 간격은 1.2[m] 이하로 설치한다.
⑬ 습식 스프링클러설비 및 부압식 스프링클러설비 외의 설비에는 상향식 스프링클러헤드를 설치한다. 다음에 해당하는 경우에는 그렇지 않다.
  ㉠ 드라이펜던트 스프링클러헤드를 사용하는 경우
  ㉡ 스프링클러헤드의 설치장소가 동파의 우려가 없는 곳인 경우
  ㉢ 개방형 스프링클러헤드를 사용하는 경우
⑭ 측벽형 스프링클러헤드를 설치하는 경우 긴 변의 한쪽 벽에 일렬로 설치하고 3.6[m] 이내마다 설치한다. ← 폭이 4.5[m] 이상 9[m] 이하인 실에는 긴 변의 양쪽에 일렬로 나란히꼴이 되도록 설치한다.
⑮ 상부에 설치된 헤드의 방출수에 따라 감열부가 영향을 받을 우려가 있는 헤드에는 방출수를 차단할 수 있는 유효한 차폐판을 설치한다.
⑯ 특정소방대상물의 보와 가장 가까운 스프링클러헤드는 다음의 표에 따른 거리 미만이 되도록 한다.

헤드의 반사판 중심과 보의 수평거리	헤드의 반사판 높이와 보의 하단 높이의 수직거리
0.75[m] 미만	보의 하단보다 낮을 것
0.75[m] 이상 1[m] 미만	0.1[m] 미만
1[m] 이상 1.5[m] 미만	0.15[m] 미만
1.5[m] 이상	0.3[m] 미만

⑰ 천장 면에서 보의 하단까지의 길이가 55[cm]를 초과하고 보의 하단 측면 끝부분으로부터 헤드까지의 거리가 헤드 상호 간 거리의 1/2 이하인 경우 헤드와 그 부착면과의 거리를 55[cm] 이하로 할 수 있다.

8. 헤드의 설치제외

(1) 헤드의 설치제외 장소

① 계단실·특별피난계단의 부속실·경사로·승강기의 승강로·비상용승강기의 승강장·파이프덕트 및 덕트피트·목욕실·수영장(관람석 제외)·화장실·외기에 개방된 복도·기타 유사한 장소

② 통신기기실·전자기기실·기타 유사한 장소

③ 발전실·변전실·변압기·기타 유사한 전기설비가 설치된 장소

④ 병원의 수술실·응급처치실·기타 유사한 장소

⑤ 천장과 반자 양쪽이 불연재료로 되어있는 장소 중 다음에 해당하는 경우
  ㉠ 천장과 반자 사이의 거리가 2[m] 미만인 부분
  ㉡ 천장과 반자 사이의 벽이 불연재료이고, 천장과 반자 사이의 거리가 2[m] 이상이며 그 사이에 가연물이 존재하지 않는 부분

⑥ 천장·반자 중 한쪽이 불연재료로 되어 있고 천장과 반자 사이의 거리가 1[m] 미만인 부분

⑦ 천장 및 반자가 불연재료 외의 것으로 되어 있고 천장과 반자 사이의 거리가 0.5[m] 미만인 부분

⑧ 펌프실·물탱크실·엘리베이터 권상기실·기타 유사한 장소

⑨ 현관 또는 로비 등 바닥으로부터 높이가 20[m] 이상인 장소

⑩ 영하의 냉장창고의 냉장실 또는 냉동창고의 냉동실

⑪ 고온의 노가 설치된 장소 또는 물과 격렬하게 반응하는 물품의 저장 또는 취급장소

⑫ 불연재료로 된 특정소방대상물 또는 그 부분 중 다음에 해당하는 장소
  ㉠ 정수장·오물처리장·기타 유사한 장소
  ㉡ 펄프공장의 작업장·음료수 공장의 세정 또는 충전하는 작업장·기타 유사한 장소
  ㉢ 불연성의 금속·석재 등의 가공공장 중 가연성 물질을 저장 또는 취급하지 않는 장소
  ㉣ 가연성 물질이 존재하지 않는 방풍실

⑬ 실내에 설치된 테니스장·게이트볼장·정구장·기타 유사한 장소 중 실내 바닥·벽·천장이 불연재료 또는 준불연재료로 구성되어 있고, 가연물이 존재하지 않는 장소이며 관람석이 없는 운동시설 ← 지하층 제외

⑭ 건축법에 따라 설치된 아파트의 대피공간

(2) 헤드의 설치제외 개구부

연소할 우려가 있는 개구부에 다음의 기준에 따른 드렌처설비를 설치한 경우 스프링클러헤드를 설치하지 않을 수 있다.

① 드렌처헤드는 개구부 위 측에 2.5[m] 이내마다 1개 설치한다.

② 제어밸브(일제개방밸브·개폐표시형밸브 및 수동조작부)는 특정소방대상물의 층마다 바닥면으로부터 0.8[m] 이상 1.5[m] 이하의 위치에 설치한다.

③ 수원의 수량은 드렌처헤드가 가장 많이 설치된 제어밸브의 드렌처헤드 설치개수에 1.6[m^3]를 곱하여 얻은 수치 이상이 되도록 한다.

④ 드렌처설비는 드렌처헤드가 가장 많이 설치된 제어밸브의 드렌처헤드를 동시에 사용하는 경우 각각의 헤드선단에 방수압력이 0.1[MPa] 이상, 방수량이 80[L/min] 이상이 되도록 한다.

⑤ 수원에 연결하는 가압송수장치는 점검이 쉽고 화재 등의 재해로 인한 피해우려가 없는 장소에 설치한다.

PHASE 05 | 기타 스프링클러설비

1. 간이 스프링클러설비의 배관 및 밸브

(1) 배관의 설치기준

① 급수배관은 전용으로 한다.

② 상수도직결형의 경우 수도배관 호칭지름 32[mm] 이상의 배관으로 한다.

③ 간이헤드가 개방될 경우 유수신호 작동과 동시에 다른 용도로 사용하는 배관의 송수를 자동 차단할 수 있도록 하고, 배관과 연결되는 이음쇠 등의 부속품은 물이 고이는 현상을 방지하는 조치를 한다.

④ 급수배관에 설치되어 급수를 차단할 수 있는 개폐밸브는 개폐표시형으로 한다.

⑤ 펌프의 흡입 측 배관에는 버터플라이밸브 외의 개폐표시형 밸브를 설치한다.

⑥ 배관의 구경은 간이헤드 선단 방수압력이 0.1[MPa] 이상, 방수량이 50[L/min] 이상이 되도록 수리계산에 의하거나 다음의 표에 따른 기준에 따라 설치한다.

헤드의 수[개] \ 급수관의 구경[mm]	25	32	40	50	65	80	90	100	125	150
가	2	3	5	10	30	60	80	100	160	161 이상
나	2	4	7	15	30	60	65	100	160	161 이상

㉠ 폐쇄형 스프링클러헤드를 사용하는 설비의 경우 1개 층에 하나의 급수배관이 담당하는 구역의 최대 면적은 1,000[m²]를 초과하지 않도록 한다.

㉡ 폐쇄형 간이헤드를 설치하는 경우에는 "가"란의 헤드수에 따른다.

㉢ 폐쇄형 간이헤드를 설치하고 반자 아래의 헤드와 반자 속의 헤드를 동일 급수관의 가지관 상에 병설하는 경우에는 "나"란의 헤드수에 따른다.

㉣ "캐비닛형" 및 "상수도직결형"을 사용하는 경우 주배관은 32[mm], 수평주행배관은 32[mm], 가지배관은 25[mm] 이상으로 한다.

㉤ "캐비닛형" 및 "상수도직결형"을 사용하는 경우 하나의 가지배관에는 간이헤드를 3개 이내로 설치한다.

⑦ 배관의 구경을 수리계산에 따르는 경우 가지배관의 유속은 6[m/s], 그 밖의 배관의 유속은 10[m/s]를 초과하지 않도록 한다.

⑧ 펌프의 흡입 측 배관은 다음의 기준에 따라 설치한다.

㉠ 공기 고임이 생기지 않는 구조로 하고 여과장치를 설치한다.

㉡ 수조가 펌프보다 낮게 설치된 경우 각 펌프(충압펌프 포함)와 수조를 연결하는 배관은 별도로 설치한다.

⑨ 펌프의 성능시험배관은 다음의 기준에 따라 설치한다.
  ㉠ 성능시험배관은 펌프의 토출 측에 설치된 개폐밸브 이전에서 분기하여 직선으로 설치한다.
  ㉡ 유량측정장치를 기준으로 전단 직관부에는 개폐밸브를, 후단 직관부에는 유량조절밸브를 설치한다. ← 주배관 쪽에는 개폐밸브를, 바깥 쪽에는 유량조절밸브를 설치한다.
  ㉢ 성능시험배관의 호칭지름은 유량측정장치의 호칭지름에 따라 정한다.
  ㉣ 유량측정장치는 펌프 정격토출량의 175[%] 이상까지 측정할 수 있는 성능이 있어야 한다.
⑩ 가압송수장치의 체절운전 시 수온의 상승을 방지하기 위하여 체크밸브와 펌프 사이에서 분기한 구경 20[mm] 이상의 배관에 체절압력 미만에서 개방되는 릴리프밸브를 설치한다.
⑪ 배관은 동결방지조치를 하거나 동결의 우려가 없는 장소에 설치한다.
⑫ 가지배관의 배열은 다음의 기준에 따라 설치한다.
  ㉠ 토너먼트 배관방식이 아니어야 한다.
  ㉡ 교차배관에서 분기되는 지점을 기점으로 한 쪽 가지배관에 설치되는 헤드의 개수는 8개 이하로 한다.
  ㉢ 가지배관과 헤드 사이의 배관을 신축배관으로 하는 경우 소방청장이 정하여 고시한 기준에 적합한 것으로 설치한다.
⑬ 가지배관에 하향식간이헤드를 설치하는 경우 가지배관으로부터 간이헤드에 이르는 헤드접속배관은 가지배관 상부에서 분기한다.
⑭ 소화설비용 수원의 수질이 먹는물의 수질기준에 적합하고 덮개가 있는 저수조로부터 물을 공급받는 경우 가지배관의 측면 또는 하부에서 분기할 수 있다.
⑮ 준비작동식 유수검지장치를 사용하는 간이스프링클러설비에 있어서 유수검지장치 2차 측 배관의 부대설비에는 개폐표시형밸브를 설치한다.
⑯ ⑮의 개폐표시형밸브와 준비작동식 유수검지장치 사이의 배관은 다음의 기준에 따라 설치한다.
  ㉠ 수직배수배관과 연결하고 동 연결배관 상에는 개폐밸브를 설치한다.
  ㉡ 자동배수장치 및 압력스위치를 설치한다.
  ㉢ 압력스위치는 수신부에서 준비작동식 유수검지장치의 개방 여부를 확인할 수 있게 설치한다.
⑰ 간이스프링클러설비에는 유수검지장치를 시험할 수 있는 시험장치를 다음의 기준에 따라 설치한다. ← 준비작동식 유수검지장치를 설치하는 경우 제외
  ㉠ 펌프를 가압송수장치로 사용하는 경우 유수검지장치 2차 측 배관에 연결하여 설치하고, 펌프 외의 가압송수장치를 사용하는 경우 유수검지장치에서 가장 먼 거리에 위치한 가지배관의 끝으로부터 연결하여 설치한다.
  ㉡ 시험장치 배관의 구경은 25[mm] 이상으로 하고, 그 끝에 개폐밸브 및 개방형 간이헤드 또는 간이스프링클러헤드와 동등한 방수성능을 가진 오리피스를 설치한다.
  ← 개방형 간이헤드는 반사판 및 프레임을 제거한 오리피스만으로 설치할 수 있다.
  ㉢ 시험배관의 끝에는 물받이 통 및 배수관을 설치하여 시험 중 방사된 물이 바닥에 흘러내리지 않도록 한다. ← 목욕실·화장실 등 배수처리가 쉬운 장소에 시험배관을 설치한 경우 제외

⑱ 배관에 설치되는 행거는 다음의 기준에 따라 설치한다.
  ㉠ 가지배관에는 헤드의 설치지점 사이마다 1개 이상의 행거를 설치하고, 헤드 간의 거리가 3.5[m]를 초과하는 경우에는 3.5[m] 이내마다 1개 이상 설치한다.
  ㉡ 상향식 헤드와 행거 사이에는 8[cm] 이상의 간격을 둔다.
  ㉢ 교차배관에는 가지배관과 가지배관 사이마다 1개 이상의 행거를 설치하고, 가지배관 사이의 거리가 4.5[m]를 초과하는 경우에는 4.5[m] 이내마다 1개 이상 설치한다.
  ㉣ 가지배관과 교차배관의 수평주행배관에는 4.5[m] 이내마다 1개 이상 설치한다.
⑲ 급수배관에 설치되어 급수를 차단할 수 있는 개폐밸브에는 그 밸브의 개폐상태를 감시제어반에서 확인할 수 있도록 급수개폐밸브 작동표시 스위치를 다음의 기준에 따라 설치한다.
  ㉠ 급수개폐밸브가 잠길 경우 탬퍼스위치의 동작으로 인하여 감시제어반 또는 수신기에 표시하고 경보음을 발한다.
  ㉡ 탬퍼스위치는 감시제어반 또는 수신기에서 동작의 유무 확인과 동작시험, 도통시험을 할 수 있어야 한다.
  ㉢ 급수개폐밸브의 작동표시 스위치에 사용되는 전기배선은 내화전선 또는 내열전선으로 설치한다.
⑳ 간이스프링클러설비 배관의 배수를 위한 기울기는 수평으로 한다.
  ← 배관의 구조상 소화수가 남아 있는 곳에는 배수밸브를 설치한다.
㉑ 간이스프링클러설비의 배관 및 밸브 등의 순서는 다음의 기준에 따라 설치한다.
  ㉠ 상수도직결형은 수도용 계량기, 급수차단장치, 개폐표시형밸브, 체크밸브, 압력계, 유수검지장치, 2개의 시험밸브의 순으로 설치한다.
  ㉡ 간이스프링클러설비 이외의 상수도 배관에는 화재 시 배관을 차단할 수 있는 급수차단장치를 설치한다.
  ㉢ 펌프 등의 가압송수장치를 이용하여 배관 및 밸브 등을 설치하는 경우에는 수원, 연성계 또는 진공계, 펌프 또는 압력수조, 압력계, 체크밸브, 성능시험배관, 개폐표시형밸브, 유수검지장치, 시험밸브의 순으로 설치한다.
  ㉣ 가압수조를 가압송수장치로 이용하여 배관 및 밸브 등을 설치하는 경우에는 수원, 가압수조, 압력계, 체크밸브, 성능시험배관, 개폐표시형밸브, 유수검지장치, 2개의 시험밸브의 순으로 설치한다.
  ㉤ 캐비닛형의 가압송수장치에 배관 및 밸브 등을 설치하는 경우에는 수원, 연성계 또는 진공계, 펌프 또는 압력수조, 압력계, 체크밸브, 개폐표시형밸브, 2개의 시험밸브의 순으로 설치한다.
㉒ 배관은 다른 설비의 배관과 쉽게 구분이 될 수 있는 위치에 설치하거나, 그 배관표면 또는 보온재 표면에 색상으로 식별이 가능하도록 표시한다.
㉓ 확관형 분기배관을 사용할 경우 소방청장이 정하여 고시한 기준에 적합한 것으로 설치한다.

2. 화재조기진압용 스프링클러설비의 설치장소

(1) 설치장소

랙을 갖춘 것으로서 천장 또는 반자의 높이가 10[m]를 초과하고, 랙이 설치된 층의 바닥면적의 합계가 1,500[m²] 이상인 경우에는 모든 층 ← 충족하지 못하는 경우 일반적인 스프링클러설비를 설치한다.

(2) 설치장소의 구조기준

① 해당 층의 높이가 13.7[m] 이하이어야 한다.
② 2층 이상인 층에서는 해당 층의 바닥을 내화구조로 하고 다른 부분과 방화구획한다.
③ 천장의 기울기가 $\frac{168}{1,000}$을 초과하지 않고, 초과하는 경우 반자를 지면과 수평으로 설치한다.
④ 천장은 평평해야 하고, 철재나 목재트러스 구조인 경우 철재나 목재의 돌출 부분이 102[mm]를 초과하지 않아야 한다.
⑤ 보로 사용되는 목재·콘크리트 및 철재 사이의 간격은 0.9[m] 이상 2.3[m] 이하이어야 한다.
⑥ 보의 간격이 2.3[m] 이상인 경우 화재조기진압용 스프링클러헤드의 동작을 원활히 하기 위해 보로 구획된 부분의 천장 및 반자의 넓이가 28[m²]를 초과하지 않아야 한다.
⑦ 창고 내의 선반 등의 형태는 하부로 물이 침투되는 구조이어야 한다.

3. 화재조기진압용 스프링클러설비의 배관

(1) 배관의 설치기준

① 배관은 습식으로 한다.
② 급수배관은 전용으로 한다.
③ 화재조기진압용 스프링클러설비의 기동장치가 작동할 때 다른 설비용 배관의 송수를 차단할 수 있거나, 스프링클러설비의 성능에 지장이 없는 경우 급수배관을 다른 설비와 겸용할 수 있다.
④ 급수배관에 설치되어 급수를 차단할 수 있는 개폐밸브는 개폐표시형으로 한다.
⑤ 펌프의 흡입 측 배관에는 버터플라이밸브 외의 개폐표시형 밸브를 설치한다.
⑥ 배관의 구경은 가압송수장치의 정격토출압력과 송수량 기준에 적합하도록 수리계산에 따라 설치한다.
⑦ 배관의 구경을 수리계산에 따르는 경우 가지배관의 유속은 6[m/s], 그 밖의 배관의 유속은 10[m/s]를 초과하지 않도록 한다.
⑧ 펌프의 흡입 측 배관은 다음의 기준에 따라 설치한다.
  ㉠ 공기 고임이 생기지 않는 구조로 하고 여과장치를 설치한다.
  ㉡ 수조가 펌프보다 낮게 설치된 경우 각 펌프(충압펌프 포함)와 수조를 연결하는 배관은 별도로 설치한다.
⑨ 펌프의 성능시험배관은 다음의 기준에 따라 설치한다.
  ㉠ 성능시험배관은 펌프의 토출 측에 설치된 개폐밸브 이전에서 분기하여 직선으로 설치한다.
  ㉡ 유량측정장치를 기준으로 전단 직관부에는 개폐밸브를, 후단 직관부에는 유량조절밸브를 설치한다. ← 주배관 쪽에는 개폐밸브를, 바깥 쪽에는 유량조절밸브를 설치한다.
  ㉢ 성능시험배관의 호칭지름은 유량측정장치의 호칭지름에 따라 정한다.
  ㉣ 유량측정장치는 펌프 정격토출량의 175[%] 이상까지 측정할 수 있는 성능이 있어야 한다.

⑩ 가압송수장치의 체절운전 시 수온의 상승을 방지하기 위하여 체크밸브와 펌프 사이에서 분기한 구경 20[mm] 이상의 배관에 체절압력 미만에서 개방되는 릴리프밸브를 설치한다.
⑪ 배관은 동결방지조치를 하거나 동결의 우려가 없는 장소에 설치한다.
⑫ 가지배관의 배열은 다음의 기준에 따라 설치한다.
　㉠ 토너먼트 배관방식이 아니어야 한다.
　㉡ 가지배관 사이의 거리는 2.4[m] 이상 3.7[m] 이하로 한다.
　㉢ 천장의 높이가 9.1[m] 이상 13.7[m] 이하인 경우 가지배관 사이의 거리는 2.4[m] 이상 3.1[m] 이하로 한다.
　㉣ 교차배관에서 분기되는 지점을 기점으로 한 쪽 가지배관에 설치되는 헤드의 개수는 8개 이하로 한다.
　㉤ 가지배관과 헤드 사이의 배관을 신축배관으로 하는 경우 소방청장이 정하여 고시한 기준에 적합한 것으로 설치한다.
⑬ 교차배관의 위치·청소구 및 가지배관의 헤드설치는 다음의 기준에 따른다.
　㉠ 교차배관은 가지배관과 수평으로 설치하거나 또는 가지배관 밑에 설치하고, 최소구경이 40[mm] 이상이 되도록 한다.
　㉡ 청소구는 교차배관 끝에 40[mm] 이상 크기의 개폐밸브를 설치하고, 호스접결이 가능한 나사식 또는 고정배수 배관식으로 한다.
　㉢ 하향식 헤드를 설치하는 경우 가지배관으로부터 헤드에 이르는 헤드접속배관은 가지배관 상부에서 분기한다.
⑭ 화재조기진압용 스프링클러설비에는 유수검지장치를 시험할 수 있는 시험장치를 다음의 기준에 따라 설치한다.
　㉠ 유수검지장치 2차 측 배관에 연결하여 설치한다.
　㉡ 시험장치 배관의 구경은 32[mm] 이상으로 하고, 그 끝에 개폐밸브 및 개방형 헤드 또는 화재조기진압용 스프링클러헤드와 동등한 방수성능을 가진 오리피스를 설치한다.
　　← 개방형 헤드는 반사판 및 프레임을 제거한 오리피스만으로 설치할 수 있다.
　㉢ 시험배관의 끝에는 물받이 통 및 배수관을 설치하여 시험 중 방사된 물이 바닥에 흘러내리지 않도록 한다. ← 목욕실·화장실 등 배수처리가 쉬운 장소에 시험배관을 설치한 경우 제외
⑮ 배관에 설치되는 행거는 다음의 기준에 따라 설치한다.
　㉠ 가지배관에는 헤드의 설치지점 사이마다 1개 이상의 행거를 설치하고, 헤드 간의 거리가 3.5[m]를 초과하는 경우에는 3.5[m] 이내마다 1개 이상 설치한다.
　㉡ 상향식 헤드와 행거 사이에는 8[cm] 이상의 간격을 둔다.
　㉢ 교차배관에는 가지배관과 가지배관 사이마다 1개 이상의 행거를 설치하고, 가지배관 사이의 거리가 4.5[m]를 초과하는 경우에는 4.5[m] 이내마다 1개 이상 설치한다.
　㉣ 가지배관과 교차배관의 수평주행배관에는 4.5[m] 이내마다 1개 이상 설치한다.
⑯ 수직배수배관의 구경은 50[mm] 이상으로 한다.

⑰ 급수배관에 설치되어 급수를 차단할 수 있는 개폐밸브에는 그 밸브의 개폐상태를 감시제어반에서 확인할 수 있도록 급수개폐밸브 작동표시 스위치를 다음의 기준에 따라 설치한다.
  ㉠ 급수개폐밸브가 잠길 경우 탬퍼스위치의 동작으로 인하여 감시제어반 또는 수신기에 표시하고 경보음을 발한다.
  ㉡ 탬퍼스위치는 감시제어반 또는 수신기에서 동작의 유무 확인과 동작시험, 도통시험을 할 수 있어야 한다.
  ㉢ 급수개폐밸브의 작동표시 스위치에 사용되는 전기배선은 내화전선 또는 내열전선으로 설치한다.
⑱ 배관은 수평으로 설치하고, 배관의 구조상 소화수가 남아 있는 곳에는 배수밸브를 설치한다.
⑲ 배관은 다른 설비의 배관과 쉽게 구분이 될 수 있는 위치에 설치하거나, 그 배관표면 또는 보온재 표면에 색상으로 식별이 가능하도록 표시한다.
⑳ 확관형 분기배관을 사용할 경우 소방청장이 정하여 고시한 기준에 적합한 것으로 설치한다.

4. 화재조기진압용 스프링클러설비의 헤드

(1) 헤드의 설치기준
  ① 헤드 하나의 방호면적은 $6.0[m^2]$ 이상 $9.3[m^2]$ 이하로 한다.
  ② 가지배관의 헤드 사이의 거리는 천장의 높이에 따라 다음의 표에 따른 기준으로 한다.

천장의 높이[m]	헤드 사이의 거리[m]
9.1 미만	2.4 이상 3.7 이하
9.1 이상 13.7 이하	3.1 이하

  ③ 헤드의 반사판은 천장 또는 반자와 평행하게 설치하고 저장물의 최상부와 914[mm] 이상 확보되도록 한다.
  ④ 하향식 헤드의 반사판 위치는 천장이나 반자 아래 125[mm] 이상 355[mm] 이하로 한다.

PHASE 06 | 물분무 소화설비

1. 물분무 소화설비

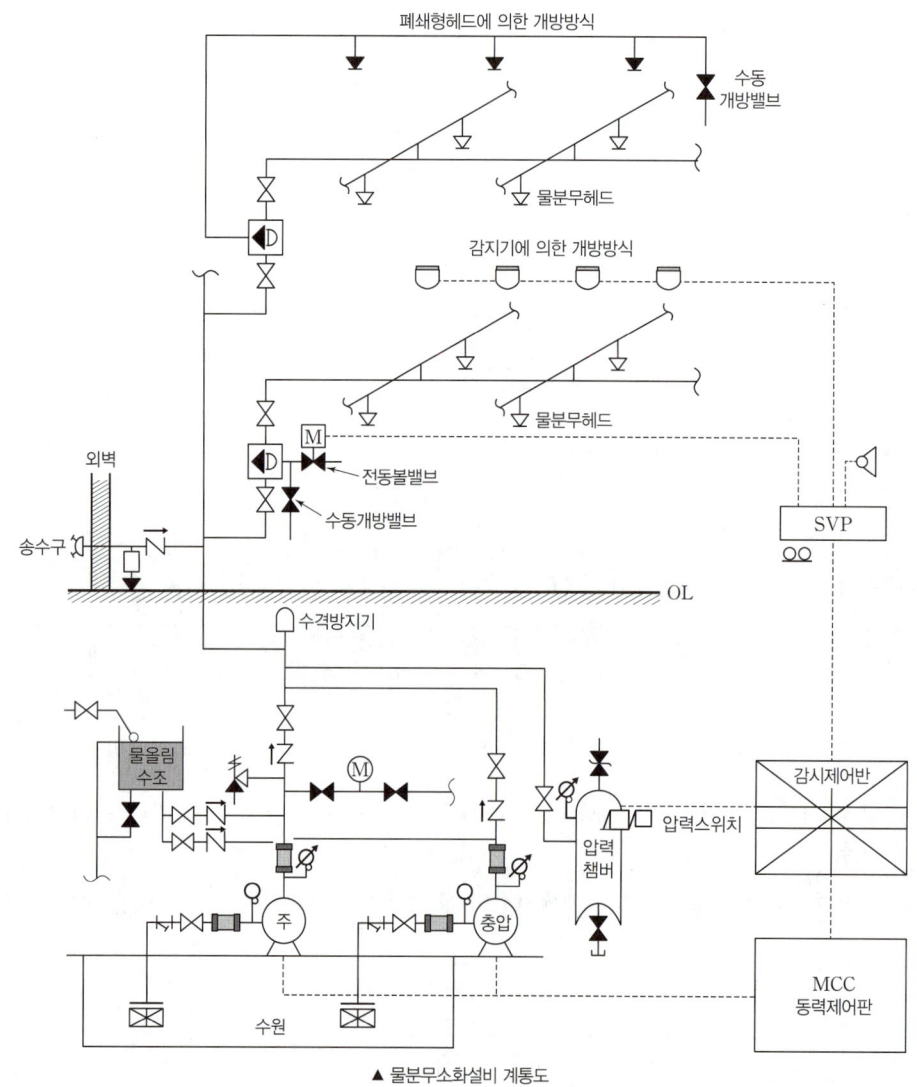

▲ 물분무소화설비 계통도

| 물분무 헤드 | 화재 시 직선류 또는 나선류의 물을 충돌·확산시켜 미립상태로 분무함으로써 소화하는 헤드 |

2. 수원

(1) 저수량의 산정기준 실기

① 특수가연물을 저장 또는 취급하는 특정소방대상물 또는 그 부분에 있어서 그 바닥면적(최소 50[m²]) 1[m²]에 대하여 10[L/min]로 20분 간 방수할 수 있는 양 이상으로 한다.

② 차고 또는 주차장은 그 바닥면적(최소 50[m²]) 1[m²]에 대하여 20[L/min]로 20분 간 방수할 수 있는 양 이상으로 한다.

③ 절연유 봉입 변압기는 바닥 부분을 제외한 표면적을 합한 면적 1[m²]에 대하여 10[L/min]로 20분 간 방수할 수 있는 양 이상으로 한다.

④ 케이블트레이, 케이블덕트 등은 투영된 바닥면적 1[m²]에 대하여 12[L/min]로 20분 간 방수할 수 있는 양 이상으로 한다.

⑤ 콘베이어 벨트 등은 벨트 부분의 바닥면적 1[m²]에 대하여 10[L/min]로 20분 간 방수할 수 있는 양 이상으로 한다.

⑥ 다른 설비와 겸용하여 수조를 설치하는 경우에는 물분무소화설비의 풋밸브·흡수구 또는 수직배관의 급수구와 다른 설비의 풋밸브·흡수구 또는 수직배관의 급수구 사이의 수량을 유효수량으로 한다.

(2) 수조의 설치기준

① 수원을 수조로 설치하는 경우에는 소화설비의 전용수조로 한다.

② 전용수조는 다음의 기준에 따라 설치한다.
　㉠ 점검에 편리한 곳에 설치한다.
　㉡ 동결방지조치를 하거나 동결의 우려가 없는 장소에 설치한다.
　㉢ 수조의 외측에 수위계를 설치한다.
　㉣ 구조상 수위계를 설치할 수 없는 경우 수조의 맨홀 등을 통하여 수조 안의 물의 양을 쉽게 확인할 수 있도록 한다.
　㉤ 수조의 상단이 바닥보다 높은 경우 수조의 외측에 고정식 사다리를 설치한다.
　㉥ 수조가 실내에 설치된 경우 그 실내에 조명설비를 설치한다.
　㉦ 수조의 밑 부분에는 청소용 배수밸브 또는 배수관을 설치한다.
　㉧ 수조 외측의 보기 쉬운 곳에 "물분무소화설비용 수조"라고 표시한 표지를 한다. 다른 설비와 겸용하는 경우 그 겸용되는 설비의 이름을 표시한 표지를 함께 한다.
　㉨ 소화설비용 펌프의 흡수배관 또는 소화설비의 수직배관과 수조의 접속부분에는 "물분무소화설비용 배관"이라고 표시한 표지를 한다. 수조와 가까운 장소에 소화설비용 펌프가 설치되고 펌프에 "물분무소화설비소화펌프"라고 표시한 표지를 설치한 경우 그렇지 않다.

③ 수원은 다음에 해당하는 경우 전용수조로 설치하지 않을 수 있다.
　㉠ 펌프의 풋밸브 또는 흡수배관의 흡수구를 다른 설비의 풋밸브 또는 흡수구보다 낮은 위치에 설치한 경우
　㉡ 자연낙차압력을 이용한 고가수조로부터 물분무소화설비의 수직배관에 물을 공급하는 급수구를 다른 설비의 급수구보다 낮은 위치에 설치한 경우

3. 가압송수장치

(1) 전동기 또는 내연기관에 따른 펌프를 이용하는 가압송수장치의 설치기준
  ① 쉽게 접근할 수 있고 점검하기에 충분한 공간이 있는 장소로서 화재 및 침수 등의 재해로 인한 피해를 받을 우려가 없는 곳에 설치한다.
  ② 펌프의 1분 당 토출량은 물분무소화설비 저수량의 산정기준에 따라 설치한다.
  ③ 펌프의 양정은 다음의 식에 따라 계산하여 나온 수치 이상 유지되도록 한다.

$$H = h_1 + h_2$$

H: 필요한 낙차[m], h_1: 물분무헤드의 설계압력 환산수두[m], h_2: 배관의 마찰손실수두[m]

  ④ 동결방지조치를 하거나 동결의 우려가 없는 장소에 설치한다.
  ⑤ 펌프는 전용으로 한다.
  ⑥ 다른 소화설비와 겸용하는 경우 각각의 소화설비의 성능에 지장이 없을 때에는 전용으로 하지 않을 수 있다.
  ⑦ 펌프의 토출 측에는 압력계를 체크밸브 이전 펌프 토출 측 플랜지에서 가까운 곳에 설치하고, 흡입 측에는 연성계 또는 진공계를 설치한다.
  ⑧ 수원의 수위가 펌프의 위치보다 높거나 수직 회전축펌프의 경우에는 연성계 또는 진공계를 설치하지 않을 수 있다.
  ⑨ 펌프의 성능은 체절운전 시 정격토출압력의 140[%]를 초과하지 않고, 정격토출량의 150[%]로 운전 시 정격토출압력의 65[%] 이상이 되어야 하며, 펌프의 성능을 시험할 수 있는 성능시험배관을 설치한다. ← 충압펌프의 경우에는 그렇지 않다.
  ⑩ 가압송수장치에는 체절운전 시 수온의 상승을 방지하기 위한 순환배관을 설치한다.
    ← 충압펌프의 경우에는 그렇지 않다.
  ⑪ 기동장치로는 기동용 수압개폐장치 또는 이와 동등 이상의 성능이 있는 것을 설치한다.
  ⑫ 기동용 수압개폐장치 중 압력챔버를 사용할 경우 그 용적은 100[L] 이상으로 한다.
  ⑬ 수원의 수위가 펌프보다 낮은 위치에 있는 가압송수장치에는 물올림장치를 다음의 기준에 따라 설치한다.
    ㉠ 물올림장치에는 전용의 수조를 설치한다.
    ㉡ 수조의 유효수량은 100[L] 이상으로 하고, 구경 15[mm] 이상의 급수배관에 따라 해당 수조에 물이 계속 보급되도록 한다.
  ⑭ 기동용 수압개폐장치를 기동장치로 사용할 경우 충압펌프를 다음의 기준에 따라 설치한다.
    ㉠ 펌프의 토출압력은 그 설비의 최고위 호스접결구의 자연압보다 적어도 0.2[MPa] 더 크도록 하거나 가압송수장치의 정격토출압력과 같게 한다.
    ㉡ 펌프의 정격토출량은 정상적인 누설량보다 적어서는 안된다.
    ㉢ 펌프의 정격토출량은 물분무소화설비가 자동적으로 작동할 수 있도록 충분한 토출량을 유지한다.
  ⑮ 내연기관을 사용하는 경우 제어반에 따라 내연기관의 자동기동 및 수동기동이 가능하고, 상시 충전되어 있는 축전지설비를 갖춘다.

⑯ 가압송수장치에는 "물분무소화설비 소화펌프"라고 표시한 표지를 한다. 다른 설비와 겸용하는 경우 그 겸용되는 설비의 이름을 표시한 표지를 함께 한다.

⑰ 가압송수장치가 기동이 된 경우 자동으로 정지되지 않도록 한다. ← 충압펌프의 경우에는 그렇지 않다.

⑱ 가압송수장치는 부식 등으로 인한 펌프의 고착을 방지할 수 있도록 다음의 기준에 따라 설치한다. ← 충압펌프의 경우에는 그렇지 않다.

㉠ 임펠러는 청동 또는 스테인리스 등 부식에 강한 재질을 사용한다.

㉡ 펌프축은 스테인리스 등 부식에 강한 재질을 사용한다.

(2) 고가수조의 자연낙차를 이용한 가압송수장치의 설치기준

① 고가수조의 자연낙차수두는 다음의 식에 따라 계산하여 나온 수치 이상 유지되도록 한다.

$$H = h_1 + h_2$$

H : 필요한 낙차[m], h_1 : 물분무헤드의 설계압력 환산수두[m], h_2 : 배관의 마찰손실수두[m]

② 고가수조에는 수위계·배수관·급수관·오버플로우관 및 맨홀을 설치한다.

(3) 압력수조를 이용한 가압송수장치의 설치기준

① 압력수조의 압력은 다음의 식에 따라 계산하여 나온 수치 이상 유지되도록 한다.

$$P = p_1 + p_2 + p_3$$

P : 필요한 압력[MPa], p_1 : 물분무헤드의 설계압력[MPa], p_2 : 배관의 마찰손실수두압[MPa], p_3 : 낙차의 환산수두압[MPa]

② 압력수조에는 수위계·급수관·배수관·급기관·맨홀·압력계·안전장치 및 압력저하 방지를 위한 자동식 공기압축기를 설치한다.

(4) 가압수조를 이용한 가압송수장치의 설치기준

① 가압수조의 압력은 펌프를 이용하는 가압송수장치에 따른 방수압 및 단위 면적 당 방수량을 20분 이상 유지되도록 한다.

② 가압수조 및 가압원은 건축법에 따른 방화구획 된 장소에 설치한다.

③ 가압수조를 이용한 가압송수장치는 소방청장이 정하여 고시한 기준에 적합한 것으로 설치한다.

4. 배관

(1) 배관의 종류

배관과 배관이음쇠는 다음에 해당하는 것으로 사용한다.

① 배관 내 사용압력이 1.2[MPa] 미만인 경우

㉠ 배관용 탄소 강관(KS D 3507)

㉡ 이음매 없는 구리 및 구리합금관(KS D 5301) ← 습식의 배관인 경우에만 사용한다.

㉢ 배관용 스테인리스 강관(KS D 3576) 또는 일반배관용 스테인리스 강관(KS D 3595)

㉣ 덕타일 주철관(KS D 4311)

② 배관 내 사용압력이 1.2[MPa] 이상인 경우

㉠ 압력 배관용 탄소 강관(KS D 3562)

㉡ 배관용 아크용접 탄소강 강관(KS D 3583)

③ 소방용 합성수지배관으로 사용할 수 있는 경우
  ㉠ 배관을 지하에 매설하는 경우
  ㉡ 다른 부분과 내화구조로 구획된 덕트 또는 피트의 내부에 설치하는 경우
  ㉢ 천장과 반자를 불연재료 또는 준불연재료로 설치하고 소화배관 내부에 항상 소화수가 채워진 상태로 설치하는 경우

(2) 배관의 설치기준
  ① 급수배관은 전용으로 한다.
  ② 물분무소화설비 기동장치가 작동할 때 다른 설비용 배관의 송수를 차단할 수 있거나, 물분무소화설비의 성능에 지장이 없는 경우 급수배관을 다른 설비와 겸용할 수 있다.
  ③ 펌프의 흡입 측 배관은 다음의 기준에 따라 설치한다.
    ㉠ 공기 고임이 생기지 않는 구조로 하고 여과장치를 설치한다.
    ㉡ 수조가 펌프보다 낮게 설치된 경우 각 펌프(충압펌프 포함)와 수조를 연결하는 배관은 별도로 설치한다.
  ④ 펌프의 성능시험배관은 다음의 기준에 따라 설치한다.
    ㉠ 성능시험배관은 펌프의 토출 측에 설치된 개폐밸브 이전에서 분기하여 직선으로 설치한다.
    ㉡ 유량측정장치를 기준으로 전단 직관부에는 개폐밸브를, 후단 직관부에는 유량조절밸브를 설치한다. ← 주배관 쪽에는 개폐밸브를, 바깥 쪽에는 유량조절밸브를 설치한다.
    ㉢ 성능시험배관의 호칭지름은 유량측정장치의 호칭지름에 따라 정한다.
    ㉣ 유량측정장치는 펌프 정격토출량의 175[%] 이상까지 측정할 수 있는 성능이 있어야 한다.
  ⑤ 가압송수장치의 체절운전 시 수온의 상승을 방지하기 위하여 체크밸브와 펌프 사이에서 분기한 구경 20[mm] 이상의 배관에 체절압력 미만에서 개방되는 릴리프밸브를 설치한다.
  ⑥ 배관은 동결방지조치를 하거나 동결의 우려가 없는 장소에 설치한다.
  ⑦ 급수배관에 설치되어 급수를 차단할 수 있는 개폐밸브는 개폐표시형으로 한다.
  ⑧ 펌프의 흡입측 배관에는 버터플라이밸브 외의 개폐표시형 밸브를 설치한다.
  ⑨ ⑦에 따른 개폐밸브에는 그 밸브의 개폐상태를 감시제어반에서 확인할 수 있도록 급수개폐밸브 작동표시 스위치를 다음의 기준에 따라 설치한다.
    ㉠ 급수개폐밸브가 잠길 경우 탬퍼스위치의 동작으로 인하여 감시제어반 또는 수신기에 표시되어야 하며 경보음을 발해야 한다.
    ㉡ 탬퍼스위치는 감시제어반 또는 수신기에서 동작의 유무 확인과 동작시험, 도통시험을 할 수 있어야 한다.
    ㉢ 급수개폐밸브의 작동표시 스위치에 사용되는 전기배선은 내화전선 또는 내열전선으로 설치한다.
  ⑩ 배관은 다른 설비의 배관과 쉽게 구분이 될 수 있는 위치에 설치하거나, 그 배관표면 또는 보온재 표면에 색상으로 식별이 가능하도록 표시한다.
  ⑪ 확관형 분기배관을 사용할 경우 소방청장이 정하여 고시한 기준에 적합한 것으로 설치한다.

5. 송수구

(1) 송수구의 설치기준
① 송수구는 화재 층으로부터 지면으로 떨어지는 유리창 등이 송수 및 그 밖의 소화작업에 지장을 주지 않는 장소에 설치한다.
② 가연성가스의 저장·취급시설에 설치하는 경우 그 방호대상물로부터 20[m] 이상의 거리를 두거나, 방호대상물에 면하는 부분이 높이 1.5[m] 이상 폭 2.5[m] 이상의 철근콘크리트 벽으로 가려진 장소에 설치한다.
③ 송수구로부터 물분무소화설비의 주배관에 이르는 연결배관에 개폐밸브를 설치한 경우 그 개폐 상태를 쉽게 확인 및 조작할 수 있는 옥외 또는 기계실 등의 장소에 송수구를 설치한다.
④ 송수구는 구경 65[mm]의 쌍구형으로 한다.
⑤ 송수구에는 그 가까운 곳의 보기 쉬운 곳에 송수압력범위를 표시한 표지를 한다.
⑥ 송수구는 하나의 층의 바닥면적이 3,000[m²]를 넘을 때마다 1개 이상(최대 5개)을 설치한다.
⑦ 지면으로부터 높이가 0.5[m] 이상 1[m] 이하의 위치에 설치한다.
⑧ 송수구의 부근에는 자동배수밸브(또는 직경 5[mm]의 배수공) 및 체크밸브를 설치한다.
⑨ 자동배수밸브는 배관 안의 물이 잘 빠질 수 있는 위치에 설치한다.
⑩ 자동배수밸브를 통한 배수로 인하여 다른 물건이나 장소에 피해를 주지 않아야 한다.
⑪ 송수구에는 이물질을 막기 위한 마개를 씌운다.

6. 물분무 헤드

(1) 물분무 헤드의 설치기준
① 물분무 헤드는 표준방사량으로 해당 방호대상물의 화재를 유효하게 소화하는데 필요한 수를 적정한 위치에 설치한다.
② 고압의 전기기기가 있는 장소는 전기의 절연을 위하여 전기기기와 물분무 헤드 사이에 다음의 표에 따른 거리를 둔다.

> **+ 심화 물분무소화**
>
> 물분무, 미분무소화는 물을 미세한 입자 형태로 방출하는 소화방식(무상주수)으로 입자 사이가 공기로 절연되어 있기 때문에 물방울 크기가 더 큰 적상주수나 물줄기 형태의 봉상주수와는 다르게 전기화재에도 적응성이 있다.

전압[kV]	거리[cm]
66 이하	70 이상
66 초과 77 이하	80 이상
77 초과 110 이하	110 이상
110 초과 154 이하	150 이상
154 초과 181 이하	180 이상
181 초과 220 이하	210 이상
220 초과 275 이하	260 이상

> **+ 심화** 물분무 헤드의 종류
>
>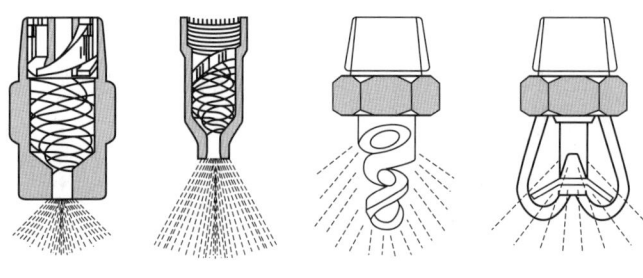
>
> ▲ 충돌형　　▲ 분사형　　▲ 선회류형　　▲ 디프렉터형
>
> ① 충돌형: 유수와 유수의 충돌에 의해 미세한 물방울을 만드는 물분무헤드
> ② 분사형: 소구경의 오리피스로부터 고압으로 분사하여 미세한 물방울을 만드는 물분무헤드
> ③ 선회류형: 선회류에 의해 확산방출 하든가 선회류와 직선류의 충돌에 의해 확산 방출하여 미세한 물방울로 만드는 물분무헤드
> ④ 디프렉타형: 수류를 살수판에 충돌하여 미세한 물방울을 만드는 물분무헤드
> ⑤ 슬리트형: 수류를 슬리트에 의해 방출하여 수막상의 분무를 만드는 물분무헤드

7. 배수설비

(1) 배수설비의 설치기준

물분무 소화설비를 설치하는 차고 또는 주차장에는 배수장치를 다음의 기준에 따라 설치한다.
① 차량이 주차하는 장소의 적당한 곳에 높이 10[cm] 이상의 경계턱으로 배수구를 설치한다.
② 배수구에는 새어 나온 기름을 모아 소화할 수 있도록 길이 40[m] 이하마다 집수관·소화핏트 등 기름분리장치를 설치한다.
③ 차량이 주차하는 바닥은 배수구를 향하여 $\dfrac{2}{100}$ 이상의 기울기를 유지한다.
④ 배수설비는 가압송수장치의 최대송수능력의 수량을 유효하게 배수할 수 있는 크기 및 기울기로 한다.

8. 물분무 헤드의 설치제외

(1) 물분무 헤드의 설치제외 장소
① 물이 심하게 반응하는 물질 또는 물과 반응하여 위험한 물질을 생성하는 물질을 저장 또는 취급하는 장소
② 고온의 물질 및 증류범위가 넓어 끓어 넘치는 위험이 있는 물질을 저장 또는 취급하는 장소
③ 운전 시에 표면의 온도가 260[°C] 이상으로 되는 등 직접 분무를 하는 경우 그 부분에 손상을 입힐 우려가 있는 기계장치 등이 있는 장소

PHASE 07 | 미분무 소화설비

1. 용어의 정의

미분무 소화설비	가압된 물이 헤드 통과 후 미세한 입자로 분무됨으로써 소화성능을 가지는 설비
미분무	헤드로부터 방출되는 물입자 중 99[%]의 누적체적분포가 400[μm] 이하로 분무되고 A, B, C급 화재에 적응성을 갖는 것
미분무헤드	하나 이상의 오리피스를 가지고 미분무소화설비에 사용되는 헤드
개방형 미분무헤드	감열체 없이 방수구가 항상 열려져 있는 헤드
폐쇄형 미분무헤드	정상상태에서 방수구를 막고 있는 감열체가 일정온도에서 자동적으로 파괴 · 용융 또는 이탈됨으로써 방수구가 개방되는 헤드
저압 미분무소화설비	최고사용압력이 1.2[MPa] 이하인 미분무소화설비
중압 미분무소화설비	사용압력이 1.2[MPa]을 초과하고 3.5[MPa] 이하인 미분무소화설비
고압 미분무소화설비	최저사용압력이 3.5[MPa]을 초과하는 미분무소화설비
폐쇄형 미분무소화설비	배관 내에 항상 물 또는 공기 등이 가압되어 있다가 화재로 인한 열로 폐쇄형 미분무헤드가 개방되면서 소화수를 방출하는 방식의 미분무소화설비
개방형 미분무소화설비	화재감지기의 신호를 받아 가압송수장치를 동작시켜 미분무수를 방출하는 방식의 미분무소화설비
유수검지장치 (패들형 포함)	유수현상을 자동적으로 검지하여 신호 또는 경보를 발하는 장치
전역방출방식	소화약제 공급장치에 배관 및 분사헤드 등을 고정 설치하여 밀폐 방호구역 내에 소화약제를 방출하는 방식
국소방출방식	소화약제 공급장치에 배관 및 분사헤드를 설치하여 직접 화점에 소화약제를 방출하는 방식
호스릴방식	소화수 또는 소화약제 저장용기 등에 연결된 호스릴을 이용하여 사람이 직접 화점에 소화수 또는 소화약제를 방출하는 방식
교차회로방식	하나의 방호구역 내에 둘 이상의 화재감지기회로를 설치하고 인접한 둘 이상의 화재감지기에 화재가 감지되는 때에 소화설비가 작동하는 방식
가압수조	가압원인 압축공기 또는 불연성 기체의 압력으로 소화용수를 가압하여 그 압력으로 급수하는 수조
개폐표시형밸브	밸브의 개폐여부를 외부에서 식별이 가능한 밸브
연소할 우려가 있는 개구부	각 방화구획을 관통하는 컨베이어 · 에스컬레이터 또는 이와 유사한 시설의 주위로서 방화구획을 할 수 없는 부분
설계도서	점화원, 연료의 특성과 형태 등에 따라서 건축물에서 발생할 수 있는 화재의 유형이 고려되어 작성된 것
호스릴	원형의 소방호스를 원형의 수납장치에 감아 정리한 것

2. 설계도서 작성

(1) 설계도서의 작성기준
① 설계도서는 일반설계도서와 특별설계도서로 구분한다.
② 미분무소화설비의 성능을 확인하기 위해 하나의 발화원을 가정한 설계도서는 다음의 기준에 따라 작성한다.
　㉠ 점화원의 형태
　㉡ 초기 점화되는 연료 유형
　㉢ 화재 위치
　㉣ 문과 창문의 초기상태(열림, 닫힘) 및 시간에 따른 변화상태
　㉤ 공기조화설비, 자연형(문, 창문) 및 기계형 여부
　㉥ 시공 유형과 내장재 유형
③ 일반설계도서는 유사한 특정소방대상물의 화재사례 등을 이용하여 작성한다.
④ 특별설계도서는 일반설계도서에서 발화 장소 등을 변경하여 위험도를 높게 만들어 작성한다.
⑤ 작성한 설계도서 외에도 검증된 기준에서 정하고 있는 것을 사용하는 경우 적합한 도서로 인정할 수 있다.

3. 배관

(1) 배관의 종류
① 미분무소화설비에 사용되는 구성요소는 STS304 이상의 재료를 사용한다.
② 배관은 배관용 스테인리스 강관(KS D 3576)이나 동등 이상의 강도·내식성 및 내열성을 가진 것으로 한다.
③ 용접을 하는 경우 용접찌꺼기 등이 남아 있지 않고 부식의 우려가 없는 용접방식으로 한다.

(2) 배관의 설치기준
① 급수배관은 전용으로 한다.
② 급수배관에 설치되어 급수를 차단할 수 있는 개폐밸브는 개폐표시형으로 한다.
③ 펌프의 흡입 측 배관에는 버터플라이밸브 외의 개폐표시형 밸브를 설치한다.
④ 펌프의 성능시험배관은 다음의 기준에 따라 설치한다.
　㉠ 성능시험배관은 펌프의 토출 측에 설치된 개폐밸브 이전에서 분기하여 직선으로 설치한다.
　㉡ 유량측정장치를 기준으로 전단 직관부에는 개폐밸브를, 후단 직관부에는 유량조절밸브를 설치한다. ← 주배관 쪽에는 개폐밸브, 바깥 쪽에는 유량조절밸브를 설치한다.
　㉢ 성능시험배관의 호칭지름은 유량측정장치의 호칭지름에 따라 정한다.
　㉣ 유입구에는 개폐밸브를 설치한다.
　㉤ 유량측정장치는 펌프 정격토출량의 175[%] 이상까지 측정할 수 있는 성능이 있어야 한다.
　㉥ 가압송수장치의 체절운전 시 수온의 상승을 방지하기 위하여 체크밸브와 펌프 사이에서 분기한 구경 20[mm] 이상의 배관에 체절압력 미만에서 개방되는 릴리프밸브를 설치한다.

⑤ 배관은 동결방지조치를 하거나 동결의 우려가 없는 장소에 설치한다.
⑥ 교차배관의 위치·청소구 및 가지배관의 헤드설치는 다음의 기준에 따른다.
  ㉠ 교차배관은 가지배관과 수평으로 설치하거나 또는 가지배관 밑에 설치한다.
  ㉡ 청소구는 교차배관 끝에 개폐밸브를 설치하고, 호스접결이 가능한 나사식 또는 고정배수 배관식으로 한다. ← 나사식의 개폐밸브는 나사보호용의 캡으로 마감한다.
⑦ 미분무소화설비에는 동 장치를 시험할 수 있는 시험장치를 다음의 기준에 따라 설치한다.
  ← 개방형 헤드를 설치하는 경우 제외
  ㉠ 가압송수장치에서 가장 먼 거리에 위치한 가지배관의 끝으로부터 연결하여 설치한다.
  ㉡ 시험장치 배관의 구경은 가압장치에서 가장 먼 가지배관의 구경과 동일한 구경으로 하고, 그 끝에 개방형 헤드를 설치한다. ← 개방형 헤드는 동일한 형태의 오리피스만으로 설치할 수 있다.
  ㉢ 시험배관의 끝에는 물받이 통 및 배수관을 설치하여 시험 중 방사된 물이 바닥에 흘러내리지 않도록 한다. ← 목욕실·화장실 등 배수처리가 쉬운 장소에 시험배관을 설치한 경우 제외
⑧ 배관에 설치되는 행거는 다음의 기준에 따라 설치한다.
  ㉠ 가지배관에는 헤드의 설치지점 사이마다 교차배관에는 가지배관과 가지배관 사이마다 1개 이상의 행거를 설치한다.
  ㉡ 가지배관과 교차배관의 수평주행배관에는 4.5[m] 이내마다 1개 이상 설치한다.
⑨ 수직배수배관의 구경은 50[mm] 이상으로 한다.
  ← 수직배관의 구경이 50[mm] 미만인 경우 수직배관의 구경과 동일하게 설치할 수 있다.
⑩ 주차장의 미분무소화설비는 습식 외의 방식으로 한다. 주차장이 벽 등으로 차단되어 있고 출입구가 자동으로 열리고 닫히는 구조인 것 중 다음에 해당하는 경우에는 습식으로 할 수 있다.
  ㉠ 동절기에 상시 난방이 되는 곳이거나 그 밖의 동결의 염려가 없는 곳
  ㉡ 미분무소화설비의 동결을 방지할 수 있는 구조 또는 장치가 되어있는 곳
⑪ 급수배관에 설치되어 급수를 차단할 수 있는 개폐밸브에는 그 밸브의 개폐상태를 감시제어반에서 확인할 수 있도록 급수개폐밸브 작동표시 스위치를 다음의 기준에 따라 설치한다.
  ㉠ 급수개폐밸브가 잠길 경우 탬퍼스위치의 동작으로 인하여 감시제어반 또는 수신기에 표시하고 경보음을 발한다.
  ㉡ 탬퍼스위치는 감시제어반 또는 수신기에서 동작의 유무 확인과 동작시험, 도통시험을 할 수 있어야 한다.
  ㉢ 급수개폐밸브의 작동표시 스위치에 사용되는 전기배선은 내화전선 또는 내열전선으로 설치한다.
⑫ 미분무설비 배관의 배수를 위한 기울기는 다음의 기준에 따라 설치한다.
  ㉠ 폐쇄형 미분무소화설비의 배관은 수평으로 한다.
  ㉡ 배관의 구조 상 소화수가 남아있는 곳에는 배수밸브를 설치한다.
  ㉢ 개방형 미분무소화설비의 배관은 헤드를 향하여 상향으로 수평주행배관의 기울기를 $\frac{1}{500}$ 이상, 가지배관의 기울기를 $\frac{1}{250}$ 이상으로 한다.
  ㉣ 구조 상 기울기를 줄 수 없는 경우 배수를 원활하게 할 수 있도록 배수밸브를 설치한다.
⑬ 배관은 다른 설비의 배관과 쉽게 구분이 될 수 있는 위치에 설치하거나, 그 배관표면 또는 보온재 표면에 색상으로 식별이 가능하도록 표시한다.

⑭ 호스릴방식은 다음의 기준에 따라 설치한다.
　㉠ 차고 또는 주차장 외의 장소에 설치하고 방호대상물의 각 부분으로부터 하나의 호스 접결구까지의 수평거리가 25[m] 이하가 되도록 한다.
　㉡ 소화약제 저장용기의 개방밸브는 호스의 설치장소에서 수동으로 개폐할 수 있는 것으로 한다.
　㉢ 소화약제 저장용기의 가장 가까운 곳의 보기 쉬운 곳에 표시등을 설치하고, "호스릴 미분무 소화설비"라고 표시한 표지를 한다.
　㉣ 그 밖의 사항은 옥내소화전설비의 화재안전기준에 적합하게 한다.

4. 음향장치 및 기동장치

(1) 음향장치 및 기동장치의 설치기준
① 폐쇄형 미분무헤드가 개방되면 화재신호를 발신하고 그에 따라 음향장치가 경보되도록 한다.
② 개방형 미분무소화설비는 화재감지기의 감지에 따라 음향장치가 경보되도록 한다.
③ 개방형 미분무소화설비의 화재감지기 회로를 교차회로방식으로 하는 경우 하나의 화재감지기 회로가 화재를 감지하는 때에도 음향장치가 경보되도록 한다.
④ 음향장치는 방호구역 또는 방수구역마다 설치하고 그 구역의 각 부분으로부터 하나의 음향장치까지의 수평거리는 25[m] 이하가 되도록 한다.
⑤ 음향장치는 경종 또는 사이렌(전자식 사이렌 포함)으로 하고, 주위의 소음 및 다른 용도의 경보와 구별이 가능한 음색으로 한다.
⑥ 음향장치의 경종 또는 사이렌은 자동화재탐지설비·비상벨설비 또는 자동식사이렌설비의 음향장치와 겸용할 수 있다.
⑦ 주음향장치는 수신기 내부 또는 그 근처에 설치한다.
⑧ 층수가 11층(공동주택의 경우 16층) 이상의 소방대상물에서는 2층 이상의 층에서 발화한 경우 발화층과 그 직상 4개층, 1층에서 발화한 경우 발화층과 그 직상 4개층 및 지하층, 지하층에서 발화한 경우 발화층과 그 직상층 및 기타의 지하층에 경보를 발한다.
⑨ 음향장치는 다음의 기준에 따른 구조 및 성능으로 한다.
　㉠ 정격전압의 80[%] 전압에서 음향을 발할 수 있는 것으로 한다.
　㉡ 음향의 크기는 부착된 음향장치의 중심으로부터 1[m] 떨어진 위치에서 90[dB] 이상으로 한다.
⑩ 화재감지기 회로에는 다음의 기준에 따른 발신기를 설치한다. ← 자동화재탐지설비의 발신기가 설치된 경우 제외
　㉠ 조작이 쉬운 장소에 설치한다.
　㉡ 스위치는 바닥으로부터 0.8[m] 이상 1.5[m] 이하의 높이에 설치한다.
　㉢ 소방대상물의 층마다 설치하고 해당 소방대상물의 각 부분으로부터 수평거리가 25[m] 이하가 되도록 한다.
　㉣ 복도 또는 별도로 구획된 실로서 보행거리가 40[m] 이상일 경우에는 추가로 설치한다.
　㉤ 발신기의 위치를 표시하는 표시등은 함의 상부에 설치하고 그 불빛은 부착면으로부터 15° 이상의 범위 안에서 부착지점으로부터 10[m] 이내의 어느 곳에서도 쉽게 식별할 수 있는 적색등으로 한다.

PHASE 08 | 포 소화설비

1. 용어의 정의

전역방출방식	소화약제 공급장치에 배관 및 분사헤드 등을 고정 설치하여 밀폐 방호구역 내에 소화약제를 방출하는 방식
국소방출방식	소화약제 공급장치에 배관 및 분사헤드를 설치하여 직접 화점에 소화약제를 방출하는 방식
팽창비	최종 발생한 포 체적을 포 발생 전의 포 수용액의 체적으로 나눈 값
포워터 스프링클러설비	포워터 스프링클러헤드를 사용하는 포소화설비
고정포 방출설비	고정포방출구를 사용하는 설비
호스릴 포소화설비	호스릴 포방수구·호스릴 및 이동식 포노즐을 사용하는 설비
포소화전설비	포소화전방수구·호스 및 이동식 포노즐을 사용하는 설비
송액관	수원으로부터 포헤드·고정포방출구 또는 이동식 포노즐 등에 급수하는 배관
압축공기포소화설비	압축공기 또는 압축질소를 일정비율로 포수용액에 강제 주입하여 혼합하는 방식
호스릴	원형의 형태를 유지하고 있는 소방호스를 수납장치에 감아 정리한 것

2. 종류 및 적응성

(1) 특정소방대상물별 포소화설비의 적응성

특정소방대상물	적응성이 있는 포소화설비
특수가연물을 저장·취급하는 공장 또는 창고	포워터스프링클러설비 포헤드설비 고정포방출설비 압축공기포소화설비
차고 또는 주차장	
항공기격납고	
발전기실, 엔진펌프실, 변압기, 전기케이블실, 유압설비	고정식 압축공기포소화설비 (바닥면적의 합계 300[m²] 미만인 장소 限)

① 차고 또는 주차장에는 다음에 해당하는 경우 호스릴포소화설비 또는 포소화전설비를 설치할 수 있다.
  ㉠ 완전 개방된 옥상주차장 또는 고가 밑의 주차장 중 주된 벽이 없고 기둥 뿐이거나 주위가 위해방지용 철주 등으로 둘러싸인 부분
  ㉡ 지상 1층으로서 지붕이 없는 부분
② 항공기격납고의 바닥면적 합계가 1,000[m²] 이상이고 항공기의 격납위치가 한정되어 있는 경우에는 그 한정된 장소 외의 부분에 대해서 호스릴포소화설비를 설치할 수 있다.

3. 가압송수장치

(1) 전동기 또는 내연기관에 따른 펌프를 이용하는 가압송수장치의 설치기준 ← 주펌프는 전동기에 따른 펌프로 설치한다.

① 쉽게 접근할 수 있고 점검하기에 충분한 공간이 있는 장소로서 화재 및 침수 등의 재해로 인한 피해를 받을 우려가 없는 곳에 설치한다.

② 동결방지조치를 하거나 동결의 우려가 없는 장소에 설치한다.

③ 소화약제가 변질될 우려가 없는 곳에 설치한다.

④ 펌프의 토출량은 포헤드·고정포방출구 또는 이동식 포노즐의 설계압력 또는 노즐의 방사압력의 허용범위 안에서 포수용액을 방출 또는 방사할 수 있는 양 이상이 되도록 한다.

⑤ 펌프는 전용으로 한다.

⑥ 다른 소화설비와 겸용하는 경우 각각의 소화설비의 성능에 지장이 없을 때에는 전용으로 하지 않을 수 있다.

⑦ 펌프의 양정은 다음의 식에 따라 계산하여 나온 수치 이상이 되도록 한다.

$$H = h_1 + h_2 + h_3 + h_4$$

H: 펌프의 양정[m], h_1: 방출구의 설계압력 환산수두 또는 노즐 선단의 방사압력 환산수두[m], h_2: 배관의 마찰손실수두[m], h_3: 낙차[m], h_4: 소방용 호스의 마찰손실수두[m]

⑧ 펌프의 토출 측에는 압력계를 체크밸브 이전 펌프 토출 측 플랜지에서 가까운 곳에 설치하고, 흡입 측에는 연성계 또는 진공계를 설치한다.

⑨ 수원의 수위가 펌프의 위치보다 높거나 수직 회전축펌프의 경우에는 연성계 또는 진공계를 설치하지 않을 수 있다.

⑩ 펌프의 성능은 체절운전 시 정격토출압력의 140[%]를 초과하지 않고, 정격토출량의 150[%]로 운전 시 정격토출압력의 65[%] 이상이 되어야 하며, 펌프의 성능을 시험할 수 있는 성능시험배관을 설치한다. ← 충압펌프의 경우에는 그렇지 않다.

⑪ 가압송수장치에는 체절운전 시 수온의 상승을 방지하기 위한 순환배관을 설치한다.
← 충압펌프의 경우에는 그렇지 않다.

⑫ 기동장치로는 기동용 수압개폐장치 또는 이와 동등 이상의 성능이 있는 것을 설치한다.

⑬ 기동용 수압개폐장치 중 압력챔버를 사용할 경우 그 용적은 100[L] 이상으로 한다.

⑭ 수원의 수위가 펌프보다 낮은 위치에 있는 가압송수장치에는 물올림장치를 다음의 기준에 따라 설치한다.

  ㉠ 물올림장치에는 전용의 수조를 설치한다.

  ㉡ 수조의 유효수량은 100[L] 이상으로 하고, 구경 15[mm] 이상의 급수배관에 따라 해당 수조에 물이 계속 보급되도록 한다.

⑮ 기동용 수압개폐장치를 기동장치로 사용할 경우 충압펌프를 다음의 기준에 따라 설치한다.
  ㉠ 호스릴포소화설비 또는 포소화전설비를 설치한 경우 소화용 급수펌프로 상시 충압이 가능하고 1개의 호스릴포방수구 또는 포소화전방수구를 개방할 때 급수펌프가 정지되는 시간 없이 지속적으로 작동될 수 있고 ㉡의 성능을 갖춘 경우 충압펌프를 별도로 설치하지 않을 수 있다.
  ㉡ 펌프의 토출압력은 그 설비의 최고위 일제개방밸브·포소화전 또는 호스릴포방수구의 자연압보다 적어도 0.2[MPa] 더 크도록 하거나 가압송수장치의 정격토출압력과 같게 한다.
  ㉢ 펌프의 정격토출량은 정상적인 누설량보다 적어서는 안된다.
  ㉣ 펌프의 정격토출량은 포소화설비가 자동적으로 작동할 수 있도록 충분한 토출량을 유지한다.
⑯ 내연기관을 사용하는 경우 제어반에 따라 내연기관의 자동기동 및 수동기동이 가능하고, 상시 충전되어 있는 축전지설비를 갖춘다.
⑰ 가압송수장치에는 "포소화설비펌프"라고 표시한 표지를 한다. 다른 설비와 겸용하는 경우 그 겸용되는 설비의 이름을 표시한 표지를 함께 한다.
⑱ 가압송수장치가 기동이 된 경우 자동으로 정지되지 않도록 한다. ← 충압펌프의 경우에는 그렇지 않다.
⑲ 압축공기포소화설비에 설치되는 펌프의 양정은 0.4[MPa] 이상이 되어야 한다.
  ← 자동으로 급수장치를 설치한 경우 전용펌프를 설치하지 않을 수 있다.
⑳ 가압송수장치는 부식 등으로 인한 펌프의 고착을 방지할 수 있도록 다음의 기준에 따라 설치한다. ← 충압펌프의 경우에는 그렇지 않다.
  ㉠ 임펠러는 청동 또는 스테인리스 등 부식에 강한 재질을 사용한다.
  ㉡ 펌프축은 스테인리스 등 부식에 강한 재질을 사용한다.

(2) 고가수조의 자연낙차를 이용한 가압송수장치의 설치기준
  ① 고가수조의 자연낙차수두는 다음의 식에 따라 계산하여 나온 수치 이상 유지되도록 한다.

$$H = h_1 + h_2 + h_3$$

H : 필요한 낙차[m], h_1 : 방출구의 설계압력 환산수두 또는 노즐 선단의 방사압력 환산수두[m],
h_2 : 배관의 마찰손실수두[m], h_3 : 호스의 마찰손실수두[m]

  ② 고가수조에는 수위계·배수관·급수관·오버플로우관 및 맨홀을 설치한다.

(3) 압력수조를 이용한 가압송수장치의 설치기준
  ① 압력수조의 압력은 다음의 식에 따라 계산하여 나온 수치 이상 유지되도록 한다.

$$P = p_1 + p_2 + p_3 + p_4$$

P : 필요한 압력[MPa], p_1 : 방출구의 설계압력 환산수두 또는 노즐 선단의 방사압력[MPa],
p_2 : 배관의 마찰손실수두압[MPa], p_3 : 낙차의 환산수두압[MPa], p_4 : 호스의 마찰손실수두압[MPa]

  ② 압력수조에는 수위계·급수관·배수관·급기관·맨홀·압력계·안전장치 및 압력저하 방지를 위한 자동식 공기압축기를 설치한다.

(4) 가압수조를 이용한 가압송수장치의 설치기준
① 가압송수장치에는 포헤드·고정포방출구 또는 이동식 포노즐의 방사압력이 설계압력 또는 방사압력의 허용범위를 넘지 않도록 감압장치를 설치한다.
② 가압송수장치는 다음의 표에 따른 표준방사량을 방사할 수 있도록 한다.

구분	표준방사량
포워터스프링클러헤드	75[L/min] 이상
포헤드·고정포방출구 또는 이동식 포노즐·압축공기포헤드	각 포헤드·고정포방출구 또는 이동식 포노즐의 설계압력에 따라 방출되는 소화약제의 양

③ 가압수조의 압력은 ②에 따른 방사량 및 방사압을 20분 이상 유지되도록 한다.
④ 가압수조 및 가압원은 건축법에 따른 방화구획 된 장소에 설치한다.
⑤ 가압수조를 이용한 가압송수장치는 소방청장이 정하여 고시한 기준에 적합한 것으로 설치한다.

4. 배관

(1) 배관의 종류

배관과 배관이음쇠는 다음에 해당하는 것으로 사용한다.

① 배관 내 사용압력이 1.2[MPa] 미만인 경우
  ㉠ 배관용 탄소 강관(KS D 3507)
  ㉡ 이음매 없는 구리 및 구리합금관(KS D 5301) ← 습식의 배관인 경우에만 사용한다.
  ㉢ 배관용 스테인리스 강관(KS D 3576) 또는 일반배관용 스테인리스 강관(KS D 3595)
  ㉣ 덕타일 주철관(KS D 4311)

② 배관 내 사용압력이 1.2[MPa] 이상인 경우
  ㉠ 압력 배관용 탄소 강관(KS D 3562)
  ㉡ 배관용 아크용접 탄소강 강관(KS D 3583)

③ 소방용 합성수지배관으로 사용할 수 있는 경우
  ㉠ 배관을 지하에 매설하는 경우
  ㉡ 다른 부분과 내화구조로 구획된 덕트 또는 피트의 내부에 설치하는 경우
  ㉢ 천장과 반자를 불연재료 또는 준불연재료로 설치하고 소화배관 내부에 항상 소화수가 채워진 상태로 설치하는 경우

(2) 배관의 설치기준 실기
① 송액관은 포의 방출 종료 후 배관 안의 액을 배출하기 위하여 적당한 기울기를 유지하도록 하고 그 낮은 부분에 배액밸브를 설치한다.
② 포워터스프링클러설비 또는 포헤드설비의 가지배관의 배열은 토너먼트방식이 아니어야 하며, 교차배관에서 분기하는 지점을 기점으로 한쪽 가지배관에 설치하는 헤드의 수는 8개 이하로 한다.
③ 송액관은 전용으로 한다.
④ 송액관은 포소화전의 기동장치의 조작과 동시에 다른 설비의 용도에 사용하는 배관의 송수를 차단할 수 있거나, 포소화설비의 성능에 지장이 없는 경우에는 다른 설비와 겸용할 수 있다.
⑤ 펌프의 흡입 측 배관은 다음의 기준에 따라 설치한다.
  ㉠ 공기 고임이 생기지 않는 구조로 하고 여과장치를 설치한다.
  ㉡ 수조가 펌프보다 낮게 설치된 경우 각 펌프와 수조를 연결하는 배관은 별도로 설치한다.
⑥ 펌프의 성능시험배관은 다음의 기준에 따라 설치한다.
  ㉠ 성능시험배관은 펌프의 토출 측에 설치된 개폐밸브 이전에서 분기하여 직선으로 설치한다.
  ㉡ 유량측정장치를 기준으로 전단 직관부에는 개폐밸브를, 후단 직관부에는 유량조절밸브를 설치한다. ← 주배관 쪽에는 개폐밸브를, 바깥 쪽에는 유량조절밸브를 설치한다.
  ㉢ 성능시험배관의 호칭지름은 유량측정장치의 호칭지름에 따라 정한다.
  ㉣ 유량측정장치는 펌프 정격토출량의 175[%] 이상까지 측정할 수 있는 성능이 있어야 한다.
⑦ 가압송수장치의 체절운전 시 수온의 상승을 방지하기 위하여 체크밸브와 펌프 사이에서 분기한 구경 20[mm] 이상의 배관에 체절압력 미만에서 개방되는 릴리프밸브를 설치한다.
⑧ 배관은 동결방지조치를 하거나 동결의 우려가 없는 장소에 설치한다.
⑨ 급수배관에 설치되어 급수를 차단할 수 있는 개폐밸브(포헤드·고정포방출구 또는 이동식 포노즐 제외)는 개폐표시형으로 한다.
⑩ 펌프의 흡입측 배관에는 버터플라이밸브 외의 개폐표시형 밸브를 설치한다.
⑪ ⑨에 따른 개폐밸브에는 그 밸브의 개폐상태를 감시제어반에서 확인할 수 있도록 급수개폐밸브 작동표시 스위치를 다음의 기준에 따라 설치한다.
  ㉠ 급수개폐밸브가 잠길 경우 탬퍼스위치의 동작으로 인하여 감시제어반 또는 수신기에 표시되어야 하며 경보음을 발해야 한다.
  ㉡ 탬퍼스위치는 감시제어반 또는 수신기에서 동작의 유무 확인과 동작시험, 도통시험을 할 수 있어야 한다.
  ㉢ 급수개폐밸브의 작동표시 스위치에 사용되는 전기배선은 내화전선 또는 내열전선으로 설치한다.

⑫ 배관은 다른 설비의 배관과 쉽게 구분이 될 수 있는 위치에 설치하거나, 그 배관표면 또는 보온재 표면에 색상으로 식별이 가능하도록 표시한다.
⑬ 포소화설비에는 소방차로부터 그 설비에 송수할 수 있는 송수구를 다음의 기준에 따라 설치한다.
　㉠ 화재 층으로부터 지면으로 떨어지는 유리창 등이 송수 및 그 밖의 소화작업에 지장을 주지 않는 장소에 설치한다.
　㉡ 송수구로부터 포소화설비의 주배관에 이르는 연결배관에 개폐밸브를 설치한 경우 그 개폐상태를 쉽게 확인 및 조작할 수 있는 옥외 또는 기계실 등의 장소에 송수구를 설치한다.
　㉢ 송수구는 구경 65[mm]의 쌍구형으로 한다.
　㉣ 송수구에는 그 가까운 곳의 보기 쉬운 곳에 송수압력범위를 표시한 표지를 한다.
　㉤ 송수구는 하나의 층의 바닥면적이 3,000[m²]를 넘을 때마다 1개 이상(최대 5개)을 설치한다.
　㉥ 지면으로부터 높이가 0.5[m] 이상 1[m] 이하의 위치에 설치한다.
　㉦ 송수구의 부근에는 자동배수밸브(또는 직경 5[mm]의 배수공) 및 체크밸브를 설치한다.
　㉧ 자동배수밸브는 배관 안의 물이 잘 빠질 수 있는 위치에 설치한다.
　㉨ 자동배수밸브를 통한 배수로 인하여 다른 물건이나 장소에 피해를 주지 않아야 한다.
　㉩ 송수구에는 이물질을 막기 위한 마개를 씌운다.
　㉪ 압축공기포소화설비를 스프링클러 보조설비로 설치하거나 압축공기포소화설비에 자동으로 급수되는 장치를 설치한 경우 송수구를 설치하지 않을 수 있다.
⑭ 압축공기포소화설비의 배관은 토너먼트방식으로 해야 하고 소화약제가 균일하게 방출되는 등거리 배관구조로 설치한다.
⑮ 확관형 분기배관을 사용하는 경우 소방청장이 정하여 고시한 기준에 적합한 것으로 설치한다.

5. 저장탱크 실기

(1) 저장탱크의 설치기준
　① 화재 등의 재해로 인한 피해를 받을 우려가 없는 장소에 설치한다.
　② 기온의 변동으로 포의 발생에 장애를 주지 않는 장소에 설치한다.
　　← 기온의 변동에 영향을 받지 않는 포소화약제의 경우에는 그렇지 않다.
　③ 포소화약제가 변질될 우려가 없고 점검에 편리한 장소에 설치한다.
　④ 가압송수장치 또는 포소화약제 혼합장치의 기동에 따라 압력이 가해지는 것 또는 상시 가압된 상태로 사용되는 것은 압력계를 설치한다.
　⑤ 포소화약제 저장량의 확인이 쉽도록 액면계 또는 계량봉 등을 설치한다.
　⑥ 가압식이 아닌 저장탱크는 글라스게이지를 설치하여 액량을 측정할 수 있는 구조로 한다.

(2) 저장량의 산정기준 실기
　① 고정포방출구방식은 다음의 양을 합한 양 이상으로 한다.
　　㉠ 고정포방출구에서 방출하기 위하여 필요한 양

$$Q = A \times Q_1 \times T \times S$$

Q: 포소화약제의 양[L], A: 저장탱크의 액표면적[m²], Q_1: 단위 포소화수용액의 양[$L/m^2 \cdot min$],
T: 방출시간[min], S: 포소화약제의 사용농도[%]

　　㉡ 보조 소화전에서 방출하기 위하여 필요한 양

$$Q = N \times S \times 8,000[L]$$

Q: 포소화약제의 양[L], N: 호스 접결구 개수(최대 3개), S: 포소화약제의 사용농도[%]

　　㉢ 가장 먼 탱크까지의 송액관에 충전하기 위하여 필요한 양　← 송액관의 내경이 75[mm] 이하인 경우 무시한다.

$$Q = V \times S \times 1,000[L/m^3]$$

Q: 포소화약제의 양[L], V: 송액관 내부의 체적[m³], S: 포소화약제의 사용농도[%]

　② 옥내포소화전방식 또는 <u>호스릴방식</u>은 다음의 식에 따라 산출한 양 이상으로 한다.
　　← 바닥면적이 200[m²] 미만인 건축물은 산출한 양의 75[%]로 할 수 있다.

$$Q = N \times S \times 6,000[L]$$

Q: 포소화약제의 양[L], N: 호스 접결구 개수(최대 5개), S: 포소화약제의 사용농도[%]

　③ 포헤드방식 및 압축공기포소화설비는 하나의 방사구역 안에 설치된 포헤드를 동시에 개방하여 표준방사량으로 10분간 방사할 수 있는 양 이상으로 한다.

6. 혼합장치

포소화약제의 혼합장치는 포소화약제의 사용농도에 적합한 수용액으로 혼합할 수 있도록 다음에 해당하는 방식으로 한다.

(1) 펌프 프로포셔너 방식

펌프의 토출관과 흡입관 사이의 배관 도중에 설치한 흡입기에 펌프에서 토출된 물의 일부를 보내고, 농도 조정밸브에서 조정된 포 소화약제의 필요량을 포 소화약제 저장탱크에서 펌프 흡입측으로 보내어 이를 혼합하는 방식

▲ 펌프 프로포셔너방식

(2) 프레셔 프로포셔너 방식

펌프와 발포기의 중간에 설치된 벤추리관의 벤추리작용과 펌프 가압수의 포 소화약제 저장탱크에 대한 압력에 따라 포 소화약제를 흡입·혼합하는 방식

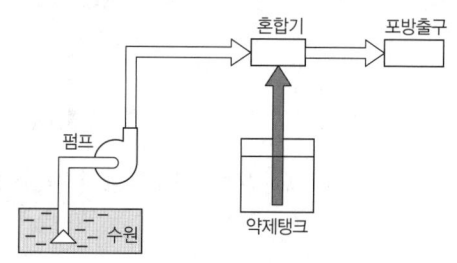

▲ 프레셔 프로포셔너방식

(3) 라인 프로포셔너 방식

펌프와 발포기의 중간에 설치된 벤추리관의 벤추리작용에 따라 포 소화약제를 흡입·혼합하는 방식

▲ 라인 프로포셔너방식

(4) 프레셔사이드 프로포셔너 방식

펌프의 토출관에 압입기를 설치하여 포 소화약제 압입용 펌프로 포 소화약제를 압입시켜 혼합하는 방식

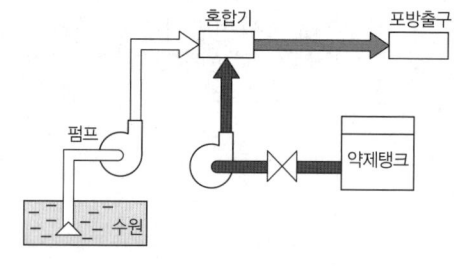

▲ 프레셔사이드 프로포셔너방식

(5) 압축공기포 믹싱챔버 방식

물, 포소화약제 및 공기를 믹싱챔버로 강제주입시켜 챔버 내에서 포수용액을 생성한 후 포를 방사하는 방식

7. 기동장치

(1) 수동식 기동장치의 설치기준
① 직접조작 또는 원격조작에 따라 가압송수장치·수동식 개방밸브 및 소화약제 혼합장치를 기동할 수 있는 것으로 한다.
② 2 이상의 방사구역을 가진 포소화설비에는 방사구역을 선택할 수 있는 구조로 한다.
③ 기동장치의 조작부는 화재 시 쉽게 접근할 수 있는 곳에 설치하되, 바닥으로부터 0.8[m] 이상 1.5[m] 이하의 위치에 설치하고, 유효한 보호장치를 설치한다.
④ 기동장치의 조작부 및 호스 접결구에는 가까운 곳의 보기 쉬운 곳에 각각 "기동장치의 조작부" 및 "접결구"라고 표시한 표지를 한다.
⑤ 차고 또는 주차장에 설치하는 포소화설비의 수동식 기동장치는 방사구역마다 1개 이상 설치한다.
⑥ 항공기 격납고에 설치하는 포소화설비의 수동식 기동장치는 각 방사구역마다 2개 이상을 설치하되, 그 중 1개는 각 방사구역으로부터 가장 가까운 곳 또는 조작에 편리한 장소에 설치하고, 1개는 화재감지기의 수신기를 설치한 감시실 등에 설치한다.

(2) 자동식 기동장치의 설치기준
① 화재감지기의 작동 또는 폐쇄형 스프링클러헤드의 개방과 연동하여 가압송수장치·일제개방밸브 및 포소화약제 혼합장치를 기동시킬 수 있도록 설치한다. ← 자동화재탐지설비의 수신기가 설치되어 있고, 수신기가 설치된 장소에 상시 사람이 근무하고 있으며, 화재 시 즉시 해당 조작부를 작동시킬 수 있는 경우에는 그렇지 않다.
② 폐쇄형 스프링클러헤드를 사용하는 경우에는 다음의 기준에 따라 설치한다.
　㉠ 표시온도가 79[℃] 미만인 것을 사용하고, 1개의 스프링클러헤드의 경계면적은 20[m²] 이하로 한다.
　㉡ 부착면의 높이는 바닥으로부터 5[m] 이하로 하고, 화재를 유효하게 감지할 수 있도록 한다.
　㉢ 하나의 감지장치 경계구역은 하나의 층이 되도록 한다.
③ 화재감지기는 자동화재탐지설비 및 시각경보장치의 감지기 설치기준에 따라 설치한다.
④ 화재감지기 회로의 발신기는 다음의 기준에 따라 설치한다.
　㉠ 조작이 쉬운 장소에 설치한다.
　㉡ 스위치는 바닥으로부터 0.8[m] 이상 1.5[m] 이하의 높이에 설치한다.
　㉢ 특정소방대상물의 층마다 설치하고 해당 특정소방대상물의 각 부분으로부터 수평거리가 25[m] 이하가 되도록 한다.
　㉣ 복도 또는 별도로 구획된 실로서 보행거리가 40[m] 이상일 경우에는 추가로 설치한다.
　㉤ 발신기의 위치를 표시하는 표시등은 함의 상부에 설치하고 그 불빛은 부착면으로부터 15° 이상의 범위 안에서 부착지점으로부터 10[m] 이내의 어느 곳에서도 쉽게 식별할 수 있는 적색등으로 한다.
⑤ 동결의 우려가 있는 장소의 포소화설비의 자동식 기동장치는 자동화재탐지설비와 연동되도록 한다.

(3) 자동경보장치의 설치기준
① 자동화재탐지설비에 따라 경보를 발할 수 있는 경우 음향경보장치를 설치하지 않을 수 있다.
② 방사구역마다 일제개방밸브와 그 일제개방밸브의 작동여부를 발신하는 발신부를 설치한다.
③ 발신부를 설치하는 경우 각 일제개방밸브에 설치되는 발신부 대신 1개 층에 1개의 유수검지장치를 설치할 수 있다.
④ 상시 사람이 근무하고 있는 장소에 수신기를 설치한다.
⑤ 수신기에는 폐쇄형 스프링클러헤드의 개방 또는 감지기의 작동여부를 알 수 있는 표시장치를 설치한다.
⑥ 하나의 소방대상물에 2 이상의 수신기를 설치하는 경우 수신기가 설치된 장소 상호간에 동시 통화가 가능한 설비를 설치한다.

8. 포헤드 및 고정포방출구

(1) 포헤드 및 고정포방출구의 종류

팽창비율에 따른 포의 종류	포방출구의 종류
팽창비가 20 이하인 것 (저발포)	포헤드, 압축공기포헤드
팽창비가 80 이상 1,000 미만인 것 (고발포)	고발포용 고정포방출구

(2) 포헤드의 설치기준
① 포워터 스프링클러헤드는 특정소방대상물의 천장 또는 반자에 설치하고, 바닥면적 8[m²]마다 1개 이상으로 하여 해당 방호대상물의 화재를 유효하게 소화할 수 있도록 한다.
② 포헤드는 특정소방대상물의 천장 또는 반자에 설치하고, 바닥면적 9[m²]마다 1개 이상으로 하여 해당 방호대상물의 화재를 유효하게 소화할 수 있도록 한다.
← 바닥면적 9[m²]마다 1개 이상의 헤드가 필요하므로 헤드 1개가 방호할 수 있는 최대 면적은 9[m²]이다.
③ 포헤드는 특정소방대상물별로 그에 사용되는 포 소화약제에 따라 1분당 방사량이 다음의 표에 따른 양 이상이 되는 것으로 한다.

소방대상물	포 소화약제의 종류	바닥면적 1[m²]당 방사량
차고·주차장 및 항공기격납고	수성막포 소화약제	3.7[L] 이상
	단백포 소화약제	6.5[L] 이상
	합성계면활성제포 소화약제	8.0[L] 이상
특수가연물을 저장·취급하는 소방대상물	수성막포 소화약제	6.5[L] 이상
	단백포 소화약제	6.5[L] 이상
	합성계면활성제포 소화약제	6.5[L] 이상

④ 특정소방대상물에서 보가 있는 부분의 포헤드는 다음의 표에 따른 기준에 따라 설치한다.

포헤드와 보의 하단 사이 수직거리	포헤드와 보의 수평거리
0[m]	0.75[m] 미만
0.1[m] 미만	0.75[m] 이상 1[m] 미만
0.1[m] 이상 0.15[m] 미만	1[m] 이상 1.5[m] 미만
0.15[m] 이상 0.3[m] 미만	1.5[m] 이상

⑤ 포헤드 상호 간에는 다음의 기준에 따른 거리를 둔다.
  ㉠ 정방형으로 배치한 경우 다음의 식에 따라 산정한 수치 이하가 되도록 한다.

$$S = 2 \times r \times \cos 45°$$

S: 포헤드 상호 간의 거리[m], r: 유효반경(2.1[m])

  ㉡ 장방형으로 배치한 경우 그 대각선의 길이가 다음의 식에 따라 산정한 수치 이하가 되도록 한다.

$$pt = 2 \times r$$

pt: 대각선의 길이[m], r: 유효반경(2.1[m])

⑥ 포헤드와 벽 방호구역의 경계선은 ⑤에 따른 상호 간 기준거리의 $\frac{1}{2}$ 이하의 거리를 둔다.

⑦ 압축공기포소화설비의 분사헤드는 천장 또는 반자에 설치하고, 방호대상물에 따라 측벽에 설치할 수 있으며 유류탱크 주위에는 바닥면적 13.9[m²]마다 1개 이상, 특수가연물저장소에는 바닥면적 9.3[m²]마다 1개 이상으로 방호대상물의 화재를 유효하게 소화할 수 있도록 한다.

방호대상물	방호면적 1[m²]에 대한 1분당 방출량
특수가연물	2.3[L]
기타의 것	1.63[L]

(3) 차고·주차장에 설치하는 포소화설비의 설치기준
① 특정소방대상물의 어느 층에서 그 층에 설치된 호스릴포방수구 또는 포소화전방수구(최대 5개)를 동시에 사용할 경우 각 이동식 포노즐 선단의 포수용액 방사압력이 0.35[MPa] 이상이고 300[L/min] 이상(1개 층의 바닥면적이 200[m²] 이하인 경우 230[L/min] 이상)의 포수용액을 수평거리 15[m] 이상으로 방사할 수 있도록 한다.
② 저발포의 포소화약제를 사용할 수 있는 것으로 한다.
③ 호스릴 또는 호스를 호스릴포방수구 또는 포소화전방수구로 분리하여 비치하는 때에는 그로부터 3[m] 이내의 거리에 호스릴함 또는 호스함을 설치한다.
④ 호스릴함 또는 호스함은 바닥으로부터 높이 1.5[m] 이하의 위치에 설치하고 그 표면에는 "포호스릴함(또는 포소화전함)"이라고 표시한 표지와 적색의 위치표시등을 설치한다.

⑤ 방호대상물의 각 부분으로부터 하나의 호스릴포방수구까지의 수평거리는 15[m] 이하(포소화전 방수구의 경우에는 25[m] 이하)가 되도록 하고 호스릴 또는 호스의 길이는 방호대상물의 각 부분에 포가 유효하게 뿌려질 수 있도록 한다.

(4) 고발포용 포방출구의 설치기준

① 전역방출방식의 고발포용 고정포방출구는 다음의 기준에 따라 설치한다.

　㉠ 개구부에 자동폐쇄장치를 설치한다. ← 외부로 새는 양 이상의 포수용액을 유효하게 추가 방출하는 설비가 있는 경우에는 그렇지 않다.

　㉡ 고정포방출구는 특정소방대상물 및 포의 팽창비에 따라 해당 방호구역의 관포체적 1[m³]에 대하여 1분 당 방출량이 다음의 표에 따른 양 이상이 되도록 한다.
　　← 관포체적이란 방호대상물의 높이보다 0.5[m] 높은 위치까지의 체적을 말한다.

소방대상물	포의 팽창비	1[m³], 1분 당 포수용액 방출량
항공기 격납고	80 이상 250 미만	2.00[L]
	250 이상 500 미만	0.50[L]
	500 이상 1,000 미만	0.29[L]
차고 또는 주차장	80 이상 250 미만	1.11[L]
	250 이상 500 미만	0.28[L]
	500 이상 1,000 미만	0.16[L]
특수가연물을 저장 또는 취급하는 소방대상물	80 이상 250 미만	1.25[L]
	250 이상 500 미만	0.31[L]
	500 이상 1,000 미만	0.18[L]

　㉢ 고정포방출구는 바닥면적 500[m²]마다 1개 이상으로 하여 방호대상물의 화재를 유효하게 소화할 수 있도록 한다.

　㉣ 고정포방출구는 방호대상물의 최고부분보다 높은 위치에 설치한다.
　　← 밀어올리는 능력을 가진 것은 방호대상물과 같은 높이로 할 수 있다.

② 국소방출방식의 고발포용 고정포방출구는 다음의 기준에 따라 설치한다.

　㉠ 방호대상물이 서로 인접하여 불이 쉽게 붙을 우려가 있는 경우 불이 옮겨붙을 우려가 있는 범위 내의 방호대상물을 하나의 방호대상물로 하여 설치한다.

　㉡ 고정포방출구는 방호대상물의 구분에 따라 해당 방호대상물의 높이의 3배(최저 1[m])의 거리를 수평으로 연장한 선으로 둘러쌓인 부분의 면적 1[m²]에 대하여 1분 당 방출량이 다음의 표에 따른 양 이상이 되도록 한다.

방호대상물	1[m³], 1분 당 포수용액 방출량
특수가연물	3[L]
기타	2[L]

가스계 소화설비

PHASE 09 | 이산화탄소 소화설비

1. 이산화탄소 소화설비

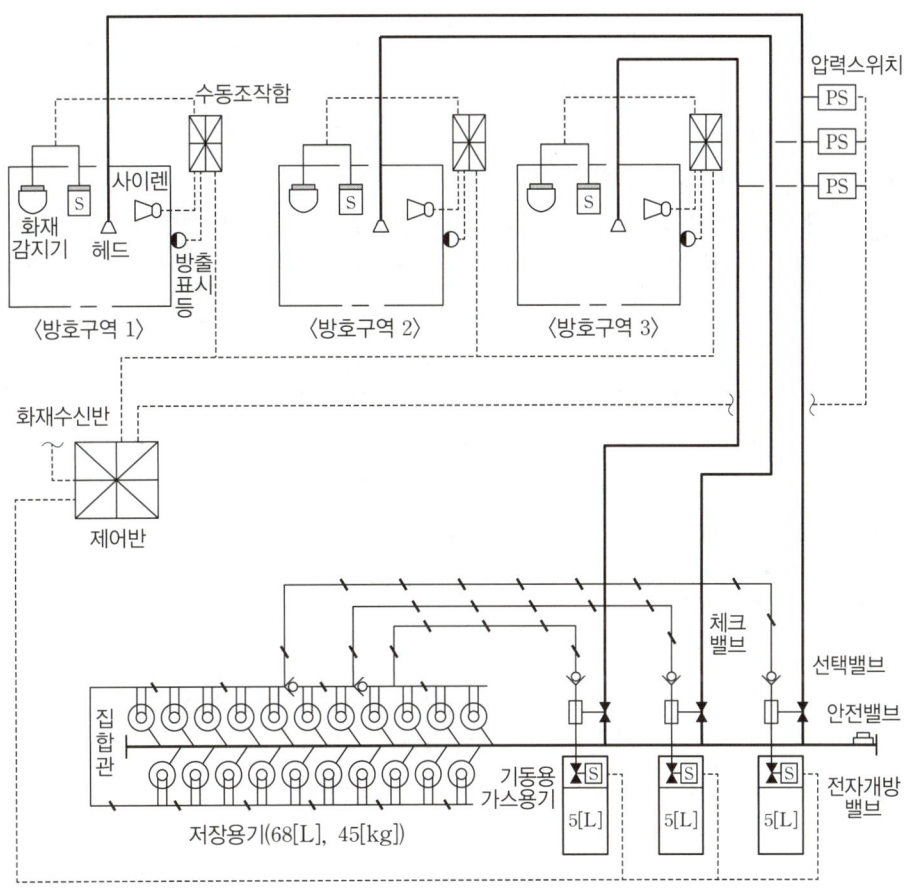

▲ 이산화탄소 소화설비 계통도

전역방출방식	소화약제 공급장치에 배관 및 분사헤드 등을 설치하여 밀폐 방호구역 내에 소화약제를 방출하는 방식
국소방출방식	소화약제 공급장치에 배관 및 분사헤드를 설치하여 직접 화점에 소화약제를 방출하는 방식
호스릴방식	소화수 또는 소화약제 저장용기 등에 연결된 호스릴을 이용하여 사람이 직접 화점에 소화수 또는 소화약제를 방출하는 방식
충전비	소화약제 저장용기의 내부 용적과 소화약제의 중량과의 비(용적[L]/중량[kg])를 말한다.
심부화재	종이·목재·석탄·섬유류 및 합성수지류와 같은 고체가연물에서 발생하는 화재형태로서 가연물 내부에서 연소하는 화재
표면화재	가연성액체 및 가연성가스 등 가연성물질의 표면에서 연소하는 화재
교차회로방식	하나의 방호구역 내에 2 이상의 화재감지기회로를 설치하고 인접한 2 이상의 화재감지기에 화재가 감지되는 때에 소화설비가 작동하는 방식
방화문	건축법에 따른 60분+ 방화문, 60분 방화문 또는 30분 방화문
방호구역	소화설비의 소화범위 내에 포함된 영역
선택밸브	2 이상의 방호구역 또는 방호대상물이 있어 소화수 또는 소화약제를 해당하는 방호구역 또는 방호대상물에 선택적으로 방출되도록 제어하는 밸브
설계농도	방호대상물 또는 방호구역의 소화약제 저장량을 산출하기 위한 농도로서 소화농도에 안전율을 고려하여 설정한 농도
소화농도	규정된 실험 조건의 화재를 소화하는데 필요한 소화약제의 농도
호스릴	원형의 소방호스를 원형의 수납장치에 감아 정리한 것

2. 저장용기

(1) 저장용기의 설치장소

① 방호구역 외의 장소에 설치한다.
② 방호구역 내에 설치할 경우 피난 및 조작이 용이하도록 피난구 부근에 설치한다.
③ 온도가 40[℃] 이하이고, 온도 변화가 작은 곳에 설치한다.
④ 직사광선 및 빗물이 침투할 우려가 없는 곳에 설치한다.
⑤ 방화문으로 방화구획 된 실에 설치한다.
⑥ 용기의 설치장소에는 해당 용기가 설치된 곳임을 표시하는 표지를 한다.
⑦ 용기 간의 간격은 점검에 지장이 없도록 3[cm] 이상의 간격을 유지한다.
⑧ 저장용기와 집합관을 연결하는 연결배관에는 체크밸브를 설치한다.
← 저장용기가 하나의 방호구역만을 담당하는 경우 제외

(2) 저장용기의 설치기준
① 저장용기의 충전비는 고압식은 1.5 이상 1.9 이하, 저압식은 1.1 이상 1.4 이하로 한다.
② 저압식 저장용기에는 내압시험압력의 0.64배 이상 0.8배 이하의 압력에서 작동하는 안전밸브를 설치한다.
③ 저압식 저장용기에는 내압시험압력의 0.8배 이상 1배 이하의 압력에서 작동하는 봉판을 설치한다.
④ 저압식 저장용기에는 액면계 및 압력계와 2.3[MPa] 이상 1.9[MPa] 이하의 압력에서 작동하는 압력경보장치를 설치한다.
⑤ 저압식 저장용기에는 용기 내부의 온도가 −18[℃] 이하에서 2.1[MPa]의 압력을 유지할 수 있는 자동냉동장치를 설치한다.
⑥ 고압식 저장용기는 25[MPa] 이상, 저압식 저장용기는 3.5[MPa] 이상의 내압시험압력에 합격한 것으로 한다.
⑦ 저장용기의 개방밸브는 전기식·가스압력식 또는 기계식에 따라 자동으로 개방되고 수동으로도 개방되는 것으로서 안전장치가 부착된 것으로 한다.
⑧ 저장용기와 선택밸브 또는 개폐밸브 사이에는 배관의 최소사용설계압력과 최대허용압력 사이의 압력에서 작동하는 안전장치를 설치한다. ← 안전장치로 용전식을 사용해서는 안된다.

3. 소화약제 실기

(1) 소화약제 저장량의 최소기준 ← 최소기준이므로 산출한 양 이상으로 갖추어야 한다.
2 이상의 방호구역이 있는 경우 다음의 기준에 따라 산출한 저장량 중 최댓값 하나로 선택할 수 있다.
① 전역방출방식(표면화재)
표면화재 전역방출방식의 경우 소화약제의 저장량은 방호구역의 체적과 개구부의 면적에 따라 산출한 값의 합으로 한다.
㉠ 방호구역의 체적 1[m³]마다 다음의 기준에 따른 양
← 불연재료나 내열성재료로 밀폐된 구조물이 있는경우 그 체적은 제외

방호구역의 체적[m³]	소화약제의 양[kg/m³]	소화약제 저장량의 최저한도[kg]
45 미만	1.00	45
45 이상 150 미만	0.90	45
150 이상 1,450 미만	0.80	135
1,450 이상	0.75	1,125

㉡ 설계농도가 34[%] 이상인 방호대상물의 소화약제량은 ㉠에 따라 산출한 기본 소화약제량에 보정계수를 곱하여 산출한다. ← 거의 출제되지 않는다.
㉢ 방호구역의 개구부(창문·출입구) 1[m²]마다 5[kg]을 가산해야 한다.(자동폐쇄장치가 없는 경우 限) ← 개구부의 면적은 방호구역 전체 표면적의 3[%] 이하로 한다.

② 전역방출방식(심부화재)

심부화재 전역방출방식의 경우 소화약제의 저장량은 방호구역의 체적과 개구부의 면적에 따라 산출한 값의 합으로 한다.

㉠ 방호구역의 체적 1[m³]마다 다음의 기준에 따른 양
← 불연재료나 내열성의 재료로 밀폐된 구조물이 있는 경우 그 체적은 제외한다.

방호대상물	소화약제의 양[kg/m³]	설계농도[%]
유압기기를 제외한 전기설비, 케이블실	1.3	50
체적 55[m³] 미만의 전기설비	1.6	50
서고, 전자제품창고, 목재가공품창고, 박물관	2.0	65
고무류·면화류 창고, 모피창고, 석탄창고, 집진설비	2.7	75

㉡ 방호구역의 개구부(창문·출입구) 1[m²]마다 10[kg]을 가산해야 한다.(자동폐쇄장치가 없는 경우 限) ← 개구부의 면적은 방호구역 전체 표면적의 3(%)] 이하로 한다.

③ 국소방출방식

㉠ 윗면이 개방된 용기에 저장하는 경우이거나 화재 시 연소면이 한정되고 가연물이 비산할 우려가 없는 경우 표면적 1[m²]마다 13[kg]으로 하고 고압식은 1.4, 저압식은 1.1을 곱하여 산출한다.

저장방식	소화약제의 양[kg/m²]
고압식	13×1.4=18.2
저압식	13×1.1=14.3

㉡ ㉠ 외의 경우 소화약제의 저장량은 다음의 식에 따라 산출할 수 있다.

$$Q = \left(8 - 6 \times \frac{a}{A}\right) V \times K$$

Q: 소화약제의 양[kg], a: 방호대상물 주변 실제 벽면적의 합계[m²],
A: 방호공간 벽면적의 합계[m²], V: 방호공간의 부피[m³], K: 1.4(고압식) 또는 1.1(저압식)

+ 심화 **국소방출방식 저장량 산출방법**

이와 같은 크기의 방호대상물에 국소방출방식 이산화탄소 소화약제의 저압식 저장량을 산출하는 방법은 다음과 같다.

방호대상물 주변의 실제 벽은 4면 중 2면에만 있으므로
$a = (2[m] \times 1[m]) + (1[m] \times 1[m]) = 3[m²]$

방호공간의 벽면적은 4면 중 2면은 벽으로 막혀있으므로
$A = (2[m] + 0.6[m]) \times (1[m] + 0.6[m]) \times 2 + (1[m] + 0.6[m]) \times (1[m] + 0.6[m]) \times 2 = 13.44[m²]$

따라서 소화약제의 저장량은
$Q = \left(8 - 6 \times \left(\frac{3}{13.44}\right)\right) \times (2.6 \times 1.6 \times 1.6) \times 1.1 ≒ 48.77[kg]$

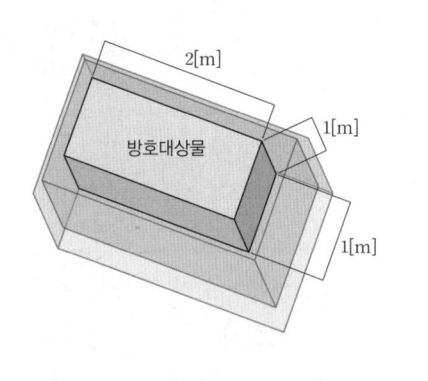

④ 호스릴방식

　　호스릴방식의 경우 소화약제의 저장량은 하나의 노즐마다 90[kg] 이상으로 한다.

> **+심화　방호공간**
>
> 국소방출방식의 경우 화재가 발생한 거실 전체가 아닌 일정한 공간에 대해서만 소화약제를 방출하므로 그 일정한 공간을 방호공간이라고 한다.
> 일반적으로 화재가 발생한 물체(방호대상물)로부터 0.6[m] 떨어진 범위를 방호공간이라고 하는데 바닥이나 벽은 열이 전달될 뿐 화재가 옮겨붙지 않을 가능성이 높으므로 방호공간에서 제외한다.

4. 기동장치

(1) 수동식 기동장치의 설치기준

① 수동식 기동장치의 부근에는 소화약제의 방출을 지연시킬 수 있는 방출지연스위치를 설치한다.
　← 방출지연스위치는 자동복귀형 스위치로 수동식 기동장치의 타이머를 순간 정지시키는 기능의 스위치를 말한다.
② 전역방출방식은 방호구역마다, 국소방출방식은 방호대상물마다 설치한다.
③ 해당 방호구역의 출입구 부근 등 조작을 하는 자가 쉽게 피난할 수 있는 장소에 설치한다.
④ 기동장치의 조작부는 바닥으로부터 0.8[m] 이상 1.5[m] 이하의 위치에 설치하고, 보호판 등에 따른 보호장치를 설치한다.
⑤ 기동장치 인근의 보기 쉬운 곳에 "이산화탄소소화설비 수동식 기동장치"라는 표지를 한다.
⑥ 전기를 사용하는 기동장치에는 전원표시등을 설치한다.
⑦ 기동장치의 방출용 스위치는 음향경보장치와 연동하여 조작될 수 있는 것으로 한다.

(2) 자동식 기동장치의 설치기준

① 자동화재탐지설비의 감지기의 작동과 연동하는 것으로 한다.
② 자동식 기동장치는 수동으로도 기동할 수 있는 구조로 한다.
③ 전기식 기동장치로서 7병 이상의 저장용기를 동시에 개방하는 설비는 2병 이상의 저장용기에 전자 개방밸브를 부착한다.
④ 가스압력식 기동장치는 다음의 기준에 따른다.
　㉠ 기동용 가스용기 및 해당 용기에 사용하는 밸브는 25[MPa] 이상의 압력에 견딜 수 있는 것으로 한다.
　㉡ 기동용 가스용기에는 내압시험압력의 0.8배부터 내압시험압력 이하에서 작동하는 안전장치를 설치한다.
　㉢ 질소나 비활성기체를 사용하는 경우 기동용 가스용기의 체적은 5[L] 이상으로 하고, 6.0[MPa](21[℃] 기준) 이상의 압력으로 충전한다.
　㉣ 기동용 가스용기에는 충전 여부를 확인할 수 있는 압력게이지를 설치한다.
⑤ 기계식 기동장치는 저장용기를 쉽게 개방할 수 있는 구조로 한다.

(3) 표시등

이산화탄소소화설비가 설치된 부분의 출입구 등의 보기 쉬운 곳에 소화약제의 방출을 표시하는 표시등을 설치한다.

5. 배관

(1) 배관의 설치기준

① 배관은 전용으로 한다.

② 강관을 사용하는 경우 배관은 압력배관용탄소강관(KS D 3562) 중 스케줄 80(저압식은 스케줄 40) 이상의 것 또는 이와 동등 이상의 강도를 가진 것으로서 아연도금으로 방식 처리된 것을 사용한다.

③ 배관의 호칭구경이 20[mm] 이하인 경우 스케줄 40 이상인 것을 사용할 수 있다.

④ 동관을 사용하는 경우 배관은 이음이 없는 동 및 동합금관(KS D 5301)으로서 고압식은 16.5[MPa] 이상, 저압식은 3.75[MPa] 이상의 압력에 견딜 수 있는 것을 사용한다.

⑤ 고압식의 1차 측(개폐밸브 또는 선택밸브 이전) 배관부속의 최소사용설계압력은 9.5[MPa]로 하고, 고압식의 2차 측과 저압식의 배관부속의 최소사용설계압력은 4.5[MPa]로 한다.

⑥ 배관의 구경은 이산화탄소 소화약제의 소요량이 다음의 기준에 따른 시간 내에 방출될 수 있는 것으로 한다.

  ㉠ 전역방출방식에 있어서 가연성액체 또는 가연성가스 등 표면화재 방호대상물의 경우 1분 내에 방출한다.

  ㉡ 전역방출방식에 있어서 종이, 목재, 석탄, 섬유류, 합성수지류 등 심부화재 방호대상물의 경우 7분 내에 방출한다. 이 경우 설계농도가 2분 이내에 30[%]에 도달해야 한다.

  ㉢ 국소방출방식의 경우 30초 내에 방출한다.

⑦ 소화약제의 저장용기와 선택밸브 사이의 집합배관에는 수동잠금밸브를 선택밸브를 직전에 설치한다.

⑧ 선택밸브가 없는 설비의 경우 저장용기실 내부 조작 및 점검이 쉬운 위치에 설치한다.

6. 분사헤드

(1) 전역방출방식의 분사헤드
  ① 방출된 소화약제가 방호구역의 전역에 균일하고 신속하게 확산할 수 있도록 한다.
  ② 분사헤드의 방출압력은 2.1[MPa](저압식은 1.05[MPa]) 이상으로 한다.
  ③ 기준저장량의 소화약제를 다음의 표에 따른 시간 이내에 방출할 수 있는 것으로 한다.

방호구역	소화약제의 방출시간
표면화재(가연성 액체, 가연성 가스)	1분
심부화재(종이, 목재, 석탄, 섬유류, 합성수지류)	7분

(2) 국소방출방식의 분사헤드
  ① 소화약제의 방출에 따라 가연물이 비산하지 않는 장소에 설치한다.
  ② 방출된 소화약제가 방호대상물에 균일하고 신속하게 확산할 수 있도록 한다.
  ③ 분사헤드의 방출압력은 2.1[MPa](저압식은 1.05[MPa]) 이상으로 한다.
  ④ 기준저장량의 소화약제를 30초 이내에 방출할 수 있는 것으로 한다.

(3) 호스릴방식 이산화탄소소화설비의 설치장소 ← 차고 또는 주차의 용도로 사용되는 장소는 제외한다.
  ① 화재 시 현저하게 연기가 찰 우려가 없는 장소에 설치한다.
  ② 지상 1층 및 피난층에 있는 부분으로서 지상에서 수동 또는 원격조작에 따라 개방할 수 있는 개구부의 유효면적의 합계가 바닥면적의 15[%] 이상이 되는 부분에 설치한다.
    ← 바닥면적의 15[%] 이상에 해당하는 창문·출입구를 개방할 수 있는 경우를 말한다.
  ③ 전기설비가 설치되어 있는 부분 또는 다량의 화기를 사용하는 부분의 바닥면적이 해당 설비가 설치되어 있는 구획의 바닥면적의 $\frac{1}{5}$ 미만이 되는 부분에 설치한다.
    ← 전체 공간(면적) 중 화재 발생 위험이 있는 부분(면적)이 $\frac{1}{5}$ 미만이 되는 경우를 말한다.

(4) 호스릴방식 이산화탄소소화설비의 설치기준
  ① 방호대상물의 각 부분으로부터 하나의 호스접결구까지의 수평거리가 15[m] 이하가 되도록 한다.
  ② 소화약제 저장용기의 개방밸브는 호스릴의 설치장소에서 수동으로 개폐할 수 있는 것으로 한다.
  ③ 소화약제 저장용기는 호스릴을 설치하는 장소마다 설치한다.
  ④ 호스릴방식의 이산화탄소소화설비의 노즐은 20[℃]에서 하나의 노즐마다 1분 당 60[kg] 이상의 양을 방출할 수 있는 것으로 한다.
  ⑤ 소화약제 저장용기의 가장 가까운 곳의 보기 쉬운 곳에 적색의 표시등을 설치하고, 호스릴방식의 이산화탄소소화설비가 있다는 뜻을 표시한 표지를 한다.

(5) 분사헤드의 설치기준
  ① 분사헤드에는 부식방지조치를 하며 오리피스의 크기, 제조일자, 제조업체가 표시되도록 한다.
  ② 분사헤드의 개수는 방호구역에 소화약제의 방출 시간이 충족되도록 설치한다.
  ③ 분사헤드의 방출률 및 방출압력은 제조업체에서 정한 값으로 한다.
  ④ 분사헤드의 오리피스 면적은 분사헤드가 연결되는 배관구경 면적의 70[%] 이하가 되도록 한다.

PHASE 10 | 할론 소화설비

1. 할론 소화설비

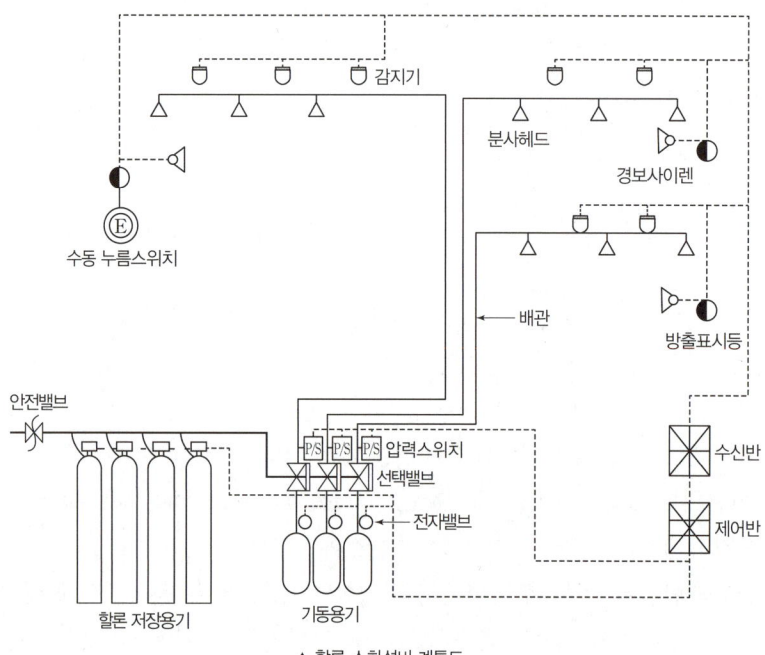

▲ 할론 소화설비 계통도

전역방출방식	소화약제 공급장치에 배관 및 분사헤드 등을 설치하여 밀폐 방호구역 내에 소화약제를 방출하는 방식
국소방출방식	소화약제 공급장치에 배관 및 분사헤드를 설치하여 직접 화점에 소화약제를 방출하는 방식
호스릴방식	소화수 또는 소화약제 저장용기 등에 연결된 호스릴을 이용하여 사람이 직접 화점에 소화수 또는 소화약제를 방출하는 방식
충전비	소화약제 저장용기의 내부 용적과 소화약제의 중량과의 비(용적[L]/중량[kg])를 말한다.
교차회로방식	하나의 방호구역 내에 2 이상의 화재감지기회로를 설치하고 인접한 2 이상의 화재감지기에 화재가 감지되는 때에 소화설비가 작동하는 방식
방화문	건축법에 따른 60분+ 방화문, 60분 방화문 또는 30분 방화문
방호구역	소화설비의 소화범위 내에 포함된 영역
별도 독립방식	소화약제 저장용기와 배관을 방호구역별로 독립적으로 설치하는 방식
선택밸브	2 이상의 방호구역 또는 방호대상물이 있어 소화수 또는 소화약제를 해당하는 방호구역 또는 방호대상물에 선택적으로 방출되도록 제어하는 밸브
집합관	개별 소화약제(가압용 가스 포함) 저장용기의 방출관이 접속되어 있는 관
호스릴	원형의 소방호스를 원형의 수납장치에 감아 정리한 것
소화농도	규정된 실험 조건의 화재를 소화하는데 필요한 소화약제의 농도

2. 저장용기

(1) 저장용기의 설치장소
  ① 방호구역 외의 장소에 설치한다.
  ② 방호구역 내에 설치할 경우 피난 및 조작이 용이하도록 피난구 부근에 설치한다.
  ③ 온도가 40[℃] 이하이고, 온도 변화가 작은 곳에 설치한다.
  ④ 직사광선 및 빗물이 침투할 우려가 없는 곳에 설치한다.
  ⑤ 방화문으로 방화구획 된 실에 설치한다.
  ⑥ 용기의 설치장소에는 해당 용기가 설치된 곳임을 표시하는 표지를 한다.
  ⑦ 용기 간의 간격은 점검에 지장이 없도록 3[cm] 이상의 간격을 유지한다.
  ⑧ 저장용기와 집합관을 연결하는 연결배관에는 체크밸브를 설치한다.
   ← 저장용기가 하나의 방호구역만을 담당하는 경우 제외

(2) 저장용기의 설치기준
  ① 축압식 저장용기의 압력은 온도 20[℃]에서 할론 1211을 저장하는 것은 1.1[MPa] 또는 2.5[MPa], 할론 1301을 저장하는 것은 2.5[MPa] 또는 4.2[MPa]이 되도록 질소가스로 축압한다.
  ② 저장용기의 충전비는 다음의 표에 따른 기준으로 한다.

소화약제의 종류		충전비
할론 1301		0.9 이상 1.6 이하
할론 1211		0.7 이상 1.4 이하
할론 2402	가압식	0.51 이상 0.67 미만
	축압식	0.67 이상 2.75 이하

  ③ 동일 집합관에 접속되는 저장용기의 소화약제 충전량은 동일 충전비로 한다.
  ④ 가압용 가스용기는 질소가스가 충전된 것으로 하고, 그 압력은 21[℃]에서 2.5[MPa] 또는 4.2[MPa]이 되도록 한다.
  ⑤ 저장용기의 개방밸브는 전기식·가스압력식 또는 기계식에 따라 자동으로 개방되고 수동으로도 개방되는 것으로서 안전장치가 부착된 것으로 한다.
  ⑥ 가압식 저장용기에는 2.0[MPa] 이하의 압력으로 조정할 수 있는 압력조정장치를 설치한다.
  ⑦ 하나의 방호구역을 담당하는 소화약제 저장용기의 소화약제량의 체적합계보다 그 소화약제 방출 시 방출경로가 되는 배관(집합관 포함)의 내용적의 비율이 1.5배 이상일 경우 해당 방호구역에 대한 설비는 별도 독립방식으로 한다.

3. 소화약제 실기

(1) 소화약제 저장량의 최소기준 ← 최소기준이므로 산출한 양 이상으로 갖추어야 한다.

2 이상의 방호구역이 있는 경우 다음의 기준에 따라 산출한 저장량 중 최댓값 하나로 선택할 수 있다.

① 전역방출방식

전역방출방식의 경우 소화약제의 저장량은 방호구역의 체적과 개구부의 면적에 따라 산출한 값의 합으로 한다.

㉠ 방호구역의 체적 1[m³]마다 다음의 기준에 따른 양

← 불연재료나 내열성재료로 밀폐된 구조물이 있는경우 그 체적은 제외

소방대상물		소화약제의 종류	소화약제의 양 [kg/m³]
차고·주차장·전기실·통신기기실·전산실·전기설비가 설치된 부분		할론 1301	0.32 이상 0.64 이하
특수가연물	가연성고체류·가연성액체류	할론 1301	0.32 이상 0.64 이하
		할론 1211	0.36 이상 0.71 이하
		할론 2402	0.40 이상 1.10 이하
	면화류·나무껍질 및 대팻밥·넝마 및 종이부스러기·사류·볏짚류·목재가공품 및 나무부스러기를 저장·취급하는 것	할론 1301	0.52 이상 0.64 이하
		할론 1211	0.60 이상 0.71 이하
	합성수지류를 저장·취급하는 것	할론 1301	0.32 이상 0.64 이하
		할론 1211	0.36 이상 0.71 이하

㉡ 방호구역의 개구부(창문·출입구) 1[m²]마다 다음의 기준에 따른 양(자동폐쇄장치가 없는 경우 限)

소방대상물		소화약제의 종류	소화약제의 양 [kg/m²]
차고·주차장·전기실·통신기기실·전산실·전기설비가 설치된 부분		할론 1301	2.4
특수가연물	가연성고체류·가연성액체류	할론 1301	2.4
		할론 1211	2.7
		할론 2402	3.0
	면화류·나무껍질 및 대팻밥·넝마 및 종이부스러기·사류·볏짚류·목재가공품 및 나무부스러기를 저장·취급하는 것	할론 1301	3.9
		할론 1211	4.5
	합성수지류를 저장·취급하는 것	할론 1301	2.4
		할론 1211	2.7

② 국소방출방식
   ㉠ 윗면이 개방된 용기에 저장하는 경우이거나 화재 시 연소면이 한 면에 한정되고 가연물이 비산할 우려가 없는 경우 표면적 1[m²]마다 다음의 표에 따른 양 이상이 되는 것으로 한다.

소화약제의 종류	소화약제의 양[kg/m²]
할론 1301	6.8 × 1.25 = 8.5
할론 1211	7.6 × 1.1 = 8.36
할론 2402	8.8 × 1.1 = 9.68

   ㉡ ㉠ 외의 경우 소화약제의 저장량은 다음의 식에 따라 산출할 수 있다.

$$Q = \left(X - Y \times \left(\frac{a}{A}\right)\right) \times V \times K$$

   Q : 소화약제의 양[kg], a : 방호대상물 주변 실제 벽면적의 합계[m²]
   A : 방호공간 벽면적의 합계[m²], V : 방호공간의 부피[m³], X, Y, K : 표에 따른 수치

소화약제의 종류	X	Y	K
할론 1301	4.0	3.0	1.25
할론 1211	4.4	3.3	1.1
할론 2402	5.2	3.9	1.1

+ 심화 국소방출방식 저장량 산출방법

이와 같은 크기의 방호대상물에 국소방출방식 할론 1301 소화약제의 저장량을 산출하는 방법은 다음과 같다.
방호대상물 주변의 실제 벽은 4면 중 2면에만 있으므로
a = (2[m] × 1[m]) + (1[m] × 1[m]) = 3[m²]
방호공간의 벽면적은 4면 중 2면은 벽으로 막혀있으므로
A = (2[m] + 0.6[m]) × (1[m] + 0.6[m]) × 2 + (1[m] + 0.6[m]) × (1[m] + 0.6[m]) × 2 = 13.44[m²]
따라서 소화약제의 저장량은
$Q = \left(4 - 3 \times \left(\frac{3}{13.44}\right)\right) \times (2.6 \times 1.6 \times 1.6) \times 1.25 ≒ 27.71[kg]$

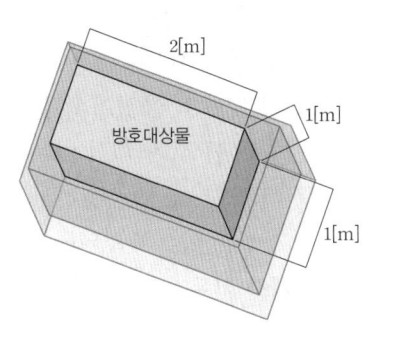

③ 호스릴방식
   호스릴방식의 경우 소화약제의 저장량은 하나의 노즐마다 다음의 표와 같이 산출할 수 있다.

소화약제의 종류	소화약제의 양[kg]
할론 1301	45
할론 1211	50
할론 2402	50

4. 기동장치

(1) 수동식 기동장치의 설치기준

① 수동식 기동장치의 부근에는 소화약제의 방출을 지연시킬 수 있는 방출지연스위치를 설치한다.
← 방출지연스위치는 자동복귀형 스위치로 수동식 기동장치의 타이머를 순간 정지시키는 기능의 스위치를 말한다.

② 전역방출방식은 방호구역마다, 국소방출방식은 방호대상물마다 설치한다.

③ 해당 방호구역의 출입구 부근 등 조작을 하는 자가 쉽게 피난할 수 있는 장소에 설치한다.

④ 기동장치의 조작부는 바닥으로부터 0.8[m] 이상 1.5[m] 이하의 위치에 설치하고, 보호판 등에 따른 보호장치를 설치한다.

⑤ 기동장치 인근의 보기 쉬운 곳에 "할론소화설비 수동식 기동장치"라는 표지를 한다.

⑥ 전기를 사용하는 기동장치에는 전원표시등을 설치한다.

⑦ 기동장치의 방출용 스위치는 음향경보장치와 연동하여 조작될 수 있는 것으로 한다.

(2) 자동식 기동장치의 설치기준

① 자동화재탐지설비의 감지기의 작동과 연동하는 것으로 한다.

② 자동식 기동장치는 수동으로도 기동할 수 있는 구조로 한다.

③ 전기식 기동장치로서 7병 이상의 저장용기를 동시에 개방하는 설비는 2병 이상의 저장용기에 전자 개방밸브를 부착한다.

④ 가스압력식 기동장치는 다음의 기준에 따른다.

　㉠ 기동용 가스용기 및 해당 용기에 사용하는 밸브는 25[MPa] 이상의 압력에 견딜 수 있는 것으로 한다.

　㉡ 기동용 가스용기에는 내압시험압력의 0.8배부터 내압시험압력 이하에서 작동하는 안전장치를 설치한다.

　㉢ 질소나 비활성기체를 사용하는 경우 기동용 가스용기의 체적은 5[L] 이상으로 하고, 6.0[MPa](21[℃] 기준) 이상의 압력으로 충전한다.

　㉣ 이산화탄소를 사용하는 경우 기동용 가스용기의 체적은 1[L] 이상으로 하고, 해당 용기에 저장하는 양은 0.6[kg] 이상으로 하며, 충전비는 1.5 이상 1.9 이하로 한다.

⑤ 기계식 기동장치는 저장용기를 쉽게 개방할 수 있는 구조로 한다.

(3) 표시등

할론소화설비가 설치된 부분의 출입구 등의 보기 쉬운 곳에 소화약제의 방출을 표시하는 표시등을 설치한다.

5. 제어반

(1) 제어반 및 화재표시반 설치기준

① 자동화재탐지설비의 수신기 제어반이 화재표시반의 기능을 가지고 있는 것은 화재표시반을 설치하지 않을 수 있다.

② 제어반은 수동기동장치 또는 감지기에서의 신호를 수신하여 음향경보장치의 작동, 소화약제의 방출 또는 지연 등 기타의 제어기능을 가진 것으로 한다.

③ 제어반에는 전원표시등을 설치한다.

④ 화재표시반은 제어반에서의 신호를 수신하여 작동하는 기능을 가진 것으로 한다.

⑤ 화재표시반은 다음의 기준에 따라 설치한다.

　㉠ 각 방호구역마다 음향경보장치의 조작 및 감지기의 작동을 명시하는 표시등과 이와 연동하여 작동하는 벨·버저 등의 경보기를 설치한다. ← 음향경보장치의 조작 및 감지기의 작동을 명시하는 표시등을 겸용할 수 있다.

　㉡ 수동식 기동장치는 방출용 스위치의 작동을 명시하는 표시등을 설치한다.

　㉢ 소화약제의 방출을 명시하는 표시등을 설치한다.

　㉣ 자동식 기동장치는 자동·수동의 절환을 명시하는 표시등을 설치한다.

⑥ 제어반 및 화재표시반은 화재 및 침수 등의 재해로 인한 피해를 받을 우려가 없고 점검에 편리한 장소에 설치한다.

⑦ 제어반 및 화재표시반에는 해당 회로도 및 취급설명서를 비치한다.

6. 분사헤드

(1) 전역방출방식의 분사헤드

① 방출된 소화약제가 방호구역의 전역에 균일하고 신속하게 확산할 수 있도록 한다.

② 할론 2402를 방출하는 분사헤드는 소화약제가 무상으로 분무되는 것으로 한다.

③ 분사헤드의 방출압력은 다음의 표에 따른 압력 이상으로 한다.

소화약제의 종류	분사헤드의 방출압력
할론 1301	0.9[MPa]
할론 1211	0.2[MPa]
할론 2402	0.1[MPa]

④ 기준저장량의 소화약제를 10초 이내에 방출할 수 있는 것으로 한다.

(2) 국소방출방식의 분사헤드
   ① 소화약제의 방출에 따라 가연물이 비산하지 않는 장소에 설치한다.
   ② 할론 2402를 방출하는 분사헤드는 소화약제가 무상으로 분무되는 것으로 한다.
   ③ 분사헤드의 방출압력은 다음의 표에 따른 압력 이상으로 한다.

소화약제의 종류	분사헤드의 방출압력
할론 1301	0.9[MPa]
할론 1211	0.2[MPa]
할론 2402	0.1[MPa]

   ④ 기준저장량의 소화약제를 10초 이내에 방출할 수 있는 것으로 한다.
(3) 호스릴방식 할론소화설비의 설치장소 ← 차고 또는 주차의 용도로 사용되는 장소는 제외한다.
   ① 화재 시 현저하게 연기가 찰 우려가 없는 장소에 설치한다.
   ② 지상 1층 및 피난층에 있는 부분으로서 지상에서 수동 또는 원격조작에 따라 개방할 수 있는 개구부의 유효면적의 합계가 바닥면적의 15[%] 이상이 되는 부분에 설치한다.
      ← 바닥면적의 15[%] 이상에 해당하는 창문·출입구를 개방할 수 있는 경우를 말한다.
   ③ 전기설비가 설치되어 있는 부분 또는 다량의 화기를 사용하는 부분의 바닥면적이 해당 설비가 설치되어 있는 구획의 바닥면적의 1/5 미만이 되는 부분에 설치한다.
      ← 전체 공간(면적) 중 화재 발생 위험이 있는 부분(면적)이 $\frac{1}{5}$ 미만이 되는 경우를 말한다.
(4) 호스릴방식 할론소화설비의 설치기준
   ① 방호대상물의 각 부분으로부터 하나의 호스접결구까지의 수평거리가 20[m] 이하가 되도록 한다.
   ② 소화약제 저장용기의 개방밸브는 호스릴의 설치장소에서 수동으로 개폐할 수 있는 것으로 한다.
   ③ 소화약제 저장용기는 호스릴을 설치하는 장소마다 설치한다.
   ④ 호스릴방식의 할론소화설비의 노즐은 20[℃]에서 하나의 노즐마다 1분 당 다음의 표에 따른 양을 방출할 수 있는 것으로 한다.

소화약제의 종류	1분 당 방출하는 소화약제의 양
할론 1301	35[kg]
할론 1211	40[kg]
할론 2402	45[kg]

   ⑤ 소화약제 저장용기의 가장 가까운 곳의 보기 쉬운 곳에 적색의 표시등을 설치하고, 호스릴방식의 할론소화설비가 있다는 뜻을 표시한 표지를 한다.
(5) 분사헤드의 설치기준
   ① 분사헤드에는 부식방지조치를 해야 하며 오리피스의 크기, 제조일자, 제조업체가 표시되도록 한다.
   ② 분사헤드의 개수는 방호구역에 소화약제의 방출 시간이 충족되도록 설치한다.
   ③ 분사헤드의 방출률 및 방출압력은 제조업체에서 정한 값으로 한다.
   ④ 분사헤드의 오리피스 면적은 분사헤드가 연결되는 배관구경 면적의 70[%] 이하가 되도록 한다.

PHASE 11 | 할로겐화합물 및 불활성기체 소화설비

1. 용어의 정의

할로겐화합물 및 불활성기체 소화약제	할로겐화합물(할론 1301, 할론 2402, 할론 1211 제외) 및 불활성기체로서 전기적으로 비전도성이며 휘발성이 있거나 증발 후 잔여물을 남기지 않는 소화약제
할로겐화합물 소화약제	불소, 염소, 브롬 또는 요오드 중 하나 이상의 원소를 포함하고 있는 유기화합물을 기본성분으로 하는 소화약제
불활성기체 소화약제	헬륨, 네온, 아르곤 또는 질소가스 중 하나 이상의 원소를 기본성분으로 하는 소화약제
충전밀도	소화약제의 중량과 소화약제 저장용기의 내부 용적과의 비(중량/용적)
방화문	건축법에 따른 60분+ 방화문, 60분 방화문 또는 30분 방화문
교차회로방식	하나의 방호구역 내에 2 이상의 화재감지기회로를 설치하고 인접한 2 이상의 화재감지기에 화재가 감지되는 때에 소화설비가 작동하는 방식
방호구역	소화설비의 소화범위 내에 포함된 영역
별도 독립방식	소화약제 저장용기와 배관을 방호구역별로 독립적으로 설치하는 방식
선택밸브	2 이상의 방호구역 또는 방호대상물이 있어 소화수 또는 소화약제를 해당하는 방호구역 또는 방호대상물에 선택적으로 방출되도록 제어하는 밸브
설계농도	방호대상물 또는 방호구역의 소화약제 저장량을 산출하기 위한 농도로서 소화농도에 안전율을 고려하여 설정한 농도
소화농도	규정된 실험 조건의 화재를 소화하는 데 필요한 소화약제의 농도(형식승인대상의 소화약제는 형식승인된 소화농도)
집합관	개별 소화약제(가압용 가스 포함) 저장용기의 방출관이 접속되어 있는 관
최대허용 설계농도	사람이 상주하는 곳에 적용하는 소화약제의 설계농도로서, 인체의 안전에 영향을 미치지 않는 농도

2. 설치제외

(1) 소화설비의 설치제외장소
   ① 사람이 상주하는 곳으로서 최대허용 설계농도를 초과하는 장소
   ② 제3류 위험물 및 제5류 위험물을 저장·보관·사용하는 장소 ← 소화성능이 인정되는 위험물 제외

3. 저장용기

(1) 저장용기의 설치장소
   ① 방호구역 외의 장소에 설치한다.
   ② 방호구역 내에 설치할 경우 피난 및 조작이 용이하도록 피난구 부근에 설치한다.
   ③ 온도가 55[℃] 이하이고, 온도 변화가 작은 곳에 설치한다.
   ④ 직사광선 및 빗물이 침투할 우려가 없는 곳에 설치한다.
   ⑤ 방호구역 외의 장소에 설치하는 경우 방화문으로 방화구획 된 실에 설치한다.
   ⑥ 용기의 설치장소에는 해당 용기가 설치된 곳임을 표시하는 표지를 한다.
   ⑦ 용기 간의 간격은 점검에 지장이 없도록 3[cm] 이상의 간격을 유지한다.
   ⑧ 저장용기와 집합관을 연결하는 연결배관에는 체크밸브를 설치한다.
   ← 저장용기가 하나의 방호구역만을 담당하는 경우 제외

(2) 저장용기의 설치기준
   ① 저장용기는 약제명·저장용기의 자체중량과 총 중량·충전일시·충전압력 및 약제의 체적을 표시한다.
   ② 동일 집합관에 접속되는 저장용기는 동일한 내용적을 가진 것으로 충전량 및 충전압력이 같도록 한다.
   ③ 저장용기에 충전량 및 충전압력을 확인할 수 있는 장치를 하는 경우 해당 소화약제에 적합한 구조로 한다.
   ④ 할로겐화합물소화약제 저장용기의 약제량 손실이 5[%]를 초과하거나 압력손실이 10[%]를 초과하는 경우 재충전하거나 저장용기를 교체한다.
   ⑤ 불활성기체소화약제 저장용기의 약제량 손실이 5[%]를 초과하거나 압력손실이 5[%]를 초과하는 경우 재충전하거나 저장용기를 교체한다.
   ⑥ 하나의 방호구역을 담당하는 소화약제 저장용기의 소화약제량의 체적합계보다 그 소화약제 방출 시 방출경로가 되는 배관(집합관 포함)의 내용적의 비율이 제조업체의 설계기준에서 정한 값 이상일 경우 해당 방호구역에 대한 설비는 별도 독립방식으로 한다.

4. 기동장치

(1) 수동식 기동장치의 설치기준
① 수동식 기동장치의 부근에는 소화약제의 방출을 지연시킬 수 있는 방출지연스위치를 설치한다.
← 방출지연스위치는 자동복귀형 스위치로 수동식 기동장치의 타이머를 순간 정지시키는 기능의 스위치를 말한다.
② 방호구역마다 설치한다.
③ 해당 방호구역의 출입구 부근 등 조작을 하는 자가 쉽게 피난할 수 있는 장소에 설치한다.
④ 기동장치의 조작부는 바닥으로부터 0.8[m] 이상 1.5[m] 이하의 위치에 설치하고, 보호판 등에 따른 보호장치를 설치한다.
⑤ 기동장치 인근의 보기 쉬운 곳에 "할로겐화합물 및 불활성기체소화설비 수동식 기동장치"라는 표지를 한다.
⑥ 전기를 사용하는 기동장치에는 전원표시등을 설치한다.
⑦ 기동장치의 방출용 스위치는 음향경보장치와 연동하여 조작될 수 있는 것으로 한다.
⑧ 50[N] 이하의 힘을 가하여 기동할 수 있는 구조로 한다.

(2) 자동식 기동장치의 설치기준
① 자동화재탐지설비의 감지기의 작동과 연동하는 것으로 한다.
② 자동식 기동장치는 수동으로도 기동할 수 있는 구조로 한다.
③ 전기식 기동장치로서 7병 이상의 저장용기를 동시에 개방하는 설비는 2병 이상의 저장용기에 전자 개방밸브를 부착한다.
④ 가스압력식 기동장치는 다음의 기준에 따른다.
　㉠ 기동용 가스용기 및 해당 용기에 사용하는 밸브는 25[MPa] 이상의 압력에 견딜 수 있는 것으로 한다.
　㉡ 기동용 가스용기에는 내압시험압력의 0.8배부터 내압시험압력 이하에서 작동하는 안전장치를 설치한다.
　㉢ 질소나 비활성기체를 사용하는 경우 기동용 가스용기의 체적은 5[L] 이상으로 하고, 6.0[MPa](21[℃] 기준) 이상의 압력으로 충전한다.
　㉣ 이산화탄소를 사용하는 경우 기동용 가스용기의 체적은 1[L] 이상으로 하고, 해당 용기에 저장하는 양은 0.6[kg] 이상으로 하며, 충전비는 1.5 이상 1.9 이하로 한다.
　㉤ 질소나 비활성기체 기동용 가스용기에는 충전 여부를 확인할 수 있는 압력게이지를 설치한다.
⑤ 기계식 기동장치는 저장용기를 쉽게 개방할 수 있는 구조로 한다.

(3) 표시등
할로겐화합물 및 불활성기체소화설비가 설치된 부분의 출입구 등의 보기 쉬운 곳에 소화약제의 방출을 표시하는 표시등을 설치한다.

CHAPTER 04 분말 소화설비

PHASE 12 | 분말 소화설비

1. 분말 소화설비

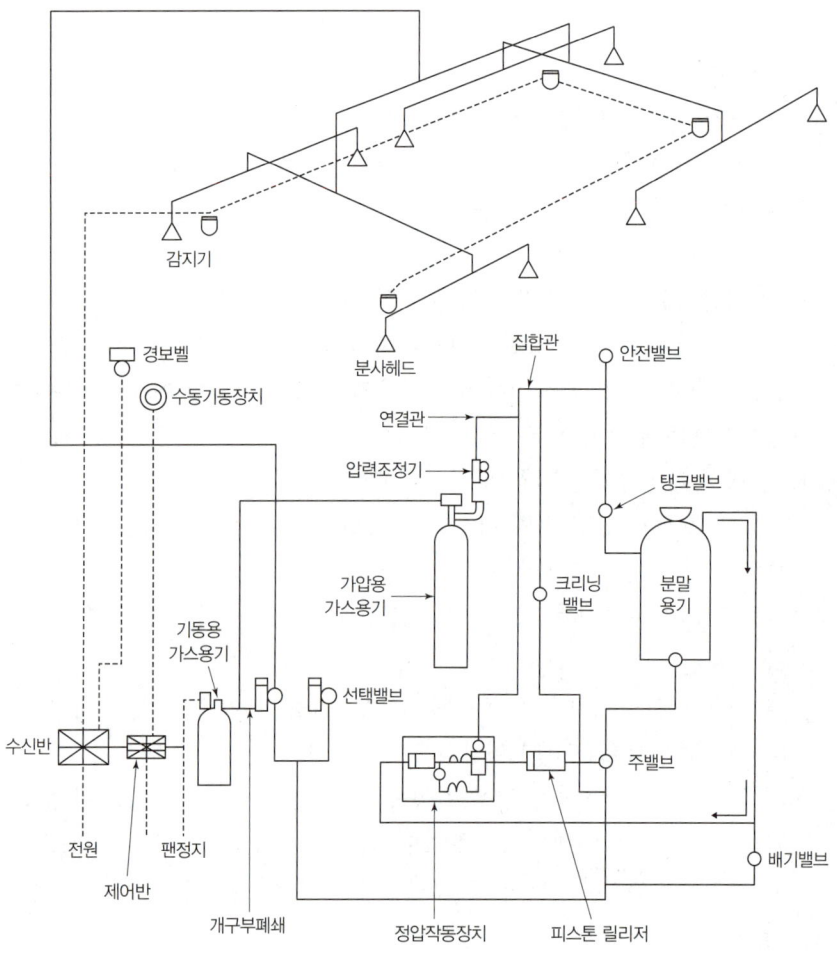

▲ 분말소화설비 계통도

전역방출방식	소화약제 공급장치에 배관 및 분사헤드 등을 설치하여 밀폐 방호구역 내에 소화약제를 방출하는 방식	
국소방출방식	소화약제 공급장치에 배관 및 분사헤드를 설치하여 직접 화점에 분말소화약제를 방출하는 방식	
호스릴방식	소화수 또는 소화약제 저장용기 등에 연결된 호스릴을 이용하여 사람이 직접 화점에 소화수 또는 소화약제를 방출하는 방식	
충전비	소화약제 저장용기의 내부 용적과 소화약제의 중량과의 비(용적[L]/중량[kg])를 말한다.	
집합관	개별 소화약제(가압용 가스 포함) 저장용기의 방출관이 접속되어 있는 관	
분기배관	배관 측면에 구멍을 뚫어 둘 이상의 관로가 생기도록 가공한 배관	
확관형 분기배관	배관의 측면에 조그만 구멍을 뚫고 소성가공으로 확관시켜 배관 용접이음자리를 만들거나 배관 용접이음자리에 배관이음쇠를 용접 이음한 배관	
비확관형 분기배관	배관의 측면에 분기호칭내경 이상의 구멍을 뚫고 배관이음쇠를 용접 이음한 배관	
교차회로방식	하나의 방호구역 내에 2 이상의 화재감지기회로를 설치하고 인접한 2 이상의 화재감지기에 화재가 감지되는 때에 소화설비가 작동하는 방식	
방화문	건축법에 따른 60분+ 방화문, 60분 방화문 또는 30분 방화문	
방호구역	소화설비의 소화범위 내에 포함된 영역	
선택밸브	2 이상의 방호구역 또는 방호대상물이 있어 소화수 또는 소화약제를 해당하는 방호구역 또는 방호대상물에 선택적으로 방출되도록 제어하는 밸브	
호스릴	원형의 소방호스를 원형의 수납장치에 감아 정리한 것	
제1종 분말	탄산수소나트륨($NaHCO_3$)을 주성분으로 한 분말소화약제	
제2종 분말	탄산수소칼륨($KHCO_3$)을 주성분으로 한 분말소화약제	
제3종 분말	인산염(PO_4^{3-})을 주성분으로 한 분말소화약제	
제4종 분말	탄산수소칼륨($KHCO_3$)과 요소($CO(NH_2)_2$)가 화합된 분말소화약제	

2. 저장용기

(1) 저장용기의 설치장소

① 방호구역 외의 장소에 설치한다.
② 방호구역 내에 설치할 경우 피난 및 조작이 용이하도록 피난구 부근에 설치한다.
③ 온도가 40[℃] 이하이고, 온도 변화가 작은 곳에 설치한다.
④ 직사광선 및 빗물이 침투할 우려가 없는 곳에 설치한다.
⑤ 방화문으로 방화구획 된 실에 설치한다.
⑥ 용기의 설치장소에는 해당 용기가 설치된 곳임을 표시하는 표지를 한다.
⑦ 용기 간의 간격은 점검에 지장이 없도록 3[cm] 이상의 간격을 유지한다.
⑧ 저장용기와 집합관을 연결하는 연결배관에는 체크밸브를 설치한다.
  ← 저장용기가 하나의 방호구역만을 담당하는 경우 제외

(2) 저장용기의 설치기준
① 저장용기의 내용적은 다음과 같다. ← ④에서 충전비[L/kg]는 0.8 이상이므로 표의 기준 이상이어야 한다.

소화약제의 종류	소화약제 1[kg] 당 저장용기의 내용적[L/kg]
제1종 분말	0.8
제2종 분말	1.0
제3종 분말	1.0
제4종 분말	1.25

② 저장용기에는 가압식의 경우 최고사용압력의 1.8배 이하, 축압식의 경우 내압시험압력의 0.8배 이하의 압력에서 작동하는 안전밸브를 설치한다.
③ 저장용기에는 저장용기의 내부압력이 설정압력으로 되었을 때 주밸브를 개방하는 정압작동장치를 설치한다.
④ 저장용기의 충전비는 0.8 이상으로 한다.
⑤ 저장용기 및 배관에는 잔류 소화약제를 처리할 수 있는 청소장치를 설치한다.
⑥ 축압식 저장용기에는 사용압력 범위를 표시한 지시압력계를 설치한다.

3. 가압용 가스용기

(1) 가압용 가스용기의 설치기준
① 분말소화약제의 가스용기는 분말소화약제의 저장용기에 접속하여 설치한다.
② 분말소화약제의 가압용 가스용기를 3병 이상 설치한 경우에는 2개 이상의 용기에 전자개방밸브를 부착한다.
③ 분말소화약제의 가압용 가스용기에는 2.5[MPa] 이하의 압력에서 조정이 가능한 압력조정기를 설치한다.

(2) 가압용 가스의 설치기준
① 가압용 가스 또는 축압용 가스는 질소가스 또는 이산화탄소로 한다.
② 가압용 가스의 소요량
  ㉠ 질소가스를 사용하는 경우 질소가스는 소화약제 1[kg]마다 40[L](35[℃]에서 1기압의 압력상태로 환산한 것) 이상으로 한다.
  ㉡ 이산화탄소를 사용하는 경우 이산화탄소는 소화약제 1[kg]마다 20[g]과 배관의 청소에 추가적으로 필요한 양 이상으로 한다.
③ 축압용 가스의 소요량
  ㉠ 질소가스를 사용하는 경우 질소가스는 소화약제 1[kg]마다 10[L](35[℃]에서 1기압의 압력상태로 환산한 것) 이상으로 한다.
  ㉡ 이산화탄소를 사용하는 경우 이산화탄소는 소화약제 1[kg]마다 20[g]과 배관의 청소에 추가적으로 필요한 양 이상으로 한다.
④ 배관의 청소에 필요한 가스는 별도의 용기에 저장한다.

+ 심화 가압용·축압용 가스의 소요량

구분	질소	이산화탄소
가압용 가스	40[L]	20[g]+청소에 필요한 양
축압용 가스	10[L]	20[g]+청소에 필요한 양

4. 소화약제 실기

(1) 소화약제의 종류
① 분말소화설비에 사용하는 소화약제는 제1종·제2종·제3종 또는 제4종 분말로 한다.
② 차고 또는 주차장에는 제3종 분말소화약제로 설치한다.

(2) 소화약제 저장량의 최소기준 ← 최소기준이므로 산출한 양 이상으로 갖추어야 한다.
2 이상의 방호구역이 있는 경우 다음의 기준에 따라 산출한 저장량 중 최댓값 하나로 선택할 수 있다.

① 전역방출방식
전역방출방식의 경우 소화약제의 저장량은 방호구역의 체적과 개구부의 면적에 따라 산출한 값의 합으로 한다.

㉠ 방호구역의 체적 1[m³]마다 다음의 기준에 따른 양

소화약제의 종류	소화약제의 양[kg/m³]
제1종 분말	0.60
제2종 분말	0.36
제3종 분말	0.36
제4종 분말	0.24

㉡ 방호구역의 개구부(창문·출입구) 1[m²]마다 다음의 기준에 따른 양(자동폐쇄장치가 없는 경우 限)

소화약제의 종류	소화약제의 양[kg/m²]
제1종 분말	4.5
제2종 분말	2.7
제3종 분말	2.7
제4종 분말	1.8

② 국소방출방식
국소방출방식의 경우 소화약제의 저장량은 다음의 식에 따라 산출할 수 있다.

$$Q = \left(X - Y \times \left(\frac{a}{A}\right)\right) \times V \times 1.1$$

Q : 소화약제의 양[kg], a : 방호대상물 주변 실제 벽면적의 합계[m²],
A : 방호공간 벽면적의 합계[m²], V : 방호공간의 부피[m³], X, Y, K : 표에 따른 수치

소화약제의 종류	X	Y
제1종 분말	5.2	3.9
제2종 분말	3.2	2.4
제3종 분말	3.2	2.4
제4종 분말	2.0	1.5

> **+ 심화** 국소방출방식 저장량 산출방법

이와 같은 크기의 방호대상물에 국소방출방식 제2종 분말소화약제의
저장량을 산출하는 방법은 다음과 같다.
방호대상물 주변의 실제 벽은 4면 중 2면에만 있으므로
$a = (2[m] \times 1[m]) + (1[m] \times 1[m]) = 3[m^2]$
방호공간의 벽면적은 4면 중 2면은 벽으로 막혀있으므로
$A = (2[m] + 0.6[m]) \times (1[m] + 0.6[m]) \times 2 + (1[m] + 0.6[m]) \times$
$(1[m] + 0.6[m]) \times 2 = 13.44[m^2]$
따라서 소화약제의 저장량은
$Q = \left(3.2 - 2.4 \times \left(\dfrac{3}{13.44}\right)\right) \times (2.6 \times 1.6 \times 1.6) \times 1.1 ≒ 19.51[kg]$

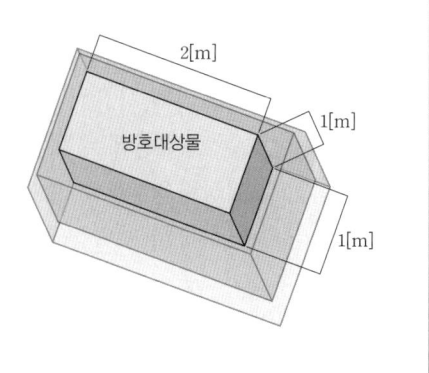

③ 호스릴방식

호스릴방식의 경우 소화약제의 저장량은 하나의 노즐마다 다음의 표와 같이 산출할 수 있다.

소화약제의 종류	소화약제의 양[kg]
제1종 분말	50
제2종 분말	30
제3종 분말	30
제4종 분말	20

5. 기동장치

(1) 수동식 기동장치의 설치기준

① 수동식 기동장치의 부근에는 소화약제의 방출을 지연시킬 수 있는 방출지연스위치를 설치한다.
  ← 방출지연스위치는 자동복귀형 스위치로 수동식 기동장치의 타이머를 순간 정지시키는 기능의 스위치를 말한다.

② 전역방출방식은 방호구역마다, 국소방출방식은 방호대상물마다 설치한다.

③ 해당 방호구역의 출입구 부근 등 조작을 하는 자가 쉽게 피난할 수 있는 장소에 설치한다.

④ 기동장치의 조작부는 바닥으로부터 0.8[m] 이상 1.5[m] 이하의 위치에 설치하고, 보호판 등에 따른 보호장치를 설치한다.

⑤ 기동장치 인근의 보기 쉬운 곳에 "분말소화설비 수동식 기동장치"라는 표지를 한다.

⑥ 전기를 사용하는 기동장치에는 전원표시등을 설치한다.

⑦ 기동장치의 방출용 스위치는 음향경보장치와 연동하여 조작될 수 있는 것으로 한다.

(2) 자동식 기동장치의 설치기준
① 자동화재탐지설비의 감지기의 작동과 연동하는 것으로 한다.
② 자동식 기동장치는 수동으로도 기동할 수 있는 구조로 한다.
③ 전기식 기동장치로서 7병 이상의 저장용기를 동시에 개방하는 설비는 2병 이상의 저장용기에 전자 개방밸브를 부착한다.
④ 가스압력식 기동장치는 다음의 기준에 따른다.
  ㉠ 기동용 가스용기 및 해당 용기에 사용하는 밸브는 25[MPa] 이상의 압력에 견딜 수 있는 것으로 한다.
  ㉡ 기동용 가스용기에는 내압시험압력의 0.8배부터 내압시험압력 이하에서 작동하는 안전장치를 설치한다.
  ㉢ 질소나 비활성기체를 사용하는 경우 기동용 가스용기의 체적은 5[L] 이상으로 하고, 6.0[MPa](21[℃] 기준) 이상의 압력으로 충전한다.
  ㉣ 이산화탄소를 사용하는 경우 기동용 가스용기의 체적은 1[L] 이상으로 하고, 해당 용기에 저장하는 양은 0.6[kg] 이상으로 하며, 충전비는 1.5 이상 1.9 이하로 한다.
⑤ 기계식 기동장치는 저장용기를 쉽게 개방할 수 있는 구조로 한다.
(3) 표시등
분말소화설비가 설치된 부분의 출입구 등의 보기 쉬운 곳에 소화약제의 방출을 표시하는 표시등을 설치한다.

6. 배관과 밸브

(1) 배관의 설치기준
① 배관은 전용으로 한다.
② 강관을 사용하는 경우의 배관은 아연도금에 따른 배관용 탄소강관(KS D 3507)이나 이와 동등 이상의 강도·내식성 및 내열성을 가진 것으로 한다.
③ 축압식 분말소화설비에 사용하는 것 중 20[℃]에서 압력이 2.5[MPa] 이상 4.2[MPa] 이하인 것은 압력배관용 탄소강관(KS D 3562) 중 이음이 없는 스케줄 40 이상의 것 또는 이와 동등 이상의 강도를 가진 것으로서 아연도금으로 방식 처리된 것을 사용한다.
④ 동관을 사용하는 경우의 배관은 고정압력 또는 최고사용압력의 1.5배 이상의 압력에 견딜 수 있는 것을 사용한다.
⑤ 밸브류는 개폐위치 또는 개폐방향을 표시한 것으로 한다.
⑥ 배관의 관부속 및 밸브류는 배관과 동등 이상의 강도 및 내식성이 있는 것으로 한다.
⑦ 확관형 분기배관을 사용할 경우에는 소방청장이 정하여 고시한 기준에 적합한 것으로 설치한다.

(2) 선택밸브의 설치기준
2 이상의 방호구역이 있어 소화약제 저장용기를 공용하는 경우 다음의 기준에 따라 선택밸브를 설치한다.
① 방호구역 또는 방호대상물마다 설치한다.
② 각 선택밸브에는 해당 방호구역 또는 방호대상물을 표시한다.

7. 분사헤드

(1) 전역방출방식의 분사헤드
  ① 방출된 소화약제가 방호구역의 전역에 균일하고 신속하게 확산할 수 있도록 한다.
  ② 기준저장량의 소화약제를 30초 이내에 방출할 수 있는 것으로 한다.

(2) 국소방출방식의 분사헤드
  ① 소화약제의 방출에 따라 가연물이 비산하지 않는 장소에 설치한다.
  ② 소화약제를 30초 이내에 방출할 수 있는 것으로 한다.

(3) 호스릴방식 분말소화설비의 설치장소 ← 차고 또는 주차장은 제외
  ① 화재 시 현저하게 연기가 찰 우려가 없는 장소에 설치한다.
  ② 지상 1층 및 피난층에 있는 부분으로서 지상에서 수동 또는 원격조작에 따라 개방할 수 있는 개구부의 유효면적의 합계가 바닥면적의 15[%] 이상이 되는 부분에 설치한다.
    ← 바닥면적의 15[%] 이상에 해당하는 창문·출입구를 개방할 수 있는 경우를 말한다.
  ③ 전기설비가 설치되어 있는 부분 또는 다량의 화기를 사용하는 부분의 바닥면적이 해당 설비가 설치되어 있는 구획의 바닥면적의 5분의 1 미만이 되는 부분에 설치한다.
    ← 전체 공간(면적) 중 화재 발생 위험이 있는 부분(면적)이 $\frac{1}{5}$ 미만이 되는 경우를 말한다.

(4) 호스릴방식 분말소화설비의 설치기준
  ① 방호대상물의 각 부분으로부터 하나의 호스접결구까지의 수평거리는 15[m] 이하로 한다.
  ② 소화약제 저장용기의 개방밸브는 호스릴의 설치장소에서 수동으로 개폐할 수 있는 것으로 한다.
  ③ 소화약제 저장용기는 호스릴을 설치하는 장소마다 설치한다.
  ④ 호스릴방식의 분말소화설비의 노즐은 하나의 노즐마다 1분 당 다음의 표에 따른 양을 방출할 수 있는 것으로 한다.

소화약제의 종류	소화약제의 양[kg]
제1종 분말	45
제2종 분말	27
제3종 분말	27
제4종 분말	18

  ⑤ 소화약제 저장용기의 가장 가까운 곳의 보기 쉬운 곳에 적색의 표시등을 설치하고, 호스릴방식의 분말소화설비가 있다는 뜻을 표시한 표지를 한다.

기타 소화설비

PHASE 13 | 피난기구

1. 용어의 정의

완강기	사용자의 몸무게에 따라 자동적으로 내려올 수 있는 기구 중 사용자가 교대하여 연속적으로 사용할 수 있는 것
간이완강기	사용자의 몸무게에 따라 자동적으로 내려올 수 있는 기구 중 사용자가 연속적으로 사용할 수 없는 것
공기안전매트	화재 발생 시 사람이 건축물 내에서 외부로 긴급히 뛰어내릴 때 충격을 흡수하여 안전하게 지상에 도달할 수 있도록 포지에 공기 등을 주입하는 구조로 되어 있는 것
구조대	포지 등을 사용하여 자루 형태로 만든 것으로서 화재 시 사용자가 그 내부에 들어가서 내려옴으로써 대피할 수 있는 것
승강식 피난기	사용자의 몸무게에 의하여 자동으로 하강하고 내려서면 스스로 상승하여 연속적으로 사용할 수 있는 무동력 승강식 기기
하향식 피난구용 내림식사다리	하향식 피난구 해치에 격납하여 보관하고 사용 시에는 사다리 등이 소방대상물과 접촉되지 않는 내림식 사다리
피난사다리	화재 시 긴급대피를 위해 사용하는 사다리
다수인피난장비	화재 시 2인 이상의 피난자가 동시에 해당 층에서 지상 또는 피난층으로 하강하는 피난기구
미끄럼대	사용자가 미끄럼식으로 신속하게 지상 또는 피난층으로 이동할 수 있는 피난기구
피난교	인근 건축물 또는 피난층과 연결된 다리 형태의 피난기구
피난용트랩	화재 층과 직상 층을 연결하는 계단형태의 피난기구

2. 적응성 및 설치개수

(1) 설치장소별 피난기구의 적응성

설치장소별 \ 층별	1층	2층	3층	4층 이상 10층 이하
노유자시설	• 미끄럼대 • 구조대 • 피난교 • 다수인 피난장비 • 승강식 피난기	• 미끄럼대 • 구조대 • 피난교 • 다수인피난장비 • 승강식 피난기	• 미끄럼대 • 구조대 • 피난교 • 다수인피난장비 • 승강식 피난기	• 구조대 • 피난교 • 다수인피난장비 • 승강식 피난기
의료시설·근린생활 시설 중 입원실이 있는 의원·접골원·조산원			• 미끄럼대 • 구조대 • 피난교 • 피난용트랩 • 다수인피난장비 • 승강식 피난기	• 구조대 • 피난교 • 피난용트랩 • 다수인피난장비 • 승강식 피난기
4층 이하 다중이용업소		• 미끄럼대 • 피난사다리 • 구조대 • 완강기 • 다수인피난장비 • 승강식 피난기	• 미끄럼대 • 피난사다리 • 구조대 • 완강기 • 다수인피난장비 • 승강식 피난기	• 미끄럼대 • 피난사다리 • 구조대 • 완강기 • 다수인피난장비 • 승강식 피난기
그 밖의 것			• 미끄럼대 • 피난사다리 • 구조대 • 완강기 • 피난교 • 피난용트랩 • 간이완강기 • 공기안전매트 • 다수인피난장비 • 승강식 피난기	• 피난사다리 • 구조대 • 완강기 • 피난교 • 간이완강기 • 공기안전매트 • 다수인피난장비 • 승강식 피난기

(2) 피난기구의 설치개수
① 층마다 설치한다.
② 숙박시설·노유자시설 및 의료시설로 사용되는 층에는 그 층의 바닥면적 500[m²]마다 1개 이상 설치한다.
③ 위락시설·문화집회 및 운동시설·판매시설로 사용되는 층 또는 복합용도의 층에는 그 층의 바닥면적 800[m²]마다 1개 이상 설치한다.
④ 계단실형 아파트에는 각 세대마다 1개 이상 설치한다.
⑤ 그 밖의 용도의 층에는 그 층의 바닥면적 1,000[m²]마다 1개 이상 설치한다.

ⓖ 숙박시설(휴양콘도미니엄 제외)의 경우 객실마다 완강기 또는 2 이상의 간이완강기를 추가로 설치한다.

ⓗ 4층 이상의 층에 설치된 노유자시설 중 장애인 관련 시설로서 주된 사용자 중 스스로 피난이 불가한 사람이 있는 경우 층마다 구조대를 1개 이상 추가로 설치한다.

(3) 피난기구의 설치기준

① 피난기구는 계단·피난구·기타 피난시설로부터 적당한 거리에 있는 안전한 구조로 된 피난 또는 소화활동 상 유효한 개구부에 고정하여 설치하거나 필요한 때에 신속하고 유효하게 설치할 수 있는 상태에 둔다.

② 개구부는 가로 0.5[m] 이상 세로 1[m] 이상으로 한다.

③ 개구부 하단이 바닥에서 1.2[m] 이상이면 발판 등을 설치하고, 밀폐된 창문은 쉽게 파괴할 수 있는 파괴장치를 비치한다.

④ 피난기구를 설치하는 개구부는 서로 동일직선상이 아닌 위치에 있어야 한다.

⑤ 피난기구는 특정소방대상물의 기둥·바닥·보·기타 구조상 견고한 부분에 볼트조임·매입·용접·기타의 방법으로 견고하게 부착한다.

⑥ 4층 이상의 층에 피난사다리(하향식 피난구용 내림식 사다리 제외)를 설치하는 경우 금속성 고정사다리를 설치하고, 고정사다리에는 쉽게 피난할 수 있는 구조의 노대를 설치한다.

+ 심화 완강기의 최대사용하중 및 최대사용자수
① 최대사용하중은 1,500[N] 이상이어야 한다.
② 최대사용자수는 최대사용하중을 1,500[N]으로 나누어서 얻은 값(절사)으로 한다.
③ 최대사용자수에 상당하는 벨트가 있어야 한다.

+ 심화 피난사다리의 일반구조
① 피난사다리는 2개 이상의 종봉 및 횡봉으로 구성한다. 다만, 고정식사다리인 경우에는 종봉의 수를 1개로 할 수 있다.
② 피난사다리(종봉이 1개인 고정식사다리는 제외)의 종봉의 간격은 최외각 종봉 사이의 안치수가 30[cm] 이상이어야 한다.
③ 피난사다리의 횡봉은 지름 14[mm] 이상 35[mm] 이하의 원형인 단면이거나 또는 이와 비슷한 손으로 잡을 수 있는 형태의 단면이 있는 것으로 한다.
④ 피난사다리의 횡봉은 종봉에 동일한 간격으로 부착한 것이어야 하며, 그 간격은 25[cm] 이상 35[cm] 이하로 한다.

⑦ 완강기는 강하 시 로프가 건축물 또는 구조물 등과 접촉하여 손상되지 않도록 하고, 로프의 길이는 부착위치에서 지면 또는 기타 피난상 유효한 착지 면까지의 길이로 한다.

⑧ 미끄럼대는 안전한 강하속도를 유지하도록 하고, 전락방지를 위한 안전조치를 한다.

⑨ 구조대의 길이는 피난 상 지장이 없고 안정한 강하속도를 유지할 수 있는 길이로 한다.

⑩ 다수인피난장비는 다음의 기준에 적합하게 설치한다.

㉠ 피난에 용이하고 안전하게 하강할 수 있는 장소에 적재 하중을 충분히 견딜 수 있도록 견고하게 설치한다.

㉡ 다수인피난장비 보관실은 건물 외측보다 돌출되지 않고, 빗물·먼지 등으로부터 장비를 보호할 수 있는 구조로 한다.

㉢ 사용 시에 보관실 외측 문이 먼저 열리고 탑승기가 외측으로 자동으로 전개되도록 한다.

㉣ 하강 시에 탑승기가 건물 외벽이나 돌출물에 충돌하지 않도록 설치한다.

㉤ 상·하층에 설치할 경우 탑승기의 하강경로가 중첩되지 않도록 한다.

㉥ 하강 시에는 안전하고 일정한 속도를 유지하도록 하고 전복, 흔들림, 경로이탈 방지를 위한 안전조치를 한다.

    ⓢ 보관실의 문에는 오작동 방지조치를 하고, 문 개방 시에는 해당 특정소방대상물에 설치된 경보설비와 연동하여 유효한 경보음을 발하도록 한다.
    ⓞ 피난층에는 해당 층에 설치된 피난기구가 착지에 지장이 없도록 충분한 공간을 확보한다.
    ⓩ 한국소방산업기술원 또는 성능시험기관으로 지정받은 기관에서 그 성능을 검증받은 것으로 설치한다.

⑪ 승강식 피난기 및 하향식 피난구용 내림식사다리는 다음의 기준에 적합하게 설치한다.
    ㉠ 승강식 피난기 및 하향식 피난구용 내림식사다리는 설치경로가 설치 층에서 피난층까지 연계될 수 있는 구조로 설치한다. ← 건축물의 구조 및 설치 여건 상 불가피한 경우 그렇지 않다.
    ㉡ 대피실의 면적은 2[m²](2세대 이상인 경우 3[m²]) 이상으로 하고, 하강구(개구부) 규격은 직경 60[cm] 이상으로 한다. ← 외기와 개방된 장소에는 그렇지 않다.
    ㉢ 하강구 내측에는 기구의 연결 금속구 등이 없어야 하며 전개된 피난기구는 하강구 수평투영면적 공간 내의 범위를 침범하지 않는 구조로 한다.
    ← 직경 60[cm] 크기의 범위를 벗어난 경우이거나 직하층의 바닥 면으로부터 높이 50[cm] 이하의 범위는 제외
    ㉣ 대피실의 출입문은 60분+ 방화문 또는 60분 방화문으로 설치하고, 피난방향에서 식별할 수 있는 위치에 "대피실" 표지판을 부착한다.
    ← 외기와 개방된 장소에는 그렇지 않다.
    ㉤ 착지점과 하강구는 상호 수평거리 15[cm] 이상의 간격을 둔다.
    ㉥ 대피실 내에는 비상조명등을 설치한다.
    ㉦ 대피실에는 층의 위치표시와 피난기구 사용설명서 및 주의사항 표지판을 부착한다.
    ㉧ 대피실 출입문이 개방되거나, 피난기구 작동 시 해당층 및 직하층 거실에 설치된 표시등 및 경보장치가 작동되고, 감시 제어반에서는 피난기구의 작동을 확인할 수 있어야 한다.
    ⓩ 사용 시 기울거나 흔들리지 않도록 설치한다.
    ㉰ 승강식 피난기는 한국소방산업기술원 또는 성능시험기관으로 지정받은 기관에서 그 성능을 검증받은 것으로 설치한다.

⑫ 피난기구를 설치한 장소에는 가까운 곳의 보기 쉬운 곳에 피난기구의 위치를 표시하는 발광식 또는 축광식 표지와 그 사용방법을 표시한 표지를 부착한다.

+ 심화 완강기 및 간이완강기의 구조 및 성능

① 속도조절기·속도조절기의 연결부·로프·연결금속구 및 벨트로 구성한다.
② 강하 시 사용자를 심하게 선회시키지 않아야 한다.
③ 기능에 이상이 생길 수 있는 모래나 기타의 이물질이 쉽게 들어가지 않도록 견고한 덮개로 덮어져 있어야 한다.
④ 부품 및 덮개를 나사로 체결할 경우 풀림방지조치를 해야 한다.

+ 심화 올림식사다리의 구조

① 상부지지점(끝 부분으로부터 60[cm] 이내)에 미끄러지거나 넘어지지 않도록 하기 위해 안전장치를 설치한다.
② 하부지지점에는 미끄러짐을 막는 장치를 설치한다.
③ 신축하는 구조인 것은 사용할 때 자동적으로 작동하는 축제방지장치를 설치한다.
④ 접어지는 구조인 것은 사용할 때 자동적으로 작동하는 접힘방지장치를 설치한다.

> **+ 심화** 경사강하식 구조대의 구조 기준
> ① 연속하여 활강할 수 있는 구조로 안전하고 쉽게 사용할 수 있어야 한다.
> ② 입구틀 및 고정틀의 입구는 지름 60[cm] 이상의 구체가 통과할 수 있어야 한다.
> ③ 경사구조대 본체는 강하방향으로 봉합부가 설치되지 않아야 한다.
> ④ 본체의 포지는 하부지지장치에 인장력이 균등하게 걸리도록 부착하여야 하며 하부지지장치는 쉽게 조작할 수 있어야 한다.
> ⑤ 땅에 닿을 때 충격을 받는 부분에는 완충장치로서 받침포 등을 부착하여야 한다.

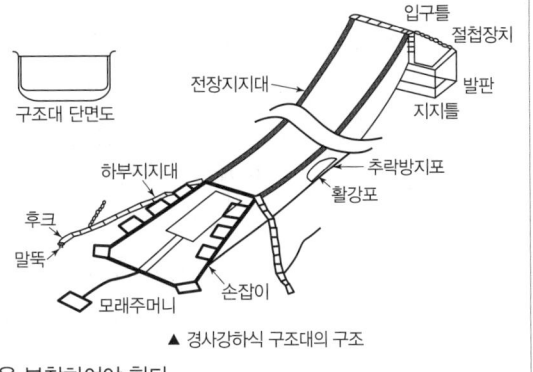
▲ 경사강하식 구조대의 구조

> **+ 심화** 수직강하식 구조대의 구조 기준
> ① 수직구조대는 안전하고 쉽게 사용할 수 있는 구조이어야 한다.
> ② 수직구조대의 포지는 외부포지와 내부포지로 구성하고, 외부포지와 내부포지의 사이에 충분한 공기층을 둔다.
> ③ 건물내부의 별실에 설치하는 것은 외부포지를 설치하지 않을 수 있다.
> ④ 입구틀 및 고정틀의 입구는 지름 60[cm] 이상의 구체가 통과할 수 있는 것이어야 한다.
> ⑤ 수직구조대는 연속하여 강하할 수 있는 구조이어야 한다.
> ⑥ 포지는 사용 시 수직방향으로 현저하게 늘어나지 않아야 한다.
> ⑦ 포지, 지지틀, 고정틀, 그 밖의 부속장치 등은 견고하게 부착되어야 한다.

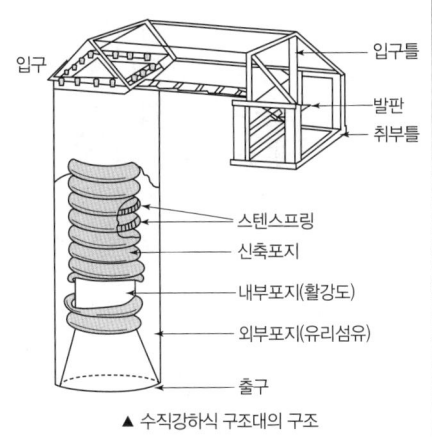
▲ 수직강하식 구조대의 구조

3. 피난기구의 설치제외

(1) 피난기구를 설치하지 않을 수 있는 특정소방대상물 또는 그 부분
  ① 다음의 기준에 적합한 층
    ㉠ 주요구조부가 내화구조로 되어 있어야 한다.
    ㉡ 실내의 면하는 부분의 마감이 불연재료·준불연재료 또는 난연재료로 되어 있고 방화구획이 건축법의 규정에 적합하게 구획되어 있어야 한다.
    ㉢ 거실의 각 부분으로부터 직접 복도로 쉽게 통할 수 있어야 한다.
    ㉣ 복도에 2 이상의 피난계단 또는 특별피난계단이 건축법에 적합하게 설치되어 있어야 한다.
    ㉤ 복도의 어느부분에서도 2 이상의 방향으로 각각 다른 계단에 도달할 수 있어야 한다.

> **+ 심화** 고정식사다리의 구조
> ① 종봉의 수가 2개 이상인 것(수납식·접는식 또는 신축식)
>   ㉠ 진동 등 그 밖의 충격으로 결합부분이 쉽게 이탈되지 않도록 안전장치를 설치한다.
>   ㉡ 안전장치의 해제 동작을 제외하고는 두 번의 동작 이내로 사다리를 사용가능한 상태로 할 수 있어야 한다.
> ② 종봉의 수가 1개인 것
>   ㉠ 종봉이 그 사다리의 중심축이 되도록 횡봉을 부착하고 횡봉의 끝 부분에 종봉의 축과 평행으로 길이 5[cm] 이상의 옆으로 미끄러지는 것을 방지하기 위한 돌자를 설치한다.
>   ㉡ 횡봉의 길이는 종봉에서 횡봉의 끝까지 길이가 안 치수로 15[cm] 이상 25[cm] 이하여야 하며 종봉의 폭은 횡봉의 축 방향에 대하여 10[cm] 이하여야 한다.

② 다음의 기준에 적합한 특정소방대상물 중 그 옥상의 직하층 또는 최상층 ← 문화 및 집회시설, 운동시설 또는 판매시설 제외
  ㉠ 주요구조부가 내화구조로 되어 있어야 한다.
  ㉡ 옥상의 면적이 1,500[m²] 이상이어야 한다.
  ㉢ 옥상으로 쉽게 통할 수 있는 창 또는 출입구가 설치되어 있어야 한다.
  ㉣ 옥상이 소방사다리차가 쉽게 통행할 수 있는 도로(폭 6[m] 이상) 또는 공지(공원 또는 광장)에 면하여 설치되어 있거나 옥상으로부터 피난층 또는 지상으로 통하는 2 이상의 피난계단 또는 특별피난계단이 건축법의 규정에 적합하게 설치되어 있어야 한다.
③ 주요구조부가 내화구조이고 지하층을 제외한 층수가 4층 이하이며 소방사다리차가 쉽게 통행할 수 있는 도로 또는 공지에 면하는 부분에 소방시설법의 기준에 적합한 개구부가 2 이상 설치되어 있는 층 ← 문화집회 및 운동시설·판매시설 및 영업시설 또는 노유자시설의 용도로 사용되는 층으로서 그 층의 바닥면적이 1,000[m²] 이상인 것 제외
④ 갓복도식 아파트 또는 건축법에 적합한 구조 또는 시설을 설치하여 인접(수평 또는 수직)세대로 피난할 수 있는 아파트
⑤ 주요구조부가 내화구조로서 거실의 각 부분으로 직접 복도로 피난할 수 있는 학교(강의실 용도로 사용되는 층 限)
⑥ 무인공장 또는 자동창고로서 사람의 출입이 금지된 장소(관리를 위하여 일시적으로 출입하는 장소 포함)
⑦ 건축물의 옥상부분으로서 거실에 해당하지 않고 건축법에 따라 층수로 산정된 층으로 사람이 근무하거나 거주하지 않는 장소

4. 피난기구 설치의 감소

① 다음의 기준에 적합한 층에는 피난기구의 $\frac{1}{2}$을 감소할 수 있다. ← 소수점 이하의 수는 절상한다.
  ㉠ 주요구조부가 내화구조로 되어 있어야 한다.
  ㉡ 직통계단인 피난계단 또는 특별피난계단이 2 이상 설치되어 있어야 한다.
② 다음의 기준에 적합한 건널 복도가 설치된 층에는 피난기구의 수에서 건널 복도 수의 2배를 감소할 수 있다.
  ㉠ 주요구조부가 내화구조로 되어 있어야 한다.
  ㉡ 내화구조 또는 철골조로 되어 있어야 한다.
  ㉢ 건널 복도 양단의 출입구에 자동폐쇄장치를 한 60분+ 방화문 또는 60분 방화문(방화셔터 제외)이 설치되어 있어야 한다.
  ㉣ 피난·통행 또는 운반의 전용 용도이어야 한다.

PHASE 14 | 인명구조기구

1. 용어의 정의

방열복	고온의 복사열에 가까이 접근하여 소방활동을 수행할 수 있는 내열피복
공기호흡기	소화활동 시에 화재로 인하여 발생하는 각종 유독가스 중에서 일정시간 사용할 수 있도록 제조된 압축공기식 개인호흡장비(보조마스크를 포함한다)
인공소생기	호흡 부전 상태인 사람에게 인공호흡을 시켜 환자를 보호하거나 구급하는 기구
방화복	화재진압 등의 소방활동을 수행할 수 있는 피복
인명구조기구	화열, 화염, 유해성가스 등으로부터 인명을 보호하거나 구조하는데 사용되는 기구
축광식표지	평상시 햇빛 또는 전등불 등의 빛에너지를 축적하여 화재 등의 비상시 어두운 상황에서도 도안·문자 등이 쉽게 식별될 수 있는 표지

2. 인명구조기구의 설치기준

(1) 인명구조기구의 설치기준

① 특정소방대상물의 용도 및 장소별 설치해야 할 인명구조기구

특정소방대상물	인명구조기구	설치 수량
• 지하층을 포함하는 층수가 7층 이상인 관광호텔 • 5층 이상인 병원	• 방열복 또는 방화복(안전모, 보호장갑 및 안전화 포함) • 공기호흡기 • 인공소생기	각 2개 이상(병원의 경우 인공소생기 생략 가능)
• 수용인원 100명 이상의 영화상영관 • 대규모 점포 • 지하역사 • 지하상가	• 공기호흡기	층마다 2개 이상(일부를 직원이 상주하는 인근 사무실에 비치 가능)
• 물분무등소화설비 중 이산화탄소 소화설비를 설치해야하는 특정소방대상물	• 공기호흡기	이산화탄소 소화설비가 설치된 장소의 출입구 외부 인근에 1개 이상

② 화재 시 쉽게 반출 사용할 수 있는 장소에 비치한다.
③ 인명구조기구를 설치한 장소에는 가까운 곳의 보기 쉬운 곳에 "인명구조기구"라는 축광식표지와 그 사용방법을 표시한 표지를 부착한다.
④ 축광식표지는 소방청장이 정하여 고시한 기준에 적합한 것으로 한다.
⑤ 방열복은 소방청장이 정하여 고시한 기준에 적합한 것으로 한다.
⑥ 방화복(안전모, 보호장갑 및 안전화 포함)은 표준규격에 적합한 것으로 한다.

PHASE 15 | 상수도 소화용수설비

1. 용어의 정의

호칭지름	일반적으로 표기하는 배관의 직경
수평투영면	건축물을 수평으로 투영하였을 경우의 면
소화전	소방관이 사용하는 설비로서, 수도배관에 접속·설치되어 소화수를 공급하는 설비
제수변(제어밸브)	배관의 도중에 설치되어 배관 내 물의 흐름을 개폐할 수 있는 밸브

2. 설치대상

(1) 상수도 소화용수설비를 설치해야 하는 특정소방대상물

① 연면적 5,000[m²] 이상인 것 ← 위험물 저장 및 처리시설 중 가스시설, 지하가 중 터널 또는 지하구의 경우 제외
② 가스시설로서 지상에 노출된 탱크의 저장용량의 합계가 100톤 이상인 것
③ 자원순환 관련 시설 중 폐기물재활용시설 및 폐기물처분시설
④ 상수도 소화용수설비를 설치해야하는 특정소방대상물의 대지 경계선으로부터 180[m] 이내에 지름 75[mm] 이상인 상수도용 배수관이 설치되지 않은 지역의 경우 화재안전기준에 따른 소화수조 또는 저수조를 설치한다.

3. 설치기준

(1) 상수도 소화용수설비의 설치기준

① 호칭지름 75[mm] 이상의 수도배관에 호칭지름 100[mm] 이상의 소화전을 접속한다.
② 소화전은 소방자동차 등의 진입이 쉬운 도로변 또는 공지에 설치한다.
③ 소화전은 특정소방대상물의 수평투영면의 각 부분으로부터 140[m] 이하가 되도록 설치한다.

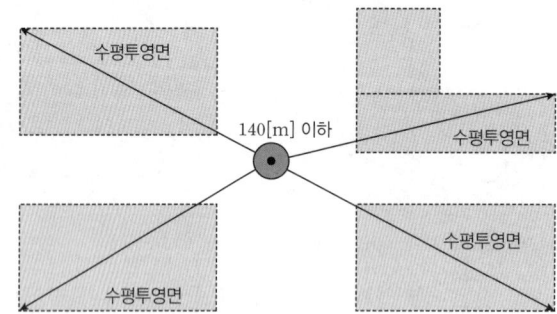

▲ 수평투영면과 소화전 사이의 거리

④ 지상식 소화전의 호스 접결구는 지면으로부터 높이가 0.5[m] 이상 1[m] 이하가 되도록 설치한다.

PHASE 16 | 소화수조 및 저수조

1. 용어의 정의

소화수조	소화용수의 전용 수조
저수조	소화용수와 일반 생활용수의 겸용 수조
채수구	소방차의 소방호스와 접결되는 흡입구
흡수관투입구	소방차의 흡수관이 투입될 수 있도록 소화수조 또는 저수조에 설치된 원형 또는 사각형의 투입구

2. 소화수조

(1) 소화수조 및 저수조의 설치기준 실기

① 채수구 또는 흡수관투입구는 소방차가 2[m] 이내의 지점까지 접근할 수 있는 위치에 설치한다.
② 저수량은 소방대상물의 연면적을 다음의 표에 따른 기준면적으로 나누어 얻은 수(소수점 이하 절상)에 20[m³]을 곱한 양 이상으로 한다.

소방대상물의 구분	기준면적[m²]
1층 및 2층의 바닥면적 합계가 15,000[m²] 이상	7,500
그 밖의 소방대상물	12,500

③ 지하에 설치하는 소화용수설비의 흡수관투입구는 한 변이 0.6[m] 이상이거나 직경이 0.6[m] 이상으로 한다.

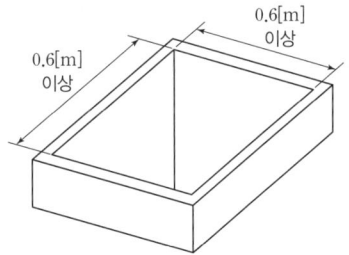
▲ 한 변이 0.6[m] 이상인 흡수관투입구

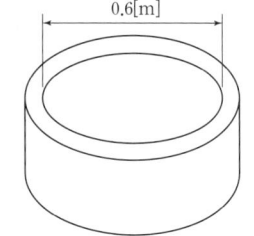
▲ 직경이 0.6[m] 이상인 흡수관투입구

④ 흡수관투입구는 다음의 표에 따른 소요수량에 따라 설치하고, "흡수관투입구"라고 표시한 표지를 한다.

소요수량[m³]	흡수관투입구의 수(개)
80 미만	1개 이상
80 이상	2개 이상

⑤ 채수구는 다음의 표에 따른 소요수량에 따라 설치한다.

소요수량[m³]	채수구의 수(개)
20 이상 40 미만	1
40 이상 100 미만	2
100 이상	3

⑥ 채수구는 지면으로부터 높이가 0.5[m] 이상 1[m] 이하의 위치에 설치하고, "채수구"라고 표시한 표지를 한다.

⑦ 소화용수설비를 설치해야 할 특정소방대상물에서 유수의 양이 0.8[m³/min] 이상인 유수를 사용할 수 있는 경우에는 소화수조를 설치하지 않을 수 있다.

3. 가압송수장치

(1) 가압송수장치의 설치기준

① 소화수조 또는 저수조가 지표면으로부터 깊이(수조 내부바닥)가 4.5[m] 이상인 지하에 있는 경우 다음의 표에 따라 가압송수장치를 설치한다.

← 충분한 저수량을 지표면으로부터 4.5[m] 이하인 지하에서 확보할 수 있는 경우 가압송수장치를 설치하지 않을 수 있다.

소요수량[m³]	가압송수장치의 1분 당 양수량[L/min]
20 이상 40 미만	1,100 이상
40 이상 100 미만	2,200 이상
100 이상	3,300 이상

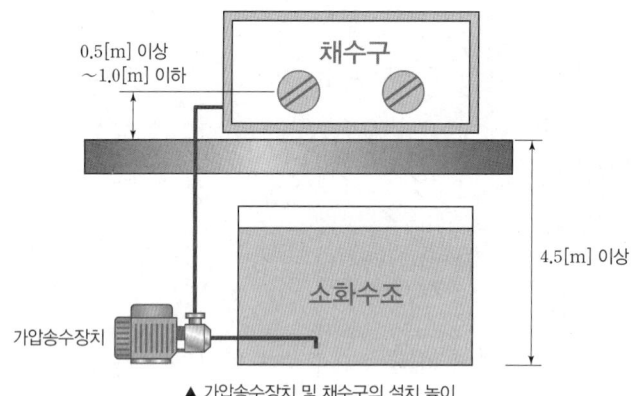

▲ 가압송수장치 및 채수구의 설치 높이

② 소화수조가 옥상 또는 옥탑의 부분에 설치된 경우 지상에 설치된 채수구에서의 압력은 0.15[MPa] 이상으로 한다.

PHASE 17 | 제연설비

1. 용어의 정의

제연구역	제연경계에 의해 구획된 건물 내의 공간
제연경계	연기를 예상제연구역 내에 가두거나 이동을 억제하기 위한 보 또는 제연경계벽 등
제연경계벽	제연경계가 되는 가동형 또는 고정형의 벽
제연경계의 폭	제연경계가 면한 천장 또는 반자로부터 그 제연경계의 수직하단 끝부분까지의 거리
수직거리	제연경계의 하단 끝으로부터 그 수직한 하부 바닥면까지의 거리
예상제연구역	화재 시 연기의 제어가 요구되는 제연구역
공동예상제연구역	2개 이상의 예상제연구역을 동시에 제연하는 구역
통로배출방식	거실 내 연기를 직접 옥외로 배출하지 않고 거실에 면한 통로의 연기를 옥외로 배출하는 방식
보행중심선	통로 폭의 한 가운데 지점을 연장한 선
방화문	건축법에 따른 60분+ 방화문, 60분 방화문 또는 30분 방화문
유입풍도	예상제연구역으로 공기를 유입하도록 하는 풍도
배출풍도	예상제연구역의 공기를 외부로 배출하도록 하는 풍도
불연재료	불에 타지 않는 성질을 가진 재료
난연재료	불에 잘 타지 않는 성능을 가진 재료

2. 제연설비

(1) 제연구역의 구획기준
   ① 하나의 제연구역의 면적은 1,000[m²] 이내로 한다.
   ② 거실과 통로(복도 포함)는 각각 제연구획 한다.
   ③ 통로상의 제연구역은 보행중심선의 길이가 60[m]를 초과하지 않는다.
   ④ 하나의 제연구역은 직경 60[m] 원 내에 들어갈 수 있어야 한다.
   ⑤ 하나의 제연구역은 2 이상의 층에 미치지 않도록 한다.
   ⑥ 층의 구분이 불분명한 부분은 그 부분을 다른 부분과 별도로 제연구획 한다.

(2) 제연구역의 설치기준
   ① 제연구역의 구획은 보·제연경계벽 및 벽(화재 시 자동으로 구획되는 가동벽·방화셔터·방화문 포함)으로 한다.
   ② 재질은 내화재료, 불연재료 또는 제연경계벽으로 성능을 인정받은 것으로 화재 시 쉽게 변형·파괴되지 않고 연기가 누설되지 않는 기밀성 있는 재료로 한다.
   ③ 제연경계는 폭이 0.6[m] 이상, 수직거리는 2[m] 이내로 한다. ← 구조상 불가피한 경우는 2[m]를 초과할 수 있다.
   ④ 제연경계벽은 배연 시 기류에 따라 그 하단이 쉽게 흔들리지 않고, 가동식의 경우 급속히 하강하여 인명에 위해를 주지 않는 구조로 한다.

3. 배출량 및 배출방식 실기

(1) 배출량의 산정기준

① 예상제연구역(통로 제외)의 바닥면적이 400[m²] 미만인 경우
  ㉠ 바닥면적 1[m²] 당 1[m³/min] 이상으로 하고, 최소 배출량은 5,000[m³/hr] 이상으로 한다.
  ㉡ 통로와 인접하고 바닥면적이 50[m²] 미만인 예상제연구역을 통로배출방식으로 하는 경우 통로 보행중심선의 길이 및 수직거리에 따라 다음의 표에서 정하는 배출량 이상으로 한다.

통로보행중심선의 길이[m]	수직거리[m]	배출량[m³/h]
40 이하	2 이하	25,000 이상
	2 초과 2.5 이하	30,000 이상
	2.5 초과 3 이하	35,000 이상
	3 초과	45,000 이상
40 초과 60 이하	2 이하	30,000 이상
	2 초과 2.5 이하	35,000 이상
	2.5 초과 3 이하	40,000 이상
	3 초과	50,000 이상

② 예상제연구역(통로 제외)의 바닥면적이 400[m²] 이상인 경우
  ㉠ 예상제연구역이 직경 40[m]인 원의 범위 안에 있을 경우 최소 배출량은 40,000[m³/h] 이상으로 한다.
  ㉡ 예상제연구역이 직경 40[m]인 원의 범위를 초과하는 경우 최소 배출량은 45,000[m³/h] 이상으로 한다.
  ㉢ 예상제연구역이 제연경계로 구획된 경우 그 수직거리에 따라 다음의 표에서 정하는 배출량 이상으로 한다.

예상제연구역의 범위[m]	수직거리[m]	배출량[m³/h]
직경 40 이내	2 이하	40,000 이상
	2 초과 2.5 이하	45,000 이상
	2.5 초과 3 이하	50,000 이상
	3 초과	60,000 이상
직경 40 초과	2 이하	45,000 이상
	2 초과 2.5 이하	50,000 이상
	2.5 초과 3 이하	55,000 이상
	3 초과	65,000 이상

③ 예상제연구역이 통로인 경우 배출량은 45,000[m³/h] 이상으로 한다.
④ 통로가 제연경계로 구획된 경우 배출량은 예상제연구역이 직경 40[m]인 범위를 초과하는 기준에 준하여 정한다.

(2) 제연방식

자연 제연방식		출입구, 창문 계단 등을 통해 자연적으로 연기가 배출되는 방식
기계 제연방식	제1종 기계 제연방식	급기와 배기 모두 송풍기와 배연기를 활용하여 기계적으로 이루어지는 방식
	제2종 기계 제연방식	급기만 송풍기를 활용하여 기계적으로 이루어지는 방식(자연배기)
	제3종 기계 제연방식	배기만 배연기를 활용하여 기계적으로 이루어지는 방식(자연급기)
밀폐 제연방식		발화점으로부터 개구부를 차단하여 밀폐시킨 후 연기의 유출을 막는 방식
스모크타워 제연방식		천장에 설치된 루프모니터를 통해 연기를 배출시키는 방식

4. 배출구

(1) 배출구의 설치기준

① 예상제연구역(통로 제외)의 바닥면적이 $400[m^2]$ 미만인 경우
  ㉠ 벽으로 구획되어 있는 경우 배출구는 천장 또는 반자와 바닥 사이의 중간 윗부분에 설치한다.
  ㉡ 어느 한 부분이 제연경계로 구획되어 있는 경우 천장·반자 또는 이에 가까운 벽의 부분에 설치한다.
  ㉢ 배출구를 벽에 설치하는 경우 배출구의 하단이 해당 예상제연구역에서 제연경계의 폭이 가장 짧은 제연경계의 하단보다 높이 되도록 한다.

② 통로인 예상제연구역과 바닥면적이 $400[m^2]$ 이상인 경우
  ㉠ 벽으로 구획되어 있는 경우 배출구는 천장·반자 또는 이에 가까운 벽의 부분에 설치한다.
  ㉡ 배출구를 벽에 설치하는 경우 배출구의 하단과 바닥 간의 최단거리를 $2[m]$ 이상으로 한다.
  ㉢ 어느 한 부분이 제연경계로 구획되어 있는 경우 천장·반자 또는 이에 가까운 벽의 부분에 설치한다.
  ㉣ 배출구를 벽 또는 제연경계에 설치하는 경우 배출구의 하단이 해당 예상제연구역에서 제연경계의 폭이 가장 짧은 제연경계의 하단보다 높이 되도록 한다.

③ 예상제연구역의 각 부분으로부터 하나의 배출구까지의 수평거리는 $10[m]$ 이내로 한다.

5. 공기유입방식 및 유입구

예상제연구역에 대한 공기유입은 유입풍도를 경유한 강제유입 또는 자연유입방식으로 하거나, 인접한 제연구역 또는 통로에 유입되는 공기가 해당구역으로 유입되는 방식으로 할 수 있다.

(1) 예상제연구역에 설치되는 공기유입구의 설치기준

① 바닥면적 $400[m^2]$ 미만의 거실인 예상제연구역(제연경계에 따른 구획 제외)에는 공기유입구와 배출구간의 직선거리를 $5[m]$ 이상 또는 구획된 실의 긴변의 $\frac{1}{2}$ 이상으로 한다.

② 바닥면적이 $400[m^2]$ 이상의 거실인 예상제연구역(제연경계에 따른 구획 제외)에는 바닥으로부터 $1.5[m]$ 이하의 높이에 설치하고 그 주변은 공기의 유입에 장애가 없도록 한다.
  ← 공연장·집회장·위락시설의 용도로 사용되는 부분의 바닥면적이 $200[m^2]$를 초과하는 경우 포함

③ 이 외의 예상제연구역(통로인 예상제연구역을 포함)에 대한 유입구는 다음의 기준에 따라 설치한다. ← 제연경계로 인접하는 구역의 유입공기가 예상제연구역으로 유입되게 하는 경우 제외
  ㉠ 유입구를 벽에 설치하는 경우 ①의 기준에 따른다.
  ㉡ 유입구를 벽 외의 장소에 설치하는 경우 유입구 상단이 천장 또는 반자와 바닥 사이의 중간 아랫부분보다 낮게 되도록 하고, 수직거리가 가장 짧은 제연경계 하단보다 낮게 되도록 설치한다.

6. 배출기 및 배출풍도

(1) 배출기의 설치기준
  ① 배출기의 배출 능력은 기준에서 정하는 배출량 이상이 되도록 한다.
  ② 배출기와 배출풍도의 접속 부분에 사용하는 캔버스는 내열성(석면 제외)이 있는 것으로 한다.
  ③ 배출기의 전동기 부분과 배풍기 부분은 분리하여 설치하고, 배풍기 부분은 유효한 내열처리를 한다.

(2) 배출풍도의 설치기준
  ① 아연도금강판 또는 이와 동등 이상의 내식성·내열성이 있는 것으로 한다.
  ② 건축법에 따른 불연재료(석면 제외)인 단열재로 풍도 외부에 유효한 단열 처리를 한다.
  ③ 강판의 두께는 배출풍도의 크기에 따라 다음의 표에 따른 기준 이상으로 한다.
  ← 유입풍도의 강판 두께도 동일하다.

풍도 단면의 긴변 또는 직경의 크기[mm]	강판 두께[mm]
450 이하	0.5
450 초과 750 이하	0.6
750 초과 1,500 이하	0.8
1,500 초과 2,250 이하	1.0
2,250 초과	1.2

  ④ 배출기의 흡입 측 풍도 안의 풍속은 15[m/s] 이하로 하고 배출 측 풍속은 20[m/s] 이하로 한다.

7. 유입풍도

(1) 유입풍도의 설치기준
  ① 유입풍도는 아연도금강판 또는 이와 동등 이상의 내식성·내열성이 있는 것으로 한다.
  ② 유입풍도 안의 풍속은 20[m/s] 이하로 하고 풍도의 강판 두께는 배출풍도의 기준에 따라 설치한다.
  ③ 옥외에 면하는 배출구 및 공기유입구는 비 또는 눈 등이 들어가지 않도록 하고, 배출된 연기가 공기유입구로 순환유입 되지 않도록 한다.

PHASE 18 | 특별피난계단의 계단실 및 부속실 제연설비

1. 용어의 정의

제연구역	제연하고자 하는 계단실, 부속실
방연풍속	옥내로부터 제연구역 내로 연기의 유입을 유효하게 방지할 수 있는 풍속
급기량	제연구역에 공급해야 할 공기의 양
누설량	틈새를 통하여 제연구역으로부터 흘러나가는 공기량
보충량	방연풍속을 유지하기 위하여 제연구역에 보충해야 할 공기량
플랩댐퍼	제연구역의 압력이 설정압력범위를 초과하는 경우 제연구역의 압력을 배출하여 설정압력 범위를 유지하게 하는 과압방지장치
유입공기	제연구역으로부터 옥내로 유입하는 공기로서 차압에 따라 누설하는 것과 출입문의 개방에 따라 유입하는 것 등
거실제연설비	제연설비의 화재안전성능·기술기준에 따른 옥내의 제연설비
자동차압급기댐퍼	제연구역과 옥내 사이의 차압을 압력센서 등으로 감지하여 제연구역에 공급되는 풍량의 조절로 제연구역의 차압 유지를 자동으로 제어할 수 있는 댐퍼
자동폐쇄장치	제연구역의 출입문 등에 설치하는 것으로서 화재 시 화재감지기의 작동과 연동하여 출입문을 자동적으로 닫히게 하는 장치
과압방지장치	제연구역의 압력이 설정압력을 초과하는 경우 자동으로 압력을 조절하여 과압을 방지하는 장치
굴뚝효과	건물 내부와 외부 또는 두 내부 공간 상하간의 온도 차이에 의한 밀도 차이로 발생하는 건물 내부의 수직 기류
기밀상태	일정한 공간에 있는 유체가 누설되지 않는 밀폐 상태
누설틈새면적	가압 또는 감압된 공간과 인접한 공간 사이에 공기의 흐름이 가능한 틈새의 면적
송풍기	공기의 흐름을 발생시키는 기기
수직풍도	건축물의 층간에 수직으로 설치된 풍도
외기취입구	옥외로부터 옥내로 외기를 취입하는 개구부
제어반	각종 기기의 작동 여부 확인과 자동 또는 수동 기동 등이 가능한 장치
차압측정공	제연구역과 비제연구역과의 압력 차를 측정하기 위해 제연구역과 비제연구역 사이의 출입문 등에 설치된 공기가 흐를 수 있는 관통형 통로
계단실	특별피난계단의 계단실
부속실	비상용승강기의 승강장과 겸용하는 것 또는 비상용승강기·피난용승강기의 승강장

2. 제연방식

(1) 제연설비의 설치기준

① 제연구역에 옥외의 신선한 공기를 공급하여 제연구역의 기압을 제연구역 이외의 옥내보다 높게 하고 일정한 기압의 차이(차압)를 유지하게 하여 옥내로부터 제연구역 내로 연기가 침투하지 못하도록 한다. ← 제연구역을 통해 화재 시 피난해야 하므로 연기가 들어와서는 안된다.

② 피난을 위하여 제연구역의 출입문이 일시적으로 개방되는 경우 방연풍속을 유지하도록 옥외의 공기를 제연구역 내로 보충 공급하도록 한다.

③ 출입문이 닫히는 경우 제연구역의 과압을 방지할 수 있는 유효한 조치를 하여 차압을 유지한다.

3. 차압 실기

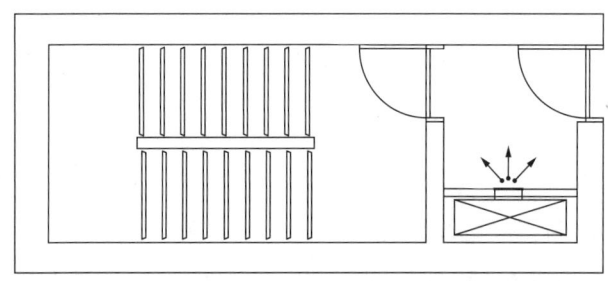

▲ 부속실 급기가압 제연설비의 예

① 제연구역의 기압을 제연구역 이외의 옥내보다 높게 하고 일정한 기압의 차이를 유지해야 하는 최소 차압은 40[Pa] 이상으로 한다.

② 옥내에 스프링클러설비가 설치된 경우 최소 차압은 12.5[Pa] 이상으로 한다.

③ 제연설비가 가동되었을 경우 출입문의 개방에 필요한 힘은 110[N] 이하로 한다.

④ 피난을 위하여 제연구역의 출입문이 일시적으로 개방되는 경우 개방되지 않은 제연구역과 옥내와의 차압은 ①과 ②의 70[%] 이상이어야 한다.

⑤ 계단실과 부속실을 동시에 제연하는 경우 부속실의 기압은 계단실과 같게 하거나 계단실의 기압보다 낮게 할 경우에는 부속실과 계단실의 압력 차이는 5[Pa] 이하가 되도록 한다.

4. 방연풍속

(1) 방연풍속은 다음의 표에 따른 기준 이상으로 한다.

제연구역		방연풍속
계단실 및 그 부속실을 동시에 제연하는 것 또는 계단실만 단독으로 제연하는 것		0.5[m/s] 이상
부속실만 단독으로 제연하는 것 또는 비상용승강기의 승강장만 단독으로 제연하는 것	부속실 또는 승강장이 면하는 옥내가 거실인 경우	0.7[m/s] 이상
	부속실 또는 승강장이 면하는 옥내가 복도로서 그 구조가 방화구조(내화시간이 30분 이상인 구조를 포함)인 것	0.5[m/s] 이상

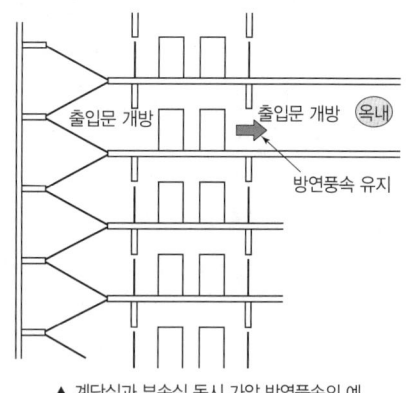

▲ 계단실과 부속실 동시 가압 방연풍속의 예

5. 수직풍도에 따른 배출

(1) 수직풍도는 다음의 기준에 따라 설치한다.

① 수직풍도는 내화구조로 한다. ← 건축물방화구조규칙의 기준을 따른다.

② 수직풍도의 내부면은 두께 0.5[mm] 이상의 아연도금강판 또는 동등 이상 이상의 내식성·내열성이 있는 것으로 마감하고, 접합부는 통기성이 없도록 한다.

③ 각 층의 옥내와 면하는 수직풍도의 관통부에는 다음의 기준에 따라 배출댐퍼를 설치한다.

　㉠ 배출댐퍼는 두께 1.5[mm] 이상의 강판 또는 이와 동등 이상의 성능이 있는 것으로 설치하며 비내식성 재료의 경우 부식방지조치를 한다.

　㉡ 평상시 닫힌 구조로 기밀상태를 유지한다.

　㉢ 개폐여부를 장치 및 제어반에서 확인할 수 있는 감지기능을 내장한다.

　㉣ 구동부의 작동상태와 닫혀 있을 때의 기밀상태를 수시로 점검할 수 있는 구조로 한다.

　㉤ 풍도의 내부마감 상태에 대한 점검 및 댐퍼의 정비가 가능한 이·탈착식 구조로 한다.

　㉥ 화재 층에 설치된 화재감지기의 동작에 따라 해당 층의 댐퍼가 개방되도록 한다.

　㉦ 개방 시의 실제 개구부(개구율을 감안한 것)의 크기는 수직풍도의 내부단면적 기준 이상으로 한다.

　㉧ 댐퍼는 풍도 내의 공기흐름에 지장을 주지 않도록 수직풍도의 내부로 돌출하지 않게 설치한다.

④ 수직풍도의 내부단면적은 다음의 기준에 따라 설치한다.

　㉠ 자연배출식의 경우 다음의 식에 따라 산출한 수치 이상으로 한다.

$$AP = \frac{QN}{2}$$

AP : 수직풍도의 내부단면적[m²]

QN : 수직풍도가 담당하는 1개 층의 제연구역의 출입문 1개의 면적[m²]과 방연풍속[m/s]을 곱한 값[m³/s]

　㉡ 수직풍도의 길이가 100[m]를 초과하는 경우 산출한 수치의 1.2배 이상의 수치를 기준으로 한다.

　㉢ 송풍기를 이용한 기계배출식의 경우 풍속 15[m/s] 이하로 한다.

⑤ 기계배출식에 따라 배출하는 경우 배출용 송풍기는 다음의 기준에 따라 설치한다.

　㉠ 열기류에 노출되는 송풍기 및 그 부품들은 250[°C]의 온도에서 1시간 이상 가동상태를 유지한다.

　㉡ 송풍기의 풍량은 QN에 여유량을 더한 양을 기준으로 한다.

　㉢ 송풍기는 화재감지기의 동작에 따라 연동하도록 한다.

　㉣ 송풍기의 풍량을 실측할 수 있는 유효한 조치를 한다.

　㉤ 송풍기는 다른 장소와 방화구획되고 접근과 점검이 용이한 장소에 설치한다.

⑥ 수직풍도의 상부의 말단은 빗물이 흘러들지 않는 구조로 하고, 옥외의 풍압에 따라 배출성능이 감소하지 않도록 유효한 조치를 한다.

6. 급기풍도

(1) 급기풍도의 설치기준

① 급기풍도 중 수직풍도는 내화구조로 한다. ← 건축물방화구조규칙의 기준을 따른다.
② 급기풍도 중 수직풍도의 내부면은 두께 0.5[mm] 이상의 아연도금강판 또는 동등 이상의 내식성·내열성이 있는 것으로 마감하고, 접합부는 통기성이 없도록 한다.
③ 금속판으로 설치하는 풍도(수직풍도 제외)는 다음의 기준에 따라 설치한다.
  ㉠ 아연도금강판 또는 동등 이상의 내식성·내열성이 있는 것으로 하며, 건축법에 따른 불연재료(석면 제외)인 단열재로 풍도 외부에 유효한 단열처리를 하고, 강판의 두께는 풍도의 크기에 따라 다음의 표에 따른 기준 이상으로 한다.

풍도단면의 긴변 또는 직경의 크기	강판의 두께
450[mm] 이하	0.5[mm]
450[mm] 초과 750[mm] 이하	0.6[mm]
750[mm] 초과 1,500[mm] 이하	0.8[mm]
1,500[mm] 초과 2,250[mm] 이하	1.0[mm]
2,250[mm] 초과	1.2[mm]

  ㉡ 방화구획이 되는 전용실에 급기송풍기와 연결되는 풍도는 단열이 필요 없다.
  ㉢ 풍도에서의 누설량은 급기량의 10[%]를 초과하지 않도록 한다.
④ 풍도는 정기적으로 풍도 내부를 청소할 수 있는 구조로 한다.
⑤ 풍도 내의 풍속은 15[m/s] 이하로 한다.

PHASE 19 | 연결송수관설비

1. 연결송수관설비

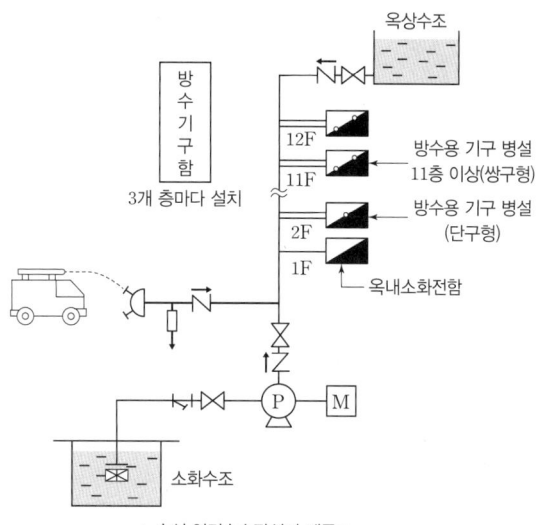

▲ 습식 연결송수관설비 계통도

2. 방수구

(1) 방수구의 설치장소

① 특정소방대상물의 층마다 설치한다.

(2) 방수구의 설치제외장소

① 아파트의 1층 및 2층

② 소방차의 접근이 가능하고 소방대원이 소방차로부터 각 부분에 쉽게 도달할 수 있는 피난층

③ 송수구가 부설된 옥내소화전을 설치한 특정소방대상물 중 다음에 해당하는 장소

  ㉠ 지하층을 제외한 층수가 4층 이하이고 연면적이 6,000[m²] 미만인 특정소방대상물의 지상층
  ← 지상층 4층 이하, 연면적 6,000[m²] 미만

  ㉡ 지하층의 층수가 2 이하인 특정소방대상물의 지하층 ← 지하층 2층 이하

④ ③의 장소 중 집회장·관람장·백화점·도매시장·소매시장·판매시설·공장·창고시설 또는 지하가는 제외

3. 배관

(1) 배관의 설치기준

① 주배관의 구경은 100[mm] 이상의 것으로 한다.

② 주배관의 구경이 100[mm] 이상인 옥내소화전설비의 배관과는 겸용할 수 있다.

PHASE 20 | 연결살수설비

1. 배관

(1) 배관의 설치기준

① 배관용 탄소강관(KS D 3507) 또는 압력배관용 탄소강관(KS D 3562)이나 이와 같은 수준 이상의 강도 · 내부식성 및 내열성을 가진 것으로 한다.

② 화재 등 재해로 인하여 배관의 성능에 영향을 받을 우려가 적은 장소에는 소방용 합성수지배관으로 설치할 수 있다.

③ 연결살수설비 전용헤드를 사용하는 경우 다음의 표에 따른 구경 이상으로 한다.

하나의 배관에 부착하는 전용헤드의 개수	배관의 구경[mm]
1개	32
2개	40
3개	50
4개 또는 5개	65
6개 이상 10개 이하	80

④ 스프링클러헤드를 사용하는 경우 스프링클러설비의 화재안전기준에 따른다.

⑤ 폐쇄형 헤드를 사용하는 연결살수설비의 배관은 다음의 기준에 따라 설치한다.
  ㉠ 주배관은 옥내소화전설비의 주배관, 수도배관, 옥상에 설치된 수조에 접속한다.
  ㉡ 주배관의 접속부분에는 체크밸브를 설치하고 점검하기 쉽게 한다.
  ㉢ 시험배관은 송수구에서 가장 먼 거리에 위치한 가지배관의 끝으로부터 연결하여 설치한다.
  ㉣ 시험장치 배관의 구경은 25[mm] 이상으로 하고, 그 끝에는 물받이 통 및 배수관을 설치하여 시험 중 방사된 물이 바닥으로 흘러내리지 않도록 한다.

⑥ 개방형 헤드를 사용하는 연결살수설비의 수평주행배관은 헤드를 향하여 상향으로 $\frac{1}{100}$ 이상의 기울기로 설치하고, 주배관 중 낮은부분에는 자동배수밸브를 설치한다.

⑦ 가지배관의 배열은 토너먼트방식 이외의 것으로 한다.

⑧ 습식 연결살수설비의 배관은 동결방지조치를 하거나 동결의 우려가 없는 장소에 설치한다.

⑨ 급수배관에 설치되어 급수를 차단할 수 있는 개폐밸브는 개폐표시형으로 한다.

⑩ 펌프의 흡입 측 배관에는 버터플라이밸브 외의 개폐표시형 밸브를 설치한다.

⑪ 연결살수설비 교차배관의 위치 · 청소구 및 가지배관의 헤드 설치는 다음의 기준에 따른다.
  ㉠ 교차배관은 가지배관과 수평으로 설치하거나 가지배관 밑에 설치하고, 최소구경은 40[mm] 이상이 되도록 한다.
  ㉡ 폐쇄형 헤드를 사용하는 연결살수설비의 청소구는 주배관 또는 교차배관 끝에 40[mm] 이상 크기의 개폐밸브를 설치하고, 호스접결이 가능한 나사식 또는 고정배수 배관식으로 한다.
  ㉢ 폐쇄형 스프링클러헤드를 사용하는 연결살수설비에 하향식 헤드를 설치하는 경우 가지배관으로부터 헤드에 이르는 헤드 접속 배관은 가지배관 상부에서 분기한다.

⑫ 배관에 설치되는 행거는 가지배관과 교차배관 및 수평주행배관에 설치하고 배관을 충분히 지지할 수 있도록 설치한다.
⑬ 확관형 분기배관을 사용할 경우 소방청장이 정하여 고시한 기준에 적합한 것으로 설치한다.
⑭ 배관은 다른 설비의 배관과 쉽게 구분이 될 수 있도록 한다.

2. 헤드

(1) 헤드의 설치기준
① 연결살수설비의 헤드는 연결살수설비 전용헤드 또는 스프링클러헤드로 설치한다.
② 건축물에 설치하는 연결살수설비의 헤드는 다음의 기준에 따라 설치한다.
　㉠ 천장 또는 반자의 실내에 면하는 부분에 설치한다.
　㉡ 천장 또는 반자의 각 부분으로부터 하나의 살수헤드까지의 수평거리가 연결살수설비 전용헤드의 경우 3.7[m] 이하, 스프링클러헤드의 경우 2.3[m] 이하로 한다.
　㉢ 살수헤드의 부착면과 바닥과의 높이가 2.1[m] 이하인 부분은 살수헤드의 살수분포에 따른 거리로 할 수 있다.
③ 폐쇄형 스프링클러헤드를 설치하는 경우 다음의 기준에 따라 설치한다.
　㉠ 설치장소의 평상시 최고 주위온도에 따라 다음의 표에 따른 표시온도의 것으로 설치한다.

설치장소의 최고 주위온도[℃]	표시온도[℃]
39 미만	79 미만
39 이상 64 미만	79 이상 121 미만
64 이상 106 미만	121 이상 162 미만
106 이상	162 이상

　㉡ 높이가 4[m] 이상인 공장 및 창고(랙식 창고 포함)에 설치하는 스프링클러헤드는 그 설치장소의 평상시 최고 주위온도에 관계없이 표시온도 121[℃] 이상의 것으로 할 수 있다.
　㉢ 살수가 방해되지 않도록 스프링클러헤드로부터 반경 60[cm] 이상의 공간을 보유한다.
　　← 벽과 스프링클러헤드 간의 공간은 10[cm] 이상으로 한다.
　㉣ 스프링클러헤드와 그 부착면과의 거리는 30[cm] 이하로 한다.
　㉤ 배관·행거 및 조명기구 등 살수를 방해하는 것이 있는 경우에는 ㉢ 및 ㉣에도 불구하고 그로부터 아래에 설치하여 살수에 장애가 없도록 할 것. 다만, 연결살수헤드와 장애물과의 이격거리를 장애물 폭의 3배 이상 확보한 경우에는 그렇지 않다.
　㉥ 스프링클러헤드의 반사판은 그 부착면과 평행하게 설치할 것. 다만, 측벽형헤드 또는 연소할 우려가 있는 개구부에 설치하는 스프링클러헤드의 경우에는 그렇지 않다.
　㉦ 천장의 기울기가 10분의 1을 초과하는 경우에는 가지배관을 천장의 마루와 평행하게 설치 해야 한다.
④ 개방형 헤드를 사용하는 연결살수설비에 있어서 하나의 송수구역에 설치하는 살수 헤드의 수는 10개 이하가 되도록 한다.

PHASE 21 | 지하구

1. 연소방지설비

(1) 배관의 설치기준

① 배관용 탄소강관(KS D 3507) 또는 압력배관용 탄소강관(KS D 3562)이나 이와 같은 수준 이상의 강도·내부식성 및 내열성을 가진 것으로 한다.

② 급수배관은 전용으로 한다.

③ 연소방지설비 전용헤드를 사용하는 경우 다음의 표에 따른 구경 이상으로 한다.

하나의 배관에 부착하는 전용헤드의 개수	배관의 구경[mm]
1개	32
2개	40
3개	50
4개 또는 5개	65
6개 이상	80

④ 개방형 스프링클러헤드를 사용하는 경우 스프링클러설비의 화재안전기준에 따른다.

⑤ 교차배관은 가지배관과 수평으로 설치하거나 가지배관 밑에 설치하고, 최소구경은 40[mm] 이상으로 한다.

⑥ 배관에 설치되는 행거는 다음의 기준에 따라 설치한다.

　㉠ 가지배관에는 헤드의 설치지점 사이마다 1개 이상의 행거를 설치하고, 헤드 간의 거리가 3.5[m]를 초과하는 경우에는 3.5[m] 이내마다 1개 이상 설치한다.

　㉡ 상향식 헤드와 행거 사이에는 8[cm] 이상의 간격을 둔다.

　㉢ 교차배관에는 가지배관과 가지배관 사이마다 1개 이상의 행거를 설치하고, 가지배관 사이의 거리가 4.5[m]를 초과하는 경우에는 4.5[m] 이내마다 1개 이상 설치한다.

　㉣ 가지배관과 교차배관의 수평주행배관에는 4.5[m] 이내마다 1개 이상 설치한다.

⑦ 확관형 분기배관을 사용할 경우 소방청장이 정하여 고시한 기준에 적합한 것으로 설치한다.

(2) 연소방지설비 헤드의 설치기준

① 천장 또는 벽면에 설치한다.

② 헤드 간의 수평거리는 연소방지설비 전용헤드의 경우 2[m] 이하, 개방형 스프링클러헤드의 경우 1.5[m] 이하로 한다.

③ 소방대원의 출입이 가능한 환기구·작업구마다 지하구의 양쪽방향으로 살수헤드를 설치하고, 한쪽 방향의 살수구역의 길이는 3[m] 이상으로 한다.

④ 환기구 사이의 간격이 700[m]를 초과하는 경우 700[m] 이내마다 살수구역을 설정한다.

← 지하구의 구조를 고려하여 방화벽을 설치한 경우 그렇지 않다.

(3) 송수구의 설치기준
  ① 소방차가 쉽게 접근할 수 있는 노출된 장소에 설치하고, 눈에 띄기 쉬운 보도 또는 차도에 설치한다.
  ② 송수구는 구경 65[mm]의 쌍구형으로 한다.
  ③ 송수구로부터 1[m] 이내에 살수구역 안내표지를 설치한다.
  ④ 지면으로부터 높이가 0.5[m] 이상 1[m] 이하의 위치에 설치한다.
  ⑤ 송수구의 가까운 부분에 자동배수밸브(또는 직경 5[mm]의 배수공)를 설치한다.
  ⑥ 자동배수밸브는 배관 안의 물이 잘 빠질 수 있는 위치에 설치하고, 배수로 인하여 다른 물건 또는 장소에 피해를 주지 않도록 한다.
  ⑦ 송수구로부터 주배관에 이르는 연결배관에는 개폐밸브를 설치하지 않는다.
  ⑧ 송수구에는 이물질을 막기 위한 마개를 씌운다.

2. 방화벽

(1) 설치기준
  ① 방화벽의 출입문은 항상 닫힌 상태를 유지하거나 자동폐쇄장치에 의해 화재 신호를 받으면 자동으로 닫히는 구조로 한다.
  ② 내화구조로서 홀로 설 수 있는 구조여야 한다.
  ③ 방화벽의 출입문은 건축법 시행령에 따른 방화문으로서 60분+ 방화문 또는 60분 방화문으로 설치한다.
  ④ 방화벽을 관통하는 케이블·전선 등에는 국토교통부 고시에 따라 내화채움구조로 마감한다.
  ⑤ 방화벽은 분기구 및 국사·변전소 등의 건축물과 지하구가 연결되는 부위(건축물로부터 20[m] 이내)에 설치한다.
  ⑥ 자동폐쇄장치를 사용하는 경우에는 기준에 적합한 것으로 설치한다.

3. 통합감시시설

(1) 통합감시시설의 설치기준
  ① 소방관서와 지하구의 통제실 간에 화재 등 소방활동과 관련된 정보를 상시 교환할 수 있는 정보통신망을 구축한다.
  ② 정보통신망(무선통신망 포함)은 광케이블 또는 이와 유사한 성능을 가진 선로이어야 한다.
  ③ 수신기는 지하구의 통제실에 설치하고 화재신호, 경보, 발화지점 등 수신기에 표시되는 정보가 적합한 방식으로 119상황실이 있는 관할 소방관서의 정보통신장치에 표시되도록 한다.

PHASE 22 | 기타 소방기계설비

1. 도로터널의 옥내소화전설비

(1) 옥내소화전설비의 설치기준
① 소화전함과 방수구는 주행차로 우측 측벽을 따라 50[m] 이내의 간격으로 설치하고, 편도 2차선 이상의 양방향 터널이나 4차로 이상의 일방향 터널의 경우에는 양쪽 측벽에 각각 50[m] 이내의 간격으로 엇갈리게 설치한다.
② 수원은 그 저수량이 옥내소화전의 설치개수 2개(4차로 이상의 터널인 경우 3개)를 동시에 40분 이상 사용할 수 있는 충분한 양 이상으로 한다.
③ 가압송수장치는 옥내소화전 2개(4차로 이상의 터널인 경우 3개)를 동시에 사용할 경우 각 옥내소화전의 노즐선단에서의 방수압력은 0.35[MPa] 이상이고 방수량은 190[L/min] 이상이 되도록 한다.
④ 하나의 옥내소화전을 사용하는 노즐선단의 방수압력이 0.7[MPa]을 초과하는 경우 호스접결구의 인입측에 감압장치를 설치한다.
⑤ 전동기 또는 내연기관에 의한 펌프를 이용하는 가압송수장치는 주펌프와 동등 이상의 성능이 있는 별도의 펌프로서 내연기관의 기동과 연동하여 작동되거나 비상전원을 연결한 예비펌프를 추가로 설치한다.
⑥ 방수구는 40[mm] 구경의 단구형을 옥내소화전이 설치된 벽면의 바닥면으로부터 1.5[m] 이하의 쉽게 사용 가능한 높이에 설치할 것
⑦ 소화전함에는 옥내소화전 방수구 1개, 15[m] 이상의 소방호스 3본 이상 및 방수노즐을 비치한다.
⑧ 옥내소화전설비의 비상전원은 옥내소화전설비를 유효하게 40분 이상 작동할 수 있어야 한다.

2. 고체 에어로졸 소화설비

(1) 고체 에어로졸 소화설비의 설치기준
① 고체 에어로졸은 전기전도성이 없어야 한다.
② 약제 방출 후 해당 화재의 재발화 방지를 위하여 최소 10분간 소화밀도를 유지하여야 한다.
③ 고체 에어로졸 소화설비에 사용되는 주요 구성품은 소방청장이 정하여 고시한 기준에 적합한 것이어야 한다.
④ 고체 에어로졸 소화설비는 비상주장소에 한하여 설치한다.
⑤ 고체 에어로졸 소화설비의 소화성능이 발휘될 수 있도록 방호구역 내부의 밀폐성을 확보한다.
⑥ 방호구역 출입구 인근에 고체 에어로졸 방출 시 주의사항에 관한 내용의 표지를 설치한다.

에듀윌이
너를
지지할게
ENERGY

끝이 좋아야 시작이 빛난다.

– 마리아노 리베라(Mariano Rivera)

여러분의 작은 소리
에듀윌은 크게 듣겠습니다.

본 교재에 대한 여러분의 목소리를 들려주세요.
공부하시면서 어려웠던 점, 궁금한 점,
칭찬하고 싶은 점, 개선할 점, 어떤 것이라도 좋습니다.

에듀윌은 여러분께서 나누어 주신 의견을
통해 끊임없이 발전하고 있습니다.

에듀윌 도서몰 book.eduwill.net
- 부가학습자료 및 정오표: 에듀윌 도서몰 → 도서자료실
- 교재 문의: 에듀윌 도서몰 → 문의하기 → 교재(내용, 출간) / 주문 및 배송

꿈을 현실로 만드는
에듀윌

DREAM

공무원 교육
- 선호도 1위, 신뢰도 1위! 브랜드만족도 1위!
- 합격자 수 2,100% 폭등시킨 독한 커리큘럼

자격증 교육
- 9년간 아무도 깨지 못한 기록 합격자 수 1위
- 가장 많은 합격자를 배출한 최고의 합격 시스템

직영학원
- 검증된 합격 프로그램과 강의
- 1:1 밀착 관리 및 컨설팅
- 호텔 수준의 학습 환경

종합출판
- 온라인서점 베스트셀러 1위!
- 출제위원급 전문 교수진이 직접 집필한 합격 교재

어학 교육
- 토익 베스트셀러 1위
- 토익 동영상 강의 무료 제공

콘텐츠 제휴·B2B 교육
- 고객 맞춤형 위탁 교육 서비스 제공
- 기업, 기관, 대학 등 각 단체에 최적화된 고객 맞춤형 교육 및 제휴 서비스

부동산 아카데미
- 부동산 실무 교육 1위!
- 상위 1% 고소득 창업/취업 비법
- 부동산 실전 재테크 성공 비법

학점은행제
- 99%의 과목이수율
- 17년 연속 교육부 평가 인정 기관 선정

대학 편입
- 편입 교육 1위!
- 최대 200% 환급 상품 서비스

국비무료 교육
- '5년우수훈련기관' 선정
- K-디지털, 산대특 등 특화 훈련과정
- 원격국비교육원 오픈

에듀윌 교육서비스 **AI 교육** AI 프롬프트 연구소/AI CLASS(ChatGPT/AICE/노션 AI/중개업 AI 등) **공무원 교육** 9급공무원/소방공무원/계리직공무원 **자격증 교육** 공인중개사/주택관리사/손해평가사/감정평가사/노무사/전기기사/경비지도사/검정고시/소방설비기사/소방시설관리사/사회복지사1급/대기환경기사/수질환경기사/건축기사/토목기사/직업상담사/청소년상담사/전기기능사/산업안전기사/산업위생관리기사/건설안전기사/위험물산업기사/위험물기능사/유통관리사/물류관리사/행정사/한국사능력검정/한경TESAT/매경TEST/KBS한국어능력시험·실용글쓰기/IT자격증/국제무역사/무역영어/SQLD/ADsP **어학 교육** 토익 교재/토익 동영상 강의 **세무/회계** 전산세무회계/ERP정보관리사/재경관리사 **대학 편입** 편입 영어·수학/연고대/의약대/경찰대/논술/면접 **직영학원** 공무원학원/소방학원/공인중개사 학원/주택관리사 학원/전기기사 학원/편입학원 **종합출판** 공무원·자격증 수험교재 및 단행본 **학점은행제** 교육부 평가인정기관 원격평생교육원(사회복지사2급/경영학/CPA) **콘텐츠 제휴·B2B 교육** 콘텐츠 제휴/기업 맞춤 자격증 교육/대학취업역량 강화 교육 **부동산 아카데미** 부동산 창업CEO/부동산 경매 마스터/부동산 컨설팅 **주택취업센터** 실무 특강/실무 아카데미 **국비무료 교육(국비교육원)** 전기기능사/전기(산업)기사/소방설비(산업)기사/IT(빅데이터/자바프로그램/파이썬)/게임그래픽/3D프린터/실내건축디자인/웹퍼블리셔/그래픽디자인/영상편집(유튜브) 디자인/온라인 쇼핑몰광고 및 제작(쿠팡, 스마트스토어)/전산세무회계/컴퓨터활용능력/ITQ/GTQ/직업상담사

교육문의 **1600-6700** www.eduwill.net

· 2022 소비자가 선택한 최고의 브랜드 공무원·자격증 교육 1위 (조선일보) · 2023 대한민국 브랜드만족도 공무원·자격증·취업·학원·편입·부동산 실무 교육 1위 (한경비즈니스) · 2017/2022 에듀윌 공무원 과정 최종 환급자 수 기준 · 2023년 성인 자격증, 공무원 직영학원 기준 · YES24 공인중개사 부문, 2025 에듀윌 공인중개사 1차 단원별 기출문제집 부동산학개론(2025년 7월 월별 베스트) 그 외 다수 · YES24 한국산업인력공단 부문, 2026 에듀윌 에너지관리기사 필기 한권끝장·무료특강(2025년 7월 월별 베스트) 그 외 다수 · 교보문고 취업/수험서 부문, 2025 에듀윌 공기업 코레일 한국철도공사 실전모의고사 9+2+4회(2025년 2월 1일~2월 28일, 인터넷 월간 베스트) 그 외 다수 · 알라딘 시사/상식 부문, 2025 최신판 에듀윌 취업 공기업기출 일반상식 (2025년 6월 5주 주별 베스트) 그 외 다수 · YES24 컴퓨터활용능력 부문, 2024 컴퓨터활용능력 1급 필기 초단기끝장(2023년 10월 3·4주 주별 베스트) 그 외 다수 · YES24 신규자격증 부문, 2025 에듀윌 SQL 개발자 SQLD 2주끝장·무료특강(2025년 7월 월별 베스트) 그 외 다수 · 인터파크 자격서/수험서 부문, 에듀윌 한국사능력검정시험 2주끝장 심화 (1, 2, 3급) (2020년 6~8월 월간 베스트) 그 외 다수 · YES24 국어 외국어사전영어 토익/TOEIC 기출문제/모의고사 분야 베스트셀러 1위 (에듀윌 토익 READING RC 4주끝장 리딩 종합서, 2022년 9월 4주 주별 베스트) · 에듀윌 토익 교재 입문~실전 인강 무료 제공 (2022년 최신 강좌 기준/109강) · 2024년 중강반 중 모든 평가항목 정상 참여자 기준, 99% (평생교육원 기준) · 2008년~2024년까지 234만 누적수강학점으로 과목 운영 (평생교육원 기준) · 에듀윌 국비교육원 구로센터 고용노동부 지정 "5년우수훈련기관" 선정 (2023~2027) · KRI 한국기록원 2016, 2017, 2019년 공인중개사 최다 합격자 배출 공식 인증 (2025년 현재까지 업계 최고 기록)

2023, 2022, 2021 대한민국 브랜드만족도 소방설비기사 교육 1위 (한경비즈니스)
2020, 2019 한국소비자만족지수 소방설비기사 교육 1위 (한경비즈니스, G밸리뉴스)

2026 에듀윌 소방설비기사 필기 기계분야 +무료특강

1 기초용어&최빈출 200제&최신기출 무료특강 3종으로 학습 준비 완료!
   이용경로 에듀윌 도서몰(book.eduwill.net) ▶ 동영상강의실 ▶ '소방설비기사' 검색

2 쉽게 읽히는 PHASE별 이론+PHASE로 연결된 기출문제

3 2025년 최신 CBT 복원문제+상세한 해설로 신유형까지 완전 정복!

4 CBT 실전 모의고사 3회분으로 실전 감각 UP!
   이용경로 교재 내 QR 코드로 접속

고객의 꿈, 직원의 꿈, 지역사회의 꿈을 실현한다

에듀윌 도서몰
book.eduwill.net
- 부가학습자료 및 정오표: 에듀윌 도서몰 > 도서자료실
- 교재 문의: 에듀윌 도서몰 > 문의하기 > 교재(내용, 출간) / 주문 및 배송

2026

에듀윌 소방설비기사 필기 기계분야 +무료특강

소방유체역학+소방기계시설의 구조 및 원리

❷권 | 최신 7개년 기출(2025~2019)

합격자 수가 선택의 기준!

최신 개정법령 완벽반영!

합격으로 이끄는 합격비법 무료특강 3종 제공!

- 핵심이론 | PHASE로 구분된 기출 기반 이론&가독성 높인 구성
- 7개년 기출 | 2025년 최신 CBT 복원문제&상세한 해설
- 추가혜택 | 소방기초용어+최빈출 200제+2025년 복원문제 해설특강

에듀윌이
너를
지지할게

ENERGY

모든 시작에는
두려움과 서투름이
따르기 마련이에요.

당신이 나약해서가 아니에요.

4주 합격 플래너

소방설비기사 필기 기계분야

DAY 1	DAY 2	DAY 3	DAY 4	DAY 5	DAY 6	DAY 7
최빈출 200제 소방유체역학	최빈출 200제 소방유체역학	최빈출 200제 소방기계시설의 구조 및 원리	최빈출 200제 소방기계시설의 구조 및 원리	핵심이론 소방유체역학	핵심이론 소방유체역학	핵심이론 소방기계시설의 구조 및 원리
완료 □	완료 □	완료 □	완료 □	완료 □	완료 □	완료 □
DAY 8	**DAY 9**	**DAY 10**	**DAY 11**	**DAY 12**	**DAY 13**	**DAY 14**
핵심이론 소방기계시설의 구조 및 원리	2025년 CBT 복원문제	2024년 CBT 복원문제	2023년 CBT 복원문제	2022년 기출문제	2021년 기출문제	2020년 기출문제
완료 □	완료 □	완료 □	완료 □	완료 □	완료 □	완료 □
DAY 15	**DAY 16**	**DAY 17**	**DAY 18**	**DAY 19**	**DAY 20**	**DAY 21**
2019년 기출문제	2025년 CBT 복원문제	2024년 CBT 복원문제	2023년 CBT 복원문제	2022년 기출문제	2021년 기출문제	2020년 기출문제
완료 □	완료 □	완료 □	완료 □	완료 □	완료 □	완료 □
DAY 22	**DAY 23**	**DAY 24**	**DAY 25**	**DAY 26**	**DAY 27**	**DAY 28**
2019년 기출문제	2025~2024년 CBT 복원문제	2023~2022년 기출문제	2021~2019년 기출문제	2025~2024년 CBT 복원문제	2023~2022년 기출문제	2021~2019년 기출문제
완료 □	완료 □	완료 □	완료 □	완료 □	완료 □	완료 □

에듀윌 소방설비기사

필기 최신 7개년 기출

01 소방유체역학

2025년 1회 CBT 복원문제	008
2025년 2회 CBT 복원문제	017
2025년 3회 CBT 복원문제	025
2024년 1회 CBT 복원문제	032
2024년 2회 CBT 복원문제	039
2024년 3회 CBT 복원문제	047
2023년 1회 CBT 복원문제	056
2023년 2회 CBT 복원문제	066
2023년 4회 CBT 복원문제	076
2022년 1회 기출문제	085
2022년 2회 기출문제	094
2022년 4회 CBT 복원문제	103
2021년 1회 기출문제	112
2021년 2회 기출문제	122
2021년 4회 기출문제	131
2020년 1, 2회 기출문제	142
2020년 3회 기출문제	152
2020년 4회 기출문제	161
2019년 1회 기출문제	170
2019년 2회 기출문제	180
2019년 4회 기출문제	189

02 소방기계시설의 구조 및 원리

2025년 1회 CBT 복원문제	202	2021년 1회 기출문제	310
2025년 2회 CBT 복원문제	211	2021년 2회 기출문제	318
2025년 3회 CBT 복원문제	219	2021년 4회 기출문제	328

2024년 1회 CBT 복원문제	226	2020년 1, 2회 기출문제	340
2024년 2회 CBT 복원문제	235	2020년 3회 기출문제	348
2024년 3회 CBT 복원문제	245	2020년 4회 기출문제	357

2023년 1회 CBT 복원문제	255	2019년 1회 기출문제	366
2023년 2회 CBT 복원문제	264	2019년 2회 기출문제	374
2023년 4회 CBT 복원문제	273	2019년 4회 기출문제	384

2022년 1회 기출문제	282
2022년 2회 기출문제	292
2022년 4회 CBT 복원문제	301

3회독 시스템으로 정복하는

7개년 기출문제

01

소방유체역학

2025년 CBT 복원문제		008
2024년 CBT 복원문제		032
2023년 CBT 복원문제		056
2022년 기출문제		085
2021년 기출문제		112
2020년 기출문제		142
2019년 기출문제		170

2025년 CBT 복원문제

1회

□ 1회독   점 | □ 2회독   점 | □ 3회독   점

01 빈출도 ★

펌프 운전 중 발생하는 수격작용의 발생을 예방하기 위한 방법에 해당되지 않는 것은?

① 밸브를 가능한 한 펌프 송출구에서 멀리 설치한다.
② 서지탱크를 관로에 설치한다.
③ 밸브의 조작을 천천히 한다.
④ 관 내의 유속을 느리게 한다.

해설 PHASE 12 펌프의 이상현상

밸브는 가능한 한 펌프 송출구에 가까이 설치하여 배관의 길이를 짧게 하여야 수격현상을 예방할 수 있다.

관련개념 수격현상 방지대책

발생원인	방지대책
밸브를 급격하게 개방하여 유체 흐름에 갑작스러운 변동이 발생한다.	밸브의 조작을 천천히 한다.
압력파에 의한 충격과 이상음 발생한다.	에어 챔버나 서지 탱크를 설치한다.
펌프가 갑작스럽게 정지하면서 생긴 역류로 인한 충격이 발생한다.	체크밸브를 설치한다.
과도하게 긴 배관 및 갑작스러운 관경의 변화로 인해 유속이 급격하게 변화하여 발생한다.	필요한 만큼 배관의 길이와 관경을 최적화한다.

정답 | ①

02 빈출도 ★★

점성계수의 단위로 사용되는 푸아즈[poise]의 환산 단위로 옳은 것은?

① $[cm^2/s]$
② $[N \cdot s^2/m^2]$
③ $[dyn/cm \cdot s]$
④ $[dyn \cdot s/cm^2]$

해설 PHASE 02 유체의 성질

점성계수(점도)의 단위는 $[poise]=[g/cm \cdot s]=[kg/m \cdot s]=[N \cdot s/m^2]=[Pa \cdot s]$이고, 점성계수(점도)의 차원은 $ML^{-1}T^{-1}$이다.
$[dyn]$은 CGS 단위계에서 힘의 단위로 그 차원은 뉴턴$[N]$과 같다.

정답 | ④

03 빈출도 ★★★

길이가 400[m]이고 유동단면이 20[cm]×30[cm]인 직사각형 관에 물이 가득 차서 평균속도 3[m/s]로 흐르고 있다. 이때 손실수두는 약 몇 [m]인가? (단, 관마찰계수는 0.01이다.)

① 2.38　　② 4.76
③ 7.65　　④ 9.52

해설 PHASE 10 배관의 마찰손실

일정한 양의 비압축성 유체가 일정한 속도로 흐를 때 배관에서의 마찰손실계수는 달시-바이스바하 방정식으로 구할 수 있다.

$$H = \frac{\Delta P}{\gamma} = \frac{flu^2}{2gD}$$

H: 마찰손실수두[m], ΔP: 압력 차이[kPa], γ: 비중량[kN/m³],
f: 마찰손실계수, l: 배관의 길이[m], u: 유속[m/s],
g: 중력가속도[m/s²], D: 배관의 직경[m]

배관은 원형이 아니므로 이때 배관의 직경은 수력직경 D_h를 활용하여야 한다.

$$D_h = \frac{4A}{S}$$

D_h: 수력직경[m], A: 배관의 단면적[m²], S: 배관의 둘레[m]

배관의 단면적 A는 다음과 같다.
　$A = (0.2[m] \times 0.3[m]) = 0.06[m^2]$
배관의 둘레 S는 다음과 같다.
　$S = (0.2[m] + 0.3[m] + 0.2[m] + 0.3[m]) = 1[m]$
따라서 수력직경 D_h는 다음과 같다.
　$D_h = \frac{4 \times 0.06}{1} = 0.24[m]$
주어진 조건을 공식에 대입하면 마찰손실수두 H는
　$H = \frac{0.01 \times 400 \times 3^2}{2 \times 9.8 \times 0.24} ≒ 7.653[m]$

정답 | ③

04 빈출도 ★★★

서로 다른 재질로 만든 평판의 양쪽 온도가 다음과 같을 때 면적과 두께를 통한 열류량이 모두 동일하다면 어느 것이 단열재로서 성능이 가장 우수한가?

① 30[℃]~10[℃]
② 10[℃]~ -10[℃]
③ 20[℃]~10[℃]
④ 40[℃]~10[℃]

해설 PHASE 15 열전달

같은 크기의 단열재일 때 양쪽의 온도 차가 클수록 단열성능은 더 좋다.

정답 | ④

05 빈출도 ★★★

그림과 같이 크기가 다른 관이 접속된 수평배관 내에 화살표의 방향으로 정상류의 물이 흐르고 있고 두 개의 압력계 A, B가 각각 설치되어 있다. 압력계 A, B에서 지시하는 압력을 각각 P_A, P_B라고 할 때 P_A와 P_B의 관계로 옳은 것은? (단, A와 B지점 간의 배관 내 마찰손실은 없다고 가정한다.)

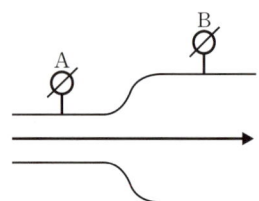

① $P_A > P_B$
② $P_A < P_B$
③ $P_A = P_B$
④ 이 조건만으로는 판단할 수 없다.

해설 PHASE 07 유체가 가지는 에너지

$$\frac{P_A}{\gamma}+\frac{u_A^2}{2g}+Z_A=\frac{P_B}{\gamma}+\frac{u_B^2}{2g}+Z_B$$

P: 압력[N/m²], γ: 비중량[N/m³], u: 유속[m/s],
g: 중력가속도[m/s²], Z: 높이[m]

일정한 유량으로 흐를 때 유속 u는 단면적이 좁은 A에서 더 빠르다. $u_A > u_B$
유체가 가지는 에너지는 보존되므로 압력 P는 B에서 더 커야한다. $P_A < P_B$

정답 | ②

06 빈출도 ★★

부피 0.5[m³], 절대압력 1,300[kPa]인 탱크에 25[°C]의 기체 10[kg]이 들어있다. 이 기체의 기체상수는 약 몇 [kJ/kg·K]인가?

① 0.19
② 0.22
③ 0.26
④ 0.29

해설 PHASE 14 이상기체

이상기체의 상태방정식은 다음과 같다.

$$PV=m\overline{R}T$$

P: 압력[kPa], V: 부피[m³], m: 질량[kg],
$\overline{R}$: 특정 기체상수[kJ/kg·K], T: 절대온도[K]

주어진 조건을 공식에 대입하면 이 기체의 기체상수 $\overline{R}$은

$$\overline{R}=\frac{PV}{mT}=\frac{1,300\times0.5}{10\times(273+25)}≒0.218[kJ/kg·K]$$

정답 | ②

07 빈출도 ★★★

수조의 수면으로부터 20[m] 아래에 설치된 직경 4[cm]의 오리피스에서 1분간 분출된 유량은 약 몇 [m³]인가? (단, 수심은 일정하게 유지된다고 가정하고 오리피스의 유량계수는 0.98로 한다.)

① 1.46　　② 2.46
③ 3.46　　④ 4.86

해설 PHASE 07 유체가 가지는 에너지

$$\frac{P_1}{\gamma}+\frac{u_1^2}{2g}+Z_1=\frac{P_2}{\gamma}+\frac{u_2^2}{2g}+Z_2$$

P: 압력[kN/m²], γ: 비중량[kN/m³], u: 유속[m/s], g: 중력가속도[m/s²], Z: 높이[m]

수면과 파이프 출구의 압력은 대기압으로 같다.
$P_1=P_2$
수면과 오리피스 출구의 높이 차이는 다음과 같다.
$Z_1-Z_2=20[m]$
수면 높이는 일정하므로 수면 높이의 변화속도 u_1는 무시하고 주어진 조건을 공식에 대입하면 오리피스 출구의 유속 u_2는 다음과 같다.
$$\frac{u_2^2}{2g}=(Z_1-Z_2)$$
$$u_2=\sqrt{2g(Z_1-Z_2)}=\sqrt{2\times9.8\times20}≒19.8[m/s]$$
오리피스는 지름이 D[m]인 원형이므로 오리피스의 단면적은 다음과 같다.
$$A=\frac{\pi}{4}D^2$$
부피유량 공식 $Q=Au$에 의해 오리피스의 직경 D와 유속 u를 알면 유량 Q를 구할 수 있다.
따라서 주어진 조건을 공식에 대입하면 유량 Q는
$$Q=\frac{\pi}{4}D^2u=\frac{\pi}{4}\times0.04^2\times19.8≒0.0249[m^3/s]$$
오리피스에서 1분간 분출된 유량은
$0.98\times0.0249[m^3/s]\times60[s]≒1.464[m^3]$

정답 | ①

08 빈출도 ★★★

전양정이 20[m]이고, 질량유량이 150[kg/s]로 물을 송출할 때 소요되는 펌프의 축동력(shaft power)이 42[kW]이면 펌프의 효율[%]은?

① 70　　② 74
③ 76　　④ 80

해설 PHASE 11 펌프의 특징

$$P=\frac{\gamma QH}{\eta}$$

P: 전동력[kW], γ: 유체의 비중량[kN/m³], Q: 유량[m³/s], H: 전양정[m], η: 효율

유체는 물이므로 물의 비중량은 9.8[kN/m³]이다.
질량유량이 150[kg/s]이고, 물의 밀도는 1,000[kg/m³]이므로 단위를 변환하면 부피유량은 다음과 같다.
$$\frac{150[kg/s]}{1,000[kg/m^3]}=0.15[m^3/s]$$
주어진 조건을 공식에 대입하면 펌프의 효율 η는
$$\eta=\frac{\gamma QH}{P}=\frac{9.8\times0.15\times20}{42}≒0.7=70[\%]$$

정답 | ①

09 빈출도 ★

밑면이 8[m]×3[m], 깊이가 4[m]인 철제 상자가 물 위에 떠있다. 상자의 무게를 196[kN]이라 할 때 이 상자는 물 속 몇 [m] 깊이까지 잠겨 있는가?

① 0.83　　② 0.91
③ 0.98　　④ 1.04

해설 PHASE 03 압력과 부력

철제 상자가 물 위에 안정적으로 떠있으므로 철제 상자에 작용하는 중력과 부력의 크기는 같다.

$$F_1 - F_2 = s\gamma_w V - \gamma_w \times xV = 0$$

F_1: 중력[kN], F_2: 부력[kN], s: 철제 상자의 비중,
γ_w: 물의 비중량[kN/m³], V: 철제 상자의 부피[m³],
x: 상자가 잠긴 비율

$$F_1 - F_2 = 196 - 9.8 \times x \times (8 \times 3 \times 4) = 0$$
$$x = \frac{196}{9.8 \times 8 \times 3 \times 4} \approx 0.208$$

수면 아래 잠긴 부피의 비율이 0.208이므로, 상자가 물 속에 잠긴 깊이는
$$4[m] \times 0.208 = 0.832[m]$$

정답 | ①

10 빈출도 ★★

다음 중 무차원수에 대한 물리적 의미가 틀린 것은?

① 레이놀즈 수 = $\dfrac{관성력}{점성력}$

② 오일러 수 = $\dfrac{압력}{관성력}$

③ 웨버 수 = $\dfrac{관성력}{점성력}$

④ 코시 수 = $\dfrac{관성력}{탄성력}$

해설 PHASE 09 배관 속 유체유동

웨버 수는 관성력과 표면장력의 비이다.
$$웨버 수 = \frac{관성력}{표면장력}$$

정답 | ③

11 빈출도 ★★

피스톤과 실린더로 구성된 밀폐된 용기 내에 일정한 질량의 이상기체가 차 있다. 초기 상태의 압력은 2[bar], 부피는 0.5[m³]이다. 이 시스템의 온도가 일정하게 유지되면서 팽창하여 압력이 1[bar]가 되었다. 이 과정 동안에 시스템이 한 일은 몇 [kJ]인가?

① 52.1　　② 57.2
③ 62.7　　④ 69.3

해설 PHASE 13 열역학 기초

등온 과정에서 계가 한 일 W는 다음과 같다.

$$W = m\overline{R}T\ln\left(\frac{P_1}{P_2}\right)$$

W: 일[kJ], m: 질량[kg], $\overline{R}$: 특정 기체상수[kJ/kg·K],
T: 온도[K], P: 압력

이상기체 상태방정식에 따라 모든 상태에서 압력 P와 부피 V의 곱은 일정하다.
$$P_1 V_1 = m\overline{R}T = P_2 V_2$$
1[bar]=100[kPa]이므로 2[bar]×0.5[m³]=100[kJ]이다.
압력이 $\frac{1}{2}$배가 되었으므로 압력비는 다음과 같다.
$$\frac{P_1}{P_2} = 2$$

주어진 조건을 공식에 대입하면 계가 한 일 W는
$$W = 100[kJ] \times \ln(2) \approx 69.31[kJ]$$

정답 | ④

12 빈출도 ★

깊이를 모르는 물 속에서 생성된 직경 1[cm]의 공기 기포가 수면으로 부상하여 직경 2[cm]로 팽창하였다. 기포 내 온도가 일정하다면 물의 깊이는 몇 [m]인가? (단, 중력가속도는 $10[m/s^2]$, 대기압은 $10^5[N/m^2]$, 물의 밀도는 $1,000[kg/m^3]$로 가정한다.)

① 70 ② 80
③ 90 ④ 100

해설 PHASE 14 이상기체

온도가 일정하므로 보일의 법칙을 적용한다.
$$P_1 V_1 = C = P_2 V_2$$
상태1의 압력은 대기압과 기포를 누르고 있는 물의 압력으로 구할 수 있으므로 상태1의 압력은 다음과 같다.
$$P_1 = 10^5[N/m^2] + \rho g h$$
$$= 10^5[N/m^2] + 1,000[kg/m^3] \times 10[m/s^2] \times h$$
상태1의 기포는 직경이 1[cm]이고, 상태2의 기포는 직경 2[cm]이므로 부피비는 직경의 3제곱에 비례한다.
$$\frac{V_2}{V_1} = \frac{P_1}{P_2} = \frac{2^3}{1^3} = \frac{10^5 + 10^4 \times h}{10^5} = \frac{10 + h}{10}$$
$$h = 70[m]$$

정답 | ①

13 빈출도 ★★★

무게가 45,000[N]인 어떤 기름의 부피가 $5.63[m^3]$일 때 이 기름의 밀도는 몇 $[kg/m^3]$인가?

① 815.6 ② 803.1
③ 792.9 ④ 781.1

해설 PHASE 02 유체의 성질

기름의 질량은 무게를 중력가속도로 나누어 구할 수 있다.
$$m = \frac{w}{g} = \frac{45,000[N]}{9.8[m/s^2]} = 4,591.84[kg]$$
기름의 밀도는 질량을 부피로 나누어 구할 수 있다.
$$\rho = \frac{m}{V} = \frac{4,591.84[kg]}{5.63[m^3]}$$
$$\approx 815.602[kg/m^3]$$

정답 | ①

14 빈출도 ★★

다음 물질 중 비열이 가장 큰 것은?

① 공기 ② 물
③ 콘크리트 ④ 철

해설 PHASE 13 열역학 기초

일반적으로 다른 물질의 비열은 물의 비열인 $1[cal/g \cdot ℃]$보다 낮으며, 비열이 클수록 더 많은 열을 흡수할 수 있기 때문에 주로 물이 소화제로 사용된다.

관련개념 비열

단위 질량의 물질을 단위 온도만큼 올리는 데 필요한 열량을 비열이라고 한다.

정답 | ②

15 빈출도 ★★

유체에 대한 일반적인 설명으로 틀린 것은?

① 아무리 작은 전단응력이라도 물질 내부에 전단응력이 생기면 정지상태로 있을 수가 없다.
② 점성이 없고 비압축성인 유체를 이상유체라고 한다.
③ 충격파는 비압축성 유체에서는 잘 관찰되지 않는다.
④ 유체에 미치는 압축의 정도가 커서 밀도가 변하는 유체를 비압축성 유체라 한다.

해설 PHASE 01 유체

압력에 따라 부피와 밀도가 변화하지 않는 유체를 비압축성 유체라고 한다.

정답 | ④

16 빈출도 ★★

밑면은 한 변의 길이가 1[m]인 정사각형이고 높이 1.5[m]인 직육면체 탱크에 물을 가득 채웠다. 한쪽 측면에 작용하는 힘은 몇 [kN]인가?

① 14.7
② 11.0
③ 22.1
④ 7.4

해설 PHASE 05 유체가 가하는 힘

$$F = PA = \rho g h A = \gamma h A$$

F: 수평 방향으로 작용하는 힘(수평분력)[kN],
P: 압력[kN/m²], A: 측면의 면적[m²], ρ: 밀도[kg/m³],
g: 중력가속도[m/s²], h: 중심 높이로부터 표면까지의 높이[m],
γ: 유체의 비중량[kN/m³]

유체는 물이므로 물의 비중량은 9.8[kN/m³]이다.

측면의 중심 높이로부터 표면까지의 높이는 $\frac{1.5}{2}$[m]이다.

측면의 면적 A는 (1×1.5)[m]이므로 물에 의한 힘의 수평성분의 크기 F는

$$F = 9.8 \times \frac{1.5}{2} \times (1 \times 1.5) = 11.025[kN]$$

정답 | ②

17 빈출도 ★★

분당 토출량이 1,600[L], 전양정이 100[m]인 물펌프의 회전수를 1,000[rpm]에서 1,400[rpm]으로 증가하면 전동기 소요동력은 약 몇 [kW]가 되어야 하는가? (단, 펌프의 효율은 65[%]이고, 전달계수는 1.1이다.)

① 441　　　　　　② 142
③ 121　　　　　　④ 82.1

해설 PHASE 11 펌프의 특징

$$P = \frac{\gamma QH}{\eta} K$$

P: 전동기 동력[kW], γ: 유체의 비중량[kN/m³],
Q: 유량[m³/s], H: 전양정[m], η: 효율, K: 전달계수

유체는 물이므로 물의 비중량은 9.8[kN/m³]이다.
펌프의 토출량이 1,600[L/min]이므로 단위를 변환하면 $\frac{1.6}{60}$[m³/s]이다.
따라서 주어진 조건을 공식에 대입하면 전동기 용량 P는

$$P = \frac{9.8 \times \frac{1.6}{60} \times 100}{0.65} \times 1.1 ≒ 44.226[kW]$$

전동기의 회전수를 변화시키면 동일한 전동기이므로 상사법칙에 따라 축동력이 변화한다.

$$\frac{P_2}{P_1} = \left(\frac{N_2}{N_1}\right)^3 \left(\frac{D_2}{D_1}\right)^5$$

P: 축동력, N: 전동기의 회전수, D: 직경

동일한 전동기이므로 직경 D는 같고, 상태1의 소요동력 P_1이 44.226[kW], 회전수 N_1이 1,000[rpm]이며, 상태2의 회전수 N_2이 1,400[rpm]이므로 소요동력 P_2는 다음과 같다.

$$P_2 = P_1 \left(\frac{N_2}{N_1}\right)^3 = 44.226 \times \left(\frac{1,400}{1,000}\right)^3 ≒ 121.356[kW]$$

← 소요동력은 축동력에 전달계수가 곱해진 동력이지만 전달계수의 변화가 주어지지 않았으므로 같다고 가정한다.

정답 | ③

18 빈출도 ★★

대기의 압력이 1.08[kgf/cm²]이었다면 게이지압력이 12.5[kgf/cm²]인 용기에서의 절대압력[kgf/cm²]은?

① 11.42　　　　　② 12.50
③ 13.58　　　　　④ 14.50

해설 PHASE 03 압력과 부력

진공을 기준으로 나타내는 압력을 절대압이라고 하며, 대기압을 기준으로 (+)압력을 게이지압이라고 한다.
따라서 대기압에 게이지압을 더해주면 진공으로부터의 절대압이 된다.

1.08[kgf/cm²] + 12.5[kgf/cm²] = 13.58[kgf/cm²]

정답 | ③

19 빈출도 ★

그림과 같이 매끄러운 유리관에 물이 채워져 있을 때 모세관 상승높이 h는 약 몇 [m]인가?

[조건]
(가) 액체의 표면장력 $\sigma = 0.073[\text{N/m}]$
(나) $R = 1[\text{mm}]$
(다) 매끄러운 유리관의 접촉각 $\theta \simeq 0°$

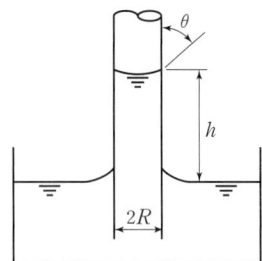

① 0.007
② 0.015
③ 0.07
④ 0.15

해설 PHASE 02 유체의 성질

모세관 현상에서 표면의 높이 차이는 표면장력에 비례하고, 비중량(밀도×중력가속도), 모세관의 직경에 반비례한다.

$$h = \frac{4\sigma \cos\theta}{\gamma D}$$

h: 표면의 높이 차이[m], σ: 표면장력[N/m], θ: 부착 각도, γ: 유체의 비중량[N/m³], D: 모세관의 직경[m]

$$h = \frac{4\sigma \cos\theta}{\gamma D} = \frac{4 \times 0.073 \times 1}{9,800 \times 2 \times 0.001} \fallingdotseq 0.0149[\text{m}]$$

정답 | ②

20 빈출도 ★★

그림과 같이 수평면에 대하여 60° 기울어진 경사관에 비중이 13.6인 수은이 채워져 있으며, A와 B에는 물이 채워져 있다. A의 압력이 250[kPa], B의 압력이 200[kPa]일 때, 길이 L은 약 몇 [cm]인가?

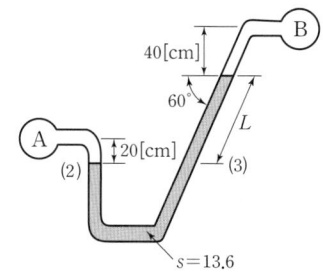

① 33.3
② 38.2
③ 41.6
④ 45.1

해설 PHASE 04 압력의 측정

$$P_x = \gamma h = s\gamma_w h$$

P_x: x에서의 압력[kPa], γ: 비중량[kN/m³], h: 높이[m], s: 비중, γ_w: 물의 비중량[kN/m³]

(2)면에 작용하는 압력은 A점에서의 압력과 물이 누르는 압력의 합과 같다.
$$P_2 = P_A + \gamma_w h_1$$
(3)면에 작용하는 압력은 B점에서의 압력과 물이 누르는 압력, 수은이 누르는 압력의 합과 같다.
$$P_3 = P_B + \gamma_w h_3 + s\gamma_w h_2$$
유체 내부에서 같은 수평면(높이)에는 같은 압력이 작용하므로 (2)면과 (3)면의 압력은 같다.
$$P_2 = P_3$$
$$P_A + \gamma_w h_1 = P_B + \gamma_w h_3 + s\gamma_w h_2$$
따라서 계기 유체의 높이 차이 h_2는
$$h_2 = \frac{P_A - P_B + \gamma_w h_1 - \gamma_w h_3}{s\gamma_w}$$
$$= \frac{250 - 200 + 9.8 \times 0.2 - 9.8 \times 0.4}{13.6 \times 9.8} \fallingdotseq 0.36[\text{m}]$$
$$L\sin(60°) = h_2$$
$$L = \frac{0.36}{\sin(60°)} \fallingdotseq 0.416[\text{m}] = 41.6[\text{cm}]$$

정답 | ③

2회

□ 1회독   점 | □ 2회독   점 | □ 3회독   점

01 빈출도 ★★

아래 그림과 같은 탱크에 물이 들어있다. 물이 탱크의 밑면에 가하는 힘은 약 몇 [N]인가? (단, 물의 밀도는 $1,000[kg/m^3]$, 중력가속도는 $10[m/s^2]$로 가정하며 대기압은 무시한다. 또한 탱크의 폭은 전체가 $1[m]$로 동일하다.)

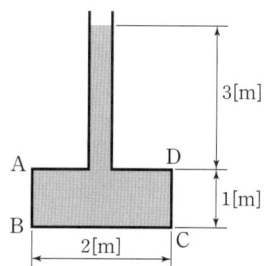

① 20,000
② 40,000
③ 60,000
④ 80,000

해설 PHASE 03 압력과 부력

단위면적 당 유체가 가하는 힘을 압력이라고 한다.

$$P = \frac{F}{A}$$

P: 압력[N/m²], F: 힘[N], A: 면적[m²]

물이 탱크의 밑면에 가하는 압력은 다음과 같다.

$$P = \rho g h$$

P: 압력[N/m²], ρ: 밀도[kg/m³], g: 중력가속도[m/s²], h: 물의 높이[m]

$P = 1,000 \times 10 \times (1+3) = 40,000[N/m^2]$
밑면의 넓이 A는 다음과 같다.
$A = 2 \times 1 = 2[m^2]$
따라서 주어진 조건을 공식에 대입하면 물이 탱크의 밑면에 가하는 힘 F는
$F = PA = 40,000 \times 2 = 80,000[N]$

정답 | ④

02 빈출도 ★

$3[m/s]$의 속도로 물이 흐르고 있는 관로 내에 피토관을 삽입했을 때, 비중 1.8의 액체를 넣은 시차액주계에서 나타나게 되는 액주차는 약 몇 [m]인가?

① 0.191
② 0.574
③ 1.41
④ 2.15

해설 PHASE 08 유체유동의 측정

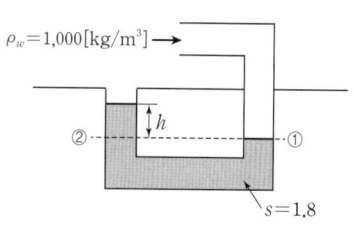

$$u = \sqrt{2g\left(\frac{\gamma - \gamma_w}{\gamma_w}\right)R}$$

u: 유속[m/s], g: 중력가속도[m/s²],
γ: 액주계 유체의 비중량[kN/m³],
γ_w: 배관 유체의 비중량[kN/m³], R: 액주계의 높이 차이[m]

주어진 조건을 공식에 대입하면 액주계의 높이 차이 R은
$R = \dfrac{u^2}{2g}\left(\dfrac{\gamma_w}{r - \gamma_w}\right) = \dfrac{3^2}{2 \times 9.8}\left(\dfrac{9.8}{1.8 \times 9.8 - 9.8}\right)$
$\fallingdotseq 0.574[m]$

정답 | ②

03 빈출도 ★★

시간 Δt 사이에 유체의 선운동량이 ΔP만큼 변했을 때 $\dfrac{\Delta P}{\Delta t}$ 는 무엇을 뜻하는가?

① 유체 운동량의 변화량
② 유체 충격량의 변화량
③ 유체의 가속도
④ 유체에 작용하는 힘

해설 PHASE 08 유체유동의 측정

운동량 P는 질량 m과 속도 v의 곱으로 나타낸다.

$$\dfrac{\Delta P}{\Delta t} = \dfrac{\Delta(m \times v)}{\Delta t}$$

질량 m은 변하지 않으므로 상수로 취급한다.

$$\dfrac{m \Delta v}{\Delta t} = ma$$

따라서 운동량의 변화량과 시간의 변화량의 비는 유체에 작용하는 힘과 같다.

$$\dfrac{\Delta P}{\Delta t} = ma = F$$

정답 | ④

04 빈출도 ★★★

$65[\%]$의 효율을 가진 원심펌프를 통하여 물을 $1[m^3/s]$의 유량으로 송출 시 필요한 펌프수두가 $6[m]$이다. 이때 펌프에 필요한 축동력은 약 몇 $[kW]$인가?

① 40 ② 60
③ 80 ④ 90

해설 PHASE 11 펌프의 특징

$$P = \dfrac{\gamma Q H}{\eta}$$

P: 축동력$[kW]$, γ: 유체의 비중량$[kN/m^3]$, Q: 유량$[m^3/s]$, H: 전양정$[m]$, η: 효율

유체는 물이므로 물의 비중량은 $9.8[kN/m^3]$이다.
주어진 조건을 공식에 대입하면 펌프의 축동력 P는

$$P = \dfrac{9.8 \times 1 \times 6}{0.65} \fallingdotseq 90.46[kW]$$

정답 | ④

05 빈출도 ★

다음은 어떤 열역학적 법칙을 설명한 것인가?

> 온도가 서로 다른 물체를 접촉시키면 높은 온도를 지닌 물체의 온도가 내려가고(열을 방출), 낮은 온도의 물체는 온도가 올라가서(열을 흡수) 두 물체는 온도차가 없어지게 된다.

① 열역학 제0법칙
② 열역학 제1법칙
③ 열역학 제2법칙
④ 열역학 제3법칙

해설 PHASE 13 열역학 기초

열역학 제0법칙은 열적 평형상태를 설명하는 법칙이다.

관련개념 열역학 법칙

열역학 제0법칙	• 열적 평형상태를 설명한다. • 열역학계(system) A와 B가 평형이고, B와 C가 평형이면 A와 C도 평형이다. • 열평형 상태에 있는 물체의 온도는 같다.
열역학 제1법칙	• 에너지 보존법칙을 설명한다. • 열과 일은 서로 변환될 수 있다. • 에너지의 형태는 바뀌더라도 그 총량은 일정하다.
열역학 제2법칙	• 에너지가 흐르는 방향을 설명한다. • 에너지는 엔트로피가 증가하는 방향으로 흐른다. • 열은 고온에서 저온으로 흐른다. • 모든 열이 전부 일로 변환되지 않는다.
열역학 제3법칙	• 0[K]에서 물질의 운동에너지는 0이며, 엔트로피는 0이다.

정답 | ①

06 빈출도 ★★

그림과 같이 수평관에서 2개소의 압력 차를 측정하기 위해 하부에 수은을 넣은 U자관을 부착시켰다. 이때 U자관에서 수은의 높이차 h가 $500[mm]$이었다면 압력차 P_1-P_2는 약 몇 [kPa]인가?

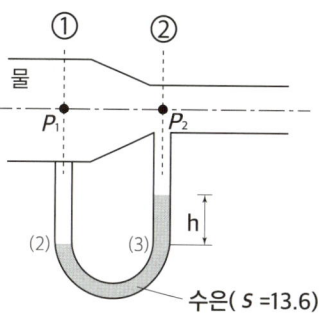

① 66.6
② 61.7
③ 60.5
④ 50.4

해설 PHASE 04 압력의 측정

(2)면에 작용하는 압력은 ①점에서의 압력과 물이 누르는 압력의 합과 같다.
$$P=P_1+\gamma_w h$$
(3)면에 작용하는 압력은 ②점에서의 압력과 계기유체가 누르는 압력의 합과 같다.
$$P=P_2+\gamma h$$
유체 내부에서 같은 수평면(높이)에는 같은 압력이 작용하므로 (2)면과 (3)면의 압력은 같다.
$$P_1+\gamma_w h=P_2+\gamma h$$
따라서 압력차 P_1-P_2는
$$P_1-P_2=(\gamma-\gamma_w)h$$
$$=(13.6\times9.8-9.8)\times0.5=61.74[kPa]$$

정답 | ②

07 빈출도 ★★

20[°C]에서 물이 지름 75[mm]인 관 속을 1.9×10^{-3}[m³/s]로 흐르고 있다. 이때 레이놀즈 수는 얼마 정도인가? (단, 20[°C]일 때 물의 동점성계수는 1.006×10^{-6}[m²/s]이다.)

① 1.13×10^4
② 1.99×10^4
③ 2.83×10^4
④ 3.21×10^4

해설 PHASE 09 배관 속 유체유동

레이놀즈 수를 구하는 공식은 다음과 같다.

$$Re = \frac{\rho u D}{\mu} = \frac{uD}{\nu}$$

Re: 레이놀즈 수, ρ: 밀도[kg/m³], u: 유속[m/s], D: 직경[m], μ: 점성계수(점도)[kg/m·s], ν: 동점성계수(동점도)[m²/s]

부피유량 공식 $Q=Au$에 의해 유량 Q와 배관의 직경 D를 알면 유속은 다음과 같이 구할 수 있다.

$$u = \frac{Q}{A} = \frac{Q}{\frac{\pi}{4}D^2} = \frac{4Q}{\pi D^2}$$

u: 유속[m/s], Q: 유량[m³/s], A: 배관의 단면적[m²], D: 배관의 직경[m]

따라서 레이놀즈 수 Re는

$$Re = \frac{uD}{\nu} = \frac{4Q}{\pi D^2} \times \frac{D}{\nu}$$
$$= \frac{4 \times 1.9 \times 10^{-3}}{\pi \times 0.075^2} \times \frac{0.075}{1.006 \times 10^{-6}} \fallingdotseq 3.206 \times 10^4$$

정답 | ④

08 빈출도 ★★

펌프의 이상현상 중 허용 흡입수두와 가장 관련이 있는 것은?

① 수온상승
② 수격현상
③ 공동현상
④ 서징현상

해설 PHASE 12 펌프의 이상현상

펌프의 유효흡입수두가 필요흡입수두보다 작을 때 공동현상이 발생한다.

정답 | ③

09 빈출도 ★

보일의 법칙은 이상기체의 어떤 상태량이 일정한 조건에서의 상태변화를 나타낸 것인가?

① 온도
② 압력
③ 비체적
④ 밀도

해설 PHASE 14 이상기체

보일의 법칙은 온도가 일정한 조건에서의 상태변화를 설명한다.

관련개념 보일의 법칙

온도와 기체의 양이 일정할 때 부피와 압력은 반비례 관계에 있다.

$$PV = C$$

P: 압력, V: 부피, C: 상수

정답 | ①

10 빈출도 ★★

비점성 유체를 가장 잘 설명한 것은?

① 실제 유체를 뜻한다.
② 전단응력이 존재하는 유체흐름을 뜻한다.
③ 유체 유동 시 마찰저항이 존재하는 유체이다.
④ 유체 유동 시 마찰저항이 유발되지 않는 이상적인 유체를 말한다.

해설 PHASE 01 유체

비점성 유체는 점성이 없어 유체 분자 사이에서 마찰저항이 발생하지 않는다.

선지분석

① 실제 유체는 점성이 존재한다.
② 전단응력은 점성계수(점도)와 속도기울기의 곱으로 나타내므로 점성 유체에서 나타나는 특징이다.
③ 유체 유동 시 발생하는 마찰저항의 근원은 유체의 점성 때문이다.

정답 | ④

11 빈출도 ★

펌프의 흡입 이론에서 볼 때 대기압이 $100[kPa]$인 곳에서 펌프의 흡입 배관으로 물을 흡수할 수 있는 이론 최대 높이는 약 몇 $[m]$인가?

① 5 ② 10
③ 14 ④ 98

해설 PHASE 11 펌프의 특징

$$P = \gamma h$$

P: 압력$[kPa]$, γ: 비중량$[kN/m^3]$, h: 높이$[m]$

$100[kPa]$의 압력은 $\dfrac{100[kPa]}{9.8[kN/m^3]} \fallingdotseq 10.2[m]$ 높이의 물기둥이 누르는 압력과 같다.

따라서 대기압 만으로는 물을 $10.2[m]$보다 높이 흡입할 수 없다.

정답 | ②

12 빈출도 ★★

물리량을 질량$[M]$, 길이$[L]$, 시간$[T]$의 기본 차원으로 나타낼 때, 에너지의 차원은?

① ML^2T^{-2} ② $ML^{-1}T^{-2}$
③ $ML^{-1}T^{-1}$ ④ $ML^{-2}T^2$

해설 PHASE 01 유체

에너지의 단위는 $[J]=[kg \cdot m^2/s^2]=[N \cdot m]$이고, 에너지의 차원은 ML^2T^{-2}이다.

정답 | ①

13 빈출도 ★★

단열 노즐의 출구에서 압력 0.1[MPa]의 건도 0.95인 습증기(포화액 엔탈피: 418[kJ/kg], 포화증기 엔탈피: 2,706[kJ/kg]) 1[kg]의 엔탈피는 몇 [kJ]인가?

① 397.1 ② 2,570.7
③ 2,591.6 ④ 2,988.7

해설 PHASE 13 열역학 기초

95[%]의 수증기와 5[%]의 물이므로 혼합물의 엔탈피는 다음과 같다.
$$H = 2,706 \times 0.95 + 418 \times 0.05 = 2,591.6 [kJ/kg]$$

정답 | ③

14 빈출도 ★★★

물이 담긴 탱크의 밑바닥 옆면에 지름 5[mm]의 구멍이 뚫렸다. 탱크는 오리피스의 단면에 비하여 무한히 크다. 오리피스 중심으로부터 물이 몇 [m] 높이로 탱크에 담겨 있을 때 10[m/s]로 물이 분출되겠는가? (단, 오리피스의 속도계수는 0.9이다.)

① 5.1 ② 6.3
③ 7.5 ④ 8.7

해설 PHASE 07 유체가 가지는 에너지

높이 차이가 h일 때 유체가 가지는 에너지는 속도수두 $\frac{u^2}{2g}$로 변환된다.
오리피스의 속도계수가 0.9이므로 오리피스를 통과하기 전 속도는 $\frac{10}{0.9}$[m/s]이며 이 속도로 물이 분출되기 위해 필요한 높이 h는
$$h = \frac{u^2}{2g} = \frac{\left(\frac{10}{0.9}\right)^2}{2 \times 9.8} \fallingdotseq 6.3[m]$$

정답 | ②

15 빈출도 ★★★

고체 표면의 온도가 15[°C]에서 25[°C]로 올라가면 방사되는 복사열은 약 몇 [%]가 증가하는가?

① 3.5 ② 7.1
③ 15 ④ 67

해설 PHASE 15 열전달

$$Q \propto \sigma T^4$$

Q: 열전달량[W/m²],
σ: 슈테판-볼츠만 상수(5.67×10^{-8})[W/m²·K⁴],
T: 절대온도[K]

표면의 온도가 (273+15)[K]에서 (273+25)[K]로 올라가면 방사되는 복사에너지의 비율은
$$\frac{Q_2}{Q_1} = \frac{\sigma \times (273+25)^4}{\sigma \times (273+15)^4} \fallingdotseq 1.146$$

따라서 표면의 온도가 25[°C]로 올라갈때 방사되는 복사열은 표면의 온도가 15[°C]일때 방사되는 복사열의 약 1.146배이므로, 증가율(%)은
$$(1.146-1) \times 100 \fallingdotseq 15[\%]$$

정답 | ③

16 빈출도 ★★

공기 1[kg]을 절대압력 100[kPa], 부피 0.85[m³]의 상태로부터 절대압력 500[kPa], 온도 300[℃]로 변환시켰다면, 상승된 온도는 얼마인가? (단, 공기의 기체상수는 0.287[kJ/kg·K]이다.)

① 0[℃]
② 277[℃]
③ 296[℃]
④ 376[℃]

해설 PHASE 14 이상기체

질량과 특정기체상수로 이루어진 이상기체의 상태방정식은 다음과 같다.

$$PV = m\overline{R}T$$

P: 압력[kPa], V: 부피[m³], m: 질량[kg],
$\overline{R}$: 특정기체상수[kJ/kg·K], T: 절대온도[K]

주어진 조건을 공식에 대입하면 초기온도 T_1는 다음과 같다.

$$T_1 = \frac{P_1 V_1}{m\overline{R}} = \frac{100 \times 0.85}{1 \times 0.287} ≒ 296.17[K]$$

나중온도 T_2는 (273+300)[K]이므로 상승된 온도 $T_2 - T_1$는

$$T_2 - T_1 = (273+300) - 296.17 = 276.83[℃]$$

정답 | ②

17 빈출도 ★★★

중력가속도가 2[m/s²]인 곳에서 무게가 8[kN]이고, 부피가 5[m³]인 물체의 비중은 약 얼마인가?

① 0.2
② 0.8
③ 1.0
④ 1.6

해설 PHASE 02 유체의 성질

$$s = \frac{\rho}{\rho_w}$$

s: 비중, ρ: 비교물질의 밀도[kg/m³], ρ_w: 물의 밀도[kg/m³]

물체의 질량은 무게를 중력가속도로 나누어 구할 수 있다.

$$m = \frac{w}{g} = \frac{8[kN]}{2[m/s^2]} = 4,000[kg]$$

물체의 밀도는 질량을 부피로 나누어 구할 수 있다.

$$\rho = \frac{m}{V} = \frac{4,000[kg]}{5[m^3]} = 800[kg/m^3]$$

비중은 비교물질의 밀도와 물의 밀도의 비율이므로 물체의 비중 s는

$$s = \frac{\gamma}{\gamma_w} = \frac{800}{1,000} = 0.8$$

정답 | ②

18 빈출도 ★★

안지름 100[mm]인 파이프를 통해 2[m/s]의 속도로 흐르는 물의 질량유량은 약 몇 [kg/min]인가?

① 15.7
② 157
③ 94.2
④ 942

해설 PHASE 06 유체유동

$$M = \rho A u$$

M: 질량유량[kg/s], ρ: 밀도[kg/m³], A: 유체의 단면적[m²], u: 유속[m/s]

유체는 물이므로 물의 밀도는 1,000[kg/m³]이다.
배관은 지름이 0.1[m]인 원형이므로 배관의 단면적은 다음과 같다.

$$A = \frac{\pi}{4} \times 0.1^2$$

따라서 주어진 조건을 공식에 대입하면 질량유량 M은

$$M = 1,000 \times \frac{\pi}{4} \times 0.1^2 \times 2$$
$$≒ 15.71[kg/s] = 942.6[kg/min]$$

정답 | ④

19 빈출도 ★★

압력 200[kPa], 온도 60[°C]의 공기 2[kg]이 이상적인 폴리트로픽 과정으로 압축되어 압력 2[MPa], 온도 250[°C]로 변화하였을 때 이 과정 동안 소요된 일의 양은 약 몇 [kJ]인가? (단, 기체상수는 0.287 [kJ/kg·K]이다.)

① 224　　② 327
③ 447　　④ 560

해설 PHASE 13 열역학 기초

폴리트로픽 과정에서 일은 다음과 같다.

$$W = \frac{m\overline{R}}{1-n}(T_2 - T_1)$$

W: 일[kJ], m: 질량[kg], $\overline{R}$: 기체상수[kJ/kg·K], n: 폴리트로픽 지수, T: 온도[K]

폴리트로픽 변화에서 압력, 부피, 온도는 다음과 같은 관계를 가진다.

$$\left(\frac{P_2}{P_1}\right) = \left(\frac{V_1}{V_2}\right)^n = \left(\frac{T_2}{T_1}\right)^{\frac{n}{n-1}}$$

P: 압력, V: 부피, T: 절대온도, n: 폴리트로픽 지수

공기의 압력변화는 다음과 같다.
$$\frac{P_2}{P_1} = 10$$

공기의 온도변화는 다음과 같다.
$$\frac{T_2}{T_1} = \frac{(273+250)}{(273+60)}$$

주어진 조건을 공식에 대입하면 폴리트로픽 지수 n은 다음과 같다.

$$10 = \left(\frac{523}{333}\right)^{\frac{n}{n-1}}$$ ← 공학용 계산기의 SOLVE 기능을 활용하면 계산이 쉽다.

$n = 1.244$

따라서 소요된 일의 양 W는

$$W = \frac{2 \times 0.287}{1 - 1.244}(250 - 60) ≒ -446.97[kJ]$$

정답 | ③

20 빈출도 ★★

파이프 내에 정상 비압축성 유동에 있어서 관 마찰계수는 어떤 변수들의 함수인가?

① 절대조도와 관지름
② 절대조도와 상대조도
③ 레이놀즈 수와 상대조도
④ 마하 수와 코우시 수

해설 PHASE 10 배관의 마찰손실

관 마찰계수는 레이놀즈 수와 상대조도의 함수이다.
무디 선도(Moody Diagram)는 레이놀즈 수와 관의 상대조도를 이용해 관 마찰계수를 구하는 그래프이다.

정답 | ③

3회

01 빈출도 ★★

노즐에서 분사되는 물의 속도가 12[m/s]이고, 분류에 수직인 평판은 같은 방향 4[m/s]의 속도로 움직일 때 평판이 받는 힘은 약 몇 [N]인가? (단, 노즐(분류)의 단면적은 0.01[m²]이다.)

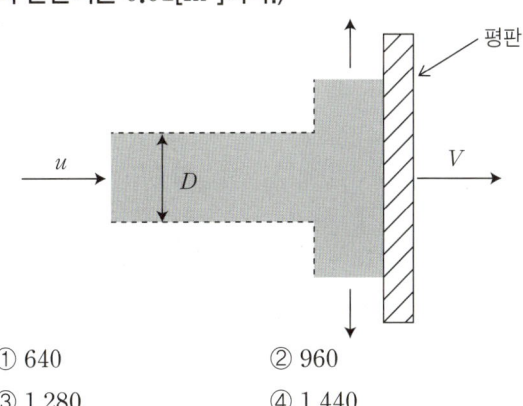

① 640
② 960
③ 1,280
④ 1,440

해설 PHASE 08 유체유동의 측정

평판에는 원형 물기둥이 충돌하며 힘을 가하고 있다.

$$F = \rho A u^2$$

F: 유체가 평판에 가하는 힘[N], ρ: 유체의 밀도[kg/m³],
A: 유체의 단면적[m²], u: 유속[m/s]

물기둥은 u의 속도로 평판에 접근하고 있지만, 평판은 같은 방향인 V의 속도로 이동하고 있으므로 물기둥과 평판이 충돌하는 상대속도는 $(u-V)$이다.
따라서 평판이 물기둥에 의해 받는 힘의 크기 F는

$$F = \rho A (u-V)^2 = 1,000 \times 0.01 \times (12-4)^2$$
$$= 640[N]$$

정답 | ①

02 빈출도 ★★

계기압력(Gauge Pressure)이 50[kPa]인 파이프 속의 압력은 진공압력(Vacuum Pressure)이 30[kPa]인 용기 속의 압력보다 몇 [kPa] 높은가?

① 0(동일하다.)
② 20
③ 80
④ 130

해설 PHASE 03 압력과 부력

진공을 기준으로 나타내는 압력을 절대압이라고 하며, 대기압을 기준으로 (−)압력을 진공압이라고 한다.
따라서 파이프 속 압력과 용기 속 압력의 관계는 다음과 같다.
　　파이프 속 압력=절대압+50[kPa]
　　용기 속 압력=절대압−30[kPa]
　　(절대압+50[kPa])−(절대압−30[kPa])=80[kPa]

정답 | ③

03 빈출도 ★★★

전양정이 60[m]이고, 양수량이 0.032[m³/s]인 원심펌프의 축동력이 22.4[kW]이다. 이 펌프의 효율은 얼마인가?

① 119[%]
② 84[%]
③ 75[%]
④ 8.6[%]

해설 PHASE 11 펌프의 특징

$$P = \frac{\gamma Q H}{\eta}$$

P: 축동력[kW], γ: 유체의 비중량[kN/m³],
Q: 유량[m³/s], H: 전양정[m], η: 효율

유체는 물이므로 물의 비중량은 9.8[kN/m³]이다.
따라서 주어진 조건을 공식에 대입하면 펌프의 효율 η는

$$\eta = \frac{\gamma Q H}{P} = \frac{9.8 \times 0.032 \times 60}{22.4}$$
$$\approx 0.84 = 84[\%]$$

정답 | ②

04 빈출도 ★★★

온도차이 ΔT, 열전도율 k, 두께 x, 열전달 면적 A인 벽을 통한 열전달량이 Q이다. 동일한 열전달 면적인 상태에서 온도 차이가 2배, 벽의 열전도율이 4배가 되고 벽의 두께가 2배가 되는 경우 열전달량은 몇 배가 되는가?

① 4배
② 8배
③ 16배
④ 32배

해설 PHASE 15 열전달

$$Q = kA\frac{(T_2-T_1)}{l}$$

Q: 열전달량[W], k: 열전도율[W/m·℃], A: 열전달 면적[m²], (T_2-T_1): 온도 차이[℃], l: 벽의 두께[m]

온도 차이가 2배, 열전도율이 4배, 벽의 두께가 2배가 되는 경우 열전달량은

$$Q_2 = 4k \times A \times \frac{2\Delta T}{2x} = 4Q_1$$

정답 | ①

05 빈출도 ★★

절대압력이 $100[\mathrm{kPa}]$이고 온도가 $55[℃]$인 공기의 밀도는 몇 $[\mathrm{kg/m^3}]$인가? (단, 공기의 기체상수는 $0.287[\mathrm{kJ/kg \cdot K}]$이다.)

① 12.0   ② 24.2
③ 1.06   ④ 2.14

해설 PHASE 14 이상기체

밀도는 질량을 부피로 나눈 값이므로 $\rho = \frac{m}{V}$이다. 질량과 특정기체상수로 이루어진 이상기체의 상태방정식은 다음과 같다.

$$PV = m\overline{R}T$$

P: 압력[kPa], V: 부피[m³], m: 질량[kg], $\overline{R}$: 특정기체상수[kJ/kg·K], T: 절대온도[K]

따라서 주어진 조건을 공식에 대입하면 공기의 밀도 ρ는

$$\rho = \frac{m}{V} = \frac{P}{RT} = \frac{100}{0.287 \times (273+55)}$$
$$\approx 1.062$$

정답 | ③

06 빈출도 ★★

돌연 확대관에서의 손실수두는?

① 압력수두에 반비례한다.
② 위치수두에 비례한다.
③ 유량에 반비례한다.
④ 속도수두에 비례한다.

해설 PHASE 10 배관의 마찰손실

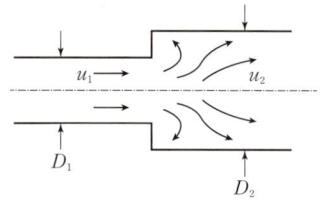

$$H = \frac{(u_1-u_2)^2}{2g} = K\left(\frac{u_1^2}{2g}\right)$$
$$K = \left(1-\frac{A_1}{A_2}\right)^2 = \left(1-\frac{D_1^2}{D_2^2}\right)^2$$

H: 마찰손실수두[m], u_1: 좁은 배관의 유속[m/s], u_2: 넓은 배관의 유속[m/s], g: 중력가속도[m/s²], K: 부차적 손실계수

확대관에서 손실수두는 속도수두 $\frac{u^2}{2g}$에 비례한다.

정답 | ④

07 빈출도 ★★

다음 중 크기가 가장 큰 것은?

① 19.6[N]
② 질량 2[kg]인 물체의 무게
③ 비중 1, 부피 2[m³]인 물체의 무게
④ 질량 4.9[kg]인 물체가 4[m/s²]의 가속도를 받을 때의 힘

해설 PHASE 02 유체의 성질

비중이 1인 물체의 비중량은 9,800[N/m³]이고, 이 물체의 부피는 2[m³]이므로 무게는 다음과 같다.
$$9,800[\mathrm{N/m^3}] \times 2[\mathrm{m^3}] = 19,600[\mathrm{N}]$$

선지분석
② 2[kg] × 9.8[m/s²] = 19.6[N]
④ 4.9[kg] × 4[m/s²] = 19.6[N]

정답 | ③

08 빈출도 ★★

다음과 같은 수조에 물과 기름이 담겨 있다. 물이 있는 부분 일부만 대기에 노출된 채 나머지 부분은 막혀 있다면 기름이 담겨있는 부분의 바닥에서의 계기압 [kPa]은? (단, 기름의 비중은 0.8이다.)

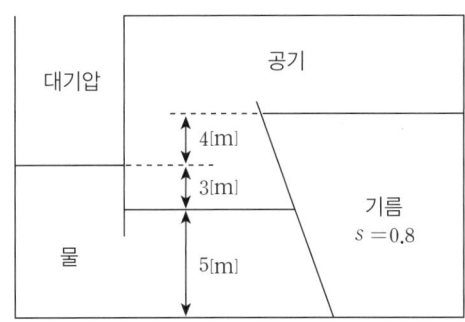

① 54.88
② 84.28
③ 94.08
④ 123.48

해설 　PHASE 05 유체가 가하는 힘

$$P_x = \gamma h$$

P_x: x에서의 압력[kPa], γ: 비중량[kN/m³], h: 높이[m]

막혀있는 수조에서 공기의 압력은 대기압보다 3[m]의 물기둥이 누르는 압력만큼 더 크다.
P_{air} = 대기압 + 9.8×3
기름 바닥에서의 압력은 공기의 압력과 기름이 누르는 압력의 합과 같다.
P_{oil} = P_{air} + 0.8×9.8×12
 = 대기압 + 9.8×3 + 0.8×9.8×12
따라서 기름이 담겨있는 부분의 바닥에서의 계기압은
P_{oil} - 대기압 = 9.8×3 + 0.8×9.8×12
≒ 123.48[kPa]

정답 | ④

09 빈출도 ★★

그림과 같이 탱크에 비중이 0.8인 기름과 물이 들어 있다. 벽면 AB에 작용하는 유체(기름 및 물)에 의한 힘은 약 몇 [kN]인가? (단, 벽면 AB의 폭(방향)은 1[m]이다.)

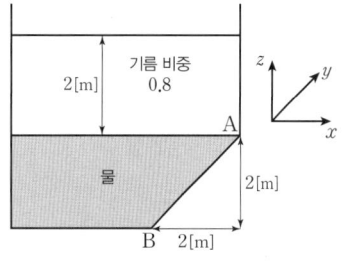

① 50
② 72
③ 82
④ 96

해설 　PHASE 05 유체가 가하는 힘

벽면 AB는 45° 기울어져 있으므로 벽면 AB에 작용하는 힘은 수직 방향으로 작용하는 힘을 구하면 삼각비를 통해 알 수 있다.

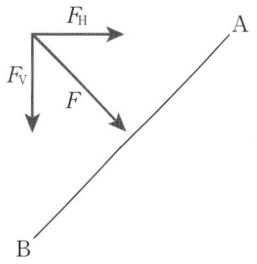

$F\cos(45°) = F_V = F_H$
벽면의 수직 방향으로 작용하는 힘 F_V는 다음과 같다.

$$F_V = mg = \rho V g = \gamma V$$

F_V: 수직 방향으로 작용하는 힘(수직분력)[kN],
γ: 유체의 비중량[kN/m³], V: 벽면 위 유체의 부피[m³]

= 9.8×(½×2×2×1) + 0.8×9.8×(2×2×1)
= 50.96[kN]
$F = \dfrac{F_V}{\cos(45°)}$ = 50.96[N]×$\sqrt{2}$
≒ 72.07[kN]

정답 | ②

10 빈출도 ★★

부차적 손실이 $H = K\dfrac{V^2}{2g}$인 관의 상당길이 L_e은?
(단, d는 관지름, f는 관 마찰계수, K는 부차적 손실계수이다.)

① $\dfrac{Kd}{f}$ ② $\dfrac{f}{Kd}$

③ $\dfrac{fK}{d}$ ④ $\dfrac{d}{fK}$

해설 PHASE 10 배관의 마찰손실

$$L = \dfrac{KD}{f}$$

L: 상당길이[m], K: 부차적 손실계수,
D: 직경[m], f: 마찰손실계수

주어진 조건을 공식에 대입하면 관의 상당길이 L_e은

$$L_e = \dfrac{Kd}{f}$$

정답 | ①

11 빈출도 ★★

공기의 정압비열이 절대온도 T의 함수 $C_P = 1.0101 + 0.0000798T[\text{kJ/kg}\cdot\text{K}]$로 주어진다. 공기의 온도를 273.15[K]에서 373.15[K]까지 높일 때 평균 정압비열[kJ/kg·K]은?

① 1.036   ② 1.181
③ 1.283   ④ 1.373

해설 PHASE 13 열역학 기초

정압비열 C_P는 절대온도 T에 관한 함수이므로 온도 변화에 따라 적분해주면 평균 정압비열을 구할 수 있다.

$$\begin{aligned}C_P &= \dfrac{1}{100}\int_{273.15}^{373.15}(1.0101 + 0.0000798T)dT\\ &= \dfrac{1}{100}\left[1.0101T + \dfrac{0.0000798}{2}T^2\right]_{273.15}^{373.15}\\ &= \dfrac{1}{100}\Big(1.0101(373.15 - 273.15)\\ &\quad + \dfrac{0.0000798}{2}(373.15^2 - 273.15^2)\Big)\\ &\approx 1.0359\end{aligned}$$

정답 | ①

12 빈출도 ★★

그림과 같이 출구가 수직 방향으로 향하는 원관에서 물이 유출되어 떨어지고 있다. 원관의 내경은 10[cm], 출구에서 유속이 1.4[m/s]일 때 손실을 무시하면 출구보다 1.5[m] 아래에서 물기둥의 직경은 약 몇 [cm]인가?

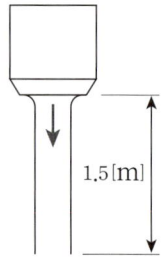

① 10   ② 9
③ 7   ④ 5

해설 PHASE 07 유체가 가지는 에너지

원관에서 유출된 물은 자유낙하 운동을 한다.
따라서 수직 방향으로 이동한 거리 S와 속도 u는 다음과 같다.

$$S = u_0 t + \dfrac{1}{2}gt^2$$

$$u = u_0 + gt$$

초기속도 u_0는 1.4[m/s]이므로 출구보다 1.5[m] 아래 지점에서 유속은 다음과 같다.

$$1.5 = 1.4t + \dfrac{9.8}{2}t^2$$

$t \approx 0.42857[\text{s}]$

$u = 1.4 + 9.8 \times 0.42857 \approx 5.6[\text{m/s}]$

원관을 통과하는 물의 부피유량과 물기둥의 부피유량은 같다.

$$Q = Au$$

Q: 부피유량[m³/s], A: 유체의 단면적[m²], u: 유속[m/s]

원관과 물기둥은 원형이므로 단면적은 다음과 같다.

$$A = \dfrac{\pi}{4}D^2$$

원관의 직경 D_1은 0.1[m]이고, 부피유량이 일정하므로 물기둥의 직경 D_2는

$$Q = Au = \dfrac{\pi}{4}D_1^2 u_1 = \dfrac{\pi}{4}D_2^2 u_2$$

$$\dfrac{\pi}{4} \times 0.1^2 \times 1.4 = \dfrac{\pi}{4} \times D_2^2 \times 5.6$$

$$D_2 = 0.1 \times \sqrt{\dfrac{1.4}{5.6}}$$

$$= 0.05[\text{m}] = 5[\text{cm}]$$

정답 | ④

13 빈출도 ★★

레이놀즈 수에 대한 설명으로 옳은 것은?

① 정상류와 비정상류를 구별하여 주는 척도가 된다.
② 실제유체와 이상유체를 구별하여 주는 척도가 된다.
③ 층류와 난류를 구별하여 주는 척도가 된다.
④ 등류와 비등류를 구별하여 주는 척도가 된다.

해설 PHASE 09 배관 속 유체유동

레이놀즈 수는 유체의 관성력과 점성력의 비를 나타내는 수로 크기에 따라 클수록 난류, 작을수록 층류로 판단하는 척도가 된다.

정답 | ③

14 빈출도 ★★

온도 20[℃], 압력 500[kPa]에서 비체적이 0.2[m³/kg]인 이상기체가 있다. 이 기체의 기체상수[kJ/kg·K]는 얼마인가?

① 0.341
② 3.41
③ 34.1
④ 341

해설 PHASE 14 이상기체

질량과 특정기체상수로 이루어진 이상기체의 상태방정식은 다음과 같다.

$$PV = m\overline{R}T$$

P: 압력[kPa], V: 부피[m³], m: 질량[kg],
$\overline{R}$: 특정기체상수[kJ/kg·K], T: 절대온도[K]

주어진 조건을 공식에 대입하면 기체상수는

$$\overline{R} = \frac{PV}{mT} = \frac{Pv}{T} = \frac{500 \times 0.2}{(273+20)}$$
$$\fallingdotseq 0.341[kJ/kg·K]$$

정답 | ①

15 빈출도 ★★

그림과 같이 평형상태를 유지하고 있을 때 오른쪽 관에 있는 유체의 비중은? (단, 물의 밀도는 1,000[kg/m³]이다.)

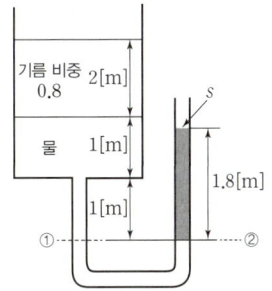

① 0.9
② 1.8
③ 2
④ 2.2

해설 PHASE 04 압력의 측정

$$P_x = \gamma h = s\gamma_w h$$

P_x: x에서의 압력[kPa], γ: 비중량[kN/m³], h: 높이[m], s: 비중, γ_w: 물의 비중량[kN/m³]

①면에 작용하는 압력은 대기압과 기름이 누르는 압력, 물이 누르는 압력의 합과 같다.

$$P_1 = s_1\gamma_w h_1 + \gamma_w h_2$$

②면에 작용하는 압력은 대기압과 미지의 유체가 누르는 압력의 합과 같다.

$$P_2 = s\gamma_w h_3$$

유체 내부에서 같은 수평면(높이)에는 같은 압력이 작용하므로 ①면과 ②면의 압력은 같다.

$$P_1 = P_2$$
$$s_1\gamma_w h_1 + \gamma_w h_2 = s\gamma_w h_3$$

따라서 유체의 비중 s는

$$s = \frac{s_1\gamma_w h_1 + \gamma_w h_2}{\gamma_w h_3} = \frac{s_1 h_1 + h_2}{h_3} = \frac{0.8 \times 2 + 2}{1.8}$$
$$= 2$$

정답 | ③

16 빈출도 ★

부피가 $0.05[m^3]$인 구 안에 가득 찬 유체가 있다. 이 구를 그림과 같이 물 속에 넣고 수직 방향으로 $100[N]$의 힘을 가해서 들어 주면 구가 물 속에 절반만 잠긴다. 구 안에 있는 유체의 비중량$[N/m^3]$은? (단, 구 표면의 두께와 무게는 모두 무시할 정도로 작다고 가정한다.)

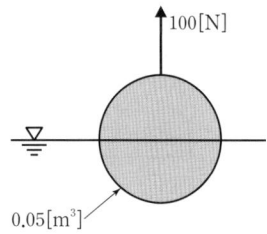

① 6,900　　② 7,250
③ 7,580　　④ 7,850

해설 PHASE 03 압력과 부력

구에 작용하는 중력은 다음과 같다.

$$F_1 = \gamma V$$

F_1: 구에 작용하는 중력$[N]$, γ: 구의 비중량$[N/m^3]$, V: 구의 부피$[m^3]$

구에 작용하는 부력은 다음과 같다.

$$F_2 = \gamma_w \times xV$$

F_2: 부력$[N]$, γ_w: 물의 비중량$[N/m^3]$, x: 구가 잠긴 비율, V: 구의 부피$[m^3]$

구가 안정적으로 떠있기 위해서는 부력과 들어올리는 힘의 합이 중력의 크기와 같아야 한다.

$F_2 + 100[N] = F_1$

$9,800[N/m^3] \times \frac{1}{2} \times 0.05[m^3] + 100[N] = \gamma \times 0.05[m^3]$

$\gamma = 9,800[N/m^3] \times \frac{1}{2} + \frac{100[N]}{0.05[m^3]}$

$\fallingdotseq 6,900[N/m^3]$

관련개념 물의 비중량

물의 밀도가 $1,000[kg/m^3]$이므로 중력가속도인 $9.8[m/s^2]$을 곱하면 물의 비중량은 $9,800[N/m^3]$이 되며, 1,000을 킬로(kilo, [k])로 나타낸 $9.8[kN/m^3]$을 사용하기도 한다.

정답 | ①

17 빈출도 ★★

회전날개를 이용하여 용기 속에서 두 종류의 유체를 섞었다. 이 과정동안 날개를 통해 입력된 일은 $5,090[kJ]$이며 용기의 방열량은 $1,500[kJ]$이다. 용기 내 내부에너지 변화량$[kJ]$은?

① 3,590　　② 5,090
③ 6,590　　④ 15,000

해설 PHASE 13 열역학 기초

용기에 공급된 에너지(일)는 $5,090[kJ]$이고, 용기에서 방출된 에너지(열)는 $1,500[kJ]$이므로 증가한 내부에너지량은 다음과 같다.

$5,090[kJ] - 1,500[kJ] = 3,590[kJ]$

정답 | ①

18 빈출도 ★★★

수평으로 설치된 안지름 D, 길이 L의 곧은 원관 내에 부피 유량 Q의 유체가 흐를 때 손실수두는?

① $\dfrac{4fLQ^2}{\pi^2 g D^4}$　　② $\dfrac{8fLQ^2}{\pi^2 g D^4}$

③ $\dfrac{4fLQ^2}{\pi^2 g D^5}$　　④ $\dfrac{8fLQ^2}{\pi^2 g D^5}$

해설 PHASE 10 배관의 마찰손실

일정한 양의 비압축성 유체가 일정한 속도로 흐를 때 배관에서의 마찰손실은 달시-바이스바하 방정식으로 구할 수 있다.

$$H = \frac{\Delta P}{\gamma} = \frac{flu^2}{2gD}$$

H: 마찰손실수두$[m]$, ΔP: 압력 차이$[kPa]$, γ: 비중량$[kN/m^3]$, f: 마찰손실계수, l: 배관의 길이$[m]$, u: 유속$[m/s]$, g: 중력가속도$[m/s^2]$, D: 배관의 직경$[m]$

부피유량 공식 $Q = Au$에 의해 유량과 배관의 직경 D를 알면 유속은 다음과 같이 구할 수 있다.

$$u = \frac{Q}{A} = \frac{Q}{\frac{\pi}{4}D^2} = \frac{4Q}{\pi D^2}$$

u: 유속$[m/s]$, Q: 유량$[m^3/s]$, A: 배관의 단면적$[m^2]$, D: 배관의 직경$[m]$

따라서 주어진 조건을 대입하면 손실수두는

$$H = \frac{fl}{2gD} \times \left(\frac{4Q}{\pi D^2}\right)^2 = \frac{8fLD^2}{\pi^2 g D^5}$$

정답 | ④

19 빈출도 ★★

절대온도과 비체적이 각각 T, v인 이상기체 1[kg]이 일정한 압력 P에서 가열되어 절대온도가 $6T$까지 상승되었다. 이 과정에서 이상기체가 한 일은 얼마인가?

① Pv ② $3Pv$
③ $5Pv$ ④ $6Pv$

해설 PHASE 13 열역학 기초

등압 과정에서 이상기체가 한 일 W는 다음과 같다.

$$W = m\overline{R}(T_2 - T_1)$$

W: 일[kJ], m: 질량[kg], $\overline{R}$: 특정기체상수[kJ/kg·K], T: 온도[K]

주어진 조건을 공식에 대입하면 이상기체가 한 일 W는 다음과 같다.

$$W = 1 \cdot \overline{R} \times (6T - T) = 5\overline{R}T$$

질량과 특정기체상수로 이루어진 이상기체의 상태방정식은 다음과 같다.

$$PV = m\overline{R}T$$

P: 압력[kPa], V: 부피[m³], m: 질량[kg], $\overline{R}$: 특정기체상수[kJ/kg·K], T: 절대온도[K]

$$W = 5\overline{R}T = 5Pv$$

정답 ③

20 빈출도 ★★

어떤 유체의 비중량[N/m³]이 A이고, 점성계수 [N·s/m²]가 B이다. 이때 동점성계수[m²/s]는? (단, g는 중력가속도이다.)

① $\dfrac{Bg}{A}$ ② $\dfrac{B}{Ag}$
③ $\dfrac{Ag}{B}$ ④ $\dfrac{A}{Bg}$

해설 PHASE 02 유체의 성질

동점성계수(동점도)는 점성계수(점도)를 밀도로 나누어 구한다.

$$\nu = \dfrac{\mu}{\rho}$$

ν: 동점성계수(동점도)[m²/s], μ: 점성계수(점도)[kg/m·s], ρ: 밀도[kg/m³]

비중량은 밀도와 중력가속도의 곱으로 구할 수 있다.

$$\gamma = \rho \times g$$

γ: 비중량[N/m³], ρ: 밀도[kg/m³], g: 중력가속도[m/s²]

$$\rho = \dfrac{\gamma}{g} = \dfrac{A}{g}$$

주어진 조건을 공식에 대입하면 동점성계수(동점도) ν는

$$\nu = \dfrac{\mu}{\rho} = \dfrac{B}{\dfrac{A}{g}} = \dfrac{Bg}{A}$$

정답 ①

2024년 CBT 복원문제

1회

□ 1회독 점 | □ 2회독 점 | □ 3회독 점

01 빈출도 ★★

펌프 운전 시 캐비테이션의 발생을 예방하는 방법이 아닌 것은?

① 펌프의 회전수를 높여 흡입 비속도를 높게 한다.
② 펌프의 설치높이를 될 수 있는 대로 낮춘다.
③ 입형펌프를 사용하고, 회전차를 수중에 완전히 잠기게 한다.
④ 양흡입 펌프를 사용한다.

해설 PHASE 12 펌프의 이상현상

펌프의 회전수를 크게 하면 회전력이 약해지므로 펌프의 회전수를 작게 한다.

관련개념 공동현상 방지대책

발생원인	방지대책
펌프의 설치 위치가 높아 유효 흡입수두가 낮아진다.	펌프의 설치 위치를 낮게 한다.
펌프의 회전수가 커서 회전력이 약해진다.	펌프의 회전수를 작게 한다.
펌프의 흡입 관경이 작아 빠른 유속으로 인한 마찰손실이 커진다.	펌프의 흡입 관경을 크게 한다.
단흡입펌프 사용 시 적은 유량으로 인해 성능이 저하한다.	단흡입펌프보다 양흡입펌프 사용를 사용한다.

정답 | ①

02 빈출도 ★★

그림과 같은 관에 비압축성 유체가 흐를 때 A단면의 평균속도가 V_1이라면 B단면에서의 평균속도 V_2는? (단, A단면의 지름은 d_1이고 B단면의 지름은 d_2이다.)

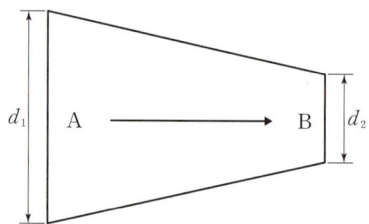

① $V_2 = \left(\dfrac{d_1}{d_2}\right) V_1$ ② $V_2 = \left(\dfrac{d_1}{d_2}\right)^2 V_1$

③ $V_2 = \left(\dfrac{d_2}{d_1}\right) V_1$ ④ $V_2 = \left(\dfrac{d_2}{d_1}\right)^2 V_1$

해설 PHASE 06 유체유동

$$Q = Au$$

Q: 부피유량[m³/s], A: 유체의 단면적[m²], u: 유속[m/s]

배관은 지름이 D인 원형이므로 배관의 단면적은 다음과 같다.

$$A = \dfrac{\pi}{4} D^2$$

$A_1 = \dfrac{\pi}{4} d_1^2$

$A_2 = \dfrac{\pi}{4} d_2^2$

두 단면의 부피유량은 일정하고, 단면 A의 유속이 V_1, 단면 B의 유속이 V_2이므로

$Q = \dfrac{\pi}{4} d_1^2 \times V_1 = \dfrac{\pi}{4} d_2^2 \times V_2$

$V_2 = \left(\dfrac{d_1}{d_2}\right)^2 V_1$

정답 | ②

03 빈출도 ★★

관 A에는 비중 $s_1=1.5$인 유체가 있으며, 마노미터 유체는 비중 $s_2=13.6$인 수은이고, 마노미터에서의 수은의 높이차 h_2는 20[cm]이다. 이후 관 A의 압력을 종전보다 40[kPa] 증가했을 때, 마노미터에서 수은의 새로운 높이차(h_2')는 약 몇 [cm]인가?

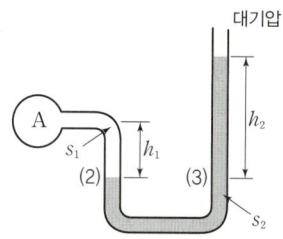

① 28.4 ② 35.9
③ 46.2 ④ 51.8

해설 PHASE 04 압력의 측정

$$P_x = \gamma h = s\gamma_w h$$

P_x: x점에서의 압력[kN/m²], γ: 비중량[kN/m³],
h: 표면까지의 높이[m], s: 비중, γ_w: 물의 비중량[kN/m³]

(2)면에 작용하는 압력은 A점에서의 압력과 A점의 유체가 누르는 압력의 합과 같다.
$$P_2 = P_A + s_1\gamma_w h_1$$
(3)면에 작용하는 압력은 (3)면 위의 유체가 누르는 압력과 같다.
$$P_3 = s_2\gamma_w h_2$$
유체 내부에서 같은 수평면(높이)에는 같은 압력이 작용하므로 (2)면과 (3)면의 압력은 같다.
$$P_2 = P_3$$
$$P_A + s_1\gamma_w h_1 = s_2\gamma_w h_2$$
A점의 압력이 종전보다 40[kPa] 증가하면 계기 유체는 바깥쪽으로 더 높이 올라가므로 높이 변화와 관계식은 다음과 같다.
$$h_1' = h_1 + x$$
$$h_2' = h_2 + 2x$$
$$P_A + 40 + s_1\gamma_w h_1' = s_2\gamma_w h_2'$$
압력 변화 전후의 식을 연립하면 다음과 같다.
$$40 + s_1\gamma_w(h_1' - h_1) = s_2\gamma_w(h_2' - h_2)$$
$$40 + s_1\gamma_w x = 2s_2\gamma_w x$$
따라서 높이의 변화량 x는 다음과 같다.
$$x = \frac{40}{2s_2\gamma_w - s_1\gamma_w} = \frac{40}{2 \times 13.6 \times 9.8 - 1.5 \times 9.8}$$
$$\approx 0.159[m] = 15.9[cm]$$
수은의 새로운 높이차 h_2'는
$$h_2' = h_2 + 2x = 20 + 2 \times 15.9 = 51.8[cm]$$

정답 | ④

04 빈출도 ★★

다음 중 등엔트로피 과정은 어느 과정인가?

① 가역 단열 과정 ② 가역 등온 과정
③ 비가역 단열 과정 ④ 비가역 등온 과정

해설 PHASE 13 열역학 기초

가역 단열 과정은 열의 출입이 없고 초기 상태로 돌아갈 수 있으므로 엔트로피가 변화하지 않는 과정이다.

정답 | ①

05 빈출도 ★★

다음 (㉠), (㉡)에 알맞은 것은?

> 파이프 속을 유체가 흐를 때 파이프 끝의 밸브를 갑자기 닫으면 유체의 (㉠)에너지가 압력으로 변환되면서 밸브 직전에서 높은 압력이 발생하고 상류로 압축파가 전달되는 (㉡) 현상이 발생한다.

① ㉠ 운동, ㉡ 서징   ② ㉠ 운동, ㉡ 수격
③ ㉠ 위치, ㉡ 서징   ④ ㉠ 위치, ㉡ 수격

해설 PHASE 12 펌프의 이상현상

배관 속 유체의 흐름이 더 이상 진행하지 못하고 운동에너지가 압력으로 변화하면서 압력파에 의해 충격과 이상음이 발생하는 현상은 수격현상이다.

관련개념 펌프의 이상현상

수격현상	배관 속 유체의 흐름이 갑자기 변화할 때 압력파에 의해 충격과 이상음이 발생하는 현상
맥동현상	펌프 압력계의 지침이 흔들리며 토출량이 주기적으로 변동하며 진동하는 현상
공동현상	배관 내 흐르는 유체에서 압력이 증기압보다 낮아져 기포가 발생하는 현상

정답 | ②

06 빈출도 ★

안지름 25[mm], 길이 10[m]의 수평 파이프를 통해 비중은 0.8이고, 점성계수는 5×10^{-3}[kg/m·s]인 기름을 유량 0.2×10^{-3}[m³/s]로 수송하고자 할 때, 필요한 펌프의 최소 동력은 약 몇 [W]인가?

① 0.21   ② 0.58
③ 0.77   ④ 0.81

해설 PHASE 10 배관의 마찰손실

$$P = \gamma Q H$$

P: 수동력[W], γ: 유체의 비중량[N/m³],
Q: 유량[m³/s], H: 전양정[m]

유체의 비중이 0.8이므로 유체의 밀도와 비중량은 다음과 같다.

$$s = \frac{\rho}{\rho_w} = \frac{\gamma}{\gamma_w}$$

s: 비중, ρ: 비교물질의 밀도[kg/m³], ρ_w: 물의 밀도[kg/m³],
γ: 비교물질의 비중량[N/m³], γ_w: 물의 비중량[N/m³]

$\rho = s\rho_w = 0.8 \times 1,000$
$\gamma = s\gamma_w = 0.8 \times 9,800$

유체의 흐름을 판단하기 위해 레이놀즈 수를 계산해보면 다음과 같다.

$$Re = \frac{\rho u D}{\mu} = \frac{uD}{\nu}$$

Re: 레이놀즈 수, ρ: 밀도[kg/m³], u: 유속[m/s], D: 직경[m],
μ: 점성계수(점도)[kg/m·s], ν: 동점성계수(동점도)[m²/s]

부피유량 공식 $Q = Au$에 의해 유량과 배관의 직경 D를 알면 유속은 다음과 같이 구할 수 있다.

$$u = \frac{Q}{A} = \frac{Q}{\frac{\pi}{4}D^2} = \frac{4Q}{\pi D^2}$$

u: 유속[m/s], Q: 유량[m³/s], A: 배관의 단면적[m²],
D: 배관의 직경[m]

$$Re = \frac{\rho u D}{\mu} = \frac{\rho D}{\mu} \times \frac{4Q}{\pi D^2}$$
$$= \frac{(0.8 \times 1,000) \times 0.025}{5 \times 10^{-3}} \times \frac{4 \times (0.2 \times 10^{-3})}{\pi \times 0.025^2}$$
$$\fallingdotseq 1,630$$

레이놀즈 수가 2,100 이하이므로 유체의 흐름은 층류이다.

유체의 흐름이 층류일 때 배관에서의 마찰손실은 하겐-푸아죄유 방정식으로 구할 수 있다.

$$H = \frac{\Delta P}{\gamma} = \frac{128 \mu l Q}{\gamma \pi D^4}$$

H: 마찰손실수두[m], ΔP: 압력 차이[Pa], γ: 비중량[N/m³],
μ: 점성계수(점도)[kg/m·s], l: 배관의 길이[m],
Q: 유량[m³/s], D: 배관의 직경[m]

주어진 조건을 공식에 대입하면 마찰손실수두 H는 다음과 같다.

$$H = \frac{128 \times (5 \times 10^{-3}) \times 10 \times (0.2 \times 10^{-3})}{(0.8 \times 9,800) \times \pi \times 0.025^4}$$
$$\fallingdotseq 0.133[m]$$

따라서 펌프의 최소 동력 P는
$$P = (0.8 \times 9,800) \times (0.2 \times 10^{-3}) \times 0.133$$
$$\fallingdotseq 0.21[W]$$

정답 ①

07 빈출도 ★★★

체적이 10[m³]인 기름의 무게가 30,000[N]이라면 이 기름의 비중은 얼마인가? (단, 물의 밀도는 1,000[kg/m³]이다.)

① 0.153   ② 0.306
③ 0.459   ④ 0.612

해설 PHASE 02 유체의 성질

$$s = \frac{\rho}{\rho_w} = \frac{\gamma}{\gamma_w}$$

s: 비중, ρ: 비교물질의 밀도[kg/m³], ρ_w: 물의 밀도[kg/m³],
γ: 비교물질의 비중량[N/m³], γ_w: 물의 비중량[N/m³]

기름의 비중량은 무게를 부피로 나누어 구할 수 있다.
$$\gamma = \frac{30,000}{10} = 3,000[N/m^3]$$

물의 비중량은 밀도와 중력가속도의 곱으로 구할 수 있다.
$$\gamma_w = \rho_w g = 1,000 \times 9.8 = 9,800[N/m^3]$$

비중은 비교물질의 비중량과 물의 비중량의 비율이므로 기름의 비중 s는
$$s = \frac{\gamma}{\gamma_w} = \frac{3,000}{9,800} \fallingdotseq 0.306$$

정답 ②

08 빈출도 ★★

토출량이 $1,800[\text{L/min}]$, 회전차의 회전수가 $1,000[\text{rpm}]$인 소화펌프의 회전수를 $1,400[\text{rpm}]$으로 증가시키면 토출량은 처음보다 얼마나 더 증가되는가?

① $10[\%]$ ② $20[\%]$
③ $30[\%]$ ④ $40[\%]$

해설 PHASE 11 펌프의 특징

펌프의 회전수를 변화시키면 동일한 펌프이므로 상사법칙에 따라 유량이 변화한다.

$$\frac{Q_2}{Q_1} = \left(\frac{N_2}{N_1}\right)\left(\frac{D_2}{D_1}\right)^3$$

Q: 유량, N: 펌프의 회전수, D: 직경

동일한 펌프이므로 직경은 같고, 상태1의 회전수가 $1,000[\text{rpm}]$, 상태2의 회전수가 $1,400[\text{rpm}]$이므로 유량 변화는 다음과 같다.

$$Q_2 = Q_1\left(\frac{N_2}{N_1}\right) = Q_1\left(\frac{1,400}{1,000}\right) = 1.4Q_1$$

따라서 펌프의 회전수와 토출량은 비례하므로, 펌프의 회전수가 1.4배 증가하면 토출량도 1.4배 증가하여 토출량의 증가율은
$(1.4-1) \times 100 = 40[\%]$

정답 | ④

09 빈출도 ★

모세관 현상에 있어서 물이 모세관을 따라 올라가는 높이에 대한 설명으로 옳은 것은?

① 표면장력이 클수록 높이 올라간다.
② 관의 지름이 클수록 높이 올라간다.
③ 밀도가 클수록 높이 올라간다.
④ 중력의 크기와는 무관하다.

해설 PHASE 02 유체의 성질

모세관 현상에서 표면의 높이 차이는 표면장력에 비례하고, 비중량(밀도 $\times$ 중력가속도), 모세관의 직경에 반비례한다.

$$h = \frac{4\sigma\cos\theta}{\gamma D}$$

h: 표면의 높이 차이[m], σ: 표면장력[N/m], θ: 부착 각도,
γ: 유체의 비중량[N/m³], D: 모세관의 직경[m]

정답 | ①

10 빈출도 ★★★

마그네슘은 절대온도 $293[\text{K}]$에서 열전도도가 $156[\text{W/m}\cdot\text{K}]$, 밀도는 $1,740[\text{kg/m}^3]$이고, 비열이 $1,017[\text{J/kg}\cdot\text{K}]$일 때 열확산계수[m²/s]는?

① 8.96×10^{-2} ② 1.53×10^{-1}
③ 8.81×10^{-5} ④ 8.81×10^{-4}

해설 PHASE 15 열전달

$$\alpha = \frac{k}{\rho c}$$

α: 열확산계수[m²/s], k: 열전도율[W/m·K],
ρ: 밀도[kg/m³], c: 비열[J/kg·K]

주어진 조건을 공식에 대입하면 열확산계수 α는
$$\alpha = \frac{156}{1,740 \times 1,017} \fallingdotseq 8.816 \times 10^{-5}[\text{m}^2/\text{s}]$$

정답 | ③

11 빈출도 ★★

글로브 밸브에 의한 손실을 지름이 $10[\text{cm}]$이고 관마찰계수가 0.025인 관의 길이로 환산하면 상당길이가 $40[\text{m}]$가 된다. 이 밸브의 부차적 손실계수는?

① 0.25 ② 1
③ 2.5 ④ 10

해설 PHASE 10 배관의 마찰손실

$$L = \frac{KD}{f}$$

L: 상당길이[m], K: 부차적 손실계수, D: 직경[m],
f: 마찰손실계수

주어진 조건을 공식에 대입하면 부차적 손실계수 K는
$$K = \frac{Lf}{D} = \frac{40 \times 0.025}{0.1} = 10$$

정답 | ④

12 빈출도 ★

성능이 같은 3대의 펌프를 병렬로 연결하였을 경우 양정과 유량은 얼마인가? (단, 펌프 1대에서 유량은 Q, 양정은 H라고 한다.)

① 유량은 $9Q$, 양정은 H
② 유량은 $9Q$, 양정은 $3H$
③ 유량은 $3Q$, 양정은 $3H$
④ 유량은 $3Q$, 양정은 H

해설 PHASE 11 펌프의 특징

펌프를 병렬로 연결하면 유량은 증가하고 양정은 변하지 않는다. 성능이 같은 펌프를 병렬로 연결하면 유량은 3배가 된다.

정답 | ④

13 빈출도 ★

부자(float)의 오르내림에 의해서 배관 내의 유량을 측정하는 기구의 명칭은?

① 피토관(pitot tube)
② 로터미터(rotameter)
③ 오리피스(orifice)
④ 벤투리미터(venturi meter)

해설 PHASE 08 유체유동의 측정

부자(float)의 오르내림을 활용하여 배관 내의 유량을 측정하는 장치는 로터미터이다.

정답 | ②

14 빈출도 ★★

압력 $0.1[\text{MPa}]$, 온도 $250[℃]$ 상태인 물의 엔탈피가 $2,974.33[\text{kJ/kg}]$이고 비체적은 $2.40604[\text{m}^3/\text{kg}]$이다. 이 상태에서 물의 내부에너지$[\text{kJ/kg}]$는 얼마인가?

① 2,733.7
② 2,974.1
③ 3,214.9
④ 3,582.7

해설 PHASE 13 열역학 기초

계의 상태를 압력·부피의 곱과 내부에너지의 합으로 나타내는 물리량을 엔탈피라고 한다.

$$H = U + PV$$

H: 엔탈피, U: 내부에너지, P: 압력, V: 부피

주어진 조건을 공식에 대입하면 내부에너지 U는
$U = H - PV = 2,974.33 - 100 \times 2.40604$
$= 2,733.726 [\text{kJ/kg}]$

정답 | ①

15 빈출도 ★★

관내에 흐르는 유체의 흐름을 구분하는데 사용되는 레이놀즈 수의 물리적인 의미는?

① $\dfrac{관성력}{중력}$
② $\dfrac{관성력}{탄성력}$
③ $\dfrac{관성력}{압축력}$
④ $\dfrac{관성력}{점성력}$

해설 PHASE 09 배관 속 유체유동

레이놀즈 수는 유체의 관성력과 점성력의 비를 나타내는 수로 크기에 따라 클수록 난류, 작을수록 층류로 판단하는 척도가 된다.

$$Re = \frac{\rho u D}{\mu} = \frac{uD}{\nu}$$

Re: 레이놀즈 수, ρ: 밀도$[\text{kg/m}^3]$, u: 유속$[\text{m/s}]$, D: 직경$[\text{m}]$, μ: 점성계수(점도)$[\text{kg/m}\cdot\text{s}]$, ν: 동점성계수(동점도)$[\text{m}^2/\text{s}]$

정답 | ④

16 빈출도 ★★★

그림과 같이 사이펀에 의해 용기 속의 물이 $4.8[\mathrm{m}^3/\mathrm{min}]$로 방출된다면 전체 손실수두[m]는 얼마인가? (단, 관 내 마찰은 무시한다.)

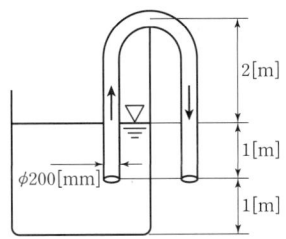

① 0.668　　② 0.330
③ 1.043　　④ 1.826

해설 PHASE 07 유체가 가지는 에너지

수조의 표면에서 유체의 위치가 가지는 에너지는 사이펀을 통과하며 일부 손실이 되고, 나머지는 사이펀의 출구에서 유속이 가지는 에너지로 변환되며 속도 u를 가지게 된다.

$$Z = H + \frac{u^2}{2g}$$

사이펀을 통과하는 유량은 $4.8[\mathrm{m}^3/\mathrm{min}]$이므로 단위를 변환하면 $\frac{4.8}{60}[\mathrm{m}^3/\mathrm{s}]$이고, 사이펀은 원형이므로 유속 u는 다음과 같다.

$$Q = Au$$

Q: 부피유량[m^3/s], A: 유체의 단면적[m^2], u: 유속[m/s]

$$A = \frac{\pi}{4}D^2$$

$$u = \frac{Q}{A} = \frac{Q}{\frac{\pi}{4}D^2} = \frac{\frac{4.8}{60}}{\frac{\pi}{4} \times 0.2^2} \fallingdotseq 2.55[\mathrm{m/s}]$$

표면과 사이펀 출구의 높이 차이는 1[m]이므로 손실수두 H는

$$H = Z - \frac{u^2}{2g} = 1 - \frac{2.55^2}{2 \times 9.8}$$
$$\fallingdotseq 0.6682[\mathrm{m}]$$

정답 ①

17 빈출도 ★

수평 원관 내 완전발달 유동에서 유동을 일으키는 힘 ㉠과 방해하는 힘 ㉡은 각각 무엇인가?

① ㉠: 압력차에 의한 힘　㉡: 점성력
② ㉠: 중력 힘　　　　　㉡: 점성력
③ ㉠: 중력 힘　　　　　㉡: 압력차에 의한 힘
④ ㉠: 압력차에 의한 힘　㉡: 중력 힘

해설 PHASE 09 배관 속 유체유동

배관 속에서 유체는 두 지점의 압력 차이에 의해 이동하며, 유체가 가진 점성력에 의해 분자 간, 분자와 벽 사이에서 저항을 받는다.

정답 ①

18 빈출도 ★★★

그림에서 두 피스톤의 지름이 각각 30[cm]와 5[cm]이다. 큰 피스톤이 1[cm] 아래로 움직이면 작은 피스톤은 위로 몇 [cm] 움직이는가?

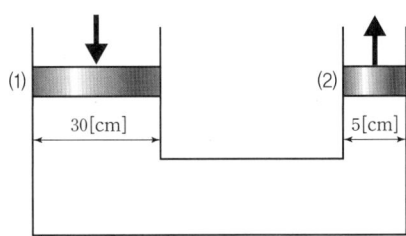

① 1　　② 5
③ 30　　④ 36

해설 PHASE 02 유체의 성질

큰 피스톤(1)에 의해 줄어드는 물의 부피는 작은 피스톤(2)에 의해 늘어나는 물의 부피와 같다.
피스톤은 원형이므로 단면적은 다음과 같다.

$$A = \frac{\pi}{4}D^2$$

따라서 다음의 식이 성립한다.

$$\frac{\pi}{4}D_1^2 h_1 = \frac{\pi}{4}D_2^2 h_2$$

주어진 조건을 공식에 대입하면 작은 피스톤이 움직이는 높이 h_2는

$$\frac{\pi}{4} \times 0.3^2 \times 1 = \frac{\pi}{4} \times 0.05^2 \times h_2$$
$$h_2 = 36[\mathrm{cm}]$$

정답 ④

19 빈출도 ★

단면적이 A와 $2A$인 U자형 관에 밀도가 d인 기름이 담겨져 있다. 단면적이 $2A$인 관에 관벽과는 마찰이 없는 물체를 놓았더니 그림과 같이 평형을 이루었다. 이 때 이 물체의 질량은?

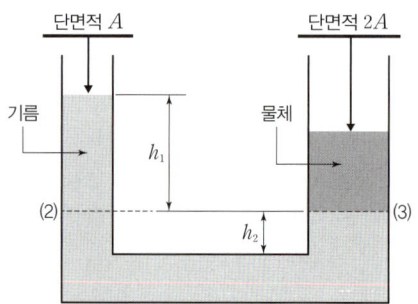

① $2Ah_1d$
② Ah_1d
③ $A(h_1+h_2)d$
④ $A(h_1-h_2)d$

해설 PHASE 05 유체가 가하는 힘

$$P_x = \rho g h$$

P_x: x점에서의 압력[N/m²], ρ: 밀도[kg/m³], g: 중력가속도[m/s²], h: x점으로부터 표면까지의 높이[m]

(2)면에 작용하는 압력은 기름이 누르는 압력과 같다.
$P_2 = dgh_1$

(3)면에 작용하는 압력은 물체가 누르는 압력과 같다.

$$P = \frac{F}{A}$$

P: 압력[N/m²], F: 힘[N], A: 면적[m²]

물체가 가진 질량을 m이라고 하면 물체가 누르는 힘 F는 mg이고, 따라서 물체가 누르는 압력은 다음과 같다.
$P_3 = \dfrac{mg}{2A}$

유체 내부에서 같은 수평면(높이)에는 같은 압력이 작용하므로 (2)면과 (3)면의 압력은 같다.
$P_2 = P_3$
$dgh_1 = \dfrac{mg}{2A}$

따라서 물체의 질량 m은
$m = 2Ah_1d$

정답 | ①

20 빈출도 ★★★

베르누이 방정식을 적용할 수 있는 기본 전제조건으로 옳은 것은?

① 비압축성 흐름, 점성 흐름, 정상 유동
② 압축성 흐름, 비점성 흐름, 정상 유동
③ 비압축성 흐름, 비점성 흐름, 비정상 유동
④ 비압축성 흐름, 비점성 흐름, 정상 유동

해설 PHASE 07 유체가 가지는 에너지

베르누이의 정리에서 압력이 가지는 에너지, 유속이 가지는 에너지, 위치가 가지는 에너지의 합은 일정하다.

관련개념 베르누이 정리의 조건

㉠ 비압축성 유체이다.
㉡ 정상상태의 흐름이다.
㉢ 마찰이 없는 흐름이다.
㉣ 임의의 두 점은 같은 흐름선 상에 있다.

정답 | ④

2회

☐ 1회독   점 | ☐ 2회독   점 | ☐ 3회독   점

01 빈출도 ★

다음 중 뉴턴(Newton)의 점성법칙을 이용하여 만든 회전 원통식 점도계는?

① 세이볼트(Saybolt) 점도계
② 오스왈트(Ostwald) 점도계
③ 레드우드(Redwood) 점도계
④ 맥미셸(MacMichael) 점도계

해설 PHASE 02 유체의 성질

뉴턴(Newton)의 점성법칙을 이용한 회전 원통식 점도계는 맥미셸(MacMichael) 점도계이다.

관련개념 점성의 측정

구분	측정원리	점도계의 종류
하겐-푸아죄유(Hagen-Poiseuille)의 법칙	세관법	• 세이볼트(Saybolt) 점도계 • 오스왈트(Ostwald) 점도계 • 레드우드(Redwood) 점도계 • 앵글러(Engler) 점도계 • 바베이(Barbey) 점도계
뉴턴(Newton)의 점성법칙	회전원통법	• 스토머(Stormer) 점도계 • 맥미셸(MacMichael) 점도계
스토크스(Stokes)의 법칙	낙구법	낙구식 점도계

정답 | ④

02 빈출도 ★

경사진 관로의 유체 흐름에서 수력기울기선의 위치로 옳은 것은?

① 언제나 에너지선보다 위에 있다.
② 에너지선보다 속도수두만큼 아래에 있다.
③ 항상 수평이 된다.
④ 개수로의 수면보다 속도수두 만큼 위에 있다.

해설 PHASE 07 유체가 가지는 에너지

수력기울기선은 압력수두와 위치수두의 합인 피에조미터 수두를 그래프에 나타낸 것이다.
피에조미터 수두는 전수두에서 속도수두를 뺀 값이므로 수력기울기선은 에너지선보다 속도수두만큼 아래에 있다.

정답 | ②

03 빈출도 ★

과열증기에 대한 설명으로 틀린 것은?

① 과열증기의 압력은 해당 온도에서의 포화압력보다 높다.
② 과열증기의 온도는 해당 압력에서의 포화온도보다 높다.
③ 과열증기의 비체적은 해당 온도에서의 포화증기의 비체적보다 크다.
④ 과열증기의 엔탈피는 해당 압력에서의 포화증기의 엔탈피보다 크다.

해설 PHASE 13 열역학 기초

과열증기는 포화증기보다 더 높은 온도에서의 증기로 압력은 포화압력과 같다.

정답 | ①

04 빈출도 ★

유체의 흐름 중 난류 흐름에 대한 설명으로 틀린 것은?

① 원관 내부 유동에서는 레이놀즈 수가 약 4,000 이상인 경우에 해당한다.
② 유체의 각 입자가 불규칙한 경로를 따라 움직인다.
③ 유체의 입자가 갖는 관성력이 입자에 작용하는 점성력에 비하여 매우 크다.
④ 원관 내 완전 발달 유동에서는 평균속도가 최대속도의 $\frac{1}{2}$ 이다.

해설 PHASE 09 배관 속 유체유동

난류 흐름일 때 평균유속은 최고유속의 0.8배이다.
층류 흐름일 때 평균유속은 최고유속의 0.5배이다.

정답 | ④

05 빈출도 ★

비중이 1.03인 바닷물에 비중 0.9인 빙산이 떠있다. 전체 부피의 몇 [%]가 해수면 위로 올라와 있는가?

① 12.6
② 10.8
③ 7.2
④ 6.3

해설 PHASE 03 압력과 부력

빙산이 바닷물 수면에 안정적으로 떠있으므로 빙산에 작용하는 중력과 부력의 크기는 같다.

$$F_1 - F_2 = s_1 \gamma_w V - s_2 \gamma_w \times xV = 0$$

F_1: 중력[N], F_2: 부력[N], s_1: 빙산의 비중,
γ_w: 물의 비중량[N/m³], V: 빙산의 부피[m³], s_2: 바닷물의 비중,
x: 물체가 잠긴 비율[%]

$F_1 - F_2 = 0.9 \times 9,800 \times V - 1.03 \times 9,800 \times xV = 0$
$x = \dfrac{0.9 \times 9,800 \times V}{1.03 \times 9,800 \times V} \fallingdotseq 0.8738 = 87.38[\%]$

해수면 아래 잠긴 부피의 비율이 87.38[%]이므로, 해수면 위로 나온 부피의 비율은
$(100 - 87.38)[\%] = 12.62[\%]$

정답 | ①

06 빈출도 ★★

다음 단위 중 3가지는 동일한 단위이고 나머지 하나는 다른 단위이다. 이 중 동일한 단위가 아닌 것은?

① [J]
② [N · s]
③ [Pa · m³]
④ [kg · m²/s²]

해설 PHASE 01 유체

에너지의 단위는 [J]=[N · m]=[Pa · m³]
=[kg · m²/s²]이고, 에너지의 차원은 ML^2T^{-2}이다.

정답 | ②

07 빈출도 ★★

점성계수와 동점성계수에 관한 설명으로 올바른 것은?

① 동점성계수 = 점성계수 × 밀도
② 점성계수 = 동점성계수 × 중력가속도
③ 동점성계수 = 점성계수/밀도
④ 점성계수 = 동점성계수/중력가속도

해설 PHASE 02 유체의 성질

동점성계수(동점도)는 점성계수(점도)를 밀도로 나누어 구한다.

$$\nu = \frac{\mu}{\rho}$$

ν: 동점성계수(동점도)[m²/s], μ: 점성계수(점도)[kg/m · s],
ρ: 밀도[kg/m³]

정답 | ③

08 빈출도 ★

다음 보기는 열역학적 사이클에서 일어나는 여러 가지의 과정이다. 이들 중 카르노(Carnot)사이클에서 일어나는 과정을 모두 고른 것은?

> ㉠ 등온 압축 ㉡ 단열 팽창
> ㉢ 정적 압축 ㉣ 정압 팽창

① ㉠
② ㉠, ㉡
③ ㉡, ㉢, ㉣
④ ㉠, ㉡, ㉢, ㉣

해설 PHASE 16 카르노 사이클

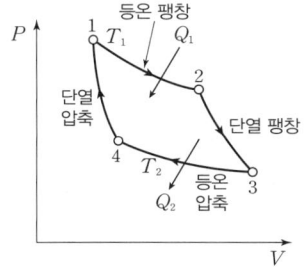

카르노 사이클은 등온 팽창(1→2) → 단열 팽창(2→3) → 등온 압축(3→4) → 단열 압축(4→1) 순으로 이루어진 가역 사이클이다.

정답 | ②

09 빈출도 ★★

그림과 같이 수직 평판에 속도 2[m/s]로 단면적이 0.01[m²]인 물제트가 수직으로 세워진 벽면에 충돌하고 있다. 벽면의 오른쪽에서 물제트를 왼쪽 방향으로 쏘아 벽면의 평형을 이루게 하려면 물제트의 속도를 약 몇 [m/s]로 하여야 하는가? (단, 오른쪽에서 쏘는 물제트의 단면적은 0.005[m²]이다.)

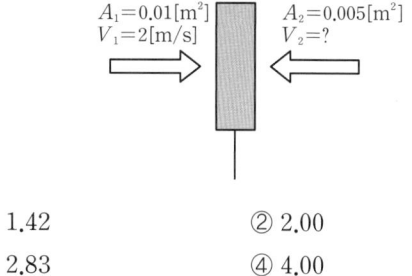

① 1.42
② 2.00
③ 2.83
④ 4.00

해설 PHASE 08 유체유동의 측정

수직 평판이 평형을 이루기 위해서는 수직 평판에 가해지는 외력의 합이 0이어야 한다. 따라서 초기 물제트와 같은 크기의 힘을 반대 방향으로 분사하면 외력의 합이 0이 된다.

$$F = \rho A u^2$$

F: 유체가 가지는 힘[N], ρ: 유체의 밀도[kg/m³], A: 유체의 단면적[m²], u: 유속[m/s]

초기 물제트가 가진 힘은 다음과 같다.
$F_1 = \rho \times 0.01 \times 2^2 = 0.04\rho$
반대 방향으로 쏘아주는 물제트가 가진 힘은 다음과 같다.
$F_2 = \rho \times 0.005 \times u^2$
따라서 반대 방향으로 쏘아주는 물제트의 유속은
$0.04\rho = 0.005\rho u^2$
$u = \sqrt{\dfrac{0.04}{0.005}} ≒ 2.83$[m/s]

정답 | ③

10 빈출도 ★

펌프가 실제 유동시스템에 사용될 때 펌프의 운전점은 어떻게 결정하는 것이 좋은가?

① 시스템 곡선과 펌프 성능곡선의 교점에서 운전한다.
② 시스템 곡선과 펌프 효율곡선의 교점에서 운전한다.
③ 펌프 성능곡선과 펌프 효율곡선의 교점에서 운전한다.
④ 펌프 효율곡선의 최고점, 즉 최고 효율점에서 운전한다.

해설 PHASE 11 펌프의 특징

펌프는 펌프의 특성(성능)곡선과 시스템 곡선의 교점에서 운전한다.

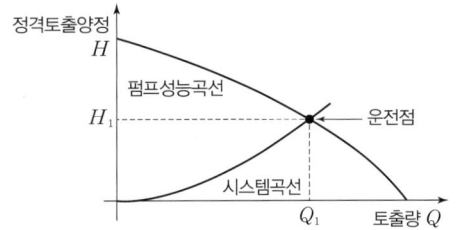

정답 | ①

11 빈출도 ★★★

펌프를 이용하여 $10[m]$ 높이 위에 있는 물탱크로 유량 $0.3[m^3/min]$의 물을 퍼올리려고 한다. 관로 내 마찰손실수두가 $3.8[m]$이고, 펌프의 효율이 $85[\%]$일 때 펌프에 공급하여야 하는 동력은 약 몇 $[W]$인가?

① 128 ② 796
③ 677 ④ 219

해설 PHASE 11 펌프의 특징

$$P = \frac{\gamma QH}{\eta}$$

P: 축동력$[W]$, γ: 유체의 비중량$[N/m^3]$, Q: 유량$[m^3/s]$, H: 전양정$[m]$, η: 효율

유체는 물이므로 물의 비중량은 $9{,}800[N/m^3]$이다.

펌프의 토출량이 $0.3[m^3/min]$이므로 단위를 변환하면 $\frac{0.3}{60}[m^3/s]$이다.

펌프는 $10[m]$ 높이만큼 유체를 이동시켜야 하며 배관에서 손실되는 압력은 물기둥 $3.8[m]$ 높이의 압력과 같다.

$10 + 3.8 = 13.8[m]$

따라서 주어진 조건을 공식에 대입하면 필요한 동력 P는

$$P = \frac{9{,}800 \times \frac{0.3}{60} \times 13.8}{0.85}$$

$\approx 795.53[W]$

정답 | ②

12 빈출도 ★★

공기 10[kg]과 수증기 1[kg]이 혼합되어 10[m³]의 용기 안에 들어 있다. 이 혼합기체의 온도가 60[℃]라면, 이 혼합기체의 압력은 약 몇 [kPa]인가? (단, 공기 및 수증기의 기체상수는 각각 0.287 및 0.462[kJ/kg·K]이고 수증기는 모두 기체 상태이다.)

① 95.6   ② 111
③ 126   ④ 145

해설 PHASE 14 이상기체

돌턴의 분압법칙에 의해 각 기체와 혼합기체의 압력은 다음과 같은 관계를 가진다.

$$P_T = P_1 + P_2 + \cdots + P_n$$

P_T: 전체 압력, P_n: 기체 n의 부분 압력

질량과 특정기체상수로 이루어진 이상기체의 상태방정식은 다음과 같다.

$$PV = m\overline{R}T$$

P: 압력[kPa], V: 부피[m³], m: 질량[kg],
$\overline{R}$: 특정기체상수[kJ/kg·K], T: 절대온도[K]

혼합기체는 공기와 수증기로 구성되어 있으므로 혼합기체의 압력은 다음과 같다.

$$P_T = P_{공기} + P_{수증기}$$

따라서 주어진 조건을 공식에 대입하면 혼합기체의 압력 P_T는

$$P_T = \frac{10 \times 0.287 \times (273+60)}{10} + \frac{1 \times 0.462 \times (273+60)}{10}$$

$$\approx 111[\text{kPa}]$$

정답 | ②

13 빈출도 ★

압력의 변화가 없을 경우 0[℃]의 이상기체는 약 몇 [℃]가 되면 부피가 2배로 되는가?

① 273   ② 373
③ 546   ④ 646

해설 PHASE 14 이상기체

압력과 기체의 양이 일정한 이상기체이므로 샤를의 법칙을 적용할 수 있다.

$$\frac{V_1}{T_1} = C = \frac{V_2}{T_2}$$

상태1의 부피가 V_1, 절대온도가 (273+0)[K]이고, 상태2의 부피가 $V_2 = 2V_1$이므로 상태2의 절대온도는

$$T_2 = V_2 \times \frac{T_1}{V_1} = 2V_1 \times \frac{(273+0)}{V_1}$$

$$= 546[\text{K}] = 273[℃]$$

관련개념 샤를의 법칙

압력과 기체의 양이 일정할 때 부피와 절대온도는 비례 관계에 있다.

$$\frac{V}{T} = C$$

V: 부피, T: 절대온도[K], C: 상수

정답 | ①

14 빈출도 ★

한 변의 길이가 L인 정사각형 단면의 수력지름(hydraulic diameter)은?

① $\dfrac{L}{4}$ ② $\dfrac{L}{2}$

③ L ④ $2L$

해설 PHASE 09 배관 속 유체유동

원형의 배관이 아닌 경우 배관의 직경은 수력직경 D_h을 활용하여야 한다.

$$D_h = \dfrac{4A}{S}$$

D_h: 수력직경[m], A: 배관의 단면적[m²], S: 배관의 둘레[m]

배관의 단면적 A는 다음과 같다.
  $A = L^2$
배관의 둘레 S는 다음과 같다.
  $S = 4L$
따라서 수력직경 D_h는 다음과 같다.
  $D_h = \dfrac{4 \times L^2}{4L} = L$

정답 | ③

15 빈출도 ★

피토관을 사용하여 일정 속도로 흐르고 있는 물의 유속(V)을 측정하기 위해, 그림과 같이 비중 s인 유체를 갖는 액주계를 설치하였다. $s=2$일 때 액주의 높이 차이가 $H=h$가 되면, $s=3$일 때 액주의 높이 차(H)는 얼마가 되는가?

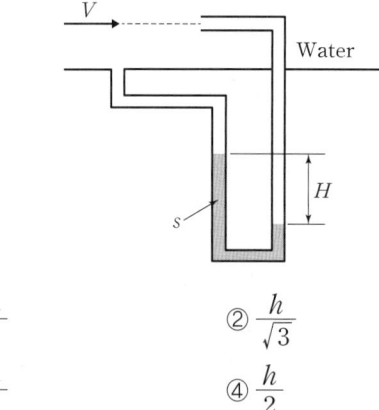

① $\dfrac{h}{9}$ ② $\dfrac{h}{\sqrt{3}}$

③ $\dfrac{h}{3}$ ④ $\dfrac{h}{2}$

해설 PHASE 08 유체유동의 측정

$$u = \sqrt{2g\left(\dfrac{\gamma - \gamma_w}{\gamma_w}\right)R}$$

u: 유속[m/s], g: 중력가속도[m/s²],
γ: 액주계 유체의 비중량[N/m³], γ_w: 배관 유체의 비중량[N/m³],
R: 액주계의 높이 차이[m]

액주계 속 유체의 비중 $s=2$인 경우와 $s=3$인 경우 모두 유속은 같으므로 관계식은 다음과 같다.

$$\sqrt{2g\left(\dfrac{2\gamma_w - \gamma_w}{\gamma_w}\right)h} = \sqrt{2g\left(\dfrac{3\gamma_w - \gamma_w}{\gamma_w}\right)H}$$

$1h = 2H$

$H = \dfrac{h}{2}$

정답 | ④

16 빈출도 ★★

아래 그림과 같은 반지름이 1[m]이고, 폭이 3[m]인 곡면의 수문 AB가 받는 수평분력은 약 몇 [N]인가?

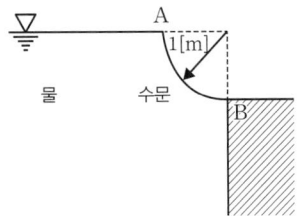

① 7,350
② 14,700
③ 23,900
④ 29,400

해설 PHASE 05 유체가 가하는 힘

곡면의 수평 방향으로 작용하는 힘 F는 다음과 같다.

$$F = PA = \rho g h A = \gamma h A$$

F: 수평 방향으로 작용하는 힘(수평분력)[N], P: 압력[N/m²],
A: 정사영 면적[m²], ρ: 밀도[kg/m³], g: 중력가속도[m/s²],
h: 중심 높이로부터 표면까지의 높이[m],
γ: 유체의 비중량[N/m³]

유체는 물이므로 물의 비중량은 9,800[N/m³]이다.
곡면의 중심 높이로부터 표면까지의 높이 h는 0.5[m]이다.
곡면과 나란한 수직인 벽으로 정사영을 내린 면적 A는 (1×3)[m²]이다.

$F = 9,800 \times 0.5 \times (1 \times 3)$
$\quad = 14,700[N]$

정답 | ②

17 빈출도 ★

유체에 관한 설명 중 옳은 것은?

① 실제유체는 유동할 때 마찰손실이 생기지 않는다.
② 이상유체는 높은 압력에서 밀도가 변화하는 유체이다.
③ 유체에 압력을 가하면 체적이 줄어드는 유체는 압축성 유체이다.
④ 압력을 가해도 밀도변화가 없으며 점성에 의한 마찰손실만 있는 유체가 이상유체이다.

해설 PHASE 01 유체

압력에 따라 부피와 밀도가 변화하는 유체를 압축성 유체라고 한다.

선지분석
① 유동할 때 마찰손실이 생기지 않는 유체는 이상유체이다.
② 이상유체는 높은 압력에서 밀도가 변화하지 않는다.
④ 이상유체는 분자간 상호작용이 없으므로 점성과 그에 따른 마찰손실이 없다.

정답 | ③

18 빈출도 ★★

대기압이 90[kPa]인 곳에서 진공 76[mmHg]는 절대압력[kPa]으로 약 얼마인가?

① 10.1 ② 79.9
③ 99.9 ④ 101.1

해설 PHASE 03 압력과 부력

진공을 기준으로 나타내는 압력을 절대압이라고 하며, 대기압을 기준으로 (−)압력을 진공압이라고 한다.
따라서 대기압에 진공압을 빼주면 진공으로부터의 절대압이 된다.
760[mmHg]는 101.325[kPa]와 같으므로

$$90[\text{kPa}] - 76[\text{mmHg}] \times \frac{101.325[\text{kPa}]}{760[\text{mmHg}]}$$
$$≒ 79.87[\text{kPa}]$$

정답 | ②

19 빈출도 ★

다음 열역학적 용어에 대한 설명으로 틀린 것은?

① 물질의 3중점(triple point)은 고체, 액체, 기체의 3상이 평형상태로 공존하는 상태의 지점을 말한다.
② 일정한 압력 하에서 고체가 상변화를 일으켜 액체로 변화할 때 필요한 열을 융해열(융해 잠열)이라 한다.
③ 고체가 일정한 압력 하에서 액체를 거치지 않고 직접 기체로 변화하는 데 필요한 열을 승화열이라 한다.
④ 포화액체를 정압 하에서 가열할 때 온도 변화 없이 포화증기로 상변화를 일으키는데 사용되는 열을 현열이라 한다.

해설 PHASE 13 열역학 기초

온도의 변화 없이 물질의 상태를 변화시킬 때 필요한 열량은 잠열이다.

선지분석
① 물질의 상평형도에서 삼중점은 서로 다른 세 개의 상이 공존하는 지점이다.
② 고체가 액체로 변화하는 것을 융해라고 하고 이때 필요한 열을 융해열이라고 한다.
③ 고체가 기체로 변화하는 것을 승화라고 하고 이때 필요한 열을 승화열이라고 한다.

정답 | ④

20 빈출도 ★

원형 단면을 가진 관내에 유체가 완전 발달된 비압축성 층류유동으로 흐를 때 전단응력은?

① 중심에서 0이고, 중심선으로부터 거리에 비례하여 변한다.
② 관벽에서 0이고, 중심선에서 최대이며 선형분포한다.
③ 중심에서 0이고, 중심선으로부터 거리의 제곱에 비례하여 변한다.
④ 전 단면에 걸쳐 일정하다.

해설 PHASE 09 배관 속 유체유동

전단응력은 점성계수(점도)와 속도기울기의 곱으로 이루어져 있다.

$$\tau = \mu \frac{du}{dy}$$

τ: 전단응력[Pa], μ: 점성계수(점도)[N·s/m²],
$\frac{du}{dy}$: 속도기울기[s⁻¹]

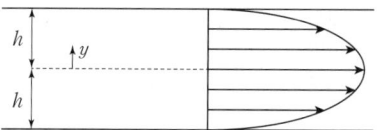

$$u = u_m \left(1 - \left(\frac{y}{r}\right)^2\right)$$

u: 유속, u_m: 최대유속, y: 관 중심으로부터 수직방향으로의 거리,
r: 배관의 반지름

원형 단면을 가진 배관에서 속도분포식을 중심으로부터의 거리 y에 대하여 미분하면 다음과 같다.

$$\frac{du}{dy} = u_m \left(-\frac{2}{r}\left(\frac{y}{r}\right)\right) = u_m \left(-\frac{2y}{r^2}\right)$$

따라서 전단응력 τ는 다음과 같다.

$$\tau = \mu \frac{du}{dy} = \mu u_m \left(\frac{2y}{r^2}\right)$$

그러므로 전단응력 τ는 배관의 중심에서 0이고, 중심선으로부터 거리 y에 비례하여 변한다.

정답 | ①

3회

☐ 1회독   점 | ☐ 2회독   점 | ☐ 3회독   점

01 빈출도 ★

안지름 10[cm]인 수평 원관의 층류유동으로 4[km] 떨어진 곳에 원유(점성계수 $0.02[\text{N}\cdot\text{s/m}^2]$, 비중 0.86)를 $0.10[\text{m}^3/\text{min}]$의 유량으로 수송하려 할 때 펌프에 필요한 동력[W]은? (단, 펌프의 효율은 100[%]로 가정한다.)

① 76
② 91
③ 10,900
④ 9,100

해설 PHASE 10 배관의 마찰손실

$$P = \gamma Q H$$

P: 수동력[W], γ: 유체의 비중량[N/m³], Q: 유량[m³/s], H: 전양정[m]

유체의 비중이 0.86이므로 유체의 밀도와 비중량은 다음과 같다.

$$s = \frac{\rho}{\rho_w} = \frac{\gamma}{\gamma_w}$$

s: 비중, ρ: 비교물질의 밀도[kg/m³], ρ_w: 물의 밀도[kg/m³], γ: 비교물질의 비중량[N/m³], γ_w: 물의 비중량[N/m³]

$\rho = s\rho_w = 0.86 \times 1,000$
$\gamma = s\gamma_w = 0.86 \times 9,800$

유량이 $0.1[\text{m}^3/\text{min}]$이므로 단위를 변환하면 $\frac{0.1}{60}[\text{m}^3/\text{s}]$이다.

유체의 흐름이 층류일 때 배관에서의 마찰손실은 하겐-푸아죄유 방정식으로 구할 수 있다.

$$H = \frac{\Delta P}{\gamma} = \frac{128\mu l Q}{\gamma \pi D^4}$$

H: 마찰손실수두[m], ΔP: 압력 차이[Pa], γ: 비중량[N/m³], μ: 점성계수(점도)[kg/m·s], l: 배관의 길이[m], Q: 유량[m³/s], D: 배관의 직경[m]

주어진 조건을 공식에 대입하면 마찰손실수두는 다음과 같다.

$$H = \frac{128 \times 0.02 \times 4,000 \times \frac{0.1}{60}}{(0.86 \times 9,800) \times \pi \times 0.1^4} \fallingdotseq 6.45[\text{m}]$$

따라서 펌프의 최소 동력 P는

$$P = (0.86 \times 9,800) \times \frac{0.1}{60} \times 6.45$$
$$\fallingdotseq 90.6[\text{W}]$$

정답 | ②

02 빈출도 ★★

터보팬을 6,000[rpm]으로 회전시킬 경우, 풍량은 $0.5[\text{m}^3/\text{min}]$, 축동력은 0.049[kW]이었다. 만약 터보팬의 회전수를 8,000[rpm]으로 바꾸어 회전시킬 경우 축동력[kW]은?

① 0.0207
② 0.207
③ 0.116
④ 1.161

해설 PHASE 11 펌프의 특징

$$\frac{P_2}{P_1} = \left(\frac{N_2}{N_1}\right)^3 \left(\frac{D_2}{D_1}\right)^5$$

P: 축동력, N: 펌프의 회전수, D: 직경

동일한 터보팬이므로 직경은 같고, 상태1의 회전수가 6,000[rpm], 상태2의 회전수가 8,000[rpm]이므로 축동력 변화는 다음과 같다.

$$P_2 = P_1 \left(\frac{N_2}{N_1}\right)^3 = 0.049 \times \left(\frac{8,000}{6,000}\right)^3$$
$$\fallingdotseq 0.116[\text{kW}]$$

정답 | ③

03 빈출도 ★

표면장력에 관련된 설명 중 옳은 것은?

① 표면장력의 차원은 $\dfrac{\text{힘}}{\text{면적}}$이다.

② 액체와 공기의 경계면에서 액체 분자의 응집력보다 공기분자와 액체 분자 사이의 부착력이 클 때 발생된다.

③ 대기 중의 물방울은 크기가 작을수록 내부 압력이 크다.

④ 모세관 현상에 의한 수면 상승 높이는 모세관의 직경에 비례한다.

해설 PHASE 02 유체의 성질

표면장력이 일정한 경우 물방울은 크기가 작을수록 내부 압력이 크다.

$$\sigma \propto PD$$

σ: 표면장력[N/m], P: 내부 압력[N/m²], D: 유체의 지름[m]

선지분석

① 표면장력의 차원은 FL^{-1}으로 $\dfrac{\text{힘}}{\text{길이}} \cdot \dfrac{\text{에너지}}{\text{면적}}$이다.

② 표면장력은 분자 간 응집력이 분자 외부로의 부착력보다 클 때 발생한다.

④ 모세관 현상의 수면 상승 높이는 모세관의 직경에 반비례한다.

정답 | ③

04 빈출도 ★

다음 중 펌프를 직렬운전해야 할 상황으로 가장 적절한 것은?

① 유량의 변화가 크고 1대로는 유량이 부족할 때
② 소요되는 양정이 일정하지 않고 크게 변동될 때
③ 펌프에 공동현상이 발생할 때
④ 펌프에 맥동현상이 발생할 때

해설 PHASE 11 펌프의 특징

펌프를 직렬운전하면 양정이 증가하므로 소요양정이 커지더라도 대응할 수 있다.

정답 | ②

05 빈출도 ★

A, B 두 원관 속을 기체가 미소한 압력차로 흐르고 있을 때 이 압력차를 측정하려면 다음 중 어떤 압력계를 쓰는 것이 가장 적절한가?

① 간섭계   ② 오리피스
③ 마이크로마노미터   ④ 부르동압력계

해설 PHASE 08 유체유동의 측정

미소한 압력 차이까지 측정이 가능한 압력계는 마이크로마노미터이다.

정답 | ③

06 빈출도 ★★

원관 내에 유체가 흐를 때 유동의 특성을 결정하는 가장 중요한 요소는?

① 관성력과 점성력
② 압력과 관성력
③ 중력과 압력
④ 압력과 점성력

해설 PHASE 09 배관 속 유체유동

레이놀즈 수는 유체의 관성력과 점성력의 비를 나타내는 수로 크기에 따라 클수록 난류, 작을수록 층류로 판단하는 척도가 된다.

$$Re = \frac{\rho u D}{\mu} = \frac{uD}{\nu}$$

Re: 레이놀즈 수, ρ: 밀도[kg/m³], u: 유속[m/s], D: 직경[m], μ: 점성계수(점도)[kg/m·s], ν: 동점성계수(동점도)[m²/s]

정답 | ①

07 빈출도 ★

피스톤의 지름이 각각 10[mm], 50[mm]인 두 개의 유압장치가 있다. 두 피스톤에 안에 작용하는 압력은 동일하고, 큰 피스톤이 1,000[N]의 힘을 발생시킨다고 할 때 작은 피스톤에서 발생시키는 힘은 약 몇 [N]인가?

① 40
② 400
③ 25,000
④ 245,000

해설 PHASE 05 유체가 가하는 힘

두 피스톤 안에 작용하는 압력이 동일하므로 파스칼의 원리에 의해 다음의 식이 성립한다.

$$P_1 = \frac{F_1}{A_1} = \frac{F_2}{A_2} = P_2$$

P: 압력[N/m²], F: 힘[N], A: 면적[m²]

피스톤은 지름이 D[m]인 원형이므로 피스톤 단면적의 비율은 다음과 같다.

$$A = \frac{\pi}{4}D^2$$

큰 피스톤이 발생시키는 힘 F_1이 1,000[N], 큰 피스톤의 지름이 A_1, 작은 피스톤의 지름이 A_2이면 작은 피스톤이 발생시키는 힘 F_2는 다음과 같다.

$$F_2 = F_1 \times \left(\frac{A_2}{A_1}\right) = 1,000 \times \left(\frac{\frac{\pi}{4} \times 0.01^2}{\frac{\pi}{4} \times 0.05^2}\right)$$
$$= 40[N]$$

정답 | ①

08 빈출도 ★

20[℃] 물 100[L]를 화재현장의 화염에 살수하였다. 물이 모두 끓는 온도(100[℃])까지 가열되는 동안 흡수하는 열량은 약 몇 [kJ]인가? (단, 물의 비열은 4.2[kJ/kg·K]이다.)

① 500　　　② 2,000
③ 8,000　　④ 33,600

해설 PHASE 13 열역학 기초

20[℃]의 물은 100[℃]까지 온도변화한다.

$$Q = cm\Delta T$$

Q: 열량[kJ], c: 비열[kJ/kg·K], m: 질량[kg],
ΔT: 온도 변화[K]

물의 밀도는 1,000[kg/m³]이고, 100[L]는 0.1[m³]이므로 100[L] 물의 질량은 100[kg]이다.

$100[L] \times 0.001[m^3/L] \times 1,000[kg/m^3] = 100[kg]$

물의 평균 비열은 4.2[kJ/kg·K]이므로 100[kg]의 물이 20[℃]에서 100[℃]까지 온도변화하는 데 필요한 열량은

$Q = 4.2 \times 100 \times (100-20)$
$\quad = 33,600[kJ]$

정답 | ④

09 빈출도 ★★

국소대기압이 98.6[kPa]인 곳에서 펌프에 의하여 흡입되는 물의 압력을 진공계로 측정하였다. 진공계가 7.3[kPa]을 가리켰을 때 절대압력은 몇 [kPa]인가?

① 0.93　　② 9.3
③ 91.3　　④ 105.9

해설 PHASE 03 압력과 부력

진공을 기준으로 나타내는 압력을 절대압이라고 하며, 대기압을 기준으로 (−)압력을 진공압이라고 한다.
따라서 대기압에 계기압력(진공압)을 더해주면 진공으로부터의 절대압이 된다.

$98.6[kPa] + (-7.3[kPa]) = 91.3[kPa]$

정답 | ③

10 빈출도 ★

유체의 거동을 해석하는데 있어서 비점성 유체에 대한 설명으로 옳은 것은?

① 실제 유체를 말한다.
② 전단응력이 존재하는 유체를 말한다.
③ 유체 유동 시 마찰저항이 속도 기울기에 비례하는 유체이다.
④ 유체 유동 시 마찰저항을 무시한 유체를 말한다.

해설 PHASE 01 유체

유체를 구성하는 분자가 다른 분자로부터 저항을 받지 않는 유체를 비점성 유체라고 한다.

정답 | ④

11 빈출도 ★★★

표면적이 A, 절대온도가 T_1인 흑체와 절대온도가 T_2인 흑체 주위 밀폐공간 사이의 열전달량은?

① $T_1 - T_2$에 비례한다.
② $T_1^2 - T_2^2$에 비례한다.
③ $T_1^3 - T_2^3$에 비례한다.
④ $T_1^4 - T_2^4$에 비례한다.

해설 PHASE 15 열전달

복사는 열에너지가 매질을 통하지 않고 전자기파의 형태로 전달되는 현상이다.
슈테판-볼츠만 법칙에 의해 복사열은 절대온도의 4제곱에 비례한다.

$$Q \propto \sigma T^4$$

Q: 열전달량[W/m²],
σ: 슈테판-볼츠만 상수(5.67×10^{-8})[W/m²·K⁴],
T: 절대온도[K]

정답 | ④

12 빈출도 ★

직사각형 단면의 덕트에서 가로와 세로가 각각 a 및 $1.5a$이고, 길이가 L이며, 이 안에서 공기가 V의 평균속도로 흐르고 있다. 이 때 손실수두를 구하는 식으로 옳은 것은? (단, f는 이 수력지름에 기초한 마찰계수이고, g는 중력가속도를 의미한다.)

① $f \dfrac{L}{a} \dfrac{V^2}{2.4g}$ ② $f \dfrac{L}{a} \dfrac{V^2}{2g}$

③ $f \dfrac{L}{a} \dfrac{V^2}{1.4g}$ ④ $f \dfrac{L}{a} \dfrac{V^2}{g}$

해설 PHASE 09 배관 속 유체유동

일정한 양의 비압축성 유체가 일정한 속도로 흐를 때 배관에서의 마찰손실수두는 달시-바이스바하 방정식으로 구할 수 있다.

$$H = \frac{\Delta P}{\gamma} = \frac{flu^2}{2gD}$$

H: 마찰손실수두[m], ΔP: 압력 차이[kPa], γ: 비중량[kN/m³],
f: 마찰손실계수, l: 배관의 길이[m], u: 유속[m/s],
g: 중력가속도[m/s²], D: 배관의 직경[m]

배관은 원형이 아니므로 이 때 배관의 직경은 수력직경 D_h을 활용하여야 한다.

$$D_h = \frac{4A}{S}$$

D_h: 수력직경[m], A: 배관의 단면적[m²], S: 배관의 둘레[m]

배관의 단면적 A는 다음과 같다.
$A = a \times 1.5a = 1.5a^2$
배관의 둘레 S는 다음과 같다.
$S = a + a + 1.5a + 1.5a = 5a$
따라서 수력직경 D_h는 다음과 같다.
$D_h = \dfrac{4 \times 1.5a^2}{5a} = 1.2a$

주어진 조건을 공식에 대입하면 마찰손실수두 H는

$$H = \frac{fLV^2}{2gD_h} = f \frac{L}{a} \frac{V^2}{2.4g}$$

정답 | ①

13 빈출도 ★

두 개의 견고한 밀폐용기 A, B가 밸브로 연결되어 있다. 용기 A에는 온도 300[K], 압력 100[kPa]의 공기 1[m³]가, 용기 B에는 온도 300[K], 압력 330[kPa]의 공기 2[m³]가 들어 있다. 밸브를 열어 두 용기 안에 들어 있는 공기(이상기체)를 혼합한 후 장시간 방치하였다. 이때 주위 온도는 300[K]로 일정하다. 내부 공기의 최종압력은 약 몇 [kPa]인가?

① 177   ② 210
③ 215   ④ 253

해설 PHASE 14 이상기체

온도와 기체의 양이 일정한 이상기체이므로 보일의 법칙을 적용할 수 있다.

$$P_A V_A + P_B V_B = P_{A+B} V_{A+B}$$

용기 A의 압력이 100[kPa], 부피가 1[m³]이고, 용기 B의 압력이 330[kPa], 부피가 2[m³]이므로 밸브를 열어 두 공기를 혼합하였을 때 최종압력은

$$P_{A+B} = \frac{P_A V_A + P_B V_B}{V_{A+B}} = \frac{100 \times 1 + 330 \times 2}{3}$$
$$\fallingdotseq 253.33 [kPa]$$

관련개념 보일의 법칙

온도와 기체의 양이 일정할 때 부피와 압력은 반비례 관계에 있다.

$$PV = C$$

P: 압력, V: 부피, C: 상수

정답 | ④

14 빈출도 ★

Carnot 사이클이 800[K]의 고온 열원과 500[K]의 저온 열원 사이에서 작동한다. 이 사이클에 공급하는 열량이 사이클당 800[kJ]이라 할 때, 한 사이클당 외부에 하는 일은 약 몇 [kJ]인가?

① 200   ② 300
③ 400   ④ 500

해설 PHASE 16 카르노 사이클

카르노 사이클의 효율은 다음과 같다.

$$\eta = 1 - \frac{T_L}{T_H}$$

η: 효율, T_H: 고온부의 온도, T_L: 저온부의 온도

이 사이클에 공급하는 열량이 800[kJ]이므로 한 사이클당 외부에 하는 일 W는

$$W = \eta Q_H = \left(1 - \frac{T_L}{T_H}\right) Q_H = \left(1 - \frac{500}{800}\right) \times 800$$
$$= 300 [kJ]$$

정답 | ②

15 빈출도 ★★

유체가 평판 위를 $u[m/s] = 500y - 6y^2$의 속도분포로 흐르고 있다. 이때 $y[m]$는 벽면으로부터 측정된 수직거리일 때 벽면에서의 전단응력은 약 몇 $[N/m^2]$인가? (단, 점성계수는 $1.4 \times 10^{-3}[Pa \cdot s]$이다.)

① 14 ② 7
③ 1.4 ④ 0.7

해설 PHASE 02 유체의 성질

전단응력은 점성계수(점도)와 속도기울기의 곱으로 이루어져 있다.

$$\tau = \mu \frac{du}{dy}$$

τ: 전단응력[Pa], μ: 점성계수(점도)$[N \cdot s/m^2]$,
$\frac{du}{dy}$: 속도기울기$[s^{-1}]$

유체가 평판 위를 $u[m/s] = 500y - 6y^2$의 속도분포로 흐르고 있으므로 벽면($y=0$)에서의 속도기울기 $\frac{du}{dy}$는 다음과 같다.

$\frac{du}{dy} = 500 - 12y = 500$

주어진 조건을 공식에 대입하면 전단응력 τ는
$\tau = 1.4 \times 10^{-3} \times 500 = 0.7$

정답 | ④

16 빈출도 ★★

다음 중 동점성계수의 차원을 옳게 표현한 것은? (단, 질량 M, 길이 L, 시간 T로 표시한다.)

① $ML^{-1}T^{-1}$ ② L^2T^{-1}
③ $ML^{-2}T^{-2}$ ④ $ML^{-1}T^{-2}$

해설 PHASE 01 유체

동점성계수(동점도)의 단위는 $[m^2/s]$이고, 동점성계수(동점도)의 차원은 L^2T^{-1}이다.

정답 | ②

17 빈출도 ★

공기 중에서 무게가 $941[\text{N}]$인 돌이 물속에서 $500[\text{N}]$이라면 이 돌의 체적$[\text{m}^3]$은? (단, 공기의 부력은 무시한다.)

① 0.012 ② 0.028
③ 0.034 ④ 0.045

해설 PHASE 03 압력과 부력

공기 중에서 물체에 작용하는 힘은 중력이고, 수중에서 물체에 작용하는 힘은 중력과 부력이다.
따라서 공기 중에서의 무게 $941[\text{N}]$과 수중에서의 무게 $500[\text{N}]$의 차이만큼 부력이 작용하고 있다.

$$F = s\gamma_w V$$

F: 부력$[\text{N}]$, s: 비중, γ_w: 물의 비중량$[\text{N}/\text{m}^3]$,
V: 돌의 부피$[\text{m}^3]$

물의 비중은 1이므로
$F = 941 - 500 = 441 = 1 \times 9{,}800 \times V$
$V = \dfrac{441}{9{,}800} = 0.045[\text{m}^3]$

정답 | ④

18 빈출도 ★★

부피가 $0.3[\text{m}^3]$으로 일정한 용기 내의 공기가 원래 $300[\text{kPa}]$(절대압력), $400[\text{K}]$의 상태였으나, 일정 시간 동안 출구가 개방되어 공기가 빠져나가 $200[\text{kPa}]$(절대압력), $350[\text{K}]$의 상태가 되었다. 빠져나간 공기의 질량은 약 몇 $[\text{g}]$인가? (단, 공기는 이상기체로 가정하며 기체상수는 $287[\text{J/kg}\cdot\text{K}]$이다.)

① 74 ② 187
③ 295 ④ 388

해설 PHASE 14 이상기체

질량과 특정기체상수로 이루어진 이상기체의 상태방정식은 다음과 같다.

$$PV = m\bar{R}T$$

P: 압력$[\text{Pa}]$, V: 부피$[\text{m}^3]$, m: 질량$[\text{kg}]$,
$\bar{R}$: 특정기체상수$[\text{J/kg}\cdot\text{K}]$, T: 절대온도$[\text{K}]$

기체상수의 단위가 $[\text{J/kg}\cdot\text{K}]$이므로 압력과 부피의 단위를 $[\text{Pa}]$과 $[\text{m}^3]$로 변환하여야 한다.
공기가 빠져나가기 전 용기 내 공기의 질량은 다음과 같다.
$m = \dfrac{PV}{\bar{R}T} = \dfrac{300{,}000 \times 0.3}{287 \times 400} \fallingdotseq 0.784[\text{kg}]$
공기가 빠져나간 후 용기 내 공기의 질량은 다음과 같다.
$m = \dfrac{PV}{\bar{R}T} = \dfrac{200{,}000 \times 0.3}{287 \times 350} \fallingdotseq 0.597[\text{kg}]$
따라서 빠져나간 공기의 질량은
$0.784[\text{kg}] - 0.597[\text{kg}] = 0.187[\text{kg}] = 187[\text{g}]$

정답 | ②

19 빈출도 ★★★

관내에 물이 흐르고 있을 때, 그림과 같이 액주계를 설치하였다. 관내에서 물의 유속은 약 몇 [m/s]인가?

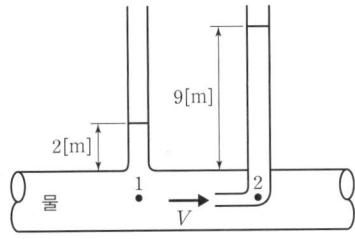

① 2.6 ② 7
③ 11.7 ④ 137.2

해설 PHASE 07 유체가 가지는 에너지

점 1에서 유속이 가지는 에너지는 점 2에서 더 이상 진행하지 못하게 되어 위치가 가지는 에너지로 변환되며 유체를 Z만큼 표면 위로 밀어올리게 된다.

$\dfrac{u^2}{2g} = Z$

$u = \sqrt{2gZ} = \sqrt{2 \times 9.8 \times (9-2)}$
$\quad \fallingdotseq 11.71 [\text{m/s}]$

정답 | ③

20 빈출도 ★

다음 중 Stokes의 법칙과 관계되는 점도계는?

① Ostwald 점도계   ② 낙구식 점도계
③ Saybolt 점도계   ④ 회전식 점도계

해설 PHASE 02 유체의 성질

스토크스(Stokes)의 법칙과 관계되는 점도계는 낙구식 점도계이다.

관련개념 점성의 측정

구분	측정원리	점도계의 종류
하겐-푸아죄유(Hagen-Poiseuille)의 법칙	세관법	• 세이볼트(Saybolt) 점도계 • 오스왈트(Ostwald) 점도계 • 레드우드(Redwood) 점도계 • 앵글러(Engler) 점도계 • 바베이(Barbey) 점도계
뉴턴(Newton)의 점성법칙	회전원통법	• 스토머(Stormer) 점도계 • 맥미셀(MacMichael) 점도계
스토크스(Stokes)의 법칙	낙구법	낙구식 점도계

정답 | ②

2023년 CBT 복원문제

1회

☐ 1회독 점 | ☐ 2회독 점 | ☐ 3회독 점

01 빈출도 ★★★

10[kg]의 수증기가 들어있는 체적 2[m³]의 단단한 용기를 냉각하여 온도를 200[°C]에서 150[°C]로 낮추었다. 나중 상태에서 액체상태의 물은 약 몇 [kg]인가? (단, 150[°C]에서 물의 포화액 및 포화증기의 비체적은 각각 0.0011[m³/kg], 0.3925[m³/kg]이다.)

① 0.508 ② 1.24
③ 4.92   ④ 7.86

해설 PHASE 02 유체의 성질

10[kg]의 수증기는 150[°C]에서 x[kg]의 물과 $(10-x)$[kg]의 수증기로 상태변화 하였다.
물과 수증기는 부피 2[m³]의 단단한 용기를 가득 채우고 있다.
$$0.0011 \times x + 0.3925 \times (10-x) = 2$$
따라서 액체상태 물의 질량 x는
$$3.925 - 2 = (0.3925 - 0.0011)x$$
$$x = \frac{3.925 - 2}{0.3925 - 0.0011}$$
$$\fallingdotseq 4.92[\text{kg}]$$

정답 | ③

02 빈출도 ★★

2[m] 깊이로 물이 차있는 물탱크 바닥에 한 변이 20[cm]인 정사각형 모양의 관측창이 설치되어 있다. 관측창이 물로 인하여 받는 순 힘(net force)은 몇 [N]인가? (단, 관측창 밖의 압력은 대기압이다.)

① 784 ② 392
③ 196 ④ 98

해설 PHASE 03 압력과 부력

압력은 단위면적당 유체가 가하는 힘을 압력이라고 한다.
$$P = \frac{F}{A}$$

P: 압력[N/m²], F: 힘[N], A: 면적[m²]

물기둥 10.332[m]는 101,325[Pa]과 같으므로 물기둥 2[m]에 해당하는 압력은 다음과 같다.
$$2[\text{m}] \times \frac{101{,}325[\text{Pa}]}{10.332[\text{m}]} \fallingdotseq 19{,}614[\text{Pa}]$$
따라서 주어진 조건을 공식에 대입하면 관측창이 받는 힘 F는
$$F = PA = 19{,}614 \times (0.2 \times 0.2)$$
$$\fallingdotseq 784[\text{N}]$$

정답 | ①

03 빈출도 ★★★

물탱크에 담긴 물의 수면의 높이가 10[m]인데, 물탱크 바닥에 원형 구멍이 생겨서 10[L/s]만큼 물이 유출되고 있다. 원형 구멍의 지름은 약 몇 [cm]인가? (단, 구멍의 유량보정계수는 0.6이다.)

① 2.7 ② 3.1
③ 3.5 ④ 3.9

해설   PHASE 07 유체가 가지는 에너지

$$\frac{P_1}{\gamma}+\frac{u_1^2}{2g}+Z_1=\frac{P_2}{\gamma}+\frac{u_2^2}{2g}+Z_2$$

P: 압력[N/m²], γ: 비중량[N/m³], u: 유속[m/s], g: 중력가속도[m/s²], Z: 높이[m]

수면과 구멍 바깥의 압력은 대기압으로 같다.
$P_1=P_2$
수면과 구멍의 높이 차이는 다음과 같다.
$Z_1-Z_2=10[\text{m}]$
수면 높이는 일정하므로 수면 높이의 변화속도 u_1은 무시하고 주어진 조건을 공식에 대입하면 구멍을 통과하는 유속 u_2은 다음과 같다.
$\frac{u_2^2}{2g}=(Z_1-Z_2)$

이론유속과 실제유속은 차이가 있으므로 보정계수 C를 곱해 그 차이를 보정한다.
$u_2=C\sqrt{2g(Z_1-Z_2)}=0.6\times\sqrt{2\times9.8\times10}=8.4[\text{m/s}]$

구멍은 지름이 D[m]인 원형이므로 구멍의 단면적은 다음과 같다.

$$A=\frac{\pi}{4}D^2$$

부피유량 공식 $Q=Au$에 의해 유량 Q와 유속 u를 알면 구멍의 직경 D를 구할 수 있다.
따라서 주어진 조건을 공식에 대입하면 직경 D는

$Q=\frac{\pi}{4}D^2u$

$D=\sqrt{\frac{4Q}{\pi u}}=\sqrt{\frac{4\times0.01}{\pi\times8.4}}$

$\fallingdotseq 0.0389[\text{m}]=3.89[\text{cm}]$

정답 | ④

04 빈출도 ★★★

점성계수가 0.101[N·s/m²], 비중이 0.85인 기름이 내경 300[mm], 길이 3[km]의 주철관 내부를 0.0444[m³/s]의 유량으로 흐를 때 손실수두[m]는?

① 7.1 ② 7.7
③ 8.1 ④ 8.9

해설   PHASE 10 배관의 마찰손실

일정한 양의 비압축성 유체가 일정한 속도로 흐를 때 배관에서의 마찰손실은 달시-바이스바하 방정식으로 구할 수 있다.

$$H=\frac{\Delta P}{\gamma}=\frac{flu^2}{2gD}$$

H: 마찰손실수두[m], ΔP: 압력 차이[kPa], γ: 비중량[kN/m³], f: 마찰손실계수, l: 배관의 길이[m], u: 유속[m/s], g: 중력가속도[m/s²], D: 배관의 직경[m]

부피유량 공식 $Q=Au$에 의해 유량과 배관의 직경 D를 알면 유속은 다음과 같이 구할 수 있다.

$$u=\frac{Q}{A}=\frac{Q}{\frac{\pi}{4}D^2}=\frac{4Q}{\pi D^2}$$

u: 유속[m/s], Q: 유량[m³/s], A: 배관의 단면적[m²], D: 배관의 직경[m]

유체의 비중이 0.85이므로 유체의 밀도는 다음과 같다.
$\rho=s\rho_w=0.85\times1,000$

유체의 흐름을 판단하기 위해 레이놀즈 수를 계산해보면 다음과 같다.

$$Re=\frac{\rho uD}{\mu}=\frac{uD}{\nu}$$

Re: 레이놀즈 수, ρ: 밀도[kg/m³], u: 유속[m/s], D: 직경[m], μ: 점성계수(점도)[kg/m·s], ν: 동점성계수(동점도)[m²/s]

$Re=\frac{\rho uD}{\mu}=\frac{4Q}{\pi D^2}\times\frac{\rho D}{\mu}$

$=\frac{4\times0.0444}{\pi\times0.3^2}\times\frac{0.85\times1,000\times0.3}{0.101}\fallingdotseq 1,585.88$

레이놀즈 수가 2,100 이하이므로 유체의 흐름은 층류이다.

층류일 때 마찰계수 f는 $\frac{64}{Re}$이므로 마찰계수 f는 다음과 같다.

$f=\frac{64}{Re}=\frac{64}{1,585.88}\fallingdotseq 0.0404$

따라서 주어진 조건을 대입하면 손실수두 H는

$H=\frac{fl}{2gD}\times\left(\frac{4Q}{\pi D^2}\right)^2$

$=\frac{0.0404\times3,000}{2\times9.8\times0.3}\times\left(\frac{4\times0.0444}{\pi\times0.3^2}\right)^2$

$\fallingdotseq 8.13[\text{m}]$

정답 | ③

05 빈출도 ★★

펌프가 운전 중에 한숨을 쉬는 것과 같은 상태가 되어 펌프 입구의 진공계 및 출구의 압력계 지침이 흔들리고 송출 유량도 주기적으로 변화하는 이상 현상을 무엇이라고 하는가?

① 공동현상(cavitation)
② 수격작용(water hammering)
③ 맥동현상(surging)
④ 언밸런스(unbalance)

해설 PHASE 12 펌프의 이상현상

펌프 압력계의 지침이 흔들리며 토출량이 주기적으로 변동하며 진동하는 현상은 맥동현상이다.

관련개념 펌프의 이상현상

수격현상	배관 속 유체의 흐름이 갑자기 변화할 때 압력파에 의해 충격과 이상음이 발생하는 현상
맥동현상	펌프 압력계의 지침이 흔들리며 토출량이 주기적으로 변동하며 진동하는 현상
공동현상	배관 내 흐르는 유체에서 압력이 증기압보다 낮아져 기포가 발생하는 현상

정답 | ③

06 빈출도 ★★

그림과 같이 매우 큰 탱크에 연결된 길이 $100[\text{m}]$, 안지름 $20[\text{cm}]$인 원관에 부차적 손실계수가 5인 밸브 A가 부착되어 있다. 관 입구에서의 부차적 손실계수가 0.5, 관마찰계수는 0.02이고, 평균속도가 $2[\text{m/s}]$일 때 물의 높이 $h[\text{m}]$는?

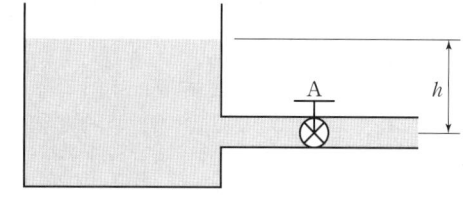

① 1.48
② 2.14
③ 2.81
④ 3.36

해설 PHASE 10 배관의 마찰손실

유체가 가진 위치수두는 배관을 통해 유출되는 유체의 속도수두와 마찰손실수두의 합으로 전환된다.

$$\frac{P_1}{\gamma} + \frac{u_1^2}{2g} + Z_1 = \frac{P_2}{\gamma} + \frac{u_2^2}{2g} + Z_2 + H$$

P: 압력$[\text{N/m}^2]$, γ: 비중량$[\text{N/m}^3]$, u: 유속$[\text{m/s}]$,
g: 중력가속도$[\text{m/s}^2]$, Z: 높이$[\text{m}]$, H: 손실수두$[\text{m}]$

$$Z_1 = \frac{u_2^2}{2g} + Z_2 + H$$

일정한 양의 비압축성 유체가 일정한 속도로 흐를 때 배관에서의 마찰손실은 달시—바이스바하 방정식으로 구할 수 있다.

$$H = \frac{\Delta P}{\gamma} = \frac{flu^2}{2gD}$$

H: 마찰손실수두$[\text{m}]$, ΔP: 압력 차$[\text{kPa}]$, γ: 비중량$[\text{kN/m}^3]$,
f: 마찰손실계수, l: 배관의 길이$[\text{m}]$, u: 유속$[\text{m/s}]$,
g: 중력가속도$[\text{m/s}^2]$, D: 배관의 직경$[\text{m}]$

배관의 길이 l은 실제 배관의 길이 l_1과 밸브 A에 의해 발생하는 손실을 환산한 상당길이 l_2, 관 입구에서 발생하는 손실을 환산한 상당길이 l_3의 합이다.

$l = l_1 + l_2 + l_3$

$$L=\frac{KD}{f}$$

L: 상당길이[m], K: 부차적 손실계수, D: 직경[m], f: 마찰손실계수

밸브 A의 상당길이 l_2은 다음과 같다.
$$l_2=\frac{5\times 0.2}{0.02}=50[m]$$

관 입구에서의 상당길이 l_3은 다음과 같다.
$$l_3=\frac{0.5\times 0.2}{0.02}=5[m]$$

전체 배관의 길이 l은 다음과 같다.
$$l=100+50+5=155[m]$$

따라서 마찰손실수두 H는 다음과 같다.
$$H=\frac{0.02\times 155\times 2^2}{2\times 9.8\times 0.2}≒3.16[m]$$

주어진 조건을 공식에 대입하면 물의 높이 h는
$$h=Z_1-Z_2=\frac{u^2}{2g}+H=\frac{2^2}{2\times 9.8}+3.16$$
$$≒3.36[m]$$

정답 | ④

07 빈출도 ★

다음 기체, 유체, 액체에 대한 설명 중 옳은 것만을 모두 고른 것은?

> ㉠ 기체: 매우 작은 응집력을 가지고 있으며, 자유표면을 가지지 않고 주어진 공간을 가득 채우는 물질
> ㉡ 유체: 전단응력을 받을 때 연속적으로 변형하는 물질
> ㉢ 액체: 전단응력이 전단변형률과 선형적인 관계를 가지는 물질

① ㉠, ㉡
② ㉠, ㉢
③ ㉡, ㉢
④ ㉠, ㉡, ㉢

해설 PHASE 01 유체

㉢은 뉴턴유체에 대한 설명이다.

정답 | ①

08 빈출도 ★

$-15[℃]$의 얼음 $10[g]$을 $100[℃]$의 증기로 만드는 데 필요한 열량은 약 몇 [kJ]인가? (단, 얼음의 융해열은 $335[kJ/kg]$, 물의 증발잠열은 $2,256[kJ/kg]$, 얼음의 평균 비열은 $2.1[kJ/kg\cdot K]$이고, 물의 평균 비열은 $4.18[kJ/kg\cdot K]$이다.

① 7.85 ② 27.1
③ 30.4 ④ 35.2

해설 PHASE 13 열역학 기초

$-15[℃]$의 얼음은 $0[℃]$까지 온도변화 후 물로 상태변화를 하고 다시 $100[℃]$까지 온도변화 후 수증기로 상태변화한다.

$$Q=cm\Delta T$$

Q: 열량[kJ], c: 비열[kJ/kg·K], m: 질량[kg], ΔT: 온도변화[K]

$$Q=mr$$

Q: 열량[kJ], m: 질량[kg], r: 잠열[kJ/kg]

얼음의 평균 비열은 $2.1[kJ/kg\cdot K]$이므로 $0.01[kg]$의 얼음이 $-15[℃]$에서 $0[℃]$까지 온도변화하는 데 필요한 열량은 다음과 같다.
$$Q_1=2.1\times 0.01\times(0-(-15))=0.315[kJ]$$

얼음의 융해열은 $335[kJ/kg]$이므로 $0[℃]$의 얼음이 물로 상태변화하는 데 필요한 열량은 다음과 같다.
$$Q_2=0.01\times 335=3.35[kJ]$$

물의 평균 비열은 $4.18[kJ/kg\cdot K]$이므로 $0.01[kg]$의 물이 $0[℃]$에서 $100[℃]$까지 온도변화하는 데 필요한 열량은 다음과 같다.
$$Q_3=4.18\times 0.01\times(100-0)=4.18[kJ]$$

물의 증발잠열은 $2,256[kJ/kg]$이므로 $100[℃]$의 물이 수증기로 상태변화하는 데 필요한 열량은 다음과 같다.
$$Q_4=0.01\times 2,256[kJ/kg]=22.56[kJ]$$

따라서 $-15[℃]$의 얼음이 $100[℃]$의 수증기로 변화하는 데 필요한 열량은
$$Q=Q_1+Q_2+Q_3+Q_4=0.315+3.35+4.18+22.56$$
$$=30.405[kJ]$$

정답 | ③

09 빈출도 ★★★

스프링클러 헤드의 방수압이 4배가 되면 방수량은 몇 배가 되는가?

① $\sqrt{2}$배 ② 2배
③ 4배 ④ 8배

해설 PHASE 07 유체가 가지는 에너지

헤드를 통과하기 전후의 압력과 속도의 관계식은 베르누이 방정식을 통해 구할 수 있다.

$$\frac{P_1}{\gamma}+\frac{u_1^2}{2g}+Z_1=\frac{P_2}{\gamma}+\frac{u_2^2}{2g}+Z_2$$

P: 압력[N/m²], γ: 비중량[N/m³], u: 유속[m/s], g: 중력가속도[m/s²], Z: 높이[m]

헤드를 통과하기 전(1) 유속 u_1은 0, 헤드를 통과한 후(2) 압력 P_2는 대기압이므로 0, 높이 차이는 없으므로 $Z_1=Z_2$로 두면 방정식은 다음과 같다.

$$\frac{P_1}{\gamma}=\frac{u_2^2}{2g}$$

따라서 헤드를 통과하기 전 P만큼의 방수압력을 가해주면 헤드를 통과한 유체는 u만큼의 유속으로 방사된다.

$$u=\sqrt{\frac{2gP}{\gamma}}$$

부피유량 공식 $Q=Au$에 의해 방수량은 다음과 같다.

$$Q=Au=A\sqrt{\frac{2gP}{\gamma}}$$

따라서 헤드의 방수압이 4배가 되면 방수량 Q는 2배가 된다.

$$A\sqrt{\frac{2g\times 4P}{\gamma}}=2A\sqrt{\frac{2gP}{\gamma}}=2Q$$

정답 | ②

10 빈출도 ★★★

비중이 0.85이고 동점성계수가 3×10^{-4}[m²/s]인 기름이 직경 10[cm]의 수평 원형 관 내에 20[L/s]으로 흐른다. 이 원형 관의 100[m] 길이에서의 수두손실 [m]은? (단, 정상 비압축성 유동이다.)

① 16.6 ② 25.0
③ 49.8 ④ 82.2

해설 PHASE 10 배관의 마찰손실

일정한 양의 비압축성 유체가 일정한 속도로 흐를 때 배관에서의 마찰손실은 달시-바이스바하 방정식으로 구할 수 있다.

$$H=\frac{\Delta P}{\gamma}=\frac{flu^2}{2gD}$$

H: 마찰손실수두[m], ΔP: 압력 차이[kPa], γ: 비중량[kN/m³], f: 마찰손실계수, l: 배관의 길이[m], u: 유속[m/s], g: 중력가속도[m/s²], D: 배관의 직경[m]

부피유량 공식 $Q=Au$에 의해 유량과 배관의 직경 D를 알면 유속은 다음과 같이 구할 수 있다.

$$u=\frac{Q}{A}=\frac{Q}{\frac{\pi}{4}D^2}=\frac{4Q}{\pi D^2}$$

u: 유속[m/s], Q: 유량[m³/s], A: 배관의 단면적[m²], D: 배관의 직경[m]

유체의 흐름을 판단하기 위해 레이놀즈 수를 계산해보면 다음과 같다.

$$Re=\frac{\rho uD}{\mu}=\frac{uD}{\nu}$$

Re: 레이놀즈 수, ρ: 밀도[kg/m³], u: 유속[m/s], D: 직경[m], μ: 점성계수(점도)[kg/m·s], ν: 동점성계수(동점도)[m²/s]

$$Re=\frac{uD}{\nu}=\frac{4Q}{\pi D^2}\times\frac{D}{\nu}=\frac{4\times 0.02}{\pi\times 0.1^2}\times\frac{0.1}{3\times 10^{-4}}$$
$$\fallingdotseq 848.82$$

레이놀즈 수가 2,100 이하이므로 유체의 흐름은 층류이다.

층류일 때 마찰계수 f는 $\frac{64}{Re}$이므로 마찰계수 f는 다음과 같다.

$$f=\frac{64}{Re}=\frac{64}{848.82}\fallingdotseq 0.0754$$

따라서 주어진 조건을 대입하면 손실수두 H는

$$H=\frac{fl}{2gD}\times\left(\frac{4Q}{\pi D^2}\right)^2$$
$$=\frac{0.0754\times 100}{2\times 9.8\times 0.1}\times\left(\frac{4\times 0.02}{\pi\times 0.1^2}\right)^2$$
$$\fallingdotseq 24.95[m]$$

정답 | ②

11 빈출도 ★★

정육면체의 그릇에 물을 가득 채울 때, 그릇 밑면이 받는 압력에 의한 수직방향 평균 힘의 크기를 P라고 하면, 한 측면이 받는 압력에 의한 수평방향 평균 힘의 크기는 얼마인가?

① $0.5P$ ② P
③ $2P$ ④ $4P$

해설 PHASE 05 유체가 가하는 힘

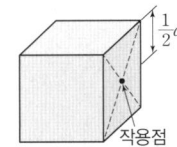

정육면체의 한 변의 길이가 a일 때, 수직 방향으로 작용하는 힘 F_v는 다음과 같다.

$$F_v = mg = \rho Vg = \gamma V$$

F_v: 수직 방향으로 작용하는 힘(수직분력)[N], m: 질량[kg],
g: 중력가속도[m/s²], ρ: 밀도[kg/m³], V: 부피[m³],
γ: 유체의 비중량[N/m³]

$F_v = \gamma V = \gamma(a \times a \times a) = \gamma a^3 = P$

수평 방향으로 작용하는 힘은 중심 높이로부터 표면까지의 높이 $\dfrac{a}{2}$에 작용하므로 F_h는

$$F_h = PA = \rho ghA = \gamma hA$$

F_h: 수평 방향으로 작용하는 힘(수평분력)[N], P: 압력[N/m²],
A: 정사영 면적[m²], ρ: 밀도[kg/m³], g: 중력가속도[m/s²],
h: 중심 높이로부터 표면까지의 높이[m],
γ: 유체의 비중량[N/m³]

$F_h = \gamma hA = \gamma \times \dfrac{a}{2} \times (a \times a) = \dfrac{1}{2}\gamma a^3 = 0.5P$

정답 | ①

12 빈출도 ★

유속 $6[\text{m/s}]$로 정상류의 물이 화살표 방향으로 흐르는 배관에 압력계와 피토계가 설치되어 있다. 이때 압력계의 계기압력이 $300[\text{kPa}]$이었다면 피토계의 계기압력은 약 몇 $[\text{kPa}]$인가?

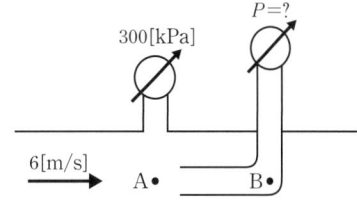

① 180   ② 280
③ 318   ④ 336

해설 PHASE 08 유체유동의 측정

$$u = \sqrt{2g\left(\dfrac{P_B - P_A}{\gamma_w}\right)}$$

u: 유속[m/s], g: 중력가속도[m/s²], P: 압력[kN/m²],
γ_w: 배관 유체의 비중량[kN/m³]

B점의 압력을 구하여야 하므로 공식을 변형하여 P_B에 관한 식으로 나타낸다.

$$P_B = P_A + \dfrac{u^2}{2g} \times \gamma_w$$

따라서 주어진 조건을 공식에 대입하면 B점의 압력 P_B는

$P_B = 300 + \dfrac{6^2}{2 \times 9.8} \times 9.8$
$\quad = 318[\text{kPa}]$

정답 | ③

13 빈출도 ★★

다음 중 등엔트로피 과정은 어느 과정인가?

① 가역 단열 과정 ② 가역 등온 과정
③ 비가역 단열 과정 ④ 비가역 등온 과정

해설 PHASE 13 열역학 기초

가역 단열 과정은 열의 출입이 없고 초기 상태로 돌아갈 수 있으므로 엔트로피가 변화하지 않는 과정이다.

정답 | ①

14 빈출도 ★★

그림과 같이 반지름이 $1[m]$, 폭(y 방향) $2[m]$인 곡면 AB에 작용하는 물에 의한 힘의 수직성분(z방향) F_z와 수평성분(x방향) F_x와의 비 $\left(\dfrac{F_z}{F_x}\right)$는 얼마인가?

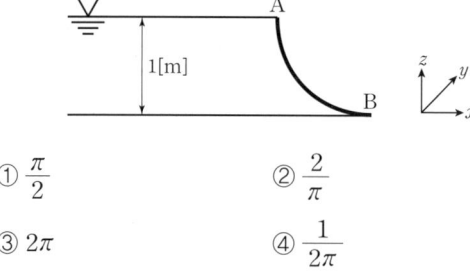

① $\dfrac{\pi}{2}$ ② $\dfrac{2}{\pi}$

③ 2π ④ $\dfrac{1}{2\pi}$

해설 PHASE 05 유체가 가하는 힘

곡면의 수평 방향으로 작용하는 힘 F_x는 다음과 같다.

$$F=PA=\rho ghA=\gamma hA$$

F: 수평 방향으로 작용하는 힘(수평분력)[N], P: 압력[N/m²],
A: 정사영 면적[m²], ρ: 밀도[kg/m³], g: 중력가속도[m/s²],
h: 중심 높이로부터 표면까지의 높이[m],
γ: 유체의 비중량[N/m³]

곡면의 중심 높이로부터 표면까지의 높이 h는 $0.5[m]$이다.
곡면과 나란한 수직인 벽으로 정사영을 내린 면적 A는 $(1\times 2)[m^2]$이다.

$$F_x=\gamma\times 0.5\times (1\times 2)=\gamma$$

곡면의 수직 방향으로 작용하는 힘 F_z는 다음과 같다.

$$F=mg=\rho Vg=\gamma V$$

F: 수직 방향으로 작용하는 힘(수직분력)[N], m: 질량[kg],
g: 중력가속도[m/s²], ρ: 밀도[kg/m³],
V: 곡면 위 유체의 부피[m³], γ: 유체의 비중량[N/m³]

곡면 아래에 유체가 있는 경우 곡면 위의 유체 표면까지 채울 수 있는 가상 유체의 무게로 한다.

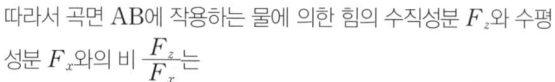

$$V=\dfrac{1}{4}\times \pi r^2\times 2=\dfrac{\pi}{2}$$

$$F_z=\gamma V=\dfrac{\pi}{2}\gamma$$

따라서 곡면 AB에 작용하는 물에 의한 힘의 수직성분 F_z와 수평성분 F_x와의 비 $\dfrac{F_z}{F_x}$는

$$\dfrac{F_z}{F_x}=\dfrac{\dfrac{\pi}{2}\gamma}{\gamma}=\dfrac{\pi}{2}$$

정답 | ①

15 빈출도 ★

안지름 4[cm], 바깥지름 6[cm]인 동심 이중관의 수력직경(hydraulic diameter)은 몇 [cm]인가?

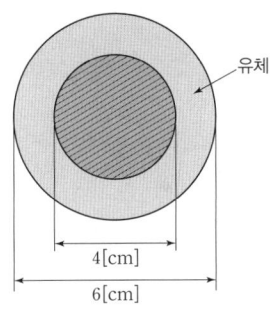

① 2   ② 3
③ 4   ④ 5

해설 PHASE 09 배관 속 유체유동

배관은 원형이 아니므로 수력직경 D_h을 활용하여야 한다.

$$D_h = \frac{4A}{S}$$

D_h: 수력직경[m], A: 배관의 단면적[m²], S: 배관의 둘레[m]

배관의 단면적 A는 다음과 같다.
$$A = \frac{\pi}{4}(D_o^2 - D_i^2)$$

배관의 둘레 S는 다음과 같다.
$$S = \pi(D_o + D_i)$$

따라서 수력직경 D_h는 다음과 같다.
$$D_h = \frac{4 \times \frac{\pi}{4}(D_o^2 - D_i^2)}{\pi(D_o + D_i)} = D_o - D_i$$
$$= 2[cm]$$

정답 | ①

16 빈출도 ★★

원심식 송풍기에서 회전수를 변화시킬 때 동력변화를 구하는 식으로 옳은 것은? (단, 변화 전후의 회전수는 각각 N_1, N_2, 동력은 L_1, L_2이다.)

① $L_2 = L_1 \times \left(\frac{N_1}{N_2}\right)^3$ ② $L_2 = L_1 \times \left(\frac{N_1}{N_2}\right)^2$

③ $L_2 = L_1 \times \left(\frac{N_2}{N_1}\right)^3$ ④ $L_2 = L_1 \times \left(\frac{N_2}{N_1}\right)^2$

해설 PHASE 11 펌프의 특징

송풍기의 회전수를 변화시키면 동일한 송풍기이므로 상사법칙에 따라 축동력이 변화한다.

$$\frac{P_2}{P_1} = \left(\frac{N_2}{N_1}\right)^3 \left(\frac{D_2}{D_1}\right)^5$$

P: 축동력, N: 펌프의 회전수, D: 직경

동일한 송풍기이므로 직경은 같고, 상태1의 축동력이 L_1, 상태2의 축동력이 L_2이므로 축동력 변화는 다음과 같다.

$$L_2 = L_1 \times \left(\frac{N_2}{N_1}\right)^3$$

정답 | ③

17 빈출도 ★

흐르는 유체에서 정상류의 의미로 옳은 것은?

① 흐름의 임의의 점에서 흐름 특성이 시간에 따라 일정하게 변하는 흐름
② 흐름의 임의의 점에서 흐름 특성이 시간에 관계없이 항상 일정한 상태에 있는 흐름
③ 임의의 시각에 유로 내 모든 점의 속도벡터가 일정한 흐름
④ 임의의 시각에 유로 내 각 점의 속도벡터가 다른 흐름

해설 PHASE 09 배관 속 유체유동

흐름 특성이 더 이상 변화하지 않는 흐름을 정상류라고 한다. 배관 속 완전발달흐름이 정상류에 해당한다.

정답 | ②

18 빈출도 ★

30[°C]에서 부피가 10[L]인 이상기체를 일정한 압력으로 0[°C]로 냉각시키면 부피는 약 몇 [L]로 변하는가?

① 3
② 9
③ 12
④ 18

해설 PHASE 14 이상기체

압력과 기체의 양이 일정한 이상기체이므로 샤를의 법칙을 적용할 수 있다.

$$\frac{V_1}{T_1} = C = \frac{V_2}{T_2}$$

상태1의 부피가 10[L], 절대온도가 (273+30)[K]이고, 상태2의 절대온도가 (273+0)[K]이므로 상태2의 부피는

$$V_2 = \frac{V_1}{T_1} \times T_2 = \frac{10[L]}{(273+30)[K]} \times (273+0)[K]$$
$$≒ 9.01[L]$$

관련개념 샤를의 법칙

압력과 기체의 양이 일정할 때 부피와 절대온도는 비례 관계에 있다.

$$\frac{V}{T} = C$$

V: 부피, T: 절대온도[K], C: 상수

정답 | ②

19 빈출도 ★★

공기를 체적비율이 산소(O_2, 분자량 32[g/mol]) 20[%], 질소(N_2, 분자량 28[g/mol]) 80[%]의 혼합기체라 가정할 때 공기의 기체상수는 약 몇 [kJ/kg·K]인가? (단, 일반 기체상수는 8.3145[kJ/kmol·K]이다.)

① 0.294
② 0.289
③ 0.284
④ 0.279

해설 PHASE 14 이상기체

공기의 기체상수 $\overline{R}$은 일반 기체상수 R과 분자량 M의 비율로 구할 수 있다.

$$PV = \frac{m}{M}RT = m\overline{R}T$$

P: 압력[kN/m²], V: 부피[m³], m: 질량[kg],
M: 분자량[kg/kmol], R: 기체상수(8.3145)[kJ/kmol·K],
T: 절대온도[K], $\overline{R}$: 특정기체상수[kJ/kg·K]

$$\overline{R} = \frac{R}{M}$$

공기의 부피비는 분자수의 비율과 같으므로 공기의 분자량은 다음과 같이 구할 수 있다.

$$M = \frac{0.2 \times 32 + 0.8 \times 28}{0.2 + 0.8} = 28.8 [kg/kmol]$$

따라서 주어진 조건을 공식에 대입하면 공기의 기체상수 $\overline{R}$은

$$\overline{R} = \frac{8.3145}{28.8} ≒ 0.289 [kJ/kg·K]$$

정답 | ②

20 빈출도 ★★★

펌프의 입구에서 진공압은 −160[mmHg], 출구에서 압력계의 계기압력은 300[kPa], 송출 유량은 10[m³/min]일 때 펌프의 수동력[kW]은? (단, 진공계와 압력계 사이의 수직거리는 2[m]이고, 흡입관과 송출관의 직경은 같으며, 손실은 무시한다.)

① 5.7
② 56.8
③ 557
④ 3,400

해설 PHASE 11 펌프의 특징

$$P = \frac{P_T Q}{\eta} K$$

P: 펌프의 동력[kW], P_T: 흡입구와 배출구의 압력 차이[kPa],
Q: 유량[m³/s], η: 효율, K: 전달계수

유체의 흡입구와 배출구의 압력 차이는 (300[kPa]−(−160[mmHg]))이고 높이 차이는 2[m]이다. 760[mmHg]와 10.332[m]는 101.325[kPa]와 같으므로 펌프가 유체에 가해주어야 하는 압력은 다음과 같다.

$$\left(300[kPa] - \left(-160[mmHg] \times \frac{101.325[kPa]}{760[mmHg]}\right)\right)$$
$$+ \left(2[m] \times \frac{101.325[kPa]}{10.332[m]}\right) ≒ 340.95[kPa]$$

펌프의 토출량이 10[m³/min]이므로 단위를 변환하면 $\frac{10}{60}$[m³/s]이다.

수동력을 묻고 있으므로 효율 η와 전달계수 K를 모두 1로 두고 주어진 조건을 공식에 대입하면 펌프의 수동력 P는

$$P = \frac{340.95 \times \frac{10}{60}}{1} \times 1 = 56.825 [kW]$$

정답 | ②

2회

□ 1회독   점 | □ 2회독   점 | □ 3회독   점

01 빈출도 ★

다음 유체 기계들의 압력 상승이 일반적으로 큰 것부터 순서대로 바르게 나열한 것은?

① 압축기(compressor) > 블로어(blower) > 팬(fan)
② 블로어(blower) > 압축기(compressor) > 팬(fan)
③ 팬(fan) > 블로어(blower) > 압축기(compressor)
④ 팬(fan) > 압축기(compressor) > 블로어(blower)

해설 PHASE 11 펌프의 특징

압축기 > 블로어 > 팬 순으로 성능(압력 차이)이 좋다.

정답 | ①

02 빈출도 ★★★

물이 들어있는 탱크에 수면으로부터 20[m] 깊이에 지름 50[mm]의 오리피스가 있다. 이 오리피스에서 흘러나오는 유량[m³/min]은? (단, 탱크의 수면 높이는 일정하고 모든 손실은 무시한다.)

① 1.3
② 2.3
③ 3.3
④ 4.3

해설 PHASE 07 유체가 가지는 에너지

$$\frac{P_1}{\gamma} + \frac{u_1^2}{2g} + Z_1 = \frac{P_2}{\gamma} + \frac{u_2^2}{2g} + Z_2$$

P: 압력[N/m²], γ: 비중량[N/m³], u: 유속[m/s], g: 중력가속도[m/s²], Z: 높이[m]

수면과 오리피스 출구의 압력은 대기압으로 같다.
$P_1 = P_2$
수면과 오리피스 출구의 높이 차이는 다음과 같다.
$Z_1 - Z_2 = 20[\text{m}]$
수면 높이는 일정하므로 수면 높이의 변화속도 u_1는 무시하고 주어진 조건을 공식에 대입하면 오리피스 출구의 유속 u_2은 다음과 같다.

$$\frac{u_2^2}{2g} = (Z_1 - Z_2)$$

$$u_2 = \sqrt{2g(Z_1 - Z_2)} = \sqrt{2 \times 9.8 \times 20} ≒ 19.8[\text{m/s}]$$

오리피스는 지름이 $D[\text{m}]$인 원형이므로 오리피스의 단면적은 다음과 같다.

$$A = \frac{\pi}{4}D^2$$

부피유량 공식 $Q = Au$에 의해 오리피스의 직경 D와 유속 u를 알면 유량 Q를 구할 수 있다.
따라서 주어진 조건을 공식에 대입하면 유량 Q는

$$Q = \frac{\pi}{4}D^2 u = \frac{\pi}{4} \times 0.05^2 \times 19.8$$
$$≒ 0.0389[\text{m}^3/\text{s}] = 2.334[\text{m}^3/\text{min}]$$

정답 | ②

03 빈출도 ★

유체에 관한 설명 중 옳은 것은?

① 실제유체는 유동할 때 마찰손실이 생기지 않는다.
② 이상유체는 높은 압력에서 밀도가 변화하는 유체이다.
③ 유체에 압력을 가하면 체적이 줄어드는 유체는 압축성 유체이다.
④ 압력을 가해도 밀도변화가 없으며 점성에 의한 마찰손실만 있는 유체가 이상유체이다.

해설 PHASE 01 유체

압력에 따라 부피와 밀도가 변화하는 유체를 압축성 유체라고 한다.

선지분석
① 실제유체는 점성에 의해 마찰손실이 발생한다.
② 점성과 압축성에 따른 영향이 없는 유체를 이상유체(ideal fluid)라고 한다.
④ 이상유체는 압축성이 없으므로 밀도가 변화하지 않는다.

정답 | ③

04 빈출도 ★★

어떤 용기 내의 이산화탄소($45[kg]$)가 방호공간에 가스 상태로 방출되고 있다. 방출 온도가 압력이 $15[°C]$, $101[kPa]$일 때 방출가스의 체적은 약 몇 $[m^3]$인가? (단, 일반 기체상수는 $8,314[J/kmol·K]$이다.)

① 2.2
② 12.2
③ 20.2
④ 24.3

해설 PHASE 14 이상기체

이상기체의 상태방정식은 다음과 같다.

$$PV = nRT$$

P: 압력$[Pa]$, V: 부피$[m^3]$, n: 분자수$[kmol]$,
R: 기체상수$(8,314)[J/kmol·K]$, T: 절대온도$[K]$

이산화탄소의 분자량은 $44[kg/kmol]$이므로 $45[kg]$ 이산화탄소의 분자수는 $\frac{45}{44}[kmol]$이다.

주어진 조건을 공식에 대입하면 이산화탄소 가스의 부피 V는

$$V = \frac{nRT}{P} = \frac{\frac{45}{44} \times 8,314 \times (273+15)}{101,000}$$

$$\approx 24.25[m^3]$$

정답 | ④

05 빈출도 ★★

그림과 같은 곡관에 물이 흐르고 있을 때 계기 압력으로 P_1이 $98[\text{kPa}]$이고, P_2가 $29.42[\text{kPa}]$이면 이 곡관을 고정시키는 데 필요한 힘[N]은? (단, 높이차 및 모든 손실은 무시한다.)

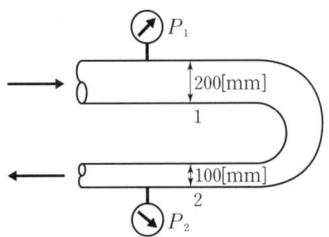

① 4,141　　② 4,314
③ 4,565　　④ 4,744

해설 | PHASE 08 유체유동의 측정

곡관을 고정하기 위해서는 곡관에 가해지는 외력의 합이 0이어야 한다.
곡관에 작용하는 힘은 유체의 압력에 의한 힘과 유체의 유속에 의한 힘의 합이다.
곡관에 들어오는 물이 가하는 힘을 반대 방향으로 바꾸어 나가는 물에 힘을 가하여야 하므로 두 힘의 합만큼 고정하기 위한 힘을 가하면 곡관의 외력의 합이 0이 된다.

$$F = PA + \rho Qu$$

F: 유체가 곡관에 가하는 힘[N], P: 압력[N/m²],
A: 유체의 단면적[m²], ρ: 밀도[kg/m³], Q: 유량[m²/s],
u: 유속[m/s]

들어오는 물과 나가는 물의 유량은 일정하므로 부피유량 공식 $Q = Au$에 의해 유량과 노즐의 직경 D를 알면 유속은 다음과 같이 구할 수 있다.
곡관은 직경이 D인 원형이므로 곡관의 단면적은 다음과 같다.

$$A = \frac{\pi}{4}D^2$$

$$Q = A_1 u_1 = A_2 u_2 = \frac{\pi}{4}D_1^2 u_1 = \frac{\pi}{4}D_2^2 u_2$$

$$\frac{\pi}{4} \times 0.2^2 \times u_1 = \frac{\pi}{4} \times 0.1^2 \times u_2$$

$$4u_1 = u_2$$

유체의 압력을 알고 있으므로 유속은 베르누이 방정식을 통해 구할 수 있다.

$$\frac{P_1}{\gamma} + \frac{u_1^2}{2g} + Z_1 = \frac{P_2}{\gamma} + \frac{u_2^2}{2g} + Z_2$$

P: 압력[N/m²], γ: 비중량[N/m³], u: 유속[m/s],
g: 중력가속도[m/s²], Z: 높이[m]

높이 차이는 없으므로 $Z_1 = Z_2$로 두면 관계식은 다음과 같다.

$$\frac{P_1 - P_2}{\gamma} = \frac{u_2^2 - u_1^2}{2g}$$

$$2 \times \frac{P_1 - P_2}{\rho} = 16u_1^2 - u_1^2$$

$$u_1 = \sqrt{\frac{2}{15} \times \frac{P_1 - P_2}{\rho}}$$

물의 밀도는 $1,000[\text{kg/m}^3]$이므로 곡관을 흐르는 물의 유속과 유량은 다음과 같다.

$$u_1 = \sqrt{\frac{2}{15} \times \frac{98,000 - 29,420}{1,000}} \fallingdotseq 3.024[\text{m/s}]$$

$$u_2 = 4u_1 = 12.096[\text{m/s}]$$

$$Q = \frac{\pi}{4}D_1^2 u_1 = \frac{\pi}{4} \times 0.2^2 \times 3.024 \fallingdotseq 0.095[\text{m}^3/\text{s}]$$

따라서 들어오는 물이 가진 힘은 다음과 같다.

$$F_1 = 98,000 \times \frac{\pi}{4} \times 0.2^2 + 1,000 \times 0.095 \times 3.024$$

$$\fallingdotseq 3,366[\text{N}]$$

나가는 물이 가진 힘은 다음과 같다.

$$F_2 = 29,420 \times \frac{\pi}{4} \times 0.1^2 + 1,000 \times 0.095 \times 12.096$$

$$\fallingdotseq 1,380[\text{N}]$$

곡관을 고정시키는데 필요한 힘은

$$F = F_1 + F_2 = 3,366 + 1,380$$

$$= 4,746[\text{N}]$$

정답 | ④

06 빈출도 ★★

그림과 같은 거꾸로 된 마노미터에서 물과 기름, 수은이 채워져 있다. $a=10[\text{cm}]$, $c=25[\text{cm}]$이고 A의 압력이 B의 압력보다 $80[\text{kPa}]$ 작을 때 b의 길이는 약 몇 $[\text{cm}]$인가? (단, 수은의 비중량은 $133,100[\text{N/m}^3]$, 기름의 비중은 0.9이다.)

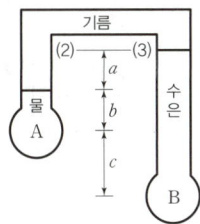

① 17.8 ② 27.8
③ 37.8 ④ 47.8

해설 PHASE 04 압력의 측정

$$P_x = \gamma h = s\gamma_w h$$

P_x: x점에서의 압력[Pa], γ: 비중량[N/m³],
h: 표면까지의 높이[m], s: 비중, γ_w: 물의 비중량[N/m³]

P_A는 물이 누르는 압력과 기름이 누르는 압력, (2)면에 작용하는 압력의 합과 같다.

$$P_A = \gamma_w b + s_1\gamma_w a + P_2$$

P_B는 수은이 누르는 압력과 (3)면에 작용하는 압력의 합과 같다.

$$P_B = \gamma(a+b+c) + P_3$$

유체 내부에서 같은 수평면(높이)에는 같은 압력이 작용하므로 (2)면과 (3)면의 압력은 같다.

$$P_2 = P_3$$
$$P_A - \gamma_w b - s_1\gamma_w a = P_B - \gamma(a+b+c)$$

A점의 압력이 B점의 압력보다 80[kPa] 작으므로 두 점의 관계식은 다음과 같다.

$$P_A + 80,000 = P_B$$

따라서 두 식을 연립하여 주어진 조건을 대입하면 b의 길이는

$$80,000 + \gamma_w b + s_1\gamma_w a = \gamma(a+b+c)$$
$$80,000 + s_1\gamma_w a - \gamma(a+c) = (\gamma - \gamma_w)b$$
$$b = \frac{80,000 + s_1\gamma_w a - \gamma(a+c)}{\gamma - \gamma_w}$$
$$= \frac{80,000 + (0.9 \times 9,800 \times 0.1) - 133,100(0.1+0.25)}{(133,100 - 9,800)}$$
$$\fallingdotseq 0.278[\text{m}] = 27.8[\text{cm}]$$

정답 | ②

07 빈출도 ★★

수격작용에 대한 설명으로 맞는 것은?

① 관로가 변할 때 물의 급격한 압력 저하로 인해 수중에서 공기가 분리되어 기포가 발생하는 것을 말한다.
② 펌프의 운전 중에 송출압력과 송출유량이 주기적으로 변동하는 현상을 말한다.
③ 관로의 급격한 온도변화로 인해 응결되는 현상을 말한다.
④ 흐르는 물을 갑자기 정지시킬 때 수압이 급격히 변화하는 현상을 말한다.

해설 PHASE 12 펌프의 이상현상

배관 속 유체의 흐름이 갑자기 변화할 때 압력파에 의해 충격과 이상음이 발생하는 현상을 수격현상이라고 한다.

관련개념 펌프의 이상현상

수격현상	배관 속 유체의 흐름이 갑자기 변화할 때 압력파에 의해 충격과 이상음이 발생하는 현상
맥동현상	펌프 압력계의 지침이 흔들리며 토출량이 주기적으로 변동하며 진동하는 현상
공동현상	배관 내 흐르는 유체에서 압력이 증기압보다 낮아져 기포가 발생하는 현상

정답 | ④

08 빈출도 ★★★

거리가 1,000[m] 되는 곳에 안지름 20[cm]의 관을 통하여 물을 수평으로 수송하려 한다. 한 시간에 800[m³]를 보내기 위해 필요한 압력[kPa]는? (단, 관의 마찰계수는 0.03이다.)

① 1,370　　② 2,010
③ 3,750　　④ 4,580

해설 PHASE 10 배관의 마찰손실

$$H = \frac{\Delta P}{\gamma} = \frac{flu^2}{2gD}$$

H: 마찰손실수두[m], ΔP: 압력 차이[kPa], γ: 비중량[kN/m³], f: 마찰손실계수, l: 배관의 길이[m], u: 유속[m/s], g: 중력가속도[m/s²], D: 배관의 직경[m]

유체는 물이므로 물의 비중량은 9.8[kN/m³]이다.
부피유량 공식 $Q=Au$에 의해 유량과 배관의 직경 D를 알면 유속은 다음과 같이 구할 수 있다.

$$u = \frac{Q}{A} = \frac{Q}{\frac{\pi}{4}D^2} = \frac{4Q}{\pi D^2}$$

u: 유속[m/s], Q: 유량[m³/s], A: 배관의 단면적[m²], D: 배관의 직경[m]

유량이 800[m³/h]이므로 단위를 변환하면 $\frac{800}{3,600}$[m³/s]이다.

따라서 주어진 조건을 공식에 대입하면 필요한 압력 ΔP는

$$\Delta P = \gamma \times \frac{fl}{2gD} \times \left(\frac{4Q}{\pi D^2}\right)^2$$

$$= 9.8 \times \frac{0.03 \times 1,000}{2 \times 9.8 \times 0.2} \times \left(\frac{4 \times \frac{800}{3,600}}{\pi \times 0.2^2}\right)^2$$

$$\approx 3,752[kPa]$$

정답 | ③

09 빈출도 ★

유속 6[m/s]로 정상류의 물이 화살표 방향으로 흐르는 배관에 압력계와 피토계가 설치되어 있다. 이때 압력계의 계기압력이 300[kPa]이었다면 피토계의 계기압력은 약 몇 [kPa]인가?

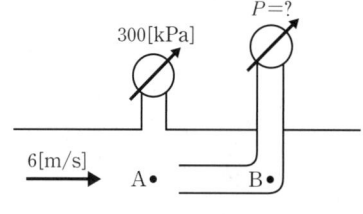

① 180　　② 280
③ 318　　④ 336

해설 PHASE 08 유체유동의 측정

$$u = \sqrt{2g\left(\frac{P_B - P_A}{\gamma_w}\right)}$$

u: 유속[m/s], g: 중력가속도[m/s²], P: 압력[kN/m²], γ_w: 배관 유체의 비중량[kN/m³]

B점의 압력을 구하여야 하므로 공식을 변형하여 P_B에 관한 식으로 나타낸다.

$$P_B = P_A + \frac{u^2}{2g} \times \gamma_w$$

따라서 주어진 조건을 공식에 대입하면 B점의 압력 P_B는

$$P_B = 300 + \frac{6^2}{2 \times 9.8} \times 9.8 = 318[kPa]$$

정답 | ③

10 빈출도 ★★

원형 물탱크의 안지름이 1[m]이고, 아래쪽 옆면에 안지름 100[mm]인 송출관을 통해 물을 수송할 때의 순간 유속이 3[m/s]이었다. 이 때 탱크 내 수면이 내려오는 속도는 몇 [m/s] 인가?

① 0.015 ② 0.02
③ 0.025 ④ 0.03

해설 PHASE 06 유체유동

물탱크에서 줄어드는 물의 부피유량과 송출관을 통해 빠져나가는 물의 부피유량은 같다.

$$Q = Au$$

Q: 부피유량[m³/s], A: 유체의 단면적[m²], u: 유속[m/s]

물탱크(1)와 송출관(2)은 원형이므로 단면적은 다음과 같다.

$$A = \frac{\pi}{4}D^2$$

$A_1 = \frac{\pi}{4} \times 1^2$

$A_2 = \frac{\pi}{4} \times 0.1^2$

송출관의 유속이 3[m/s]이고, 부피유량이 일정하므로 수면이 내려오는 속도 u_1는

$Q = A_1u_1 = A_2u_2$

$\frac{\pi}{4} \times 1^2 \times u_1 = \frac{\pi}{4} \times 0.1^2 \times 3$

$u_1 = 0.03$[m/s]

정답 | ④

11 빈출도 ★★★

물의 체적을 5[%] 감소시키려면 얼마의 압력[kPa]을 가하여야 하는가? (단, 물의 압축률은 5×10^{-10} [m²/N] 이다.)

① 1 ② 10^2
③ 10^4 ④ 10^5

해설 PHASE 02 유체의 성질

$$\beta = \frac{1}{K} = -\frac{\frac{\Delta V}{V}}{\Delta P}$$

β: 압축률[m²/N], K: 체적탄성계수[N/m²], ΔV: 부피변화량, V: 부피, ΔP: 압력변화량[N/m²]

압축률을 압력에 관한 식으로 나타내면 다음과 같다.

$$\Delta P = -\frac{\frac{\Delta V}{V}}{\beta}$$

부피가 5[%] 감소하였다는 것은 이전부피 V_1가 100일 때 이후부피 V_2는 95라는 의미이므로 부피변화율 $\frac{\Delta V}{V}$ 는

$\frac{95-100}{100} = -0.05$이다.

따라서 압력변화량 ΔP는

$\Delta P = -\frac{-0.05}{5 \times 10^{-10}} = 10^8[\text{Pa}] = 10^5[\text{kPa}]$

정답 | ④

12 빈출도 ★

액체 분자들 사이의 응집력과 고체면에 대한 부착력의 차이에 의하여 관내 액체표면과 자유표면 사이에 높이 차이가 나타나는 것과 가장 관계가 깊은 것은?

① 관성력 ② 점성
③ 뉴턴의 마찰법칙 ④ 모세관 현상

해설 PHASE 02 유체의 성질

모세관 현상은 분자간 인력인 응집력과 분자와 모세관 사이의 인력인 부착력의 차이에 의해 발생한다.

정답 | ④

13 빈출도 ★★★

비중이 0.877인 기름이 단면적이 변하는 원관을 흐르고 있으며 체적유량은 $0.146[m^3/s]$이다. A점에서는 안지름이 $150[mm]$, 압력이 $91[kPa]$이고, B점에서는 안지름이 $450[mm]$, 압력이 $60.3[kPa]$이다. 또한 B점은 A점보다 $3.66[m]$ 높은 곳에 위치한다. 기름이 A점에서 B점까지 흐르는 동안의 손실수두는 약 몇 [m] 인가? (단, 물의 비중량은 $9,810[N/m^3]$ 이다.)

① 3.3   ② 7.2
③ 10.7 ④ 14.1

해설 | PHASE 07 유체가 가지는 에너지

$$\frac{P_1}{\gamma}+\frac{u_1^2}{2g}+Z_1=\frac{P_2}{\gamma}+\frac{u_2^2}{2g}+Z_2+H$$

P: 압력$[kN/m^2]$, γ: 비중량$[kN/m^3]$, u: 유속$[m/s]$,
g: 중력가속도$[m/s^2]$, Z: 높이$[m]$, H: 손실수두$[m]$

유체의 비중이 0.877이므로 유체의 비중량은 다음과 같다.

$$s=\frac{\rho}{\rho_w}=\frac{\gamma}{\gamma_w}$$

s: 비중, ρ: 비교물질의 밀도$[kg/m^3]$, ρ_w: 물의 밀도$[kg/m^3]$,
γ: 비교물질의 비중량$[kN/m^3]$, γ_w: 물의 비중량$[kN/m^3]$

$\gamma=s\gamma_w=0.877\times9.81≒8.6$

부피유량이 일정하므로 A점의 유속 u_1과 B점의 유속 u_2는 다음과 같다.

$Q=A_1u_1=A_2u_2$

$u_1=\frac{Q}{A_1}=\frac{Q}{\frac{\pi}{4}D_1^2}=\frac{0.146}{\frac{\pi}{4}\times0.15^2}≒8.262[m/s]$

$u_2=\frac{Q}{A_2}=\frac{Q}{\frac{\pi}{4}D_2^2}=\frac{0.146}{\frac{\pi}{4}\times0.45^2}≒0.918[m/s]$

B점이 A점보다 $3.66[m]$ 높은 곳에 위치하므로 위치수두는 다음과 같다.

$Z_1+3.66=Z_2$

따라서 주어진 조건을 공식에 대입하면 마찰손실수두 H는

$H=\frac{P_1-P_2}{\gamma}+\frac{u_1^2-u_2^2}{2g}+(Z_1-Z_2)$

$=\frac{91-60.3}{8.6}+\frac{8.262^2-0.918^2}{2\times9.8}+(-3.66)$

$≒3.35[m]$

정답 | ①

14 빈출도 ★

$-15[℃]$의 얼음 $10[g]$을 $100[℃]$의 증기로 만드는 데 필요한 열량은 약 몇 [kJ]인가? (단, 얼음의 융해열은 $335[kJ/kg]$, 물의 증발잠열은 $2,256[kJ/kg]$, 얼음의 평균 비열은 $2.1[kJ/kg\cdot K]$이고, 물의 평균 비열은 $4.18[kJ/kg\cdot K]$이다.)

① 7.85   ② 27.1
③ 30.4   ④ 35.2

해설 | PHASE 13 열역학 기초

$-15[℃]$의 얼음은 $0[℃]$까지 온도변화 후 물로 상태변화를 하고 다시 $100[℃]$까지 온도변화 후 수증기로 상태변화한다.

$$Q=cm\varDelta T$$

Q: 열량$[kJ]$, c: 비열$[kJ/kg\cdot K]$, m: 질량$[kg]$,
$\varDelta T$: 온도변화$[K]$

$$Q=mr$$

Q: 열량$[kJ]$, m: 질량$[kg]$, r: 잠열$[kJ/kg]$

얼음의 평균 비열은 $2.1[kJ/kg\cdot K]$이므로 $0.01[kg]$의 얼음이 $-15[℃]$에서 $0[℃]$까지 온도변화하는 데 필요한 열량은 다음과 같다.

$Q_1=2.1\times0.01\times(0-(-15))=0.315[kJ]$

얼음의 융해열은 $335[kJ/kg]$이므로 $0[℃]$의 얼음이 물로 상태변화하는 데 필요한 열량은 다음과 같다.

$Q_2=0.01\times335=3.35[kJ]$

물의 평균 비열은 $4.18[kJ/kg\cdot K]$이므로 $0.01[kg]$의 물이 $0[℃]$에서 $100[℃]$까지 온도변화하는 데 필요한 열량은 다음과 같다.

$Q_3=4.18\times0.01\times(100-0)=4.18[kJ]$

물의 증발잠열은 $2,256[kJ/kg]$이므로 $100[℃]$의 물이 수증기로 상태변화하는 데 필요한 열량은 다음과 같다.

$Q_4=0.01\times2,256[kJ/kg]=22.56[kJ]$

따라서 $-15[℃]$의 얼음이 $100[℃]$의 수증기로 변화하는 데 필요한 열량은

$Q=Q_1+Q_2+Q_3+Q_4=0.315+3.35+4.18+22.56$
$=30.405[kJ]$

정답 | ③

15 빈출도 ★

단면적이 A와 $2A$인 U자형 관에 밀도가 d인 기름이 담겨져 있다. 단면적이 $2A$인 관에 관벽과는 마찰이 없는 물체를 놓았더니 그림과 같이 평형을 이루었다. 이 때 이 물체의 질량은?

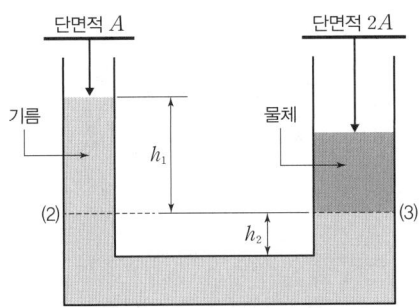

① $2Ah_1d$ ② Ah_1d
③ $A(h_1+h_2)d$ ④ $A(h_1-h_2)d$

해설 PHASE 05 유체가 가하는 힘

$$P_x = \rho g h$$

P_x: x점에서의 압력[N/m²], ρ: 밀도[kg/m³], g: 중력가속도[m/s²], h: x점으로부터 표면까지의 높이[m]

(2)면에 작용하는 압력은 기름이 누르는 압력과 같다.
$P_2 = dgh_1$
(3)면에 작용하는 압력은 물체가 누르는 압력과 같다.

$$P = \frac{F}{A}$$

P: 압력[N/m²], F: 힘[N], A: 면적[m²]

물체가 가진 질량을 m이라고 하면 물체가 누르는 힘 F는 mg이고, 따라서 물체가 누르는 압력은 다음과 같다.
$P_3 = \dfrac{mg}{2A}$
유체 내부에서 같은 수평면(높이)에는 같은 압력이 작용하므로 (2)면과 (3)면의 압력은 같다.
$P_2 = P_3$
$dgh_1 = \dfrac{mg}{2A}$
따라서 물체의 질량 m은
$m = 2Ah_1d$

정답 | ①

16 빈출도 ★

이상적인 카르노 사이클의 과정인 단열 압축과 등온 압축의 엔트로피 변화에 관한 설명으로 옳은 것은?

① 등온 압축의 경우 엔트로피 변화는 없고, 단열 압축의 경우 엔트로피 변화는 감소한다.
② 등온 압축의 경우 엔트로피 변화는 없고, 단열 압축의 경우 엔트로피 변화는 증가한다.
③ 단열 압축의 경우 엔트로피 변화는 없고, 등온 압축의 경우 엔트로피 변화는 감소한다.
④ 단열 압축의 경우 엔트로피 변화는 없고, 등온 압축의 경우 엔트로피 변화는 증가한다.

해설 PHASE 16 카르노 사이클

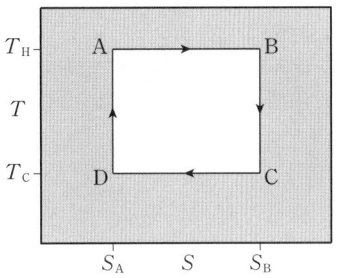

카르노 사이클은 등온 팽창(A-B)에서 엔트로피가 증가하고, 등온 압축(C-D)에서 엔트로피가 감소한다.
단열 팽창(B-C), 단열 압축(D-A)에서는 엔트로피 변화가 없다.

정답 | ③

17 빈출도 ★★

무한한 두 평판 사이에 유체가 채워져 있고 한 평판은 정지해 있고 또 다른 평판은 일정한 속도로 움직이는 Couette 유동을 하고 있다. 유체 A만 채워져 있을 때 평판을 움직이기 위한 단위면적당 힘을 τ_1이라 하고 같은 평판 사이에 점성이 다른 유체 B만 채워져 있을 때 필요한 힘을 τ_2라 하면 유체 A와 B가 반반씩 위아래로 채워져 있을 때 평판을 같은 속도로 움직이기 위한 단위면적당 힘에 대한 표현으로 옳은 것은?

① $\tau_1 = \dfrac{\tau_2}{2}$
② $\sqrt{\tau_1 \tau_2}$
③ $\dfrac{2\tau_1 \tau_2}{\tau_1 + \tau_2}$
④ $\tau_1 + \tau_2$

해설 PHASE 02 유체의 성질

점도가 다른 두 유체가 채워져 있을 때 전단응력은 각각의 유체가 채워져 있을 때의 전단응력의 조화평균에 수렴한다.

정답 | ③

18 빈출도 ★

양정 220[m], 유량 0.025[m³/s], 회전수 2,900[rpm]인 4단 원심 펌프의 비교회전도(비속도)[m³/min, m, rpm]는 얼마인가?

① 176
② 167
③ 45
④ 23

해설 PHASE 11 펌프의 특징

펌프의 비교회전도(비속도)를 구하는 공식은 다음과 같다.

$$N_s = \dfrac{NQ^{\frac{1}{2}}}{\left(\dfrac{H}{n}\right)^{\frac{3}{4}}}$$

N_s: 비교회전도[m³/min, m, rpm], N: 회전수[rpm], Q: 유량[m³/min], H: 양정[m], n: 단수

유량이 0.025[m³/s]이므로 단위를 변환하면 $0.025 \times 60 = 1.5$[m³/min]이다.
주어진 조건을 공식에 대입하면 비교회전도 N_s는

$$N_s = \dfrac{2,900 \times 1.5^{\frac{1}{2}}}{\left(\dfrac{220}{4}\right)^{\frac{3}{4}}} \fallingdotseq 175.86\text{[m}^3/\text{min, m, rpm]}$$

정답 | ①

19 빈출도 ★★

파이프 단면적이 2.5배로 급격하게 확대되는 구간을 지난 후의 유속이 1.2[m/s]이다. 부차적 손실계수가 0.36이라면 급격확대로 인한 손실수두는 몇 [m]인가?

① 0.0264
② 0.0661
③ 0.165
④ 0.331

해설 PHASE 10 배관의 마찰손실

$$H = \frac{(u_1 - u_2)^2}{2g} = K\frac{u_1^2}{2g}$$

H: 마찰손실수두[m], u_1: 좁은 배관의 유속[m/s],
u_2: 넓은 배관의 유속[m/s], g: 중력가속도[m/s²],
K: 부차적 손실계수

파이프 단면적이 2.5배로 확대되었으므로 단면적의 비율은 다음과 같다.

$A_2 = 2.5 A_1$

부피유량이 일정하므로 파이프의 확대 전 유속 u_1와 확대 후 유속 u_2는 다음과 같다.

$Q = A_1 u_1 = A_2 u_2$

$u_1 = \left(\frac{A_2}{A_1}\right) \times u_2 = 2.5 \times 1.2 = 3[\text{m/s}]$

주어진 조건을 공식에 대입하면 급격확대로 인한 손실수두 H는

$H = K\frac{u_1^2}{2g} = 0.36 \times \frac{3^2}{2 \times 9.8} ≒ 0.165[\text{m}]$

정답 | ③

20 빈출도 ★★

열역학 관련 설명 중 틀린 것은?

① 삼중점에서는 물체의 고상, 액상, 기상이 공존한다.
② 압력이 증가하면 물의 끓는점도 높아진다.
③ 열을 완전히 일로 변환할 수 있는 효율이 100[%]인 열기관은 만들 수 없다.
④ 기체의 정적비열은 정압비열보다 크다.

해설 PHASE 13 열역학 기초

정압비열 C_p는 정적비열 C_v보다 기체상수 R만큼 더 크다. 정압비열은 압력을 유지하기 위해 부피팽창이 일어나므로 정적비열보다 더 크다.

선지분석
① 물질의 상평형도에서 삼중점은 서로 다른 세 개의 상이 공존하는 지점이다.
② 압력이 증가하면 분자 간 인력을 끊기 위해 더 많은 열을 필요로 하므로 더 높은 온도에서 끓기 시작한다.
③ 열역학 제2법칙에 의해 효율이 100[%]인 열기관은 존재할 수 없다.

정답 | ④

4회

□ 1회독　점　│　□ 2회독　점　│　□ 3회독　점

01 빈출도 ★

원관 속을 층류상태로 흐르는 유체의 속도분포가 다음과 같을 때 관 벽에서 $30[\text{mm}]$ 떨어진 곳에서 유체의 속도기울기(속도구배)는 약 몇 $[\text{s}^{-1}]$인가?

| $u = 3y^{\frac{1}{2}}$ | u: 유속[m/s], y: 관 벽으로부터의 거리[m] |

① 0.87　　　　② 2.74
③ 8.66　　　　④ 27.4

해설　PHASE 09 배관 속 유체유동

주어진 속도분포식을 벽으로부터의 거리 y에 대하여 미분하면 다음과 같다.

$$\frac{du}{dy} = \frac{3}{2\sqrt{y}}$$

관 벽으로부터 $30[\text{mm}]$ 떨어진 곳에서 유체의 속도기울기는

$$\frac{du}{dy} = \frac{3}{2\sqrt{0.03}} \fallingdotseq 8.66[\text{s}^{-1}]$$

정답 │ ③

02 빈출도 ★★★

그림과 같이 노즐이 달린 수평관에서 계기압력이 $0.49[\text{MPa}]$이었다. 이 관의 안지름이 $6[\text{cm}]$이고 관의 끝에 달린 노즐의 지름이 $2[\text{cm}]$라면 노즐의 분출속도는 몇 $[\text{m/s}]$인가? (단, 노즐에서의 손실은 무시하고, 관마찰계수는 0.025이다.)

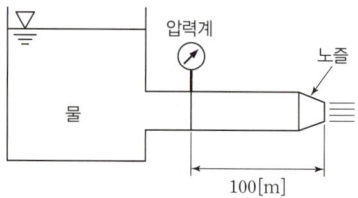

① 16.8　　　　② 20.4
③ 25.5　　　　④ 28.4

해설　PHASE 10 배관의 마찰손실

노즐을 통과하기 전 후의 압력과 속도의 관계식은 베르누이 방정식을 통해 구할 수 있다.

$$\frac{P_1}{\gamma} + \frac{u_1^2}{2g} + Z_1 = \frac{P_2}{\gamma} + \frac{u_2^2}{2g} + Z_2 + H$$

P: 압력[N/m²], γ: 비중량[N/m³], u: 유속[m/s], g: 중력가속도[m/s²], Z: 높이[m], H: 손실수두[m]

노즐을 통과한 후(2) 압력 P_2는 대기압이므로 0이다.
유량은 일정하므로 부피유량 공식 $Q = Au$에 의해 유량과 노즐의 직경 D를 알면 유속은 다음과 같이 구할 수 있다.
노즐은 직경이 D인 원형이므로 노즐의 단면적은 다음과 같다.

$$A = \frac{\pi}{4}D^2$$

$$Q = A_1 u_1 = A_2 u_2 = \frac{\pi}{4}D_1^2 u_1 = \frac{\pi}{4}D_2^2 u_2$$

$$\frac{\pi}{4} \times 0.06^2 \times u_1 = \frac{\pi}{4} \times 0.02^2 \times u_2$$

$$9u_1 = u_2$$

높이 차이는 없으므로 $Z_1 = Z_2$로 두면 방정식은 다음과 같다.

$$\frac{P_1}{\gamma} + \frac{u_1^2}{2g} = \frac{u_2^2}{2g} + H$$

일정한 양의 비압축성 유체가 일정한 속도로 흐를 때 배관에서의 마찰손실은 달시-바이스바하 방정식으로 구할 수 있다.

$$H = \frac{\Delta P}{\gamma} = \frac{flu^2}{2gD}$$

H: 마찰손실수두[m], ΔP: 압력 차이[kPa], γ: 비중량[kN/m³],
f: 마찰손실계수, l: 배관의 길이[m], u: 유속[m/s],
g: 중력가속도[m/s²], D: 배관의 직경[m]

따라서 방정식을 u_1에 대하여 정리하면 다음과 같다.

$$\frac{P_1}{\gamma} = \frac{80u_1^2}{2g} + \frac{flu_1^2}{2gD}$$

$$\frac{P_1}{\gamma} = \left(\frac{80}{2g} + \frac{fl}{2gD}\right)u_1^2$$

$$u_1 = \sqrt{\frac{\frac{P_1}{\gamma}}{\frac{80}{2g} + \frac{fl}{2gD}}}$$

주어진 조건을 공식에 대입하면 노즐의 분출속도 u_2는

$$u_1 = \sqrt{\frac{\frac{490}{9.8}}{\frac{80}{2 \times 9.8} + \frac{0.025 \times 100}{2 \times 9.8 \times 0.06}}}$$

$\fallingdotseq 2.84$[m/s]
$u_2 = 9u_1 = 25.56$[m/s]

정답 | ③

03 빈출도 ★★★

용량 1,000[L]의 탱크차가 만수 상태로 화재현장에 출동하여 노즐압력 294.2[kPa], 노즐구경 21[mm]를 사용하여 방수한다면 탱크차 내의 물을 전부 방수하는 데 몇 분 소요되는가? (단, 모든 손실은 무시한다.)

① 1.7분
② 2분
③ 2.3분
④ 2.7분

해설 PHASE 07 유체가 가지는 에너지

노즐을 통과하기 전후의 압력과 속도의 관계식은 베르누이 방정식을 통해 구할 수 있다.

$$\frac{P_1}{\gamma} + \frac{u_1^2}{2g} + Z_1 = \frac{P_2}{\gamma} + \frac{u_2^2}{2g} + Z_2$$

P: 압력[kN/m²], γ: 비중량[kN/m³], u: 유속[m/s], g: 중력가속도[m/s²], Z: 높이[m]

노즐을 통과하기 전(1) 유속 u_1은 0, 노즐을 통과한 후(2) 압력 P_2는 대기압이므로 0, 높이 차이는 없으므로 $Z_1 = Z_2$로 두면 방정식은 다음과 같다.

$$\frac{P_1}{\gamma} = \frac{u_2^2}{2g}$$

따라서 노즐을 통과하기 전 P만큼의 방수압력을 가해주면 노즐을 통과한 유체는 u만큼의 유속으로 방사된다.

$$u = \sqrt{\frac{2gP}{\gamma}}$$

유체는 물이므로 물의 비중량은 9.8[kN/m³]이다.
노즐은 직경이 D인 원형이므로 노즐의 단면적은 다음과 같다.

$$A = \frac{\pi}{4}D^2$$

부피유량 공식 $Q = Au$에 의해 방수량은 다음과 같다.

$$Q = Au = \frac{\pi}{4}D^2 \times \sqrt{\frac{2gP}{\gamma}}$$

$$= \frac{\pi}{4} \times 0.021^2 \times \sqrt{\frac{2 \times 9.8 \times 294.2}{9.8}}$$

$\fallingdotseq 0.0084$[m³/s]

따라서 1,000[L]의 물을 전부 방수하는데 걸리는 시간은

$$\frac{1,000[\text{L}]}{0.0084[\text{m}^3/\text{s}]} = \frac{1[\text{m}^3]}{0.0084[\text{m}^3/\text{s}]}$$

$\fallingdotseq 119$[s] = 1분 59초

정답 | ②

04 빈출도 ★★

글로브 밸브에 의한 손실을 지름이 10[cm]이고 관 마찰계수가 0.025인 관의 길이로 환산하면 상당길이가 40[m]가 된다. 이 밸브의 부차적 손실계수는?

① 0.25　　　　　② 1
③ 2.5　　　　　　④ 10

해설 PHASE 10 배관의 마찰손실

$$L = \frac{KD}{f}$$

L: 상당길이[m], K: 부차적 손실계수, D: 직경[m], f: 마찰손실계수

주어진 조건을 공식에 대입하면 부차적 손실계수 K는

$$K = \frac{Lf}{D} = \frac{40 \times 0.025}{0.1} = 10$$

정답 ④

05 빈출도 ★★★

수은의 비중이 13.6일 때 수은의 비체적은 몇 [m³/kg]인가?

① $\frac{1}{13.6}$　　　　② $\frac{1}{13.6} \times 10^{-3}$
③ 13.6　　　　　　④ 13.6×10^{-3}

해설 PHASE 02 유체의 성질

비중량은 밀도의 역수이므로 수은의 밀도를 계산하면 다음과 같다.

$$s = \frac{\rho}{\rho_w}$$

s: 비중, ρ: 비교물질의 밀도[kg/m³], ρ_w: 물의 밀도[kg/m³]

$\rho = s\rho_w = 13.6 \times 1,000 = 13,600$[kg/m³]
따라서 수은의 비체적 ν은

$$\nu = \frac{1}{\rho} = \frac{1}{13,600} = \frac{1}{13.6} \times 10^{-3}[\text{m}^3/\text{kg}]$$

정답 ②

06 빈출도 ★★

동력(power)의 차원을 MLT(질량M, 길이L, 시간T)계로 바르게 나타낸 것은?

① MLT^{-1}　　　　② M^2LT^{-2}
③ ML^2T^{-3}　　　④ MLT^{-2}

해설 PHASE 01 유체

동력의 단위는 [W]=[J/s]=[N·m/s]=[kg·m²/s³]이고, 동력의 차원은 ML^2T^{-3}이다.

정답 ③

07 빈출도 ★★

관로에서 20[℃]의 물이 수조에 5분 동안 유입되었을 때 유입된 물의 중량이 60[kN]이라면 이 때 유량은 몇 [m³/s]인가?

① 0.015　　　　② 0.02
③ 0.025　　　　④ 0.03

해설 PHASE 06 유체유동

$$G = \rho g A u$$

G: 무게유량[N/s], ρ: 밀도[kg/m³], g: 중력가속도[m/s²], A: 유체의 단면적[m²], u: 유속[m/s]

$$Q = Au$$

Q: 부피유량[m³/s], A: 유체의 단면적[m²], u: 유속[m/s]

5분 동안 유입된 물의 무게가 60[kN]이므로 평균 무게유량은 다음과 같다.

$$G = \frac{60,000}{5 \times 60} = 200[\text{N/s}]$$

부피유량과 무게유량은 다음과 같은 관계를 가지고 있다.

$$G = \rho g A u = \rho g Q$$

유체는 물이므로 물의 밀도는 1,000[kg/m³]이다.
따라서 이 때의 유량은

$$Q = \frac{G}{\rho g} = \frac{200}{1,000 \times 9.8} \approx 0.02[\text{m}^3/\text{s}]$$

정답 ②

08 빈출도 ★

수평 원관 속을 층류상태로 흐르는 경우 유량에 대한 설명으로 틀린 것은?

① 점성계수에 반비례한다.
② 관의 길이에 반비례한다.
③ 관 지름의 4제곱에 비례한다.
④ 압력강하량에 반비례한다.

해설 PHASE 10 배관의 마찰손실

유체의 흐름이 층류일 때 하겐-푸아죄유 방정식을 적용할 수 있다.

$$H = \frac{\Delta P}{\gamma} = \frac{128\mu l Q}{\gamma \pi D^4}$$

H: 마찰손실수두[m], ΔP: 압력 차이[Pa], γ: 비중량[N/m³], μ: 점성계수(점도)[kg/m·s], l: 배관의 길이[m], Q: 유량[m³/s], D: 배관의 직경[m]

하겐-푸아죄유 방정식을 유량 Q에 대하여 정리하면 다음과 같다.

$$Q = \frac{\gamma \pi D^4 H}{128\mu l} = \frac{\pi D^4 \Delta P}{128\mu l}$$

따라서 유량 Q는 압력강하량 ΔP에 비례한다.

정답 ④

09 빈출도 ★★

회전속도 1,000[rpm]일 때 송출량 $Q[\text{m}^3/\text{min}]$, 전양정 $H[\text{m}]$인 원심펌프가 상사한 조건에서 송출량이 $1.1Q[\text{m}^3/\text{min}]$가 되도록 회전속도를 증가시킬 때, 전양정은 어떻게 되는가?

① $0.91H$
② H
③ $1.1H$
④ $1.21H$

해설 PHASE 11 펌프의 특징

펌프의 회전수를 변화시키면 동일한 펌프이므로 상사법칙에 따라 유량과 양정이 변화한다.

$$\frac{Q_2}{Q_1} = \left(\frac{N_2}{N_1}\right)\left(\frac{D_2}{D_1}\right)^3$$

Q: 유량, N: 펌프의 회전수, D: 직경

$$\frac{H_2}{H_1} = \left(\frac{N_2}{N_1}\right)^2\left(\frac{D_2}{D_1}\right)^2$$

H: 양정, N: 펌프의 회전수, D: 직경

동일한 펌프이므로 직경은 같고, 상태1의 유량이 Q, 상태2의 유량이 $1.1Q$이므로 회전수 변화는 다음과 같다.

$$N_2 = N_1\left(\frac{Q_2}{Q_1}\right) = N_1\left(\frac{1.1Q}{Q}\right) = 1.1N_1$$

양정 변화는 다음과 같다.

$$H_2 = H_1\left(\frac{N_2}{N_1}\right)^2 = H_1\left(\frac{1.1N_1}{N_1}\right)^2 = 1.21H$$

정답 ④

10 빈출도 ★★★

온도차이가 ΔT, 열전도율이 k_1, 두께 x인 벽을 통한 열유속(Heat Flux)과 온도차이가 $2\Delta T$, 열전도율이 k_2, 두께 $0.5x$인 벽을 통한 열유속이 서로 같다면 두 재질의 열전도율비 $\dfrac{k_1}{k_2}$의 값은?

① 1 ② 2
③ 4 ④ 8

해설 PHASE 15 열전달

열유속은 단위면적 당 열전달량을 의미한다.

$$Q = kA\dfrac{(T_2 - T_1)}{l}$$

Q: 열전달량[W], k: 열전도율[W/m·℃], A: 열전달 면적[m²], $(T_2 - T_1)$: 온도 차이[℃], l: 벽의 두께[m]

두 열유속이 서로 같으므로 관계식은 다음과 같다.

$$\dfrac{Q_1}{A} = k_1 \dfrac{\Delta T}{x} = \dfrac{Q_2}{A} = k_2 \dfrac{2\Delta T}{0.5x}$$

따라서 두 재질의 열전도율의 비율은

$$\dfrac{k_1}{k_2} = \dfrac{x}{\Delta T} \times \dfrac{2\Delta T}{0.5x} = 4$$

정답 ③

11 빈출도 ★★★

안지름 10[cm]의 관로에서 마찰손실수두가 속도수두와 같다면 그 관로의 길이는 약 몇 [m]인가? (단, 관마찰계수는 0.03이다.)

① 1.58 ② 2.54
③ 3.33 ④ 4.52

해설 PHASE 10 배관의 마찰손실

일정한 양의 비압축성 유체가 일정한 속도로 흐를 때 배관에서의 마찰손실은 달시─바이스바하 방정식으로 구할 수 있다.

$$H = \dfrac{\Delta P}{\gamma} = \dfrac{flu^2}{2gD}$$

H: 마찰손실수두[m], ΔP: 압력 차이[kPa], γ: 비중량[kN/m³], f: 마찰손실계수, l: 배관의 길이[m], u: 유속[m/s], g: 중력가속도[m/s²], D: 배관의 직경[m]

속도수두는 $\dfrac{u^2}{2g}$이므로 마찰손실수두와 속도수두가 같으려면 다음의 조건을 만족하여야 한다.

$$H = \dfrac{fl}{D} \times \dfrac{u^2}{2g} \rightarrow \dfrac{fl}{D} = 1$$

따라서 관로의 길이 l은

$$l = \dfrac{D}{f} = \dfrac{0.1}{0.03} \approx 3.33[\text{m}]$$

정답 ③

12 빈출도 ★★

폭이 4[m]이고 반경이 1[m]인 그림과 같은 $\frac{1}{4}$원형 모양으로 설치된 수문 AB가 있다. 이 수문이 받는 수직방향 분력 F_V의 크기[N]는?

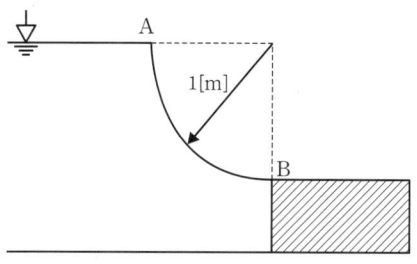

① 7,613 ② 9,801
③ 30,787 ④ 123,000

해설 PHASE 05 유체가 가하는 힘

곡면의 수직 방향으로 작용하는 힘 F_V는 다음과 같다.

$$F = mg = \rho Vg = \gamma V$$

F: 수직 방향으로 작용하는 힘(수직분력)[N], m: 질량[kg],
g: 중력가속도[m/s²], ρ: 밀도[kg/m³],
V: 곡면 위 유체의 부피[m³], γ: 유체의 비중량[N/m³]

유체는 물이므로 물의 비중량은 9,800[N/m³]이다.
곡면 아래에 유체가 있는 경우 곡면 위의 유체 표면까지 채울 수 있는 가상 유체의 무게로 한다.

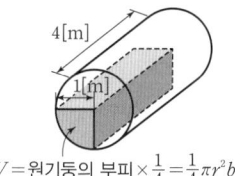

$V = $ 원기둥의 부피 $\times \frac{1}{4} = \frac{1}{4}\pi r^2 b$

$V = \frac{1}{4} \times \pi \times 1^2 \times 4 = \pi$

$F_V = 9,800 \times \pi ≒ 30,787$[N]

정답 | ③

13 빈출도 ★

어떤 기체를 20[℃]에서 등온 압축하여 절대압력이 0.2[MPa]에서 1[MPa]으로 변할 때 체적은 초기 체적과 비교하여 어떻게 변화하는가?

① 5배로 증가한다.
② 10배로 증가한다.
③ $\frac{1}{5}$로 감소한다.
④ $\frac{1}{10}$로 감소한다.

해설 PHASE 14 이상기체

온도와 기체의 양이 일정한 이상기체이므로 보일의 법칙을 적용할 수 있다.

$$P_1V_1 = C = P_2V_2$$

상태1의 압력이 0.2[MPa], 상태2의 압력이 1[MPa]이므로 상태1과 상태2의 부피비는

$$\frac{V_2}{V_1} = \frac{P_1}{P_2} = \frac{0.2[MPa]}{1[MPa]} = \frac{1}{5}$$

관련개념 보일의 법칙

온도와 기체의 양이 일정할 때 부피와 압력은 반비례 관계에 있다.

$$PV = C$$

P: 압력, V: 부피, C: 상수

정답 | ③

14 빈출도 ★★★

원심펌프를 이용하여 $0.2[\text{m}^3/\text{s}]$로 저수지의 물을 $2[\text{m}]$ 위의 물 탱크로 퍼 올리고자 한다. 펌프의 효율이 $80[\%]$라고 하면 펌프에 공급하여야 하는 동력 $[\text{kW}]$은?

① 1.96
② 3.14
③ 3.92
④ 4.90

해설 PHASE 11 펌프의 특징

펌프에 공급하여야 하는 동력이므로 축동력을 묻는 문제이다.

$$P = \frac{\gamma Q H}{\eta}$$

P: 축동력$[\text{kW}]$, γ: 유체의 비중량$[\text{kN/m}^3]$, Q: 유량$[\text{m}^3/\text{s}]$, H: 전양정$[\text{m}]$, η: 효율

유체는 물이므로 물의 비중량은 $9.8[\text{kN/m}^3]$이다.
따라서 주어진 조건을 공식에 대입하면 동력 P는

$$P = \frac{9.8 \times 0.2 \times 2}{0.8} = 4.9[\text{kW}]$$

정답 | ④

15 빈출도 ★

다음 중 열역학 제1법칙에 관한 설명으로 옳은 것은?

① 열은 그 자신만으로 저온에서 고온으로 이동할 수 없다.
② 일은 열로 변환시킬 수 있고 열은 일로 변환시킬 수 있다.
③ 사이클 과정에서 열이 모두 일로 변화할 수 없다.
④ 열평형 상태에 있는 물체의 온도는 같다.

해설 PHASE 13 열역학 기초

열역학 제1법칙은 에너지 보존법칙을 설명하며, 열과 일은 서로 변환될 수 있음을 설명한다.

관련개념 열역학 법칙

열역학 제0법칙	• 열적 평형상태를 설명한다. • 열역학계(system) A와 B가 평형이고, B와 C가 평형이면 A와 C도 평형이다. • 열평형 상태에 있는 물체의 온도는 같다.
열역학 제1법칙	• 에너지 보존법칙을 설명한다. • 열과 일은 서로 변환될 수 있다. • 에너지의 형태는 바뀌더라도 그 총량은 일정하다.
열역학 제2법칙	• 에너지가 흐르는 방향을 설명한다. • 에너지는 엔트로피가 증가하는 방향으로 흐른다. • 열은 고온에서 저온으로 흐른다. • 모든 열이 전부 일로 변환되지 않는다.
열역학 제3법칙	• $0[\text{K}]$에서 물질의 운동에너지는 0이며, 엔트로피는 0이다.

정답 | ②

16 빈출도 ★★

다음 중 표준대기압인 1기압에 가장 가까운 것은?

① 860[mmHg]
② 10.33[mAq]
③ 101.325[bar]
④ 1.0332[kgf/m²]

해설 PHASE 03 압력과 부력

대기압은 10.332[m]의 물기둥이 누르는 압력과 같다. 10.332[mAq] 또는 10.332[mH₂O]로 쓴다.

선지분석

① 1[atm]은 760[mmHg]와 같다.
③ 1[atm]은 1.01325[bar]와 같다.
④ 1[atm]은 10.332[kgf/m²], 10.332[kgf/cm²]와 같다.

정답 | ②

17 빈출도 ★★★

열전달 면적이 A이고, 온도 차이가 10[℃], 벽의 열전도율이 10[W/m·K], 두께 25[cm]인 벽을 통한 열류량은 100[W]이다. 동일한 열전달 면적에서 온도 차이가 2배, 벽의 열전도율이 4배가 되고 벽의 두께가 2배가 되는 경우 열류량[W]은 얼마인가?

① 50
② 200
③ 400
④ 800

해설 PHASE 15 열전달

$$Q = kA \frac{(T_2 - T_1)}{l}$$

Q: 열전달량[W], k: 열전도율[W/m·℃],
A: 열전달 면적[m²], (T_2-T_1): 온도 차이[℃],
l: 벽의 두께[m]

온도 차이가 2배, 열전도율이 4배, 벽의 두께가 2배가 되는 경우 열류량은

$$Q_2 = 4k \times A \times \frac{2(T_2-T_1)}{2l} = 4Q_1 = 400[W]$$

정답 | ③

18 빈출도 ★★

열역학 관련 설명 중 틀린 것은?

① 삼중점에서는 물체의 고상, 액상, 기상이 공존한다.
② 압력이 증가하면 물의 끓는점도 높아진다.
③ 열을 완전히 일로 변환할 수 있는 효율이 100[%]인 열기관은 만들 수 없다.
④ 기체의 정적비열은 정압비열보다 크다.

해설 PHASE 13 열역학 기초

정압비열 C_p는 정적비열 C_v보다 기체상수 R만큼 더 크다. 정압비열은 압력을 유지하기 위해 부피팽창이 일어나므로 정적비열보다 더 크다.

선지분석

① 물질의 상평형도에서 삼중점은 서로 다른 세 개의 상이 공존하는 지점이다.
② 압력이 증가하면 분자 간 인력을 끊기 위해 더 많은 열을 필요로 하므로 더 높은 온도에서 끓기 시작한다.
③ 열역학 제2법칙에 의해 효율이 100[%]인 열기관은 존재할 수 없다.

정답 | ④

19 빈출도 ★★

비압축성 유체를 설명한 것으로 가장 옳은 것은?

① 체적탄성계수가 0인 유체를 말한다.
② 관로 내에 흐르는 유체를 말한다.
③ 점성을 갖고 있는 유체를 말한다.
④ 난류 유동을 하는 유체를 말한다.

해설 PHASE 01 유체

압력에 따라 부피와 밀도가 변화하지 않는 유체를 비압축성 유체라고 한다.
체적탄성계수가 의미를 가지지 못하는 유체는 비압축성 유체이다.

정답 | ①

20 빈출도 ★

외부지름이 30[cm]이고 내부지름이 20[cm]인 길이 10[m]의 환형(annular)관에 물이 2[m/s]의 평균속도로 흐르고 있다. 이때 손실수두가 1[m]일 때, 수력직경에 기초한 마찰계수는 얼마인가?

① 0.049 ② 0.054
③ 0.065 ④ 0.078

해설 PHASE 09 배관 속 유체유동

일정한 양의 비압축성 유체가 일정한 속도로 흐를 때 배관에서의 마찰손실계수는 달시-바이스바하 방정식으로 구할 수 있다.

$$H = \frac{\Delta P}{\gamma} = \frac{flu^2}{2gD}$$

H: 마찰손실수두[m], ΔP: 압력 차이[kPa], γ: 비중량[kN/m³],
f: 마찰손실계수, l: 배관의 길이[m], u: 유속[m/s],
g: 중력가속도[m/s²], D: 배관의 직경[m]

배관은 원형이 아니므로 이 때 배관의 직경은 수력직경 D_h을 활용하여야 한다.

$$D_h = \frac{4A}{S}$$

D_h: 수력직경[m], A: 배관의 단면적[m²], S: 배관의 둘레[m]

배관의 단면적 A는 다음과 같다.

$$A = \frac{\pi}{4}(D_o^2 - D_i^2)$$

배관의 둘레 S는 다음과 같다.

$$S = \pi(D_o + D_i)$$

따라서 수력직경 D_h는 다음과 같다.

$$D_h = \frac{4 \times \frac{\pi}{4}(D_o^2 - D_i^2)}{\pi(D_o + D_i)} = D_o - D_i = 0.1[m]$$

주어진 조건을 공식에 대입하면 마찰손실계수 f는

$$f = H \times \frac{2gD_h}{lu^2} = 1 \times \frac{2 \times 9.8 \times 0.1}{10 \times 2^2}$$

$$= 0.049$$

정답 | ①

2022년 기출문제

1회

□ 1회독   점 | □ 2회독   점 | □ 3회독   점

01 빈출도 ★

30[℃]에서 부피가 10[L]인 이상기체를 일정한 압력으로 0[℃]로 냉각시키면 부피는 약 몇 [L]로 변하는가?

① 3 ② 9
③ 12 ④ 18

해설 PHASE 14 이상기체

압력과 기체의 양이 일정한 이상기체이므로 샤를의 법칙을 적용할 수 있다.

$$\frac{V_1}{T_1} = C = \frac{V_2}{T_2}$$

상태1의 부피가 10[L], 절대온도가 (273+30)[K]이고, 상태2의 절대온도가 (273+0)[K]이므로 상태2의 부피는

$$V_2 = \frac{V_1}{T_1} \times T_2 = \frac{10[L]}{(273+30)[K]} \times (273+0)[K]$$
$$\fallingdotseq 9.01[L]$$

관련개념 샤를의 법칙

압력과 기체의 양이 일정할 때 부피와 절대온도는 비례 관계에 있다.

$$\frac{V}{T} = C$$

V: 부피, T: 절대온도[K], C: 상수

정답 | ②

02 빈출도 ★

비중이 0.6이고 길이 20[m], 폭 10[m], 높이 3[m]인 직육면체 모양의 소방정 위에 비중이 0.9인 포소화약제 5톤을 실었다. 바닷물의 비중이 1.03일 때 바닷물 속에 잠긴 소방정의 깊이는 몇 [m]인가?

① 3.54 ② 2.5
③ 1.77 ④ 0.6

해설 PHASE 03 압력과 부력

포소화약제가 실린 소방정에 작용하는 중력은 다음과 같다.

$$F_1 = s\gamma_w V + mg$$

F_1: 소방정에 작용하는 중력[kN], s: 비중, γ_w: 물의 비중량[kN/m³], V: 소방정의 부피[m³], m: 포소화약제의 질량[ton], g: 중력가속도[m/s²]

$$F_1 = 0.6 \times 9.8 \times (20 \times 10 \times 3) + 5 \times 9.8 = 3,577[kN]$$

소방정에 작용하는 부력은 다음과 같다.

$$F_2 = \gamma \times xV = s\gamma_w \times xV$$

F_2: 부력[kN], γ: 유체의 비중량[kN/m³], x: 물체가 잠긴 비율[%], V: 물체의 부피[m³], s: 비중, γ_w: 물의 비중량[kN/m³]

$$F_2 = 1.03 \times 9.8 \times x \times (20 \times 10 \times 3) = 6,056.4x$$

소방정이 안정적으로 떠있기 위해서는 중력과 부력의 크기가 같아야 한다.

$$F = F_1 - F_2 = 0$$

F: 소방정이 받는 힘[N], F_1: 중력[N], F_2: 부력[N]

$$F = 3,577 - 6,056.4x = 0$$
$$x \fallingdotseq 0.59 = 59[\%]$$

따라서 소방정은 전체 부피의 59[%]만큼 잠겨있으며, 높이 3[m]의 59[%]인 1.77[m] 잠겨있다.

관련개념 물의 비중량

물의 밀도가 1,000[kg/m³]이므로 중력가속도인 9.8[m/s²]을 곱하면 물의 비중량은 9,800[N/m³]이 되며, 1,000을 킬로(kilo, [k])로 나타낸 9.8[kN/m³]을 사용하기도 한다.

정답 | ③

03 빈출도 ★★

그림과 같이 대기압 상태에서 V의 균일한 속도로 분출된 직경 D의 원형 물제트가 원판에 충돌할 때 원판이 U의 속도로 오른쪽으로 계속 동일한 속도로 이동하려면 외부에서 원판에 가해야 하는 힘 F는? (단, ρ는 물의 밀도, g는 중력가속도이다.)

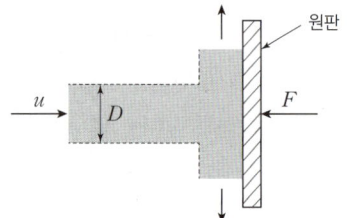

① $\dfrac{\rho\pi D^2}{4}(V-U)^2$

② $\dfrac{\rho\pi D^2}{4}(V+U)^2$

③ $\rho\pi D^2(V-U)(V+D)$

④ $\dfrac{\rho\pi D^2(V-U)(V+U)}{4}$

해설 PHASE 08 유체유동의 측정

원판의 이동속도가 동일하게 유지되기 위해서는 원판에 가해지는 외력의 합이 0이어야 한다.
원판에는 원형 물제트가 충돌하며 힘을 가하고 있으므로 그와 반대되는 방향으로 동일한 크기의 힘을 가하면 원판의 외력의 합이 0이 된다.

$$F=\rho A u^2$$

F: 유체가 원판에 가하는 힘[N], ρ: 유체의 밀도[kg/m³],
A: 유체의 단면적[m²], u: 유속[m/s]

물제트는 직경이 D인 원형이므로 물제트의 단면적은 다음과 같다.

$$A=\dfrac{\pi}{4}D^2$$

물제트는 V의 속도로 원판에 접근하고 있지만, 원판은 같은 방향인 U의 속도로 이동하고 있으므로 물제트와 원판이 충돌하는 상대속도는 $V-U$이다.
따라서 물제트가 원판에 가하는 힘과 원판이 동일한 속도를 유지하기 위해 원판에 가하여야 하는 힘의 크기 F는

$$F=\dfrac{\rho\pi D^2}{4}(V-U)^2$$

정답 | ①

04 빈출도 ★★

그림과 같이 폭이 넓은 두 평판 사이를 흐르는 유체의 속도분포 $u(y)$가 다음과 같을 때, 평판 벽에 작용하는 전단응력은 약 몇 [Pa]인가? (단, $u_m=1[\text{m/s}]$, $h=0.01[\text{m}]$, 유체의 점성계수는 $0.1[\text{N}\cdot\text{s/m}^2]$이다.)

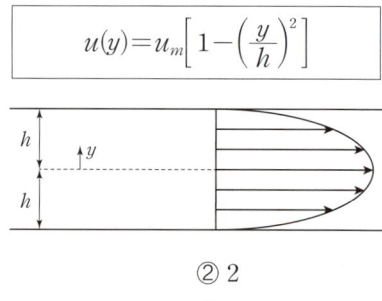

① 1
② 2
③ 10
④ 20

해설 PHASE 02 유체의 성질

전단응력은 점성계수(점도)와 속도기울기의 곱으로 이루어져 있다.

$$\tau=\mu\dfrac{du}{dy}$$

τ: 전단응력[Pa], μ: 점성계수(점도)[N·s/m²],
$\dfrac{du}{dy}$: 속도기울기[s⁻¹]

주어진 속도분포식을 평판으로부터의 거리 y에 대하여 미분하면 다음과 같다.

$$\dfrac{du}{dy}=u_m\left(-\dfrac{2}{h}\left(\dfrac{y}{h}\right)\right)=u_m\left(-\dfrac{2y}{h^2}\right)$$

평판 벽에서 작용하는 전단응력은 $y=\pm h$일 경우이므로 이때의 전단응력은

$$\tau=0.1\times 1\times\left(\dfrac{2\times 0.01}{0.01^2}\right)=20[\text{Pa}]$$

정답 | ④

05 빈출도 ★

−15[°C]의 얼음 10[g]을 100[°C]의 증기로 만드는 데 필요한 열량은 약 몇 [kJ]인가? (단, 얼음의 융해열은 335[kJ/kg], 물의 증발잠열은 2,256[kJ/kg], 얼음의 평균 비열은 2.1[kJ/kg·K]이고, 물의 평균 비열은 4.18[kJ/kg·K]이다.)

① 7.85 ② 27.1
③ 30.4 ④ 35.2

해설 PHASE 13 열역학 기초

−15[°C]의 얼음은 0[°C]까지 온도변화 후 물로 상태변화를 하고 다시 100[°C]까지 온도변화 후 수증기로 상태변화한다.

$$Q = cm\Delta T$$

Q: 열량[kJ], c: 비열[kJ/kg·K], m: 질량[kg], ΔT: 온도변화[K]

$$Q = mr$$

Q: 열량[kJ], m: 질량[kg], r: 잠열[kJ/kg]

얼음의 평균 비열은 2.1[kJ/kg·K]이므로 0.01[kg]의 얼음이 −15[°C]에서 0[°C]까지 온도변화하는 데 필요한 열량은 다음과 같다.
$$Q_1 = 2.1 \times 0.01 \times (0-(-15)) = 0.315[kJ]$$

얼음의 융해열은 335[kJ/kg]이므로 0[°C]의 얼음이 물로 상태변화하는 데 필요한 열량은 다음과 같다.
$$Q_2 = 0.01 \times 335 = 3.35[kJ]$$

물의 평균 비열은 4.18[kJ/kg·K]이므로 0.01[kg]의 물이 0[°C]에서 100[°C]까지 온도변화하는 데 필요한 열량은 다음과 같다.
$$Q_3 = 4.18 \times 0.01 \times (100-0) = 4.18[kJ]$$

물의 증발잠열은 2,256[kJ/kg]이므로 100[°C]의 물이 수증기로 상태변화하는 데 필요한 열량은 다음과 같다.
$$Q_4 = 0.01 \times 2,256[kJ/kg] = 22.56[kJ]$$

따라서 −15[°C]의 얼음이 100[°C]의 수증기로 변화하는 데 필요한 열량은
$$Q = Q_1 + Q_2 + Q_3 + Q_4 = 0.315 + 3.35 + 4.18 + 22.56$$
$$= 30.405[kJ]$$

정답 | ③

06 빈출도 ★★★

포화액−증기 혼합물 300[g]이 100[kPa]의 일정한 압력에서 기화가 일어나서 건도가 10[%]에서 30[%]로 높아진다면 혼합물의 체적 증가량은 약 몇 [m³]인가? (단, 100[kPa]에서 포화액과 포화증기의 비체적은 각각 0.00104[m³/kg]과 1.694[m³/kg]이다.)

① 3.386 ② 1.693
③ 0.508 ④ 0.102

해설 PHASE 02 유체의 성질

300[g]의 혼합물은 $x[\%]$의 수증기와 $(1-x)[\%]$의 물로 상태변화 하였다.
건도 10[%]일 때의 혼합물의 체적은 다음과 같다.
$$V_{10} = 0.3 \times 0.1 \times 1.694 + 0.3 \times (1-0.1) \times 0.00104$$
$$≒ 0.051[m^3]$$

건도 30[%]일 때의 혼합물의 체적은 다음과 같다.
$$V_{30} = 0.3 \times 0.3 \times 1.694 + 0.3 \times (1-0.3) \times 0.00104$$
$$≒ 0.153[m^3]$$

따라서 혼합물의 체적 증가량 $(V_{30}-V_{10})$은
$$V_{30} - V_{10} = 0.153 - 0.051$$
$$= 0.102[m^3]$$

정답 | ④

07 빈출도 ★★★

비중량 및 비중에 대한 설명으로 옳은 것은?

① 비중량은 단위부피 당 유체의 질량이다.
② 비중은 유체의 질량 대 표준상태 유체의 질량비이다.
③ 기체인 수소의 비중은 액체인 수은의 비중보다 크다.
④ 압력의 변화에 대한 액체의 비중량 변화는 기체 비중량 변화보다 작다.

해설 PHASE 02 유체의 성질

압력이 변화할 때 기체가 액체보다 부피 변화가 크므로 밀도와 비중량의 변화가 더 크다.

선지분석

① 밀도에 중력가속도를 곱하면 비중량이 되므로 비중량은 단위부피 당 유체의 무게이다. 밀도는 단위부피 당 유체의 질량이다.
② 비교대상인 물질과 표준물질의 밀도비를 비중이라고 한다.
③ 일반적으로 기체의 비중은 액체의 비중보다 작다. 비중이 작을수록 상대적으로 떠오른다.

정답 | ④

08 빈출도 ★★★

물분무 소화설비의 가압송수장치로 전동기 구동형 펌프를 사용하였다. 펌프의 토출량 800[L/min], 전양정 50[m], 효율 0.65, 전달계수 1.1인 경우 적당한 전동기 용량은 몇 [kW]인가?

① 4.2
② 4.7
③ 10.0
④ 11.1

해설 PHASE 11 펌프의 특징

$$P = \frac{\gamma QH}{\eta} K$$

P: 전동력[kW], γ: 유체의 비중량[kN/m³], Q: 유량[m³/s], H: 전양정[m], η: 효율, K: 전달계수

유체는 물이므로 물의 비중량은 9.8[kN/m³]이다.

펌프의 토출량이 800[L/min]이므로 단위를 변환하면 $\frac{0.8}{60}$[m³/s]이다.

따라서 주어진 조건을 공식에 대입하면 전동기 용량 P는

$$P = \frac{9.8 \times \frac{0.8}{60} \times 50}{0.65} \times 1.1$$

$$\fallingdotseq 11.06[kW]$$

정답 | ④

09 빈출도 ★

수평 원관 속을 층류상태로 흐르는 경우 유량에 대한 설명으로 틀린 것은?

① 점성계수에 반비례한다.
② 관의 길이에 반비례한다.
③ 관 지름의 4제곱에 비례한다.
④ 압력강하량에 반비례한다.

해설 PHASE 10 배관의 마찰손실

유체의 흐름이 층류일 때 하겐-푸아죄유 방정식을 적용할 수 있다.

$$H = \frac{\Delta P}{\gamma} = \frac{128\mu l Q}{\gamma \pi D^4}$$

H: 마찰손실수두[m], ΔP: 압력 차이[Pa], γ: 비중량[N/m³],
μ: 점성계수(점도)[kg/m·s], l: 배관의 길이[m],
Q: 유량[m³/s], D: 배관의 직경[m]

하겐-푸아죄유 방정식을 유량 Q에 대하여 정리하면 다음과 같다.

$$Q = \frac{\gamma \pi D^4 H}{128\mu l} = \frac{\pi D^4 \Delta P}{128\mu l}$$

따라서 유량 Q는 압력강하량 ΔP에 비례한다.

정답 | ④

10 빈출도 ★★

부차적 손실계수 K가 2인 관 부속품에서의 손실 수두가 2[m]이라면 이때의 유속은 약 몇 [m/s]인가?

① 4.43　　② 3.14
③ 2.21　　④ 2.00

해설 PHASE 10 배관의 마찰손실

$$H = K\frac{u^2}{2g}$$

H: 마찰손실수두[m], K: 부차적 손실계수, u: 유속[m/s],
g: 중력가속도[m/s²]

유속 u에 관한 식으로 나타내면 다음과 같다.

$$u = \sqrt{2g\frac{H}{K}} = \sqrt{2 \times 9.8 \times \frac{2}{2}}$$
$$\approx 4.427 [\text{m/s}]$$

정답 | ①

11 빈출도 ★★

관내에 흐르는 유체의 흐름을 구분하는데 사용되는 레이놀즈 수의 물리적인 의미는?

① $\dfrac{관성력}{중력}$ ② $\dfrac{관성력}{점성력}$

③ $\dfrac{관성력}{탄성력}$ ④ $\dfrac{관성력}{압축력}$

해설 PHASE 09 배관 속 유체유동

레이놀즈 수는 유체의 관성력과 점성력의 비를 나타내는 수로 크기에 따라 클수록 난류, 작을수록 층류로 판단하는 척도가 된다.

$$Re = \dfrac{\rho u D}{\mu} = \dfrac{uD}{\nu}$$

Re: 레이놀즈 수, ρ: 밀도[kg/m³], u: 유속[m/s], D: 직경[m], μ: 점성계수(점도)[kg/m·s], ν: 동점성계수(동점도)[m²/s]

정답 | ②

12 빈출도 ★★

그림과 같은 U자관 차압액주계에서 $\gamma_1 = 9.8 [\mathrm{kN/m^3}]$, $\gamma_2 = 133 [\mathrm{kN/m^3}]$, $\gamma_3 = 9.0 [\mathrm{kN/m^3}]$, $h_1 = 0.2 [\mathrm{m}]$, $h_3 = 0.1 [\mathrm{m}]$이고 압력차 $P_A - P_B = 30 [\mathrm{kPa}]$이다. h_2는 몇 [m]인가?

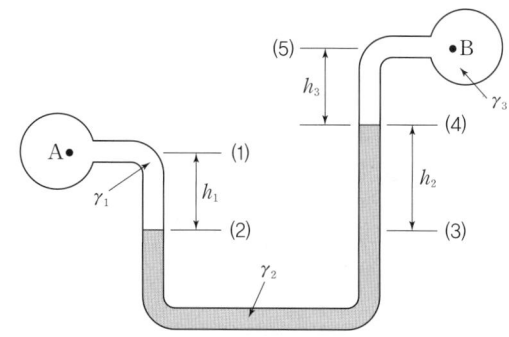

① 0.218 ② 0.226
③ 0.234 ④ 0.247

해설 PHASE 04 압력의 측정

$$P_x = \gamma h$$

P_x: x에서의 압력[kPa], γ: 비중량[kN/m³], h: 높이[m]

(2)면에 작용하는 압력은 A점에서의 압력과 A점의 유체가 누르는 압력의 합과 같다.
   $P_2 = P_A + \gamma_1 h_1$
(3)면에 작용하는 압력은 B점에서의 압력과 B점의 유체가 누르는 압력, 계기 유체가 누르는 압력의 합과 같다.
   $P_3 = P_B + \gamma_3 h_3 + \gamma_2 h_2$
유체 내부에서 같은 수평면(높이)에는 같은 압력이 작용하므로 (2)면과 (3)면의 압력은 같다.
   $P_2 = P_3$
   $P_A + \gamma_1 h_1 = P_B + \gamma_3 h_3 + \gamma_2 h_2$
따라서 계기 유체의 높이 차이 h_2는
$$h_2 = \dfrac{P_A - P_B + \gamma_1 h_1 - \gamma_3 h_3}{\gamma_2}$$
$$= \dfrac{30 + 9.8 \times 0.2 - 9.0 \times 0.1}{133} \fallingdotseq 0.234 [\mathrm{m}]$$

정답 | ③

13 빈출도 ★★

펌프와 관련된 용어의 설명으로 옳은 것은?

① 캐비테이션: 송출압력과 송출유량이 주기적으로 변하는 현상
② 서징: 액체가 포화 증기압 이하에서 비등하여 기포가 발생하는 현상
③ 수격작용: 관을 흐르던 물이 갑자기 정지할 때 압력파에 의해 이상음(異常音)이 발생하는 현상
④ NPSH: 펌프에서 상사법칙을 나타내기 위한 비속도

해설 PHASE 12 펌프의 이상현상

NPSH는 펌프가 흡입하는 압력을 수두로 나타낸 수치로 공동현상의 발생을 예상하는 척도가 된다.

수격현상	배관 속 유체의 흐름이 갑자기 변화할 때 압력파에 의해 충격과 이상음이 발생하는 현상
맥동현상	펌프 압력계의 지침이 흔들리며 토출량이 주기적으로 변동하며 진동하는 현상
공동현상	배관 내 흐르는 유체에서 압력이 증기압보다 낮아져 기포가 발생하는 현상

정답 | ③

14 빈출도 ★★★

베르누이의 정리 $\left(\dfrac{P}{\rho}+\dfrac{V^2}{2}+gZ=\text{constant}\right)$가 적용되는 조건이 아닌 것은?

① 압축성의 흐름이다.
② 정상 상태의 흐름이다.
③ 마찰이 없는 흐름이다.
④ 베르누이 정리가 적용되는 임의의 두 점은 같은 유선 상에 있다.

해설 PHASE 07 유체가 가지는 에너지

베르누이의 정리가 적용되는 유체는 비압축성 유체이다.

관련개념 베르누이 정리의 조건

㉠ 비압축성 유체이다.
㉡ 정상상태의 흐름이다.
㉢ 마찰이 없는 흐름이다.
㉣ 임의의 두 점은 같은 흐름선 상에 있다.

정답 | ①

15 빈출도 ★★★

수평 배관 설비에서 상류 지점인 A지점의 배관을 조사해 보니 지름 100[mm], 압력 0.45[MPa], 평균유속 1[m/s]이었다. 또, 하류의 B지점을 조사해 보니 지름 50[mm], 압력 0.4[MPa]이었다면 두 지점 사이의 손실수두는 약 몇 [m]인가? (단, 배관 내 유체의 비중은 1이다.)

① 4.34
② 4.95
③ 5.87
④ 8.67

해설 PHASE 07 유체가 가지는 에너지

$$\dfrac{P_1}{\gamma}+\dfrac{u_1^2}{2g}+Z_1=\dfrac{P_2}{\gamma}+\dfrac{u_2^2}{2g}+Z_2+H$$

P: 압력[kN/m²], γ: 비중량[kN/m³], u: 유속[m/s],
g: 중력가속도[m/s²], Z: 높이[m], H: 마찰손실수두[m]

유체의 비중이 1이므로 유체의 비중량은 다음과 같다.

$$s=\dfrac{\rho}{\rho_w}=\dfrac{\gamma}{\gamma_w}$$

s: 비중, ρ: 비교물질의 밀도[kg/m³], ρ_w: 물의 밀도[kg/m³],
γ: 비교물질의 비중량[N/m³], γ_w: 물의 비중량[N/m³]

$\gamma=s\gamma_w=1\times 9.8=9.8$

A지점의 유속이 1[m/s]이고, 부피유량이 일정하므로 B지점의 유속 u_2는 다음과 같다.

$Q=A_1u_1=A_2u_2$

$\dfrac{\pi}{4}\times 0.1^2\times 1=\dfrac{\pi}{4}\times 0.05^2\times u_2$

$u_2=4[\text{m/s}]$

수평 배관 설비에서 위치가 가지는 에너지는 일정하다.

$Z_1=Z_2$

따라서 주어진 조건을 공식에 대입하면 마찰손실수두 H는

$H=\dfrac{P_1-P_2}{\gamma}+\dfrac{u_1^2-u_2^2}{2g}+(Z_1-Z_2)$

$=\dfrac{450-400}{9.8}+\dfrac{1^2-4^2}{2\times 9.8}+(0)$

$\fallingdotseq 4.34[\text{m}]$

정답 | ①

16 빈출도 ★★

그림과 같이 수평과 30° 경사된 폭 50[cm]인 수문 AB가 A점에서 힌지(hinge)로 되어있다. 이 문을 열기 위한 최소한의 힘 F(수문에 직각 방향)는 약 몇 [kN]인가? (단, 수문의 무게는 무시하고, 유체의 비중은 1이다.)

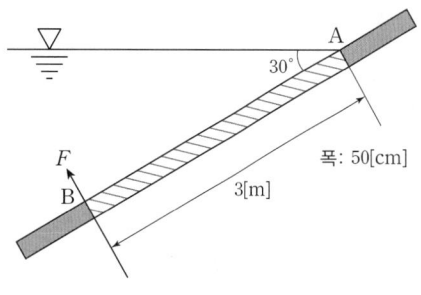

① 11.5 ② 7.35
③ 5.51 ④ 2.71

해설 PHASE 05 유체가 가하는 힘

힌지를 기준으로 유체가 수문을 누르는 힘과 반대방향으로 더 큰 토크가 주어져야 수문을 열 수 있다.

$$\tau = r \times F$$

τ: 토크[kN·m], r: 회전축으로부터 거리[m], F: 힘[kN]

수문에 작용하는 힘 F_1의 크기는 다음과 같다.

$$F = \gamma h A = \gamma \times l \sin\theta \times A$$

F: 수문에 작용하는 힘[kN], γ: 유체의 비중량[kN/m³],
h: 수문의 중심 높이로부터 표면까지의 높이[m],
A: 수문의 면적[m²], l: 표면으로부터 수문 중심까지의 길이[m],
θ: 표면과 수문이 이루는 각도

유체의 비중이 1이므로 유체의 비중량은 다음과 같다.

$$s = \frac{\rho}{\rho_w} = \frac{\gamma}{\gamma_w}$$

s: 비중, ρ: 비교물질의 밀도[kg/m³], ρ_w: 물의 밀도[kg/m³],
γ: 비교물질의 비중량[N/m³], γ_w: 물의 비중량[N/m³]

$\gamma = s\gamma_w = 1 \times 9.8 = 9.8$

힌지가 표면과 맞닿아 있으므로 표면으로부터 수문 중심까지의 길이 l은 1.5[m]이다.
수문의 면적 A는 (3×0.5)[m]이므로 수문에 작용하는 힘 F_1은

$$F_1 = 9.8 \times 1.5 \times \sin 30° \times (3 \times 0.5) = 11.025 [N]$$

수문에 작용하는 힘의 위치 y는 다음과 같다.

$$y = l + \frac{I}{Al}$$

y: 표면으로부터 작용점까지의 길이[m], l: 표면으로부터 수문 중심까지의 길이[m], I: 관성모멘트[m⁴], A: 수문의 면적[m²]

수문은 중심축이 힌지인 직사각형이므로 관성모멘트 I는 $\frac{bh^3}{12}$이다.

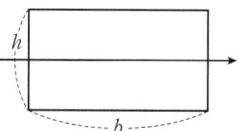

수문에 작용하는 힘의 작용점은 다음과 같다.

$$y = l + \frac{\frac{bh^3}{12}}{Al} = 1.5 + \frac{\frac{0.5 \times 3^3}{12}}{(3 \times 0.5) \times 1.5} = 2[m]$$

유체가 수문을 힌지로부터 2[m]인 지점에서 11.025[kN]의 힘으로 누르고 있으므로 B점에서 들어올려야 하는 최소한의 힘 F_2의 크기는

$$\tau = r_1 \times F_1 = r_2 \times F_2$$
$$F_2 = \frac{r_1}{r_2} \times F_1 = \frac{2}{3} \times 11.025 = 7.35[kN]$$

정답 | ②

17 빈출도 ★

성능이 같은 3대의 펌프를 병렬로 연결하였을 경우 양정과 유량은 얼마인가? (단, 펌프 1대의 유량은 Q, 양정은 H이다.)

① 유량은 $3Q$, 양정은 H
② 유량은 $3Q$, 양정은 $3H$
③ 유량은 $9Q$, 양정은 H
④ 유량은 $9Q$, 양정은 $3H$

해설 PHASE 11 펌프의 특징

펌프를 병렬로 연결하면 유량은 증가하고 양정은 변하지 않는다. 성능이 같은 펌프를 병렬로 연결하면 유량은 3배가 된다.

정답 | ①

18 빈출도 ★

원관 속을 층류상태로 흐르는 유체의 속도분포가 다음과 같을 때 관 벽에서 30[mm] 떨어진 곳에서 유체의 속도기울기(속도구배)는 약 몇 [s^{-1}]인가?

| $u=3y^{\frac{1}{2}}$ | u: 유속[m/s],
 y: 관 벽으로부터의 거리[m] |

① 0.87 ② 2.74
③ 8.66 ④ 27.4

해설 PHASE 09 배관 속 유체유동

주어진 속도분포식을 벽으로부터의 거리 y에 대하여 미분하면 다음과 같다.

$$\frac{du}{dy}=\frac{3}{2\sqrt{y}}$$

관 벽으로부터 30[mm] 떨어진 곳에서 유체의 속도기울기는

$$\frac{du}{dy}=\frac{3}{2\sqrt{0.03}}≒8.66[s^{-1}]$$

정답 | ③

19 빈출도 ★★

대기의 압력이 106[kPa]이라면 게이지 압력이 1,226[kPa]인 용기에서 절대압력은 몇 [kPa]인가?

① 1,120 ② 1,125
③ 1,327 ④ 1,332

해설 PHASE 03 압력과 부력

진공을 기준으로 나타내는 압력을 절대압이라고 하며, 대기압을 기준으로 (+)압력을 게이지압이라고 한다.
따라서 대기압에 게이지압을 더해주면 진공으로부터의 절대압이 된다.

1,226[kPa]+106[kPa]=1,332[kPa]

정답 | ④

20 빈출도 ★★★

표면온도 15[℃], 방사율 0.85인 40[cm]×50[cm] 직사각형 나무판의 한쪽 면으로부터 방사되는 복사열은 약 몇 [W]인가? (단, 슈테판-볼츠만 상수는 $5.67×10^{-8}$ [W/m^2·K^4]이다.)

① 12 ② 66
③ 78 ④ 521

해설 PHASE 15 열전달

$$Q=\sigma T^4$$

Q: 열전달량[W/m^2],
σ: 슈테판-볼츠만 상수(5.67×10^{-8})[W/m^2·K^4],
T: 절대온도[K]

직사각형 나무판의 넓이가 (0.4×0.5)[m^2]이고, 표면온도가 (273+15)[K], 방사율이 0.85이므로 나무판으로부터 방사되는 복사열은

$Q=5.67×10^{-8}×(273+15)^4×(0.4×0.5)×0.85$
$≒66.31[W]$

정답 | ②

2회

☐ 1회독   점 | ☐ 2회독   점 | ☐ 3회독   점

01 빈출도 ★★

2[MPa], 400[℃]의 과열 증기를 단면확대 노즐을 통하여 20[kPa]로 분출시킬 경우 최대 속도는 약 몇 [m/s] 인가? (단, 노즐입구에서 엔탈피는 3,243.3[kJ/kg]이고, 출구에서 엔탈피는 2,345.8[kJ/kg]이며, 입구속도는 무시한다.)

① 1,340
② 1,349
③ 1,402
④ 1,412

해설 PHASE 13 열역학 기초

분출 전과 후의 에너지는 에너지 보존 법칙에 의해 보존된다. 노즐을 통과하기 전의 엔탈피는 일부 운동에너지로 전환되었으므로 다음과 같은 식을 구할 수 있다.

$$H_1 + \frac{1}{2}u_1^2 = H_2 + \frac{1}{2}u_2^2$$

H: 엔탈피[J/kg], u: 속도[m/s]

입구를 상태1, 출구를 상태2라고 하면 입구의 엔탈피는 3,243,300[J/kg], 출구의 엔탈피는 2,345,800[J/kg]이다.
입구의 속도 u_1는 무시하므로 출구의 속도 u_2는

$$u_2 = \sqrt{2(H_1 - H_2)} = \sqrt{2(3,243,300 - 2,345,800)}$$
$$\fallingdotseq 1,340[\text{m/s}]$$

정답 | ①

02 빈출도 ★★

원형 물탱크의 안지름이 1[m]이고, 아래쪽 옆면에 안지름 100[mm]인 송출관을 통해 물을 수송할 때의 순간 유속이 3[m/s]이었다. 이 때 탱크 내 수면이 내려오는 속도는 몇 [m/s] 인가?

① 0.015
② 0.02
③ 0.025
④ 0.03

해설 PHASE 06 유체유동

물탱크에서 줄어드는 물의 부피유량과 송출관을 통해 빠져나가는 물의 부피유량은 같다.

$$Q = Au$$

Q: 부피유량[m³/s], A: 유체의 단면적[m²], u: 유속[m/s]

물탱크(1)와 송출관(2)은 원형이므로 단면적은 다음과 같다.

$$A = \frac{\pi}{4}D^2$$

$$A_1 = \frac{\pi}{4} \times 1^2$$
$$A_2 = \frac{\pi}{4} \times 0.1^2$$

송출관의 유속이 3[m/s]이고, 부피유량이 일정하므로 수면이 내려오는 속도 u_1는

$$Q = A_1 u_1 = A_2 u_2$$
$$\frac{\pi}{4} \times 1^2 \times u_1 = \frac{\pi}{4} \times 0.1^2 \times 3$$
$$u_1 = 0.03[\text{m/s}]$$

정답 | ④

03 빈출도 ★★★

지름 5[cm]인 구가 대류에 의해 열을 외부공기로 방출한다. 이 구는 50[W]의 전기히터에 의해 내부에서 가열되고 있고 구 표면과 공기 사이의 온도차가 30[℃]라면 공기와 구 사이의 대류 열전달계수는 약 몇 [W/m²·℃]인가?

① 111　　② 212
③ 313　　④ 414

해설 PHASE 15 열전달

구의 내부에서 50[W]의 에너지가 공급되고 있고 온도 차이가 일정하게 유지되고 있으므로 대류의 방식으로 구 표면에서 50[W]의 에너지가 방출되고 있다.

$$Q = hA(T_2 - T_1)$$

Q: 열전달량[W], h: 대류 열전달계수[W/m²·℃],
A: 열전달 면적[m²], $(T_2 - T_1)$: 온도 차이[℃]

구의 지름이 5[cm]이므로 구의 표면적은 다음과 같다.

$$A = 4\pi r^2$$

A: 구의 표면적[m²], r: 구의 반지름[m]

$$A = 4 \times \pi \times \left(\frac{0.05}{2}\right)^2$$

열이 전달되는 구 표면과 공기 사이의 온도 차이가 30[℃]이므로 공기와 구 사이의 대류 열전달계수는

$$h = \frac{Q}{A(T_2 - T_1)} = \frac{50}{4\pi \times 0.025^2 \times 30}$$
$$\fallingdotseq 212.2 [W/m^2 \cdot ℃]$$

정답 | ②

04 빈출도 ★★

소화펌프의 회전수가 1,450[rpm]일 때 양정이 25[m], 유량이 5[m³/min]이었다. 펌프의 회전수를 1,740[rpm]으로 높일 경우 양정[m]과 유량[m³/min]은? (단, 완전상사가 유지되고, 회전차의 지름은 일정하다.)

① 양정: 17, 유량: 4.2　② 양정: 21, 유량: 5
③ 양정: 30.2, 유량: 5.2　④ 양정: 36, 유량: 6

해설 PHASE 11 펌프의 특징

펌프의 회전수를 변화시키면 동일한 펌프이므로 상사법칙에 따라 유량과 양정이 변화한다.

$$\frac{Q_2}{Q_1} = \left(\frac{N_2}{N_1}\right)\left(\frac{D_2}{D_1}\right)^3$$

Q: 유량, N: 펌프의 회전수, D: 직경

$$\frac{H_2}{H_1} = \left(\frac{N_2}{N_1}\right)^2\left(\frac{D_2}{D_1}\right)^2$$

H: 양정, N: 펌프의 회전수, D: 직경

동일한 펌프이므로 직경은 같고, 상태1의 회전수가 1,450[rpm], 상태2의 회전수가 1,740[rpm]이므로 양정 변화는 다음과 같다.

$$H_2 = H_1\left(\frac{N_2}{N_1}\right)^2 = 25 \times \left(\frac{1,740}{1,450}\right)^2 = 36 [m]$$

유량 변화는 다음과 같다.

$$Q_2 = Q_1\left(\frac{N_2}{N_1}\right) = 5 \times \left(\frac{1,740}{1,450}\right) = 6 [m^3/min]$$

정답 | ④

05 빈출도 ★★

다음 중 이상기체에서 폴리트로픽 지수(n)가 1인 과정은?

① 단열 과정 ② 정압 과정
③ 등온 과정 ④ 정적 과정

해설 PHASE 13 열역학 기초

폴리트로픽 지수 n이 1인 과정은 등온 과정이다.

관련개념 폴리트로픽 과정

상태변화과정	폴리트로픽 지수(n)	일
등압 과정	0	$m\overline{R}(T_2-T_1)$
등온 과정	1	$m\overline{R}T\ln\left(\dfrac{V_2}{V_1}\right)$
폴리트로픽 과정	$1<n<x$	$\dfrac{m\overline{R}}{1-n}(T_2-T_1)$
단열 과정	x	$\dfrac{m\overline{R}}{1-x}(T_2-T_1)$
등적 과정	∞	0

정답 | ③

06 빈출도 ★★

정수력에 의해 수직평판의 힌지(hinge)점에 작용하는 단위 폭 당 모멘트를 바르게 표시한 것은? (단, ρ는 유체의 밀도, g는 중력가속도이다.)

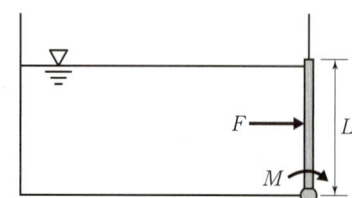

① $\dfrac{1}{6}\rho g L^3$ ② $\dfrac{1}{3}\rho g L^3$
③ $\dfrac{1}{2}\rho g L^3$ ④ $\dfrac{2}{3}\rho g L^3$

해설 PHASE 05 유체가 가하는 힘

$$\tau = r \times F$$

τ: 토크[kN·m], r: 회전축으로부터 거리[m], F: 힘[kN]

수직평판에 작용하는 힘 F의 크기는 다음과 같다.

$$F = \rho g h A$$

F: 수직평판에 작용하는 힘[kN], ρ: 유체의 밀도[kg/m³], g: 중력가속도[m/s²], h: 수직평판의 중심으로부터 표면까지 높이[m], A: 수직평판의 면적[m²]

수직평판의 중심 높이로부터 표면까지의 높이 h는 $\dfrac{L}{2}$이다.

수직평판의 너비를 1[m]라고 하면 수직평판의 면적 A는 L이다. 따라서 수직평판에 작용하는 힘 F는 다음과 같다.

$$F = \rho g \times \dfrac{L}{2} \times L = \dfrac{1}{2}\rho g L^2$$

수직평판에 작용하는 힘의 위치 y는 다음과 같다.

$$y = l + \dfrac{I}{Al}$$

y: 표면으로부터 작용점까지의 길이[m], l: 표면으로부터 수문 중심까지의 길이[m], I: 관성모멘트[m⁴], A: 수문의 면적[m²]

수직평판은 중심축이 힌지인 직사각형이므로 관성모멘트 I는 $\dfrac{bh^3}{12}$이다.

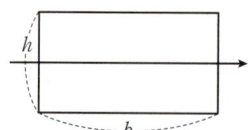

수문에 작용하는 힘의 작용점은 다음과 같다.

$$y = l + \dfrac{\frac{bh^3}{12}}{Al} = \dfrac{L}{2} + \dfrac{\frac{1 \times L^3}{12}}{L \times \frac{L}{2}} = \dfrac{2}{3}L$$

표면으로부터 $\dfrac{2}{3}L$의 위치이므로 힌지로부터 $\dfrac{L}{3}$의 위치에 힘 F가 작용한다.

따라서 단위 폭 당 모멘트 τ는

$$\tau = r \times F = \dfrac{L}{3} \times \dfrac{1}{2}\rho g L^2 = \dfrac{1}{6}\rho g L^3$$

정답 | ①

07 빈출도 ★★

그림과 같은 중앙부분에 구멍이 뚫린 원판에 지름 20[cm]의 원형 물제트가 대기압 상태에서 5[m/s]의 속도로 충돌하여, 원판 뒤로 지름 10[cm]의 원형 물제트가 5[m/s]의 속도로 흘러나가고 있을 때, 원판을 고정하기 위한 힘은 약 몇 [N]인가?

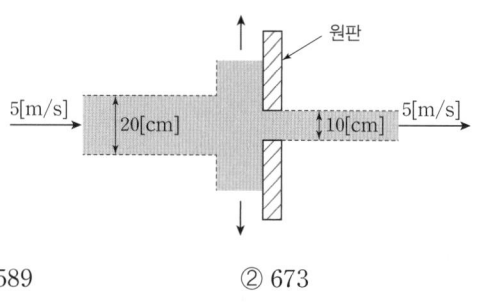

① 589
② 673
③ 770
④ 893

해설 PHASE 08 유체유동의 측정

원판을 고정하기 위해서는 원판에 가해지는 외력의 합이 0이어야 한다.
물제트의 일부는 원판의 구멍을 통해 빠져나가고 나머지 부분이 원판에 힘을 가하고 있다.
원판을 고정하기 위해서는 원판에 가해지는 힘의 크기만큼 고정하기 위한 힘을 가하면 원판의 외력의 합이 0이 된다.

$$F = \rho A u^2$$

F: 유체가 원판에 가하는 힘[N], ρ: 유체의 밀도[kg/m³],
A: 유체의 단면적[m²], u: 유속[m/s]

물제트는 직경이 D인 원형이므로 물제트의 단면적은 다음과 같다.

$$A = \frac{\pi}{4} D^2$$

물의 밀도는 1,000[kg/m³]이므로 초기 물제트가 가진 힘은 다음과 같다.

$$F_1 = 1,000 \times \frac{\pi}{4} \times 0.2^2 \times 5^2 ≒ 785.4[N]$$

구멍을 통해 빠져나가는 물제트가 가진 힘은 다음과 같다.

$$F_2 = 1,000 \times \frac{\pi}{4} \times 0.1^2 \times 5^2 ≒ 196.35[N]$$

따라서 원판을 고정하기 위해 필요한 힘은
$$F = F_1 - F_2 = 785.4 - 196.35$$
$$= 589.05[N]$$

정답 | ①

08 빈출도 ★★

펌프의 공동현상(cavitation)을 방지하기 위한 방법이 아닌 것은?

① 펌프의 설치 위치를 되도록 낮게 하여 흡입양정을 짧게 한다.
② 펌프의 회전수를 크게 한다.
③ 펌프의 흡입 관경을 크게 한다.
④ 단흡입펌프보다는 양흡입펌프를 사용한다.

해설 PHASE 12 펌프의 이상현상

펌프의 회전수를 크게 하면 회전력이 약해지므로 펌프의 회전수를 작게 한다.

관련개념 공동현상 방지대책

발생원인	방지대책
펌프의 설치 위치가 높아 유효 흡입수두가 낮아진다.	펌프의 설치 위치를 낮게 한다.
펌프의 회전수가 커서 회전력이 약해진다.	펌프의 회전수를 작게 한다.
펌프의 흡입 관경이 작아 빠른 유속으로 인한 마찰손실이 커진다.	펌프의 흡입 관경을 크게 한다.
단흡입펌프 사용 시 적은 유량으로 인해 성능이 저하한다.	단흡입펌프보다 양흡입펌프를 사용한다.

정답 | ②

09 빈출도 ★★★

물을 송출하는 펌프의 소요 축동력이 70[kW], 펌프의 효율이 78[%], 전양정이 60[m]일 때, 펌프의 송출 유량은 약 몇 [m³/min]인가?

① 5.57 ② 2.57
③ 1.09 ④ 0.093

해설 PHASE 11 펌프의 특징

$$P = \frac{\gamma Q H}{\eta}$$

P: 축동력[kW], γ: 유체의 비중량[kN/m³], Q: 유량[m³/s], H: 전양정[m], η: 효율

유체는 물이므로 물의 비중량은 9.8[kN/m³]이다.
주어진 조건을 공식에 대입하면 펌프의 토출량 Q는 다음과 같다.

$$Q = \frac{P\eta}{\gamma H} = \frac{70 \times 0.78}{9.8 \times 60} [\text{m}^3/\text{s}]$$

문제에서 요구하는 단위에 맞춰 변환해주면

$$\frac{70 \times 0.78}{9.8 \times 60}[\text{m}^3/\text{s}] \times 60[\text{s/min}] \fallingdotseq 5.57[\text{m}^3/\text{min}]$$

정답 | ①

10 빈출도 ★

그림에 표시된 원형 관로로 비중이 0.8, 점성계수가 0.4[Pa·s]인 기름이 층류로 흐른다. ①지점의 압력이 111.8[kPa]이고, ②지점의 압력이 206.9[kPa]일 때 유체의 유량은 약 몇 [L/s]인가?

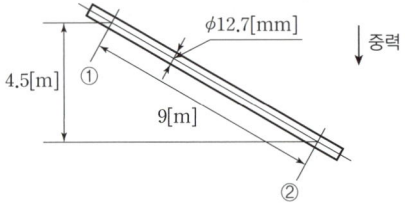

① 0.0149 ② 0.0138
③ 0.0121 ④ 0.0106

해설 PHASE 10 배관의 마찰손실

유체의 흐름이 층류일 때 마찰손실 H와 유량 Q의 관계는 하겐—푸아죄유 방정식으로 구할 수 있다.

$$H = \frac{\Delta P}{\gamma} = \frac{128\mu l Q}{\gamma \pi D^4}$$

H: 마찰손실수두[m], ΔP: 압력 차이[Pa], γ: 비중량[N/m³], μ: 점성계수(점도)[kg/m·s], l: 배관의 길이[m], Q: 유량[m³/s], D: 배관의 직경[m]

점성이 있는 유체이므로 배관에서의 마찰손실은 수정 베르누이 방정식으로 구할 수 있다.

$$\frac{P_1}{\gamma} + \frac{u_1^2}{2g} + Z_1 = \frac{P_2}{\gamma} + \frac{u_2^2}{2g} + Z_2 + H$$

P: 압력[kN/m²], γ: 비중량[kN/m³], u: 유속[m/s], g: 중력가속도[m/s²], Z: 높이[m], H: 마찰손실수두[m]

유체의 비중이 0.8이므로 유체의 비중량은 다음과 같다.
$\gamma = s\gamma_w = 0.8 \times 9,800$
구경이 일정한 배관이므로 유속 u는 같다.
따라서 배관에서의 마찰손실 H는 다음과 같다.

$$H = \frac{P_1 - P_2}{\gamma} + (Z_1 - Z_2) = \frac{111.8 - 206.9}{0.8 \times 9.8} + 4.5$$

$$\fallingdotseq -7.63[\text{m}]$$

유체가 ②에서 ①로 이동하며 발생한 마찰손실 H는 7.63[m]이다.
하겐—푸아죄유 방정식을 유량 Q에 대하여 정리하면 다음과 같다.

$$Q = \frac{\gamma \pi D^4 H}{128 \mu l}$$

따라서 주어진 조건을 공식에 대입하면 유량 Q는

$$Q = \frac{(0.8 \times 9,800) \times \pi \times 0.0127^4 \times 7.63}{128 \times 0.4 \times 9}$$

$$\fallingdotseq 1.06 \times 10^{-5}[\text{m}^3/\text{s}] = 0.0106[\text{L/s}]$$

정답 | ④

11 빈출도 ★★

다음 중 점성계수 μ의 차원은 어느 것인가? (단, M: 질량, L: 길이, T: 시간의 차원이다.)

① $ML^{-1}T^{-1}$ ② $ML^{-1}T^{-2}$
③ $ML^{-2}T^{-1}$ ④ $M^{-1}L^{-1}T$

해설 PHASE 01 유체

점성계수의 단위는 [kg/m · s]=[Pa · s]이고, 점성계수의 차원은 $ML^{-1}T^{-1}$이다.

정답 | ①

12 빈출도 ★★

20[℃]의 이산화탄소 소화약제가 체적 4[m³]의 용기 속에 들어있다. 용기 내 압력이 1[MPa]일 때 이산화탄소 소화약제의 질량은 약 몇 [kg]인가? (단, 이산화탄소의 기체상수는 189[J/kg · K]이다.)

① 0.069   ② 0.072
③ 68.9   ④ 72.2

해설 PHASE 14 이상기체

질량과 특정기체상수로 이루어진 이상기체의 상태방정식은 다음과 같다.

$$PV = m\bar{R}T$$

P: 압력[Pa], V: 부피[m³], m: 질량[kg],
$\bar{R}$: 특정기체상수[J/kg · K], T: 절대온도[K]

기체상수의 단위가 [J/kg · K]이므로 압력과 부피의 단위를 [Pa]과 [m³]로 변환하여야 한다.
따라서 주어진 조건을 공식에 대입하면 이산화탄소 소화약제의 질량 m은

$$m = \frac{PV}{RT} = \frac{1,000,000 \times 4}{189 \times (273+20)} ≒ 72.23[kg]$$

정답 | ④

13 빈출도 ★★★

압축률에 대한 설명으로 틀린 것은?

① 압축률은 체적탄성계수의 역수이다.
② 압축률의 단위는 압력의 단위인 [Pa]이다.
③ 밀도와 압축률의 곱은 압력에 대한 밀도의 변화율과 같다.
④ 압축률이 크다는 것은 같은 압력변화를 가할 때 압축하기 쉽다는 것을 의미한다.

해설 PHASE 02 유체의 성질

압축률의 단위는 압력의 단위의 역수인 [Pa⁻¹]이다.

$$\beta = \frac{1}{K} = -\frac{\frac{\Delta V}{V}}{\Delta P}$$

β: 압축률[Pa⁻¹], K: 체적탄성계수[Pa], ΔV: 부피변화량,
V: 부피, ΔP: 압력변화량[Pa]

정답 | ②

14 빈출도 ★★★

밸브가 장치된 지름 10[cm]인 원관에 비중 0.8인 유체가 2[m/s]의 평균속도로 흐르고 있다. 밸브 전후의 압력 차이가 4[kPa]일 때, 이 밸브의 등가길이는 몇 [m]인가? (단, 관의 마찰계수는 0.02이다.)

① 10.5
② 12.5
③ 14.5
④ 16.5

해설 PHASE 10 배관의 마찰손실

유체가 밸브를 통과하며 발생하는 부차적 손실에 대한 등가길이를 구하여야 한다. 이는 유체가 직선인 배관을 통과하며 발생하는 손실과 같다.

$$H = \frac{\Delta P}{\gamma} = \frac{flu^2}{2gD}$$

H: 마찰손실수두[m], ΔP: 압력 차이[kPa], γ: 비중량[kN/m³],
f: 마찰손실계수, l: 배관의 길이[m], u: 유속[m/s],
g: 중력가속도[m/s²], D: 배관의 직경[m]

유체의 비중이 0.8이므로 유체의 비중량은 다음과 같다.

$$s = \frac{\rho}{\rho_w} = \frac{\gamma}{\gamma_w}$$

s: 비중, ρ: 비교물질의 밀도[kg/m³], ρ_w: 물의 밀도[kg/m³],
γ: 비교물질의 비중량[N/m³], γ_w: 물의 비중량[N/m³]

$\gamma = s\gamma_w = 0.8 \times 9.8$

따라서 주어진 조건을 공식에 대입하면 밸브의 등가길이 l은

$$l = \frac{\Delta P}{\gamma} \times \frac{2gD}{fu^2} = \frac{4}{0.8 \times 9.8} \times \frac{2 \times 9.8 \times 0.1}{0.02 \times 2^2}$$
$$= 12.5[m]$$

정답 ②

15 빈출도 ★★★

그림과 같이 물이 수조에 연결된 원형 파이프를 통해 분출하고 있다. 수면과 파이프의 출구 사이에 총 손실수두가 200[mm]라고 할 때 파이프에서의 방출유량은 약 몇 [m³/s]인가? (단, 수면 높이의 변화 속도는 무시한다.)

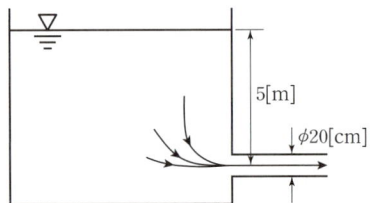

① 0.285
② 0.295
③ 0.305
④ 0.315

해설 PHASE 07 유체가 가지는 에너지

$$\frac{P_1}{\gamma} + \frac{u_1^2}{2g} + Z_1 = \frac{P_2}{\gamma} + \frac{u_2^2}{2g} + Z_2 + H$$

P: 압력[kN/m²], γ: 비중량[kN/m³], u: 유속[m/s],
g: 중력가속도[m/s²], Z: 높이[m], H: 마찰손실수두[m]

수면과 파이프 출구의 압력은 대기압으로 같다.
$P_1 = P_2$

수면과 파이프 출구의 높이 차이는 다음과 같다.
$Z_1 - Z_2 = 5[m]$

수면 높이의 변화 속도 u_1는 무시하므로 주어진 조건을 공식에 대입하면 파이프 출구의 유속 u_2은 다음과 같다.

$$\frac{u_2^2}{2g} = (Z_1 - Z_2) - H$$
$$u_2 = \sqrt{2g((Z_1 - Z_2) - H)} = \sqrt{2 \times 9.8 \times (5 - 0.2)}$$
$$\approx 9.7[m/s]$$

배관은 지름이 $D[m]$인 원형이므로 배관의 단면적은 다음과 같다.

$$A = \frac{\pi}{4}D^2$$

부피유량 공식 $Q = Au$에 의해 배관의 직경 D와 유속 u를 알면 유량 Q를 구할 수 있다.

따라서 주어진 조건을 공식에 대입하면 유량 Q는

$$Q = \frac{\pi}{4}D^2 u = \frac{\pi}{4} \times 0.2^2 \times 9.7$$
$$\approx 0.305[m^3/s]$$

정답 ③

16 빈출도 ★★★

유체의 흐름에 적용되는 다음과 같은 베르누이 방정식에 관한 설명으로 옳은 것은?

$$\frac{P}{\gamma}+\frac{V^2}{2g}+Z=C(일정)$$

① 비정상상태의 흐름에 대해 적용된다.
② 동일한 유선상이 아니더라도 흐름 유체의 임의점에 대해 항상 적용된다.
③ 흐름 유체의 마찰효과가 충분히 고려된다.
④ 압력수두, 속도수두, 위치수두의 합이 일정함을 표시한다.

해설 PHASE 07 유체가 가지는 에너지

베르누이의 정리에서 압력이 가지는 에너지, 유속이 가지는 에너지, 위치가 가지는 에너지의 합은 일정하다.

관련개념 베르누이 정리의 조건
㉠ 비압축성 유체이다.
㉡ 정상상태의 흐름이다.
㉢ 마찰이 없는 흐름이다.
㉣ 임의의 두 점은 같은 흐름선 상에 있다.

정답 | ④

17 빈출도 ★

유체의 흐름 중 난류 흐름에 대한 설명으로 틀린 것은?

① 원관 내부 유동에서는 레이놀즈 수가 약 4,000 이상인 경우에 해당한다.
② 유체의 각 입자가 불규칙한 경로를 따라 움직인다.
③ 유체의 입자가 갖는 관성력이 입자에 작용하는 점성력에 비하여 매우 크다.
④ 원관 내 완전 발달 유동에서는 평균속도가 최대속도의 $\frac{1}{2}$ 이다.

해설 PHASE 09 배관 속 유체유동

난류 흐름일 때 평균유속은 최고유속의 0.8배이다.

정답 | ④

18 빈출도 ★

어떤 물체가 공기 중에서 무게는 588[N]이고, 수중에서 무게는 98[N]이었다. 이 물체의 체적(V)과 비중(S)은?

① $V=0.05[m^3]$, $S=1.2$
② $V=0.05[m^3]$, $S=1.5$
③ $V=0.5[m^3]$, $S=1.2$
④ $V=0.5[m^3]$, $S=1.5$

해설 PHASE 03 압력과 부력

공기 중에서 물체에 작용하는 힘은 중력이고, 수중에서 물체에 작용하는 힘은 중력과 부력이다.
따라서 공기 중에서의 무게 588[N]과 수중에서의 무게 98[N]의 차이만큼 부력이 작용하고 있다.

$$F=s\gamma_w V$$

F: 부력[N], s: 비중, γ_w: 물의 비중량[N/m³],
V: 물체의 부피[m³]

물의 비중은 1이므로
$F=588-98=490=1\times 9,800\times V$
$V=\dfrac{490}{9,800}=0.05[m^3]$

공기 중에서 물체의 무게는 물체의 질량과 중력가속도의 곱으로 나타낼 수 있으며, 질량은 밀도와 부피를 이용하여 구할 수 있다.

$$W=mg=s\rho_w V\times g$$

W: 무게[N], m: 질량[kg], g: 중력가속도[m/s²],
s: 비중, ρ_w: 물의 비중량[N/m³], V: 부피[m³]

따라서 주어진 조건을 공식에 대입하면 비중 s는
$W=588=s\times 1,000\times 0.05\times 9.8$
$s=\dfrac{588}{1,000\times 0.05\times 9.8}=1.2$

정답 | ①

19 빈출도 ★

유체에 관한 설명 중 옳은 것은?

① 실제유체는 유동할 때 마찰손실이 생기지 않는다.
② 이상유체는 높은 압력에서 밀도가 변화하는 유체이다.
③ 유체에 압력을 가하면 체적이 줄어드는 유체는 압축성 유체이다.
④ 압력을 가해도 밀도변화가 없으며 점성에 의한 마찰손실만 있는 유체가 이상유체이다.

해설 PHASE 01 유체

압력에 따라 부피와 밀도가 변화하는 유체를 압축성 유체라고 한다.

선지분석
① 실제유체는 점성에 의해 마찰손실이 발생한다.
② 점성과 압축성에 따른 영향이 없는 유체를 이상유체(ideal fluid)라고 한다.
④ 이상유체는 압축성이 없으므로 밀도가 변화하지 않는다.

정답 | ③

20 빈출도 ★★

그림에서 물과 기름의 표면은 대기에 개방되어 있고, 물과 기름 표면의 높이가 같을 때 h는 약 몇 [m]인가? (단, 기름의 비중은 0.8, 액체 A의 비중은 1.6이다.)

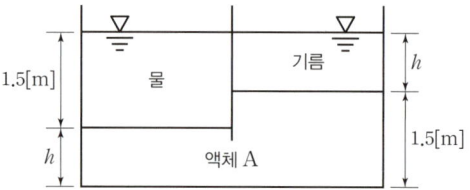

① 1
② 1.1
③ 1.125
④ 1.25

해설 PHASE 04 압력의 측정

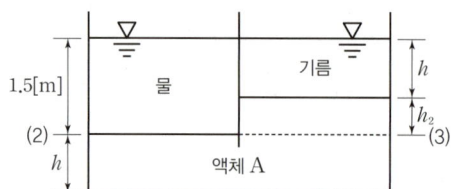

$$P_x = \gamma h = s\gamma_w h$$

P_x: x점에서의 압력[kN/m²], γ: 비중량[kN/m³],
h: 표면까지의 높이[m], s: 비중, γ_w: 물의 비중량[kN/m³]

물이 누르는 압력은 (2)면에서의 압력과 같다.
$\gamma_w h_1 = P_2$
기름이 누르는 압력과 액체 A가 누르는 압력의 합은 (3)면에서의 압력과 같다.
$s\gamma_w h + s_A \gamma_w h_2 = P_3$
유체 내부에서 같은 수평면(높이)에는 같은 압력이 작용하므로 (2)면과 (3)면의 압력은 같다.
$P_2 = P_3$
$\gamma_w h_1 = s\gamma_w h + s_A \gamma_w h_2$
액체 A가 (3)면의 위에서 누르는 높이 h_2는 $(1.5-h)$[m]이므로 높이 h는
$1.5 = 0.8 \times h + 1.6 \times (1.5-h)$
$h = 1.125$[m]

정답 | ③

4회

☐ 1회독 점 | ☐ 2회독 점 | ☐ 3회독 점

01 빈출도 ★★

점성에 관한 설명으로 틀린 것은?

① 액체의 점성은 분자 간 결합력에 관계된다.
② 기체의 점성은 분자 간 운동량 교환에 관계된다.
③ 온도가 증가하면 기체의 점성은 감소된다.
④ 온도가 증가하면 액체의 점성은 감소된다.

해설 PHASE 02 유체의 성질

기체는 온도 상승에 따라 점도가 증가한다.

관련개념 유체의 점성

㉠ 액체는 온도 상승에 따라 점도가 감소한다.
㉡ 기체는 온도 상승에 따라 점도가 증가한다.
㉢ 점성계수(점도)는 외부의 힘(전단력)에 대한 저항인 전단응력과 속도기울기 사이의 비례계수이다.

$$\tau = \mu \frac{du}{dy}$$

τ: 전단응력[Pa], μ: 점성계수(점도)[$N \cdot s/m^2$],
$\frac{du}{dy}$: 속도기울기[s^{-1}]

정답 | ③

02 빈출도 ★★★

효율이 50[%]인 펌프를 이용하여 저수지의 물을 1초에 10[L]씩 30[m] 위 쪽에 있는 논으로 퍼 올리는데 필요한 동력은 약 몇 [kW]인가?

① 18.83 ② 10.48
③ 2.94   ④ 5.88

해설 PHASE 11 펌프의 특징

$$P = \frac{\gamma Q H}{\eta}$$

P: 축동력[kW], γ: 유체의 비중량[kN/m³], Q: 유량[m³/s], H: 전양정[m], η: 효율

유체는 물이므로 물의 비중량은 9.8[kN/m³]이다.
펌프의 토출량이 10[L/s]이므로 단위를 변환하면 0.01[m³/s]이다.
주어진 조건을 공식에 대입하면 필요한 동력 P는

$$P = \frac{9.8 \times 0.01 \times 30}{0.5} = 5.88[kW]$$

정답 | ④

03 빈출도 ★★★

지름이 150[mm]인 원관에 비중이 0.85, 동점성계수가 $1.33 \times 10^{-4}[m^2/s]$, 기름이 $0.01[m^3/s]$의 유량으로 흐르고 있다. 이때 관 마찰계수는? (단, 임계 레이놀즈 수는 2,100이다.)

① 0.10 ② 0.14
③ 0.18 ④ 0.22

해설 PHASE 10 배관의 마찰손실

유체의 흐름을 판단하기 위해 레이놀즈 수를 계산해보면 다음과 같다.

$$Re = \frac{\rho u D}{\mu} = \frac{uD}{\nu}$$

Re: 레이놀즈 수, ρ: 밀도[kg/m³], u: 유속[m/s], D: 직경[m], μ: 점성계수(점도)[kg/m·s], ν: 동점성계수(동점도)[m²/s]

부피유량 공식 $Q = Au$에 의해 유량과 배관의 직경 D를 알면 유속은 다음과 같이 구할 수 있다.

$$u = \frac{Q}{A} = \frac{Q}{\frac{\pi}{4}D^2} = \frac{4Q}{\pi D^2}$$

u: 유속[m/s], Q: 유량[m³/s], A: 배관의 단면적[m²], D: 배관의 직경[m]

$$Re = \frac{uD}{\nu} = \frac{4Q}{\pi D^2} \times \frac{D}{\nu}$$
$$= \frac{4 \times 0.01}{\pi \times 0.15^2} \times \frac{0.15}{1.33 \times 10^{-4}} \fallingdotseq 638.22$$

레이놀즈 수가 2,100 이하이므로 유체의 흐름은 층류이다.
층류일 때 마찰계수 $f = \frac{64}{Re}$이므로 마찰계수 f는

$$f = \frac{64}{Re} = \frac{64}{638.22} \fallingdotseq 0.1$$

정답 | ①

04 빈출도 ★

대기압 하에서 10[℃]의 물 2[kg]이 전부 증발하여 100[℃]의 수증기로 되는 동안 흡수되는 열량[kJ]은 얼마인가? (단, 물의 비열은 4.2[kJ/kg·K], 기화열은 2,250[kJ/kg]이다.)

① 756   ② 2,638
③ 5,256 ④ 5,360

해설 PHASE 13 열역학 기초

10[℃]의 물은 100[℃]까지 온도변화 후 수증기로 상태변화한다.

$$Q = cm\Delta T$$

Q: 열량[kJ], c: 비열[kJ/kg·K], m: 질량[kg], ΔT: 온도 변화[K]

$$Q = mr$$

Q: 열량[kJ], m: 질량[kg], r: 잠열[kJ/kg]

물의 평균 비열은 4.2[kJ/kg·K]이므로 2[kg]의 물이 10[℃]에서 100[℃]까지 온도변화하는 데 필요한 열량은 다음과 같다.

$Q_1 = 4.2 \times 2 \times (100 - 10) = 756[kJ]$

물의 증발잠열은 2,250[kJ/kg]이므로 100[℃]의 물이 수증기로 상태변화하는 데 필요한 열량은 다음과 같다.

$Q_2 = 2 \times 2,250 = 4,500[kJ]$

따라서 10[℃]의 물이 100[℃]의 수증기로 변화하는 데 필요한 열량은

$Q = Q_1 + Q_2 = 756 + 4,500 = 5,256[kJ]$

정답 | ③

05 빈출도 ★

수압기에서 피스톤의 반지름이 각각 20[cm]와 10[cm]이다. 작은 피스톤에 19.6[N]의 힘을 가하는 경우 평형을 이루기 위해 큰 피스톤에는 몇 [N]의 하중을 가하여야 하는가?

① 4.9
② 9.8
③ 68.4
④ 78.4

해설 PHASE 05 유체가 가하는 힘

두 피스톤 안에 작용하는 압력이 동일하므로 파스칼의 원리에 의해 다음의 식이 성립한다.

$$P_1 = \frac{F_1}{A_1} = \frac{F_2}{A_2} = P_2$$

P: 압력[N/m²], F: 힘[N], A: 면적[m²]

피스톤은 지름이 D[m]인 원형이므로 피스톤의 단면적은 다음과 같다.

$$A = \frac{\pi}{4} D^2$$

작은 피스톤에 가하는 힘 F_1이 19.6[N], 작은 피스톤의 지름이 A_1, 큰 피스톤의 지름이 A_2이면 평형을 이루기 위해 큰 피스톤에 가하여야 하는 힘 F_2는 다음과 같다.

$$F_2 = F_1 \times \left(\frac{A_2}{A_1}\right) = 19.6 \times \left(\frac{\frac{\pi}{4} \times 0.2^2}{\frac{\pi}{4} \times 0.1^2}\right)$$

$$= 78.4[N]$$

정답 | ④

06 빈출도 ★★

동점성계수가 1.15×10^{-6}[m²/s]인 물이 30[mm]의 지름 원관 속을 흐르고 있다. 층류가 기대될 수 있는 최대 유량은 약 몇 [m³/s]인가? (단, 임계 레이놀즈 수는 2,100이다.)

① 2.85×10^{-5}
② 5.69×10^{-5}
③ 2.85×10^{-7}
④ 5.69×10^{-7}

해설 PHASE 09 배관 속 유체유동

배관 속 흐름에서 레이놀즈 수가 2,100일 때 층류 흐름을 보이는 최대 유속, 최대 유량을 구할 수 있다.

$$Re = \frac{\rho u D}{\mu} = \frac{u D}{\nu}$$

Re: 레이놀즈 수, ρ: 밀도[kg/m³], u: 유속[m/s], D: 직경[m], μ: 점성계수(점도)[kg/m·s], ν: 동점성계수(동점도)[m²/s]

부피유량 공식 $Q = Au$에 의해 유량과 배관의 직경 D를 알면 유속은 다음과 같이 구할 수 있다.

$$u = \frac{Q}{A} = \frac{Q}{\frac{\pi}{4} D^2} = \frac{4Q}{\pi D^2}$$

u: 유속[m/s], Q: 유량[m³/s], A: 배관의 단면적[m²], D: 배관의 직경[m]

따라서 레이놀즈 수와 유량의 관계식은 다음과 같다.

$$Re = \frac{uD}{\nu} = \frac{4Q}{\pi D^2} \times \frac{D}{\nu}$$

$$Q = Re \times \frac{\pi D^2}{4} \times \frac{\nu}{D}$$

주어진 조건을 공식에 대입하면 최대 유량 Q는

$$Q = 2,100 \times \frac{\pi \times 0.03^2}{4} \times \frac{1.15 \times 10^{-6}}{0.03}$$

$$\fallingdotseq 5.69 \times 10^{-5} [m^3/s]$$

정답 | ②

07 빈출도 ★★

다음과 같은 유동형태를 갖는 파이프 입구 영역의 유동에서 부차적 손실계수가 가장 큰 것은?

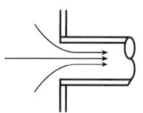
날카로운 모서리

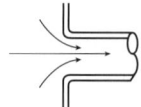
약간 둥근 모서리

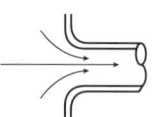
잘 다듬어진 모서리

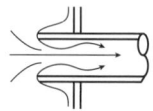
돌출 입구

① 날카로운 모서리 ② 약간 둥근 모서리
③ 잘 다듬어진 모서리 ④ 돌출 입구

해설 PHASE 10 배관의 마찰손실

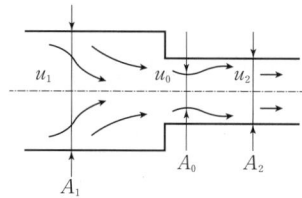

$$H = \frac{(u_0 - u_2)^2}{2g} = K\left(\frac{u_2^2}{2g}\right)$$
$$K = \left(\frac{A_2}{A_0} - 1\right)^2$$

H: 마찰손실수두[m], u_0: 좁은 흐름의 유속[m/s], u_2: 좁은 배관의 유속[m/s], g: 중력가속도[m/s²], K: 부차적 손실계수

축소관에서 부차적 손실계수는 축소관 입구에서 유체의 흐름이 좁아지는 정도에 의존하므로 축소관 입구 측 형상과 관련이 있다. 따라서 손실계수는 잘 다듬어진 모서리<약간 둥근 모서리<날카로운 모서리<돌출 입구 순으로 커진다.

정답 | ④

08 빈출도 ★★

관내의 흐름에서 부차적으로 손실에 해당하지 않는 것은?

① 곡선부에 의한 손실
② 직선 원관 내의 손실
③ 유동단면의 장애물에 의한 손실
④ 관 단면의 급격한 확대에 의한 손실

해설 PHASE 10 배관의 마찰손실

직선 원관 내의 손실은 주손실에 해당한다.

관련개념 주손실과 부차적 손실

㉠ 주손실
 - 배관의 벽에 의한 손실
 - 수직인 배관을 올라가면서 발생하는 손실
㉡ 부차적 손실
 - 배관 입구와 출구에서의 손실
 - 배관 단면의 확대 및 축소에 의한 손실
 - 배관부품(엘보, 티, 리듀서, 밸브 등)에서 발생하는 손실
 - 곡선인 배관에서의 손실

정답 | ②

09 빈출도 ★★

압력 2[MPa]인 수증기 건도가 0.2일 때 엔탈피는 몇 [kJ/kg]인가? (단, 포화증기 엔탈피는 2,780.5[kJ/kg]이고, 포화액의 엔탈피는 910[kJ/kg]이다.)

① 1,284 ② 1,466
③ 1,845 ④ 2,406

해설 PHASE 13 열역학 기초

20[%]의 수증기와 80[%]의 물이므로 혼합물의 엔탈피는 다음과 같다.
$$H = 2,780.5 \times 0.2 + 910 \times 0.8 = 1,284.1 [kJ/kg]$$

정답 | ①

10 빈출도 ★★

다음 그림에서 A, B점의 압력차[kPa]는? (단, A는 비중 1의 물, B는 비중 0.899의 벤젠이다.)

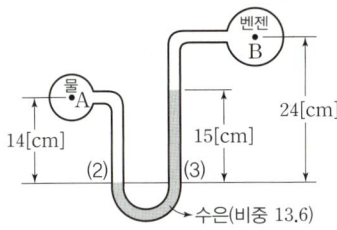

① 278.7 ② 191.4
③ 23.07 ④ 19.4

해설 PHASE 04 압력의 측정

$$P_x = \gamma h = s\gamma_w h$$

P_x: x에서의 압력[kPa], γ: 비중량[kN/m³], h: 높이[m], s: 비중, γ_w: 물의 비중량[kN/m³]

(2)면에 작용하는 압력은 A점에서의 압력과 물이 누르는 압력의 합과 같다.
$P_2 = P_A + s_1 \gamma_w h_1$
(3)면에 작용하는 압력은 B점에서의 압력과 벤젠이 누르는 압력, 수은이 누르는 압력의 합과 같다.
$P_3 = P_B + s_3 \gamma_w h_3 + s_2 \gamma_w h_2$
유체 내부에서 같은 수평면(높이)에는 같은 압력이 작용하므로 (2)면과 (3)면의 압력은 같다.
$P_2 = P_3$
$P_A + s_1 \gamma_w h_1 = P_B + s_3 \gamma_w h_3 + s_2 \gamma_w h_2$
따라서 A점과 B점의 압력 차이 $P_A - P_B$는
$P_A - P_B = s_3 \gamma_w h_3 + s_2 \gamma_w h_2 - s_1 \gamma_w h_1$
$= 0.899 \times 9.8 \times (0.24 - 0.15)$
$+ 13.6 \times 9.8 \times 0.15 - 1 \times 9.8 \times 0.14$
$\fallingdotseq 19.41 \text{[kPa]}$

정답 | ④

11 빈출도 ★★

이상기체의 정압비열 C_p와 정적비열 C_v와의 관계로 옳은 것은? (단, R은 이상기체상수이고, x는 비열비이다.)

① $C_p = \frac{1}{2} C_v$ ② $C_p < C_v$

③ $C_p - C_v = R$ ④ $\frac{C_v}{C_p} = x$

해설 PHASE 13 열역학 기초

정압비열 C_p는 정적비열 C_v보다 기체상수 R만큼 더 크다.

$$C_p = C_v + R$$

C_p: 정압비열, C_v: 정적비열, R: 기체상수

정답 | ③

12 빈출도 ★★★

두 개의 가벼운 공을 그림과 같이 실로 매달아 놓았다. 두 개의 공 사이로 공기를 불어 넣으면 공은 어떻게 되겠는가?

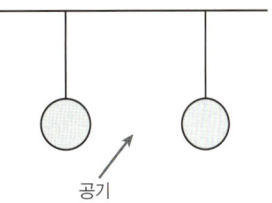

① 파스칼의 법칙에 따라 벌어진다.
② 파스칼의 법칙에 따라 가까워진다.
③ 베르누이의 법칙에 따라 벌어진다.
④ 베르누이의 법칙에 따라 가까워진다.

해설 PHASE 07 유체가 가지는 에너지

두 개의 공 사이로 공기를 불어 넣으면 공기의 유속이 가지는 에너지는 증가하며 베르누이 정리에 의해 에너지는 보존되므로 공기의 압력이 가지는 에너지는 감소한다.
따라서 공 사이의 압력이 감소하며 두 개의 공은 가까워진다.

정답 | ④

13 빈출도 ★

반지름 R_0인 원형파이프에 유체가 층류로 흐를 때, 중심으로부터 거리 R에서의 유속 U와 최대속도 U_{max}의 비에 대한 분포식으로 옳은 것은?

① $\dfrac{U}{U_{max}} = \left(\dfrac{R}{R_0}\right)^2$ ② $\dfrac{U}{U_{max}} = 2\left(\dfrac{R}{R_0}\right)^2$

③ $\dfrac{U}{U_{max}} = \left(\dfrac{R}{R_0}\right)^2 - 2$ ④ $\dfrac{U}{U_{max}} = 1 - \left(\dfrac{R}{R_0}\right)^2$

해설 PHASE 09 배관 속 유체유동

원형 단면을 가진 배관에서 속도분포식은 다음과 같다.

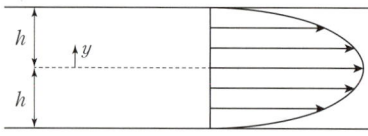

$$u = u_m\left(1 - \left(\dfrac{y}{r}\right)^2\right)$$

u: 유속, u_m: 최대유속,
y: 관 중심으로부터 수직방향으로의 거리, r: 배관의 반지름

정답 | ④

14 빈출도 ★★

240[mmHg]의 절대압력은 계기압력으로 약 몇 [kPa]인가? (단, 대기압은 760[mmHg]이고, 수은의 비중은 13.6이다.)

① -32.0 ② 32.0
③ -69.3 ④ 69.3

해설 PHASE 03 압력과 부력

진공을 기준으로 나타내는 압력을 절대압이라고 하며, 대기압을 기준으로 (-)압력을 진공압이라고 한다.
따라서 대기압에 계기압력(진공압)을 더해주면 진공으로부터의 절대압이 된다.

$760[\text{mmHg}] + x = 240[\text{mmHg}]$
$x = -520[\text{mmHg}]$
760[mmHg]는 101.325[kPa]와 같으므로
$-520[\text{mmHg}] \times \dfrac{101.325[\text{kPa}]}{760[\text{mmHg}]}$
$≒ -69.33[\text{kPa}]$

정답 | ③

15 빈출도 ★★★

거리가 1,000[m] 되는 곳에 안지름 20[cm]의 관을 통하여 물을 수평으로 수송하려 한다. 한 시간에 800[m³]를 보내기 위해 필요한 압력[kPa]는? (단, 관의 마찰계수는 0.03이다.)

① 1,370 ② 2,010
③ 3,750 ④ 4,580

해설 PHASE 10 배관의 마찰손실

$$H = \frac{\Delta P}{\gamma} = \frac{flu^2}{2gD}$$

H: 마찰손실수두[m], ΔP: 압력 차이[kPa], γ: 비중량[kN/m³],
f: 마찰손실계수, l: 배관의 길이[m], u: 유속[m/s],
g: 중력가속도[m/s²], D: 배관의 직경[m]

유체는 물이므로 물의 비중량은 9.8[kN/m³]이다.
부피유량 공식 $Q=Au$에 의해 유량과 배관의 직경 D를 알면 유속은 다음과 같이 구할 수 있다.

$$u = \frac{Q}{A} = \frac{Q}{\frac{\pi}{4}D^2} = \frac{4Q}{\pi D^2}$$

u: 유속[m/s], Q: 유량[m³/s], A: 배관의 단면적[m²],
D: 배관의 직경[m]

유량이 800[m³/h]이므로 단위를 변환하면 $\frac{800}{3,600}$[m³/s]이다.
따라서 주어진 조건을 공식에 대입하면 필요한 압력 ΔP는

$$\Delta P = \gamma \times \frac{fl}{2gD} \times \left(\frac{4Q}{\pi D^2}\right)^2$$

$$= 9.8 \times \frac{0.03 \times 1,000}{2 \times 9.8 \times 0.2} \times \left(\frac{4 \times \frac{800}{3,600}}{\pi \times 0.2^2}\right)^2$$

$$\approx 3,752[kPa]$$

정답 | ③

16 빈출도 ★★

정육면체의 그릇에 물을 가득 채울 때, 그릇 밑면이 받는 압력에 의한 수직방향 평균 힘의 크기를 P라고 하면, 한 측면이 받는 압력에 의한 수평방향 평균 힘의 크기는 얼마인가?

① $0.5P$ ② P
③ $2P$ ④ $4P$

해설 PHASE 05 유체가 가하는 힘

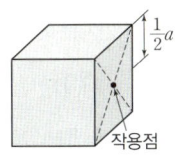

정육면체의 한 변의 길이가 a일 때, 수직 방향으로 작용하는 힘 F_v는 다음과 같다.

$$F = mg = \rho V g = \gamma V$$

F: 수직 방향으로 작용하는 힘(수직분력)[N], m: 질량[kg],
g: 중력가속도[m/s²], ρ: 밀도[kg/m³], V: 부피[m³],
γ: 유체의 비중량[N/m³]

$F_v = \gamma V = \gamma(a \times a \times a) = \gamma a^3 = P$

수평 방향으로 작용하는 힘은 중심 높이로부터 표면까지의 높이 $\frac{a}{2}$에 작용하므로 F_h는

$$F = PA = \rho ghA = \gamma hA$$

F: 수평 방향으로 작용하는 힘(수평분력)[N], P: 압력[N/m²],
A: 정사영 면적[m²], ρ: 밀도[kg/m³], g: 중력가속도[m/s²],
h: 중심 높이로부터 표면까지의 높이[m],
γ: 유체의 비중량[N/m³]

$$F_h = \gamma hA = \gamma \times \frac{a}{2} \times (a \times a) = \frac{1}{2}\gamma a^3 = 0.5P$$

정답 | ①

17 빈출도 ★★★

펌프의 입구 및 출구 측에 연결된 진공계와 압력계가 각각 25[mmHg]와 260[kPa]을 가리켰다. 이 펌프의 배출 유량이 0.15[m³/s]가 되려면 펌프의 동력은 약 몇 [kW]가 되어야 하는가? (단, 펌프의 입구와 출구의 높이차는 없고, 입구 측 안지름은 20[cm], 출구 측 안지름은 15[cm]이다.)

① 3.95 ② 4.32
③ 39.5 ④ 43.2

해설 PHASE 07 유체가 가지는 에너지

$$P = \gamma Q H$$

P: 수동력[kW], γ: 유체의 비중량[kN/m³], Q: 유량[m³/s], H: 전양정[m]

펌프를 통과하기 전후의 압력과 속도의 관계식은 베르누이 방정식을 통해 구할 수 있다.

$$\frac{P_1}{\gamma} + \frac{u_1^2}{2g} + Z_1 + H_P = \frac{P_2}{\gamma} + \frac{u_2^2}{2g} + Z_2$$

P: 압력[N/m²], γ: 비중량[N/m³], u: 유속[m/s], g: 중력가속도[m/s²], Z: 높이[m], H_P: 펌프의 전양정[m]

수은기둥 760[mmHg]는 101.325[kPa]와 같으므로 진공계 25[mmHg]에 해당하는 압력 P_1는 다음과 같다.

$$P_1 = -25[\text{mmHg}] \times \frac{101.325[\text{kPa}]}{760[\text{mmHg}]} \fallingdotseq -3.33[\text{kPa}]$$

유체는 물이므로 물의 비중량은 9.8[kN/m³]이다.
부피유량 공식 $Q = Au$에 의해 유량과 배관의 직경 D를 알면 유속은 다음과 같이 구할 수 있다.

$$u = \frac{Q}{A} = \frac{Q}{\frac{\pi}{4}D^2} = \frac{4Q}{\pi D^2}$$

u: 유속[m/s], Q: 유량[m³/s], A: 배관의 단면적[m²], D: 배관의 직경[m]

펌프의 입구 측 유속 u_1는 다음과 같다.

$$u_1 = \frac{4 \times 0.15}{\pi \times 0.2^2} \fallingdotseq 4.77[\text{m/s}]$$

펌프의 출구 측 유속 u_2는 다음과 같다.

$$u_2 = \frac{4 \times 0.15}{\pi \times 0.15^2} \fallingdotseq 8.49[\text{m/s}]$$

주어진 조건을 공식에 대입하면 펌프의 전양정 H_P는 다음과 같다.

$$H_P = \frac{P_2 - P_1}{\gamma} + \frac{u_2^2 - u_1^2}{2g}$$

$$= \frac{260 - (-3.33)}{9.8} + \frac{8.49^2 - 4.77^2}{2 \times 9.8} \fallingdotseq 29.39[\text{m}]$$

따라서 펌프의 동력 P는

$$P = 9.8 \times 0.15 \times 29.39 \fallingdotseq 43.2[\text{kW}]$$

18 빈출도 ★★

그림과 같은 곡관에 물이 흐르고 있을 때 계기 압력으로 P_1이 98[kPa]이고, P_2가 29.42[kPa]이면 이 곡관을 고정시키는데 필요한 힘[N]은? (단, 높이차 및 모든 손실은 무시한다.)

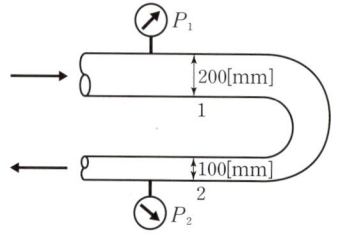

① 4,141 ② 4,314
③ 4,565 ④ 4,744

해설 PHASE 08 유체유동의 측정

곡관을 고정하기 위해서는 곡관에 가해지는 외력의 합이 0이어야 한다.
곡관에 작용하는 힘은 유체의 압력에 의한 힘과 유체의 유속에 의한 힘의 합이다.
곡관에 들어오는 물이 가하는 힘을 반대 방향으로 바꾸어 나가는 물에 힘을 가하여야 하므로 두 힘의 합만큼 고정하기 위한 힘을 가하면 곡관의 외력의 합이 0이 된다.

$$F = PA + \rho Q u$$

F: 유체가 곡관에 가하는 힘[N], P: 압력[N/m²], A: 유체의 단면적[m²], ρ: 밀도[kg/m³], Q: 유량[m³/s], u: 유속[m/s]

들어오는 물과 나가는 물의 유량은 일정하므로 부피유량 공식 $Q = Au$에 의해 유량과 노즐의 직경 D를 알면 유속은 다음과 같이 구할 수 있다.
곡관은 직경이 D인 원형이므로 곡관의 단면적은 다음과 같다.

$$A = \frac{\pi}{4}D^2$$

$$Q = A_1 u_1 = A_2 u_2 = \frac{\pi}{4}D_1^2 u_1 = \frac{\pi}{4}D_2^2 u_2$$

$$\frac{\pi}{4} \times 0.2^2 \times u_1 = \frac{\pi}{4} \times 0.1^2 \times u_2$$

$$4u_1 = u_2$$

정답 | ④

유체의 압력을 알고 있으므로 유속은 베르누이 방정식을 통해 구할 수 있다.

$$\frac{P_1}{\gamma} + \frac{u_1^2}{2g} + Z_1 = \frac{P_2}{\gamma} + \frac{u_2^2}{2g} + Z_2$$

P: 압력[N/m²], γ: 비중량[N/m³], u: 유속[m/s], g: 중력가속도[m/s²], Z: 높이[m]

높이 차이는 없으므로 $Z_1 = Z_2$로 두면 관계식은 다음과 같다.

$$\frac{P_1 - P_2}{\gamma} = \frac{u_2^2 - u_1^2}{2g}$$

$$2 \times \frac{P_1 - P_2}{\rho} = 16u_1^2 - u_1^2$$

$$u_1 = \sqrt{\frac{2}{15} \times \frac{P_1 - P_2}{\rho}}$$

물의 밀도는 1,000[kg/m³]이므로 곡관을 흐르는 물의 유속과 유량은 다음과 같다.

$$u_1 = \sqrt{\frac{2}{15} \times \frac{98,000 - 29,420}{1,000}} \fallingdotseq 3.024[\text{m/s}]$$

$u_2 = 4u_1 = 12.096[\text{m/s}]$

$$Q = \frac{\pi}{4} D_1^2 u_1 = \frac{\pi}{4} \times 0.2^2 \times 3.024 \fallingdotseq 0.095[\text{m}^3/\text{s}]$$

따라서 들어오는 물이 가진 힘은 다음과 같다.

$$F_1 = 98,000 \times \frac{\pi}{4} \times 0.2^2 + 1,000 \times 0.095 \times 3.024$$

$\fallingdotseq 3,366[\text{N}]$

나가는 물이 가진 힘은 다음과 같다.

$$F_2 = 29,420 \times \frac{\pi}{4} \times 0.1^2 + 1,000 \times 0.095 \times 12.096$$

$\fallingdotseq 1,380[\text{N}]$

곡관을 고정시키는데 필요한 힘은

$F = F_1 + F_2 = 3,366 + 1,380$
$= 4,746[\text{N}]$

정답 | ④

19 빈출도 ★★

일률(시간당 에너지)의 차원을 기본 차원인 M(질량), L(길이), T(시간)로 올바르게 표시한 것은?

① L^2T^{-2}
② $MT^{-2}L^{-1}$
③ ML^2T^{-2}
④ ML^2T^{-3}

해설 PHASE 01 유체

일률의 단위는 [W]=[J/s]=[N·m/s]=[kg·m²/s³]이고, 일률의 차원은 ML^2T^{-3}이다.

정답 | ④

20 빈출도 ★

한 변이 8[cm]인 정육면체를 비중이 1.26인 글리세린에 담그니 절반의 부피가 잠겼다. 이때 정육면체를 수직방향으로 눌러 완전히 잠기게 하는데 필요한 힘은 약 몇 [N]인가?

① 2.56
② 3.16
③ 6.53
④ 12.5

해설 PHASE 03 압력과 부력

정육면체가 완전히 잠기기 위해서는 물체가 안정적으로 떠있을 때의 부력과 완전히 잠겼을 때의 부력의 차이만큼 힘이 더 필요하다.

정육면체가 안정적으로 떠있을 때의 부력은 다음과 같다.

$$F = s\gamma_w \times xV$$

F: 부력[N], s: 비중, γ_w: 물의 비중량[N/m³], x: 물체가 잠긴 비율[%], V: 물체의 부피[m³]

$F_1 = 1.26 \times 9,800 \times 0.5 \times (0.08 \times 0.08 \times 0.08)$
$\fallingdotseq 3.16[\text{N}]$

정육면체가 완전히 잠겼을 때의 부력은 다음과 같다.

$F_2 = 1.26 \times 9,800 \times (0.08 \times 0.08 \times 0.08)$
$\fallingdotseq 6.32[\text{N}]$

따라서 정육면체가 완전히 잠기기 위해 추가적으로 필요한 힘은

$F = F_2 - F_1 = 6.32 - 3.16$
$= 3.16[\text{N}]$

정답 | ②

2021년 기출문제

1회

□ 1회독   점 | □ 2회독   점 | □ 3회독   점

01 빈출도 ★★

대기압이 90[kPa]인 곳에서 진공 76[mmHg]는 절대압력[kPa]으로 약 얼마인가?

① 10.1
② 79.9
③ 99.9
④ 101.1

해설 PHASE 03 압력과 부력

진공을 기준으로 나타내는 압력을 절대압이라고 하며, 대기압을 기준으로 (−)압력을 진공압이라고 한다.
따라서 대기압에 진공압을 빼주면 진공으로부터의 절대압이 된다.
760[mmHg]는 101.325[kPa]와 같으므로

$$90[\text{kPa}] - 76[\text{mmHg}] \times \frac{101.325[\text{kPa}]}{760[\text{mmHg}]}$$

$$\fallingdotseq 79.87[\text{kPa}]$$

정답 | ②

02 빈출도 ★★★

지름 0.4[m]인 관에 물이 0.5[m³/s]로 흐를 때 길이 300[m]에 대한 동력손실은 60[kW]이었다. 이 때 관 마찰계수 f는 얼마인가?

① 0.0151
② 0.0202
③ 0.0256
④ 0.0301

해설 PHASE 10 배관의 마찰손실

일정한 양의 비압축성 유체가 일정한 속도로 흐를 때 배관에서의 마찰손실은 달시─바이스바하 방정식으로 구할 수 있다.

$$H = \frac{\Delta P}{\gamma} = \frac{flu^2}{2gD}$$

H: 마찰손실수두[m], ΔP: 압력 차이[kPa], γ: 비중량[kN/m³],
f: 마찰손실계수, l: 배관의 길이[m], u: 유속[m/s],
g: 중력가속도[m/s²], D: 배관의 직경[m]

동력손실이 60[kW] 발생하였으므로 손실수두는 다음과 같다.

$$P = \gamma Q H$$

P: 동력손실[kW], γ: 유체의 비중량[kN/m³], Q: 유량[m³/s],
H: 전양정[m]

$$H = \frac{60}{\gamma Q}$$

따라서 두 식을 연립하면 다음의 식이 성립한다.

$$\frac{60}{\gamma Q} = \frac{flu^2}{2gD}$$

부피유량 공식 $Q = Au$에 의해 유량과 배관의 직경 D를 알면 유속은 다음과 같이 구할 수 있다.

$$u = \frac{Q}{A} = \frac{Q}{\frac{\pi}{4}D^2} = \frac{4Q}{\pi D^2}$$

u: 유속[m/s], Q: 유량[m³/s], A: 배관의 단면적[m²],
D: 배관의 직경[m]

주어진 조건을 공식에 대입하면 마찰계수 f는

$$\frac{60}{\gamma Q} = \frac{fl}{2gD} \times \left(\frac{4Q}{\pi D^2}\right)^2$$

$$f = \frac{60}{\gamma Q} \times \frac{2gD}{l} \times \left(\frac{\pi D^2}{4Q}\right)^2$$

$$= \frac{60}{9.8 \times 0.5} \times \frac{2 \times 9.8 \times 0.4}{300} \times \left(\frac{\pi \times 0.4^2}{4 \times 0.5}\right)^2$$

$$\fallingdotseq 0.0202$$

정답 | ②

03 빈출도 ★

액체 분자들 사이의 응집력과 고체면에 대한 부착력의 차이에 의하여 관내 액체표면과 자유표면 사이에 높이 차이가 나타나는 것과 가장 관계가 깊은 것은?

① 관성력 ② 점성
③ 뉴턴의 마찰법칙 ④ 모세관 현상

해설 PHASE 02 유체의 성질

모세관 현상은 분자간 인력인 응집력과 분자와 모세관 사이의 인력인 부착력의 차이에 의해 발생한다.

정답 | ④

04 빈출도 ★★

피스톤이 설치된 용기 속에서 1[kg]의 공기가 일정온도 50[°C]에서 처음 체적의 5배로 팽창되었다면 이때 전달된 열량[kJ]은 얼마인가? (단, 공기의 기체상수는 $0.287[kJ/kg \cdot K]$이다.)

① 149.2 ② 170.6
③ 215.8 ④ 240.3

해설 PHASE 13 열역학 기초

등온 과정에서 계에 전달된 열량 Q는 모두 일 W로 전환되므로 공급된 열 Q는 다음과 같다.

$$Q = m\overline{R}T\ln\left(\frac{V_2}{V_1}\right)$$

Q: 공급된 열[kJ], m: 질량[kg],
$\overline{R}$: 특정 기체상수[kJ/kg·K], T: 온도[K], V: 부피[m³]

부피가 5배가 되었으므로 부피비는 다음과 같다.

$$\frac{V_2}{V_1} = 5$$

주어진 조건을 공식에 대입하면 계에 전달된 열량 Q는

$Q = 1 \times 0.287 \times (273+50) \times \ln(5)$
$\fallingdotseq 149.2[kJ]$

관련개념 등온 과정

계에 공급된 열은 내부에너지를 높이는데 쓰이거나 일을 하는데 쓰인다.
내부에너지는 온도에 대한 함수로 온도가 일정하다면 변화하지 않는다.
따라서 공급된 열은 전부 일을 하는데 쓰인다.

정답 | ①

05 빈출도 ★★★

호주에서 무게가 20[N]인 어떤 물체를 한국에서 재어보니 19.8[N]이었다면 한국에서의 중력가속도[m/s^2]는 얼마인가? (단, 호주에서의 중력가속도는 9.82[m/s^2]이다.)

① 9.46　　　② 9.61
③ 9.72　　　④ 9.82

해설 PHASE 02 유체의 성질

$$W = mg$$

W: 무게[N], m: 질량[kg], g: 중력가속도[m/s^2]

질량은 물체가 가지는 고유한 양이므로 어디에서도 그 값은 일정하다.

$$m = \frac{W_1}{g_1} = \frac{W_2}{g_2}$$

호주에서의 무게 W_1는 20[N], 중력가속도 g_1는 9.82[m/s^2]이고, 한국에서의 무게 W_2는 19.8[N]이므로, 한국에서의 중력가속도 g_2는

$$g_2 = g_1 \times \left(\frac{W_2}{W_1}\right) = 9.82 \times \left(\frac{19.8}{20}\right)$$
$$= 9.7218 \text{[m/s}^2\text{]}$$

정답 | ③

06 빈출도 ★★★

두께 20[cm]이고 열전도율 4[W/m·K]인 벽의 내부 표면온도는 20[℃]이고, 외부 벽은 -10[℃]인 공기에 노출되어 있어 대류 열전달이 일어난다. 외부의 대류 열전달계수가 20[W/m^2·K]일 때, 정상상태에서 벽의 외부 표면온도[℃]는 얼마인가? (단, 복사열 전달은 무시한다.)

① 5　　　② 10
③ 15　　　④ 20

해설 PHASE 15 열전달

벽의 내부온도는 20[℃]이고, 벽의 외부는 -10[℃]의 온도에 노출되어 열손실이 발생하고 있다. 이때 벽의 외부 표면온도가 일정하게 유지되기 위해서는 벽의 외부 표면에서 대류에 의해 손실되는 열 만큼 벽의 내부에서 전도에 의해 열이 전달되어야 한다.

$$Q = hA(T_2 - T_1)$$

Q: 열전달량[W], h: 대류 열전달계수[W/m^2·℃],
A: 열전달 면적[m^2], $(T_2 - T_1)$: 온도 차이[℃]

$$Q = kA\frac{(T_2 - T_1)}{l}$$

Q: 열전달량[W], k: 열전도율[W/m·℃],
A: 열전달 면적[m^2], $(T_2 - T_1)$: 온도 차이[℃], l: 벽의 두께[m]

벽의 외부 표면온도를 T라고 했을 때 벽의 외부에서 대류에 의해 손실되는 열량은 다음과 같다.

$$Q_1 = 20 \times A \times (T - (-10)) = 20A(T + 10)$$

벽의 내부에서 전도에 의해 전달되는 열량은 다음과 같다.

$$Q_2 = 4 \times A \times \frac{20 - T}{0.2}$$

따라서 위의 두 식을 연립하여 벽의 외부 표면온도를 구하면

$$20A(T + 10) = 4A \times \frac{20 - T}{0.2}$$
$$T + 10 = 20 - T$$
$$T = 5[℃]$$

정답 | ①

07 빈출도 ★★

질량 $m[\text{kg}]$의 어떤 기체로 구성된 밀폐계가 $Q[\text{kJ}]$의 열을 받아 일을 하고, 이 기체의 온도가 $\Delta T[\text{°C}]$ 상승하였다면 이 계가 외부에 한 일 $W[\text{kJ}]$을 구하는 계산식으로 옳은 것은? (단, 이 기체의 정적비열은 $C_v[\text{kJ/kg} \cdot \text{K}]$, 정압비열은 $C_p[\text{kJ/kg} \cdot \text{K}]$이다.)

① $W = Q - mC_v\Delta T$ ② $W = Q + mC_v\Delta T$
③ $W = Q - mC_p\Delta T$ ④ $W = Q + mC_p\Delta T$

해설 PHASE 13 열역학 기초

내부 에너지와 일, 열의 관계식은 다음과 같다.

$$\Delta U = Q - W$$

ΔU: 내부 에너지, Q: 열, W: 일

여기서 정적비열 C_v는 $\dfrac{dU}{dT}$로 나타낼 수 있으므로 내부에너지 ΔU를 다음과 같이 나타낼 수 있다.

$dU = C_v dT$
$\Delta U = C_v \Delta T$

따라서 계가 외부에 한 일 W는
$W = Q - \Delta U = Q - mC_v\Delta T$

정답 | ①

08 빈출도 ★★

정육면체의 그릇에 물을 가득 채울 때, 그릇 밑면이 받는 압력에 의한 수직방향 평균 힘의 크기를 P라고 하면, 한 측면이 받는 압력에 의한 수평방향 평균 힘의 크기는 얼마인가?

① $0.5P$ ② P
③ $2P$ ④ $4P$

해설 PHASE 05 유체가 가하는 힘

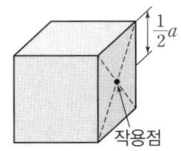

정육면체의 한 변의 길이가 a일 때, 수직 방향으로 작용하는 힘 F_v는 다음과 같다.

$$F_v = mg = \rho V g = \gamma V$$

F_v: 수직 방향으로 작용하는 힘(수직분력)[N], m: 질량[kg], g: 중력가속도[m/s²], ρ: 밀도[kg/m³], V: 부피[m³], γ: 유체의 비중량[N/m³]

$F_v = \gamma V = \gamma(a \times a \times a) = \gamma a^3 = P$

수평 방향으로 작용하는 힘은 중심 높이로부터 표면까지의 높이 $\dfrac{a}{2}$에 작용하므로 F_h는

$$F_h = PA = \rho g h A = \gamma h A$$

F_h: 수평 방향으로 작용하는 힘(수평분력)[N], P: 압력[N/m²], A: 정사영 면적[m²], ρ: 밀도[kg/m³], g: 중력가속도[m/s²], h: 중심 높이로부터 표면까지의 높이[m], γ: 유체의 비중량[N/m³]

$F_h = \gamma h A = \gamma \times \dfrac{a}{2} \times (a \times a) = \dfrac{1}{2}\gamma a^3 = 0.5P$

정답 | ①

09 빈출도 ★★★

베르누이 방정식을 적용할 수 있는 기본 전제조건으로 옳은 것은?

① 비압축성 흐름, 점성 흐름, 정상 유동
② 압축성 흐름, 비점성 흐름, 정상 유동
③ 비압축성 흐름, 비점성 흐름, 비정상 유동
④ 비압축성 흐름, 비점성 흐름, 정상 유동

해설 PHASE 07 유체가 가지는 에너지

베르누이의 정리에서 압력이 가지는 에너지, 유속이 가지는 에너지, 위치가 가지는 에너지의 합은 일정하다.

관련개념 베르누이 정리의 조건

㉠ 비압축성 유체이다.
㉡ 정상상태의 흐름이다.
㉢ 마찰이 없는 흐름이다.
㉣ 임의의 두 점은 같은 흐름선 상에 있다.

정답 | ④

10 빈출도 ★★

Newton의 점성법칙에 대한 옳은 설명으로 모두 짝지은 것은?

㉠ 전단응력은 점성계수와 속도기울기의 곱이다.
㉡ 전단응력은 점성계수에 비례한다.
㉢ 전단응력은 속도기울기에 반비례한다.

① ㉠, ㉡
② ㉡, ㉢
③ ㉠, ㉢
④ ㉠, ㉡, ㉢

해설 PHASE 02 유체의 성질

전단응력은 점성계수(점도)와 속도기울기의 곱으로 이루어져 있다.

$$\tau = \mu \frac{du}{dy}$$

τ: 전단응력[Pa], μ: 점성계수(점도)[N·s/m²],
$\frac{du}{dy}$: 속도기울기[s⁻¹]

정답 | ①

11 빈출도 ★★

물이 배관 내에 유동하고 있을 때 흐르는 물 속 어느 부분의 정압이 그때 물의 온도에 해당하는 증기압 이하로 되면 부분적으로 기포가 발생하는 현상을 무엇이라고 하는가?

① 수격현상 ② 서징현상
③ 공동현상 ④ 와류현상

해설 PHASE 12 펌프의 이상현상

배관 내 흐르는 유체에서 압력이 증기압보다 낮아져 기포가 발생하는 현상을 공동현상이라고 한다.

관련개념 펌프의 이상현상

수격현상	배관 속 유체의 흐름이 갑자기 변화할 때 압력파에 의해 충격과 이상음이 발생하는 현상
맥동현상	펌프 압력계의 지침이 흔들리며 토출량이 주기적으로 변동하며 진동하는 현상
공동현상	배관 내 흐르는 유체에서 압력이 증기압보다 낮아져 기포가 발생하는 현상

정답 | ③

12 빈출도 ★★★

그림과 같이 사이펀에 의해 용기 속의 물이 $4.8[\text{m}^3/\text{min}]$로 방출된다면 전체 손실수두[m]는 얼마인가? (단, 관 내 마찰은 무시한다.)

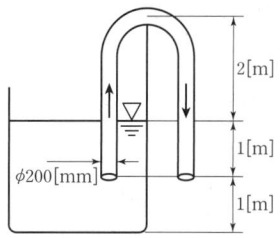

① 0.668 ② 0.330
③ 1.043 ④ 1.826

해설 PHASE 07 유체가 가지는 에너지

수조의 표면에서 유체의 위치가 가지는 에너지는 사이펀을 통과하며 일부 손실이 되고, 나머지는 사이펀의 출구에서 유속이 가지는 에너지로 변환되며 속도 u를 가지게 된다.

$$Z = H + \frac{u^2}{2g}$$

사이펀을 통과하는 유량은 $4.8[\text{m}^3/\text{min}]$이므로 단위를 변환하면 $\frac{4.8}{60}[\text{m}^3/\text{s}]$이고, 사이펀은 원형이므로 유속 u는 다음과 같다.

$$Q = Au$$

Q: 부피유량[m³/s], A: 유체의 단면적[m²], u: 유속[m/s]

$$A = \frac{\pi}{4}D^2$$

$$u = \frac{Q}{A} = \frac{Q}{\frac{\pi}{4}D^2} = \frac{\frac{4.8}{60}}{\frac{\pi}{4} \times 0.2^2} = 2.55[\text{m/s}]$$

표면과 사이펀 출구의 높이 차이는 1[m]이므로 손실수두 H는

$$H = Z - \frac{u^2}{2g} = 1 - \frac{2.55^2}{2 \times 9.8} ≒ 0.6682[\text{m}]$$

정답 | ①

13 빈출도 ★

반지름 R_0인 원형파이프에 유체가 층류로 흐를 때, 중심으로부터 거리 R에서의 유속 U와 최대속도 U_{max}의 비에 대한 분포식으로 옳은 것은?

① $\dfrac{U}{U_{max}}=\left(\dfrac{R}{R_0}\right)^2$ ② $\dfrac{U}{U_{max}}=2\left(\dfrac{R}{R_0}\right)^2$

③ $\dfrac{U}{U_{max}}=\left(\dfrac{R}{R_0}\right)^2-2$ ④ $\dfrac{U}{U_{max}}=1-\left(\dfrac{R}{R_0}\right)^2$

해설 PHASE 09 배관 속 유체유동

원형 단면을 가진 배관에서 속도분포식은 다음과 같다.

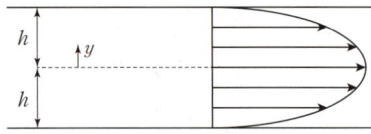

$$u=u_m\left(1-\left(\dfrac{y}{r}\right)^2\right)$$

u: 유속, u_m: 최대유속,
y: 관 중심으로부터 수직방향으로의 거리, r: 배관의 반지름

정답 | ④

14 빈출도 ★★

이상기체의 기체상수에 대해 옳은 설명으로 모두 짝 지어진 것은?

> ㉠ 기체상수의 단위는 비열의 단위와 차원이 같다.
> ㉡ 기체상수는 온도가 높을수록 커진다.
> ㉢ 분자량이 큰 기체의 기체상수가 분자량이 작은 기체의 기체상수보다 크다.
> ㉣ 기체상수의 값은 기체의 종류에 관계없이 일정하다.

① ㉠ ② ㉠, ㉢
③ ㉡, ㉢ ④ ㉠, ㉡, ㉣

해설 PHASE 14 이상기체

기체상수의 단위와 비열의 단위는 [J/kg·K]로 동일하므로 그 차원도 같다.

선지분석

㉡ 기체상수는 온도와 관련이 없다.
㉢ [J/kmol·K] 단위의 기체상수에 분자량 M[kg/kmol]을 나눠주어야 하므로 분자량이 클수록 기체상수는 작다.
㉣ 기체상수의 값은 기체의 분자량에 따라 다르므로 기체의 종류에 따라 다르다.

정답 | ①

15 빈출도 ★★★

그림에서 두 피스톤의 지름이 각각 30[cm]와 5[cm]이다. 큰 피스톤이 1[cm] 아래로 움직이면 작은 피스톤은 위로 몇 [cm] 움직이는가?

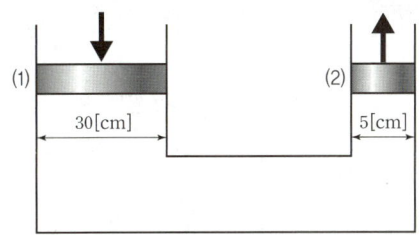

① 1
② 5
③ 30
④ 36

해설 PHASE 02 유체의 성질

큰 피스톤(1)에 의해 줄어드는 물의 부피는 작은 피스톤(2)에 의해 늘어나는 물의 부피와 같다.
피스톤은 원형이므로 단면적은 다음과 같다.

$$A = \frac{\pi}{4}D^2$$

따라서 다음의 식이 성립한다.

$$\frac{\pi}{4}D_1^2 h_1 = \frac{\pi}{4}D_2^2 h_2$$

주어진 조건을 공식에 대입하면 작은 피스톤이 움직이는 높이 h_2는

$$\frac{\pi}{4} \times 0.3^2 \times 1 = \frac{\pi}{4} \times 0.05^2 \times h_2$$

$h_2 = 36$[cm]

정답 | ④

16 빈출도 ★

흐르는 유체에서 정상류의 의미로 옳은 것은?

① 흐름의 임의의 점에서 흐름 특성이 시간에 따라 일정하게 변하는 흐름
② 흐름의 임의의 점에서 흐름 특성이 시간에 관계없이 항상 일정한 상태에 있는 흐름
③ 임의의 시각에 유로 내 모든 점의 속도벡터가 일정한 흐름
④ 임의의 시각에 유로 내 각 점의 속도벡터가 다른 흐름

해설 PHASE 09 배관 속 유체유동

흐름 특성이 더 이상 변화하지 않는 흐름을 정상류라고 한다. 배관 속 완전발달흐름이 정상류에 해당한다.

정답 | ②

17 빈출도 ★★★

용량 1,000[L]의 탱크차가 만수 상태로 화재현장에 출동하여 노즐압력 294.2[kPa], 노즐구경 21[mm]를 사용하여 방수한다면 탱크차 내의 물을 전부 방수하는데 몇 분 소요되는가? (단, 모든 손실은 무시한다.)

① 1.7분 ② 2분
③ 2.3분 ④ 2.7분

해설 PHASE 07 유체가 가지는 에너지

노즐을 통과하기 전후의 압력과 속도의 관계식은 베르누이 방정식을 통해 구할 수 있다.

$$\frac{P_1}{\gamma} + \frac{u_1^2}{2g} + Z_1 = \frac{P_2}{\gamma} + \frac{u_2^2}{2g} + Z_2$$

P: 압력[kN/m²], γ: 비중량[kN/m³], u: 유속[m/s],
g: 중력가속도[m/s²], Z: 높이[m]

노즐을 통과하기 전(1) 유속 u_1은 0, 노즐을 통과한 후(2) 압력 P_2는 대기압이므로 0, 높이 차이는 없으므로 $Z_1 = Z_2$로 두면 방정식은 다음과 같다.

$$\frac{P_1}{\gamma} = \frac{u_2^2}{2g}$$

따라서 노즐을 통과하기 전 P만큼의 방수압력을 가해주면 노즐을 통과한 유체는 u만큼의 유속으로 방사된다.

$$u = \sqrt{\frac{2gP}{\gamma}}$$

유체는 물이므로 물의 비중량은 9.8[kN/m³]이다.
노즐은 직경이 D인 원형이므로 노즐의 단면적은 다음과 같다.

$$A = \frac{\pi}{4} D^2$$

부피유량 공식 $Q = Au$에 의해 방수량은 다음과 같다.

$$Q = Au = \frac{\pi}{4} D^2 \times \sqrt{\frac{2gP}{\gamma}}$$
$$= \frac{\pi}{4} \times 0.021^2 \times \sqrt{\frac{2 \times 9.8 \times 294.2}{9.8}}$$
$$\fallingdotseq 0.0084 [m^3/s]$$

따라서 1,000[L]의 물을 전부 방수하는데 걸리는 시간은

$$\frac{1,000[L]}{0.0084[m^3/s]} = \frac{1[m^3]}{0.0084[m^3/s]}$$
$$\fallingdotseq 119[s] = 1분\ 59초$$

정답 | ②

18 빈출도 ★★

그림과 같이 60°로 기울어진 고정된 평판에 직경 50[mm]의 물 분류가 속도 $V = 20[m/s]$로 충돌하고 있다. 분류가 충돌할 때 판에 수직으로 작용하는 충격력 R(N)은?

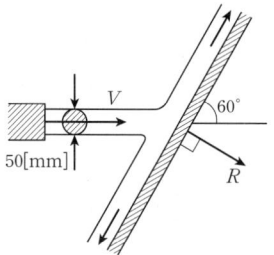

① 296 ② 393
③ 680 ④ 785

해설 PHASE 08 유체유동의 측정

기울어진 평판에 물 분류가 충돌하는 경우 초기 물 분류의 운동방향 중 평판에 수직인 성분만 고려하여 계산하여야 한다.

$$F = F_0 \sin\theta = \rho A u^2 \sin\theta$$

F: 유체가 평판에 가하는 힘[N], F_0: 초기 유체가 가진 힘[N],
θ: 초기 유체의 운동방향과 작용하는 방향 사이의 각,
ρ: 유체의 밀도[kg/m³], A: 유체의 단면적[m²], u: 유속[m/s]

물 분류는 직경이 D인 원형이므로 물제트의 단면적은 다음과 같다.

$$A = \frac{\pi}{4} D^2$$

물의 밀도는 1,000[kg/m³]이므로 물 분류가 기울어진 평판에 가하는 힘의 크기는

$$F = 1,000 \times \frac{\pi}{4} \times 0.05^2 \times 20^2 \times \sin 60°$$
$$\fallingdotseq 680.17[N]$$

정답 | ③

19 빈출도 ★

외부지름이 30[cm]이고 내부지름이 20[cm]인 길이 10[m]의 환형(annular)관에 물이 2[m/s]의 평균 속도로 흐르고 있다. 이때 손실수두가 1[m]일 때, 수력직경에 기초한 마찰계수는 얼마인가?

① 0.049 ② 0.054
③ 0.065 ④ 0.078

해설 PHASE 09 배관 속 유체유동

일정한 양의 비압축성 유체가 일정한 속도로 흐를 때 배관에서의 마찰손실계수는 달시-바이스바하 방정식으로 구할 수 있다.

$$H = \frac{\Delta P}{\gamma} = \frac{flu^2}{2gD}$$

H : 마찰손실수두[m], ΔP : 압력 차이[kPa], γ : 비중량[kN/m³],
f : 마찰손실계수, l : 배관의 길이[m], u : 유속[m/s],
g : 중력가속도[m/s²], D : 배관의 직경[m]

배관은 원형이 아니므로 이 때 배관의 직경은 수력직경 D_h을 활용하여야 한다.

$$D_h = \frac{4A}{S}$$

D_h : 수력직경[m], A : 배관의 단면적[m²], S : 배관의 둘레[m]

배관의 단면적 A는 다음과 같다.

$$A = \frac{\pi}{4}(D_o^2 - D_i^2)$$

배관의 둘레 S는 다음과 같다.

$$S = \pi(D_o + D_i)$$

따라서 수력직경 D_h는 다음과 같다.

$$D_h = \frac{4 \times \frac{\pi}{4}(D_o^2 - D_i^2)}{\pi(D_o + D_i)} = D_o - D_i = 0.1[\text{m}]$$

주어진 조건을 공식에 대입하면 마찰손실계수 f는

$$f = H \times \frac{2gD_h}{lu^2} = 1 \times \frac{2 \times 9.8 \times 0.1}{10 \times 2^2}$$
$$= 0.049$$

정답 | ①

20 빈출도 ★★★

토출량이 0.65[m³/min]인 펌프를 사용하는 경우 펌프의 소요 축동력[kW]은? (단, 전양정은 40[m]이고, 펌프의 효율은 50[%]이다.)

① 4.2   ② 8.5
③ 17.2 ④ 50.9

해설 PHASE 11 펌프의 특징

$$P = \frac{\gamma QH}{\eta}$$

P : 축동력[kW], γ : 유체의 비중량[kN/m³], Q : 유량[m³/s],
H : 전양정[m], η : 효율

유체는 물이므로 물의 비중량은 9.8[kN/m³]이다.
펌프의 토출량이 0.65[m³/min]이므로 단위를 변환하면 $\frac{0.65}{60}$[m³/s]이다.

따라서 주어진 조건을 공식에 대입하면 펌프의 소요 축동력 P는

$$P = \frac{9.8 \times \frac{0.65}{60} \times 40}{0.5}$$
$$\fallingdotseq 8.49[\text{kW}]$$

정답 | ②

2회

☐ 1회독   점 | ☐ 2회독   점 | ☐ 3회독   점

01   빈출도 ★★

직경 20[cm]의 소화용 호스에 물이 392[N/s] 흐른다. 이 때의 평균유속[m/s]은?

① 2.96 ② 4.34
③ 3.68 ④ 1.27

해설   PHASE 06 유체유동

$$G = \rho g A u$$

G: 무게유량[N/s], ρ: 밀도[kg/m³], g: 중력가속도[m/s²], A: 유체의 단면적[m²], u: 유속[m/s]

유체는 물이므로 물의 밀도는 1,000[kg/m³]이다.
소화용 호스는 직경이 0.2[m]인 원형이므로 호스의 단면적은 다음과 같다.

$$A = \frac{\pi}{4} \times 0.2^2$$

주어진 조건을 공식에 대입하면 평균유속 u는

$$u = \frac{G}{\rho g A} = \frac{392}{1,000 \times 9.8 \times \frac{\pi}{4} \times 0.2^2}$$
$$\fallingdotseq 1.27[\text{m/s}]$$

정답 | ④

02   빈출도 ★★

수은이 채워진 U자관에 수은보다 비중이 작은 어떤 액체를 넣었다. 액체기둥의 높이가 10[cm], 수은과 액체의 자유표면의 높이 차이가 6[cm]일 때 이 액체의 비중은? (단, 수은의 비중은 13.6이다.)

① 5.44 ② 8.16
③ 9.63 ④ 10.88

해설   PHASE 04 압력의 측정

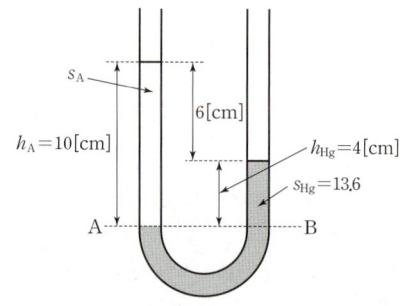

$$P_x = \gamma h = s \gamma_w h$$

P_x: x점에서의 압력[N/m²], γ: 비중량[N/m³], h: 표면까지의 높이[m], s: 비중, γ_w: 물의 비중량[N/m³]

액체기둥이 누르는 압력은 A면에서의 압력과 같다.
$$P_A = s_A \gamma_w h_A$$
B면에서의 압력은 B면 위의 수은이 누르는 압력과 같다.
$$P_B = s_B \gamma_w h_B$$
유체 내부에서 같은 수평면(높이)에는 같은 압력이 작용하므로 A면과 B면의 압력은 같다.
$$P_A = P_B$$
$$s_A \gamma_w h_A = s_B \gamma_w h_B$$
수은과 액체가 대기와 만나는 자유표면의 높이 차이가 0.06[m]이므로 A면과 높이가 같은 B면을 기준으로 수은기둥의 높이 h_B는 (0.1−0.06)[m]이다.
따라서 주어진 조건을 공식에 대입하면 액체의 비중 s_A는

$$s_A = \frac{s_B h_B}{h_A} = \frac{13.6 \times 0.04}{0.1}$$
$$= 5.44$$

정답 | ①

03 빈출도 ★

수압기에서 피스톤의 반지름이 각각 20[cm]와 10[cm]이다. 작은 피스톤에 19.6[N]의 힘을 가하는 경우 평형을 이루기 위해 큰 피스톤에는 몇 [N]의 하중을 가하여야 하는가?

① 4.9
② 9.8
③ 68.4
④ 78.4

해설 PHASE 05 유체가 가하는 힘

두 피스톤 안에 작용하는 압력이 동일하므로 파스칼의 원리에 의해 다음의 식이 성립한다.

$$P_1 = \frac{F_1}{A_1} = \frac{F_2}{A_2} = P_2$$

P: 압력[N/m²], F: 힘[N], A: 면적[m²]

피스톤은 지름이 D[m]인 원형이므로 피스톤의 단면적은 다음과 같다.

$$A = \frac{\pi}{4}D^2$$

작은 피스톤에 가하는 힘 F_1이 19.6[N], 작은 피스톤의 지름이 A_1, 큰 피스톤의 지름이 A_2이면 평형을 이루기 위해 큰 피스톤에 가하여야 하는 힘 F_2는 다음과 같다.

$$F_2 = F_1 \times \left(\frac{A_2}{A_1}\right) = 19.6 \times \left(\frac{\frac{\pi}{4} \times 0.2^2}{\frac{\pi}{4} \times 0.1^2}\right)$$
$$= 78.4[N]$$

정답 | ④

04 빈출도 ★★

그림과 같이 중앙부분에 구멍이 뚫린 원판에 지름 D의 원형 물제트가 대기압 상태에서 V의 속도로 충돌하여 원판 뒤로 지름 $\frac{D}{2}$의 원형 물제트가 V의 속도로 흘러나가고 있을 때, 이 원판이 받는 힘을 구하는 계산식으로 옳은 것은? (단, ρ는 물의 밀도이다.)

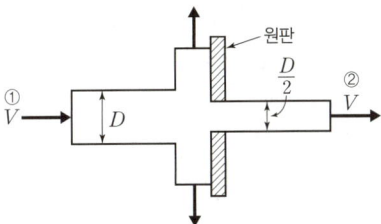

① $\frac{3}{16}\rho\pi V^2 D^2$
② $\frac{3}{8}\rho\pi V^2 D^2$
③ $\frac{3}{4}\rho\pi V^2 D^2$
④ $3\rho\pi V^2 D^2$

해설 PHASE 08 유체유동의 측정

물제트의 일부는 원판의 구멍을 통해 빠져나가고 나머지 부분이 원판에 힘을 가하고 있다.

$$F = \rho A u^2$$

F: 유체가 원판에 가하는 힘[N], ρ: 유체의 밀도[kg/m³], A: 유체의 단면적[m²], u: 유속[m/s]

물제트는 직경이 D인 원형이므로 물제트의 단면적은 다음과 같다.

$$A = \frac{\pi}{4}D^2$$

$$F_1 = \rho \times \frac{\pi}{4}D^2 \times V^2 = \frac{1}{4}\rho\pi V^2 D^2$$

구멍을 통해 빠져나가는 물제트가 가진 힘은 다음과 같다.

$$F_2 = \rho \times \frac{\pi}{4}\left(\frac{D}{2}\right)^2 \times V^2 = \frac{1}{16}\rho\pi V^2 D^2$$

따라서 원판이 받는 힘은
$$F = F_1 - F_2$$
$$= \frac{3}{16}\rho\pi V^2 D^2$$

정답 | ①

05 빈출도 ★★

압력 0.1[MPa], 온도 250[℃] 상태인 물의 엔탈피가 2,974.33[kJ/kg]이고 비체적은 2.40604[m³/kg]이다. 이 상태에서 물의 내부에너지[kJ/kg]는 얼마인가?

① 2,733.7 ② 2,974.1
③ 3,214.9 ④ 3,582.7

해설 PHASE 13 열역학 기초

계의 상태를 압력·부피의 곱과 내부에너지의 합으로 나타내는 물리량을 엔탈피라고 한다.

$$H = U + PV$$

H: 엔탈피, U: 내부에너지, P: 압력, V: 부피

주어진 조건을 공식에 대입하면 내부에너지 U는
$$U = H - PV = 2,974.33 - 100 \times 2.40604 = 2,733.726 [kJ/kg]$$

정답 | ①

06 빈출도 ★

300[K]의 저온 열원을 가지고 카르노 사이클로 작동하는 열기관의 효율이 70[%]가 되기 위해서 필요한 고온 열원의 온도[K]는?

① 800 ② 900
③ 1,000 ④ 1,100

해설 PHASE 16 카르노 사이클

카르노 사이클의 효율은 다음과 같다.

$$\eta = 1 - \frac{T_L}{T_H}$$

η: 효율, T_H: 고온부의 온도, T_L: 저온부의 온도

주어진 조건을 공식에 대입하면 고온 열원의 온도 T_H는
$$T_H = \frac{T_L}{1-\eta} = \frac{300}{1-0.7} = 1,000 [K]$$

정답 | ③

07 빈출도 ★★★

물이 들어있는 탱크에 수면으로부터 20[m] 깊이에 지름 50[mm]의 오리피스가 있다. 이 오리피스에서 흘러나오는 유량[m³/min]은? (단, 탱크의 수면 높이는 일정하고 모든 손실은 무시한다.)

① 1.3 ② 2.3
③ 3.3 ④ 4.3

해설 PHASE 07 유체가 가지는 에너지

$$\frac{P_1}{\gamma} + \frac{u_1^2}{2g} + Z_1 = \frac{P_2}{\gamma} + \frac{u_2^2}{2g} + Z_2$$

P: 압력[kN/m²], γ: 비중량[kN/m³], u: 유속[m/s], g: 중력가속도[m/s²], Z: 높이[m]

수면과 파이프 출구의 압력은 대기압으로 같다.
$$P_1 = P_2$$
수면과 오리피스 출구의 높이 차이는 다음과 같다.
$$Z_1 - Z_2 = 20[m]$$
수면 높이는 일정하므로 수면 높이의 변화속도 u_1는 무시하고 주어진 조건을 공식에 대입하면 오리피스 출구의 유속 u_2은 다음과 같다.
$$\frac{u_2^2}{2g} = (Z_1 - Z_2)$$
$$u_2 = \sqrt{2g(Z_1 - Z_2)} = \sqrt{2 \times 9.8 \times 20} \fallingdotseq 19.8[m/s]$$

오리피스는 지름이 $D[m]$인 원형이므로 오리피스의 단면적은 다음과 같다.

$$A = \frac{\pi}{4} D^2$$

부피유량 공식 $Q = Au$에 의해 오리피스의 직경 D와 유속 u를 알면 유량 Q를 구할 수 있다.
따라서 주어진 조건을 공식에 대입하면 유량 Q는
$$Q = \frac{\pi}{4} D^2 u = \frac{\pi}{4} \times 0.05^2 \times 19.8$$
$$\fallingdotseq 0.0389[m^3/s] = 2.334[m^3/min]$$

정답 | ②

08 빈출도 ★★★

다음 중 열전달 매질이 없이도 열이 전달되는 형태는?

① 전도 ② 자연대류
③ 복사 ④ 강제대류

해설 PHASE 15 열전달

열에너지가 매질을 통하지 않고 전자기파의 형태로 전달되는 현상을 복사라고 한다.

정답 | ③

09 빈출도 ★

양정 220[m], 유량 0.025[m³/s], 회전수 2,900[rpm]인 4단 원심 펌프의 비교회전도(비속도)[m³/min, m, rpm]는 얼마인가?

① 176 ② 167
③ 45   ④ 23

해설 PHASE 11 펌프의 특징

펌프의 비교회전도(비속도)를 구하는 공식은 다음과 같다.

$$N_s = \frac{NQ^{\frac{1}{2}}}{\left(\frac{H}{n}\right)^{\frac{3}{4}}}$$

N_s: 비교회전도[m³/min, m, rpm], N: 회전수[rpm],
Q: 유량[m³/min], H: 양정[m], n: 단수

유량이 0.025[m³/s]이므로 단위를 변환하면
$0.025 \times 60 = 1.5$[m³/min]
주어진 조건을 공식에 대입하면 비교회전도 N_s는

$$N_s = \frac{2,900 \times 1.5^{\frac{1}{2}}}{\left(\frac{220}{4}\right)^{\frac{3}{4}}}$$

≈ 175.86[m³/min, m, rpm]

정답 | ①

10 빈출도 ★★

동력(power)의 차원을 MLT(질량M, 길이L, 시간T)계로 바르게 나타낸 것은?

① MLT^{-1} ② M^2LT^{-2}
③ ML^2T^{-3} ④ MLT^{-2}

해설 PHASE 01 유체

동력의 단위는 [W]=[J/s]=[N·m/s]=[kg·m²/s³]이고, 동력의 차원은 ML^2T^{-3}이다.

정답 | ③

11 빈출도 ★

직사각형 단면의 덕트에서 가로와 세로가 각각 a 및 $1.5a$이고, 길이가 L이며, 이 안에서 공기가 V의 평균속도로 흐르고 있다. 이 때 손실수두를 구하는 식으로 옳은 것은? (단, f는 이 수력지름에 기초한 마찰계수이고, g는 중력가속도를 의미한다.)

① $f\dfrac{L}{a}\dfrac{V^2}{2.4g}$ ② $f\dfrac{L}{a}\dfrac{V^2}{2g}$

③ $f\dfrac{L}{a}\dfrac{V^2}{1.4g}$ ④ $f\dfrac{L}{a}\dfrac{V^2}{g}$

해설 PHASE 09 배관 속 유체유동

일정한 양의 비압축성 유체가 일정한 속도로 흐를 때 배관에서의 마찰손실수두는 달시-바이스바하 방정식으로 구할 수 있다.

$$H=\dfrac{\Delta P}{\gamma}=\dfrac{flu^2}{2gD}$$

H: 마찰손실수두[m], ΔP: 압력 차이[kPa], γ: 비중량[kN/m³],
f: 마찰손실계수, l: 배관의 길이[m], u: 유속[m/s],
g: 중력가속도[m/s²], D: 배관의 직경[m]

배관은 원형이 아니므로 이 때 배관의 직경은 수력직경 D_h을 활용하여야 한다.

$$D_h=\dfrac{4A}{S}$$

D_h: 수력직경[m], A: 배관의 단면적[m²], S: 배관의 둘레[m]

배관의 단면적 A는 다음과 같다.
$A=a\times 1.5a=1.5a^2$
배관의 둘레 S는 다음과 같다.
$S=a+a+1.5a+1.5a=5a$
따라서 수력직경 D_h는 다음과 같다.
$D_h=\dfrac{4\times 1.5a^2}{5a}=1.2a$
주어진 조건을 공식에 대입하면 마찰손실수두 H는

$$H=\dfrac{fLV^2}{2gD_h}=f\dfrac{L}{a}\dfrac{V^2}{2.4g}$$

정답 | ①

12 빈출도 ★★

무차원수 중 레이놀즈 수(Reynolds number)의 물리적인 의미는?

① $\dfrac{관성력}{중력}$ ② $\dfrac{관성력}{탄성력}$

③ $\dfrac{관성력}{점성력}$ ④ $\dfrac{관성력}{음속}$

해설 PHASE 09 배관 속 유체유동

레이놀즈 수는 유체의 관성력과 점성력의 비를 나타내는 수로 크기에 따라 클수록 난류, 작을수록 층류로 판단하는 척도가 된다.

$$Re=\dfrac{\rho uD}{\mu}=\dfrac{uD}{\nu}$$

Re: 레이놀즈 수, ρ: 밀도[kg/m³], u: 유속[m/s], D: 직경[m],
μ: 점성계수(점도)[kg/m·s], ν: 동점성계수(동점도)[m²/s]

정답 | ③

13 빈출도 ★★★

동일한 노즐구경을 갖는 소방차에서 방수압력이 1.5배가 되면 방수량은 몇 배로 되는가?

① 1.22배
② 1.41배
③ 1.52배
④ 2.25배

해설 PHASE 07 유체가 가지는 에너지

노즐을 통과하기 전후의 압력과 속도의 관계식은 베르누이 방정식을 통해 구할 수 있다.

$$\frac{P_1}{\gamma} + \frac{u_1^2}{2g} + Z_1 = \frac{P_2}{\gamma} + \frac{u_2^2}{2g} + Z_2$$

P: 압력[N/m²], γ: 비중량[N/m³], u: 유속[m/s], g: 중력가속도[m/s²], Z: 높이[m]

노즐을 통과하기 전(1) 유속 u_1은 0, 노즐을 통과한 후(2) 압력 P_2는 대기압이므로 0, 높이 차이는 없으므로 $Z_1 = Z_2$로 두면 방정식은 다음과 같다.

$$\frac{P_1}{\gamma} = \frac{u_2^2}{2g}$$

따라서 노즐을 통과하기 전 P만큼의 방수압력을 가해주면 노즐을 통과한 유체는 u만큼의 유속으로 방사된다.

$$u = \sqrt{\frac{2gP}{\rho}}$$

1.5배의 방수압력을 가해주면

$$\sqrt{\frac{2g \times 1.5P}{\rho}} = \sqrt{1.5} \times \sqrt{\frac{2gP}{\rho}} = \sqrt{1.5}u$$

유속은 $\sqrt{1.5} ≒ 1.22$배 증가한다.

정답 | ①

14 빈출도 ★★★

전양정 80[m], 토출량 500[L/min]인 물을 사용하는 소화펌프가 있다. 펌프효율 65[%], 전달계수 $K = 1.1$인 경우 필요한 전동기의 최소동력[kW]은?

① 9
② 11
③ 13
④ 15

해설 PHASE 11 펌프의 특징

$$P = \frac{\gamma Q H}{\eta} K$$

P: 전동력[kW], γ: 유체의 비중량[kN/m³], Q: 유량[m³/s], H: 전양정[m], η: 효율, K: 전달계수

유체는 물이므로 물의 비중량은 9.8[kN/m³]이다.
펌프의 토출량이 500[L/min]이므로 단위를 변환하면 $\frac{0.5}{60}$[m³/s]이다.

따라서 주어진 조건을 공식에 대입하면 전동기의 최소동력 P는

$$P = \frac{9.8 \times \frac{0.5}{60} \times 80}{0.65} \times 1.1$$

$≒ 11.06$[kW]

정답 | ②

15 빈출도 ★

안지름 10[cm]인 수평 원관의 층류유동으로 4[km] 떨어진 곳에 원유(점성계수 $0.02[N \cdot s/m^2]$, 비중 0.86)를 $0.10[m^3/min]$의 유량으로 수송하려 할 때 펌프에 필요한 동력[W]은? (단, 펌프의 효율은 100[%]로 가정한다.)

① 76 ② 91
③ 10,900 ④ 9,100

해설 PHASE 10 배관의 마찰손실

$$P = \gamma Q H$$

P: 수동력[W], γ: 유체의 비중량[N/m³], Q: 유량[m³/s], H: 전양정[m]

유체의 비중이 0.86이므로 유체의 밀도와 비중량은 다음과 같다.

$$s = \frac{\rho}{\rho_w} = \frac{\gamma}{\gamma_w}$$

s: 비중, ρ: 비교물질의 밀도[kg/m³], ρ_w: 물의 밀도[kg/m³], γ: 비교물질의 비중량[N/m³], γ_w: 물의 비중량[N/m³]

$\rho = s\rho_w = 0.86 \times 1,000$
$\gamma = s\gamma_w = 0.86 \times 9,800$

유량이 $0.1[m^3/min]$이므로 단위를 변환하면 $\frac{0.1}{60}[m^3/s]$이다.

유체의 흐름이 층류일 때 배관에서의 마찰손실은 하겐-푸아죄유 방정식으로 구할 수 있다.

$$H = \frac{\Delta P}{\gamma} = \frac{128\mu l Q}{\gamma \pi D^4}$$

H: 마찰손실수두[m], ΔP: 압력 차이[Pa], γ: 비중량[N/m³], μ: 점성계수(점도)[kg/m·s], l: 배관의 길이[m], Q: 유량[m³/s], D: 배관의 직경[m]

주어진 조건을 공식에 대입하면 마찰손실수두는 다음과 같다.

$$H = \frac{128 \times 0.02 \times 4,000 \times \frac{0.1}{60}}{(0.86 \times 9,800) \times \pi \times 0.1^4} \fallingdotseq 6.45[m]$$

따라서 펌프의 최소 동력 P는

$$P = (0.86 \times 9,800) \times \frac{0.1}{60} \times 6.45$$

$\fallingdotseq 90.6[W]$

정답 | ②

16 빈출도 ★

유속 6[m/s]로 정상류의 물이 화살표 방향으로 흐르는 배관에 압력계와 피토계가 설치되어있다. 이때 압력계의 계기압력이 300[kPa]이었다면 피토계의 계기압력은 약 몇 [kPa]인가?

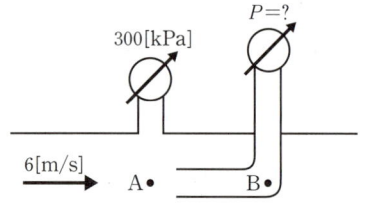

① 180 ② 280
③ 318 ④ 336

해설 PHASE 08 유체유동의 측정

$$u = \sqrt{2g\left(\frac{P_B - P_A}{\gamma_w}\right)}$$

u: 유속[m/s], g: 중력가속도[m/s²], P: 압력[kN/m²], γ_w: 배관 유체의 비중량[kN/m³]

B점의 압력을 구하여야 하므로 공식을 변형하여 P_B에 관한 식으로 나타낸다.

$$P_B = P_A + \frac{u^2}{2g} \times \gamma_w$$

따라서 주어진 조건을 공식에 대입하면 B점의 압력 P_B는

$$P_B = 300 + \frac{6^2}{2 \times 9.8} \times 9.8 = 318[kPa]$$

정답 | ③

17 빈출도 ★★★

유체의 압축률에 관한 설명으로 올바른 것은?

① 압축률 = 밀도 × 체적탄성계수

② 압축률 = $\dfrac{1}{체적탄성계수}$

③ 압축률 = $\dfrac{밀도}{체적탄성계수}$

④ 압축률 = $\dfrac{체적탄성계수}{밀도}$

해설 PHASE 02 유체의 성질

체적탄성계수의 역수를 압축률이라고 한다.

$$\beta = \dfrac{1}{K} = -\dfrac{\dfrac{\Delta V}{V}}{\Delta P}$$

β: 압축률[Pa^{-1}], K: 체적탄성계수[Pa], ΔV: 부피변화량,
V: 부피, ΔP: 압력변화량[Pa]

정답 | ②

18 빈출도 ★★

질량이 5[kg]인 공기(이상기체)가 온도 333[K]로 일정하게 유지되면서 체적이 10배가 되었다. 이 계(system)가 한 일[kJ]은? (단, 공기의 기체상수는 287[J/kg·K]이다.)

① 220 ② 478
③ 1,100 ④ 4,779

해설 PHASE 13 열역학 기초

등온 과정에서 계가 한 일 W는 다음과 같다.

$$W = m\overline{R}T\ln\left(\dfrac{V_2}{V_1}\right)$$

W: 일[kJ], m: 질량[kg], $\overline{R}$: 특정 기체상수[kJ/kg·K],
T: 온도[K], V: 부피[m^3]

부피가 10배가 되었으므로 부피비는 다음과 같다.

$\dfrac{V_2}{V_1} = 10$

주어진 조건을 공식에 대입하면 계에 전달된 열량 W는

$W = 5 \times 0.287 \times 333 \times \ln(10)$
$\fallingdotseq 1,100$[kJ]

정답 | ③

19 빈출도 ★★

무한한 두 평판 사이에 유체가 채워져 있고 한 평판은 정지해 있고 또 다른 평판은 일정한 속도로 움직이는 Couette 유동을 하고 있다. 유체 A만 채워져 있을 때 평판을 움직이기 위한 단위면적당 힘을 τ_1이라 하고 같은 평판 사이에 점성이 다른 유체 B만 채워져 있을 때 필요한 힘을 τ_2라 하면 유체 A와 B가 반반씩 위아래로 채워져 있을 때 평판을 같은 속도로 움직이기 위한 단위면적당 힘에 대한 표현으로 옳은 것은?

① $\tau_1 + \dfrac{\tau_2}{2}$ ② $\sqrt{\tau_1 \tau_2}$

③ $\dfrac{2\tau_1 \tau_2}{\tau_1 + \tau_2}$ ④ $\tau_1 + \tau_2$

해설 PHASE 02 유체의 성질

점도가 다른 두 유체가 채워져 있을 때 전단응력은 각각의 유체가 채워져 있을 때의 전단응력의 조화평균에 수렴한다.

정답 | ③

20 빈출도 ★★

2[m] 깊이로 물이 차있는 물탱크 바닥에 한 변이 20[cm]인 정사각형 모양의 관측창이 설치되어 있다. 관측창이 물로 인하여 받는 순 힘(net force)은 몇 [N]인가? (단, 관측창 밖의 압력은 대기압이다.)

① 784   ② 392
③ 196   ④ 98

해설 PHASE 05 유체가 가하는 힘

압력은 단위면적당 유체가 가하는 힘을 압력이라고 한다.

$$P = \dfrac{F}{A}$$

P: 압력[N/m²], F: 힘[N], A: 면적[m²]

물기둥 10.332[m]는 101,325[Pa]와 같으므로 물기둥 2[m]에 해당하는 압력은 다음과 같다.

$$2[m] \times \dfrac{101,325[Pa]}{10.332[m]} \fallingdotseq 19,614[Pa]$$

따라서 주어진 조건을 공식에 대입하면 관측창이 받는 힘 F는

$F = PA = 19,614 \times (0.2 \times 0.2)$
$\fallingdotseq 784[N]$

정답 | ①

4회

□ 1회독 점 | □ 2회독 점 | □ 3회독 점

01 빈출도 ★★

지름이 5[cm]인 원형 관내에 이상기체가 층류로 흐른다. 다음 중 이 기체의 속도가 될 수 있는 것을 모두 고르면? (단, 이 기체의 절대압력은 200[kPa], 온도는 27[℃], 기체상수는 2,080[J/kg·K], 점성계수는 2×10^{-5}[N·s/m²], 하임계 레이놀즈 수는 2,200으로 한다.)

| ㉠ 0.3[m/s] | ㉡ 1.5[m/s] |
| ㉢ 8.3[m/s] | ㉣ 15.5[m/s] |

① ㉠
② ㉠, ㉡
③ ㉠, ㉡, ㉢
④ ㉠, ㉡, ㉢, ㉣

해설 PHASE 09 배관 속 유체유동

유체가 층류로 흐르기 위해서는 레이놀즈 수 Re가 하임계 레이놀즈 수인 2,200보다 작아야 한다.

$$Re = \frac{\rho u D}{\mu}$$

Re: 레이놀즈 수, ρ: 밀도[kg/m³], u: 유속[m/s], D: 직경[m], μ: 점성계수(점도)[kg/m·s]

유체는 이상기체이므로 밀도 ρ는 이상기체 상태방정식을 이용해 구할 수 있다.

$$\rho = \frac{m}{V} = \frac{P}{RT} = \frac{200}{2,080 \times (273+27)}$$
$$\approx 0.32[\text{kg/m}^3]$$

따라서 주어진 조건을 공식에 대입하여 레이놀즈 수를 구해보면 다음과 같다.

㉠ $Re = \frac{0.32 \times 0.3 \times 0.05}{2 \times 10^{-5}} = 240$(층류)

㉡ $Re = \frac{0.32 \times 1.5 \times 0.05}{2 \times 10^{-5}} = 1,200$(층류)

㉢ $Re = \frac{0.32 \times 8.3 \times 0.05}{2 \times 10^{-5}} = 6,640$(난류)

㉣ $Re = \frac{0.32 \times 15.5 \times 0.05}{2 \times 10^{-5}} = 12,400$(난류)

정답 | ②

02 빈출도 ★

표면장력에 관련된 설명 중 옳은 것은?

① 표면장력의 차원은 $\frac{힘}{면적}$이다.

② 액체와 공기의 경계면에서 액체 분자의 응집력보다 공기분자와 액체 분자 사이의 부착력이 클 때 발생된다.

③ 대기 중의 물방울은 크기가 작을수록 내부 압력이 크다.

④ 모세관 현상에 의한 수면 상승 높이는 모세관의 직경에 비례한다.

해설 PHASE 02 유체의 성질

표면장력이 일정한 경우 물방울은 크기가 작을수록 내부 압력이 크다.

$$\sigma \propto PD$$

σ: 표면장력[N/m], P: 내부 압력[N/m²], D: 유체의 지름[m]

선지분석

① 표면장력의 차원은 FL^{-1}으로 $\frac{힘}{길이} \cdot \frac{에너지}{면적}$이다.

② 표면장력은 분자 간 응집력이 분자 외부로의 부착력보다 클 때 발생한다.

④ 모세관 현상의 수면 상승 높이는 모세관의 직경에 반비례한다.

정답 | ③

03 빈출도 ★★

유체의 점성에 대한 설명으로 틀린 것은?

① 질소 기체의 동점성계수는 온도 증가에 따라 감소한다.
② 물(액체)의 점성계수는 온도 증가에 따라 감소한다.
③ 점성은 유동에 대한 유체의 저항을 나타낸다.
④ 뉴턴유체에 작용하는 전단응력은 속도기울기에 비례한다.

해설 PHASE 02 유체의 성질

기체는 온도 상승에 따라 점도가 증가한다.
동점성계수(동점도)는 점성계수(점도)를 밀도로 나눈 값이며, 밀도는 온도 증가에 따라 감소하므로 온도 상승에 따른 점도의 증가보다 동점도가 더 크게 증가한다.

관련개념 유체의 점성

㉠ 액체는 온도 상승에 따라 점도가 감소한다.
㉡ 기체는 온도 상승에 따라 점도가 증가한다.
㉢ 점성계수(점도)는 외부의 힘(전단력)에 대한 저항인 전단응력과 속도기울기 사이의 비례계수이다.

$$\tau = \mu \frac{du}{dy}$$

τ: 전단응력[Pa], μ: 점성계수(점도)[N·s/m²], $\frac{du}{dy}$: 속도기울기[s^{-1}]

정답 | ①

04 빈출도 ★★

회전속도 $1,000[\text{rpm}]$일 때 송출량 $Q[\text{m}^3/\text{min}]$, 전양정 $H[\text{m}]$인 원심펌프가 상사한 조건에서 송출량이 $1.1Q[\text{m}^3/\text{min}]$가 되도록 회전속도를 증가시킬 때, 전양정은 어떻게 되는가?

① $0.91H$ ② H
③ $1.1H$ ④ $1.21H$

해설 PHASE 11 펌프의 특징

펌프의 회전수를 변화시키면 동일한 펌프이므로 상사법칙에 따라 유량과 양정이 변화한다.

$$\frac{Q_2}{Q_1} = \left(\frac{N_2}{N_1}\right)\left(\frac{D_2}{D_1}\right)^3$$

Q: 유량, N: 펌프의 회전수, D: 직경

$$\frac{H_2}{H_1} = \left(\frac{N_2}{N_1}\right)^2\left(\frac{D_2}{D_1}\right)^2$$

H: 양정, N: 펌프의 회전수, D: 직경

동일한 펌프이므로 직경은 같고, 상태1의 유량이 Q, 상태2의 유량이 $1.1Q$이므로 회전수 변화는 다음과 같다.

$$N_2 = N_1\left(\frac{Q_2}{Q_1}\right) = N_1\left(\frac{1.1Q}{Q}\right) = 1.1N_1$$

양정 변화는 다음과 같다.

$$H_2 = H_1\left(\frac{N_2}{N_1}\right)^2 = H_1\left(\frac{1.1N_1}{N_1}\right)^2 = 1.21H$$

정답 | ④

05 빈출도 ★★★

그림과 같이 노즐이 달린 수평관에서 계기압력이 0.49[MPa]이었다. 이 관의 안지름이 6[cm]이고 관의 끝에 달린 노즐의 지름이 2[cm]이라면 노즐의 분출속도는 몇 [m/s]인가? (단, 노즐에서의 손실은 무시하고, 관마찰계수는 0.025이다.)

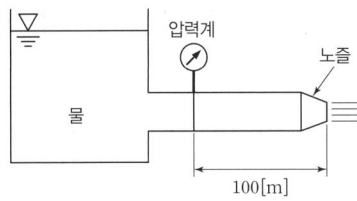

① 16.8　　② 20.4
③ 25.5　　④ 28.4

해설 PHASE 10 배관의 마찰손실

노즐을 통과하기 전 후의 압력과 속도의 관계식은 베르누이 방정식을 통해 구할 수 있다.

$$\frac{P_1}{\gamma}+\frac{u_1^2}{2g}+Z_1=\frac{P_2}{\gamma}+\frac{u_2^2}{2g}+Z_2+H$$

P: 압력[N/m²], γ: 비중량[N/m³], u: 유속[m/s],
g: 중력가속도[m/s²], Z: 높이[m], H: 손실수두[m]

노즐을 통과한 후(2) 압력 P_2는 대기압이므로 0이다.
유량은 일정하므로 부피유량 공식 $Q=Au$에 의해 유량과 노즐의 직경 D를 알면 유속은 다음과 같이 구할 수 있다.
노즐은 직경이 D인 원형이므로 노즐의 단면적은 다음과 같다.

$$A=\frac{\pi}{4}D^2$$

$$Q=A_1u_1=A_2u_2=\frac{\pi}{4}D_1^2u_1=\frac{\pi}{4}D_2^2u_2$$

$$\frac{\pi}{4}\times0.06^2\times u_1=\frac{\pi}{4}\times0.02^2\times u_2$$

$$9u_1=u_2$$

높이 차이는 없으므로 $Z_1=Z_2$로 두면 방정식은 다음과 같다.

$$\frac{P_1}{\gamma}+\frac{u_1^2}{2g}=\frac{(9u_1)^2}{2g}+H$$

일정한 양의 비압축성 유체가 일정한 속도로 흐를 때 배관에서의 마찰손실은 달시-바이스바하 방정식으로 구할 수 있다.

$$H=\frac{\Delta P}{\gamma}=\frac{flu^2}{2gD}$$

H: 마찰손실수두[m], ΔP: 압력 차이[kPa], γ: 비중량[kN/m³],
f: 마찰손실계수, l: 배관의 길이[m], u: 유속[m/s],
g: 중력가속도[m/s²], D: 배관의 직경[m]

따라서 방정식을 u_1에 대하여 정리하면 다음과 같다.

$$\frac{P_1}{\gamma}=\frac{80u_1^2}{2g}+\frac{flu_1^2}{2gD}$$

$$\frac{P_1}{\gamma}=\left(\frac{80}{2g}+\frac{fl}{2gD}\right)u_1^2$$

$$u_1=\sqrt{\frac{\frac{P_1}{\gamma}}{\frac{80}{2g}+\frac{fl}{2gD}}}$$

주어진 조건을 공식에 대입하면 노즐의 분출속도 u_2는

$$u_1=\sqrt{\frac{\frac{490}{9.8}}{\frac{80}{2\times9.8}+\frac{0.025\times100}{2\times9.8\times0.06}}}$$

$$≒2.84[\text{m/s}]$$

$$u_2=9u_1=25.56[\text{m/s}]$$

정답 | ③

06 빈출도 ★★★

원심펌프가 전양정 120[m]에 대해 6[m³/s]의 물을 공급할 때 필요한 축동력이 9,530[kW]이었다. 이때 펌프의 체적효율과 기계효율이 각각 88[%], 89[%]라고 하면, 이 펌프의 수력효율은 약 몇 [%]인가?

① 74.1　　② 84.2
③ 88.5　　④ 94.5

해설 PHASE 11 펌프의 특징

$$P=\frac{\gamma QH}{\eta}$$

P: 축동력[kW], γ: 유체의 비중량[kN/m³], Q: 유량[m³/s],
H: 전양정[m], η: 효율

유체는 물이므로 물의 비중량은 9.8[kN/m³]이다.
주어진 조건을 공식에 대입하면 펌프의 전효율 η는 다음과 같다.

$$\eta=\frac{\gamma QH}{P}=\frac{9.8\times6\times120}{9,530}≒0.74$$

전효율은 수력효율, 체적효율, 기계효율의 곱이므로 이 펌프의 수력효율은

$$\text{수력효율}=\frac{\text{전효율}}{\text{체적효율}\times\text{기계효율}}=\frac{0.74}{0.88\times0.89}$$

$$≒0.9448=94.48[\%]$$

정답 | ④

07 빈출도 ★

안지름 4[cm], 바깥지름 6[cm]인 동심 이중관의 수력직경(hydraulic diameter)은 몇 [cm]인가?

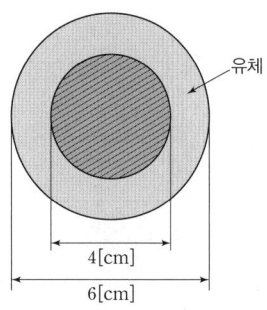

① 2 ② 3
③ 4 ④ 5

해설 PHASE 09 배관 속 유체유동

배관은 원형이 아니므로 수력직경 D_h을 활용하여야 한다.

$$D_h = \frac{4A}{S}$$

D_h: 수력직경[m], A: 배관의 단면적[m²], S: 배관의 둘레[m]

배관의 단면적 A는 다음과 같다.

$$A = \frac{\pi}{4}(D_o^2 - D_i^2)$$

배관의 둘레 S는 다음과 같다.

$$S = \pi(D_o + D_i)$$

따라서 수력직경 D_h는 다음과 같다.

$$D_h = \frac{4 \times \frac{\pi}{4}(D_o^2 - D_i^2)}{\pi(D_o + D_i)} = D_o - D_i$$
$$= 2[\text{m}]$$

정답 | ①

08 빈출도 ★★

열역학 관련 설명 중 틀린 것은?

① 삼중점에서는 물체의 고상, 액상, 기상이 공존한다.
② 압력이 증가하면 물의 끓는점도 높아진다.
③ 열을 완전히 일로 변환할 수 있는 효율이 100[%]인 열기관은 만들 수 없다.
④ 기체의 정적비열은 정압비열보다 크다.

해설 PHASE 13 열역학 기초

정압비열 C_p는 정적비열 C_v보다 기체상수 R만큼 더 크다. 정압비열은 압력을 유지하기 위해 부피팽창이 일어나므로 정적비열보다 더 크다.

선지분석

① 물질의 상평형도에서 삼중점은 서로 다른 세 개의 상이 공존하는 지점이다.
② 압력이 증가하면 분자 간 인력을 끊기 위해 더 많은 열을 필요로 하므로 더 높은 온도에서 끓기 시작한다.
③ 열역학 제2법칙에 의해 효율이 100[%]인 열기관은 존재할 수 없다.

정답 | ④

09 빈출도 ★★

다음 중 차원이 서로 같은 것을 모두 고르면? (단, P: 압력, ρ: 밀도, u: 속도, h: 높이, F: 힘, m: 질량, g: 중력가속도)

㉠ ρu^2	㉡ $\rho g h$
㉢ P	㉣ $\dfrac{F}{m}$

① ㉠, ㉡ ② ㉠, ㉢
③ ㉠, ㉡, ㉢ ④ ㉠, ㉡, ㉢, ㉣

해설 PHASE 01 유체

㉠ ρu^2의 차원은 $ML^{-3} \times LT^{-1} \times LT^{-1} = ML^{-1}T^{-2}$이다.
㉡ $\rho g h$의 차원은 $ML^{-3} \times LT^{-2} \times L = ML^{-1}T^{-2}$이다.
㉢ P의 차원은 $ML^{-1}T^{-2}$이다.
㉣ $\dfrac{F}{m}$의 차원은 $MLT^{-2} \div M = LT^{-2}$이다.

따라서 ㉠, ㉡, ㉢의 차원이 $ML^{-1}T^{-2}$로 같다.

관련개념 유도단위

물리량	차원	단위
질량	M	[kg]
길이	L	[m]
시간	T	[s]
면적	L^2	[m²]
부피	L^3	[m³]
속도	LT^{-1}	[m/s]
힘	MLT^{-2}=F	[N]=[kg·m/s²]
밀도	ML^{-3}	[kg/m³]
압력	FL^{-2}=$ML^{-1}T^{-2}$	[Pa]=[N/m²] =[kg/m·s²]
비중량	FL^{-3}=$ML^{-2}T^{-2}$	[N/m³]=[kg/m²·s²]
점성계수	$ML^{-1}T^{-1}$	[kg/m·s]=[Pa·s]
에너지	ML^2T^{-2}	[J]=[kg·m²/s²] =[N·m]
동력	ML^2T^{-3}	[W]=[J/s]=[N·m/s]

정답 | ③

10 빈출도 ★★

밀도가 10[kg/m³]인 유체가 지름 30[cm]인 관내를 1[m³/s]로 흐른다. 이때의 평균유속은 몇 [m/s]인가?

① 4.25 ② 14.1
③ 15.7 ④ 84.9

해설 PHASE 06 유체유동

$$Q = Au$$

Q: 부피유량[m³/s], A: 유체의 단면적[m²], u: 유속[m/s]

배관은 지름이 0.3[m]인 원형이므로 단면적은 다음과 같다.

$$A = \frac{\pi}{4} \times 0.3^2$$

배관의 부피유량이 1[m³/s]이므로 배관의 평균유속은

$$u = \frac{Q}{A} = \frac{1}{\frac{\pi}{4} \times 0.3^2}$$

$$\approx 14.15[m/s]$$

정답 | ②

11 빈출도 ★★

초기 상태에서 압력 100[kPa], 온도 15[℃]인 공기가 있다. 공기의 부피가 초기 부피의 $\frac{1}{20}$이 될 때까지 가역단열 압축할 때 압축 후의 온도는 약 몇 [℃]인가? (단, 공기의 비열비는 1.4이다.)

① 54　　　　　② 348
③ 682　　　　　④ 912

해설 PHASE 13 열역학 기초

단열변화에서 압력, 부피, 온도는 다음과 같은 관계를 가진다.

$$\left(\frac{P_2}{P_1}\right)=\left(\frac{V_1}{V_2}\right)^x=\left(\frac{T_2}{T_1}\right)^{\frac{x}{x-1}}$$

P: 압력, V: 부피, T: 절대온도, x: 비열비

공기의 부피 V_2가 초기 부피 V_1의 $\frac{1}{20}$이므로 부피변화는 다음과 같다.

$$V_2=\frac{1}{20}V_1$$
$$\frac{V_1}{V_2}=20$$

압축 후의 온도 T_2에 관한 식으로 나타내면 다음과 같다.

$$\left(\frac{V_1}{V_2}\right)^{x-1}=\left(\frac{T_2}{T_1}\right)$$
$$T_2=T_1\times\left(\frac{V_1}{V_2}\right)^{x-1}$$

따라서 주어진 조건을 공식에 대입하면 압축 후의 온도 T_2는
$$T_2=(273+15)\times(20)^{1.4-1}$$
$$\fallingdotseq 954.56[K]=681.56[℃]$$

정답 | ③

12 빈출도 ★★

부피가 240[m³]인 방 안에 들어 있는 공기의 질량은 약 몇 [kg]인가? (단, 압력은 100[kPa], 온도는 300[K]이며, 공기의 기체상수는 0.287[kJ/kg·K]이다.)

① 0.279　　　　② 2.79
③ 27.9　　　　　④ 279

해설 PHASE 14 이상기체

질량과 특정기체상수로 이루어진 이상기체의 상태방정식은 다음과 같다.

$$PV=m\overline{R}T$$

P: 압력[kPa], V: 부피[m³], m: 질량[kg],
$\overline{R}$: 특정기체상수[kJ/kg·K], T: 절대온도[K]

주어진 조건을 공식에 대입하면 공기의 질량 m은
$$m=\frac{PV}{RT}=\frac{100\times240}{0.287\times300}\fallingdotseq 278.75[kg]$$

정답 | ④

13 빈출도 ★★

그림의 액주계에서 밀도 $\rho_1=1{,}000[\text{kg/m}^3]$, $\rho_2=13{,}600[\text{kg/m}^3]$, 높이 $h_1=500[\text{mm}]$, $h_2=800[\text{mm}]$일 때 중심 A의 계기압력은 몇 [kPa]인가?

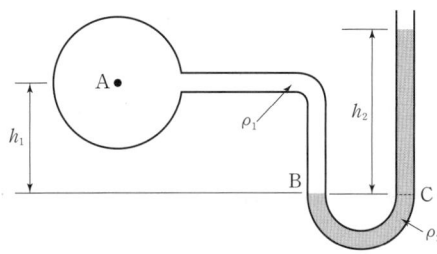

① 101.7   ② 109.6
③ 126.4   ④ 131.7

해설 PHASE 04 압력의 측정

$$P_x=\rho gh$$

P_x: x에서의 압력[Pa], ρ: 밀도[kg/m³], g: 중력가속도[m/s²], h: 높이[m]

A점에서의 압력과 A점의 유체가 누르는 압력의 합은 B면에서의 압력과 같다.
$$P_A+\rho_1 gh_1 = P_B$$
C면에서의 압력은 C면 위의 유체가 누르는 압력과 같다.
$$P_C=\rho_2 gh_2$$
유체 내부에서 같은 수평면(높이)에는 같은 압력이 작용하므로 B면과 C면의 압력은 같다.
$$P_B=P_C$$
$$P_A+\rho_1 gh_1 = \rho_2 gh_2$$
따라서 A점에 작용하는 압력 P_A는
$$\begin{aligned}P_A &= \rho_2 gh_2 - \rho_1 gh_1\\&= 13{,}600\times 9.8\times 0.8 - 1{,}000\times 9.8\times 0.5\\&= 101{,}724[\text{Pa}] = 101.724[\text{kPa}]\end{aligned}$$

정답 | ①

14 빈출도 ★★★

그림과 같이 수조의 두 노즐에서 물이 분출하여 한 점 A에서 만나려고 하면 어떤 관계가 성립되어야 하는가? (단, 공기저항과 노즐의 손실은 무시한다.)

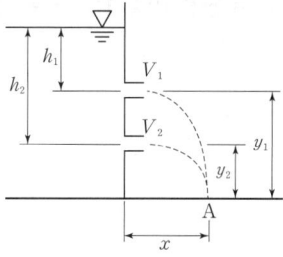

① $h_1y_1=h_2y_2$ ② $h_1y_2=h_2y_1$
③ $h_1h_2=y_1y_2$ ④ $h_1y_1=2h_2y_2$

해설 PHASE 07 유체가 가지는 에너지

높이 차이가 h일 때 유체가 가지는 에너지는 속도수두 $\dfrac{u^2}{2g}$로 변환되며 손실은 무시하므로 높이와 속도의 관계식은 다음과 같다.
$$h=\dfrac{u^2}{2g}$$
$$u=\sqrt{2gh}$$
노즐에서 분출한 물은 x방향으로 등속도 운동을 하며, y방향으로 자유낙하 운동을 한다.
따라서 x방향으로 이동한 거리는 다음과 같다.
$$x=u_x t=\sqrt{2gh}\,t$$
y방향으로 이동한 거리는 다음과 같다.
$$y=\dfrac{1}{2}gt^2$$
두 방향으로 이동하는 시간 t는 같으므로 두 노즐에서 분출한 물의 x방향과 y방향의 관계식은 다음과 같다.
$$y_1=\dfrac{1}{2}g\times\dfrac{x_1^2}{2gh_1}$$
$$y_2=\dfrac{1}{2}g\times\dfrac{x_2^2}{2gh_2}$$
A지점에서 만나기 위해서는 x방향으로 이동한 거리 x_1, x_2가 같아야 하므로 두 식을 연립하면 다음과 같다.
$$h_1y_1=h_2y_2$$

정답 | ①

15 빈출도 ★★★

길이 100[m], 직경 50[mm], 상대조도 0.01인 원형 수도관 내에 물이 흐르고 있다. 관내 평균유속이 3[m/s]에서 6[m/s]로 증가하면 압력손실은 몇 배로 되겠는가? (단, 유동은 마찰계수가 일정한 완전난류로 가정한다.)

① 1.41배   ② 2배
③ 4배   ④ 8배

해설 PHASE 10 배관의 마찰손실

$$H = \frac{\Delta P}{\gamma} = \frac{flu^2}{2gD}$$

H: 마찰손실수두[m], ΔP: 압력 차이[kPa], γ: 비중량[kN/m³], f: 마찰손실계수, l: 배관의 길이[m], u: 유속[m/s], g: 중력가속도[m/s²], D: 배관의 직경[m]

압력손실은 유속의 제곱에 비례하고, 마찰손실계수, 배관의 길이, 배관의 직경은 모두 일정하므로 유속이 2배 증가하면 압력손실은 2^2=4배 증가한다.

정답 | ③

16 빈출도 ★

한 변이 8[cm]인 정육면체를 비중이 1.26인 글리세린에 담그니 절반의 부피가 잠겼다. 이때 정육면체를 수직방향으로 눌러 완전히 잠기게 하는데 필요한 힘은 약 몇 [N] 인가?

① 2.56   ② 3.16
③ 6.53   ④ 12.5

해설 PHASE 03 압력과 부력

정육면체가 완전히 잠기기 위해서는 물체가 안정적으로 떠있을 때의 부력과 완전히 잠겼을 때의 부력의 차이만큼 힘이 더 필요하다.
정육면체가 안정적으로 떠있을 때의 부력은 다음과 같다.

$$F = s\gamma_w \times xV$$

F: 부력[N], s: 비중, γ_w: 물의 비중량[N/m³], x: 물체가 잠긴 비율[%], V: 물체의 부피[m³]

$F_1 = 1.26 \times 9,800 \times 0.5 \times (0.08 \times 0.08 \times 0.08)$
    ≒ 3.16[N]

정육면체가 완전히 잠겼을 때의 부력은 다음과 같다.
$F_2 = 1.26 \times 9,800 \times (0.08 \times 0.08 \times 0.08)$
    ≒ 6.32[N]

따라서 정육면체가 완전히 잠기기 위해 추가적으로 필요한 힘은
$F = F_2 - F_1 = 6.32 - 3.16$
   = 3.16[N]

정답 | ②

17 빈출도 ★★

그림과 같이 반지름 0.8[m]이고 폭이 2[m]인 곡면 AB가 수문으로 이용된다. 물에 의한 힘의 수평성분의 크기는 약 몇 [kN] 인가? (단, 수문의 폭은 2[m]이다.)

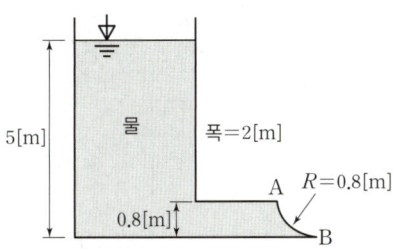

① 72.1 ② 84.7
③ 90.2 ④ 95.4

해설 PHASE 05 유체가 가하는 힘

$$F = PA = \rho g h A = \gamma h A$$

F: 수평 방향으로 작용하는 힘(수평분력)[N], P: 압력[N/m²],
A: 정사영 면적[m²], ρ: 밀도[kg/m³], g: 중력가속도[m/s²],
h: 중심 높이로부터 표면까지의 높이[m],
γ: 유체의 비중량[N/m³]

유체는 물이므로 물의 비중량은 9.8[kN/m³]이다.
곡면의 중심 높이로부터 표면까지의 높이는 $(5-0.4)$[m]이다.
곡면과 나란한 수직인 벽으로 정사영을 내린 면적 A는 (0.8×2)[m]이므로 물에 의한 힘의 수평성분의 크기 F는

$F = 9.8 \times (5-0.4) \times (0.8 \times 2)$
$\quad = 72.128$[kN]

정답 | ①

18 빈출도 ★★

펌프 운전 시 캐비테이션의 발생을 예방하는 방법이 아닌 것은?

① 펌프의 회전수를 높여 흡입 비속도를 높게 한다.
② 펌프의 설치높이를 될 수 있는 대로 낮춘다.
③ 입형펌프를 사용하고, 회전차를 수중에 완전히 잠기게 한다.
④ 양흡입 펌프를 사용한다.

해설 PHASE 12 펌프의 이상현상

펌프의 회전수를 크게 하면 회전력이 약해지므로 펌프의 회전수를 작게 한다.

관련개념 공동현상 방지대책

발생원인	방지대책
펌프의 설치 위치가 높아 유효 흡입수두가 낮아진다.	펌프의 설치 위치를 낮게 한다.
펌프의 회전수가 커서 회전력이 약해진다.	펌프의 회전수를 작게 한다.
펌프의 흡입 관경이 작아 빠른 유속으로 인한 마찰손실이 커진다.	펌프의 흡입 관경을 크게 한다.
단흡입펌프 사용 시 적은 유량으로 인해 성능이 저하한다.	단흡입펌프보다 양흡입펌프를 사용한다.

정답 | ①

19 빈출도 ★★★

실내의 난방용 방열기(물-공기 열교환기)에는 대부분 방열 핀(fin)이 달려 있다. 그 주된 이유는?

① 열전달 면적 증가 ② 열전달계수 증가
③ 방사율 증가   ④ 열저항 증가

해설 PHASE 15 열전달

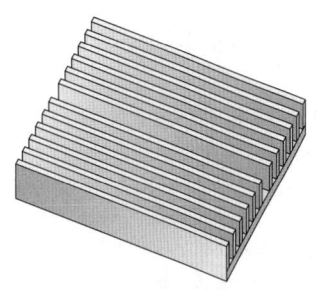

방열핀을 설치하는 이유는 열전달 면적을 크게 하여 열전달량을 높이기 위함이다.

$$Q = kA\frac{(T_2 - T_1)}{l}$$

Q: 열전달량[W], k: 열전도율[W/m·℃],
A: 열전달 면적[m²], (T_2-T_1): 온도 차이[℃],
l: 벽의 두께[m]

$$Q = hA(T_2 - T_1)$$

Q: 열전달량[W], h: 대류 열전달계수[W/m²·℃],
A: 열전달 면적[m²], (T_2-T_1): 온도 차이[℃]

정답 | ①

20 빈출도 ★★

그림에서 물 탱크차가 받는 추력은 약 몇 [N] 인가? (단, 노즐의 단면적은 $0.03[\text{m}^2]$ 이며, 탱크 내의 계기 압력은 $40[\text{kPa}]$ 이다. 또한 노즐에서 마찰 손실은 무시한다.)

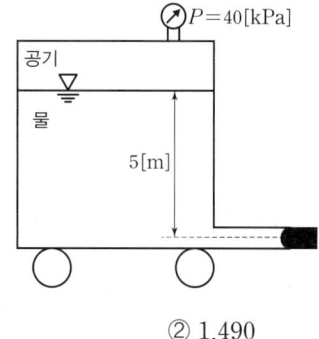

① 812   ② 1,490
③ 2,710   ④ 5,340

해설 PHASE 08 유체유동의 측정

유체가 노즐에서 분출되며 가지는 힘은 다음과 같다.

$$F = \rho A u^2$$

F: 유체가 가지는 힘[N], ρ: 유체의 밀도[kg/m³],
A: 유체의 단면적[m²], u: 유속[m/s]

노즐을 통과하기 전 후의 압력과 속도의 관계식은 베르누이 방정식을 통해 구할 수 있다.

$$\frac{P_1}{\gamma} + \frac{u_1^2}{2g} + Z_1 = \frac{P_2}{\gamma} + \frac{u_2^2}{2g} + Z_2$$

P: 압력[kN/m²], γ: 비중량[kN/m³], u: 유속[m/s],
g: 중력가속도[m/s²], Z: 높이[m]

노즐을 통과하기 전(1) 유속 u_1은 0, 노즐을 통과한 후(2) 압력 P_2는 대기압이므로 0, 높이 차이는 (Z_1-Z_2)[m]로 두면 방정식은 다음과 같다.

$$\frac{P_1}{\gamma} + (Z_1 - Z_2) = \frac{u_2^2}{2g}$$

$$u_2 = \sqrt{2g\left(\frac{P_1}{\gamma} + (Z_1 - Z_2)\right)}$$

따라서 노즐을 통과한 후 유속 u_2는 다음과 같다.

$$u_2 = \sqrt{2 \times 9.8 \times \left(\frac{40}{9.8} + 5\right)} ≒ 13.34[\text{m/s}]$$

물의 밀도는 1,000[kg/m³]이므로 주어진 조건을 공식에 대입하면 유체가 가지는 힘 F는

$$F = 1,000 \times 0.03 \times 13.34^2$$
$$≒ 5,338[\text{N}]$$

정답 | ④

에듀윌이
너를
지지할게
ENERGY

무엇이든 넓게 경험하고 파고들어
스스로를 귀한 존재로 만들어라.

– 세종대왕

2020년 기출문제

1, 2회

□ 1회독   점 | □ 2회독   점 | □ 3회독   점

01 빈출도 ★★★

비중이 0.8인 액체가 한 변이 10[cm]인 정육면체 모양 그릇의 반을 채울 때 액체의 질량[kg]은?

① 0.4
② 0.8
③ 400
④ 800

해설 PHASE 02 유체의 성질

유체의 비중이 0.8이므로 유체의 밀도는 다음과 같다.

$$s = \frac{\rho}{\rho_w}$$

s: 비중, ρ: 비교물질의 밀도[kg/m³], ρ_w: 물의 밀도[kg/m³]

$\rho = s\rho_w = 0.8 \times 1{,}000 = 800[\text{kg/m}^3]$

액체는 한 변이 10[cm]인 정육면체의 반을 채우므로 액체의 부피는 다음과 같다.

$V = 0.1 \times 0.1 \times 0.05 = 0.0005[\text{m}^3]$

밀도는 질량과 부피의 비이므로 액체의 질량 m은

$$\rho = \frac{m}{V}$$

ρ: 밀도[kg/m³], m: 질량[kg], V: 부피[m³]

$m = \rho V = 800 \times 0.0005$
$\quad = 0.4[\text{kg}]$

정답 | ①

02 빈출도 ★★★

펌프의 입구에서 진공압은 $-160[\text{mmHg}]$, 출구에서 압력계의 계기압력은 $300[\text{kPa}]$, 송출 유량은 $10[\text{m}^3/\text{min}]$일 때 펌프의 수동력[kW]은? (단, 진공계와 압력계 사이의 수직거리는 $2[\text{m}]$이고, 흡입관과 송출관의 직경은 같으며, 손실은 무시한다.)

① 5.7
② 56.8
③ 557
④ 3,400

해설 PHASE 11 펌프의 특징

$$P = \frac{P_T Q}{\eta} K$$

P: 펌프의 동력[kW], P_T: 흡입구와 배출구의 압력 차이[kPa], Q: 유량[m³/s], η: 효율, K: 전달계수

유체의 흡입구와 배출구의 압력 차이는 $(300[\text{kPa}] - (-160[\text{mmHg}]))$이고 높이 차이는 $2[\text{m}]$이다. $760[\text{mmHg}]$와 $10.332[\text{m}]$는 $101.325[\text{kPa}]$와 같으므로 펌프가 유체에 가해주어야 하는 압력은 다음과 같다.

$$\left(300[\text{kPa}] - \left(-160[\text{mmHg}] \times \frac{101.325[\text{kPa}]}{760[\text{mmHg}]}\right)\right)$$
$$+ \left(2[\text{m}] \times \frac{101.325[\text{kPa}]}{10.332[\text{m}]}\right) \fallingdotseq 340.95[\text{kPa}]$$

펌프의 토출량이 $10[\text{m}^3/\text{min}]$이므로 단위를 변환하면 $\frac{10}{60}[\text{m}^3/\text{s}]$이다.

수동력을 묻고 있으므로 효율 η와 전달계수 K를 모두 1로 두고 주어진 조건을 공식에 대입하면 펌프의 수동력 P는

$$P = \frac{340.95 \times \frac{10}{60}}{1} \times 1 = 56.825[\text{kW}]$$

정답 | ②

03 빈출도 ★★

다음 (㉠), (㉡)에 알맞은 것은?

> 파이프 속을 유체가 흐를 때 파이프 끝의 밸브를 갑자기 닫으면 유체의 (㉠)에너지가 압력으로 변환되면서 밸브 직전에서 높은 압력이 발생하고 상류로 압축파가 전달되는 (㉡) 현상이 발생한다.

① ㉠ 운동, ㉡ 서징 ② ㉠ 운동, ㉡ 수격
③ ㉠ 위치, ㉡ 서징 ④ ㉠ 위치, ㉡ 수격

해설 PHASE 12 펌프의 이상현상

배관 속 유체의 흐름이 더 이상 진행하지 못하고 운동에너지가 압력으로 변화하면서 압력파에 의해 충격과 이상음이 발생하는 현상은 수격현상이다.

관련개념 펌프의 이상현상

수격현상	배관 속 유체의 흐름이 갑자기 변화할 때 압력파에 의해 충격과 이상음이 발생하는 현상
맥동현상	펌프 압력계의 지침이 흔들리며 토출량이 주기적으로 변동하며 진동하는 현상
공동현상	배관 내 흐르는 유체에서 압력이 증기압보다 낮아져 기포가 발생하는 현상

정답 | ②

04 빈출도 ★

과열증기에 대한 설명으로 틀린 것은?

① 과열증기의 압력은 해당 온도에서의 포화압력보다 높다.
② 과열증기의 온도는 해당 압력에서의 포화온도보다 높다.
③ 과열증기의 비체적은 해당 온도에서의 포화증기의 비체적보다 크다.
④ 과열증기의 엔탈피는 해당 압력에서의 포화증기의 엔탈피보다 크다.

해설 PHASE 13 열역학 기초

과열증기는 포화증기보다 더 높은 온도에서의 증기로 압력은 포화압력과 같다.

정답 | ①

05 빈출도 ★★★

비중이 0.85이고 동점성계수가 3×10^{-4}[m²/s]인 기름이 직경 10[cm]의 수평 원형 관 내에 20[L/s]으로 흐른다. 이 원형 관의 100[m] 길이에서의 수두손실 [m]은? (단, 정상 비압축성 유동이다.)

① 16.6　　② 25.0
③ 49.8　　④ 82.2

해설 PHASE 10 배관의 마찰손실

일정한 양의 비압축성 유체가 일정한 속도로 흐를 때 배관에서의 마찰손실은 달시-바이스바하 방정식으로 구할 수 있다.

$$H = \frac{\Delta P}{\gamma} = \frac{flu^2}{2gD}$$

H: 마찰손실수두[m], ΔP: 압력 차이[kPa], γ: 비중량[kN/m³],
f: 마찰손실계수, l: 배관의 길이[m], u: 유속[m/s],
g: 중력가속도[m/s²], D: 배관의 직경[m]

부피유량 공식 $Q = Au$에 의해 유량과 배관의 직경 D를 알면 유속은 다음과 같이 구할 수 있다.

$$u = \frac{Q}{A} = \frac{Q}{\frac{\pi}{4}D^2} = \frac{4Q}{\pi D^2}$$

u: 유속[m/s], Q: 유량[m³/s], A: 배관의 단면적[m²],
D: 배관의 직경[m]

유체의 흐름을 판단하기 위해 레이놀즈 수를 계산해보면 다음과 같다.

$$Re = \frac{\rho u D}{\mu} = \frac{uD}{\nu}$$

Re: 레이놀즈 수, ρ: 밀도[kg/m³], u: 유속[m/s], D: 직경[m],
μ: 점성계수(점도)[kg/m·s], ν: 동점성계수(동점도)[m²/s]

$$Re = \frac{uD}{\nu} = \frac{4Q}{\pi D^2} \times \frac{D}{\nu} = \frac{4 \times 0.02}{\pi \times 0.1^2} \times \frac{0.1}{3 \times 10^{-4}}$$
$$\fallingdotseq 848.82$$

레이놀즈 수가 2,100 이하이므로 유체의 흐름은 층류이다.

층류일 때 마찰계수 f는 $\frac{64}{Re}$이므로 마찰계수 f는 다음과 같다.

$$f = \frac{64}{Re} = \frac{64}{848.82} \fallingdotseq 0.0754$$

따라서 주어진 조건을 대입하면 손실수두 H는

$$H = \frac{fl}{2gD} \times \left(\frac{4Q}{\pi D^2}\right)^2 = \frac{0.0754 \times 100}{2 \times 9.8 \times 0.1} \times \left(\frac{4 \times 0.02}{\pi \times 0.1^2}\right)^2$$
$$\fallingdotseq 24.95[m]$$

정답 | ②

06 빈출도 ★★

그림과 같이 수족관에 직경 3[m]의 투시경이 설치되어있다. 이 투시경에 작용하는 힘[kN]은?

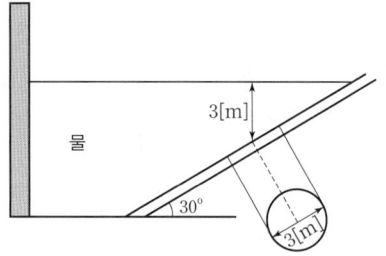

① 207.8　　② 123.9
③ 87.1　　④ 52.4

해설 PHASE 05 유체가 가하는 힘

투시경에 작용하는 힘 F의 크기는 다음과 같다.

$$F = \gamma h A$$

F: 투시경에 작용하는 힘[kN], γ: 유체의 비중량[kN/m³],
h: 투시경의 중심 높이로부터 표면까지의 높이[m],
A: 투시경의 면적[m²]

유체는 물이므로 물의 비중량은 9.8[kN/m³]이다.
투시경은 직경이 D인 원형이므로 투시경의 단면적은 다음과 같다.

$$A = \frac{\pi}{4}D^2$$

주어진 조건을 공식에 대입하면 투시경에 작용하는 힘 F는

$$F = 9.8 \times 3 \times \frac{\pi}{4} \times 3^2$$
$$\fallingdotseq 207.8[kN]$$

정답 | ①

07 빈출도 ★★

점성에 관한 설명으로 틀린 것은?

① 액체의 점성은 분자 간 결합력에 관계된다.
② 기체의 점성은 분자 간 운동량 교환에 관계된다.
③ 온도가 증가하면 기체의 점성은 감소된다.
④ 온도가 증가하면 액체의 점성은 감소된다.

해설 PHASE 02 유체의 성질

기체는 온도 상승에 따라 점도가 증가한다.

관련개념 유체의 점성

㉠ 액체는 온도 상승에 따라 점도가 감소한다.
㉡ 기체는 온도 상승에 따라 점도가 증가한다.
㉢ 점성계수(점도)는 외부의 힘(전단력)에 대한 저항인 전단응력과 속도기울기 사이의 비례계수이다.

$$\tau = \mu \frac{du}{dy}$$

τ: 전단응력[Pa], μ: 점성계수(점도)[N·s/m^2],
$\frac{du}{dy}$: 속도기울기[s^{-1}]

정답 | ③

08 빈출도 ★★

240[mmHg]의 절대압력은 계기압력으로 약 몇 [kPa]인가? (단, 대기압은 760[mmHg]이고, 수은의 비중은 13.6이다.)

① -32.0 ② 32.0
③ -69.3 ④ 69.3

해설 PHASE 03 압력과 부력

진공을 기준으로 나타내는 압력을 절대압이라고 하며, 대기압을 기준으로 (−)압력을 진공압이라고 한다.
따라서 대기압에 계기압력(진공압)을 더해주면 진공으로부터의 절대압이 된다.

$760[\text{mmHg}] + x = 240[\text{mmHg}]$
$x = -520[\text{mmHg}]$

760[mmHg]는 101.325[kPa]와 같으므로

$-520[\text{mmHg}] \times \frac{101.325[\text{kPa}]}{760[\text{mmHg}]} \fallingdotseq -69.33[\text{kPa}]$

정답 | ③

09 빈출도 ★★

관의 길이가 l이고, 지름이 d, 관마찰계수가 f일 때, 총 손실수두 H[m]를 식으로 바르게 나타낸 것은? (단, 입구 손실계수가 0.5, 출구 손실계수가 1.0, 속도수두는 $\dfrac{V^2}{2g}$이다.)

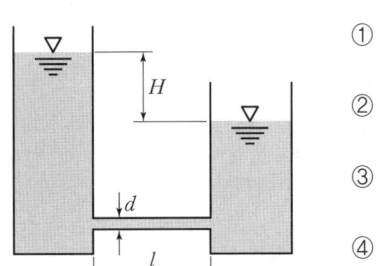

① $\left(1.5+f\dfrac{l}{d}\right)\dfrac{V^2}{2g}$

② $\left(f\dfrac{l}{d}+1\right)\dfrac{V^2}{2g}$

③ $\left(0.5+f\dfrac{l}{d}\right)\dfrac{V^2}{2g}$

④ $\left(f\dfrac{l}{d}\right)\dfrac{V^2}{2g}$

해설 PHASE 10 배관의 마찰손실

총 손실수두 H는 배관으로 들어가는 축소관에서 부차적 손실 H_1, 배관을 통과하며 발생하는 마찰손실 H_2, 배관에서 나오는 확대관에서 부차적 손실 H_3의 합으로 구성된다.

$H=H_1+H_2+H_3$

축소관에서 부차적 손실 H_1는 다음과 같다.

$$H=\dfrac{(u_0-u_2)^2}{2g}=K\dfrac{u_2^2}{2g}$$

H: 마찰손실수두[m], u_0: 좁은 흐름의 유속[m/s], u_2: 좁은 배관의 유속[m/s], g: 중력가속도[m/s²], K: 부차적 손실계수

$$H_1=0.5\times\dfrac{V^2}{2g}$$

배관에서의 마찰손실수두 H_2는 다음과 같다.

$$H=\dfrac{\Delta P}{\gamma}=\dfrac{flu^2}{2gD}$$

H: 마찰손실수두[m], ΔP: 압력 차이[kPa], γ: 비중량[kN/m³], f: 마찰손실계수, l: 배관의 길이[m], u: 유속[m/s], g: 중력가속도[m/s²], D: 배관의 직경[m]

$$H_2=f\dfrac{l}{d}\dfrac{V^2}{2g}$$

확대관에서 부차적 손실 H_3는 다음과 같다.

$$H=\dfrac{(u_1-u_2)^2}{2g}=K\dfrac{u_1^2}{2g}$$

H: 마찰손실수두[m], u_1: 좁은 배관의 유속[m/s], u_2: 넓은 배관의 유속[m/s], g: 중력가속도[m/s²], K: 부차적 손실계수

$$H_3=1\times\dfrac{V^2}{2g}$$

따라서 총 손실수두 H는

$$H=\left(1.5+f\dfrac{l}{d}\right)\dfrac{V^2}{2g}$$

정답 | ①

10 빈출도 ★★

회전속도 N[rpm]일 때 송출량 Q[m³/min], 전양정 H[m]인 원심펌프를 상사한 조건에서 회전속도를 $1.4N$[rpm]으로 바꾸어 작동할 때 ㉠유량과 ㉡전양정은?

① ㉠ $1.4Q$ ㉡ $1.4H$
② ㉠ $1.4Q$ ㉡ $1.96H$
③ ㉠ $1.96Q$ ㉡ $1.4H$
④ ㉠ $1.96Q$ ㉡ $1.96H$

해설 PHASE 11 펌프의 특징

펌프의 회전수를 변화시키면 동일한 펌프이므로 상사법칙에 따라 유량과 양정이 변화한다.

$$\dfrac{Q_2}{Q_1}=\left(\dfrac{N_2}{N_1}\right)\left(\dfrac{D_2}{D_1}\right)^3$$

Q: 유량, N: 펌프의 회전수, D: 직경

$$\dfrac{H_2}{H_1}=\left(\dfrac{N_2}{N_1}\right)^2\left(\dfrac{D_2}{D_1}\right)^2$$

H: 양정, N: 펌프의 회전수, D: 직경

동일한 펌프이므로 직경은 같고, 상태1의 회전수가 N, 상태2의 회전수가 $1.4N$이므로 유량 변화는 다음과 같다.

$$Q_2=Q_1\left(\dfrac{N_2}{N_1}\right)=Q_1\left(\dfrac{1.4N}{N}\right)=1.4Q$$

양정 변화는 다음과 같다.

$$H_2=H_1\left(\dfrac{1.4N}{N}\right)^2=1.96H$$

정답 | ②

11 빈출도 ★★★

그림과 같이 길이 5[m], 입구직경(D_1) 30[cm], 출구직경(D_2) 16[cm]인 직관을 수평면과 30° 기울어지게 설치하였다. 입구에서 0.3[m³/s]로 유입되어 출구에서 대기 중으로 분출된다면 입구에서의 압력[kPa]은? (단, 대기는 표준대기압 상태이고 마찰손실은 없다.)

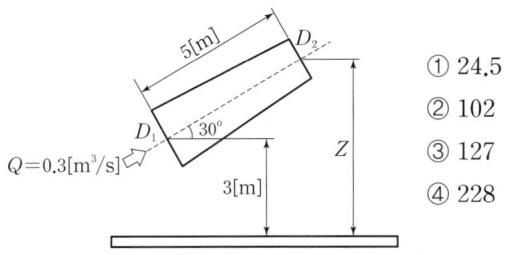

① 24.5
② 102
③ 127
④ 228

해설 PHASE 07 유체가 가지는 에너지

직관을 통과하기 전후의 압력과 속도의 관계식은 베르누이 방정식을 통해 구할 수 있다.

$$\frac{P_1}{\gamma} + \frac{u_1^2}{2g} + Z_1 = \frac{P_2}{\gamma} + \frac{u_2^2}{2g} + Z_2$$

P: 압력[kN/m²], γ: 비중량[kN/m³], u: 유속[m/s], g: 중력가속도[m/s²], Z: 높이[m]

직관을 통과한 후(2) 압력 P_2는 대기압이므로 101.325[kPa]이다.
유체는 물이므로 물의 비중량은 9.8[kN/m³]이다.
부피유량 공식 $Q=Au$에 의해 유량과 배관의 직경 D를 알면 유속은 다음과 같이 구할 수 있다.

$$u = \frac{Q}{A} = \frac{Q}{\frac{\pi}{4}D^2} = \frac{4Q}{\pi D^2}$$

u: 유속[m/s], Q: 유량[m³/s], A: 배관의 단면적[m²], D: 배관의 직경[m]

직관의 입구 측 유속 u_1은 다음과 같다.

$$u_1 = \frac{4 \times 0.3}{\pi \times 0.3^2} \approx 4.24 [m/s]$$

직관의 출구 측 유속 u_2은 다음과 같다.

$$u_2 = \frac{4 \times 0.3}{\pi \times 0.16^2} \approx 14.92 [m/s]$$

입구와 출구의 높이 차이 (Z_2-Z_1)는 $5 \times \sin 30° = 2.5[m]$이다.
따라서 주어진 조건을 공식에 대입하면 입구에서의 압력 P_1은

$$\frac{P_1-P_2}{\gamma} = \left(\frac{u_2^2-u_1^2}{2g} + (Z_2-Z_1)\right)$$

$$P_1 = P_2 + \gamma\left(\frac{u_2^2-u_1^2}{2g} + (Z_2-Z_1)\right)$$

$$= 101.325 + 9.8 \times \left(\frac{14.92^2-4.24^2}{2 \times 9.8} + 2.5\right)$$

$$\approx 228[kPa]$$

정답 | ④

12 빈출도 ★

다음 중 배관의 유량을 측정하는 계측 장치가 아닌 것은?

① 로터미터(Rotameter)
② 유동노즐(Flow Nozzle)
③ 마노미터(Manometer)
④ 오리피스(Orifice)

해설 PHASE 08 유체유동의 측정

마노미터는 배관의 압력을 측정하는 장치이다.

정답 | ③

13 빈출도 ★★

지름 10[cm]의 호스에 출구 지름이 3[cm]인 노즐이 부착되어 있고, 1,500[L/min]의 물이 대기 중으로 뿜어져 나온다. 이때 4개의 플랜지 볼트를 사용하여 노즐을 호스에 부착하고 있다면 볼트 1개에 작용되는 힘의 크기[N]는? (단, 유동에서 마찰이 존재하지 않는다고 가정한다.)

① 58.3 ② 899.4
③ 1,018.4 ④ 4,098.2

해설 PHASE 08 유체유동의 측정

플랜지 볼트에 작용하는 힘은 다음과 같다.

$$F = \frac{\gamma Q^2 A_1}{2g} \left(\frac{A_1 - A_2}{A_1 A_2} \right)^2$$

F: 플랜지 볼트에 작용하는 힘[N], γ: 비중량[N/m³],
Q: 유량[m³/s], A_1: 배관의 단면적[m²],
A_2: 노즐의 단면적[m²], g: 중력가속도[m/s²]

유체는 물이므로 물의 비중량은 9,800[N/m³]이다.
유량이 1,500[L/min]이므로 단위를 변환하면 $\frac{1.5}{60}$[m³/s]이다.
호스는 지름이 D인 원형이므로 호스의 단면적은 다음과 같다.

$$A = \frac{\pi}{4} D^2$$

$A_1 = \frac{\pi}{4} \times 0.1^2$

$A_2 = \frac{\pi}{4} \times 0.03^2$

따라서 주어진 조건을 공식에 대입하면 플랜지 볼트에 작용하는 힘 F는 다음과 같다.

$$F = \frac{9,800 \times \left(\frac{1.5}{30}\right)^2 \times \frac{\pi}{4} \times 0.1^2}{2 \times 9.8} \left(\frac{\frac{\pi}{4} \times 0.1^2 - \frac{\pi}{4} \times 0.03^2}{\frac{\pi}{4} \times 0.1^2 \times \frac{\pi}{4} \times 0.03^2} \right)^2$$

$\fallingdotseq 4,067.78[N]$

플랜지 볼트는 4개 이므로 1개의 플랜지 볼트에 작용하는 힘 F는

$$F = \frac{4,067.78}{4} \fallingdotseq 1,017[N]$$

정답 | ③

14 빈출도 ★★

$-10[℃]$, 6기압의 이산화탄소 10[kg]이 분사노즐에서 1기압까지 가역 단열팽창 하였다면 팽창 후의 온도는 몇 [℃]가 되겠는가? (단, 이산화탄소의 비열비는 1.289이다.)

① -85 ② -97
③ -105 ④ -115

해설 PHASE 13 열역학 기초

단열변화에서 압력, 부피, 온도는 다음과 같은 관계를 가진다.

$$\left(\frac{P_2}{P_1}\right) = \left(\frac{V_1}{V_2}\right)^x = \left(\frac{T_2}{T_1}\right)^{\frac{x}{x-1}}$$

P: 압력, V: 부피, T: 절대온도, x: 비열비

이산화탄소의 압력 P_2가 초기 압력 P_1의 $\frac{1}{6}$이므로 압력변화는 다음과 같다.

$P_2 = \frac{1}{6} P_1$

$\frac{P_2}{P_1} = \frac{1}{6}$

팽창 후의 온도 T_2에 관한 식으로 나타내면 다음과 같다.

$\left(\frac{P_2}{P_1}\right)^{\frac{x-1}{x}} = \left(\frac{T_2}{T_1}\right)$

$T_2 = T_1 \times \left(\frac{P_2}{P_1}\right)^{\frac{x-1}{x}}$

따라서 주어진 조건을 공식에 대입하면 팽창 후의 온도 T_2는

$T_2 = (273 - 10) \times \left(\frac{1}{6}\right)^{\frac{1.289-1}{1.289}}$

$\fallingdotseq 176[K] = -97[℃]$

정답 | ②

15 빈출도 ★★

다음 그림에서 A, B점의 압력차[kPa]는? (단, A는 비중 1의 물, B는 비중 0.899의 벤젠이다.)

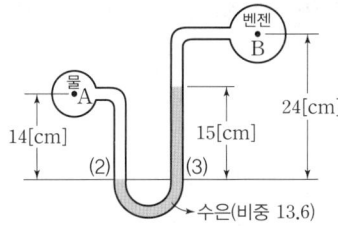

① 278.7
② 191.4
③ 23.07
④ 19.4

해설 PHASE 04 압력의 측정

$$P_x = \gamma h = s\gamma_w h$$

P_x: x에서의 압력[kPa], γ: 비중량[kN/m³], h: 높이[m], s: 비중, γ_w: 물의 비중량[kN/m³]

(2)면에 작용하는 압력은 A점에서의 압력과 물이 누르는 압력의 합과 같다.
$P_2 = P_A + s_1 \gamma_w h_1$
(3)면에 작용하는 압력은 B점에서의 압력과 벤젠이 누르는 압력, 수은이 누르는 압력의 합과 같다.
$P_3 = P_B + s_3 \gamma_w h_3 + s_2 \gamma_w h_2$
유체 내부에서 같은 수평면(높이)에는 같은 압력이 작용하므로 (2)면과 (3)면의 압력은 같다.
$P_2 = P_3$
$P_A + s_1 \gamma_w h_1 = P_B + s_3 \gamma_w h_3 + s_2 \gamma_w h_2$
따라서 A점과 B점의 압력 차이 $P_A - P_B$는
$P_A - P_B = s_3 \gamma_w h_3 + s_2 \gamma_w h_2 - s_1 \gamma_w h_1$
$= 0.899 \times 9.8 \times (0.24 - 0.15) + 13.6 \times 9.8 \times 0.15$
$\quad - 1 \times 9.8 \times 0.14$
$\fallingdotseq 19.41 [\text{kPa}]$

정답 | ④

16 빈출도 ★★★

펌프의 일과 손실을 고려할 때 베르누이 수정 방정식을 바르게 나타낸 것은? (단, H_P와 H_L은 펌프의 수두와 손실수두를 나타내며, 하첨자 1, 2는 각각 펌프의 전후 위치를 나타낸다.)

① $\dfrac{v_1^2}{2g} + \dfrac{P_1}{\gamma} + z_1 = \dfrac{v_2^2}{2g} + \dfrac{P_2}{\gamma} + H_L$

② $\dfrac{v_1^2}{2g} + \dfrac{P_1}{\gamma} + z_1 + H_P = \dfrac{v_2^2}{2g} + \dfrac{P_2}{\gamma} + H_L$

③ $\dfrac{v_1^2}{2g} + \dfrac{P_1}{\gamma} + H_P = \dfrac{v_2^2}{2g} + \dfrac{P_2}{\gamma} + z_2 + H_L$

④ $\dfrac{v_1^2}{2g} + \dfrac{P_1}{\gamma} + z_1 + H_P = \dfrac{v_2^2}{2g} + \dfrac{P_2}{\gamma} + z_2 + H_L$

해설 PHASE 07 유체가 가지는 에너지

배관 속을 흐르며 발생한 마찰손실은 배관 통과 후 상태에 반영할 수 있다.
펌프로부터 받은 에너지는 펌프 통과 전 상태에 반영할 수 있다.

정답 | ④

17 빈출도 ★★

그림과 같이 단면 A에서 정압이 500[kPa]이고 10[m/s]로 난류의 물이 흐르고 있을 때 단면 B에서의 유속[m/s]은?

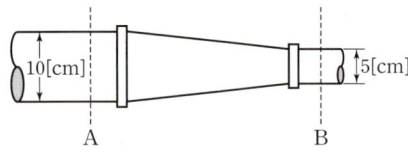

① 20　　　　　　② 40
③ 60　　　　　　④ 80

해설 PHASE 06 유체유동

$$Q = Au$$

Q: 부피유량[m³/s], A: 유체의 단면적[m²], u: 유속[m/s]

배관은 지름이 D인 원형이므로 배관의 단면적은 다음과 같다.

$$A = \frac{\pi}{4}D^2$$

$A_1 = \frac{\pi}{4} \times 0.1^2$

$A_2 = \frac{\pi}{4} \times 0.05^2$

두 단면의 부피유량은 일정하고, 단면 A의 유속 u_1가 10[m/s]이므로 단면 B의 유속 u_2는

$Q = \frac{\pi}{4} \times 0.1^2 \times 10 = \frac{\pi}{4} \times 0.05^2 \times u_2$

$u_2 = 40$[m/s]

정답 | ②

18 빈출도 ★★

압력이 100[kPa]이고 온도가 20[℃]인 이산화탄소를 완전기체라고 가정할 때 밀도[kg/m³]는? (단, 이산화탄소의 기체상수는 188.95[J/kg·K]이다.)

① 1.1　　　　　　② 1.8
③ 2.56　　　　　　④ 3.8

해설 PHASE 14 이상기체

밀도는 질량을 부피로 나눈 값이므로 $\rho = \frac{m}{V}$이다. 질량과 특정기체상수로 이루어진 이상기체의 상태방정식은 다음과 같다.

$$PV = m\overline{R}T$$

P: 압력[Pa], V: 부피[m³], m: 질량[kg],
$\overline{R}$: 특정기체상수[J/kg·K], T: 절대온도[K]

기체상수의 단위가 [J/kg·K]이므로 압력과 부피의 단위를 [Pa]과 [m³]로 변환하여야 한다.
따라서 주어진 조건을 공식에 대입하면 밀도 ρ는

$\rho = \frac{m}{V} = \frac{P}{RT} = \frac{100,000}{188.95 \times (273+20)}$

$\fallingdotseq 1.8$[kg/m³]

정답 | ②

19 빈출도 ★★★

온도차이가 ΔT, 열전도율이 k_1, 두께 x인 벽을 통한 열유속(Heat Flux)과 온도차이가 $2\Delta T$, 열전도율이 k_2, 두께 $0.5x$인 벽을 통한 열유속이 서로 같다면 두 재질의 열전도율비 $\dfrac{k_1}{k_2}$의 값은?

① 1 ② 2
③ 4 ④ 8

해설 PHASE 15 열전달

열유속은 단위면적 당 열전달량을 의미한다.

$$Q = kA\dfrac{(T_2-T_1)}{l}$$

Q: 열전달량[W], k: 열전도율[W/m·℃],
A: 열전달 면적[m²], (T_2-T_1): 온도 차이[℃],
l: 벽의 두께[m]

두 열유속이 서로 같으므로 관계식은 다음과 같다.

$$\dfrac{Q}{A} = k_1\dfrac{\Delta T}{x} = \dfrac{Q_2}{A} = k_2\dfrac{2\Delta T}{0.5x}$$

따라서 두 재질의 열전도율의 비율은

$$\dfrac{k_1}{k_2} = \dfrac{x}{\Delta T} \times \dfrac{2\Delta T}{0.5x} = 4$$

정답 | ③

20 빈출도 ★

표준대기압 상태인 어떤 지방의 호수 밑 72.4[m]에 있던 공기의 기포가 수면으로 올라오면 기포의 부피는 최초 부피의 몇 배가 되는가? (단, 기포 내의 공기는 보일의 법칙을 따른다.)

① 2 ② 4
③ 7 ④ 8

해설 PHASE 14 이상기체

보일의 법칙을 적용하므로 온도와 기체의 양이 일정한 경우이다.
$$P_1V_1 = C = P_2V_2$$
상태1의 압력은 대기압과 기포를 누르고 있는 물의 압력으로 구할 수 있다.
1[atm]=10.332[mH₂O]이므로 상태1의 압력은
$$1[\text{atm}] + 72.4[\text{mH}_2\text{O}] \times \dfrac{1[\text{atm}]}{10.332[\text{mH}_2\text{O}]} \fallingdotseq 8.01[\text{atm}]$$
상태2의 압력은 수면의 기압이므로 대기압인 1[atm]이므로 상태1과 상태2의 부피비는
$$\dfrac{V_2}{V_1} = \dfrac{P_1}{P_2} = \dfrac{8.01[\text{atm}]}{1[\text{atm}]} \fallingdotseq 8$$

관련개념 보일의 법칙

온도와 기체의 양이 일정할 때 부피와 압력은 반비례 관계에 있다.

$$PV = C$$

P: 압력, V: 부피, C: 상수

정답 | ④

3회

☐ 1회독 점 | ☐ 2회독 점 | ☐ 3회독 점

01 빈출도 ★★

체적 $0.1[\text{m}^3]$의 밀폐 용기 안에 기체상수가 $0.4615[\text{kJ/kg}\cdot\text{K}]$인 기체 1[kg]이 압력 2[MPa], 온도 250[℃] 상태로 들어있다. 이때 이 기체의 압축계수(또는 압축성 인자)는?

① 0.578 ② 0.828
③ 1.21   ④ 1.73

해설 PHASE 14 이상기체

질량과 특정기체상수로 이루어진 이상기체의 상태방정식에 압축성 인자를 반영한 식은 다음과 같다.

$$PV = Zm\overline{R}T$$

P: 압력[Pa], V: 부피[m³], Z: 압축성 인자, m: 질량[kg], $\overline{R}$: 특정기체상수[J/kg·K], T: 절대온도[K]

기체상수의 단위가 [kJ/kg·K]이므로 압력과 부피의 단위를 [kPa]과 [m³]로 변환하여야 한다.
따라서 주어진 조건을 공식에 대입하면 기체의 압축성 인자 Z는

$$Z = \frac{PV}{m\overline{R}T} = \frac{2,000 \times 0.1}{1 \times 0.4615 \times (273+250)}$$
$$\fallingdotseq 0.828$$

정답 | ②

02 빈출도 ★★★

물의 체적탄성계수가 2.5[GPa] 일 때 물의 체적을 1[%] 감소시키기 위해서 얼마의 압력[MPa]을 가하여야 하는가?

① 20   ② 25
③ 30   ④ 35

해설 PHASE 02 유체의 성질

$$K = -\frac{\Delta P}{\dfrac{\Delta V}{V}}$$

K: 체적탄성계수[MPa], ΔP: 압력변화량[MPa], ΔV: 부피변화량, V: 부피

체적탄성계수를 압력에 관한 식으로 나타내면 다음과 같다.

$$\Delta P = -K \times \frac{\Delta V}{V}$$

부피가 1[%] 감소하였다는 것은 이전부피 V_1가 100일 때 이후부피 V_2는 99라는 의미이므로 부피변화율 $\dfrac{\Delta V}{V}$는 $\dfrac{99-100}{100}$
$= -0.01$이다.
따라서 압력변화량 ΔP는
$$\Delta P = -2,500 \times -0.01 = 25[\text{MPa}]$$

정답 | ②

03 빈출도 ★★

안지름 40[mm]의 배관 속을 정상류의 물이 매분 150[L]로 흐를 때의 평균 유속[m/s]은?

① 0.99 ② 1.99
③ 2.45 ④ 3.01

해설 PHASE 06 유체유동

$$Q = Au$$

Q: 부피유량[m³/s], A: 유체의 단면적[m²], u: 유속[m/s]

배관은 지름이 0.04[m]인 원형이므로 배관의 단면적은 다음과 같다.

$$A = \frac{\pi}{4} \times 0.04^2$$

배관의 부피유량은 150[L/min]이므로 단위를 변환하면 $\frac{0.15}{60}$[m³/s]이다.

따라서 주어진 조건을 공식에 대입하면 배관의 평균 유속 u는

$$u = \frac{Q}{A} = \frac{\frac{0.15}{60}}{\frac{\pi}{4} \times 0.04^2} ≒ 1.99[m/s]$$

정답 | ②

04 빈출도 ★★★

원심펌프를 이용하여 0.2[m³/s]로 저수지의 물을 2[m] 위의 물 탱크로 퍼 올리고자 한다. 펌프의 효율이 80[%]라고 하면 펌프에 공급하여야 하는 동력[kW]은?

① 1.96 ② 3.14
③ 3.92 ④ 4.90

해설 PHASE 11 펌프의 특징

펌프에 공급하여야 하는 동력이므로 축동력을 묻는 문제이다.

$$P = \frac{\gamma Q H}{\eta}$$

P: 축동력[kW], γ: 유체의 비중량[kN/m³], Q: 유량[m³/s], H: 전양정[m], η: 효율

유체는 물이므로 물의 비중량은 9.8[kN/m³]이다.
따라서 주어진 조건을 공식에 대입하면 동력 P는

$$P = \frac{9.8 \times 0.2 \times 2}{0.8} = 4.9[kW]$$

정답 | ④

05 빈출도 ★★★

원관에서 길이가 2배, 속도가 2배가 되면 손실수두는 원래의 몇 배가 되는가? (단, 두 경우 모두 완전발달 난류유동에 해당되며, 관 마찰계수는 일정하다.)

① 동일하다. ② 2배
③ 4배 ④ 8배

해설 PHASE 10 배관의 마찰손실

일정한 양의 비압축성 유체가 일정한 속도로 흐를 때 배관에서의 마찰손실은 달시-바이스바하 방정식으로 구할 수 있다.

$$H = \frac{\Delta P}{\gamma} = \frac{flu^2}{2gD}$$

H: 마찰손실수두[m], ΔP: 압력 차이[kPa], γ: 비중량[kN/m³], f: 마찰손실계수, l: 배관의 길이[m], u: 유속[m/s], g: 중력가속도[m/s²], D: 배관의 직경[m]

상태1에서의 마찰손실수두를 H_1이라고 했을 때 상태2에서 길이가 2배인 $2l$, 속도가 2배인 $2u$이므로, 마찰손실수두 H_2는

$$H_2 = \frac{f(2l)(2u)^2}{2gD} = 8 \times \frac{flu^2}{2gD} = 8H_1$$

정답 | ④

06 빈출도 ★★

펌프가 운전 중에 한숨을 쉬는 것과 같은 상태가 되어 펌프 입구의 진공계 및 출구의 압력계 지침이 흔들리고 송출 유량도 주기적으로 변화하는 이상 현상을 무엇이라고 하는가?

① 공동현상(cavitation)
② 수격작용(water hammering)
③ 맥동현상(surging)
④ 언밸런스(unbalance)

해설 PHASE 12 펌프의 이상현상

펌프 압력계의 지침이 흔들리며 토출량이 주기적으로 변동하며 진동하는 현상은 맥동현상이다.

관련개념 펌프의 이상현상

수격현상	배관 속 유체의 흐름이 갑자기 변화할 때 압력파에 의해 충격과 이상음이 발생하는 현상
맥동현상	펌프 압력계의 지침이 흔들리며 토출량이 주기적으로 변동하며 진동하는 현상
공동현상	배관 내 흐르는 유체에서 압력이 증기압보다 낮아져 기포가 발생하는 현상

정답 | ③

07 빈출도 ★★

터보팬을 $6,000[\mathrm{rpm}]$으로 회전시킬 경우, 풍량은 $0.5[\mathrm{m}^3/\mathrm{min}]$, 축동력은 $0.049[\mathrm{kW}]$이었다. 만약 터보팬의 회전수를 $8,000[\mathrm{rpm}]$으로 바꾸어 회전시킬 경우 축동력$[\mathrm{kW}]$은?

① 0.0207
② 0.207
③ 0.116
④ 1.161

해설 PHASE 11 펌프의 특징

$$\frac{P_2}{P_1} = \left(\frac{N_2}{N_1}\right)^3 \left(\frac{D_2}{D_1}\right)^5$$

P: 축동력, N: 펌프의 회전수, D: 직경

동일한 터보팬이므로 직경은 같고, 상태1의 회전수가 $6,000[\mathrm{rpm}]$, 상태2의 회전수가 $8,000[\mathrm{rpm}]$이므로 축동력 변화는 다음과 같다.

$$P_2 = P_1 \left(\frac{N_2}{N_1}\right)^3 = 0.049 \times \left(\frac{8,000}{6,000}\right)^3$$
$$\approx 0.116[\mathrm{kW}]$$

정답 | ③

08 빈출도 ★

어떤 기체를 20[℃]에서 등온 압축하여 절대압력이 0.2[MPa]에서 1[MPa]으로 변할 때 체적은 초기 체적과 비교하여 어떻게 변화하는가?

① 5배로 증가한다.
② 10배로 증가한다.
③ $\frac{1}{5}$로 감소한다.
④ $\frac{1}{10}$로 감소한다.

해설 PHASE 14 이상기체

온도와 기체의 양이 일정한 이상기체이므로 보일의 법칙을 적용할 수 있다.

$$P_1V_1 = C = P_2V_2$$

상태1의 압력이 0.2[MPa], 상태2의 압력이 1[MPa]이므로 상태1과 상태2의 부피비는

$$\frac{V_2}{V_1} = \frac{P_1}{P_2} = \frac{0.2[\text{MPa}]}{1[\text{MPa}]} = \frac{1}{5}$$

관련개념 보일의 법칙

온도와 기체의 양이 일정할 때 부피와 압력은 반비례 관계에 있다.

$$PV = C$$

P: 압력, V: 부피, C: 상수

정답 | ③

09 빈출도 ★★★

원관 속의 흐름에서 관의 직경, 유체의 속도, 유체의 밀도, 유체의 점성계수가 각각 D, V, ρ, μ로 표시될 때 층류 흐름의 마찰계수(f)는 어떻게 표현될 수 있는가?

① $f = \frac{64\mu}{DV\rho}$
② $f = \frac{64\rho}{DV\mu}$
③ $f = \frac{64D}{V\rho\mu}$
④ $f = \frac{64}{DV\rho\mu}$

해설 PHASE 10 배관의 마찰손실

층류일 때 마찰계수 f는 $\frac{64}{Re}$이므로 마찰계수 f는 다음과 같다.

$$Re = \frac{\rho u D}{\mu} = \frac{uD}{\nu}$$

Re: 레이놀즈 수, ρ: 밀도[kg/m³], u: 유속[m/s], D: 직경[m], μ: 점성계수(점도)[kg/m·s], ν: 동점성계수(동점도)[m²/s]

$$f = \frac{64}{\frac{\rho u D}{\mu}} = \frac{64\mu}{\rho u D}$$

정답 | ①

10 ★★

그림과 같이 매우 큰 탱크에 연결된 길이 100[m], 안지름 20[cm]인 원관에 부차적 손실계수가 5인 밸브 A가 부착되어 있다. 관 입구에서의 부차적 손실계수가 0.5, 관마찰계수는 0.02이고, 평균속도가 2[m/s]일 때 물의 높이 h[m]는?

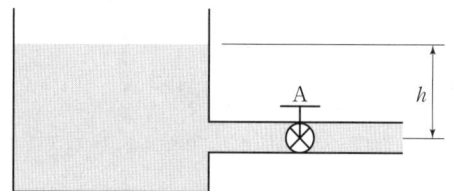

① 1.48 ② 2.14
③ 2.81 ④ 3.36

해설 PHASE 10 배관의 마찰손실

유체가 가진 위치수두는 배관을 통해 유출되는 유체의 속도수두와 마찰손실수두의 합으로 전환된다.

$$\frac{P_1}{\gamma}+\frac{u_1^2}{2g}+Z_1=\frac{P_2}{\gamma}+\frac{u_2^2}{2g}+Z_2+H$$

P: 압력[N/m²], γ: 비중량[N/m³], u: 유속[m/s], g: 중력가속도[m/s²], Z: 높이[m], H: 손실수두[m]

$$Z_1=\frac{u_2^2}{2g}+Z_2+H$$

일정한 양의 비압축성 유체가 일정한 속도로 흐를 때 배관에서의 마찰손실은 달시-바이스바하 방정식으로 구할 수 있다.

$$H=\frac{\Delta P}{\gamma}=\frac{flu^2}{2gD}$$

H: 마찰손실수두[m], ΔP: 압력 차이[kPa], γ: 비중량[kN/m³], f: 마찰손실계수, l: 배관의 길이[m], u: 유속[m/s], g: 중력가속도[m/s²], D: 배관의 직경[m]

배관의 길이 l은 실제 배관의 길이 l_1과 밸브 A에 의해 발생하는 손실을 환산한 상당길이 l_2, 관 입구에서 발생하는 손실을 환산한 상당길이 l_3의 합이다.
$l=l_1+l_2+l_3$

$$L=\frac{KD}{f}$$

L: 상당길이[m], K: 부차적 손실계수, D: 직경[m], f: 마찰손실계수

밸브 A의 상당길이 l_2은 다음과 같다.
$$l_2=\frac{5\times0.2}{0.02}=50[m]$$
관 입구에서의 상당길이 l_3은 다음과 같다.
$$l_3=\frac{0.5\times0.2}{0.02}=5[m]$$
전체 배관의 길이 l은 다음과 같다.
$$l=100+50+5=155[m]$$
따라서 마찰손실수두 H는 다음과 같다.
$$H=\frac{0.02\times155\times2^2}{2\times9.8\times0.2}\fallingdotseq3.16[m]$$
주어진 조건을 공식에 대입하면 물의 높이 h는
$$h=Z_1-Z_2=\frac{u^2}{2g}+H=\frac{2^2}{2\times9.8}+3.16$$
$$\fallingdotseq3.36[m]$$

정답 | ④

11 ★★★

마그네슘은 절대온도 293[K]에서 열전도도가 156 [W/m·K], 밀도는 1,740[kg/m³]이고, 비열이 1,017[J/kg·K]일 때 열확산계수[m²/s]는?

① 8.96×10^{-2} ② 1.53×10^{-1}
③ 8.81×10^{-5} ④ 8.81×10^{-4}

해설 PHASE 15 열전달

$$\alpha=\frac{k}{\rho c}$$

α: 열확산계수[m²/s], k: 열전도율[W/m·K], ρ: 밀도[kg/m³], c: 비열[J/kg·K]

주어진 조건을 공식에 대입하면 열확산계수 α는
$$\alpha=\frac{156}{1,740\times1,017}\fallingdotseq8.816\times10^{-5}[m^2/s]$$

정답 | ③

12 빈출도 ★★

그림과 같이 반지름이 1[m], 폭(y 방향) 2[m]인 곡면 AB에 작용하는 물에 의한 힘의 수직성분(z방향) F_z와 수평성분(x방향) F_x와의 비 $\left(\dfrac{F_z}{F_x}\right)$는 얼마인가?

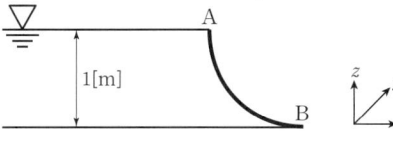

① $\dfrac{\pi}{2}$ ② $\dfrac{2}{\pi}$

③ 2π ④ $\dfrac{1}{2\pi}$

해설 PHASE 05 유체가 가하는 힘

곡면의 수평 방향으로 작용하는 힘 F_x는 다음과 같다.

$$F = PA = \rho g h A = \gamma h A$$

F: 수평 방향으로 작용하는 힘(수평분력)[N], P: 압력[N/m²], A: 정사영 면적[m²], ρ: 밀도[kg/m³], g: 중력가속도[m/s²], h: 중심 높이로부터 표면까지의 높이[m], γ: 유체의 비중량[N/m³]

곡면의 중심 높이로부터 표면까지의 높이 h는 0.5[m]이다.
곡면과 나란한 수직인 벽으로 정사영을 내린 면적 A는 (1×2)[m²]이다.

$$F_x = \gamma \times 0.5 \times (1 \times 2) = \gamma$$

곡면의 수직 방향으로 작용하는 힘 F_z는 다음과 같다.

$$F = mg = \rho V g = \gamma V$$

F: 수직 방향으로 작용하는 힘(수직분력)[N], m: 질량[kg], g: 중력가속도[m/s²], ρ: 밀도[kg/m³], V: 곡면 위 유체의 부피[m³], γ: 유체의 비중량[N/m³]

곡면 아래에 유체가 있는 경우 곡면 위의 유체 표면까지 채울 수 있는 가상 유체의 무게로 한다.

$$V = \dfrac{1}{4} \times \pi r^2 \times 2 = \dfrac{\pi}{2}$$

$$F_z = \gamma V = \dfrac{\pi}{2}\gamma$$

따라서 곡면 AB에 작용하는 물에 의한 힘의 수직성분 F_z와 수평성분 F_x와의 비 $\dfrac{F_z}{F_x}$는

$$\dfrac{F_z}{F_x} = \dfrac{\dfrac{\pi}{2}\gamma}{\gamma} = \dfrac{\pi}{2}$$

정답 ①

13 빈출도 ★

대기압 하에서 10[℃]의 물 2[kg]이 전부 증발하여 100[℃]의 수증기로 되는 동안 흡수되는 열량[kJ]은 얼마인가? (단, 물의 비열은 4.2[kJ/kg·K], 기화열은 2,250[kJ/kg]이다.)

① 756   ② 2,638
③ 5,256   ④ 5,360

해설 PHASE 13 열역학 기초

10[℃]의 물은 100[℃]까지 온도변화 후 수증기로 상태변화한다.

$$Q = cm\Delta T$$

Q: 열량[kJ], c: 비열[kJ/kg·K], m: 질량[kg], ΔT: 온도 변화[K]

$$Q = mr$$

Q: 열량[kJ], m: 질량[kg], r: 잠열[kJ/kg]

물의 평균 비열은 4.2[kJ/kg·K]이므로 2[kg]의 물이 10[℃]에서 100[℃]까지 온도변화하는 데 필요한 열량은 다음과 같다.

$$Q_1 = 4.2 \times 2 \times (100 - 10) = 756[kJ]$$

물의 증발잠열은 2,250[kJ/kg]이므로 100[℃]의 물이 수증기로 상태변화하는 데 필요한 열량은 다음과 같다.

$$Q_2 = 2 \times 2,250 = 4,500[kJ]$$

따라서 10[℃]의 물이 100[℃]의 수증기로 변화하는 데 필요한 열량은

$$Q = Q_1 + Q_2 = 756 + 4,500 = 5,256[kJ]$$

정답 ③

14 빈출도 ★

경사진 관로의 유체 흐름에서 수력기울기선의 위치로 옳은 것은?

① 언제나 에너지선보다 위에 있다.
② 에너지선보다 속도수두만큼 아래에 있다.
③ 항상 수평이 된다.
④ 개수로의 수면보다 속도수두 만큼 위에 있다.

해설 PHASE 07 유체가 가지는 에너지

수력기울기선은 압력수두와 위치수두의 합인 피에조미터 수두를 그래프에 나타낸 것이다.
피에조미터 수두는 전수두에서 속도수두를 뺀 값이므로 수력기울기선은 에너지선보다 속도수두만큼 아래에 있다.

정답 | ②

15 빈출도 ★

그림과 같이 폭(b)이 1[m]이고 깊이(h_0) 1[m]로 물이 들어있는 수조가 트럭 위에 실려 있다. 이 트럭이 7[m/s^2]의 가속도로 달릴 때 물의 최대 높이(h_2)와 최소 높이(h_1)는 각각 몇 [m]인가?

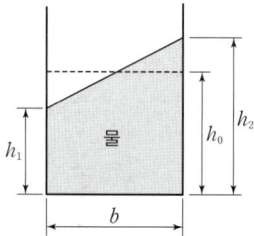

① $h_1=$ 0.643[m] $h_2=$ 1.413[m]
② $h_1=$ 0.643[m] $h_2=$ 1.357[m]
③ $h_1=$ 0.676[m] $h_2=$ 1.413[m]
④ $h_1=$ 0.676[m] $h_2=$ 1.357[m]

해설 PHASE 03 압력과 부력

문제의 조건에서 수조의 폭 $b=1$이고, 높이 $h_0=\frac{h_2+h_1}{2}=1$이므로 물의 최대 높이 h_2와 최소 높이 h_1의 관계는 다음과 같다.
$h_2+h_1=2$

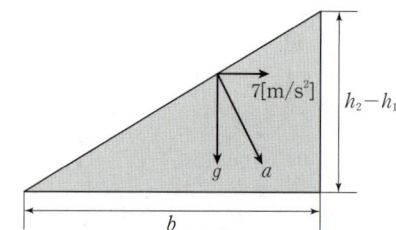

유체에 작용하는 가속도 a는 유체 자유표면에 수직으로 작용한다. 경사를 이루는 유체와 작용하는 가속도의 성분은 서로 닮음을 이루므로 다음과 같은 방정식을 세울 수 있다.

$$\frac{h_2-h_1}{b}=\frac{7}{g}$$
$$h_2-h_1=\frac{7}{9.8}$$

따라서 위 식을 연립하면 물의 최대 높이 h_2와 최소 높이 h_1는

$$h_2=\frac{1}{2}\left(2+\frac{7}{9.8}\right)≒1.357[m]$$
$$h_1=2-h_2≒0.643[m]$$

정답 | ②

16 빈출도 ★

유체의 거동을 해석하는데 있어서 비점성 유체에 대한 설명으로 옳은 것은?

① 실제 유체를 말한다.
② 전단응력이 존재하는 유체를 말한다.
③ 유체 유동 시 마찰저항이 속도 기울기에 비례하는 유체이다.
④ 유체 유동 시 마찰저항을 무시한 유체를 말한다.

해설 PHASE 01 유체

유체를 구성하는 분자가 다른 분자로부터 저항을 받지 않는 유체를 비점성 유체라고 한다.

정답 | ④

17 빈출도 ★★

출구단면적이 $0.0004[m^2]$인 소방호스로부터 $25[m/s]$의 속도로 수평으로 분출되는 물제트가 수직으로 세워진 평판과 충돌한다. 평판을 고정시키기 위한 힘(F)은 몇 [N] 인가?

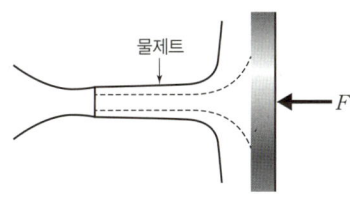

① 150
② 200
③ 250
④ 300

해설 PHASE 08 유체유동의 측정

원판을 고정하기 위해서는 원판에 가해지는 외력의 합이 0이어야 한다.
원판을 고정하기 위해서는 원판에 가해지는 힘의 크기만큼 고정하기 위한 힘을 가하면 원판의 외력의 합이 0이 된다.

$$F = \rho A u^2$$

F: 유체가 원판에 가하는 힘[N], ρ: 유체의 밀도[kg/m³], A: 유체의 단면적[m²], u: 유속[m/s]

물의 밀도는 $1,000[kg/m^3]$이므로 초기 물제트가 가진 힘은
$F = 1,000 \times 0.0004 \times 25^2 = 250[N]$

정답 | ③

18 빈출도 ★★★

두 개의 가벼운 공을 그림과 같이 실로 매달아 놓았다. 두 개의 공 사이로 공기를 불어 넣으면 공은 어떻게 되겠는가?

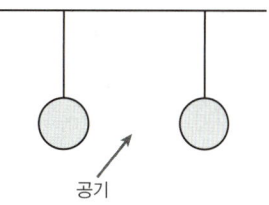

① 파스칼의 법칙에 따라 벌어진다.
② 파스칼의 법칙에 따라 가까워진다.
③ 베르누이의 법칙에 따라 벌어진다.
④ 베르누이의 법칙에 따라 가까워진다.

해설 PHASE 07 유체가 가지는 에너지

두 개의 공 사이로 공기를 불어 넣으면 공기의 유속이 가지는 에너지는 증가하며 베르누이 정리에 의해 에너지는 보존되므로 공기의 압력이 가지는 에너지는 감소한다.
따라서 공 사이의 압력이 감소하며 두 개의 공은 가까워진다.

정답 | ④

19 빈출도 ★

다음 중 뉴턴(Newton)의 점성법칙을 이용하여 만든 회전 원통식 점도계는?

① 세이볼트(Saybolt) 점도계
② 오스왈트(Ostwald) 점도계
③ 레드우드(Redwood) 점도계
④ 맥미셸(MacMichael) 점도계

해설 PHASE 02 유체의 성질

뉴턴(Newton)의 점성법칙을 이용한 회전 원통식 점도계는 맥미셸(MacMichael) 점도계이다.

관련개념 점성의 측정

구분	측정원리	점도계의 종류
하겐−푸아죄유(Hagen−Poiseuille)의 법칙	세관법	• 세이볼트(Saybolt) 점도계 • 오스왈트(Ostwald) 점도계 • 레드우드(Redwood) 점도계 • 앵글러(Engler) 점도계 • 바베이(Barbey) 점도계
뉴턴(Newton)의 점성법칙	회전원통법	• 스토머(Stormer) 점도계 • 맥미셸(MacMichael) 점도계
스토크스(Stokes)의 법칙	낙구법	낙구식 점도계

정답 | ④

20 빈출도 ★★

그림과 같이 수은 마노미터를 이용하여 물의 유속을 측정하고자 한다. 마노미터에서 측정한 높이차(h)가 30[mm]일 때 오리피스 전후의 압력[kPa] 차이는? (단, 수은의 비중은 13.6이다.)

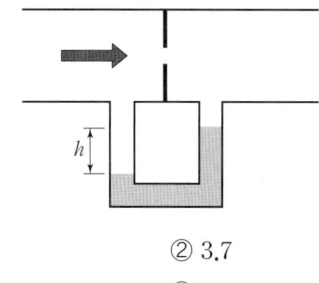

① 3.4
② 3.7
③ 3.9
④ 4.4

해설 PHASE 04 압력의 측정

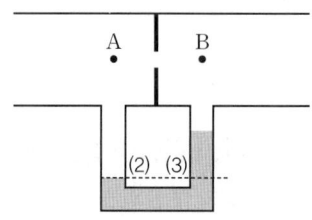

$$P_x = \gamma h = s\gamma_w h$$

P_x: x에서의 압력[kPa], γ: 비중량[kN/m³], h: 높이[m], s: 비중, γ_w: 물의 비중량[kN/m³]

A점에서의 압력과 물이 누르는 압력의 합은 (2)면에서의 압력과 같다.
$$P_A + \gamma_w h = P_2$$
B점에서의 압력과 수은이 누르는 압력의 합은 (3)면에서의 압력과 같다.
$$P_B + s\gamma_w h = P_3$$
유체 내부에서 같은 수평면(높이)에는 같은 압력이 작용하므로 (2)면과 (3)면의 압력은 같다.
$$P_2 = P_3$$
$$P_A + \gamma_w h = P_B + s\gamma_w h$$
따라서 오리피스 전후의 압력 차이 $P_A - P_B$는
$$P_A - P_B = s\gamma_w h - \gamma_w h = 13.6 \times 9.8 \times 0.03 - 9.8 \times 0.03$$
$$\fallingdotseq 3.7[kPa]$$

정답 | ②

4회

□ 1회독 점 | □ 2회독 점 | □ 3회독 점

01 빈출도 ★★★

그림과 같이 수조의 밑부분에 구멍을 뚫고 물을 유량 Q로 방출시키고 있다. 손실을 무시할 때 수위가 처음 높이의 $\frac{1}{2}$로 되었을 때 방출되는 유량은 어떻게 되는가?

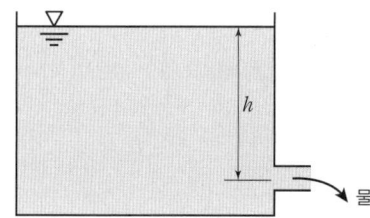

① $\frac{1}{\sqrt{2}}Q$ ② $\frac{1}{2}Q$
③ $\frac{1}{\sqrt{3}}Q$ ④ $\frac{1}{3}Q$

해설 PHASE 07 유체가 가지는 에너지

높이 차이가 h일 때 유체가 가지는 에너지는 속도수두 $\frac{u^2}{2g}$로 변환되며 손실은 무시하므로 높이와 속도의 관계식은 다음과 같다.

$$h = \frac{u^2}{2g}$$
$$u = \sqrt{2gh}$$

부피유량 공식 $Q=Au$에 의해 높이 차이가 h일 때 유량 Q는 다음과 같다.

$$Q = Au = A\sqrt{2gh}$$

높이 차이가 처음 높이의 $\frac{1}{2}$인 $\frac{h}{2}$가 되었을 때 유량은

$$A\sqrt{2g\frac{h}{2}} = \frac{1}{\sqrt{2}}A\sqrt{2gh} = \frac{1}{\sqrt{2}}Q$$

정답 | ①

02 빈출도 ★★

다음 중 등엔트로피 과정은 어느 과정인가?

① 가역 단열 과정 ② 가역 등온 과정
③ 비가역 단열 과정 ④ 비가역 등온 과정

해설 PHASE 13 열역학 기초

가역 단열 과정은 열의 출입이 없고 초기 상태로 돌아갈 수 있으므로 엔트로피가 변화하지 않는 과정이다.

정답 | ①

03 빈출도 ★★★

비중이 0.95인 액체가 흐르는 곳에 그림과 같이 피토 튜브를 직각으로 설치하였을 때 h가 150[mm], H가 30[mm]로 나타났다면 점 1위치에서의 유속[m/s]은?

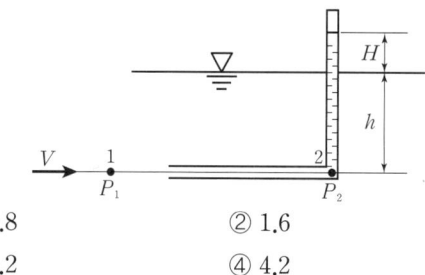

① 0.8 ② 1.6
③ 3.2 ④ 4.2

해설 PHASE 07 유체가 가지는 에너지

점 1에서 유속이 가지는 에너지는 점 2에서 더 이상 진행하지 못하게 되어 위치가 가지는 에너지로 변환되며 유체를 H만큼 표면 위로 밀어올리게 된다.

$$\frac{u^2}{2g} = Z$$
$$u = \sqrt{2gZ} = \sqrt{2 \times 9.8 \times 0.03} \fallingdotseq 0.77 [\text{m/s}]$$

정답 | ①

04 빈출도 ★★

어떤 밀폐계가 압력 200[kPa], 체적 0.1[m³]인 상태에서 100[kPa], 0.3[m³]인 상태까지 가역적으로 팽창하였다. 이 과정이 $P-V$ 선도에서 직선으로 표시된다면 이 과정 동안에 계가 한 일[kJ]은?

① 20   ② 30
③ 45   ④ 60

해설 PHASE 13 열역학 기초

일은 압력과 부피 곱의 변화량을 의미한다.

$$\Delta W = (P \Delta V)$$

W: 일[J], P: 압력[N/m²], V: 부피[m³]

$$W = \int P dV$$

$P-V$ 선도에서 직선으로 표시되었으므로 압력은 평균값인 $\frac{200+100}{2} = 150$[kPa]을 적용한다.

$$W = \int_{0.1}^{0.3} 150 dV = 150 \times (0.3 - 0.1) = 30 [\text{kJ}]$$

정답 | ②

05 빈출도 ★

유체에 관한 설명으로 틀린 것은?

① 실제유체는 유동할 때 마찰로 인한 손실이 생긴다.
② 이상유체는 높은 압력에서 밀도가 변화하는 유체이다.
③ 유체에 압력을 가하면 체적이 줄어드는 유체는 압축성 유체이다.
④ 전단력을 받았을 때 저항하지 못하고 연속적으로 변형하는 물질을 유체라 한다.

해설 PHASE 01 유체

점성과 압축성에 따른 영향이 없는 유체를 이상유체(ideal fluid)라고 한다.
이상유체는 압축성이 없으므로 밀도가 변화하지 않는다.

정답 | ②

06 빈출도 ★★

대기압에서 10[℃]의 물 10[kg]을 70[℃]까지 가열할 경우 엔트로피 증가량[kJ/K]은? (단, 물의 정압비열은 4.18[kJ/kg·K]이다.)

① 0.43   ② 8.03
③ 81.3   ④ 2,508.1

해설 PHASE 13 열역학 기초

$$dS = \frac{\delta Q}{T}$$

dS: 엔트로피 변화량[J/K], δQ: 계에 공급된 열[J], T: 계의 온도[K]

물에 공급된 열 δQ는 다음과 같이 구할 수 있다.
$$\delta Q = m C_p dT$$
따라서 엔트로피 변화량 dS는 다음과 같다.
$$dS = \frac{m C_p}{T} dT$$

양 변을 적분해주면 물의 온도가 10[℃]에서 70[℃]까지 변하는 동안의 엔트로피 증가량을 구할 수 있다.

$$\int dS = \int \frac{m C_p}{T} dT = m C_p \ln \frac{T_2}{T_1}$$

따라서 엔트로피 증가량 ΔS는

$$\Delta S = 10 \times 4.18 \times \ln\left(\frac{273+70}{273+10}\right) \approx 8.037 [\text{kJ/K}]$$

정답 | ②

07 빈출도 ★★

물속에 수직으로 완전히 잠긴 원판의 도심과 압력 중심 사이의 최대 거리는 얼마인가? (단, 원판의 반지름은 R이며, 이 원판의 면적 관성모멘트는 $I_{xc}=\dfrac{\pi R^4}{4}$이다.)

① $\dfrac{R}{8}$
② $\dfrac{R}{4}$
③ $\dfrac{R}{2}$
④ $\dfrac{2R}{3}$

해설 PHASE 05 유체가 가하는 힘

원판에 작용하는 힘의 위치 y는 다음과 같다.

$$y=l+\dfrac{I}{Al}$$

y: 원판에 작용하는 힘의 위치[m], l: 원판의 중심[m],
I: 관성모멘트[m⁴], A: 원판의 면적[m²]

원판의 면적 A는 다음과 같다.
$A=\pi R^2$

주어진 조건을 공식에 대입하면 원판의 중심과 압력이 작용하는 점 사이의 거리는

$$y-l=\dfrac{\dfrac{\pi R^4}{4}}{\pi R^2 \times R}=\dfrac{R}{4}$$

정답 | ②

08 빈출도 ★★★

점성계수가 $0.101[\text{N}\cdot\text{s/m}^2]$, 비중이 0.85인 기름이 내경 $300[\text{mm}]$, 길이 $3[\text{km}]$의 주철관 내부를 $0.0444[\text{m}^3/\text{s}]$의 유량으로 흐를 때 손실수두[m]는?

① 7.1
② 7.7
③ 8.1
④ 8.9

해설 PHASE 10 배관의 마찰손실

일정한 양의 비압축성 유체가 일정한 속도로 흐를 때 배관에서의 마찰손실은 달시-바이스바하 방정식으로 구할 수 있다.

$$H=\dfrac{\Delta P}{\gamma}=\dfrac{flu^2}{2gD}$$

H: 마찰손실수두[m], ΔP: 압력 차이[Pa], γ: 비중량[N/m³],
f: 마찰손실계수, l: 배관의 길이[m], u: 유속[m/s],
g: 중력가속도[m/s²], D: 배관의 직경[m]

부피유량 공식 $Q=Au$에 의해 유량과 배관의 직경 D를 알면 유속은 다음과 같이 구할 수 있다.

$$u=\dfrac{Q}{A}=\dfrac{Q}{\dfrac{\pi}{4}D^2}=\dfrac{4Q}{\pi D^2}$$

u: 유속[m/s], Q: 유량[m³/s], A: 배관의 단면적[m²],
D: 배관의 직경[m]

유체의 비중이 0.85이므로 유체의 밀도는 다음과 같다.
$\rho=s\rho_w=0.85\times 1,000$

유체의 흐름을 판단하기 위해 레이놀즈 수를 계산해보면 다음과 같다.

$$Re=\dfrac{\rho uD}{\mu}=\dfrac{uD}{\nu}$$

Re: 레이놀즈 수, ρ: 밀도[kg/m³], u: 유속[m/s], D: 직경[m],
μ: 점성계수(점도)[kg/m·s], ν: 동점성계수(동점도)[m²/s]

$$Re=\dfrac{\rho uD}{\mu}=\dfrac{4Q}{\pi D^2}\times\dfrac{\rho D}{\mu}$$
$$=\dfrac{4\times 0.0444}{\pi\times 0.3^2}\times\dfrac{0.85\times 1,000\times 0.3}{0.101}≒1,585.88$$

레이놀즈 수가 2,100 이하이므로 유체의 흐름은 층류이다.

층류일 때 마찰계수 f는 $\dfrac{64}{Re}$이므로 마찰계수 f는 다음과 같다.

$$f=\dfrac{64}{Re}=\dfrac{64}{1,585.88}≒0.0404$$

따라서 주어진 조건을 대입하면 손실수두 H는

$$H=\dfrac{fl}{2gD}\times\left(\dfrac{4Q}{\pi D^2}\right)^2$$
$$=\dfrac{0.0404\times 3,000}{2\times 9.8\times 0.3}\times\left(\dfrac{4\times 0.0444}{\pi\times 0.3^2}\right)^2$$
$$≒8.13[\text{m}]$$

정답 | ③

09 빈출도 ★★

그림과 같은 곡관에 물이 흐르고 있을 때 계기 압력으로 P_1이 98[kPa]이고, P_2가 29.42[kPa]이면 이 곡관을 고정시키는데 필요한 힘[N]은? (단, 높이차 및 모든 손실은 무시한다.)

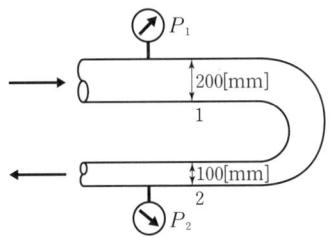

① 4,141
② 4,314
③ 4,565
④ 4,744

해설 | PHASE 08 유체유동의 측정

곡관을 고정하기 위해서는 곡관에 가해지는 외력의 합이 0이어야 한다.
곡관에 작용하는 힘은 유체의 압력에 의한 힘과 유체의 유속에 의한 힘의 합이다.
곡관에 들어오는 물이 가하는 힘을 반대 방향으로 바꾸어 나가는 물에 힘을 가하여야 하므로 두 힘의 합만큼 고정하기 위한 힘을 가하면 곡관의 외력의 합이 0이 된다.

$$F = PA + \rho Q u$$

F: 유체가 곡관에 가하는 힘[N], P: 압력[N/m²],
A: 유체의 단면적[m²], ρ: 밀도[kg/m³], Q: 유량[m³/s],
u: 유속[m/s]

들어오는 물과 나가는 물의 유량이 일정하므로 부피유량 공식 $Q=Au$에 의해 유량과 노즐의 직경 D를 알면 유속은 다음과 같이 구할 수 있다.
곡관은 직경이 D인 원형이므로 곡관의 단면적은 다음과 같다.

$$A = \frac{\pi}{4}D^2$$

$$Q = A_1 u_1 = A_2 u_2 = \frac{\pi}{4}D_1^2 u_1 = \frac{\pi}{4}D_2^2 u_2$$

$$\frac{\pi}{4} \times 0.2^2 \times u_1 = \frac{\pi}{4} \times 0.1^2 \times u_2$$

$$4u_1 = u_2$$

유체의 압력을 알고 있으므로 유속은 베르누이 방정식을 통해 구할 수 있다.

$$\frac{P_1}{\gamma} + \frac{u_1^2}{2g} + Z_1 = \frac{P_2}{\gamma} + \frac{u_2^2}{2g} + Z_2$$

P: 압력[N/m²], γ: 비중량[N/m³], u: 유속[m/s],
g: 중력가속도[m/s²], Z: 높이[m]

높이 차이는 없으므로 $Z_1 = Z_2$로 두면 관계식은 다음과 같다.

$$\frac{P_1 - P_2}{\gamma} = \frac{u_2^2 - u_1^2}{2g}$$

$$2 \times \frac{P_1 - P_2}{\rho} = 16u_1^2 - u_1^2$$

$$u_1 = \sqrt{\frac{2}{15} \times \frac{P_1 - P_2}{\rho}}$$

물의 밀도는 1,000[kg/m³]이므로 곡관을 흐르는 물의 유속과 유량은 다음과 같다.

$$u_1 = \sqrt{\frac{2}{15} \times \frac{98,000 - 29,420}{1,000}} \fallingdotseq 3.024 \text{[m/s]}$$

$$u_2 = 4u_1 = 12.096 \text{[m/s]}$$

$$Q = \frac{\pi}{4}D_1^2 u_1 = \frac{\pi}{4} \times 0.2^2 \times 3.024 \fallingdotseq 0.095 \text{[m}^3\text{/s]}$$

따라서 들어오는 물이 가진 힘은 다음과 같다.

$$F_1 = 98,000 \times \frac{\pi}{4} \times 0.2^2 + 1,000 \times 0.095 \times 3.024$$

$$\fallingdotseq 3,366 \text{[N]}$$

나가는 물이 가진 힘은 다음과 같다.

$$F_2 = 29,420 \times \frac{\pi}{4} \times 0.1^2 + 1,000 \times 0.095 \times 12.096$$

$$\fallingdotseq 1,380 \text{[N]}$$

곡관을 고정시키는데 필요한 힘은

$$F = F_1 + F_2 = 3,366 + 1,380$$

$$= 4,746 \text{[N]}$$

정답 | ④

10 빈출도 ★★★

물의 체적을 5[%] 감소시키려면 얼마의 압력[kPa]을 가하여야 하는가? (단, 물의 압축률은 5×10^{-10} [m²/N]이다.)

① 1   ② 10^2
③ 10^4 ④ 10^5

해설 PHASE 02 유체의 성질

$$\beta = \frac{1}{K} = -\frac{\frac{\Delta V}{V}}{\Delta P}$$

β: 압축률[m²/N], K: 체적탄성계수[N/m²], ΔV: 부피변화량,
V: 부피, ΔP: 압력변화량[N/m²]

압축률을 압력에 관한 식으로 나타내면 다음과 같다.

$$\Delta P = -\frac{\frac{\Delta V}{V}}{\beta}$$

부피가 5[%] 감소하였다는 것은 이전부피 V_1이 100일 때 이후부피 V_2는 95라는 의미이므로 부피변화율 $\frac{\Delta V}{V}$는 $\frac{95-100}{100}$ = -0.05이다.
따라서 압력변화량 ΔP는

$$\Delta P = -\frac{-0.05}{5 \times 10^{-10}} = 10^8 [\text{Pa}] = 10^5 [\text{kPa}]$$

정답 | ④

11 빈출도 ★★★

옥내 소화전에서 노즐의 직경이 2[cm]이고, 방수량이 0.5[m³/min]이라면 방수압(계기압력, [kPa])은?

① 35.18   ② 351.8
③ 566.4   ④ 56.64

해설 PHASE 07 유체가 가지는 에너지

노즐을 통과하기 전후의 압력과 속도의 관계식은 베르누이 방정식을 통해 구할 수 있다.

$$\frac{P_1}{\gamma} + \frac{u_1^2}{2g} + Z_1 = \frac{P_2}{\gamma} + \frac{u_2^2}{2g} + Z_2$$

P: 압력[N/m²], γ: 비중량[N/m³], u: 유속[m/s],
g: 중력가속도[m/s²], Z: 높이[m]

노즐을 통과하기 전(1) 유속 u_1는 0, 노즐을 통과한 후(2) 압력 P_2는 대기압이므로 0, 높이 차이는 없으므로 $Z_1 = Z_2$로 두면 방정식은 다음과 같다.

$$\frac{P_1}{\gamma} = \frac{u_2^2}{2g}$$

따라서 노즐을 통과하기 전 P만큼의 방수압력을 가해주면 노즐을 통과한 유체는 u만큼의 유속으로 방사된다.

$$P = \frac{1}{2}\rho u^2$$

부피유량 공식 $Q = Au$에 의해 유량과 노즐의 직경 D를 알면 유속은 다음과 같이 구할 수 있다.

$$u = \frac{Q}{A} = \frac{Q}{\frac{\pi}{4}D^2} = \frac{4Q}{\pi D^2}$$

u: 유속[m/s], Q: 유량[m³/s], A: 배관의 단면적[m²],
D: 배관의 직경[m]

$$P = \frac{1}{2}\rho \left(\frac{4Q}{\pi D^2}\right)^2$$

노즐의 방수량은 0.5[m³/min]이므로 단위를 변환하면 $\frac{0.5}{60}$[m³/s]이다.
따라서 주어진 조건을 공식에 대입하면 방수압 P는

$$P = \frac{1}{2} \times 1{,}000 \times \left(\frac{4 \times \frac{0.5}{60}}{\pi \times 0.02^2}\right)^2$$

$$\approx 351{,}809 [\text{N/m}^2] = 351.8 [\text{kPa}]$$

정답 | ②

12 빈출도 ★

공기 중에서 무게가 941[N]인 돌이 물속에서 500[N] 이라면 이 돌의 체적[m³]은? (단, 공기의 부력은 무시한다.)

① 0.012 ② 0.028
③ 0.034 ④ 0.045

해설 PHASE 03 압력과 부력

공기 중에서 물체에 작용하는 힘은 중력이고, 수중에서 물체에 작용하는 힘은 중력과 부력이다.
따라서 공기 중에서의 무게 941[N]과 수중에서의 무게 500[N]의 차이만큼 부력이 작용하고 있다.

$$F = s\gamma_w V$$

F: 부력[N], s: 비중, γ_w: 물의 비중량[N/m³], V: 돌의 부피[m³]

물의 비중은 1이므로
$F = 941 - 500 = 441 = 1 \times 9,800 \times V$
$V = \dfrac{441}{9,800} = 0.045[\text{m}^3]$

정답 | ④

13 빈출도 ★★

그림과 같이 비중이 0.8인 기름이 흐르고 있는 관에 U자관이 설치되어 있다. A점에서의 계기압력이 200[kPa]일 때 높이 $h[\text{m}]$는 얼마인가? (단, U자관 내의 유체의 비중은 13.6이다.)

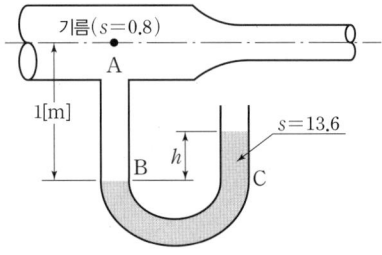

① 1.42 ② 1.56
③ 2.43 ④ 3.20

해설 PHASE 04 압력의 측정

$$P_x = \gamma h = s\gamma_w h$$

P_x: x점에서의 압력[kN/m²], γ: 비중량[kN/m³], h: 표면까지의 높이[m], s: 비중, γ_w: 물의 비중량[kN/m³]

A점에서의 압력과 기름이 누르는 압력의 합은 B면에서의 압력과 같다.
$P_A + s_1\gamma_w h_1 = P_B$
수은이 누르는 압력은 C면에서의 압력과 같다.
$s_2\gamma_w h_2 = P_C$
유체 내부에서 같은 수평면(높이)에는 같은 압력이 작용하므로 B면과 C면의 압력은 같다.
$P_B = P_C$
$P_A + s_1\gamma_w h_1 = s_2\gamma_w h_2$
따라서 수은의 높이 h_2는
$h_2 = \dfrac{P_A + s_1\gamma_w h_1}{s_2\gamma_w} = \dfrac{200 + 0.8 \times 9.8 \times 1}{13.6 \times 9.8}$
$\fallingdotseq 1.56[\text{m}]$

정답 | ②

14 빈출도 ★★★

열전달 면적이 A이고, 온도 차이가 $10[°C]$, 벽의 열전도율이 $10[W/m \cdot K]$, 두께 $25[cm]$인 벽을 통한 열류량은 $100[W]$이다. 동일한 열전달 면적에서 온도 차이가 2배, 벽의 열전도율이 4배가 되고 벽의 두께가 2배가 되는 경우 열류량$[W]$은 얼마인가?

① 50
② 200
③ 400
④ 800

해설 PHASE 15 열전달

$$Q = kA\frac{(T_2 - T_1)}{l}$$

Q: 열전달량$[W]$, k: 열전도율$[W/m \cdot °C]$,
A: 열전달 면적$[m^2]$, $(T_2 - T_1)$: 온도 차이$[°C]$,
l: 벽의 두께$[m]$

온도 차이가 2배, 열전도율이 4배, 벽의 두께가 2배가 되는 경우 열류량은

$$Q_2 = 4k \times A \times \frac{2(T_2 - T_1)}{2l} = 4Q_1 = 400[W]$$

정답 | ③

15 빈출도 ★★

지름 $40[cm]$인 소방용 배관에 물이 $80[kg/s]$로 흐르고 있다면 물의 유속$[m/s]$은?

① 6.4
② 0.64
③ 12.7
④ 1.27

해설 PHASE 06 유체유동

$$M = \rho A u$$

M: 질량유량$[kg/s]$, ρ: 밀도$[kg/m^3]$, A: 유체의 단면적$[m^2]$,
u: 유속$[m/s]$

유체는 물이므로 물의 밀도는 $1,000[kg/m^3]$이다.
배관은 지름이 $0.4[m]$인 원형이므로 배관의 단면적은 다음과 같다.

$$A = \frac{\pi}{4} \times 0.4^2$$

따라서 주어진 조건을 공식에 대입하면 평균 유속 u는

$$u = \frac{M}{\rho A} = \frac{80}{1,000 \times \frac{\pi}{4} \times 0.4^2}$$

$\approx 0.64[m/s]$

정답 | ②

16 빈출도 ★

지름이 400[mm]인 베어링이 400[rpm]으로 회전하고 있을 때 마찰에 의한 손실동력[kW]은? (단, 베어링과 축 사이에는 점성계수가 0.049[N·s/m²]인 기름이 차 있다.)

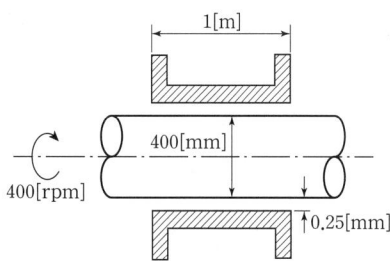

① 15.1　② 15.6
③ 16.3　④ 17.3

해설 PHASE 11 펌프의 특징

베어링의 회전속도는 다음과 같다.

$$V = \frac{\pi D N}{60}$$

V: 회전속도[m/s], D: 지름[m], N: 회전수[rpm]

$V = \frac{\pi \times 0.4 \times 400}{60} \fallingdotseq 8.38[\text{m/s}]$

베어링이 회전하면서 유체로부터 받는 힘은 다음과 같다.

$$F = \mu \frac{V}{C} A = \mu \frac{V}{C} \pi D L$$

F: 힘[N], μ: 점성계수[N·s/m²], V: 회전속도[m/s], C: 유체의 두께[m], A: 유체와 접하는 면적[m²], D: 지름[m], L: 길이[m]

$F = 0.049 \times \frac{8.38}{0.25 \times 10^{-3}} \times \pi \times 0.4 \times 1 \fallingdotseq 2{,}064[\text{N}]$

마찰에 의한 손실동력은 다음과 같다.

$$P = FV$$

P: 손실동력[W], F: 힘[N], V: 회전속도[m/s]

$P = 2{,}064 \times 8.38$
$\fallingdotseq 17{,}300[\text{W}] = 17.3[\text{kW}]$

정답 | ④

17 빈출도 ★★★

12층 건물의 지하 1층에 제연설비용 배연기를 설치하였다. 이 배연기의 풍량은 500[m³/min]이고, 풍압이 290[Pa]일 때 배연기의 동력[kW]은? (단, 배연기의 효율은 60[%]이다.)

① 3.55　② 4.03
③ 5.55　④ 6.11

해설 PHASE 11 펌프의 특징

$$P = \frac{P_T Q}{\eta}$$

P: 배연기의 동력[kW], P_T: 배연기 전후의 압력 차이[kPa], Q: 유량[m³/s], η: 효율

배연기 전후의 압력 차이는 290[Pa]이고, 배연기의 풍량이 500[m³/min]이므로 단위를 변환하면 $\frac{500}{60}$[m³/s]이다.

주어진 조건을 공식에 대입하면 배연기의 동력 P는

$P = \frac{0.29 \times \frac{500}{60}}{0.8}$
$\fallingdotseq 4.03[\text{kW}]$

정답 | ②

18 빈출도 ★★

다음 중 배관의 출구 측 형상에 따라 손실계수가 가장 큰 것은?

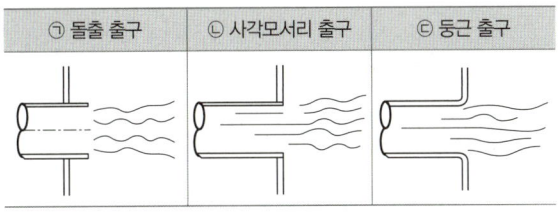

① ㉠
② ㉡
③ ㉢
④ 모두 같다.

해설 PHASE 10 배관의 마찰손실

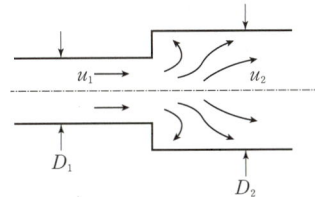

$$H = \frac{(u_1-u_2)^2}{2g} = K\left(\frac{u_1^2}{2g}\right)$$
$$K = \left(1-\frac{A_1}{A_2}\right)^2 = \left(1-\frac{D_1^2}{D_2^2}\right)^2$$

H: 마찰손실수두[m], u_1: 좁은 배관의 유속[m/s],
u_2: 넓은 배관의 유속[m/s], g: 중력가속도[m/s²]
K: 부차적 손실계수

확대관에서 부차적 손실계수는 좁은 배관과 넓은 배관의 직경에만 의존하므로 출구 측 형상과는 관련이 없다.
따라서 손실계수는 모두 같다.

정답 | ④

19 빈출도 ★★

원관 내에 유체가 흐를 때 유동의 특성을 결정하는 가장 중요한 요소는?

① 관성력과 점성력
② 압력과 관성력
③ 중력과 압력
④ 압력과 점성력

해설 PHASE 09 배관 속 유체유동

레이놀즈 수는 유체의 관성력과 점성력의 비를 나타내는 수로 크기에 따라 클수록 난류, 작을수록 층류로 판단하는 척도가 된다.

$$Re = \frac{\rho u D}{\mu} = \frac{uD}{\nu}$$

Re: 레이놀즈 수, ρ: 밀도[kg/m³], u: 유속[m/s], D: 직경[m],
μ: 점성계수(점도)[kg/m·s], ν: 동점성계수(동점도)[m²/s]

정답 | ①

20 빈출도 ★★

토출량이 1,800[L/min], 회전차의 회전수가 1,000[rpm]인 소화펌프의 회전수를 1,400[rpm]으로 증가시키면 토출량은 처음보다 얼마나 더 증가되는가?

① 10[%]
② 20[%]
③ 30[%]
④ 40[%]

해설 PHASE 11 펌프의 특징

펌프의 회전수를 변화시키면 동일한 펌프이므로 상사법칙에 따라 유량이 변화한다.

$$\frac{Q_2}{Q_1} = \left(\frac{N_2}{N_1}\right)\left(\frac{D_2}{D_1}\right)^3$$

Q: 유량, N: 펌프의 회전수, D: 직경

동일한 펌프이므로 직경은 같고, 상태1의 회전수가 1,000[rpm], 상태2의 회전수가 1,400[rpm]이므로 유량 변화는 다음과 같다.

$$Q_2 = Q_1\left(\frac{N_2}{N_1}\right) = Q_1\left(\frac{1,400}{1,000}\right) = 1.4Q$$

따라서 펌프의 회전수와 토출량은 비례하므로, 펌프의 회전수가 1.4배 증가하면 토출량도 1.4배 증가하여 토출량의 증가율은
$(1.4-1) \times 100 = 40[\%]$

정답 | ④

2019년 기출문제

1회

□ 1회독   점 | □ 2회독   점 | □ 3회독   점

01 빈출도 ★

다음 중 열역학 제1법칙에 관한 설명으로 옳은 것은?

① 열은 그 자신만으로 저온에서 고온으로 이동할 수 없다.
② 일은 열로 변환시킬 수 있고 열은 일로 변환시킬 수 있다.
③ 사이클 과정에서 열이 모두 일로 변화할 수 없다.
④ 열평형 상태에 있는 물체의 온도는 같다.

해설 PHASE 13 열역학 기초

열역학 제1법칙은 에너지 보존법칙을 설명하며, 열과 일은 서로 변환될 수 있음을 설명한다.

관련개념 열역학 법칙

열역학 제0법칙	• 열적 평형상태를 설명한다. • 열역학계(system) A와 B가 평형이고, B와 C가 평형이면 A와 C도 평형이다. • 열평형 상태에 있는 물체의 온도는 같다.
열역학 제1법칙	• 에너지 보존법칙을 설명한다. • 열과 일은 서로 변환될 수 있다. • 에너지의 형태는 바뀌더라도 그 총량은 일정하다.
열역학 제2법칙	• 에너지가 흐르는 방향을 설명한다. • 에너지는 엔트로피가 증가하는 방향으로 흐른다. • 열은 고온에서 저온으로 흐른다. • 모든 열이 전부 일로 변환되지 않는다.
열역학 제3법칙	• 0[K]에서 물질의 운동에너지는 0이며, 엔트로피는 0이다.

정답 | ②

02 빈출도 ★

안지름 25[mm], 길이 10[m]의 수평 파이프를 통해 비중은 0.8이고, 점성계수는 5×10^{-3}[kg/m·s]인 기름을 유량 0.2×10^{-3}[m³/s]로 수송하고자 할 때, 필요한 펌프의 최소 동력은 약 몇 [W] 인가?

① 0.21
② 0.58
③ 0.77
④ 0.81

해설 PHASE 10 배관의 마찰손실

$$P = \gamma Q H$$

P: 수동력[W], γ: 유체의 비중량[N/m³],
Q: 유량[m³/s], H: 전양정[m]

유체의 비중이 0.8이므로 유체의 밀도와 비중량은 다음과 같다.

$$s = \frac{\rho}{\rho_w} = \frac{\gamma}{\gamma_w}$$

s: 비중, ρ: 비교물질의 밀도[kg/m³], ρ_w: 물의 밀도[kg/m³],
γ: 비교물질의 비중량[N/m³], γ_w: 물의 비중량[N/m³]

$\rho = s\rho_w = 0.8 \times 1,000$
$\gamma = s\gamma_w = 0.8 \times 9,800$

유체의 흐름을 판단하기 위해 레이놀즈 수를 계산해보면 다음과 같다.

$$Re = \frac{\rho u D}{\mu} = \frac{uD}{\nu}$$

Re: 레이놀즈 수, ρ: 밀도[kg/m³], u: 유속[m/s], D: 직경[m],
μ: 점성계수(점도)[kg/m·s], ν: 동점성계수(동점도)[m²/s]

부피유량 공식 $Q = Au$에 의해 유량과 배관의 직경 D를 알면 유속은 다음과 같이 구할 수 있다.

$$u = \frac{Q}{A} = \frac{Q}{\frac{\pi}{4}D^2} = \frac{4Q}{\pi D^2}$$

u: 유속[m/s], Q: 유량[m³/s], A: 배관의 단면적[m²],
D: 배관의 직경[m]

$Re = \frac{\rho u D}{\mu} = \frac{\rho D}{\mu} \times \frac{4Q}{\pi D^2}$

$= \frac{(0.8 \times 1,000) \times 0.025}{5 \times 10^{-3}} \times \frac{4 \times (0.2 \times 10^{-3})}{\pi \times 0.025^2}$

$≒ 1,630$

레이놀즈 수가 2,100 이하이므로 유체의 흐름은 층류이다.

유체의 흐름이 층류일 때 배관에서의 마찰손실은 하겐-푸아죄유 방정식으로 구할 수 있다.

$$H = \frac{\Delta P}{\gamma} = \frac{128\mu l Q}{\gamma \pi D^4}$$

H: 마찰손실수두[m], ΔP: 압력 차이[Pa], γ: 비중량[N/m³], μ: 점성계수(점도)[kg/m·s], l: 배관의 길이[m], Q: 유량[m³/s], D: 배관의 직경[m]

주어진 조건을 공식에 대입하면 마찰손실수두 H는 다음과 같다.

$$H = \frac{128 \times (5 \times 10^{-3}) \times 10 \times (0.2 \times 10^{-3})}{(0.8 \times 9,800) \times \pi \times 0.025^4}$$
$$\fallingdotseq 0.133[\text{m}]$$

따라서 펌프의 최소 동력 P는
$$P = (0.8 \times 9,800) \times (0.2 \times 10^{-3}) \times 0.133$$
$$\fallingdotseq 0.21[\text{W}]$$

정답 | ①

03 빈출도 ★★★

수은의 비중이 13.6일 때 수은의 비체적은 몇 [m³/kg]인가?

① $\frac{1}{13.6}$ ② $\frac{1}{13.6} \times 10^{-3}$

③ 13.6   ④ 13.6×10^{-3}

해설 PHASE 02 유체의 성질

비체적은 밀도의 역수이므로 수은의 밀도를 계산하면 다음과 같다.

$$s = \frac{\rho}{\rho_w}$$

s: 비중, ρ: 비교물질의 밀도[kg/m³], ρ_w: 물의 밀도[kg/m³]

$\rho = s\rho_w = 13.6 \times 1,000 = 13,600[\text{kg/m}^3]$
따라서 수은의 비체적 v은
$$v = \frac{1}{\rho} = \frac{1}{13,600} = \frac{1}{13.6} \times 10^{-3}[\text{m}^3/\text{kg}]$$

정답 | ②

04 빈출도 ★★

그림과 같은 U자관 차압 액주계에서 A와 B에 있는 유체는 물이고 그 중간에 유체는 수은(비중 13.6)이다. 또한, 그림에서 $h_1 = 20[\text{cm}]$, $h_2 = 30[\text{cm}]$, $h_3 = 15[\text{cm}]$ 일 때 A의 압력(P_A)와 B의 압력(P_B)의 차이($P_A - P_B$)는 약 몇 [kPa] 인가?

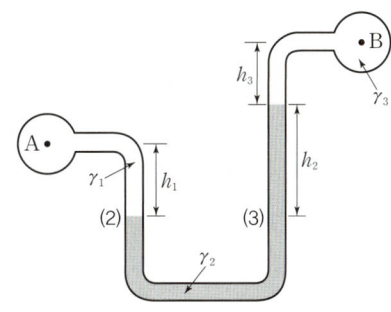

① 35.4   ② 39.5
③ 44.7   ④ 49.8

해설 PHASE 04 압력의 측정

$$P_x = \gamma h = s\gamma_w h$$

P_x: x에서의 압력[kPa], γ: 비중량[kN/m³], h: 높이[m], s: 비중, γ_w: 물의 비중량[kN/m³]

(2)면에 작용하는 압력은 A점에서의 압력과 물이 누르는 압력의 합과 같다.
$$P_2 = P_A + s_1\gamma_w h_1$$
(3)면에 작용하는 압력은 B점에서의 압력과 물이 누르는 압력, 수은이 누르는 압력의 합과 같다.
$$P_3 = P_B + s_3\gamma_w h_3 + s_2\gamma_w h_2$$
유체 내부에서 같은 수평면(높이)에는 같은 압력이 작용하므로 (2)면과 (3)면의 압력은 같다.
$$P_2 = P_3$$
$$P_A + s_1\gamma_w h_1 = P_B + s_3\gamma_w h_3 + s_2\gamma_w h_2$$
따라서 A점과 B점의 압력 차이 $P_A - P_B$는
$$P_A - P_B = s_3\gamma_w h_3 + s_2\gamma_w h_2 - s_1\gamma_w h_1$$
$$= 1 \times 9.8 \times 0.15 + 13.6 \times 9.8 \times 0.3$$
$$\quad - 1 \times 9.8 \times 0.2$$
$$\fallingdotseq 39.49[\text{kPa}]$$

정답 | ②

05 빈출도 ★★

평균유속 2[m/s]로 50[L/s] 유량의 물을 흐르게 하는데 필요한 관의 안지름은 약 몇 [mm] 인가?

① 158
② 168
③ 178
④ 188

해설 PHASE 06 유체유동

$$Q = Au$$

Q: 부피유량[m³/s], A: 유체의 단면적[m²], u: 유속[m/s]

배관의 부피유량은 50[L/s]이므로 단위를 변환하면 0.05[m³/s]이다.
주어진 조건을 공식에 대입하면 배관의 단면적 A는 다음과 같다.

$$A = \frac{Q}{u} = \frac{0.05}{2} = 0.025[m^2]$$

배관은 지름이 D[m]인 원형이므로 배관의 단면적은 다음과 같다.

$$A = \frac{\pi}{4}D^2$$

따라서 배관의 안지름 D는

$$D = \sqrt{\frac{4A}{\pi}} = \sqrt{\frac{4 \times 0.025}{\pi}}$$
$$\fallingdotseq 0.1784[m] = 178.4[mm]$$

정답 | ③

06 빈출도 ★

30[℃]에서 부피가 10[L]인 이상기체를 일정한 압력으로 0[℃]로 냉각시키면 부피는 약 몇 [L]로 변하는가?

① 3
② 9
③ 12
④ 18

해설 PHASE 14 이상기체

압력과 기체의 양이 일정한 이상기체이므로 샤를의 법칙을 적용할 수 있다.

$$\frac{V_1}{T_1} = C = \frac{V_2}{T_2}$$

상태1의 부피가 10[L], 절대온도가 (273+30)[K]이고, 상태2의 절대온도가 (273+0)[K]이므로 상태2의 부피는

$$V_2 = \frac{V_1}{T_1} \times T_2 = \frac{10[L]}{(273+30)[K]} \times (273+0)[K]$$
$$\fallingdotseq 9.01[L]$$

관련개념 샤를의 법칙

압력과 기체의 양이 일정할 때 부피와 절대온도는 비례 관계에 있다.

$$\frac{V}{T} = C$$

V: 부피, T: 절대온도[K], C: 상수

정답 | ②

07 빈출도 ★

이상적인 카르노 사이클의 과정인 단열 압축과 등온 압축의 엔트로피 변화에 관한 설명으로 옳은 것은?

① 등온 압축의 경우 엔트로피 변화는 없고, 단열 압축의 경우 엔트로피 변화는 감소한다.
② 등온 압축의 경우 엔트로피 변화는 없고, 단열 압축의 경우 엔트로피 변화는 증가한다.
③ 단열 압축의 경우 엔트로피 변화는 없고, 등온 압축의 경우 엔트로피 변화는 감소한다.
④ 단열 압축의 경우 엔트로피 변화는 없고, 등온 압축의 경우 엔트로피 변화는 증가한다.

해설 PHASE 16 카르노 사이클

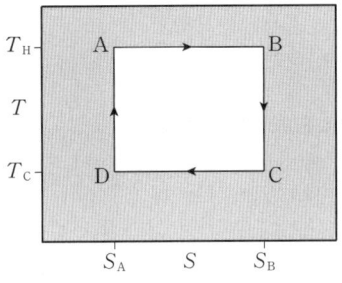

카르노 사이클은 등온 팽창(A−B)에서 엔트로피가 증가하고, 등온 압축(C−D)에서 엔트로피가 감소한다.
단열 팽창(B−C), 단열 압축(D−A)에서는 엔트로피 변화가 없다.

정답 | ③

08 빈출도 ★★

그림에서 물 탱크차가 받는 추력은 약 몇 [N] 인가? (단, 노즐의 단면적은 $0.03[\text{m}^2]$이며, 탱크 내의 계기 압력은 $40[\text{kPa}]$이다. 또한 노즐에서 마찰 손실은 무시한다.)

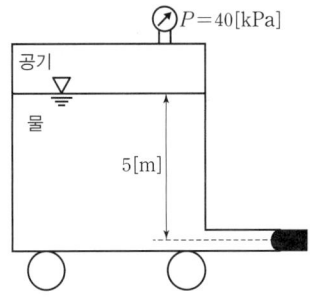

① 812
② 1,489
③ 2,709
④ 5,343

해설 PHASE 08 유체유동의 측정

유체가 노즐에서 분출되며 가지는 힘은 다음과 같다.

$$F = \rho A u^2$$

F: 유체가 가지는 힘[N], ρ: 유체의 밀도[kg/m³],
A: 유체의 단면적[m²], u: 유속[m/s]

노즐을 통과하기 전 후의 압력과 속도의 관계식은 베르누이 방정식을 통해 구할 수 있다.

$$\frac{P_1}{\gamma} + \frac{u_1^2}{2g} + Z_1 = \frac{P_2}{\gamma} + \frac{u_2^2}{2g} + Z_2$$

P: 압력[N/m²], γ: 비중량[N/m³], u: 유속[m/s],
g: 중력가속도[m/s²], Z: 높이[m]

노즐을 통과하기 전(1) 유속 u_1은 0, 노즐을 통과한 후(2) 압력 P_2는 대기압이므로 0, 높이 차이는 $(Z_1 - Z_2)$[m]로 두면 방정식은 다음과 같다.

$$\frac{P_1}{\gamma} + (Z_1 - Z_2) = \frac{u_2^2}{2g}$$

$$u_2 = \sqrt{2g\left(\frac{P_1}{\gamma} + (Z_1 - Z_2)\right)}$$

따라서 노즐을 통과한 후 유속 u_2는 다음과 같다.

$$u_2 = \sqrt{2 \times 9.8 \times \left(\frac{40}{9.8} + 5\right)} \approx 13.34[\text{m/s}]$$

물의 밀도는 $1,000[\text{kg/m}^3]$이므로 주어진 조건을 공식에 대입하면 유체가 가지는 힘 F는

$$F = 1,000 \times 0.03 \times 13.34^2 \approx 5,338[\text{N}]$$

정답 | ④

09 빈출도 ★★★

비중이 0.877인 기름이 단면적이 변하는 원관을 흐르고 있으며 체적유량은 0.146[m³/s]이다. A점에서는 안지름이 150[mm], 압력이 91[kPa]이고, B점에서는 안지름이 450[mm], 압력이 60.3[kPa]이다. 또한 B점은 A점보다 3.66[m] 높은 곳에 위치한다. 기름이 A점에서 B점까지 흐르는 동안의 손실수두는 약 몇 [m] 인가? (단, 물의 비중량은 9,810[N/m³] 이다.)

① 3.3　　② 7.2
③ 10.7　　④ 14.1

해설 PHASE 07 유체가 가지는 에너지

$$\frac{P_1}{\gamma}+\frac{u_1^2}{2g}+Z_1=\frac{P_2}{\gamma}+\frac{u_2^2}{2g}+Z_2+H$$

P: 압력[kN/m²], γ: 비중량[kN/m³], u: 유속[m/s], g: 중력가속도[m/s²], Z: 높이[m], H: 손실수두[m]

유체의 비중이 0.877이므로 유체의 비중량은 다음과 같다.

$$s=\frac{\rho}{\rho_w}=\frac{\gamma}{\gamma_w}$$

s: 비중, ρ: 비교물질의 밀도[kg/m³], ρ_w: 물의 밀도[kg/m³], γ: 비교물질의 비중량[kN/m³], γ_w: 물의 비중량[kN/m³]

$\gamma=s\gamma_w=0.877\times9.81≒8.6$

부피유량이 일정하므로 A점의 유속 u_1과 B점의 유속 u_2는 다음과 같다.

$Q=A_1u_1=A_2u_2$

$u_1=\frac{Q}{A_1}=\frac{Q}{\frac{\pi}{4}D_1^2}=\frac{0.146}{\frac{\pi}{4}\times0.15^2}≒8.262[m/s]$

$u_2=\frac{Q}{A_2}=\frac{Q}{\frac{\pi}{4}D_2^2}=\frac{0.146}{\frac{\pi}{4}\times0.45^2}≒0.918[m/s]$

B점이 A점보다 3.66[m] 높은 곳에 위치하므로 위치수두는 다음과 같다.

$Z_1+3.66=Z_2$

따라서 주어진 조건을 공식에 대입하면 마찰손실수두 H는

$H=\frac{P_1-P_2}{\gamma}+\frac{u_1^2-u_2^2}{2g}+(Z_1-Z_2)$

$=\frac{91-60.3}{8.6}+\frac{8.262^2-0.918^2}{2\times9.8}+(-3.66)$

$≒3.35[m]$

정답 | ①

10 빈출도 ★★★

그림과 같이 피스톤의 지름이 각각 25[cm]와 5[cm]이다. 작은 피스톤을 화살표 방향으로 20[cm] 만큼 움직일 경우 큰 피스톤이 움직이는 거리는 약 몇 [mm]인가? (단, 누설은 없고, 비압축성이라고 가정한다.)

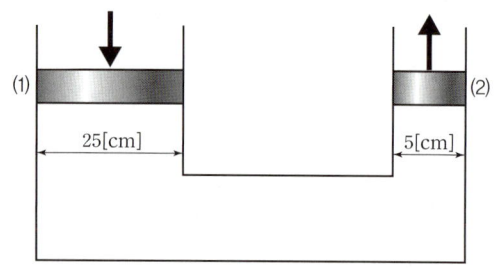

① 2　　② 4
③ 8　　④ 10

해설 PHASE 02 유체의 성질

작은 피스톤(1)에 의해 늘어나는 물의 부피는 큰 피스톤(2)에 의해 줄어드는 물의 부피와 같다.
피스톤은 원형이므로 단면적은 다음과 같다.

$$A=\frac{\pi}{4}D^2$$

따라서 다음의 식이 성립한다.

$\frac{\pi}{4}D_1^2h_1=\frac{\pi}{4}D_2^2h_2$

주어진 조건을 공식에 대입하면 큰 피스톤이 움직이는 높이 h_1는

$\frac{\pi}{4}\times0.25^2\times h_1=\frac{\pi}{4}\times0.05^2\times20$

$h_1=0.8[cm]=8[mm]$

정답 | ③

11 빈출도 ★★★

스프링클러 헤드의 방수압이 4배가 되면 방수량은 몇 배가 되는가?

① $\sqrt{2}$배
② 2배
③ 4배
④ 8배

해설 PHASE 07 유체가 가지는 에너지

헤드를 통과하기 전후의 압력과 속도의 관계식은 베르누이 방정식을 통해 구할 수 있다.

$$\frac{P_1}{\gamma} + \frac{u_1^2}{2g} + Z_1 = \frac{P_2}{\gamma} + \frac{u_2^2}{2g} + Z_2$$

P: 압력[N/m²], γ: 비중량[N/m³], u: 유속[m/s], g: 중력가속도[m/s²], Z: 높이[m]

헤드를 통과하기 전(1) 유속 u_1은 0, 헤드를 통과한 후(2) 압력 P_2는 대기압이므로 0, 높이 차이는 없으므로 $Z_1 = Z_2$로 두면 방정식은 다음과 같다.

$$\frac{P_1}{\gamma} = \frac{u_2^2}{2g}$$

따라서 헤드를 통과하기 전 P만큼의 방수압력을 가해주면 헤드를 통과한 유체는 u만큼의 유속으로 방사된다.

$$u = \sqrt{\frac{2gP}{\gamma}}$$

부피유량 공식 $Q = Au$에 의해 방수량은 다음과 같다.

$$Q = Au = A\sqrt{\frac{2gP}{\gamma}}$$

따라서 헤드의 방수압이 4배가 되면 방수량 Q는 2배가 된다.

$$A\sqrt{\frac{2g \times 4P}{\gamma}} = 2A\sqrt{\frac{2gP}{\gamma}} = 2Q$$

정답 | ②

12 빈출도 ★★

다음 중 표준대기압인 1기압에 가장 가까운 것은?

① 860[mmHg]
② 10.33[mAq]
③ 101.325[bar]
④ 1.0332[kgf/m²]

해설 PHASE 03 압력과 부력

대기압은 10.332[m]의 물기둥이 누르는 압력과 같다.
10.332[mAq] 또는 10.332[mH₂O]로 쓴다.

선지분석

① 1[atm]은 760[mmHg]와 같다.
③ 1[atm]은 1.01325[bar]와 같다.
④ 1[atm]은 10.332[kgf/m²], 10.332[kgf/cm²]와 같다.

정답 | ②

13 빈출도 ★★★

안지름 10[cm]의 관로에서 마찰손실수두가 속도수두와 같다면 그 관로의 길이는 약 몇 [m]인가? (단, 관마찰계수는 0.03이다.)

① 1.58　　② 2.54
③ 3.33　　④ 4.52

해설 PHASE 10 배관의 마찰손실

일정한 양의 비압축성 유체가 일정한 속도로 흐를 때 배관에서의 마찰손실은 달시-바이스바하 방정식으로 구할 수 있다.

$$H = \frac{\Delta P}{\gamma} = \frac{flu^2}{2gD}$$

H: 마찰손실수두[m], ΔP: 압력 차이[kPa], γ: 비중량[kN/m³],
f: 마찰손실계수, l: 배관의 길이[m], u: 유속[m/s],
g: 중력가속도[m/s²], D: 배관의 직경[m]

속도수두는 $\frac{u^2}{2g}$ 이므로 마찰손실수두와 속도수두가 같으려면 다음의 조건을 만족하여야 한다.

$$H = \frac{fl}{D} \times \frac{u^2}{2g} \rightarrow \frac{fl}{D} = 1$$

따라서 관로의 길이 l은

$$l = \frac{D}{f} = \frac{0.1}{0.03} ≒ 3.33[m]$$

정답 | ③

14 빈출도 ★★

원심식 송풍기에서 회전수를 변화시킬 때 동력변화를 구하는 식으로 옳은 것은? (단, 변화 전후의 회전수는 각각 N_1, N_2, 동력은 L_1, L_2이다.)

① $L_2 = L_1 \times \left(\frac{N_1}{N_2}\right)^3$　　② $L_2 = L_1 \times \left(\frac{N_1}{N_2}\right)^2$

③ $L_2 = L_1 \times \left(\frac{N_2}{N_1}\right)^3$　　④ $L_2 = L_1 \times \left(\frac{N_2}{N_1}\right)^2$

해설 PHASE 11 펌프의 특징

송풍기의 회전수를 변화시키면 동일한 송풍기이므로 상사법칙에 따라 축동력이 변화한다.

$$\frac{P_2}{P_1} = \left(\frac{N_2}{N_1}\right)^3 \left(\frac{D_2}{D_1}\right)^5$$

P: 축동력, N: 펌프의 회전수, D: 직경

동일한 송풍기이므로 직경은 같고, 상태1의 축동력이 L_1, 상태2의 축동력이 L_2이므로 축동력 변화는 다음과 같다.

$$L_2 = L_1 \times \left(\frac{N_2}{N_1}\right)^3$$

정답 | ③

15 빈출도 ★★

그림과 같은 $\frac{1}{4}$ 원형의 수문(水門) AB가 받는 수평성분 힘(F_H)과 수직성분 힘(F_V)은 각각 약 몇 [kN]인가? (단, 수문의 반지름은 2[m]이고, 폭은 3[m]이다.)

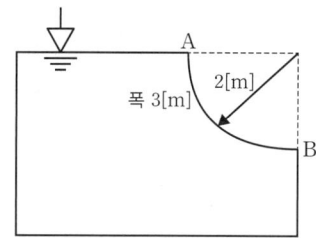

① $F_H=24.4$　　$F_V=46.2$
② $F_H=24.4$　　$F_V=92.4$
③ $F_H=58.8$　　$F_V=46.2$
④ $F_H=58.8$　　$F_V=92.4$

해설 PHASE 05 유체가 가하는 힘

곡면의 수평 방향으로 작용하는 힘 F_H는 다음과 같다.

$$F=PA=\rho g h A=\gamma h A$$

F: 수평 방향으로 작용하는 힘(수평분력)[N], P: 압력[N/m²],
A: 정사영 면적[m²], ρ: 밀도[kg/m³], g: 중력가속도[m/s²],
h: 중심 높이로부터 표면까지의 높이[m],
γ: 유체의 비중량[N/m³]

유체는 물이므로 물의 비중량은 9.8[kN/m³]이다.
곡면의 중심 높이로부터 표면까지의 높이 h는 1[m]이다.
곡면과 나란한 수직인 벽으로 정사영을 내린 면적 A는 (2×3)[m]이다.
$F_H = 9.8 \times 1 \times (2 \times 3) = 58.8[kN]$
곡면의 수직 방향으로 작용하는 힘 F_V는 다음과 같다.

$$F=mg=\rho V g=\gamma V$$

F: 수직 방향으로 작용하는 힘(수직분력)[N], m: 질량[kg],
g: 중력가속도[m/s²], ρ: 밀도[kg/m³],
V: 곡면 위 유체의 부피[m³], γ: 유체의 비중량[N/m³]

곡면 아래에 유체가 있는 경우 곡면 위의 유체 표면까지 채울 수 있는 가상 유체의 무게로 한다.

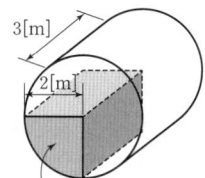

$V = \frac{1}{4} \times \pi r^2 \times 3 = 3\pi$
$F_V = 9.8 \times 3\pi \fallingdotseq 92.36[kN]$

정답 | ④

16 빈출도 ★★★

펌프 중심으로부터 2[m] 아래에 있는 물을 펌프 중심으로부터 15[m] 위에 있는 송출수면으로 양수하려 한다. 관로의 전 손실수두가 6[m]이고, 송출수량이 1[m³/min]라면 필요한 펌프의 동력은 약 몇 [W]인가?

① 2,777　　② 3,103
③ 3,430　　④ 3,757

해설 PHASE 11 펌프의 특징

$$P=\gamma Q H$$

P: 수동력[W], γ: 유체의 비중량[N/m³],
Q: 유량[m³/s], H: 전양정[m]

유체는 물이므로 물의 비중량은 9,800[N/m³]이다.
펌프의 토출량이 1[m³/min]이므로 단위를 변환하면 $\frac{1}{60}$[m³/s]이다.
펌프는 (15−(−2))[m] 높이만큼 유체를 이동시켜야 하며 배관에서 손실되는 압력은 물기둥 6[m] 높이의 압력과 같다.
(15−(−2))+6=23[m]
따라서 주어진 조건을 공식에 대입하면 필요한 펌프의 동력 P는
$P = 9,800 \times \frac{1}{60} \times 23$
$\fallingdotseq 3,756.67[W]$

정답 | ④

17 빈출도 ★★

일반적인 배관 시스템에서 발생되는 손실을 주손실과 부차적 손실로 구분할 때 다음 중 주손실에 속하는 것은?

① 직관에서 발생하는 마찰손실
② 파이프 입구와 출구에서의 손실
③ 단면의 확대 및 축소에 의한 손실
④ 배관부품(엘보, 리턴밴드, 티, 리듀서, 유니언, 밸브 등)에서 발생하는 손실

해설 PHASE 10 배관의 마찰손실

직관에서 발생하는 마찰손실은 주손실에 해당한다.

관련개념 주손실과 부차적 손실

㉠ 주손실
 - 배관의 벽에 의한 손실
 - 수직인 배관을 올라가면서 발생하는 손실

㉡ 부차적 손실
 - 배관 입구와 출구에서의 손실
 - 배관 단면의 확대 및 축소에 의한 손실
 - 배관부품(엘보, 티, 리듀서, 밸브 등)에서 발생하는 손실
 - 곡선인 배관에서의 손실

정답 | ①

18 빈출도 ★★★

온도차이 20[℃], 열전도율 5[W/m·K], 두께 20[cm]인 벽을 통한 열유속(heat flux)과 온도차이 40[℃], 열전도율 10[W/m·K], 두께 t인 같은 면적을 가진 벽을 통한 열유속이 같다면 두께 t는 약 몇 [cm]인가?

① 10 ② 20
③ 40 ④ 80

해설 PHASE 15 열전달

열유속은 단위면적 당 열전달량을 의미한다.

$$Q = kA\frac{(T_2 - T_1)}{l}$$

Q: 열전달량[W], k: 열전도율[W/m·℃],
A: 열전달 면적[m²], $(T_2 - T_1)$: 온도 차이[℃],
l: 벽의 두께[m]

두 열유속이 서로 같으므로 관계식은 다음과 같다.

$$\frac{Q_1}{A} = k_1\frac{\Delta T_1}{l_1} = \frac{Q_2}{A} = k_2\frac{\Delta T_2}{l_2}$$

따라서 두께 t는

$$5 \times \frac{20}{20} = 10 \times \frac{40}{t}$$

$t = 80[cm]$

정답 | ④

19 빈출도 ★

낙구식 점도계는 어떤 법칙을 이론적 근거로 하는가?

① Stokes의 법칙
② 열역학 제1법칙
③ Hagen-Poiseuille의 법칙
④ Boyle의 법칙

해설 PHASE 02 유체의 성질

낙구식 점도계는 스토크스(Stokes)의 법칙을 이용해 점성을 측정한다.

관련개념 점성의 측정

구분	측정원리	점도계의 종류
하겐-푸아죄유(Hagen-Poiseuille)의 법칙	세관법	• 세이볼트(Saybolt) 점도계 • 오스왈드(Ostwald) 점도계 • 레드우드(Redwood) 점도계 • 앵글러(Engler) 점도계 • 바베이(Barbey) 점도계
뉴턴(Newton)의 점성법칙	회전원통법	• 스토머(Stormer) 점도계 • 맥미셸(MacMichael) 점도계
스토크스(Stokes)의 법칙	낙구법	낙구식 점도계

정답 | ①

20 빈출도 ★★★

지면으로부터 4[m]의 높이에 설치된 수평관 내로 물이 4[m/s]로 흐르고 있다. 물의 압력이 78.4[kPa]인 관 내의 한 점에서 전수두는 지면을 기준으로 약 몇 [m]인가?

① 4.76
② 6.24
③ 8.82
④ 12.81

해설 PHASE 07 유체가 가지는 에너지

전수두는 압력수두 $\frac{P}{\gamma}$, 속도수두 $\frac{u^2}{2g}$, 위치수두 Z의 합으로 구할 수 있다.

$$\frac{P}{\gamma}+\frac{u^2}{2g}+Z=\text{일정}$$

P: 압력[kN/m²], γ: 비중량[kN/m³], u: 유속[m/s], g: 중력가속도[m/s²], Z: 높이[m]

따라서 주어진 조건을 공식에 대입하면 전수두 H는

$H=\frac{78.4}{9.8}+\frac{4^2}{2\times 9.8}+4$

$\fallingdotseq 12.82[m]$

정답 | ④

2회

☐ 1회독 점 | ☐ 2회독 점 | ☐ 3회독 점

01 빈출도 ★★

그림에서 물에 의하여 점 B에서 힌지된 사분원 모양의 수문이 평형을 유지하기 위하여 수면에서 수문을 잡아당겨야 하는 힘 T는 약 몇 [kN]인가? (단, 수문의 폭 1[m], 반지름 $r=\overline{OB}$는 2[m], 4분원의 중심은 O점에서 왼쪽으로 $\dfrac{4r}{3\pi}$인 곳에 있다.)

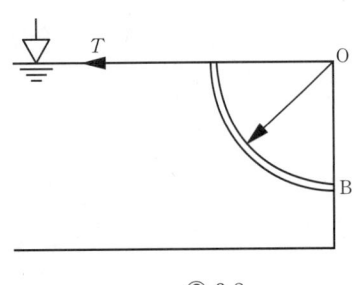

① 1.96
② 9.8
③ 19.6
④ 29.4

해설 PHASE 05 유체가 가하는 힘

곡면에 수평방향으로 작용하는 힘 F만큼 반대방향으로 잡아당기면 수문의 평형을 유지할 수 있다.
곡면의 수평 방향으로 작용하는 힘 F는 다음과 같다.

$$F = PA = \rho g h A = \gamma h A$$

F: 수평 방향으로 작용하는 힘(수평분력)[N], P: 압력[N/m²],
A: 정사영 면적[m²], ρ: 밀도[kg/m³], g: 중력가속도[m/s²],
h: 중심 높이로부터 표면까지의 높이[m],
γ: 유체의 비중량[N/m³]

유체는 물이므로 물의 비중량은 9.8[kN/m³]이다.
곡면의 중심 높이로부터 표면까지의 높이 h는 1[m]이다.
곡면과 나란한 수직인 벽으로 정사영을 내린 면적 A는 (2×1)[m]이다.

$F = 9.8 \times 1 \times (2 \times 1)$
$\quad = 19.6[\text{kN}]$

정답 | ③

02 빈출도 ★★

물의 온도에 상응하는 증기압보다 낮은 부분이 발생하면 물은 증발되고 물 속에 있던 공기와 물이 분리되어 기포가 발생하는 펌프의 현상은?

① 피드백(Feed Back)
② 서징현상(Surging)
③ 공동현상(Cavitation)
④ 수격작용(Water Hammering)

해설 PHASE 12 펌프의 이상현상

배관 내 흐르는 유체에서 압력이 증기압보다 낮아져 기포가 발생하는 현상을 공동현상이라고 한다.

관련개념 펌프의 이상현상

수격현상	배관 속 유체의 흐름이 갑자기 변화할 때 압력파에 의해 충격과 이상음이 발생하는 현상
맥동현상	펌프 압력계의 지침이 흔들리며 토출량이 주기적으로 변동하며 진동하는 현상
공동현상	배관 내 흐르는 유체에서 압력이 증기압보다 낮아져 기포가 발생하는 현상

정답 | ③

03 빈출도 ★

단면적이 A와 $2A$인 U자형 관에 밀도가 d인 기름이 담겨져 있다. 단면적이 $2A$인 관에 관벽과는 마찰이 없는 물체를 놓았더니 그림과 같이 평형을 이루었다. 이 때 이 물체의 질량은?

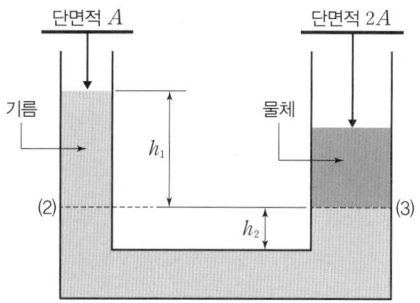

① $2Ah_1 d$ ② $Ah_1 d$
③ $A(h_1+h_2)d$ ④ $A(h_1-h_2)d$

해설 PHASE 05 유체가 가하는 힘

$$P_x = \rho g h$$

P_x: x에서의 압력[N/m²], ρ: 밀도[kg/m³],
g: 중력가속도[m/s²], h: 높이[m]

(2)면에 작용하는 압력은 기름이 누르는 압력과 같다.
$P_2 = dgh_1$
(3)면에 작용하는 압력은 물체가 누르는 압력과 같다.

$$P = \frac{F}{A}$$

P: 압력[N/m²], F: 힘[N], A: 면적[m²]

물체가 가진 질량을 m이라고 하면 물체가 누르는 힘 F는 mg이고, 따라서 물체가 누르는 압력은 다음과 같다.
$P_3 = \dfrac{mg}{2A}$
유체 내부에서 같은 수평면(높이)에는 같은 압력이 작용하므로 (2)면과 (3)면의 압력은 같다.
$P_2 = P_3$
$dgh_1 = \dfrac{mg}{2A}$
따라서 물체의 질량 m은
$m = 2Ah_1 d$

정답 | ①

04 빈출도 ★★★

그림과 같이 물이 들어있는 아주 큰 탱크에 사이펀이 장치되어 있다. 출구에서의 속도 V와 관의 상부 중심 A지점에서의 게이지 압력 p_A를 구하는 식은? (단, g는 중력가속도, ρ는 물의 밀도이며, 관의 직경은 일정하고 모든 손실은 무시한다.)

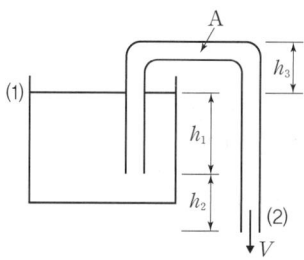

① $V = \sqrt{2g(h_1+h_2)}$ $p_A = -\rho g h_3$
② $V = \sqrt{2g(h_1+h_2)}$ $p_A = -\rho g(h_1+h_2+h_3)$
③ $V = \sqrt{2gh_2}$ $p_A = -\rho g(h_1+h_2+h_3)$
④ $V = \sqrt{2g(h_1+h_2)}$ $p_A = \rho g(h_1+h_2-h_3)$

해설 PHASE 07 유체가 가지는 에너지

수조의 표면에서 유체의 위치가 가지는 에너지는 사이펀의 출구에서 유속이 가지는 에너지로 변환되며 속도 u를 가지게 된다.

$$\frac{u^2}{2g} = Z$$

수조의 표면과 사이펀 출구의 높이 차이는 (h_1+h_2)[m]이므로
$u = \sqrt{2g(h_1+h_2)}$
수조의 표면(1)과 A지점(2)에서의 유체가 가지는 에너지는 보존되므로 두 지점을 베르누이 방정식으로 비교할 수 있다.

$$\frac{P_1}{\gamma} + \frac{u_1^2}{2g} + Z_1 = \frac{P_2}{\gamma} + \frac{u_2^2}{2g} + Z_2$$

P: 압력[N/m²], γ: 비중량[N/m³], u: 유속[m/s],
g: 중력가속도[m/s²], Z: 높이[m]

수조의 표면에서 압력 P_1은 대기압으로 0, 아주 큰 탱크이므로 유속 u_1은 0이다.
A지점의 위치 Z_2와 수조의 표면의 위치 Z_1은 h_3만큼 차이가 난다.
$Z_2 - Z_1 = h_3$
사이펀의 직경은 일정하므로 A지점의 유속 u_2는 사이펀 출구의 유속과 같다.
$u_2 = \sqrt{2g(h_1+h_2)}$
따라서 주어진 조건을 공식에 대입하면 A지점의 계기압 P_2는
$\dfrac{P_2}{\gamma} + \dfrac{2g(h_1+h_2)}{2g} + h_3 = 0$
$P_2 = -\rho g(h_1+h_2+h_3)$

정답 | ②

05 빈출도 ★★★

$0.02[m^3]$의 체적을 갖는 액체가 강체의 실린더 속에서 $730[kPa]$의 압력을 받고 있다. 압력이 $1,030[kPa]$로 증가되었을 때 액체의 체적이 $0.019[m^3]$으로 축소되었다. 이 때 이 액체의 체적탄성계수는 약 몇 $[kPa]$인가?

① 3,000
② 4,000
③ 5,000
④ 6,000

해설 PHASE 02 유체의 성질

$$K = -\frac{\Delta P}{\frac{\Delta V}{V}}$$

K: 체적탄성계수[MPa], ΔP: 압력변화량[MPa], ΔV: 부피변화량, V: 부피

주어진 조건을 공식에 대입하면 체적탄성계수 K는

$$K = -\frac{1,030 - 730}{\frac{0.019 - 0.02}{0.02}} = 6,000[kPa]$$

정답 | ④

06 빈출도 ★★★

비중병의 무게가 비었을 때는 $2[N]$이고, 액체로 충만되어 있을 때는 $8[N]$이다. 액체의 체적이 $0.5[L]$이면 이 액체의 비중량은 약 몇 $[N/m^3]$인가?

① 11,000
② 11,500
③ 12,000
④ 12,500

해설 PHASE 02 유체의 성질

액체의 무게는 $(8-2)=6[N]$이고, 액체의 부피는 $0.5[L]=0.0005[m^3]$이므로 액체의 비중량 γ는

$$\gamma = \frac{6}{0.0005} = 12,000[N/m^3]$$

정답 | ③

07 빈출도 ★★★

$10[kg]$의 수증기가 들어있는 체적 $2[m^3]$의 단단한 용기를 냉각하여 온도를 $200[°C]$에서 $150[°C]$로 낮추었다. 나중 상태에서 액체상태의 물은 약 몇 $[kg]$인가? (단, $150[°C]$에서 물의 포화액 및 포화증기의 비체적은 각각 $0.0011[m^3/kg]$, $0.3925[m^3/kg]$이다.)

① 0.508
② 1.24
③ 4.92
④ 7.86

해설 PHASE 02 유체의 성질

$10[kg]$의 수증기는 $150[°C]$에서 $x[kg]$의 물과 $(10-x)[kg]$의 수증기로 상태변화 하였다.
물과 수증기는 부피 $2[m^3]$의 단단한 용기를 가득 채우고 있다.

$$0.0011 \times x + 0.3925 \times (10-x) = 2$$

따라서 액체상태 물의 질량 x는

$$3.925 - 2 = (0.3925 - 0.0011)x$$

$$x = \frac{3.925 - 2}{0.3925 - 0.0011}$$

$$\fallingdotseq 4.92[kg]$$

정답 | ③

08 빈출도 ★★★

펌프의 입구 및 출구 측에 연결된 진공계와 압력계가 각각 25[mmHg]와 260[kPa]을 가리켰다. 이 펌프의 배출 유량이 0.15[m³/s]가 되려면 펌프의 동력은 약 몇 [kW]가 되어야 하는가? (단, 펌프의 입구와 출구의 높이차는 없고, 입구 측 안지름은 20[cm], 출구 측 안지름은 15[cm]이다.)

① 3.95 ② 4.32
③ 39.5 ④ 43.2

해설 PHASE 07 유체가 가지는 에너지

$$P = \gamma Q H$$

P: 수동력[kW], γ: 유체의 비중량[kN/m³], Q: 유량[m³/s], H: 전양정[m]

펌프를 통과하기 전후의 압력과 속도의 관계식은 베르누이 방정식을 통해 구할 수 있다.

$$\frac{P_1}{\gamma} + \frac{u_1^2}{2g} + Z_1 + H_P = \frac{P_2}{\gamma} + \frac{u_2^2}{2g} + Z_2$$

P: 압력[N/m²], γ: 비중량[N/m³], u: 유속[m/s], g: 중력가속도[m/s²], Z: 높이[m], H_P: 펌프의 전양정[m]

수은기둥 760[mmHg]는 101.325[kPa]와 같으므로 진공계 25[mmHg]에 해당하는 압력 P_1은 다음과 같다.

$$P_1 = -25[\text{mmHg}] \times \frac{101.325[\text{kPa}]}{760[\text{mmHg}]} \fallingdotseq -3.33[\text{kPa}]$$

유체는 물이므로 물의 비중량은 9.8[kN/m³]이다.
부피유량 공식 $Q = Au$에 의해 유량과 배관의 직경 D를 알면 유속은 다음과 같이 구할 수 있다.

$$u = \frac{Q}{A} = \frac{Q}{\frac{\pi}{4}D^2} = \frac{4Q}{\pi D^2}$$

u: 유속[m/s], Q: 유량[m³/s], A: 배관의 단면적[m²], D: 배관의 직경[m]

펌프의 입구 측 유속 u_1은 다음과 같다.

$$u_1 = \frac{4 \times 0.15}{\pi \times 0.2^2} \fallingdotseq 4.77[\text{m/s}]$$

펌프의 출구 측 유속 u_2은 다음과 같다.

$$u_2 = \frac{4 \times 0.15}{\pi \times 0.15^2} \fallingdotseq 8.49[\text{m/s}]$$

주어진 조건을 공식에 대입하면 펌프의 전양정 H_P는 다음과 같다.

$$H_P = \frac{P_2 - P_1}{\gamma} + \frac{u_2^2 - u_1^2}{2g} = \frac{260 - (-3.33)}{9.8} + \frac{8.49^2 - 4.77^2}{2 \times 9.8} \fallingdotseq 29.39[\text{m}]$$

따라서 펌프의 동력 P는

$$P = 9.8 \times 0.15 \times 29.39 \fallingdotseq 43.2[\text{kW}]$$

정답 | ④

09 빈출도 ★

피토관을 사용하여 일정 속도로 흐르고 있는 물의 유속(V)을 측정하기 위해, 그림과 같이 비중 s인 유체를 갖는 액주계를 설치하였다. $s=2$일 때 액주의 높이 차이가 $H=h$가 되면, $s=3$일 때 액주의 높이 차(H)는 얼마가 되는가?

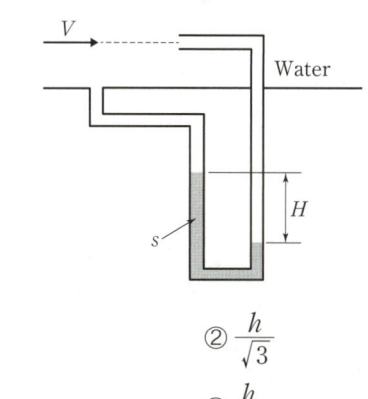

① $\dfrac{h}{9}$ ② $\dfrac{h}{\sqrt{3}}$
③ $\dfrac{h}{3}$ ④ $\dfrac{h}{2}$

해설 PHASE 08 유체유동의 측정

$$u = \sqrt{2g\left(\frac{\gamma - \gamma_w}{\gamma_w}\right)R}$$

u: 유속[m/s], g: 중력가속도[m/s²],
γ: 액주계 유체의 비중량[N/m³], γ_w: 배관 유체의 비중량[N/m³],
R: 액주계의 높이 차이[m]

액주계 속 유체의 비중 $s=2$인 경우와 $s=3$인 경우 모두 유속은 같으므로 관계식은 다음과 같다.

$$\sqrt{2g\left(\frac{2\gamma_w - \gamma_w}{\gamma_w}\right)h} = \sqrt{2g\left(\frac{3\gamma_w - \gamma_w}{\gamma_w}\right)H}$$

$$1h = 2H$$

$$H = \frac{h}{2}$$

정답 | ④

10 빈출도 ★★

관내의 흐름에서 부차적으로 손실에 해당하지 않는 것은?

① 곡선부에 의한 손실
② 직선 원관 내의 손실
③ 유동단면의 장애물에 의한 손실
④ 관 단면의 급격한 확대에 의한 손실

해설 PHASE 10 배관의 마찰손실

직선 원관 내의 손실은 주손실에 해당한다.

관련개념 주손실과 부차적 손실

㉠ 주손실
  – 배관의 벽에 의한 손실
  – 수직인 배관을 올라가면서 발생하는 손실
㉡ 부차적 손실
  – 배관 입구와 출구에서의 손실
  – 배관 단면의 확대 및 축소에 의한 손실
  – 배관부품(엘보, 티, 리듀서, 밸브 등)에서 발생하는 손실
  – 곡선인 배관에서의 손실

정답 | ②

11 빈출도 ★★

압력 2[MPa]인 수증기 건도가 0.2일 때 엔탈피는 몇 [kJ/kg]인가? (단, 포화증기 엔탈피는 2,780.5[kJ/kg]이고, 포화액의 엔탈피는 910[kJ/kg]이다.)

① 1,284   ② 1,466
③ 1,845   ④ 2,406

해설 PHASE 13 열역학 기초

20[%]의 수증기와 80[%]의 물이므로 혼합물의 엔탈피는 다음과 같다.

$$H = 2,780.5 \times 0.2 + 910 \times 0.8$$
$$= 1,284.1 [kJ/kg]$$

정답 | ①

12 빈출도 ★★

출구 단면적이 $0.02[m^2]$인 수평 노즐을 통하여 물이 수평 방향으로 $8[m/s]$의 속도로 노즐 출구에 놓여있는 수직 평판에 분사될 때 평판에 작용하는 힘은 약 몇 [N]인가?

① 800
② 1,280
③ 2,560
④ 12,544

해설 PHASE 08 유체유동의 측정

유체가 수평 방향으로 분사되어 수직 평판에 수직으로 충돌하는 경우 평판에 작용하는 힘은 다음과 같다.

$$F = \rho A u^2$$

F: 유체가 원판에 가하는 힘[N], ρ: 유체의 밀도[kg/m³],
A: 유체의 단면적[m²], u: 유속[m/s]

물의 밀도는 $1,000[kg/m^3]$이므로 평판에 작용하는 힘은
$F = 1,000 \times 0.02 \times 8^2 = 1,280[N]$

정답 | ②

13 빈출도 ★★★

안지름이 $25[mm]$인 노즐 선단에서의 방수압력은 계기압력으로 $5.8 \times 10^5 [Pa]$이다. 이 때 방수량은 약 $[m^3/s]$인가?

① 0.017
② 0.17
③ 0.034
④ 0.34

해설 PHASE 07 유체가 가지는 에너지

노즐을 통과하기 전후의 압력과 속도의 관계식은 베르누이 방정식을 통해 구할 수 있다.

$$\frac{P_1}{\gamma} + \frac{u_1^2}{2g} + Z_1 = \frac{P_2}{\gamma} + \frac{u_2^2}{2g} + Z_2$$

P: 압력[N/m²], γ: 비중량[N/m³], u: 유속[m/s],
g: 중력가속도[m/s²], Z: 높이[m]

유체는 물이므로 물의 비중량은 $9,800[N/m^3]$이다.
노즐을 통과하기 전(1) 유속 u_1은 0, 노즐을 통과한 후(2) 압력 P_2는 대기압이므로 0, 높이 차이는 없으므로 $Z_1 = Z_2$로 두면 방정식은 다음과 같다.

$$\frac{P_1}{\gamma} = \frac{u_2^2}{2g}$$

따라서 노즐을 통과하기 전 P만큼의 방수압력을 가해주면 노즐을 통과한 유체는 u만큼의 유속으로 방사된다.

$$P = \frac{\gamma u^2}{2g}$$

$$u = \sqrt{\frac{2gP}{\gamma}}$$

노즐은 직경이 D인 원형이므로 노즐의 단면적은 다음과 같다.

$$A = \frac{\pi}{4} D^2$$

부피유량 공식 $Q = Au$에 의해 방수량은 다음과 같다.

$$Q = Au = \frac{\pi}{4} D^2 \times \sqrt{\frac{2gP}{\gamma}}$$

$$= \frac{\pi}{4} \times 0.025^2 \times \sqrt{\frac{2 \times 9.8 \times (5.8 \times 10^5)}{9,800}}$$

$$\fallingdotseq 0.017[m^3/s]$$

정답 | ①

14 빈출도 ★★★

수평관의 길이가 100[m]이고, 안지름이 100[mm]인 소화설비 배관 내를 평균유속 2[m/s]로 물이 흐를 때 마찰손실수두는 약 몇 [m]인가? (단, 관의 마찰계수는 0.05이다.)

① 9.2　　② 10.2
③ 11.2　　④ 12.2

해설 PHASE 10 배관의 마찰손실

일정한 양의 비압축성 유체가 일정한 속도로 흐를 때 배관에서의 마찰손실은 달시-바이스바하 방정식으로 구할 수 있다.

$$H = \frac{\Delta P}{\gamma} = \frac{flu^2}{2gD}$$

H: 마찰손실수두[m], ΔP: 압력 차이[kPa], γ: 비중량[kN/m³],
f: 마찰손실계수, l: 배관의 길이[m], u: 유속[m/s],
g: 중력가속도[m/s²], D: 배관의 직경[m]

따라서 주어진 조건을 공식에 대입하면 손실수두 H는

$$H = \frac{0.05 \times 100 \times 2^2}{2 \times 9.8 \times 0.1}$$
$$\fallingdotseq 10.2[m]$$

정답 | ②

15 빈출도 ★

수평 원관 내 완전발달 유동에서 유동을 일으키는 힘 ㉠과 방해하는 힘 ㉡은 각각 무엇인가?

① ㉠: 압력차에 의한 힘　㉡: 점성력
② ㉠: 중력 힘　　　　　㉡: 점성력
③ ㉠: 중력 힘　　　　　㉡: 압력차에 의한 힘
④ ㉠: 압력차에 의한 힘　㉡: 중력 힘

해설 PHASE 09 배관 속 유체유동

배관 속에서 유체는 두 지점의 압력 차이에 의해 이동하며, 유체가 가진 점성력에 의해 분자 간, 분자와 벽 사이에서 저항을 받는다.

정답 | ①

16 빈출도 ★★★

외부표면의 온도가 24[℃], 내부표면의 온도가 24.5[℃]일 때, 높이 1.5[m], 폭 1.5[m], 두께 0.5[cm]인 유리창을 통한 열전달률은 약 몇 [W]인가? (단, 유리창의 열전도계수는 0.8[W/m·K]이다.)

① 180　　② 200
③ 1,800　④ 2,000

해설 PHASE 15 열전달

$$Q = kA\frac{(T_2 - T_1)}{l}$$

Q: 열전달량[W], k: 열전도율[W/m·℃],
A: 열전달 면적[m²], $(T_2 - T_1)$: 온도 차이[℃],
l: 벽의 두께[m]

유리창의 넓이가 (1.5×1.5)[m²]이고, 주어진 조건을 공식에 대입하면 유리창을 통한 열전달률 Q는

$$Q = 0.8 \times (1.5 \times 1.5) \times \frac{(24.5 - 24)}{0.005}$$
$$= 180[W]$$

정답 | ①

17 빈출도 ★★

어떤 용기 내의 이산화탄소($45[kg]$)가 방호공간에 가스 상태로 방출되고 있다. 방출 온도와 압력이 $15[℃]$, $101[kPa]$일 때 방출가스의 체적은 약 몇 $[m^3]$인가? (단, 일반 기체상수는 $8,314[J/kmol \cdot K]$이다.)

① 2.2 ② 12.2
③ 20.2 ④ 24.3

해설 PHASE 14 이상기체

이상기체의 상태방정식은 다음과 같다.

$$PV = nRT$$

P: 압력[Pa], V: 부피[m^3], n: 분자수[kmol],
R: 기체상수(8,314)[J/kmol·K], T: 절대온도[K]

이산화탄소의 분자량은 $44[kg/kmol]$이므로 $45[kg]$ 이산화탄소의 분자수는 $\frac{45}{44}[kmol]$이다.

주어진 조건을 공식에 대입하면 이산화탄소 가스의 부피 V는

$$V = \frac{nRT}{P} = \frac{\frac{45}{44} \times 8,314 \times (273+15)}{101,000}$$

$\fallingdotseq 24.25[m^3]$

정답 | ④

18 빈출도 ★★

점성계수와 동점성계수에 관한 설명으로 올바른 것은?

① 동점성계수=점성계수×밀도
② 점성계수=동점성계수×중력가속도
③ 동점성계수=점성계수/밀도
④ 점성계수=동점성계수/중력가속도

해설 PHASE 02 유체의 성질

동점성계수(동점도)는 점성계수(점도)를 밀도로 나누어 구한다.

$$\nu = \frac{\mu}{\rho}$$

ν: 동점성계수(동점도)[m^2/s], μ: 점성계수(점도)[kg/m·s],
ρ: 밀도[kg/m^3]

정답 | ③

19 빈출도 ★★

그림과 같은 관에 비압축성 유체가 흐를 때 A단면의 평균속도가 V_1이라면 B단면에서의 평균속도 V_2는? (단, A단면의 지름은 d_1이고 B단면의 지름은 d_2이다.)

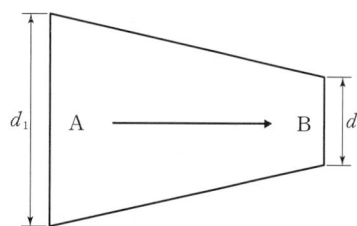

① $V_2 = \left(\dfrac{d_1}{d_2}\right) V_1$ ② $V_2 = \left(\dfrac{d_1}{d_2}\right)^2 V_1$

③ $V_2 = \left(\dfrac{d_2}{d_1}\right) V_1$ ④ $V_2 = \left(\dfrac{d_2}{d_1}\right)^2 V_1$

해설 PHASE 06 유체유동

$$Q = Au$$

Q: 부피유량[m³/s], A: 유체의 단면적[m²], u: 유속[m/s]

배관은 지름이 D인 원형이므로 배관의 단면적은 다음과 같다.

$$A = \dfrac{\pi}{4} D^2$$

$A_1 = \dfrac{\pi}{4} d_1^2$

$A_2 = \dfrac{\pi}{4} d_2^2$

두 단면의 부피유량은 일정하고, 단면 A의 유속이 V_1, 단면 B의 유속이 V_2이므로

$Q = \dfrac{\pi}{4} d_1^2 \times V_1 = \dfrac{\pi}{4} d_2^2 \times V_2$

$V_2 = \left(\dfrac{d_1}{d_2}\right)^2 V_1$

정답 | ②

20 빈출도 ★★

일률(시간당 에너지)의 차원을 기본 차원인 M(질량), L(길이), T(시간)로 올바르게 표시한 것은?

① $L^2 T^{-2}$ ② $MT^{-2}L^{-1}$

③ $ML^2 T^{-2}$ ④ $ML^2 T^{-3}$

해설 PHASE 01 유체

일률의 단위는 [W]=[J/s]=[N·m/s]=[kg·m²/s³]이고, 일률의 차원은 ML^2T^{-3}이다.

정답 | ④

4회

□ 1회독 점 | □ 2회독 점 | □ 3회독 점

01 빈출도 ★★★

아래 그림과 같이 두 개의 가벼운 공 사이로 빠른 기류를 불어 넣으면 두 개의 공은 어떻게 되겠는가?

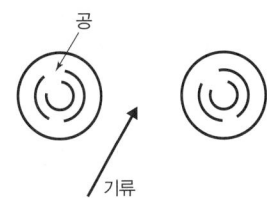

① 뉴턴의 법칙에 따라 벌어진다.
② 뉴턴의 법칙에 따라 가까워진다.
③ 베르누이의 법칙에 따라 벌어진다.
④ 베르누이의 법칙에 따라 가까워진다.

해설 PHASE 07 유체가 가지는 에너지

두 개의 공 사이로 빠른 기류를 불어 넣으면 기류의 유속이 가지는 에너지는 증가하며 베르누이 정리에 의해 에너지는 보존되므로 기류의 압력이 가지는 에너지는 감소한다.
따라서 공 사이의 압력이 감소하며 두 개의 공은 가까워진다.

정답 | ④

02 빈출도 ★

다음 유체 기계들의 압력 상승이 일반적으로 큰 것부터 순서대로 바르게 나열한 것은?

① 압축기(compressor)＞블로어(blower)＞팬(fan)
② 블로어(blower)＞압축기(compressor)＞팬(fan)
③ 팬(fan)＞블로어(blower)＞압축기(compressor)
④ 팬(fan)＞압축기(compressor)＞블로어(blower)

해설 PHASE 11 펌프의 특징

압축기＞블로어＞팬 순으로 성능(압력 차이)이 좋다.

정답 | ①

03 빈출도 ★★★

표면적이 같은 두 물체가 있다. 표면 온도가 2,000[K]인 물체가 내는 복사에너지는 표면 온도가 1,000[K]인 물체가 내는 복사에너지의 몇 배인가?

① 4   ② 8
③ 16   ④ 32

해설 PHASE 15 열전달

$$Q = \sigma T^4$$

Q: 열전달량[W/m²],
σ: 슈테판-볼츠만 상수(5.67×10^{-8})[W/m² · K⁴],
T: 절대온도[K]

두 물체의 표면 온도가 각각 2,000[K], 1,000[K]이므로 각 물체가 방출하는 복사에너지의 비율은

$$\frac{Q_2}{Q_1} = \frac{\sigma \times 2,000^4}{\sigma \times 1,000^4} = 2^4 = 16$$

정답 | ③

04 빈출도 ★★

이상기체의 폴리트로픽 변화 '$PV^n=$일정'에서 $n=1$인 경우 어느 변화에 속하는가? (단, P는 압력, V는 부피, n은 폴리트로픽 지수를 나타낸다.)

① 단열변화 ② 등온변화
③ 정적변화 ④ 정압변화

해설 PHASE 13 열역학 기초

폴리트로픽 지수 n이 1인 과정은 등온 과정이다.

관련개념 폴리트로픽 과정

상태변화과정	폴리트로픽 지수(n)	일
등압 과정	0	$m\overline{R}(T_2-T_1)$
등온 과정	1	$m\overline{R}T\ln\left(\dfrac{V_2}{V_1}\right)$
폴리트로픽 과정	$1<n<x$	$\dfrac{m\overline{R}}{1-n}(T_2-T_1)$
단열 과정	x	$\dfrac{m\overline{R}}{1-x}(T_2-T_1)$
등적 과정	∞	0

정답 | ②

05 빈출도 ★★

지름이 75[mm]인 관로 속에 평균 속도 4[m/s]로 흐르고 있을 때 유량[kg/s]은?

① 15.52 ② 16.92
③ 17.67 ④ 18.52

해설 PHASE 06 유체유동

$$M=\rho Au$$

M: 질량유량[kg/s], ρ: 밀도[kg/m³], A: 유체의 단면적[m²], u: 유속[m/s]

유체는 물이므로 물의 밀도는 1,000[kg/m³]이다.
배관은 지름이 0.075[m]인 원형이므로 배관의 단면적은 다음과 같다.

$$A=\dfrac{\pi}{4}\times 0.075^2$$

따라서 주어진 조건을 공식에 대입하면 질량유량 M은

$$M=1,000\times\dfrac{\pi}{4}\times 0.075^2\times 4$$
$$\fallingdotseq 17.67[\text{kg/s}]$$

정답 | ③

06 빈출도 ★★

초기에 비어 있는 체적이 $0.1[m^3]$인 견고한 용기 안에 공기(이상기체)를 서서히 주입한다. 공기 1[kg]을 넣었을 때 용기 안의 온도가 $300[K]$가 되었다면 이때 용기 안의 압력[kPa]은? (단, 공기의 기체상수는 $0.287[kJ/kg \cdot K]$이다.)

① 287
② 300
③ 448
④ 861

해설 PHASE 14 이상기체

질량과 특정기체상수로 이루어진 이상기체의 상태방정식은 다음과 같다.

$$PV = m\overline{R}T$$

P: 압력[kPa], V: 부피[m³], m: 질량[kg],
$\overline{R}$: 특정기체상수[kJ/kg·K], T: 절대온도[K]

기체상수의 단위가 [kJ/kg·K]이므로 압력과 부피의 단위를 [kPa]과 [m³]로 변환하여야 한다.
따라서 주어진 조건을 공식에 대입하면 용기 안의 압력 P는

$$P = \frac{m\overline{R}T}{V} = \frac{1 \times 0.287 \times 300}{0.1}$$
$$= 861[kPa]$$

정답 | ④

07 빈출도 ★

다음 중 Stokes의 법칙과 관계되는 점도계는?

① Ostwald 점도계
② 낙구식 점도계
③ Saybolt 점도계
④ 회전식 점도계

해설 PHASE 02 유체의 성질

스토크스(Stokes)의 법칙과 관계되는 점도계는 낙구식 점도계이다.

관련개념 점성의 측정

구분	측정원리	점도계의 종류
하겐-푸아죄유(Hagen-Poiseuille)의 법칙	세관법	• 세이볼트(Saybolt) 점도계 • 오스왈트(Ostwald) 점도계 • 레드우드(Redwood) 점도계 • 앵글러(Engler) 점도계 • 바베이(Barbey) 점도계
뉴턴(Newton)의 점성법칙	회전원통법	• 스토머(Stormer) 점도계 • 맥미셀(MacMichael) 점도계
스토크스(Stokes)의 법칙	낙구법	낙구식 점도계

정답 | ②

08 빈출도 ★★★

피토관으로 파이프 중심선에서 흐르는 물의 유속을 측정할 때 피토관의 액주높이가 5.2[m], 정압튜브의 액주높이가 4.2[m]를 나타낸다면 유속[m/s]은? (단, 속도계수(C_v)는 0.97이다.)

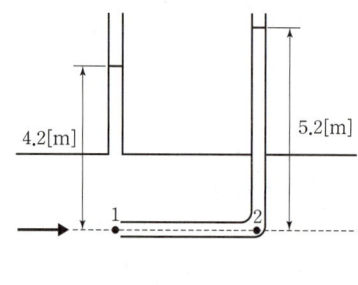

① 4.3 ② 3.5
③ 2.0 ④ 1.9

해설 PHASE 07 유체가 가지는 에너지

점 1에서 유속이 가지는 에너지는 점 2에서 더 이상 진행하지 못하게 되어 위치가 가지는 에너지로 변환되며 유체를 Z만큼 표면 위로 밀어올리게 된다.

$$\frac{u^2}{2g}=Z$$

이론유속과 실제유속은 차이가 있으므로 속도계수 C_v를 곱해 그 차이를 보정하면

$u=C_v\sqrt{2gZ}=0.97\times\sqrt{2\times9.8\times(5.2-4.2)}$
$\fallingdotseq 4.29[\text{m/s}]$

정답 | ①

09 빈출도 ★★

그림의 역U자관 마노미터에서 압력 차(P_x-P_y)는 약 몇 [Pa]인가?

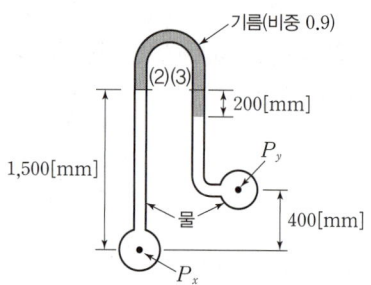

① 3,215 ② 4,116
③ 5,045 ④ 6,826

해설 PHASE 04 압력의 측정

$$P_x=\gamma h=s\gamma_w h$$

P_x: x에서의 압력[Pa], γ: 비중량[N/m³], h: 높이[m], s: 비중, γ_w: 물의 비중량[N/m³]

P_x는 물이 누르는 압력과 (2)면에 작용하는 압력의 합과 같다.

$P_x=s_1\gamma_w h_1+P_2$

P_y는 물이 누르는 압력과 기름이 누르는 압력, (3)면에 작용하는 압력의 합과 같다.

$P_y=s_3\gamma_w h_3+s_2\gamma_w h_2+P_3$

유체 내부에서 같은 수평면(높이)에는 같은 압력이 작용하므로 (2)면과 (3)면의 압력은 같다.

$P_2=P_3$
$P_x-s_1\gamma_w h_1=P_y-s_3\gamma_w h_3-s_2\gamma_w h_2$

따라서 압력 차이 P_x-P_y는

$P_x-P_y=s_1\gamma_w h_1-s_3\gamma_w h_3-s_2\gamma_w h_2$
$=1\times9,800\times1.5-1\times9,800\times(1.5-0.2-0.4)$
$-0.9\times9,800\times0.2$
$\fallingdotseq 4,116[\text{Pa}]$

정답 | ②

10 빈출도 ★

지름이 다른 두 개의 피스톤이 그림과 같이 연결되어 있다. "1" 부분의 피스톤의 지름이 "2"부분의 2배일 때, 각 피스톤에 작용하는 힘 F_1과 F_2의 크기의 관계는?

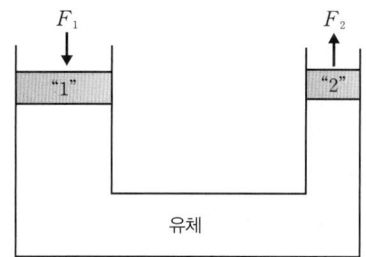

① $F_1=F_2$ ② $F_1=2F_2$
③ $F_1=4F_2$ ④ $4F_1=F_2$

해설 PHASE 05 유체가 가하는 힘

두 피스톤 안에 작용하는 압력이 동일하므로 파스칼의 원리에 의해 다음의 식이 성립한다.

$$P_1=\frac{F_1}{A_1}=\frac{F_2}{A_2}=P_2$$

P: 압력[N/m²], F: 힘[N], A: 면적[m²]

피스톤은 지름이 D[m]인 원형이므로 피스톤 단면적의 비율은 다음과 같다.

$$A=\frac{\pi}{4}D^2$$

$D_1=2D_2$
$A_1=\frac{\pi}{4}D_1^2=\frac{\pi}{4}(2D_2)^2=4\times\frac{\pi}{4}D_2^2=4A_2$

따라서 두 피스톤에 작용하는 힘은 다음과 같은 관계식을 갖는다.

$$\frac{F_1}{A_1}=\frac{F_1}{4A_2}=\frac{F_2}{A_2}$$
$$F_1=4F_2$$

정답 | ③

11 빈출도 ★★★

용량 2,000[L]의 탱크에 물을 가득 채운 소방차가 화재현장에 출동하여 노즐압력 390[kPa](계기압력), 노즐구경 2.5[cm]를 사용하여 방수한다면 소방차 내의 물이 전부 방수되는 데 걸리는 시간은?

① 약 2분 26초   ② 약 3분 35초
③ 약 4분 12초   ④ 약 5분 44초

해설 PHASE 07 유체가 가지는 에너지

노즐을 통과하기 전후의 압력과 속도의 관계식은 베르누이 방정식을 통해 구할 수 있다.

$$\frac{P_1}{\gamma}+\frac{u_1^2}{2g}+Z_1=\frac{P_2}{\gamma}+\frac{u_2^2}{2g}+Z_2$$

P: 압력[N/m²], γ: 비중량[N/m³], u: 유속[m/s],
g: 중력가속도[m/s²], Z: 높이[m]

노즐을 통과하기 전(1) 유속 u_1은 0, 노즐을 통과한 후(2) 압력 P_2는 대기압이므로 0, 높이 차이는 없으므로 $Z_1=Z_2$로 두면 방정식은 다음과 같다.

$$\frac{P_1}{\gamma}=\frac{u_2^2}{2g}$$

따라서 노즐을 통과하기 전 P만큼의 방수압력을 가해주면 노즐을 통과한 유체는 u만큼의 유속으로 방사된다.

$$P=\frac{\gamma u^2}{2g}$$
$$u=\sqrt{\frac{2gP}{\gamma}}$$

노즐은 직경이 D인 원형이므로 노즐의 단면적은 다음과 같다.

$$A=\frac{\pi}{4}D^2$$

부피유량 공식 $Q=Au$에 의해 방수량은 다음과 같다.

$$Q=Au=\frac{\pi}{4}D^2\times\sqrt{\frac{2gP}{\gamma}}$$
$$=\frac{\pi}{4}\times 0.025^2\times\sqrt{\frac{2\times 9.8\times 390}{9.8}}$$
$$\fallingdotseq 0.0137[\text{m}^3/\text{s}]$$

따라서 2,000[L]의 물을 전부 방수하는데 걸리는 시간은

$$\frac{2,000[\text{L}]}{0.0137[\text{m}^3/\text{s}]}=\frac{2[\text{m}^3]}{0.0137[\text{m}^3/\text{s}]}$$
$$\fallingdotseq 146[\text{s}]=2분 26초$$

정답 | ①

12 빈출도 ★★★

거리가 1,000[m] 되는 곳에 안지름 20[cm]의 관을 통하여 물을 수평으로 수송하려 한다. 한 시간에 800[m³]를 보내기 위해 필요한 압력[kPa]은? (단, 관의 마찰계수는 0.03이다.)

① 1,370　　② 2,010
③ 3,750　　④ 4,580

해설 PHASE 10 배관의 마찰손실

$$H = \frac{\Delta P}{\gamma} = \frac{flu^2}{2gD}$$

H: 마찰손실수두[m], ΔP: 압력 차이[kPa], γ: 비중량[kN/m³], f: 마찰손실계수, l: 배관의 길이[m], u: 유속[m/s], g: 중력가속도[m/s²], D: 배관의 직경[m]

유체는 물이므로 물의 비중량은 9.8[kN/m³]이다.
부피유량 공식 $Q=Au$에 의해 유량과 배관의 직경 D를 알면 유속은 다음과 같이 구할 수 있다.

$$u = \frac{Q}{A} = \frac{Q}{\frac{\pi}{4}D^2} = \frac{4Q}{\pi D^2}$$

u: 유속[m/s], Q: 유량[m³/s], A: 배관의 단면적[m²], D: 배관의 직경[m]

유량이 800[m³/h]이므로 단위를 변환하면 $\frac{800}{3,600}$[m³/s]이다.

따라서 주어진 조건을 공식에 대입하면 필요한 압력 ΔP는

$$\Delta P = \gamma \times \frac{fl}{2gD} \times \left(\frac{4Q}{\pi D^2}\right)^2$$

$$= 9.8 \times \frac{0.03 \times 1,000}{2 \times 9.8 \times 0.2} \times \left(\frac{4 \times \frac{800}{3,600}}{\pi \times 0.2^2}\right)^2$$

$$\approx 3,752[kPa]$$

정답 | ③

13 빈출도 ★★

글로브 밸브에 의한 손실을 지름이 10[cm]이고 관 마찰계수가 0.025인 관의 길이로 환산하면 상당길이가 40[m]가 된다. 이 밸브의 부차적 손실계수는?

① 0.25　　② 1
③ 2.5　　④ 10

해설 PHASE 10 배관의 마찰손실

$$L = \frac{KD}{f}$$

L: 상당길이[m], K: 부차적 손실계수, D: 직경[m], f: 마찰손실계수

주어진 조건을 공식에 대입하면 부차적 손실계수 K는

$$K = \frac{Lf}{D} = \frac{40 \times 0.025}{0.1} = 10$$

정답 | ④

14 빈출도 ★★★

체적탄성계수가 2×10^9[Pa]인 물의 체적을 3[%] 감소시키려면 몇 [MPa]의 압력을 가하여야 하는가?

① 25
② 30
③ 45
④ 60

해설 PHASE 02 유체의 성질

$$K = -\frac{\Delta P}{\frac{\Delta V}{V}}$$

K: 체적탄성계수[Pa], ΔP: 압력변화량[Pa], ΔV: 부피변화량, V: 부피

체적탄성계수를 압력에 관한 식으로 나타내면 다음과 같다.

$$\Delta P = -K \times \frac{\Delta V}{V}$$

부피가 3[%] 감소하였다는 것은 이전부피 V_1이 100일 때 이후부피 V_2는 97라는 의미이므로 부피변화율 $\frac{\Delta V}{V}$는 $\frac{97-100}{100}$
= -0.03이다.
따라서 압력변화량 ΔP는

$\Delta P = -(2 \times 10^9) \times -0.03$
$= 6 \times 10^7 [\text{Pa}] = 60[\text{MPa}]$

정답 | ④

15 빈출도 ★★

물질의 열역학적 변화에 대한 설명으로 틀린 것은?

① 마찰은 비가역성의 원인이 될 수 있다.
② 열역학 제1법칙은 에너지 보존에 대한 것이다.
③ 이상기체는 이상기체 상태방정식을 만족한다.
④ 가역 단열 과정은 엔트로피가 증가하는 과정이다.

해설 PHASE 13 열역학 기초

가역 단열 과정은 열의 출입이 없고 초기 상태로 돌아갈 수 있으므로 엔트로피가 변화하지 않는 과정이다.

정답 | ④

16 빈출도 ★★

폭이 $4[m]$이고 반경이 $1[m]$인 그림과 같은 $\frac{1}{4}$원형 모양으로 설치된 수문 AB가 있다. 이 수문이 받는 수직방향 분력 F_V의 크기[N]는?

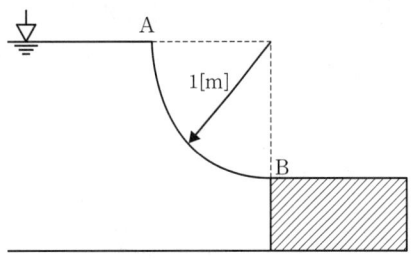

① 7,613
② 9,801
③ 30,787
④ 123,000

해설 PHASE 05 유체가 가하는 힘

곡면의 수직 방향으로 작용하는 힘 F_V는 다음과 같다.

$$F = mg = \rho V g = \gamma V$$

F: 수직 방향으로 작용하는 힘(수직분력)[N], m: 질량[kg],
g: 중력가속도[m/s²], ρ: 밀도[kg/m³],
V: 곡면 위 유체의 부피[m³], γ: 유체의 비중량[N/m³]

유체는 물이므로 물의 비중량은 9,800[N/m³]이다.
곡면 아래에 유체가 있는 경우 곡면 위의 유체 표면까지 채울 수 있는 가상 유체의 무게로 한다.

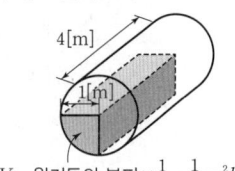

V = 원기둥의 부피 × $\frac{1}{4}$ = $\frac{1}{4}\pi r^2 b$

$V = \frac{1}{4} \times \pi r^2 \times 4 = \pi$

$F_V = 9,800 \times \pi$
$\approx 30,787[N]$

정답 | ③

17 빈출도 ★★

다음 단위 중 3가지는 동일한 단위이고 나머지 하나는 다른 단위이다. 이 중 동일한 단위가 아닌 것은?

① [J]
② [N·s]
③ [Pa·m³]
④ [kg·m²/s²]

해설 PHASE 01 유체

에너지의 단위는 [J]=[kg·m/s²]=[N·m]=[Pa·m³]
=[kg·m²/s²]이고, 에너지의 차원은 ML^2T^{-2}이다.

정답 | ②

18 빈출도 ★★★

전양정이 $60[m]$, 유량이 $6[m^3/min]$, 효율이 $60[\%]$인 펌프를 작동시키는 데 필요한 동력[kW]는?

① 44
② 60
③ 98
④ 117

해설 PHASE 11 펌프의 특징

$$P = \frac{\gamma Q H}{\eta}$$

P: 축동력[kW], γ: 유체의 비중량[kN/m³], Q: 유량[m³/s],
H: 전양정[m], η: 효율

유체는 물이므로 물의 비중량은 9.8[kN/m³]이다.
펌프의 토출량이 6[m³/min]이므로 단위를 변환하면 $\frac{6}{60}$[m³/s]이다.
주어진 조건을 공식에 대입하면 펌프를 작동시키는 데 필요한 동력 P는

$$P = \frac{9.8 \times \frac{6}{60} \times 60}{0.6} = 98[kW]$$

정답 | ③

19 빈출도 ★★★

지름이 150[mm]인 원관에 비중이 0.85, 동점성계수가 1.33×10^{-4}[m²/s], 기름이 0.01[m³/s]의 유량으로 흐르고 있다. 이때 관 마찰계수는? (단, 임계 레이놀즈 수는 2,100이다.)

① 0.10 ② 0.14
③ 0.18 ④ 0.22

해설 PHASE 10 배관의 마찰손실

유체의 흐름을 판단하기 위해 레이놀즈 수를 계산해보면 다음과 같다.

$$Re = \frac{\rho u D}{\mu} = \frac{uD}{\nu}$$

Re: 레이놀즈 수, ρ: 밀도[kg/m³], u: 유속[m/s], D: 직경[m], μ: 점성계수(점도)[kg/m·s], ν: 동점성계수(동점도)[m²/s]

부피유량 공식 $Q=Au$에 의해 유량과 배관의 직경 D를 알면 유속은 다음과 같이 구할 수 있다.

$$u = \frac{Q}{A} = \frac{Q}{\frac{\pi}{4}D^2} = \frac{4Q}{\pi D^2}$$

u: 유속[m/s], Q: 유량[m³/s], A: 배관의 단면적[m²], D: 배관의 직경[m]

$$Re = \frac{uD}{\nu} = \frac{4Q}{\pi D^2} \times \frac{D}{\nu}$$
$$= \frac{4 \times 0.01}{\pi \times 0.15^2} \times \frac{0.15}{1.33 \times 10^{-4}} \fallingdotseq 638.22$$

레이놀즈 수가 2,100 이하이므로 유체의 흐름은 층류이다.
층류일 때 마찰계수 f는 $\frac{64}{Re}$이므로 마찰계수 f는

$$f = \frac{64}{Re} = \frac{64}{638.22} \fallingdotseq 0.1$$

정답 | ①

20 빈출도 ★★

검사체적(control volume)에 대한 운동량 방정식(momentum equation)과 가장 관계가 깊은 법칙은?

① 열역학 제2법칙
② 질량보존의 법칙
③ 에너지보존의 법칙
④ 뉴턴(Newton)의 법칙

해설 PHASE 08 유체유동의 측정

운동량 방정식은 뉴턴의 제2법칙인 가속도의 법칙으로 설명된다.

정답 | ④

에듀윌이
너를
지지할게

ENERGY

항상 맑으면 사막이 된다.
비가 내리고 바람이 불어야만
비옥한 땅이 된다.

– 스페인 속담

3회독 시스템으로 정복하는

7개년 기출문제

02

소방기계시설의
구조 및 원리

2025년	CBT 복원문제	202
2024년	CBT 복원문제	226
2023년	CBT 복원문제	255
2022년	기출문제	282
2021년	기출문제	310
2020년	기출문제	340
2019년	기출문제	366

2025년 CBT 복원문제

1회
☐ 1회독   점 | ☐ 2회독   점 | ☐ 3회독   점

01 빈출도 ★

고압식 이산화탄소 소화설비의 배관으로 호칭구경 50[mm]의 강관을 사용하려 한다. 이때 적용하는 배관 스케줄의 한계는?

① 스케줄 20 이상
② 스케줄 30 이상
③ 스케줄 40 이상
④ 스케줄 80 이상

해설 PHASE 09 이산화탄소 소화설비

강관을 사용하는 경우 배관은 압력배관용탄소강관(KS D 3562) 중 스케줄 80(저압식은 스케줄 40) 이상의 것 또는 이와 동등 이상의 강도를 가진 것으로서 아연도금으로 방식 처리된 것을 사용한다.

관련개념 이산화탄소 소화설비 배관의 설치기준

㉠ 배관은 전용으로 한다.
㉡ 강관을 사용하는 경우 배관은 압력배관용탄소강관(KS D 3562) 중 스케줄 80(저압식은 스케줄 40) 이상의 것 또는 이와 동등 이상의 강도를 가진 것으로서 아연도금으로 방식 처리된 것을 사용한다.
㉢ 배관의 호칭구경이 20[mm] 이하인 경우 스케줄 40 이상인 것을 사용할 수 있다.
㉣ 동관을 사용하는 경우 배관은 이음이 없는 동 및 동합금관(KS D 5301)으로서 고압식은 16.5[MPa] 이상, 저압식은 3.75[MPa] 이상의 압력에 견딜 수 있는 것을 사용한다.
㉤ 고압식의 1차 측(개폐밸브 또는 선택밸브 이전) 배관부속의 최소사용설계압력은 9.5[MPa]로 하고, 고압식의 2차 측과 저압식의 배관부속의 최소사용설계압력은 4.5[MPa]로 한다.
㉥ 배관의 구경은 이산화탄소 소화약제의 소요량이 다음의 기준에 따른 시간 내에 방출될 수 있는 것으로 한다.
  - 전역방출방식에 있어서 가연성액체 또는 가연성가스 등 표면화재 방호대상물의 경우 1분 내에 방출한다.
  - 전역방출방식에 있어서 종이, 목재, 석탄, 섬유류, 합성수지류 등 심부화재 방호대상물의 경우 7분 내에 방출한다. 이 경우 설계농도가 2분 이내에 30[%]에 도달해야 한다.
  - 국소방출방식의 경우 30초 내에 방출한다.

㉧ 소화약제의 저장용기와 선택밸브 사이의 집합배관에는 수동잠금밸브를 선택밸브 직전에 설치한다.
㉨ 선택밸브가 없는 설비의 경우 저장용기실 내부 조작 및 점검이 쉬운 위치에 설치한다.

정답 | ④

02 빈출도 ★★★

소화용수설비에 설치하는 소화수조의 소요수량이 80[m³]일 때 설치하는 흡수관투입구 및 채수구의 수는?

① 흡수관투입구: 1개 이상, 채수구: 1개
② 흡수관투입구: 1개 이상, 채수구: 2개
③ 흡수관투입구: 2개 이상, 채수구: 2개
④ 흡수관투입구: 2개 이상, 채수구: 3개

해설 PHASE 16 소화수조 및 저수조

소요수량이 80[m³]인 경우 흡수관투입구의 수는 2개 이상, 채수구의 수는 2개를 설치해야 한다.

관련개념 흡수관투입구의 설치개수

흡수관투입구는 다음의 표에 따른 소요수량에 따라 설치한다.

소요수량[m³]	흡수관투입구의 수[개]
80 미만	1개 이상
80 이상	2개 이상

채수구의 설치개수

채수구는 다음의 표에 따른 소요수량에 따라 설치한다.

소요수량[m³]	채수구의 수[개]
20 이상 40 미만	1
40 이상 100 미만	2
100 이상	3

정답 | ③

03 빈출도 ★

스프링클러 헤드의 감도를 반응시간지수(RTI) 값에 따라 구분할 때 RTI 값이 51 초과 80 이하일 때의 헤드 감도는?

① 조기반응 ② 특수반응
③ 표준반응 ④ 빠른반응

해설 PHASE 04 스프링클러설비

반응시간지수(RTI)값이 51 초과 80 이하일 때 헤드의 감도는 특수반응이다.

관련개념 스프링클러 헤드의 반응 감도

헤드는 표시온도 구분에 따라 반응시간지수(RTI)를 표준반응, 특수반응, 조기반응으로 구분한다.

반응 감도	반응시간지수(RTI)
표준반응	80 초과 350 이하
특수반응	51 초과 80 이하
조기반응	50 이하

정답 | ②

04 빈출도 ★

연결송수관설비에서 가압송수장치의 설치기준으로 틀린 것은? (단, 지표면에서 최상층 방수구까지의 높이가 70[m] 이상인 특정소방대상물이다.)

① 펌프의 양정은 최상층에 설치된 노즐선단의 압력이 0.35[MPa] 이상의 압력이 되도록 할 것
② 계단식 아파트의 경우 펌프의 토출량은 1,200[L/min] 이상이 되는 것으로 할 것
③ 계단식 아파트의 경우 해당 층에 설치된 방수구가 3개를 초과하는 것은 1개마다 400[L/min]을 가산한 양이 펌프의 토출량이 되는 것으로 할 것
④ 내연기관을 사용하는 경우(층수가 30층 이상 49층 이하) 내연기관의 연료량은 20분 이상 운전할 수 있는 용량일 것

해설 PHASE 19 연결송수관설비

연결송수관설비의 가압송수장치로 내연기관을 사용할 때 특정소방대상물의 층수가 30층 이상 49층 이하인 경우 내연기관의 연료량은 40분 이상 유효하게 운전할 수 있는 용량이어야 한다.

층수	작동시간
~29층	20분 이상
30층~49층	40분 이상
50층~	60분 이상

정답 | ④

05 빈출도 ★★★

피난기구의 화재안전기술기준(NFTC 301) 상 노유자시설의 3층에 적응성을 가진 피난기구가 아닌 것은?

① 미끄럼대
② 피난교
③ 구조대
④ 간이완강기

해설 PHASE 13 피난기구

간이완강기는 노유자시설에 적응성이 있는 피난기구가 아니다.

관련개념 설치장소별 피난기구의 적응성

설치 장소별 \ 층별	1층	2층	3층	4층 이상 10층 이하
노유자시설	• 미끄럼대 • 구조대 • 피난교 • 다수인 피난장비 • 승강식 피난기	• 미끄럼대 • 구조대 • 피난교 • 다수인 피난장비 • 승강식 피난기	• 미끄럼대 • 구조대 • 피난교 • 다수인 피난장비 • 승강식 피난기	• 구조대 • 피난교 • 다수인 피난장비 • 승강식 피난기

정답 | ④

06 빈출도 ★★★

소화약제 외의 것을 이용한 간이소화용구의 능력단위 기준 중 다음 ( ) 안에 알맞은 것은?

간이소화용구		능력단위
마른모래	삽을 상비한 (㉠)[L] 이상의 것 1포	0.5단위
팽창질석 또는 팽창진주암	삽을 상비한 (㉡)[L] 이상의 것 1포	

① ㉠ 50, ㉡ 80
② ㉠ 80, ㉡ 50
③ ㉠ 100, ㉡ 80
④ ㉠ 100, ㉡ 160

해설 PHASE 01 소화기구 및 자동소화장치

마른모래의 경우 삽을 상비한 50[L] 이상의 것 1포, 팽창질석 또는 팽창진주암의 경우 삽을 상비한 80[L] 이상의 것 1포 당 능력단위가 0.5단위이다.

관련개념 능력단위

소화약제 외의 것을 이용한 간이소화용구에 있어서는 다음에 따른 수치이다.

간이소화용구		능력단위
1. 마른모래	삽을 상비한 50[L] 이상의 것 1포	0.5 단위
2. 팽창질석 또는 팽창진주암	삽을 상비한 80[L] 이상의 것 1포	

정답 | ①

07 빈출도 ★

할로겐화합물 및 불활성기체 소화설비 저장용기의 설치장소 기준 중 다음 ( ) 안에 알맞은 것은?

> 할로겐화합물 및 불활성기체 소화약제의 저장용기는 온도가 ( )[℃] 이하이고 온도의 변화가 작은 곳에 설치할 것

① 40
② 55
③ 60
④ 75

해설 PHASE 11 할로겐화합물 및 불활성기체 소화설비

온도가 55[℃] 이하이고, 온도 변화가 작은 곳에 설치한다.

관련개념 저장용기의 설치장소

㉠ 방호구역 외의 장소에 설치한다.
㉡ 방호구역 내에 설치할 경우 피난 및 조작이 용이하도록 피난구 부근에 설치한다.
㉢ 온도가 55[℃] 이하이고, 온도 변화가 작은 곳에 설치한다.
㉣ 직사광선 및 빗물이 침투할 우려가 없는 곳에 설치한다.
㉤ 방호구역 외의 장소에 설치하는 경우 방화문으로 방화구획 된 실에 설치한다.
㉥ 용기의 설치장소에는 해당 용기가 설치된 곳임을 표시하는 표지를 한다.
㉦ 용기 간의 간격은 점검에 지장이 없도록 3[cm] 이상의 간격을 유지한다.
㉧ 저장용기와 집합관을 연결하는 연결배관에는 체크밸브를 설치한다. 다만, 저장용기가 하나의 방호구역만을 담당하는 경우는 제외한다.

정답 | ②

08 빈출도 ★★

포 소화약제의 저장량 설치기준 중 포 헤드 방식 및 압축공기포 소화설비에 있어서 하나의 방사구역 안에 설치된 포 헤드를 동시에 개방하여 표준방사량으로 몇 분간 방사할 수 있는 양 이상으로 하여야 하는가?

① 10
② 20
③ 30
④ 60

해설 PHASE 08 포 소화설비

포 헤드 방식 및 압축공기포 소화설비에 있어서는 하나의 방사구역 안에 설치된 포 헤드를 동시에 개방하여 표준방사량으로 10분간 방사할 수 있는 양 이상으로 한다.

정답 | ①

09 빈출도 ★

화재조기진압용 스프링클러설비의 설치대상으로 옳은 것은?

① 천장 또는 반자의 높이가 10[m]를 넘는 랙식 창고로서 연면적 1,500[m²] 이상
② 천장 또는 반자의 높이가 12[m]를 넘는 랙식 창고로서 연면적 1,500[m²] 이상
③ 천장 또는 반자의 높이가 15[m]를 넘는 랙식 창고로서 연면적 1,500[m²] 이상
④ 천장 또는 반자의 높이가 20[m]를 넘는 랙식 창고로서 연면적 1,500[m²] 이상

해설 PHASE 05 기타 스프링클러설비

천장 또는 반자의 높이가 10[m]를 초과하고, 랙이 설치된 층의 바닥면적의 합계가 1,500[m²] 이상인 경우에는 모든 층에 스프링클러설비를 설치하여야 하며, 천장 높이가 13.7[m] 이하인 랙식 창고에는 화재조기진압용 스프링클러설비를 설치할 수 있다.

정답 | ①

10 빈출도 ★★★

물분무 소화설비의 설치 장소별 $1[m^2]$에 대한 수원의 최소 저수량으로 옳은 것은?

① 케이블트레이: $12[L/min] \times 20분 \times$ 투영된 바닥면적
② 절연유 봉입 변압기: $15[L/min] \times 20분 \times$ 바닥 부분을 제외한 표면적을 합한 면적
③ 차고: $30[L/min] \times 20분 \times$ 바닥면적
④ 콘베이어 벨트: $37[L/min] \times 20분 \times$ 벨트부분의 바닥면적

해설 PHASE 06 물분무 소화설비

케이블트레이는 투영된 바닥면적 $1[m^2]$에 대하여 $12[L/min]$로 20분간 방수할 수 있는 양 이상으로 한다.

관련개념 저수량의 산정기준

㉠ 특수가연물을 저장 또는 취급하는 특정소방대상물 또는 그 부분에 있어서 그 바닥면적(최소 $50[m^2]$) $1[m^2]$에 대하여 $10[L/min]$로 20분 간 방수할 수 있는 양 이상으로 한다.
㉡ 차고 또는 주차장은 그 바닥면적(최소 $50[m^2]$) $1[m^2]$에 대하여 $20[L/min]$로 20분 간 방수할 수 있는 양 이상으로 한다.
㉢ 절연유 봉입 변압기는 바닥 부분을 제외한 표면적을 합한 면적 $1[m^2]$에 대하여 $10[L/min]$로 20분 간 방수할 수 있는 양 이상으로 한다.
㉣ 케이블트레이, 케이블덕트 등은 투영된 바닥면적 $1[m^2]$에 대하여 $12[L/min]$로 20분 간 방수할 수 있는 양 이상으로 한다.
㉤ 콘베이어 벨트 등은 벨트 부분의 바닥면적 $1[m^2]$에 대하여 $10[L/min]$로 20분 간 방수할 수 있는 양 이상으로 한다.

정답 | ①

11 빈출도 ★★

발전기실, 엔진펌프실, 변압기, 전기케이블실, 유압설비의 바닥면적 $300[m^2]$ 미만인 장소에 설치할 수 있는 포 소화설비는?

① 포워터 스프링클러설비
② 고정포 방출설비
③ 포 소화전설비
④ 압축공기포설비

해설 PHASE 08 포 소화설비

바닥면적이 $300[m^2]$ 미만인 발전기실, 엔진펌프실, 변압기, 전기케이블실, 유압설비에 설치할 수 있는 포 소화설비는 고정식 압축공기포 소화설비이다.

관련개념 특정소방대상물별 포 소화설비의 적응성

특정소방대상물	적응성이 있는 포소화설비
특수가연물을 저장·취급하는 공장 또는 창고	포워터 스프링클러설비 포 헤드설비 고정포 방출설비 압축공기포 소화설비
차고 또는 주차장	
항공기격납고	
발전기실, 엔진펌프실, 변압기, 전기케이블실, 유압설비	고정식 압축공기포 소화설비 (바닥면적의 합계 $300[m^2]$ 미만인 장소 限)

정답 | ④

12 빈출도 ★★

다음은 물분무 소화설비의 전동기 또는 내연기관에 따른 펌프를 이용하는 가압송수장치에 관한 설치기준이다. 틀린 것은?

① 가압송수장치가 자동으로 기동이 되는 경우에는 자동으로 정지되어야 한다.
② 가압송수장치(충압펌프 제외)에는 순환배관을 설치하여야 한다.
③ 가압송수장치에는 펌프의 성능을 시험하기 위한 배관을 설치하여야 한다.
④ 가압송수장치는 점검이 편리하고, 화재 등의 재해로 인한 피해를 받을 우려가 없는 곳에 설치하여야 한다.

해설 PHASE 06 물분무 소화설비

가압송수장치가 기동이 된 경우 자동으로 정지되지 않도록 한다.
← 충압펌프의 경우에는 그렇지 않다.

선지분석
② 가압송수장치에는 체절운전 시 수온의 상승을 방지하기 위한 순환배관을 설치한다. ← 충압펌프의 경우에는 그렇지 않다.
③ 펌프의 성능을 시험할 수 있는 성능시험배관을 설치한다.
   ← 충압펌프의 경우에는 그렇지 않다.
④ 가압송수장치는 쉽게 접근할 수 있고 점검하기에 충분한 공간이 있는 장소로서 화재 및 침수 등의 재해로 인한 피해를 받을 우려가 없는 곳에 설치한다.

정답 | ①

13 빈출도 ★★

제연설비의 설치장소에 따른 제연구역의 구획기준으로 틀린 것은?

① 하나의 제연구역의 면적은 $1,500[m^2]$ 이내로 할 것
② 하나의 제연구역은 직경 60[m] 원 내에 들어갈 수 있을 것
③ 하나의 제연구역은 2개 이상 층에 미치지 아니하도록 할 것
④ 통로 상의 제연구역은 보행중심선의 길이가 60[m]를 초과하지 아니할 것

해설 PHASE 17 제연설비

하나의 제연구역의 면적은 $1,000[m^2]$ 이내로 한다.

관련개념 제연구역의 구획기준
㉠ 하나의 제연구역의 면적은 $1,000[m^2]$ 이내로 한다.
㉡ 거실과 통로(복도 포함)는 각각 제연구획 한다.
㉢ 통로상의 제연구역은 보행중심선의 길이가 60[m]를 초과하지 않는다.
㉣ 하나의 제연구역은 직경 60[m] 원 내에 들어갈 수 있어야 한다.
㉤ 하나의 제연구역은 2 이상의 층에 미치지 않도록 한다.
㉥ 층의 구분이 불분명한 부분은 그 부분을 다른 부분과 별도로 제연구획 한다.

정답 | ①

14 빈출도 ★★

전동기에 의한 펌프를 이용하는 스프링클러설비의 가압송수장치에 대한 설치기준으로 옳지 않은 것은?

① 기동용 수압개폐장치(압력챔버)를 사용할 경우 그 용적은 100[L] 이상의 것으로 한다.
② 물올림장치의 수조는 유효수량 100[L] 이상으로 한다.
③ 정격토출압력은 하나의 헤드선단에 0.1[MPa] 이상 0.12[MPa] 이하의 방수압력이 될 수 있는 크기로 한다.
④ 충압펌프의 정격토출압력은 그 설비의 최고위 살수장치의 자연압보다 적어도 0.2[MPa]과 같게 하거나 가압송수장치의 정격토출압력보다 크게 한다.

해설 PHASE 04 스프링클러설비

충압펌프의 정격토출압력은 그 설비의 최고위 살수장치의 자연압보다 적어도 0.2[MPa] 더 크도록 하거나 가압송수장치의 정격토출압력과 같게 한다.

관련개념 충압펌프의 설치기준

㉠ 펌프의 토출압력은 그 설비의 최고위 살수장치의 자연압보다 적어도 0.2[MPa] 더 크도록 하거나 가압송수장치의 정격토출압력과 같게 한다.
㉡ 펌프의 정격토출량은 정상적인 누설량보다 적어서는 안된다.
㉢ 펌프의 정격토출량은 스프링클러설비가 자동적으로 작동할 수 있도록 충분한 토출량을 유지한다.

정답 | ④

15 빈출도 ★★

제1종 분말 소화설비의 충전비로 가장 옳은 것은?

① 0.8 이상
② 1 이상
③ 1.1 이상
④ 1.25 이상

해설 PHASE 12 분말 소화설비

제1종 분말 소화설비의 충전비는 0.8 이상이어야 한다.

관련개념 저장용기의 설치기준

㉠ 저장용기의 내용적은 다음과 같다.

소화약제의 종류	소화약제 1[kg] 당 저장용기의 내용적
제1종 분말	0.8[L]
제2종 분말	1.0[L]
제3종 분말	1.0[L]
제4종 분말	1.25[L]

㉡ 저장용기에는 가압식의 경우 최고사용압력의 1.8배 이하, 축압식의 경우 내압시험압력의 0.8배 이하의 압력에서 작동하는 안전밸브를 설치한다.
㉢ 저장용기에는 저장용기의 내부압력이 설정압력으로 되었을 때 주밸브를 개방하는 정압작동장치를 설치한다.
㉣ 저장용기의 충전비는 0.8 이상으로 한다.
㉤ 저장용기 및 배관에는 잔류 소화약제를 처리할 수 있는 청소장치를 설치한다.
㉥ 축압식 저장용기에는 사용압력 범위를 표시한 지시압력계를 설치한다.

정답 | ①

16 빈출도 ★

다음 옥내소화전함의 표시등에 대한 설명으로 가장 적합한 것은?

① 위치표시등은 평상시 불이 켜지지 않은 상태로 있어야 한다.
② 기동표시등은 평상시 불이 켜지지 않은 상태로 있어야 한다.
③ 위치표시등 및 기동표시등은 평상시 불이 켜진 상태로 있어야 한다.
④ 위치표시등 및 기동표시등은 평상시 불이 안 켜진 상태로 있어야 한다.

해설 PHASE 02 옥내소화전설비

위치표시등은 상시 확인이 가능하도록 항상 점등되어 있어야 한다.
기동표시등은 가압송수장치가 기동할 때에만 점등되어야 한다.
← 평상시 소등, 화재 시 점등

정답 | ②

17 빈출도 ★

20층 아파트 각 세대에 12개의 스프링클러 헤드가 설치되어 있다. 최소 수원의 양은 얼마인가?

① $16[m^3]$
② $32[m^3]$
③ $48[m^3]$
④ $56[m^3]$

해설 PHASE 04 스프링클러설비

화재안전기준에 따라 스프링클러설비에서 수원의 저수량은 기준개수에 $1.6[m^3]$를 곱한 양 이상이 되도록 한다.
← 설치개수가 기준개수보다 적은 경우 설치개수에 따른다.

수원의 저수량 = 10[개] × $1.6[m^3]$ = $16[m^3]$

관련개념 저수량의 산정기준

폐쇄형 스프링클러 헤드를 사용하는 경우 다음의 표에 따른 기준개수에 $1.6[m^3]$를 곱한 양 이상이 되도록 한다.

스프링클러설비의 설치장소		기준 개수
아파트		10
지하층을 제외한 10층 이하인 특정소방대상물	헤드의 높이가 8[m] 미만인 것	10
	헤드의 높이가 8[m] 이상인 것	20
	판매시설이 없는 근린생활시설·운수시설·복합건축물	20
	특수가연물을 취급하지 않는 공장	20
	판매시설 또는 판매시설이 있는 복합건축물	20
	특수가연물을 저장·취급하는 공장	30
지하층을 제외한 11층 이상인 특정소방대상물		30
지하가 또는 지하역사		30

정답 | ①

18 빈출도 ★★★

아파트등의 세대 내 설치되는 스프링클러 헤드의 수평거리로 옳은 것은?

① 2.1[m] 이하 ② 2.3[m] 이하
③ 2.6[m] 이하 ④ 3.2[m] 이하

해설 PHASE 04 스프링클러설비

아파트 세대 내에서 천장·반자·천장과 반자 사이·덕트·선반 등의 각 부분으로부터 하나의 스프링클러 헤드까지의 수평거리는 2.6[m] 이하가 되도록 한다.

관련개념 헤드의 방사범위

천장·반자·천장과 반자 사이·덕트·선반 등의 각 부분으로부터 하나의 스프링클러 헤드까지의 수평거리는 다음의 표에 따른 거리 이하가 되도록 한다.

소방대상물	수평거리
무대부·특수가연물을 저장 또는 취급하는 장소	1.7[m]
비내화구조 특정소방대상물	2.1[m]
내화구조 특정소방대상물	2.3[m]
아파트 세대 내	2.6[m]

정답 | ③

19 빈출도 ★★

옥내소화전이 1층에 4개, 2층에 4개, 3층에 2개가 설치된 소방대상물이 있다. 옥내소화전설비를 위해 필요한 최소 펌프 토출량은?

① 130[L/min] 이상
② 260[L/min] 이상
③ 390[L/min] 이상
④ 520[L/min] 이상

해설 PHASE 02 옥내소화전설비

화재안전기준에 따라 옥내소화전설비에서 가압송수장치(펌프)는 특정소방대상물의 어느 층에서 해당 층의 옥내소화전을 동시에 사용할 경우(최대 2개, 30층 이상인 경우 최대 5개) 각 소화전의 노즐 선단에서의 방수량은 130[L/min] 이상으로 한다.
정격토출량=2[개]×130[L/min]=260[L/min]

정답 | ②

20 빈출도 ★★★

보일러실 바닥면적이 23[m^2]이면 자동확산소화기는 최소 몇 개를 설치하여야 하는가?

① 1개 ② 2개
③ 3개 ④ 4개

해설 PHASE 01 소화기구 및 자동소화장치

보일러실의 바닥면적이 10[m^2]를 초과하므로 자동확산소화기는 2개 이상을 설치한다.

관련개념 부속용도별 추가해야 할 소화기구 및 자동소화장치

용도별	소화기구의 능력단위
가. 보일러실·건조실·세탁소·대량화기취급소	1. 해당 용도의 바닥면적 25[m^2]마다 능력단위 1단위 이상의 소화기로 할 것. 이 경우 나목의 주방에 설치하는 소화기 중 1개 이상은 주방화재용 소화기(K급)로 설치해야 한다. 2. 자동확산소화기는 해당 용도의 바닥면적을 기준으로 10[m^2] 이하는 1개, 10[m^2] 초과는 2개 이상을 설치하되, 보일러, 조리기구, 변전설비 등 방호대상에 유효하게 분사될 수 있는 위치에 배치될 수 있는 수량으로 설치할 것
나. 음식점(지하가의 음식점 포함)·다중이용업소·호텔·기숙사·노유자시설·의료시설·업무시설·공장·장례식장·교육연구시설·교정 및 군사시설의 주방. 다만, 의료시설·업무시설 및 공장의 주방은 공동취사를 위한 것에 한함	
다. 관리자의 출입이 곤란한 변전실·송전실·변압기실 및 배전반실(불연재료로 된 상자 안에 장치된 것 제외)	

정답 | ②

2회

☐ 1회독   점 | ☐ 2회독   점 | ☐ 3회독   점

01 빈출도 ★★★

부속용도로 사용하고 있는 통신기기실의 경우 바닥면적 몇 [m^2]마다 적응성이 있는 소화기 1개 이상을 추가로 비치하여야 하는가?

① 30   ② 40
③ 50   ④ 60

해설 PHASE 01 소화기구 및 자동소화장치

통신기기실은 바닥면적 50[m^2]마다 적응성이 있는 소화기를 1개 이상 설치하여야 한다.

관련개념 부속용도별 추가해야 할 소화기구 및 자동소화장치

용도별	소화기구의 능력단위
2. 발전실·변전실·송전실·변압기실·배전반실·통신기기실·전산기기실·기타 이와 유사한 시설이 있는 장소. 다만, 제1호 다목의 장소 제외	해당 용도의 바닥면적 50[m^2]마다 적응성이 있는 소화기 1개 이상 또는 유효설치방호체적 이내의 가스·분말·고체에어로졸 자동소화장치, 캐비닛형 자동소화장치(다만, 통신기기실·전자기기실을 제외한 장소에 있어서는 교류 600[V] 또는 직류 750[V] 이상의 것에 한함)

정답 | ③

02 빈출도 ★★

스프링클러설비의 화재안전기술기준(NFTC 103)에서 폐쇄형 스프링클러설비 기준으로 하나의 방호구역의 바닥면적은 몇 [m^2]를 초과하지 않아야 하는가?

① 4,000   ② 3,000
③ 2,000   ④ 1,000

해설 PHASE 04 스프링클러설비

하나의 방호구역의 바닥면적은 3,000[m^2]를 초과하지 않도록 한다.

관련개념 방호구역 및 유수검지장치의 설치기준

㉠ 하나의 방호구역의 바닥면적은 3,000[m^2]를 초과하지 않도록 한다.
㉡ 하나의 방호구역에는 1개 이상의 유수검지장치를 설치하고, 화재 시 접근이 쉽고 점검하기 편리한 장소에 설치한다.
㉢ 하나의 방호구역은 2개 층에 미치지 않도록 한다.
㉣ 1개 층에 설치되는 스프링클러 헤드의 수가 10개 이하이거나 복층형 구조의 공동주택에는 방호구역을 3개 층 이내로 할 수 있다.
㉤ 유수검지장치는 실내에 설치하거나 보호용 철망 등으로 구획하여 바닥으로부터 0.8[m] 이상 1.5[m] 이하의 위치에 설치하고, 그 실에는 가로 0.5[m] 이상 세로 1[m] 이상의 출입문(개구부)을 설치한다.
㉥ 유수검지장치를 기계실 안에 설치하는 경우 별도의 실 또는 보호용 철망을 설치하지 않을 수 있다.
㉦ 스프링클러 헤드에 공급되는 물은 유수검지장치를 지나도록 한다.
㉧ 자연낙차에 따른 압력수가 흐르는 배관 상에 설치된 유수검지장치는 화재 시 물의 흐름을 검지할 수 있는 최소한의 압력이 얻어질 수 있도록 수조의 하단으로부터 낙차를 두고 설치한다.
㉨ 조기반응형 스프링클러 헤드를 설치하는 경우 습식 유수검지장치 또는 부압식 스프링클러설비를 설치한다.

정답 | ②

03 빈출도 ★★★

이산화탄소 고압식 소화설비의 충전비로 옳은 것은?

① 1.1 이상 1.4 이하
② 1.2 이상 1.6 이하
③ 1.4 이상 1.8 이하
④ 1.5 이상 1.9 이하

해설 PHASE 09 이산화탄소 소화설비

저장용기의 충전비는 고압식은 1.5 이상 1.9 이하로 한다.

관련개념 저장용기의 설치기준

㉠ 저장용기의 충전비는 고압식은 1.5 이상 1.9 이하, 저압식은 1.1 이상 1.4 이하로 한다.
㉡ 저압식 저장용기에는 내압시험압력의 0.64배 이상 0.8배 이하의 압력에서 작동하는 안전밸브를 설치한다.
㉢ 저압식 저장용기에는 내압시험압력의 0.8배 이상 1배 이하의 압력에서 작동하는 봉판을 설치한다.
㉣ 저압식 저장용기에는 액면계 및 압력계와 2.3[MPa] 이상 1.9[MPa] 이하의 압력에서 작동하는 압력경보장치를 설치한다.
㉤ 저압식 저장용기에는 용기 내부의 온도가 $-18[℃]$ 이하에서 2.1[MPa]의 압력을 유지할 수 있는 자동냉동장치를 설치한다.
㉥ 고압식 저장용기는 25[MPa] 이상, 저압식 저장용기는 3.5[MPa] 이상의 내압시험압력에 합격한 것으로 한다.
㉦ 저장용기의 개방밸브는 전기식·가스압력식 또는 기계식에 따라 자동으로 개방되고 수동으로도 개방되는 것으로서 안전장치가 부착된 것으로 한다.
㉧ 저장용기와 선택밸브 또는 개폐밸브 사이에는 배관의 최소사용설계압력과 최대허용압력 사이의 압력에서 작동하는 안전장치를 설치한다.

정답 | ④

04 빈출도 ★★

소화설비의 가압송수장치에 설치하는 펌프성능시험배관의 설치기준으로 옳은 것은?

① 성능시험배관은 펌프의 토출측에 설치된 개폐밸브 이후에 분기하여 설치할 것
② 성능시험배관은 유량측정장치를 기준으로 전단 직관부에 유량조절밸브를 설치할 것
③ 유량측정장치는 펌프의 정격토출량의 175[%] 이상 측정할 수 있는 성능이 있을 것
④ 성능시험배관은 유량측정장치를 기준으로 후단 직관부에는 개폐밸브를 설치할 것

해설 PHASE 02 옥내소화전설비

유량측정장치는 펌프 정격토출량의 175[%] 이상까지 측정할 수 있는 성능이 있어야 한다.

선지분석
① 성능시험배관은 펌프의 토출 측에 설치된 개폐밸브 이전에서 분기하여 직선으로 설치한다.
② 유량측정장치를 기준으로 전단 직관부에는 개폐밸브를 설치한다.
④ 유량측정장치를 기준으로 후단 직관부에는 유량조절밸브를 설치한다.

관련개념 펌프의 성능시험배관

㉠ 성능시험배관은 펌프의 토출 측에 설치된 개폐밸브 이전에서 분기하여 직선으로 설치한다.
㉡ 유량측정장치를 기준으로 전단 직관부에는 개폐밸브를, 후단 직관부에는 유량조절밸브를 설치한다.
㉢ 성능시험배관의 호칭지름은 유량측정장치의 호칭지름에 따라 정한다.
㉣ 유량측정장치는 펌프 정격토출량의 175[%] 이상까지 측정할 수 있는 성능이 있어야 한다.

정답 | ③

05 빈출도 ★★

호스릴방식 이산화탄소 소화설비는 수평거리 몇 [m] 이내마다 설치하여야 하는가?

① 10[m] ② 15[m]
③ 20[m] ④ 30[m]

해설 PHASE 09 이산화탄소 소화설비

호스릴방식 이산화탄소 소화설비는 방호대상물의 각 부분으로부터 하나의 호스접결구까지의 수평거리가 15[m] 이하가 되도록 하여야 한다.

관련개념 호스릴방식 이산화탄소 소화설비의 설치기준

㉠ 방호대상물의 각 부분으로부터 하나의 호스접결구까지의 수평거리가 15[m] 이하가 되도록 한다.
㉡ 소화약제 저장용기의 개방밸브는 호스릴의 설치장소에서 수동으로 개폐할 수 있는 것으로 한다.
㉢ 소화약제 저장용기는 호스릴을 설치하는 장소마다 설치한다.
㉣ 호스릴방식의 이산화탄소 소화설비의 노즐은 20[℃]에서 하나의 노즐마다 1분 당 60[kg] 이상의 양을 방출할 수 있는 것으로 한다.
㉤ 소화약제 저장용기의 가장 가까운 곳의 보기 쉬운 곳에 적색의 표시등을 설치하고, 호스릴방식의 이산화탄소 소화설비가 있다는 뜻을 표시한 표지를 한다.

정답 | ②

06 빈출도 ★★

유압기기를 제외한 전기설비, 케이블실에 이산화탄소 소화설비를 전역방출방식으로 설치할 경우 방호구역의 체적이 600[m³]라면 이산화탄소 소화약제의 저장량은 몇 [kg]인가? (단, 이때 설계농도는 50[%]이고, 개구부 면적은 무시한다.)

① 780 ② 960
③ 1,200 ④ 1,620

해설 PHASE 09 이산화탄소 소화설비

소화약제의 저장량은 방호구역의 체적과 개구부의 면적에 따라 산출한 값의 합으로 한다.
유압기기를 제외한 전기설비, 케이블실은 방호구역 체적 1[m³] 당 1.3[kg/m³]의 소화약제가 필요하므로
　600[m³]×1.3[kg/m³]=780[kg]
심부화재의 경우 자동폐쇄장치가 없는 방호구역의 개구부 1[m²] 당 10[kg/m²]의 소화약제가 필요하지만 개구부 면적을 무시하므로 가산하지 않는다.

관련개념 심부화재 전역방출방식의 소화약제 저장량

심부화재 전역방출방식의 경우 소화약제의 저장량은 방호구역의 체적과 개구부의 면적에 따라 산출한 값의 합으로 한다.
㉠ 방호구역의 체적 1[m³]마다 다음의 기준에 따른 양. 불연재료나 내열성의 재료로 밀폐된 구조물이 있는 경우 그 체적은 제외한다.

방호대상물	소화약제의 양 [kg/m³]	설계 농도 [%]
유압기기를 제외한 전기설비, 케이블실	1.3	50
체적 55[m³] 미만의 전기설비	1.6	50
서고, 전자제품창고, 목재가공품창고, 박물관	2.0	65
고무류·면화류 창고, 모피창고, 석탄창고, 집진설비	2.7	75

㉡ 방호구역의 개구부(창문·출입구) 1[m²]마다 10[kg]을 가산해야 한다.(자동폐쇄장치가 없는 경우 限) 개구부의 면적은 방호구역 전체 표면적의 3[%] 이하로 한다.

정답 | ①

07 빈출도 ★★

옥내소화전설비에서 가압송수장치의 최소시설기준으로 맞게 열거한 것은? (단, 순서는 최소방수량 − 법정 최소방수압력 − 법정 최소방출시간이다.)

① 130[L/min] − 0.10[MPa] − 30분
② 350[L/min] − 0.25[MPa] − 30분
③ 130[L/min] − 0.17[MPa] − 20분
④ 350[L/min] − 0.35[MPa] − 20분

해설 PHASE 02 옥내소화전설비

특정소방대상물의 어느 층에서 해당 층의 옥내소화전을 동시에 사용할 경우 각 소화전의 노즐선단에서의 방수압력이 0.17[MPa] 이상이고, 방수량이 130[L/min] 이상으로 한다.
옥내소화전설비는 유효하게 20분 이상 작동할 수 있어야 한다.

정답 | ③

08 빈출도 ★★

포 소화설비의 자동화재 감지장치로서 스프링클러 헤드를 사용하는 경우 사용장소의 높이 및 헤드 1개의 감지면적은 얼마가 적당한가?

① 높이 4[m] 이하 감지면적 18[m^2] 이하
② 높이 4[m] 이하 감지면적 20[m^2] 이하
③ 높이 5[m] 이하 감지면적 18[m^2] 이하
④ 높이 5[m] 이하 감지면적 20[m^2] 이하

해설 PHASE 08 포 소화설비

포 소화설비의 감지장치로 스프링클러 헤드를 사용하는 경우 부착면의 높이는 바닥으로부터 5[m] 이하로 하고, 헤드의 경계면적은 20[m^2] 이하로 한다.

관련개념 자동식 기동장치의 설치기준

폐쇄형 스프링클러 헤드를 사용하는 경우에는 다음의 기준에 따라 설치한다.
㉠ 표시온도가 79[℃] 미만인 것을 사용하고, 1개의 스프링클러 헤드의 경계면적은 20[m^2] 이하로 한다.
㉡ 부착면의 높이는 바닥으로부터 5[m] 이하로 하고, 화재를 유효하게 감지할 수 있도록 한다.
㉢ 하나의 감지장치 경계구역은 하나의 층이 되도록 한다.

정답 | ④

09 빈출도 ★

제연설비에 있어서 거실 내 유입공기의 배출방식으로 맞지 않는 것은?

① 수직풍도에 따른 배출
② 배출구에 따른 배출
③ 플랩댐퍼에 따른 배출
④ 제연설비에 따른 배출

해설 PHASE 18 특별피난계단의 계단실 및 부속실 제연설비

플랩댐퍼는 제연구역의 압력이 설정압력범위를 초과하는 경우 제연구역의 압력을 배출하여 설정압력 범위를 유지하게 하는 과압방지장치를 말한다.

관련개념 유입공기의 배출방식

배출방식	의미
수직풍도에 따른 배출	옥상으로 직통하는 전용의 배출용 수직풍도를 설치하여 배출하는 것
배출구에 따른 배출	건물의 옥내와 면하는 외벽마다 옥외와 통하는 배출구를 설치하여 배출하는 것
제연설비에 따른 배출	옥내로부터 옥외로 배출해야 하는 유입공기의 양을 거실제연설비의 배출량에 합하여 배출하는 것

정답 | ③

10 빈출도 ★

고체 에어로졸 소화설비의 화재안전기술기준(NFTC 110) 상 약제 방출 후 해당 화재의 재발화 방지를 위하여 최소 몇 분간 소화밀도를 유지하여야 하는가?

① 5분 ② 10분
③ 20분 ④ 30분

해설 PHASE 22 기타 소방기계설비

고체 에어로졸 소화설비는 약제 방출 후 재발화 방지를 위하여 최소 10분간 소화밀도를 유지하여야 한다.

관련개념 고체 에어로졸 소화설비의 설치기준

㉠ 고체 에어로졸은 전기 전도성이 없어야 한다.
㉡ 약제 방출 후 해당 화재의 재발화 방지를 위하여 최소 10분간 소화밀도를 유지하여야 한다.
㉢ 고체 에어로졸 소화설비에 사용되는 주요 구성품은 소방청장이 정하여 고시한 기준에 적합한 것이어야 한다.
㉣ 고체 에어로졸 소화설비는 비상주장소에 한하여 설치한다.
㉤ 고체 에어로졸 소화설비의 소화성능이 발휘될 수 있도록 방호구역 내부의 밀폐성을 확보한다.
㉥ 방호구역 출입구 인근에 고체 에어로졸 방출 시 주의사항에 관한 내용의 표지를 설치한다.

정답 | ②

11 빈출도 ★

지하구의 화재안전기술기준(NFTC 605)에 따라 방화벽은 국사·변전소 등의 건축물과 지하구가 연결되는 부위 (   )에 설치하여야 한다. (   ) 안에 들어갈 알맞은 것은?

① 건축물로부터 10[m] 이내
② 건축물로부터 20[m] 이내
③ 건축물로부터 30[m] 이내
④ 건축물로부터 40[m] 이내

해설 PHASE 21 지하구

방화벽은 분기구 및 국사·변전소 등의 건축물과 지하구가 연결되는 부위(건축물로부터 20[m] 이내)에 설치한다.

관련개념 방화벽의 설치기준

㉠ 내화구조로서 홀로 설 수 있는 구조여야 한다.
㉡ 방화벽의 출입문은 건축법 시행령에 따른 방화문으로서 60분 + 방화문 또는 60분 방화문으로 설치한다.
㉢ 방화벽을 관통하는 케이블·전선 등에는 국토교통부 고시에 따라 내화채움구조로 마감한다.
㉣ 방화벽은 분기구 및 국사·변전소 등의 건축물과 지하구가 연결되는 부위(건축물로부터 20[m] 이내)에 설치한다.
㉤ 자동폐쇄장치를 사용하는 경우에는 기준에 적합한 것으로 설치한다.

정답 | ②

12 빈출도 ★★★

분말 소화설비에서 가압용 가스로 이산화탄소를 사용하는 것에 있어서 소화약제 1[kg]에 대해 몇 [g] 및 배관 청소에 필요한 양을 가산한 양 이상으로 하는가?

① 10 ② 20
③ 30 ④ 40

해설 PHASE 12 분말 소화설비

가압용 가스에 이산화탄소를 사용하는 경우 이산화탄소는 소화약제 1[kg] 마다 20[g]과 청소에 필요한 양을 가산한 양 이상으로 한다.

관련개념 가압용·축압용 가스의 소요량(소화약제 1[kg] 기준)

	질소	이산화탄소
가압용 가스	40[L]	20[g]+청소에 필요한 양
축압용 가스	10[L]	20[g]+청소에 필요한 양

정답 | ②

13 빈출도 ★★

면화류를 저장한 소방대상물에 할론 1211을 소화약제로 사용하려고 한다. 최소 약제량은 몇 [kg]인가? (단, 소방대상물의 체적은 100[m³]이고, 개구부 면적은 없다.)

① 40 ② 50
③ 60 ④ 70

해설 PHASE 10 할론 소화설비

특수가연물인 면화류에 필요한 소화약제의 양은 체적 1[m³] 당 0.60[kg/m³] 이상 0.71[kg/m³] 이하이다.

  소화약제의 양=0.60[kg/m³]×100[m³]=60[kg]

정답 | ③

14 빈출도 ★

특별피난계단의 계단실 및 그 부속실을 동시에 제연하는 것의 방연풍속은 몇 [m/s] 이상이어야 하는가?

① 0.5 ② 0.7
③ 1   ④ 1.5

해설 PHASE 18 특별피난계단의 계단실 및 부속실 제연설비

계단실 및 그 부속실을 동시에 제연하는 경우 방연풍속은 0.5[m/s] 이상이다.

관련개념 방연풍속

방연풍속은 다음의 표에 따른 기준 이상으로 한다.

제연구역		방연풍속
계단실 및 그 부속실을 동시에 제연하는 것 또는 계단실만 단독으로 제연하는 것		0.5[m/s] 이상
부속실만 단독으로 제연하는 것 또는 비상용승강기의 승강장만 단독으로 제연하는 것	부속실 또는 승강장이 면하는 옥내가 거실인 경우	0.7[m/s] 이상
	부속실 또는 승강장이 면하는 옥내가 복도로서 그 구조가 방화구조(내화시간이 30분 이상인 구조를 포함)인 것	0.5[m/s] 이상

정답 | ①

15 빈출도 ★★★

건식 스프링클러설비의 시험장치 중 유수검지장치 2차 측 설비의 내용적이 몇 [L]를 초과하는 경우 개폐밸브를 완전 개방 후 1분 이내에 물이 방사되어야 하는가?

① 2,840
② 3,240
③ 3,000
④ 3,640

해설 PHASE 04 스프링클러설비

시험장치에서 유수검지장치 2차 측 설비의 내용적이 2,840[L]를 초과하는 경우 1분 이내에 물이 방사되어야 한다.

관련개념 시험장치의 설치기준

㉠ 습식 스프링클러설비 및 부압식 스프링클러설비에는 유수검지장치 2차 측 배관에 연결하여 설치하고 건식 스프링클러설비인 경우 유수검지장치에서 가장 먼 거리에 위치한 가지배관의 끝으로부터 연결하여 설치한다.

㉡ 건식 스프링클러설비의 시험장치 중 유수검지장치 2차 측 설비의 내용적이 2,840[L]를 초과하는 경우 개폐밸브를 완전 개방 후 1분 이내에 물이 방사되어야 한다.

㉢ 시험장치 배관의 구경은 25[mm] 이상으로 하고, 그 끝에 개폐밸브 및 개방형 헤드 또는 스프링클러 헤드와 동등한 방수성능을 가진 오리피스를 설치한다. 개방형 헤드는 반사판 및 프레임을 제거한 오리피스만으로 설치할 수 있다.

㉣ 시험배관의 끝에는 물받이 통 및 배수관을 설치하여 시험 중 방사된 물이 바닥에 흘러내리지 않도록 한다. 목욕실·화장실 등 배수처리가 쉬운 장소에 시험배관을 설치한 경우 제외할 수 있다.

정답 | ①

16 빈출도 ★★

옥내소화전설비의 배관의 설치기준 중 옳지 않은 것은?

① 옥내소화전 방수구와 연결되는 가지배관의 구경은 40[mm] 이상으로 한다.
② 연결송수관설비의 배관과 겸용할 경우 주배관의 구경은 100[mm] 이상으로 한다.
③ 펌프의 토출 측 주배관의 구경은 유속이 4[m/s] 이하가 될 수 있는 크기 이상으로 한다.
④ 주배관 중 수직배관의 구경은 40[mm] 이상으로 한다.

해설 PHASE 02 옥내소화전설비

주배관 중 수직배관의 구경은 50[mm] 이상으로 한다.

선지분석

① 옥내소화전 방수구와 연결되는 가지배관의 구경은 40[mm], 호스릴옥내소화전설비의 경우 25[mm] 이상으로 한다.
② 연결송수관설비의 배관과 겸용할 경우 주배관의 구경은 100[mm] 이상으로 하고, 방수구로 연결되는 배관의 구경은 65[mm] 이상으로 한다.
③ 펌프의 토출 측 주배관의 구경은 유속이 4[m/s] 이하가 될 수 있는 크기 이상으로 한다. ← 배관의 구경이 클수록 유속은 낮아진다.

정답 | ④

17 빈출도 ★

층고가 12[m]인 6층 무대부에 3개의 방수구역으로 분기하여 개방형 스프링클러 헤드를 각 구역당 20개씩 설치하였을 경우 소요되는 펌프의 토출량 및 수원의 양은 얼마 이상이어야 하는가?

① 1,600[L/min], 32.0[m³]
② 3,200[L/min], 32.0[m³]
③ 3,200[L/min], 48.0[m³]
④ 1,600[L/min], 48.0[m³]

해설 PHASE 04 스프링클러설비

화재안전기준에 따라 스프링클러설비에서 가압송수장치(펌프)의 송수량은 기준개수에 80[L/min]를 곱한 양 이상으로 한다.
← 설치개수가 기준개수보다 적은 경우 설치개수에 따른다.
  펌프의 송수량=20[개]×80[L/min]=1,600[L/min]
화재안전기준에 따라 스프링클러설비에서 수원의 저수량은 기준개수에 1.6[m³]를 곱한 양 이상이 되도록 한다.
  수원의 저수량=20[개]×1.6[m³]=32[m³]

관련개념 저수량의 산정기준

개방형 스프링클러 헤드를 사용하는 경우 최대 방수구역에 설치된 스프링클러 헤드의 개수가 30개 이하일 경우 설치개수에 따르고, 30개 초과인 경우 기준개수를 30개로 한다.

정답 | ①

18 빈출도 ★

연결송수관설비에서 주배관은 얼마의 구경으로 하여야 하는가?

① 65[mm] 이상
② 80[mm] 이상
③ 90[mm] 이상
④ 100[mm] 이상

해설 PHASE 19 연결송수관설비

주배관의 구경은 100[mm] 이상이어야 한다.

관련개념 연결송수관설비 배관의 설치기준

㉠ 주배관의 구경은 100[mm] 이상의 것으로 한다.
㉡ 주배관의 구경이 100[mm] 이상인 옥내소화전설비의 배관과는 겸용할 수 있다.

정답 | ④

19 빈출도 ★★

분말 소화설비 국소방출방식의 분사헤드는 기준저장량의 소화약제를 몇 초 이내에 방사할 수 있는 것이어야 하는가?

① 60
② 30
③ 20
④ 10

해설 PHASE 12 분말 소화설비

분말 소화설비 국소방출방식의 분사헤드는 소화약제를 30초 이내에 방출할 수 있는 것으로 한다.

정답 | ②

20 빈출도 ★★★

차고 및 주차장에 포 소화설비를 설치하고자 할 때 포 헤드는 바닥면적 몇 [m²]마다 1개 이상 설치하여야 하는가?

① 6
② 8
③ 9
④ 10

해설 PHASE 08 포 소화설비

포 헤드는 특정소방대상물의 천장 또는 반자에 설치하고, 바닥면적 9[m²]마다 1개 이상으로 하여 해당 방호대상물의 화재를 유효하게 소화할 수 있도록 한다.

정답 | ③

3회

☐ 1회독 점 | ☐ 2회독 점 | ☐ 3회독 점

01 빈출도 ★★★

스프링클러설비 급수배관의 구경을 수리계산에 따르는 경우 가지배관의 최대 한계 유속은 몇 [m/s]인가?

① 4
② 6
③ 8
④ 10

해설 PHASE 04 스프링클러설비

급수배관의 구경을 수리계산에 따르는 경우 가지배관의 유속은 6[m/s], 그 밖의 배관의 유속은 10[m/s]를 초과하지 않도록 한다.

정답 | ②

02 빈출도 ★★★

완강기 벨트의 강도는 늘어뜨린 방향으로 1개에 대하여 몇 [N]의 인장하중을 가하는 시험에서 끊어지거나 현저한 변형이 생기지 않아야 하는가?

① 1,500
② 3,900
③ 5,000
④ 6,500

해설 PHASE 13 피난기구

완강기 벨트의 강도는 늘어뜨린 방향으로 1개에 대하여 6,500[N]의 인장하중을 가하는 시험에서 끊어지거나 현저한 변형이 생기지 않아야 한다.

관련개념 완강기 및 간이완강기의 강도

㉠ 완강기 및 간이완강기의 강도(벨트의 강도 제외)는 최대사용자수에 3,900[N]을 곱하여 얻은 값의 정하중을 가하는 시험에서 다음에 적합하여야 한다.
 - 속도조절기, 속도조절기의 연결부 및 연결금속구는 분해·파손 또는 현저한 변형이 생기지 않아야 한다.
 - 로프는 파단 또는 현저한 변형이 생기지 않아야 한다.
㉡ 벨트의 강도는 늘어뜨린 방향으로 1개에 대하여 6,500[N]의 인장하중을 가하는 시험에서 끊어지거나 현저한 변형이 생기지 않아야 한다.

정답 | ④

03 빈출도 ★

개방형 헤드를 사용하는 연결살수설비에서 하나의 송수구역에 설치하는 살수헤드의 최대 개수는?

① 10
② 15
③ 20
④ 30

해설 PHASE 20 연결살수설비

개방형 헤드를 사용하는 연결살수설비에 있어서 하나의 송수구역에 설치하는 살수헤드의 수는 10개 이하가 되도록 한다.

정답 | ①

04 빈출도 ★

폐쇄형 간이헤드를 사용하는 설비의 경우로서 1개 층에 하나의 급수배관(또는 밸브 등)이 담당하는 구역의 최대 면적은 몇 [m^2]를 초과하지 아니하여야 하는가?

① 1,000
② 2,000
③ 2,500
④ 3,000

해설 PHASE 05 기타 스프링클러설비

폐쇄형 간이 스프링클러 헤드를 사용하는 설비의 경우 1개 층에 하나의 급수배관이 담당하는 구역의 최대 면적은 1,000[m^2]를 초과하지 않도록 한다.

관련개념 간이 스프링클러 헤드 급수관의 구경

배관의 구경은 간이헤드 선단 방수압력이 0.1[MPa] 이상, 방수량이 50[L/min] 이상이 되도록 수리계산에 의하거나 표에 따른 기준에 따라 설치한다.
㉠ 폐쇄형 간이 스프링클러 헤드를 사용하는 설비의 경우 1개 층에 하나의 급수배관이 담당하는 구역의 최대 면적은 1,000[m^2]를 초과하지 않도록 한다.
㉡ "캐비닛형" 및 "상수도직결형"을 사용하는 경우 주배관은 32[mm], 수평주행배관은 32[mm], 가지배관은 25[mm] 이상으로 한다.
㉢ "캐비닛형" 및 "상수도직결형"을 사용하는 경우 하나의 가지배관에는 간이헤드를 3개 이내로 설치한다.
㉣ 배관의 구경을 수리계산에 따르는 경우 가지배관의 유속은 6[m/s], 그 밖의 배관의 유속은 10[m/s]를 초과하지 않도록 한다.

정답 | ①

05 빈출도 ★

축압식 분말소화기 지시압력계의 정상사용압력 범위 중 상한값은?

① 0.68[MPa] ② 0.78[MPa]
③ 0.88[MPa] ④ 0.98[MPa]

해설 PHASE 01 소화기구 및 자동소화장치

축압식 소화기의 정상사용압력 범위는 0.7[MPa]~0.98[MPa]이다.

정답 | ④

06 빈출도 ★★★

$280[m^2]$의 발전실에 부속용도별로 추가하여야 할 적응성이 있는 소화기의 최소 수량은 몇 개인가?

① 2개 ② 4개
③ 6개 ④ 12개

해설 PHASE 01 소화기구 및 자동소화장치

발전실에 소화기구를 설치할 경우 부속용도별로 해당 용도의 바닥면적 $50[m^2]$마다 적응성이 있는 소화기를 1개 이상 설치해야 하므로

$$\frac{280[m^2]}{50[m^2]} = 5.6개 = 6개(절상)$$

정답 | ③

07 빈출도 ★★★

분말 소화설비의 저장용기에 설치된 밸브 중 잔압 방출 시 개방·폐쇄상태로 옳은 것은?

① 가스도입밸브 — 폐쇄
② 주밸브(방출밸브) — 개방
③ 배기밸브 — 폐쇄
④ 클리닝밸브 — 개방

해설 PHASE 12 분말 소화설비

분말 소화설비에서 잔압 방출 시 배기밸브만 개방하고 나머지 밸브는 폐쇄한다.

정답 | ①

08 빈출도 ★★

특정소방대상물별 소화기구의 능력단위기준 중 다음 ( ) 안에 알맞은 것은? (단, 건축물의 주요구조부는 내화구조가 아니고 벽 및 반자의 실내에 면하는 부분이 불연재료·준불연재료 또는 난연재료로 된 특정소방대상물이 아니다.)

> 공연장은 해당 용도의 바닥면적 (   )[m²]마다 소화기구의 능력단위 1단위 이상

① 30 ② 50
③ 100 ④ 200

해설 PHASE 01 소화기구 및 자동소화장치

공연장은 바닥면적 $50[m^2]$마다 능력단위 1단위 이상의 소화기구를 갖추어야 한다.

관련개념 소화기구의 특정소방대상물별 능력단위

특정소방대상물	소화기구의 능력단위
1. 위락시설	해당 용도의 바닥면적 $30[m^2]$ 마다 능력단위 1단위 이상
2. 공연장·집회장·관람장·문화재·장례식장 및 의료시설	해당 용도의 바닥면적 $50[m^2]$ 마다 능력단위 1단위 이상
3. 근린생활시설·판매시설·운수시설·숙박시설·노유자시설·전시장·공동주택·업무시설·방송통신시설·공장·창고시설·항공기 및 자동차 관련 시설 및 관광휴게시설	해당 용도의 바닥면적 $100[m^2]$ 마다 능력단위 1단위 이상
4. 그 밖의 것	해당 용도의 바닥면적 $200[m^2]$ 마다 능력단위 1단위 이상

소화기구의 능력단위를 산출할 때 건축물의 주요구조부가 내화구조이고, 벽 및 반자의 실내에 면하는 부분이 불연재료·준불연재료 또는 난연재료로 된 특정소방대상물의 경우 위 기준의 2배를 기준면적으로 한다.

정답 | ②

09 빈출도 ★

옥외소화전의 구조 등에 관한 설명으로 틀린 것은?

① 밸브의 개폐는 핸들의 좌회전할 때 닫히고 우회전할 때 열리는 구조이어야 한다.
② 옥외소화전은 본체의 양면에 보기 쉽도록 주물 된 글씨로 "소화전"이라고 표시하여야 한다.
③ 지상용 소화전은 지면으로부터 길이 0.6[m] 이상 매몰될 수 있어야 하며, 지면으로부터 높이 0.5[m] 이상 1[m] 이하로 노출될 수 있는 구조이어야 한다.
④ 지상용 소화전의 토출구 방향은 수평 또는 수평에서 아랫방향으로 30° 이내이어야 하며, 지하용 소화전의 토출구 방향은 수직이어야 한다.

해설 PHASE 03 옥외소화전설비

밸브의 개폐는 핸들을 좌회전할 때 열리고 우회전할 때 닫히는 구조여야 한다.

관련개념 옥외소화전의 구조 및 치수

㉠ 밸브의 개폐는 핸들을 좌회전할 때 열리고 우회전할 때 닫히는 구조여야 한다.
㉡ 옥외소화전은 본체의 양면에 보기 쉽도록 주물 된 글씨로 "소화전"이라고 표시하여야 한다.
㉢ 지상용 소화전은 지면으로부터 길이 0.6[m] 이상 매몰될 수 있어야 하며, 지면으로부터 높이 0.5[m] 이상 1[m] 이하로 노출될 수 있는 구조여야 한다.
㉣ 지상용 소화전의 토출구 방향은 수평 또는 수평에서 아랫방향으로 30° 이내여야 하며, 지하용 소화전의 토출구 방향은 수직이어야 한다. 다만, 몸체 일부가 지상으로 상승하는 방식인 지하용 소화전의 토출구 방향은 수평으로 할 수 있다.
㉤ 옥외소화전은 사용 후 시트로부터 토출구까지의 담겨있는 물을 배수할 수 있도록 플러그나 콕크 그 밖의 적합한 장치를 하여야 한다.
㉥ 옥외소화전의 개폐를 위한 캡의 높이는 32[mm] 이상이어야 한다.
㉦ 본체와 연결구덮개를 연결하는 쇠줄의 지름은 3[mm] 이상이어야 한다.

정답 | ①

10 빈출도 ★

분말 소화기의 사용온도 범위로 다음 중 가장 적절한 것은?

① 0[℃]~40[℃]
② 5[℃]~40[℃]
③ 10[℃]~40[℃]
④ −20[℃]~40[℃]

해설 PHASE 01 소화기구 및 자동소화장치

분말소화기의 사용온도 범위는 −20[℃] 이상 40[℃] 이하이다.

관련개념 소화기의 사용온도범위

㉠ 강화액소화기: −20[℃] 이상 40[℃] 이하
㉡ 분말소화기: −20[℃] 이상 40[℃] 이하
㉢ 그 밖의 소화기: 0[℃] 이상 40[℃] 이하
㉣ 사용온도 범위를 확대할 경우 10[℃] 단위로 한다.

정답 | ④

11 빈출도 ★★

다음은 포의 팽창비를 설명한 것이다. ㉠ 및 ㉡에 들어갈 용어로 옳은 것은?

> 팽창비는 최종 발생한 포 (㉠)을 포 발생 전의 포 수용액의 (㉡)으로 나눈 값

① ㉠ 체적   ㉡ 중량
② ㉠ 체적   ㉡ 질량
③ ㉠ 체적   ㉡ 체적
④ ㉠ 중량   ㉡ 중량

해설 PHASE 08 포 소화설비

팽창비는 최종 발생한 포 체적을 포 발생 전의 포 수용액의 체적으로 나눈 값이다.

정답 | ③

12 빈출도 ★★

제연방식에 의한 분류 중 아래의 장·단점에 해당하는 방식은?

- 장점: 화재 초기에 화재실의 내압을 낮추고 연기를 다른 구역으로 누출시키지 않는다.
- 단점: 연기 온도가 상승하면 기기의 내열성에 한계가 있다.

① 제1종 기계제연방식
② 제2종 기계제연방식
③ 제3종 기계제연방식
④ 밀폐 제연방식

해설 PHASE 17 제연설비

기계 배기로 화재 초기에 화재실의 내압을 낮추고 연기를 누출시키지 않는 장점이 있지만 자연 급기로 인해 충분한 공기가 공급되지 못하는 제3종 기계제연방식에 대한 설명이다.

관련개념 제연방식

자연 제연방식		출입구, 창문 계단 등을 통해 자연적으로 연기가 배출되는 방식
기계 제연방식	제1종 기계 제연방식	급기와 배기 모두 송풍기와 배연기를 활용하여 기계적으로 이루어지는 방식
	제2종 기계 제연방식	급기만 송풍기를 활용하여 기계적으로 이루어지는 방식(자연배기)
	제3종 기계 제연방식	배기만 배연기를 활용하여 기계적으로 이루어지는 방식(자연급기)
밀폐 제연방식		발화점으로부터 개구부를 차단하여 밀폐시킨 후 연기의 유출을 막는 방식
스모크타워 제연방식		천장에 설치된 루프모니터를 통해 연기를 배출시키는 방식

정답 | ③

13 빈출도 ★

내림식사다리의 구조기준 중 다음 ( ) 안에 공통으로 들어갈 내용은?

사용 시 소방대상물로부터 ( )[cm] 이상의 거리를 유지하기 위한 유효한 돌자를 횡봉의 위치마다 설치하여야 한다. 다만, 그 돌자를 설치하지 아니하여도 사용 시 소방대상물에서 ( )[cm] 이상의 거리를 유지할 수 있는 것은 그러하지 아니하다.

① 15   ② 10
③ 7   ④ 5

해설 PHASE 13 피난기구

사용 시 소방대상물로부터 10[cm] 이상의 거리를 유지하기 위한 유효한 돌자를 횡봉의 위치마다 설치하여야 한다. 다만, 그 돌자를 설치하지 아니하여도 사용 시 소방대상물에서 10[cm] 이상의 거리를 유지할 수 있는 것은 그렇지 않다.

관련개념 내림식사다리의 구조

㉠ 사용 시 소방대상물로부터 10[cm] 이상의 거리를 유지하기 위한 유효한 돌자를 횡봉의 위치마다 설치하여야 한다. 다만, 그 돌자를 설치하지 아니하여도 사용 시 소방대상물에서 10[cm] 이상의 거리를 유지할 수 있는 것은 그렇지 않다.
㉡ 종봉의 끝 부분에는 가변식 걸고리 또는 걸림장치가 부착되어 있어야 한다.
㉢ ㉡에 의한 걸림장치 등은 쉽게 이탈하거나 파손되지 않는 구조여야 한다.
㉣ 하향식 피난구용 내림식사다리는 사다리를 접거나 천천히 펼쳐지게 하는 완강장치를 부착할 수 있다.
㉤ 하향식 피난구용 내림식사다리는 한 번의 동작으로 사용가능한 구조여야 한다.

정답 | ②

14 빈출도 ★

소화기구 및 자동소화장치의 화재안전기술기준(NFTC 101) 상 소형소화기를 설치하여야 할 특정소방대상물 또는 그 부분에 옥내소화전설비·스프링클러설비·물분무등소화설비·옥외소화전설비를 설치한 경우에는 해당 설비의 유효범위의 부분에 대하여 소화기의 3분의 2를 감소할 수 있다. 이에 해당하는 대상물은?

① 숙박시설
② 관광 휴게시설
③ 공장·창고시설
④ 교육연구시설

해설 PHASE 01 소화기구 및 자동소화장치

숙박시설, 관광 휴게시설, 교육연구시설은 소화기를 감소할 수 있는 대상이 아니다.

관련개념 소화기의 감소

㉠ 소형소화기를 설치해야 하는 특정소방대상물 또는 그 부분에 옥내소화전설비·스프링클러설비·물분무등소화설비·옥외소화전설비 또는 대형소화기를 설치한 경우에는 소화기의 3분의 2를 감소할 수 있다.
  - 대형소화기를 둔 경우에는 2분의 1을 감소할 수 있다.
  - 층수가 11층 이상인 부분, 근린생활시설, 위락시설, 문화 및 집회시설, 운동시설, 판매시설, 운수시설, 숙박시설, 노유자시설, 의료시설, 업무시설(무인변전소 제외), 방송통신시설, 교육연구시설, 항공기 및 자동차관련 시설, 관광 휴게시설 제외
㉡ 대형소화기를 설치해야 하는 특정소방대상물 또는 그 부분에 옥내소화전설비·스프링클러설비·물분무등소화설비 또는 옥외소화전설비를 설치한 경우에는 대형소화기를 설치하지 않을 수 있다.

정답 | ③

15 빈출도 ★★

특정소방대상물에 할론 1301 소화약제를 이용하여 할론 소화설비의 화재안전기준에 따른 전역방출방식의 할론 소화설비를 설치할 경우 단위체적 당 최소 약제량이 가장 많이 요구되는 곳은?

① 합성수지류를 저장·취급하는 장소
② 차고 또는 주차장
③ 가연성 고체 또는 액체류를 저장·취급하는 장소
④ 면화류, 목재 가공품 또는 대팻밥을 저장·취급하는 장소

해설 PHASE 10 할론 소화설비

면화류, 목재 가공품 또는 대팻밥을 저장·취급하는 장소에서 할론 1301 소화약제의 단위체적 당 최소 약제량이 0.52[kg/m³]으로 가장 크다.

관련개념 전역방출방식 할론 소화약제 저장량의 최소 기준

소방대상물	소화약제의 종류	소화약제의 양 [kg/m³]	개구부 가산량 [kg/m²]
차고·주차장·전기실·통신기기실·전산실·전기설비가 설치된 부분	할론 1301	0.32 이상 0.64 이하	2.4
가연성고체류·가연성액체류	할론 1301	0.32 이상 0.64 이하	2.4
	할론 1211	0.36 이상 0.71 이하	2.7
	할론 2402	0.40 이상 1.10 이하	3.0
면화류·나무껍질 및 대팻밥·넝마 및 종이부스러기·사류·볏짚류·목재가공품 및 나무부스러기를 저장·취급하는 것	할론 1301	0.52 이상 0.64 이하	3.9
	할론 1211	0.60 이상 0.71 이하	4.5
합성수지류를 저장·취급하는 것	할론 1301	0.32 이상 0.64 이하	2.4
	할론 1211	0.36 이상 0.71 이하	2.7

정답 | ④

16 빈출도 ★★

포 소화약제의 저장량 계산 시 가장 먼 탱크까지의 송액관에 충전하기 위한 필요량을 계산에 반영하지 않는 경우는?

① 송액관의 내경이 75[mm] 이하인 경우
② 송액관의 내경이 80[mm] 이하인 경우
③ 송액관의 내경이 85[mm] 이하인 경우
④ 송액관의 내경이 100[mm] 이하인 경우

해설 PHASE 08 포 소화설비

송액관의 내경이 75[mm] 이하인 경우 송액관에 충전하기 위한 필요량을 무시한다.

정답 | ①

17 빈출도 ★★

수원의 수위가 펌프의 흡입구보다 높은 경우에 소화펌프를 설치하려고 한다. 고려하지 않아도 되는 사항은?

① 펌프의 토출측에 압력계 설치
② 펌프의 성능시험 배관 설치
③ 물올림장치를 설치
④ 동결의 우려가 없는 장소에 설치

해설 PHASE 02 옥내소화전설비

수원의 수위가 펌프보다 낮은 위치에 있는 가압송수장치에는 물올림장치를 설치한다.

관련개념 물올림장치

수원이 펌프보다 낮게 위치한 경우 펌프의 작동이 멈춰있을 때는 흡입관의 물이 빠져나가고 공기로 채워진다. 이때 펌프 작동 시 흡입관에 물을 보충하여 펌프의 소화수 흡입을 돕는 장치이다.
←마중물과 같은 작용

수원의 수위가 펌프보다 낮은 위치에 있는 가압송수장치에는 물올림장치를 다음의 기준에 따라 설치한다.
㉠ 물올림장치에는 전용의 수조를 설치한다.
㉡ 수조의 유효수량은 100[L] 이상으로 하고, 구경 15[mm] 이상의 급수배관에 따라 해당 수요에 물이 계속 보급되도록 한다.

정답 | ③

18 빈출도 ★★

옥내소화전설비 수원을 산출된 유효수량 외에 유효수량의 $\frac{1}{3}$ 이상을 옥상에 설치해야 하는 경우는?

① 지하층만 있는 건축물
② 건축물의 높이가 지표면으로부터 15[m]인 경우
③ 수원이 건축물의 최상층에 설치된 방수구보다 높은 위치에 설치된 경우
④ 주펌프와 동등 이상의 성능이 있는 별도의 펌프로서 내연기관의 기동과 연동하여 작동되거나 비상전원을 연결하여 설치한 경우

해설 PHASE 02 옥내소화전설비

건축물의 높이가 지표면으로부터 10[m]를 초과하는 경우 유효수량의 $\frac{1}{3}$ 이상을 옥상에 설치해야 한다.

관련개념 옥상수조의 설치면제 기준

㉠ 지하층만 있는 건축물
㉡ 자연낙차압력을 이용한 고가수조를 가압송수장치로 설치한 경우
㉢ 수원을 건축물의 최상층에 설치된 방수구보다 높은 위치에 설치한 경우
㉣ 건축물의 높이가 지표면으로부터 10[m] 이하인 경우
㉤ 주펌프와 동등 이상의 성능이 있는 별도의 펌프를 내연기관의 기동과 연동하여 작동하거나 비상전원을 연결하여 설치한 경우
㉥ 학교·공장·창고시설과 같이 동결의 우려가 있는 장소에서 기동스위치에 보호판을 부착하여 옥내소화전함 내에 설치한 경우
㉦ 가압수조를 가압송수장치로 설치한 경우

정답 | ②

19 빈출도 ★

할로겐화합물 및 불활성기체 소화설비를 설치한 특정소방대상물 또는 그 부분에 대한 자동폐쇄장치의 설치기준 중 다음 ( ) 안에 알맞은 것은?

> 개구부가 있거나 천장으로부터 (㉠)[m] 이상의 아래 부분 또는 바닥으로부터 해당층의 높이의 (㉡) 이내의 부분에 통기구가 있어 할로겐화합물 및 불활성기체 소화약제의 유출에 따라 소화효과를 감소시킬 우려가 있는 것은 할로겐화합물 및 불활성기체 소화약제가 방사되기 전에 해당 개구부 및 통기구를 폐쇄할 수 있도록 할 것

① ㉠: 1 ㉡: $\frac{2}{3}$
② ㉠: 2 ㉡: $\frac{2}{3}$
③ ㉠: 1 ㉡: $\frac{1}{2}$
④ ㉠: 2 ㉡: $\frac{1}{2}$

해설 PHASE 11 할로겐화합물 및 불활성기체 소화설비

개구부가 있거나 천장으로부터 1[m] 이상의 아래부분 또는 바닥으로부터 해당 층의 높이의 $\frac{2}{3}$ 이내의 부분에 통기구가 있어 소화약제의 유출에 따라 소화효과를 감소시킬 우려가 있는 것은 소화약제가 방출되기 전에 해당 개구부 및 통기구를 폐쇄할 수 있도록 한다.

관련개념 자동폐쇄장치의 설치기준

㉠ 환기장치 등을 설치한 것은 소화약제가 방출되기 전에 해당 환기장치 등이 정지될 수 있도록 한다.
㉡ 개구부가 있거나 천장으로부터 1[m] 이상의 아래부분 또는 바닥으로부터 해당 층의 높이의 3분의 2 이내의 부분에 통기구가 있어 소화약제의 유출에 따라 소화효과를 감소시킬 우려가 있는 것은 소화약제가 방출되기 전에 해당 개구부 및 통기구를 폐쇄할 수 있도록 한다.
㉢ 자동폐쇄장치는 방호구역 또는 방호대상물이 있는 구획의 밖에서 복구할 수 있는 구조로 하고, 그 위치를 표시하는 표지를 한다.

정답 | ①

20 빈출도 ★★★

스프링클러설비 또는 옥내소화전설비에 사용되는 밸브에 대한 설명으로 옳지 않은 것은?

① 펌프의 토출측 체크밸브는 배관 내 압력이 가압송수장치로 역류되는 것을 방지한다.
② 가압송수장치의 후드밸브는 펌프의 위치가 수원의 수위보다 높을 때 설치한다.
③ 입상관에 사용하는 스윙 체크밸브는 아래에서 위로 송수하는 경우에만 사용된다.
④ 펌프의 흡입측 배관에는 버터플라이 밸브의 개폐표시형 밸브를 설치하여야 한다.

해설 PHASE 02 옥내소화전설비
PHASE 04 스프링클러설비

펌프의 흡입 측 배관에는 버터플라이 밸브 외의 개폐표시형 밸브를 설치한다.
버터플라이 밸브를 설치하게 되면 개방 상태의 밸브 내에 유체의 흐름을 방해하는 구조물이 남아 마찰손실이 증가하고, 유효흡입수두가 감소하여 캐비테이션이 발생할 위험이 증가한다.

관련개념 버터플라이 밸브

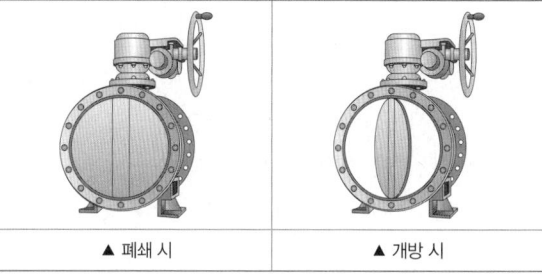

▲ 폐쇄 시   ▲ 개방 시

정답 | ④

2024년 CBT 복원문제

☐ 1회독 　점 ｜ ☐ 2회독 　점 ｜ ☐ 3회독 　점

01 빈출도 ★★★

소화기구 및 자동소화장치의 화재안전성능기준(NFPC 101)에 따른 용어에 대한 정의로 틀린 것은?

① "소화약제"란 소화기구 및 자동소화장치에 사용되는 소화성능이 있는 고체·액체 및 기체의 물질을 말한다.
② "대형소화기"란 화재 시 사람이 운반할 수 있도록 운반대와 바퀴가 설치되어 있고 능력단위가 A급 20단위 이상, B급 10단위 이상인 소화기를 말한다.
③ "전기화재(C급 화재)"란 전류가 흐르고 있는 전기기기, 배선과 관련된 화재를 말한다.
④ "능력단위"란 소화기 및 소화약제에 따른 간이소화용구에 있어서는 소방시설법에 따라 형식승인 된 수치를 말한다.

해설 **PHASE 01 소화기구 및 자동소화장치**

대형소화기는 능력단위가 A급 10단위 이상, B급 20단위 이상인 소화기이다.

정답 ｜ ②

02 빈출도 ★★★

분말 소화설비의 화재안전성능기준(NFPC 108)상 분말 소화설비의 가압용 가스로 질소가스를 사용하는 경우 질소가스는 소화약제 1[kg]마다 최소 몇 [L] 이상이어야 하는가? (단, 질소가스의 양은 35[℃]에서 1기압의 압력상태로 환산한 것이다.)

① 10　　　　　② 20
③ 30　　　　　④ 40

해설 **PHASE 12 분말 소화설비**

가압용 가스에 질소가스를 사용하는 경우 질소가스는 소화약제 1[kg]마다 40[L](35[℃]에서 1기압의 압력상태로 환산한 것) 이상으로 해야 한다.

관련개념 가압용·축압용 가스의 소요량(소화약제 1[kg] 기준)

	질소	이산화탄소
가압용 가스	40[L]	20[g]+청소에 필요한 양
축압용 가스	10[L]	20[g]+청소에 필요한 양

정답 ｜ ④

03 빈출도 ★★

포 소화설비의 자동식 기동장치를 폐쇄형 스프링클러 헤드의 개방과 연동하여 가압송수장치·일제 개방밸브 및 포 소화약제 혼합장치를 기동하는 경우의 설치기준 중 다음 (   ) 안에 알맞은 것은? (단, 자동화재탐지설비의 수신기가 설치된 장소에 상시 사람이 근무하고 있고, 화재 시 즉시 해당 조작부를 작동시킬 수 있는 경우는 제외한다.)

> 표시온도가 (㉠)[℃] 미만의 것을 사용하고, 1개의 스프링클러 헤드의 경계면적은 (㉡)[m²] 이하로 할 것

① ㉠ 79   ㉡ 8
② ㉠ 121   ㉡ 8
③ ㉠ 79   ㉡ 20
④ ㉠ 121   ㉡ 20

해설 PHASE 08 포 소화설비

표시온도가 79[℃] 미만인 것을 사용하고, 1개의 스프링클러 헤드의 경계면적은 20[m²] 이하로 한다.

관련개념 자동식 기동장치의 설치기준

폐쇄형 스프링클러 헤드를 사용하는 경우에는 다음의 기준에 따라 설치한다.
㉠ 표시온도가 79[℃] 미만인 것을 사용하고, 1개의 스프링클러 헤드의 경계면적은 20[m²] 이하로 한다.
㉡ 부착면의 높이는 바닥으로부터 5[m] 이하로 하고, 화재를 유효하게 감지할 수 있도록 한다.
㉢ 하나의 감지장치 경계구역은 하나의 층이 되도록 한다.

정답 | ③

04 빈출도 ★★

특별피난계단의 계단실 및 부속실 제연설비의 차압 등에 관한 기준 중 옳은 것은?

① 제연설비가 가동되었을 경우 출입문의 개방에 필요한 힘은 130[N] 이하로 하여야 한다.
② 제연구역과 옥내와의 사이에 유지하여야 하는 최소 차압은 40[Pa](옥내에 스프링클러설비가 설치된 경우에는 12.5[Pa]) 이상으로 하여야 한다.
③ 피난을 위하여 제연구역의 출입문이 일시적으로 개방되는 경우 개방되지 아니하는 제연구역과 옥내와의 차압은 기준 차압의 60[%] 미만이 되어서는 아니 된다.
④ 계단실과 부속실을 동시에 제연 하는 경우 부속실의 기압은 계단실과 같게 하거나 계단실의 기압보다 낮게 할 경우에는 부속실과 계단실의 압력차이는 10[Pa] 이하가 되도록 하여야 한다.

해설 PHASE 18 특별피난계단의 계단실 및 부속실 제연설비

제연구역의 기압을 제연구역 이외의 옥내보다 높게 하고 일정한 기압의 차이를 유지해야 하는 **최소 차압은 40[Pa] 이상**으로 한다. 옥내에 **스프링클러설비가 설치된 경우 최소 차압은 12.5[Pa]** 이상으로 한다.

선지분석
① 제연설비가 가동되었을 경우 출입문의 개방에 필요한 힘은 110[N] 이하로 한다.
③ 피난을 위하여 제연구역의 출입문이 일시적으로 개방되는 경우 개방되지 않은 제연구역과 옥내와의 차압은 기준 차압의 70[%] 이상이어야 한다.
④ 계단실과 부속실을 동시에 제연하는 경우 부속실의 기압은 계단실과 같게 하거나 계단실의 기압보다 낮게 할 경우에는 부속실과 계단실의 압력 차이는 5[Pa] 이하가 되도록 한다.

정답 | ②

05 빈출도 ★★★

상수도 소화용수설비의 화재안전성능기준(NFPC 401)에 따른 설치기준 중 다음 (   ) 안에 알맞은 것은?

> 호칭지름 (㉠)[mm] 이상의 수도배관에 호칭지름 (㉡)[mm] 이상의 소화전을 접속하여야 하며, 소화전은 특정소방대상물의 수평투영면의 각 부분으로부터 (㉢)[m] 이하가 되도록 설치할 것

① ㉠ 65 ㉡ 80   ㉢ 120
② ㉠ 65 ㉡ 100 ㉢ 140
③ ㉠ 75 ㉡ 80   ㉢ 120
④ ㉠ 75 ㉡ 100 ㉢ 140

해설 PHASE 15 상수도 소화용수설비

호칭지름 75[mm] 이상의 수도배관에 호칭지름 100[mm] 이상의 소화전을 접속한다.
소화전은 특정소방대상물의 수평투영면의 각 부분으로부터 140[m] 이하가 되도록 설치한다.

관련개념 상수도 소화용수설비의 설치기준
㉠ 호칭지름 75[mm] 이상의 수도배관에 호칭지름 100[mm] 이상의 소화전을 접속한다.
㉡ 소화전은 소방자동차 등의 진입이 쉬운 도로변 또는 공지에 설치한다.
㉢ 소화전은 특정소방대상물의 수평투영면의 각 부분으로부터 140[m] 이하가 되도록 설치한다.

정답 | ④

06 빈출도 ★★

전역방출방식 분말 소화설비에서 방호구역의 개구부에 자동폐쇄장치를 설치하지 아니한 경우, 개구부의 면적 1[m²]에 대한 분말 소화약제의 가산량으로 잘못 연결된 것은?

① 제1종 분말 - 4.5[kg]
② 제2종 분말 - 2.7[kg]
③ 제3종 분말 - 2.5[kg]
④ 제4종 분말 - 1.8[kg]

해설 PHASE 12 분말 소화설비

전역방출방식 제3종 분말 소화약제의 기준량은 방호구역의 체적 1[m³]마다 0.36[kg], 방호구역의 개구부 1[m²]마다 2.7[kg]이다.

관련개념 전역방출방식 분말 소화약제 저장량의 최소기준

소화약제의 종류	소화약제의 양 [kg/m³]	개구부 가산량 [kg/m²]
제1종 분말	0.60	4.5
제2종 분말	0.36	2.7
제3종 분말	0.36	2.7
제4종 분말	0.24	1.8

정답 | ③

07 빈출도 ★★

제연설비에서 예상제연구역의 각 부분으로부터 하나의 배출구까지의 수평거리를 몇 [m] 이내가 되도록 하여야 하는가?

① 10[m] ② 12[m]
③ 15[m] ④ 20[m]

해설 PHASE 17 제연설비

예상제연구역의 각 부분으로부터 하나의 배출구까지의 수평거리는 10[m] 이내로 한다.

관련개념 배출구의 설치기준

㉠ 예상제연구역(통로 제외)의 바닥면적이 400[m²] 미만인 경우
  - 벽으로 구획되어 있는 경우 배출구는 천장 또는 반자와 바닥 사이의 중간 윗부분에 설치한다.
  - 어느 한 부분이 제연경계로 구획되어 있는 경우 천장·반자 또는 이에 가까운 벽의 부분에 설치한다.
  - 배출구를 벽에 설치하는 경우 배출구의 하단이 해당 예상제연구역에서 제연경계의 폭이 가장 짧은 제연경계의 하단보다 높이 되도록 한다.
㉡ 통로인 예상제연구역과 바닥면적이 400[m²] 이상인 경우
  - 벽으로 구획되어 있는 경우 배출구는 천장·반자 또는 이에 가까운 벽의 부분에 설치한다.
  - 배출구를 벽에 설치하는 경우 배출구의 하단과 바닥 간의 최단거리를 2[m] 이상으로 한다.
  - 어느 한 부분이 제연경계로 구획되어 있는 경우 천장·반자 또는 이에 가까운 벽의 부분에 설치한다.
  - 배출구를 벽 또는 제연경계에 설치하는 경우 배출구의 하단이 해당 예상제연구역에서 제연경계의 폭이 가장 짧은 제연경계의 하단보다 높이 되도록 한다.
㉢ 예상제연구역의 각 부분으로부터 하나의 배출구까지의 수평거리는 10[m] 이내로 한다.

정답 | ①

08 빈출도 ★

폐쇄형 스프링클러 헤드 퓨지블링크형의 표시온도가 121[℃]~162[℃]인 경우 프레임의 색별로 옳은 것은? (단, 폐쇄형 헤드이다.)

① 파랑 ② 빨강
③ 초록 ④ 흰색

해설 PHASE 04 스프링클러설비

폐쇄형 스프링클러 헤드 퓨지블링크형의 표시온도가 121[℃]~162[℃]인 경우 프레임의 색별은 파랑색으로 한다.

관련개념 폐쇄형 헤드의 표시온도에 따른 색표시(퓨지블링크형)

표시온도[℃]	프레임의 색별
77 미만	색 표시 안함
78 ~ 120	흰색
121 ~ 162	파랑
163 ~ 203	빨강
204 ~ 259	초록
260 ~ 319	오렌지
320 이상	검정

정답 | ①

09 빈출도 ★

지상으로부터 높이 30[m]가 되는 창문에서 구조대용 유도 로프의 모래주머니를 자연낙하 시킨 경우 지상에 도달할 때까지 걸리는 시간(초)은?

① 2.5
② 5
③ 7.5
④ 10

해설

자유낙하 운동에서 초기상태로부터 이동한 거리와 걸린 시간은 다음의 관계식으로 나타낼 수 있다.

$$h = \frac{1}{2}gt^2$$

h: 이동한 거리[m], g: 중력가속도[m/s²], t: 걸린 시간[s]

주어진 조건을 관계식에 대입하면

$$30 = \frac{1}{2} \times 9.8 \times t^2$$

모래주머니가 30[m]를 이동하는데 걸린 시간 t는

$$\sqrt{\frac{30 \times 2}{9.8}} \fallingdotseq 2.47[\text{s}]$$

정답 | ①

10 빈출도 ★

소화용수설비와 관련하여 다음 설명 중 괄호 안에 들어갈 항목으로 옳게 짝지어진 것은?

> 상수도 소화용수설비를 설치하여야 하는 특정소방대상물은 다음 각 목의 어느 하나와 같다. 다만, 상수도 소화용수설비를 설치하여야 하는 특정소방대상물의 대지 경계선으로부터 (㉠)[m] 이내에 지름 (㉡)[mm] 이상인 상수도용 배수관이 설치되지 않은 지역의 경우에는 화재안전기준에 따른 소화수조 또는 저수조를 설치하여야 한다.

① ㉠: 150   ㉡: 75
② ㉠: 150   ㉡: 100
③ ㉠: 180   ㉡: 75
④ ㉠: 180   ㉡: 100

해설 PHASE 15 상수도 소화용수설비

상수도 소화용수설비를 설치해야 하는 특정소방대상물의 대지 경계선으로부터 180[m] 이내에 지름 75[mm] 이상인 상수도용 배수관이 설치되지 않은 지역의 경우 소화수조 또는 저수조를 설치한다.

관련개념 상수도 소화용수설비를 설치해야 하는 특정소방대상물

㉠ 연면적 5,000[m²] 이상인 것. 위험물 저장 및 처리시설 중 가스시설, 지하가 중 터널 또는 지하구의 경우 제외
㉡ 가스시설로서 지상에 노출된 탱크의 저장용량의 합계가 100톤 이상인 것
㉢ 자원순환 관련 시설 중 폐기물재활용시설 및 폐기물처분시설
㉣ 상수도 소화용수설비를 설치해야 하는 특정소방대상물의 대지 경계선으로부터 180[m] 이내에 지름 75[mm] 이상인 상수도용 배수관이 설치되지 않은 지역의 경우 화재안전기준에 따른 소화수조 또는 저수조를 설치한다.

정답 | ③

11 빈출도 ★

소화기의 형식승인 및 제품검사의 기술기준상 A급 화재용 소화기의 능력단위 산정을 위한 소화능력시험의 내용으로 틀린 것은?

① 모형 배열 시 모형 간의 간격은 3[m] 이상으로 한다.
② 소화는 최초의 모형에 불을 붙인 다음 1분 후에 시작한다.
③ 소화는 무풍상태(풍속 0.5[m/s] 이하)와 사용상태에서 실시한다.
④ 소화약제의 방사가 완료된 때 잔염이 없어야 하며, 방사완료 후 2분 이내에 다시 불타지 아니한 경우 그 모형은 완전히 소화된 것으로 본다.

해설 PHASE 01 소화기구 및 자동소화장치

소화는 최초의 모형에 불을 붙인 다음 3분 후에 시작하고, 불을 붙인 순으로 한다.

정답 | ②

12 빈출도 ★★

다음 중 스프링클러설비에서 자동경보밸브에 리타딩 챔버(retarding chamber)를 설치하는 목적으로 가장 적절한 것은?

① 자동으로 배수하기 위하여
② 압력수의 압력을 조절하기 위하여
③ 자동경보밸브의 오보를 방지하기 위하여
④ 경보를 발하기까지 시간을 단축하기 위하여

해설 PHASE 04 스프링클러설비

리타딩 챔버는 순간적인 압력변화를 완충하여 압력스위치의 작동을 방지하며 이로 인한 누수를 외부로 배출시켜 유수검지장치(자동경보밸브)의 오작동을 방지한다.

정답 | ③

13 빈출도 ★★

분말 소화설비의 화재안전성능기준(NFPC 108)에 따른 분말 소화설비의 배관과 선택밸브의 설치기준에 대한 내용으로 틀린 것은?

① 배관은 겸용으로 설치할 것
② 선택밸브는 방호구역 또는 방호대상물마다 설치할 것
③ 동관은 고정압력 또는 최고사용압력의 1.5배 이상의 압력에 견딜 수 있는 것을 사용할 것
④ 강관은 아연도금에 따른 배관용 탄소강관이나 이와 동등 이상의 강도·내식성 및 내열성을 가진 것을 사용할 것

해설 PHASE 12 분말 소화설비

배관은 전용으로 한다.

관련개념 분말 소화설비 배관의 설치기준

㉠ 배관은 전용으로 한다.
㉡ 강관을 사용하는 경우의 배관은 아연도금에 따른 배관용 탄소강관(KS D 3507)이나 이와 동등 이상의 강도·내식성 및 내열성을 가진 것으로 한다.
㉢ 축압식 분말 소화설비에 사용하는 것 중 20[℃]에서 압력이 2.5[MPa] 이상 4.2[MPa] 이하인 것은 압력배관용 탄소강관(KS D 3562) 중 이음이 없는 스케줄 40 이상의 것 또는 이와 동등 이상의 강도를 가진 것으로서 아연도금으로 방식 처리된 것을 사용한다.
㉣ 동관을 사용하는 경우의 배관은 고정압력 또는 최고사용압력의 1.5배 이상의 압력에 견딜 수 있는 것을 사용한다.
㉤ 밸브류는 개폐위치 또는 개폐방향을 표시한 것으로 한다.
㉥ 배관의 관부속 및 밸브류는 배관과 동등 이상의 강도 및 내식성이 있는 것으로 한다.
㉦ 확관형 분기배관을 사용할 경우에는 소방청장이 정하여 고시한 기준에 적합한 것으로 설치한다.

정답 | ①

14 빈출도 ★★★

물분무 소화설비 가압송수장치의 토출량에 대한 최소기준으로 옳은 것은? (단, 특수가연물을 저장 취급하는 특정소방대상물 및 차고 주차장의 바닥면적은 $50[m^2]$ 이하인 경우는 $50[m^2]$를 기준으로 한다.)

① 차고 또는 주차장의 바닥면적 $1[m^2]$에 대해 $10[L/min]$로 20분 간 방수할 수 있는 양 이상
② 특수가연물을 저장·취급하는 특정소방대상물의 바닥면적 $1[m^2]$에 대해 $20[L/min]$로 20분 간 방수할 수 있는 양 이상
③ 케이블트레이, 케이블덕트는 투영된 바닥면적 $1[m^2]$에 대해 $10[L/mim]$로 20분 간 방수할 수 있는 양 이상
④ 절연유 봉입 변압기는 바닥면적을 제외한 표면적을 합한 면적 $1[m^2]$에 대해 $10[L/min]$로 20분 간 방수할 수 있는 양 이상

해설 PHASE 06 물분무 소화설비

절연유 봉입 변압기는 바닥 부분을 제외한 표면적을 합한 면적 $1[m^2]$에 대하여 $10[L/min]$로 20분 간 방수할 수 있는 양 이상으로 한다.

관련개념 저수량의 산정기준

㉠ 특수가연물을 저장 또는 취급하는 특정소방대상물 또는 그 부분에 있어서 그 바닥면적(최소 $50[m^2]$) $1[m^2]$에 대하여 $10[L/min]$로 20분 방수할 수 있는 양 이상으로 한다.
㉡ 차고 또는 주차장은 그 바닥면적(최소 $50[m^2]$) $1[m^2]$에 대하여 $20[L/min]$로 20분 방수할 수 있는 양 이상으로 한다.
㉢ 절연유 봉입 변압기는 바닥 부분을 제외한 표면적을 합한 면적 $1[m^2]$에 대하여 $10[L/min]$로 20분 간 방수할 수 있는 양 이상으로 한다.
㉣ 케이블트레이, 케이블덕트 등은 투영된 바닥면적 $1[m^2]$에 대하여 $12[L/min]$로 20분 간 방수할 수 있는 양 이상으로 한다.
㉤ 콘베이어 벨트 등은 벨트 부분의 바닥면적 $1[m^2]$에 대하여 $10[L/min]$로 20분 간 방수할 수 있는 양 이상으로 한다.

정답 | ④

15 빈출도 ★★★

소화수조 및 저수조와 화재안전성능기준(NFPC 402)에 따라 소화수조의 채수구는 소방차가 최대 몇 [m] 이내의 지점까지 접근할 수 있도록 설치하여야 하는가?

① 1   ② 2
③ 4   ④ 5

해설 PHASE 16 소화수조 및 저수조

채수구 또는 흡수관투입구는 소방차가 $2[m]$ 이내의 지점까지 접근할 수 있는 위치에 설치한다.

정답 | ②

16 빈출도 ★★

스프링클러설비를 설치하여야 할 특정소방대상물에 있어서 스프링클러 헤드를 설치하지 아니할 수 있는 기준 중 틀린 것은?

① 천장과 반자 양쪽이 불연재료로 되어 있고 천장과 반자사이의 거리가 $2.5[m]$ 미만인 부분
② 천장 및 반자가 불연재료 외의 것으로 되어 있고 천장과 반자사이의 거리가 $0.5[m]$ 미만인 부분
③ 천장·반자 중 한쪽이 불연재료로 되어 있고 천장과 반자 사이의 거리가 $1[m]$ 미만인 부분
④ 현관 또는 로비 등으로서 바닥으로부터 높이가 $20[m]$ 이상인 장소

해설 PHASE 04 스프링클러설비

천장과 반자 양쪽이 불연재료로 되어있는 장소 중 천장과 반자 사이의 거리가 $2[m]$ 미만인 부분에 스프링클러 헤드를 설치하지 않을 수 있다.

정답 | ①

17 빈출도 ★★★

포 소화설비의 화재안전성능기준(NFPC 105) 상 전역방출방식 고발포용 고정포방출구의 설치기준으로 옳은 것은? (단, 해당 방호구역에서 외부로 새는 양 이상의 포수용액을 유효하게 추가하여 방출하는 설비가 있는 경우는 제외한다.)

① 개구부에 자동폐쇄장치를 설치할 것
② 바닥면적 600[m²] 마다 1개 이상으로 할 것
③ 방호대상물의 최고부분보다 낮은 위치에 설치할 것
④ 특정소방대상물 및 포의 팽창비에 따른 종별에 관계없이 해당 방호구역의 관포체적 1[m³]에 대한 1분당 포수용액 방출량은 1[L] 이상으로 할 것

해설 PHASE 08 포 소화설비

전역방출방식의 고발포용 고정포방출구에는 개구부에 자동폐쇄장치를 설치해야 한다.

선지분석
② 고정포방출구는 바닥면적 500[m²]마다 1개 이상으로 하여 방호대상물의 화재를 유효하게 소화할 수 있도록 한다.
③ 고정포방출구는 방호대상물의 최고부분보다 높은 위치에 설치한다. 밀어올리는 능력을 가진 것은 방호대상물과 같은 높이로 할 수 있다.
④ 고정포방출구는 특정소방대상물 및 포의 팽창비에 따른 종별에 따라 해당 방호구역의 관포체적 1[m³]에 대하여 1분 당 방출량을 기준량 이상이 되도록 한다.

정답 | ①

18 빈출도 ★★★

소화기구 및 자동소화장치의 화재안전기술기준(NFTC 101) 상 노유자시설은 당해 용도의 바닥면적 얼마마다 능력단위 1단위 이상의 소화기구를 비치해야 하는가?

① 바닥면적 30[m²] 마다
② 바닥면적 50[m²] 마다
③ 바닥면적 100[m²] 마다
④ 바닥면적 200[m²] 마다

해설 PHASE 01 소화기구 및 자동소화장치

노유자시설에 소화기구를 설치할 경우 바닥면적 100[m²]마다 능력단위 1단위 이상으로 한다.

관련개념 소화기구의 특정소방대상물별 능력단위

특정소방대상물	소화기구의 능력단위
1. 위락시설	해당 용도의 바닥면적 30[m²] 마다 능력단위 1단위 이상
2. 공연장 · 집회장 · 관람장 · 문화재 · 장례식장 및 의료시설	해당 용도의 바닥면적 50[m²] 마다 능력단위 1단위 이상
3. 근린생활시설 · 판매시설 · 운수시설 · 숙박시설 · 노유자시설 · 전시장 · 공동주택 · 업무시설 · 방송통신시설 · 공장 · 창고시설 · 항공기 및 자동차 관련 시설 및 관광휴게시설	해당 용도의 바닥면적 100[m²] 마다 능력단위 1단위 이상
4. 그 밖의 것	해당 용도의 바닥면적 200[m²] 마다 능력단위 1단위 이상

소화기구의 능력단위를 산출할 때 건축물의 주요구조부가 내화구조이고, 벽 및 반자의 실내에 면하는 부분이 불연재료 · 준불연재료 또는 난연재료로 된 특정소방대상물의 경우 위 기준의 2배를 기준면적으로 한다.

정답 | ③

19 빈출도 ★★

제연설비의 화재안전기술기준(NFTC 501) 상 유입풍도 및 배출풍도에 관한 설명으로 맞는 것은?

① 유입풍도 안의 풍속은 25[m/s] 이하로 한다.
② 배출풍도는 석면재료와 같은 내열성의 단열재로 유효한 단열 처리를 한다.
③ 배출풍도와 유입풍도의 아연도금강판 최소 두께는 0.45[mm] 이상으로 하여야 한다.
④ 배출기 흡입측 풍도 안의 풍속은 15[m/s] 이하로 하고 배출측 풍속은 20[m/s] 이하로 한다.

해설 PHASE 17 제연설비

배출기의 흡입 측 풍도 안의 풍속은 15[m/s] 이하로 하고 배출 측 풍속은 20[m/s] 이하로 한다.

선지분석

① 유입풍도 안의 풍속은 20[m/s] 이하로 하고 풍도의 강판 두께는 배출풍도의 기준에 따라 설치한다.
② 건축법에 따른 불연재료(석면 제외)인 단열재로 풍도 외부에 유효한 단열 처리를 한다.
③ 강판의 두께는 배출풍도의 크기에 따라 다음의 표에 따른 기준 이상으로 한다. 유입풍도의 강판 두께도 동일하다.

풍도 단면의 긴변 또는 직경의 크기[mm]	강판 두께[mm]
450 이하	0.5
450 초과 750 이하	0.6
750 초과 1,500 이하	0.8
1,500 초과 2,250 이하	1.0
2,250 초과	1.2

정답 | ④

20 빈출도 ★

할론 소화설비의 화재안전기술기준(NFTC 107)에 따른 할론 소화설비의 수동식 기동장치의 설치기준으로 틀린 것은?

① 국소방출방식은 방호대상물마다 설치할 것
② 기동장치의 방출용 스위치는 음향경보장치와 개별적으로 조작될 수 있는 것으로 할 것
③ 전기를 사용하는 기동장치에는 전원표시등을 설치할 것
④ 조작부는 바닥으로부터 높이 0.8[m] 이상 1.5[m] 이하의 위치에 설치할 것

해설 PHASE 10 할론 소화설비

기동장치의 방출용 스위치는 음향경보장치와 연동하여 조작될 수 있는 것으로 한다.

관련개념 수동식 기동장치의 설치기준

㉠ 수동식 기동장치의 부근에는 소화약제의 방출을 지연시킬 수 있는 방출지연스위치를 설치한다.
㉡ 전역방출방식은 방호구역마다, 국소방출방식은 방호대상물마다 설치한다.
㉢ 해당 방호구역의 출입구 부근 등 조작을 하는 자가 쉽게 피난할 수 있는 장소에 설치한다.
㉣ 기동장치의 조작부는 바닥으로부터 0.8[m] 이상 1.5[m] 이하의 위치에 설치하고, 보호판 등에 따른 보호장치를 설치한다.
㉤ 기동장치 인근의 보기 쉬운 곳에 "할론 소화설비 수동식 기동장치"라는 표지를 한다.
㉥ 전기를 사용하는 기동장치에는 전원표시등을 설치한다.
㉦ 기동장치의 방출용 스위치는 음향경보장치와 연동하여 조작될 수 있는 것으로 한다.

정답 | ②

2회

01 빈출도 ★

할로겐화합물 및 불활성기체 소화설비의 분사헤드에 대한 설치기준 중 다음 ( ) 안에 알맞은 것은? (단, 분사헤드의 성능인증 범위 내에서 설치하는 경우는 제외한다.)

> 분사헤드의 설치높이는 방호구역의 바닥으로부터 최소 (㉠)[m] 이상 최대 (㉡)[m] 이하로 하여야 한다.

① ㉠: 0.2 ㉡: 3.7
② ㉠: 0.8 ㉡: 1.5
③ ㉠: 1.5 ㉡: 2.0
④ ㉠: 2.0 ㉡: 2.5

해설 PHASE 11 할로겐화합물 및 불활성기체 소화설비

바닥으로부터 최소 0.2[m] 이상 최대 3.7[m] 이하로 해야 한다.

관련개념 분사헤드의 설치기준
㉠ 분사헤드의 설치 높이는 방호구역의 바닥으로부터 최소 0.2[m] 이상 최대 3.7[m] 이하로 해야 하며 천장높이가 3.7[m]를 초과할 경우에는 추가로 다른 열의 분사헤드를 설치한다.
㉡ 분사헤드의 개수는 방호구역에 약제 및 화재에 따른 방출시간이 충족되도록 설치한다.
㉢ 분사헤드에는 부식방지조치를 해야 하며 오리피스의 크기, 제조일자, 제조업체가 표시되도록 한다.
㉣ 분사헤드의 방출률 및 방출압력은 제조업체에서 정한 값으로 한다.
㉤ 분사헤드의 오리피스의 면적은 분사헤드가 연결되는 배관구경 면적의 70[%] 이하가 되도록 한다.

정답 | ①

02 빈출도 ★★

화재 시 연기가 찰 우려가 없는 장소로서 호스릴 분말 소화설비를 설치할 수 있는 기준 중 다음 ( )안에 알맞은 것은?

> - 지상 1층 및 피난층에 있는 부분으로서 지상에서 수동 또는 원격조작에 따라 개방할 수 있는 개구부의 유효면적의 합계가 바닥면적의 (㉠)[%] 이상이 되는 부분
> - 전기설비가 설치되어 있는 부분 또는 다량의 화기를 사용하는 부분의 바닥면적이 해당 설비가 설치되어 있는 구획의 바닥면적의 (㉡) 미만이 되는 부분

① ㉠ 15 ㉡ $\frac{1}{5}$
② ㉠ 15 ㉡ $\frac{1}{2}$
③ ㉠ 20 ㉡ $\frac{1}{5}$
④ ㉠ 20 ㉡ $\frac{1}{2}$

해설 PHASE 12 분말 소화설비

관련개념 호스릴방식 분말 소화설비의 설치장소
㉠ 화재 시 현저하게 연기가 찰 우려가 없는 장소에 설치한다.
㉡ 지상 1층 및 피난층에 있는 부분으로서 지상에서 수동 또는 원격조작에 따라 개방할 수 있는 개구부의 유효면적의 합계가 바닥면적의 15[%] 이상이 되는 부분에 설치한다.
㉢ 전기설비가 설치되어 있는 부분 또는 다량의 화기를 사용하는 부분의 바닥면적이 해당 설비가 설치되어 있는 구획의 바닥면적의 5분의 1 미만이 되는 부분에 설치한다.

정답 | ①

03 빈출도 ★★★

스프링클러설비 배관의 설치기준으로 틀린 것은?

① 급수배관의 구경은 수리계산에 따르는 경우 가지배관의 유속은 6[m/s], 그 밖의 배관의 유속은 10[m/s]를 초과하지 아니할 것
② 연결송수관설비의 배관과 겸용할 경우의 주배관은 구경 100[mm] 이상, 방수구로 연결되는 배관의 구경은 65[mm] 이상의 것으로 할 것
③ 수직배수배관의 구경은 50[mm] 이상으로 할 것
④ 가지배관에는 헤드의 설치지점 사이마다 1개 이상의 행거를 설치하되, 헤드 간의 거리가 3.5[m]를 초과하는 경우에는 3.5[m] 이내마다 1개 이상 설치할 것

해설 PHASE 04 스프링클러설비
스프링클러설비는 연결송수관설비의 배관과 겸용할 수 없다.

정답 | ②

04 빈출도 ★★

소화용수설비 중 소화수조 및 저수조에 대한 설명으로 틀린 것은?

① 소화수조, 저수조의 채수구 또는 흡수관투입구는 소방차가 2[m] 이내의 지점까지 접근할 수 있는 위치에 설치할 것
② 지하에 설치하는 소화용수설비의 흡수관투입구는 그 한 변이 0.6[m] 이상인 것으로 할 것
③ 채수구는 지면으로부터의 높이가 0.5[m] 이상 1[m] 이하의 위치에 설치하고 "채수구"라고 표시한 표시를 할 것
④ 소화수조가 옥상 또는 옥탑의 부분에 설치된 경우에는 지상에 설치된 채수구에서의 압력이 0.1[MPa]이상이 되도록 할 것

해설 PHASE 16 소화수조 및 저수조
소화수조가 옥상 또는 옥탑의 부분에 설치된 경우 지상에 설치된 채수구에서의 압력은 0.15[MPa] 이상으로 한다.

정답 | ④

05 빈출도 ★

할로겐화합물 및 불활성기체 소화설비의 약제 중 저장용기 내에서 저장상태가 기체상태의 압축가스인 소화약제는?

① IG-541
② HCFC BLEND A
③ HFC-227ea
④ HFC-23

해설 PHASE 11 할로겐화합물 및 불활성기체 소화약제

할로겐화합물 소화약제는 상대적으로 분자량이 크기 때문에 약간의 압력으로도 쉽게 액화한다.
따라서 저장용기 내에서 기체상태로 저장하는 소화약제는 불활성기체 소화약제인 IG-541이다.

정답 | ①

06 빈출도 ★★

특별피난계단의 계단실 및 부속실 제연설비의 화재안전성능기준(NFPC 501A)에 대한 내용으로 틀린 것은?

① 제연구역과 옥내와의 사이에 유지하여야 하는 최소 차압은 40[Pa] 이상으로 하여야 한다.
② 제연설비가 가동되었을 경우 출입문의 개방에 필요한 힘은 110[N] 이상으로 하여야 한다.
③ 계단실과 부속실을 동시에 제연하는 경우 부속실의 기압은 계단실과 같게 하거나 부속실과 계단실의 압력차이가 5[Pa] 이하가 되도록 하여야 한다.
④ 계단실 및 그 부속실을 동시에 제연하거나 또는 계단실만 단독으로 제연할 때의 방연풍속은 0.5[m/s] 이상이어야 한다.

해설 PHASE 18 특별피난계단의 계단실 및 부속실 제연설비

출입문 개방에 필요한 힘은 110[N] 이하로 한다.
기준 이상의 힘이 필요하도록 설계하면 화재 시 탈출할 수 없는 경우가 생길 수 있으므로 기준 이하의 힘이 필요하도록 설계해야 한다.

관련개념 방연풍속

방연풍속은 다음의 표에 따른 기준 이상으로 한다.

제연구역		방연풍속
계단실 및 그 부속실을 동시에 제연하는 것 또는 계단실만 단독으로 제연하는 것		0.5[m/s] 이상
부속실만 단독으로 제연하는 것 또는 비상용승강기의 승강장만 단독으로 제연하는 것	부속실 또는 승강장이 면하는 옥내가 거실인 경우	0.7[m/s] 이상
	부속실 또는 승강장이 면하는 옥내가 복도로서 그 구조가 방화구조(내화시간이 30분 이상인 구조를 포함)인 것	0.5[m/s] 이상

정답 | ②

07 빈출도 ★

대형소화기에 충전하는 최소 소화약제의 기준 중 다음 (   ) 안에 알맞은 것은?

- 분말소화기: (㉠)[kg] 이상
- 물소화기: (㉡)[L] 이상
- 이산화탄소소화기: (㉢)[kg] 이상

① ㉠ 30   ㉡ 80   ㉢ 50
② ㉠ 30   ㉡ 50   ㉢ 60
③ ㉠ 20   ㉡ 80   ㉢ 50
④ ㉠ 20   ㉡ 50   ㉢ 60

해설 PHASE 01 소화기구 및 자동소화장치

분말소화기는 20[kg] 이상, 물소화기는 80[L] 이상, 이산화탄소소화기는 50[kg] 이상이다.

관련개념 대형소화기의 소화약제

㉠ 물소화기: 80[L] 이상
㉡ 강화액소화기: 60[L] 이상
㉢ 할로겐화합물소화기: 30[kg] 이상
㉣ 이산화탄소소화기: 50[kg] 이상
㉤ 분말소화기: 20[kg] 이상
㉥ 포소화기: 20[L] 이상

정답 | ③

08 빈출도 ★★

전동기 또는 내연기관에 따른 펌프를 이용하는 옥외소화전설비의 가압송수장치의 설치기준 중 다음 (   ) 안에 알맞은 것은?

해당 특정소방대상물에 설치된 옥외소화전(2개 이상 설치된 경우에는 2개의 옥외소화전)을 동시에 사용할 경우 각 옥외소화전의 노즐선단에서의 방수압력이 (㉠)[MPa] 이상이고, 방수량이 (㉡)[L/min] 이상이 되는 성능의 것으로 할 것

① ㉠ 0.17   ㉡ 350
② ㉠ 0.25   ㉡ 350
③ ㉠ 0.17   ㉡ 130
④ ㉠ 0.25   ㉡ 130

해설 PHASE 03 옥외소화전설비

특정소방대상물에 설치된 옥외소화전(최대 2개)을 동시에 사용할 경우 각 옥외소화전의 노즐선단에서의 방수압력이 0.25[MPa] 이상이고, 방수량이 350[L/min] 이상이 되는 성능의 것으로 한다.

정답 | ②

09 빈출도 ★★

호스릴 이산화탄소 소화설비의 설치기준으로 옳지 않은 것은?

① 20[℃]에서 하나의 노즐마다 소화약제의 방사량은 60초당 60[kg] 이상이어야 할 것
② 소화약제 저장용기는 호스릴 2개마다 1개 이상 설치해야 할 것
③ 소화약제 저장용기의 가장 가까운 곳의 보기 쉬운 곳에 표시등을 설치해야 할 것
④ 소화약제 저장용기의 개방밸브는 호스의 설치장소에서 수동으로 개폐할 수 있어야 할 것

해설 PHASE 09 이산화탄소 소화설비

소화약제 저장용기는 호스릴을 설치하는 장소마다 설치한다.

관련개념 호스릴방식의 설치기준

㉠ 방호대상물의 각 부분으로부터 하나의 호스접결구까지의 수평거리가 15[m] 이하가 되도록 한다.
㉡ 소화약제 저장용기의 개방밸브는 호스릴의 설치장소에서 수동으로 개폐할 수 있는 것으로 한다.
㉢ 소화약제 저장용기는 호스릴을 설치하는 장소마다 설치한다.
㉣ 호스릴방식의 이산화탄소 소화설비의 노즐은 20[℃]에서 하나의 노즐마다 1분당 60[kg] 이상의 양을 방출할 수 있는 것으로 한다.
㉤ 소화약제 저장용기의 가장 가까운 곳의 보기 쉬운 곳에 적색의 표시등을 설치하고, 호스릴방식의 이산화탄소 소화설비가 있다는 뜻을 표시한 표지를 한다.

정답 | ②

10 빈출도 ★

이산화탄소 소화설비의 시설 중 소화 후 연소 및 소화잔류 가스를 인명안전 상 배출 및 희석시키는 배출설비의 설치대상이 아닌 것은?

① 지하층
② 피난층
③ 무창층
④ 밀폐된 거실

해설 PHASE 09 이산화탄소 소화설비

지하층, 무창층 및 밀폐된 거실 등에 이산화탄소 소화설비를 설치한 경우에는 방출된 소화약제를 배출하기 위한 배출설비를 갖추어야 한다.

정답 | ②

11 빈출도 ★★

고압의 전기기기가 있는 장소에 있어서 전기의 절연을 위한 전기기기와 물분무 헤드 사이의 최소 이격거리 기준 중 옳은 것은?

① 66[kV] 이하 - 60[cm] 이상
② 66[kV] 초과 77[kV] 이하 - 80[cm] 이상
③ 77[kV] 초과 110[kV] 이하 - 100[cm] 이상
④ 110[kV] 초과 154[kV] 이하 - 140[cm] 이상

해설 PHASE 06 물분무 소화설비

고압 전기기기와 물분무 헤드 사이의 이격거리는 66[kV] 초과 77[kV] 이하인 경우 80[cm] 이상으로 한다.

관련개념 물분무 헤드의 설치기준

㉠ 물분무 헤드는 표준방사량으로 해당 방호대상물의 화재를 유효하게 소화하는데 필요한 수를 적정한 위치에 설치한다.
㉡ 고압의 전기기기가 있는 장소는 전기의 절연을 위하여 전기기기와 물분무 헤드 사이에 다음의 표에 따른 거리를 둔다.

전압[kV]	거리[cm]
66 이하	70 이상
66 초과 77 이하	80 이상
77 초과 110 이하	110 이상
110 초과 154 이하	150 이상
154 초과 181 이하	180 이상
181 초과 220 이하	210 이상
220 초과 275 이하	260 이상

정답 | ②

12 빈출도 ★

다음 중 연결살수설비 설치대상이 아닌 것은?

① 가연성가스 20톤을 저장하는 지상 탱크시설
② 지하층으로서 바닥면적의 합계가 200[m²]인 장소
③ 판매시설 중 물류터미널로서 바닥면적의 합계가 1,500[m²]인 장소
④ 아파트의 대피시설로 사용되는 지하층으로서 바닥면적의 합계가 850[m²]인 장소

해설 PHASE 20 연결살수설비

가연성가스를 저장하는 지상에 노출된 탱크는 30톤 이상인 경우 연결살수설비의 설치대상이 된다.

관련개념 연결살수설비 설치대상 특정소방대상물

특정소방대상물	설치기준
판매시설, 운수시설, 창고시설 중 물류터미널	바닥면적 1,000[m²] 이상
지하층(피난층으로 주된 출입구가 도로와 접한 경우 제외)	바닥면적 150[m²] 이상
아파트의 지하층(대피시설만 해당) 또는 학교의 지하층	바닥면적 700[m²] 이상
가스시설 중 지상에 노출된 탱크	용량 30[ton] 이상

정답 | ①

13 빈출도 ★

완강기의 최대사용자수 기준 중 다음 (   ) 안에 알맞은 것은?

> 최대사용자수(1회에 강하할 수 있는 사용자의 최대수)는 최대사용하중을 (   )[N]으로 나누어서 얻은 값으로 한다.

① 250
② 500
③ 750
④ 1,500

해설 PHASE 13 피난기구

완강기의 최대사용자수는 최대사용하중을 1,500[N]으로 나누어서 얻은 값(절사)으로 한다.

관련개념 완강기의 최대사용하중 및 최대사용자수

㉠ 최대사용하중은 1,500[N] 이상의 하중이어야 한다.
㉡ 최대사용자수는 최대사용하중을 1,500[N]으로 나누어서 얻은 값(절사)으로 한다.
㉢ 최대사용자수에 상당하는 수의 벨트가 있어야 한다.

정답 | ④

14 빈출도 ★

국소방출방식의 할론 소화설비의 분사헤드 설치기준 중 다음 (   ) 안에 알맞은 것은?

> 분사헤드의 방사압력은 할론 2402를 방사하는 것은 (㉠)[MPa] 이상, 할론 2402를 방출하는 분사헤드는 해당 소화약제가 (㉡)으로 분무되는 것으로 하여야 하며, 기준저장량의 소화약제를 (㉢)초 이내에 방사할 수 있는 것으로 할 것

① ㉠ 0.1 ㉡ 무상 ㉢ 10
② ㉠ 0.2 ㉡ 적상 ㉢ 10
③ ㉠ 0.1 ㉡ 무상 ㉢ 30
④ ㉠ 0.2 ㉡ 적상 ㉢ 30

해설 PHASE 10 할론 소화설비

할론 2402를 방사하는 국소방출방식 분사헤드는 압력 0.1[MPa] 이상, 분무방식은 무상으로 기준저장량을 10초 이내에 방사한다.

관련개념 국소방출방식 분사헤드 설치기준

㉠ 소화약제의 방출에 따라 가연물이 비산하지 않는 장소에 설치한다.
㉡ 할론 2402를 방출하는 분사헤드는 소화약제가 무상으로 분무되는 것으로 한다.
㉢ 분사헤드의 방출압력은 다음의 표에 따른 압력 이상으로 한다.

소화약제의 종류	분사헤드의 방출압력
할론 1301	0.9[MPa]
할론 1211	0.2[MPa]
할론 2402	0.1[MPa]

㉣ 기준저장량의 소화약제를 10초 이내에 방출할 수 있는 것으로 한다.

정답 | ①

15 빈출도 ★★

옥내소화전설비 수원의 산출된 유효수량 외에 유효수량의 $\frac{1}{3}$ 이상을 옥상에 설치하지 아니할 수 있는 경우의 기준 중 다음 (   ) 알맞은 것은?

- 수원을 건축물의 최상층에 설치된 (㉠)보다 높은 위치에 설치된 경우
- 건축물의 높이가 지표면으로부터 (㉡)[m] 이하인 경우

① ㉠ 송수구 ㉡ 7
② ㉠ 방수구 ㉡ 7
③ ㉠ 송수구 ㉡ 10
④ ㉠ 방수구 ㉡ 10

해설 PHASE 02 옥내소화전설비

수원을 건축물의 최상층에 설치된 방수구보다 높은 위치에 설치한 경우, 건축물의 높이가 지표면으로부터 10[m] 이하인 경우 옥상수조를 설치하지 않을 수 있다.

관련개념 옥상수조의 설치면제 기준

㉠ 지하층만 있는 건축물
㉡ 자연낙차압력을 이용한 고가수조를 가압송수장치로 설치한 경우
㉢ 수원을 건축물의 최상층에 설치된 방수구보다 높은 위치에 설치한 경우
㉣ 건축물의 높이가 지표면으로부터 10[m] 이하인 경우
㉤ 주펌프와 동등 이상의 성능이 있는 별도의 펌프를 내연기관의 기동과 연동하여 작동하거나 비상전원을 연결하여 설치한 경우
㉥ 학교·공장·창고시설과 같이 동결의 우려가 있는 장소에서 기동스위치에 보호판을 부착하여 옥내소화전함 내에 설치한 경우
㉦ 가압수조를 가압송수장치로 설치한 경우

정답 | ④

16 빈출도 ★★

이산화탄소 소화설비를 설치하는 장소에 이산화탄소 소화약제의 소요량은 정해진 약제방사시간 이내에 방사되어야 한다. 다음 기준 중 소요량에 대한 약제방사시간 기준이 아닌 것은?

① 전역방출방식에 있어서 표면화재 방호대상물은 1분 이내
② 전역방출방식에 있어서 심부화재 방호대상물은 7분 이내
③ 국소방출방식에 있어서 방호대상물은 10초 이내
④ 국소방출방식에 있어서 방호대상물은 30초 이내

해설 PHASE 09 이산화탄소 소화설비

이산화탄소 소화약제는 국소방출방식의 경우 기준저장량을 30초 이내에 방출할 수 있어야 한다.

관련개념 이산화탄소 소화약제의 방출시간

구분		소화약제의 방출시간
전역방출방식	표면화재	1분 이내
	심부화재	7분 이내
국소방출방식		30초 이내

정답 | ③

17 빈출도 ★★

포 소화약제의 혼합장치에 대한 설명 중 옳은 것은?

① 라인 프로포셔너방식이란 펌프의 토출관과 흡입관 사이의 배관 도중에 설치한 흡입기에 펌프에서 토출된 물의 일부를 보내고, 농도 조절밸브에서 조정된 포 소화약제의 필요량을 포 소화약제 탱크에서 펌프 흡입측으로 보내어 이를 혼합하는 방식을 말한다.
② 프레셔사이드 프로포셔너방식이란 펌프의 토출관에 압입기를 설치하여 포 소화약제 압입용펌프로 포 소화약제를 압입시켜 혼합하는 방식을 말한다.
③ 프레셔 프로포셔너방식이란 펌프와 발포기 중간에 설치된 벤추리관의 벤추리작용에 따라 포 소화약제를 흡입·혼합하는 방식을 말한다.
④ 펌프 프로포셔너방식이란 펌프와 발포기의 중간에 설치된 벤추리관의 벤추리작용과 펌프 가압수의 포 소화약제 저장탱크에 대한 압력에 따라 포 소화약제를 흡입·혼합하는 방식을 말한다.

해설 PHASE 08 포 소화설비

옳은 설명은 ② 프레셔사이드 프로포셔너방식이다.

관련개념 포 소화약제의 혼합방식

펌프 프로포셔너 방식	펌프의 토출관과 흡입관 사이의 배관 도중에 설치한 흡입기에 펌프에서 토출된 물의 일부를 보내고, 농도 조정밸브에서 조정된 포 소화약제의 필요량을 포 소화약제 저장탱크에서 펌프 흡입측으로 보내어 이를 혼합하는 방식
프레셔 프로포셔너 방식	펌프와 발포기의 중간에 설치된 벤추리관의 벤추리작용과 펌프 가압수의 포 소화약제 저장탱크에 대한 압력에 따라 포 소화약제를 흡입·혼합하는 방식
라인 프로포셔너 방식	펌프와 발포기의 중간에 설치된 벤추리관의 벤추리작용에 따라 포 소화약제를 흡입·혼합하는 방식
프레셔사이드 프로포셔너 방식	펌프의 토출관에 압입기를 설치하여 포 소화약제 압입용 펌프로 포 소화약제를 압입시켜 혼합하는 방식
압축공기포 믹싱챔버 방식	물, 포 소화약제 및 공기를 믹싱챔버로 강제주입시켜 챔버 내에서 포수용액을 생성한 후 포를 방사하는 방식

정답 | ②

18 빈출도 ★

화재조기진압용 스프링클러설비 가지배관의 배열기준 중 천장의 높이가 9.1[m] 이상 13.7[m] 이하인 경우 가지배관 사이의 거리 기준으로 옳은 것은?

① 2.4[m] 이상 3.1[m] 이하
② 2.4[m] 이상 3.7[m] 이하
③ 6.0[m] 이상 8.5[m] 이하
④ 6.0[m] 이상 9.3[m] 이하

해설 PHASE 05 기타 스프링클러설비

천장의 높이가 9.1[m] 이상 13.7[m] 이하인 경우 가지배관 사이의 거리는 2.4[m] 이상 3.1[m] 이하로 한다.

관련개념 가지배관의 설치기준

㉠ 토너먼트 배관방식이 아니어야 한다.
㉡ 가지배관 사이의 거리는 2.4[m] 이상 3.7[m] 이하로 한다.
㉢ 천장의 높이가 9.1[m] 이상 13.7[m] 이하인 경우 가지배관 사이의 거리는 2.4[m] 이상 3.1[m] 이하로 한다.
㉣ 교차배관에서 분기되는 지점을 기점으로 한 쪽 가지배관에 설치되는 헤드의 개수는 8개 이하로 한다.
㉤ 가지배관과 헤드 사이의 배관을 신축배관으로 하는 경우 소방청장이 정하여 고시한 기준에 적합한 것으로 설치한다.

정답 | ①

19 빈출도 ★★

할론 소화설비에서 국소방출방식의 경우 할론 소화약제의 양을 산출하는 식은 다음과 같다. 여기서 A는 무엇을 의미하는가? (단, 가연물이 비산할 우려가 있는 경우로 가정한다.)

$$Q = X - Y \frac{a}{A}$$

① 방호공간의 벽면적의 합계
② 창문이나 문의 틈새면적의 합계
③ 개구부 면적의 합계
④ 방호대상물 주위에 설치된 벽의 면적의 합계

해설 PHASE 10 할론 소화설비

국소방출방식 소화약제의 저장량 계산식에서 A는 방호공간의 벽면적의 합계를 의미한다.

관련개념 국소방출방식 소화약제 저장량

$$Q = \left(X - Y \times \left(\frac{a}{A}\right)\right) \times K$$

Q: 방호공간 1[m³] 당 소화약제의 양[kg/m³], a: 방호대상물 주변 실제 벽면적의 합계[m²], A: 방호공간 벽면적의 합계[m²], X, Y, K: 표에 따른 수치

소화약제의 종류	X	Y	K
할론 1301	4.0	3.0	1.25
할론 1211	4.4	3.3	1.1
할론 2402	5.2	3.9	1.1

정답 | ①

20 빈출도 ★★

폐쇄형 스프링클러설비의 방호구역 및 유수검지장치에 관한 설명으로 틀린 것은?

① 하나의 방호구역에는 1개 이상의 유수검지장치를 설치할 것
② 유수검지장치란 본체 내의 유수현상을 자동적으로 검지하여 신호 또는 경보를 발하는 장치를 말함
③ 하나의 방호구역의 바닥면적은 3,500[m²]를 초과하지 아니할 것
④ 스프링클러 헤드에 공급되는 물은 유수검지장치를 지나도록 할 것

해설 PHASE 04 스프링클러설비

하나의 방호구역의 바닥면적은 3,000[m²]를 초과하지 않도록 한다.

관련개념 방호구역 및 유수검지장치의 설치기준

㉠ 하나의 방호구역의 바닥면적은 3,000[m²]를 초과하지 않도록 한다.
㉡ 하나의 방호구역에는 1개 이상의 유수검지장치를 설치하고, 화재 시 접근이 쉽고 점검하기 편리한 장소에 설치한다.
㉢ 하나의 방호구역은 2개 층에 미치지 않도록 한다.
㉣ 1개 층에 설치되는 스프링클러 헤드의 수가 10개 이하이거나 복층형 구조의 공동주택에는 방호구역을 3개 층 이내로 할 수 있다.
㉤ 유수검지장치는 실내에 설치하거나 보호용 철망 등으로 구획하여 바닥으로부터 0.8[m] 이상 1.5[m] 이하의 위치에 설치하고, 그 실에는 가로 0.5[m] 이상 세로 1[m] 이상의 출입문(개구부)을 설치한다.
㉥ 유수검지장치를 기계실 안에 설치하는 경우 별도의 실 또는 보호용 철망을 설치하지 않을 수 있다.
㉦ 스프링클러 헤드에 공급되는 물은 유수검지장치를 지나도록 한다.
㉧ 자연낙차에 따른 압력수가 흐르는 배관 상에 설치된 유수검지장치는 화재 시 물의 흐름을 검지할 수 있는 최소한의 압력이 얻어질 수 있도록 수조의 하단으로부터 낙차를 두고 설치한다.
㉨ 조기반응형 스프링클러 헤드를 설치하는 경우 습식 유수검지장치 또는 부압식 스프링클러설비를 설치한다.

정답 | ③

3회

☐ 1회독 점 | ☐ 2회독 점 | ☐ 3회독 점

01 빈출도 ★★

옥외소화전설비 설치 시 고가수조의 자연 낙차를 이용한 가압송수장치의 설치기준 중 고가수조의 최소 자연낙차수두 산출 공식으로 옳은 것은? (단, H: 필요한 낙차[m], h_1: 소방용 호스 마찰손실수두[m], h_2: 배관의 마찰손실수두[m]이다.)

① $H = h_1 + h_2 + 25$
② $H = h_1 + h_2 + 17$
③ $H = h_1 + h_2 + 12$
④ $H = h_1 + h_2 + 10$

해설 PHASE 03 옥외소화전설비

고가수조의 자연낙차수두는 호스의 마찰손실(h_1), 배관의 마찰손실(h_2), 노즐선단에서의 방사압력(25[m])를 고려해야 한다.

관련개념 옥외소화전설비 고가수조의 자연낙차수두

$$H = h_1 + h_2 + 25$$

H: 필요한 낙차[m], h_1: 호스의 마찰손실수두[m], h_2: 배관의 마찰손실수두[m], 25: 노즐선단에서의 방사압력수두[m]

정답 | ①

02 빈출도 ★★

물분무 소화설비 대상 공장에서 물분무 헤드의 설치 제외 장소로서 틀린 것은?

① 고온의 물질 및 증류범위가 넓어 끓어 넘치는 위험이 있는 물질을 저장하는 장소
② 물에 심하게 반응하여 위험한 물질을 생성하는 물질을 취급하는 장소
③ 운전 시에 표면의 온도가 260[℃] 이상으로 되는 등 직접 분무를 하는 경우 그 부분에 손상을 입힐 우려가 있는 기계장치 등이 있는 장소
④ 표준방사량으로 해당 방호대상물의 화재를 유효하게 소화하는 데 필요한 적정한 장소

해설 PHASE 06 물분무 소화설비

물분무 헤드는 표준방사량으로 해당 방호대상물의 화재를 유효하게 소화하는데 필요한 수를 적정한 위치에 설치한다.

관련개념 물분무 헤드의 설치제외 장소

㉠ 물이 심하게 반응하는 물질 또는 물과 반응하여 위험한 물질을 생성하는 물질을 저장 또는 취급하는 장소
㉡ 고온의 물질 및 증류범위가 넓어 끓어 넘치는 위험이 있는 물질을 저장 또는 취급하는 장소
㉢ 운전 시에 표면의 온도가 260[℃] 이상으로 되는 등 직접 분무를 하는 경우 그 부분에 손상을 입힐 우려가 있는 기계장치 등이 있는 장소

정답 | ④

03 빈출도 ★

피난기구를 설치하여야 할 소방대상물 중 피난기구의 2분의 1을 감소할 수 있는 조건이 아닌 것은?

① 주요구조부가 내화구조로 되어 있다.
② 특별피난계단이 2 이상 설치되어 있다.
③ 소방구조용(비상용) 엘리베이터가 설치되어 있다.
④ 직통계단인 피난계단이 2 이상 설치되어 있다.

해설 PHASE 13 피난기구

소방구조용 엘리베이터의 유무는 피난기구의 수를 감소할 수 있는 기준과 관련이 없다.

관련개념 피난기구의 $\frac{1}{2}$을 감소할 수 있는 기준

㉠ 주요구조부가 내화구조로 되어 있어야 한다.
㉡ 직통계단인 피난계단 또는 특별피난계단이 2 이상 설치되어 있어야 한다.

정답 | ③

04 빈출도 ★

연결살수설비 전용헤드를 사용하는 연결살수설비에서 천장 또는 반자의 각 부분으로부터 하나의 살수헤드까지의 수평거리는 몇 [m] 이하인가? (단, 살수헤드의 부착면과 바닥과의 높이가 2.1[m] 초과인 경우이다.)

① 2.1
② 2.3
③ 2.7
④ 3.7

해설 PHASE 20 연결살수설비

천장 또는 반자의 각 부분으로부터 하나의 살수헤드까지의 수평거리가 연결살수설비 전용헤드의 경우 3.7[m] 이하로 한다.

관련개념 연결살수설비 헤드의 설치기준

㉠ 천장 또는 반자의 실내에 면하는 부분에 설치한다.
㉡ 천장 또는 반자의 각 부분으로부터 하나의 살수헤드까지의 수평거리가 연결살수설비 전용헤드의 경우 3.7[m] 이하, 스프링클러 헤드의 경우 2.3[m] 이하로 한다.
㉢ 살수헤드의 부착면과 바닥과의 높이가 2.1[m] 이하인 부분은 살수헤드의 살수분포에 따른 거리로 할 수 있다.

정답 | ④

05 빈출도 ★

특별피난계단의 계단실 및 부속실 제연설비의 비상전원은 제연설비를 유효하게 최소 몇 분 이상 작동할 수 있도록 하여야 하는가? (단, 층수가 30층 이상 49층 이하인 경우이다.)

① 20
② 30
③ 40
④ 60

해설 PHASE 18 특별피난계단의 계단실 및 부속실 제연설비

특별피난계단의 계단실 및 부속실 제연설비의 비상전원은 자가발전설비, 축전지설비, 전기저장장치로 하고 제연설비를 유효하게 작동할 수 있도록 한다.

층수	작동시간
~29층	20분 이상
30층~49층	40분 이상
50층~	60분 이상

정답 | ③

06 빈출도 ★★

특정소방대상물에 따라 작용하는 포 소화설비의 종류 및 적응성에 관한 설명으로 틀린 것은?

① 특수가연물을 저장·취급하는 공장에는 호스릴 포 소화설비를 설치할 것
② 완전 개방된 옥상주차장으로 주된 벽이 없고 기둥 뿐이거나 주위가 위해방지용 철주 등으로 둘러싸인 부분에는 호스릴 포 소화설비 또는 포 소화전설비를 설치할 것
③ 차고에는 포워터 스프링클러설비·포헤드설비 또는 고정포 방출설비, 압축공기포 소화설비를 설치할 것
④ 항공기격납고에는 포워터 스프링클러설비·포헤드설비 또는 고정포 방출설비, 압축공기포 소화설비를 설치할 것

해설 PHASE 08 포 소화설비

특수가연물을 저장·취급하는 공장 또는 창고에는 호스릴 포소화설비가 적응성이 없다.

관련개념 특정소방대상물별 포 소화설비의 적응성

특정소방대상물	적응성이 있는 포소화설비
특수가연물을 저장·취급하는 공장 또는 창고	포워터 스프링클러설비 포헤드설비 고정포 방출설비 압축공기포 소화설비
차고 또는 주차장	
항공기격납고	
발전기실, 엔진펌프실, 변압기, 전기케이블실, 유압설비	고정식 압축공기포 소화설비 (바닥면적의 합계 300[m²] 미만인 장소 限)

정답 | ①

07 빈출도 ★

연결송수관설비 배관의 설치기준으로 옳지 않은 것은?

① 지면으로부터의 높이가 31[m] 이상인 특정소방대상물은 습식설비로 할 것
② 다른 부분과 내화구조로 구획된 덕트 또는 피트의 내부에 설치하는 경우에는 소방용 합성수지배관으로 설치할 것
③ 습식배관 내 사용압력이 1.2[MPa] 미만인 경우 이음매 없는 구리 및 구리합금관을 사용하여야 할 것
④ 연결송수관설비의 배관은 주배관의 구경이 100[mm] 이상인 옥내소화전설비, 스프링클러설비 또는 물분무 등소화설비의 배관과 겸용할 수 있음

해설 PHASE 19 연결송수관설비

연결송수관설비는 주배관의 구경이 100[mm] 이상인 옥내소화전설비의 배관과 겸용할 수 있다.
스프링클러설비, 물분무 소화설비 등은 연결송수관설비의 배관과 겸용할 수 없다.

정답 | ④

08 빈출도 ★★

할론 소화설비의 화재안전기술기준(NFTC 107)에 따른 할론 1301 소화약제의 저장용기에 대한 설명으로 틀린 것은?

① 저장용기의 충전비는 0.9 이상 1.6 이하로 할 것
② 동일 집합관에 접속되는 용기의 충전비는 같도록 할 것
③ 저장용기의 개방밸브는 안전장치가 부착된 것으로 하며 수동으로 개방되지 않도록 할 것
④ 축압식 용기의 경우에는 20[℃]에서 2.5[MPa] 또는 4.2[MPa]의 압력이 되도록 질소가스로 축압할 것

해설 PHASE 10 할론 소화설비

저장용기의 개방밸브는 자동·수동으로 개방되고, 안전장치가 부착된 것으로 한다.

관련개념 저장용기의 설치기준

㉠ 축압식 저장용기의 압력은 온도 20[℃]에서 할론 1211을 저장하는 것은 1.1[MPa] 또는 2.5[MPa], 할론 1301을 저장하는 것은 2.5[MPa] 또는 4.2[MPa]이 되도록 질소가스로 축압한다.
㉡ 저장용기의 충전비는 다음의 표에 따른 기준으로 한다.

소화약제의 종류		충전비
할론 1301		0.9 이상 1.6 이하
할론 1211		0.7 이상 1.4 이하
할론 2402	가압식	0.51 이상 0.67 미만
	축압식	0.67 이상 2.75 이하

㉢ 동일 집합관에 접속되는 저장용기의 소화약제 충전량은 동일 충전비로 한다.
㉣ 가압용 가스용기는 질소가스가 충전된 것으로 하고, 그 압력은 21[℃]에서 2.5[MPa] 또는 4.2[MPa]이 되도록 한다.
㉤ 저장용기의 개방밸브는 전기식·가스압력식 또는 기계식에 따라 자동으로 개방되고 수동으로도 개방되는 것으로서 안전장치가 부착된 것으로 한다.
㉥ 가압식 저장용기에는 2.0[MPa] 이하의 압력으로 조정할 수 있는 압력조정장치를 설치한다.
㉦ 하나의 방호구역을 담당하는 소화약제 저장용기의 소화약제량의 체적합계보다 그 소화약제 방출 시 방출경로가 되는 배관(집합관 포함)의 내용적의 비율이 1.5배 이상일 경우에는 해당 방호구역에 대한 설비는 별도 독립방식으로 한다.

정답 | ③

09 빈출도 ★★

물분무 소화설비를 설치하는 주차장의 배수설비 설치기준 중 차량이 주차하는 바닥은 배수구를 향하여 얼마 이상의 기울기를 유지해야 하는가?

① $\dfrac{1}{100}$ ② $\dfrac{2}{100}$
③ $\dfrac{3}{100}$ ④ $\dfrac{5}{100}$

해설 PHASE 06 물분무 소화설비

차량이 주차하는 바닥은 배수구를 향하여 $\dfrac{2}{100}$ 이상의 기울기를 유지한다.

관련개념 배수설비의 설치기준

물분무 소화설비를 설치하는 차고 또는 주차장에는 배수장치를 다음의 기준에 따라 설치한다.
㉠ 차량이 주차하는 장소의 적당한 곳에 높이 10[cm] 이상의 경계턱으로 배수구를 설치한다.
㉡ 배수구에는 새어 나온 기름을 모아 소화할 수 있도록 길이 40[m] 이하마다 집수관·소화핏트 등 기름분리장치를 설치한다.
㉢ 차량이 주차하는 바닥은 배수구를 향하여 $\dfrac{2}{100}$ 이상의 기울기를 유지한다.
㉣ 배수설비는 가압송수장치의 최대송수능력의 수량을 유효하게 배수할 수 있는 크기 및 기울기로 한다.

정답 | ②

10 빈출도 ★★

경사강하식 구조대의 구조기준 중 입구틀 및 취부틀의 입구는 지름 몇 [cm] 이상의 구체가 통과할 수 있어야 하는가?

① 50   ② 60
③ 70   ④ 80

해설 PHASE 13 피난기구

입구틀 및 고정틀의 입구는 지름 60[cm] 이상의 구체가 통과할 수 있어야 한다.

관련개념 경사강하식 구조대의 구조 기준

㉠ 연속하여 활강할 수 있는 구조로 안전하고 쉽게 사용할 수 있어야 한다.
㉡ 입구틀 및 고정틀의 입구는 지름 60[cm] 이상의 구체가 통과할 수 있어야 한다.
㉢ 경사구조대 본체는 강하방향으로 봉합부가 설치되지 않아야 한다.
㉣ 본체의 포지는 하부지지장치에 인장력이 균등하게 걸리도록 부착하여야 하며 하부지지장치는 쉽게 조작할 수 있어야 한다.
㉤ 땅에 닿을 때 충격을 받는 부분에는 완충장치로서 받침포 등을 부착하여야 한다.

정답 | ②

11 빈출도 ★★

스프링클러설비의 가압송수장치의 정격토출압력은 하나의 헤드선단에 얼마의 방수압력이 될 수 있는 크기이어야 하는가?

① 0.01[MPa] 이상 0.05[MPa] 이하
② 0.1[MPa] 이상 1.2[MPa] 이하
③ 1.5[MPa] 이상 2.0[MPa] 이하
④ 2.5[MPa] 이상 3.3[MPa] 이하

해설 PHASE 04 스프링클러설비

정격토출압력은 하나의 헤드선단에 0.1[MPa] 이상 1.2[MPa] 이하의 방수압력이 될 수 있게 한다.

정답 | ②

12 빈출도 ★★

호스릴 이산화탄소 소화설비의 노즐은 20[℃]에서 하나의 노즐마다 몇 [kg/min] 이상의 소화약제를 방사할 수 있는 것이어야 하는가?

① 40   ② 50
③ 60   ④ 80

해설 PHASE 09 이산화탄소 소화설비

호스릴방식의 이산화탄소소화설비의 노즐은 20[℃]에서 하나의 노즐마다 1분 당 60[kg] 이상의 양을 방출할 수 있는 것으로 한다.

관련개념 호스릴방식의 설치기준

㉠ 방호대상물의 각 부분으로부터 하나의 호스접결구까지의 수평거리가 15[m] 이하가 되도록 한다.
㉡ 소화약제 저장용기의 개방밸브는 호스릴의 설치장소에서 수동으로 개폐할 수 있는 것으로 한다.
㉢ 소화약제 저장용기는 호스릴을 설치하는 장소마다 설치한다.
㉣ 호스릴방식의 이산화탄소 소화설비의 노즐은 20[℃]에서 하나의 노즐마다 1분 당 60[kg] 이상의 양을 방출할 수 있는 것으로 한다.
㉤ 소화약제 저장용기의 가장 가까운 곳의 보기 쉬운 곳에 적색의 표시등을 설치하고, 호스릴방식의 이산화탄소 소화설비가 있다는 뜻을 표시한 표지를 한다.

정답 | ③

13 빈출도 ★★

모피창고에 이산화탄소 소화설비를 전역방출방식으로 설치할 경우 방호구역의 체적이 600[m³]라면 이산화탄소 소화약제의 최소 저장량은 몇 [kg]인가? (단, 설계농도는 75[%]이고, 개구부 면적은 무시한다.)

① 780
② 960
③ 1,200
④ 1,620

해설 PHASE 09 이산화탄소 소화설비

소화약제의 저장량은 방호구역의 체적과 개구부의 면적에 따라 산출한 값의 합으로 한다.
모피창고는 방호구역 체적 1[m³] 당 2.7[kg/m³]의 소화약제가 필요하므로
　　600[m³]×2.7[kg/m³]=1,620[kg]
심부화재의 경우 자동폐쇄장치가 없는 방호구역의 개구부 1[m²] 당 10[kg/m²]의 소화약제가 필요하지만 개구부 면적을 무시하므로 가산하지 않는다.

관련개념 심부화재 전역방출방식의 소화약제 저장량

심부화재 전역방출방식의 경우 소화약제의 저장량은 방호구역의 체적과 개구부의 면적에 따라 산출한 값의 합으로 한다.
㉠ 방호구역의 체적 1[m³]마다 다음의 기준에 따른 양. 불연재료나 내열성의 재료로 밀폐된 구조물이 있는 경우 그 체적은 제외한다.

방호대상물	소화약제의 양 [kg/m³]	설계 농도 [%]
유압기기를 제외한 전기설비, 케이블실	1.3	50
체적 55[m³] 미만의 전기설비	1.6	50
서고, 전자제품창고, 목재가공품창고, 박물관	2.0	65
고무류·면화류 창고, 모피창고, 석탄창고, 집진설비	2.7	75

㉡ 방호구역의 개구부(창문·출입구) 1[m²]마다 10[kg]을 가산해야 한다.(자동폐쇄장치가 없는 경우 限) 개구부의 면적은 방호구역 전체 표면적의 3[%] 이하로 한다.

정답 | ④

14 빈출도 ★★★

소화기구 및 자동소화장치의 화재안전기술기준(NFTC 101) 상 규정하는 화재의 종류가 아닌 것은?

① A급 화재
② B급 화재
③ G급 화재
④ K급 화재

해설 PHASE 01 소화기구 및 자동소화장치

G급 화재는 소화기구 및 자동소화장치의 화재안전기술기준(NFTC 101)에서 정의하고 있지 않다.

관련개념 화재의 종류

일반화재 (A급 화재)	나무, 섬유, 종이, 고무, 플라스틱류와 같은 일반 가연물이 타고 나서 재가 남는 화재
유류화재 (B급 화재)	인화성 액체, 가연성 액체, 석유 그리스, 타르, 오일, 유성도료, 솔벤트, 래커, 알코올 및 인화성 가스와 같은 유류가 타고 나서 재가 남지 않는 화재
전기화재 (C급 화재)	전류가 흐르고 있는 전기기기, 배선과 관련된 화재
주방화재 (K급 화재)	주방에서 동식물유를 취급하는 조리기구에서 일어나는 화재

정답 | ③

15 빈출도 ★★

바닥면적이 $400[m^2]$ 미만이고 예상제연구역이 벽으로 구획되어 있는 배출구의 설치위치로 옳은 것은? (단, 통로인 예상제연구역을 제외한다.)

① 천장 또는 반자와 바닥 사이의 중간 윗부분
② 천장 또는 반자와 바닥 사이의 중간 아래 부분
③ 천장, 반자 또는 이에 가까운 부분
④ 천장 또는 반자와 바닥 사이의 중간 부분

해설 PHASE 17 제연설비

벽으로 구획되어 있는 경우 배출구는 천장 또는 반자와 바닥 사이의 중간 윗부분에 설치한다.

관련개념 배출구의 설치기준

㉠ 예상제연구역(통로 제외)의 바닥면적이 $400[m^2]$ 미만인 경우
- 벽으로 구획되어 있는 경우 배출구는 천장 또는 반자와 바닥 사이의 중간 윗부분에 설치한다.
- 어느 한 부분이 제연경계로 구획되어 있는 경우 천장·반자 또는 이에 가까운 벽의 부분에 설치한다.
- 배출구를 벽에 설치하는 경우 배출구의 하단이 해당 예상제연구역에서 제연경계의 폭이 가장 짧은 제연경계의 하단보다 높이 되도록 한다.

㉡ 통로인 예상제연구역과 바닥면적이 $400[m^2]$ 이상인 경우
- 벽으로 구획되어 있는 경우 배출구는 천장·반자 또는 이에 가까운 벽의 부분에 설치한다.
- 배출구를 벽에 설치하는 경우 배출구의 하단과 바닥 간의 최단거리를 $2[m]$ 이상으로 한다.
- 어느 한 부분이 제연경계로 구획되어 있는 경우 천장·반자 또는 이에 가까운 벽의 부분에 설치한다.
- 배출구를 벽 또는 제연경계에 설치하는 경우 배출구의 하단이 해당 예상제연구역에서 제연경계의 폭이 가장 짧은 제연경계의 하단보다 높이 되도록 한다.

㉢ 예상제연구역의 각 부분으로부터 하나의 배출구까지의 수평거리는 $10[m]$ 이내로 한다.

정답 | ①

16 빈출도 ★★★

연면적이 $35,000[m^2]$인 특정소방대상물에 소화용수설비를 설치하는 경우 소화수조의 최소 저수량은 약 몇 $[m^3]$인가? (단, 지상 1층 및 2층의 바닥면적 합계가 $15,000[m^2]$ 이상인 경우이다.)

① 40
② 60
③ 80
④ 100

해설 PHASE 16 소화수조 및 저수조

저수량은 1층 및 2층의 바닥면적 합계가 $15,000[m^2]$ 이상인 경우 연면적 $35,000[m^2]$에 기준면적 $7,500[m^2]$을 나누어 얻은 수(소수점 이하 절상)에 $20[m^3]$을 곱한 양 이상으로 한다.

$$\frac{35,000[m^2]}{7,500[m^2]} ≒ 4.67 ≒ 5(절상)$$

$$5 \times 20[m^3] = 100[m^3]$$

관련개념 저수량의 산정기준

저수량은 소방대상물의 연면적을 다음의 표에 따른 기준면적으로 나누어 얻은 수(소수점 이하 절상)에 $20[m^3]$을 곱한 양 이상으로 한다.

소방대상물의 구분	기준면적$[m^2]$
1층 및 2층의 바닥면적 합계가 $15,000[m^2]$ 이상	7,500
그 밖의 소방대상물	12,500

정답 | ④

17 빈출도 ★★★

스프링클러설비의 배관에 대한 내용 중 잘못된 것은?

① 수직배수배관의 구경은 65[mm] 이상으로 할 것
② 급수배관 중 가지배관의 배열은 토너먼트방식이 아닐 것
③ 교차배관의 청소구는 교차배관 끝에 개폐밸브를 설치할 것
④ 습식 스프링클러설비 또는 부압식 스프링클러설비 외의 설비에는 헤드를 향하여 상향으로 가지배관의 기울기를 $\frac{1}{250}$ 이상으로 할 것

해설 PHASE 04 스프링클러설비

수직배수배관의 구경은 50[mm] 이상으로 한다.

선지분석
① 수직배수배관의 구경은 50[mm] 이상으로 한다. 수직배관의 구경이 50[mm] 미만인 경우 수직배관의 구경과 동일하게 설치할 수 있다.
② 가지배관의 배열은 토너먼트 배관방식이 아니어야 한다.
③ 청소구는 교차배관 끝에 40[mm] 이상 크기의 개폐밸브를 설치하고, 호스접결이 가능한 나사식 또는 고정배수 배관식으로 한다.
④ 습식 스프링클러설비 또는 부압식 스프링클러설비 외의 설비에는 헤드를 향하여 상향으로 수평주행배관의 기울기를 $\frac{1}{500}$ 이상, 가지배관의 기울기를 $\frac{1}{250}$ 이상으로 한다.

정답 | ①

18 빈출도 ★★★

특수가연물을 저장 또는 취급하는 장소의 경우에는 스프링클러 헤드를 설치하는 천장·반자·천장과 반자 사이·덕트·선반 등의 각 부분으로부터 하나의 스프링클러 헤드까지의 수평거리 기준은 몇 [m] 이하인가? (단, 성능이 별도로 인정된 스프링클러 헤드를 수리계산에 따라 설치하는 경우는 제외한다.)

① 1.7
② 2.5
③ 3.2
④ 4

해설 PHASE 04 스프링클러설비

특수가연물을 저장 또는 취급하는 장소에서 천장·반자·천장과 반자 사이·덕트·선반 등의 각 부분으로부터 하나의 스프링클러 헤드까지의 수평거리는 1.7[m] 이하가 되도록 한다.

관련개념 헤드의 방사범위

천장·반자·천장과 반자 사이·덕트·선반 등의 각 부분으로부터 하나의 스프링클러 헤드까지의 수평거리는 다음의 표에 따른 거리 이하가 되도록 한다.

소방대상물	수평거리
무대부·특수가연물을 저장 또는 취급하는 장소	1.7[m]
비내화구조 특정소방대상물	2.1[m]
내화구조 특정소방대상물	2.3[m]
아파트 세대 내	2.6[m]

정답 | ①

19 빈출도 ★★★

지하구의 화재안전기술기준(NFTC 605) 상 연소방지설비 헤드의 설치기준 중 다음 (   ) 안에 알맞은 것은?

> 헤드 간의 수평거리는 연소방지설비 전용헤드의 경우에는 (㉠)[m] 이하, 스프링클러 헤드의 경우에는 (㉡)[m] 이하로 할 것

① ㉠: 2   ㉡: 1.5
② ㉠: 1.5 ㉡: 2
③ ㉠: 1.7 ㉡: 2.5
④ ㉠: 2.5 ㉡: 1.7

해설 PHASE 21 지하구

헤드 간의 수평거리는 연소방지설비 전용헤드의 경우 2[m] 이하, 개방형 스프링클러 헤드의 경우 1.5[m] 이하로 한다.

관련개념 연소방지설비 헤드의 설치기준

㉠ 천장 또는 벽면에 설치한다.
㉡ 헤드 간의 수평거리는 연소방지설비 전용헤드의 경우 **2[m] 이하**, 개방형 스프링클러 헤드의 경우 **1.5[m]** 이하로 한다.
㉢ 소방대원의 출입이 가능한 환기구·작업구마다 지하구의 양쪽 방향으로 살수헤드를 설치하고, 한쪽 방향의 살수구역의 길이는 3[m] 이상으로 한다.
㉣ 환기구 사이의 간격이 700[m]를 초과하는 경우 700[m] 이내마다 살수구역을 설정한다. 지하구의 구조를 고려하여 방화벽을 설치한 경우 그렇지 않다.

정답 | ①

20 빈출도 ★★★

(   ) 안에 들어갈 내용으로 알맞은 것은?

> 이산화탄소 소화약제의 저압식 저장용기에는 용기 내부의 온도가 (㉠)에서 (㉡)의 압력을 유지할 수 있는 자동냉동장치를 설치할 것

① ㉠: 0[℃] 이상   ㉡: 4[MPa]
② ㉠: −18[℃] 이하   ㉡: 2.1[MPa]
③ ㉠: 20[℃] 이하   ㉡: 2[MPa]
④ ㉠: 40[℃] 이하   ㉡: 2.1[MPa]

해설 PHASE 09 이산화탄소 소화설비

저압식 저장용기에는 용기 내부의 온도가 −18[℃] 이하에서 2.1[MPa]의 압력을 유지할 수 있는 자동냉동장치를 설치한다.

관련개념 저장용기의 설치기준

㉠ 저장용기의 충전비는 고압식은 1.5 이상 1.9 이하, 저압식은 1.1 이상 1.4 이하로 한다.
㉡ 저압식 저장용기에는 내압시험압력의 0.64배 이상 0.8배 이하의 압력에서 작동하는 안전밸브를 설치한다.
㉢ 저압식 저장용기에는 내압시험압력의 0.8배 이상 1배 이하의 압력에서 작동하는 봉판을 설치한다.
㉣ 저압식 저장용기에는 액면계 및 압력계와 2.3[MPa] 이상 1.9[MPa] 이하의 압력에서 작동하는 압력경보장치를 설치한다.
㉤ 저압식 저장용기에는 용기 내부의 온도가 −18[℃] 이하에서 2.1[MPa]의 압력을 유지할 수 있는 자동냉동장치를 설치한다.
㉥ 고압식 저장용기는 25[MPa] 이상, 저압식 저장용기는 3.5[MPa] 이상의 내압시험압력에 합격한 것으로 한다.
㉦ 저장용기의 개방밸브는 전기식·가스압력식 또는 기계식에 따라 자동으로 개방되고 수동으로도 개방되는 것으로서 안전장치가 부착된 것으로 한다.
㉧ 저장용기와 선택밸브 또는 개폐밸브 사이에는 배관의 최소사용설계압력과 최대허용압력 사이의 압력에서 작동하는 안전장치를 설치한다.

정답 | ②

2023년 CBT 복원문제

1회

□ 1회독   점 | □ 2회독   점 | □ 3회독   점

01 빈출도 ★★

옥외소화전설비의 화재안전성능기준(NFPC 109)에 따라 옥외소화전 배관은 특정소방대상물의 각 부분으로부터 하나의 호스접결구까지의 수평거리가 최대 몇 [m] 이하가 되도록 설치하여야 하는가?

① 25
② 35
③ 40
④ 50

해설 PHASE 03 옥외소화전설비

호스접결구는 특정소방대상물의 각 부분으로부터 하나의 호스접결구까지의 수평거리가 40[m] 이하가 되도록 한다.

정답 | ③

02 빈출도 ★★★

스프링클러 헤드의 설치기준 중 옳은 것은?

① 살수가 방해되지 아니하도록 스프링클러 헤드로부터 반경 30[cm] 이상의 공간을 보유할 것
② 스프링클러 헤드와 그 부착면과의 거리는 60[cm] 이하로 할 것
③ 측벽형 스프링클러 헤드를 설치하는 경우 긴 변의 한쪽 벽에 일렬로 설치하고 3.2[m] 이내마다 설치할 것
④ 연소할 우려가 있는 개구부에는 그 상하좌우에 2.5[m] 간격으로 스프링클러 헤드를 설치하되, 스프링클러 헤드와 개구부의 내측 면으로부터 직선거리는 15[cm] 이하가 되도록 할 것

해설 PHASE 04 스프링클러설비

연소할 우려가 있는 개구부에는 그 상하좌우에 2.5[m] 간격으로 스프링클러 헤드를 설치한다.
헤드와 연소할 우려가 있는 개구부의 내측 면으로부터 직선거리는 15[cm] 이하가 되도록 한다.

선지분석
① 살수가 방해되지 않도록 스프링클러 헤드로부터 반경 60[cm] 이상의 공간을 보유한다.
② 스프링클러 헤드와 그 부착면과의 거리는 30[cm] 이하로 한다.
③ 측벽형 스프링클러 헤드를 설치하는 경우 긴 변의 한쪽 벽에 일렬로 설치하고 3.6[m] 이내마다 설치한다.

정답 | ④

03 빈출도 ★★★

피난기구 설치기준으로 옳지 않은 것은?

① 피난기구는 소방대상물의 기둥·바닥·보, 기타 구조상 견고한 부분에 볼트조임·매입·용접, 기타의 방법으로 견고하게 부착할 것
② 2층 이상의 층에 피난사다리(하향식 피난구용 내림식사다리는 제외한다.)를 설치하는 경우에는 금속성 고정사다리를 설치하고, 피난에 방해되지 않도록 노대는 설치되지 않아야 할 것
③ 승강식피난기 및 하향식 피난구용 내림식사다리는 설치경로가 설치 층에서 피난층까지 연계될 수 있는 구조로 설치할 것. 다만, 건축물의 구조 및 설치 여건 상 불가피한 경우에는 그러하지 아니한다.
④ 승강식피난기 및 하향식 피난구용 내림식사다리의 하강식 내측에는 기구의 연결 금속구 등이 없어야 하며 전개된 피난기구는 하강구 수평투영면적 공간 내의 범위를 침범하지 않는 구조이어야 할 것. 단, 직경 60[cm] 크기의 범위를 벗어난 경우이거나, 직하층의 바닥 면으로부터 높이 50[cm] 이하의 범위는 제외한다.

해설 PHASE 13 피난기구

4층 이상의 층에 피난사다리(하향식 피난구용 내림식 사다리 제외)를 설치하는 경우 금속성 고정사다리를 설치하고, 고정사다리에는 쉽게 피난할 수 있는 구조의 노대를 설치한다.

정답 | ②

04 빈출도 ★★★

개방형 스프링클러 헤드 30개를 설치하는 경우 급수관의 구경은 몇 [mm]로 하여야 하는가?

① 65
② 80
③ 90
④ 100

해설 PHASE 04 스프링클러설비

개방형 스프링클러 헤드를 30개 설치하는 경우 급수관의 구경은 90[mm]로 한다.

관련개념 배관의 설치기준

배관의 구경은 가압송수장치의 정격토출압력과 송수량 기준에 적합하도록 수리계산에 의하거나 다음의 표에 따른 기준에 따라 설치한다.

급수관의 구경[mm] 헤드의 수(개)	25	32	40	50	65	80	90	100	125	150
다	1	2	5	8	15	27	40	55	90	91 이상

㉠ 개방형 스프링클러 헤드를 설치하는 경우 하나의 방수구역이 담당하는 헤드의 개수가 30개 이하일 때는 "다"란에 따른다.

정답 | ③

05 빈출도 ★★★

지하구의 화재안전성능기준(NFPC 605) 상 배관의 설치기준으로 적절한 것은?

① 급수배관은 겸용으로 한다.
② 하나의 배관에 연소방지설비 전용헤드를 3개 부착하는 경우 배관의 구경은 50[mm] 이상으로 한다.
③ 교차배관은 가지배관과 수평으로 설치하거나 가지배관 위에 설치한다.
④ 교차배관의 최소구경은 32[mm] 이상으로 한다.

해설 PHASE 21 지하구

하나의 배관에 부착하는 전용헤드의 개수가 3개일 경우 배관의 구경은 50[mm] 이상으로 한다.

선지분석

① 급수배관은 전용으로 한다.
② 연소방지설비 전용헤드를 사용하는 경우 다음의 표에 따른 구경 이상으로 한다.

하나의 배관에 부착하는 전용 헤드의 개수	배관의 구경[mm]
1개	32
2개	40
3개	50
4개 또는 5개	65
6개 이상	80

③, ④ 교차배관은 가지배관과 수평으로 설치하거나 가지배관 밑에 설치하고, 최소구경은 40[mm] 이상으로 한다.

정답 | ②

06 빈출도 ★★

제연설비의 설치장소에 따른 제연구역의 구획기준으로 틀린 것은?

① 거실과 통로는 각각 제연구획 할 것
② 하나의 제연구역의 면적은 600[m²] 이내로 할 것
③ 하나의 제연구역은 직경 60[m] 원 내에 들어갈 수 있을 것
④ 하나의 제연구역은 2개 이상 층에 미치지 아니하도록 할 것

해설 PHASE 17 제연설비

하나의 제연구역의 면적은 1,000[m²] 이내로 한다.

관련개념 제연구역의 구획기준

㉠ 하나의 제연구역의 면적은 1,000[m²] 이내로 한다.
㉡ 거실과 통로(복도 포함)는 각각 제연구획 한다.
㉢ 통로상의 제연구역은 보행중심선의 길이가 60[m]를 초과하지 않는다.
㉣ 하나의 제연구역은 직경 60[m] 원 내에 들어갈 수 있어야 한다.
㉤ 하나의 제연구역은 2 이상의 층에 미치지 않도록 한다.
㉥ 층의 구분이 불분명한 부분은 그 부분을 다른 부분과 별도로 제연구획 한다.

정답 | ②

07 빈출도 ★★

학교, 공장, 창고시설에 설치하는 옥내소화전에서 가압송수장치 및 기동장치가 동결의 우려가 있는 경우 일부 사항을 제외하고는 주펌프와 동등 이상의 성능이 있는 별도의 펌프로서 내연기관의 기동과 연동하여 작동되거나 비상전원을 연결한 펌프를 추가 설치해야 한다. 다음 중 이러한 조치를 취해야 하는 경우는?

① 지하층이 없이 지상층만 있는 건축물
② 고가수조를 가압송수장치로 설치한 경우
③ 수원이 건축물의 최상층에 설치된 방수구보다 높은 위치에 설치된 경우
④ 건축물의 높이가 지표면으로부터 10[m] 이하인 경우

해설 PHASE 02 옥내소화전설비

지상층만 있는 건축물의 경우 동결의 우려가 있는 장소에는 내연기관의 기동과 연동하거나 비상전원을 연결한 펌프를 추가로 설치한다.

관련개념

㉠ 학교·공장·창고시설과 같이 동결의 우려가 있는 장소에서는 기동스위치에 보호판을 부착하여 옥내소화전함 내에 설치할 수 있다.
㉡ 기동스위치에 보호판을 부착하여 옥내소화전함 내에 설치한 경우(㉠) 주펌프와 동등 이상의 성능이 있는 별도의 펌프를 내연기관의 기동과 연동하거나 비상전원을 연결하여 추가로 설치한다.
㉢ 다음에 해당하는 경우 ㉡의 펌프를 설치하지 않는다.
 - 지하층만 있는 건축물
 - 고가수조를 가압송수장치로 설치한 경우
 - 수원이 건축물의 최상층에 설치된 방수구보다 높은 위치에 설치된 경우
 - 건축물의 높이가 지표면으로부터 10[m] 이하인 경우
 - 가압수조를 가압송수장치로 설치한 경우

정답 | ①

08 빈출도 ★

할로겐화합물 및 불활성기체소화설비의 화재안전기술기준(NFTC 107A) 상 저장용기 설치기준으로 틀린 것은?

① 온도가 40[℃] 이하이고 온도 변화가 작은 곳에 설치할 것
② 용기간의 간격은 점검에 지장이 없도록 3[cm] 이상의 간격을 유지할 것
③ 직사광선 및 빗물이 침투할 우려가 없는 곳에 설치할 것
④ 저장용기를 방호구역 외에 설치한 경우에는 방화문으로 구획된 실에 설치할 것

해설 PHASE 11 할로겐화합물 및 불활성기체 소화설비

온도가 55[℃] 이하이고, 온도 변화가 작은 곳에 설치한다.

관련개념 저장용기의 설치장소

㉠ 방호구역 외의 장소에 설치한다.
㉡ 방호구역 내에 설치할 경우 피난 및 조작이 용이하도록 피난구 부근에 설치한다.
㉢ 온도가 55[℃] 이하이고, 온도 변화가 작은 곳에 설치한다.
㉣ 직사광선 및 빗물이 침투할 우려가 없는 곳에 설치한다.
㉤ 방호구역 외의 장소에 설치하는 경우 방화문으로 방화구획 된 실에 설치한다.
㉥ 용기의 설치장소에는 해당 용기가 설치된 곳임을 표시하는 표지를 한다.
㉦ 용기 간의 간격은 점검에 지장이 없도록 3[cm] 이상의 간격을 유지한다.
㉧ 저장용기와 집합관을 연결하는 연결배관에는 체크밸브를 설치한다. 다만, 저장용기가 하나의 방호구역만을 담당하는 경우는 제외한다.

정답 | ①

09 　빈출도 ★★

특정소방대상물의 용도 및 장소별로 설치하여야 할 인명구조기구 종류의 기준 중 다음 ( ) 안에 알맞은 것은?

특정소방대상물	인명구조기구의 종류
물분무등소화설비 중 ( )를 설치하여야하는 특정소방대상물	공기호흡기

① 이산화탄소 소화설비
② 분말 소화설비
③ 할론 소화설비
④ 할로겐화합물 및 불활성기체 소화설비

해설 PHASE 14 인명구조기구

물분무등소화설비 중 이산화탄소 소화설비를 설치해야 하는 특정소방대상물에는 공기호흡기를 이산화탄소 소화설비가 설치된 장소의 출입구 외부 인근에 1개 이상 설치한다.

관련개념 특정소방대상물의 용도 및 장소별 설치해야 할 인명구조기구

특정소방대상물	인명구조기구	설치 수량
• 지하층을 포함하는 층수가 7층 이상인 관광호텔 • 5층 이상인 병원	• 방열복 또는 방화복(안전모, 보호장갑 및 안전화 포함) • 공기호흡기 • 인공소생기	각 2개 이상(병원의 경우 인공소생기 생략 가능)
• 수용인원 100명 이상의 영화상영관 • 대규모 점포 • 지하역사 • 지하상가	• 공기호흡기	층마다 2개 이상
• 물분무등소화설비 중 이산화탄소 소화설비를 설치해야하는 특정소방대상물	• 공기호흡기	이산화탄소 소화설비가 설치된 장소의 출입구 외부 인근에 1개 이상

정답 | ①

10 　빈출도 ★

미분무 소화설비의 화재안전기술기준(NFTC 104A)상 미분무 소화설비의 성능을 확인하기 위하여 하나의 발화원을 가정한 설계도서 작성 시 고려하여야 할 인자를 모두 고른 것은?

㉠ 화재 위치
㉡ 점화원의 형태
㉢ 시공 유형과 내장재 유형
㉣ 초기 점화되는 연료 유형
㉤ 공기조화설비, 자연형(문, 창문) 및 기계형 여부
㉥ 문과 창문의 초기상태(열림, 닫힘) 및 시간에 따른 변화상태

① ㉠, ㉢, ㉥
② ㉠, ㉡, ㉢, ㉤
③ ㉠, ㉡, ㉣, ㉤, ㉥
④ ㉠, ㉡, ㉢, ㉣, ㉤, ㉥

해설 PHASE 07 미분무 소화설비

제시된 인자 모두 설계도서의 작성기준에 해당한다.

관련개념 설계도서의 작성기준

㉠ 점화원의 형태
㉡ 초기 점화되는 연료 유형
㉢ 화재 위치
㉣ 문과 창문의 초기상태(열림, 닫힘) 및 시간에 따른 변화상태
㉤ 공기조화설비, 자연형(문, 창문) 및 기계형 여부
㉥ 시공 유형과 내장재 유형

정답 | ④

11 빈출도 ★

특별피난계단의 계단실 및 부속실 제연설비의 수직풍도에 따른 배출기준 중 각층의 옥내와 면하는 수직풍도의 관통부에 설치하여야 하는 배출댐퍼 설치기준으로 틀린 것은?

① 화재층의 옥내에 설치된 화재감지기의 동작에 따라 당해층의 댐퍼가 개방될 것
② 풍도의 배출댐퍼는 이·탈착구조가 되지 않도록 설치할 것
③ 개폐여부를 당해 장치 및 제어반에서 확인할 수 있는 감지기능을 내장하고 있을 것
④ 배출댐퍼는 두께 1.5[mm] 이상의 강판 또는 이와 동등 이상의 성능이 있는 것으로 설치하여야 하며 비 내식성 재료의 경우에는 부식방지 조치를 할 것

해설 PHASE 18 특별피난계단의 계단실 및 부속실 제연설비

풍도의 배출댐퍼는 풍도의 내부마감 상태에 대한 점검 및 댐퍼의 정비가 가능한 이·탈착식 구조로 한다.

관련개념 수직풍도의 관통부에 설치하는 배출댐퍼의 설치기준

㉠ 배출댐퍼는 두께 1.5[mm] 이상의 강판 또는 이와 동등 이상의 성능이 있는 것으로 설치하며 비내식성 재료의 경우 부식방지 조치를 한다.
㉡ 평상시 닫힌 구조로 기밀상태를 유지한다.
㉢ 개폐여부를 장치 및 제어반에서 확인할 수 있는 감지 기능을 내장한다.
㉣ 구동부의 작동상태와 닫혀 있을 때의 기밀상태를 수시로 점검할 수 있는 구조로 한다.
㉤ 풍도의 내부마감 상태에 대한 점검 및 댐퍼 정비가 가능한 이·탈착식 구조로 한다.
㉥ 화재 층에 설치된 화재감지기의 동작에 따라 해당 층의 댐퍼가 개방되도록 한다.
㉦ 개방 시의 실제 개구부(개구율을 감안한 것)의 크기는 수직풍도의 내부단면적 기준 이상으로 한다.
㉧ 댐퍼는 풍도 내의 공기흐름에 지장을 주지 않도록 수직풍도의 내부로 돌출하지 않게 설치한다.

정답 | ②

12 빈출도 ★

옥내소화전설비의 화재안전기술기준(NFTC 102)에 따라 옥내소화전 방수구를 반드시 설치하여야 하는 곳은?

① 식물원
② 수족관
③ 수영장의 관람석
④ 냉장창고 중 온도가 영하인 냉장실

해설 PHASE 02 옥내소화전설비

식물원, 수족관은 물을 방수하는 설비가 이미 갖추어져 있고, 온도가 영하인 장소는 물이 응결하여 흐르지 못하기 때문에 적절한 소화가 이루어지기 어렵다.
수영장의 관람석은 수영장의 물을 활용하여 소화하기 위해서라도 방수구는 필요하다.

관련개념 방수구의 설치제외 장소

㉠ 냉장창고 중 온도가 영하인 냉장실 또는 냉동창고의 냉동실
㉡ 고온의 노가 설치된 장소 또는 물과 격렬하게 반응하는 물품의 저장 또는 취급 장소
㉢ 발전소·변전소 등으로서 전기시설이 설치된 장소
㉣ 식물원·수족관·목욕실·수영장(관람석 부분 제외) 또는 그 밖에 이와 비슷한 장소
㉤ 야외음악당·야외극장 또는 그 밖의 이와 비슷한 장소

정답 | ③

13 빈출도 ★★

다음 중 스프링클러설비와 비교하여 물분무 소화설비의 장점으로 옳지 않은 것은?

① 소량의 물을 사용함으로써 물의 사용량 및 방사량을 줄일 수 있다.
② 운동에너지가 크므로 파괴주수 효과가 크다.
③ 전기 절연성이 높아서 고압통전기기의 화재에도 안전하게 사용할 수 있다.
④ 물의 방수과정에서 화재열에 따른 부피증가량이 커서 질식효과를 높일 수 있다.

해설 PHASE 06 물분무 소화설비

파괴주수 효과는 물분무 소화설비의 무상주수보다 스프링클러설비의 적상주수가 더 크다.

관련개념 물분무소화

물분무, 미분무소화는 물을 미세한 입자 형태로 방출하는 소화방식(무상주수)으로 입자 사이가 공기로 절연되어 있기 때문에 물방울 크기가 더 큰 적상주수나 물줄기 형태의 봉상주수와 다르게 전기화재에도 적응성이 있다.

정답 | ②

14 빈출도 ★

난방설비가 없는 교육장소에 비치하는 소화기로 가장 적합한 것은? (단, 교육장소의 겨울 최저온도는 −15[℃]이다.)

① 화학포소화기   ② 기계포소화기
③ 산알칼리 소화기   ④ ABC 분말소화기

해설 PHASE 01 소화기구 및 자동소화장치

겨울 최저온도가 −15[℃]이므로 사용할 수 있는 소화기는 강화액소화기 또는 분말소화기이다.

관련개념 소화기의 사용온도범위

㉠ 강화액소화기: −20[℃] 이상 40[℃] 이하
㉡ 분말소화기: −20[℃] 이상 40[℃] 이하
㉢ 그 밖의 소화기: 0[℃] 이상 40[℃] 이하
㉣ 사용온도 범위를 확대할 경우 10[℃] 단위로 한다.

정답 | ④

15 빈출도 ★

도로터널의 화재안전성능기준(NFPC 603) 상 옥내소화전설비 설치기준 중 괄호 안에 알맞은 것은?

> 가압송수장치는 옥내소화전 2개(4차로 이상의 터널인 경우 3개)를 동시에 사용할 경우 각 옥내소화전의 노즐선단에서의 방수압력은 (㉠)[MPa] 이상이고 방수량은 (㉡)[L/min] 이상이 되는 성능의 것으로 할 것

① ㉠ 0.1   ㉡ 130
② ㉠ 0.17   ㉡ 130
③ ㉠ 0.25   ㉡ 350
④ ㉠ 0.35   ㉡ 190

해설 PHASE 22 기타 소방기계설비

노즐선단에서의 방수압력은 0.35[MPa] 이상, 방수량은 190[L/min] 이상으로 한다.

관련개념 도로터널의 옥내소화전설비 설치기준

㉠ 소화전함과 방수구는 주행차로 우측 측벽을 따라 50[m] 이내의 간격으로 설치하고, 편도 2차선 이상의 양방향 터널이나 4차로 이상의 일방향 터널의 경우에는 양쪽 측벽에 각각 50[m] 이내의 간격으로 엇갈리게 설치한다.
㉡ 수원은 그 저수량이 옥내소화전의 설치개수 2개(4차로 이상의 터널인 경우 3개)를 동시에 40분 이상 사용할 수 있는 충분한 양 이상으로 한다.
㉢ 가압송수장치는 옥내소화전 2개(4차로 이상의 터널인 경우 3개)를 동시에 사용할 경우 각 옥내소화전의 노즐선단에서의 방수압력은 0.35[MPa] 이상이고 방수량은 190[L/min] 이상이 되도록 한다.
㉣ 하나의 옥내소화전을 사용하는 노즐선단의 방수압력이 0.7[MPa]을 초과하는 경우 호스접결구의 인입측에 감압장치를 설치한다.
㉤ 전동기 또는 내연기관에 의한 펌프를 이용하는 가압송수장치는 주펌프와 동등 이상의 성능이 있는 별도의 펌프로서 내연기관의 기동과 연동하여 작동되거나 비상전원을 연결한 예비펌프를 추가로 설치한다.
㉥ 방수구는 40[mm] 구경의 단구형을 옥내소화전이 설치된 벽면의 바닥면으로부터 1.5[m] 이하의 쉽게 사용 가능한 높이에 설치할 것
㉦ 소화전함에는 옥내소화전 방수구 1개, 15[m] 이상의 소방호스 3본 이상 및 방수노즐을 비치한다.
㉧ 옥내소화전설비의 비상전원은 옥내소화전설비를 유효하게 40분 이상 작동할 수 있어야 한다.

정답 | ④

16 빈출도 ★

완강기의 형식승인 및 제품검사의 기술기준 상 완강기 및 간이완강기의 구성으로 적합한 것은?

① 속도조절기, 속도조절기의 연결부, 하부지지장치, 연결금속구, 벨트
② 속도조절기, 속도조절기의 연결부, 로프, 연결금속구, 벨트
③ 속도조절기, 가로봉 및 세로봉, 로프, 연결금속구, 벨트
④ 속도조절기, 가로봉 및 세로봉, 로프, 하부지지장치, 벨트

해설 PHASE 13 피난기구

완강기 및 간이완강기는 속도조절기·속도조절기의 연결부·로프·연결금속구 및 벨트로 구성한다.

관련개념 완강기 및 간이완강기의 구조 및 성능

㉠ 속도조절기·속도조절기의 연결부·로프·연결금속구 및 벨트로 구성한다.
㉡ 강하 시 사용자를 심하게 선회시키지 않아야 한다.
㉢ 기능에 이상이 생길 수 있는 모래나 기타의 이물질이 쉽게 들어가지 않도록 견고한 덮개로 덮어져 있어야 한다.
㉣ 부품 및 덮개를 나사로 체결할 경우 풀림방지조치를 해야 한다.

정답 | ②

17 빈출도 ★★

다음 중 할로겐화합물 소화설비의 수동식 기동장치 점검 내용으로 맞지 않은 것은?

① 방호구역마다 설치되어 있는지 점검한다.
② 방출지연용 비상스위치가 설치되어 있는지 점검한다.
③ 화재감지기와 연동되어 있는지 점검한다.
④ 조작부는 바닥으로부터 0.8[m] 이상 1.5[m] 이하의 위치에 설치되어 있는지 점검한다.

해설 PHASE 11 할로겐화합물 및 불활성기체 소화설비

자동화재탐지설비의 감지기와 연동되어 작동하는 기동장치는 자동식 기동장치이다.

관련개념 수동식 기동장치의 설치기준

㉠ 수동식 기동장치의 부근에는 소화약제의 방출을 지연시킬 수 있는 방출지연스위치를 설치한다. 방출지연스위치는 자동복귀형 스위치로 수동식 기동장치의 타이머를 순간 정지시키는 기능의 스위치를 말한다.
㉡ 방호구역마다 설치한다.
㉢ 해당 방호구역의 출입구 부근 등 조작을 하는 자가 쉽게 피난할 수 있는 장소에 설치한다.
㉣ 기동장치의 조작부는 바닥으로부터 0.8[m] 이상 1.5[m] 이하의 위치에 설치하고, 보호판 등에 따른 보호장치를 설치한다.
㉤ 기동장치 인근의 보기 쉬운 곳에 "할로겐화합물 및 불활성기체 소화설비 수동식 기동장치"라는 표지를 한다.
㉥ 전기를 사용하는 기동장치에는 전원표시등을 설치한다.
㉦ 기동장치의 방출용 스위치는 음향경보장치와 연동하여 조작될 수 있는 것으로 한다.
㉧ 50[N] 이하의 힘을 가하여 기동할 수 있는 구조로 한다.

정답 | ③

18 빈출도 ★★

물분무 소화설비의 소화작용이 아닌 것은?

① 부촉매작용 ② 냉각작용
③ 질식작용   ④ 희석작용

해설 PHASE 06 물분무 소화설비

부촉매작용은 연소의 요소 중 연쇄적 산화반응을 약화시켜 연소의 계속을 불가능하게 하는 화학적 소화방법이다.
부촉매작용을 하는 소화설비는 할론 소화설비, 할로겐화합물 소화설비 등이 있다.

정답 | ①

19 빈출도 ★

고정식사다리의 구조에 따른 분류로 틀린 것은?

① 굽히는식   ② 수납식
③ 접는식   ④ 신축식

해설 PHASE 13 피난기구

종봉의 수가 2개 이상인 고정식사다리에는 수납식, 접는식, 신축식이 있다.

관련개념 고정식사다리의 구조

㉠ 종봉의 수가 2개 이상인 것(수납식 · 접는식 또는 신축식)
 - 진동 등 그 밖의 충격으로 결합부분이 쉽게 이탈되지 않도록 안전장치를 설치한다.
 - 안전장치의 해제 동작을 제외하고는 두 번의 동작 이내로 사다리를 사용가능한 상태로 할 수 있어야 한다.
㉡ 종봉의 수가 1개인 것
 - 종봉이 그 사다리의 중심축이 되도록 횡봉을 부착하고 횡봉의 끝 부분에 종봉의 축과 평행으로 길이 5[cm] 이상의 옆으로 미끄러지는 것을 방지하기 위한 돌자를 설치한다.
 - 횡봉의 길이는 종봉에서 횡봉의 끝까지 길이가 안 치수로 15[cm] 이상 25[cm] 이하여야 하며 종봉의 폭은 횡봉의 축 방향에 대하여 10[cm] 이하여야 한다.

정답 | ①

20 빈출도 ★

다음과 같은 소방대상물의 부분에 완강기를 설치할 경우 부착 금속구의 부착위치로서 가장 적합한 위치는?

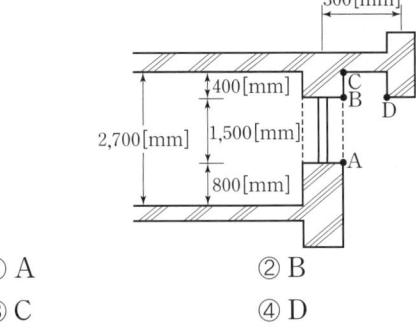

① A   ② B
③ C   ④ D

해설 PHASE 13 피난기구

금속구의 부착위치로 가장 적절한 위치는 D이다.
A, B, C에 금속구를 부착하는 경우 하강 시 벽과 충돌의 위험이 있다.

정답 | ④

2회

☐ 1회독 점 | ☐ 2회독 점 | ☐ 3회독 점

01 빈출도 ★★★

소화기구 및 자동소화장치의 화재안전기술기준(NFTC 101) 상 타고 나서 재가 남는 일반화재에 해당하는 일반 가연물은?

① 고무
② 타르
③ 솔벤트
④ 유성도료

해설 PHASE 01 소화기구 및 자동소화장치

일반화재(A급 화재)에 해당하는 것은 고무이다.

관련개념

②, ③, ④는 유류가 타고 나서 재가 남지않는 유류화재(B급 화재)이다.

정답 | ①

02 빈출도 ★★

제연설비에서 예상제연구역의 각 부분으로부터 하나의 배출구까지의 수평거리를 몇 [m] 이내가 되도록 하여야 하는가?

① 10[m]
② 12[m]
③ 15[m]
④ 20[m]

해설 PHASE 17 제연설비

예상제연구역의 각 부분으로부터 하나의 배출구까지의 수평거리는 10[m] 이내로 한다.

관련개념 배출구의 설치기준

㉠ 예상제연구역(통로 제외)의 바닥면적이 400[m²] 미만인 경우
  – 벽으로 구획되어 있는 경우 배출구는 천장 또는 반자와 바닥 사이의 중간 윗부분에 설치한다.
  – 어느 한 부분이 제연경계로 구획되어 있는 경우 천장·반자 또는 이에 가까운 벽의 부분에 설치한다.
  – 배출구를 벽에 설치하는 경우 배출구의 하단이 해당 예상제연구역에서 제연경계의 폭이 가장 짧은 제연경계의 하단보다 높이 되도록 한다.
㉡ 통로인 예상제연구역과 바닥면적이 400[m²] 이상인 경우
  – 벽으로 구획되어 있는 경우 배출구는 천장·반자 또는 이에 가까운 벽의 부분에 설치한다.
  – 배출구를 벽에 설치하는 경우 배출구의 하단과 바닥 간의 최단거리를 2[m] 이상으로 한다.
  – 어느 한 부분이 제연경계로 구획되어 있는 경우 천장·반자 또는 이에 가까운 벽의 부분에 설치한다.
  – 배출구를 벽 또는 제연경계에 설치하는 경우 배출구의 하단이 해당 예상제연구역에서 제연경계의 폭이 가장 짧은 제연경계의 하단보다 높이 되도록 한다.
㉢ 예상제연구역의 각 부분으로부터 하나의 배출구까지의 수평거리는 10[m] 이내로 한다.

정답 | ①

03 ★★★

소화기구 및 자동소화장치의 화재안전기술기준(NFTC 101) 상 건축물의 주요구조부가 내화구조이고, 벽 및 반자의 실내에 면하는 부분이 불연재료로 된 바닥면적이 600[m²]인 노유자시설에 필요한 소화기구의 능력단위는 최소 얼마 이상으로 하여야 하는가?

① 2단위
② 3단위
③ 4단위
④ 6단위

해설 PHASE 01 소화기구 및 자동소화장치

노유자시설에 소화기구를 설치할 경우 바닥면적 100[m²]마다 능력단위 1단위 이상으로 하며, 주요구조부가 내화구조이고, 벽 및 반자의 실내에 면하는 부분이 불연재료로 된 특정소방대상물의 경우 기준의 2배를 기준면적으로 하므로

$$\frac{600[m^2]}{100[m^2] \times 2} = 3단위$$

관련개념 소화기구의 특정소방대상물별 능력단위

특정소방대상물	소화기구의 능력단위
1. 위락시설	해당 용도의 바닥면적 30[m²]마다 능력단위 1단위 이상
2. 공연장·집회장·관람장·문화재·장례식장 및 의료시설	해당 용도의 바닥면적 50[m²]마다 능력단위 1단위 이상
3. 근린생활시설·판매시설·운수시설·숙박시설·노유자시설·전시장·공동주택·업무시설·방송통신시설·공장·창고시설·항공기 및 자동차 관련 시설 및 관광휴게시설	해당 용도의 바닥면적 100[m²]마다 능력단위 1단위 이상
4. 그 밖의 것	해당 용도의 바닥면적 200[m²]마다 능력단위 1단위 이상

소화기구의 능력단위를 산출할 때 건축물의 주요구조부가 내화구조이고, 벽 및 반자의 실내에 면하는 부분이 불연재료·준불연재료 또는 난연재료로 된 특정소방대상물의 경우 위 기준의 2배를 기준면적으로 한다.

정답 | ②

04 ★★★

피난기구의 화재안전기술기준(NFTC 301) 상 의료시설에 구조대를 설치해야 할 층이 아닌 것은?

① 2
② 3
③ 4
④ 5

해설 PHASE 13 피난기구

의료시설에는 3층, 4층 이상 10층 이하의 층에 구조대를 설치해야 한다.

관련개념 설치장소별 피난기구의 적응성

설치 장소별 \ 층별	1층	2층	3층	4층 이상 10층 이하
의료시설·근린생활시설 중 입원실이 있는 의원·접골원·조산원			• 미끄럼대 • 구조대 • 피난교 • 피난용트랩 • 다수인 피난장비 • 승강식 피난기	• 구조대 • 피난교 • 피난용트랩 • 다수인 피난장비 • 승강식 피난기

정답 | ①

05 빈출도 ★★★

지하구의 화재안전성능기준(NFPC 605)에 따라 연소방지설비의 살수구역은 환기구 등을 기준으로 최대 몇 [m] 이내마다 살수구역을 설정하여야 하는가?

① 150
② 350
③ 700
④ 1,000

해설 PHASE 21 지하구

환기구 사이의 간격이 700[m]를 초과하는 경우 700[m] 이내마다 살수구역을 설정한다.

관련개념 연소방지설비 헤드의 설치기준

㉠ 천장 또는 벽면에 설치한다.
㉡ 헤드 간의 수평거리는 연소방지설비 전용헤드의 경우 2[m] 이하, 개방형 스프링클러 헤드의 경우 1.5[m] 이하로 한다.
㉢ 소방대원의 출입이 가능한 환기구·작업구마다 지하구의 양쪽 방향으로 살수헤드를 설치하고, 한쪽 방향의 살수구역의 길이는 3[m] 이상으로 한다.
㉣ 환기구 사이의 간격이 700[m]를 초과하는 경우 700[m] 이내마다 살수구역을 설정한다. 지하구의 구조를 고려하여 방화벽을 설치한 경우 그렇지 않다.

정답 | ③

06 빈출도 ★

미분무 소화설비 배관의 배수를 위한 기울기 기준 중 다음 (   ) 안에 알맞은 것은? (단, 배관의 구조상 기울기를 줄 수 없는 경우는 제외한다.)

> 개방형 미분무 소화설비에는 헤드를 향하여 상향으로 수평주행배관의 기울기를 (㉠) 이상, 가지배관의 기울기를 (㉡) 이상으로 할 것

① ㉠ $\dfrac{1}{100}$　　㉡ $\dfrac{1}{500}$
② ㉠ $\dfrac{1}{500}$　　㉡ $\dfrac{1}{100}$
③ ㉠ $\dfrac{1}{250}$　　㉡ $\dfrac{1}{500}$
④ ㉠ $\dfrac{1}{500}$　　㉡ $\dfrac{1}{250}$

해설 PHASE 07 미분무 소화설비

개방형 미분무 소화설비의 배관은 헤드를 향하여 상향으로 수평주행배관의 기울기를 $\dfrac{1}{500}$ 이상, 가지배관의 기울기를 $\dfrac{1}{250}$ 이상으로 한다.

관련개념 배관의 배수를 위한 기울기 기준

㉠ 폐쇄형 미분무 소화설비의 배관은 수평으로 한다.
㉡ 배관의 구조 상 소화수가 남아있는 곳에는 배수밸브를 설치한다.
㉢ 개방형 미분무 소화설비의 배관은 헤드를 향하여 상향으로 수평주행배관의 기울기를 $\dfrac{1}{500}$ 이상, 가지배관의 기울기를 $\dfrac{1}{250}$ 이상으로 한다.
㉣ 배관의 구조 상 기울기를 줄 수 없는 경우 배수를 원활하게 할 수 있도록 배수밸브를 설치한다.

정답 | ④

07 빈출도 ★★★

이산화탄소 소화약제 저압식 저장용기의 충전비로 옳은 것은?

① 0.9 이상 1.1 이하 ② 1.1 이상 1.4 이하
③ 1.4 이상 1.7 이하 ④ 1.5 이상 1.9 이하

해설 PHASE 09 이산화탄소 소화설비

저장용기의 충전비는 고압식은 1.5 이상 1.9 이하, 저압식은 1.1 이상 1.4 이하로 한다.

관련개념 저장용기의 설치기준

㉠ 저장용기의 충전비는 고압식은 1.5 이상 1.9 이하, 저압식은 1.1 이상 1.4 이하로 한다.
㉡ 저압식 저장용기에는 내압시험압력의 0.64배 이상 0.8배 이하의 압력에서 작동하는 안전밸브를 설치한다.
㉢ 저압식 저장용기에는 내압시험압력의 0.8배 이상 1배 이하의 압력에서 작동하는 봉판을 설치한다.
㉣ 저압식 저장용기에는 액면계 및 압력계와 2.3[MPa] 이상 1.9[MPa] 이하의 압력에서 작동하는 압력경보장치를 설치한다.
㉤ 저압식 저장용기에는 용기 내부의 온도가 −18[℃] 이하에서 2.1[MPa]의 압력을 유지할 수 있는 자동냉동장치를 설치한다.
㉥ 고압식 저장용기는 25[MPa] 이상, 저압식 저장용기는 3.5[MPa] 이상의 내압시험압력에 합격한 것으로 한다.
㉦ 저장용기의 개방밸브는 전기식·가스압력식 또는 기계식에 따라 자동으로 개방되고 수동으로도 개방되는 것으로서 안전장치가 부착된 것으로 한다.
㉧ 저장용기와 선택밸브 또는 개폐밸브 사이에는 배관의 최소사용설계압력과 최대허용압력 사이의 압력에서 작동하는 안전장치를 설치한다.

정답 | ②

08 빈출도 ★

화재조기진압용 스프링클러설비의 화재안전기술기준(NFTC 103B) 상 화재조기진압용 스프링클러설비 설치장소의 구조 기준으로 틀린 것은?

① 창고 내의 선반의 형태는 하부로 물이 침투되는 구조로 할 것
② 천장의 기울기가 1,000분의 168을 초과하지 않아야 하고, 이를 초과하는 경우에는 반자를 지면과 수평으로 설치할 것
③ 천장은 평평하여야 하며 철재나 목재트러스 구조인 경우, 철재나 목재의 돌출부분이 102[mm]를 초과하지 아니할 것
④ 해당 층의 높이가 10[m] 이하일 것. 다만, 3층 이상일 경우에는 해당 층의 바닥을 내화구조로 하고 다른 부분과 방화구획 할 것

해설 PHASE 05 기타 스프링클러설비

해당 층의 높이가 13.7[m] 이하이어야 한다.
2층 이상인 층에서는 해당 층의 바닥을 내화구조로 하고 다른 부분과 방화구획 한다.

관련개념 화재조기진압용 스프링클러설비 설치장소의 구조기준

㉠ 해당 층의 높이가 13.7[m] 이하이어야 한다.
㉡ 2층 이상인 층에서는 해당 층의 바닥을 내화구조로 하고 다른 부분과 방화구획 한다.
㉢ 천장의 기울기가 1,000분의 168을 초과하지 않고, 초과하는 경우 반자를 지면과 수평으로 설치한다.
㉣ 천장은 평평해야 하고, 철재나 목재트러스 구조인 경우 철재나 목재의 돌출 부분이 102[mm]를 초과하지 않아야 한다.
㉤ 보로 사용되는 목재·콘크리트 및 철재 사이의 간격은 0.9[m] 이상 2.3[m] 이하이어야 한다.
㉥ 보의 간격이 2.3[m] 이상인 경우 화재조기진압용 스프링클러헤드의 동작을 원활히 하기 위해 보로 구획된 부분의 천장 및 반자의 넓이가 28[m²]를 초과하지 않아야 한다.
㉦ 창고 내의 선반 등의 형태는 하부로 물이 침투되는 구조이어야 한다.

정답 | ④

09 빈출도 ★★

포 소화설비의 배관 등의 설치기준 중 옳은 것은?

① 포워터 스프링클러설비 또는 포헤드설비의 가지배관의 배열은 토너먼트방식으로 한다.
② 송액관은 겸용으로 하여야 한다. 다만, 포소화전의 기동장치의 조작과 동시에 다른 설비의 용도에 사용하는 배관의 송수를 차단할 수 있거나, 포소화설비의 성능에 지장이 없는 경우에는 전용으로 할 수 있다.
③ 송액관은 포의 방출 종료 후 배관안의 액을 배출하기 위하여 적당한 기울기를 유지하도록 하고 그 낮은 부분에 배액밸브를 설치하여야 한다.
④ 연결송수관설비의 배관과 겸용할 경우의 주배관은 구경 65[mm] 이상, 방수구로 연결되는 배관의 구경은 100[mm] 이상의 것으로 하여야 한다.

해설 PHASE 08 포 소화설비

송액관은 포의 방출 종료 후 배관 안의 액을 배출하기 위하여 적당한 기울기를 유지하도록 하고 그 낮은 부분에 배액밸브를 설치한다.

선지분석
① 포워터 스프링클러설비 또는 포헤드설비의 가지배관의 배열은 토너먼트방식이 아니어야 하며, 교차배관에서 분기하는 지점을 기점으로 한쪽 가지배관에 설치하는 헤드의 수는 8개 이하로 한다.
② 송액관은 전용으로 한다.
포소화전의 기동장치의 조작과 동시에 다른 설비의 용도에 사용하는 배관의 송수를 차단할 수 있거나, 포소화설비의 성능에 지장이 없는 경우에는 다른 설비와 겸용할 수 있다.
④ 포 소화설비는 연결송수관설비의 배관과 겸용할 수 없다.

정답 | ③

10 빈출도 ★

지하구의 화재안전기술기준(NFTC 605)에 따른 지하구의 통합감시시설 설치기준으로 틀린 것은?

① 소방관서와 지하구의 통제실 간에 화재 등 소방활동과 관련된 정보를 상시 교환할 수 있는 정보통신망을 구축할 것
② 수신기는 방재실과 공동구의 입구 및 연소방지설비 송수구가 설치된 장소(지상)에 설치할 것
③ 정보통신망(무선통신망 포함)은 광케이블 또는 이와 유사한 성능을 가진 선로일 것
④ 수신기는 화재신호, 경보, 발화지점 등 수신기에 표시되는 정보가 기준에 적합한 방식으로 119상황실이 있는 관할 소방관서의 정보통신장치에 표시되도록 할 것

해설 PHASE 21 지하구

수신기는 지하구의 통제실에 설치한다.

관련개념 통합감시시설의 설치기준
㉠ 소방관서와 지하구의 통제실 간에 화재 등 소방활동과 관련된 정보를 상시 교환할 수 있는 정보통신망을 구축한다.
㉡ 정보통신망(무선통신망 포함)은 광케이블 또는 이와 유사한 성능을 가진 선로이어야 한다.
㉢ 수신기는 지하구의 통제실에 설치하고 화재신호, 경보, 발화지점 등 수신기에 표시되는 정보가 적합한 방식으로 119상황실이 있는 관할 소방관서의 정보통신장치에 표시되도록 한다.

정답 | ②

11 빈출도 ★★

미분무 소화설비 용어의 정의 중 다음 ( ) 안에 알맞은 것은?

> "미분무"란 물만을 사용하여 소화하는 방식으로 최소설계압력에서 헤드로부터 방출되는 물입자 중 99[%]의 누적체적분포가 (㉠)[μm] 이하로 분무되고 (㉡)급 화재에 적응성을 갖는 것을 말한다.

① ㉠ 400　　㉡ A, B, C
② ㉠ 400　　㉡ B, C
③ ㉠ 200　　㉡ A, B, C
④ ㉠ 200　　㉡ B, C

해설 PHASE 07 미분무 소화설비

미분무란 헤드로부터 방출되는 물입자 중 99[%]의 누적체적분포가 400[μm] 이하로 분무되고 A, B, C급 화재에 적응성을 갖는 것이다.

관련개념 용어의 정의

미분무	헤드로부터 방출되는 물입자 중 99[%]의 누적체적분포가 400[μm] 이하로 분무되고 A, B, C급 화재에 적응성을 갖는 것
저압 미분무 소화설비	최고사용압력이 1.2[MPa] 이하인 미분무 소화설비
중압 미분무 소화설비	사용압력이 1.2[MPa]을 초과하고 3.5[MPa] 이하인 미분무 소화설비
고압 미분무 소화설비	최저사용압력이 3.5[MPa]을 초과하는 미분무 소화설비

정답 | ①

12 빈출도 ★

특별피난계단의 계단실 및 부속실 제연설비의 화재안전성능기준(NFPC 501A) 상 급기풍도 단면의 긴변 길이가 1,300[mm]인 경우, 강판의 두께는 최소 몇 [mm] 이상이어야 하는가?

① 0.6　　② 0.8
③ 1.0　　④ 1.2

해설 PHASE 18 특별피난계단의 계단실 및 부속실 제연설비

급기풍도 단면의 긴변 길이가 1,300[mm]인 경우 강판의 두께는 0.8[mm] 이상이어야 한다.

관련개념 금속판 급기풍도의 설치기준

㉠ 아연도금강판 또는 동등 이상의 내식성·내열성이 있는 것으로 하며, 건축법에 따른 불연재료(석면 제외)인 단열재로 풍도 외부에 유효한 단열처리를 하고, 강판의 두께는 풍도의 크기에 따라 다음의 표에 따른 기준 이상으로 한다.

풍도단면의 긴변 또는 직경의 크기	강판의 두께
450[mm] 이하	0.5[mm]
450[mm] 초과 750[mm] 이하	0.6[mm]
750[mm] 초과 1,500[mm] 이하	0.8[mm]
1,500[mm] 초과 2,250[mm] 이하	1.0[mm]
2,250[mm] 초과	1.2[mm]

㉡ 방화구획이 되는 전용실에 급기송풍기와 연결되는 풍도는 단열이 필요 없다.
㉢ 풍도에서의 누설량은 급기량의 10[%]를 초과하지 않도록 한다.

정답 | ②

13 빈출도 ★★★

스프링클러설비의 화재안전기술기준(NFTC 103)에 따라 폐쇄형 스프링클러 헤드를 최고 주위온도 40[°C]인 장소(공장 및 창고 제외)에 설치할 경우 표시온도는 몇 [°C]의 것을 설치하여야 하는가?

① 79[°C] 미만
② 79[°C] 이상 121[°C] 미만
③ 121[°C] 이상 162[°C] 미만
④ 162[°C] 이상

해설 PHASE 04 스프링클러설비

최고 주위온도가 40[°C]인 경우 표시온도는 79[°C] 이상 121[°C] 미만인 것을 설치해야 한다.

관련개념 헤드의 설치기준

폐쇄형 스프링클러 헤드는 그 설치장소의 평상시 최고 주위온도에 따라 다음의 표에 따른 적합한 표시온도의 것으로 설치한다. 높이가 4[m] 이상인 공장 및 창고(랙식 창고 포함)에는 주위온도와 관계없이 표시온도 121[°C] 이상의 것으로 할 수 있다.

설치장소의 최고 주위온도	표시온도
39[°C] 미만	79[°C] 미만
39[°C] 이상 64[°C] 미만	79[°C] 이상 121[°C] 미만
64[°C] 이상 106[°C] 미만	121[°C] 이상 162[°C] 미만
106[°C] 이상	162[°C] 이상

정답 | ②

14 빈출도 ★

다음 중 피난기구의 화재안전기술기준(NFTC 301)에 따라 피난기구를 설치하지 아니하여도 되는 소방대상물로 틀린 것은?

① 발코니 등을 통하여 인접세대로 피난할 수 있는 구조로 되어 있는 계단실형 아파트
② 주요구조부가 내화구조로서 거실의 각 부분으로 직접 복도로 피난할 수 있는 학교(강의실 용도로 사용되는 층에 한함)
③ 무인공장 또는 자동창고로서 사람의 출입이 금지된 장소
④ 문화집회 및 운동시설·판매시설 및 영업시설 또는 노유자시설의 용도로 사용되는 층으로서 그 층의 바닥면적이 1,000[m²] 이상인 것

해설 PHASE 13 피난기구

문화집회 및 운동시설·판매시설 및 영업시설 또는 노유자시설의 용도로 사용되는 층으로서 그 층의 바닥면적이 1,000[m²] 이상인 것은 제외한다.
문화시설, 집회시설, 운동시설, 판매시설, 영업시설, 노유자시설은 사람의 출입이 빈번한 장소로 일정 규모 이상의 장소에는 피난기구의 설치가 반드시 필요하다.

정답 | ④

15 빈출도 ★

예상제연구역 바닥면적 400[m²] 미만 거실의 공기유입구와 배출구간의 직선거리 기준으로 옳은 것은? (단, 제연경계에 의한 구획을 제외한다.)

① 2[m] 이상 확보되어야 한다.
② 3[m] 이상 확보되어야 한다.
③ 5[m] 이상 확보되어야 한다.
④ 10[m] 이상 확보되어야 한다.

해설 PHASE 17 제연설비

바닥면적 400[m²] 미만의 거실인 예상제연구역(제연경계에 따른 구획 제외)에는 공기유입구와 배출구간의 직선거리를 5[m] 이상 또는 구획된 실의 긴변의 $\frac{1}{2}$ 이상으로 한다.

정답 | ③

16 빈출도 ★

주거용 주방자동소화장치의 설치기준으로 틀린 것은?

① 감지부는 형식승인 받은 유효한 높이 및 위치에 설치해야 한다.
② 소화약제 방출구는 환기구의 청소부분과 분리되어 있어야 한다.
③ 가스차단 장치는 상시 확인 및 점검이 가능하도록 설치해야 한다.
④ 탐지부는 수신부와 분리하여 설치하되, 공기보다 무거운 가스를 사용하는 장소에는 바닥면으로부터 0.2[m] 이하의 위치에 설치해야 한다.

해설 PHASE 01 소화기구 및 자동소화장치

가스용 주방자동소화장치를 사용하는 경우 탐지부는 수신부와 분리하여 설치하되, 공기보다 가벼운 가스를 사용하는 경우 천장면으로부터 30[cm] 이하의 위치에 설치하고, 공기보다 무거운 가스를 사용하는 장소에는 바닥면으로부터 30[cm] 이하의 위치에 설치한다.

관련개념 주거용 주방자동소화장치의 설치기준

㉠ 소화약제 방출구는 환기구의 청소부분과 분리되어 있어야 한다.
㉡ 소화약제 방출구는 형식승인 받은 유효설치 높이 및 방호면적에 따라 설치한다.
㉢ 감지부는 형식승인 받은 유효한 높이 및 위치에 설치한다.
㉣ 차단장치(전기 또는 가스)는 상시 확인 및 점검이 가능하도록 설치한다.
㉤ 가스용 주방자동소화장치를 사용하는 경우 탐지부는 수신부와 분리하여 설치하되, 공기보다 가벼운 가스를 사용하는 경우 천장면으로부터 30[cm] 이하의 위치에 설치하고, 공기보다 무거운 가스를 사용하는 장소에는 바닥면으로부터 30[cm] 이하의 위치에 설치한다.
㉥ 수신부는 주위의 열기류 또는 습기 등과 주위온도에 영향을 받지 않고 사용자가 상시 볼 수 있는 장소에 설치한다.

정답 | ④

17 빈출도 ★

이산화탄소 소화설비 및 할론 소화설비의 국소방출방식에 대한 설명으로 옳은 것은?

① 고정식 소화약제 공급장치에 배관 및 분사헤드를 설치하여 직접 화점에 소화약제를 방출하는 방식이다.
② 고정된 분사헤드에서 밀폐 방호구역 공간 전체로 소화약제를 방출하는 방식이다.
③ 호스 선단에 부착된 노즐을 이동하여 방호대상물에 직접 소화약제를 방출하는 방식이다.
④ 소화약제 용기 노즐 등을 운반기구에 적재하고 방호대상물에 직접 소화약제를 방출하는 방식이다.

해설 PHASE 09 이산화탄소 소화설비
PHASE 10 할론 소화설비

국소방출방식은 소화약제 공급장치에 배관 및 분사헤드를 설치하여 직접 화점에 소화약제를 방출하는 방식이다.

관련개념 소화약제의 방출방식

전역방출방식	소화약제 공급장치에 배관 및 분사헤드 등을 설치하여 밀폐 방호구역 내에 소화약제를 방출하는 방식
국소방출방식	소화약제 공급장치에 배관 및 분사헤드를 설치하여 직접 화점에 소화약제를 방출하는 방식
호스릴방식	소화수 또는 소화약제 저장용기 등에 연결된 호스릴을 이용하여 사람이 직접 화점에 소화수 또는 소화약제를 방출하는 방식

정답 | ①

18 빈출도 ★

간이 스프링클러설비의 화재안전기술기준(NFTC 103A) 상 간이 스프링클러설비의 배관 및 밸브 등의 설치순서로 맞는 것은? (단, 수원이 펌프보다 낮은 경우이다.)

① 상수도직결형은 수도용 계량기, 급수차단장치, 개폐표시형밸브, 체크밸브, 압력계, 유수검지장치, 2개의 시험밸브 순으로 설치할 것
② 펌프 설치 시에는 수원, 연성계 또는 진공계, 펌프 또는 압력수조, 압력계, 체크밸브, 개폐표시형밸브, 유수검지장치, 2개의 시험밸브 순으로 설치할 것
③ 가압수조 이용 시에는 수원, 가압수조, 압력계, 체크밸브, 개폐표시형밸브, 유수검지장치, 1개의 시험밸브 순으로 설치할 것
④ 캐비닛형인 경우 수원, 펌프 또는 압력수조, 압력계, 체크밸브, 연성계 또는 진공계, 개폐표시형밸브 순으로 설치할 것

해설 PHASE 05 기타 스프링클러설비

상수도직결형은 수도용 계량기, 급수차단장치, 개폐표시형밸브, 체크밸브, 압력계, 유수검지장치, 2개의 시험밸브의 순으로 설치한다.

관련개념 배수설비의 설치순서

㉠ 상수도직결형은 수도용 계량기, 급수차단장치, 개폐표시형밸브, 체크밸브, 압력계, 유수검지장치, 2개의 시험밸브의 순으로 설치한다.
㉡ 펌프 등의 가압송수장치를 이용하여 배관 및 밸브 등을 설치하는 경우에는 수원, 연성계 또는 진공계, 펌프 또는 압력수조, 압력계, 체크밸브, 성능시험배관, 개폐표시형밸브, 유수검지장치, 시험밸브의 순으로 설치한다.
㉢ 가압수조를 가압송수장치로 이용하여 배관 및 밸브 등을 설치하는 경우에는 수원, 가압수조, 압력계, 체크밸브, 성능시험배관, 개폐표시형밸브, 유수검지장치, 2개의 시험밸브의 순으로 설치한다.
㉣ 캐비닛형의 가압송수장치에 배관 및 밸브 등을 설치하는 경우에는 수원, 연성계 또는 진공계, 펌프 또는 압력수조, 압력계, 체크밸브, 개폐표시형밸브, 2개의 시험밸브의 순으로 설치한다.

정답 | ①

19 빈출도 ★★

바닥면적이 $180[m^2]$인 건축물 내부에 호스릴방식의 포 소화설비를 설치할 경우 가능한 포 소화약제의 최소 필요량은 몇 $[L]$인가? (단, 호스 접결구: 2개, 약제 농도: 3[%])

① 180 ② 270
③ 650 ④ 720

해설 PHASE 08 포 소화설비

호스릴방식의 저장량 산출기준에 따라 계산하면
$Q = N \times S \times 6,000[L] = 2 \times 0.03 \times 6,000[L] = 360[L]$
바닥면적이 $200[m^2]$ 미만이므로 산출량의 75[%]으로 한다.
$360[L] \times 0.75 = 270[L]$

관련개념

옥내 포 소화전방식 또는 호스릴방식은 다음의 식에 따라 산출한 양 이상으로 한다.

$$Q = N \times S \times 6,000[L]$$

Q: 포소화약제의 양$[L]$, N: 호스 접결구 개수(최대 5개),
S: 포소화약제의 사용농도[%]

바닥면적이 $200[m^2]$ 미만인 건축물은 산출한 양의 75[%]로 할 수 있다.

정답 | ②

20 빈출도 ★

거실 제연설비 설계 중 배출량 선정에 있어서 고려하지 않아도 되는 사항은?

① 예상제연구역의 수직거리
② 예상제연구역의 바닥면적
③ 제연설비의 배출방식
④ 자동식 소화설비 및 피난설비의 설치 유무

해설 PHASE 17 제연설비

자동식 소화설비 및 피난설비의 설치 유무는 거실 제연설비의 배출량 산정과 관계가 없다.

선지분석

① 2[m], 2.5[m], 3[m]로 구분되는 예상제연구역의 수직거리에 따라 배출량을 다르게 산정한다.
② $400[m^2]$로 구분되는 거실의 바닥면적에 따라 배출량을 다르게 산정한다.
③ 거실이 통로와 인접하고 바닥면적이 $50[m^2]$ 미만인 경우 통로배출방식으로 할 수 있다.

정답 | ④

4회

01 빈출도 ★

피난사다리의 형식승인 및 제품검사의 기술기준상 피난사다리의 일반구조 기준으로 옳은 것은?

① 피난사다리는 2개 이상의 횡봉으로 구성되어야 한다. 다만, 고정식사다리인 경우에는 횡봉의 수를 1개로 할 수 있다.
② 피난사다리(종봉이 1개인 고정식사다리는 제외)의 종봉의 간격은 최외각 종봉 사이의 안치수가 15[cm] 이상이어야 한다.
③ 피난사다리의 횡봉은 지름 15[mm] 이상 25[mm] 이하의 원형인 단면이거나 또는 이와 비슷한 손으로 잡을 수 있는 형태의 단면이 있는 것이어야 한다.
④ 피난사다리의 횡봉은 종봉에 동일한 간격으로 부착한 것이어야 하며, 그 간격은 25[cm] 이상 35[cm] 이하이어야 한다.

해설 PHASE 13 피난기구

피난사다리의 횡봉은 종봉에 동일한 간격으로 부착한 것이어야 하며, 그 간격은 25[cm] 이상 35[cm] 이하로 한다.

관련개념 피난사다리의 일반구조

㉠ 피난사다리는 2개 이상의 종봉 및 횡봉으로 구성한다. 다만, 고정식사다리인 경우에는 종봉의 수를 1개로 할 수 있다.
㉡ 피난사다리(종봉이 1개인 고정식사다리는 제외)의 종봉의 간격은 최외각 종봉 사이의 안치수가 30[cm] 이상이어야 한다.
㉢ 피난사다리의 횡봉은 지름 14[mm] 이상 35[mm] 이하의 원형인 단면이거나 또는 이와 비슷한 손으로 잡을 수 있는 형태의 단면이 있는 것으로 한다.
㉣ 피난사다리의 횡봉은 종봉에 동일한 간격으로 부착한 것이어야 하며, 그 간격은 25[cm] 이상 35[cm] 이하로 한다.

정답 | ④

02 빈출도 ★★★

소화기구 및 자동소화장치의 화재안전성능기준(NFPC 101)상 자동소화장치를 모두 고른 것은?

㉠ 분말 자동소화장치
㉡ 액체 자동소화장치
㉢ 고체에어로졸 자동소화장치
㉣ 공업용 주방자동소화장치
㉤ 캐비닛형 자동소화장치

① ㉠, ㉡
② ㉡, ㉢, ㉣
③ ㉠, ㉢, ㉤
④ ㉠, ㉡, ㉢, ㉣, ㉤

해설 PHASE 01 소화기구 및 자동소화장치

분말 자동소화장치, 고체에어로졸 자동소화장치, 캐비닛형 자동소화장치는 소화기구 및 자동소화장치의 화재안전성능기준(NFPC 101)에서 정의하고 있다.

관련개념 자동소화장치

주거용 주방자동소화장치	주거용 주방에 설치된 열발생 조리기구의 사용으로 인한 화재 발생 시 열원(전기 또는 가스)을 자동으로 차단하며 소화약제를 방출하는 소화장치
상업용 주방자동소화장치	상업용 주방에 설치된 열발생 조리기구의 사용으로 인한 화재 발생 시 열원(전기 또는 가스)을 자동으로 차단하며 소화약제를 방출하는 소화장치
캐비닛형 자동소화장치	열, 연기 또는 불꽃 등을 감지하여 소화약제를 방사하여 소화하는 캐비닛형태의 소화장치
가스 자동소화장치	열, 연기 또는 불꽃 등을 감지하여 가스계 소화약제를 방사하여 소화하는 소화장치
분말 자동소화장치	열, 연기 또는 불꽃 등을 감지하여 분말의 소화약제를 방사하여 소화하는 소화장치
고체에어로졸 자동소화장치	열, 연기 또는 불꽃 등을 감지하여 에어로졸의 소화약제를 방사하여 소화하는 소화장치

정답 | ③

03 빈출도 ★★★

화재안전기준상 물계통의 소화설비 중 펌프의 성능시험배관에 사용되는 유량측정장치는 펌프의 정격 토출량의 몇 [%] 이상 측정할 수 있는 성능이 있어야 하는가?

① 65
② 100
③ 120
④ 175

해설 PHASE 02 옥내소화전설비

유량측정장치는 펌프 정격토출량의 175[%] 이상까지 측정할 수 있는 성능이 있어야 한다.

관련개념 펌프의 성능시험배관

㉠ 성능시험배관은 펌프의 토출 측에 설치된 개폐밸브 이전에서 분기하여 직선으로 설치한다.
㉡ 유량측정장치를 기준으로 전단 직관부에는 개폐밸브를, 후단 직관부에는 유량조절밸브를 설치한다.
㉢ 성능시험배관의 호칭지름은 유량측정장치의 호칭지름에 따라 정한다.
㉣ 유량측정장치는 펌프 정격토출량의 175[%] 이상까지 측정할 수 있는 성능이 있어야 한다.

정답 | ④

04 빈출도 ★★

스프링클러설비의 누수로 인한 유수검지장치의 오작동을 방지하기 위한 목적으로 설치하는 것은?

① 솔레노이드 밸브
② 리타딩 챔버
③ 물올림 장치
④ 성능시험배관

해설 PHASE 04 스프링클러설비

리타딩 챔버는 순간적인 압력변화를 완충하여 압력스위치의 작동을 방지하며 이로 인한 누수를 외부로 배출시켜 유수검지장치(자동경보밸브)의 오작동을 방지한다.

정답 | ②

05 빈출도 ★

할론 소화설비의 화재안전기술기준(NFTC 107) 상 화재표시반의 설치기준이 아닌 것은?

① 소화약제 방출지연 비상스위치를 설치할 것
② 소화약제의 방출을 명시하는 표시등을 설치할 것
③ 수동식 기동장치는 그 방출용 스위치의 작동을 명시하는 표시등을 설치할 것
④ 자동식 기동장치는 자동·수동의 절환을 명시하는 표시등을 설치할 것

해설 PHASE 10 할론 소화설비

소화약제의 방출을 지연시킬 수 있는 방출지연스위치는 수동식 기동장치의 부근에 설치한다.

관련개념 화재표시반의 설치기준

㉠ 각 방호구역마다 음향경보장치의 조작 및 감지기의 작동을 명시하는 표시등과 이와 연동하여 작동하는 벨·버저 등의 경보기를 설치한다.
㉡ 수동식 기동장치에 설치하는 화재표시반은 방출용 스위치의 작동을 명시하는 표시등을 설치한다.
㉢ 소화약제의 방출을 명시하는 표시등을 설치한다.
㉣ 자동식 기동장치에 설치하는 화재표시반은 자동·수동의 절환을 명시하는 표시등을 설치한다.

정답 | ①

06 빈출도 ★★★

소화수조 및 저수조의 화재안전성능기준(NFPC 402)에 따라 소화수조의 채수구는 소방차가 최대 몇 [m] 이내의 지점까지 접근할 수 있도록 설치하여야 하는가?

① 1　　　　　② 2
③ 4　　　　　④ 5

해설 PHASE 16 소화수조 및 저수조

채수구 또는 흡수관투입구는 소방차가 2[m] 이내의 지점까지 접근할 수 있는 위치에 설치한다.

정답 | ②

07 빈출도 ★

연결살수설비의 화재안전성능기준(NFPC 503) 상 배관의 설치기준 중 하나의 배관에 부착하는 살수헤드의 개수가 3개인 경우 배관의 구경은 최소 몇 [mm] 이상으로 설치해야 하는가? (단, 연결살수설비 전용헤드를 사용하는 경우이다.)

① 40　　　　　② 50
③ 65　　　　　④ 80

해설 PHASE 20 연결살수설비

하나의 배관에 부착하는 전용헤드의 개수가 3개일 경우 배관의 구경은 50[mm] 이상으로 한다.

관련개념 연결살수설비 전용헤드 배관 구경

연소방지설비 전용헤드를 사용하는 경우 다음의 표에 따른 구경 이상으로 한다.

하나의 배관에 부착하는 전용 헤드의 개수	배관의 구경[mm]
1개	32
2개	40
3개	50
4개 또는 5개	65
6개 이상 10개 이하	80

정답 | ②

08 빈출도 ★★★

스프링클러설비의 화재안전성능기준(NFPC 103)상 조기반응형 스프링클러 헤드를 설치해야 하는 장소가 아닌 것은?

① 수련시설의 침실
② 공동주택의 거실
③ 오피스텔의 침실
④ 병원의 입원실

해설 PHASE 04 스프링클러설비

수련시설에는 조기반응형 스프링클러 헤드를 설치하지 않는다.

관련개념 조기반응형 스프링클러 헤드 설치장소

㉠ 공동주택과 노유자시설의 거실
㉡ 오피스텔과 숙박시설의 침실
㉢ 병원과 의원의 입원실

정답 | ①

09 빈출도 ★

송수구가 부설된 옥내소화전을 설치한 특정소방대상물로서 연결송수관설비의 방수구를 설치하지 아니할 수 있는 층의 기준 중 다음 ( ) 안에 알맞은 것은? (단, 집회장·관람장·백화점·도매시장·소매시장·판매시설·공장·창고시설 또는 지하가를 제외한다.)

- 지하층을 제외한 층수가 (㉠)층 이하이고 연면적이 (㉡)[m²] 미만인 특정소방대상물의 지상층의 용도로 사용되는 층
- 지하층의 층수가 (㉢) 이하인 특정소방대상물의 지하층

① ㉠ 3 ㉡ 5,000 ㉢ 3
② ㉠ 4 ㉡ 6,000 ㉢ 2
③ ㉠ 5 ㉡ 3,000 ㉢ 3
④ ㉠ 6 ㉡ 4,000 ㉢ 2

해설 PHASE 06 물분무 소화설비

지하층을 제외한 층수가 4층 이하이고, 연면적이 6,000[m²] 미만인 지상층과 지하층의 층수가 2층 이하인 지하층에서 방수구를 설치하지 않을 수 있다.

관련개념 방수구의 설치제외장소

㉠ 아파트의 1층 및 2층
㉡ 소방차의 접근이 가능하고 소방대원이 소방차로부터 각 부분에 쉽게 도달할 수 있는 피난층
㉢ 송수구가 부설된 옥내소화전을 설치한 특정소방대상물 중 다음에 해당하는 장소
  - 지하층을 제외한 층수가 4층 이하이고 연면적이 6,000[m²] 미만인 특정소방대상물의 지상층
  - 지하층의 층수가 2 이하인 특정소방대상물의 지하층
㉣ ㉢의 장소 중 집회장·관람장·백화점·도매시장·소매시장·판매시설·공장·창고시설 또는 지하가는 제외

정답 | ②

10 빈출도 ★★★

피난기구의 화재안전기술기준(NFTC 301)에 따라 숙박시설·노유자시설 및 의료시설로 사용되는 층에 있어서는 그 층의 바닥면적이 몇 [m²] 마다 피난기구를 1개 이상 설치해야하는가?

① 300
② 500
③ 800
④ 1,000

해설 PHASE 13 피난기구

숙박시설·노유자시설 및 의료시설로 사용되는 층에는 그 층의 바닥면적 500[m²]마다 1개 이상 설치한다.

관련개념 피난기구의 설치개수

㉠ 층마다 설치한다.
㉡ 숙박시설·노유자시설 및 의료시설로 사용되는 층에는 그 층의 바닥면적 500[m²]마다 1개 이상 설치한다.
㉢ 위락시설·문화집회 및 운동시설·판매시설로 사용되는 층 또는 복합용도의 층에는 그 층의 바닥면적 800[m²]마다 1개 이상 설치한다.
㉣ 계단실형 아파트에는 각 세대마다 1개 이상 설치한다.
㉤ 그 밖의 용도의 층에는 그 층의 바닥면적 1,000[m²]마다 1개 이상 설치한다.
㉥ 숙박시설(휴양콘도미니엄 제외)의 경우 객실마다 완강기 또는 2 이상의 간이완강기를 추가로 설치한다.
㉦ 4층 이상의 층에 설치된 노유자시설 중 장애인 관련 시설로서 주된 사용자 중 스스로 피난이 불가한 사람이 있는 경우 층마다 구조대를 1개 이상 추가로 설치한다.

정답 | ②

11 빈출도 ★

수직강하식 구조대가 구조적으로 갖추어야 할 조건으로 옳지 않은 것은? (단, 건물내부의 별실에 설치하는 경우는 제외한다.)

① 구조대의 포지는 외부포지와 내부포지로 구성한다.
② 포지는 사용 시 충격을 흡수하도록 수직방향으로 현저하게 늘어나야 한다.
③ 구조대는 연속하여 강하할 수 있는 구조이어야 한다.
④ 입구틀 및 취부틀의 입구는 지름 60[cm] 이상의 구체가 통과할 수 있어야 한다.

해설 PHASE 13 피난기구

포지는 사용 시 수직방향으로 현저하게 늘어나지 않아야 한다.

관련개념 수직강하식 구조대의 구조 기준

㉠ 수직구조대는 안전하고 쉽게 사용할 수 있는 구조이어야 한다.
㉡ 수직구조대의 포지는 외부포지와 내부포지로 구성하고, 외부포지와 내부포지의 사이에 충분한 공기층을 둔다.
㉢ 건물내부의 별실에 설치하는 것은 외부포지를 설치하지 않을 수 있다.
㉣ 입구틀 및 고정틀의 입구는 지름 60[cm] 이상의 구체가 통과할 수 있는 것이어야 한다.
㉤ 수직구조대는 연속하여 강하할 수 있는 구조이어야 한다.
㉥ 포지는 사용 시 수직방향으로 현저하게 늘어나지 않아야 한다.
㉦ 포지, 지지틀, 고정틀, 그 밖의 부속장치 등은 견고하게 부착되어야 한다.

정답 | ②

12 빈출도 ★★★

스프링클러설비의 화재안전성능기준(NFPC 103) 상 스프링클러설비의 배관 내 사용압력이 몇 [MPa] 이상일 때 압력 배관용 탄소강관을 사용해야 하는가?

① 0.1 ② 0.5
③ 0.8 ④ 1.2

해설 PHASE 04 스프링클러설비

압력 배관용 탄소 강관(KS D 3562)은 배관 내 사용압력이 1.2[MPa] 이상인 경우 사용할 수 있다.

관련개념 배관의 종류

㉠ 배관 내 사용압력이 1.2[MPa] 미만인 경우
 – 배관용 탄소 강관(KS D 3507)
 – 이음매 없는 구리 및 구리합금관(KS D 5301)
 – 배관용 스테인리스 강관(KS D 3576) 또는 일반배관용 스테인리스 강관(KS D 3595)
 – 덕타일 주철관(KS D 4311)
㉡ 배관 내 사용압력이 1.2[MPa] 이상인 경우
 – 압력 배관용 탄소 강관(KS D 3562)
 – 배관용 아크용접 탄소강 강관(KS D 3583)
㉢ 소방용 합성수지배관으로 사용할 수 있는 경우
 – 배관을 지하에 매설하는 경우
 – 다른 부분과 내화구조로 구획된 덕트 또는 피트의 내부에 설치하는 경우
 – 천장과 반자를 불연재료 또는 준불연재료로 설치하고 소화배관 내부에 항상 소화수가 채워진 상태로 설치하는 경우

정답 | ④

13 빈출도 ★

다음 설명은 미분무 소화설비의 화재안전성능기준(NFPC 104A)에 따른 미분무 소화설비 기동장치의 화재감지기 회로에서 발신기 설치기준이다. ( ) 안에 알맞은 내용은? (단, 자동화재탐지설비의 발신기가 설치된 경우는 제외한다.)

- 조작이 쉬운 장소에 설치하고, 스위치는 바닥으로부터 0.8[m] 이상 (㉠)[m] 이하의 높이에 설치할 것
- 소방대상물의 층마다 설치하되, 당해 소방대상물의 각 부분으로부터 하나의 발신기까지의 수평거리가 (㉡)[m] 이하가 되도록 할 것
- 발신기의 위치를 표시하는 표시등은 함의 상부에 설치하되, 그 불빛은 부착면으로부터 15°이상의 범위안에서 부착지점으로부터 (㉢)[m] 이내의 어느 곳에서도 쉽게 식별할 수 있는 적색등으로 할 것

① ㉠ 1.5 ㉡ 20 ㉢ 10
② ㉠ 1.5 ㉡ 25 ㉢ 10
③ ㉠ 2.0 ㉡ 20 ㉢ 15
④ ㉠ 2.0 ㉡ 25 ㉢ 15

해설 PHASE 07 미분무 소화설비

관련개념 발신기의 설치기준

㉠ 조작이 쉬운 장소에 설치한다.
㉡ 스위치는 바닥으로부터 0.8[m] 이상 1.5[m] 이하의 높이에 설치한다.
㉢ 소방대상물의 층마다 설치하고 해당 소방대상물의 각 부분으로부터 수평거리가 25[m] 이하가 되도록 한다.
㉣ 복도 또는 별도로 구획된 실로서 보행거리가 40[m] 이상일 경우에는 추가로 설치한다.
㉤ 발신기의 위치를 표시하는 표시등은 함의 상부에 설치하고 그 불빛은 부착면으로부터 15° 이상의 범위 안에서 부착지점으로부터 10[m] 이내의 어느 곳에서도 쉽게 식별할 수 있는 적색등으로 한다.

정답 | ②

14 빈출도 ★★

제연설비의 화재안전성능기준(NFPC 501) 상 제연설비의 설치장소 기준 중 하나의 제연구역의 면적은 최대 몇 [m²] 이내로 하여야 하는가?

① 700
② 1,000
③ 1,300
④ 1,500

해설 PHASE 17 제연설비

하나의 제연구역의 면적은 1,000[m²] 이내로 한다.

관련개념 제연구역의 구획기준

㉠ 하나의 제연구역의 면적은 1,000[m²] 이내로 한다.
㉡ 거실과 통로(복도 포함)는 각각 제연구획 한다.
㉢ 통로상의 제연구역은 보행중심선의 길이가 60[m]를 초과하지 않는다.
㉣ 하나의 제연구역은 직경 60[m] 원 내에 들어갈 수 있어야 한다.
㉤ 하나의 제연구역은 2 이상의 층에 미치지 않도록 한다.
㉥ 층의 구분이 불분명한 부분은 그 부분을 다른 부분과 별도로 제연구획 한다.

정답 | ②

15 빈출도 ★

층수가 10층인 공장에 습식 폐쇄형 스프링클러 헤드가 설치되어 있다면 이 설비에 필요한 수원의 양은 얼마 이상이어야 하는가? (단, 이 창고는 특수가연물을 저장·취급하지 않는 일반물품을 적용하고, 헤드가 가장 많이 설치된 층은 8층으로서 40개가 설치되어 있다.)

① 16[m³]
② 32[m³]
③ 48[m³]
④ 64[m³]

해설 PHASE 04 스프링클러설비

폐쇄형 스프링클러 헤드를 사용하는 경우 층수가 10층이고 특수가연물을 취급하지 않는 공장의 기준개수는 20이다.
$20 \times 1.6[m^3] = 32[m^3]$

관련개념 저수량의 산정기준

폐쇄형 스프링클러 헤드를 사용하는 경우 다음의 표에 따른 기준개수에 1.6[m³]를 곱한 양 이상이 되도록 한다.

스프링클러설비의 설치장소		기준개수
아파트		10
지하층을 제외한 10층 이하인 특정소방대상물	헤드의 높이가 8[m] 미만인 것	10
	헤드의 높이가 8[m] 이상인 것	20
	판매시설이 없는 근린생활시설·운수시설·복합건축물	20
	특수가연물을 취급하지 않는 공장	20
	판매시설 또는 판매시설이 있는 복합건축물	20
	특수가연물을 저장·취급하는 공장	30
지하층을 제외한 11층 이상인 특정소방대상물		30
지하가 또는 지하역사		30

정답 | ②

16 빈출도 ★★

인명구조기구의 화재안전기술기준(NFTC 302)에 따라 특정소방대상물의 용도 및 장소별로 설치해야 할 인명구조기구의 기준으로 틀린 것은?

① 지하가 중 지하상가는 인공소생기를 층마다 2개 이상 비치할 것
② 판매시설 중 대규모 점포는 공기호흡기를 층마다 2개 이상 비치할 것
③ 지하층을 포함하는 층수가 7층 이상인 관광호텔은 방열복(또는 방화복), 공기호흡기, 인공소생기를 각 2개 이상 비치할 것
④ 물분무등소화설비 중 이산화탄소 소화설비를 설치해야 하는 특정소방대상물은 공기호흡기를 이산화탄소 소화설비가 설치된 장소의 출입구 외부 인근에 1대 이상 비치할 것

해설 PHASE 14 인명구조기구

지하가 중 지하상가는 공기호흡기를 층마다 2개 이상 설치한다.

관련개념 특정소방대상물의 용도 및 장소별 설치해야 할 인명구조기구

특정소방대상물	인명구조기구	설치 수량
• 지하층을 포함하는 층수가 7층 이상인 관광호텔 • 5층 이상인 병원	• 방열복 또는 방화복(안전모, 보호장갑 및 안전화 포함) • 공기호흡기 • 인공소생기	각 2개 이상(병원의 경우 인공소생기 생략 가능)
• 수용인원 100명 이상의 영화상영관 • 대규모 점포 • 지하역사 • 지하상가	• 공기호흡기	층마다 2개 이상
• 물분무등소화설비 중 이산화탄소 소화설비를 설치해야 하는 특정소방대상물	• 공기호흡기	이산화탄소 소화설비가 설치된 장소의 출입구 외부 인근에 1개 이상

정답 | ①

17 빈출도 ★

다음 중 피난사다리 하부지지점에 미끄럼 방지장치를 설치하여야 하는 것은?

① 내림식사다리
② 올림식사다리
③ 수납식사다리
④ 신축식사다리

해설 PHASE 13 피난기구

하부지지점에 미끄러짐을 막는 장치를 설치해야 하는 사다리는 올림식사다리이다.

관련개념 올림식사다리의 구조

㉠ 상부지지점(끝 부분으로부터 60[cm] 이내)에 미끄러지거나 넘어지지 않도록 하기 위해 안전장치를 설치한다.
㉡ 하부지지점에는 미끄러짐을 막는 장치를 설치한다.
㉢ 신축하는 구조인 것은 사용할 때 자동적으로 작동하는 축제방지장치를 설치한다.
㉣ 접어지는 구조인 것은 사용할 때 자동적으로 작동하는 접힘방지장치를 설치한다.

정답 | ②

18 빈출도 ★★★

이산화탄소 소화약제의 저장용기에 관한 일반적인 설명으로 옳지 않은 것은?

① 방호구역 내의 장소에 설치하되 피난구 부근을 피하여 설치할 것
② 온도가 40[℃] 이하이고, 온도 변화가 적은 곳에 설치할 것
③ 직사광선 및 빗물이 침투할 우려가 없는 곳에 설치할 것
④ 용기 간의 간격은 점검에 지장이 없도록 3[cm] 이상의 간격을 유지할 것

해설 PHASE 09 이산화탄소 소화설비

저장용기는 방호구역 외의 장소에 설치한다. 방호구역 내에 설치할 경우 피난 및 조작이 용이하도록 피난구 부근에 설치한다.

관련개념 저장용기의 설치장소

㉠ 방호구역 외의 장소에 설치한다.
㉡ 방호구역 내에 설치할 경우 피난 및 조작이 용이하도록 피난구 부근에 설치한다.
㉢ 온도가 40[℃] 이하이고, 온도 변화가 작은 곳에 설치한다.
㉣ 직사광선 및 빗물이 침투할 우려가 없는 곳에 설치한다.
㉤ 방화문으로 방화구획 된 실에 설치한다.
㉥ 용기의 설치장소에는 해당 용기가 설치된 곳임을 표시하는 표지를 한다.
㉦ 용기 간의 간격은 점검에 지장이 없도록 3[cm] 이상의 간격을 유지한다.
㉧ 저장용기와 집합관을 연결하는 연결배관에는 체크밸브를 설치한다. 다만, 저장용기가 하나의 방호구역만을 담당하는 경우에는 제외한다.

정답 | ①

19 빈출도 ★

인명구조기구의 종류가 아닌 것은?

① 방열복
② 구조대
③ 공기호흡기
④ 인공소생기

해설 PHASE 14 인명구조기구

인명구조기구에 해당하는 것은 방열복, 공기호흡기, 인공소생기이다.
구조대는 피난기구에 해당한다.

정답 | ②

20 빈출도 ★

일정 이상의 층수를 가진 오피스텔에서는 모든 층에 주거용 주방자동소화장치를 설치해야 하는데, 몇 층 이상인 경우 이러한 조치를 취해야 하는가?

① 20층 이상
② 25층 이상
③ 30층 이상
④ 층수 무관

해설 PHASE 01 소화기구 및 자동소화장치

층수와 관계없이 아파트 및 오피스텔의 모든 층에는 주거용 주방자동소화장치를 설치해야 한다.

관련개념 주방자동소화장치를 설치해야 하는 장소

㉠ 주거용 주방자동소화장치
  - 아파트 및 오피스텔의 모든 층
㉡ 상업용 주방자동소화장치
  - 판매시설 중 대규모점포에 입점해 있는 일반음식점
  - 식품위생법에 따른 집단급식소

정답 | ④

2022년 기출문제

☐ 1회독   점 | ☐ 2회독   점 | ☐ 3회독   점

01 빈출도 ★★★

소화기구 및 자동소화장치의 화재안전성능기준(NFPC 101) 상 대형소화기의 정의 중 다음 (   ) 안에 알맞은 것은?

> 화재 시 사람이 운반할 수 있도록 운반대와 바퀴가 설치되어 있고 능력단위가 A급 (㉠)단위 이상, B급 (㉡)단위 이상인 소화기를 말한다.

① ㉠ 20   ㉡ 10
② ㉠ 10   ㉡ 20
③ ㉠ 10   ㉡ 5
④ ㉠ 5   ㉡ 10

해설 PHASE 01 소화기구 및 자동소화장치

대형소화기는 능력단위가 A급 10단위 이상, B급 20단위 이상인 소화기이다.

정답 | ②

02 빈출도 ★★★

분말 소화설비의 화재안전성능기준(NFPC 108)상 분말 소화약제의 가압용 가스 또는 축압용 가스의 설치기준으로 틀린 것은?

① 가압용 가스에 질소가스를 사용하는 것의 질소가스는 소화약제 1[kg]마다 40[L](35[℃]에서 1기압의 압력상태로 환산한 것) 이상으로 할 것
② 가압용 가스에 이산화탄소를 사용하는 것의 이산화탄소는 소화약제 1[kg]에 대하여 20[g]에 배관의 청소에 필요한 양을 가산한 양 이상으로 할 것
③ 축압용 가스에 질소가스를 사용하는 것의 질소가스는 소화약제 1[kg]에 대하여 40[L](35[℃]에서 1기압의 압력상태로 환산한 것) 이상으로 할 것
④ 축압용 가스에 이산화탄소를 사용하는 것의 이산화탄소는 소화약제 1[kg]에 대하여 20[g]에 배관의 청소에 필요한 양을 가산한 양 이상으로 할 것

해설 PHASE 12 분말 소화설비

축압용 가스에 질소가스를 사용하는 경우 질소가스는 소화약제 1[kg] 마다 10[L](35[℃]에서 1기압의 압력상태로 환산한 것) 이상으로 해야 한다.

관련개념 가압용·축압용 가스의 소요량(소화약제 1[kg] 기준)

	질소	이산화탄소
가압용 가스	40[L]	20[g]+청소에 필요한 양
축압용 가스	10[L]	20[g]+청소에 필요한 양

정답 | ③

03 빈출도 ★★

포 소화설비의 화재안전기술기준(NFTC 105) 상 포 소화설비의 자동식 기동장치에 화재감지기를 사용하는 경우, 화재감지기 회로의 발신기 설치기준 중 (   ) 안에 알맞은 것은? (단, 자동화재탐지설비의 수신기가 설치된 장소에 상시 사람이 근무하고 있고, 화재 시 즉시 해당 조작부를 작동시킬 수있는 경우는 제외한다.)

> 특정소방대상물의 층마다 설치하되, 해당 특정소방대상물의 각 부분으로부터 수평거리가 (㉠) [m] 이하가 되도록 할 것. 다만, 복도 또는 별도로 구획된 실로서 보행거리가 (㉡)[m] 이상일 경우에는 추가로 설치해야 한다.

① ㉠ 25 ㉡ 30
② ㉠ 25 ㉡ 40
③ ㉠ 15 ㉡ 30
④ ㉠ 15 ㉡ 40

해설 PHASE 08 포 소화설비

특정소방대상물의 각 부분으로부터 25[m] 이하, 복도에서는 보행거리 40[m] 이하가 되도록 발신기를 설치한다.

관련개념 화재감지기 회로의 발신기 설치기준

㉠ 조작이 쉬운 장소에 설치한다.
㉡ 스위치는 바닥으로부터 0.8[m] 이상 1.5[m] 이하의 높이에 설치한다.
㉢ 특정소방대상물의 층마다 설치하되 해당 특정소방대상물의 각 부분으로부터 수평거리가 25[m] 이하가 되도록 한다.
㉣ 복도 또는 별도로 구획된 실로서 보행거리가 40[m] 이상일 경우에는 추가로 설치해야 한다.
㉤ 발신기의 위치를 표시하는 표시등은 함의 상부에 설치하되 그 불빛은 부착면으로부터 15° 이상의 범위 안에서 부착지점으로부터 10[m] 이내의 어느 곳에서도 쉽게 식별할 수 있는 적색등으로 한다.

정답 | ②

04 빈출도 ★

특별피난계단의 계단실 및 부속실 제연설비의 화재안전성능기준(NFPC 501A) 상 급기풍도 단면의 긴변 길이가 1,300[mm]인 경우, 강판의 두께는 최소 몇 [mm] 이상이어야 하는가?

① 0.6
② 0.8
③ 1.0
④ 1.2

해설 PHASE 18 특별피난계단의 계단실 및 부속실 제연설비

급기풍도 단면의 긴변 길이가 1,300[mm]인 경우 강판의 두께는 0.8[mm] 이상이어야 한다.

관련개념 금속판 급기풍도의 설치기준

㉠ 아연도금강판 또는 동등 이상의 내식성·내열성이 있는 것으로 하며, 건축법에 따른 불연재료(석면 제외)인 단열재로 풍도 외부에 유효한 단열처리를 하고, 강판의 두께는 풍도의 크기에 따라 다음의 표에 따른 기준 이상으로 한다.

풍도단면의 긴변 또는 직경의 크기	강판의 두께
450[mm] 이하	0.5[mm]
450[mm] 초과 750[mm] 이하	0.6[mm]
750[mm] 초과 1,500[mm] 이하	0.8[mm]
1,500[mm] 초과 2,250[mm] 이하	1.0[mm]
2,250[mm] 초과	1.2[mm]

㉡ 방화구획이 되는 전용실에 급기송풍기와 연결되는 풍도는 단열이 필요 없다.
㉢ 풍도에서의 누설량은 급기량의 10[%]를 초과하지 않도록 한다.

정답 | ②

05 빈출도 ★★

옥외소화전설비의 화재안전성능기준(NFPC 109) 상 옥외소화전설비에서 성능시험배관의 직관부에 설치된 유량측정장치는 펌프 및 정격토출량의 최소 몇 [%] 이상 측정할 수 있는 성능이 있어야 하는가?

① 175
② 150
③ 75
④ 50

해설 PHASE 03 옥외소화전설비

유량측정장치는 펌프 정격토출량의 175[%] 이상까지 측정할 수 있는 성능이 있어야 한다.

관련개념 성능시험배관의 설치기준

㉠ 성능시험배관은 펌프의 토출 측에 설치된 개폐밸브 이전에서 분기하여 직선으로 설치한다.
㉡ 유량측정장치를 기준으로 전단 직관부에는 개폐밸브를, 후단 직관부에는 유량조절밸브를 설치한다.
㉢ 성능시험배관의 호칭지름은 유량측정장치의 호칭지름에 따라 정한다.
㉣ 유량측정장치는 펌프 정격토출량의 175[%] 이상까지 측정할 수 있는 성능이 있어야 한다.

정답 | ①

06 빈출도 ★★

할론 소화설비의 화재안전성능기준(NFPC 107) 상 자동차 차고나 주차장에 할론 1301 소화약제로 전역방출방식의 소화설비를 설치한 경우 방호구역의 체적 1[m³]당 얼마의 소화약제가 필요한가?

① 0.32[kg] 이상 0.64[kg] 이하
② 0.36[kg] 이상 0.71[kg] 이하
③ 0.40[kg] 이상 1.10[kg] 이하
④ 0.60[kg] 이상 0.71[kg] 이하

해설 PHASE 10 할론 소화설비

차고·주차장에서 전역방출방식 할론 1301 소화약제의 기준량은 방호구역의 체적 1[m³]마다 0.32[kg] 이상 0.64[kg] 이하이다.

관련개념 전역방출방식 할론 소화약제 저장량의 최소기준

소방대상물	소화약제의 종류	소화약제의 양 [kg/m³]	개구부 가산량 [kg/m²]
차고·주차장·전기실·통신기기실·전산실·전기설비가 설치된 부분	할론 1301	0.32 이상 0.64 이하	2.4
가연성고체류·가연성액체류	할론 1301	0.32 이상 0.64 이하	2.4
	할론 1211	0.36 이상 0.71 이하	2.7
	할론 2402	0.40 이상 1.10 이하	3.0
면화류·나무껍질 및 대팻밥·넝마 및 종이부스러기·사류·볏짚류·목재가공품 및 나무부스러기를 저장·취급하는 것	할론 1301	0.52 이상 0.64 이하	3.9
	할론 1211	0.60 이상 0.71 이하	4.5
합성수지류를 저장·취급하는 것	할론 1301	0.32 이상 0.64 이하	2.4
	할론 1211	0.36 이상 0.71 이하	2.7

정답 | ①

07 빈출도 ★★★

소화기구 및 자동소화장치의 화재안전기술기준(NFTC 101)상 타고 나서 재가 남는 일반화재에 해당하는 일반 가연물은?

① 고무
② 타르
③ 솔벤트
④ 유성도료

해설 PHASE 01 소화기구 및 자동소화장치

일반화재(A급 화재)에 해당하는 것은 고무이다.

선지분석
②, ③, ④는 유류가 타고 나서 재가 남지않는 유류화재(B급 화재)이다.

정답 | ①

08 빈출도 ★★

특별피난계단의 계단실 및 부속실 제연설비의 화재안전성능기준(NFPC 501A) 상 차압 등에 관한 기준으로 옳은 것은?

① 제연설비가 가동되었을 경우 출입문의 개방에 필요한 힘은 150[N] 이하로 하여야 한다.
② 제연구역과 옥내와의 사이에 유지하여야 하는 최소 차압은 옥내에 스프링클러설비가 설치된 경우에는 40[Pa] 이상으로 하여야 한다.
③ 계단실과 부속실을 동시에 제연하는 경우 부속실의 기압은 계단실과 같게 하거나 계단실의 기압보다 낮게 할 경우에는 부속실과 계단실의 압력차이는 3[Pa] 이하가 되도록 하여야 한다.
④ 피난을 위하여 제연구역의 출입문이 일시적으로 개방되는 경우 개방되지 아니하는 제연구역과 옥내와의 차압은 기준에 따른 차압은 기준에 따른 차압의 70[%] 미만이 되어서는 아니 된다.

해설 PHASE 18 특별피난계단의 계단실 및 부속실 제연설비

차압은 70[%] 이상이어야 하므로 70[%] 미만이 되어서는 안 된다.

선지분석
① 제연설비가 가동되었을 경우 출입문의 개방에 필요한 힘은 110[N] 이하로 한다.
② 제연구역의 기압을 제연구역 이외의 옥내보다 높게 하고 일정한 기압의 차이를 유지해야 하는 최소 차압은 40[Pa] 이상으로 한다.
옥내에 스프링클러설비가 설치된 경우 최소 차압은 12.5[Pa] 이상으로 한다.
③ 계단실과 부속실을 동시에 제연하는 경우 부속실의 기압은 계단실과 같게 하거나 계단실의 기압보다 낮게 할 경우에는 부속실과 계단실의 압력 차이는 5[Pa] 이하가 되도록 한다.

정답 | ④

09 빈출도 ★★

스프링클러설비의 화재안전기술기준(NFTC 103) 상 고가수조를 이용한 가압송수장치의 설치기준 중 고가수조에 설치하지 않아도 되는 것은?

① 수위계
② 배수관
③ 압력계
④ 오버플로우관

해설 PHASE 04 스프링클러설비

고가수조는 자연낙차를 이용하므로 압력계가 필요하지 않다.

관련개념 고가수조의 자연낙차를 이용한 가압송수장치

㉠ 고가수조의 자연낙차수두는 다음의 식에 따라 계산하여 나온 수치 이상 유지되도록 한다.

$$H = h_1 + 10$$

H: 필요한 낙차[m], h_1: 배관의 마찰손실수두[m],
10: 헤드선단에서의 방사압력수두[m]

㉡ 고가수조에는 수위계·배수관·급수관·오버플로우관 및 맨홀을 설치한다.

정답 | ③

10 빈출도 ★★★

상수도 소화용수설비의 화재안전성능기준(NFPC 401) 상 소화전은 특정소방대상물의 수평투영면의 각 부분으로부터 최대 몇 [m] 이하가 되도록 설치하여야 하는가?

① 100
② 120
③ 140
④ 150

해설 PHASE 15 상수도 소화용수설비

소화전은 특정소방대상물의 수평투영면의 각 부분으로부터 140[m] 이하가 되도록 설치한다.

관련개념 상수도 소화용수설비의 설치기준

㉠ 호칭지름 75[mm] 이상의 수도배관에 호칭지름 100[mm] 이상의 소화전을 접속한다.
㉡ 소화전은 소방자동차 등의 진입이 쉬운 도로변 또는 공지에 설치한다.
㉢ 소화전은 특정소방대상물의 수평투영면의 각 부분으로부터 140[m] 이하가 되도록 설치한다.

정답 | ③

11 빈출도 ★★★

상수도 소화용수설비의 화재안전성능기준(NFPC 401) 상 상수도 소화용수설비 소화전의 설치기준 중 다음 (   ) 안에 알맞은 것은?

> 호칭지름 (㉠)[mm] 이상의 수도배관에 호칭지름 (㉡)[mm] 이상의 소화전을 접속할 것

① ㉠ 65   ㉡ 120
② ㉠ 75   ㉡ 100
③ ㉠ 80   ㉡ 90
④ ㉠ 100 ㉡ 100

해설 PHASE 15 상수도 소화용수설비

호칭지름 75[mm] 이상의 수도배관에 호칭지름 100[mm] 이상의 소화전을 접속한다.

관련개념 상수도 소화용수설비의 설치기준

㉠ 호칭지름 75[mm] 이상의 수도배관에 호칭지름 100[mm] 이상의 소화전을 접속한다.
㉡ 소화전은 소방자동차 등의 진입이 쉬운 도로변 또는 공지에 설치한다.
㉢ 소화전은 특정소방대상물의 수평투영면의 각 부분으로부터 140[m] 이하가 되도록 설치한다.

정답 | ②

12 빈출도 ★★

구조대의 형식승인 및 제품검사의 기술기준 상 경사하강식 구조대의 구조 기준으로 틀린 것은?

① 연속하여 활강할 수 있는 구조로 안전하고 쉽게 사용할 수 있어야 한다.
② 구조대 본체는 강하방향으로 봉합부가 설치되지 아니하여야 한다.
③ 입구틀 및 고정틀의 입구는 지름 40[cm] 이상의 구체가 통할 수 있어야 한다.
④ 본체의 포지는 하부지지장치에 인장력이 균등하게 걸리도록 부착하여야 하며 하부지지장치는 쉽게 조작할 수 있어야 한다.

해설 PHASE 13 피난기구

입구틀 및 고정틀의 입구는 지름 60[cm] 이상의 구체가 통과할 수 있어야 한다.

관련개념 경사강하식 구조대의 구조 기준

㉠ 연속하여 활강할 수 있는 구조로 안전하고 쉽게 사용할 수 있어야 한다.
㉡ 입구틀 및 고정틀의 입구는 지름 60[cm] 이상의 구체가 통과할 수 있어야 한다.
㉢ 경사구조대 본체는 강하방향으로 봉합부가 설치되지 않아야 한다.
㉣ 본체의 포지는 하부지지장치에 인장력이 균등하게 걸리도록 부착하여야 하며 하부지지장치는 쉽게 조작할 수 있어야 한다.
㉤ 땅에 닿을 때 충격을 받는 부분에는 완충장치로서 받침포 등을 부착하여야 한다.

정답 | ③

13 빈출도 ★★

분말 소화설비의 화재안전기술기준(NFTC 108)상 차고 또는 주차장에 설치하는 분말 소화약제는?

① 제1종 분말 ② 제2종 분말
③ 제3종 분말 ④ 제4종 분말

해설 PHASE 12 분말 소화설비

차고 또는 주차장에는 제3종 분말 소화약제(인산염(PO_4^{3-})을 주성분으로 한 분말 소화약제)로 설치해야 한다.

정답 | ③

14 빈출도 ★

피난사다리의 형식승인 및 제품검사의 기술기준 상 피난사다리의 일반구조 기준으로 옳은 것은?

① 피난사다리는 2개 이상의 횡봉으로 구성되어야 한다. 다만, 고정식사다리인 경우에는 횡봉의 수를 1개로 할 수 있다.
② 피난사다리(종봉이 1개인 고정식사다리는 제외)의 종봉의 간격은 최외각 종봉 사이의 안치수가 15[cm] 이상이어야 한다.
③ 피난사다리의 횡봉은 지름 15[mm] 이상 25[mm] 이하의 원형인 단면이거나 또는 이와 비슷한 손으로 잡을 수 있는 형태의 단면이 있는 것이어야 한다.
④ 피난사다리의 횡봉은 종봉에 동일한 간격으로 부착한 것이어야 하며, 그 간격은 25[cm] 이상 35[cm] 이하이어야 한다.

해설 PHASE 13 피난기구

피난사다리의 횡봉은 종봉에 동일한 간격으로 부착한 것이어야 하며, 그 간격은 25[cm] 이상 35[cm] 이하로 한다.

관련개념 피난사다리의 일반구조

㉠ 피난사다리는 2개 이상의 종봉 및 횡봉으로 구성한다. 다만, 고정식사다리인 경우에는 종봉의 수를 1개로 할 수 있다.
㉡ 피난사다리(종봉이 1개인 고정식사다리는 제외)의 종봉의 간격은 최외각 종봉 사이의 안치수가 30[cm] 이상이어야 한다.
㉢ 피난사다리의 횡봉은 지름 14[mm] 이상 35[mm] 이하의 원형인 단면이거나 또는 이와 비슷한 손으로 잡을 수 있는 형태의 단면이 있는 것으로 한다.
㉣ 피난사다리의 횡봉은 종봉에 동일한 간격으로 부착한 것이어야 하며, 그 간격은 25[cm] 이상 35[cm] 이하로 한다.

정답 | ④

15 빈출도 ★

간이 스프링클러설비의 화재안전기술기준(NFTC 103A) 상 간이 스프링클러설비의 배관 및 밸브 등의 설치순서로 맞는 것은? (단, 수원이 펌프보다 낮은 경우이다.)

① 상수도직결형은 수도용 계량기, 급수차단장치, 개폐표시형밸브, 체크밸브, 압력계, 유수검지장치, 2개의 시험밸브 순으로 설치할 것
② 펌프 설치 시에는 수원, 연성계 또는 진공계, 펌프 또는 압력수조, 압력계, 체크밸브, 개폐표시형밸브, 유수검지장치, 2개의 시험밸브 순으로 설치할 것
③ 가압수조 이용 시에는 수원, 가압수조, 압력계, 체크밸브, 개폐표시형밸브, 유수검지장치, 1개의 시험밸브 순으로 설치할 것
④ 캐비닛형인 경우 수원, 펌프 또는 압력수조, 압력계, 체크밸브, 연성계 또는 진공계, 개폐표시형밸브 순으로 설치할 것

해설 PHASE 05 기타 스프링클러설비

상수도직결형은 수도용 계량기, 급수차단장치, 개폐표시형밸브, 체크밸브, 압력계, 유수검지장치, 2개의 시험밸브의 순으로 설치한다.

관련개념 배수설비의 설치순서

㉠ 상수도직결형은 수도용 계량기, 급수차단장치, 개폐표시형밸브, 체크밸브, 압력계, 유수검지장치, 2개의 시험밸브의 순으로 설치한다.
㉡ 펌프 등의 가압송수장치를 이용하여 배관 및 밸브 등을 설치하는 경우에는 수원, 연성계 또는 진공계, 펌프 또는 압력수조, 압력계, 체크밸브, 성능시험배관, 개폐표시형밸브, 유수검지장치, 시험밸브의 순으로 설치한다.
㉢ 가압수조를 가압송수장치로 이용하여 배관 및 밸브 등을 설치하는 경우에는 수원, 가압수조, 압력계, 체크밸브, 성능시험배관, 개폐표시형밸브, 유수검지장치, 2개의 시험밸브의 순으로 설치한다.
㉣ 캐비닛형의 가압송수장치에 배관 및 밸브 등을 설치하는 경우에는 수원, 연성계 또는 진공계, 펌프 또는 압력수조, 압력계, 체크밸브, 개폐표시형밸브, 2개의 시험밸브의 순으로 설치한다.

정답 | ①

16 빈출도 ★★★

스프링클러설비의 화재안전기술기준(NFTC 103) 상 스프링클러 헤드 설치 시 살수가 방해되지 아니하도록 벽과 스프링클러 헤드 간의 공간은 최소 몇 [cm] 이상으로 하여야 하는가?

① 60
② 30
③ 20
④ 10

해설 PHASE 04 스프링클러설비

벽과 스프링클러 헤드 간의 공간은 10[cm] 이상으로 한다.

정답 | ④

17 빈출도 ★★

물분무 소화설비의 화재안전기술기준(NFTC 104) 상 차고 또는 주차장에 설치하는 물분무 소화설비의 배수설비 기준으로 틀린 것은?

① 차량이 주차하는 바닥은 배수구를 향하여 100분의 2 이상의 기울기를 유지할 것
② 차량이 주차하는 장소의 적당한 곳에 높이 5[cm] 이상의 경계턱으로 배수구를 설치할 것
③ 배수설비는 가압송수장치의 최대송수능력의 수량을 유효하게 배수할 수 있는 크기 및 기울기로 할 것
④ 배수구에는 새어나온 기름을 모아 소화할 수 있도록 길이 40[m] 이하마다 집수관·소화핏트 등 기름분리장치를 설치할 것

해설 PHASE 06 물분무 소화설비

차량이 주차하는 장소의 적당한 곳에 높이 10[cm] 이상의 경계턱으로 배수구를 설치한다.

관련개념 배수설비의 설치기준

물분무 소화설비를 설치하는 차고 또는 주차장에는 배수장치를 다음의 기준에 따라 설치한다.
㉠ 차량이 주차하는 장소의 적당한 곳에 높이 10[cm] 이상의 경계턱으로 배수구를 설치한다.
㉡ 배수구에는 새어 나온 기름을 모아 소화할 수 있도록 길이 40[m] 이하마다 집수관·소화핏트 등 기름분리장치를 설치한다.
㉢ 차량이 주차하는 바닥은 배수구를 향하여 $\frac{2}{100}$ 이상의 기울기를 유지한다.
㉣ 배수설비는 가압송수장치의 최대송수능력의 수량을 유효하게 배수할 수 있는 크기 및 기울기로 한다.

정답 | ②

18 빈출도 ★★

미분무 소화설비의 화재안전성능기준(NFPC 104A) 상 용어의 정의 중 다음 (　) 안에 알맞은 것은?

> "미분무"란 물만을 사용하여 소화하는 방식으로 최소설계압력에서 헤드로부터 방출되는 물입자 중 99[%]의 누적체적분포가 (㉠)[μm] 이하로 분무되고 (㉡)급 화재에 적응성을 갖는 것을 말한다.

① ㉠ 400　㉡ A, B, C
② ㉠ 400　㉡ B, C
③ ㉠ 200　㉡ A, B, C
④ ㉠ 200　㉡ B, C

해설 PHASE 07 미분무 소화설비

미분무란 헤드로부터 방출되는 물입자 중 99[%]의 누적체적분포가 400[μm] 이하로 분무되고 A, B, C급 화재에 적응성을 갖는 것이다.

관련개념 용어의 정의

미분무	헤드로부터 방출되는 물입자 중 99[%]의 누적체적분포가 400[μm] 이하로 분무되고 A, B, C급 화재에 적응성을 갖는 것
저압 미분무 소화설비	최고사용압력이 1.2[MPa] 이하인 미분무 소화설비
중압 미분무 소화설비	사용압력이 1.2[MPa]을 초과하고 3.5[MPa] 이하인 미분무 소화설비
고압 미분무 소화설비	최저사용압력이 3.5[MPa]을 초과하는 미분무 소화설비

정답 | ①

19 빈출도 ★★

포 소화설비의 화재안전기술기준(NFTC 105) 상 포 소화설비의 자동식 기동장치에 폐쇄형 스프링클러 헤드를 사용하는 경우에 대한 설치기준 중 다음 (   ) 안에 알맞은 것은? (단, 자동화재탐지설비의 수신기가 설치된 장소에 상시 사람이 근무하고 있고, 화재 시 즉시 해당 조작부를 작동시킬 수 있는 경우는 제외한다.)

- 표시온도가 (㉠)[℃] 미만인 것을 사용하고 1개의 스프링클러 헤드의 경계 면적은 (㉡)[m²] 이하로 할 것
- 부착면의 높이는 바닥으로부터 (㉢)[m] 이하로 하고 화재를 유효하게 감지할 수 있도록 할 것

① ㉠ 60 ㉡ 10 ㉢ 7
② ㉠ 60 ㉡ 20 ㉢ 7
③ ㉠ 79 ㉡ 10 ㉢ 5
④ ㉠ 79 ㉡ 20 ㉢ 5

해설 PHASE 08 포 소화설비

표시온도가 79[℃] 미만인 것을 사용하고, 1개의 스프링클러 헤드의 경계면적은 20[m²] 이하로 한다.
부착면의 높이는 바닥으로부터 5[m] 이하로 한다.

관련개념 자동식 기동장치의 설치기준

폐쇄형 스프링클러 헤드를 사용하는 경우에는 다음의 기준에 따라 설치한다.
㉠ 표시온도가 79[℃] 미만인 것을 사용하고, 1개의 스프링클러 헤드의 경계면적은 20[m²] 이하로 한다.
㉡ 부착면의 높이는 바닥으로부터 5[m] 이하로 하고, 화재를 유효하게 감지할 수 있도록 한다.
㉢ 하나의 감지장치 경계구역은 하나의 층이 되도록 한다.

정답 | ④

20 빈출도 ★★

할론 소화설비의 화재안전기술기준(NFTC 107) 상 할론 소화약제 저장용기의 설치기준 중 다음 (   ) 안에 알맞은 것은?

축압식 저장용기의 압력은 온도 20[℃]에서 할론 1301을 저장하는 것은 (㉠)[MPa] 또는 (㉡)[MPa]이 되도록 질소가스로 축압할 것

① ㉠ 2.5 ㉡ 4.2
② ㉠ 2.0 ㉡ 3.5
③ ㉠ 1.5 ㉡ 3.0
④ ㉠ 1.1 ㉡ 2.5

해설 PHASE 10 할론 소화설비

축압식 저장용기의 압력은 할론 1301의 경우 2.5[MPa] 또는 4.2[MPa]로 한다.

관련개념 저장용기의 설치기준

㉠ 축압식 저장용기의 압력은 온도 20[℃]에서 할론 1211을 저장하는 것은 1.1[MPa] 또는 2.5[MPa], 할론 1301을 저장하는 것은 2.5[MPa] 또는 4.2[MPa]이 되도록 질소가스로 축압한다.
㉡ 저장용기의 충전비는 다음의 표에 따른 기준으로 한다.

소화약제의 종류		충전비
할론 1301		0.9 이상 1.6 이하
할론 1211		0.7 이상 1.4 이하
할론 2402	가압식	0.51 이상 0.67 미만
	축압식	0.67 이상 2.75 이하

㉢ 동일 집합관에 접속되는 저장용기의 소화약제 충전량은 동일 충전비로 한다.
㉣ 가압용 가스용기는 질소가스가 충전된 것으로 하고, 그 압력은 21[℃]에서 2.5[MPa] 또는 4.2[MPa]이 되도록 한다.
㉤ 저장용기의 개방밸브는 전기식·가스압력식 또는 기계식에 따라 자동으로 개방되고 수동으로도 개방되는 것으로서 안전장치가 부착된 것으로 한다.
㉥ 가압식 저장용기에는 2.0[MPa] 이하의 압력으로 조정할 수 있는 압력조정장치를 설치한다.
㉦ 하나의 방호구역을 담당하는 소화약제 저장용기의 소화약제량의 체적합계보다 그 소화약제 방출 시 방출경로가 되는 배관(집합관 포함)의 내용적의 비율이 1.5배 이상일 경우에는 해당 방호구역에 대한 설비는 별도 독립방식으로 한다.

정답 | ①

2회

☐ 1회독　점　| ☐ 2회독　점　| ☐ 3회독　점

01 빈출도 ★

할론 소화설비의 화재안전기술기준(NFTC 107)에 따른 할론 소화설비의 수동식 기동장치의 설치기준으로 틀린 것은?

① 국소방출방식은 방호대상물마다 설치할 것
② 기동장치의 방출용 스위치는 음향경보장치와 개별적으로 조작될 수 있는 것으로 할 것
③ 전기를 사용하는 기동장치에는 전원표시등을 설치할 것
④ 조작부는 바닥으로부터 높이 0.8[m] 이상 1.5[m] 이하의 위치에 설치할 것

해설 PHASE 10 할론 소화설비

기동장치의 방출용 스위치는 음향경보장치와 연동하여 조작될 수 있는 것으로 한다.

관련개념 수동식 기동장치의 설치기준

㉠ 수동식 기동장치의 부근에는 소화약제의 방출을 지연시킬 수 있는 방출지연스위치를 설치한다.
㉡ 전역방출방식은 방호구역마다, 국소방출방식은 방호대상물마다 설치한다.
㉢ 해당 방호구역의 출입구 부근 등 조작을 하는 자가 쉽게 피난할 수 있는 장소에 설치한다.
㉣ 기동장치의 조작부는 바닥으로부터 0.8[m] 이상 1.5[m] 이하의 위치에 설치하고, 보호판 등에 따른 보호장치를 설치한다.
㉤ 기동장치 인근의 보기 쉬운 곳에 "할론소화설비 수동식 기동장치"라는 표지를 한다.
㉥ 전기를 사용하는 기동장치에는 전원표시등을 설치한다.
㉦ 기동장치의 방출용 스위치는 음향경보장치와 연동하여 조작될 수 있는 것으로 한다.

정답 | ②

02 빈출도 ★★

미분무 소화설비의 화재안전성능기준(NFPC 104A)에 따라 최저사용압력이 몇 [MPa]를 초과할 때 고압 미분무 소화설비로 분류하는가?

① 1.2　② 2.5
③ 3.5　④ 4.2

해설 PHASE 07 미분무 소화설비

고압 미분무 소화설비는 최저사용압력이 3.5[MPa]을 초과하는 미분무 소화설비이다.

관련개념 용어의 정의

미분무	헤드로부터 방출되는 물입자 중 99[%]의 누적체적분포가 400[μm] 이하로 분무되고 A, B, C급 화재에 적응성을 갖는 것
저압 미분무 소화설비	최고사용압력이 1.2[MPa] 이하인 미분무 소화설비
중압 미분무 소화설비	사용압력이 1.2[MPa]을 초과하고 3.5[MPa] 이하인 미분무 소화설비
고압 미분무 소화설비	최저사용압력이 3.5[MPa]을 초과하는 미분무 소화설비

정답 | ③

03 빈출도 ★★★

피난기구의 화재안전성능기준(NFPC 301)에 따른 피난기구의 설치 및 유지에 관한 사항 중 틀린 것은?

① 피난기구를 설치하는 개구부는 서로 동일직선상의 위치에 있을 것
② 설치장소에는 피난기구의 위치를 표시하는 발광식 또는 축광식표지와 그 사용방법을 표시한 표지를 부착할 것
③ 피난기구는 소방대상물의 기둥·바닥·보 기타 구조상 견고한 부분에 볼트조임·매입·용접 기타의 방법으로 견고하게 부착할 것
④ 피난기구는 계단·피난구 기타 피난시설로부터 적당한 거리에 있는 안전한 구조로 된 피난 또는 소화활동상 유효한 개구부에 고정하여 설치할 것

해설 PHASE 13 피난기구

피난기구를 설치하는 개구부는 서로 동일직선상이 아닌 위치에 있어야 한다.

정답 | ①

04 빈출도 ★★

이산화탄소 소화설비의 화재안전성능기준(NFPC 106)에 따라 케이블실에 전역방출방식으로 이산화탄소 소화설비를 설치하고자 한다. 방호구역 체적은 $750[m^3]$, 개구부의 면적은 $3[m^2]$이고, 개구부에는 자동폐쇄장치가 설치되어 있지 않다. 이때 필요한 소화약제의 양은 최소 몇 [kg] 이상인가?

① 930
② 1,005
③ 1,230
④ 1,530

해설 PHASE 09 이산화탄소 소화설비

소화약제의 저장량은 방호구역의 체적과 개구부의 면적에 따라 산출한 값의 합으로 한다.
케이블실은 방호구역 체적 $1[m^3]$ 당 $1.3[kg/m^3]$의 소화약제가 필요하므로
$750[m^3] \times 1.3[kg/m^3] = 975[kg]$
심부화재의 경우 자동폐쇄장치가 없는 방호구역의 개구부 $1[m^2]$ 당 $10[kg/m^2]$의 소화약제가 필요하므로
$3[m^2] \times 10[kg/m^2] = 30[kg]$
$975[kg] + 30[kg] = 1,005[kg]$

관련개념 심부화재 전역방출방식의 소화약제 저장량

심부화재 전역방출방식의 경우 소화약제의 저장량은 방호구역의 체적과 개구부의 면적에 따라 산출한 값의 합으로 한다.
㉠ 방호구역의 체적 $1[m^3]$마다 다음의 기준에 따른 양. 불연재료나 내열성의 재료로 밀폐된 구조물이 있는 경우 그 체적은 제외한다.

방호대상물	소화약제의 양 $[kg/m^3]$	설계농도 [%]
유압기기를 제외한 전기설비, 케이블실	1.3	50
체적 $55[m^3]$ 미만의 전기설비	1.6	50
서고, 전자제품창고, 목재가공품창고, 박물관	2.0	65
고무류·면화류 창고, 모피창고, 석탄창고, 집진설비	2.7	75

㉡ 방호구역의 개구부(창문·출입구) $1[m^2]$마다 $10[kg]$을 가산해야 한다.(자동폐쇄장치가 없는 경우 限) 개구부의 면적은 방호구역 전체 표면적의 $3[\%]$ 이하로 한다.

정답 | ②

05 빈출도 ★★★

다음 중 피난기구의 화재안전기술기준(NFTC 301)에 따라 의료시설에 구조대를 설치하여야 할 층은?

① 지하 2층   ② 지하 1층
③ 지상 1층   ④ 지상 3층

해설 PHASE 13 피난기구

의료시설에는 3층, 4층 이상 10층 이하의 층에 구조대를 설치해야 한다.

관련개념 설치장소별 피난기구의 적응성

설치 장소별 층별	1층	2층	3층	4층 이상 10층 이하
의료시설·근린생활시설 중 입원실이 있는 의원·접골원·조산원			• 미끄럼대 • 구조대 • 피난교 • 피난용트랩 • 다수인 피난장비 • 승강식 피난기	• 구조대 • 피난교 • 피난용트랩 • 다수인 피난장비 • 승강식 피난기

정답 | ④

06 빈출도 ★★★

화재안전기준상 물계통의 소화설비 중 펌프의 성능시험배관에 사용되는 유량측정장치는 펌프의 정격 토출량의 몇 [%] 이상 측정할 수 있는 성능이 있어야 하는가?

① 65   ② 100
③ 120   ④ 175

해설 PHASE 02 옥내소화전설비

유량측정장치는 펌프 정격토출량의 175[%] 이상까지 측정할 수 있는 성능이 있어야 한다.

관련개념 펌프의 성능시험배관

㉠ 성능시험배관은 펌프의 토출 측에 설치된 개폐밸브 이전에서 분기하여 직선으로 설치한다.
㉡ 유량측정장치를 기준으로 전단 직관부에는 개폐밸브를, 후단 직관부에는 유량조절밸브를 설치한다.
㉢ 성능시험배관의 호칭지름은 유량측정장치의 호칭지름에 따라 정한다.
㉣ 유량측정장치는 펌프 정격토출량의 175[%] 이상까지 측정할 수 있는 성능이 있어야 한다.

정답 | ④

07 빈출도 ★★★

피난기구의 화재안전기술기준(NFTC 301) 상 근린생활시설 3층에 적응성이 있는 피난기구가 아닌 것은? (단, 근린생활시설 중 입원실이 있는 의원·접골원·조산원에 한한다.)

① 피난사다리   ② 미끄럼대
③ 구조대   ④ 피난교

해설 PHASE 13 피난기구

피난사다리는 의료시설·근린생활시설 중 입원실이 있는 의원·접골원·조산원에 적응성이 없다.

관련개념 설치장소별 피난기구의 적응성

설치 장소별 층별	1층	2층	3층	4층 이상 10층 이하
의료시설·근린생활시설 중 입원실이 있는 의원·접골원·조산원			• 미끄럼대 • 구조대 • 피난교 • 피난용트랩 • 다수인 피난장비 • 승강식 피난기	• 구조대 • 피난교 • 피난용트랩 • 다수인 피난장비 • 승강식 피난기

정답 | ①

08 빈출도 ★★

제연설비의 화재안전성능기준(NFPC 501)에 따른 배출풍도의 설치기준 중 다음 (   ) 안에 알맞은 것은?

> 배출기의 흡입측 풍도안의 풍속은 (㉠)[m/s] 이하로 하고 배출측 풍속은 (㉡)[m/s] 이하로 할 것

① ㉠ 15   ㉡ 10
② ㉠ 10   ㉡ 15
③ ㉠ 20   ㉡ 15
④ ㉠ 15   ㉡ 20

해설 PHASE 17 제연설비

배출기의 흡입 측 풍도 안의 풍속은 15[m/s] 이하로 하고 배출 측 풍속은 20[m/s] 이하로 한다.

관련개념 배출풍도의 설치기준

㉠ 배출풍도는 아연도금강판 또는 이와 동등 이상의 내식성·내열성이 있는 것으로 한다.
㉡ 건축법에 따른 불연재료(석면 제외)인 단열재로 풍도 외부에 유효한 단열 처리를 한다.
㉢ 강판의 두께는 배출풍도의 크기에 따라 다음의 표에 따른 기준 이상으로 한다.

풍도 단면의 긴변 또는 직경의 크기[mm]	강판 두께[mm]
450 이하	0.5
450 초과 750 이하	0.6
750 초과 1,500 이하	0.8
1,500 초과 2,250 이하	1.0
2,250 초과	1.2

㉣ 배출기의 흡입 측 풍도 안의 풍속은 15[m/s] 이하로 하고 배출 측 풍속은 20[m/s] 이하로 한다.

정답 | ④

09 빈출도 ★

스프링클러 헤드에서 이융성 금속으로 융착되거나 이융성 물질에 의하여 조립된 것은?

① 프레임(frame)
② 디플렉터(deflector)
③ 유리벌브(glass bulb)
④ 퓨지블링크(fusible link)

해설 PHASE 04 스프링클러설비

감열체 중에서 이융성 금속으로 융착되거나 이융성 물질에 의해 조립된 것은 퓨지블링크(fusible link)라고 한다.

관련개념 헤드의 구조

㉠ 프레임(frame): 스프링클러 헤드의 나사부분과 반사판을 연결하는 이음쇠 부분
㉡ 디플렉터(deflector): 헤드에서 방출되는 물방울 입자의 크기와 방출각도를 조절하는 부분
㉢ 유리벌브(glass bulb): 감열체 중 유리구 안에 액체 등을 넣어 봉한 것
㉣ 퓨지블링크(fusible link): 감열체 중에서 이융성 금속으로 융착되거나 이융성 물질에 의해 조립된 것

정답 | ④

10 빈출도 ★★

포 소화설비의 화재안전성능기준(NFPC 105) 상 특수가연물을 저장·취급하는 공장 또는 창고에 적응성이 없는 포 소화설비는?

① 고정포방출설비
② 포소화전설비
③ 압축공기포 소화설비
④ 포워터 스프링클러설비

해설 PHASE 08 포 소화설비

특수가연물을 저장·취급하는 공장 또는 창고에는 포소화전설비를 설치할 수 없다.

관련개념 특정소방대상물별 포 소화설비의 적응성

특정소방대상물	적응성이 있는 포소화설비
특수가연물을 저장·취급하는 공장 또는 창고	포워터 스프링클러설비 포헤드설비 고정포 방출설비 압축공기포 소화설비
차고 또는 주차장	
항공기격납고	
발전기실, 엔진펌프실, 변압기, 전기케이블실, 유압설비	고정식 압축공기포 소화설비 (바닥면적의 합계 300[m²] 미만인 장소 限)

정답 | ②

11 빈출도 ★★

분말 소화설비의 화재안전기술기준(NFTC 108) 상 자동화재탐지설비의 감지기의 작동과 연동하는 분말 소화설비 자동식 기동장치의 설치기준 중 다음 ( ) 안에 알맞은 것은?

> – 전기식 기동장치로서 (㉠)병 이상의 저장용기를 동시에 개방하는 설비는 2병 이상의 저장용기에 전자 개방밸브를 부착 할 것
> – 가스압력식 기동장치의 기동용 가스용기 및 해당 용기에 사용하는 밸브는 (㉡)[MPa] 이상의 압력에 견딜 수 있는 것으로 할 것

① ㉠ 3   ㉡ 2.5
② ㉠ 7   ㉡ 2.5
③ ㉠ 3   ㉡ 25
④ ㉠ 7   ㉡ 25

해설 PHASE 12 분말 소화설비

전기식 기동장치로서 7병 이상의 저장용기를 동시에 개방하는 설비는 2병 이상의 저장용기에 전자 개방밸브를 부착한다.
가스압력식 기동장치의 기동용 가스용기 및 해당 용기에 사용하는 밸브는 25[MPa] 이상의 압력에 견딜 수 있는 것으로 한다.

관련개념 자동식 기동장치의 설치기준

㉠ 자동화재탐지설비의 감지기의 작동과 연동하는 것으로 한다.
㉡ 자동식 기동장치는 수동으로도 기동할 수 있는 구조로 한다.
㉢ 전기식 기동장치로서 7병 이상의 저장용기를 동시에 개방하는 설비는 2병 이상의 저장용기에 전자 개방밸브를 부착한다.
㉣ 가스압력식 기동장치는 다음 기준에 따른다.
  – 기동용 가스용기 및 해당 용기에 사용하는 밸브는 25[MPa] 이상의 압력에 견딜 수 있는 것으로 한다.
  – 기동용 가스용기에는 내압시험압력의 0.8배부터 내압시험압력 이하에서 작동하는 안전장치를 설치한다.
  – 질소나 비활성기체를 사용하는 경우 기동용 가스용기의 체적은 5[L] 이상으로 하고, 6.0[MPa](21[℃] 기준)의 압력으로 충전한다.
  – 이산화탄소를 사용하는 경우 기동용 가스용기의 체적은 1[L] 이상으로 하고, 해당 용기에 저장하는 양은 0.6[kg] 이상으로 하며, 충전비는 1.5 이상 1.9 이하로 한다.
㉤ 기계식 기동장치는 저장용기를 쉽게 개방할 수 있는 구조로 한다.

정답 | ④

12 빈출도 ★★★

분말 소화설비의 화재안전성능기준(NFPC 108) 상 분말 소화약제의 가압용 가스용기에 대한 설명으로 틀린 것은?

① 가압용 가스용기를 3병 이상 설치한 경우에는 2개 이상의 용기에 전자개방밸브를 부착할 것
② 가압용 가스용기에는 2.5[MPa] 이하의 압력에서 조정이 가능한 압력조정기를 설치할 것
③ 가압용 가스에 질소가스를 사용하는 것의 질소가스는 소화약제 1[kg]마다 20[L](35[℃])에서 1기압의 압력상태로 환산한 것) 이상으로 할 것
④ 축압용 가스에 질소가스를 사용하는 것의 질소가스는 소화약제 1[kg]에 대하여 10[L](35[℃])에서 1기압의 압력상태로 환산한 것) 이상으로 할 것

해설 PHASE 12 분말 소화설비

가압용 가스에 질소가스를 사용하는 경우 질소가스는 소화약제 1[kg] 마다 40[L](35[℃])에서 1기압의 압력상태로 환산한 것) 이상으로 해야 한다.

관련개념 가압용·축압용 가스의 소요량(소화약제 1[kg] 기준)

	질소	이산화탄소
가압용 가스	40[L]	20[g]+청소에 필요한 양
축압용 가스	10[L]	20[g]+청소에 필요한 양

정답 | ③

13 빈출도 ★

화재조기진압용 스프링클러설비 가지배관 사이의 거리 기준으로 옳은 것은?

① 2.4[m] 이상 3.1[m] 이하
② 2.4[m] 이상 3.7[m] 이하
③ 6.0[m] 이상 8.5[m] 이하
④ 6.0[m] 이상 9.3[m] 이하

해설 PHASE 05 기타 스프링클러설비

가지배관 사이의 거리는 2.4[m] 이상 3.7[m] 이하로 한다.

관련개념 가지배관의 설치기준

㉠ 토너먼트 배관방식이 아니어야 한다.
㉡ 가지배관 사이의 거리는 2.4[m] 이상 3.7[m] 이하로 한다.
㉢ 천장의 높이가 9.1[m] 이상 13.7[m] 이하인 경우 가지배관 사이의 거리는 2.4[m] 이상 3.1[m] 이하로 한다.
㉣ 교차배관에서 분기되는 지점을 기점으로 한 쪽 가지배관에 설치되는 헤드의 개수는 8개 이하로 한다.
㉤ 가지배관과 헤드 사이의 배관을 신축배관으로 하는 경우 소방청장이 정하여 고시한 기준에 적합한 것으로 설치한다.

정답 | ②

14 빈출도 ★★

포 소화설비에서 펌프의 토출관에 압입기를 설치하여 포 소화약제 압입용 펌프로 포 소화약제를 압입시켜 혼합하는 방식은?

① 라인 프로포셔너
② 펌프 프로포셔너
③ 프레셔 프로포셔너
④ 프레셔사이드 프로포셔너

해설 PHASE 08 포 소화설비

프레셔사이드 프로포셔너방식에 대한 설명이다.

관련개념 포 소화약제의 혼합방식

펌프 프로포셔너 방식	펌프의 토출관과 흡입관 사이의 배관 도중에 설치한 흡입기에 펌프에서 토출된 물의 일부를 보내고, 농도 조정밸브에서 조정된 포 소화약제의 필요량을 포 소화약제 저장탱크에서 펌프 흡입측으로 보내어 이를 혼합하는 방식
프레셔 프로포셔너 방식	펌프와 발포기의 중간에 설치된 벤추리관의 벤추리작용과 펌프 가압수의 포 소화약제 저장탱크에 대한 압력에 따라 포 소화약제를 흡입·혼합하는 방식
라인 프로포셔너 방식	펌프와 발포기의 중간에 설치된 벤추리관의 벤추리작용에 따라 포 소화약제를 흡입·혼합하는 방식
프레셔사이드 프로포셔너 방식	펌프의 토출관에 압입기를 설치하여 포 소화약제 압입용 펌프로 포 소화약제를 압입시켜 혼합하는 방식
압축공기포 믹싱챔버 방식	물, 포 소화약제 및 공기를 믹싱챔버로 강제주입시켜 챔버 내에서 포수용액을 생성한 후 포를 방사하는 방식

정답 | ④

15 빈출도 ★★★

스프링클러설비의 화재안전성능기준(NFPC 103)상 스프링클러설비의 배관 내 사용압력이 몇 [MPa] 이상일 때 압력 배관용 탄소강관을 사용해야 하는가?

① 0.1
② 0.5
③ 0.8
④ 1.2

해설 PHASE 04 스프링클러설비

압력 배관용 탄소 강관(KS D 3562)은 배관 내 사용압력이 1.2[MPa] 이상인 경우 사용할 수 있다.

관련개념 배관의 종류

㉠ 배관 내 사용압력이 1.2[MPa] 미만인 경우
  – 배관용 탄소 강관(KS D 3507)
  – 이음매 없는 구리 및 구리합금관(KS D 5301)
  – 배관용 스테인리스 강관(KS D 3576) 또는 일반배관용 스테인리스 강관(KS D 3595)
  – 덕타일 주철관(KS D 4311)
㉡ 배관 내 사용압력이 1.2[MPa] 이상인 경우
  – 압력 배관용 탄소 강관(KS D 3562)
  – 배관용 아크용접 탄소강 강관(KS D 3583)
㉢ 소방용 합성수지배관으로 사용할 수 있는 경우
  – 배관을 지하에 매설하는 경우
  – 다른 부분과 내화구조로 구획된 덕트 또는 피트의 내부에 설치하는 경우
  – 천장과 반자를 불연재료 또는 준불연재료로 설치하고 소화배관 내부에 항상 소화수가 채워진 상태로 설치하는 경우

정답 | ④

16 빈출도 ★★★

지하구의 화재안전성능기준(NFPC 605)에 따라 연소방지설비 전용헤드를 사용할 때 배관의 구경이 65[mm]인 경우 하나의 배관에 부착하는 살수헤드의 최대 개수로 옳은 것은?

① 2
② 3
③ 5
④ 6

해설 PHASE 21 지하구

하나의 배관에 부착하는 전용헤드의 개수가 4개 또는 5개일 경우 배관의 구경은 65[mm] 이상으로 한다.

관련개념 연소방지설비 전용헤드와 배관의 구경

하나의 배관에 부착하는 전용 헤드의 개수	배관의 구경[mm]
1개	32
2개	40
3개	50
4개 또는 5개	65
6개 이상	80

정답 | ③

17 빈출도 ★

지하구의 화재안전기술기준(NFTC 605)에 따른 지하구의 통합감시시설 설치기준으로 틀린 것은?

① 소방관서와 지하구의 통제실 간에 화재 등 소방활동과 관련된 정보를 상시 교환할 수 있는 정보통신망을 구축할 것
② 수신기는 방재실과 공동구의 입구 및 연소방지설비 송수구가 설치된 장소(지상)에 설치할 것
③ 정보통신망(무선통신망 포함)은 광케이블 또는 이와 유사한 성능을 가진 선로일 것
④ 수신기는 화재신호, 경보, 발화지점 등 수신기에 표시되는 정보가 기준에 적합한 방식으로 119상황실이 있는 관할 소방관서의 정보통신장치에 표시되도록 할 것

해설 PHASE 21 지하구

수신기는 지하구의 통제실에 설치한다.

관련개념 통합감시시설의 설치기준

㉠ 소방관서와 지하구의 통제실 간에 화재 등 소방활동과 관련된 정보를 상시 교환할 수 있는 정보통신망을 구축한다.
㉡ 정보통신망(무선통신망 포함)은 광케이블 또는 이와 유사한 성능을 가진 선로이어야 한다.
㉢ 수신기는 지하구의 통제실에 설치하고 화재신호, 경보, 발화지점 등 수신기에 표시되는 정보가 적합한 방식으로 119상황실이 있는 관할 소방관서의 정보통신장치에 표시되도록 한다.

정답 | ②

18 빈출도 ★★★

소화수조 및 저수조의 화재안전성능기준(NFPC 402)에 따라 소화용수설비에 설치하는 채수구의 지면으로부터 설치 높이 기준은?

① 0.3[m] 이상 1[m] 이하
② 0.3[m] 이상 1.5[m] 이하
③ 0.5[m] 이상 1[m] 이하
④ 0.5[m] 이상 1.5[m] 이하

해설 PHASE 16 소화수조 및 저수조

채수구는 지면으로부터 높이가 0.5[m] 이상 1[m] 이하의 위치에 설치한다.

정답 | ③

19 빈출도 ★★★

다음은 물분무 소화설비의 화재안전성능기준(NFPC 104)에 따른 수원의 저수량 기준이다. ( )에 들어갈 내용으로 옳은 것은?

> 특수가연물을 저장 또는 취급하는 특정소방대상물 또는 그 부분에 있어서 수원의 저수량은 그 바닥면적 1[m²]에 대하여 ( )[L/min]로 20분 간 방수할 수 있는 양 이상으로 할 것

① 10
② 12
③ 15
④ 20

해설 PHASE 06 물분무 소화설비

특수가연물을 저장 또는 취급하는 특정소방대상물 또는 그 부분에 있어서 그 바닥면적(최소 50[m²]) 1[m²]에 대하여 10[L/min]로 20분 간 방수할 수 있는 양 이상으로 한다.

관련개념 저수량의 산정기준

㉠ 특수가연물을 저장 또는 취급하는 특정소방대상물 또는 그 부분에 있어서 바닥면적(최소 50[m²]) 1[m²]에 대하여 10[L/min]로 20분 간 방수할 수 있는 양 이상으로 한다.
㉡ 차고 또는 주차장은 그 바닥면적(최소 50[m²]) 1[m²]에 대하여 20[L/min]로 20분 간 방수할 수 있는 양 이상으로 한다.
㉢ 절연유 봉입 변압기는 바닥 부분을 제외한 표면적을 합한 면적 1[m²]에 대하여 10[L/min]로 20분 간 방수할 수 있는 양 이상으로 한다.
㉣ 케이블트레이, 케이블덕트 등은 투영된 바닥면적 1[m²]에 대하여 12[L/min]로 20분 간 방수할 수 있는 양 이상으로 한다.
㉤ 콘베이어 벨트 등은 벨트 부분의 바닥면적 1[m²]에 대하여 10[L/min]로 20분 간 방수할 수 있는 양 이상으로 한다.

정답 | ①

20 빈출도 ★★

제연설비의 화재안전성능기준(NFPC 501) 상 제연설비 설치장소의 제연구역 구획기준으로 틀린 것은?

① 하나의 제연구역의 면적은 1,000[m²] 이내로 할 것
② 하나의 제연구역은 직경 60[m] 원내에 들어갈 수 있을 것
③ 하나의 제연구역은 3개 이상 층에 미치지 아니하도록 할 것
④ 통로상의 제연구역은 보행중심선의 길이가 60[m]를 초과하지 아니할 것

해설 PHASE 17 제연설비

하나의 제연구역은 2 이상의 층에 미치지 않도록 한다.

관련개념 제연구역의 구획기준

㉠ 하나의 제연구역의 면적은 1,000[m²] 이내로 한다.
㉡ 거실과 통로(복도 포함)는 각각 제연구획 한다.
㉢ 통로상의 제연구역은 보행중심선의 길이가 60[m]를 초과하지 않는다.
㉣ 하나의 제연구역은 직경 60[m] 원 내에 들어갈 수 있어야 한다.
㉤ 하나의 제연구역은 2 이상의 층에 미치지 않도록 한다.
㉥ 층의 구분이 불분명한 부분은 그 부분을 다른 부분과 별도로 제연구획 한다.

정답 | ③

4회

□ 1회독   점 | □ 2회독   점 | □ 3회독   점

01 빈출도 ★

물분무 소화설비의 화재안전성능기준(NFPC 104) 상 배관의 설치기준으로 틀린 것은?

① 펌프 흡입측 배관은 공기고임이 생기지 않는 구조로 하고 여과장치를 설치한다.
② 펌프의 흡입측 배관은 수조가 펌프보다 낮게 설치된 경우에는 각 펌프(충압펌프를 포함한다)마다 수조로부터 별도로 설치한다.
③ 급수배관은 전용으로 한다.
④ 연결송수관설비의 배관과 겸용할 경우 방수구로 연결되는 배관의 구경은 65[mm] 이하로 한다.

해설 PHASE 06 물분무 소화설비

물분무 소화설비는 연결송수관설비의 배관과 겸용할 수 없다.

정답 | ④

02 빈출도 ★★

분말 소화설비의 화재안전성능기준(NFPC 108) 상 분말 소화설비의 배관으로 동관을 사용하는 경우에는 최고사용압력의 최소 몇 배 이상의 압력에 견딜 수 있는 것을 사용하여야 하는가?

① 1
② 1.5
③ 2
④ 2.5

해설 PHASE 12 분말 소화설비

동관을 사용하는 경우의 배관은 고정압력 또는 최고사용압력의 1.5배 이상의 압력에 견딜 수 있는 것을 사용한다.

관련개념 분말 소화설비 배관의 설치기준

① 배관은 전용으로 한다.
② 강관을 사용하는 경우의 배관은 아연도금에 따른 배관용 탄소강관(KS D 3507)이나 이와 동등 이상의 강도·내식성 및 내열성을 가진 것으로 한다.
③ 축압식 분말소화설비에 사용하는 것 중 20[℃]에서 압력이 2.5[MPa] 이상 4.2[MPa] 이하인 것은 압력배관용 탄소강관(KS D 3562) 중 이음이 없는 스케줄 40 이상의 것 또는 이와 동등 이상의 강도를 가진 것으로서 아연도금으로 방식 처리된 것을 사용한다.
④ 동관을 사용하는 경우의 배관은 고정압력 또는 최고사용압력의 1.5배 이상의 압력에 견딜 수 있는 것을 사용한다.
⑤ 밸브류는 개폐위치 또는 개폐방향을 표시한 것으로 한다.
⑥ 배관의 관부속 및 밸브류는 배관과 동등 이상의 강도 및 내식성이 있는 것으로 한다.
⑦ 확관형 분기배관을 사용할 경우에는 소방청장이 정하여 고시한 기준에 적합한 것으로 설치한다.

정답 | ②

03 빈출도 ★

물분무 소화설비의 화재안전기술기준(NFTC 104) 상 송수구의 설치기준으로 틀린 것은?

① 구경 65[mm]의 쌍구형으로 할 것
② 지면으로부터 높이가 0.5[m] 이상 1[m] 이하의 위치에 설치할 것
③ 송수구는 하나의 층의 바닥면적이 1,500[m²]를 넘을 때마다 1개(5개를 넘을 경우에는 5개로 한다) 이상을 설치할 것
④ 가연성가스의 저장·취급시설에 설치하는 송수구는 그 방호대상물로부터 20[m] 이상의 거리를 두거나 방호대상물에 면하는 부분이 높이 1.5[m] 이상, 폭 2.5[m] 이상의 철근콘크리트 벽으로 가려진 장소에 설치할 것

해설 PHASE 06 물분무 소화설비

송수구는 하나의 층의 바닥면적이 3,000[m²]를 넘을 때마다 1개 이상(최대 5개)을 설치한다.

관련개념 송수구의 설치기준

㉠ 송수구는 화재 층으로부터 지면으로 떨어지는 유리창 등이 송수 및 그 밖의 소화작업에 지장을 주지 않는 장소에 설치한다.
㉡ 가연성가스의 저장·취급시설에 설치하는 경우 그 방호대상물로부터 20[m] 이상의 거리를 두거나, 방호대상물에 면하는 부분이 1.5[m] 이상 폭 2.5[m] 이상의 철근콘크리트 벽으로 가려진 장소에 설치한다.
㉢ 송수구로부터 물분무 소화설비의 주배관에 이르는 연결배관에 개폐밸브를 설치한 경우 그 개폐상태를 쉽게 확인 및 조작할 수 있는 옥외 또는 기계실 등의 장소에 송수구를 설치한다.
㉣ 송수구는 구경 65[mm]의 쌍구형으로 한다.
㉤ 송수구에는 그 가까운 곳의 보기 쉬운 곳에 송수압력범위를 표시한 표지를 한다.
㉥ 송수구는 하나의 층의 바닥면적이 3,000[m²]를 넘을 때마다 1개 이상(최대 5개)을 설치한다.
㉦ 지면으로부터 높이가 0.5[m] 이상 1[m] 이하의 위치에 설치한다.
㉧ 송수구의 부근에는 자동배수밸브(또는 직경 5[mm]의 배수공) 및 체크밸브를 설치한다.
㉨ 자동배수밸브는 배관 안의 물이 잘 빠질 수 있는 위치에 설치한다.
㉩ 자동배수밸브를 통한 배수로 인하여 다른 물건이나 장소에 피해를 주지 않아야 한다.
㉪ 송수구에는 이물질을 막기 위한 마개를 씌운다.

정답 | ③

04 빈출도 ★★★

케이블트레이에 물분무 소화설비를 설치하는 경우 저장하여야 할 수원의 최소 저수량은 몇 [m³]인가? (단, 케이블트레이의 투영된 바닥면적은 70[m²]이다.)

① 12.4
② 14
③ 16.8
④ 28

해설 PHASE 06 물분무 소화설비

케이블트레이의 저수량은 투영된 바닥면적 1[m²]에 대하여 12[L/min]로 20분 간 방수할 수 있는 양 이상으로 한다.
$70[m^2] \times 12[L/m^2 \cdot min] \times 0.001[m^3/L] \times 20[min]$
$= 16.8[m^3]$

관련개념 저수량의 산정기준

㉠ 특수가연물을 저장 또는 취급하는 특정소방대상물 또는 그 부분에 있어서 그 바닥면적(최소 50[m²]) 1[m²]에 대하여 10[L/min]로 20분 간 방수할 수 있는 양 이상으로 한다.
㉡ 차고 또는 주차장은 그 바닥면적(최소 50[m²]) 1[m²]에 대하여 20[L/min]로 20분 간 방수할 수 있는 양 이상으로 한다.
㉢ 절연유 봉입 변압기는 바닥 부분을 제외한 표면적을 합한 면적 1[m²]에 대하여 10[L/min]로 20분 간 방수할 수 있는 양 이상으로 한다.
㉣ 케이블트레이, 케이블덕트 등은 투영된 바닥면적 1[m²]에 대하여 12[L/min]로 20분 간 방수할 수 있는 양 이상으로 한다.
㉤ 콘베이어 벨트 등은 벨트 부분의 바닥면적 1[m²]에 대하여 10[L/min]로 20분 간 방수할 수 있는 양 이상으로 한다.

정답 | ③

05 빈출도 ★

소화전함의 성능인증 및 제품검사의 기술기준 상 옥내 소화전함의 재질을 합성수지 재료로 할 경우 두께는 최소 몇 [mm] 이상이어야 하는가?

① 1.5
② 2.0
③ 3.0
④ 4.0

해설 PHASE 02 옥내소화전설비

합성수지를 사용하는 소화전함은 두께 4.0[mm] 이상으로 한다.

관련개념 소화전함의 일반구조

㉠ 견고해야 하며 쉽게 변형되지 않는 구조로 한다.
㉡ 보수 및 점검이 쉬워야 한다.
㉢ 소화전함의 내부폭은 180[mm] 이상으로 한다.
㉣ 소화전함이 원통형인 경우 단면 원은 가로 500[mm], 세로 180[mm]의 직사각형을 포함할 수 있는 크기로 한다.
㉤ 여닫이 방식의 문은 120° 이상 열리는 구조로 한다.
㉥ 지하소화장치함의 문은 80° 이상 개방되고 고정할 수 있는 장치가 있어야 한다.
㉦ 문은 두 번 이하의 동작에 의하여 열리는 구조로 한다. 지하소화장치함은 제외한다.
㉧ 문의 잠금장치는 외부 충격에 의하여 쉽게 열리지 않는 구조로 한다.
㉨ 문의 면적은 0.5[m^2] 이상으로 하고, 짧은 변의 길이(미닫이 방식의 경우 최대 개방길이)는 500[mm] 이상으로 한다.
㉩ 미닫이 방식의 문을 사용하는 경우, 최대 개방 시 문에 의해 가려지는 내부 공간은 소방용품이 적재될 수 없도록 칸막이 등으로 구획한다.
㉪ 소화전함의 두께(현무암 무기질 복합소재 포함)는 1.5[mm] 이상이어야 한다.
㉫ 합성수지를 사용하는 소화전함은 두께 4.0[mm] 이상으로 한다.

정답 | ④

06 빈출도 ★★

스프링클러 헤드를 설치하지 않을 수 있는 장소로만 나열된 것은?

① 계단, 병원의 입원실, 목욕실, 냉동창고의 냉동실, 아파트(대피공간 제외)
② 발전실, 수술실, 응급처치실, 통신기기실, 관람석이 없는 테니스장
③ 냉동창고의 냉동실, 변전실, 병원의 입원실, 목욕실, 수영장 관람석
④ 수술실, 관람석이 없는 테니스장, 변전실, 발전실, 아파트(대피공간 제외)

해설 PHASE 04 스프링클러설비

스프링클러 헤드를 설치하지 않을 수 있는 장소로만 나열된 것은 ②이다.

선지분석

① 병원의 입원실, 아파트(대피공간 제외)는 스프링클러 헤드를 설치해야 한다.
③ 병원의 입원실, 수영장 관람석은 스프링클러 헤드를 설치해야 한다.
④ 아파트(대피공간 제외)는 스프링클러 헤드를 설치해야 한다.

정답 | ②

07 빈출도 ★★

물분무 소화설비의 가압송수장치로 압력수조의 필요 압력을 산출할 때 필요한 것이 아닌 것은?

① 낙차의 환산수두압
② 물분무 헤드의 설계압력
③ 배관의 마찰손실 수두압
④ 소방용 호스의 마찰손실 수두압

해설 PHASE 06 물분무 소화설비

물분무 소화설비는 헤드를 통해 소화수가 방사되므로 소방용 호스의 마찰손실수두압은 계산하지 않는다.

관련개념 압력수조를 이용한 가압송수장치의 설치기준

㉠ 압력수조의 압력은 다음의 식에 따라 계산하여 나온 수치 이상 유지되도록 한다.

$$P = P_1 + P_2 + P_3$$

P: 필요한 압력[MPa], P_1: 물분무헤드의 설계압력[MPa],
P_2: 배관의 마찰손실수두압[MPa],
P_3: 낙차의 환산수두압[MPa]

㉡ 압력수조에는 수위계·급수관·배수관·급기관·맨홀·압력계·안전장치 및 압력저하 방지를 위한 자동식 공기압축기를 설치한다.

정답 | ④

08 빈출도 ★★★

포헤드를 정방형으로 설치 시 헤드와 벽과의 최대 이격거리는 약 몇 [m] 인가?

① 1.48   ② 1.62
③ 1.76   ④ 1.91

해설 PHASE 08 포 소화설비

포헤드 상호 간 거리기준에 따라 계산하면
$$S = 2 \times r \times \cos 45° = 2 \times 2.1[\text{m}] \times \cos 45°$$
$$= 2.9698[\text{m}]$$

포헤드와 벽과의 거리는 포헤드 상호 간 거리의 $\frac{1}{2}$ 이하의 거리를 두어야 하므로 최대 이격거리는

$$2.9698[\text{m}] \times \frac{1}{2} = 1.4849[\text{m}]$$

관련개념

㉠ 포헤드를 정방형으로 배치한 경우 상호 간 거리는 다음의 식에 따라 산정한 수치 이하가 되도록 한다.

$$S = 2 \times r \times \cos 45°$$

S: 포헤드 상호 간의 거리[m], r: 유효반경(2.1[m])

㉡ 포헤드와 벽 방호구역의 경계선은 상호 간 기준거리의 $\frac{1}{2}$ 이하의 거리를 둔다.

정답 | ①

09 빈출도 ★★

다음은 포 소화설비에서 배관 등 설치기준에 관한 내용이다. ㉠~㉢ 안에 들어갈 내용으로 옳은 것은?

> - 송수구는 구경 65[mm]의 쌍구형으로 하고, 지면으로부터 높이가 0.5[m] 이상 (㉠)[m] 이하의 위치에 설치한다.
> - 펌프의 성능은 체절운전 시 정격토출압력의 (㉡)[%]를 초과하지 아니하고, 정격토출량의 150[%]로 운전 시 정격토출압력의 (㉢)[%] 이상이 되어야 한다.

① ㉠ 1.2   ㉡ 120   ㉢ 65
② ㉠ 1.2   ㉡ 120   ㉢ 75
③ ㉠ 1   ㉡ 140   ㉢ 65
④ ㉠ 1   ㉡ 140   ㉢ 75

해설 PHASE 08 포 소화설비

송수구는 구경 65[mm]의 쌍구형으로 하고, 지면으로부터 높이가 0.5[m] 이상 1[m] 이하의 위치에 설치한다.
펌프의 성능은 체절운전 시 정격토출압력의 140[%]를 초과하지 않고, 정격토출량의 150[%]로 운전 시 정격토출압력의 65[%] 이상이 되어야 한다.

정답 | ③

10 빈출도 ★★

제연설비의 화재안전기술기준(NFTC 501) 상 제연풍도의 설치기준으로 틀린 것은?

① 배출기의 전동기 부분과 배풍기 부분은 분리하여 설치할 것
② 배출기와 배출풍도의 접속 부분에 사용하는 캔버스는 내열성이 있는 것으로 할 것
③ 배출기의 흡입 측 풍도 안의 풍속은 20[m/s] 이하로 할 것
④ 유입풍도 안의 풍속은 20[m/s] 이하로 할 것

해설 PHASE 17 제연설비

배출기의 흡입 측 풍도 안의 풍속은 15[m/s] 이하로 하고 배출 측 풍속은 20[m/s] 이하로 한다.

정답 | ③

11 빈출도 ★

소화기에 호스를 부착하지 아니할 수 있는 기준 중 틀린 것은?

① 소화약제 중량이 2[kg] 이하인 분말소화기
② 소화약제 중량이 3[kg] 이하인 이산화탄소 소화기
③ 소화약제 중량이 4[kg] 이하인 할로겐화합물 소화기
④ 소화약제 중량이 5[kg] 이하인 산알칼리 소화기

해설 PHASE 01 소화기구 및 자동소화장치

소화약제의 중량이 5[kg] 이하인 산알칼리 소화기는 기준에 해당하지 않는다.

관련개념 소화기에 호스를 부착하지 않을 수 있는 기준
㉠ 소화약제의 중량이 4[kg] 이하인 할로겐화합물소화기
㉡ 소화약제의 중량이 3[kg] 이하인 이산화탄소소화기
㉢ 소화약제의 중량이 2[kg] 이하인 분말소화기
㉣ 소화약제의 용량이 3[L] 이하인 액체계 소화약제 소화기

정답 | ④

12 빈출도 ★★

옥외소화전설비의 화재안전성능기준(NFPC 109) 상 옥외소화전설비에서 성능시험배관의 직관부에 설치된 유량측정장치는 펌프 및 정격토출량의 최소 몇 [%] 이상 측정할 수 있는 성능이 있어야 하는가?

① 175   ② 150
③ 75   ④ 50

해설 PHASE 03 옥외소화전설비

유량측정장치는 펌프 정격토출량의 175[%] 이상까지 측정할 수 있는 성능이 있어야 한다.

관련개념 성능시험배관의 설치기준
㉠ 성능시험배관은 펌프의 토출 측에 설치된 개폐밸브 이전에서 분기하여 직선으로 설치한다.
㉡ 유량측정장치를 기준으로 전단 직관부에는 개폐밸브를, 후단 직관부에는 유량조절밸브를 설치한다.
㉢ 성능시험배관의 호칭지름은 유량측정장치의 호칭지름에 따라 정한다.
㉣ 유량측정장치는 펌프 정격토출량의 175[%] 이상까지 측정할 수 있는 성능이 있어야 한다.

정답 | ①

13 빈출도 ★

전역방출방식의 분말 소화설비에 있어서 방호구역의 용적이 500[m³]일 때 적합한 분사헤드의 수는? (단, 제1종 분말이며, 체적 1[m³]당 소화약제의 양은 0.60[kg]이며, 분사헤드 1개의 분당 표준 방사량은 18[kg]이다.)

① 17개
② 30개
③ 34개
④ 134개

해설 PHASE 12 분말 소화설비

체적 1[m³] 당 소화약제의 양은 0.60[kg]이므로 방호구역의 체적이 500[m³]일 때 필요한 소화약제의 양은
　　500[m³]×0.60[kg/m³]=300[kg]
분사헤드 1개의 1분 당 표준 방사량은 18[kg]이므로 30초 당 표준 방사량은 9[kg]이다.
300[kg]의 분말 소화약제를 30초 이내에 방사하기 위해서는
$\frac{300}{9}$≒33.4개의 분사헤드가 필요하다.

관련개념 전역방출방식의 분사헤드

㉠ 방출된 소화약제가 방호구역의 전역에 균일하고 신속하게 확산할 수 있도록 한다.
㉡ 소화약제의 저장량을 30초 이내에 방출할 수 있는 것으로 한다.

정답 | ③

14 빈출도 ★★

옥내소화전설비의 화재안전기술기준(NFTC 102)상 가압송수장치를 기동용 수압개폐장치로 사용할 경우 압력챔버의 용적 기준은?

① 50[L] 이상
② 100[L] 이상
③ 150[L] 이상
④ 200[L] 이상

해설 PHASE 02 옥내소화전설비

기동용 수압개폐장치 중 압력챔버를 사용할 경우 그 용적은 100[L] 이상으로 한다.

정답 | ②

15 빈출도 ★

할로겐화합물 및 불활성기체 소화설비를 설치할 수 없는 장소의 기준 중 옳은 것은? (단, 소화성능이 인정되는 위험물은 제외한다.)

① 제1류 위험물 및 제2류 위험물 사용
② 제2류 위험물 및 제4류 위험물 사용
③ 제3류 위험물 및 제5류 위험물 사용
④ 제4류 위험물 및 제6류 위험물 사용

해설 PHASE 11 할로겐화합물 및 불활성기체 소화설비

제3류 위험물 및 제5류 위험물을 저장·보관·사용하는 장소에는 할로겐화합물 및 불활성기체 소화설비를 설치할 수 없다.

관련개념 소화설비의 설치제외장소

㉠ 사람이 상주하는 곳으로서 최대허용 설계농도를 초과하는 장소
㉡ 제3류 위험물 및 제5류 위험물을 저장·보관·사용하는 장소. 소화성능이 인정되는 위험물 제외

정답 | ③

16 빈출도 ★

특별피난계단의 계단실 및 부속실 제연설비의 화재안전성능기준(NFPC 501A) 상 수직풍도에 따른 배출기준 중 각층의 옥내와 면하는 수직풍도의 관통부에 설치하여야 하는 배출댐퍼 설치기준으로 틀린 것은?

① 화재층의 옥내에 설치된 화재감지기의 동작에 따라 당해층의 댐퍼가 개방될 것
② 풍도의 배출댐퍼는 이·탈착구조가 되지 않도록 설치할 것
③ 개폐여부를 당해 장치 및 제어반에서 확인할 수 있는 감지기능을 내장하고 있을 것
④ 배출댐퍼는 두께 1.5[mm] 이상의 강판 또는 이와 동등 이상의 성능이 있는 것으로 설치하여야 하며 비내식성 재료의 경우에는 부식방지 조치를 할 것

해설 PHASE 18 특별피난계단의 계단실 및 부속실 제연설비

풍도의 배출댐퍼는 풍도의 내부마감 상태에 대한 점검 및 댐퍼의 정비가 가능한 이·탈착식 구조로 한다.

관련개념 수직풍도의 관통부에 설치하는 배출댐퍼의 설치기준

㉠ 배출댐퍼는 두께 1.5[mm] 이상의 강판 또는 이와 동등 이상의 성능이 있는 것으로 설치하며 비내식성 재료의 경우 부식방지 조치를 한다.
㉡ 평상시 닫힌 구조로 기밀상태를 유지한다.
㉢ 개폐여부를 장치 및 제어반에서 확인할 수 있는 감지 기능을 내장한다.
㉣ 구동부의 작동상태와 닫혀 있을 때의 기밀상태를 수시로 점검할 수 있는 구조로 한다.
㉤ 풍도의 내부마감 상태에 대한 점검 및 댐퍼의 정비가 가능한 이·탈착식 구조로 한다.
㉥ 화재 층에 설치된 화재감지기의 동작에 따라 해당 층의 댐퍼가 개방되도록 한다.
㉦ 개방 시의 실제 개구부(개구율을 감안한 것)의 크기는 수직풍도의 내부단면적 기준 이상으로 한다.
㉧ 댐퍼는 풍도 내의 공기흐름에 지장을 주지 않도록 수직풍도의 내부로 돌출하지 않게 설치한다.

정답 | ②

17 ★★★

소화약제 외의 것을 이용한 간이소화용구의 능력단위 기준 중 다음 (   ) 안에 알맞은 것은?

간이소화용구		능력단위
마른모래	삽을 상비한 50[L] 이상의 것 1포	( ) 단위

① 0.5
② 1
③ 3
④ 5

해설 PHASE 01 소화기구 및 자동소화장치

마른모래의 경우 삽을 상비한 50[L] 이상의 것 1포 당 능력단위는 0.5 단위이다.

관련개념 능력단위

소화약제 외의 것을 이용한 간이소화용구에 있어서는 다음에 따른 수치이다.

간이소화용구		능력단위
1. 마른모래	삽을 상비한 50[L] 이상의 것 1포	0.5 단위
2. 팽창질석 또는 팽창진주암	삽을 상비한 80[L] 이상의 것 1포	

정답 | ①

18 ★★

할로겐화합물 및 불활성기체소화설비의 화재안전기술기준(NFTC 107A)에 따른 할로겐화합물 및 불활성기체 소화설비의 수동식 기동장치의 설치기준에 대한 설명으로 틀린 것은?

① 5[kg] 이상의 힘을 가하여 기동할 수 있는 구조로 할 것
② 전기를 사용하는 기동장치에는 전원표시등을 설치할 것
③ 기동장치의 방출용 스위치는 음향경보장치와 연동하여 조작될 수 있는 것으로 할 것
④ 해당 방호구역의 출입구 부근 등 조작을 하는 자가 쉽게 피난할 수 있는 장소에 설치할 것

해설 PHASE 11 할로겐화합물 및 불활성기체 소화설비

50[N] 이하의 힘을 가하여 기동할 수 있는 구조로 한다.

관련개념 수동식 기동장치의 설치기준

㉠ 수동식 기동장치의 부근에는 소화약제의 방출을 지연시킬 수 있는 방출지연스위치를 설치한다. 방출지연스위치는 자동복귀형 스위치로 수동식 기동장치의 타이머를 순간 정지시키는 기능의 스위치를 말한다.
㉡ 방호구역마다 설치한다.
㉢ 해당 방호구역의 출입구 부근 등 조작을 하는 자가 쉽게 피난할 수 있는 장소에 설치한다.
㉣ 기동장치의 조작부는 바닥으로부터 0.8[m] 이상 1.5[m] 이하의 위치에 설치하고, 보호판 등에 따른 보호장치를 설치한다.
㉤ 기동장치 인근의 보기 쉬운 곳에 "할로겐화합물 및 불활성기체소화설비 수동식 기동장치"라는 표지를 한다.
㉥ 전기를 사용하는 기동장치에는 전원표시등을 설치한다.
㉦ 기동장치의 방출용 스위치는 음향경보장치와 연동하여 조작될 수 있는 것으로 한다.
㉧ 50[N] 이하의 힘을 가하여 기동할 수 있는 구조로 한다.

정답 | ①

19 ★★★

다음은 상수도 소화용수설비의 설치기준에 관한 설명이다. ( ) 안에 들어갈 내용으로 알맞은 것은?

> 호칭지름 75[mm] 이상의 수도배관에 호칭지름 ( )[mm] 이상의 소화전을 접속할 것

① 50
② 80
③ 100
④ 125

해설 PHASE 15 상수도 소화용수설비

호칭지름 75[mm] 이상의 수도배관에 호칭지름 100[mm] 이상의 소화전을 접속한다.

관련개념 상수도 소화용수설비의 설치기준

㉠ 호칭지름 75[mm] 이상의 수도배관에 호칭지름 100[mm] 이상의 소화전을 접속한다.
㉡ 소화전은 소방자동차 등의 진입이 쉬운 도로변 또는 공지에 설치한다.
㉢ 소화전은 특정소방대상물의 수평투영면의 각 부분으로부터 140[m] 이하가 되도록 설치한다.

정답 | ③

20 ★★

포 소화설비의 화재안전기술기준(NFTC 105)에 따라 포 소화설비에 소방용 합성수지배관을 설치할 수 있는 경우로 틀린 것은?

① 배관을 지하에 매설하는 경우
② 다른 부분과 내화구조로 구획된 덕트 또는 피트의 내부에 설치하는 경우
③ 동결방지조치를 하거나 동결의 우려가 없는 경우
④ 천장과 반자를 불연재료 또는 준불연재료로 설치하고 그 내부에 습식으로 배관을 설치하는 경우

해설 PHASE 08 포 소화설비

금속관에 비해 합성수지배관은 비교적 낮은 온도에서 변형이 일어나므로 화재에 더욱 취약하다. 따라서 화재가 발생하더라도 배관이 변형되지 않고 소방용수를 충분히 공급할 수 있는 조건에서 합성수지배관을 사용할 수 있다.

관련개념 소방용 합성수지배관으로 사용할 수 있는 경우

㉠ 배관을 지하에 매설하는 경우
㉡ 다른 부분과 내화구조로 구획된 덕트 또는 피트의 내부에 설치하는 경우
㉢ 천장과 반자를 불연재료 또는 준불연재료로 설치하고 소화배관 내부에 항상 소화수가 채워진 상태로 설치하는 경우

정답 | ③

2021년 기출문제

1회

01 빈출도 ★★

스프링클러설비의 화재안전기술기준(NFTC 103) 상 폐쇄형 스프링클러 헤드의 방호구역·유수검지장치에 대한 기준으로 틀린 것은?

① 하나의 방호구역에는 1개 이상의 유수검지장치를 설치하되, 화재 발생 시 접근이 쉽고 점검하기 편리한 장소에 설치할 것
② 하나의 방호구역에는 2개 층에 미치지 아니하도록 할 것. 다만, 1개 층에 설치되는 스프링클러 헤드의 수가 10개 이하인 경우와 복층형 구조의 공동주택에는 3개 층 이내로 할 수 있다.
③ 송수구를 통하여 스프링클러 헤드에 공급되는 물은 유수검지장치 등을 지나도록 할 것
④ 조기반응형 스프링클러 헤드를 설치하는 경우에는 습식 유수검지장치 또는 부압식 스프링클러설비를 설치할 것

해설 PHASE 04 스프링클러설비
송수구를 통하여 공급되는 물은 유수검지장치를 지나지 않는다.

정답 | ③

02 빈출도 ★★★

스프링클러설비의 화재안전성능기준(NFPC 103) 상 조기반응형 스프링클러 헤드를 설치해야 하는 장소가 아닌 것은?

① 수련시설의 침실   ② 공동주택의 거실
③ 오피스텔의 침실   ④ 병원의 입원실

해설 PHASE 04 스프링클러설비
수련시설에는 조기반응형 스프링클러 헤드를 설치하지 않는다.

관련개념 조기반응형 스프링클러 헤드 설치장소
㉠ 공동주택과 노유자시설의 거실
㉡ 오피스텔과 숙박시설의 침실
㉢ 병원과 의원의 입원실

정답 | ①

03 빈출도 ★★

스프링클러설비의 화재안전기술기준(NFTC 103) 상 스프링클러설비를 설치하여야 할 특정소방대상물에 있어서 스프링클러 헤드를 설치하지 아니할 수 있는 장소 기준으로 틀린 것은?

① 천장과 반자 양쪽이 불연재료로 되어 있고 천장과 반자사이의 거리가 2.5[m] 미만인 부분
② 천장 및 반자가 불연재료 외의 것으로 되어 있고 천장과 반자사이의 거리가 0.5[m] 미만인 부분
③ 천장·반자 중 한쪽이 불연재료로 되어 있고 천장과 반자사이의 거리가 1[m] 미만인 부분
④ 현관 또는 로비 등으로서 바닥으로부터 높이가 20[m] 이상인 장소

해설 PHASE 04 스프링클러설비
천장과 반자 양쪽이 불연재료로 되어있는 장소 중 천장과 반자 사이의 거리가 2[m] 미만인 부분에 스프링클러 헤드를 설치하지 않을 수 있다.

정답 | ①

04 빈출도 ★

물분무 소화설비의 화재안전성능기준(NFPC 104) 상 배관의 설치기준으로 틀린 것은?

① 펌프 흡입측 배관은 공기고임이 생기지 않는 구조로 하고 여과장치를 설치한다.
② 펌프의 흡입측 배관은 수조가 펌프보다 낮게 설치된 경우에는 각 펌프(충압펌프를 포함한다)마다 수조로부터 별도로 설치한다.
③ 급수배관은 전용으로 한다.
④ 연결송수관설비의 배관과 겸용할 경우 방수구로 연결되는 배관의 구경은 65[mm] 이하로 한다.

해설 PHASE 06 물분무 소화설비

물분무 소화설비는 연결송수관설비의 배관과 겸용할 수 없다.

정답 | ④

05 빈출도 ★★

분말 소화설비의 화재안전성능기준(NFPC 108) 상 배관에 관한 기준으로 틀린 것은?

① 배관은 전용으로 할 것
② 배관은 모두 스케줄 40 이상으로 할 것
③ 동관을 사용하는 경우의 배관은 고정압력 또는 최고사용압력의 1.5배 이상의 압력에 견딜 수 있는 것을 사용할 것
④ 밸브류는 개폐위치 또는 개폐방향을 표시한 것으로 할 것

해설 PHASE 12 분말 소화설비

모든 배관을 스케줄 40 이상으로 하는 것은 아니다.

관련개념 분말 소화설비 배관의 설치기준

㉠ 배관은 전용으로 한다.
㉡ 강관을 사용하는 경우의 배관은 아연도금에 따른 배관용 탄소강관(KS D 3507)이나 이와 동등 이상의 강도·내식성 및 내열성을 가진 것으로 한다.
㉢ 축압식 분말소화설비에 사용하는 것 중 20[℃]에서 압력이 2.5[MPa] 이상 4.2[MPa] 이하인 것은 압력배관용 탄소강관(KS D 3562) 중 이음이 없는 스케줄 40 이상의 것 또는 이와 동등 이상의 강도를 가진 것으로서 아연도금으로 방식 처리된 것을 사용한다.
㉣ 동관을 사용하는 경우의 배관은 고정압력 또는 최고사용압력의 1.5배 이상의 압력에 견딜 수 있는 것을 사용한다.
㉤ 밸브류는 개폐위치 또는 개폐방향을 표시한 것으로 한다.
㉥ 배관의 관부속 및 밸브류는 배관과 동등 이상의 강도 및 내식성이 있는 것으로 한다.
㉦ 확관형 분기배관을 사용할 경우에는 소방청장이 정하여 고시한 기준에 적합한 것으로 설치한다.

정답 | ②

06 빈출도 ★★★

물분무 소화설비의 화재안전성능기준(NFPC 104) 상 수원의 저수량 설치기준으로 틀린 것은?

① 특수가연물을 저장 또는 취급하는 특정소방대상물 또는 그 부분에 있어서 그 바닥면적(최대 방수구역의 바닥면적을 기준으로 하며, 50[m²] 이하인 경우에는 50[m²]) 1[m²]에 대하여 10[L/min]로 20분간 방수할 수 있는 양 이상으로 할 것
② 차고 또는 주차장은 그 바닥면적(최대방수구역의 바닥면적을 기준으로 하며, 50[m²] 이하인 경우에는 50[m²]) 1[m²]에 대하여 20[L/min]로 20분간 방수할 수 있는 양 이상으로 할 것
③ 케이블트레이, 케이블덕트 등은 투영된 바닥면적 1[m²]에 대하여 12[L/min]로 20분간 방수할 수 있는 양 이상으로 할 것
④ 컨베이어 벨트 등은 벨트부분의 바닥면적 1[m²]에 대하여 20[L/min]로 20분간 방수할 수 있는 양 이상으로 할 것

해설 PHASE 06 물분무 소화설비

컨베이어 벨트 등은 벨트 부분의 바닥면적 1[m²]에 대하여 10[L/min]로 20분 간 방수할 수 있는 양 이상으로 한다.

관련개념 저수량의 산정기준

㉠ 특수가연물을 저장 또는 취급하는 특정소방대상물 또는 그 부분에 있어서 그 바닥면적(최소 50[m²]) 1[m²]에 대하여 10[L/min]로 20분 간 방수할 수 있는 양 이상으로 한다.
㉡ 차고 또는 주차장은 그 바닥면적(최소 50[m²]) 1[m²]에 대하여 20[L/min]로 20분 간 방수할 수 있는 양 이상으로 한다.
㉢ 절연유 봉입 변압기는 바닥 부분을 제외한 표면적을 합한 면적 1[m²]에 대하여 10[L/min]로 20분 간 방수할 수 있는 양 이상으로 한다.
㉣ 케이블트레이, 케이블덕트 등은 투영된 바닥면적 1[m²]에 대하여 12[L/min]로 20분 간 방수할 수 있는 양 이상으로 한다.
㉤ 컨베이어 벨트 등은 벨트 부분의 바닥면적 1[m²]에 대하여 10[L/min]로 20분 간 방수할 수 있는 양 이상으로 한다.

정답 | ④

07 빈출도 ★★

분말 소화설비의 화재안전성능기준(NFPC 108) 상 제1종 분말을 사용한 전역방출방식 분말 소화설비에서 방호구역의 체적 1[m³]에 대한 소화약제의 양은 몇 [kg]인가?

① 0.24 ② 0.36
③ 0.60 ④ 0.72

해설 PHASE 12 분말 소화설비

전역방출방식 제1종 분말 소화약제의 기준량은 방호구역의 체적 1[m³]마다 0.6[kg], 방호구역의 개구부 1[m²]마다 4.5[kg]이다.

관련개념 전역방출방식 분말 소화약제 저장량의 최소기준

소화약제의 종류	체적 1[m³] 당 소화약제의 양	개구부 1[m²] 당 소화약제의 양
제1종 분말	0.60[kg]	4.5[kg]
제2종 분말	0.36[kg]	2.7[kg]
제3종 분말	0.36[kg]	2.7[kg]
제4종 분말	0.24[kg]	1.8[kg]

정답 | ③

08 빈출도 ★★

옥내소화전설비의 화재안전기술기준(NFTC 102) 상 가압송수장치를 기동용 수압개폐장치로 사용할 경우 압력챔버의 용적 기준은?

① 50[L] 이상 ② 100[L] 이상
③ 150[L] 이상 ④ 200[L] 이상

해설 PHASE 02 옥내소화전설비

기동용 수압개폐장치 중 압력챔버를 사용할 경우 그 용적은 100[L] 이상으로 한다.

정답 | ②

09 빈출도 ★★★

포 소화설비의 화재안전성능기준(NFPC 105) 상 포 헤드를 소방대상물의 천장 또는 반자에 설치하여야 할 경우 헤드 1개가 방호해야 할 바닥면적은 최대 몇 [m²]인가?

① 3　　　　　② 5
③ 7　　　　　④ 9

해설 PHASE 08 포 소화설비

바닥면적 9[m²]마다 1개 이상의 헤드가 필요하므로 헤드 1개가 방호할 수 있는 최대 면적은 9[m²]이다.

관련개념 포 헤드의 설치기준

㉠ 포워터 스프링클러 헤드는 특정소방대상물의 천장 또는 반자에 설치하되, 바닥면적 8[m²]마다 1개 이상으로 하여 해당 방호대상물의 화재를 유효하게 소화할 수 있도록 한다.
㉡ 포 헤드는 특정소방대상물의 천장 또는 반자에 설치하되, 바닥면적 9[m²]마다 1개 이상으로 하여 해당 방호대상물의 화재를 유효하게 소화할 수 있도록 한다.

정답 | ④

10 빈출도 ★★★

소화기구 및 자동소화장치의 화재안전기술기준(NFTC 101) 상 규정하는 화재의 종류가 아닌 것은?

① A급 화재　　② B급 화재
③ G급 화재　　④ K급 화재

해설 PHASE 01 소화기구 및 자동소화장치

G급 화재는 소화기구 및 자동소화장치의 화재안전기술기준(NFTC 101)에서 정의하고 있지 않다.

관련개념 화재의 종류

일반화재 (A급 화재)	나무, 섬유, 종이, 고무, 플라스틱류와 같은 일반 가연물이 타고 나서 재가 남는 화재
유류화재 (B급 화재)	인화성 액체, 가연성 액체, 석유 그리스, 타르, 오일, 유성도료, 솔벤트, 래커, 알코올 및 인화성 가스와 같은 유류가 타고 나서 재가 남지 않는 화재
전기화재 (C급 화재)	전류가 흐르고 있는 전기기기, 배선과 관련된 화재
주방화재 (K급 화재)	주방에서 동식물유를 취급하는 조리기구에서 일어나는 화재

정답 | ③

11 빈출도 ★★★

상수도 소화용수설비의 화재안전성능기준(NFPC 401) 상 소화전은 구경(호칭지름)이 최소 얼마 이상의 수도배관에 접속하여야 하는가?

① 50[mm] 이상의 수도배관
② 75[mm] 이상의 수도배관
③ 85[mm] 이상의 수도배관
④ 100[mm] 이상의 수도배관

해설 PHASE 15 상수도 소화용수설비

호칭지름 75[mm] 이상의 수도배관에 호칭지름 100[mm] 이상의 소화전을 접속한다.

관련개념 상수도 소화용수설비의 설치기준

㉠ 호칭지름 75[mm] 이상의 수도배관에 호칭지름 100[mm] 이상의 소화전을 접속한다.
㉡ 소화전은 소방자동차 등의 진입이 쉬운 도로변 또는 공지에 설치한다.
㉢ 소화전은 특정소방대상물의 수평투영면의 각 부분으로부터 140[m] 이하가 되도록 설치한다.

정답 | ②

12 빈출도 ★

할로겐화합물 및 불활성기체소화설비의 화재안전기술기준(NFTC 107A) 상 저장용기 설치기준으로 틀린 것은?

① 온도가 40[℃] 이하이고 온도 변화가 작은 곳에 설치할 것
② 용기간의 간격은 점검에 지장이 없도록 3[cm] 이상의 간격을 유지할 것
③ 직사광선 및 빗물이 침투할 우려가 없는 곳에 설치할 것
④ 저장용기를 방호구역 외에 설치한 경우에는 방화문으로 구획된 실에 설치할 것

해설 PHASE 11 할로겐화합물 및 불활성기체소화설비

온도가 55[℃] 이하이고, 온도 변화가 작은 곳에 설치한다.

관련개념 저장용기의 설치장소

㉠ 방호구역 외의 장소에 설치한다.
㉡ 방호구역 내에 설치할 경우 피난 및 조작이 용이하도록 피난구 부근에 설치한다.
㉢ 온도가 55[℃] 이하이고, 온도 변화가 작은 곳에 설치한다.
㉣ 직사광선 및 빗물이 침투할 우려가 없는 곳에 설치한다.
㉤ 방호구역 외의 장소에 설치하는 경우 방화문으로 방화구획 된 실에 설치한다.
㉥ 용기의 설치장소에는 해당 용기가 설치된 곳임을 표시하는 표지를 한다.
㉦ 용기 간의 간격은 점검에 지장이 없도록 3[cm] 이상의 간격을 유지한다.
㉧ 저장용기와 집합관을 연결하는 연결배관에는 체크밸브를 설치한다. 단, 저장용기가 하나의 방호구역만을 담당하는 경우에는 제외한다.

정답 | ①

13 빈출도 ★★

제연설비의 화재안전기술기준(NFTC 501) 상 제연풍도의 설치기준으로 틀린 것은?

① 배출기의 전동기 부분과 배풍기 부분은 분리하여 설치할 것
② 배출기와 배출풍도의 접속 부분에 사용하는 캔버스는 내열성이 있는 것으로 할 것
③ 배출기의 흡입 측 풍도 안의 풍속은 20[m/s] 이하로 할 것
④ 유입풍도 안의 풍속은 20[m/s] 이하로 할 것

해설 PHASE 17 제연설비

배출기의 흡입 측 풍도 안의 풍속은 15[m/s] 이하로 하고 배출 측 풍속은 20[m/s] 이하로 한다.

정답 | ③

14 빈출도 ★★★

포 소화설비의 화재안전성능기준(NFPC 105) 상 압축공기포 소화설비의 분사헤드를 유류탱크 주위에 설치하는 경우 바닥면적 몇 [m²] 마다 1개 이상 설치하여야 하는가?

① 9.3
② 10.8
③ 12.3
④ 13.9

해설 PHASE 08 포 소화설비

압축공기포소화설비의 분사헤드는 유류탱크 주위에 바닥면적 13.9[m²]마다 1개 이상, 특수가연물저장소에는 바닥면적 9.3[m²]마다 1개 이상 설치한다.

정답 | ④

15 빈출도 ★★★

소화기구 및 자동소화장치의 화재안전기술기준(NFTC 101) 상 일반화재, 유류화재, 전기화재 모두에 적응성이 있는 소화약제는?

① 마른모래
② 인산염류 소화약제
③ 중탄산염류 소화약제
④ 팽창질석·팽창진주암

해설 PHASE 01 소화기구 및 자동소화장치

일반화재(A급 화재), 유류화재(B급 화재), 전기화재(C급 화재)에 모두 적응성이 있는 소화약제는 인산염류 소화약제이다.

선지분석
① 마른모래는 일반화재(A급 화재), 유류화재(B급 화재)에 적응성이 있다.
③ 중탄산염류 소화약제는 유류화재(B급 화재), 전기화재(C급 화재)에 적응성이 있다.
④ 팽창질석·팽창진주암은 일반화재(A급 화재), 유류화재(B급 화재)에 적응성이 있다.

정답 | ②

16 빈출도 ★★★

소화기구 및 자동소화장치의 화재안전기술기준(NFTC 101) 상 바닥면적이 $280[m^2]$인 발전실에 부속용도별로 추가하여야 할 적응성이 있는 소화기의 최소 수량은 몇 개인가?

① 2 ② 4
③ 6 ④ 12

해설 PHASE 01 소화기구 및 자동소화장치

발전실에 소화기구를 설치할 경우 부속용도별로 해당 용도의 바닥면적 $50[m^2]$마다 적응성이 있는 소화기를 1개 이상 설치해야 하므로

$$\frac{280[m^2]}{50[m^2]} = 5.6개 = 6개(절상)$$

정답 | ③

17 빈출도 ★★★

상수도 소화용수설비의 화재안전성능기준(NFPC 401)상 소화전은 소방대상물의 수평투영면의 각 부분으로부터 최대 몇 [m] 이하가 되도록 설치하는가?

① 75
② 100
③ 125
④ 140

해설 PHASE 15 상수도 소화용수설비

소화전은 특정소방대상물의 수평투영면의 각 부분으로부터 140[m] 이하가 되도록 설치한다.

관련개념 상수도 소화용수설비의 설치기준

㉠ 호칭지름 75[mm] 이상의 수도배관에 호칭지름 100[mm] 이상의 소화전을 접속한다.
㉡ 소화전은 소방자동차 등의 진입이 쉬운 도로변 또는 공지에 설치한다.
㉢ 소화전은 특정소방대상물의 수평투영면의 각 부분으로부터 140[m] 이하가 되도록 설치한다.

정답 | ④

18 빈출도 ★

이산화탄소 소화설비의 화재안전성능기준(NFPC 106) 상 배관의 설치기준 중 다음 ( ) 안에 알맞은 것은?

> 고압식의 1차 측(개폐밸브 또는 선택밸브 이전) 배관부속의 최소사용설계압력은 (㉠)[MPa] 로 하고, 고압식의 2차 측과 저압식의 배관부속의 최소사용설계압력은 (㉡)[MPa]로 한다.

① ㉠ 9.0 ㉡ 4.5
② ㉠ 9.5 ㉡ 4.5
③ ㉠ 9.0 ㉡ 4.0
④ ㉠ 9.5 ㉡ 4.0

해설 PHASE 09 이산화탄소 소화설비

고압식의 1차 측(개폐밸브 또는 선택밸브 이전) 배관부속의 최소사용설계압력은 9.5[MPa]로 하고, 고압식의 2차 측과 저압식의 배관부속의 최소사용설계압력은 4.5[MPa]로 한다.

정답 | ②

19 빈출도 ★★★

피난기구의 화재안전기술기준(NFTC 301) 상 의료시설에 구조대를 설치해야 할 층이 아닌 것은?

① 2
② 3
③ 4
④ 5

해설 PHASE 13 피난기구

의료시설에는 3층, 4층 이상 10층 이하의 층에 구조대를 설치해야 한다.

관련개념 설치장소별 피난기구의 적응성

층별 설치 장소별	1층	2층	3층	4층 이상 10층 이하
의료시설·근린생활시설 중 입원실이 있는 의원·접골원·조산원			• 미끄럼대 • 구조대 • 피난교 • 피난용트랩 • 다수인피난장비 • 승강식 피난기	• 구조대 • 피난교 • 피난용트랩 • 다수인피난장비 • 승강식 피난기

정답 | ①

20 빈출도 ★★

인명구조기구의 화재안전기술기준(NFTC 302) 상 특정소방대상물의 용도 및 장소별로 설치하여야 할 인명구조기구 종류의 기준 중 다음 (　) 안에 알맞은 것은?

특정소방대상물	인명구조기구의 종류
물분무등소화설비 중 (　)를 설치하여야 하는 특정소방대상물	공기호흡기

① 분말 소화설비
② 할론 소화설비
③ 이산화탄소 소화설비
④ 할로겐화합물 및 불활성기체 소화설비

해설 PHASE 14 인명구조기구

물분무등소화설비 중 이산화탄소 소화설비를 설치해야 하는 특정소방대상물에는 공기호흡기를 이산화탄소 소화설비가 설치된 장소의 출입구 외부 인근에 1개 이상 설치한다.

관련개념 특정소방대상물의 용도 및 장소별 설치해야 할 인명구조기구

특정소방대상물	인명구조기구	설치 수량
• 지하층을 포함하는 층수가 7층 이상인 관광호텔 • 5층 이상인 병원	• 방열복 또는 방화복(안전모, 보호장갑 및 안전화 포함) • 공기호흡기 • 인공소생기	각 2개 이상(병원의 경우 인공소생기 생략 가능)
• 수용인원 100명 이상의 영화상영관 • 대규모 점포 • 지하역사 • 지하상가	• 공기호흡기	층마다 2개 이상
• 물분무등소화설비 중 이산화탄소 소화설비를 설치해야하는 특정소방대상물	• 공기호흡기	이산화탄소 소화설비가 설치된 장소의 출입구 외부 인근에 1개 이상

정답 | ③

2회

□ 1회독 점 | □ 2회독 점 | □ 3회독 점

01 빈출도 ★

화재조기진압용 스프링클러설비의 화재안전성능기준(NFPC 103B) 상 헤드의 설치기준 중 (   ) 안에 알맞은 것은?

> 헤드 하나의 방호면적은 (㉠)[m²] 이상 (㉡) [m²] 이하로 할 것

① ㉠ 2.4   ㉡ 3.7
② ㉠ 3.7   ㉡ 9.1
③ ㉠ 6.0   ㉡ 9.3
④ ㉠ 9.1   ㉡ 13.7

해설 PHASE 05 기타 스프링클러설비

헤드 하나의 방호면적은 6.0[m²] 이상 9.3[m²] 이하로 한다.

정답 | ③

02 빈출도 ★★

분말 소화설비의 화재안전기술기준(NFTC 108)상 수동식 기동장치의 부근에 설치하는 방출지연스위치에 대한 설명으로 옳은 것은?

① 자동복귀형 스위치로서 수동식 기동장치의 타이머를 순간정지 시키는 기능의 스위치를 말한다.
② 자동복귀형 스위치로서 수동식 기동장치가 수신기를 순간정지 시키는 기능의 스위치를 말한다.
③ 수동복귀형 스위치로서 수동식 기동장치의 타이머를 순간정지 시키는 기능의 스위치를 말한다.
④ 수동복귀형 스위치로서 수동식 기동장치가 수신기를 순간정지 시키는 기능의 스위치를 말한다.

해설 PHASE 12 분말 소화설비

방출지연스위치는 자동복귀형 스위치로서 수동식 기동장치의 타이머를 순간 정지시키는 기능의 스위치이다.

관련개념 수동식 기동장치의 설치기준

㉠ 수동식 기동장치의 부근에는 소화약제의 방출을 지연시킬 수 있는 방출지연스위치(자동복귀형 스위치로서 수동식 기동장치의 타이머를 순간 정지시키는 기능의 스위치)를 설치한다.
㉡ 전역방출방식은 방호구역마다, 국소방출방식은 방호대상물마다 설치한다.
㉢ 해당 방호구역의 출입구 부근 등 조작을 하는 자가 쉽게 피난할 수 있는 장소에 설치한다.
㉣ 기동장치의 조작부는 바닥으로부터 0.8[m] 이상 1.5[m] 이하의 위치에 설치하고, 보호판 등에 따른 보호장치를 설치한다.
㉤ 기동장치 인근의 보기 쉬운 곳에 "분말소화설비 수동식 기동장치"라는 표지를 한다.
㉥ 전기를 사용하는 기동장치에는 전원표시등을 설치한다.
㉦ 기동장치의 방출용스위치는 음향경보장치와 연동하여 조작될 수 있는 것으로 한다.

정답 | ①

03 빈출도 ★

할론 소화설비의 화재안전기술기준(NFTC 107) 상 화재표시반의 설치기준이 아닌 것은?

① 소화약제 방출지연 비상스위치를 설치할 것
② 소화약제의 방출을 명시하는 표시등을 설치할 것
③ 수동식 기동장치는 그 방출용 스위치의 작동을 명시하는 표시등을 설치할 것
④ 자동식 기동장치는 자동·수동의 절환을 명시하는 표시등을 설치할 것

해설 PHASE 10 할론 소화설비

소화약제의 방출을 지연시킬 수 있는 방출지연스위치는 수동식 기동장치의 부근에 설치한다.

관련개념 화재표시반의 설치기준

㉠ 각 방호구역마다 음향경보장치의 조작 및 감지기의 작동을 명시하는 표시등과 이와 연동하여 작동하는 벨·버저 등의 경보기를 설치한다.
㉡ 수동식 기동장치에 설치하는 화재표시반은 방출용 스위치의 작동을 명시하는 표시등을 설치한다.
㉢ 소화약제의 방출을 명시하는 표시등을 설치한다.
㉣ 자동식 기동장치에 설치하는 화재표시반은 자동·수동의 절환을 명시하는 표시등을 설치한다.

정답 | ①

04 빈출도 ★★★

피난기구의 화재안전기술기준(NFTC 301) 상 노유자시설의 4층 이상 10층 이하에서 적응성이 있는 피난기구가 아닌 것은?

① 피난교
② 다수인피난장비
③ 승강식 피난기
④ 미끄럼대

해설 PHASE 13 피난기구

미끄럼대는 노유자시설의 1층, 2층, 3층에 적응성이 있는 피난기구이다.

관련개념 설치장소별 피난기구의 적응성

설치 장소별	1층	2층	3층	4층 이상 10층 이하

노유자시설	• 미끄럼대
	• 구조대
	• 피난교
	• 다수인
	  피난장비
	• 승강식
	  피난기
		• 미끄럼대
		• 구조대
		• 피난교
		• 다수인
		  피난장비
		• 승강식
		  피난기
			• 미끄럼대
			• 구조대
			• 피난교
			• 다수인
			  피난장비
			• 승강식
			  피난기
				• 구조대
				• 피난교
				• 다수인
				  피난장비
				• 승강식
				  피난기

정답 | ④

05 빈출도 ★★★

분말 소화설비의 화재안전성능기준(NFPC 108) 상 다음 ( ) 안에 알맞은 것은?

> 분말 소화약제의 가압용가스 용기에는 (   )의 압력에서 조정이 가능한 압력조정기를 설치하여야 한다.

① 2.5[MPa] 이하
② 2.5[MPa] 이상
③ 25[MPa] 이하
④ 25[MPa] 이상

해설 PHASE 12 분말 소화설비

분말 소화약제의 가압용 가스용기에는 2.5[MPa] 이하의 압력에서 조정이 가능한 압력조정기를 설치하여야 한다.

관련개념 가압용 가스용기의 설치기준

㉠ 분말 소화약제의 가스용기는 분말 소화약제의 저장용기에 접속하여 설치해야 한다.
㉡ 분말 소화약제의 가압용 가스용기를 3병 이상 설치한 경우에는 2개 이상의 용기에 전자개방밸브를 부착한다.
㉢ 분말 소화약제의 가압용 가스용기에는 2.5[MPa] 이하의 압력에서 조정이 가능한 압력조정기를 설치한다.

정답 | ①

06 빈출도 ★★

스프링클러설비의 화재안전성능기준(NFPC 103) 상 개방형 스프링클러설비에서 하나의 방수구역을 담당하는 헤드의 개수는 최대 몇 개 이하로 해야 하는가? (단, 방수구역은 나누어져 있지 않고 하나의 구역으로 되어 있다.)

① 50
② 40
③ 30
④ 20

해설 PHASE 04 스프링클러설비

하나의 방수구역을 담당하는 헤드의 개수는 50개 이하로 한다.

관련개념 개방형 스프링클러설비의 방수구역 및 일제개방밸브

㉠ 하나의 방수구역은 2개 층에 미치지 않도록 한다.
㉡ 방수구역마다 일제개방밸브를 설치한다.
㉢ 하나의 방수구역을 담당하는 헤드의 개수는 50개 이하로 한다.
㉣ 하나의 방수구역을 2개 이상의 방수구역으로 나누는 경우 하나의 방수구역을 담당하는 헤드의 개수는 25개 이상으로 한다.
㉤ 일제개방밸브는 실내에 설치하거나 보호용 철망 등으로 구획하여 바닥으로부터 0.8[m] 이상 1.5[m] 이하의 위치에 설치하고, 그 실에는 가로 0.5[m] 이상 세로 1[m] 이상의 출입문(개구부)을 설치한다. 출입문 상단에는 "일제개방밸브실"이라고 표시한 표지를 한다.
㉥ 일제개방밸브를 기계실(공조용 기계실 포함) 안에 설치하는 경우 별도의 실 또는 보호용 철망을 설치하지 않을 수 있다. 출입문 상단에는 "일제개방밸브실"이라고 표시한 표지를 한다.

정답 | ①

07 빈출도 ★

연결살수설비의 화재안전성능기준(NFPC 503) 상 배관의 설치기준 중 하나의 배관에 부착하는 살수헤드의 개수가 3개인 경우 배관의 구경은 최소 몇 [mm] 이상으로 설치해야 하는가? (단, 연결살수설비 전용헤드를 사용하는 경우이다.)

① 40
② 50
③ 65
④ 80

해설 PHASE 20 연결살수설비

하나의 배관에 부착하는 전용헤드의 개수가 3개일 경우 배관의 구경은 50[mm] 이상으로 한다.

관련개념 연결살수설비 전용헤드 배관 구경

연소방지설비 전용헤드를 사용하는 경우 다음의 표에 따른 구경 이상으로 한다.

하나의 배관에 부착하는 전용 헤드의 개수	배관의 구경[mm]
1개	32
2개	40
3개	50
4개 또는 5개	65
6개 이상 10개 이하	80

정답 | ②

08 빈출도 ★★

이산화탄소 소화설비의 화재안전기술기준(NFTC 106) 상 수동식 기동장치의 설치기준에 적합하지 않은 것은?

① 전역방출방식에 있어서는 방호대상물마다 설치
② 전기를 사용하는 기동장치에는 전원표시등을 설치할 것
③ 기동장치의 조작부는 바닥으로부터 높이 0.8[m] 이상 1.5[m] 이하의 위치에 설치하고, 보호판 등에 따른 보호장치를 설치할 것
④ 기동장치의 방출용 스위치는 음향경보장치와 연동하여 조작될 수 있는 것으로 할 것

해설 PHASE 09 이산화탄소 소화설비

전역방출방식은 방호구역마다. 국소방출방식은 방호대상물마다 설치한다.

관련개념 수동식 기동장치의 설치기준

㉠ 수동식 기동장치의 부근에는 소화약제의 방출을 지연시킬 수 있는 방출지연스위치를 설치한다. 방출지연스위치는 자동복귀형 스위치로 수동식 기동장치의 타이머를 순간 정지시키는 기능의 스위치를 말한다.
㉡ **전역방출방식은 방호구역마다. 국소방출방식은 방호대상물마다 설치한다.**
㉢ 해당 방호구역의 출입구 부근 등 조작을 하는 자가 쉽게 피난할 수 있는 장소에 설치한다.
㉣ 기동장치의 조작부는 바닥으로부터 0.8[m] 이상 1.5[m] 이하의 위치에 설치하고, 보호판 등에 따른 보호장치를 설치한다.
㉤ 기동장치 인근의 보기 쉬운 곳에 "이산화탄소 소화설비 수동식 기동장치"라는 표지를 한다.
㉥ 전기를 사용하는 기동장치에는 전원표시등을 설치한다.
㉦ 기동장치의 방출용 스위치는 음향경보장치와 연동하여 조작될 수 있는 것으로 한다.

정답 | ①

09 빈출도 ★★

옥내소화전설비의 화재안전성능기준(NFPC 102) 상 옥내소화전펌프의 풋밸브를 소방용 설비 외의 다른 설비의 풋밸브보다 낮은 위치에 설치한 경우의 유효수량으로 옳은 것은? (단, 옥내소화전설비와 다른 설비 수원을 저수조로 겸용하여 사용한 경우이다.)

① 저수조의 바닥면과 상단 사이의 전체 수량
② 옥내소화전설비 풋밸브와 소방용 설비외의 다른 설비의 풋밸브 사이의 수량
③ 옥내소화전설비의 풋밸브와 저수조 상단 사이의 수량
④ 저수조의 바닥면과 소방용 설비 외의 다른 설비의 풋밸브 사이의 수량

해설 PHASE 02 옥내소화전설비

다른 설비와 겸용하여 수조를 설치하는 경우에는 옥내소화전설비의 풋밸브·흡수구 또는 수직배관의 급수구와 다른 설비의 풋밸브·흡수구 또는 수직배관의 급수구 사이의 수량을 유효수량으로 한다.

정답 | ②

10 빈출도 ★★

포 소화설비의 화재안전성능기준(NFPC 105) 상 포 소화설비의 배관 등의 설치기준으로 옳은 것은?

① 포워터 스프링클러설비 또는 포헤드설비의 가지 배관의 배열은 토너먼트방식으로 한다.
② 송액관은 겸용으로 하여야 한다. 다만, 포소화전의 기동장치의 조작과 동시에 다른 설비의 용도에 사용하는 배관의 송수를 차단할 수 있거나, 포소화설비의 성능에 지장이 없는 경우에는 전용으로 할 수 있다.
③ 송액관은 포의 방출 종료 후 배관안의 액을 배출하기 위하여 적당한 기울기를 유지하도록 하고 그 낮은 부분에 배액밸브를 설치하여야 한다.
④ 연결송수관설비의 배관과 겸용할 경우의 주배관은 구경 65[mm] 이상, 방수구로 연결되는 배관의 구경은 100[mm] 이상의 것으로 하여야 한다.

해설 PHASE 08 포 소화설비

송액관은 포의 방출 종료 후 배관 안의 액을 배출하기 위하여 적당한 기울기를 유지하도록 하고 그 낮은 부분에 배액밸브를 설치한다.

선지분석

① 포워터 스프링클러설비 또는 포헤드설비의 가지배관의 배열은 토너먼트방식이 아니어야 하며, 교차배관에서 분기하는 지점을 기점으로 한쪽 가지배관에 설치하는 헤드의 수는 8개 이하로 한다.
② 송액관은 전용으로 한다.
  포소화전의 기동장치의 조작과 동시에 다른 설비의 용도에 사용하는 배관의 송수를 차단할 수 있거나, 포소화설비의 성능에 지장이 없는 경우에는 다른 설비와 겸용할 수 있다.
④ 포 소화설비는 연결송수관설비의 배관과 겸용할 수 없다.

정답 | ③

11 빈출도 ★

물분무 소화설비의 화재안전기술기준(NFTC 104) 상 송수구의 설치기준으로 틀린 것은?

① 구경 65[mm]의 쌍구형으로 할 것
② 지면으로부터 높이가 0.5[m] 이상 1[m] 이하의 위치에 설치할 것
③ 송수구는 하나의 층의 바닥면적이 1,500[m²]를 넘을 때마다 1개(5개를 넘을 경우에는 5개로 한다) 이상을 설치할 것
④ 가연성가스의 저장·취급시설에 설치하는 송수구는 그 방호대상물로부터 20[m] 이상의 거리를 두거나 방호대상물에 면하는 부분이 높이 1.5[m] 이상, 폭 2.5[m] 이상의 철근콘크리트 벽으로 가려진 장소에 설치할 것

해설 PHASE 06 물분무 소화설비

송수구는 하나의 층의 바닥면적이 3,000[m²]를 넘을 때마다 1개 이상(최대 5개)을 설치한다.

관련개념 송수구의 설치기준

㉠ 송수구는 화재 층으로부터 지면으로 떨어지는 유리창 등이 송수 및 그 밖의 소화작업에 지장을 주지 않는 장소에 설치한다.
㉡ 가연성가스의 저장·취급시설에 설치하는 경우 그 방호대상물로부터 20[m] 이상의 거리를 두거나. 방호대상물에 면하는 부분이 1.5[m] 이상 폭 2.5[m] 이상의 철근콘크리트 벽으로 가려진 장소에 설치한다.
㉢ 송수구로부터 물분무 소화설비의 주배관에 이르는 연결배관에 개폐밸브를 설치한 경우 그 개폐상태를 쉽게 확인 및 조작할 수 있는 옥외 또는 기계실 등의 장소에 송수구를 설치한다.
㉣ 송수구는 구경 65[mm]의 쌍구형으로 한다.
㉤ 송수구에는 그 가까운 곳의 보기 쉬운 곳에 송수압력범위를 표시한 표지를 한다.
㉥ 송수구는 하나의 층의 바닥면적이 3,000[m²]를 넘을 때마다 1개 이상(최대 5개)을 설치한다.
㉦ 지면으로부터 높이가 0.5[m] 이상 1[m] 이하의 위치에 설치한다.
㉧ 송수구의 부근에는 자동배수밸브(또는 직경 5[mm]의 배수공) 및 체크밸브를 설치한다.
㉨ 자동배수밸브는 배관 안의 물이 잘 빠질 수 있는 위치에 설치한다.
㉩ 자동배수밸브를 통한 배수로 인하여 다른 물건이나 장소에 피해를 주지 않아야 한다.
㉪ 송수구에는 이물질을 막기 위한 마개를 씌운다.

정답 | ③

12 빈출도 ★

미분무 소화설비의 화재안전기술기준(NFTC 104A) 상 미분무 소화설비의 성능을 확인하기 위하여 하나의 발화원을 가정한 설계도서 작성 시 고려하여야 할 인자를 모두 고른 것은?

㉠ 화재 위치
㉡ 점화원의 형태
㉢ 시공 유형과 내장재 유형
㉣ 초기 점화되는 연료 유형
㉤ 공기조화설비, 자연형(문, 창문) 및 기계형 여부
㉥ 문과 창문의 초기상태(열림, 닫힘) 및 시간에 따른 변화상태

① ㉠, ㉢, ㉥
② ㉠, ㉡, ㉢, ㉤
③ ㉠, ㉡, ㉣, ㉤, ㉥
④ ㉠, ㉡, ㉢, ㉣, ㉤, ㉥

해설 PHASE 07 미분무 소화설비

제시된 인자 모두 설계도서의 작성기준에 해당한다.

관련개념 설계도서의 작성기준

㉠ 점화원의 형태
㉡ 초기 점화되는 연료 유형
㉢ 화재 위치
㉣ 문과 창문의 초기상태(열림, 닫힘) 및 시간에 따른 변화상태
㉤ 공기조화설비, 자연형(문, 창문) 및 기계형 여부
㉥ 시공 유형과 내장재 유형

정답 | ④

13 빈출도 ★★

특별피난계단의 계단실 및 부속실 제연설비의 화재안전성능기준(NFPC 501A) 상 차압 등에 관한 기준 중 다음 괄호 안에 알맞은 것은?

> 제연설비가 가동되었을 경우 출입문의 개방에 필요한 힘은 (　　)[N] 이하로 하여야 한다.

① 12.5
② 40
③ 70
④ 110

해설 PHASE 18 특별피난계단의 계단실 및 부속실 제연설비

제연설비가 가동되었을 경우 출입문의 개방에 필요한 힘은 110[N] 이하로 한다.

관련개념 제연구역의 차압

㉠ 제연구역의 기압을 제연구역 이외의 옥내보다 높게 하고 일정한 기압의 차이를 유지해야 하는 최소 차압은 40[Pa] 이상으로 한다.
㉡ 옥내에 스프링클러설비가 설치된 경우 최소 차압은 12.5[Pa] 이상으로 한다.
㉢ 제연설비가 가동되었을 경우 출입문의 개방에 필요한 힘은 110[N] 이하로 한다.
㉣ 피난을 위하여 제연구역의 출입문이 일시적으로 개방되는 경우 개방되지 않은 제연구역과 옥내와의 차압은 ㉠과 ㉡의 70[%] 이상이어야 한다.
㉤ 계단실과 부속실을 동시에 제연하는 경우 부속실의 기압은 계단실과 같게 하거나 계단실의 기압보다 낮게 할 경우에는 부속실과 계단실의 압력 차이는 5[Pa] 이하가 되도록 한다.

정답 | ④

14 빈출도 ★★

포 소화설비의 화재안전성능기준(NFPC 105) 상 펌프의 토출관에 압입기를 설치하여 포 소화약제 압입용 펌프로 포 소화약제를 압입시켜 혼합하는 방식은?

① 라인 프로포셔너방식
② 펌프 프로포셔너방식
③ 프레셔 프로포셔너방식
④ 프레셔사이드 프로포셔너방식

해설 PHASE 08 포 소화설비

프레셔사이드 프로포셔너방식에 대한 설명이다.

관련개념 포 소화약제의 혼합방식

펌프 프로포셔너 방식	펌프의 토출관과 흡입관 사이의 배관 도중에 설치한 흡입기에 펌프에서 토출된 물의 일부를 보내고, 농도 조정밸브에서 조정된 포 소화약제의 필요량을 포 소화약제 저장탱크에서 펌프 흡입측으로 보내어 이를 혼합하는 방식
프레셔 프로포셔너 방식	펌프와 발포기의 중간에 설치된 벤추리관의 벤추리작용과 펌프 가압수의 포 소화약제 저장탱크에 대한 압력에 따라 포 소화약제를 흡입·혼합하는 방식
라인 프로포셔너 방식	펌프와 발포기의 중간에 설치된 벤추리관의 벤추리작용에 따라 포 소화약제를 흡입·혼합하는 방식
프레셔사이드 프로포셔너 방식	펌프의 토출관에 압입기를 설치하여 포 소화약제 압입용 펌프로 포 소화약제를 압입시켜 혼합하는 방식
압축공기포 믹싱챔버 방식	물, 포 소화약제 및 공기를 믹싱챔버로 강제주입시켜 챔버 내에서 포수용액을 생성한 후 포를 방사하는 방식

정답 | ④

15 빈출도 ★★★

소화기구 및 자동소화장치의 화재안전성능기준(NFPC 101)에 따라 다음과 같이 간이소화용구를 비치하였을 경우 능력 단위의 합은?

- 삽을 상비한 마른모래 50[L]포 2개
- 삽을 상비한 팽창질석 80[L]포 1개

① 1단위
② 1.5단위
③ 2.5단위
④ 3 단위

해설 PHASE 01 소화기구 및 자동소화장치

마른모래의 경우 삽을 상비한 50[L] 이상의 것 1포 당 능력단위는 0.5 단위이고, 팽창질석의 경우 삽을 상비한 80[L] 이상의 것 1포 당 능력단위는 0.5 단위이다.
따라서 마른모래 2포 × 0.5 단위와 팽창질석 1포 × 0.5 단위의 총합은 1.5 단위이다.

관련개념 능력단위

소화약제 외의 것을 이용한 간이소화용구에 있어서는 다음에 따른 수치이다.

간이소화용구		능력단위
1. 마른모래	삽을 상비한 50[L] 이상의 것 1포	0.5 단위
2. 팽창질석 또는 팽창진주암	삽을 상비한 80[L] 이상의 것 1포	

정답 | ②

16 빈출도 ★★★

소화수조 및 저수조의 화재안전성능기준(NFPC 402) 상 연면적이 40,000[m^2]인 특정소방대상물에 소화용수설비를 설치하는 경우 소화수조의 최소 저수량은 몇 [m^3]인가? (단, 지상 1층 및 2층의 바닥면적 합계가 15,000[m^2] 이상인 경우이다.)

① 53.3
② 60
③ 106.7
④ 120

해설 PHASE 16 소화수조 및 저수조

저수량은 1층 및 2층의 바닥면적 합계가 15,000[m^2] 이상인 경우 연면적 40,000[m^2]에 기준면적 7,500[m^2]을 나누어 얻은 수(소수점 이하 절상)에 20[m^3]을 곱한 양 이상으로 한다.

$$\frac{40,000[m^2]}{7,500[m^2]} ≒ 5.33 ≒ 6(절상)$$

$$6 \times 20[m^3] = 120[m^3]$$

관련개념 저수량의 산정기준

저수량은 소방대상물의 연면적을 다음의 표에 따른 기준면적으로 나누어 얻은 수(소수점 이하 절상)에 20[m^3]을 곱한 양 이상으로 한다.

소방대상물의 구분	기준면적[m^2]
1층 및 2층의 바닥면적 합계가 15,000[m^2] 이상	7,500
그 밖의 소방대상물	12,500

정답 | ④

17 빈출도 ★★★

소화기구 및 자동소화장치의 화재안전성능기준(NFPC 101)에 따른 용어에 대한 정의로 틀린 것은?

① "소화약제"란 소화기구 및 자동소화장치에 사용되는 소화성능이 있는 고체·액체 및 기체의 물질을 말한다.
② "대형소화기"란 화재 시 사람이 운반할 수 있도록 운반대와 바퀴가 설치되어 있고 능력 단위가 A급 20단위 이상, B급 10단위 이상인 소화기를 말한다.
③ "전기화재(C급 화재)"란 전류가 흐르고 있는 전기기기, 배선과 관련된 화재를 말한다.
④ "능력단위"란 소화기 및 소화약제에 따른 간이소화용구에 있어서는 소방시설법에 따라 형식승인 된 수치를 말한다.

해설 PHASE 01 소화기구 및 자동소화장치

대형소화기는 능력단위가 A급 10단위 이상, B급 20단위 이상인 소화기이다.

정답 | ②

18 빈출도 ★★★

옥내소화전설비의 화재안전기술기준(NFTC 102)상 배관 등에 관한 설명으로 옳은 것은?

① 펌프의 토출측 주배관의 구경은 유속이 5[m/s] 이하가 될 수 있는 크기 이상으로 하여야 한다.
② 연결송수관설비의 배관과 겸용할 경우의 주배관은 구경 80[mm] 이상, 방수구로 연결되는 배관의 구경은 65[mm] 이상의 것으로 하여야 한다.
③ 성능시험배관은 펌프의 토출측에 설치된 개폐밸브 이전에서 분기하여 설치하고, 유량측정장치를 기준으로 전단 직관부에 개폐밸브를 후단 직관부에는 유량조절밸브를 설치하여야 한다.
④ 가압송수장치의 체절운전 시 수온의 상승을 방지하기 위하여 체크밸브와 펌프사이에서 분기한 구경 20[mm] 이상의 배관에 체절압력 이상에서 개방되는 릴리프밸브를 설치하여야 한다.

해설 PHASE 02 옥내소화전설비

유량측정장치를 기준으로 전단 직관부에는 개폐밸브를, 후단 직관부에는 유량조절밸브를 설치한다.

선지분석
① 펌프의 토출 측 주배관의 구경은 유속이 4[m/s] 이하가 될 수 있는 크기 이상으로 한다.
② 연결송수관설비의 배관과 겸용할 경우 주배관의 구경은 100[mm] 이상으로 한다.
　연결송수관설비의 배관과 겸용할 경우 방수구로 연결되는 배관의 구경은 65[mm] 이상으로 한다.
④ 가압송수장치의 체절운전 시 수온의 상승을 방지하기 위하여 체크밸브와 펌프 사이에서 분기한 구경 20[mm] 이상의 배관에 체절압력 미만에서 개방되는 릴리프밸브를 설치한다.

정답 | ③

19 빈출도 ★

소화전함의 성능인증 및 제품검사의 기술기준 상 옥내 소화전함의 재질을 합성수지 재료로 할 경우 두께는 최소 몇 [mm] 이상이어야 하는가?

① 1.5
② 2.0
③ 3.0
④ 4.0

해설 PHASE 02 옥내소화전설비

합성수지를 사용하는 소화전함은 두께 4.0[mm] 이상으로 한다.

관련개념 소화전함의 일반구조

㉠ 견고해야 하며 쉽게 변형되지 않는 구조로 한다.
㉡ 보수 및 점검이 쉬워야 한다.
㉢ 소화전함의 내부폭은 180[mm] 이상으로 한다.
㉣ 소화전함이 원통형인 경우 단면 원은 가로 500[mm], 세로 180[mm]의 직사각형을 포함할 수 있는 크기로 한다.
㉤ 여닫이 방식의 문은 120° 이상 열리는 구조로 한다.
㉥ 지하소화장치함의 문은 80° 이상 개방되고 고정할 수 있는 장치가 있어야 한다.
㉦ 문은 두 번 이하의 동작에 의하여 열리는 구조로 한다. 지하소화장치함은 제외한다.
㉧ 문의 잠금장치는 외부 충격에 의하여 쉽게 열리지 않는 구조로 한다.
㉨ 문의 면적은 0.5[m²] 이상으로 하고, 짧은 변의 길이(미닫이 방식의 경우 최대 개방길이)는 500[mm] 이상으로 한다.
㉩ 미닫이 방식의 문을 사용하는 경우, 최대 개방 시 문에 의해 가려지는 내부 공간은 소방용품이 적재될 수 없도록 칸막이 등으로 구획한다.
㉪ 소화전함의 두께(현무암 무기질 복합소재 포함)는 1.5[mm] 이상이어야 한다.
㉫ 합성수지를 사용하는 소화전함은 두께 4.0[mm] 이상으로 한다.

정답 | ④

20 빈출도 ★

소화설비용 헤드의 성능인증 및 제품검사의 기술기준 상 소화설비용 헤드의 분류 중 수류를 살수판에 충돌하여 미세한 물방울을 만드는 물분무 헤드 형식은?

① 디프렉타형
② 충돌형
③ 슬리트형
④ 분사형

해설 PHASE 06 물분무 소화설비

수류를 살수판에 충돌하여 미세한 물방울을 만드는 물분무 헤드는 디프렉타형이다.

관련개념 물분무 헤드의 종류

㉠ 충돌형: 유수와 유수의 충돌에 의해 미세한 물방울을 만드는 물분무 헤드
㉡ 분사형: 소구경의 오리피스로부터 고압으로 분사하여 미세한 물방울을 만드는 물분무 헤드
㉢ 선회류형: 선회류에 의해 확산방출 하거나 선회류와 직선류의 충돌에 의해 확산 방출하여 미세한 물방울로 만드는 물분무 헤드
㉣ 디프렉타형: 수류를 살수판에 충돌하여 미세한 물방울을 만드는 물분무 헤드
㉤ 슬리트형: 수류를 슬리트에 의해 방출하여 수막상의 분무를 만드는 물분무 헤드

정답 | ①

4회

□ 1회독 점 | □ 2회독 점 | □ 3회독 점

01 빈출도 ★

특별피난계단의 계단실 및 부속실 제연설비의 화재안전성능기준(NFPC 501A) 상 수직풍도에 따른 배출기준 중 각층의 옥내와 면하는 수직풍도의 관통부에 설치하여야 하는 배출댐퍼 설치기준으로 틀린 것은?

① 화재층의 옥내에 설치된 화재감지기의 동작에 따라 당해층의 댐퍼가 개방될 것
② 풍도의 배출댐퍼는 이·탈착구조가 되지 않도록 설치할 것
③ 개폐여부를 당해 장치 및 제어반에서 확인할 수 있는 감지기능을 내장하고 있을 것
④ 배출댐퍼는 두께 1.5[mm] 이상의 강판 또는 이와 동등 이상의 성능이 있는 것으로 설치하여야 하며 비 내식성 재료의 경우에는 부식방지 조치를 할 것

해설 PHASE 18 특별피난계단의 계단실 및 부속실 제연설비

풍도의 배출댐퍼는 풍도의 내부마감 상태에 대한 점검 및 댐퍼의 정비가 가능한 이·탈착식 구조로 한다.

관련개념 수직풍도의 관통부에 설치하는 배출댐퍼의 설치기준

㉠ 배출댐퍼는 두께 1.5[mm] 이상의 강판 또는 이와 동등 이상의 성능이 있는 것으로 설치하며 비내식성 재료의 경우 부식방지 조치를 한다.
㉡ 평상시 닫힌 구조로 기밀상태를 유지한다.
㉢ 개폐여부를 장치 및 제어반에서 확인할 수 있는 감지 기능을 내장한다.
㉣ 구동부의 작동상태와 닫혀 있을 때의 기밀상태를 수시로 점검할 수 있는 구조로 한다.
㉤ 풍도의 내부마감 상태에 대한 점검 및 댐퍼의 정비가 가능한 이·탈착식 구조로 한다.
㉥ 화재 층에 설치된 화재감지기의 동작에 따라 해당 층의 댐퍼가 개방되도록 한다.
㉦ 개방 시의 실제 개구부(개구율을 감안한 것)의 크기는 수직풍도의 내부단면적 기준 이상으로 한다.
㉧ 댐퍼는 풍도 내의 공기흐름에 지장을 주지 않도록 수직풍도의 내부로 돌출하지 않게 설치한다.

정답 | ②

02 빈출도 ★★

포 소화설비의 화재안전성능기준(NFPC 105)에 따라 포 소화설비 송수구의 설치기준에 대한 설명으로 옳은 것은?

① 구경 65[mm]의 쌍구형으로 할 것
② 지면으로부터 높이가 0.5[m] 이상 1.5[m] 이하의 위치에 설치할 것
③ 하나의 층 바닥면적이 2,000[m²]를 넘을 때마다 1개 이상을 설치할 것
④ 송수구의 가까운 부분에 자동배수밸브(또는 직경 3[mm]의 배수공) 및 안전밸브를 설치할 것

해설 PHASE 08 포 소화설비

포 소화설비의 송수구는 구경 65[mm]의 쌍구형으로 한다.

선지분석

② 지면으로부터 높이가 0.5[m] 이상 1[m] 이하의 위치에 설치한다.
③ 송수구는 하나의 층의 바닥면적이 3,000[m²]를 넘을 때마다 1개 이상(최대 5개)을 설치한다.
④ 송수구의 부근에는 자동배수밸브(또는 직경 5[mm]의 배수공) 및 체크밸브를 설치한다.

정답 | ①

03 빈출도 ★★

스프링클러설비 본체 내의 유수현상을 자동적으로 검지하여 신호 또는 경보를 발하는 장치는?

① 수압개폐장치 ② 물올림장치
③ 일제개방밸브 ④ 유수검지장치

해설 PHASE 04 스프링클러설비

유수현상을 자동적으로 검지하여 신호 또는 경보를 발하는 장치는 유수검지장치이다.

선지분석
① 수압개폐장치: 소화설비의 배관 내 압력변동을 검지하여 자동으로 펌프를 기동 및 정지시키는 장치
② 물올림장치: 펌프의 흡입 측 배관에 물을 공급하는 장치
③ 일제개방밸브: 일제살수식 스프링클러설비에 설치되는 유수검지장치

정답 | ④

04 빈출도 ★

옥내소화전설비 화재안전기술기준(NFTC 102)에 따라 옥내소화전설비의 표시등 설치기준으로 옳은 것은?

① 가압송수장치의 기동을 표시하는 표시등은 옥내소화전함의 상부 또는 그 직근에 설치한다.
② 가압송수장치의 기동을 표시하는 표시등은 녹색등으로 한다.
③ 자체소방대를 구성하여 운영하는 경우 가압송수장치의 기동표시등을 반드시 설치해야 한다.
④ 옥내소화전설비의 위치를 표시하는 표시등은 함의 하부에 설치하되,「표시등의 성능인증 및 제품검사의 기술기준」에 적합한 것으로 한다.

해설 PHASE 02 옥내소화전설비

가압송수장치의 기동을 표시하는 표시등은 옥내소화전함의 상부 또는 그 직근에 적색등으로 설치한다.

관련개념 표시등의 설치기준

㉠ 옥내소화전설비의 위치를 표시하는 표시등은 함의 상부에 설치한다.
㉡ 소방청장이 고시하는「표시등의 성능인증 및 제품검사의 기술기준」에 적합한 것으로 설치한다.
㉢ 가압송수장치의 기동을 표시하는 표시등은 옥내소화전함의 상부 또는 그 직근에 적색등으로 설치한다.
㉣ 자체소방대를 구성하여 운영하는 경우 가압송수장치의 기동표시등을 설치하지 않을 수 있다.

정답 | ①

05 빈출도 ★★★

소화기구 및 자동소화장치의 화재안전기술기준(NFTC 101) 상 건축물의 주요구조부가 내화구조이고, 벽 및 반자의 실내에 면하는 부분이 불연재료로 된 바닥면적이 600[m²]인 노유자시설에 필요한 소화기구의 능력단위는 최소 얼마 이상으로 하여야 하는가?

① 2단위 ② 3단위
③ 4단위 ④ 6단위

해설 PHASE 01 소화기구 및 자동소화장치

노유자시설에 소화기구를 설치할 경우 바닥면적 100[m²]마다 능력단위 1단위 이상으로 하며, 주요구조부가 내화구조이고, 벽 및 반자의 실내에 면하는 부분이 불연재료로 된 특정소방대상물의 경우 기준의 2배를 기준면적으로 하므로

$$\frac{600[m^2]}{100[m^2] \times 2} = 3단위$$

관련개념 소화기구의 특정소방대상물별 능력단위

특정소방대상물	소화기구의 능력단위
1. 위락시설	해당 용도의 바닥면적 30[m²]마다 능력단위 1단위 이상
2. 공연장·집회장·관람장·문화재·장례식장 및 의료시설	해당 용도의 바닥면적 50[m²]마다 능력단위 1단위 이상
3. 근린생활시설·판매시설·운수시설·숙박시설·노유자시설·전시장·공동주택·업무시설·방송통신시설·공장·창고시설·항공기 및 자동차 관련 시설 및 관광휴게시설	해당 용도의 바닥면적 100[m²]마다 능력단위 1단위 이상
4. 그 밖의 것	해당 용도의 바닥면적 200[m²]마다 능력단위 1단위 이상

소화기구의 능력단위를 산출할 때 건축물의 주요구조부가 내화구조이고, 벽 및 반자의 실내에 면하는 부분이 불연재료·준불연재료 또는 난연재료로 된 특정소방대상물의 경우 위 기준의 2배를 기준면적으로 한다.

정답 | ②

06 빈출도 ★★

분말 소화설비의 화재안전기술기준(NFTC 108)에 따라 분말 소화설비의 자동식 기동장치의 설치기준으로 틀린 것은? (단, 자동식 기동장치는 자동화재탐지설비의 감지기의 작동과 연동하는 것이다.)

① 기동용 가스용기의 충전비는 1.5 이상으로 할 것
② 자동식 기동장치에는 수동으로도 기동할 수 있는 구조로 할 것
③ 전기식 기동장치로서 3병 이상의 저장용기를 동시에 개방하는 설비는 2병 이상의 저장용기에 전자 개방밸브를 부착할 것
④ 기동용 가스용기에는 내압시험압력의 0.8배 내지 내압시험압력 이하에서 작동하는 안전장치를 설치할 것

해설 PHASE 12 분말 소화설비

전기식 기동장치로서 7병 이상의 저장용기를 동시에 개방하는 설비는 2병 이상의 저장용기에 전자 개방밸브를 부착한다.

관련개념 자동식 기동장치의 설치기준

㉠ 자동화재탐지설비의 감지기의 작동과 연동하는 것으로 한다.
㉡ 자동식 기동장치는 수동으로도 기동할 수 있는 구조로 한다.
㉢ 전기식 기동장치로서 7병 이상의 저장용기를 동시에 개방하는 설비는 2병 이상의 저장용기에 전자 개방밸브를 부착한다.
㉣ 가스압력식 기동장치는 다음 기준에 따른다.
  - 기동용 가스용기 및 해당 용기에 사용하는 밸브는 25[MPa] 이상의 압력에 견딜 수 있는 것으로 한다.
  - 기동용 가스용기에는 내압시험압력의 0.8배부터 내압시험압력 이하에서 작동하는 안전장치를 설치한다.
  - 질소나 비활성기체를 사용하는 경우 기동용 가스용기의 체적은 5[L] 이상으로 하고, 6.0[MPa](21[℃] 기준)의 압력으로 충전한다.
  - 이산화탄소를 사용하는 경우 기동용 가스용기의 체적은 1[L] 이상으로 하고, 해당 용기에 저장하는 양은 0.6[kg] 이상으로 하며, 충전비는 1.5 이상 1.9 이하로 한다.
㉤ 기계식 기동장치는 저장용기를 쉽게 개방할 수 있는 구조로 한다.

정답 | ③

07 빈출도 ★★★

상수도 소화용수설비의 화재안전성능기준(NFPC 401)에 따른 설치기준 중 다음 (   ) 안에 알맞은 것은?

> 호칭지름 (㉠)[mm] 이상의 수도배관에 호칭지름 (㉡)[mm] 이상의 소화전을 접속하여야 하며, 소화전은 특정소방대상물의 수평투영면의 각 부분으로부터 (㉢)[m] 이하가 되도록 설치할 것

① ㉠ 65   ㉡ 80   ㉢ 120
② ㉠ 65   ㉡ 100   ㉢ 140
③ ㉠ 75   ㉡ 80   ㉢ 120
④ ㉠ 75   ㉡ 100   ㉢ 140

해설 PHASE 15 상수도 소화용수설비

호칭지름 75[mm] 이상의 수도배관에 호칭지름 100[mm] 이상의 소화전을 접속한다.
소화전은 특정소방대상물의 수평투영면의 각 부분으로부터 140[m] 이하가 되도록 설치한다.

관련개념 상수도 소화용수설비의 설치기준

㉠ 호칭지름 75[mm] 이상의 수도배관에 호칭지름 100[mm] 이상의 소화전을 접속한다.
㉡ 소화전은 소방자동차 등의 진입이 쉬운 도로변 또는 공지에 설치한다.
㉢ 소화전은 특정소방대상물의 수평투영면의 각 부분으로부터 140[m] 이하가 되도록 설치한다.

정답 | ④

08 빈출도 ★★

스프링클러설비의 화재안전기술기준(NFTC 103)에 따라 스프링클러 헤드를 설치하지 않을 수 있는 장소로만 나열된 것은?

① 계단실, 병원의 입원실, 목욕실, 냉동창고의 냉동실, 아파트(대피공간 제외)
② 발전실, 병원의 수술실·응급처치실, 통신기기실, 관람석이 없는 실내 테니스장(실내 바닥·벽 등이 불연재료)
③ 냉동창고의 냉동실, 변전실, 병원의 입원실, 목욕실, 수영장 관람석
④ 병원의 수술실, 관람석이 없는 실내 테니스장(실내 바닥·벽 등이 불연재료), 변전실, 발전실, 아파트(대피공간 제외)

해설 PHASE 04 스프링클러설비

스프링클러 헤드를 설치하지 않을 수 있는 장소로만 나열된 것은 ②이다.

선지분석

① 병원의 입원실, 아파트(대피공간 제외)는 스프링클러 헤드를 설치해야 한다.
③ 병원의 입원실, 수영장 관람석은 스프링클러 헤드를 설치해야 한다.
④ 아파트(대피공간 제외)는 스프링클러 헤드를 설치해야 한다.

정답 | ②

09 빈출도 ★★

포 소화설비의 화재안전기술기준(NFTC 105)에 따라 포 소화설비에 소방용 합성수지배관을 설치할 수 있는 경우로 틀린 것은?

① 배관을 지하에 매설하는 경우
② 다른 부분과 내화구조로 구획된 덕트 또는 피트의 내부에 설치하는 경우
③ 동결방지조치를 하거나 동결의 우려가 없는 경우
④ 천장과 반자를 불연재료 또는 준불연재료로 설치하고 그 내부에 습식으로 배관을 설치하는 경우

해설 PHASE 08 포 소화설비

금속관에 비해 합성수지배관은 비교적 낮은 온도에서 변형이 일어나므로 화재에 더욱 취약하다. 따라서 화재가 발생하더라도 배관이 변형되지 않고 소방용수를 충분히 공급할 수 있는 조건에서 합성수지배관을 사용할 수 있다.

관련개념 소방용 합성수지배관으로 사용할 수 있는 경우

㉠ 배관을 지하에 매설하는 경우
㉡ 다른 부분과 내화구조로 구획된 덕트 또는 피트의 내부에 설치하는 경우
㉢ 천장과 반자를 불연재료 또는 준불연재료로 설치하고 소화배관 내부에 항상 소화수가 채워진 상태로 설치하는 경우

정답 | ③

10 빈출도 ★

다음 중 피난기구의 화재안전기술기준(NFTC 301)에 따라 피난기구를 설치하지 아니하여도 되는 소방대상물로 틀린 것은?

① 발코니 등을 통하여 인접세대로 피난할 수 있는 구조로 되어 있는 계단실형 아파트
② 주요구조부가 내화구조로서 거실의 각 부분으로 직접 복도로 피난할 수 있는 학교(강의실 용도로 사용되는 층에 한함)
③ 무인공장 또는 자동창고로서 사람의 출입이 금지된 장소
④ 문화집회 및 운동시설·판매시설 및 영업시설 또는 노유자시설의 용도로 사용되는 층으로서 그 층의 바닥면적이 1,000[m²] 이상인 것

해설 PHASE 13 피난기구

문화집회 및 운동시설·판매시설 및 영업시설 또는 노유자시설의 용도로 사용되는 층으로서 그 층의 바닥면적이 1,000[m²] 이상인 것은 제외한다.
문화시설, 집회시설, 운동시설, 판매시설, 영업시설, 노유자시설은 사람의 출입이 빈번한 장소로 일정 규모 이상의 장소에는 피난기구의 설치가 반드시 필요하다.

정답 | ④

11 빈출도 ★★★

지하구의 화재안전성능기준(NFPC 605)에 따라 연소방지설비 헤드의 설치기준으로 옳은 것은?

① 헤드 간의 수평거리는 연소방지설비 전용헤드의 경우에는 1.5[m] 이하로 할 것
② 헤드 간의 수평거리는 스프링클러 헤드의 경우에는 2[m] 이하로 할 것
③ 천장 또는 벽면에 설치할 것
④ 한쪽 방향의 살수구역의 길이는 2[m] 이상으로 할 것

해설 PHASE 21 지하구

연소방지설비의 헤드는 천장 또는 벽면에 설치한다.

관련개념 연소방지설비 헤드의 설치기준

㉠ 천장 또는 벽면에 설치한다.
㉡ 헤드 간의 수평거리는 연소방지설비 전용헤드의 경우 2[m] 이하, 개방형 스프링클러 헤드의 경우 1.5[m] 이하로 한다.
㉢ 소방대원의 출입이 가능한 환기구·작업구마다 지하구의 양쪽 방향으로 살수헤드를 설치하고, 한쪽 방향의 살수구역의 길이는 3[m] 이상으로 한다.
㉣ 환기구 사이의 간격이 700[m]를 초과하는 경우 700[m] 이내마다 살수구역을 설정한다. 지하구의 구조를 고려하여 방화벽을 설치한 경우 그렇지 않다.

정답 | ③

12 빈출도 ★★★

소화기구 및 자동소화장치의 화재안전기술기준(NFTC 101) 상 소화기구의 소화약제별 적응성 중 C급 화재에 적응성이 없는 소화약제는?

① 마른모래
② 할로겐화합물 및 불활성기체 소화약제
③ 이산화탄소 소화약제
④ 중탄산염류 소화약제

해설 PHASE 01 소화기구 및 자동소화장치

마른모래는 전기화재(C급 화재)에 적응성이 없다.

선지분석

② 할로겐화합물 및 불활성기체 소화약제는 일반화재(A급 화재), 유류화재(B급 화재), 전기화재(C급 화재)에 적응성이 있다.
③ 이산화탄소 소화약제는 유류화재(B급 화재), 전기화재(C급 화재)에 적응성이 있다.
④ 중탄산염류 소화약제는 유류화재(B급 화재), 전기화재(C급 화재)에 적응성이 있다.

정답 | ①

13 빈출도 ★

이산화탄소 소화설비 및 할론 소화설비의 국소방출방식에 대한 설명으로 옳은 것은?

① 고정식 소화약제 공급장치에 배관 및 분사헤드를 설치하여 직접 화점에 소화약제를 방출하는 방식이다.
② 고정된 분사헤드에서 밀폐 방호구역 공간 전체로 소화약제를 방출하는 방식이다.
③ 호스 선단에 부착된 노즐을 이동하여 방호대상물에 직접 소화약제를 방출하는 방식이다.
④ 소화약제 용기 노즐 등을 운반기구에 적재하고 방호대상물에 직접 소화약제를 방출하는 방식이다.

해설 PHASE 09 이산화탄소 소화설비
PHASE 10 할론 소화설비

국소방출방식은 소화약제 공급장치에 배관 및 분사헤드를 설치하여 직접 화점에 소화약제를 방출하는 방식이다.

관련개념 소화약제의 방출방식

전역방출방식	소화약제 공급장치에 배관 및 분사헤드 등을 설치하여 밀폐 방호구역 내에 소화약제를 방출하는 방식
국소방출방식	소화약제 공급장치에 배관 및 분사헤드를 설치하여 직접 화점에 소화약제를 방출하는 방식
호스릴방식	소화수 또는 소화약제 저장용기 등에 연결된 호스릴을 이용하여 사람이 직접 화점에 소화수 또는 소화약제를 방출하는 방식

정답 | ①

14 빈출도 ★★

특고압의 전기시설을 보호하기 위한 소화설비로 물분무 소화설비를 사용한다. 그 주된 이유로 옳은 것은?

① 물분무 설비는 다른 물 소화설비에 비해서 신속한 소화를 보여주기 때문이다.
② 물분무 설비는 다른 물 소화설비에 비해서 물의 소모량이 적기 때문이다.
③ 분무상태의 물은 전기적으로 비전도성이기 때문이다.
④ 물분무입자 역시 물이므로 전기전도성이 있으나 전기 시설물을 젖게 하지 않기 때문이다.

해설 PHASE 06 물분무 소화설비

물분무, 미분무소화는 물을 미세한 입자 형태로 방출하는 소화방식(무상주수)으로 입자 사이가 공기로 절연되어 있기 때문에 물방울 크기가 더 큰 적상주수나 물줄기 형태의 봉상주수와는 다르게 전기화재에도 적응성이 있다.

정답 | ③

15 빈출도 ★★

물분무 소화설비의 화재안전기술기준(NFTC 104)에 따라 물분무 소화설비를 설치하는 차고 또는 주차장이 배수설비 설치기준으로 틀린 것은?

① 차량이 주차하는 바닥은 배수구를 향해 1/100 이상의 기울기를 유지할 것
② 배수구에서 새어 나온 기름을 모아 소화할 수 있도록 길이 40[m] 이하마다 집수관·소화핏트 등 기름분리장치를 설치할 것
③ 차량이 주차하는 장소의 적당한 곳에 높이 10[cm] 이상이 경계턱으로 배수구를 설치할 것
④ 배수설비는 가압송수장치의 최대송수능력이 수량을 유효하게 배수할 수 있는 크기 및 기울기로 할 것

해설 PHASE 06 물분무 소화설비

차량이 주차하는 바닥은 배수구를 향하여 $\frac{2}{100}$ 이상의 기울기를 유지한다.

관련개념 배수설비의 설치기준

물분무 소화설비를 설치하는 차고 또는 주차장에는 배수장치를 다음의 기준에 따라 설치한다.
㉠ 차량이 주차하는 장소의 적당한 곳에 높이 10[cm] 이상의 경계턱으로 배수구를 설치한다.
㉡ 배수구에는 새어 나온 기름을 모아 소화할 수 있도록 길이 40[m] 이하마다 집수관·소화핏트 등 기름분리장치를 설치한다.
㉢ 차량이 주차하는 바닥은 배수구를 향하여 $\frac{2}{100}$ 이상의 기울기를 유지한다.
㉣ 배수설비는 가압송수장치의 최대송수능력의 수량을 유효하게 배수할 수 있는 크기 및 기울기로 한다.

정답 | ①

16 빈출도 ★

연결송수관설비의 화재안전기준에 따라 송수구가 부설된 옥내소화전을 설치한 특정소방대상물로서 연결송수관설비의 방수구를 설치하지 아니할 수 있는 층의 기준 중 다음 (   ) 안에 알맞은 것은? (단, 집회장·관람장·백화점·도매시장·소매시장·판매시설·공장·창고시설 또는 지하가를 제외한다.)

- 지하층을 제외한 층수가 (㉠)층 이하이고 연면적이 (㉡)[m²] 미만인 특정소방대상물의 지상층
- 지하층의 층수가 (㉢) 이하인 특정소방대상물의 지하층

① ㉠ 3   ㉡ 5,000   ㉢ 3
② ㉠ 4   ㉡ 6,000   ㉢ 2
③ ㉠ 5   ㉡ 3,000   ㉢ 3
④ ㉠ 6   ㉡ 4,000   ㉢ 2

해설 PHASE 19 연결송수관설비

지하층을 제외한 층수가 4층 이하이고, 연면적이 6,000[m²] 미만인 지상층과 지하층의 층수가 2층 이하인 지하층에서 방수구를 설치하지 않을 수 있다.

관련개념 방수구의 설치제외장소
㉠ 아파트의 1층 및 2층
㉡ 소방차의 접근이 가능하고 소방대원이 소방차로부터 각 부분에 쉽게 도달할 수 있는 피난층
㉢ 송수구가 부설된 옥내소화전을 설치한 특정소방대상물 중 다음에 해당하는 장소
  - 지하층을 제외한 층수가 4층 이하이고 연면적이 6,000[m²] 미만인 특정소방대상물의 지상층
  - 지하층의 층수가 2 이하인 특정소방대상물의 지하층
㉣ ㉢의 장소 중 집회장·관람장·백화점·도매시장·소매시장·판매시설·공장·창고시설 또는 지하가는 제외

정답 | ②

17 빈출도 ★★★

스프링클러설비의 화재안전기술기준(NFTC 103)에 따라 폐쇄형 스프링클러 헤드를 최고 주위온도 40[℃]인 장소(공장 및 창고 제외)에 설치할 경우 표시온도는 몇 [℃]의 것을 설치하여야 하는가?

① 79[℃] 미만
② 79[℃] 이상 121[℃] 미만
③ 121[℃] 이상 162[℃] 미만
④ 162[℃] 이상

해설 PHASE 04 스프링클러설비

최고 주위온도가 40[℃]인 경우 표시온도는 79[℃] 이상 121[℃] 미만인 것을 설치해야 한다.

관련개념 헤드의 설치기준

폐쇄형 스프링클러 헤드는 그 설치장소의 평상시 최고 주위온도에 따라 다음의 표에 따른 적합한 표시온도의 것으로 설치한다. 높이가 4[m] 이상인 공장 및 창고(랙식 창고 포함)에는 주위온도와 관계없이 표시온도 121[℃] 이상의 것으로 할 수 있다.

설치장소의 최고 주위온도	표시온도
39[℃] 미만	79[℃] 미만
39[℃] 이상 64[℃] 미만	79[℃] 이상 121[℃] 미만
64[℃] 이상 106[℃] 미만	121[℃] 이상 162[℃] 미만
106[℃] 이상	162[℃] 이상

정답 | ②

18 빈출도 ★

할론 소화설비의 화재안전성능기준(NFPC 107) 상 할론 1211을 국소방출방식으로 방사할 때 분사헤드의 방사압력 기준은 몇 [MPa] 이상인가?

① 0.1
② 0.2
③ 0.9
④ 1.05

해설 PHASE 10 할론 소화설비

할론 소화설비의 분사헤드는 할론 1211을 국소방출방식으로 방사할 때 0.2[MPa] 이상의 압력으로 한다.

관련개념 분사헤드의 방출압력

소화약제의 종류	분사헤드의 방출압력
할론 1301	0.9[MPa]
할론 1211	0.2[MPa]
할론 2402	0.1[MPa]

정답 | ②

19 빈출도 ★★

물분무 소화설비의 화재안전기술기준(NFTC 104) 상 물분무 헤드를 설치하지 아니할 수 있는 장소의 기준 중 다음 (   ) 안에 알맞은 것은?

> 운전 시에 표면의 온도가 (   )[℃] 이상으로 되는 등 직접 분무를 하는 경우 그 부분에 손상을 입힐 우려가 있는 기계장치 등이 있는 장소

① 160   ② 200
③ 260   ④ 300

해설 PHASE 06 물분무 소화설비

운전 시에 표면의 온도가 260[℃] 이상으로 되는 등 직접 분무를 하는 경우 그 부분에 손상을 입힐 우려가 있는 기계장치 등이 있는 장소

관련개념 물분무 헤드의 설치제외 장소

㉠ 물이 심하게 반응하는 물질 또는 물과 반응하여 위험한 물질을 생성하는 물질을 저장 또는 취급하는 장소
㉡ 고온의 물질 및 증류범위가 넓어 끓어 넘치는 위험이 있는 물질을 저장 또는 취급하는 장소
㉢ 운전 시에 표면의 온도가 260[℃] 이상으로 되는 등 직접 분무를 하는 경우 그 부분에 손상을 입힐 우려가 있는 기계장치 등이 있는 장소

정답 | ③

20 빈출도 ★★

인명구조기구의 화재안전기술기준(NFTC 302)에 따라 특정소방대상물의 용도 및 장소별로 설치해야 할 인명구조기구의 기준으로 틀린 것은?

① 지하가 중 지하상가는 인공소생기를 층마다 2개 이상 비치할 것
② 판매시설 중 대규모 점포는 공기호흡기를 층마다 2개 이상 비치할 것
③ 지하층을 포함하는 층수가 7층 이상인 관광호텔은 방열복(또는 방화복), 공기호흡기, 인공소생기를 각 2개 이상 비치할 것
④ 물분무등소화설비 중 이산화탄소 소화설비를 설치해야 하는 특정소방대상물은 공기호흡기를 이산화탄소 소화설비가 설치된 장소의 출입구 외부 인근에 1대 이상 비치할 것

해설 PHASE 14 인명구조기구

지하가 중 지하상가는 공기호흡기를 층마다 2개 이상 설치한다.

관련개념 특정소방대상물의 용도 및 장소별 설치해야 할 인명구조기구

특정소방대상물	인명구조기구	설치 수량
• 지하층을 포함하는 층수가 7층 이상인 관광호텔 • 5층 이상인 병원	• 방열복 또는 방화복(안전모, 보호장갑 및 안전화 포함) • 공기호흡기 • 인공소생기	각 2개 이상(병원의 경우 인공소생기 생략 가능)
• 수용인원 100명 이상의 영화상영관 • 대규모 점포 • 지하역사 • 지하상가	• 공기호흡기	층마다 2개 이상
• 물분무등소화설비 중 이산화탄소 소화설비를 설치해야하는 특정소방대상물	• 공기호흡기	이산화탄소 소화설비가 설치된 장소의 출입구 외부 인근에 1개 이상

정답 | ①

**에듀윌이
너를
지지할게**

ENERGY

꿈을 풀어라.
꿈이 없는 사람은
아무런 생명력도 없는 인형과 같다.

– 발타사르 그라시안(Baltasar Gracian)

2020년 기출문제

1, 2회

☐ 1회독   점 | ☐ 2회독   점 | ☐ 3회독   점

01 빈출도 ★★

분말 소화설비의 화재안전기술기준(NFTC 108)상 차고 또는 주차장에 설치하는 분말 소화설비의 소화약제는?

① 인산염을 주성분으로 한 분말
② 탄산수소칼륨을 주성분으로 한 분말
③ 탄산수소칼륨과 요소가 화합된 분말
④ 탄산수소나트륨을 주성분으로 한 분말

해설 PHASE 12 분말 소화설비

차고 또는 주차장에는 제3종 분말소화약제(인산염(PO_4^{3-})을 주성분으로 한 분말소화약제)로 설치해야 한다.

정답 | ①

02 빈출도 ★★

할론 소화설비의 화재안전성능기준(NFPC 107)상 축압식 할론 소화약제 저장용기에 사용되는 축압용가스로서 적합한 것은?

① 질소   ② 산소
③ 이산화탄소 ④ 불활성가스

해설 PHASE 10 할론 소화설비

축압식 저장용기의 축압용 가스는 질소가스로 한다.

관련개념 저장용기의 설치기준

㉠ 축압식 저장용기의 압력은 온도 20[°C]에서 할론 1211을 저장하는 것은 1.1[MPa] 또는 2.5[MPa], 할론 1301을 저장하는 것은 2.5[MPa] 또는 4.2[MPa]이 되도록 질소가스로 축압한다.
㉡ 저장용기의 충전비는 다음의 표에 따른 기준으로 한다.

소화약제의 종류		충전비
할론 1301		0.9 이상 1.6 이하
할론 1211		0.7 이상 1.4 이하
할론 2402	가압식	0.51 이상 0.67 미만
	축압식	0.67 이상 2.75 이하

㉢ 동일 집합관에 접속되는 저장용기의 소화약제 충전량은 동일 충전비로 한다.
㉣ 가압용 가스용기는 질소가스가 충전된 것으로 하고, 그 압력은 21[°C]에서 2.5[MPa] 또는 4.2[MPa]이 되도록 한다.
㉤ 저장용기의 개방밸브는 전기식·가스압력식 또는 기계식에 따라 자동으로 개방되고 수동으로도 개방되는 것으로서 안전장치가 부착된 것으로 한다.
㉥ 가압식 저장용기에는 2.0[MPa] 이하의 압력으로 조정할 수 있는 압력조정장치를 설치한다.
㉦ 하나의 방호구역을 담당하는 소화약제 저장용기의 소화약제량의 체적합계보다 그 소화약제 방출 시 방출경로가 되는 배관(집합관 포함)의 내용적의 비율이 1.5배 이상일 경우에는 해당 방호구역에 대한 설비는 별도 독립방식으로 한다.

정답 | ①

03 빈출도 ★★★

물분무 소화설비의 화재안전성능기준(NFPC 104)에 따른 물분무 소화설비의 설치장소 별 1[m²]당 수원의 최소 저수량으로 맞는 것은?

① 차고: 30[L/min]×20분×바닥면적
② 케이블트레이: 12[L/min]×20분×투영된 바닥면적
③ 컨베이어 벨트: 37[L/min]×20분×벨트부분의 바닥면적
④ 특수가연물을 취급하는 특정소방대상물: 20[L/min]×20분×바닥면적

해설 PHASE 06 물분무 소화설비

케이블트레이는 투영된 바닥면적 1[m²]에 대하여 12[L/min]로 20분 간 방수할 수 있는 양 이상으로 한다.

관련개념 저수량의 산정기준

㉠ 특수가연물을 저장 또는 취급하는 특정소방대상물 또는 그 부분에 있어서 그 바닥면적(최소 50[m²]) 1[m²]에 대하여 10[L/min]로 20분 간 방수할 수 있는 양 이상으로 한다.
㉡ 차고 또는 주차장은 그 바닥면적(최소 50[m²]) 1[m²]에 대하여 20[L/min]로 20분 간 방수할 수 있는 양 이상으로 한다.
㉢ 절연유 봉입 변압기는 바닥 부분을 제외한 표면적을 합한 면적 1[m²]에 대하여 10[L/min]로 20분 간 방수할 수 있는 양 이상으로 한다.
㉣ 케이블트레이, 케이블덕트 등은 투영된 바닥면적 1[m²]에 대하여 12[L/min]로 20분 간 방수할 수 있는 양 이상으로 한다.
㉤ 콘베이어 벨트 등은 벨트 부분의 바닥면적 1[m²]에 대하여 10[L/min]로 20분 간 방수할 수 있는 양 이상으로 한다.

정답 | ②

04 빈출도 ★★★

소화기구 및 자동소화장치의 화재안전성능기준(NFPC 101) 상 자동소화장치를 모두 고른 것은?

㉠ 분말 자동소화장치
㉡ 액체 자동소화장치
㉢ 고체에어로졸 자동소화장치
㉣ 공업용 주방자동소화장치
㉤ 캐비닛형 자동소화장치

① ㉠, ㉡
② ㉡, ㉢, ㉣
③ ㉠, ㉢, ㉤
④ ㉠, ㉡, ㉢, ㉣, ㉤

해설 PHASE 01 소화기구 및 자동소화장치

분말 자동소화장치, 고체에어로졸 자동소화장치, 캐비닛형 자동소화장치는 소화기구 및 자동소화장치의 화재안전성능기준(NFPC 101)에서 정의하고 있다.

관련개념 자동소화장치

주거용 주방자동소화장치	주거용 주방에 설치된 열발생 조리기구의 사용으로 인한 화재 발생 시 열원(전기 또는 가스)을 자동으로 차단하며 소화약제를 방출하는 소화장치
상업용 주방자동소화장치	상업용 주방에 설치된 열발생 조리기구의 사용으로 인한 화재 발생 시 열원(전기 또는 가스)을 자동으로 차단하며 소화약제를 방출하는 소화장치
캐비닛형 자동소화장치	열, 연기 또는 불꽃 등을 감지하여 소화약제를 방사하여 소화하는 캐비닛형태의 소화장치
가스 자동소화장치	열, 연기 또는 불꽃 등을 감지하여 가스계 소화약제를 방사하여 소화하는 소화장치
분말 자동소화장치	열, 연기 또는 불꽃 등을 감지하여 분말의 소화약제를 방사하여 소화하는 소화장치
고체에어로졸 자동소화장치	열, 연기 또는 불꽃 등을 감지하여 에어로졸의 소화약제를 방사하여 소화하는 소화장치

정답 | ③

05 빈출도 ★

피난기구를 설치하여야 할 소방대상물 중 피난기구의 2분의 1을 감소할 수 있는 조건이 아닌 것은?

① 주요구조부가 내화구조로 되어 있다.
② 특별피난계단이 2 이상 설치되어 있다.
③ 소방구조용(비상용) 엘리베이터가 설치되어 있다.
④ 직통계단인 피난계단이 2 이상 설치되어 있다.

해설 PHASE 13 피난기구

소방구조용 엘리베이터의 유무는 피난기구의 수를 감소할 수 있는 기준과 관련이 없다.

관련개념 피난기구의 $\frac{1}{2}$을 감소할 수 있는 기준

㉠ 주요구조부가 내화구조로 되어 있어야 한다.
㉡ 직통계단인 피난계단 또는 특별피난계단이 2 이상 설치되어 있어야 한다.

정답 | ③

06 빈출도 ★★★

소화수조 및 저수조의 화재안전성능기준(NFPC 402)에 따라 소화용수설비에 설치하는 채수구의 수는 소요수량이 40[m³] 이상 100[m³] 미만인 경우 몇 개를 설치해야 하는가?

① 1
② 2
③ 3
④ 4

해설 PHASE 16 소화수조 및 저수조

소요수량이 40[m³] 이상 100[m³] 미만인 경우 채수구의 수는 2개를 설치해야 한다.

관련개념 채수구의 설치개수

채수구는 다음의 표에 따른 소요수량에 따라 설치한다.

소요수량[m³]	채수구의 수(개)
20 이상 40 미만	1
40 이상 100 미만	2
100 이상	3

정답 | ②

07 빈출도 ★★

포 소화설비의 화재안전기술기준(NFTC 105)에 따라 바닥면적이 180[m²]인 건축물 내부에 호스릴방식의 포 소화설비를 설치할 경우 가능한 포 소화약제의 최소 필요량은 몇 [L]인가? (단, 호스 접결구: 2개, 약제 농도: 3[%])

① 180
② 270
③ 650
④ 720

해설 PHASE 08 포 소화설비

호스릴방식의 저장량 산출기준에 따라 계산하면
$Q = N \times S \times 6,000[L] = 2 \times 0.03 \times 6,000[L] = 360[L]$
바닥면적이 200[m²] 미만이므로 산출량의 75[%]로 한다.
$360[L] \times 0.75 = 270[L]$

관련개념

옥내 포 소화전방식 또는 호스릴방식은 다음의 식에 따라 산출한 양 이상으로 한다.

$$Q = N \times S \times 6,000[L]$$

Q: 포 소화약제의 양[L], N: 호스 접결구 개수(최대 5개),
S: 포 소화약제의 사용농도[%]

바닥면적이 200[m²] 미만인 건축물은 산출한 양의 75[%]로 할 수 있다.

정답 | ②

08 빈출도 ★★★

소화수조 및 저수조의 화재안전기술기준(NFTC 402)에 따라 소화용수 설비를 설치하여야 할 특정소방대상물에 있어서 유수의 양이 최소 몇 [m³/min] 이상인 유수를 사용할 수 있는 경우에 소화수조를 설치하지 아니할 수 있는가?

① 0.8
② 1
③ 1.5
④ 2

해설 PHASE 16 소화수조 및 저수조

소화용수설비를 설치해야 할 특정소방대상물에서 유수의 양이 0.8[m³/min] 이상인 유수를 사용할 수 있는 경우에는 소화수조를 설치하지 않을 수 있다.

정답 | ①

09 빈출도 ★★

스프링클러설비의 화재안전성능기준(NFPC 103)에 따라 개방형 스프링클러설비에서 하나의 방수구역을 담당하는 헤드 개수는 최대 몇 개 이하로 설치하여야 하는가?

① 30 ② 40
③ 50 ④ 60

해설 PHASE 04 스프링클러설비

하나의 방수구역을 담당하는 헤드의 개수는 50개 이하로 한다.

관련개념 개방형 스프링클러설비의 방수구역 및 일제개방밸브

㉠ 하나의 방수구역은 2개 층에 미치지 않도록 한다.
㉡ 방수구역마다 일제개방밸브를 설치한다.
㉢ 하나의 방수구역을 담당하는 헤드의 개수는 50개 이하로 한다.
㉣ 하나의 방수구역을 2개 이상의 방수구역으로 나누는 경우 하나의 방수구역을 담당하는 헤드의 개수는 25개 이상으로 한다.
㉤ 일제개방밸브는 실내에 설치하거나 보호용 철망 등으로 구획하여 바닥으로부터 0.8[m] 이상 1.5[m] 이하의 위치에 설치하고, 그 실에는 가로 0.5[m] 이상 세로 1[m] 이상의 출입문(개구부)을 설치한다. 출입문 상단에는 "일제개방밸브실"이라고 표시한 표지를 한다.
㉥ 일제개방밸브를 기계실(공조용 기계실 포함) 안에 설치하는 경우 별도의 실 또는 보호용 철망을 설치하지 않을 수 있다. 출입문 상단에는 "일제개방밸브실"이라고 표시한 표지를 한다.

정답 | ③

10 빈출도 ★

완강기의 형식승인 및 제품검사의 기술기준에서 완강기의 최대사용하중은 최소 몇 [N] 이상의 하중이어야 하는가?

① 800 ② 1,000
③ 1,200 ④ 1,500

해설 PHASE 13 피난기구

완강기의 최대사용하중은 1,500[N] 이상의 하중이어야 한다.

관련개념 완강기의 최대사용하중 및 최대사용자수

㉠ 최대사용하중은 1,500[N] 이상의 하중이어야 한다.
㉡ 최대사용자수는 최대사용하중을 1,500[N]으로 나누어서 얻은 값(절사)으로 한다.
㉢ 최대사용자수에 상당하는 수의 벨트가 있어야 한다.

정답 | ④

11 빈출도 ★★

옥외소화전설비의 화재안전성능기준(NFPC 109)에 따라 옥외소화전 배관은 특정소방대상물의 각 부분으로부터 하나의 호스접결구까지의 수평거리가 최대 몇 [m] 이하가 되도록 설치하여야 하는가?

① 25 ② 35
③ 40 ④ 50

해설 PHASE 03 옥외소화전설비

호스접결구는 특정소방대상물의 각 부분으로부터 하나의 호스접결구까지의 수평거리가 40[m] 이하가 되도록 한다.

정답 | ③

12 빈출도 ★

난방설비가 없는 교육장소에 비치하는 소화기로 가장 적합한 것은? (단, 교육장소의 겨울 최저온도는 −15[°C] 이다.)

① 화학포소화기 ② 기계포소화기
③ 산알칼리 소화기 ④ ABC 분말소화기

해설 PHASE 01 소화기구 및 자동소화장치

겨울 최저온도가 −15[°C]이므로 사용할 수 있는 소화기는 강화액소화기 또는 분말소화기이다.

관련개념 소화기의 사용온도범위

㉠ 강화액소화기: −20[°C] 이상 40[°C] 이하
㉡ 분말소화기: −20[°C] 이상 40[°C] 이하
㉢ 그 밖의 소화기: 0[°C] 이상 40[°C] 이하
㉣ 사용온도 범위를 확대할 경우 10[°C] 단위로 한다.

정답 | ④

13 빈출도 ★★

스프링클러설비의 화재안전기술기준(NFTC 103)에 따라 연소할 우려가 있는 개구부에 드렌처설비를 설치한 경우 해당 개구부에 한하여 스프링클러 헤드를 설치하지 아니할 수 있다. 관련 기준으로 틀린 것은?

① 드렌처 헤드는 개구부 위 측에 2.5[m] 이내마다 1개를 설치할 것
② 제어밸브는 특정소방대상물 층마다에 바닥면으로부터 0.5[m] 이상 1.5[m] 이하의 위치에 설치할 것
③ 드렌처 헤드가 가장 많이 설치된 제어밸브에 설치된 드렌처헤드를 동시에 사용하는 경우에 각 헤드선단의 방수압력은 0.1[MPa] 이상이 되도록 할 것
④ 드렌처 헤드가 가장 많이 설치된 제어밸브에 설치된 드렌처헤드를 동시에 사용하는 경우에 각 헤드선단의 방수량은 80[L/min] 이상이 되도록 할 것

해설 PHASE 04 스프링클러설비

제어밸브(일제개방밸브·개폐표시형밸브 및 수동조작부)는 특정소방대상물의 층마다 바닥면으로부터 0.8[m] 이상 1.5[m] 이하의 위치에 설치한다.

관련개념 헤드의 설치제외 개구부

㉠ 드렌처 헤드는 개구부 위 측에 2.5[m] 이내마다 1개 설치한다.
㉡ 제어밸브(일제개방밸브·개폐표시형밸브 및 수동조작부)는 특정소방대상물의 층마다 바닥면으로부터 0.8[m] 이상 1.5[m] 이하의 위치에 설치한다.
㉢ 수원의 수량은 드렌처 헤드가 가장 많이 설치된 제어밸브의 드렌처헤드 설치개수에 1.6[m³]를 곱하여 얻은 수치 이상이 되도록 한다.
㉣ 드렌처설비는 드렌처 헤드가 가장 많이 설치된 제어밸브의 드렌처헤드를 동시에 사용하는 경우 각각의 헤드선단에 방수압력이 0.1[MPa] 이상, 방수량이 80[L/min] 이상이 되도록 한다.
㉤ 수원에 연결하는 가압송수장치는 점검이 쉽고 화재 등의 재해로 인한 피해우려가 없는 장소에 설치한다.

정답 | ②

14 빈출도 ★

연결살수설비의 화재안전기술기준(NFTC 503)에 따른 건축물에 설치하는 연결살수설비의 헤드에 대한 기준 중 다음 (   ) 안에 알맞은 것은?

> 천장 또는 반자의 각 부분으로부터 하나의 살수헤드까지의 수평거리가 연결살수설비 전용헤드의 경우는 (㉠)[m] 이하, 스프링클러 헤드의 경우는 (㉡)[m] 이하로 할 것. 다만, 살수헤드의 부착면과 바닥과의 높이가 (㉢)[m] 이하인 부분은 살수헤드의 살수분포에 따른 거리로 할 수 있다.

① ㉠ 3.7 ㉡ 2.3 ㉢ 2.1
② ㉠ 3.7 ㉡ 2.3 ㉢ 2.3
③ ㉠ 2.3 ㉡ 3.7 ㉢ 2.3
④ ㉠ 2.3 ㉡ 3.7 ㉢ 2.1

해설 PHASE 20 연결살수설비

전용헤드의 경우 3.7[m] 이하, 스프링클러 헤드의 경우 2.3[m] 이하로 하고, 살수헤드의 부착면과 바닥과의 높이가 2.1[m] 이하인 부분은 살수헤드의 살수분포에 따른 거리로 한다.

관련개념 연결살수설비 헤드의 설치기준

㉠ 천장 또는 반자의 실내에 면하는 부분에 설치한다.
㉡ 천장 또는 반자의 각 부분으로부터 하나의 살수헤드까지의 수평거리가 연결살수설비 전용헤드의 경우 3.7[m] 이하, 스프링클러 헤드의 경우 2.3[m] 이하로 한다.
㉢ 살수헤드의 부착면과 바닥과의 높이가 2.1[m] 이하인 부분은 살수헤드의 살수분포에 따른 거리로 할 수 있다.

정답 | ①

15 빈출도 ★★★

분말 소화설비의 화재안전성능기준(NFPC 108)에 따라 분말 소화약제의 가압용 가스용기에는 최대 몇 [MPa] 이하의 압력에서 조정이 가능한 압력조정기를 설치하여야 하는가?

① 1.5   ② 2.0
③ 2.5   ④ 3.0

해설 PHASE 12 분말 소화설비

분말 소화약제의 가압용 가스용기에는 2.5[MPa] 이하의 압력에서 조정이 가능한 압력조정기를 설치하여야 한다.

관련개념 가압용 가스용기의 설치기준

㉠ 분말 소화약제의 가스용기는 분말소화약제의 저장용기에 접속하여 설치해야 한다.
㉡ 분말 소화약제의 가압용 가스용기를 3병 이상 설치한 경우에는 2개 이상의 용기에 전자개방밸브를 부착한다.
㉢ 분말 소화약제의 가압용 가스용기에는 2.5[MPa] 이하의 압력에서 조정이 가능한 압력조정기를 설치한다.

정답 | ③

16 빈출도 ★★★

포 소화설비의 화재안전성능기준(NFPC 105) 상 차고·주차장에 설치하는 포 소화전설비의 설치기준 중 다음 (   ) 안에 알맞은 것은? (단, 1개 층의 바닥면적이 200[m²] 이하인 경우는 제외한다.)

> 특정소방대상물의 어느 층에 있어서도 그 층에 설치된 포소화전방수구(포소화전방수구가 5개 이상 설치된 경우에는 5개)를 동시에 사용할 경우 각 이동식 포노즐선단의 포수용액 방사압력이 (㉠)[MPa] 이상이고 (㉡)[L/min] 이상의 포수용액을 수평거리 15[m] 이상으로 방사할 수 있도록 할 것

① ㉠ 0.25, ㉡ 230   ② ㉠ 0.25, ㉡ 300
③ ㉠ 0.35, ㉡ 230   ④ ㉠ 0.35, ㉡ 300

해설 PHASE 08 포 소화설비

차고·주차장에 설치하는 포 소화설비는 방사압력 0.35[MPa] 이상으로 300[L/min] 이상 방사할 수 있도록 한다.

관련개념 차고·주차장에 설치하는 포 소화설비의 설치기준

㉠ 특정소방대상물의 어느 층에 있어서도 그 층에 설치된 호스릴포방수구 또는 포소화전방수구(최대 5개)를 동시에 사용할 경우 각 이동식 포노즐 선단의 포수용액 방사압력이 0.35[MPa] 이상이고 300[L/min] 이상(1개 층의 바닥면적이 200[m²] 이하인 경우 230[L/min] 이상)의 포수용액을 수평거리 15[m] 이상으로 방사할 수 있도록 한다.
㉡ 저발포의 포 소화약제를 사용할 수 있는 것으로 한다.
㉢ 호스릴 또는 호스를 호스릴포방수구 또는 포소화전방수구로 분리하여 비치하는 때에는 그로부터 3[m] 이내의 거리에 호스릴함 또는 호스함을 설치한다.
㉣ 호스릴함 또는 호스함은 바닥으로부터 높이 1.5[m] 이하의 위치에 설치하고 그 표면에는 "포호스릴함(또는 포소화전함)"이라고 표시한 표지와 적색의 위치표시등을 설치한다.
㉤ 방호대상물의 각 부분으로부터 하나의 호스릴포방수구까지의 수평거리는 15[m] 이하(포소화전방수구의 경우에는 25[m] 이하)가 되도록 하고 호스릴 또는 호스의 길이는 방호대상물의 각 부분에 포가 유효하게 뿌려질 수 있도록 한다.

정답 | ④

17 빈출도 ★★

이산화탄소 소화설비의 화재안전기술기준(NFTC 106)에 따른 이산화탄소 소화설비 기동장치의 설치기준으로 맞는 것은?

① 가스압력식 기동장치 기동용 가스용기의 용적은 3[L] 이상으로 한다.
② 수동식 기동장치는 전역방출방식에 있어서 방호대상물마다 설치한다.
③ 수동식 기동장치의 부근에는 소화약제의 방출을 지연시킬 수 있는 비상스위치를 설치해야 한다.
④ 전기식 기동장치로서 5병의 저장용기를 동시에 개방하는 설비는 2병 이상의 저장용기에 전자개방밸브를 부착해야 한다.

해설 PHASE 09 이산화탄소 소화설비

수동식 기동장치의 부근에는 소화약제의 방출을 지연시킬 수 있는 방출지연스위치를 설치한다. 방출지연스위치는 자동복귀형 스위치로 수동식 기동장치의 타이머를 순간 정지시키는 기능의 스위치를 말한다.

선지분석
① 가스압력식 기동장치는 질소나 비활성기체를 사용하는 경우 기동용 가스용기의 체적은 5[L] 이상으로 하고, 6.0[MPa](21[℃] 기준) 이상의 압력으로 충전한다.
② 수동식 기동장치는 전역방출방식은 방호구역마다, 국소방출방식은 방호대상물마다 설치한다.
④ 전기식 기동장치로서 7병 이상의 저장용기를 동시에 개방하는 설비는 2병 이상의 저장용기에 전자 개방밸브를 부착한다.

정답 | ③

18 빈출도 ★★★

물분무 소화설비의 화재안전성능기준(NFPC 104)에 따른 물분무 소화설비의 저수량에 대한 기준 중 다음 ( ) 안의 내용으로 맞는 것은?

> 절연유 봉입 변압기는 바닥부분을 제외한 표면적을 합한 면적 1[m²]에 대하여 (   )[L/min]로 20분간 방수할 수 있는 양 이상으로 할 것

① 4
② 8
③ 10
④ 12

해설 PHASE 06 물분무 소화설비

절연유 봉입 변압기는 바닥 부분을 제외한 표면적을 합한 면적 1[m²]에 대하여 10[L/min]로 20분 간 방수할 수 있는 양 이상으로 한다.

관련개념 저수량의 산정기준

㉠ 특수가연물을 저장 또는 취급하는 특정소방대상물 또는 그 부분에 있어서 그 바닥면적(최소 50[m²]) 1[m²]에 대하여 10[L/min]로 20분 간 방수할 수 있는 양 이상으로 한다.
㉡ 차고 또는 주차장은 그 바닥면적(최소 50[m²]) 1[m²]에 대하여 20[L/min]로 20분 간 방수할 수 있는 양 이상으로 한다.
㉢ 절연유 봉입 변압기는 바닥 부분을 제외한 **표면적을 합한 면적** 1[m²]에 대하여 10[L/min]로 20분 간 방수할 수 있는 양 이상으로 한다.
㉣ 케이블트레이, 케이블덕트 등은 투영된 바닥면적 1[m²]에 대하여 12[L/min]로 20분 간 방수할 수 있는 양 이상으로 한다.
㉤ 콘베이어 벨트 등은 벨트 부분의 바닥면적 1[m²]에 대하여 10[L/min]로 20분 간 방수할 수 있는 양 이상으로 한다.

정답 | ③

19 빈출도 ★

화재조기진압용 스프링클러설비의 화재안전기술기준 (NFTC 103B) 상 화재조기진압용 스프링클러설비 설치장소의 구조 기준으로 틀린 것은?

① 창고 내의 선반의 형태는 하부로 물이 침투되는 구조로 할 것
② 천장의 기울기가 1,000분의 168을 초과하지 않아야 하고, 이를 초과하는 경우에는 반자를 지면과 수평으로 설치할 것
③ 천장은 평평하여야 하며 철재나 목재트러스 구조인 경우, 철재나 목재의 돌출부분이 102[mm]를 초과하지 아니할 것
④ 해당 층의 높이가 10[m] 이하일 것. 다만, 3층 이상일 경우에는 해당 층의 바닥을 내화구조로 하고 다른 부분과 방화구획 할 것

해설 PHASE 05 기타 스프링클러설비

해당 층의 높이가 13.7[m] 이하이어야 한다.
2층 이상인 층에서는 해당 층의 바닥을 내화구조로 하고 다른 부분과 방화구획 한다.

관련개념 화재조기진압용 스프링클러설비 설치장소의 구조기준

㉠ 해당 층의 높이가 13.7[m] 이하이어야 한다.
㉡ 2층 이상인 층에서는 해당 층의 바닥을 내화구조로 하고 다른 부분과 방화구획 한다.
㉢ 천장의 기울기가 1,000분의 168을 초과하지 않고, 초과하는 경우 반자를 지면과 수평으로 설치한다.
㉣ 천장은 평평해야 하고, 철재나 목재트러스 구조인 경우 철재나 목재의 돌출 부분이 102[mm]를 초과하지 않아야 한다.
㉤ 보로 사용되는 목재·콘크리트 및 철재 사이의 간격은 0.9[m] 이상 2.3[m] 이하이어야 한다.
㉥ 보의 간격이 2.3[m] 이상인 경우 화재조기진압용 스프링클러헤드의 동작을 원활히 하기 위해 보로 구획된 부분의 천장 및 반자의 넓이가 28[m²]를 초과하지 않아야 한다.
㉦ 창고 내의 선반 등의 형태는 하부로 물이 침투되는 구조이어야 한다.

정답 | ④

20 빈출도 ★★

제연설비의 화재안전기술기준(NFTC 501) 상 유입풍도 및 배출풍도에 관한 설명으로 맞는 것은?

① 유입풍도 안의 풍속은 25[m/s] 이하로 한다.
② 배출풍도는 석면재료와 같은 내열성의 단열재로 유효한 단열 처리를 한다.
③ 배출풍도와 유입풍도의 아연도금강판 최소 두께는 0.45[mm] 이상으로 하여야 한다.
④ 배출기 흡입측 풍도 안의 풍속은 15[m/s] 이하로 하고 배출측 풍속은 20[m/s] 이하로 한다.

해설 PHASE 17 제연설비

배출기의 흡입 측 풍도 안의 풍속은 15[m/s] 이하로 하고 배출 측 풍속은 20[m/s] 이하로 한다.

선지분석
① 유입풍도 안의 풍속은 20[m/s] 이하로 하고 풍도의 강판 두께는 배출풍도의 기준에 따라 설치한다.
② 건축법에 따른 불연재료(석면 제외)인 단열재로 풍도 외부에 유효한 단열 처리를 한다.
③ 강판의 두께는 배출풍도의 크기에 따라 다음의 표에 따른 기준 이상으로 한다. 유입풍도의 강판 두께도 동일하다.

풍도 단면의 긴변 또는 직경의 크기[mm]	강판 두께[mm]
450 이하	0.5
450 초과 750 이하	0.6
750 초과 1,500 이하	0.8
1,500 초과 2,250 이하	1.0
2,250 초과	1.2

정답 | ④

3회

□ 1회독   점 | □ 2회독   점 | □ 3회독   점

01 빈출도 ★★

다음 중 스프링클러설비에서 자동경보밸브에 리타딩 챔버(retarding chamber)를 설치하는 목적으로 가장 적절한 것은?

① 자동으로 배수하기 위하여
② 압력수의 압력을 조절하기 위하여
③ 자동경보밸브의 오보를 방지하기 위하여
④ 경보를 발하기까지 시간을 단축하기 위하여

해설 PHASE 04 스프링클러설비

리타딩 챔버는 순간적인 압력변화를 완충하여 압력스위치의 작동을 방지하며 이로 인한 누수를 외부로 배출시켜 유수검지장치(자동경보밸브)의 오작동을 방지한다.

정답 | ③

02 빈출도 ★

구조대의 형식승인 및 제품검사의 기술기준 상 수직강하식 구조대의 구조 기준 중 틀린 것은?

① 구조대는 연속하여 강하할 수 있는 구조이어야 한다.
② 구조대는 안전하고 쉽게 사용할 수 있는 구조이어야 한다.
③ 입구틀 및 고정틀의 입구는 지름 40[cm] 이하의 구체가 통과할 수 있는 것이어야 한다.
④ 구조대의 포지는 외부포지와 내부포지로 구성하되, 외부포지와 내부포지의 사이에 충분한 공기층을 두어야 한다.

해설 PHASE 13 피난기구

입구틀 및 고정틀의 입구는 지름 60[cm] 이상의 구체가 통과할 수 있는 것이어야 한다.

관련개념 수직강하식 구조대의 구조 기준

㉠ 수직구조대는 안전하고 쉽게 사용할 수 있는 구조이어야 한다.
㉡ 수직구조대의 포지는 외부포지와 내부포지로 구성하고, 외부포지와 내부포지의 사이에 충분한 공기층을 둔다.
㉢ 건물내부의 별실에 설치하는 것은 외부포지를 설치하지 않을 수 있다.
㉣ 입구틀 및 고정틀의 입구는 지름 60[cm] 이상의 구체가 통과할 수 있는 것이어야 한다.
㉤ 수직구조대는 연속하여 강하할 수 있는 구조이어야 한다.
㉥ 포지는 사용 시 수직방향으로 현저하게 늘어나지 않아야 한다.
㉦ 포지, 지지틀, 고정틀, 그 밖의 부속장치 등은 견고하게 부착되어야 한다.

정답 | ③

03 빈출도 ★★★

분말 소화설비의 화재안전성능기준(NFPC 108)상 분말 소화설비의 가압용 가스로 질소가스를 사용하는 경우 질소가스는 소화약제 1[kg]마다 최소 몇 [L] 이상이어야 하는가? (단, 질소가스의 양은 35[℃]에서 1기압의 압력상태로 환산한 것이다.)

① 10
② 20
③ 30
④ 40

해설 PHASE 12 분말 소화설비

가압용 가스에 질소가스를 사용하는 경우 질소가스는 소화약제 1[kg] 마다 40[L](35[℃]에서 1기압의 압력상태로 환산한 것) 이상으로 해야 한다.

관련개념 가압용·축압용 가스의 소요량(소화약제 1[kg] 기준)

	질소	이산화탄소
가압용 가스	40[L]	20[g]+청소에 필요한 양
축압용 가스	10[L]	20[g]+청소에 필요한 양

정답 | ④

04 빈출도 ★

도로터널의 화재안전성능기준(NFPC 603) 상 옥내소화전설비 설치기준 중 괄호 안에 알맞은 것은?

> 가압송수장치는 옥내소화전 2개(4차로 이상의 터널인 경우 3개)를 동시에 사용할 경우 각 옥내소화전의 노즐선단에서의 방수압력은 (㉠)[MPa] 이상이고 방수량은 (㉡)[L/min] 이상이 되는 성능의 것으로 할 것

① ㉠ 0.1　㉡ 130
② ㉠ 0.17　㉡ 130
③ ㉠ 0.25　㉡ 350
④ ㉠ 0.35　㉡ 190

해설 PHASE 22 기타 소방기계설비

노즐선단에서의 방수압력은 0.35[MPa] 이상, 방수량은 190[L/min] 이상으로 한다.

관련개념 도로터널의 옥내소화전설비 설치기준

㉠ 소화전함과 방수구는 주행차로 우측 측벽을 따라 50[m] 이내의 간격으로 설치하고, 편도 2차선 이상의 양방향 터널이나 4차로 이상의 일방향 터널의 경우에는 양쪽 측벽에 각각 50[m] 이내의 간격으로 엇갈리게 설치한다.

㉡ 수원은 그 저수량이 옥내소화전의 설치개수 2개(4차로 이상의 터널인 경우 3개)를 동시에 40분 이상 사용할 수 있는 충분한 양 이상으로 한다.

㉢ 가압송수장치는 옥내소화전 2개(4차로 이상의 터널인 경우 3개)를 동시에 사용할 경우 각 옥내소화전의 노즐선단에서의 방수압력은 0.35[MPa] 이상이고 방수량은 190[L/min] 이상이 되도록 한다.

㉣ 하나의 옥내소화전을 사용하는 노즐선단의 방수압력이 0.7[MPa]을 초과하는 경우 호스접결구의 인입측에 감압장치를 설치한다.

㉤ 전동기 또는 내연기관에 의한 펌프를 이용하는 가압송수장치는 주펌프와 동등 이상의 성능이 있는 별도의 펌프로서 내연기관의 기동과 연동하여 작동되거나 비상전원을 연결한 예비펌프를 추가로 설치한다.

㉥ 방수구는 40[mm] 구경의 단구형을 옥내소화전이 설치된 벽면의 바닥면으로부터 1.5[m] 이하의 쉽게 사용 가능한 높이에 설치할 것

㉦ 소화전함에는 옥내소화전 방수구 1개, 15[m] 이상의 소방호스 3본 이상 및 방수노즐을 비치한다.

㉧ 옥내소화전설비의 비상전원은 옥내소화전설비를 유효하게 40분 이상 작동할 수 있어야 한다.

정답 | ④

05 빈출도 ★★

물분무 소화설비의 화재안전기술기준(NFTC 104)상 110[kV] 초과 154[kV] 이하의 고압 전기기기와 물분무헤드 사이의 이격거리는 최소 몇 [cm] 이상이어야 하는가?

① 110
② 150
③ 180
④ 210

해설 PHASE 06 물분무 소화설비

고압 전기기기와 물분무헤드 사이의 이격거리는 110[kV] 초과 154[kV] 이하인 경우 150[cm] 이상으로 한다.

관련개념 물분무 헤드의 설치기준

㉠ 물분무 헤드는 표준방사량으로 해당 방호대상물의 화재를 유효하게 소화하는데 필요한 수를 적정한 위치에 설치한다.
㉡ 고압의 전기기기가 있는 장소는 전기의 절연을 위하여 전기기기와 물분무 헤드 사이에 다음의 표에 따른 거리를 둔다.

전압[kV]	거리[cm]
66 이하	70 이상
66 초과 77 이하	80 이상
77 초과 110 이하	110 이상
110 초과 154 이하	150 이상
154 초과 181 이하	180 이상
181 초과 220 이하	210 이상
220 초과 275 이하	260 이상

정답 | ②

06 빈출도 ★★

분말 소화설비의 화재안전성능기준(NFPC 108)상 분말 소화설비의 배관으로 동관을 사용하는 경우에는 최고사용압력의 최소 몇 배 이상의 압력에 견딜 수 있는 것을 사용하여야 하는가?

① 1
② 1.5
③ 2
④ 2.5

해설 PHASE 12 분말 소화설비

동관을 사용하는 경우의 배관은 고정압력 또는 최고사용압력의 1.5배 이상의 압력에 견딜 수 있는 것을 사용한다.

관련개념 분말 소화설비 배관의 설치기준

㉠ 배관은 전용으로 한다.
㉡ 강관을 사용하는 경우의 배관은 아연도금에 따른 배관용 탄소강관(KS D 3507)이나 이와 동등 이상의 강도·내식성 및 내열성을 가진 것으로 한다.
㉢ 축압식 분말 소화설비에 사용하는 것 중 20[℃]에서 압력이 2.5[MPa] 이상 4.2[MPa] 이하인 것은 압력배관용 탄소강관(KS D 3562) 중 이음이 없는 스케줄 40 이상의 것 또는 이와 동등 이상의 강도를 가진 것으로서 아연도금으로 방식 처리된 것을 사용한다.
㉣ 동관을 사용하는 경우의 배관은 고정압력 또는 최고사용압력의 1.5배 이상의 압력에 견딜 수 있는 것을 사용한다.
㉤ 밸브류는 개폐위치 또는 개폐방향을 표시한 것으로 한다.
㉥ 배관의 관부속 및 밸브류는 배관과 동등 이상의 강도 및 내식성이 있는 것으로 한다.
㉦ 확관형 분기배관을 사용할 경우에는 소방청장이 정하여 고시한 기준에 적합한 것으로 설치한다.

정답 | ②

07 빈출도 ★

소화기의 형식승인 및 제품검사의 기술기준 상 A급 화재용 소화기의 능력단위 산정을 위한 소화능력시험의 내용으로 틀린 것은?

① 모형 배열 시 모형 간의 간격은 3[m] 이상으로 한다.
② 소화는 최초의 모형에 불을 붙인 다음 1분 후에 시작한다.
③ 소화는 무풍상태(풍속 0.5[m/s] 이하)와 사용상태에서 실시한다.
④ 소화약제의 방사가 완료된 때 잔염이 없어야 하며, 방사완료 후 2분 이내에 다시 불타지 아니한 경우 그 모형은 완전히 소화된 것으로 본다.

해설 PHASE 01 소화기구 및 자동소화장치

소화는 최초의 모형에 불을 붙인 다음 3분 후에 시작하고, 불을 붙인 순으로 한다.

정답 | ②

08 빈출도 ★★★

상수도 소화용수설비의 화재안전성능기준(NFPC 401)상 소화전은 특정소방대상물의 수평투영면의 각 부분으로부터 몇 [m] 이하가 되도록 설치하여야 하는가?

① 70   ② 100
③ 140 ④ 200

해설 PHASE 15 상수도 소화용수설비

소화전은 특정소방대상물의 수평투영면의 각 부분으로부터 140[m] 이하가 되도록 설치한다.

관련개념 상수도 소화용수설비 설치기준

㉠ 호칭지름 75[mm] 이상의 수도배관에 호칭지름 100[mm] 이상의 소화전을 접속한다.
㉡ 소화전은 소방자동차 등의 진입이 쉬운 도로변 또는 공지에 설치한다.
㉢ 소화전은 특정소방대상물의 수평투영면의 각 부분으로부터 140[m] 이하가 되도록 설치한다.

정답 | ③

09 빈출도 ★★★

지하구의 화재안전성능기준(NFPC 605) 상 연소방지설비 송수구의 설치기준으로 옳은 것은?

① 송수구는 구경 65[mm]의 쌍구형으로 할 것
② 지면으로부터 높이가 0.5[m] 이상 1.5[m] 이하의 위치에 설치할 것
③ 송수구의 가까운 부분에 수동배수밸브를 설치할 것
④ 송수구로부터 주배관에 이르는 연결배관에는 개폐밸브를 설치할 것

해설 PHASE 21 지하구

송수구는 구경 65[mm]의 쌍구형으로 한다.

선지분석

② 지면으로부터 높이가 0.5[m] 이상 1[m] 이하의 위치에 설치한다.
③ 송수구의 가까운 부분에 자동배수밸브(또는 직경 5[mm]의 배수공)를 설치한다.
④ 송수구로부터 주배관에 이르는 연결배관에는 개폐밸브를 설치하지 않는다.

정답 | ①

10 빈출도 ★★★

포 소화설비의 화재안전성능기준(NFPC 105) 상 포헤드의 설치기준 중 다음 괄호 안에 알맞은 것은?

> 압축공기포 소화설비의 분사헤드는 천장 또는 반자에 설치하되 방호대상물에 따라 측벽에 설치할 수 있으며 유류탱크 주위에는 바닥면적 (㉠)[m²]마다 1개 이상, 특수가연물 저장소에는 바닥면적 (㉡)[m²]마다 1개 이상으로 당해 방호대상물의 화재를 유효하게 소화할 수 있도록 할 것

① ㉠ 8   ㉡ 9
② ㉠ 9   ㉡ 8
③ ㉠ 9.3 ㉡ 13.9
④ ㉠ 13.9 ㉡ 9.3

해설 PHASE 08 포 소화설비

압축공기포 소화설비의 분사헤드는 유류탱크 주위에 바닥면적 13.9[m²]마다 1개 이상, 특수가연물 저장소에는 바닥면적 9.3[m²]마다 1개 이상 설치한다.

정답 | ④

11 빈출도 ★★

제연설비의 화재안전성능기준(NFPC 501) 상 배출구 설치 시 예상제연구역의 각 부분으로부터 하나의 배출구까지의 수평거리는 최대 몇 [m] 이내가 되어야 하는가?

① 5
② 10
③ 15
④ 20

해설 PHASE 17 제연설비

예상제연구역의 각 부분으로부터 하나의 배출구까지의 수평거리는 10[m] 이내로 한다.

관련개념 배출구의 설치기준

㉠ 예상제연구역(통로 제외)의 바닥면적이 400[m²] 미만인 경우
 – 벽으로 구획되어 있는 경우 배출구는 천장 또는 반자와 바닥 사이의 중간 윗부분에 설치한다.
 – 어느 한 부분이 제연경계로 구획되어 있는 경우 천장·반자 또는 이에 가까운 벽의 부분에 설치한다.
 – 배출구를 벽에 설치하는 경우 배출구의 하단이 해당 예상제연구역에서 제연경계의 폭이 가장 짧은 제연경계의 하단보다 높이 되도록 한다.
㉡ 통로인 예상제연구역과 바닥면적이 400[m²] 이상인 경우
 – 벽으로 구획되어 있는 경우 배출구는 천장·반자 또는 이에 가까운 벽의 부분에 설치한다.
 – 배출구를 벽에 설치하는 경우 배출구의 하단과 바닥 간의 최단거리를 2[m] 이상으로 한다.
 – 어느 한 부분이 제연경계로 구획되어 있는 경우 천장·반자 또는 이에 가까운 벽의 부분에 설치한다.
 – 배출구를 벽 또는 제연경계에 설치하는 경우 배출구의 하단이 해당 예상제연구역에서 제연경계의 폭이 가장 짧은 제연경계의 하단보다 높이 되도록 한다.
㉢ 예상제연구역의 각 부분으로부터 하나의 배출구까지의 수평거리는 10[m] 이내로 한다.

정답 | ②

12 빈출도 ★★★

스프링클러설비의 화재안전성능기준(NFPC 103) 상 스프링클러 헤드를 설치하는 천장·반자·천장과 반자 사이·덕트·선반 등의 각 부분으로부터 하나의 스프링클러 헤드까지의 수평거리 기준으로 틀린 것은? (단, 성능이 별도로 인정된 스프링클러 헤드를 수리계산에 따라 설치하는 경우는 제외한다.)

① 무대부에 있어서는 1.7[m] 이하
② 공동주택(아파트) 세대 내의 거실에 있어서는 2.6[m] 이하
③ 특수가연물을 저장 또는 취급하는 장소에 있어서는 2.1[m] 이하
④ 특수가연물을 저장 또는 취급하는 랙식 창고의 경우에는 1.7[m] 이하

해설 PHASE 04 스프링클러설비

특수가연물을 저장 또는 취급하는 장소에서 천장·반자·천장과 반자 사이·덕트·선반 등의 각 부분으로부터 하나의 스프링클러 헤드까지의 수평거리는 1.7[m] 이하가 되도록 한다.

관련개념 헤드의 방사범위

천장·반자·천장과 반자 사이·덕트·선반 등의 각 부분으로부터 하나의 스프링클러 헤드까지의 수평거리는 다음의 표에 따른 거리 이하가 되도록 한다.

소방대상물	수평거리
무대부·특수가연물을 저장 또는 취급하는 장소	1.7[m]
비내화구조 특정소방대상물	2.1[m]
내화구조 특정소방대상물	2.3[m]
아파트 세대 내	2.6[m]

정답 | ③

13 빈출도 ★★

이산화탄소 소화설비의 화재안전성능기준(NFPC 106) 상 전역방출방식 이산화탄소 소화설비의 분사헤드 방사압력은 저압식인 경우 최소 몇 [MPa] 이상이어야 하는가?

① 0.5
② 1.05
③ 1.4
④ 2.0

해설 PHASE 09 이산화탄소 소화설비

분사헤드의 방출압력은 2.1[MPa](저압식은 1.05[MPa]) 이상으로 한다.

관련개념 전역방출방식의 분사헤드

㉠ 방출된 소화약제가 방호구역의 전역에 균일하고 신속하게 확산할 수 있도록 한다.
㉡ 분사헤드의 방출압력은 2.1[MPa](저압식은 1.05[MPa]) 이상으로 한다.
㉢ 기준저장량의 소화약제를 다음의 표에 따른 시간 이내에 방출할 수 있는 것으로 한다.

방호대상물	소화약제의 방출시간
표면화재 (가연성 액체, 가연성 가스)	1분
심부화재 (종이, 목재, 석탄, 섬유류, 합성수지류)	7분

정답 | ②

14 빈출도 ★

완강기의 형식승인 및 제품검사의 기술기준 상 완강기 및 간이완강기의 구성으로 적합한 것은?

① 속도조절기, 속도조절기의 연결부, 하부지지장치, 연결금속구, 벨트
② 속도조절기, 속도조절기의 연결부, 로프, 연결금속구, 벨트
③ 속도조절기, 가로봉 및 세로봉, 로프, 연결금속구, 벨트
④ 속도조절기, 가로봉 및 세로봉, 로프, 하부지지장치, 벨트

해설 PHASE 13 피난기구

완강기 및 간이완강기는 속도조절기·속도조절기의 연결부·로프·연결금속구 및 벨트로 구성한다.

관련개념 완강기 및 간이완강기의 구조 및 성능

㉠ 속도조절기·속도조절기의 연결부·로프·연결금속구 및 벨트로 구성한다.
㉡ 강하 시 사용자를 심하게 선회시키지 않아야 한다.
㉢ 기능에 이상이 생길 수 있는 모래나 기타의 이물질이 쉽게 들어가지 않도록 견고한 덮개로 덮어져 있어야 한다.
㉣ 부품 및 덮개를 나사로 체결할 경우 풀림방지조치를 해야 한다.

정답 | ②

15 빈출도 ★★★

스프링클러설비의 화재안전성능기준(NFPC 103) 상 스프링클러설비의 교차배관에서 분기되는 지점을 기점으로 한쪽 가지배관에 설치되는 헤드의 개수는 최대 몇 개 이하인가? (단, 방호구역 안에서 칸막이 등으로 구획하여 헤드를 증설하는 경우와 격자형 배관방식을 채택하는 경우는 제외한다.)

① 8 ② 10
③ 12 ④ 15

해설 PHASE 04 스프링클러설비

교차배관에서 분기되는 지점을 기점으로 한 쪽 가지배관에 설치되는 헤드의 개수는 8개 이하로 한다.

관련개념 가지배관의 설치기준

가지배관의 배열은 다음의 기준에 따라 설치한다.
㉠ 토너먼트 배관방식이 아니어야 한다.
㉡ 교차배관에서 분기되는 지점을 기점으로 한 쪽 가지배관에 설치되는 헤드의 개수는 8개 이하로 한다.
㉢ 가지배관과 헤드 사이의 배관을 신축배관으로 하는 경우 소방청장이 정하여 고시한 기준에 적합한 것으로 설치한다.

정답 | ①

16 빈출도 ★★

제연설비의 화재안전성능기준(NFPC 501) 상 제연설비의 설치장소 기준 중 하나의 제연구역의 면적은 최대 몇 [m²] 이내로 하여야 하는가?

① 700 ② 1,000
③ 1,300 ④ 1,500

해설 PHASE 17 제연설비

하나의 제연구역의 면적은 1,000[m²] 이내로 한다.

관련개념 제연구역의 구획기준

㉠ 하나의 제연구역의 면적은 1,000[m²] 이내로 한다.
㉡ 거실과 통로(복도 포함)는 각각 제연구획 한다.
㉢ 통로상의 제연구역은 보행중심선의 길이가 60[m]를 초과하지 않는다.
㉣ 하나의 제연구역은 직경 60[m] 원 내에 들어갈 수 있어야 한다.
㉤ 하나의 제연구역은 2 이상의 층에 미치지 않도록 한다.
㉥ 층의 구분이 불분명한 부분은 그 부분을 다른 부분과 별도로 제연구획 한다.

정답 | ②

17 빈출도 ★★

옥내소화전설비의 화재안전성능기준(NFPC 102) 상 배관의 설치기준 중 다음 괄호 안에 알맞은 것은?

> 연결송수관설비의 배관과 겸용할 경우의 주배관은 구경 (㉠)[mm] 이상, 방수구로 연결되는 배관의 구경은 (㉡)[mm] 이상의 것으로 하여야 한다.

① ㉠ 80 ㉡ 65
② ㉠ 80 ㉡ 50
③ ㉠ 100 ㉡ 65
④ ㉠ 125 ㉡ 80

해설 PHASE 02 옥내소화전설비

연결송수관설비의 배관과 겸용할 경우 주배관의 구경은 100[mm] 이상으로 한다.
연결송수관설비의 배관과 겸용할 경우 방수구로 연결되는 배관의 구경은 65[mm] 이상으로 한다.

정답 | ③

18 빈출도 ★★★

이산화탄소 소화설비의 화재안전기술기준(NFTC 106) 상 저압식 이산화탄소 소화약제 저장용기에 설치하는 안전밸브의 작동압력은 내압시험압력의 몇 배에서 작동해야 하는가?

① 0.24 ~ 0.4
② 0.44 ~ 0.6
③ 0.64 ~ 0.8
④ 0.84 ~ 1

해설 PHASE 09 이산화탄소 소화설비

저압식 저장용기에는 내압시험압력의 0.64배 이상 0.8배 이하의 압력에서 작동하는 안전밸브를 설치한다.

관련개념 저장용기의 설치기준

㉠ 저장용기의 충전비는 고압식은 1.5 이상 1.9 이하, 저압식은 1.1 이상 1.4 이하로 한다.
㉡ 저압식 저장용기에는 내압시험압력의 0.64배 이상 0.8배 이하의 압력에서 작동하는 안전밸브를 설치한다.
㉢ 저압식 저장용기에는 내압시험압력의 0.8배 이상 1배 이하의 압력에서 작동하는 봉판을 설치한다.
㉣ 저압식 저장용기에는 액면계 및 압력계와 2.3[MPa] 이상 1.9[MPa] 이하의 압력에서 작동하는 압력경보장치를 설치한다.
㉤ 저압식 저장용기에는 용기 내부의 온도가 −18[℃] 이하에서 2.1[MPa]의 압력을 유지할 수 있는 자동냉동장치를 설치한다.
㉥ 고압식 저장용기는 25[MPa] 이상, 저압식 저장용기는 3.5[MPa] 이상의 내압시험압력에 합격한 것으로 한다.
㉦ 저장용기의 개방밸브는 전기식·가스압력식 또는 기계식에 따라 자동으로 개방되고 수동으로도 개방되는 것으로서 안전장치가 부착된 것으로 한다.
㉧ 저장용기와 선택밸브 또는 개폐밸브 사이에는 배관의 최소사용설계압력과 최대허용압력 사이의 압력에서 작동하는 안전장치를 설치한다.

정답 | ③

19 빈출도 ★★★

소화기구 및 자동소화장치의 화재안전기술기준(NFTC 101) 상 노유자시설은 당해 용도의 바닥면적 얼마마다 능력단위 1단위 이상의 소화기구를 비치해야 하는가?

① 바닥면적 30$[m^2]$ 마다
② 바닥면적 50$[m^2]$ 마다
③ 바닥면적 100$[m^2]$ 마다
④ 바닥면적 200$[m^2]$ 마다

해설 PHASE 01 소화기구 및 자동소화장치

노유자시설에 소화기구를 설치할 경우 바닥면적 100$[m^2]$마다 능력단위 1단위 이상으로 한다.

관련개념 소화기구의 특정소방대상물별 능력단위

특정소방대상물	소화기구의 능력단위
1. 위락시설	해당 용도의 바닥면적 30$[m^2]$ 마다 능력단위 1단위 이상
2. 공연장·집회장·관람장·문화재·장례식장 및 의료시설	해당 용도의 바닥면적 50$[m^2]$ 마다 능력단위 1단위 이상
3. 근린생활시설·판매시설·운수시설·숙박시설·노유자시설·전시장·공동주택·업무시설·방송통신시설·공장·창고시설·항공기 및 자동차 관련 시설 및 관광휴게시설	해당 용도의 바닥면적 100$[m^2]$ 마다 능력단위 1단위 이상
4. 그 밖의 것	해당 용도의 바닥면적 200$[m^2]$ 마다 능력단위 1단위 이상

소화기구의 능력단위를 산출할 때 건축물의 주요구조부가 내화구조이고, 벽 및 반자의 실내에 면하는 부분이 불연재료·준불연재료 또는 난연재료로 된 특정소방대상물의 경우 위 기준의 2배를 기준면적으로 한다.

정답 | ③

20 빈출도 ★★★

포 소화설비의 화재안전성능기준(NFPC 105) 상 전역방출방식 고발포용 고정포 방출구의 설치기준으로 옳은 것은? (단, 해당 방호구역에서 외부로 새는 양 이상의 포 수용액을 유효하게 추가하여 방출하는 설비가 있는 경우는 제외한다.)

① 개구부에 자동폐쇄장치를 설치할 것
② 바닥면적 600$[m^2]$ 마다 1개 이상으로 할 것
③ 방호대상물의 최고부분보다 낮은 위치에 설치할 것
④ 특정소방대상물 및 포의 팽창비에 따른 종별에 관계없이 해당 방호구역의 관포체적 1$[m^3]$에 대한 1분당 포수용액 방출량은 1$[L]$ 이상으로 할 것

해설 PHASE 08 포 소화설비

전역방출방식의 고발포용 고정포 방출구에는 개구부에 자동폐쇄장치를 설치해야 한다.

선지분석
② 고정포 방출구는 바닥면적 500$[m^2]$마다 1개 이상으로 하여 방호대상물의 화재를 유효하게 소화할 수 있도록 한다.
③ 고정포 방출구는 방호대상물의 최고부분보다 높은 위치에 설치한다. 밀어올리는 능력을 가진 것은 방호대상물과 같은 높이로 할 수 있다.
④ 고정포 방출구는 특정소방대상물 및 포의 팽창비에 따른 종별에 따라 해당 방호구역의 관포체적 1$[m^3]$에 대하여 1분 당 방출량을 기준량 이상이 되도록 한다.

정답 | ①

4회

01 빈출도 ★★★

상수도 소화용수설비의 화재안전성능기준(NFPC 401)에 따라 호칭지름 75[mm] 이상의 수도배관에 호칭지름 100[mm] 이상의 소화전을 접속한 경우 상수도 소화용수설비 소화전의 설치 기준으로 맞는 것은?

① 특정소방대상물의 수평투영면의 각 부분으로부터 80[m] 이하가 되도록 설치할 것
② 특정소방대상물의 수평투영면의 각 부분으로부터 100[m] 이하가 되도록 설치할 것
③ 특정소방대상물의 수평투영면의 각 부분으로부터 120[m] 이하가 되도록 설치할 것
④ 특정소방대상물의 수평투영면의 각 부분으로부터 140[m] 이하가 되도록 설치할 것

해설 PHASE 15 상수도 소화용수설비

소화전은 특정소방대상물의 수평투영면의 각 부분으로부터 140[m] 이하가 되도록 설치한다.

관련개념 상수도 소화용수설비 설치기준

㉠ 호칭지름 75[mm] 이상의 수도배관에 호칭지름 100[mm] 이상의 소화전을 접속한다.
㉡ 소화전은 소방자동차 등의 진입이 쉬운 도로변 또는 공지에 설치한다.
㉢ 소화전은 특정소방대상물의 수평투영면의 각 부분으로부터 140[m] 이하가 되도록 설치한다.

정답 | ④

02 빈출도 ★★

분말 소화설비의 화재안전성능기준(NFPC 108)에 따른 분말 소화설비의 배관과 선택밸브의 설치기준에 대한 내용으로 틀린 것은?

① 배관은 겸용으로 설치할 것
② 선택밸브는 방호구역 또는 방호대상물마다 설치할 것
③ 동관은 고정압력 또는 최고사용압력의 1.5배 이상의 압력에 견딜 수 있는 것을 사용할 것
④ 강관은 아연도금에 따른 배관용 탄소강관이나 이와 동등 이상의 강도·내식성 및 내열성을 가진 것을 사용할 것

해설 PHASE 12 분말 소화설비

배관은 전용으로 한다.

관련개념 분말 소화설비 배관의 설치기준

㉠ 배관은 전용으로 한다.
㉡ 강관을 사용하는 경우의 배관은 아연도금에 따른 배관용 탄소강관(KS D 3507)이나 이와 동등 이상의 강도·내식성 및 내열성을 가진 것으로 한다.
㉢ 축압식 분말소화설비에 사용하는 것 중 20[℃]에서 압력이 2.5[MPa] 이상 4.2[MPa] 이하인 것은 압력배관용 탄소강관(KS D 3562) 중 이음이 없는 스케줄 40 이상의 것 또는 이와 동등 이상의 강도를 가진 것으로서 아연도금으로 방식 처리된 것을 사용한다.
㉣ 동관을 사용하는 경우의 배관은 고정압력 또는 최고사용압력의 1.5배 이상의 압력에 견딜 수 있는 것을 사용한다.
㉤ 밸브류는 개폐위치 또는 개폐방향을 표시한 것으로 한다.
㉥ 배관의 관부속 및 밸브류는 배관과 동등 이상의 강도 및 내식성이 있는 것으로 한다.
㉦ 확관형 분기배관을 사용할 경우에는 소방청장이 정하여 고시한 기준에 적합한 것으로 설치한다.

정답 | ①

03 빈출도 ★★★

피난기구의 화재안전기술기준(NFTC 301)에 따라 숙박시설·노유자시설 및 의료시설로 사용되는 층에 있어서는 그 층의 바닥면적이 몇 [m²] 마다 피난기구를 1개 이상 설치해야하는가?

① 300
② 500
③ 800
④ 1,000

해설 PHASE 13 피난기구

숙박시설·노유자시설 및 의료시설로 사용되는 층에는 그 층의 바닥면적 500[m²]마다 1개 이상 설치한다.

관련개념 피난기구의 설치개수

㉠ 층마다 설치한다.
㉡ 숙박시설·노유자시설 및 의료시설로 사용되는 층에는 그 층의 바닥면적 500[m²]마다 1개 이상 설치한다.
㉢ 위락시설·문화집회 및 운동시설·판매시설로 사용되는 층 또는 복합용도의 층에는 그 층의 바닥면적 800[m²]마다 1개 이상 설치한다.
㉣ 계단실형 아파트에는 각 세대마다 1개 이상 설치한다.
㉤ 그 밖의 용도의 층에는 그 층의 바닥면적 1,000[m²]마다 1개 이상 설치한다.
㉥ 숙박시설(휴양콘도미니엄 제외)의 경우 객실마다 완강기 또는 2 이상의 간이완강기를 추가로 설치한다.
㉦ 4층 이상의 층에 설치된 노유자시설 중 장애인 관련 시설로서 주된 사용자 중 스스로 피난이 불가한 사람이 있는 경우 층마다 구조대를 1개 이상 추가로 설치한다.

정답 | ②

04 빈출도 ★

다음 설명은 미분무 소화설비의 화재안전성능기준(NFPC 104A)에 따른 미분무 소화설비 기동장치의 화재감지기 회로에서 발신기 설치기준이다. ( ) 안에 알맞은 내용은? (단, 자동화재탐지설비의 발신기가 설치된 경우는 제외한다.)

- 조작이 쉬운 장소에 설치하고, 스위치는 바닥으로부터 0.8[m] 이상 (㉠)[m] 이하의 높이에 설치할 것
- 소방대상물의 층마다 설치하되, 당해 소방대상물의 각 부분으로부터 하나의 발신기까지의 수평거리가 (㉡)[m] 이하가 되도록 할 것
- 발신기의 위치를 표시하는 표시등은 함의 상부에 설치하되, 그 불빛은 부착면으로부터 15° 이상의 범위안에서 부착지점으로부터 (㉢)[m] 이내의 어느 곳에서도 쉽게 식별할 수 있는 적색등으로 할 것

① ㉠ 1.5 ㉡ 20 ㉢ 10
② ㉠ 1.5 ㉡ 25 ㉢ 10
③ ㉠ 2.0 ㉡ 20 ㉢ 15
④ ㉠ 2.0 ㉡ 25 ㉢ 15

해설 PHASE 07 미분무 소화설비

관련개념 발신기의 설치기준

㉠ 조작이 쉬운 장소에 설치한다.
㉡ 스위치는 바닥으로부터 0.8[m] 이상 1.5[m] 이하의 높이에 설치한다.
㉢ 소방대상물의 층마다 설치하고 해당 소방대상물의 각 부분으로부터 수평거리가 25[m] 이하가 되도록 한다.
㉣ 복도 또는 별도로 구획된 실로서 보행거리가 40[m] 이상일 경우에는 추가로 설치한다.
㉤ 발신기의 위치를 표시하는 표시등은 함의 상부에 설치하고 그 불빛은 부착면으로부터 15° 이상의 범위 안에서 부착지점으로부터 10[m] 이내의 어느 곳에서도 쉽게 식별할 수 있는 적색등으로 한다.

정답 | ②

05 빈출도 ★★

옥외소화전설비의 화재안전성능기준(NFPC 109)상 하나의 옥외소화전을 사용하는 노즐선단에서 방수압력에 몇 [MPa]을 초과할 경우 호스접결구의 인입측에 감압장치를 설치하여야 하는가?

① 0.5   ② 0.6
③ 0.7   ④ 0.8

해설 PHASE 03 옥외소화전설비

하나의 옥외소화전을 사용하는 노즐선단에서의 방수압력이 0.7[MPa]을 초과하는 경우에는 호스접결구의 인입 측에 감압장치를 설치한다.

정답 | ③

06 빈출도 ★★

할로겐화합물 및 불활성기체 소화설비의 화재안전기술기준(NFTC 107A)에 따른 할로겐화합물 및 불활성기체 소화설비의 수동식 기동장치의 설치기준에 대한 설명으로 틀린 것은?

① 5[kg] 이상의 힘을 가하여 기동할 수 있는 구조로 할 것
② 전기를 사용하는 기동장치에는 전원표시등을 설치할 것
③ 기동장치의 방출용 스위치는 음향경보장치와 연동하여 조작될 수 있는 것으로 할 것
④ 해당 방호구역의 출입구 부근 등 조작을 하는 자가 쉽게 피난할 수 있는 장소에 설치할 것

해설 PHASE 11 할로겐화합물 및 불활성기체 소화설비

50[N] 이하의 힘을 가하여 기동할 수 있는 구조로 한다.

관련개념 수동식 기동장치의 설치기준

㉠ 수동식 기동장치의 부근에는 소화약제의 방출을 지연시킬 수 있는 방출지연스위치를 설치한다. 방출지연스위치는 자동복귀형 스위치로 수동식 기동장치의 타이머를 순간 정지시키는 기능의 스위치를 말한다.
㉡ 방호구역마다 설치한다.
㉢ 해당 방호구역의 출입구 부근 등 조작을 하는 자가 쉽게 피난할 수 있는 장소에 설치한다.
㉣ 기동장치의 조작부는 바닥으로부터 0.8[m] 이상 1.5[m] 이하의 위치에 설치하고, 보호판 등에 따른 보호장치를 설치한다.
㉤ 기동장치 인근의 보기 쉬운 곳에 "할로겐화합물 및 불활성기체소화설비 수동식 기동장치"라는 표지를 한다.
㉥ 전기를 사용하는 기동장치에는 전원표시등을 설치한다.
㉦ 기동장치의 방출용 스위치는 음향경보장치와 연동하여 조작될 수 있는 것으로 한다.
㉧ 50[N] 이하의 힘을 가하여 기동할 수 있는 구조로 한다.

정답 | ①

07 빈출도 ★★★

지하구의 화재안전성능기준(NFPC 605)에 따라 연소방지설비의 살수구역은 환기구 등을 기준으로 최대 몇 [m] 이내마다 살수구역을 설정하여야 하는가?

① 150
② 350
③ 700
④ 1,000

해설 PHASE 21 지하구

환기구 사이의 간격이 700[m]를 초과하는 경우 700[m] 이내마다 살수구역을 설정한다.

관련개념 연소방지설비 헤드의 설치기준

㉠ 천장 또는 벽면에 설치한다.
㉡ 헤드 간의 수평거리는 연소방지설비 전용헤드의 경우 2[m] 이하, 개방형 스프링클러 헤드의 경우 1.5[m] 이하로 한다.
㉢ 소방대원의 출입이 가능한 환기구·작업구마다 지하구의 양쪽 방향으로 살수헤드를 설치하고, 한쪽 방향의 살수구역의 길이는 3[m] 이상으로 한다.
㉣ 환기구 사이의 간격이 700[m]를 초과하는 경우 700[m] 이내마다 살수구역을 설정한다. 지하구의 구조를 고려하여 방화벽을 설치한 경우 그렇지 않다.

정답 | ③

08 빈출도 ★★

구조대의 형식승인 및 제품검사의 기술기준에 따른 경사강하식 구조대의 구조에 대한 설명으로 틀린 것은?

① 구조대 본체는 강하방향으로 봉합부가 설치되어야 한다.
② 연속하여 활강할 수 있는 구조로 안전하고 쉽게 사용할 수 있어야 한다.
③ 땅에 닿을 때 충격을 받는 부분에는 완충장치로서 받침포 등을 부착하여야 한다.
④ 입구틀 및 취부틀의 입구는 지름 60[cm] 이상의 구체가 통과할 수 있어야 한다.

해설 PHASE 13 피난기구

경사구조대 본체는 강하방향으로 봉합부가 설치되지 않아야 한다.

관련개념 경사강하식 구조대의 구조 기준

㉠ 연속하여 활강할 수 있는 구조로 안전하고 쉽게 사용할 수 있어야 한다.
㉡ 입구틀 및 고정틀의 입구는 지름 60[cm] 이상의 구체가 통과할 수 있어야 한다.
㉢ 경사구조대 본체는 강하방향으로 봉합부가 설치되지 않아야 한다.
㉣ 본체의 포지는 하부지지장치에 인장력이 균등하게 걸리도록 부착하여야 하며 하부지지장치는 쉽게 조작할 수 있어야 한다.
㉤ 땅에 닿을 때 충격을 받는 부분에는 완충장치로서 받침포 등을 부착하여야 한다.

정답 | ①

09 빈출도 ★★★

스프링클러설비의 화재안전기술기준(NFTC 103)에 따른 습식 유수검지장치를 사용하는 스프링클러설비 시험장치의 설치기준에 대한 설명으로 틀린 것은?

① 유수검지장치에서 가장 가까운 가지배관의 끝으로부터 연결하여 설치해야 한다.
② 시험배관의 끝에는 물받이 통 및 배수관을 설치하여 시험 중 방사된 물이 바닥에 흘러내리지 않도록 해야 한다.
③ 화장실과 같은 배수처리가 쉬운 장소에 시험배관을 설치한 경우에는 물받이 통 및 배수관을 생략할 수 있다.
④ 시험장치 배관의 구경은 25[mm] 이상으로 하고, 그 끝에 개폐밸브 및 개방형 헤드 또는 스프링클러 헤드와 동등항 방수성능을 가진 오리피스를 설치해야 한다.

해설 PHASE 04 스프링클러설비

시험장치는 습식 스프링클러설비의 경우 유수검지장치 2차 측 배관에 연결하여 설치한다.

관련개념 시험장치의 설치기준

㉠ 습식 스프링클러설비 및 부압식 스프링클러설비에는 유수검지장치 2차 측 배관에 연결하여 설치하고 건식 스프링클러설비인 경우 유수검지장치에서 가장 먼 거리에 위치한 가지배관의 끝으로부터 연결하여 설치한다.
㉡ 건식 스프링클러설비의 시험장치 중 유수검지장치 2차 측 설비의 내용적이 2,840[L]를 초과하는 경우 개폐밸브를 완전 개방 후 1분 이내에 물이 방사되어야 한다.
㉢ 시험장치 배관의 구경은 25[mm] 이상으로 하고, 그 끝에 개폐밸브 및 개방형 헤드 또는 스프링클러 헤드와 동등한 방수성능을 가진 오리피스를 설치한다. 개방형 헤드는 반사판 및 프레임을 제거한 오리피스만으로 설치할 수 있다.
㉣ 시험배관의 끝에는 물받이 통 및 배수관을 설치하여 시험 중 방사된 물이 바닥에 흘러내리지 않도록 한다. 목욕실·화장실 등 배수처리가 쉬운 장소에 시험배관을 설치한 경우 제외할 수 있다.

정답 | ①

10 빈출도 ★

화재조기진압용 스프링클러설비 가지배관 사이의 거리 기준으로 옳은 것은?

① 2.4[m] 이상 3.1[m] 이하
② 2.4[m] 이상 3.7[m] 이하
③ 6.0[m] 이상 8.5[m] 이하
④ 6.0[m] 이상 9.3[m] 이하

해설 PHASE 05 기타 스프링클러설비

가지배관 사이의 거리는 2.4[m] 이상 3.7[m] 이하로 한다.

관련개념 가지배관의 설치기준

㉠ 토너먼트 배관방식이 아니어야 한다.
㉡ 가지배관 사이의 거리는 2.4[m] 이상 3.7[m] 이하로 한다.
㉢ 천장의 높이가 9.1[m] 이상 13.7[m] 이하인 경우 가지배관 사이의 거리는 2.4[m] 이상 3.1[m] 이하로 한다.
㉣ 교차배관에서 분기되는 지점을 기점으로 한 쪽 가지배관에 설치되는 헤드의 개수는 8개 이하로 한다.
㉤ 가지배관과 헤드 사이의 배관을 신축배관으로 하는 경우 소방청장이 정하여 고시한 기준에 적합한 것으로 설치한다.

정답 | ②

11 빈출도 ★

옥내소화전설비의 화재안전기술기준(NFTC 102)에 따라 옥내소화전 방수구를 반드시 설치하여야 하는 곳은?

① 식물원
② 수족관
③ 수영장의 관람석
④ 냉장창고 중 온도가 영하인 냉장실

해설 PHASE 02 옥내소화전설비

식물원, 수족관은 물을 방수하는 설비가 이미 갖추어져 있고, 온도가 영하인 장소는 물이 응결하여 흐르지 못하기 때문에 적절한 소화가 이루어지기 어렵다.
수영장의 관람석은 수영장의 물을 활용하여 소화하기 위해서라도 방수구는 필요하다.

관련개념 방수구의 설치제외 장소

㉠ 냉장창고 중 온도가 영하인 냉장실 또는 냉동창고의 냉동실
㉡ 고온의 노가 설치된 장소 또는 물과 격렬하게 반응하는 물품의 저장 또는 취급 장소
㉢ 발전소·변전소 등으로서 전기시설이 설치된 장소
㉣ 식물원·수족관·목욕실·수영장(관람석 부분 제외) 또는 그 밖에 이와 비슷한 장소
㉤ 야외음악당·야외극장 또는 그 밖의 이와 비슷한 장소

정답 | ③

12 빈출도 ★★

스프링클러설비의 화재안전성능기준(NFPC 103)에 따른 특정소방대상물의 방호구역 층마다 설치하는 폐쇄형 스프링클러설비 유수검지장치의 설치 높이 기준은?

① 바닥으로부터 0.8[m] 이상 1.2[m] 이하
② 바닥으로부터 0.8[m] 이상 1.5[m] 이하
③ 바닥으로부터 1.0[m] 이상 1.2[m] 이하
④ 바닥으로부터 1.0[m] 이상 1.5[m] 이하

해설 PHASE 04 스프링클러설비

유수검지장치는 실내에 설치하거나 보호용 철망 등으로 구획하여 바닥으로부터 0.8[m] 이상 1.5[m] 이하의 위치에 설치한다.

정답 | ②

13 빈출도 ★★

포 소화설비의 화재안전성능기준(NFPC 105)에 따른 용어의 정의 중 다음 ( ) 안에 알맞은 내용은?

> ( ) 프로포셔너방식이란 펌프와 발포기의 중간에 설치된 벤추리관의 벤추리작용과 펌프 가압수의 포 소화약제 저장탱크에 대한 압력에 따라 포 소화약제를 흡입·혼합하는 방식을 말한다.

① 라인 ② 펌프
③ 프레셔 ④ 프레셔사이드

해설 PHASE 08 포 소화설비

프레셔 프로포셔너방식에 대한 설명이다.

관련개념 포소화약제의 혼합방식

펌프 프로포셔너 방식	펌프의 토출관과 흡입관 사이의 배관 도중에 설치한 흡입기에 펌프에서 토출된 물의 일부를 보내고, 농도 조정밸브에서 조정된 포 소화약제의 필요량을 포 소화약제 저장탱크에서 펌프 흡입측으로 보내어 이를 혼합하는 방식
프레셔 프로포셔너 방식	펌프와 발포기의 중간에 설치된 벤추리관의 벤추리작용과 펌프 가압수의 포 소화약제 저장탱크에 대한 압력에 따라 포 소화약제를 흡입·혼합하는 방식
라인 프로포셔너 방식	펌프와 발포기의 중간에 설치된 벤추리관의 벤추리작용에 따라 포 소화약제를 흡입·혼합하는 방식
프레셔 사이드 프로포셔너 방식	펌프의 토출관에 압입기를 설치하여 포 소화약제 압입용 펌프로 포 소화약제를 압입시켜 혼합하는 방식
압축공기포 믹싱챔버 방식	물, 포소화약제 및 공기를 믹싱챔버로 강제주입시켜 챔버 내에서 포수용액을 생성한 후 포를 방사하는 방식

정답 | ③

14 빈출도 ★★★

소화기구 및 자동소화장치의 화재안전성능기준(NFPC 101)에 따른 수동으로 조작하는 대형소화기 B급의 능력단위 기준은?

① 10단위 이상
② 15단위 이상
③ 20단위 이상
④ 25단위 이상

해설 PHASE 01 소화기구 및 자동소화장치

대형소화기는 능력단위가 A급 10단위 이상, B급 20단위 이상인 소화기이다.

정답 | ③

15 빈출도 ★★★

포 소화설비의 화재안전성능기준(NFPC 105)에 따른 포 소화설비의 포헤드 설치기준에 대한 설명으로 틀린 것은?

① 항공기격납고에 단백포 소화약제가 사용되는 경우 1분당 방사량은 바닥면적 $1[m^2]$ 당 6.5[L] 이상 방사되도록 할 것
② 특수가연물을 저장·취급하는 소방대상물에 단백포 소화약제가 사용되는 경우 1분당 방사량은 바닥면적 $1[m^2]$ 당 6.5[L] 이상 방사되도록 할 것
③ 특수가연물을 저장·취급하는 소방대상물에 합성계면활성제포 소화약제가 사용되는 경우 1분당 방사량은 바닥면적 $1[m^2]$ 당 8.0[L] 이상 방사되도록 할 것
④ 포헤드는 특정소방대상물의 천장 또는 반자에 설치하되, 바닥면적 $9[m^2]$마다 1개 이상으로 하여 해당 방호대상물의 화재를 유효하게 소화할 수 있도록 할 것

해설 PHASE 08 포 소화설비

특수가연물을 저장·취급하는 소방대상물에 합성계면활성제포 소화약제가 사용되는 경우 1분당 방사량은 바닥면적 $1[m^2]$ 당 6.5[L] 이상 방사되도록 한다.

관련개념 포헤드의 특정소방대상물별 방사량

소방대상물	포 소화약제의 종류	바닥면적 $1[m^2]$당 방사량
차고·주차장 및 항공기격납고	수성막포 소화약제	3.7[L] 이상
	단백포 소화약제	6.5[L] 이상
	합성계면활성제포 소화약제	8.0[L] 이상
특수가연물을 저장·취급하는 소방대상물	수성막포 소화약제	6.5[L] 이상
	단백포 소화약제	6.5[L] 이상
	합성계면활성제포 소화약제	6.5[L] 이상

정답 | ③

16 빈출도 ★★★

소화기구 및 자동소화장치의 화재안전성능기준(NFPC 101)에 따라 대형소화기를 설치할 때 특정소방대상물의 각 부분으로부터 1개의 소화기까지의 보행거리가 최대 몇 [m] 이내가 되도록 배치하여야 하는가?

① 20　　　　　　② 25
③ 30　　　　　　④ 40

해설 PHASE 01 소화기구 및 자동소화장치

특정소방대상물의 각 부분으로부터 1개의 소화기까지의 보행거리가 소형소화기의 경우 20[m] 이내, 대형소화기의 경우 30[m] 이내가 되도록 배치한다.

관련개념 소화기의 설치기준

㉠ 특정소방대상물의 각 층마다 설치한다.
㉡ 각 층이 2 이상의 거실로 구획된 경우 각 층마다 설치하는 것 외에 바닥면적이 33[m²] 이상인 각 거실에도 배치한다.
㉢ 특정소방대상물의 각 부분으로부터 1개의 소화기까지의 보행거리가 소형소화기의 경우 20[m] 이내, 대형소화기의 경우 30[m] 이내가 되도록 배치한다.
㉣ 가연성 물질이 없는 작업장의 경우 작업장의 실정에 맞게 보행거리를 완화하여 배치할 수 있다.

정답 | ③

17 빈출도 ★★★

소화수조 및 저수조의 화재안전성능기준(NFPC 402)에 따라 소화수조의 채수구는 소방차가 최대 몇 [m] 이내의 지점까지 접근할 수 있도록 설치하여야 하는가?

① 1　　　　　　② 2
③ 4　　　　　　④ 5

해설 PHASE 16 소화수조 및 저수조

채수구 또는 흡수관투입구는 소방차가 2[m] 이내의 지점까지 접근할 수 있는 위치에 설치한다.

정답 | ②

18 빈출도 ★★

미분무 소화설비의 화재안전성능기준(NFPC 104A)에 따른 용어 정의 중 다음 (　) 안에 알맞은 것은?

> "미분무"란 물만의 사용하여 소화하는 방식으로 최소설계압력에서 헤드로부터 방출되는 물입자 중 99[%]의 누적체적분포가 (㉠)[μm] 이하로 분무되고 (㉡)급 화재에 적응성을 갖는 것을 말한다.

① ㉠ 400　　㉡ A, B, C
② ㉠ 400　　㉡ B, C
③ ㉠ 200　　㉡ A, B, C
④ ㉠ 200　　㉡ B, C

해설 PHASE 07 미분무 소화설비

미분무란 헤드로부터 방출되는 물입자 중 99[%]의 누적체적분포가 400[μm] 이하로 분무되고 A, B, C급 화재에 적응성을 갖는 것이다.

관련개념 용어의 정의

미분무	헤드로부터 방출되는 물입자 중 99[%]의 누적체적분포가 400[μm] 이하로 분무되고 A, B, C급 화재에 적응성을 갖는 것
저압 미분무 소화설비	최고사용압력이 1.2[MPa] 이하인 미분무 소화설비
중압 미분무 소화설비	사용압력이 1.2[MPa]을 초과하고 3.5[MPa] 이하인 미분무 소화설비
고압 미분무 소화설비	최저사용압력이 3.5[MPa]을 초과하는 미분무 소화설비

정답 | ①

19 빈출도 ★★

분말 소화설비의 화재안전기술기준(NFTC 108)에 따라 분말 소화약제 저장용기의 설치기준으로 맞는 것은?

① 저장용기의 충전비는 0.5 이상으로 할 것
② 제1종 분말(탄산수소나트륨을 주성분으로 한 분말)의 경우 소화약제 1[kg]당 저장용기의 내용적은 1.25[L]일 것
③ 저장용기에는 저장용기의 내부압력이 설정압력으로 되었을 때 주밸브를 개방하는 정압작동장치를 설치할 것
④ 저장용기에는 가압식은 최고사용압력 2배 이하, 축압식은 용기의 내압시험압력의 1배 이하의 압력에서 작동하는 안전밸브를 설치할 것

해설 PHASE 12 분말 소화설비

선지분석
① 저장용기의 충전비는 0.8 이상으로 한다.
② 제1종 분말의 경우 소화약제 1[kg] 당 저장용기의 내용적은 0.8[L] 이상이다.
④ 저장용기에는 가압식의 경우 최고사용압력의 1.8배 이하, 축압식의 경우 내압시험압력의 0.8배 이하의 압력에서 작동하는 안전밸브를 설치한다.

관련개념 저장용기의 설치기준

㉠ 저장용기의 내용적은 다음과 같다.

소화약제의 종류	소화약제 1[kg] 당 저장용기의 내용적
제1종 분말	0.8[L]
제2종 분말	1.0[L]
제3종 분말	1.0[L]
제4종 분말	1.25[L]

㉡ 저장용기에는 가압식의 경우 최고사용압력의 1.8배 이하, 축압식의 경우 내압시험압력의 0.8배 이하의 압력에서 작동하는 안전밸브를 설치한다.
㉢ 저장용기에는 저장용기의 내부압력이 설정압력으로 되었을 때 주밸브를 개방하는 정압작동장치를 설치한다.
㉣ 저장용기의 충전비는 0.8 이상으로 한다.
㉤ 저장용기 및 배관에는 잔류 소화약제를 처리할 수 있는 청소장치를 설치한다.
㉥ 축압식 저장용기에는 사용압력 범위를 표시한 지시압력계를 설치한다.

정답 | ③

20 빈출도 ★★

할론 소화설비의 화재안전기술기준(NFTC 107)에 따른 할론 1301 소화약제의 저장용기에 대한 설명으로 틀린 것은?

① 저장용기의 충전비는 0.9 이상 1.6 이하로 할 것
② 동일 집합관에 접속되는 용기의 충전비는 같도록 할 것
③ 저장용기의 개방밸브는 안전장치가 부착된 것으로 하며 수동으로 개방되지 않도록 할 것
④ 축압식 용기의 경우에는 20[℃]에서 2.5[MPa] 또는 4.2[MPa]의 압력이 되도록 질소가스로 축압할 것

해설 PHASE 10 할론 소화설비

저장용기의 개방밸브는 자동·수동으로 개방되고, 안전장치가 부착된 것으로 한다.

관련개념 저장용기의 설치기준

㉠ 축압식 저장용기의 압력은 온도 20[℃]에서 할론 1211을 저장하는 것은 1.1[MPa] 또는 2.5[MPa], 할론 1301을 저장하는 것은 2.5[MPa] 또는 4.2[MPa]이 되도록 질소가스로 축압한다.
㉡ 저장용기의 충전비는 다음의 표에 따른 기준으로 한다.

소화약제의 종류		충전비
할론 1301		0.9 이상 1.6 이하
할론 1211		0.7 이상 1.4 이하
할론 2402	가압식	0.51 이상 0.67 미만
	축압식	0.67 이상 2.75 이하

㉢ 동일 집합관에 접속되는 저장용기의 소화약제 충전량은 동일 충전비로 한다.
㉣ 가압용 가스용기는 질소가스가 충전된 것으로 하고, 그 압력은 21[℃]에서 2.5[MPa] 또는 4.2[MPa]이 되도록 한다.
㉤ 저장용기의 개방밸브는 전기식·가스압력식 또는 기계식에 따라 자동으로 개방되고 수동으로도 개방되는 것으로서 안전장치가 부착된 것으로 한다.
㉥ 가압식 저장용기에는 2.0[MPa] 이하의 압력으로 조정할 수 있는 압력조정장치를 설치한다.
㉦ 하나의 방호구역을 담당하는 소화약제 저장용기의 소화약제량의 체적합계보다 그 소화약제 방출 시 방출경로가 되는 배관(집합관 포함)의 내용적의 비율이 1.5배 이상일 경우에는 해당 방호구역에 대한 설비는 별도 독립방식으로 한다.

정답 | ③

2019년 기출문제

□ 1회독   점 | □ 2회독   점 | □ 3회독   점

01 빈출도 ★

대형 이산화탄소 소화기의 소화약제 충전량은 얼마인가?

① 20[kg] 이상   ② 30[kg] 이상
③ 50[kg] 이상   ④ 70[kg] 이상

해설 PHASE 01 소화기구 및 자동소화장치

대형 이산화탄소 소화기의 소화약제 충전량은 50[kg] 이상이다.

관련개념 대형소화기의 소화약제

㉠ 물 소화기: 80[L] 이상
㉡ 강화액 소화기: 60[L] 이상
㉢ 할로겐 화합물소화기: 30[kg] 이상
㉣ 이산화탄소 소화기: 50[kg] 이상
㉤ 분말 소화기: 20[kg] 이상
㉥ 포 소화기: 20[L] 이상

정답 | ③

02 빈출도 ★★

개방형 스프링클러설비에서 하나의 방수구역을 담당하는 헤드의 개수는 몇 개 이하로 해야 하는가? (단, 방수구역은 나누어져 있지 않고 하나의 구역으로 되어 있다.)

① 50   ② 40
③ 30   ④ 20

해설 PHASE 04 스프링클러설비

하나의 방수구역을 담당하는 헤드의 개수는 50개 이하로 한다.

관련개념 개방형 스프링클러설비의 방수구역 및 일제개방밸브

㉠ 하나의 방수구역은 2개 층에 미치지 않도록 한다.
㉡ 방수구역마다 일제개방밸브를 설치한다.
㉢ 하나의 방수구역을 담당하는 헤드의 개수는 50개 이하로 한다.
㉣ 하나의 방수구역을 2개 이상의 방수구역으로 나누는 경우 하나의 방수구역을 담당하는 헤드의 개수는 25개 이상으로 한다.
㉤ 일제개방밸브는 실내에 설치하거나 보호용 철망 등으로 구획하여 바닥으로부터 0.8[m] 이상 1.5[m] 이하의 위치에 설치하고, 그 실에는 가로 0.5[m] 이상 세로 1[m] 이상의 출입문(개구부)을 설치한다. 출입문 상단에는 "일제개방밸브실"이라고 표시한 표지를 한다.
㉥ 일제개방밸브를 기계실(공조용 기계실 포함) 안에 설치하는 경우 별도의 실 또는 보호용 철망을 설치하지 않을 수 있다. 출입문 상단에는 "일제개방밸브실"이라고 표시한 표지를 한다.

정답 | ①

03 빈출도 ★★★

분말 소화설비의 가압용 가스용기에 대한 설명으로 틀린 것은?

① 가압용 가스용기를 3병 이상 설치한 경우에는 2개 이상의 용기에 전자개방밸브를 부착할 것
② 가압용 가스용기에는 2.5[MPa] 이하의 압력에서 조정이 가능한 압력조정기를 설치할 것
③ 가압용 가스에 질소가스를 사용하는 것의 질소가스는 소화약제 1[kg] 마다 20[L](35[°C]에서 1기압의 압력상태로 환산한 것) 이상으로 할 것
④ 축압용 가스에 질소가스를 사용하는 것의 질소가스는 소화약제 1[kg] 마다 10[L](35[°C]에서 1기압의 압력상태로 환산한 것) 이상으로 할 것

해설 PHASE 12 분말 소화설비

가압용 가스에 질소가스를 사용하는 경우 질소가스는 소화약제 1[kg] 마다 40[L](35[°C]에서 1기압의 압력상태로 환산한 것) 이상으로 해야 한다.

관련개념 가압용·축압용 가스의 소요량(소화약제 1[kg] 기준)

	질소	이산화탄소
가압용 가스	40[L]	20[g]+청소에 필요한 양
축압용 가스	10[L]	20[g]+청소에 필요한 양

정답 | ③

04 빈출도 ★★

소화용수설비의 소화수조가 옥상 또는 옥탑의 부분에 설치된 경우 지상에 설치된 채수구에서의 압력은 얼마 이상이어야 하는가?

① 0.15[MPa]   ② 0.20[MPa]
③ 0.25[MPa]   ④ 0.35[MPa]

해설 PHASE 16 소화수조 및 저수조

소화수조가 옥상 또는 옥탑의 부분에 설치된 경우 지상에 설치된 채수구에서의 압력은 0.15[MPa] 이상으로 한다.

정답 | ①

05 빈출도 ★★★

스프링클러소화설비의 배관 내 압력이 얼마 이상일 때 압력 배관용 탄소강관을 사용해야 하는가?

① 0.1[MPa]   ② 0.5[MPa]
③ 0.8[MPa]   ④ 1.2[MPa]

해설 PHASE 04 스프링클러설비

압력 배관용 탄소 강관(KS D 3562)은 배관 내 사용압력이 1.2[MPa] 이상인 경우 사용할 수 있다.

관련개념 배관의 종류

㉠ 배관 내 사용압력이 1.2[MPa] 미만인 경우
  - 배관용 탄소 강관(KS D 3507)
  - 이음매 없는 구리 및 구리합금관(KS D 5301)
  - 배관용 스테인리스 강관(KS D 3576) 또는 일반배관용 스테인리스 강관(KS D 3595)
  - 덕타일 주철관(KS D 4311)
㉡ 배관 내 사용압력이 1.2[MPa] 이상인 경우
  - 압력 배관용 탄소 강관(KS D 3562)
  - 배관용 아크용접 탄소강 강관(KS D 3583)
㉢ 소방용 합성수지배관으로 사용할 수 있는 경우
  - 배관을 지하에 매설하는 경우
  - 다른 부분과 내화구조로 구획된 덕트 또는 피트의 내부에 설치하는 경우
  - 천장과 반자를 불연재료 또는 준불연재료로 설치하고 소화배관 내부에 항상 소화수가 채워진 상태로 설치하는 경우

정답 | ④

06 빈출도 ★★

할론 소화설비에서 국소방출방식의 경우 할론소화약제의 양을 산출하는 식은 다음과 같다. 여기서 A는 무엇을 의미하는가? (단, 가연물이 비산할 우려가 있는 경우로 가정한다.)

$$Q = X - Y\frac{a}{A}$$

① 방호공간의 벽면적의 합계
② 창문이나 문의 틈새면적의 합계
③ 개구부 면적의 합계
④ 방호대상물 주위에 설치된 벽의 면적의 합계

해설 PHASE 10 할론 소화설비

국소방출방식 소화약제의 저장량 계산식에서 A는 방호공간의 벽면적의 합계를 의미한다.

관련개념 국소방출방식 소화약제 저장량

$$Q = \left(X - Y \times \left(\frac{a}{A}\right)\right) \times K$$

Q: 방호공간 1[m³] 당 소화약제의 양[kg/m³], a: 방호대상물 주변 실제 벽면적의 합계[m²], A: 방호공간 벽면적의 합계[m²], X, Y, K: 표에 따른 수치

소화약제의 종류	X	Y	K
할론 1301	4.0	3.0	1.25
할론 1211	4.4	3.3	1.1
할론 2402	5.2	3.9	1.1

정답 | ①

07 빈출도 ★★★

이산화탄소 소화약제의 저장용기 설치기준 중 옳은 것은?

① 저장용기의 충전비는 고압식은 1.9 이상 2.3 이하, 저압식은 1.5 이상 1.9 이하로 할 것
② 저압식 저장용기에는 액면계 및 압력계와 2.1[MPa] 이상 1.7[MPa] 이하의 압력에서 작동하는 압력경보장치를 설치할 것
③ 저장용기는 고압식은 25[MPa] 이상, 저압식은 3.5[MPa] 이상의 내압시험압력에 합격한 것으로 할 것
④ 저압식 저장용기에는 내압시험압력의 1.8배의 압력에서 작동하는 안전밸브와 내압시험압력의 0.8배부터 내압시험압력까지의 범위에서 작동하는 봉판을 설치할 것

해설 PHASE 09 이산화탄소 소화설비

고압식 저장용기는 25[MPa] 이상, 저압식 저장용기는 3.5[MPa] 이상의 내압시험압력에 합격한 것으로 한다.

관련개념 저장용기의 설치기준

㉠ 저장용기의 충전비는 고압식은 1.5 이상 1.9 이하, 저압식은 1.1 이상 1.4 이하로 한다.
㉡ 저압식 저장용기에는 내압시험압력의 0.64배 이상 0.8배 이하의 압력에서 작동하는 안전밸브를 설치한다.
㉢ 저압식 저장용기에는 내압시험압력의 0.8배 이상 1배 이하의 압력에서 작동하는 봉판을 설치한다.
㉣ 저압식 저장용기에는 액면계 및 압력계와 2.3[MPa] 이상 1.9[MPa] 이하의 압력에서 작동하는 압력경보장치를 설치한다.
㉤ 저압식 저장용기에는 용기 내부의 온도가 $-18[℃]$ 이하에서 2.1[MPa]의 압력을 유지할 수 있는 자동냉동장치를 설치한다.
㉥ **고압식 저장용기는 25[MPa] 이상**, 저압식 저장용기는 3.5[MPa] 이상의 내압시험압력에 합격한 것으로 한다.
㉦ 저장용기의 개방밸브는 전기식·가스압력식 또는 기계식에 따라 자동으로 개방되고 수동으로도 개방되는 것으로서 안전장치가 부착된 것으로 한다.
㉧ 저장용기와 선택밸브 또는 개폐밸브 사이에는 배관의 최소사용설계압력과 최대허용압력 사이의 압력에서 작동하는 안전장치를 설치한다.

정답 | ③

08 빈출도 ★★★

포 헤드를 정방형으로 설치 시 헤드와 벽과의 최대 이격거리는 약 몇 [m] 인가?

① 1.48
② 1.62
③ 1.76
④ 1.91

해설 PHASE 08 포 소화설비

포 헤드 상호 간 거리기준에 따라 계산하면
$S = 2 \times r \times \cos 45° = 2 \times 2.1[m] \times \cos 45° = 2.9698[m]$
포 헤드와 벽과의 거리는 포 헤드 상호 간 거리의 $\frac{1}{2}$ 이하의 거리를 두어야 하므로 최대 이격거리는
$2.9698[m] \times \frac{1}{2} = 1.4849[m]$ 이다.

관련개념

㉠ 포 헤드를 정방형으로 배치한 경우 상호 간 거리는 다음의 식에 따라 산정한 수치 이하가 되도록 한다.

$$S = 2 \times r \times \cos 45°$$

S: 포헤드 상호 간의 거리[m], r: 유효반경(2.1[m])

㉡ 포 헤드와 벽 방호구역의 경계선은 상호 간 기준거리의 $\frac{1}{2}$ 이하의 거리를 둔다.

정답 | ①

09 빈출도 ★

소화용수설비와 관련하여 다음 설명 중 괄호 안에 들어갈 항목으로 옳게 짝지어진 것은?

> 상수도 소화용수설비를 설치하여야 하는 특정소방대상물은 다음 각 목의 어느 하나와 같다. 다만, 상수도 소화용수설비를 설치하여야 하는 특정소방대상물의 대지 경계선으로부터 (㉠) [m] 이내에 지름 (㉡)[mm] 이상인 상수도용 배수관이 설치되지 않은 지역의 경우에는 화재안전기준에 따른 소화수조 또는 저수조를 설치하여야 한다.

① ㉠: 150 ㉡: 75
② ㉠: 150 ㉡: 100
③ ㉠: 180 ㉡: 75
④ ㉠: 180 ㉡: 100

해설 PHASE 15 상수도 소화용수설비

상수도소화용수설비를 설치해야하는 특정소방대상물의 대지 경계선으로부터 180[m] 이내에 지름 75[mm] 이상인 상수도용 배수관이 설치되지 않은 지역의 경우 소화수조 또는 저수조를 설치한다.

관련개념 상수도 소화용수설비를 설치해야 하는 특정소방대상물

㉠ 연면적 5,000[m²] 이상인 것. 위험물 저장 및 처리시설 중 가스시설, 지하가 중 터널 또는 지하구의 경우 제외
㉡ 가스시설로서 지상에 노출된 탱크의 저장용량의 합계가 100톤 이상인 것
㉢ 자원순환 관련 시설 중 폐기물재활용시설 및 폐기물처분시설
㉣ 상수도소화용수설비를 설치해야하는 특정소방대상물의 대지 경계선으로부터 180[m] 이내에 지름 75[mm] 이상인 상수도용 배수관이 설치되지 않은 지역의 경우 화재안전기준에 따른 소화수조 또는 저수조를 설치한다.

정답 | ③

10 빈출도 ★★★

지하구의 화재안전성능기준(NFPC 605)에 따라 연소방지설비를 설치하는 경우 교차배관의 최소구경은 얼마 이상으로 하여야 하는가?

① 32
② 40
③ 50
④ 65

해설 PHASE 21 지하구

교차배관은 가지배관과 수평으로 설치하거나 가지배관 밑에 설치하고, 최소구경은 40[mm] 이상으로 한다.

정답 | ②

11 빈출도 ★

예상제연구역 바닥면적 400[m²] 미만 거실의 공기유입구와 배출구간의 직선거리 기준으로 옳은 것은? (단, 제연경계에 의한 구획을 제외한다.)

① 2[m] 이상 확보되어야 한다.
② 3[m] 이상 확보되어야 한다.
③ 5[m] 이상 확보되어야 한다.
④ 10[m] 이상 확보되어야 한다.

해설 PHASE 17 제연설비

바닥면적 400[m²] 미만의 거실인 예상제연구역(제연경계에 따른 구획 제외)에는 공기유입구와 배출구간의 직선거리를 5[m] 이상 또는 구획된 실의 긴변의 $\frac{1}{2}$ 이상으로 한다.

정답 | ③

12 빈출도 ★★

다음 중 스프링클러설비와 비교하여 물분무 소화설비의 장점으로 옳지 않은 것은?

① 소량의 물을 사용함으로써 물의 사용량 및 방사량을 줄일 수 있다.
② 운동에너지가 크므로 파괴주수 효과가 크다.
③ 전기 절연성이 높아서 고압통전기기의 화재에도 안전하게 사용할 수 있다.
④ 물의 방수과정에서 화재열에 따른 부피증가량이 커서 질식효과를 높일 수 있다.

해설 PHASE 06 물분무 소화설비

파괴주수 효과는 물분무 소화설비의 무상주수보다 스프링클러설비의 적상주수가 더 크다.

관련개념 물분무소화

물분무, 미분무소화는 물을 미세한 입자 형태로 방출하는 소화방식(무상주수)으로 입자 사이가 공기로 절연되어 있기 때문에 물방울 크기가 더 큰 적상주수나 물줄기 형태의 봉상주수와는 다르게 전기화재에도 적응성이 있다.

정답 | ②

13 빈출도 ★

일정 이상의 층수를 가진 오피스텔에서는 모든 층에 주거용 주방자동소화장치를 설치해야 하는데, 몇 층 이상인 경우 이러한 조치를 취해야 하는가?

① 20층 이상
② 25층 이상
③ 30층 이상
④ 층수 무관

해설 PHASE 01 소화기구 및 자동소화장치

층수와 관계없이 아파트 및 오피스텔의 모든 층에는 주거용 주방자동소화장치를 설치해야 한다.

관련개념 주방자동소화장치를 설치해야 하는 장소

㉠ 주거용 주방자동소화장치
  - 아파트 및 오피스텔의 모든 층
㉡ 상업용 주방자동소화장치
  - 판매시설 중 대규모점포에 입점해 있는 일반음식점
  - 식품위생법에 따른 집단급식소

정답 | ④

14 빈출도 ★

수직강하식 구조대가 구조적으로 갖추어야 할 조건으로 옳지 않은 것은? (단, 건물내부의 별실에 설치하는 경우는 제외한다.)

① 구조대의 포지는 외부포지와 내부포지로 구성한다.
② 포지는 사용 시 충격을 흡수하도록 수직방향으로 현저하게 늘어나야 한다.
③ 구조대는 연속하여 강하할 수 있는 구조이어야 한다.
④ 입구틀 및 취부틀의 입구는 지름 60[cm] 이상의 구체가 통과할 수 있어야 한다.

해설 PHASE 13 피난기구

포지는 사용 시 수직방향으로 현저하게 늘어나지 않아야 한다.

관련개념 수직강하식 구조대의 구조 기준

㉠ 수직구조대는 안전하고 쉽게 사용할 수 있는 구조이어야 한다.
㉡ 수직구조대의 포지는 외부포지와 내부포지로 구성하고, 외부포지와 내부포지의 사이에 충분한 공기층을 둔다.
㉢ 건물내부의 별실에 설치하는 것은 외부포지를 설치하지 않을 수 있다.
㉣ 입구틀 및 고정틀의 입구는 지름 60[cm] 이상의 구체가 통과할 수 있는 것이어야 한다.
㉤ 수직구조대는 연속하여 강하할 수 있는 구조이어야 한다.
㉥ 포지는 사용 시 수직방향으로 현저하게 늘어나지 않아야 한다.
㉦ 포지, 지지틀, 고정틀, 그 밖의 부속장치 등은 견고하게 부착되어야 한다.

정답 | ②

15 빈출도 ★★

주차장에 분말 소화약제 120[kg]을 저장하려고 한다. 이때 필요한 저장용기의 최소 내용적[L]은?

① 96   ② 120
③ 150   ④ 180

해설 PHASE 12 분말 소화설비

주차장에는 제3종 분말 소화약제를 구비해야 하고, 제3종 분말 소화약제는 소화약제 1[kg] 당 1.0[L]의 저장용기 내용적이 필요하다.
따라서 120[kg]의 제3종 분말 소화약제를 갖추기 위해서는 120[L]의 저장용기가 필요하다.

관련개념

차고 또는 주차장에는 제3종 분말 소화약제(인산염(PO_4^{3-})을 주성분으로 한 분말 소화약제)로 설치해야 한다.
제3종 분말 소화약제는 소화약제 1[kg] 당 1.0[L]의 저장용기 내용적을 갖추어야 한다.

정답 | ②

16 빈출도 ★★★

다음 중 노유자시설의 4층 이상 10층 이하에서 적응성이 있는 피난기구가 아닌 것은?

① 피난교   ② 다수인피난장비
③ 승강식피난기   ④ 미끄럼대

해설 PHASE 13 피난기구

미끄럼대는 노유자시설의 1층, 2층, 3층에 적응성이 있는 피난기구이다.

관련개념 설치장소별 피난기구의 적응성

설치 장소별	층별 1층	2층	3층	4층 이상 10층 이하
노유자시설	• 미끄럼대 • 구조대 • 피난교 • 다수인 피난장비 • 승강식 피난기	• 미끄럼대 • 구조대 • 피난교 • 다수인 피난장비 • 승강식 피난기	• 미끄럼대 • 구조대 • 피난교 • 다수인 피난장비 • 승강식 피난기	• 구조대 • 피난교 • 다수인 피난장비 • 승강식 피난기

정답 | ④

17 빈출도 ★★

물분무 소화설비를 설치하는 차고의 배수설비 설치기준 중 틀린 것은?

① 차량이 주차하는 장소의 적당한 곳에 높이 10[cm] 이상의 경계턱으로 배수구를 설치할 것
② 길이 40[m] 이하마다 집수관, 소화핏트 등 기름분리장치를 설치할 것
③ 차량이 주차하는 바닥은 배수구를 향하여 100분의 1 이상의 기울기를 유지할 것
④ 배수설비는 가압송수장치의 최대 송수능력의 수량을 유효하게 배수할 수 있는 크기 및 기울기로 할 것

해설 PHASE 06 물분무 소화설비

차량이 주차하는 바닥은 배수구를 향하여 $\frac{2}{100}$ 이상의 기울기를 유지한다.

관련개념 배수설비의 설치기준

물분무 소화설비를 설치하는 차고 또는 주차장에는 배수장치를 다음의 기준에 따라 설치한다.
㉠ 차량이 주차하는 장소의 적당한 곳에 높이 10[cm] 이상의 경계턱으로 배수구를 설치한다.
㉡ 배수구에는 새어 나온 기름을 모아 소화할 수 있도록 길이 40[m] 이하마다 집수관·소화핏트 등 기름분리장치를 설치한다.
㉢ 차량이 주차하는 바닥은 배수구를 향하여 $\frac{2}{100}$ 이상의 기울기를 유지한다.
㉣ 배수설비는 가압송수장치의 최대송수능력의 수량을 유효하게 배수할 수 있는 크기 및 기울기로 한다.

정답 | ③

18 빈출도 ★

층수가 10층인 공장에 습식 폐쇄형 스프링클러 헤드가 설치되어 있다면 이 설비에 필요한 수원의 양은 얼마 이상이어야 하는가? (단, 이 창고는 특수가연물을 저장·취급하지 않는 일반물품을 적용하고, 헤드가 가장 많이 설치된 층은 8층으로서 40개가 설치되어 있다.)

① 16[m³]
② 32[m³]
③ 48[m³]
④ 64[m³]

해설 PHASE 04 스프링클러설비

폐쇄형 스프링클러 헤드를 사용하는 경우 층수가 10층이고 특수가연물을 취급하지 않는 공장의 기준개수는 20이다.
$20 \times 1.6[m^3] = 32[m^3]$

관련개념 저수량의 산정기준

폐쇄형 스프링클러 헤드를 사용하는 경우 다음의 표에 따른 기준개수에 $1.6[m^3]$을 곱한 양 이상이 되도록 한다.

스프링클러설비의 설치장소		기준개수
아파트		10
지하층을 제외한 10층 이하인 특정소방대상물	헤드의 높이가 8[m] 미만인 것	10
	헤드의 높이가 8[m] 이상인 것	20
	판매시설이 없는 근린생활시설·운수시설·복합건축물	20
	특수가연물을 취급하지 않는 공장	20
	판매시설 또는 판매시설이 있는 복합건축물	20
	특수가연물을 저장·취급하는 공장	30
지하층을 제외한 11층 이상인 특정소방대상물		30
지하가 또는 지하역사		30

정답 | ②

19 빈출도 ★★

포 소화설비에서 펌프의 토출관에 압입기를 설치하여 포 소화약제 압입용 펌프로 포 소화약제를 압입시켜 혼합하는 방식은?

① 라인 프로포셔너방식
② 펌프 프로포셔너방식
③ 프레셔 프로포셔너방식
④ 프레셔사이드 프로포셔너방식

해설 PHASE 08 포 소화설비

프레셔사이드 프로포셔너방식에 대한 설명이다.

관련개념 포 소화약제의 혼합방식

펌프 프로포셔너 방식	펌프의 토출관과 흡입관 사이의 배관 도중에 설치한 흡입기에 펌프에서 토출된 물의 일부를 보내고, 농도 조정밸브에서 조정된 포 소화약제의 필요량을 포 소화약제 저장탱크에서 펌프 흡입측으로 보내어 이를 혼합하는 방식
프레셔 프로포셔너 방식	펌프와 발포기의 중간에 설치된 벤추리관의 벤추리작용과 펌프 가압수의 포 소화약제 저장탱크에 대한 압력에 따라 포 소화약제를 흡입·혼합하는 방식
라인 프로포셔너 방식	펌프와 발포기의 중간에 설치된 벤추리관의 벤추리작용에 따라 포 소화약제를 흡입·혼합하는 방식
프레셔사이드 프로포셔너 방식	펌프의 토출관에 압입기를 설치하여 포 소화약제 압입용 펌프로 포 소화약제를 압입시켜 혼합하는 방식
압축공기포 믹싱챔버 방식	물, 포 소화약제 및 공기를 믹싱챔버로 강제주입시켜 챔버 내에서 포수용액을 생성한 후 포를 방사하는 방식

정답 | ④

20 빈출도 ★★★

다음 중 옥내소화전의 배관 등에 대한 설치방법으로 옳지 않은 것은?

① 펌프의 토출 측 주배관의 구경은 평균 유속을 5[m/s]가 되도록 설치하였다.
② 배관 내 사용압력이 1.1[MPa]인 곳에 배관용 탄소강관을 사용하였다.
③ 옥내소화전 송수구를 단구형으로 설치하였다.
④ 송수구로부터 주배관에 이르는 연결배관에는 개폐밸브를 설치하지 않았다.

해설 PHASE 02 옥내소화전설비

펌프의 토출 측 주배관의 구경은 유속이 4[m/s] 이하가 될 수 있는 크기 이상으로 한다.

선지분석

② 배관 내 사용압력이 1.2[MPa] 미만인 경우
  ㉠ 배관용 탄소 강관(KS D 3507)
  ㉡ 이음매 없는 구리 및 구리합금관(KS D 5301)
  ㉢ 배관용 스테인리스 강관(KS D 3576) 또는 일반배관용 스테인리스 강관(KS D 3595)
  ㉣ 덕타일 주철관(KS D 4311)
③ 송수구는 구경 65[mm]의 쌍구형 또는 단구형으로 한다.
④ 송수구로부터 옥내소화전설비의 주배관에 이르는 연결배관에는 개폐밸브를 설치하지 않는다.

정답 | ①

2회

☐ 1회독   점 | ☐ 2회독   점 | ☐ 3회독   점

01 빈출도 ★★

작동전압이 22,900[V]의 고압의 전기기기가 있는 장소에 물분무 설비를 설치할 때 전기기기와 물분무 헤드 사이의 최소 이격거리는 얼마로 해야 하는가?

① 70[cm] 이상
② 80[cm] 이상
③ 110[cm] 이상
④ 150[cm] 이상

해설 PHASE 06 물분무 소화설비

고압 전기기기와 물분무 헤드 사이의 이격거리는 22.9[kV](66[kV] 이하)인 경우 70[cm] 이상으로 한다.

관련개념 물분무 헤드의 설치기준

㉠ 물분무 헤드는 표준방사량으로 해당 방호대상물의 화재를 유효하게 소화하는데 필요한 수를 적정한 위치에 설치한다.
㉡ 고압의 전기기기가 있는 장소는 전기의 절연을 위하여 전기기기와 물분무 헤드 사이에 다음의 표에 따른 거리를 둔다.

전압[kV]	거리[cm]
66 이하	70 이상
66 초과 77 이하	80 이상
77 초과 110 이하	110 이상
110 초과 154 이하	150 이상
154 초과 181 이하	180 이상
181 초과 220 이하	210 이상
220 초과 275 이하	260 이상

정답 | ①

02 빈출도 ★★★

소화기구 및 자동소화장치의 화재안전기술기준(NFTC 101) 상 일반화재(A급 화재)에 적응성을 만족하지 못한 소화약제는?

① 포 소화약제
② 강화액 소화약제
③ 할론 소화약제
④ 이산화탄소 소화약제

해설 PHASE 01 소화기구 및 자동소화장치

이산화탄소 소화약제는 일반화재(A급 화재)에 효과적인 소화약제는 아니다.

선지분석

① 포 소화약제는 일반화재(A급 화재), 유류화재(B급 화재)에 적응성이 있다.
② 강화액 소화약제는 일반화재(A급 화재), 유류화재(B급 화재)에 적응성이 있다.
③ 할론 소화약제는 일반화재(A급 화재), 유류화재(B급 화재), 전기화재(C급 화재)에 적응성이 있다.

정답 | ④

03 빈출도 ★★

거실 제연설비 설계 중 배출량 선정에 있어서 고려하지 않아도 되는 사항은?

① 예상제연구역의 수직거리
② 예상제연구역의 바닥면적
③ 제연설비의 배출방식
④ 자동식 소화설비 및 피난설비의 설치 유무

해설 PHASE 17 제연설비

자동식 소화설비 및 피난설비의 설치 유무는 거실 제연설비의 배출량 산정과 관계가 없다.

선지분석

① 2[m], 2.5[m], 3[m]로 구분되는 예상제연구역의 수직거리에 따라 배출량을 다르게 산정한다.
② 400[m²]로 구분되는 거실의 바닥면적에 따라 배출량을 다르게 산정한다.
③ 거실이 통로와 인접하고 바닥면적이 50[m²] 미만인 경우 통로배출방식으로 할 수 있다.

정답 | ④

04 빈출도 ★★★

폐쇄형 스프링클러 헤드를 최고 주위온도 40[°C]인 장소(공장 및 창고 제외)에 설치할 경우 표시온도는 몇 [°C]의 것을 설치하여야 하는가?

① 79[°C] 미만
② 79[°C] 이상 121[°C] 미만
③ 121[°C] 이상 162[°C] 미만
④ 162[°C] 이상

해설 PHASE 04 스프링클러설비

최고 주위온도가 40[°C]인 경우 표시온도는 79[°C] 이상 121[°C] 미만인 것을 설치해야 한다.

관련개념 헤드의 설치기준

폐쇄형 스프링클러 헤드는 그 설치장소의 평상시 최고 주위온도에 따라 다음의 표에 따른 적합한 표시온도의 것으로 설치한다. 높이가 4[m] 이상인 공장 및 창고(랙식 창고 포함)에는 주위온도와 관계없이 표시온도 121[°C] 이상의 것으로 할 수 있다.

설치장소의 최고 주위온도	표시온도
39[°C] 미만	79[°C] 미만
39[°C] 이상 64[°C] 미만	79[°C] 이상 121[°C] 미만
64[°C] 이상 106[°C] 미만	121[°C] 이상 162[°C] 미만
106[°C] 이상	162[°C] 이상

정답 | ②

05 빈출도 ★★

스프링클러 헤드를 설치하지 않을 수 있는 장소로만 나열된 것은?

① 계단, 병원의 입원실, 목욕실, 냉동창고의 냉동실, 아파트(대피공간 제외)
② 발전실, 수술실, 응급처치실, 통신기기실, 관람석이 없는 테니스장
③ 냉동창고의 냉동실, 변전실, 병원의 입원실, 목욕실, 수영장 관람석
④ 수술실, 관람석이 없는 테니스장, 변전실, 발전실, 아파트(대피공간 제외)

해설 PHASE 04 스프링클러설비

스프링클러 헤드를 설치하지 않을 수 있는 장소로만 나열된 것은 ②이다.

선지분석

① 병원의 입원실, 아파트(대피공간 제외)는 스프링클러 헤드를 설치해야 한다.
③ 병원의 입원실, 수영장 관람석은 스프링클러 헤드를 설치해야 한다.
④ 아파트(대피공간 제외)는 스프링클러 헤드를 설치해야 한다.

정답 | ②

06 빈출도 ★★

학교, 공장, 창고시설에 설치하는 옥내소화전에서 가압송수장치 및 기동장치가 동결의 우려가 있는 경우 일부 사항을 제외하고는 주펌프와 동등 이상의 성능이 있는 별도의 펌프로서 내연기관의 기동과 연동하여 작동되거나 비상전원을 연결한 펌프를 추가 설치해야 한다. 다음 중 이러한 조치를 취해야 하는 경우는?

① 지하층이 없이 지상층만 있는 건축물
② 고가수조를 가압송수장치로 설치한 경우
③ 수원이 건축물의 최상층에 설치된 방수구보다 높은 위치에 설치된 경우
④ 건축물의 높이가 지표면으로부터 10[m] 이하인 경우

해설 PHASE 02 옥내소화전설비

지상층만 있는 건축물의 경우 동결의 우려가 있는 장소에는 내연기관의 기동과 연동하거나 비상전원을 연결한 펌프를 추가로 설치한다.

관련개념

㉠ 학교·공장·창고시설과 같이 동결의 우려가 있는 장소에서는 기동스위치에 보호판을 부착하여 옥내소화전함 내에 설치할 수 있다.
㉡ 기동스위치에 보호판을 부착하여 옥내소화전함 내에 설치한 경우(㉠) 주펌프와 동등 이상의 성능이 있는 별도의 펌프를 내연기관의 기동과 연동하거나 비상전원을 연결하여 추가로 설치한다.
㉢ 다음에 해당하는 경우 ㉡의 펌프를 설치하지 않는다.
 – 지하층만 있는 건축물
 – 고가수조를 가압송수장치로 설치한 경우
 – 수원이 건축물의 최상층에 설치된 방수구보다 높은 위치에 설치된 경우
 – 건축물의 높이가 지표면으로부터 10[m] 이하인 경우
 – 가압수조를 가압송수장치로 설치한 경우

정답 | ①

07 빈출도 ★★

다음 중 할로겐화합물 소화설비의 수동식 기동장치 점검 내용으로 맞지 않은 것은?

① 방호구역마다 설치되어 있는지 점검한다.
② 방출지연용 비상스위치가 설치되어 있는지 점검한다.
③ 화재감지기와 연동되어 있는지 점검한다.
④ 조작부는 바닥으로부터 0.8[m] 이상 1.5[m] 이하의 위치에 설치되어 있는지 점검한다.

해설 PHASE 11 할로겐화합물 및 불활성기체 소화설비

자동화재탐지설비의 감지기와 연동되어 작동하는 기동장치는 자동식 기동장치이다.

관련개념 수동식 기동장치의 설치기준

㉠ 수동식 기동장치의 부근에는 소화약제의 방출을 지연시킬 수 있는 방출지연스위치를 설치한다. 방출지연스위치는 자동복귀형 스위치로 수동식 기동장치의 타이머를 순간 정지시키는 기능의 스위치를 말한다.
㉡ 방호구역마다 설치한다.
㉢ 해당 방호구역의 출입구 부근 등 조작을 하는 자가 쉽게 피난할 수 있는 장소에 설치한다.
㉣ 기동장치의 조작부는 바닥으로부터 0.8[m] 이상 1.5[m] 이하의 위치에 설치하고, 보호판 등에 따른 보호장치를 설치한다.
㉤ 기동장치 인근의 보기 쉬운 곳에 "할로겐화합물 및 불활성기체 소화설비 수동식 기동장치"라는 표지를 한다.
㉥ 전기를 사용하는 기동장치에는 전원표시등을 설치한다.
㉦ 기동장치의 방출용 스위치는 음향경보장치와 연동하여 조작될 수 있는 것으로 한다.
㉧ 50[N] 이하의 힘을 가하여 기동할 수 있는 구조로 한다.

정답 | ③

08 빈출도 ★★

화재 시 연기가 찰 우려가 없는 장소로서 호스릴 분말 소화설비를 설치할 수 있는 기준 중 다음 ( ) 안에 알맞은 것은?

- 지상 1층 및 피난층에 있는 부분으로서 지상에서 수동 또는 원격조작에 따라 개방할 수 있는 개구부의 유효면적의 합계가 바닥면적의 (㉠)[%] 이상이 되는 부분
- 전기설비가 설치되어 있는 부분 또는 다량의 화기를 사용하는 부분의 바닥면적이 해당 설비가 설치되어 있는 구획의 바닥면적의 (㉡) 미만이 되는 부분

① ㉠ 15   ㉡ $\frac{1}{5}$
② ㉠ 15   ㉡ $\frac{1}{2}$
③ ㉠ 20   ㉡ $\frac{1}{5}$
④ ㉠ 20   ㉡ $\frac{1}{2}$

해설 PHASE 12 분말 소화설비

관련개념 호스릴방식 분말 소화설비의 설치장소

㉠ 화재 시 현저하게 연기가 찰 우려가 없는 장소에 설치한다.
㉡ 지상 1층 및 피난층에 있는 부분으로서 지상에서 수동 또는 원격조작에 따라 개방할 수 있는 개구부의 유효면적의 합계가 바닥면적의 15[%] 이상이 되는 부분에 설치한다.
㉢ 전기설비가 설치되어 있는 부분 또는 다량의 화기를 사용하는 부분의 바닥면적이 해당 설비가 설치되어 있는 구획의 바닥면적의 5분의 1 미만이 되는 부분에 설치한다.

정답 | ①

09 빈출도 ★★★

다음 ( ) 안에 들어가는 기기로 옳은 것은?

- 분말 소화약제의 가압용 가스용기를 3병 이상 설치한 경우에는 2개 이상의 용기에 (㉠)를 부착하여야 한다.
- 분말 소화약제의 가압용 가스용기에는 2.5[MPa] 이하의 압력에서 조정이 가능한 (㉡)를 설치하여야 한다.

① ㉠ 전자개방밸브　㉡ 압력조정기
② ㉠ 전자개방밸브　㉡ 정압작동장치
③ ㉠ 압력조정기　　㉡ 전자개방밸브
④ ㉠ 압력조정기　　㉡ 정압개방밸브

해설 PHASE 12 분말 소화설비

분말 소화약제의 가압용 가스용기를 3병 이상 설치한 경우에는 2개 이상의 용기에 전자개방밸브를 부착하고, 가압용 가스용기에는 2.5[MPa] 이하의 압력에서 조정이 가능한 압력조정기를 설치한다.

관련개념 가압용 가스용기의 설치기준

㉠ 분말 소화약제의 가스용기는 분말소화약제의 저장용기에 접속하여 설치해야 한다.
㉡ 분말 소화약제의 가압용 가스용기를 3병 이상 설치한 경우에는 2개 이상의 용기에 전자개방밸브를 부착한다.
㉢ 분말 소화약제의 가압용 가스용기에는 2.5[MPa] 이하의 압력에서 조정이 가능한 압력조정기를 설치한다.

정답 | ①

10 빈출도 ★★★

이산화탄소 소화약제의 저장용기에 관한 일반적인 설명으로 옳지 않은 것은?

① 방호구역 내의 장소에 설치하되 피난구 부근을 피하여 설치할 것
② 온도가 40[℃] 이하이고, 온도 변화가 적은 곳에 설치할 것
③ 직사광선 및 빗물이 침투할 우려가 없는 곳에 설치할 것
④ 용기 간의 간격은 점검에 지장이 없도록 3[cm] 이상의 간격을 유지할 것

해설 PHASE 09 이산화탄소 소화설비

저장용기는 방호구역 외의 장소에 설치한다. 방호구역 내에 설치할 경우 피난 및 조작이 용이하도록 피난구 부근에 설치한다.

관련개념 저장용기의 설치장소

㉠ 방호구역 외의 장소에 설치한다.
㉡ 방호구역 내에 설치할 경우 피난 및 조작이 용이하도록 피난구 부근에 설치한다.
㉢ 온도가 40[℃] 이하이고, 온도 변화가 작은 곳에 설치한다.
㉣ 직사광선 및 빗물이 침투할 우려가 없는 곳에 설치한다.
㉤ 방화문으로 방화구획 된 실에 설치한다.
㉥ 용기의 설치장소에는 해당 용기가 설치된 곳임을 표시하는 표지를 한다.
㉦ 용기 간의 간격은 점검에 지장이 없도록 3[cm] 이상의 간격을 유지한다.
㉧ 저장용기와 집합관을 연결하는 연결배관에는 체크밸브를 설치한다. 다만, 저장용기가 하나의 방호구역만을 담당하는 경우에는 제외한다.

정답 | ①

11 빈출도 ★

다음 중 피난사다리 하부지지점에 미끄럼 방지장치를 설치하여야 하는 것은?

① 내림식사다리 ② 올림식사다리
③ 수납식사다리 ④ 신축식사다리

해설 PHASE 13 피난기구

하부지지점에 미끄러짐을 막는 장치를 설치해야 하는 사다리는 올림식사다리이다.

관련개념 올림식사다리의 구조

㉠ 상부지지점(끝 부분으로부터 60[cm] 이내)에 미끄러지거나 넘어지지 않도록 하기 위해 안전장치를 설치한다.
㉡ 하부지지점에는 미끄러짐을 막는 장치를 설치한다.
㉢ 신축하는 구조인 것은 사용할 때 자동적으로 작동하는 축제방지장치를 설치한다.
㉣ 접어지는 구조인 것은 사용할 때 자동적으로 작동하는 접힘방지장치를 설치한다.

정답 | ②

12 빈출도 ★★

포 소화약제의 혼합장치 중 펌프의 토출관에 압입기를 설치하여 포 소화약제 압입용 펌프로 소화약제를 압입시켜 혼합하는 방식은?

① 펌프 프로포셔너 방식
② 프레셔사이드 프로포셔너 방식
③ 라인 프로포셔너 방식
④ 프레셔 프로포셔너 방식

해설 PHASE 08 포 소화설비

프레셔사이드 프로포셔너방식에 대한 설명이다.

관련개념 포 소화약제의 혼합방식

펌프 프로포셔너 방식	펌프의 토출관과 흡입관 사이의 배관 도중에 설치한 흡입기에 펌프에서 토출된 물의 일부를 보내고, 농도 조정밸브에서 조정된 포 소화약제의 필요량을 포 소화약제 저장탱크에서 펌프 흡입측으로 보내어 이를 혼합하는 방식
프레셔 프로포셔너 방식	펌프와 발포기의 중간에 설치된 벤추리관의 벤추리작용과 펌프 가압수의 포 소화약제 저장탱크에 대한 압력에 따라 포 소화약제를 흡입·혼합하는 방식
라인 프로포셔너 방식	펌프와 발포기의 중간에 설치된 벤추리관의 벤추리작용에 따라 포 소화약제를 흡입·혼합하는 방식
프레셔사이드 프로포셔너 방식	펌프의 토출관에 압입기를 설치하여 포 소화약제 압입용 펌프로 포 소화약제를 압입시켜 혼합하는 방식
압축공기포 믹싱챔버 방식	물, 포 소화약제 및 공기를 믹싱챔버로 강제주입시켜 챔버 내에서 포수용액을 생성한 후 포를 방사하는 방식

정답 | ②

13 빈출도 ★★

제연설비에서 예상제연구역의 각 부분으로부터 하나의 배출구까지의 수평거리를 몇 [m] 이내가 되도록 하여야 하는가?

① 10[m] ② 12[m]
③ 15[m] ④ 20[m]

해설 PHASE 17 제연설비

예상제연구역의 각 부분으로부터 하나의 배출구까지의 수평거리는 10[m] 이내로 한다.

관련개념 배출구의 설치기준

㉠ 예상제연구역(통로 제외)의 바닥면적이 400[m²] 미만인 경우
  – 벽으로 구획되어 있는 경우 배출구는 천장 또는 반자와 바닥 사이의 중간 윗부분에 설치한다.
  – 어느 한 부분이 제연경계로 구획되어 있는 경우 천장·반자 또는 이에 가까운 벽의 부분에 설치한다.
  – 배출구를 벽에 설치하는 경우 배출구의 하단이 해당 예상제연구역에서 제연경계의 폭이 가장 짧은 제연경계의 하단보다 높이 되도록 한다.
㉡ 통로인 예상제연구역과 바닥면적이 400[m²] 이상인 경우
  – 벽으로 구획되어 있는 경우 배출구는 천장·반자 또는 이에 가까운 벽의 부분에 설치한다.
  – 배출구를 벽에 설치하는 경우 배출구의 하단과 바닥 간의 최단거리를 2[m] 이상으로 한다.
  – 어느 한 부분이 제연경계로 구획되어 있는 경우 천장·반자 또는 이에 가까운 벽의 부분에 설치한다.
  – 배출구를 벽 또는 제연경계에 설치하는 경우 배출구의 하단이 해당 예상제연구역에서 제연경계의 폭이 가장 짧은 제연경계의 하단보다 높이 되도록 한다.
㉢ 예상제연구역의 각 부분으로부터 하나의 배출구까지의 수평거리는 10[m] 이내로 한다.

정답 | ①

14 빈출도 ★★★

상수도 소화용수설비의 소화전은 특정소방대상물의 수평투영면 각 부분으로부터 최대 몇 [m] 이하가 되도록 설치하는가?

① 25[m] ② 40[m]
③ 100[m] ④ 140[m]

해설 PHASE 15 상수도 소화용수설비

소화전은 특정소방대상물의 수평투영면의 각 부분으로부터 140[m] 이하가 되도록 설치한다.

관련개념 상수도 소화용수설비의 설치기준

㉠ 호칭지름 75[mm] 이상의 수도배관에 호칭지름 100[mm] 이상의 소화전을 접속한다.
㉡ 소화전은 소방자동차 등의 진입이 쉬운 도로변 또는 공지에 설치한다.
㉢ 소화전은 특정소방대상물의 수평투영면의 각 부분으로부터 140[m] 이하가 되도록 설치한다.

정답 | ④

15 빈출도 ★★★

물분무 소화설비 가압송수장치의 토출량에 대한 최소 기준으로 옳은 것은? (단, 특수가연물을 저장 취급하는 특정소방대상물 및 차고 주차장의 바닥면적은 $50[m^2]$ 이하인 경우는 $50[m^2]$를 기준으로 한다.)

① 차고 또는 주차장의 바닥면적 $1[m^2]$에 대해 $10[L/min]$로 20분 간 방수할 수 있는 양 이상
② 특수가연물을 저장·취급하는 특정 소방대상물의 바닥면적 $1[m^2]$에 대해 $20[L/min]$로 20분 간 방수할 수 있는 양 이상
③ 케이블트레이, 케이블덕트는 투영된 바닥면적 $1[m^2]$에 대해 $10[L/mim]$로 20분 간 방수할 수 있는 양 이상
④ 절연유 봉입 변압기는 바닥면적을 제외한 표면적을 합한 면적 $1[m^2]$에 대해 $10[L/min]$로 20분 간 방수할 수 있는 양 이상

해설 PHASE 06 물분무 소화설비

절연유 봉입 변압기는 바닥 부분을 제외한 표면적을 합한 면적 $1[m^2]$에 대하여 $10[L/min]$로 20분 간 방수할 수 있는 양 이상으로 한다.

관련개념 저수량의 산정기준

㉠ 특수가연물을 저장 또는 취급하는 특정소방대상물 또는 그 부분에 있어서 그 바닥면적(최소 $50[m^2]$) $1[m^2]$에 대하여 $10[L/min]$로 20분 간 방수할 수 있는 양 이상으로 한다.
㉡ 차고 또는 주차장은 그 바닥면적(최소 $50[m^2]$) $1[m^2]$에 대하여 $20[L/min]$로 20분 간 방수할 수 있는 양 이상으로 한다.
㉢ 절연유 봉입 변압기는 바닥 부분을 제외한 표면적을 합한 면적 $1[m^2]$에 대하여 $10[L/min]$로 20분 간 방수할 수 있는 양 이상으로 한다.
㉣ 케이블트레이, 케이블덕트 등은 투영된 바닥면적 $1[m^2]$에 대하여 $12[L/min]$로 20분 간 방수할 수 있는 양 이상으로 한다.
㉤ 콘베이어 벨트 등은 벨트 부분의 바닥면적 $1[m^2]$에 대하여 $10[L/min]$로 20분 간 방수할 수 있는 양 이상으로 한다.

정답 | ④

16 빈출도 ★★★

피난기구 설치기준으로 옳지 않은 것은?

① 피난기구는 소방대상물의 기둥·바닥·보, 기타 구조상 견고한 부분에 볼트조임·매입·용접, 기타의 방법으로 견고하게 부착할 것
② 2층 이상의 층에 피난사다리(하향식 피난구용 내림식사다리는 제외한다.)를 설치하는 경우에는 금속성 고정사다리를 설치하고, 피난에 방해되지 않도록 노대는 설치되지 않아야 할 것
③ 승강식피난기 및 하향식 피난구용 내림식사다리는 설치경로가 설치 층에서 피난층까지 연계될 수 있는 구조로 설치할 것. 다만, 건축물의 구조 및 설치여건 상 불가피한 경우에는 그러하지 아니한다.
④ 승강식피난기 및 하향식 피난구용 내림식사다리의 하강식 내측에는 기구의 연결 금속구 등이 없어야 하며 전개된 피난기구는 하강구 수평투영면적 공간 내의 범위를 침범하지 않는 구조이어야 할 것. 단, 직경 $60[cm]$ 크기의 범위를 벗어난 경우이거나, 직하층의 바닥 면으로부터 높이 $50[cm]$ 이하의 범위는 제외한다.

해설 PHASE 13 피난기구

4층 이상의 층에 피난사다리(하향식 피난구용 내림식 사다리 제외)를 설치하는 경우 금속성 고정사다리를 설치하고, 고정사다리에는 쉽게 피난할 수 있는 구조의 노대를 설치한다.

정답 | ②

17 빈출도 ★★

포 소화설비의 자동식 기동장치를 패쇄형 스프링클러 헤드의 개방과 연동하여 가압송수장치·일제개방밸브 및 포 소화약제 혼합장치를 기동하는 경우 다음 (   ) 안에 알맞은 것은? (단, 자동화재탐지설비의 수신기가 설치된 장소에 장시 사람이 근무하고 있고, 화재 시 즉시 해당 조작부를 작동시킬 수 있는 경우는 제외한다.)

> 표시온도가 (㉠)[℃] 미만인 것을 사용하고, 1개의 스프링클러 헤드의 경계면적은 (㉡)[m²] 이하로 할 것

① ㉠ 79   ㉡ 8
② ㉠ 121 ㉡ 8
③ ㉠ 79   ㉡ 20
④ ㉠ 121 ㉡ 20

해설 PHASE 08 포 소화설비

표시온도가 79[℃] 미만인 것을 사용하고, 1개의 스프링클러 헤드의 경계면적은 20[m²] 이하로 한다.

관련개념 자동식 기동장치의 설치기준

폐쇄형 스프링클러 헤드를 사용하는 경우에는 다음의 기준에 따라 설치한다.
㉠ 표시온도가 79[℃] 미만인 것을 사용하고, 1개의 스프링클러 헤드의 경계면적은 20[m²] 이하로 한다.
㉡ 부착면의 높이는 바닥으로부터 5[m] 이하로 하고, 화재를 유효하게 감지할 수 있도록 한다.
㉢ 하나의 감지장치 경계구역은 하나의 층이 되도록 한다.

정답 | ③

18 빈출도 ★★★

특정소방대상물별 소화기구의 능력단위의 기준 중 다음 (   ) 안에 알맞은 것은?

특정소방대상물	소화기구의 능력단위
장례식장 및 의료시설	해당 용도의 바닥면적 (㉠)[m²]마다 능력단위 1단위 이상
노유자시설	해당 용도의 바닥면적 (㉡)[m²]마다 능력단위 1단위 이상
위락시설	해당 용도의 바닥면적 (㉢)[m²]마다 능력단위 1단위 이상

① ㉠ 30 ㉡ 50   ㉢ 100
② ㉠ 30 ㉡ 100 ㉢ 50
③ ㉠ 50 ㉡ 100 ㉢ 30
④ ㉠ 50 ㉡ 30   ㉢ 100

해설 PHASE 01 소화기구 및 자동소화장치

장례식장 및 의료시설에 소화기구를 설치할 경우 바닥면적 50[m²]마다 능력단위 1단위 이상으로 한다.
노유자시설에 소화기구를 설치할 경우 바닥면적 100[m²]마다 능력단위 1단위 이상으로 한다.
위락시설에 소화기구를 설치할 경우 바닥면적 30[m²]마다 능력단위 1단위 이상으로 한다.

관련개념 소화기구의 특정소방대상물별 능력단위

특정소방대상물	소화기구의 능력단위
1. 위락시설	해당 용도의 바닥면적 30[m²]마다 능력단위 1단위 이상
2. 공연장·집회장·관람장·문화재·장례식장 및 의료시설	해당 용도의 바닥면적 50[m²]마다 능력단위 1단위 이상
3. 근린생활시설·판매시설·운수시설·숙박시설·노유자시설·전시장·공동주택·업무시설·방송통신시설·공장·창고시설·항공기 및 자동차 관련 시설 및 관광휴게시설	해당 용도의 바닥면적 100[m²]마다 능력단위 1단위 이상
4. 그 밖의 것	해당 용도의 바닥면적 200[m²]마다 능력단위 1단위 이상

소화기구의 능력단위를 산출할 때 건축물의 주요구조부가 내화구조이고, 벽 및 반자의 실내에 면하는 부분이 불연재료·준불연재료 또는 난연재료로 된 특정소방대상물의 경우 위 기준의 2배를 기준면적으로 한다.

정답 | ③

19 빈출도 ★★★

아래 평면도와 같이 반자가 있는 어느 실내에 전등이나 공조용 디퓨져 등의 시설물을 무시하고 수평거리를 2.1[m]로 하여 스프링클러 헤드를 정방형으로 설치하고자 할 때 최소 몇 개의 헤드를 설치해야 하는가? (단, 반자 속에는 헤드를 설치하지 아니하는 것으로 본다.)

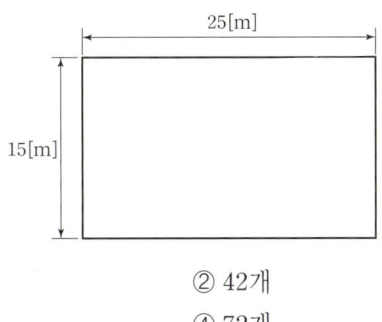

① 24개　　② 42개
③ 54개　　④ 72개

해설 PHASE 04 스프링클러설비

하나의 헤드가 방사할 수 있는 반경(수평거리)이 2.1[m]로 주어져 있으므로 다음의 그림과 같이 헤드 간 거리는 $2 \times r \times \cos 45°$로 구할 수 있다.

$2 \times r \times \cos 45° = 2 \times 2.1 \times \cos 45° ≒ 2.97[m]$

따라서 가로 방향으로 배치해야 하는 헤드의 최소개수는

$25[m] \div 2.97[m] ≒ 8.4 ≒ 9$개

세로 방향으로 배치해야 하는 헤드의 최소 개수는

$15[m] \div 2.97[m] ≒ 5.1 ≒ 6$개

전체 면적에 배치해야 하는 헤드의 최소 개수는

$9 \times 6 = 54$개

관련개념 헤드의 설치기준

정방형으로 배치한 경우 다음의 식에 따라 산정한 수치 이하가 되도록 한다.

$$S = 2 \times r \times \cos 45°$$

S: 헤드 상호 간의 거리[m], r: 수평거리

정답 | ③

20 빈출도 ★★

소화용수설비 중 소화수조 및 저수조에 대한 설명으로 틀린 것은?

① 소화수조, 저수조의 채수구 또는 흡수관투입구는 소방차가 2[m] 이내의 지점까지 접근할 수 있는 위치에 설치할 것
② 지하에 설치하는 소화용수설비의 흡수관투입구는 그 한 변이 0.6[m] 이상인 것으로 할 것
③ 채수구는 지면으로부터의 높이가 0.5[m] 이상 1[m] 이하의 위치에 설치하고 "채수구"라고 표시한 표시를 할 것
④ 소화수조가 옥상 또는 옥탑의 부분에 설치된 경우에는 지상에 설치된 채수구에서의 압력이 0.1[MPa]이상이 되도록 할 것

해설 PHASE 16 소화수조 및 저수조

소화수조가 옥상 또는 옥탑의 부분에 설치된 경우 지상에 설치된 채수구에서의 압력은 0.15[MPa] 이상으로 한다.

정답 | ④

4회

01 빈출도 ★★

이산화탄소 소화설비의 기동장치에 대한 기준으로 틀린 것은?

① 자동식 기동장치에는 수동으로도 기동할 수 있는 구조이어야 한다.
② 가스압력식 기동장치에서 기동용가스용기 및 해당 용기에 사용하는 밸브는 20[MPa] 이상의 압력에 견딜 수 있어야 한다.
③ 수동식 기동장치의 조작부는 바닥으로부터 높이 0.8[m] 이상 1.5[m] 이하의 위치에 설치한다.
④ 전기식 기동장치로서 7병 이상의 저장용기를 동시에 개방하는 설비는 2병 이상의 저장용기에 전자개방밸브를 부착해야 한다.

해설 PHASE 09 이산화탄소 소화설비

가스압력식 기동장치의 기동용 가스용기 및 해당 용기에 사용하는 밸브는 25[MPa] 이상의 압력에 견딜 수 있는 것으로 한다.

정답 | ②

02 빈출도 ★★★

천장의 기울기가 10분의 1을 초과할 경우에 가지관의 최상부에 설치되는 톱날지붕의 스프링클러 헤드는 천장의 최상부로부터의 수직거리가 몇 [cm] 이하가 되도록 설치하여야 하는가?

① 50
② 70
③ 90
④ 120

해설 PHASE 04 스프링클러설비

가지관의 최상부에 설치하는 스프링클러 헤드는 천장의 최상부로부터 수직거리가 90[cm] 이하가 되도록 한다. 톱날지붕, 둥근지붕, 기타 이와 유사한 지붕의 경우에도 이와 같다.

관련개념 가지관의 설치기준

천장의 기울기가 $\frac{1}{10}$을 초과하는 경우에는 가지관을 천장의 마루와 평행하게 다음의 기준에 따라 설치한다.
㉠ 천장의 최상부에 스프링클러 헤드를 설치하는 경우 최상부에 설치하는 스프링클러 헤드의 반사판을 수평으로 설치한다.
㉡ 천장의 최상부를 중심으로 가지관을 서로 마주보게 설치하는 경우 최상부의 가지관 상호 간의 거리가 가지관 상의 스프링클러 헤드 상호 간의 거리의 $\frac{1}{2}$ 이하(최소 1[m])가 되게 설치한다.
㉢ 가지관의 최상부에 설치하는 스프링클러 헤드는 천장의 최상부로부터 수직거리가 90[cm] 이하가 되도록 한다. 톱날지붕, 둥근지붕, 기타 이와 유사한 지붕의 경우에도 이와 같다.

정답 | ③

03 빈출도 ★

주요구조부가 내화구조이고 건널 복도가 설치된 층의 피난기구 수의 설치 감소 방법으로 적합한 것은?

① 피난기구를 설치하지 아니할 수 있다.
② 피난기구의 수에서 $\frac{1}{2}$을 감소한 수로 한다.
③ 원래의 수에서 건널 복도 수를 더한 수로 한다.
④ 피난기구의 수에서 해당 건널 복도의 수의 2배의 수를 뺀 수로 한다.

해설 PHASE 13 피난기구

주요구조부가 내화구조이고 건널 복도가 설치된 층에는 피난기구의 수에서 건널 복도 수의 2배를 감소할 수 있다.

정답 | ④

04 빈출도 ★★

제연설비의 설치장소에 따른 제연구역의 구획기준으로 틀린 것은?

① 거실과 통로는 각각 제연구획 할 것
② 하나의 제연구역의 면적은 600[m²] 이내로 할 것
③ 하나의 제연구역은 직경 60[m] 원 내에 들어갈 수 있을 것
④ 하나의 제연구역은 2개 이상 층에 미치지 아니하도록 할 것

해설 PHASE 17 제연설비

하나의 제연구역의 면적은 1,000[m²] 이내로 한다.

관련개념 제연구역의 구획기준

㉠ 하나의 제연구역의 면적은 1,000[m²] 이내로 한다.
㉡ 거실과 통로(복도 포함)는 각각 제연구획 한다.
㉢ 통로상의 제연구역은 보행중심선의 길이가 60[m]를 초과하지 않는다.
㉣ 하나의 제연구역은 직경 60[m] 원 내에 들어갈 수 있어야 한다.
㉤ 하나의 제연구역은 2 이상의 층에 미치지 않도록 한다.
㉥ 층의 구분이 불분명한 부분은 그 부분을 다른 부분과 별도로 제연구획 한다.

정답 | ②

05 빈출도 ★★

물분무 소화설비의 가압송수장치로 압력수조의 필요 압력을 산출할 때 필요한 것이 아닌 것은?

① 낙차의 환산수두압
② 물분무 헤드의 설계압력
③ 배관의 마찰손실 수두압
④ 소방용 호스의 마찰손실 수두압

해설 PHASE 06 물분무 소화설비

물분무 소화설비는 헤드를 통해 소화수가 방사되므로 소방용 호스의 마찰손실수두압은 계산하지 않는다.

관련개념 압력수조를 이용한 가압송수장치의 설치기준

㉠ 압력수조의 압력은 다음의 식에 따라 계산하여 나온 수치 이상 유지되도록 한다.

$$P = P_1 + P_2 + P_3$$

P: 필요한 압력[MPa], P_1: 물분무헤드의 설계압력[MPa],
P_2: 배관의 마찰손실수두압[MPa],
P_3: 낙차의 환산수두압[MPa]

㉡ 압력수조에는 수위계·급수관·배수관·급기관·맨홀·압력계·안전장치 및 압력저하 방지를 위한 자동식 공기압축기를 설치한다.

정답 | ④

06 빈출도 ★★

주거용 주방자동소화장치의 설치기준으로 틀린 것은?

① 감지부는 형식승인 받은 유효한 높이 및 위치에 설치해야 한다.
② 소화약제 방출구는 환기구의 청소부분과 분리되어 있어야 한다.
③ 가스차단 장치는 상시 확인 및 점검이 가능하도록 설치해야 한다.
④ 탐지부는 수신부와 분리하여 설치하되, 공기보다 무거운 가스를 사용하는 장소에는 바닥면으로부터 0.2[m] 이하의 위치에 설치해야 한다.

해설 PHASE 01 소화기구 및 자동소화장치

가스용 주방자동소화장치를 사용하는 경우 탐지부는 수신부와 분리하여 설치하되, 공기보다 가벼운 가스를 사용하는 경우 천장면으로부터 30[cm] 이하의 위치에 설치하고, 공기보다 무거운 가스를 사용하는 장소에는 바닥면으로부터 30[cm] 이하의 위치에 설치한다.

관련개념 주거용 주방자동소화장치의 설치기준

㉠ 소화약제 방출구는 환기구의 청소부분과 분리되어 있어야 한다.
㉡ 소화약제 방출구는 형식승인 받은 유효설치 높이 및 방호면적에 따라 설치한다.
㉢ 감지부는 형식승인 받은 유효한 높이 및 위치에 설치한다.
㉣ 차단장치(전기 또는 가스)는 상시 확인 및 점검이 가능하도록 설치한다.
㉤ 가스용 주방자동소화장치를 사용하는 경우 탐지부는 수신부와 분리하여 설치하되, 공기보다 가벼운 가스를 사용하는 경우 천장면으로부터 30[cm] 이하의 위치에 설치하고, 공기보다 무거운 가스를 사용하는 장소에는 바닥면으로부터 30[cm] 이하의 위치에 설치한다.
㉥ 수신부는 주위의 열기류 또는 습기 등과 주위온도에 영향을 받지 않고 사용자가 상시 볼 수 있는 장소에 설치한다.

정답 | ④

07 빈출도 ★★

물분무 소화설비의 소화작용이 아닌 것은?

① 부촉매작용
② 냉각작용
③ 질식작용
④ 희석작용

해설 PHASE 06 물분무 소화설비

부촉매작용은 연소의 요소 중 연쇄적 산화반응을 약화시켜 연소의 계속을 불가능하게 하는 화학적 소화방법이다.
부촉매작용을 하는 소화설비는 할론 소화설비, 할로겐화합물 소화설비 등이 있다.

정답 | ①

08 빈출도 ★★★

소화용수설비에서 소화수조의 소요수량이 20[m³] 이상 40[m³] 미만인 경우에 설치하여야 하는 채수구의 개수는?

① 1개
② 2개
③ 3개
④ 4개

해설 PHASE 16 소화수조 및 저수조

소요수량이 20[m³] 이상 40[m³] 미만인 경우 채수구의 수는 1개를 설치해야 한다.

관련개념 채수구의 설치개수

채수구는 다음의 표에 따른 소요수량에 따라 설치한다.

소요수량[m³]	채수구의 수(개)
20 이상 40 미만	1
40 이상 100 미만	2
100 이상	3

정답 | ①

09 빈출도 ★★

분말 소화설비의 분말 소화약제 1[kg]당 저장용기의 내용적 기준으로 틀린 것은?

① 제1종 분말: 0.8[L] ② 제2종 분말: 1.0[L]
③ 제3종 분말: 1.0[L] ④ 제4종 분말: 1.8[L]

해설 PHASE 12 분말 소화설비

제4종 분말 소화약제의 경우 소화약제 1[kg] 당 저장용기의 내용적 기준은 1.25[L]이다.

관련개념 저장용기의 설치기준

㉠ 저장용기의 내용적은 다음과 같다.

소화약제의 종류	소화약제 1[kg] 당 저장용기의 내용적
제1종 분말	0.8[L]
제2종 분말	1.0[L]
제3종 분말	1.0[L]
제4종 분말	1.25[L]

㉡ 저장용기에는 가압식의 경우 최고사용압력의 1.8배 이하, 축압식의 경우 내압시험압력의 0.8배 이하의 압력에서 작동하는 안전밸브를 설치한다.
㉢ 저장용기에는 저장용기의 내부압력이 설정압력으로 되었을 때 주밸브를 개방하는 정압작동장치를 설치한다.
㉣ 저장용기의 충전비는 0.8 이상으로 한다.
㉤ 저장용기 및 배관에는 잔류 소화약제를 처리할 수 있는 청소장치를 설치한다.
㉥ 축압식 저장용기에는 사용압력 범위를 표시한 지시압력계를 설치한다.

정답 | ④

10 빈출도 ★★★

다음은 상수도 소화용수설비의 설치기준에 관한 설명이다. ( ) 안에 들어갈 내용으로 알맞은 것은?

> 호칭지름 75[mm] 이상의 수도배관에 호칭지름 ( )[mm] 이상의 소화전을 접속할 것

① 50 ② 80
③ 100 ④ 125

해설 PHASE 15 상수도 소화용수설비

호칭지름 75[mm] 이상의 수도배관에 호칭지름 100[mm] 이상의 소화전을 접속한다.

관련개념 상수도 소화용수설비의 설치기준

㉠ 호칭지름 75[mm] 이상의 수도배관에 호칭지름 100[mm] 이상의 소화전을 접속한다.
㉡ 소화전은 소방자동차 등의 진입이 쉬운 도로변 또는 공지에 설치한다.
㉢ 소화전은 특정소방대상물의 수평투영면의 각 부분으로부터 140[m] 이하가 되도록 설치한다.

정답 | ③

11 빈출도 ★★

특별피난계단의 계단실 및 부속실 제연설비의 화재안전성능기준(NFPC 501A)에 대한 내용으로 틀린 것은?

① 제연구역과 옥내와의 사이에 유지하여야 하는 최소 차압은 40[Pa] 이상으로 하여야 한다.
② 제연설비가 가동되었을 경우 출입문의 개방에 필요한 힘은 110[N] 이상으로 하여야 한다.
③ 계단실과 부속실을 동시에 제연하는 경우 부속실의 기압은 계단실과 같게 하거나 부속실과 계단실의 압력차이가 5[Pa] 이하가 되도록 하여야 한다.
④ 계단실 및 그 부속실을 동시에 제연하거나 또는 계단실만 단독으로 제연할 때의 방연풍속은 0.5[m/s] 이상이어야 한다.

해설 PHASE 18 특별피난계단의 계단실 및 부속실 제연설비

출입문 개방에 필요한 힘은 110[N] 이하로 한다.
기준 이상의 힘이 필요하도록 설계하면 화재 시 탈출할 수 없는 경우가 생길 수 있으므로 기준 이하의 힘이 필요하도록 설계해야 한다.

관련개념 방연풍속

방연풍속은 다음의 표에 따른 기준 이상으로 한다.

제연구역		방연풍속
계단실 및 그 부속실을 동시에 제연하는 것 또는 계단실만 단독으로 제연하는 것		0.5[m/s] 이상
부속실만 단독으로 제연하는 것 또는 비상용승강기의 승강장만 단독으로 제연하는 것	부속실 또는 승강장이 면하는 옥내가 거실인 경우	0.7[m/s] 이상
	부속실 또는 승강장이 면하는 옥내가 복도로서 그 구조가 방화구조(내화시간이 30분 이상인 구조를 포함)인 것	0.5[m/s] 이상

정답 | ②

12 빈출도 ★★

스프링클러설비의 가압송수장치의 정격토출압력은 하나의 헤드선단에 얼마의 방수압력이 될 수 있는 크기이어야 하는가?

① 0.01[MPa] 이상 0.05[MPa] 이하
② 0.1[MPa] 이상 1.2[MPa] 이하
③ 1.5[MPa] 이상 2.0[MPa] 이하
④ 2.5[MPa] 이상 3.3[MPa] 이하

해설 PHASE 04 스프링클러설비

정격토출압력은 하나의 헤드선단에 0.1[MPa] 이상 1.2[MPa] 이하의 방수압력이 될 수 있게 한다.

정답 | ②

13 빈출도 ★★★

스프링클러설비의 교차배관에서 분기되는 지점을 기점으로 한쪽 가지배관에 설치되는 헤드는 몇 개 이하로 설치하여야 하는가? (단, 수리학적 배관방식의 경우는 제외한다.)

① 8
② 10
③ 12
④ 18

해설 PHASE 04 스프링클러설비

교차배관에서 분기되는 지점을 기점으로 한 쪽 가지배관에 설치되는 헤드의 개수는 8개 이하로 한다.

관련개념 가지배관의 설치기준

가지배관의 배열은 다음의 기준에 따라 설치한다.
㉠ 토너먼트 배관방식이 아니어야 한다.
㉡ 교차배관에서 분기되는 지점을 기점으로 한 쪽 가지배관에 설치되는 헤드의 개수는 8개 이하로 한다.
㉢ 가지배관과 헤드 사이의 배관을 신축배관으로 하는 경우 소방청장이 정하여 고시한 기준에 적합한 것으로 설치한다.

정답 | ①

14 빈출도 ★

지상으로부터 높이 30[m]가 되는 창문에서 구조대용 유도 로프의 모래주머니를 자연낙하 시킨 경우 지상에 도달할 때까지 걸리는 시간(초)은?

① 2.5
② 5
③ 7.5
④ 10

해설

자유낙하 운동에서 초기상태로부터 이동한 거리와 걸린 시간은 다음의 관계식으로 나타낼 수 있다.

$$h = \frac{1}{2}gt^2$$

h: 이동한 거리[m], g: 중력가속도[m/s²], t: 걸린 시간[s]

주어진 조건을 관계식에 대입하면

$$30 = \frac{1}{2} \times 9.8 \times t^2$$

모래주머니가 30[m]를 이동하는데 걸린 시간 t는

$$\sqrt{\frac{30 \times 2}{9.8}} \fallingdotseq 2.47[s]$$

정답 | ①

15 빈출도 ★★

포 소화설비의 자동식 기동장치에서 폐쇄형 스프링클러 헤드를 사용하는 경우의 설치기준에 대한 설명이다. ㉠~㉢의 내용으로 옳은 것은?

- 표시온도가 (㉠)[°C] 미만인 것을 사용하고, 1개의 스프링클러 헤드의 경계면적은 (㉡)[m²] 이하로 할 것
- 부착면의 높이는 바닥으로부터 (㉢)[m] 이하로 하고, 화재를 유효하게 감지할 수 있도록 할 것

① ㉠ 68   ㉡ 20   ㉢ 5
② ㉠ 68   ㉡ 30   ㉢ 7
③ ㉠ 79   ㉡ 20   ㉢ 5
④ ㉠ 79   ㉡ 30   ㉢ 7

해설 PHASE 08 포 소화설비

표시온도가 79[°C] 미만인 것을 사용하고, 1개의 스프링클러 헤드의 경계면적은 20[m²] 이하로 한다.
부착면의 높이는 바닥으로부터 5[m] 이하로 하고, 화재를 유효하게 감지할 수 있도록 한다.

관련개념 자동식 기동장치의 설치기준

폐쇄형 스프링클러 헤드를 사용하는 경우에는 다음의 기준에 따라 설치한다.
㉠ 표시온도가 **79[°C] 미만**인 것을 사용하고, 1개의 스프링클러 헤드의 **경계면적은 20[m²] 이하**로 한다.
㉡ 부착면의 높이는 바닥으로부터 **5[m] 이하**로 하고, 화재를 유효하게 감지할 수 있도록 한다.
㉢ 하나의 감지장치 경계구역은 하나의 층이 되도록 한다.

정답 | ③

16 빈출도 ★

다음은 포 소화설비에서 배관 등 설치기준에 관한 내용이다. ㉠~㉢ 안에 들어갈 내용으로 옳은 것은?

> - 송수구는 구경 65[mm]의 쌍구형으로 하고, 지면으로부터 높이가 0.5[m] 이상 (㉠)[m] 이하의 위치에 설치한다.
> - 펌프의 성능은 체절운전 시 정격토출압력의 (㉡)[%]를 초과하지 아니하고, 정격토출량의 150[%]로 운전 시 정격토출압력의 (㉢)[%] 이상이 되어야 한다.

① ㉠ 1.2 ㉡ 120 ㉢ 65
② ㉠ 1.2 ㉡ 120 ㉢ 75
③ ㉠ 1 ㉡ 140 ㉢ 65
④ ㉠ 1 ㉡ 140 ㉢ 75

해설 PHASE 08 포 소화설비

송수구는 구경 65[mm]의 쌍구형으로 하고, 지면으로부터 높이가 0.5[m] 이상 1[m] 이하의 위치에 설치한다.
펌프의 성능은 체절운전 시 정격토출압력의 140[%]를 초과하지 않고, 정격토출량의 150[%]로 운전 시 정격토출압력의 65[%] 이상이 되어야 한다.

정답 | ③

17 빈출도 ★★

옥내소화전이 하나의 층에는 6개, 또 다른 층에는 3개, 나머지 모든 층에는 4개씩 설치되어 있다. 수원의 최소 수량[m^3] 기준은?

① 5.2
② 10.4
③ 13
④ 15.6

해설 PHASE 02 옥내소화전설비

옥내소화전의 설치개수가 가장 많은 층의 설치개수는 6개이지만 최대 설치개수는 2개이므로 2개로 간주하고, 기준량은 2.6[m^3]이므로 수원의 최소 수량[m^3]은
$2 \times 2.6[m^3] = 5.2[m^3]$
특별한 조건이 없는 한 29층 이하로 간주한다.

관련개념 저수량의 산정기준

수원의 저수량은 옥내소화전의 설치개수가 가장 많은 층의 설치개수에 기준량을 곱한 양 이상이 되도록 한다.

층수	최대 설치개수	기준량
~29층	2개	2.6[m^3]
30층~49층	5개	5.2[m^3]
50층~	5개	7.8[m^3]

정답 | ①

18 빈출도 ★★

스프링클러설비의 누수로 인한 유수검지장치의 오작동을 방지하기 위한 목적으로 설치하는 것은?

① 솔레노이드 밸브
② 리타딩 챔버
③ 물올림 장치
④ 성능시험배관

해설 PHASE 04 스프링클러설비

리타딩 챔버는 순간적인 압력변화를 완충하여 압력스위치의 작동을 방지하며 이로 인한 누수를 외부로 배출시켜 유수검지장치(자동경보밸브)의 오작동을 방지한다.

정답 | ②

19 빈출도 ★★

전역방출방식 분말 소화설비에서 방호구역의 개구부에 자동폐쇄장치를 설치하지 아니한 경우, 개구부의 면적 1[m²]에 대한 분말 소화약제의 가산량으로 잘못 연결된 것은?

① 제1종 분말 - 4.5[kg]
② 제2종 분말 - 2.7[kg]
③ 제3종 분말 - 2.5[kg]
④ 제4종 분말 - 1.8[kg]

해설 PHASE 12 분말 소화설비

전역방출방식 제3종 분말 소화약제의 기준량은 방호구역의 체적 1[m³]마다 0.36[kg], 방호구역의 개구부 1[m²]마다 2.7[kg]이다.

관련개념 전역방출방식 분말 소화약제 저장량의 최소기준

소화약제의 종류	소화약제의 양 [kg/m³]	개구부 가산량 [kg/m²]
제1종 분말	0.60	4.5
제2종 분말	0.36	2.7
제3종 분말	0.36	2.7
제4종 분말	0.24	1.8

정답 | ③

20 빈출도 ★★

체적 100[m³]의 면화류 창고에 전역방출방식의 이산화탄소 소화설비를 설치하는 경우에 소화약제는 몇 [kg] 이상 저장하여야 하는가? (단, 방호구역의 개구부에 자동폐쇄장치가 부착되어 있다.)

① 12
② 27
③ 120
④ 270

해설 PHASE 09 이산화탄소 소화설비

소화약제의 저장량은 방호구역의 체적과 개구부의 면적에 따라 산출한 값의 합으로 한다.
면화류 창고는 방호구역 체적 1[m³] 당 2.7[kg/m³]의 소화약제가 필요하므로
$100[m^3] \times 2.7[kg/m^3] = 270[kg]$
심부화재의 경우 자동폐쇄장치가 없는 방호구역의 개구부 1[m²] 당 10[kg/m²]의 소화약제가 필요하므로 자동폐쇄장치가 있는 경우 가산하지 않는다.

관련개념 심부화재 전역방출방식의 소화약제 저장량

심부화재 전역방출방식의 경우 소화약제의 저장량은 방호구역의 체적과 개구부의 면적에 따라 산출한 값의 합으로 한다.
㉠ 방호구역의 체적 1[m³]마다 다음의 기준에 따른 양. 불연재료나 내열성의 재료로 밀폐된 구조물이 있는 경우 그 체적은 제외한다.

방호대상물	소화약제의 양 [kg/m³]	설계 농도 [%]
유압기기를 제외한 전기설비, 케이블실	1.3	50
체적 55[m³] 미만의 전기설비	1.6	50
서고, 전자제품창고, 목재가공품창고, 박물관	2.0	65
고무류·면화류 창고, 모피창고, 석탄창고, 집진설비	2.7	75

㉡ 방호구역의 개구부(창문·출입구) 1[m²]마다 10[kg]을 가산해야 한다.(자동폐쇄장치가 없는 경우 限) 개구부의 면적은 방호구역 전체 표면적의 3[%] 이하로 한다.

정답 | ④

**여러분의 작은 소리
에듀윌은 크게 듣겠습니다.**

본 교재에 대한 여러분의 목소리를 들려주세요.
공부하시면서 어려웠던 점, 궁금한 점,
칭찬하고 싶은 점, 개선할 점, 어떤 것이라도 좋습니다.
에듀윌은 여러분께서 나누어 주신 의견을
통해 끊임없이 발전하고 있습니다.

에듀윌 도서몰 book.eduwill.net
• 부가학습자료 및 정오표: 에듀윌 도서몰 → 도서자료실
• 교재 문의: 에듀윌 도서몰 → 문의하기 → 교재(내용, 출간) / 주문 및 배송

2026 에듀윌 소방설비기사 필기 기계분야

발 행 일	2025년 9월 15일 초판
저 자	손익희, 김윤수
펴 낸 이	양형남
개발책임	목진재
개 발	김미지
펴 낸 곳	(주)에듀윌
I S B N	979-11-360-3803-6
등록번호	제25100-2002-000052호
주 소	08378 서울특별시 구로구 디지털로34길 55 코오롱싸이언스밸리 2차 3층

* 이 책의 무단 인용 · 전재 · 복제를 금합니다.

www.eduwill.net
대표전화 1600-6700